# FLORE

DE

## L'OUEST DE LA FRANCE

OU

### DESCRIPTION DES PLANTES

QUI CROISSENT SPONTANÉMENT

Dans les départements de : CHARENTE-INFÉRIEURE, DEUX-SÈVRES, VENDÉE, LOIRE-INFÉRIEURE, MORBIHAN, FINISTÈRE, CÔTES-DU-NORD, ILLE-ET-VILAINE.

PAR

## JAMES LLOYD

5e ÉDITION

Publiée par les soins de

## M. ÉMILE GADECEAU

PARIS

**LIBRAIRIE DES SCIENCES NATURELLES**

PAUL KLINCKSIECK, 52, RUE DES ÉCOLES

1898

« *Si je viens à mourir subitement, je prie*

» *Monsieur Gadeceau de publier cette 5ᵉ Édition*

» *de la* FLORE DE L'OUEST.

. . . . . . . . . . . . . . . . . . . . . . . . . . . .

» *Je le prie de faire imprimer le manuscrit*

» *tel qu'il est (et il est complet) en y corrigeant*

» *seulement les fautes que j'aurais pu faire par*

» *négligence ou distraction*

» *Et je le remercie d'avance.*

» **J. LLOYD.**

» *Nantes, le 31 Janvier 1896.* »

# FLORE

## DE

## L'OUEST DE LA FRANCE

# FLORE

## DE

## L'OUEST DE LA FRANCE

### OU

## DESCRIPTION DES PLANTES

#### QUI CROISSENT SPONTANÉMENT

Dans les départements de : CHARENTE-INFÉRIEURE, DEUX-SÈVRES,
VENDÉE, LOIRE-INFÉRIEURE, MORBIHAN,
FINISTÈRE, CÔTES-DU-NORD, ILLE-ET-VILAINE,

### PAR

# JAMES LLOYD

---

## 5e ÉDITION

Publiée par les soins de

## M. ÉMILE GADECEAU

---

## NANTES

R. GUIST'HAU, Imprimeur-Libraire

5, Quai Cassard, 5

—

1897

# INTRODUCTION

La Flore de l'Ouest de la France contient la description des plantes qui croissent dans les départements suivants : Charente-Inférieure, Deux-Sèvres, Vendée, Loire-Inférieure, Morbihan, Finistère, Côtes-du-Nord, Ille-et-Vilaine. Elle se trouve ainsi limitée par : la flore de la Vienne par Delastre, celles de Maine-et-Loire par Bastard, Desvaux et Guépin, la flore de la Sarthe et de la Mayenne par Desportes, enfin celle de la Normandie par de Brébisson.

Les descriptions ont été faites sur les plantes vivantes du pays, et le nombre d'espèces décrites dans le texte et dans les notes, s'élève à environ 1700. Parmi celles-ci, quelques-unes ont été introduites, soit comme point nécessaire de comparaison, soit parce que j'ai la certitude ou l'espoir qu'elles seront trouvées dans nos limites ; mais je puis assurer qu'aucune ne figure ici pour grossir le livre ou pour le substituer aux ouvrages de mes voisins. Ces plantes étrangères, signalées quelquefois d'une manière très succincte, sont précédées du signe * ou bien décrites en note.

Les localités sont classées par département dans l'ordre indiqué ci-dessus, en commençant par la Charente-Inférieure, et lorsque je n'ai pas recueilli une plante, la personne qui me l'a communiquée est citée. Cependant, dans certains cas, l'abondance des indications m'a engagé à généraliser, en supprimant quelques noms ; mais j'espère que les botanistes ne me sauront pas mauvais gré de cette omission, et qu'ils consentiront sans regret à un sacrifice qui permet, en moins de place, une distribution plus régulière des localités. D'un autre côté, il m'a été impossible, dans la plupart des cas, d'établir un ordre de priorité dans les découvertes ; ainsi, le nom du botaniste cité après une localité, signifie seulement qu'il m'a fait voir la plante décrite. Ces citations, quoique prenant de la place, m'ont paru utiles dans un Manuel destiné aux herborisations, où le botaniste aime à trouver une garantie à ses recherches.

Si dans ce travail j'ai omis plus d'une espèce notée dans les livres ou qui m'a été indiquée, c'est que je me suis imposé la règle de ne décrire que celles dont je peux prouver l'existence ; je laisse la production des mêmes preuves aux personnes mieux renseignées que moi sur ces omissions.

J'ai noté par le signe X les plantes qui ne croissent pas dans la Bretagne proprement dite, c'est-à-dire au nord de la Loire. Ce n'est pas parce que sur chaque rive règne une végétation différente, mais au midi et même quelquefois assez loin de ce fleuve commencent les grands bassins calcaires avec les plantes propres à ce terrain, ainsi que les plantes méridionales étrangères à la Bretagne et dont le botaniste n'a pas à s'occuper tant qu'il herborise dans cette province. Ce signe permettra aux botanistes bretons de faire plus facilement l'inventaire de leur flore spéciale.

Je n'ai pas cru devoir insérer les prétendus noms français de genres et d'espèces, que l'on trouve répétés dans toutes les Flores. Si ces noms sont usités quelque part, ce dont je doute, il ne le sont certainement pas dans ce pays. Qui de nous s'est servi des mots de *Double rang à feuilles menues*, de *Diplotaxide à feuilles étroites*, de *Troscart*, de *Fluteau*, de *Tabouret*, de *Vigne porterin*, de *Géranion columbain*, d'*Erodion cicutain*, de *Ronce framboisier*, de *Poirier pommier*, de *Morelle tubéreuse*, etc. ? Et quand aux *Orlaye, Turgenie, Caucalide, Anthrisque, Ethuse*, etc., ils ressemblent trop au latin pour qu'on ne le préfère pas. Le botaniste est heureux de posséder une langue universelle, et, d'un autre côté, il doit s'apercevoir que les gens du monde et de la campagne n'empruntent aux Flores aucune des dénominations précédentes.

Je ne me suis point occupé des plantes cultivées dont l'énumération appartient aux livres de jardinage. Ce n'est pas avec l'addition de 100 à 300 plantes exotiques que l'on parvient aujourd'hui à prévenir tous les cas où le commençant est embarrassé par une plante étrangère ; et, plutôt que de grossir ce volume par des descriptions qui lui ôteraient son caractère local, je renvoie aux livres traitant spécialement cette matière, par ex. au *Bon Jardinier*, à la *Statistique horticole de Maine-et-Loire*, par M. Millet d'Angers, et surtout à la *Flore élémentaire des jardins et des champs*, par MM. Le Maout et Decaisne. Ce dernier ouvrage, volume de 936 pages, donne la description des plantes sauvages les plus apparentes, de la plupart des espèces cultivées, avec leurs propriétés, l'étymologie des genres et un vocabulaire des termes de botanique ; c'est le *véritable complément* des Flores locales. Afin de diriger le commençant au milieu de la masse considérable de plantes décrites dans ces livres, je donne à la fin de l'Introduction une liste des plantes le plus généralement cultivées.

La description des familles est extraite des ouvrages de De Candolle, de Lindley et du Synopsis de Koch. Les caractères tirés de l'embryon ont été omis, parce que l'élève ne s'en occupe jamais, et parce que le botaniste ne vient pas les étudier dans une petite Flore locale. Il me semble aussi que l'on ne doit entretenir les élèves que des familles dont ils ont sous les yeux des représentants nombreux ou caractéristiques. C'est pour cette raison que je n'ai pu me résoudre à donner la description de celles dont nous ne possédons qu'un seul genre ou une seule espèce. J'ai cru plus simple d'indiquer dans le genre des caractères suffisants pour l'exclure des familles voisines.

J'ai adopté pour la distribution de cette Flore, l'ordre du Synopsis de Koch, 2me édition, ouvrage qui est généralement suivi pour les plantes de l'Europe centrale, et qui a toujours de la valeur, malgré les innovations récentes. Lorsque, dans cet auteur ou dans d'autres, j'ai rencontré une phrase s'appliquant à nos plantes, je n'ai pas hésité à me l'approprier, sans chercher à déguiser l'emprunt ; mais j'ajouterai encore que je n'ai inséré aucun caractère sans l'avoir vérifié sur le vivant. Quand toute vérification, soit de caractères, soit de localités, m'a été impossible, ces exceptions sont notées entre « ». J'ai été très sobre de ces citations, et, quoique j'y attache de la valeur, chacun est libre d'y donner la considération que l'auteur cité mérite à ses yeux.

— Le sol de la Charente-Inférieure est presque entièrement calcaire ; ce terrain se continue dans le midi et le long de l'est des Deux-Sèvres, ainsi que dans le midi de la Vendée. Dans ce dernier département, il reparait sur plusieurs localités peu étendues, ainsi qu'à Machecoul et à Arthon dans la Loire-Inférieure. Au-delà de la Loire, ce terrain ne forme que quelques points, dont le plus considérable est au midi et près de Rennes.

Le Bocage des Deux-Sèvres, celui de la Vendée et le midi de la Loire-Inférieure sont presque entièrement formés de terrains primitifs.

Au nord de la Loire, la Bretagne se compose de deux chaînes de terrains primitifs, l'une au sud assez continue, l'autre au nord, formée d'une multitude d'ilots séparés par les mêmes terrains de transition qui occupent tout l'espace compris entre ces deux chaînes.

— L'Ouest de la France offre deux Flores distinctes : la Flore maritime et celle de l'intérieur. La première à un caractère particulier et comprend : 1o Les plantes propres aux prés, aux vases et aux marais salés ; 2o les plantes des sables maritimes ; 3o les plantes des rochers et des coteaux ; 4o celles qui habitent les prés, les décombres et les terres cultivées ou incultes.

### (No 1.) PLANTES DES PRÉS, DES VASES ET DES MARAIS SALÉS

| | |
|---|---|
| Ranunculus Baudotii. | Statice Limonium. |
| Cochlearia danica. | — rariflora. |
| — anglica. | — lychnidifolia. |
| — officinalis. | — Dodartii. |
| Lepidium latifolium. | Plantago maritima. |
| Spergularia marina. | Salicornia fruticosa. |
| — marginata. | — radicans. |
| Eryngium viviparum. | — herbacea. |
| Apium graveolens. | Salsola Soda. |
| Aster Tripolium. | Suæda maritima. |
| Inula crithmoides. | — fruticosa. |
| Artemisia maritima. | Atriplex littoralis. |
| — gallica. | — portulacoides. |
| Sonchus maritimus. | Beta maritima. |
| Glaux maritima. | Ruppia maritima. |

Ruppia rostellata.
Althenia filiformis. X.
Zostera marina.
— nana.
Triglochin maritimum.
Juncus maritimus.
— Gerardi.
Scirpus maritimus.
— parvulus.
— pungens.
— carinatus.
— triqueter.
— Savii.
Carex extensa.
— divisa.

Alopecurus bulbosus.
Crypsis aculeata.
— schœnoides.
Spartina stricta.
Polypogon maritimus.
— monspeliensis.
— littoralis.
*Agrostis maritima.*
Glyceria maritima.
— distans.
— procumbens.
Hordeum maritimum.
Lepturus incurvatus.
Chara alopecuroides.

## (Nᵒ 2.) PLANTES DES SABLES MARITIMES

Matthiola sinuata.
Cakile Serapionis.
Cistus salvifolius. X.
*Viola nana.*
Dianthus gallicus.
Silene Thorei. X.
— portensis.
— Otites var. umbellata.
Halianthus peploides.
*Arenaria Lloydii.*
Cerastium tetrandum.
Erodium cicutarium var.
Tribulus terrestris.
Ononis reclinata.
Medicago marina.
— striata.
— littoralis.
*Trifolium arenivagum.*
Eryngium maritimum.
Galium arenarium.
— neglectum.
Helichrysum Stœchas.
Diotis candidissima.
*Chrysanthemum maritimum.*
*Artemisia crithmifolia.*
Centaurea aspera. X.
Thincia hirta var.
Crepis suffreniana.
— bulbosa.
Hieracium eriophorum. X.
Jasione montana var.

Convolvulus Soldanella.
Omphalodes littoralis.
Linaria arenaria.
— thymifolia. X.
— supina.
Lysimachia Linum stellatum.
Salsola Kali.
Atriplex arenaria.
Polygonum maritimum.
— Rayi.
Euphorbia Peplis.
— polygonifolia.
— Paralias.
— portlandica.
Ephedra distachya.
Pancratium maritimum.
*Asparagus prostratus.*
Juncus maritimus.
— acutus.
Scirpus Holoschœnus.
Carex arenaria.
— trinervis.
Phleum arenarium.
Lagurus ovatus.
Calamagrostis arenaria.
Poa loliacea.
Festuca Michelii. X.
— *oraria.*
Bromus molliformis.
— mollis var.
Triticum junceum.

### (N° 3.) PLANTES DES COTEAUX ET DES ROCHERS MARITIMES

Raphanus maritimus.
Matthiola incana. X.
Crambe maritima.
Cochlearia danica.
     —      officinalis.
*Polygala oxyptera.*
Frankenia lævis.
Silene maritima.
Arenaria marina.
Lavatera arborea.
     —      cretica.
Erodium maritimum.
Medicago striata.
Melilotus parviflora.
     —      sulcata. X.
Sedum littoreum.
Trifolium arvense perpusillum.
Daucus gummifer.
Crithmum maritimum.
*Chrysanthemum maritimum.*

Erythræa maritima.
Lithospermum apulum. X.
     —      prostratum.
Eufragia latifolia,
Statice Dodartii.
     —      ovalifolia.
     —      occidentalis.
Armeria maritima.
Plantago maritima.
Beta maritima.
Atriplex portulacoides.
Romulea Columnæ.
Juncus acutus.
*Anthoxanthum nanum.*
Avena barbata.
Poa loliacea.
Isoetes Hystrix.
Ophioglossum lusitanicum.
Asplenium marinum.

### (N° 4.) PLANTES DES PRÉS, DES HAIES, DES DÉCOMBRES ET DES LIEUX INCULTES OU CULTIVÉS

Erodium malacoides.
Trifolium resupinatum.
     —      maritimum.
Tamarix anglica.
Lotus tenuifolius.
Valerianella eriocarpa var.
Scolymus hispanicus.
Cynanchum acutum. X.

Atriplex Halimus. *
Juncus maritimus.
Carex divisa.
Phalaris minor.
Festuca ciliata.
Bromus molliformis.
Triticum repens var.
Hordeum maritimum.

Les plantes de la Flore de l'intérieur peuvent être réparties selon leur station dans les listes suivantes ; celles-ci, afin d'être mieux caractérisées, ne contiennent pas les espèces qui habitent un grand nombre de stations.

### (N° 5.) PLANTES DES TERRAINS CALCAIRES

La lettre V indique les plantes croissant dans le département de la Vendée.

Thalictrum minus. V.
Adonis autumnalis. V.
     —      æstivalis.
Adonis flammea. V.
Helleborus fœtidus.
Nigella arvensis. V.
     —      damascena. V.

Nigella gallica.
Delphinium Consolida. V.
     —      cardiopetalum V.
Rœmeria hybrida.
Hypecoum pendulum.
Fumaria parviflora. V.
     —      Vaillantii. V.

Erucastrum obtusangulum.
Diplotaxis muralis. V.
— viminea. V.
Sisymbrium austriacum.
— Columnæ. V.
Erysimum orientale.
Nasturtium asperum.
Rapistrum rugosum.
Bunias Erucago.
Calepina Corvini. V.
Neslea paniculata. V.
Myagrum perfoliatum.
Alyssum calycinum. V.
Lepidium campestre. V.
Hutchinsia petræa. V.
Thlaspi perfoliatum. V.
Iberis amara. V.
Biscutella lævigata. V.
Helianthemum vulgare. V.
— procumbens.
— salicifolium. V.
— pulverulentum.
Parnassia palustris.
Polygala calcarea.
Dianthus Carthusianorum. V.
Saponaria Vaccaria.
Silene inflata. V.
Arenaria controversa.
— segetalis. V.
Holosteum umbellatum. V.
Linum strictum. V.
— *laxiflorum*. V.
— suffruticosum.
— tenuifolium. V.
— Loreyi.
Althæa cannabina. V.
— hirsuta. V.
Genista pilosa.
— sagittalis.
Cytisus supinus. V.
— argenteus.
Ononis Natrix. V.
Medicago marginata. V.
Melilotus arvensis. V.
Trifolium rubens. V.
Tetragonolobus siliquosus.
Anthyllis Vulneraria. V.
Astragalus glycyphyllos. V.
Coronilla minima.
— scorpioides. V.
— varia. V.
Hippocrepis comosa. V.
Onobrychis sativa. V.

Vicia tenuifolia. V.
— varia. V.
— serratifolia. V,
Ervum Ervilia.
— cassubicum. V.
Orobus niger. V.
Prunus Mahaleb.
Potentilla verna. V.
Sedum anopetalum.
Bupleurum falcatum.
— protractum. V.
— rotundifolium. V.
Caucalis daucoides. V.
Turgenia latifolia. V.
Orlaya grandiflora. V.
Trinia vulgaris.
Bifora testiculata. V.
Falcaria Rivini. V.
Seseli montanum. V.
— coloratum. V.
— Libanotis. V.
Peucedanum Cervaria.
Cornus mas.
Lonicera Xylosteum.
Galium boreale.
— silvestre. V.
— spurium.
Asperula galioides.
— arvensis. V.
Crucianella angustifolia.
Valeriana dioica.
Valerianella hamata.
Globularia vulgaris.
Dipsacus pilosus. V.
Scabiosa Columbaria. V.
Micropus erectus. V.
Inula montana. V.
— squarrosa. V.
Artemisia camphorata.
Chrysanthemum corymbosum. V
Senecio erucifolius. V.
Cirsium eriophorum. V.
— acaule. V.
Carduncellus mitissimus. V.
Centaurea solstitialis.
— Scabiosa. V.
Xeranthemum inapertum.
— cylindraceum. V.
Catananche cœrulea.
Leontodon hispidus.
Tragopogon major. V.
Podospermum laciniatum. V.
Lactuca perennis. V.

Crepis setosa. **V.**
  —  pulchra. **V.**
Phyteuma orbiculare.
Campanula Erinus. **V.**
Chlora perfoliata. **V.**
Lithospermum officinale. **V.**
  —  purpureo-cæruleum. **V.**
Anchusa italica. **V.**
Echinospermum Lappula. **V.**
Cynoglossum pictum. **V.**
Physalis Alkekengi. **V.**
Digitalis lutea.
Veronica prostrata.
  —  verna.
  —  triphyllos.
  —  præcox. **V.**
Melampyrum arvense. **V.**
  —  cristatum. **V.**
Odontites jaubertiana. **V.**
  —  lutea.
Orobanche cruenta. **V.**
  —  Epithymum. **V.**
  —  Teucrii.
Lathræa Squamaria.
Salvia sclarea. **V.**
  —  pratensis. **V.**
Galeopsis Ladanum. **V.**
Stachys germanica. **V.**
  —  alpina.
  —  annua. **V.**
  —  recta. **V.**
Ajuga genevensis.
  —  Chamæpitys. **V.**
Teucrium Botrys. **V.**
  —  Chamœdrys. **V.**
  —  montanum. **V.**
Pinguicula vulgaris.
Androsace maxima.
Plantago media. **V.**
Polycnemum majus. **V.**
  —  minus. **V.**
Polygonum Bellardi.

Passerina annua. **V.**
Euphorbia verrucosa.
  —  falcata. **V.**
Potamogeton plantagineus. **V.**
Orchis odoratissima.
  —  chlorantha. **V.**
  —  pyramidalis **V.**
  —  hircina. **V.**
  —  fusca.
  —  galeata.
  —  simia. **V.**
  —  palustris. **V.**
Ophrys aranifera. **V.**
  —  Arachnites.
  —  Scolopax.
  —  apifera. **V.**
  —  muscifera.
  —  fusca.
  —  anthropophora. **V.**
Limodorum abortivum.
Epipactis grandiflora.
  —  ensifolia.
  —  rubra.
Juncus obtusiflorus. **V.**
Carex flava. **V.**
  —  Mairii.
  —  paludosa. **V.**
  —  tomentosa. **V.**
  —  montana.
  —  gynobasis. **V.**
  —  humilis.
Phleum Boehmeri. **V.**
Stipa pennata.
Echinaria capitata. **V.**
Kœleria valesiaca. **V.**
Avena pubescens. **V.**
  —  pratensis.
Bromus arvensis. **V.**
  —  erectus. **V.**
Equisetum Telmateia. **V.**
Adiantum Capillus Veneris.

(N<sup>o</sup> 6.) PLANTES AQUATIQUES

A. *Plantes vivant dans l'eau ou en partie submergées*

Ranunculus Lingua.
  —  Sect. Batrachium.
Nymphæa alba.
Nuphar luteum.
Nasturtium officinale.
  —  amphibium.

Elatine Alsinastrum.
Comarum palustre.
Trapa natans.
Myriophyllum spicatum.
  —  alterniflorum.
  —  verticillatum.

Hippuris vulgaris.
Montia fontana.
Cicuta virosa.
Sium latifolium.
Helosciadium inundatum.
Œnanthe Phellandrium.
Limnanthemum nymphoides.
Menyanthes trifoliata.
Utriculariæ omnes.
Hottonia palustris.
Polygonum amphibium.
Callitriches omnes.
Ceratophyllum demersum.
— submersum.
Hydrocharis Morsus ranæ.
Elodea canadensis.
Alisma natans.
Sagittaria sagittifolia.

Butomus umbellatus.
Potamogetones omnes.
Zannichellia palustris.
— dentata.
Naias major.
— minor.
Lemnæ omnes.
Sparganium minimum.
Typhæ omnes.
Juncus heterophyllus.
— supinus.
Scirpus fluitans.
Airopsis agrostidea.
Glyceria fluitans.
— plicata.
Marsiglia quadrifoliata.
Charæ omnes.

*Plantes maritimes*

Ruppia maritima.
— rostellata.
Althenia filiformis.
Zostera marina.

Zostera nana.
Spartina stricta.
Chara alopecuroides.

B. *Plantes des lieux marécageux, du bord des eaux*

Thalictrum flavum.
Ranunculus Flammula.
— ophioglossifolius.
— nodiflorus.
— repens.
— sceleratus.
Caltha palustris.
Cardamine pratensis.
— amara.
— parviflora.
— Impatiens.
Erysimum cheiranthoides.
Nasturtium silvestre.
— palustre.
— amphibium.
Viola palustris.
Drosera rotundifolia.
— intermedia.
Parnassia palustris. X.
Saponaria officinalis.
Spergula nodosa.
Stellaria glauca.
— uliginosa.
Malachium aquaticum.
Elatines omnes.
Althæa officinalis.

Hypericum tetrapterum.
Elodes palustris.
Melilotus officinalis.
Lathyrus palustris.
Spiræa Ulmaria.
Rubus cæsius.
Sanguisorba officinalis.
Comarum palustre.
Epilobium hirsutum.
— parviflorum.
— tetragonum.
— palustre.
Lythrum Salicaria.
Peplis Portula.
— Boræi.
Montia fontana.
Chrysosplenium oppositifolium.
Hydrocotyle vulgaris.
Cicuta virosa.
Helosciadium repens.
— nodiflorum.
Sium latifolium.
— angustifolium.
Carum verticillatum.
Œnanthe crocata.
— fistulosa.

Œnanthe Lachenalii.
Peucedanum palustre.
— lancifolium.
Angelica silvestris.
— heterocarpa.
Galium uliginosum.
— palustre.
— constrictum.
Valeriana officinalis.
— dioica.
Eupatorium cannabinum.
Inula Britannica.
Bidens tripartita.
— cernua.
Achillea Ptarmica.
Senecio aquaticus.
Cirsium palustre.
— anglicum.
Scorzonera humilis.
*Taraxacum palustre.*
Wahlenbergia hederacea.
Vaccinium Oxycoccos.
Symphytum officinale.
Myosotis palustris.
— repens.
— cæspitosa.
— sicula.
Solanum Dulcamara.
Scrofulia aquatica.
Gratiola officinalis.
Veronica scutellata.
— Anagallis.
— Beccabunga.
Lindernia Pyxidaria.
— gratioloides.
Limosella aquatica.
Pedicularis palustris.
Sibthorpia europæa.
Lathræa clandestina.
Mentha aquatica.
— *Lloydii.*
— *subspicata.*
— *hirta.*
— sativa.
— arvensis.
— Pulegium.
Lycopus europæus.
Stachys palustris.
Chaiturus Marrubiastrum.
Scutellaria galericulata.
— hastifolia.
— minor.
Teucrium Scordium.

Pinguicula lusitanica.
— vulgaris.
Lysimachia vulgaris.
— Nummularia.
Anagallis tenella.
Samolus Valerandi.
Littorella lacustris.
Chenopodium rubrum.
Rumex palustris.
— maritimus.
— Hydrolapathum.
Polygonum Bistorta.
— amphibium.
— lapathifolium.
— nodosum.
— Persicaria.
— dubium.
— Hydropiper.
— minus.
Euphorbia palustris.
Salix alba.
— fragilis.
— russelliana.
— triandra.
— undulata.
— seringeana.
— rugosa.
— purpurea.
— viminalis.
— cinerea.
— aurita.
— repens.
Alnus glutinosa.
Myrica Gale.
Alisma Plantago.
— ranunculoides.
— Damasonium.
Triglochin Barrelieri.
— palustre.
Typhæ omnes.
Sparganium ramosum.
— simplex.
— neglectum.
Acorus Calamus.
Orchis maculata.
— latifolia.
— incarnata.
— palustris.
Spiranthes autumnalis.
Malaxis paludosa.
Iris Pseud-Acorus.
— sibirica.
Narthecium ossifragum.

Juncus conglomeratus.
— effusus.
— glaucus.
— squarrosus.
— acutiflorus.
— striatus.
— anceps.
— lampocarpus.
— obtusiflorus.
— supinus.
— compressus.
Luzula multiflora.
Cyperus flavescens.
— fuscus.
— longus.
— Monti. X.
Schœnus nigricans.
Cladium Mariscus.
Rhynchospora alba.
— fusca
Eleocharis palustris.
— uniglumis.
— multicaulis.
— ovata.
— acicularis.
Scirpus cæspitosus.
— pauciflorus.
— fluitans.
— setaceus.
— lacustris.
— Tabernæmontani.
— triqueter.
— maritimus.
— silvaticus.
— michelianus.
Eriophorum vaginatum.
— angustifolium.
— latifolium.
— gracile.
Carex dioica.
— pulicaris.
— divisa.
— paniculata.
— teretiuscula.
— vulpina.

Carex stellulata.
— canescens.
— elongata.
— disticha.
— vulgaris.
— trinervis.
— stricta.
— acuta.
— flava.
— Œderi.
— punctata.
— Mairii. ·
— hornschuchiana.
— distans.
— limosa.
— panicea.
— maxima.
— Pseudo Cyperus.
— ampullacea.
— vesicaria.
— riparia.
— nutans.
— paludosa.
— filiformis.
Leersia oryzoides.
Coleanthus subtilis.
Calamagrostis lanceolata.
Phragmites communis.
Aira uliginosa.
Airopsis agrostidea.
Glyceria spectabilis.
— fluitans.
— airoides.
Nardus stricta.
Equisetum arvense.
— Telmateia.
— limosum.
— palustre.
Marsiglia quadrifoliata.
Pilularia globulifera.
Lycopodium inundatum.
Osmunda regalis.
Polystichum Thelypteris.
— Oreopteris.

*Plantes maritimes*

Cochlearia anglica.
Arenaria marginata.
Apium graveolens.
Aster Tripolium.
Artemisia maritima.

Artemisia gallica.
Sonchus maritimus.
Glaux maritima.
Statice Limonium.
— lychnidifolia.

Statice Dodartii.
Plantago maritima.
Salicornia fruticosa.
—        radicans.
—        herbacea.
Triglochin maritimum.
Juncus maritimus.
Scirpus maritimus.
—    parvulus.
—    pungens.

Scirpus carinatus.
—    triqueter.
—    Savii.
Carex extensa.
Spartina stricta.
Polypogon monspeliensis.
—        littoralis.
Glyceria maritima.
—    distans.
Lepturus incurvatus.

(N° 7.) PLANTES DES BOIS

Clematis Vitalba.
Anemone nemorosa.
Ranunculus auricomus.
—        nemorosus.
—        repens.
Isopyrum thalictroides.
Aquilegia vulgaris.
Corydalis solida.
Dentaria bulbifera. X.
Viola odorata.
— hirta.
— sepincola. X.
— virescens. X.
— riviniana.
— reichenbachiana.
— canina.
Polygala vulgaris.
Arenaria trinervia.
Tilia microphylla.
Hypericum montanum.
—        hirsutum.
—        pulchrum.
Androsæmum offcinale.
Acer campestre.
— monspessulanum. X.
Geranium sanguineum.
Impatiens Noli tangere.
Oxalis Acetosella.
Evonymus europæus.
Rhamnus catharticus.
—        Frangula.
Ulex europæus.
— nanus.
Genista tinctoria.
—    pilosa. X.
—    sagittalis. X.
Sarothamnus scoparius.
Cytisus supinus. X.
— argenteus. X.

Adenocarpus complicatus.
Trifolium ochroleucum.
—        medium.
Astragalus glycyphyllos.
Coronilla minima. X.
Vicia serratifolia. X.
Ervum cassubicum. X.
Lathyrus latifolius. X.
Orobus tuberosus.
—    niger. X.
Prunus spinosa.
—    fruticans.
—    avium.
—    Cerasus.
Spiræa Filipendula.
Geum urbanum.
Rubus fruticosus.
—    Idæus.
Fragaria vesca.
—    collina.
Potentilla Vaillantii.
Tormentilla erecta.
Rosæ omnes.
Cratægus monogyna.
—        Oxyacantha.
Mespilus germanica.
Pyrus communis.
—    Malus.
—    torminalis.
—    domestica.
—    aucuparia.
Epilobium angustifolium.
—        montanum.
—        lanceolatum.
Circæa lutetiana.
Sanicula europæa.
Conopodium denudatum.
Seseli Libanotis.
Peucedanum Cervaria. X.

Peucedanum gallicum.
Laserpitium latifolium. X.
Hedera Helix.
Cornus sanguinea.
   — mas. X.
Sambucus nigra.
Viburnum Opulus.
Lonicera Xylosteum. X.
   — Periclymenum.
Rubia peregrina.
Galium saxatile.
Asperula galioides. X.
   — odorata.
Solidago Virga aurea.
Doronicum plantagineum.
Senecio Ruthenicus. X.
Serratula tinctoria.
Centaurea serotina.
   — nigra.
Scorzonera hispanica. X.
Hypochœris maculata. X.
Lactuca muralis.
Hieracium murorum.
   — silvaticum.
   — tridentatum.
   — umbellatum.
   — boreale.
Phyteuma spicatum.
Campanula patula.
Vaccinium Myrtillus.
Erica ciliaris.
   — cinerea.
   — vagans.
   — scoparia.
Calluna vulgaris.
Arbutus Unedo. X.
Monotropa Hypopitys.
Ilex Aquifolium.
Fraxinus excelsior.
Vinca minor.
Lithosperm. purp. cœruleum. X.
Pulmonaria angustifolia.
Myosotis silvatica.
Veronica Chamædrys.
   — montana.
   — officinalis.
Melampyrum pratense.
   — cristatum. X.
Pedicularis silvatica.
Euphrasia officinalis.
   — nemorosa.
Odontites lutea. X.
Orobanche cruenta. X.

Orobanche Ulicis.
   — Rapum.
Lathræa Squamaria. X.
Melittis Melissophyllum.
Galeobdolon luteum.
Stachys alpina. X.
Brunella hyssopifolia. X.
Teucrium Scorodonia.
Lysimachia nemorum.
Daphne Laureola.
Euphorbia dulcis.
   — angulata. X.
   — verrucosa. X.
   — hiberna. X.
   — pilosa.
Mercurialis perennis.
Ulmus campestris.
Fagus silvatica.
Castanea vulgaris.
Quercus pedunculata.
   — sessiliflora.
   — pubescens.
   — Toza.
   — Cerris.
   — Ilex.
Corylus Avellana.
Carpinus Betulus.
Salix cinerea.
   — Capræa.
Populus Tremula.
Betula alba.
Juniperus communis.
Pinus maritima.
Orchis bifolia.
   — montana.
   — galeata. X.
   — simia. X.
Ophrys Arachnites. X.
   — Scolopax. X.
Limodorum abortivum. X.
Epipactis ensifolia. X.
   — rubra. X.
   — latifolia.
   — viridiflora.
Neottia Nidus avis.
Narcissus Pseudo-Narcissus.
Galantus nivalis.
Convallaria multiflora.
   — Polygonatum.
   — maialis.
Ruscus aculeatus.
Tamus communis.
Paris quadrifolia.

Simethis planifolia.
Ornithogalum sulfureum.
Endymion nutans.
Scilla bifolia.
Allium ursinum.
Luzula Forsteri.
— pilosa.
— maxima.
— multiflora.
Carex remota.
— pallescens.
— lævigata.
— silvatica.
— strigosa.
— pendula.
— præcox.
— polyrrhiza.
— montana. X.
— pilulifera.
— gynobasis. X.
— glauca.
Anthoxanthum odoratum.
Calamagrostis Epigeios.
Milium effusum.
Aira cæspitosa.
— media. X.
— flexuosa.

Holcus mollis.
Arrhenatherum bulbosum.
Avena pubescens.
— pratensis. X.
— sulcata.
— longifolia.
Danthonia decumbens.
Melica uniflora.
— cærulea.
Poa nemoralis.
Festuca tenuifolia.
— heterophylla.
Brachypodium silvaticum.
Bromus giganteus.
Elymus europæus. X.
Equisetum silvaticum.
Lycopodium clavatum.
Aspidium angulare.
— aculeatum.
Polystichum Oreopteris.
— Filix mas.
— spinulosum.
Asplenium Filix fœmina.
Scolopendrium officinale.
Blechnum Spicant.
Pteris aquilina.

## (N° 8.) PLANTES DES HAIES, DES BUISSONS

Dans beaucoup de cas, cette station rentre dans la précédente ; les haies et les buissons pouvant être considérés comme des taillis clairs.

Clematis Vitalba.
Corydalis solida.
— claviculata.
Erysimum Alliaria.
Barbarea vulgaris.
Viola odorata.
— riviniana.
— canina.
Polygala vulgaris.
Dianthus Armeria.
Cucubalus bacciferus.
Lychnis diurna.
Arenaria montana.
— trinervia.
Stellaria neglecta.
— holostea.
— graminea.
Malva Alcea.
Hypericum pulchrum.
— quadrangulum.

Hypericum hirsutum.
Acer campestre.
— monspessulanum. X.
Evonymus europæus.
Rhamnus catharticus.
— Frangula.
Ulex europæus.
— nanus.
Sarothamnus scoparius.
Pisum Tuffetii.
Vicia Cracca.
— tenuifolia. X.
— sepium.
— lutea.
— angustifotia.
Lathyrus Nissolia.
Lathyrus silvestris.
— latifolius. X.
Pruni omnes.
Rubus fruticosus.

Fragaria vesca.
Potentilla Vaillantii.
    — fragariastrum.
Agrimonia odorata.
Cratægus monogyna.
    — Oxyacantha.
Mespilus germanica.
Pyrus communis.
    — Malus.
    — torminalis.
    — domestica.
Epilobium lanceolatum.
Bryonia dioica.
Sedum Telephium.
    — Cepæa.
Ribes rubrum.
Bupleurum falcatum. X.
Chærophyllum temulum.
Anthriscus silvestris.
Torilis Anthriscus.
    — helvetica.
    — heterophylla.
Smyrnium Olusatrum.
Sison Amomum.
Ægopodium Podagraria.
Conopodium denudatum.
Pimpinella magna.
Œnanthe pimpinelloides.
Pastinaca silvestris.
Heracleum Sphondylium.
Cornus sanguinea.
    — mas. X.
Adoxa Moschatellina.
Viburnum Lantana.
    — Opulus.
Lonicera Periclymenum.
    — Xylosteum. X.
Rubia peregrina.
Galium Cruciata.
    — Mollugo.
    — saxatile.
    — Aparine.
Lapsana communis.
Hieracium murorum.
    — silvaticum.
Campanula patula.
    — Rapunculus.
    — Trachelium.
Ilex Aquifolium.
Fraxinus excelsior.
Ligustrum vulgare.
Convolvulus sepium.

Lithospermum officinale.
    — purpureo-cæruleum. X.
Pulmonaria angustifolia.
Anchusa sempervirens.
Scrofularia nodosa.
    — Scorodonia.
Digitalis purpurea.
Veronica Chamædrys.
    — officinalis.
Calamintha ascendens.
    — silvatica.
Clinopodium vulgare.
Glechoma hederacea.
Lamium maculatum.
    — album.
Stachys alpina. X.
    — silvatica.
Betonica officinalis.
Teucrium Scorodonia.
Primula officinalis.
    — vulgaris.
Rumex conglomeratus.
    — nemorosus.
Polygonum Convolvulus.
    — dumetorum.
Daphne Laureola.
Euphorbia stricta.
    — dulcis.
    — verrucosa. X.
    — pilosa.
Humulus Lupulus.
Corylus Avellana.
Salix cinerea.
    — Capræa.
Populus Tremula.
    — nigra.
Betula alba.
Orchis fusca. X.
Iris fœtidissima. .
Galanthus nivalis.
Ruscus aculeatus.
Tamus communis.
Carex depauperata.
Calamagrostis Epigeios.
Arrhenatherum bulbosum.
Dactylis glomerata.
Brachypodium pinnatum.
Bromus asper.
Triticum repens.
Aspidium angulare.
Polystichum Filix mas.
Asplenium Filix fœmina.
    — Adiantum nigrum.

### (N° 9.) PLANTES DES LANDES

Les landes ne forment pas une station caractérisée, la plupart des
plantes qui y habitent appartenant aux taillis clairs, aux buissons.

Helianthemum umbellatum.
 —          alyssoides. X.
Viola canina.
 — lancifolia.
Polygala vulgaris.
 —        depressa.
Linum catharticum.
Hypericum pulchrum.
Ulex europæus.
 — nanus.
 — Gallii.
Genista anglica.
 —       pilosa. X.
Cytisus supinus. X.
Adenocarpus complicatus.
Tormentilla erecta.
Pimpinella saxifraga.
Galium saxatile.
Solidago Virga aurea.
Filago montana.
Serratula tinctoria.
Hypochœris glabra.
Lobelia urens.
Ericæ omnes.
Calluna vulgaris. .
Gentiana Pneumonanthe.
Erythræa diffusa.
Lithospermum prostratum.
Pedicularis silvatica.
Euphrasia nemorosa.
Orobanche Ulicis.
 —        Rapum.
Thymus Serpyllum.
Betonica officinalis.
Daphne Cneorum. X.
Euphorbia angulata. X.

Quercus Toza.
Juniperus communis.
Orchis maculata.
Gladiolus illyricus.
Asphodelus albus.
 —        Arrondeaui,
Simethis planifolia.
Scilla verna.
Allium ericetorum.
Juncus squarrosus.
Eleocharis multicaulis.
Scirpus cæspitosus.
Carex pulicaris.
 — Œderi.
 — hornschuchiana.
 — binervis.
 — panicea.
 — præcox.
 — glauca.
Agrostis canina.
 —       setacea.
Aira uliginosa.
 — flexuosa.
 — præcox.
Avena sulcata.
 — longifolia.
Danthonia decumbens.
Melica cærulea.
Cynosurus echinatus.
Festuca tenuifolia.
Brachypodium pinnatum.
Nardus stricta.
Lycopodium Selago.
Botrychium Lunaria.
Pteris aquilina.

### (N° 10.) PLANTES DES PRÉS, DES PATURES

Ranunculus boræanus.
 —        bulbosus.
 —        philonotis.
Raphanus Raphanistrum.
Cardamine pratensis.
Silene inflata.
Mœnchia erecta.
Lychnis Flos cuculi.

Stellaria viscida.
Linum Catharticum.
 — angustifolium.
Trigonella ornithopodioides.
Trifolium repens.
 —        michelianum.
 —        subterraneum.
 —        pratense.

Trifolium ochroleucum.
— maritimum.
— striatum.
— resupinatum.
— filiforme.
— procumbens.
— patens.
Lotus corniculatus.
Medicago Lupulina.
— maculata.
Vicia Cracca.
Lathyrus pratensis.
Orobus albus.
Spiræa Filipendula.
Daucus Carota.
Pimpinella saxifraga.
Œnanthe peucedanifolia.
— silaifolia.
Silaus pratensis.
Peucedanum Chabræi.
Heracleum Spondylium.
Galium verum.
— boreale. X.
Bellis perennis.
Achillea Ptarmica.
Chrysanthemum Leucanthemum
Senecio aquaticus.
Centaurea pratensis.
Leontodon autumnalis.
Taraxacum officinale.
Tragopogon porrifolius.
— pratensis.
— orientalis.
Hypochœris radicata.
Crepis virens.
— taraxacifolia.
Thrincia hirta.
Campanula glomerata.
Rhinanthus glaber.
Euphrasia officinalis.
Primula officinalis.
Plantago lanceolata.
Rumex crispus.
— acetosa.
Orchis viridis.
— conopea.
— maculata.

Orchis pyramidalis.
— coriophora.
— ustulata.
— galeata. X.
— mascula.
— laxiflora.
— Morio.
Ophrys apifera.
Narcissus Pseudo-Narcissus.
Fritillaria Meleagris.
Ornithogalum sulfureum.
Scilla autumnalis.
Colchicum autumnale.
Phalaris arundinacea.
Anthoxanthum odoratum.
Alopecurus pratensis.
— geniculatus.
Phleum pratense.
Agrostis alba.
— vulgaris.
— canina.
Holcus lanatus.
— mollis.
Arrhenatherum elatius.
— bulbosum.
Avena pubescens.
— flavescens.
Briza media.
Poa trivialis.
— pratensis.
Dactylis glomerata.
Cynosurus cristatus.
Festuca sciuroides.
— rubra.
— arundinacea.
— pratensis.
Bromus commutatus.
— racemosus.
— mollis.
— erectus.
Gaudinia fragilis.
Hordeum pratense.
— murinum.
Lolium perenne.
— italicum.
Ophioglossum vulgatum.

## (Nº 11.) PLANTES DES SABLES

Diplotaxis viminea.
Sisymbrium Sophia.
Alyssum campestre. X.

*Viola nana.*
*— segetalis.*
Reseda lutea.

Cistus salvifolius. X.
Helianthemum alyssoides. X.
Dianthus prolifer.
Silene Otites.
— conica.
— gallica.
Spergula vulgaris.
— arvensis.
— pentandra.
— nodosa.
— subulata.
Arenaria segetalis.
— rubra.
— montana.
Holosteum umbellatum.
Cerastium arvense.
— semi-decandrum.
Geranium pusillum.
Oxalis stricta.
Ononis repens.
— Natrix. X.
— reclinata.
Medicago minima.
Trifolium Molinerii.
Lupinus reticulatus.
Ornithopus roseus.
— compressus.
— ebracteatus.
Vicia lathyroides.
Lathyrus angulatus.
Œnothera biennis.
Herniaria glabra.
— hirsuta.
Corrigiola littoralis.
Illecebrum verticillatum.
Polycarpon tetraphyllum.
Tillæa muscosa.
Sedum pentandrum.
Saxifraga tridactylites.
Eryngium campestre.
Bupleurum aristatum.
Erigeron acris.
— canadensis.
Filago arvensis.
Gnaphalium luteo album.
Artemisia campestris.
Senecio viscosus.
Arnoseris pusilla.
Thrincia hirta.
Hypochœris glabra.
Chondrilla juncea.
Crepis fœtida.
Xanthium macrocarpum.

Jasione montana.
Specularia Speculum.
Vincetoxicum officinale.
Chlora imperfoliata.
Lycopsis arvensis.
Linaria spuria.
— minor.
— spartea. X.
— supina.
Lamium amplexicaule.
Sideritis romana. X.
Armeria plantaginea.
Plantago arenaria.
Rumex bucephalophorus. X.
Daphne Gnidium. X.
Aristolochia Clematitis.
Osyris alba. X.
Euphorbia gerardiana. X.
— Esula.
— Cyparissias.
Quercus Ilex.
Salix repens.
Triglochin palustre.
Orchis hircina.
Serapias Lingua. X.
Epipactis viridiflora.
Asparagus officinalis.
Convallaria Polygonatum.
Simethis planifolia.
Gagea arvensis.
Allium vineale.
Muscari comosum.
Juncus capitatus.
— lampocarpus.
— pygmæus.
— Tenageia.
Scirpus Holoschœnus.
— michelianus.
Carex Schreberi.
— ligerina.
— humilis. X.
— hirta.
Tragus racemosus. X.
Panicum filiforme.
— sanguinale.
— ciliare.
Setaria glauca.
Crypsis alopecuroides.
Cynodon Dactylon.
Milium scabrum.
Aira canescens.
— caryophyllea.
Avena sulcata.

Avena longifolia.
— tenuis.
Poa megastachya. X.
— pilosa.
— bulbosa.
— pratensis.
Festuca uniglumis.
— ciliata.

Festuca rigida.
— tenuiflora.
Bromus tectorum.
— rigidus.
— madritensis.
Equisetum arvense.
— ramosum.

*Obs.* Voir les plantes des sables maritimes, liste (n° 2.)

## (N° 12.) PLANTES DES MURS

Chelidonium majus.
Papaver dubium.
Sisymbrium austriacum.
— Columnæ. X.
— Irio.
Arabis thaliana.
Cardamine hirsuta.
Matthiola incana. X.
Cheiranthus Cheiri.
Draba verna.
Dianthus Caryophyllus.
Sagina procumbens.
— patula.
Arenaria serpyllifolia.
— *leptoclados.*
Holosteum umbellatum.
Cerastium triviale.
Rhamnus Alaternus. X.
Sedum album.
— micranthum.
— rubens.
— littoreum. X.
— acre.
— reflexum.
Sempervivum tectorum.
Umbilicus pendulinus.
Saxifraga tridactylites.
Hedera Helix.
Valeriana rubra.
Valerianella olitoria.

Valerianella carinata.
Hieracium Pilosella.
— murorum.
Echium vulgare.
Myosotis hispida.
Antirrhinum majus.
Linaria Cymbalaria.
Parietaria officinalis.
Allium vineale.
Mibora minima.
Poa bulbosa.
— nemoralis.
— compressa.
Festuca ciliata.
— pseudo-Myuros.
— rigida.
— tenuiflora.
Bromus sterilis.
— tectorum.
— rigidus.
— madritensis.
Hordeum murinum.
Grammitis Ceterach.
Polypodium vulgare.
Cystopteris fragilis.
Asplenium Trichomanes.
— Adiantum nigrum.
— lanceolatum.
— Ruta muraria.

## (N° 13.) PLANTES DES ROCHERS, COTEAUX, LIEUX PIERREUX, LIEUX SECS

Thalictrum minus. X.
Ranunculus parviflorus.
— chærophyllos.
Helleborus fœtidus. X.
Brassica oleracea. X.

Erucastrum obtusangulum. X.
Sinapis incana.
Diplotaxis tenuifolia.
— muralis.
Sisymbrium austriacum.

Sisymbrium Irio.
   —      Columnæ. X.
Turritis glabra.
Matthiola incana. X.
Cheiranthus Cheiri.
Arabis sagittata.
Draba muralis.
Rapistrum rugosum. X.
Lepidium Draba. X.
   —    ruderale.
   —    graminifolium.
Hutchinsia petræa.
   —     procumbens. X.
Teesdalea Iberis.
   —     Lepidium. X.
Biscutella lævigata. X.
Helianthemum guttatum.
    —     vulgare.
    —     pulverulentum. X.
    —     procumbens. X.
Reseda lutea.
Astrocarpus Clusii.
Dianthus prolifer.
   —    Caryophyllus.
Silene nutans.
Arenaria controversa. X.
   —    *leptoclados.*
Cerastium glutinosum.
Linum gallicum.
   —    strictum. X.
   —    *laxiflorum.* X.
   —    suffruticosum.
   —    tenuifolium. X.
   —    angustifolium.
   —    Loreyi.
Hypericum linarifolium.
   —     humifusum.
Ononis striata. X.
   —   Columnæ. X.
Medicago marginata.
   —    tribuloides.
   —    Gerardi.
Trifolium suffocatum.
   —    angustifolium.
   —    Bocconei.
Dorycnium suffruticosum. X.
Lotus angustissimus.
   —  hispidus.
Anthyllis Vulneraria.
Astragalus purpureus. X.
   —    hamosus. X.
   —    monspessulanus. X.
Scorpiurus subvillosa. X.

Coronilla minima. X.
Ornithopus perpusillus.
Hippocrepis comosa. X.
Potentilla verna.
Agrimonia Eupatoria.
Poterim dictyocarpum.
   —    muricatum.
Scleranthus perennis.
   —    annuus.
   —    verticillatus.
Sedum rubens.
   —   andegavense.
   —   cæspitosum.
   —   album.
   —   micranthum.
   —   acre.
   —   anopetalum. X.
   —   reflexum.
Umbilicus pendulinus.
Saxifraga granulata.
Eryngium campestre.
Bupleurum tenuissimum.
Torilis nodosa.
   —   heterophylla.
Trinia vulgaris. X.
Conium maculatum.
Fœniculum officinale.
Seseli montanum.
   —   Libanotis. X.
Tordylium maximum.
Sambucus Ebulus.
Galium anglicum.
   —   silvestre. X.
Globularia vulgaris. X.
Linosyris vulgaris.
Erigeron acris.
Pallenis spinosa. X.
Inula montana. X.
   —   Conyza.
   —   squarrosa. X.
   —   dysenterica.
Helichrysum Stæchas.
Artemisia Absinthium.
Chrysanthemum corymbosum. X
Cirsium eriophorum.
   —   bulbosum.
Carlina vulgaris.
Centrophyllum lanatum.
Carduncellus mitissimus. X.
Crupina vulgaris. X.
Centaurea serotina.
   —   decipiens.
   —   nigra.

Centaurea Calcitrapa.
Xeranthemum cylindraceum. X.
Catananche cærulea. X.
Cichorium Intybus.
Picris hieracioides.
Tolpis umbellata.
Podospermum laciniatum.
Lactuca saligna.
    —   muralis.
    —   perennis. X.
Andryala integrifolia.
Phyteuma orbiculare.
Campanula glomerata.
    —   persicifolia. X.
    —   rotundifolia. X.
Convolvulus lineatus. X.
Echium vulgare.
    —   pyramidale. X.
Lithospermum apulum. X.
Onosma echioides. X.
Cynoglossum pictum.
    —   officinale.
Hyoscyamus niger.
Datura Stramonium.
Verbasca omnia.
Digitalis lutea. X.
Linaria pelisseriana.
    —   commutata.
Veronica prostrata.
Eufragia latifolia.
Trixago apula.
Odontites lutea. X.
Orobanche cruenta. X.
    —   epithymum.
    —   Teucrii. X.
Origanum vulgare.
Calamintha Nepeta.
Stachys germanica.
    —   heraclea. X.
    —   recta.
Marrubium vulgare.
Hyssopus canescens. X.
Sideritis hyssopifolia. X.
Brunella vulgaris.
    —   pinnatifida.
    —   alba.
Teucrium montanum. X.
    —   Chamædrys. X.
Plantago carinata.
Thesium humifusum.
Osyris alba. X.
Buxus sempervirens.
Euphorbia platyphyllos.

Euphorbia Lathyris.
Orchis pyramidalis.
    —   hircina.
Ophrys aranifera.
    —   Arachnites. X.
    —   Scolopax. X.
    —   apifera.
    —   fusca. X.
    —   antropophora. X.
Iris fœtidissima.
Asphodelus albus.
    —   Arrondeaui.
Gagea bohemica.
Endymion nutans.
Scilla bifolia. X.
    —   verna.
Allium roseum. X.
    —   sphærocephalum.
Carex humilis. X.
Andropogon Ischæmum.
Phleum nodosum.
Gastridium lendigerum.
Echinaria capitata. X.
Stipa pennata. X.
Kœleria cristata.
    —   valesiaca. X.
    —   phleoides.
Aira præcox.
Avena barbata.
Poa bulbosa.
    — compressa.
Dactylis glomerata.
Melica nebrodensis.
Cynosurus echinatus.
Festuca pseudo-Myuros.
    —   sciuroides.
    —   tenuifolia.
    —   duriuscula.
    —   rigida.
    —   Poa.
    —   tenuicula.
Bromus molliformis.
    —   sterilis.
Gaudinia fragilis.
Lolium perenne.
Ægilops ovata. X.
    —   triuncialis. X.
Nardus stricta.
Isoetes Hystrix.
Ophioglossum lusitanicum.
Polypodium vulgare.
Grammitis leptophylla.
Pteris aquilina.

| | |
|---|---|
| Asplenium lanceolatum. | Adiantum Capillus Veneris. |
| —    Adiantum nigrum. | Hymenophyllum tunbridgense. |
| —    Breynii. | —        Wilsoni. |
| —    septentrionale. | |

**(Nº 14.) PLANTES CROISSANT DANS LES DÉCOMBRES, AU PIED DES MURS, AU BORD DES CHEMINS**

Cette station est presque comprise dans la précédente

| | |
|---|---|
| Ranunculus parviflorus. | Torilis nodosa. |
| Chelidonium majus. | Smyrnium Olusatrum. |
| Diplotaxis tenuifolia. | Sison Amomum. |
| —    muralis. | Ægopodium Podagraria. |
| Sinapis incana. | Sambucus Ebulus. |
| Sisymbrium officinale. | Galium verum. |
| —    Irio. | Achillea Millefolium. |
| —    Sophia. | Inula dysenterica. |
| Nasturtium pyrenaica. | Artemisia Absinthium. |
| Lepidium Smithii. | Anthemis nobilis. |
| —    ruderale. | Cirsium lanceolatum. |
| Coronopus Ruellii. | —    eriophorum. |
| —    didyma. | —    acaule. |
| Reseda luteola. | Carduus tenuiflorus. |
| Lychnis vespertina. | —    pycnocephalus. |
| Cerastium triviale. | —    nutans. |
| Malva silvestris. | Silybum marianum. |
| —    rotundifolia. | Onopordum Acanthium. |
| —    nicæensis. | Lappa minor. |
| Hypericum perforatum. | Carlina vulgaris. |
| Geranium robertianum. | Centrophyllum lanatum. |
| —    purpureum. | Centaurea pratensis. |
| —    molle. | —    nigra. |
| —    rotundifolium. | —    Calcitrapa. |
| —    lucidum. | Cichorium Intybus. |
| Erodium cicutarium. | Thrincia hirta. |
| —    moschatum. | Hypochœris radicata. |
| —    malacoides. | *Crepis diffusa.* |
| Medicago media. | Cynoglossum officinale. |
| Trifolium pratense. | —    pictum. |
| —    subterraneum. | Solanum nigrum et var. |
| —    fragiferum. | Atropa Belladonna. |
| —    campestre. | Hyoscyamus niger. |
| Lotus corniculatus. | Datura Stramonium. |
| —    angustissimus. | Verbasca omnia. |
| —    hispidus. | Linaria vulgaris. |
| —    parviflorus. | Veronica Buxbaumii. |
| Potentilla fragariastrum. | Mentha silvestris. |
| —    reptans. | Salvia Sclarea. |
| Agrimonia Eupatoria. | Nepeta Cataria. |
| Ecballium Elaterium. | Marrubium vulgare. |
| Bupleurum tenuissimum. | Ballota nigra. |
| Anthriscus vulgaris. | Brunella vulgaris. |
| Torilis heterophylla. | Verbena officinalis. |

Plantago major.
— media.
— lanceolata.
— Coronopus.
Amarantus silvestris.
— Blitum.
— prostratus.
— retroflexus.
Chenopodium murale.
— glaucum.
— intermedium.
— Bonus Henricus.
— Vulvaria.
Atriplex latifolia.
— angustifolia.

Rumex pulcher.
Polygonum aviculare.
Euphorbia amygdaloides.
Urtica pilulifera.
— urens.
— dioica.
— membranacea.
Parietaria officinalis.
Juncus effusus.
— tenuis.
Carex muricata.
Avena barbata.
— tenuis.
Bromus sterilis.
Lolium perenne.

(N° 15.) PLANTES DES CHAMPS CULTIVÉS, DES JARDINS

Adonis autumnalis. $\chi$.
— æstivalis. $\chi$.
— flammea. $\chi$.
Myosurus minimus.
Ranunculus philonotis.
— arvensis.
Ficaria ranunculoides.
Nigella arvensis. $\chi$.
— damascena. $\chi$.
— gallica. $\chi$.
Delphinium Ajacis.
— Consolida.
— cardiopetalum. $\chi$.
Papavera omnia.
Rœmeria hybrida. $\chi$.
Hypecoum pendulum. $\chi$.
Fumariæ omnes.
Raphanus Raphanistrum.
Sinapis arvensis.
Diplotaxis muralis.
— viminea.
Barbarea intermedia.
— præcox.
Arabis thaliana.
Erysimum orientale. $\chi$.
Bunias Erucago. $\chi$.
Calepina Corvini. $\chi$.
Neslea paniculata. $\chi$.
Myagrum perfoliatum. $\chi$.
Alyssum calycinum.
Lepidium campestre.
Capsella Bursa pastoris.
Thlaspi perfoliatum.
— alliaceum.

Thlaspi arvense.
Iberis amara. $\chi$.
Biscutella lævigata. $\chi$.
Helianthemum salicifolum. $\chi$.
Viola Sect. *Pensées*.
Reseda lutea.
Gypsophila muralis.
Saponaria Vaccaria.
Silene inflata.
— gallica.
Sagina procumbens.
— apetala.
Lychnis Githago.
Spergula vulgaris.
— arvensis.
Arenaria tenuifolia.
— rubra.
— segetalis. $\chi$.
— *leptoclados*.
Cerastium triviale.
— glomeratum.
— glutinosum.
— brachypetum.
Linum gallicum.
Althæa hirsuta.
Hypericum humifusum.
Oxalis stricta.
— corniculata.
Medicago apiculata.
— denticulata.
— Lupulina.
— media.
Melilotus arsensis.
Trifolium rubens. $\chi$.

Trifolium arvense.
—        lappaceum. X.
Coronilla varia. X.
—        scorpioides, X.
Ornithopus roseus.
—        compressus.
—        ebracteatus.
Vicia tenuifolia. X.
— varia. X.
— bithynica. X.
— lutea.
— angustifolia.
— peregrina. X.
Ervum Ervilia. X.
—        hirsutum.
—        gracile.
—        tetraspermum.
Pisum arvense.
Lathyrus Aphaca.
—        Nissolia.
—        sphæricus.
—        angulatus,
—        hirsutus.
—        tuberosus.
Alchemilla arvensis.
Poterium dictyocarpum.
—        muricatum.
Epilobium tetragonum.
Portulaca oleracea.
Herniara hirsuta.
Montia fontana.
Sedum rubens.
Scleranthus annuus.
Bupleurum protactum.
—        rotundifolium. X.
Scandix Pecten Veneris.
Caucalis daucoides. X.
Turgenia latifolia. X.
Orlaya grandiflora. X.
Daucus Carota.
Falcaria Rivini. X.
Ammi majus.
Bifora testiculata. X.
Æthusa Cynapium.
Galium anglicum.
— Aparine.
— spurium.
— tricorne.
Asperula arvensis. X.
Sherardia arvensis.
Crucianella angustifolia.
Valerianellæ omnes.
Scabiosa arvensis.

Tussilago Farfara.
Micropus erectus. X.
Inula graveolens.
Filago germanica.
— apiculata.
— spathulata.
— gallica.
Anthemis Cotula.
—        mixta.
—        arvensis.
Matricaria Chamomilla.
Chrysanthemum inodorum.
—                segetum.
Senecio vulgaris.
Calendula arvensis.
Cirsium arvense.
Centaurea Cyanus.
—        Scabiosa.
Lapsana communis.
Arnoseris pusilla.
Lactuca perennis. X.
Sonchus asper.
—        oleraceus.
—        arvensis.
Crepis virens.
— pulchra.
— setosa.
Specularia hybrida.
—        Speculum.
Convolvulus arvensis.
Heliotropium europæum.
Lithospermum arvense.
Anchusa italica.
Borago officinalis.
Myosotis intermedia.
—        versicolor.
—        hispida.
Echinospermum Lappula. X.
Solanum nigrum.
Physalis Alkekengi.
Digitalis purpurea.
Antirrhinum Orontium.
Linaria Elatine.
—        spuria.
—        vulgaris.
—        supina,
Veronica serpyllifolia.
—        acinifolia.
—        arvensis.
—        triphyllos. X.
—        præcox. X.
—        agrestis.
—        polita.

Veronica Buxbaumii.
—   hederifolia.
Melampyrum arvense.
Odontites verna.
—   serotina.
—   jaubertiana.
Orobanche minor.
—   ramosa.
Calamintha Acynos.
Lamium amplexicaule.
—   purpureum.
—   incisum.
Galeopsis dubia.
—   Ladanum.
—   versicolor.
Stachys arvensis.
—   annua.
Ajuga Chamæpitys.
Teucrium Botrys. X.
Verbena officinalis.
Anagallis arvensis.
Androsace maxima. X.
Amarantus silvestris.
—   Blitum.
Polycnemum majus. X.
—   minus.
Chenopodium hybridum.
—   album.
—   opulifolium.
—   polyspermum.
—   Vulvaria.
Atriplex angustifolia.
—   latifolia.
Rumex crispus.
—   acetosa.
—   Acetosella.
Polygonum aviculare.
—   Bellardi. X.
—   lapathifolium.
—   Convolvulus.
—   dumetorum.
Passerina annua. X.
Euphorbia Helioscopia.
—   serrata. X.
—   Peplus.
—   falcata. X.
—   exigua.
Mercurialis annua.

Urtica urens.
Gladiolus segetum.
Ornithogalum umbellatum.
—   divergens.
Allium roseum. X.
—   paniculatum.
—   oleraceum.
—   vineale.
—   polyanthum. X.
Muscari racemosum.
—   compactum.
—   Lelievrei.
Juncus bufonius.
Panicum sanguinale.
Setaria verticillata.
—   viridis.
—   glauca.
Anthoxanthum Puelii.
Alopecurus agrestis.
Mibora minima.
Agrostis vulgaris.
—   Spica venti.
—   interrupta.
Gastridium lendigerum.
Echinaria capitata. X.
Aira caryophyllea.
Holcus mollis.
Arrhenatherum elatius.
—   bulbosum.
Avena strigosa.
—   fatua.
—   ludoviciana.
Briza minor.
Poa megastachya. X.
—   annua.
Festuca sciuroides.
—   rigida.
—   tenuiflora.
Bromus secalinus.
—   mollis.
—   arvensis.
—   erectus.
Triticum repens.
Lolium italicum.
—   multiflorum.
—   temulentum.
—   arvense.
Pteris aquilina.

(N° 15 bis.) PLANTES DES LINS

Camelina dentata.
Silene annulata.
Spergula linicola.

Cuscuta epilinum.
Lolium linicolum.

### (N° 16.) PLANTES DES SCHISTES

Astrocarpus Clusii.
Silene nutans.
Spergula Morisonii.
Hypericum linarifolium.
Scleranthus perennis.
Sedum andegavense.

Filago montana.
Hypochœris glabra.
Plantago carinata.
Festuca tenuicula.
— Poa.

### (N° 17.) PLANTES PARASITES

Viscum album.
Monotropa Hypopitys.
Cuscutæ omnes.
Orobanches omnes.
Lathræa Clandestina.
— Squamaria. X.

Et, selon M. Decaisne, les espèces

des genres suivants dans les Personées :

Melampyrum.
Pedicularis.
Rhinanthus.
Eufragia.
Trixago.
Odontites.
Euphrasia.

### (N° 18.) PLANTES NE CROISSANT PAS AU NORD DE LA LOIRE (indiquées X)

Thalictrum minus.
Anemone montana.
Adonis autumnalis.
— æstivalis.
— flammea.
Ranunculus gramineus.
— trilobus.
— muricatus.
Helleborus fœtidus.
Nigella arvensis.
— damascena.
— gallica.
Delphinium Consolida.
— cardiopetalum.
Rœmeria hybrida.
Hypecoum pendulum.
Erucastrum obtusangulum.
Sinapis alba.
Diplotaxis erucoides.
Sisymbrium Columnæ.
Braya supina.
Erysimum orientale.
Matthiola incana.
Dentaria bulbifera.
Nasturtium asperum.
Rapistrum rugosum.
Bunias Erucago.

Calepina Corvini.
Neslea paniculata.
Myagrum perfoliatum.
Isatis tinctoria.
Alyssum campestre.
— calycinum.
Lepidium Draba.
Teesdalea Lepidium.
Iberis amara.
Biscutella lævigata.
Cistus salvifolius.
Helianthemum alyssoides.
— procumbens.
— salicifolium.
Viola pratensis.
— sepincola.
— virescens.
Parnassia palustris.
Polygala calcarea.
— monspeliaca.
Saponaria Vaccaria.
Silene brachypetala.
Buffonia paniculata.
Arenaria controversa.
— segetalis.
Linum strictum.
— *laxiflorum.*

Linum suffruticosum.
— tenuifolium.
— Loreyi.
Althæa cannabina.
Acer monspessulanum.
Ruta graveolens.
Genista pilosa.
— sagittalis.
Cytisus supinus.
— argenteus.
Ononis striata.
— Columnæ.
— Natrix.
Medicago tribuloides.
— lappacea.
Trigonella gladiata.
— monspeliaca.
Melilotus sulcata.
Trifolium rubens.
— lappaceum.
— stellatum.
Dorycnium suffruticosum.
Tetragonolobus siliquosus.
Astragalus purpureus.
— hamosus.
— monspessulanus.
Scorpiurus subvillosa.
Coronilla minima.
— scorpioides.
— varia.
Hippocrepis comosa.
Vicia serratifolia.
— bithynica.
Ervum Ervilia.
— cassubicum.
Lathyrus latifolius.
Orobus niger.
Spiræa obovata.
Prunus Mahaleb.
Potentilla supina.
Lythrum bibracteatum.
Sedum anopetalum.
— elegans.
Bupleurum falcatum.
— protractum.
— rotundifolium.
Caucalis daucoides.
Turgenia latifolia.
Orlaya grandiflora.
Trinia vulgaris.
Bifora testiculata.
Falcaria Rivini.
Ammi Visnaga.

Seseli Libanotis.
Peucedanum Cervaria.
— Oreoselinum.
Laserpitium latifolium.
Cornus mas.
Lonicera Xylosteum.
Galium boreale.
— silvestre.
Asperula galioides.
— arvensis.
Crucianella angustifolia.
Valerianella hamata.
— pumila.
Globularia vulgaris.
Micropus erectus.
Bellis pappulosa.
Pallenis spinosa.
Inula squarrosa.
— montana.
Gnaphalium dioicum.
Artemisia camphorata.
Chrysanthemum corymbosum.
— graminifolium.
Senecio erucifolius.
— Ruthenensis.
Carduncellus mitissimus.
Centaurea solstitialis.
— aspera.
Crupina vulgaris.
Xeranthemum cylindraceum.
— inapertum.
Catananche cærulea.
Leontodon hispidus.
Tragopogon major.
Scorzonera austriaca.
— hispanica.
— hirsuta.
Hypochœris maculata.
Lactuca chondrillæflora.
— perennis.
— pulchra.
Pterotheca Nemausensis.
Phyteuma orbiculare.
Campanula persicifolia.
— rotundifolia.
— Erinus.
Arbutus Unedo.
Phillyrea media.
— angustifolia.
Cynanchum acutum.
Erythræa spicata.
Convolvulus lineatus.
— Cantabrica.

Echium pyramidale.
—      plantagineum.
Lithospermum apulum.
—      purpureo-cæruleum.
Onosma echioides.
Asperugo procumbens.
Physalis Alkekengi.
Verbascum sinuatum.
Digitalis lutea.
Linaria spartea.
—      thymifolia.
Veronica prostrata.
—      spicata.
—      verna.
—      triphyllos.
—      præcox.
Melampyrum cristatum.
Odontites jaubertiana.
—      chrysantha.
—      lutea.
Orobanche cruenta.
—      epithymum.
—      Teucrii.
Lathræa Squamaria.
Salvia pallidiflora.
Calamintha Acynos.
Stachys heraclea.
—      alpina.
Hyssopus canescens.
Sideritis hyssopifolia.
—      romana.
Brunella grandifolia.
—      hyssopifolia.
Ajuga genevensis.
Teucrium Chamædrys.
—      montanum.
—      Botrys.
Androsace maxima.
Cyclamen neapolitanum.
Armeria plantaginea.
Polycnemum majus.
Rumex bucephalophorus.
Polygonum Bellardi.
Passerina annua.
Daphne Gnidium.
—      Cneorum.
Osyris alba.

Cytinus Hypocistis.
Aristolochia rotunda.
—      longa.
Euphorbia angulata.
—      verrucosa.
—      hiberna.
—      serrata.
—      gerardiana.
—      falcata.
Althenia filiformis.
Orchis odoratissima.
—      fusca.
—      galeata.
—      simia.
Ophrys Arachnites.
—      Scolopax.
—      muscifera.
—      fusca.
Serapias Lingua.
Limodorum abortivum.
Epipactis grandiflora.
—      ensifolia.
—      rubra.
Iris spuria.
Gagea arvensis.
Phalangium Liliago.
Scilla bifolia.
Allium roseum.
—      Schœnoprasum.
—      polyanthum.
Juncus striatus.
—      anceps.
Cyperus Monti.
Carex gynobasis.
—      humilis.
Tragus racemosus.
Phalaris paradoxa.
Phleum Boehmeri.
Stipa pennata.
Echinaria capitata.
Kœleria valesiaca.
Aira media.
Avena pratensis.
Poa megastachya.
Ægilops ovata.
—      triuncialis.
Lepturus cylindricus.

Voir p. XXXII (n° 19), plantes méridionales, et p. XXXIX (n° 20),
plantes des moissons du terrain calcaire.

## CHARENTE-INFÉRIEURE

Comme nous l'avons vu, le sol du département est presque entièrement calcaire; il se divise ainsi : Le terrain de craie commence à l'embouchure de la Gironde, qu'il remonte jusqu'à Saint-Romain-de-Beaumont, d'où il continue le long des collines de Mirambeau, Montendre, Montlieu et Montguyon, pour s'étendre vers le nord jusqu'à Burie, Ecoyeux, Saint-Hilaire, Grandgent, Tonnay-Boutonne, Tonnay-Charente, sur quelques points dans l'alluvion de la Charente au nord de Rochefort, et dans les îles d'Aix et d'Oleron. Le nord de cette dernière île et le reste du département sont composés de terrain jurassique. Au milieu de la craie se trouvent plusieurs bandes de terrains tertiaires, savoir : au midi des collines de Mirambeau, de Montendre, Montlieu, Montguyon et dans tout ce coin du département ; au nord de ce même terrain de craie, entre la Seudre et la Charente, de Saint-André-de-Lidon, au nord de Mortagne, entre Mirambeau et Jonzac, et plus loin dans la direction de Montlieu ; de Saint-Jean-d'Angle à S<sup>te</sup>-Gemme, Nancras, Sablonceaux, S.-Romain, Thézac et au-delà ; de S.-Thomas à S.-Porchaire et les Essarts ; au nord de la Charente, de Taillant vers Annepont, S.-Vénérand, S.-Brice et Chérac ; enfin quelques autres points à Méchers, S.-Palais, les Mathes, Arvert, Soubise, Aumagne, La Rochelle, Benon, etc. Enfin des alluvions assez étendues règnent à l'extrémité de la Gironde, à l'embouchure de la Seudre, de la Charente, de la Sèvre et à l'est dans un coin du département entre Matha et Burie. Consultez la Description géologique, etc., du département de la Charente-Inférieure par W<sup>m</sup> Manès, publiée en 1853 par le Conseil général, avec une belle carte géologique coloriée, dont une réduction se trouve dans la *France minérale,* Paris, Dupont, 1864.

M. Faye, dans une *Note sur les Progrès de l'étude de la botanique* de ce département, publiée en 1846, a fait l'énumération des botanistes qui ont contribué à la connaissance des plantes du pays ; les principaux sont les suivants :

Morison a fait en 1657, avec son ami Laugier, un voyage à la Rochelle. 84 plantes observées dans ce voyage sont notées par Laugier en phrases manuscrites sur un exemplaire de l'Hortus Blesensis de Morison et le détail en est donné par M. E. Bonnet. *Bul. Soc. bot. France,* tome 37.

Guettard, dans ses *Observations sur les plantes,* 1747, cite Girard de Villars, médecin à La Rochelle, comme lui ayant communiqué des plantes de ce pays, où il donne les localités de : *Tribulus terrestris,* un *Phillyrea, Centaurea aspera* à la Flotte et *Catananche cœrulea* (Jacea calyculis argenteis.)

Bonamy, dans son *Floræ Nannetensis Prodromus,* 1782, mentionne plusieurs espèces aux environs de La Rochelle et de Rochefort, et il est probable que c'est dans ce pays qu'il a vu les plantes calcaires de son catalogue qui ne peuvent appartenir au pays nantais.

De Candolle, en 1815, dans le Supplément de la Flore Française, décrit plusieurs espèces dont qq.-unes avaient été découvertes par Bonpland.

Lesson, de l'Institut, a publié en 1835 un volume in-8° de 634 pages, intitulé *Flore Rochefortine,* ou Description des plantes qui croissent spontanément ou qui sont naturalisées aux environs de Rochefort.

Enfin L. Faye, qui avait déjà donné, en 1846, dans l'*Aperçu sommaire de la Flore du Vergeroux,* une énumération des plantes de cette commune, a publié en 1850 un *Catalogue des plantes vasculaires de la Charente-Inférieure.*

La plupart de ces livres ne contiennent que des noms de plantes, et le seul ouvrage descriptif, la Flore Rochefortine, n'est pas exécuté de manière à m'en permettre l'usage. J'ai donc pensé qu'au lieu de passer beaucoup de temps à me rendre compte des espèces de chaque auteur, il serait plus facile et plus utile d'herboriser moi-même dans ce pays et d'examiner les collections de plantes sèches qui pourraient m'être communiquées.

En exécution de ce plan, j'ai passé, en 1851 et 1852, une partie des mois de mai, juin et juillet à parcourir le département. D'un autre côté, l'abbé Delalande, après avoir exploré le même pays dans les mois d'août et septembre 1847, 1848 et 1851, livrait à mon examen les abondantes récoltes, les notes qu'il en rapportait et dont il a donné un aperçu dans deux *Excursion botaniques* dans la Charente-Inférieure. Ces recherches, en me mettant au courant de la végétation d'automne, m'ont permis de suivre presque sans interruption toute la belle saison des plantes. Dans l'été de 1867, j'ai fait de nouvelles herborisations dans ce beau pays, aux environs de Dœuil, à la forêt de Chizé, à S.-Jean-d'Angély, Saintes, au bord de la Charente de Taillebourg à S.-Savinien et de Bords à Pont-l'Abbé. Enfin, en mai et juin 1872, 73, 74, j'ai revu presque toute la région maritime, et en août 1874, 75, j'ai visité les environs de Mauzé, la forêt de Benon et Courçon.

M. Hubert, ancien pharmacien à la Rochelle, secondant avec ardeur l'entreprise de cette Flore, a mis à ma disposition tout son herbier, qui m'a fourni un nombre important de plantes à citer. Puis il m'a facilité l'examen de l'herbier de M. de Beaupreau, faisant partie des collections de la Société d'histoire naturelle de La Rochelle. J'ai beaucoup regretté que la mauvaise santé de ce dernier botaniste m'ait privé des conseils d'un naturaliste qui savait étudier les plantes, ainsi que le prouvent quelques notes de son herbier et encore mieux sa longue correspondance avec M. Faye. Ces lettres montrent, en outre, qu'il était mieux au courant de la Flore que sa collection incomplète ne le ferait présumer.

Madame George, du Pin près Bourgneuf, m'a permis de passer en revue pendant plusieurs jours toutes les plantes qu'elle a recueillies dans ses environs, et, en regard des échantillons toujours accompagnés de localités précises, elle a eu la bonté de me donner ces détails instructifs que sa longue expérience des plantes lui a fait acquérir. Déjà cette dame avait envoyé à la Société d'histoire naturelle de La Rochelle, un catalogue rédigé avec le plus grand soin de la Flore du Pin, qu'elle avait fait connaître et dont on s'est largement servi dans les publications notées.

M. Savatier, médecin à Beauvais-sur-Matha, m'a ouvert son herbier et fait part de ses observations sur les plantes du département et surtout des environs de Beauvais et de l'île d'Oleron. Cet herbier, revu tout entier en 1867, en présence de son auteur, ma fait connaître les découvertes récentes ainsi que les plantes de la Charente, département voisin, dont, en collaboration de M. de Rochebrune, M. Savatier a publié, en 1861, le *Catalogue raisonné*. Cet ouvrage est utile à consulter, et peut mettre sur la voie des espèces à trouver dans les terrains analogues du département.

M. L. Faye, en me montrant dans son herbier les plantes de la Charente-Inférieure, qu'il accompagnait d'explications intéressantes sur leur origine, m'a fait regretter qu'il n'eût pas conservé un plus grand nombre des espèces qu'il avait eues entre les mains, à mesure de leur découverte, alors qu'elles étaient entre lui et M. de Beaupreau un sujet d'étude et d'examen critique. Ces discussions ont dû l'autoriser à insérer dans son *Catalogue* beaucoup d'espèces que je n'ose répéter en l'absence des mêmes preuves, de ces arguments matériels dont je me suis fait une règle.

Depuis ces documents employés dans la 1re édition, j'ai été tenu au courant des découvertes par mes anciens correspondants, et d'autres sont venus augmenter notre connaissance de la Flore.

M. Dussouchaud, curé de Dœuil depuis longtemps, connaissait parfaitement la végétation de ses environs, qui s'étendent sur les Deux-Sèvres. J'ai été heureux d'examiner tout son herbier en sa présence, et l'utilité de ce travail apparaîtra dans les nombreuses citations que j'en ai faites.

M. Pinatel, ancien instituteur à Saint-Jean d'Angély, m'a montré la collection des plantes qu'il a recueillies dans le pays. Une partie de ces découvertes a été publiée dans le journal de Saint-Jean d'Angély.

J'ai examiné avec profit, à Saintes, les collections de MM. Marc Arnauld et Rouffineau, ministre protestant, ainsi que celles de M. Paul Brunaud, avoué, qui a continué de me tenir au courant de ses herborisations.

MM. Georges et Louis de Lisle, de Nantes, attirés dans le pays par la richesse de sa partie méridionale et maritime, y ont fait, en 1867, une herborisation brillante, dont ils ont rapporté *Althenia filiformis*.

M. Parat, pharmacien à Rochefort, après m'avoir fait voir en détail tout son herbier, a continué de me communiquer le fruit de ses nombreuses herborisations.

M. Lemarié, conservateur du musée de Royan, pendant qu'il habitait l'île de Ré, m'a communiqué les plantes de cette localité. Depuis, pendant sa résidence à Saint-Jean d'Angély, il a beaucoup contribué à la Flore par des herborisations multipliées et surtout en répandant ou en entretenant le goût de la Botanique, principalement parmi les instituteurs.

M. Tesseron, alors instituteur à Corme-Royal, a bien exploré cette riche localité qui avait été visitée en passant. Depuis, instituteur à Saint-Savinien et à Dompierre, il y a fait des herborisations fructueuses.

M. Riveau, de Genouillé, connaît bien son pays et il m'a tenu au courant des plantes intéressantes qu'il y a observées.

M. Giraudias a publié dans la *Revue botanique* de M. Lucante, t. IV, 1885-86, ses *Herborisations dans la Charente-Infér.*, 1881-85, détaillant surtout les plantes des environs de Aulnay qu'il habitait. Ce botaniste, qui connaît parfaitement nos plantes, m'a donné une longue série de localités pour celles des Deux-Sèvres, ainsi que d'autres, à Saint-Philbert-de-Grand-Lieu (Loire-Inf.), et à Palluau (Vend.)

J'ai reçu d'autres plantes, citées à leur place, de MM. Bouchet, Cazaugade, Contejean, Jouan, Peyremol, J. Richard, Tanguy, Neau, Ferrand, Souché, Guillon, Duffort et de Mad. Trigant-Beaumont.

M. Gibert, instituteur à Rochefort, M. Robin, instituteur à Thézac, M. Termonia, médecin militaire retraité, M. Doin, inspecteur primaire à Rochefort, ont communiqué à M. Foucaud toutes leurs découvertes, et elles sont citées.

La Société des sciences naturelles de la Rochelle a fait paraître en 1840 un Catalogue provisoire pour servir à la Flore de la Charente-Inférieure, cahier, sans localités de plantes, destiné moins à la circulation générale qu'aux botanistes que la Société invitait à contribuer à la flore. Depuis, les progrès ont été rapides, et la Société désirant répandre avec plus d'efficacité le goût des sciences naturelles et surtout celui de la Botanique, fait tous les ans des excursions publiques qui sont très suivies. Dans le même but, elle a créé à la Rochelle un Jardin botanique départemental dans lequel M. Foucaud a réuni toutes les plantes du pays. Sur la proposition du même botaniste, elle a aussi formé *la Société Rochelaise,* qui, au moyen d'échanges entre ses membres, s'est proposé de réunir en peu d'années la plupart *des plantes françaises* dans des exsiccata comprenant déjà 3724 espèces.

Toutes ces entreprises témoignent du zèle des botanistes dans le département et m'ont dispensé de continuer des recherches qu'ils pouvaient faire mieux que moi. Le résultat de leurs herborisations, de leurs études a été inséré chaque année dans les Annales de l'Académie de la Rochelle de 1876 à 1894, et dans le Bulletin de la Société botanique Rochelaise ; j'ai puisé dans ces publications de nombreux et utiles renseignements.

En 1878, M. Foucaud a publié le *Catalogue des plantes vasculaires* de la Charente-Inférieure, et en collaboration avec MM. Vincent et David une carte botanique et géologique du même département. Enfin je rappellerai que le botaniste qui, dans ces dernières années, a le plus contribué à en faire connaître les plantes est M. Foucaud, ancien instituteur, aujourd'hui jardinier-botaniste en chef de la marine. Il a bien exploré les localités de ses différentes résidences, et m'a régulièrement donné, jusqu'en 1889, le détail des plantes qu'il y observait ainsi que de celles de ses voyages.

Indépendamment de son Jardin botanique et de ses musées, dont l'un renferme tous les objets d'histoire naturelle trouvés dans le département, la Société des sciences naturelles possède l'herbier de Léon Faye, souvent cité dans la Flore, et l'herbier Bonpland, qui renferme avec beaucoup de types de de Candolle, un grand nombre de plantes charentaises recueillies de 1810 à 1830. Quelques-unes de celles-ci, retrouvées depuis, avaient été considérées comme nouvelles pour le département jusqu'en 1872, où cet herbier, resté ignoré, fut donné généreusement à la Société par la famille Bonpland.

C'est un riche département que celui de la Charente-Inférieure !

S'il renferme autant d'espèces que tous les autres départements réunis, cette abondance est due à son sol calcaire et varié, à une grande étendue de côtes et à sa position plus méridionale. A l'influence de cette dernière cause, on doit d'y rencontrer les plantes suivantes :

(N° 19.) PLANTES MÉRIDIONALES

Ranunculus trilobus.
    --    muricatus.
Nigella damascena.
    —   gallica.
Delphinium cardiopetalum.
Rœmeria hybrida.
Hypecoum pendulum.
Sisymbrium austriacum.
    --     Columnæ.
Matthiola incana.
Bunias Erucago.
Isatis tinctoria.
Alyssum campestre.
Cistus salvifolius.
Polygala monspeliaca.
Silene Thorei.
    —   brachypetala.
    —   portensis.
Arenaria controversa. *
Linum strictum.
    —   *laxiflorum.*
Malva nicæensis.
Althæa cannabina.
Acer monspessulanum.
Erodium malacoides.
Tribulus terrestris.
Ruta graveolens.
Cytisus argenteus.
Ononis striata.
    —   Columnæ.
    —   reclinata.
Medicago littoralis.
    —   tribuloides.
    —   lappacea.
Trigonella gladiata.
    —   monspeliaca.
Melilotus sulcata.
    —   parviflora.
Trifolium lappaceum.
    —   Bocconei.
    —   stellatum.
Dorycnium suffruticosum.
Lupinus reticulatus.
Astragalus purpureus.
    --    monspessulanus.
    —   hamosus.

Astragalus bayonensis.
Scorpiurus subvillosa.
Coronilla scorpioides.
Ornithopus roseus.
Vicia serratifolia.
    —   bithynica.
    --   peregrina.
Ervum cassubicum.
Pisum elatius.
Lathyrus latifolius.
Spiræa obovata.
Rosa sempervirens.
Lythrum bibracteatum.
Ecballium Elaterium.
Sedum littoreum.
    —   anopetalum.
Bupleurum affine.
Bifora testiculata.
Ammi Visnaga.
Asperula galioides.
Crucianella angustifolia.
Valerianella pumila.
    —    hamata.
Bellis pappulosa.
Evax carpetana.
Pallenis spinosa.
Inula montana.
    —   squarrosa.
Chrysanthemum graminifolium.
Senecio Ruthenensis.
Centaurea aspera.
Crupina vulgaris.
Xeranthemum cylindraceum.
    —    inapertum.
Scolymus hispanicus.
Catananche cærulea.
Tolpis umbellata.
Scorzonera hirsuta.
Lactuca chondrillæflora.
Pterotheca nemausensis.
Crepis nicæensis.
    --   suffreniana.
    —   bulbosa.
Andryala integrifolia.
Campanula Erinus.
Arbutus Unedo.

Phillyrea media.
—     angustifolia.
Cynanchum acutum.
Chlora imperfoliata.
Erythræa spicata.
Convolvulus lineatus.
—     Cantabrica.
Cuscuta Godronii.*
Echium pyramidale.
—     plantagineum.
Lithospermum apulum.
Onosma echioides.
Verbascum sinuatum.
Linaria commutata.
—     spartea.
—     thymifolia.
Trixago apula.
Odontites lutea.
Salvia pallidiflora.
Stachys heraclea.
Hyssopus canescens.
Sideritis hyssopifolia.
—     romana.
Brunella grandiflora.
—     hyssopifolia.
Lymachia Linum stellatum.
Androsace maxima. *
Cyclamen neapolitanum. *
Rumex bucephalophorus. *
Polygonum Bellardi.
Daphne Gnidium.
—     Cneorum.
Osyris alba.
Cytinus Hypocistis.
Aristolochia rotunda.

Aristolochia longa.
Euphorbia serrata.
Urtica membranacea. *
Quercus Cerris.
—     Ilex.
Triglochin Barrelieri. *
Althenia filiformis.
Ophrys fusca.
Serapias Lingua.
—     cordigera.
—     *triloba*.
Epipactis grandiflora.
—     viridiflora.
Romulea Bulbocodium.*
Iris spuria.
Allium roseum.
Cyperus Monti.
Scirpus Holoschœnus.
—     michelianus.
Tragus racemosus.
Phalaris paradoxa.
Echinaria capitata.
Kœleria phleoides.
—     macilenta.
Aira media.
Airopsis globosa.
Avena sulcata.
—     longifolia.
Ægilops ovata.
—     triuncialis.
Lepturus cylindricus.
Ophioglossum lusitanicum. *
Grammitis leptophylla. *
Adiantum Capillus Veneris.
Chara galioides.

Les espèces suivies d'un * n'ont pas encore été trouvées dans la Charente-Inférieure.

Il est intéressant de suivre la manière dont chacune de ces espèces est distribuée, et comment quelques-unes remontent un peu loin dans le nord, à la faveur de la température modérée qui règne au bord de la mer et surtout dans les îles. On remarquera qu'en s'éloignant de la Gironde, peu à peu quelqu'une d'entre elles nous abandonne, et si le nombre d'espèces de plus en plus restreint ne nous faisait pas apercevoir le changement de climat, nous le sentirions facilement dans la végétation moins robuste chez les mêmes espèces.

Les listes 1, 2, 3, 4 contiennent l'énumération des plantes particulières à la région maritime ; et comme celle-ci est la plus intéressante de la flore, soit par sa végétation spéciale, soit par les espèces méridionales qui y sont mêlées, nous allons la parcourir rapidement.

La première localité que nous visiterons sera la suite de *falaises crayeuses* s'étendant depuis Saint-Romain-de-Beaumont jusqu'au-delà de Royan ; là croissent : *Brassica oleracea, Sinapis incana, alba, Erucastrum obtusangulum, Cheiranthus Cheiri, Matthiola incana, Sisymbrium austriacum, Rapistrum rugosum, Hutchinsia procumbens, Helianthemum pulverulentum, procumbens, Linum strictum. Althœa cannabina, Dorycnium suffruticosum, Astragalus monspessulanus, Scorpiurus subvillosa, Melilotus sulcata, Ononis Columnœ, Valerianella pumila, hamata, Pallenis spinosa, Catananche cœrulea, Linosyris vulgaris, Inula montana, squarrosa, Chrysanthemum corymbosum, Carduncellus mitissimus, Helicrysum Stœchas, Campanula rotundifolia, Convolvulus lineatus, Cantabrica, Echium pyramidale, Verbascum sinuatum, Salvia pallidiflora, Hyssopus canescens, Osyris alba, Allium roseum, Iris spuria, Kœleria phleoides, valesiaca, Avena barbata, Adiantum Capillus Veneris.*

Les rochers de la pointe de Méchers forment la localité la plus riche de cette région, où l'on doit s'attendre encore à des découvertes, même après celles faites par MM. de Lisle, des *Chrysanthemum graminifolium, Bartsia bicolor, Sideritis hyssopifolia, Orobanche Teucrii,* et par moi-même des *Hutchinsia procumbens* et *Campanula rotundifolia.*

Dans les décombres et les prés au bas de ces coteaux, on trouve quelquefois *Ecballium Elaterium, Cynanchum acutum, Aristolochia rotunda.*

Lorsque les falaises ne bordent pas le fleuve, entre les deux s'étend une alluvion couverte de prés et de pâtures salées dont la liste n° 1 donne la composition.

Après Méchers commencent les sables maritimes (liste n° 2), souvent couverts de bois de *Pinus maritima* et de *Quercus Ilex,* dans les éclaircies desquelles une belle récolte nous est offerte au milieu de : *Cistus salvifolius, Daphne Gnidium, Osyris alba, Ononis Natrix, Helichrysum Stœchas, Artemisia crithmifolia, Scirpus Holoschœnus, Juncus acutus, Alyssum campestre, Equisetum ramosum.*

Les coteaux sablonneux, pierreux sont fort intéressants ; j'y ai vu : *Stipa pennata, Avena pratensis, Carex humilis, Epipactis rubra, Orobanche cruenta, Ulicis, Helianthemum procumbens, pulverulentum, Euphorbia gerardiana, Phillyrea angustifolia, media.* Ce dernier offre un exemple curieux de la manière dont le vent de mer tourmente les arbres de la côte, en les inclinant fortement ou en arrêtant leur développement. Ici ces buissons de *Phillyrea* et de *Quercus Ilex* sont comme taillés au ciseau, les premiers pieds courts, rabougris, protégeant les suivants qui s'élèvent graduellement derrière cet abri.

En approchant de Royan, les coteaux s'abaissent insensiblement, et, après cette ville, ce ne sont plus que des plateaux secs et pierreux, formant ces pointes que nous verrons reparaître çà et là jusqu'à la limite du département. Au milieu d'herbes courtes et serrées, on remarque ; *Trinia vulgaris, Inula montana, Catananche cœrulea, Carduncellus mitissimus Echium pyramidale, Galium silvestre, Astragalus monspessulanus, Coronilla minima, Convolvulus lineatus, Ophrys apifera, Carex gynobasis, Sedum anopetalum, Linaria commutata.*

Après Puyraveau, commencent ces vastes dunes qui s'étendent jusqu'à l'embouchure de la Gironde et jusqu'à la Tremblade. La partie voisine de la mer est uniforme et désolante par sa stérilité, que l'on essaie de faire disparaître au moyen de ces semis de Pin maritime que nous retrouverons à Oléron et ailleurs. Après avoir cueilli *Silene Thorei* et *Linaria thymifolia* et vu quelques *Pancratium*, nous gagnons la partie avoisinant les terres et surtout ces vallées humides situées au milieu des sables, appelées *Lèdes*, lettes, où croissent quelques espèces curieuses, par ex. : *Ononis reclinata*, *Spergula nodosa*, *Tetragonolobus siliquosus*, *Astragalus bayonensis*, *Carex trinervis*, *Erythræa chloodes*, *Chlora perfoliata*, *imperfoliata*, *Orchis palustris*, *Epipactis palustris*, *viridiflora*, *Sonchus maritimus*, *Scirpus Holoschœnus*, toujours accompagnés de *Salix repens*.

Lorsque les dunes du côté de la mer sont élevées, l'eau des pluies qui en découle forme à leurs pieds de jolis marais où l'on trouve : *Carex teretiuscula*, *ampullacea*, *Scirpus pauciflorus*, *Epilobium palustre*, *Juncus obtusiflorus*, *Sium angustifolium*, *Teucrium Scordium*.

Nous rencontrons sur notre chemin la forêt d'Arvert, qui est assez étendue et composée de Pins maritimes. Cet arbre a fixé le sable mouvant des dunes, dont on reconnaît encore les anciennes ondulations. Traversons rapidement la partie trop boisée où les pins ont presque détruit l'ancienne végétation, dont ils n'ont laissé que de rares échantillons, et visitons de préférence les éclaircies et les bords.

A la Tremblade et à Marennes commencent les premiers marais salants avec les plantes des vases salées. (Liste n° 1.)

L'île d'Oléron, en dehors des terres cultivées, offre la même végétation des marais salants, et, sur la grande côte, les sables s'étendent depuis St-Trojan jusqu'à la pointe de Chassiron, où existent plusieurs plateaux avec *Convolvulus lineatus*, *Echium pyramidale*, *Statice Dodartii*. Dans l'intervalle, on peut voir sur les dunes *Crepis bulbosa*, *suffreniana*, *Ecballium Elaterium*, *Omphalodes littoralis*, *Milium scabrum*, *Linaria thymifolia*, *Lysimachia Linum stellatum* avec quelques figuiers, et dans les bois d'Avail et autres *Lithospermum apulum*, *Epipactis viridiflora*, *Equisetum ramosum*, *Osyris alba*, *Daphne Gnidium*, *Cistus salvifolius* (sur les racines duquel croît *Cytinus Hypocistis*), *Erodium Botrys* et le *Lithospermum prostratum* ainsi placé sur cette côte à égale distance des deux autres localités françaises. Au milieu des dunes, plusieurs marais assez étendus doivent être examinés, ils abondent en Characées, entr'autres *Chara baltica*, *galioides*, et l'on pourrait y chercher les *Isoetes*. Sur l'autre côte, vis-à-vis le continent, on commence à voir, au milieu des pierres et des Tamarix, *Cynanchum acutum* et dans les sables *Sisymbrium Sophia*. Après l'écluse de St-Georges jusqu'à Fort Boyard règnent des dunes fort étendues, aujourd'hui couvertes de bois de Pins ; *Astragalus bayonensis* y est très commun, avec quelques *Carex trinervis*. Enfin, après le passage, se trouvent des marais salants et de vastes pâtures salées où croissent les *Salicornia*, *Suæda*, etc., de la liste n° 1. C'est dans ces marais salants que croît le joli *Chara alopecuroides*, en compagnie duquel abonde aussi *Athenia filiformis* espèce méditerranéenne qui rappelle combien cette région maritime est favorable aux plantes méridionales.

L'île d'Aix est assez grande pour fournir une bonne journée d'herborisation. On n'y verra cependant pas une partie des espèces recherchées sur les côtes opposées. La plante la plus remarquable est *Phillyrea angustifolia*, dont la localité fait face à celle de Châtelaillon. Le nombre des individus a dû en être réduit par les cultures, qui, si elles sont prolongées jusqu'à la mer, pourraient bien faire disparaître les beaux buissons qui restent d'un arbrisseau certainement indigène. *Spartium junceum* y est comme naturel.

Entre Marennes et la Charente, on rencontre beaucoup de prés salés et les *Marais Gats*, anciens marais salants dont on voit encore les dépressions et qui s'étendent entre St-Just, St-Sornin, Cadeuil, la Tour de Brone, St-Symphorien, St-Jean-d'Angle et Moëze.

Les coteaux de la Charente de Soubise à Martrou, quoique bien moins riches que ceux de la Gironde, peuvent être visités avec fruit. M. Parat m'y a fait cueillir *Bellis pappulosa Hutchinsia petroea* et *Sesleria coerulea*. *Coriaria myrtifolia*, arbrisseau étranger à la flore, existe dans les haies au-dessus du lavoir de Soubise.

Les bords de la Charente offrent encore une longue série de prés et de pâturages salés, jusqu'à ce qu'on arrive à la pointe de Fouras, localité classique où croissent : *Linum strictum, Carex nitida, Tragus racemosus, Linaria commutata, Bupleurum aristatum, Trifolium lappaceum, Bocconei, Echium pyramidale, Astragalus hamosus, Trigonella monspeliaca, Koeleria phleoides, Lithospermum apulum, Omphalodes littoralis, Torilis heterophylla, Orobanche Hederæ, Orchis pyramidalis, Crypsis aculeata, Cynanchum acutum, Ecballium Elaterium, Scorzonera hispanica, Erythrœa spicata, Isoetes Hystrix.*

Entre cette pointe et celle d'Angoulin reviennent les vastes prés coupés de canaux, interrompus par la petite pointe du Rocher, où Bonamy indiquait *Iris spuria*, qui y croit encore, et celle de Châtelaillon, d'où *Phillyrea angustifolia* n'a pas disparu.

La pointe du Chay, extrémité du plateau d'Angoulin, quoique peu étendue, se recommande par une grande variété de plantes, parmi lesquelles on distingue les espèces des plateaux déjà énumérés et de plus : *Trigonella gladiata, Allium roseum, Stachys heraclea, Catananche cœrulea, Scorzonera hirsuta, Melilotus sulcata, Bellis pappulosa.*

La plupart des mêmes plantes se représentent sur les différentes pointes et plateaux entre la pointe du Chay et la Sèvre, c'est-à-dire à la pointe des Minimes, à celle de Chef-de-Baie et sur la côte d'Esnandes, jusqu'à ce qu'on arrive aux marais de la Sèvre, terminant le département, et dont il sera question lorsque nous entrerons dans le département de la Vendée. Toute cette côte de la Rochelle à Esnandes, est un beau champ d'herborisation, au bout duquel j'ai vu *Diplotaxis erucoides*.

Les environs de la Rochelle, mieux connus que les autres parties de la flore, ont été souvent parcourus par les botanistes qui ont habité cette ville ; on y remarque : *Trifolium lappaceum, Euphorbia serrata, Sisymbrium Columnæ, Lepidium Draba, Lathyrus tuberosus, Crucianella angustifolia, Ononis reclinata, Hutchinsia procumbens, Pterotheca nemausensis, Muscari Lelievrei.*

L'île de Ré est plus basse et plus sablonneuse qu'Oléron ; outre les nombreux marais salants, où l'on revoit *Chara alopecuroides*, elle est principalement couverte de vignes, de champs d'*Hordeum vulgare* avec un peu de luzerne. Sur les plateaux en face du continent, on retrouve *Trinia vulgaris*, *Trixago bicolor*, *Convolvulus lineatus*, et sur d'autres points croissent les espèces méridionales suivantes : *Ranunculus trilobus*, *muricatus*, *Sisymbrium Columnæ*, *Polygala monspeliaca*, *Cynanchum acutum*, *Silene brachypetala* avec *Pancratium maritimum*, *Erodium malacoides*, *Lepidium latifolium*, *Melilotus sulcata*, *Allium roseum*, *Lavatera cretica*, *Rumex palustris*, etc. M. Lemarié, pendant plusieurs années de résidence dans l'île, a acquis une connaissance intime de sa flore et l'a enrichie de : *Ononis reclinata*, *Crepis bulbosa*, *Omphalodes littoralis*, *Cystopteris fragilis*, *Tragus racemosus* et du méridional *Trifolium stellatum*, près duquel j'ai découvert *Medicago tribuloides*.

Après la région maritime, il existe une localité que je recommande particulièrement, parce qu'elle forme exception à la végétation du département ; c'est celle que j'appelle *Pays de lande* et qui s'étend depuis St-André-de-Lidon, entre Gémozac et Mortagne, sous St-Genis, Plassac, au-dessus de Mirambeau, et se continue par Montendre et Montlieu, jusqu'à la limite sud-est du département. Ce terrain sablonneux, occupé par des landes, des bois de pins, qui chaque jour cèdent la place aux cultures, est caractérisé par : *Ulex europœus et nanus*, les *Erica, Quercus Toza, Potentilla splendens, Avena longifolia, sulcata Agrostis setacea, Euphorbia angulata, Arenaria montana, Simethis planifolia, Viola lancifolia* et plusieurs autres plantes des sables. Il y croît encore : *Festuca tenuifolia, Silene gallica, Aira caryophyllea* cc., *A. canescens, flexuosa, Linaria spartea, pelisseriana, spuria, Tolpis umbellata, Ornithopus compressus, roseus, ebracteatus, Lathyrus angulatus, Arnoseris pusilla, Juncus ericetorum, Sedum pentandrum, Orobanche Ulicis, Serapias Lingua, cordigera, Filago montana, Helianthemum guttatum* cc., *Erodium cicutarium* cc., *Festuca Poa, Bromus tectorum, Geranium sanguineum, Convallaria Polygonatum, Scilla verna, Hypochœris glabra* cc., *Genista pilosa, Helianthemum alyssoides, Daphne Cneorum, Isoetes Hystrix.*

Les parties marécageuses de ces landes produisent : *Scirpus fluitans, Holoschœnus, cœspitosus, Eleocharis multicaulis, Ranunculus hederaceus, ololeucos, Carex punctata, Elodes palustris, Juncus squarrosus, Drosera rotundifolia, intermedia, Parnassia palustris, Potamogeton polygonifolius, Lycopodium inundatum, Rhynchospora fusca, alba, Allium ericetorum, Narthecium ossifragum, Myrica Gale, Utricularia intermedia, Pinguicula lusitanica.*

Je ne mentionne pas ici les plantes des coteaux de Montlieu, Montguyon, etc., parce qu'elles appartiennent à ces lieux pierreux calcaires que l'on rencontre fréquemment sur beaucoup de points du département. M. de Meschinet, professeur au Petit-Séminaire de Montlieu, a depuis longtemps fait connaître une grande partie des espèces ci-dessus, auxquelles lui-même et ses élèves ont ajouté *Ophrys fusca, Epipactis grandiflora, Anthericum ramosum, Carex polyrrhiza.*

Aux environs de Corme-Royal, Nancras et Cadeuil, j'ai rencontré une végétation analogue ; par ex. dans les marais : *Potamogetan plan-*

*tagineus, polygonifolius, Carex flava, Mairii, Ranunculus divaricatus, Utricularia minor, Pinguicula vulgaris, lusitanica, Scirpus fluitans, Sonchus maritimus* ; dans les lieux sablonneux. *Euphorbia gerardiana, Bromus molliformis, Specularia Speculum, Anthemis arvensis, Trifolium suffocatum, Ornithopus compressus, Arenaria montana, Tolpis umbellata, Spergula pentandra* et *Sideritis romana.* Dans les bois du Colombier situés entre Nancras et Cadeuil croissent : *Simethis planifolia, Quercus Toza,* les *Erica* et *Ulex, Avena sulcata, Agrostis setacea, Oranche Ulicis, Picridis, Hypochœris maculata, Carex punctata.* Enfin, *Iris sibirica* signalé par Faye, cat. 1850, a été retrouvé par M. Foucaud en 1889.

Les autres terrains tertiaires, près et au nord et à l'est de Saintes, ont été visités plusieurs fois par M. Pinatel et son élève, M. Guillaud, aujourd'hui médecin. Une partie de leurs découvertes a été insérée dans le journal de St-Jean-d'Angély.

Les forêts du département sont très riches : voici les principales :

La *forêt de Benon*, composée moins de futaies que d'une suite de taillis, s'étend entre Courçon, Benon, La Laigne, jusqu'à Surgères, dont les bois en sont la continuation. Le droit possédé par les communes d'y faire paître leurs bestiaux, nous prive de ces belles récoltes qui couvrent les parties protégées contre la dent des animaux, et dans lesquelles on remarque : *Acer monspessulanum, Ulmus campestris, Orobus albus, niger, Aira media, Hypochœris maculata, Euphorbia verrucosa, Esula, Hypericum montanum, Galium boreale, Lathyrus latifolius, Cornus mas, Trinia vulgaris, Carduncellus mitissimus, Globularia vulgaris, Seseli Libanotis, Peucedanum Cervaria, officinale, Bupleurum falcatum, Trifolium medium, lappaceum, Onosma echiodes, Inula montana, Scorzonera hirsuta, hispanica, Stachys heraclea,* quelques buissons de *Fagus sylvatica, Iris spuria, Linosyris vulgaris, Brunella hyssopifolia, Senecio ruthenensis, Cytisus supinus, Coronilla minima, Catananche cærulea, Melampyrum cristatum, Chrysanthemum corymbosum, Geranium sanguineum, Astragalus glycyphyllos, purpureus, Carex montana, Erica vagans.*

La *forêt d'Aulnay*, située en partie dans le département des Deux-Sèvres, renferme, au contraire de fort belles futaies composées, par cantons, de *Fagus silvatica, Carpinus Betulus, Quercus sessiliflora* et *pedunculata,* âgés, en 1852, d'environ 150 ans. On voit aussi, dans la partie ombragée, *Epipactis ensifolia, Stachys alpina, Carex montana, Neottia Nidus avis* et *Elymus europœus,* lequel croit au milieu de *Vinca minor, Brachypodium silvaticum, Milium effusum, Asperula odorata ;* dans les taillis où dans la partie plus sèche ou pierreuse, *Carex gynobasis, Cytisus supinus, Convallaria Polygonatum, Lonicera Xylosteum, Cornus mas, Astragalus purpureus, Euphorbia verrucosa, Acer monspessulanum, Limodorum abortivum, Digitalis lutea.*

La *forêt de Chizé*, dont la plus grande partie s'étend sur le département des Deux-Sèvres, repose sur le même terrain et fournit les mêmes plantes. *Acer monspessulanum* vulg. Aver, y devient qqf. un grand arbre.

Outre ces forêts, il existe çà et là dans tout le département des bois ou des bouquets de bois que la culture a épargnés. Ils méritent d'être visités ; car, sur un espace restreint, ils reproduisent en partie la même végétation que les grandes forêts.

On sait que les plantes des moissons dans les terrains calcaires sont bien plus variées que celles des terrains primitifs ; aussi le département qui jouit de cet avantage, sous une latitude plus méridionale, présente-t-il une assez longue suite d'espèces, comme on le verra par la liste ci-dessous :

(N° 20.) PLANTES DES MOISSONS DU TERRAIN CALCAIRE

Thalictrum minus.
Adonis autumnalis.
— æstivalis.
— flammea.
Nigella damascena.
— gallica.
— arvensis.
Delphinium Consolida.
Rœmeria hybrida.
Hypecoum pendulum.
Fumaria parviflora.
— Vaillantii.
Diplotaxis muralis.
— viminea.
Erysimum orientale.
Saponaria Vaccaria.
Arenaria segetalis.
Trifolium rubens.
Coronilla varia.
Vicia tenuifolia.
— varia.
Ervum Ervilia.
Bupleurum protractum.
— rotundifolium.
Caucalis daucoides.
Turgenia latifolia.
Orlaya grandiflora.

Bifora testiculata.
Falcaria Rivini.
Asperula arvensis.
Valerianella hamata.
— pumila.
Centaurea Scabiosa.
Lactuca perennis.
Anchusa italica.
Echinospermum **Lappula**.
Veronica verna.
— triphyllos.
— præcox.
Melampyrum arven**se**.
Odontites jaubertiana.
Galeopsis Ladanum.
Stachys annua.
— recta.
Ajuga genevensis.
Teucrium Botrys.
Androsace maxima.
Polycnemum majus.
— minus.
Polygonum Bellardi.
Passerina annua.
Euphorbia falcata.
Bromus arvensis.

Les vignes n'ont pas de végétation spéciale ; composées de plantes des champs, des moissons, des coteaux, elles varient selon que leurs terres sont fortes, pierreuses ou sablonneuses.

Les listes des plantes par stations donnent l'énumération des espèces propres aux lieux marécageux, aux eaux, aux prés, aux coteaux, aux bois, etc., et me dispensent d'entrer dans d'autres détails sur les localités que j'ai parcourues.

Cependant, je ne puis passer sous silence ces beaux coteaux, ces *Chaumes* brûlants de la rive droite de la Charente, qui doivent à la dureté de leur ossature de n'avoir pas été entamés par la culture. C'est au milieu de ces rochers, de ces pierres, que l'on rencontre quelques plantes méridionales particulières, comme *Spiræa obovata, Ruta graveolens, Sedum anopetalum, Artemisia camphorata.* C'est là que *Quercus Ilex*, les *Phillyrea* trouvent à établir leurs racines et à former encore des taillis au milieu desquels peuvent vivre *Helianthemum procumbens, Ononis Columnæ, Bupleurum aristatum, Teucrium montanum, Kœleria valesiaca, etc.* Le fait qu'une partie de ces espèces avait échappé à nos devanciers donne l'espoir que d'autres nous sont réservées. Et, en effet, l'*Evax carpetana*, nouveau pour la Flore française, y a été découvert par M. Foucaud.

Il est donc permis d'observer, en terminant, que ce département est loin d'être bien connu, et récompensera longtemps les recherches du botaniste désireux de nouveautés ; celles qui ont été trouvées tout récemment encore doivent nous apprendre que l'on n'herborise pas en vain dans ce riche pays.

J'ai reproduit les pages précédentes figurant dans les trois premières éditions et non dans la quatrième. En y ajoutant les comptes rendus des herborisations publiques faites chaque année et dont le détail a paru de 1876 à 1894 dans les Annales et les Bulletins des sociétés de la Rochelle, on aura une connaissance assez avancée de la distribution des plantes dans le département de la Charente-Inférieure.

## DEUX-SÈVRES

Je dois la première connaissance des plantes de ce département à M. A. Guillon, ancien directeur des contributions indirectes. Ce botaniste distingué a herborisé avec ardeur principalement aux environs de Niort, qu'il habitait ; et, avec le projet de publier un catalogue des plantes du département des Deux-Sèvres, il a composé un herbier de toutes les plantes de ce département qu'il a pu réunir dans l'espace de trois années. Cette collection que j'ai examinée en entier, en présence de son possesseur, a été donnée au Musée de Niort, où j'ai pu la parcourir de nouveau. Sa conservation est parfaite, et le nombre des espèces en a été augmenté par MM. Sauzé et Maillard, de la Mothe-Saint-Heray.

M. Rouffineau a habité longtemps Lezay, d'où il a fourni de bonnes contributions à la Flore.

Dans cette même région méridionale, j'ai vu un nombre important d'espèces recueillies par M. Vernial, juge de paix à Brioux, auquel on doit attribuer la découverte de toutes les plantes citées dans les environs, entre autres : *Aristolochia longa, Astragalus purpureus, Carduncellus mitissimus, Delphinium cardiopetalum, Inula montana, Elymus europæus, Neottia Nidus avis, Epipactis rubra, ensifolia, Asperula odorata, Catananche cærulea, Atropa Belladonna, Stachys alpina.*

M. Jousse, instituteur à la Roche, m'a communiqué une série de plantes intéressantes cueillies par lui aux environs de Loubillé ; les principales sont : *Crucianella angustifolia, Delphinim cardiopetalum, Biscutella lævigata, Epipactis rubra, Peucedanum Cervaria, Nigella gallica, Inula montana, Cytisus supinus, Hutchinsia petrœa, Dorycnium suffruticosum, Sanguisorba officinalis.*

Voici maintenant d'autres documents reçus sur la lisière calcaire qui borde le département de la Vienne.

M. P.-A. Guyon, curé de S.-Pompain, aujourd'hui d'Amailloux, m'a adressé ou fait voir la plupart des espèces de ces localités, ainsi que des environs de Rom, Ste-Soline, mais surtout celles de S.-Loup. Ces dernières m'ont donné le désir de voir le riche *Coteau de Veluché*, commencement de ces beaux coteaux du Thouet aux rives si accidentées. M. Guyon étudie et connaît bien nos plantes et ses découvertes sont nombreuses.

Feu M. Brottier, instituteur à S.-Jouin-de-Marnes, a herborisé avec fruit aux environs de St.-Jouin, c'est-à-dire à Marnes, Brie, Douron, S.-Generoux, Borcq, Airvault, d'où il m'a envoyé les plantes caractérisant la végétation, parmi lesquelles on distingue : *Campanula persicifolia, Trinia vulgaris, Malva Alcea, Asperula galioides, Ervum Ervilia, Ajuga genevensis, Vicia serratifolia*. J'ai revu tout l'herbier qu'il a laissé.

M. Mathurin-Théodose Bonnin, cordonnier-bottier à Airvault, sachant utiliser dignement les courts instants de loisir laissés par un travail assujetissant, se plaît à cultiver une heureuse intelligence par l'étude de plusieurs arts et sciences, entre autres de la Botanique. Depuis plus de 40 ans, il compose un herbier des plantes d'Airvault, dans lequel j'ai remarqué : *Orlaya grandiflora, Myosurus minimus, Cardamine Impatiens, Asplenium septentrionale, Genista sagittalis, Lonicera Xylosteum, Convallaria Polygonatum, Gagea arvensis, bohemica, Orchis simia, fusca, Epipactis ensifolia, Holosteum umbellatum, Senecio viscosus, Filago arvensis, Urtica pilulifera, Veronica procox, triphyllos, Sium angustifolium, Orobanche Teucrii, Milium scabrum*. Enfin j'ai été conduit par M. Bonnin aux riches coteaux du Thouet et à ces localités pierreuses redoutées de l'agriculteur, autant qu'aimées du botaniste, qui se trouve dans un vrai parterre, au milieu de la réunion de : *Vicia varia, Ononis Natrix, Anthyllis Vulneraria, Papaver Rhœas, Coronilla varia, Trifolium rubens, Bupleurum protractum, Melampyrum arvense*.

La belle localité des environs de Thouars a depuis longtemps attiré les yeux des botanistes. Guettard est peut-être le premier qui y ait herborisé ; du Petit-Thouars la connaissait bien, et, après lui, M. Bastard y a fait ces belles récoltes qu'il se plaisait à communiquer à ses amis. Quelques-unes de ses découvertes sont comprises dans le supplément à sa Flore de Maine-et-Loire en 1812, et une liste des plantes recueillies par lui les 24, 25, 26 juillet 1809, et 21, 22 juin 1813, a été insérée en 1853, p. 360, dans les Mémoires de la Société d'Agriculture d'Angers. Depuis, une foule de botanistes sont retournés à cette localité précieuse, et parmi eux : MM. J. Woods, en 1836, Genuer 1840 et, auparavant, Toussaints en 1840, 41, Ad. Lunet, Maille et Revelière. Ce dernier, botaniste soigneux, m'a adressé une liste et de beaux échantillons de toutes les espèces curieuses qu'il y avait recueillies, en compagnie de M. Chédeau, et dont la découverte leur est commune. J'ai moi-même herborisé assez de fois dans ce riche pays pour assurer que les environs de Saint-Loup, Airvault, Availles et surtout Thouars ne le cèdent à aucune localité de la Flore entière, par la variété et l'abondance de leurs plantes. Que d'espèces, en effet, ne trouve-t-on pas sur ces coteaux de Veluché près Saint-Loup, des environs d'Airvault, de ceux de Crevant, Pommier, Vrines, la Cascade, Ligron, Bel-Air, Fretevaux, Vionnais, Missé près Thouars ! Où voit-on une réunion de plantes plus nombreuse, plus curieuse que dans ce pays varié et accidenté, où le sol calcaire et le schiste sont entremêlés et voisins du sable ! Qu'on en juge par la liste suivante d'une partie de ses plantes : *Androsace maxima, Orlaya grandiflora, Valerianella hamata, Euphorbia falcata, Specularia Speculum, Spergula pentandra, Morisonii, Spergularia segetalis, Milium scabrum, Xeranthemum inapertum, Orobanche Picridis, Vicia tenuifolia, Adonis œstivalis, Althœa cannabina, Bifora testiculata, Echinospermum*

*Lappula, Asperugo procumbens, Melica nebrodensis, Avena barbata, pratensis, tenuis, Linum strictum, Loreyi, Bupleurum aristatum, affine, Crucianella angustifolia, Campanula Erinus, Ononis Columnæ, Teucrium montanum, Medicago Gerardi, Micropus erectus, Odontites jaubertiana, Trifolium strictum, suffocatum, Bocconei, Helianthemum salicifolium, procumbens, Torilis heterophylla, Viola virescens, Wahlenbergia Erinus, Crupina vulgaris, Ægilops ovata, Ophrys muscifera, Orobanche Teucrii, Astrocarpus Clusii, Plantago carinata, Sedum elegans, pentandrum, andegavense, Trixago versicolor, Asplenium septentrionale. Linaria pelisseriana, Scleranthus perennis, Anemone montana, Peucedanum Oreoselinum, Hieracium Peleterianum, Gagea bohemica, Teesdalea Lepidium, Ecballium Elaterium, Urtica pilulifera, Chenopodium opulifolium, Cardamine Impatiens,* et bien d'autres.

J'ai vu plusieurs espèces intéressantes, entre autres *Hypochœris maculata*, recueillies à S.-Martin-de-Sanzay par M. Pellier, instituteur, et qui m'ont donné un spécimen de la végétation voisine du département de Maine-et-Loire. De ce dernier département, M. E. Revelière m'a envoyé d'autres plantes croissant au Puy-Notre-Dame et à Montreuil-Bellay; j'ai cru devoir en citer quelques-unes, parce que j'ai la certitude qu'elles se trouveront plus loin dans la plaine en dedans de nos limites.

M. Delastre m'a fait parvenir plusieurs espèces décrites dans sa Flore de la Vienne, que l'on peut consulter avec fruit, surtout pour la partie du département bordant celui de la Vienne.

J'ai revu chez M. Janneau, à Parthenay, les plantes qu'il avait recueillies autour de cette ville et dans le Bocage environnant. Parmi celles-ci, je noterai : *Laserpitium latifolium, Arenaria segetalis, Androsace maxima, Gagea arvensis;* et il m'a fait cueillir *Ornithopus roseus, Senecio viscosus, Holosteum umbellatum, Turritis glabra.*

La connaissance du Bocage a été accrue par l'*Extrait de la Florule des environs de Mortagne-sur-Sèvre*, de M. Gaston Genevier, à Angers. 1866. Ce botaniste, connu par ses travaux sur les *Rubus*, a habité pendant dix ans la ville de Mortagne, située sur la limite des Deux-Sèvres et de la Vendée, et son ouvrage, applicable à l'un et à l'autre département, énumère une partie de leurs plantes et surtout les espèces nouvelles résultant du démembrement des anciens types. Avant M. Genevier, ce pays était à peine connu des botanistes.

L'*exploration botanique de l'arrondissement de Bressuire*, par M. Sauzé, Niort 1867, a donné des détails intéressants sur le nord du département, et a fait ressortir les recherches de M. J. Richard, ancien magistrat. Ce botaniste, zélé et complaisant, m'a fait voir toutes les plantes récoltées par lui dans cette région, dont j'ai pu apprécier moi-même la richesse aux environs d'Argenton-Château, en y retrouvant la plupart des espèces des coteaux chisteux de Thouars. J'y ai aussi rencontré *Trifolium Bocconei, Trixago versicolor, Bupleurum affine, Turritis glabra, Chrysanthemum corymbosum, Campanula persicifolia, Gladiolus illyricus, Pisum Tuffetii, Anthericum Liliago,* desquels M. Trouillard, banquier à Saumur, a enrichi le département.

Ici, rappelons que M. Toussaints a, en 1840-41, herborisé aux environs de Thouars, Oiron, Argenton-Château, Bressuire, Brétignolle, où l'a vu *Anemone montana*, *Peucedanum Oreoselinum*, *Potentilla supina*, *Epipactis ensifolia*, *Ophrys muscifera*, *Isopyrum*, *Androsace*, *Gagea arvensis*. Enfin, récemment, *Ranunculus nodiflorus*, *Trigonella ornithopodioides*.

On sait que MM. Sauzé, médecin, et Maillard, ministre protestant à la Mothe-S.-Héray, avaient déjà beaucoup contribué à la Flore de l'Ouest, en me montrant toute leur collection des plantes du déparment. Depuis, ils ont publié le *Catalogue des plantes phanérogames des Deux-Sèvres*, Niort, 1864, le *Manuel analytique* de la Flore des Deux-Sèvres, 1872. Cette première partie a été suivie en 1878-79 de la *Flore descriptive* en 2 vol., ouvrage consciencieux auquel on peut renvoyer pour des descriptions plus étendues que celles de la Flore de l'Ouest.

Si j'ai omis de citer un certain nombre de localités de cet ouvrage, c'est que j'ai craint de faire double emploi. En effet, mes localités sont signalées par le nom du lieu le plus voisin de la plante trouvée, sans avoir égard à la commune, tandis que la Flore des Deux-Sèvres l'indique dans la commune. Ainsi pour *Avena tenuis*, *Peucedanum Oreoselinum*, ce que j'appelle Argenton-Château est nommé Moutiers, et pour *Juncus anceps*, Mauzé est, dans la Flore des Deux-Sèvres, Deyrançon. En outre, la Flore ne cite aucun botaniste pour les plantes trouvées par eux, et cette absence de leurs noms m'a empêché de reconnaître plus d'une localité.

Depuis, M. l'abbé Grelet, professeur de mathématiques à Rom, aujourd'hui vicaire à Châtellerault (Vienne), m'a donné la liste des plantes qu'il a recueillies aux environs de Rom et de Vallans, en les accompagnant de notes instructives.

Enfin, j'ai pu citer une partie des découvertes faites pendant les herborisations entreprises chaque année par la Société botanique des Deux-Sèvres et dont le compte-rendu se trouve dans son Bulletin de 1891 à 1894. M. Souché, ancien instituteur, président de cette société, à la fondation de laquelle, en 1888, il a principalement contribué et dont il entretient l'activité, a publié, en 1893, la Flore du Haut-Poitou ; la première partie contient uniquement la description des plantes des Deux-Sèvres et de la Vienne, et la 2e partie qui est commencée, en énumère les localités. M. Souché me communique les nouvelles découvertes, les espèces critiques et y ajoute des observations utiles à la Flore.

Mon instruction sur les Deux-Sèvres est le fruit des documents qui précèdent ; ceux-ci, joints à mes herborisations dans ce pays, à la connaissance que j'ai des calcaires voisins dans la Charente-Inférieure, la Vienne et la Vendée, ainsi que du Bocage par le terrain semblable dans la Vendée et la Loire-Inférieure, me permettent d'apprécier un département qui, par la variété et le nombre des espèces, peut prendre rang après celui de la Charente-Inférieure, quoique privé d'une flore maritime.

Pour terminer, j'emprunterai quelques traits à la *Description géologique* du département, par M. Cacarié, ingénieur des mines, insérée dans le tome 7, 1842, 1843, des Mémoires de la Société de statistique du département des Deux-Sèvres.

« Le département peut être divisé en trois parties différentes d'aspect et de nature géologique. Le Bocage, avec ses monticules sans nombre, ses cours d'eau au lit profond et parsemé de rochers, ses chemins tortueux et ombragés, ses haies impénétrables, ses prairies et ses bois, occupe la partie du nord-ouest. » Il est à peu près limité, au midi par une ligne commençant à Beugné près du département de la Vendée et continuant par Xaintray, Pamplie, Mazières, Vouhé ; à l'est par le cours du Thouet et du Cébron, d'où il tourne autour et à l'est de Parthenay, et s'avance en pointe jusqu'à Ménigoute. « Composé presque entièrement de granites ou de schistes primitifs, il a un sol argileux, maigre et froid ; lorsque l'argile est trop compacte, le terrain devient landeux et ne produit que des bruyères et des ajones ; dans les parties humides et contenant des graviers provenant de la destruction du granite, on trouve de bons pâturages. Les arbres poussent fort bien dans presque tout le Bocage ; aussi le pays est-il coupé de haies vives avec de gros arbres qui ombragent complètement les chemins creux de la Gâtine. Quelques parties du Bocage sont recouvertes de sables ; elles forment des landes stériles ne nourrissant qu'une herbe très courte ou de maigres bruyères ; lorsque ces sables sont assez humides, on y a planté des bois ; c'est même dans cette variété de terrain que se trouvent les bois proprement dits du Bocage. » On voit que cette description pourrait s'appliquer au Bocage de la Vendée et à celui de la Loire-Inférieure.

« A l'est et au sud de la limite ci-dessus, s'étend, sur un sol calcaire, *la Plaine* unie, couverte de moissons et de prairies artificielles, parfois arrosée par des rivières dont les eaux tranquilles, couvertes de nénuphars, coulent sur un fond vaseux, ou par des ruisseaux limpides, coulant dans un lit creusé dans le roc ; parfois sèche et aride, ne recevant de l'humidité que des eaux souterraines qui circulent dans les fissures du sol. » La plaine est en grande partie composée de calcaire jurassique entrecoupé du nord au sud, surtout à partir de S.-Loup, par des terrains tertiaires moyens, et sa végétation est celle des mêmes terrains, dont ils sont la continuation dans les départements qui l'avoisinent, la Charente-Inférieure au midi, la Vendée à l'ouest, la Vienne à l'est.

« Si ces deux régions offrent nécessairement des différences très considérables, elles se prêtent en même temps à des rapprochements fort curieux. Ces rapprochements tiennent dans la partie septentrionale, à la présence d'une longue bande calcaire qui occupe le côté N.-E. du département, et, dans la région méridionale, à l'existence de plusieurs vallées de soulèvement qui mettent au jour les schistes et les granites. Aussi pourra-t-on voir, dans les cantons de Thouars, Airvault, S.-Loup et Thénezay, presque toutes les plantes qu'on rencontre, à l'extrémité opposée, sur les limites des dép. de la Charente et de la Charente-Inférieure, et pourra-t-on retrouver, dans les vallées schisteuses et granitiques des environs de S.-Maixent, la Mothe-S.-Héray et Melle, la plupart des plantes de la Gâtine. » Sauzé, Cat.

Enfin, tout à fait à l'ouest, « le Marais forme au-dessous de Niort un triangle marécageux dont le terrain de sable laisse filtrer l'eau avec la plus grande facilité, et est découpé d'autant de canaux que le Bocage l'est de chemins creux. » Ce pays participe à la végétation du Marais Vendéen, dont il forme le commencement, empruntant encore à la région maritime un petit nombre de plantes comme : *Sonchus maritimus, Trifolium resupinatum, Alopecurus bulbosus.*

## VENDÉE

Ici les matériaux sont abondants, et j'espère que le département sera dignement représenté dans la Flore, grâce aux botanistes dont je vais parler.

Messieurs Pontarlier et Marichal, professeurs au Lycée de La Roche, s'occupent depuis longtemps des plantes de la Vendée, qu'ils étudient en commun. Si M. Marichal a un peu plus manié les plantes critiques, M. Pontarlier, doué d'un corps robuste, aidé par un excellent coup-d'œil, a pu faire ces belles herborisations qui lui ont donné la connaissance de presque toutes les parties importantes du département. Du fruit de ce travail, ces deux botanistes ont composé deux herbiers de la Vendée qu'ils ont donnés au Lycée et à la ville de La Roche, et, après avoir eu l'intention de les compléter par un catalogue des plantes de la Vendée, en collaboration avec M. Letourneux, ils ont embrassé avec le plus vif intérêt le plan ce cette Flore. Ils en ont aidé l'exécution de tout leur pouvoir, non pas par des notes détachées, des herborisations partielles, mais par la communication d'herbiers parfaitement ordonnés de plantes étudiées, sur chacune desquelles ces messieurs se sont fait un plaisir de me renseigner abondamment. Depuis lors, tenu au courant des découvertes nouvelles, j'ai cru plus utile à la flore générale de porter ailleurs mes pas, laissant à autrui l'exploration d'un pays dont je me suis borné à prendre une connaissance sommaire, afin de mieux apprécier l'expérience de tous. Le nom de MM. Pontarlier et Marichal, si fréquemment cité, témoigne de leurs nombreuses contributions à cet ouvrage ; le floriste est heureux lorsqu'il se trouve secondé par tant de zèle, d'exactitude et d'obligeance.

C'est de mon ami M. Letourneux qu'est venu le projet d'étendre la flore jusqu'aux départements situés au midi de la Loire. Son nom souvent mentionné dans ces pages, reparaîtrait bien plus fréquemment s'il m'était possible de le rappeler après chaque conseil reçu dans l'exécution de mon travail. Placé dans une riche localité, sur la limite du Bocage, de la Plaine et du Marais, il est rare que M. Letourneux, dans chacune de ses herborisations, n'ait pas ajouté à la flore quelque espèce nouvelle ; enfin il a inspiré le goût de la botanique à M. Ayraud, médecin-vétérinaire à Fontenay, qui, de son côté, a fait de bonnes découvertes.

Ces documents et d'autres encore, tous de date récente et d'une valeur incontestable, m'ont fait négliger les publications antérieures, dont j'aurais eu de la peine à tirer des preuves équivalentes à celles que j'avais sous les yeux. Ces écrits, sont, au reste, peu nombreux, ainsi qu'on va en juger :

Guettard, dans ses Observations sur les plantes, en **1747**, note plusieurs plantes du département, par ex. : *Iris* (angustifolia) *spuria* L., le genêt bâtard (*Adenocarpus complicatus*), *Helleborus viridis, Galium arenarium*, etc.

Bonamy, dans son Prodromus, mentionne aussi quelques espèces de la Vendée.

M. Piet, dans ses mémoires sur Noirmoutier, aidé pour l'histoire naturelle par M. Impost, auteur de plusieurs volumes de jolies fables, a fait une énumération des plantes de l'île, qu'il repartit en six excursions. L'auteur a adopté la nomenclature française de la flore de De Candolle, et ces noms ne sont pas suivis de descriptions. Une 2me édition de ces mémoires fort rares a paru en 1863.

De Candolle, dans le supplément à sa flore, décrit plusieurs espèces que son voyage dans l'Ouest lui avait fait connaître.

Enfin M. L. Faye a inséré dans la Statistique de la Vendée, par Cavoleau, en 1844, une *Note sur les plantes de la Vendée*, où, après avoir rassemblé ce qui avait été dit dans les ouvrages antérieurs, il ajoute d'autres espèces trouvées par lui-même ou par MM. Rouillé et Bossuet.

L'*Extrait de la Florule des environs de Mortagne*, par M. Genevier, a déjà été noté p. XLII.

La nature du sol dans la Vendée est plus variée que dans aucun des autres départements. Le terrain calcaire occupe un espace étendu, c'est là que croissent les espèces les plus curieuses et les plus nombreuses, formant, comme nous l'avons vu, la suite de la végétation de la Charente-Inférieure et des Deux-Sèvres. A ce dernier titre surtout, il est naturel que nous nous occupions premièrement des calcaires.

« Le bassin principal appelé la Plaine s'étend au midi le long du Marais qu'il borde. Au nord, il commence à Payré sur Vendée, descend à Chassenon, se dirige à peu près de l'est à l'ouest, au nord de S.-Michel-le-Cloucq, de Pissotte et de Sérigné, remonte du sud au nord, du côté de Bourneau; se dirige ensuite du sud-est au nord-ouest, au nord de S.-Laurent-de-la-Salle, au sud de S.-Martin-Lars et au nord de S.-Juire, d'où il descend sur la rive gauche du Lay, vis-à-vis Puymaufrais, où il joint une bande schisteuse qui borde la rivière. Il suit cette bande en descendant jusqu'à la maison de Lavert, au-dessous de Beaulieu-sur-Mareuil. Là, il traverse le Lay pour décrire un cercle autour du bourg de la Couture, et retourne, le long du marais, traverser le Lay au village de Lavaud. Il suit la rive gauche du Lay, ou plutôt du marais qui borde cette rivière jusqu'au Port-la-Claye; traverse le bassin du Lay; et, à l'extrémité occidentale de la levée, tourne à droite, vers le nord, pour aller joindre le ruisseau du Graon, d'où il décrit une courbe à gauche pour descendre par S.-Sornin, sur la rive gauche du ruisseau de Troussepoil, qu'il suit en descendant jusqu'à Girondin. Il se dirige de l'est à l'ouest et en ligne droite par S.-Hilaire-la-Forêt, sur un ruisseau qui coule à l'ouest de cette commune, et finit sur la côte entre l'anse du Perray et celle de Caillola (Cavoleau, Statistique, p. 31).

Dépourvue d'arbres dans la plus grande partie, la Plaine est couverte de moissons et de prés artificiels qui nous offrent la plupart des plantes de la liste n° 5; les plus remarquables sont : *Nigella damascena, Delphinium cardiopetalum, Iberis amara, Biscutella lœvigata, Holosteum umbellatum, Ononis Columnœ, Coronilla scorpioides, Vicia peregrina, Bupleurum rotundifolium, protractum, Bifora testiculata, Seseli Libanotis, Carduncellus mitissimus, Wahlenbergia Erinus, Veronica præcox, Melampyrum arvense, cristatum, Teucrium montanum, Euphorbia falcata, Ophrys anthropophora, Phleum Boehmeri.*

Quelques bois, aux environs de Luçon, rompent la monotonie de ce pays plat ; ce sont : le bois de Barbetorte, de Bessay, de Layroux, de St.-Denis-du-Payré, et surtout la petite forêt de Ste-Gemme dans laquelle existent une suite de plantes curieuses dont la plus grande partie a été découverte par Mlle Poey Davant, naturaliste distinguée de Fontenay. Je citerai dans ce dernier bois : *Inula salicina, Chrysanthemum corymbosum, Geranium sanguineum, Melampyrum cristatum, Astragalus glycyphyllos, Seseli Libanotis, Althæa cannabina, Ervum cassubicum, Vicia serratifolia, Cytisus supinus, Rosa pimpinellifolia ;* auxquels il faut ajouter *Pisum elatius* découvert par M. Lepeltier, de Luçon, naturaliste connaissant bien la végétation de son pays.

Au Bois d'Ecoulandre et de la Rivière, près Mouzeil, M. le curé David m'a fait voir *Orchis pyramidalis, simia, Acer monspessulanum, Convallaria Polygonatum.*

Le botaniste sortant de la Charente-Inférieure est étonné de ne plus trouver dans ces localités la série de plantes qui abondent dans les bois secs au midi de la Sèvre. Qu'il jette cependant un coup-d'œil sur celles qui viennent de le suivre jusqu'ici, car plusieurs ne reparaîtront plus dans sa route vers le nord.

La végétation calcaire se retrouve sur les élévations répandues dans le Marais, et auxquelles, selon le niveau de leur sol, on a donné le nom de Iles Basses ou Iles Hautes ; la tradition conservant ainsi le souvenir d'un temps où ces terres dominaient la mer qui couvrait tout ce pays. Les premières nourrissent à peu près les mêmes plantes que la Plaine. Les Iles Hautes, au contraire, dont quelques-unes sont assez élevées, forment la continuation de ces coteaux et plateaux calcaires que nous avons vus sur la côte opposée dans la Charente-Inférieure et dans l'île de Ré. Cependant le nombre et d'espèces et d'individus en est singulièrement diminué, et ce n'est plus qu'un faible échantillon de la végétation que nous avons laissée. Parmi ces Iles Hautes on distingue :

Le Rocher de la Dive, dans le golfe de l'Aiguillon, où M. Letourneux a découvert *Hutchinsia procumbens, Sisymbrium Columnœ,* quelques *Phillyrea media ;* on y voit encore *Echium pyramidale, Teucrium montanum, Linum corymbulosum,* et M. Pontarlier y a retrouvé *Lavatera cretica.*

Chaillé-les-Marais, belle localité où MM. Letourneux et Ayraud m'ont montré *Astragalus monspessulanus, Convolvulus lineatus, Micropus erectus, Inula squarrosa, Bupleurum rotundifolium* et *protractum, Linum strictum, Fumaria micrantha, Ophrys anthropophora, Kœleria valesiaca, Medicago Gerardi, Helianthemum salicifolium, Allium roseum, Astragalus hamosus, Echinaria capitata ;*

L'Ille-d'Elle, qui nous fournit *Astragalus monspessulanus, purpureus, Linosyris vulgaris ;*

L'îlot de la Dune, situé près de ces montagnes d'huîtres que tous les géologues ont visitées, mais vers lesquelles le botaniste n'est attiré par aucune plante spéciale ;

Le Gué de Velluire, qui, sans être une île, offre, ainsi qu'à l'Ille-d'Elle et à Chaillé, des falaises blanches abruptement baignées par le Marais comme elles devaient l'être autrefois par la mer ; M. Letourneux y a trouvé : *Micropus erectus, Inula squarrosa, Astragalus hamosus, Chrysanthemum corymbosum, Melilotus sulcata, Linosyris vulgaris, Rosa sempervirens, Iris spuria, Melica nebrodensis, Acer monspessulanum* ;

Enfin, l'Ile de Maillezais, la plus considérable de toutes ; son sol moins élevé et dont les bords s'abaissent en pente plus douce vers le Marais, n'a pas une végétation aussi variée, mais produit cependant : *Carex gynobasis, Carduncellus mitissimus, Ophrys anthropophora, Orobus albus, Inula salicina, montana, Senecio erucifolius, Micropus erectus, Potamogeton plantagineus, Astragalus glycyphyllos, Carex tomentosa, Potentilla Chaubardiana.*

Les autres Iles Hautes, d'une étendue médiocre, sont moins connues. C'est dans l'une d'elles, à St-Michel-en-Lherm, que M. Letourneux a découvert *Lythrum bibracteatum*. On y voit aussi *Xeranthemum cylindraceum*, qui se retrouve à Triaize avec *Ecballium Elaterium, Erythrœa* et le même *Lythrum*.

Un autre bassin calcaire assez étendu est celui de Chantonnay. « De forme très irrégulière et mesurant environ 40 kilomètres dans sa plus grande longueur, il commence au pont de Cezais, continue par St-Sulpice, Thouarsais, Bouildroux, Bazoges, St-Philbert du Pont-Charault, St-Mars-des-Prés et Chantonnay, où il s'élargit au nord jusqu'à Chassois et St-Germain-de-Prinçay, St-Vincent-Sterlange, puis s'allonge par Ste-Cécile jusqu'aux Essarts. » Cette localité a été plus d'une fois explorée par MM. Pontarlier et Marichal, qui y ont vu presque toutes les plantes de la Plaine, mais aucune qui lui fût particulière.

Dans la Statistique de Cavoleau, M. Fontenelle de Vaudoré mentionne les deux îlots calcaires de Puyrinsens et de la Grande Rhé, près de Vouvant ; M. Gobert a trouvé dans ce dernier *Caucalis daucoides, Turgenia latifolia, Orlaya grandiflora.*

En nous éloignant du midi, nous allons voir les calcaires devenir plus rares et ne produire qu'un petit nombre des plantes particulières à ce terrain (liste n°5) et dont l'énumération n'offre plus d'intérêt que par les absences.

Le calcaire de la petite plaine d'Olonne est situé entre ce bourg, la mer et la Gachère. Ce pays est bien connu ; il est le lieu de promenade du Petit-Séminaire des Sables-d'Olonne, dont une partie de l'établissement se trouve à la Bauduère. M. l'abbé Dalin, ancien supérieur, a introduit le goût de la botanique dans cette maison, et ses élèves, MM. David, curé de Mouzeuil, Bonnaud, curé de Charzais, et Auvynet, ont à leur tour transmis l'amour des plantes à plusieurs de leurs élèves, entre autres à MM. Pontdevie et Rossignol. Ces derniers m'ont fait part de leurs récoltes, tant aux environs des Sables qu'à ceux de Benet et de Pouzauges.

Le calcaire de Commequiers s'étend du nord au sud, depuis le bourg de ce nom jusqu'à la rivière de Vie, et de l'est à l'ouest, depuis le hameau des Chaulières jusqu'à celui de Villeneuve, sur la route des Sables à Beauvoir, et occupe ainsi une étendue d'environ 3 kil. carrés. Il a été examiné par MM. Pontarlier et Gobert, qui y ont trouvé seulement : *Althæa hirsuta, Ornithopus roseus, compressus, ebracteatus, Cirsium eriophorum, Linaria minor, Ajuga Chamæpitys, Orchis pyramidalis.*

Au sud-ouest de Challans, sur la Verrie et le Paty, jusqu'au canal du Perrier, se trouve le calcaire dit de Challans. MM. Gobert et Viaud-Grand-Marais ont fait de fréquentes herborisations dans ce pays, dont ils m'ont donné plusieurs plantes intéressantes, entre autres *Seseli coloratum, Juncus anceps*, ainsi que du Molin, autre calcaire situé entre Challans et celui de l'Ile Chauvet, près Bois-de-Céné, et d'autres encore provenant des calcaires de Sallertaine et de Saint-Urbain. Déjà M. Pontarlier avait visité tout ce pays, moins remarquable par les plantes calcaires que par son terrain sablonneux et son vaste Marais.

Deux autres bassins calcaires existent à Bouin et à Barbâtre, dans le midi de l'île de Noirmoutier, sans que ces deux localités m'aient fourni aucune plante spéciale à ce terrain.

La région maritime de la Vendée se compose en grande partie de sables qui nous offrent à peu près la même végétation que ceux de la Charente-Inférieure. *Helichrysum Stæchas, Artemisia crithmifolia* et les autres plantes y sont aussi robustes, aussi abondantes. On y voit encore les bois de chênes verts avec *Cistus salvifolius, Daphne Gnidium*, mais sans *Osyris*. C'est surtout entre la Tranche et S.-Vincent-sur-Jard que règnent ces vastes dunes d'un spectacle si curieux et dont « les inégalités ressemblent aux ondulations énormes d'une mer agitée dont les vagues se seraient durcies subitement. » L'herborisation est fatigante et peu productive dans cette région uniforme, qu'il faut traverser aussi rapidement que le permet son sol mouvant, pour gagner les vallées humides, les marais des dunes et la partie voisine des cultures.

De Jard à l'anse du Perray, la côte est bordée de rochers calcaires peu élevés, coupés à pic, qui produiraient sans doute plusieurs plantes des plateaux calcaires de l'île de Ré, située vis-à-vis, s'ils n'étaient entièrement recouverts par le sable, qui apporte avec lui sa végétation propre.

Les Sables-d'Olonne paraissent se prêter à la naturalisation des plantes étrangères, introduites peut-être par la navigation. Est-ce à cette cause que l'on doit *Lavatera cretica, Sedum littoreum*, presque disparu des murs de la ville, où Bastard le trouvait dès 1809, et l'américain *Euphorbia polygonifolia* L., qui est en abondance, depuis plusieurs années, loin des ports, en pleins sables maritimes ? Un habitant plus orthodoxe est le précoce *Milium scabrum*, répandu jusqu'à la Gachère.

Après les Sables-d'Olonne, les dunes règnent presque sans interruption jusqu'à la Barre-de-Mont.

L'île de Noirmoutier est depuis longtemps connue par l'ouvrage de Piet. Elle est basse, sablonneuse, surtout au sud et à l'ouest, séparée en deux parties inégales par des marais salants étendus. Quelques rochers peu élevés se trouvent à l'Herbaudière, au bois de la Chaise et au Viel. Le nord de l'île est granitique avec une lisière de gneiss de l'Herbaudière au Cobe, et de grès, depuis le Cobe jusqu'au bois de la Chaise, le reste est calcaire ; ces changements de terrain n'influent pas sur le caractère de la végétation, qui est principalement celle des sables. C'est à Noirmoutier que se trouve la dernière station de quelques plantes méridionales, par ex. *Daphne Gnidium*, autrefois commun, *Centaurea aspera*, *Cistus salvifolius*, *Silene Thorei*, *Medicago littoralis*, accompagnées de quelques raretés du pays, comme *Romulea Columnae*, *Crepis bulbosa*, *Omphalodes littoralis*, *Scirpus Holoschœnus*, *Poa megastachya*, *Echium plantagineum*, *Lysimachia Linum stellatum*, *Tribulus terrestris*, *Podospermum laciniatum*, *Lupinus reticulatus*, *Gladiolus segetum*, *Diplotaxis viminea*, *Scolymus hispanicus*, *Erodium malacoides* et *maritimum*, ce dernier croissant aussi à l'îlot du Pilier avec *Lavatera arborea*. Les bois de la Chaise et de la Blanche sont les derniers bois de chênes verts dans la région de l'Ouest. M. Viaud-Grand-Marais a publié dans le Bulletin de la Société des sciences naturelles de l'Ouest, 1892, le *Catalogue des plantes vasculaires* de l'île.

L'île d'Yeu toute granitique nous transporte dans une des îles du Morbihan, avec ses rochers élevés et ses landes, sans bois, sans vignes, sans marais salants. La grande côte est bordée de rochers élevés sur lesquels croit en abondance *Plantago carinata*, portant *Cuscuta Godronii*. On voit dans les grottes quelques *Asplenium marinum*, sur les plateaux *Anthoxanthum nanum*, *Erythrea maritima*, *Trifolium perpusillum*, et *Statice occidentalis* y a été découvert par M. l'abbé David qui avait aussi récolté le *Scolymus hispanicus*. La partie du nord, peu cultivée, est couverte de landes maigres, où croit *Isoetes Hystrix* avec *Romulea Columnae*. Le reste de l'île est sablonneux et s'affaisse graduellement jusqu'à la côte de l'est, qui, depuis le Port-Breton jusqu'à la pointe du Corbeau, est bordée de dunes. Une plante curieuse, qu'on ne s'attend pas à rencontrer si haut dans le nord, *Rumex bucephalophorus*, est commune dans tous ces sables, ainsi que dans ceux de l'anse des Vieilles sur la grande côte. Au midi du bourg existe un marais d'eau douce. MM. Viaud-Grand-Marais et Ménier ont publié, en 1878, des *Excursions botaniques* à l'île d'Yeu faites en 1876-77, et dans le *Bulletin de la Société botanique de France* T. XXIV, la liste des plantes de l'île.

La grande côte de l'île d'Yeu forme la localité de rochers la plus étendue dans le département ; les autres rochers se trouvent à la pointe du Perray, formée de lias ; à S.-Gilles-sur-Vie et à S.-Jean-d'Orbetiers. Sur ces derniers croissent *Crepis bulbosa* et *Isoetes Hystrix*.

Les marais salants sont nombreux ; les plus considérables sont aux environs de l'Aiguillon, aux Sables-d'Olonne, à Saint-Hilaire-de-Riez, à Noirmoutier, et surtout ceux qui de la Barre-de-Mont s'étendent jusqu'à la limite du département par Beauvoir et Bouin. Les plantes qui leur sont propres sont énumérées liste n° 1.

Parmi les marais du département, deux méritent une mention particulière ; l'un appelé Marais méridional, est borné au nord par la Plaine, au midi par la Sèvre, à l'est par le département des Deux-

Sèvres, à l'ouest par la mer. Cette vaste alluvion, entrecoupée d'une multitude de canaux de desséchement, se divise en marais desséchés et en marais mouillés. Dans les premiers, la végétation des marais a disparu pour faire place aux cultures et surtout aux prés, submergés l'hiver par le débordement de la Sèvre et de ses affluents, ainsi que du Lay.

Le Marais mouillé, comme son nom l'indique, est plus marécageux. Les parties les plus élevées, divisées en petits carrés entourés d'eau, sont tantôt cultivées en chanvre, en fèves et en haricots, tantôt plantées de frênes et de saules, tantôt enfin abandonnées aux roseaux (Phragmites communis), reste de la végétation primitive. Quoique toute cette région soit intéressante et d'un aspect particulier, sa végétation est celle de tous les grands marais, avec le seul avantage de se présenter sur une vaste échelle et d'offrir toutes les gradations des terrains submergés aux prés plus ou moins humides et aux terres cultivées que le desséchement a conquis. L'herborisation, sans cesse contrariée par l'un de ces mille canaux qui divisent ce pays comme un damier, y est fatigante et nécessite l'emploi continuel d'un bateau. Aussi cette localité est-elle peu connue, et il est impossible que l'on ne rencontre pas quelque nouveauté dans une région qui présente une surface de plusieurs myriamètres carrés. Le Marais se continue, avec la même végétation, sur la rive gauche de la Sèvre, dans la Charente-Inférieure et dans les Deux-Sèvres au-dessous de Niort.

Le Marais occidental commence à Bourgneuf et Machecoul (Loire-Inf.) et se continue jusqu'au Port-la-Roche sur le Falleron, de là à Bois-de-Céné, Châteauneuf, Beauvoir, Saint-Urbain, Sallertaine, Ponthabert, Challans, Soullans, Notre-Dame-de-Riez, Orouet, Saint-Jean, Notre-Dame et la Barre-de-Mont. Cet espace considérable, presque dépourvu d'arbres, est, en dehors des marais salants, principalement composé de prés entourés de larges fossés remplis d'herbes aquatiques. Couverts d'eau l'hiver, ils présentent au printemps la végétation des prés de la région maritime ; mais « bientôt, au mois de juillet, ce sol compact se dessèche sous l'action du soleil et du vent salé, et tout le Marais n'offre plus alors qu'une surface aride et dépouillée. »

Le Marais est bordé dans toute sa longueur par un vaste terrain sablonneux qui fournit à la flore *Ornithopus roseus, compressus, ebracteatus, Spergula arvensis, pentandra, Filago arvensis, lutescens, Arenaria montana*, plantes d'autant plus recherchées que le sable manque dans l'intérieur de la Vendée.

Le reste du département repose sur des terrains primitifs parsemés de quelques terrains de transition ; il forme le Bocage, appelé de ce nom parce qu'il semble couvert d'une vaste forêt. Il n'en est pas ainsi cependant. Ce pays est composé, à l'exception des landes, d'une multitude de champs, de prés de peu d'étendue, chacun entouré d'une haie vive dans laquelle dominent des arbres peu élevés, assez rapprochés, coupés en têtards de forme bizarre, dont on émonde régulièrement les branches tous les cinq ans. Cette partie est la moins intéressante de la flore pour un habitant de la Bretagne ; elle forme la continuation du Bocage des Deux-Sèvres, et c'est cette même végétation que nous allons voir régner partout au nord de la Loire. Il est facile de s'en donner une connaissance générale en élaguant de la

Flore les plantes maritimes (listes 1, 2, 3, 4), les plantes calcaires (liste 5) et celles qui sont marquées du signe ✗ (liste 18).

J'ai déjà dit que je n'avais qu'une connaissance générale du département, mais suffisante cependant pour me permettre de comprendre les différentes formes de sa végétation. Ainsi, j'ai suivi tout le littoral; j'ai passé quelques jours à l'Ile-d'Yeu ; je connais Noirmoutier. J'ai traversé la Plaine, plusieurs parties du Marais méridional et jeté un coup-d'œil sur quelques-unes de ces iles. Je comprends le Marais occidental pour l'avoir traversé plusieurs fois et par les marais de Machecoul à Bouin et Beauvoir, qui en font partie. Enfin, le peu que j'ai vu du Bocage me rappelle le même terrain dans la Loire-Inférieure, avec lequel je suis familier.

## LOIRE-INFÉRIEURE

Les pages suivantes formaient l'introduction à la Flore de la Loire-Inférieure, et, au risque de répéter ce qui a été dit sur les départements de la Charente-Inférieure et de la Vendée, je crois devoir la reproduire. L'importance attachée a certaines notes sur un département mieux connu que les autres fera peut-être ressortir les différences et les ressemblances de végétation entre les départements situés de chaque côté de la Loire. Je supprimerai cependant quelques détails qui ont trouvé place dans les pages précédentes, et j'en ajouterai d'autres indiquant les découvertes faites depuis la publication de la Flore de la Loire-Inférieure, en 1844.

Morison paraît être le premier botaniste qui ait parcouru les côtes de la Bretagne, *missi, dit-il, ut totam oram Armoricæ, atque insulas adjacentes perlustraremus, atque rariores plantas maritimas observaremus, jussu et liberalitate principis Gastoniæ Franciæ.* Déjà en 1680, dans son *Plantarum historia*, il signale autour de Nantes, Trifolium acetosum corniculatum luteum minus repens (*Oxalis corniculata* L.), *Lavatera arborea* ; et une de nos meilleures plantes, Linaria maritima minima viscosa foliis hirsutis (*Linaria arenaria* DC.) est indiquée dans les sables maritimes.

Après Morison un siècle s'écoule avant que Bonamy, en 1782, fasse paraître son *Floræ Nannetensis Prodromus.* Aucun ouvrage n'avait encore été publié sur les plantes de l'Ouest ; aussi doit-on peut-être excuser l'auteur d'avoir étendu les environs de Nantes jusqu'à Vannes, le Mans, Angers, Thouars, la Rochelle. Cependant l'absence d'une limite fixe est d'autant plus à regretter que, dans le *Prodromus,* le nom des plantes, exprimé par les phrases de Bauhin et de Tournefort, n'est jamais accompagné de descriptions et est rarement suivi de l'indication d'une localité précise. De plus, toute trace de l'herbier de Bonamy a disparu depuis longtemps ; car cette collection n'a pas été connue des plus anciens botanistes vivants. On ne sera donc pas étonné du petit nombre de citations puisées dans un ouvrage qui ne peut être aujourd'hui d'aucune utilité. D'ailleurs, ce livre assez imparfait, même pour l'époque où il parut, fournit la preuve que le pays était alors peu connu, quoique l'auteur « se flatte qu'on trouvera peu de plantes nouvelles à ajouter au *Botanicum Nannetense.* » On n'en doit pas moins tenir compte des longs efforts de celui qui a ouvert la carrière, après avoir, dit-il, « pendant 45 ans consécutifs, enseigné la botanique à Nantes, à ses propres frais et sans avoir reçu ni dédommagements ni récompense. » En 1785 a paru un petit supplément au *Prodromus*, avec le titre d'*Addenda*, par le même auteur. On peut lui appliquer les mêmes remarques qu'à l'ouvrage principal.

Il nous faut attendre encore un demi-siècle avant d'arriver au second ouvrage spécial sur les plantes du pays. Pendant ce long intervalle, la publication de plusieurs flores françaises avait fait faire un grand progrès à la connaissance des plantes de France. Parmi ces ouvrages, on remarque la Flore de de Candolle et surtout le volume complémentaire, où l'auteur décrit les plantes nouvelles de l'Ouest, qu'il devait, soit à ses propres recherches, soit aux communications des botanistes locaux et dont il avait déjà donné un aperçu dans son Voyage botanique et agronomique en 1808.

Le Catalogue de M. Pesneau, publié en 1837, et suivi d'un supplément en 1841, contient, comme l'énonce son titre, l'énumération de toutes les plantes que l'auteur avait recueillies dans le département de la Loire-Inférieure. Ce livre, qui indique seulement le nom des plantes avec leur localité ou leur station, a l'inconvénient commun à tous ceux du même genre qui, manquant de descriptions, du moins pour les espèces critiques, ne permettent aucune vérification. Ce défaut a été plus que compensé pour moi, par la facilité que l'auteur m'a accordée d'examiner en détail dans son herbier départemental les types des espèces inscrites au Catalogue. Pénétré des bonnes intentions et de la véracité de l'auteur du Catalogue, je m'étais fait un devoir, dans la Flore de la Loire-Inférieure, de rendre un compte fidèle de sa nomenclature. Dans un ouvrage plus général, ce détail serait moins bien placé, et je l'omettrai, en priant de conserver un bon souvenir d'un naturaliste simple et modeste, ami de la vérité et des progrès de la science dans un pays auquel il s'intéressait plus que personne.

En 1842, M. Moisan avait publié la *Flore Nantaise*, volume in-8° de 725 pages, auquel je n'ai rien emprunté.

Dans l'exécution de la Flore de la Loire-Inférieure, j'aime à me rappeler les secours que j'ai reçus alors, et j'espère qu'on m'en permettra de nouveau le détail.

M. Hectot m'a donné les premiers conseils. Si, parmi les services qu'il a rendus à la Botanique, on ne peut compter des écrits ni la communication facile de ses collections, il ne faut pas oublier de reconnaître qu'on lui doit d'avoir, pendant une longue suite d'années, encouragé, entretenu à Nantes l'étude de la Botanique, et conservé la tradition en remplissant presque seul l'immense intervalle qui sépare Bonamy de notre époque. L'herbier qu'il a laissé contient à peine quelques renseignements sur un temps éloigné du nôtre, et quelques notes sur les plantes qu'il avait communiquées à M. de Candolle, lors de son voyage dans l'Ouest, et pour lesquelles il est cité dans le supplément de la Flore de cet auteur. C'est pourquoi j'aurai, quoique à regret, très rarement occasion de mentionner le nom de M. Hectot dans cet ouvrage.

Avant d'habiter Nantes, M. Desvaux y faisait tous les ans plusieurs voyages. Je sais que chaque fois on attendait impatiemment son arrivée, pour lui soumettre les plantes difficiles ou litigieuses dont on n'avait pu éclaircir la synonymie. C'est à cette source que doit être attribuée la connaissance de beaucoup de nos espèces critiques.

M. Letourneux, doué de ce coup-d'œil prompt et facile qui distingue le naturaliste, a fourni beaucoup de contributions à la Flore, et je dois à cet ami beaucoup de bons conseils sur le plan et les détails de mon premier ouvrage.

M. Le Boterf, longtemps avant sa mort prématurée, avait dû renoncer à ses études sur les plantes du pays qu'il était appelé à élucider.

L'abbé Delalande a exploré avec soin les environs de Saint-Gildas, jusqu'alors inconnus.

On doit à M. Bornigal la connaissance de *Rhynchospora fusca, Scirpus cœspitosus, Hesperis matronalis,*

M. Moride, ancien pharmacien à Nantes, dont j'ai reçu plusieurs conseils utiles, m'a communiqué ses herborisations aux environs de Châteaubriant. On lui doit l'invention du *Préparateur botanique,* instrument très utile, servant à la dessiccation rapide des plantes, et dont la description se trouve à la fin de l'introduction.

M. Guiho, employé des contributions indirectes, a fait de nombreusss herborisations dans le département, où il a signalé beaucoup de localités, surtout dans les arrondissements de Châteaubriant et d'Ancenis. De cette dernière ville, qu'il a habitée pendant près de deux ans, il a exploré tout l'est et le nord-est du département, où, après avoir retrouvé *Carex maxima, Ribes rubrum, Bromus erectus, Salvia pratensis, Inula salicina, Sedum pentandrum, Impatiens noli tangere,* il a fait la découverte de *Linosyris vulgaris, Gagea bohemica, Peucedanum alsaticum.*

MM. Georges et Louis de Lisle sont fréquemment cités ; ils ont fait plus d'une découverte importante, et récemment celle de ce *Coleanthus subtilis* de toutes la plus inattendue.

M. St-Gal a publié la Flore des environs de Grand-Jouan, « destinée aux élèves de l'École régionale d'Agriculture », où il est professeur de Botanique. Cet ouvrage, fruit de douze années d'herborisation dans la localité, décrit les plantes croissant ordinairement dans un rayon de 12 à 16 kilomètres de l'Ecole, et j'ai reçu de l'auteur toutes les nouveautés qu'il a fait connaître.

M. Emile Gadeceau est souvent cité pour les plantes qu'il a recueillies dans la Loire-Inférieure et dans les parties de la Vendée, de l'Ille-et-Vilaine voisines. Etudiant sévèrement nos espèces litigieuses, il a publié dans le Bulletin de la Société des sciences naturelles de l'Ouest des notices sur : les *Platanus* (1894), *Polypodium cambricum* L. (1895), le *Cuscuta Godronii* de l'île d'Yeu et de Belle-île et sur *quelques Orchidées de la Loire-Inférieure* (1892), etc.

M. Ménier, directeur de l'Ecole des sciences, professeur de botanique, m'a instruit sur les plantes qu'il recueille et, bien utilement, sur l'*Œnanthe peucedanifolia* Poll. dont il a constaté de nombreuses localités méconnues jusqu'alors.

M. Lajunchère, ex-pharmacien à Bourgneuf, a bien étudié les plantes de la région et a contribué à élucider plusieurs espèces critiques.

M. Maupon, médecin militaire, a herborisé pendant une dizaine d'années, particulièrement autour de Nantes où les *Mentha, Salix, Rosa* ont été surtout l'objet de ses patientes investigations et où il nous a fait distinguer l'*Elatine inaperta*, au milieu des *E. hexandra*.

Parmi les autres botanistes qui ont herborisé avec fruit dans le département, je nommerai : M. Migault, qui examine attentivement nos espèces critiques ; MM. Paul Bruneau et Henri Lefièvre, horticulteurs ; M. Cailleteau, médecin à St-Philbert-de-Grand-Lieu ; M. Viaud Grand-Marais, professeur à l'Ecole de Médecine de Nantes.

« La constitution géologique du département se compose de terrains
« primitifs et de transition. Le terrain primitif commence entre
« Oudon et Ancenis, sur la rive droite de la Loire, passe par les com-
« munes du Cellier, de Saint-Mars-du-Désert, Petit-Mars, traverse
« l'Erdre, passe à Casson, Héric, une partie de Blain, Fay, Cambon,
« Pontchâteau, et se continue dans la direction du *Sillon de Bretagne,*
« jusqu'à la Roche-Bernard. De l'autre côté du fleuve, le terrain com-
« mence à peu près en face du même point et embrasse toute la
« partie méridionale du département.

« Le terrain intermédiaire qu'on observe à Angers, se continue dans
« notre département dans toute la partie du nord et du nord-ouest,
« et vient s'appuyer sur la première ligne que nous avons indiquée. »

Au milieu de ces deux terrains, se trouvent, surtout au midi de la Loire, des dépôts de terrains tertiaires sur lesquels reposent les calcaires dont nous parlerons plus tard. « Une partie de ces bassins
« sont recouverts de terrain tourbeux de la formation d'eau douce ;
« dans le premier arrondissement, on remarque, entre le coteau
« septentrional de la Loire et celui de Guérande, une vaste tourbière
« de formation marine, celle de Montoir. »

Une carte géologique du département a été publiée, en 1861, par M. Cailliaud, directeur du Muséum : elle doit être entre les mains de tout botaniste.

Le département de la Loire-Inférieure offre deux flores distinctes : la flore maritime et celle de l'intérieur. La première comprend : (liste nᵒ 1) les plantes propres aux prés, aux vases et aux marais salés ; (liste nᵒ 2) les plantes des sables maritimes ; (liste nᵒ 3) les plantes des rochers et des coteaux ; (liste nᵒ 4) celles qui habitent les prés, les décombres et les terres cultivées ou incultes.

La région maritime a été assez bien parcourue et étudiée ; mais, comme elle forme la partie la plus intéressante de la Flore, nous allons la passer rapidement en revue.

Si nous partons de l'extrémité méridionale de la côte, nous trouvons les marais salants de Bourgneuf, première station des plantes propres aux vases salées (liste nᵒ 1). Au risque de s'égarer, le botaniste ne doit pas craindre de pénétrer dans l'intérieur du marais, et d'en suivre les sinuosités ; c'est là seulement qu'il peut espérer de tout voir et qu'il rencontrera, au milieu des *Salsola, Salicornia,*

*Suœda* et *Atriplex*, cette végétation curieuse qui ne rappelle en rien celle de l'intérieur. Il y sentira la nécessité d'étudier sur le vivant les plantes salées, si défigurées dans les herbiers qu'elles salissent. D'un autre côté, il n'oubliera pas qu'il est toujours utile d'examiner les points où les marais salants prennent naissance, en se confondant avec les terres cultivées, les sables, les pâtures marécageuses et les ruisseaux d'eau douce.

Au Collet, commencent les sables maritimes et les plantes qui leur sont particulières (liste n° 2). On ne négligera pas d'y recueillir, au printemps, une de nos raretés, *Alyssum campestre*, répandu sur un espace d'une demi-lieue, à côté de *Cerastium tetrandrum* et de *Viola nana.*

L'inclinaison des arbres vers l'est nous indique combien ils ont à lutter contre la violence du vent de mer, dont l'influence se remarque aussi sur les plantes de l'intérieur qui s'avancent jusqu'au bord de la mer. Battues par un air vif et salé, elles y perdent considérablement de leur taille ainsi que de leur port, et leurs racines, devenues épaisses et presque ligneuses, s'enfoncent profondément dans le sable pour chercher la fraîcheur qui y règne toujours.

Trompé par ce changement de port, le botaniste de l'intérieur est généralement tenté de voir dans ces végétaux rabougris et velus, à feuilles charnues et quelquefois salées, des espèces ou des variétés nouvelles. Plusieurs de ces formes ont été distinguées sous le nom de var. *maritima, nana, uniflora, carnosa, succulenta, salina,* mais toutes les plantes de l'intérieur pourraient avec autant de droit avoir leur variété maritime, car toutes se modifient en approchant de la mer.

Si l'uniformité souvent trop prolongée des sables maritimes nous éloigne de la mer, et nous fait découvrir quelque marais d'eau douce ou saumâtre, ou un cours d'eau se rendant à la mer, n'oublions pas que nous avons intérêt à les visiter à fond. Une végétation plus active nous arrêtera sur leurs bords, où croissent souvent *Scirpus Savii, pungens, Œnanthe Lachenalii, Carex extensa* et quelquefois *C. punctata, Polypogon monspeliensis, maritimus* et peut-être *littoralis.*

De la Bernerie jusqu'à Pornic, la côte est élevée ; les terres cultivées s'avancent jusqu'au bord de la mer, et ne laissent souvent que la place nécessaire pour former un sentier étroit dont tous les ans quelque partie se détache et tombe. Sur les rochers après la Bernerie, les bouquets de *Statice Dodartii* et *occidentalis* attirent l'attention et portent à examiner en détail les fentes des rochers (dripping rocks) d'où quelques petites sources suintent et tombent goutte à goutte. Garanties des vents du nord et exposées au soleil, ces véritables petites serres naturelles cachent des trésors réservés à la patience du botaniste investigateur. Quelquefois, au milieu des plantes maritimes, on sera étonné d'y rencontrer la végétation des marais de l'intérieur.

Les environs de Pornic doivent être parcourus plus d'une fois. Le canal de Haute-Perche, ruisseau remontant jusqu'à Arthon, est bordé de marécages et de prés salés, de marais et de prairies, qui fournissent une nombreuse suite de plantes intéressantes.

La côte de Pornic offre aussi une belle série d'espèces rares ou curieuses : *Trifolium strictum, angustifolium, Bocconei, Lotus hispidus, Bromus molliformis, Festuca ciliata, Hypochœris Balbisii, Linaria pelisseriana, Filago spathulata*, plantes qu'il faut chercher dans les vignes, dans les terres sablonneuses incultes et sur le talus des clôtures. Les moissons renferment *Papaver Argemone, hybridum, Valerianella eriocarpa* var. *glabra* et plusieurs *Lathyrus*. La même variété de végétaux continue de Ste-Marie à Préfaille. On y voit de plus *Rosa pimpinellifolia* et sa variété, *Erythræa maritima, Carex punctata, Erodium malacoides*, qq. *Tolpis umbellata* et le précoce *Romulea Columnæ*.

La pointe de Saint-Gildas, remarquable seulement par sa sécheresse et sa stérilité, peut être passée rapidement. Là, une côte pierreuse élevée, balayée par tous les vents, nourrit à peine des lichens et quelques buissons rabougris et clairsemés d'*Ulex*. C'est dans des localités semblables que j'ai vu *Anthoxanthum nanum*, des formes curieuses de *Trifolium arvense* et souvent aussi *Sagina maritima*.

En approchant des premières cabanes, nous rentrons dans une végétation meilleure, au milieu de laquelle *Rosa pimpinellifolia* se montre encore, pour ne reparaître qu'au delà de la Loire. Le fond de la baie mérite d'être exploré avec soin ; c'est là, près du moulin de Tharon, sur ces pentes herbeuses exposées au midi, parmi les plantes peu élevées, mais nombreuses et serrées, que j'ai recueilli *Crepis suffreniana* ; c'est là que M. Le Dantec a découvert *Bupleurum affine* et qu'on pourra trouver *Bupleurum aristatum, Lysimachia Linum stellatum, Omphalodes littoralis*.

Après une longue suite de dunes, et avant St-Michel, nous arrivons au marais de Calais, l'une des meilleures localités de la région maritimes. Sur les dunes voisines, l'*Immortelle* (*Helichrysum Storchas*) se fait remarquer par ses jolis corymbes ; non loin sont *Matthiola sinuata, Trifolium angustifolium, Asparagus officinalis* var. *maritimus, Medicago striata, marina, Bupleurum aristatum*, et *B. affine*, etc. Le marais s'étend assez loin et se termine en prés salés couverts d'*Alopecurus bulbosus* et de *Carex divisa*, tandis que sur les bords de la partie inondée croissent *Scirpus pauciflorus, Tabernæmontani, pungens* et qqf. *Spergula nodosa. Polypogon littoralis*. Après avoir quitté une localité qui ne saurait être visitée trop fréquemment, n'oublions pas autour de Saint-Michel plusieurs *Orobanche, Trifolium arenivagum* et *Armeria plantaginea* commun depuis St-Gildas.

Après St-Michel continuent les dunes, dont une partie a été semée de pins maritimes déjà formant des bois, puis les vignes sablonneuses et les terres cultivées. Si l'on suivait la mer de trop près, on pourrait dépasser, sans le remarquer, l'embouchure de la Boivre, marais très étendu qui remonte jusqu'à Saint-Père-en-Retz. La partie voisine de la mer est la plus intéressante ; la partie supérieure, composée de prés marécageux, coupés par de larges fossés, ne m'a offert aucune plante nouvelle. Il serait cependant utile de la revoir, ainsi que les marais à *Myrica* et à *Drosera*, dont les eaux viennent s'y verser. Dans celui de Lainerie, situé au-delà de Saint-Père-en-Retz, j'ai retrouvé *Scirpus cœspitosus* au milieu d'une belle localité.

En sortant de la chaussée de la Boivre, on rencontre un petit marais bordant les sables où M. Letourneux a trouvé *Carex ampullacea* et une forme naine et curieuse de *Carex vulgaris* ; j'y ai vu aussi *Sparganium minimum*.

Depuis la Boivre jusqu'à la Loire s'étendent des dunes immenses d'une végétation aride et monotone, où *Senecio vulgaris* et *Gnaphalium luteo-album* sont réduits à une seule tête de fleurs. Cependant, arrêtons-nous quelquefois pour examiner de près les petits vallons où l'eau des pluies laisse assez d'humidité pour entretenir un gazon court et clair, parmi lequel j'ai vu assez abondants *Juncus capitatus, pygmæus* et *Scirpus pauciflorus*. Ces dunes ont aussi été semées de pins maritimes y formant quelques bois.

Autour de Saint-Brevin, n'oublions pas le marais de la Guerche. Dans le bourg même, on voit *Sisymbrium Sophia*, une de nos plantes les plus rares, et, en 1836, dans une herborisation avec mon compatriote M. Joseph Woods, j'y ai pour la première fois cueilli *Crepis suffreniana*. Il est quelquefois fort commun entre le bourg et Mindin, où j'ai vu aussi, mais rare, *Spergula pentandra*.

Les sables et les champs voisins fournissent en abondance *Ornithopus compressus, Medicago striata*, et *Rosa bibracteata* orne les haies de ses nombreux corymbes de fleurs blanches.

Nous suivrons les bords de la Loire, qui, tout en s'éloignant de la mer, continuent encore jusqu'à Paimbœuf la région maritime. Quelle belle herborisation de Saint-Brevin à Paimbœuf ! En sortant des sables, on récolte *Cerastium arvense, Medicago marina, Triticum junceum*. Les vases de la Loire produisent en grand nombre *Glyceria maritima, Lepturus incurvatus, Triglochin maritimum, Arenaria marginata*, etc. (liste n° 1). *Glyceria procumbens* et qqf. *G. distans* couvrent la terre argileuse dans les chemins des prairies, et ces immenses prairies salées offrent pendant deux lieues une végétation riche autant que variée. *Trifolium maritimum* et *Molinerii*, mêlés à l'élégant *Trifolium resupinatum*, à *Armeria maritima* et aux *Œnanthe*, y forment à la fin de mai un spectacle ravissant. En passant de l'admiration à l'examen des détails, le botaniste fera une ample récolte de *Trifolium michelianum, Trigonella ornithopodioides* et de *Carex divisa*, qui, pendant plusieurs lieues, abondent sur les deux rives.

Après avoir engagé les botanistes à bien choisir le temps pour arriver dans cette dernière localité, trois semaines avant la coupe des foins, parce que les plantes s'y dessèchent rapidement, nous passons sur la rive opposée et laissons la partie comprise entre Donges et Saint-Nazaire jusqu'au moment où il sera question de la Brière, en avertissant toutefois que le bord du fleuve offre le même caractère de végétation que la rive que nous venons de parcourir.

Entre Saint-Nazaire et l'entrée du chemin de Pornichet, reparaissent les plantes des sables (liste n° 2), destinées à être détruites bientôt par l'accroissement de la ville. Les moissons qui bordent le chemin de Pornichet nous montrent *Ornithopus roseus, ebracteatus, Lotus hispidus* et *Lathyrus angulatus, hirsutus, sphæricus* ; et à la Villemartin croît *Romulea Columnæ*.

Le tour de la pointe de Chemoulin peut, avec les sables de Saint-Nazaire, remplir une bonne journée d'herborisation, lorsque l'on veut suivre les sinuosités de la côte, faire de temps en temps quelque excursion dans les terres cultivées, remonter plusieurs vallées et descendre çà et là le long des rochers. *Rosa bibracteata* se montre dans plusieurs haies, et *Lupinus reticulatus* dans quelques champs ; *Trifolium angustifolium, strictum, Festuca ciliata, Bromus molliformis, Papaver Argemone, hydridum, Scolymus hispanicus,* habitent les champs incultes, les fossés, les rochers, et je ne doute pas que *Erodium maritimum* ne soit trouvé sur quelque point de cette partie de la côte. *Statice Dodartii, ovalifolia, occidentalis* tapissent par intervalles les pentes de rochers, tandis que *Asplenium marinum* se cache dans les grottes humides qui sont à leur pied.

Si. après avoir tourné la grande pointe, on s'éloigne de la mer pour entrer dans les vignes, on y voit *Crepis fœtida, Fumaria parviflora, Trifolium angustifolium* ; et. sur les bords herbeux des haies, des champs, *Bupleurum aristatum.* Les haies de *Santolina* annoncent que nous approchons de Saint-Sébastien, où *Rosa collina,* répandu dans ces environs, se fait remarquer par ses grandes et belles fleurs roses. Les prés sont remplis de *Salvia verbenaca,* et dans les environs on peut recueillir *Linaria pelisseriana.*

A Pornichet se présente un marais salant dont il est bon de faire le tour en suivant la lisière des terres cultivées ; dans la partie du nord, *Salicornia radicans* est abondant.

Des dunes élevées occupent l'espace compris entre Pornichet et le Pouliguen. Cette localité doit être souvent parcourue, car presque toutes nos plantes de sables s'y trouvent. Celles-ci, il y a environ 40 ans, en composaient toute la végétation ; aujourd'hui une partie des dunes est couverte de bois de pins maritimes, qui y ont été semés et s'étendront de plus en plus. Il faut donc se rappeler ces faits, lorsqu'on y trouvera des *Alnus cordata, Rosmarinus officinalis* et autres exotiques. C'est encore autour de ces bois, entre Escoublac et Pornichet, que l'on a planté, pour fixer le sable. *Rosa baltica* Bor. herb. 1862 p. 19, R. spinosissima Pesn. cat. 181, sous-arbrisseau très épineux à fol. luisantes. fl. rouge, odorante, fruit globuleux-déprimé, rouge. Les pieds qui ont servi à ces plantations ont été apportés du château de Lesnerac !!, en 1832 pour le bois de la Bole, en 1844 pour ceux de Pornichet, lors du semis de ces pinières. Ce château de Lesnerac est situé hors de la région maritime, et le *R. baltica* n'y est pas plus spontané que les Rosiers de Bengale, Pompon, Calendaire, etc. Il n'a donc pas un meilleur titre que ceux-ci pour appartenir à la flore du pays ; j'en avais inséré l'avertissement dans la Flore de la Loire-Inf. p. 84 ; je le renouvelle, afin que, si l'on vient à porter ailleurs cet étranger, une nouvelle localité ne fasse pas oublier son origine bien constatée. Du reste, cet arbrisseau appartient au *R. lucida* Ehrh. espèce de l'Amérique du Nord, qui, cultivée dans le Danemark et dans le nord de l'Allemagne, s'échappe des jardins (ex hortis aufuga, Sonder) et n'est pas plus naturelle là que sur notre côte. Enfin le nom de *R. baltica* a été appliqué par Roth à une variété du *R. canina,* ainsi qu'il résulte de détails instructifs donnés par M. Crépin, Primitiæ rosarum p. 180.

Vers le milieu de la baie se voit un petit marais que forme un ruisseau descendant d'Escoublac. Si on veut le visiter à fond, on y trouvera *Lotus tenuifolius, Scirpus pungens, Savii, pauciflorus, Œnanthe Lachenalii, Chlora perfoliata, Epipactis palustris, Spiranthes æstivalis, Teucrium Scordium, Triglochin palustre, Sium angustifolium, Spergula nodosa.* Toutes ces plantes se retrouvent dans la plupart des petits vallons humides ou marécageux situés entre les marais de Pornichet et Careil. On y remarque aussi *Salix repens*, seul arbrisseau naturel à ces sables maritimes, où il n'a souvent que quelques centimètres de hauteur. Dans les sables, je signalerai encore *Crepis suffreniana*, et sur les hauteurs et dans les vignes, *Trifolium angustifolium, Filago spathulata, Œnothera biennis*, et le joli *Lathyrus tuberosus* découvert par M. de Lisle.

Nous savons qu'il est toujours bon d'examiner les points où les marais salants prennent naissance. En côtoyant ainsi celui du Pouliguen, depuis la caserne de la Bole jusqu'au bourg, nous pouvons comparer entre eux *Glyceria distans, maritima* et *procumbens*, étudier les *Polypogon*, retrouver *Polypogon littoralis* et recueillir *Crypsis aculeata, Statice Dodardii, lychnidifolia, Limonium* et peut être *rariflora. Melilotus alba*, autrefois localisé, s'est répandu tout le long de la route, et sur le chemin de fer, abondamment.

Entre le Pouliguen, Batz, le Croisic et Guérande s'étendent d'immense marais salants où se trouvent réunies toutes les plantes particulières à cette station (liste n° 1). Le genre *Atriplex* est singulièrement modifié par l'influence maritime. *Atriplex latifolia* et *angustifolia* prennent des feuilles charnues ou pulvérulentes-blanchâtres ; dans le premier, les valves du calice fructifère sont souvent d'une grosseur démesurée, et tous deux nous offrent des variétés notables.

En sortant du Pouliguen, visitons la promenade, pour nous assurer que *Hippophae rhamnoides, Bupleurum fruticosum, Spartium junceum* y ont été plantés comme le bois lui-même. Les alentours sont bons à visiter ; *Tribulus terrestris* n'a encore été trouvé que dans cette localité.

La pointe de Penchâteau mérite d'être explorée en tous sens. Sur les rochers du nord et du midi croissent *Peucedanum officinale, Statice Dodartii, ovalifolia* et *occidentalis, Melilotus parviflora* et quelques pieds de *Podospermum laciniatum.* Les sables du midi fournissent *Spergula nodosa, Rosa pimpinellifolia* à fleur blanche et rouge. *Triticum junceum, Helosciadium ochreatum, Epilobium parviflorum* bordent les petits filets d'eau, et *Apium graveolens* garnit les rochers humides, tandis que *Ephedra distachya* et *Artemisia crithmifolia* tapissent les sables et le revers des clôtures.

Après avoir, en descendant du bourg de Batz, foulé aux pieds *Polygonum maritimum* et les jolies rosettes rouges de *Euphorbia Peplis*, nous examinerons les champs compris entre les marais et les sables. J'y ai recueilli *Lepidium latifolium, Phalaris minor, Chenopodium opulifolium, Melilotus arvensis.* Dans les sables, on peut étudier plusieurs espèces d'*Orobanche*, et, en regagnant la mer, cueillir *Carex extensa* au bas des rochers humides. Enfin, avant d'arriver aux énormes rochers stériles de la Grande-Pointe, les *Statice* reparaissent pour ne se montrer qu'à quelques lieues de là. C'est en vain que, depuis cette pointe jusqu'à l'embouchure de la Loire, M. Ducoudray-Bourgault et moi nous avons cherché *Isoetes Hystrix*, que je supposais sur cette côte.

Les délestages du Croisic méritent aussi bien que ceux des autres ports quelques instants d'examen, pour y constater les intrus à qui les floristes peu exacts seraient tentés d'accorder le droit de cité, et dont le nombre ne peut qu'augmenter par l'activité du commerce et des communications. C'est ainsi qu'au Croisic un pied de *Xanthium spinosum*, d'origine étrangère, a donné naissance aux individus qui depuis quelques années s'y reproduisent et que l'on y trouve *Hyoscyamus albus, Chenopodium Botrys,*

Dans la ville, le pied des murs est garni d'une ceinture d'*Urtica pilulifera*, et dans les environs se trouvent réunies nos quatre espèces de *Melilotus*. Enfin autour du Trait on voit de larges prés de *Spartina stricta*, qui se retrouve aussi çà et là dans les marais salants. A la même station croît aussi *Zostera nana*, qui doit exister çà et là dans toute la région maritime.

Remarquons que c'est au Croisic, depuis le port jusqu'à la Grande-Pointe, qu'existe la meilleure localité pour les algues marines.

Au pied de la chaussée de Pembron, on rencontre la première grande station du tardif *Diotis candidissima*. Les sables bordant la pleine mer jusqu'à la Turballe n'ont jusqu'à présent fourni d'autres plantes spéciales que *Scirpus Holoschœnus*, dont les larges touffes ne peuvent manquer de frapper la vue, si, en côtoyant le marais, on se dirige vers la Turballe. Dans les pâtures humides, on retrouve encore *Carex extensa, distans, Scirpus Savii, pungens,* les *Polypogon*, et dans le ruisseau qui longe le marais, croît une variété à feuilles larges de *Potamogeton pusillus.*

A la Turballe se trouve *Elatine campylosperma* ; mais on ne voit plus à Penharang *Crambe maritima*, qui, suivant Bonamy, était commun sur toute la côte, où je n'ai jamais pu le trouver dans ce département.

Avant et après Piriac, le *Diotis* se montre encore pour reparaître plus abondant à Mesquer, dans la baie de Pennebé et enfin entre Penestin et Tréhiguier.

L'espace compris entre Clis, la Turballe et Piriac, mérite d'être souvent visité. M. Letourneux y a, en effet, recueilli plusieurs bonnes plantes parmi lesquelles je mentionnerai : les *Lathyrus*, plusieurs *Valerianella, Bulliarda Vaillantii, Phalaris minor, Linaria pelisseriana, Delphinium Ajacis, Filago spathulata, Bupleurum aristatum, Romulea Columnæ*. Dans les bois de Lauvergnac et de Sourzac, on peut voir quelques beaux pieds de *Quercus Ilex* et *Suber* (occidentalis Gay).

Dans les marais de Mesquer, on retrouve encore toutes les plantes propres aux vases salées, ainsi que *Zostera nana* et *Spartina stricta*, qui est commun par localités autour de la baie et aux Montaignies, vis-à-vis Kérandré.

A la pointe de Pennebé, *Trifolium angustifolium* et *strictum* repa-

raissent à côté de *Scabiosa arvensis, Linum angustifolium,* *Galium*
*anglicum* et il faut y chercher l'*Isoetes.* Autour du moulin de Pont-
Mahé, une végétation active et plus variée succède aux sables. *Rosa*
*pimpinellifolia* croît dans les haies et sur le sommet des rochers, les
*Statice* en couvrent le penchant, tandis que des milliers d'*Euphorbia*
*Peplis* ornent les sables qui sont à leur pied.

Depuis le Pont-Mahé, où commence *Adiantum Capillus Veneris,*
découvert par M. Gadeceau, nous sommes entrés dans le Morbihan.
J'engage les botanistes à visiter le vaste marais de Penestin, qui commence au Pont-Mahé, et dont l'entrée, commune aux deux départements, est formée par des prés et des marécages salés, couverts des
*Glyceria* maritimes et surtout de *Polypogon maritimus.* C'est dans de
semblables localités qu'on peut espérer de trouver *Triglochin Barre-*
*lieri. Juncus bufonius* var. *fasciculatus* n'y est pas rare, et *Potamoge-*
*ton trichoides* et *pectinatus* remplissent les fossés, dont *Scirpus Taber-*
*nœmontani* couvre quelquefois les bords.

Depuis la pointe du Bile jusqu'à Penestin, la côte est élevée et les
terres cultivées s'avancent jusqu'à la mer. Enfin, entre Penestin et
Tréhiguier, un marais salant nous conduit aux derniers sables maritimes.

En remontant la Vilaine, la région maritime continue, en offrant sur
le bord de la rivière et des étiers quelques plantes des vases et des
prés salés, parmi lesquelles on remarque surtout, à côté de *Erythrœa*
*pulchella,* les nombreux chaumes de *Polypogon maritimus. Rosa pim-*
*pinellifolia* nous suit pendant longtemps, et enfin *Silene maritima*
nous accompagne jusqu'à la Roche-Bernard, dont il couvre les
rochers.

Avant de quitter la région maritime, dont nous venons de parcourir
plus particulièrement ce qu'on appelle *le littoral,* je recommanderai
aux recherches des botanistes cette partie de la côte qui forme la
transition de la flore maritime à celle de l'intérieur. L'influence de
la mer s'y fait sentir plus ou moins loin, qq.fois fort loin le long des
cours d'eau, et c'est dans cette zône que croissent encore, avec quelques plantes méridionales qui s'avancent jusqu'ici, plusieurs espèces
particulières aux terrains calcaires.

— Si nous passons à la Flore de l'intérieur, nous verrons que le
terrain calcaire n'y occupe que quelques points. Aussi peut-on dire
que toutes les plantes propres à ce terrain sont rares par rapport au
reste du département. Ce côté faible de la Flore deviendra plus
apparent par la liste suivante :

### PLANTES DES TERRAINS CALCAIRES

Fumaria parviflora.
    —    Vaillantii.
Diplotaxis muralis, tenuifolia.
Bunias Erucago.
Alyssum calycinum.
Lepidium campestre.
Thlaspi perfoliatum.

Centaurea Scabiosa.
Cirsium acaule.
    —    eriophorum.
Chlora perfoliata.
Lithospermum officinale.
Anchusa italica.
Melampyrum cristatum.

Dianthus Carthusianorum.
Silene inflata.
Helianthemum vulgare.
Althæa hirsuta.
Ononis Natrix.
Anthyllis Vulneraria.
Medicago Gerardi.
— marginata.
Hippocrepis comosa.
Potentilla verna.
Caucalis daucoides.
Seseli montanum.
Galium tricorne.
— spurium.
Scabiosa Columbaria.
Salvia Sclarea.
— pratensis.
Galeopsis Ladanum.
Ajuga Chamaepitys.
Calamintha Acinos.

Stachys germanica.
— recta.
— annua.
Polycnemum majus.
Euphorbia gerardiana.
Potamogeton plantagineus.
Ophrys apifera.
— aranifera.
Orchis pyramidalis.
Juncus obtusiflorus.
Carex nitida.
— paludosa.
Phleum Boehmeri.
Avena pubescens.
Festuca tenuiflora.
Bromus arvensis.
— erectus.
Equisetum Telmateia.
Plusieurs Chara.

Les deux bassins calcaires principaux sont ceux de Machecoul et d'Arthon, qui ont été assez bien explorés, autant du moins qu'on a pu le faire en y passant chaque année plusieurs jours. Mais ce qui doit engager les botanistes à y retourner, c'est que chaque voyage y a fait découvrir quelque plante nouvelle.

Le calcaire de Machecoul commence au Château, s'étend à une demi-lieue environ sur les routes de Saint-Philbert et de Port-Saint-Père, occupe l'espace compris entre ces deux routes, puis continue par les *Chaumes* presque jusqu'au marais, et reparaît, après quelques interruptions, aux environs de Fresnay qu'il faut visiter.

Cette localité est riche et variée. Les plantes suivantes lui sont particulières : *Galium spurium, Anchusa italica, Salvia Sclarea, Euphorbia gerardiana, Orchis pyramidalis, Festuca tenuiflora, Bromus erectus, Diplotaxis muralis, Caucalis daucoides, Juncus obtusiflorus, Filago arvensis.*

On y remarque aussi plusieurs espèces que nous sommes habitués à voir dans la région maritime ; ce sont : *Phleum arenarium*, plante maritime ; *Thesium humifusum, Asperula cynanchica, Linaria supina, Glaucium luteum, Salvia verbenaca, Carex divisa.*

Dans les fossés des Prises, ou sur leurs bords, se trouvent *Ranunculus trichophyllus, Drouetii*, plusieurs *Chara, Festuca arundinacea, Carex paludosa, Equisetum Telmateia. Cerastium glutinosum* abonde dans les lieux pierreux ou sablonneux ; et dans les moissons ou les friches croissent *Filago arvensis, Ervum gracile, Ornithopus ebracteatus, compressus et roseus, Lupinus reticulatus, Verbascum nigrum, Arenaria tenuifolia, Lathyrus angulatus, sphæricus, Armeria plantaginea, Fumaria Vaillantii, Lithospermum officinale.* A la Salle et aux environs, en Fresnay, on revoit *Lupinus reticulatus, Filago arvensis, Juncus obtusiflorus, Ornithopus roseus, compressus, Orchis hircina pyramidalis, laxiflora* et ses variétés *palustris* et *intermedia, Potamogeton plantagineus.*

Le Marais, recouvrant le calcaire, qu'il cache, offre, avant de se fondre dans la région maritime, les plantes propres aux marais et aux prés humides. On n'y négligera pas *Teucrium Scordium, Lythrum bibracteatum, Chara connivens*.

A Arthon, le calcaire se dirige vers Chéméré, s'étend à l'est du marais qui règne au midi de ce bourg, dépasse le bourg en continuant jusqu'à Princey, et revient à Arthon en s'étendant à l'ouest du marais qui commence à ce dernier bourg. Cette localité, une des plus belles du département, a été découverte par M. Pesneau. Depuis, nous y sommes tous retournés ; chaque fois nous en avons rapporté quelque nouveauté pour la Flore, et récemment encore *Diplotaxis viminea* et *Teucrium Scordium* y ont été découverts.

Je noterai comme particuliers à cette localité : *Bunias Erucago, Ononis Natrix, Phleum Boehmeri, Polycnemum majus, Valerianella Morisonii, Potamogeton plantagineus*.

*Phleum arenarium, Carex arenaria, Juncus maritimus* et *Helichrysum Stœchas* feraient croire que la mer s'est avancée autrefois jusque là comme la tradition le rapporte.

Parmi les plantes rares ou curieuses, on remarque les suivantes : *Carex paludosa, divisa, nitida, Bupleurum aristatum, Inula salicina, Equisetum Telmateia, Ophrys apifera, Eriophorum latifolium, Stachys recta, Glaucium luteum, Trifolium Bocconei, medium, Cirsium acaule, Scirpus pauciflorus, Orchis fragrans, Lepidium campestre*, les *Ornithopus, Lupinus reticulatus, Cerastium glutinosum, Juncus obtusiflorus, anceps, Chara aspera*, et *Spergula pentandra*.

Les autres localités calcaires de la rive gauche sont : la Limousinière, où *Trifolium angustifolium* est la seule plante remarquable ; la Chevrolière ; Touvois, avec *Paris quadrifolia, Carex strigosa, punctata* ; Vieillevigne, que je n'ai visité qu'une seule fois et où je n'ai aperçu aucune plante caractéristique : enfin les Cléons, belle localité bien connue, qui nous fournit *Cerastium brachypetalum, Stellaria glauca, Lathyrus palustris, Ophrys apifera, Ranunculus ophioglossifolius, Cardamine parviflora, Melampyrum cristatum, Festuca tenuiflora*.

Sur la rive droite, les terrains calcaires ne sont que des points éloignés l'un de l'autre, où les plantes rares, n'ayant qu'un espace limité du terrain qui leur est nécessaire, sont sujettes à être facilement détruites. A Copchoux croissent *Ophrys apifera, Orchis hircina, Lepidium campestre, Thlaspi perfoliatum* et *Althæa hirsuta*. Erbray produit seulement *Cirsium acaule* et *eriophorum*.

A Cambon, le bassin calcaire est plus étendu, quoique peu riche en espèces. On y recueille cependant : *Stachys germanica, Althæa hirsuta, Ophris apifera, Cuscuta epilinum, Chlora perfoliata, Teucrium Scordium, Galium tricorne, Ranunculus ololeucos, Cirsium acaule, eriophorum, Euphorbia palustris*, ces deux derniers découverts par M. Guiho. Ce calcaire se dirige vers St-Gildas, où il reparaît avec *Cirsium acaule, Ophrys apifera* et *Equisetum Telmateia*.

Bergon, situé dans une belle position entre deux marais, offre, outre plusieurs plantes marécageuses intéressantes, *Verbascum nigrum, Sison segetum, Festuca tenuiflora, Galium tricorne, Potamo-*

*geton plantagineus, Nitella glomerata.* Enfin à Saffré l'on retrouve encore *Ophrys apifera, aranifera, Orchis hircina, Salvia pratensis, Chlora perfoliata.*

M. Dubuisson signale encore aux environs de Nort plusieurs points calcaires qui n'ont pas été visités. A Saint-Liphard, M. le Boterf et moi avons vainement cherché le terrain indiqué par le même auteur ; aucune plante du moins n'en annonce la présence.

— Les phyllades des arrondissements d'Ancenis et de Châteaubriant viennent naturellement se placer dans notre revue après les calcaires. En effet, plusieurs plantes telles que *Lepidium campestre, Medicago Gerardi, marginata, Althæa hisurta, Salvia pratensis, Stachys germanica* et *recta* sont communes à ces deux terrains, ou peut être le coteau de Juigné, où on les trouve, conserve-t-il quelque trace de calcaire.

Le pays situé entre Oudon, Ancenis, Pouillé, Saint-Herblon, Varades et Ingrande se recommande particulièrement aux recherches des botanistes ; il ne saurait être trop fréquemment visité. Sur les rochers et les coteaux schisteux caractérisés par *Festuca Poa, tenuicula, duriuscula, Filago montana, Hypochæris glabra, Spergula Morisonii, Aira præcox, Sedum anglicum,* on rencontre souvent *Astrocarpus Clusii, Hypericum linarifolium, Plantago carinata, Seseli montanum, Melica nebrodensis, Avena flavescens, Trifolium strictum, suffocatum, glomeratum, Trigonella ornithopodioides, Verbascum floccosum.* On y voit aussi quelquefois *Carex Schreberi, Ophrys aranifera, Orchis hircina, Potentilla verna, Allium sphærocephalum,* et plus rarement *Sedum pentandrum, andegarense, Bulliarda Vaillantii, Linaria pelisseriana, Scleranthus perennis, Gladiolus illyricus, Ranunculus nodiflorus, Polycnemum minus. Cratægus Oxyacantha, Viburnum Lantana, Torilis heterophylla* croissent dans les haies dont *Draba muralis* tapisse les bords ; *Ranunculus trichophyllus* et *Drouetii* y habitent les mares, *Chaiturus Marrubiastrum* le bord des marais, et *R. ophioglossifolius* les fossés desséchés. *Barbarea intermedia* couvre les friches où l'on rencontre aussi *Orobanche cærulea* et *Thlaspi alliaceum.* Enfin les moissons renferment *Bromus arvensis ;* les vignes sont quelquefois remplies de *Allium paniculatum* et *oleraceum* tandis que des milliers d'*Orobus albus* blanchissent les prés. A cette série de plantes viennent s'ajouter *Linosyris vulgaris, Gagea bohemica, Peucedanum alsaticum,* découverts par M. Guiho, ainsi que *Bromus erectus* et *Avena pubescens,* que nous avons retrouvés ensemble.

N'oublions pas que cette localité est le pays des *Rosa* : les haies en sont remplies et présentent des bouquets de fleur d'un effet charmant, ainsi que des sujets abondants pour éprouver leur nomenclature.

La *Vallée de la Loire* forme, par son étendue, par la variété et la richesse de sa végétation, une des plus belles localités du département. Composée de terres labourables, de sables, mais surtout de prés sujets chaque année à des inondations périodiques, elle offre, en tout temps, au botaniste, quelque partie à explorer, quelque récolte à faire. Au printemps, les prairies appellent son attention ; plus tard ce sont les sables et les terres cultivées ; mais en tout temps et surtout à l'automne, il doit examiner les bords du fleuve, les *boires* et les marais formés par les eaux que l'hiver a laissées. S'il peut espérer de voir dans la Vallée la moitié des espèces qui composent la flore, il doit s'attendre à plus d'une surprise. Mais, en parcourant fréquemment les bords du fleuve, il apprendra à distinguer les plantes qui leur sont propres, de celles qu'une inondation apporte et que la suivante fait souvent disparaître.

Dans le haut de la Loire, les prés contiennent, outre des milliers de *Fritillaria*, d'*Œnanthe silaifolia*, *Trifolium Molinerii* en abondance, puis *Campanula glomerata*, *Veronica Teucrium*, *Peucedanum Chabræi*, *Nasturtium pyrenaicum* ; enfin, dans les lieux plus creux, plus humides, *Stellaria viscida*, *Cardamine parviflora*, *Alopecurus bulbosus*. A Ingrande *Asclepias Cornuti* Decaisne apparaît quelquefois et l'on pourrait y trouver *Crepis nicæensis* que M. Bastard recueillait à Montjean.

C'est dans la vallée d'un de ses affluents, le Havre, que M. Ed. Bureau, monographe des Bignoniacées, a découvert *Poa palustris*, plante inconnue de nos devanciers. Il abonde dans la localité, et c'est là qu'il faut apprendre à le distinguer de *Poa nemoralis*, afin de le reconnaître ailleurs dans la vallée de la Loire.

Sur le bord des haies et des buissons, on voit *Scutellaria hastifolia*, *Malva Alcea*, *Lamium maculatum*, *Galanthus nivalis*, *Equisetum ramosum*, *Cuscuta major*, *Œnanthe pimpinelloides*, *Ranunculus auricomus*.

Les bords du fleuve sont garnis d'une longue lisière de *Saules* dont les plus rares sont *Salix purpurea*, *rugosa*, *seringeana*, et çà et là paraissent *Leersia orizoides*, *Cyperus longus* et *Inula Britannica*.

Dans les prés et dans les lieux incultes sablonneux, croissent *Œnothera biennis*, *Asparagus officinalis*, *Plantago arenaria*, *Carex Schreberi*, *ligerina*, *Muscari comosum*, *Allium oleraceum*, *Cerastium glutinosum*, *semi-decandrum*, plusieurs *Polygonum* et *Chenopodium*.

Sur les sables humides ou boueux, on rencontre çà et là *Poa pilosa*, *Nasturtium palustre*, *Xanthium macrocarpum*, *Crypsis alopecuroides*, *Scirpus michelianus*, *Peplis Boræi*, *Elatine campylosperma* et *macropoda*, plantes pour la plupart annuelles, sujettes à être déplacées par les inondations.

Les terres cultivées donnent *Linaria spuria*, *Oxalis stricta*, *Sonchus arvensis*, *Medicago denticulata* et *apiculata*, *Specularia Speculum*, et quelquefois *Orobanche ramosa*, autrefois commun, mais disparaissant par les soins de la culture.

Sur la suite de rochers qui s'étend du Haut-Thouaré jusqu'au village de la Petite-Vallée, on remarque *Allium oleraceum*, *Lepidium graminifolium*, *Astrocarpus Clusii*, *Festuca tenuicula*, *Asplenium lanceolatum*, *Orobanche Hederæ*, et à leur pied, dans les lieux pierreux, *Euphorbia platyphyllos*.

Enfin, dans les boires et les marais croissent tous les *Potamogeton*, les *Lemna*, *Naias*, *Chara* et *Nitella*, *Marsiglia quadrifoliata*, quelquefois *Elatine Alsinastrum*, et *Elodea canadensis* qui les envahit.

Au-dessous de Nantes, la végétation change graduellement ; les Saules sont remplacés par *Phragmites communis ; Angelica hetero-carpa* commence à se montrer, et, dans les intervalles, les vases sont garnies d'innombrables *Scirpus triqueter*, auxquels se trouvent mêlés *Scirpus carinatus, Tabernæmontani, maritimus* et *Panicum vaginatum* y viendra un jour.

Après Couëron, d'anciens délestages fournissent *Anchusa angusti-folia*, une *Pensée* (V. Pesneaui), avec quelques plantes des sables maritimes, et M. Monard y a découvert *Chara Braunii*. *Melilotus officinalis* borde fréquemment le fleuve, tandis que des milliers d'*Helminthia echioides* succèdent aux jolies plaines de *Fritillaria* de la Haute-Indre. Le beau *Caltha* garnit le bord des fossés et des lieux gras ; *Ranunculus divaricatus* se montre dans les eaux ; *Inula Helenium* paraît çà et là dans les prés, ainsi que *Petroselinum segetum* et *Lactuca saligna* sur leur bord. Enfin, *Trifolium resupinatum* dans les prés, *Glaux maritima, Arenaria marina* sur le bord de l'eau, nous conduisent graduellement à la région maritime et à ces immenses prés salés couverts d'*Alopecurus bulbosus*, de *Carex divisa,* et plus tard d'*Agrostis canina.*

— Après avoir passé en revue les stations les plus importantes de nos plantes, il suffira, en faisant le tour du département, de jeter un coup-d'œil rapide sur quelques localités curieuses, de signaler celles qui sont imparfaitement connues et d'indiquer les points qui n'ont pas été explorés.

A l'Est, de Candé à Vritz, le pays présente une suite de buttes et de rochers schisteux où l'on remarque *Trifolium suffocatum, Plantago carinata, Scleranthus perennis, Bulliarda Vaillantii,* plantes que M. Guiho a suivies depuis Candé jusqu'à la Barre-David. Elles continuent encore plus loin jusqu'au Grand-Auverné, où elles rencontrent *Helianthemum umbellatum, Ranunculus nodiflorus* et ce *Colranthus subtilis* qui a étonné tous les botanistes, ce *Colranthus* bien légitimement et incontestablement Breton ! L'innombrable quantité que j'en ai vue à l'étang de Ploërmel nous accablerait du reproche de n'avoir pas connu la plante plus tôt, si elle n'était aussi petite, aussi tardive, aussi localisée, aussi exigeante sur les conditions de son apparition.

Au Nord-Est sont situées plusieurs vastes forêts qui, si elles sont intéressantes sous le rapport de la cryptogamie, comme MM. Desvaux et Ménier s'en sont assurés à la forêt du Gâvre, ne produisent qu'une série uniforme et peu nombreuse de plantes phanérogames. Rien de plus monotone que l'herborisation dans ces longues forêts plates, où aucun accident de terrain ne vient varier la végétation, où après plusieurs lieues de marche, on parvient à trouver quelques pieds de *Lysimachia nemorum, Convallaria maialis, Androsæmum officinale, Veronica montana, Asperula odorata, Neottia Nidus avis.* S'il est utile de les revoir, le botaniste n'oubliera pas surtout d'éviter les Grandes lignes.

Parmi les forêts de Teillé, du Gâvre, de Domnèche, Pavée, de Javardan et de Juigné, que j'ai parcourues en partie, la dernière me paraît offrir le plus d'intérêt. C'est là qu'on peut étudier sur de nombreux individus *Ranunculus Lenormandi,* dont les feuilles sont quelquefois si variables, si ressemblantes à celles de *R. ololeucos* qu'elles ont fait croire à deux espèces. Aux étangs de la Blisière, de Hautbreil, de la Primaudière, on remarquera que ce dernier en habite seulement la lisière, et ne s'avance pas dans les eaux profondes, comme *Ranunculus aquatilis*, qui est indifférent sur toutes les stations aquatiques.

Les herborisations que j'ai faites dans le nord, complétées par celles de M. Guiho, prouvent que ce pays est loin d'offrir la même variété que les environs de Nantes. C'est de loin en loin que sont disséminées quelques plantes rares ou curieuses, et, pour les cueillir, il fallait traverser les innombrables landes qui rendaient cette partie du département si remarquable. Si ces landes, composées des *Erica* et *Ulex*, de *Agrostis setacea*, *Nardus stricta*, *Festuca tenuifolia* et *duriuscula*, mêlés à *Gentiana Pneumonanthe*, *Viola lancifolia*, *Simethis planifolia*, *Asphodelus albus*, sont d'une végétation aride et monotone ; dans leur vallon ou sur leur penchant sont ordinairement situés de petits marais à tourbe grasse, caractérisés par les *Drosera*, *Narthecium ossifragum*, *Aira uliginosa*, *Anagallis tenella*, *Rhynchospora fusca* et *alba*, *Pinguicula lusitanica*, *Carex hornschuchiana* et autres, *Elodes palustris*, *Myrica Gale*, parmi lesquels j'ai quelquefois vu *Eriophorum latifolium*, *Utricularia minor*, *Scirpus caespitosus*, *Lycopodium inundatum*, *Splachnum ampullaceum*.

Ce pays a subi un grand changement, par suite du partage des biens communaux : les landes ont en partie disparu, et, quelque satisfaisant que soit ce progrès, sous le rapport agricole, le botaniste n'en est pas moins réduit à regretter une foule de bonnes localités.

Si, en suivant le Chère, petite rivière où se voit une forme curieuse de *Potamogeton heterophyllus*, on veut gagner la Vilaine, on arrive, après avoir parcouru plusieurs coteaux élevés, aux grands marais de Massérac. Ces marais, remplis de *Marsiglia* et de *Leersia*, m'ont paru avoir beaucoup de ressemblance avec ceux de Saint-Julien-de-Concelles. J'engage les botanistes à les visiter encore, ainsi que le Murin, grande étendue d'eau formée par le confluent du Don et de la Vilaine, et d'où l'on tire tous les ans, pour fumer les terres, plus de 500 charretées d'herbes aquatiques, telles que *Potamogeton perfoliatus*, *heterophyllus*, *crispus* et autres, les *Myriophyllum* et *Chara*, dont la plupart portent parmi les cultivateurs un nom vulgaire et distinct. *Malaxis paludosa* y a été retrouvé par M. Desmars.

Quoique, à partir du Murin, les bords du Don n'offrent, pendant longtemps, que des prairies marécageuses d'un aspect uniforme, où abonde l'*Airopsis*, je conseille d'en remonter le cours jusqu'à Guémené, où les coteaux qui bordent la rivière jusqu'au château de Juzet procurent une agréable surprise, en présentant, parmi plusieurs plantes intéressantes, *Hypericum linarifolium*, *Asplenium lanceolatum*, *Sphærophoron fragile*, *Astrocarpus Clusii*, et surtout *Helianthemum umbellatum*, qui couvre les landes de ses jolis bouquets de fleurs blanches. Le riant aspect de ces plantes, élégamment groupées au milieu des nombreux épis de *Umbilicus pendulinus*, est encore rehaussé par un site pittoresque, auquel est loin de s'attendre le voyageur qui a traversé les cultures uniformes remplaçant l'ancienne lande de Conquereuil ou celle de Guémené à Guenrouet. Au bois de Juzet, où cesse cette série de plantes, on voit *Veronica montana*, *Chrysosplenium oppositifolium*, *Androsænium*, *Ranunculus Lenormandi*,

*Carex pendula*. En remontant encore la rivière, on trouve dans les prés *Ophioglossum vulgatum, Sanguisorba officinalis,* et rarement *Epipactis latifolia.*

Les environs de Redon, déjà visités par MM. Le Gall, Delalande et J.-M. Sacher, ont été explorés en détail par les professeurs du collège. Un de ces messieurs, l'abbé Moreau, d'Ancenis, botaniste exact, m'a depuis longtemps adressé les plantes de ce pays, où trois départements se rencontrent. En les signalant ainsi : *env. de Redon,* je rappellerai que ces plantes, surtout celles des lieux marécageux, croissent dans les trois départements. M. J. Desmars, dans le *Catalogue des plantes des environs de Redon* 1866, a donné une liste des espèces qui croissent dans un rayon de 5, 6 lieues de cette ville. Elles sont dues, soit à ses propres recherches, soit à celles des professeurs du collège, et j'ai vu des échantillons de tout ce que j'ai cité. Notons, en passant, que *Acorus Calamus,* signalé depuis longtemps à Rennes, reparaît çà et là jusqu'à Redon, où il est commun, et invitons les herborisants à s'assurer que *Angelica heterocarpa* croît entre cette ville et la mer.

L'abbé Delalande a fait connaître de belles localités aux environs de Saint-Gildas, de Séverac, de Quilly, de Plessé, où il a découvert *Polystichum Oreopteris, Verbascum Lychnitis, Peucedanum parisiense* et retrouvé *Erica vagans, Equisetum Telmateia, Potamogeton heterophyllus, obtusifolius, polygonifolius, Galium uliginosum, Monotropa Hypopitys, Ranunculus nemorosus, Rumex maritimus, Malaxis paludosa, Serapias triloba.* Nous y avons vu ensemble *Eriophorum gracile, Carex filiformis, Utricularia minor, Lycopodium inundatum, Scirpus cæspitosus, Sparganium minimum.*

Les marais de Saint-Gildas nous conduisent naturellement à ceux de la Brière, où leurs eaux viennent se verser. J'avais souvent pensé, avant de les visiter, que ces immenses marais, occupant par intervalles un espace de 4 lieues carrées, devraient offrir, sinon une variété de plantes correspondant à leur étendue, du moins quelques espèces particulières. Cependant, malgré plusieurs herborisations dans presque tous les sens de cette localité, mes espérances ne se sont pas réalisées, et j'ajouterai que des botanistes doués d'un meilleur coup-d'œil que moi n'ont pas été plus heureux.

Une grande partie de la Brière est occupée par des prairies marécageuses, coupées vers le mois d'août, et composées à cette époque, des espèces suivantes, qui toutes rentrent dans les plantes vulgaires des marais, savoir : *Phragmites communis, Cirsium anglicum, Alisma ranunculoides, Thrincia hirta, Panicum Crus galli, Bartsia viscosa, Phalaris arundinacea, Neottia æstivalis, Thalictrum flavum, Carum verticillatum,* et surtout *Scirpus maritimus, lacustris, Eleocharis multicaulis, Potentilla Anserina, Juncus lampocarpus, acutiflorus,* enfin *Melica cærulea,* qui y joue le principal rôle. C'est aussi dans le nord de la Brière que l'on remarque, ainsi qu'à Saint-Gildas, ces immenses plaines de *Ros* (Cladium Mariscus), dont les feuilles servent à couvrir les maisons.

S'il est inutile d'énumérer les plantes vulgaires des fossés et des lieux marécageux, on peut noter çà et là *Carex filiformis, Elatine Alsinastrum, campylosperma, Hippuris, Xanthium strumarium, Althæa officinalis, Rumex palustris, Leonurus Cardiaca, Tormentilla reptans, Cicendia pusilla, Scirpus Tabernæmontani, triqueter, pungens, parvulus, Triglochin palustre, Sonchus maritimus, Orchis laxiflora,* avec ses var. *palustris* et *intermedia.*

En avançant vers la Loire, la végétation annonce l'approche de la mer; bientot apparaissent les *Polypogon, Juncus maritimus, Triglochin maritimum ;* enfin nous entrons avec *Trifolium resupinatum, Carex divisa, Alopecurus bulbosus, Arenaria marginata,* dans la région des prés salés, que nous connaissons déjà sur l'autre rive.

En traversant les terres cultivées, on aura vu çà et là dans les haies *Smyrnium Olusatrum,* dans quelques pàtures *Peucedanum officinale,* dans les moissons *Medicago denticulata, apiculata, Camelina dentata* et *Matricaria Chamomilla,* plante qui, dans ce département, n'est commune que dans la région maritime, enfin la première station du *Crypsis aculeata.*

Les marais de l'Erdre sont trop rapprochés de Nantes pour qu'il soit nécessaire d'en parler longuement. On sait que les plus importants sont : le Petit-Port et la Verrière, localités classiques ; ceux de Carquefou, de Naye, celui de Far, faisant suite à celui de Logné, si remarquable par sa couche épaisse de *Sphagnum,* sur laquelle reposent *Eriophorum vaginatum* et *Vaccinium Oxycoccos ;* le marais de la Popinière ou de Blanche-Noë, rempli d'*Utricularia intermedia* et où croissent quelques *Juncus squarrosus ;* enfin l'immense marais de plusieurs lieues d'étendue, connu sous le nom de Plaine de Mazerolles. Parmi les plantes les plus curieuses de ces belles et vastes localités, il suffira de citer *Carex ampullacea, canescens, elongata, Utricularia intermedia, minor, neglecta, Sparganium minimum, Rhynchospora fusca, Lathyrus palustris, Cicuta virosa, Malaxis paludosa* et *Calamagrostis lanceolata.* Quoique la rivière soit canalisée, une partie de ces marais tend à acquérir plus de consistance et à se transformer graduellement en prés plus ou moins marécageux, changement dû à la création de nouveaux fossés, à leur meilleur entretien et surtout à l'accumulation successive de matières végétales.

Si nous passons sur la rive gauche de la Loire, on verra qu'après avoir parlé de la région maritime, des terrains calcaires et de la Vallée de la Loire, dans laquelle sont compris les marais adjacents de Saint-Julien-de-Concelles et de la Chapelle-Heulin, il ne nous reste plus qu'à rendre compte du pays situé entre le lac de Grand-Lieu, Legé et la limite du département à l'est.

Le lac de Grand-Lieu, vaste étang de 7 lieues de tour, n'offre pas au botaniste tout l'intérêt qu'on s'attendrait à rencontrer dans le lac le plus étendu de la France. Cependant, depuis le jour où, stimulé par M. Durieu, je me suis livré à la recherche des *Characées,* des *Isoetes,* dont il m'a communiqué le goùt, la localité est mieux connue et mérite d'être détaillée. J'ai exploré le lac dans tous les sens et suivi tous ses bords qui sont toujours plats. Ses côtés Nord et Nord-Est, c'est-à-dire entre Bouaye et la Boulogne, sont composés de graviers, de sable, qq.fois très fin, et forment la partie la plus intéressante, surtout entre le village du Crêne et l'Oignon, où trois pointes s'avancent au loin dans le lac et donnent à la rive une grande étendue. C'est aussi la partie la plus facile à parcourir ; en effet, il est possible, sauf à l'embouchure de l'Oignon, de suivre toute sa végétation à pied, dans l'eau *algologorum modo*, et c'est ainsi qu'on peut la bien connaître. C'est là que s'étend une large zône de *Chara aspera, connivens, fragifera, fragilis*, quatre espèces dont les sept formes entremêlées se disputent ce fond de sable et de gravier. C'est là que, au milieu des *Littorella*, il faut distinguer *Isoetes echinospora*, et découvrir *I. tenuissima* que M. Durieu engage à y chercher. Là aussi abonde *Nitella hyalina*, et son élégante miniature *N. batrachosperma* montre ses coussins ensablés. Les côtés Sud et Ouest, entre la Boulogne et l'Achenau, ne peuvent être suivis par le piéton, arrêté par une vase molle impraticable ou par une large bande de plantes marécageuses, qui s'avance de plus en plus. La plus envahissante est *Sparganium ramosum* (chevrée), qui, à en juger par les progrès accomplis depuis quarante ans, finirait, en moins d'un siècle, par transformer cette nappe d'eau en un vaste marais, surtout lorsqu'il sera aidé par *Elodea canadensis* qui ne peut manquer d'y être apporté. Le milieu du lac presque nu, sauf quelques bancs de *Myriophyllum spicatum*, de *Potamogeton perfoliatus, lucens*, est peu profond, et le sol consiste en un sable très fin, en vase très molle, reliés par un mélange des deux. C'est sur ce fond que les bourgeons reproducteurs et les graines du *Sparganium* viennent tomber et commencer les îlots qui grandissent et finissent par se rejoindre. On trouvera sur le bord du lac, ainsi que sur celui des rivières qui s'y jettent, les mêmes plantes que dans les nombreux marais du département ; dans les eaux : les *Potamogeton, Elatine Alsinastrum, Hippuris*, les *Naias* ; sur les bords : *Carex filiformis, Myosotis sicula, Exacum Candollei, Aira uliginosa, Scirpus pauciflorus, Airopsis agrostidea, Juncus capitatus, pygmæus, Eleocharis uniglumis* dont la végétation est différente de ses voisins *E. palustris*, et *E. multicaulis* remarquable après la coupe, dans cette localité, par ses touffes de feuilles fines. Entre Saint-Aignan et le village de l'Etier, où croissent abondamment *Scirpus pungens* souvent à épi solitaire, et *Triglochin palustre*, on rencontre un terrain sablonneux où *Chondrilla juncea* et les nombreuses touffes de *Aira canescens* nous représentent presque les sables maritimes. *Spergula pentandra* se voit aussi dans ces sables et le précoce *Nitella glomerata* dans les fossés. Vis-à-vis St-Aignan, sur la rive gauche de l'Oignon, et au-delà de Passay, existent des terrains semblables. Plus loin, s'étendent jusqu'à la Boulogne de vastes prairies marécageuses où reluisent les innombrables panicules d'*Aira uliginosa*. Sur l'autre rive règne, de St-Philbert jusqu'au lac, une suite de prés marécageux qui, fauchés au mois d'août, offrent à peu près la même composition que ceux de la Haute-Brière. C'est dans cette partie de la rivière que l'on verra sur les bords plusieurs *Nitella*, et au milieu de son cours ces beaux buissons de *Potamogeton obtusifolius* et *acutifolius*, avec plusieurs formes de *P. heterophyllus*. A son embouchure, non loin de l'*Isoetes echinospora*, le fond de vase molle profonde, est couvert de fortes masses de *Chara connivens*, aux grosses anthéridies dorées, mêlé à celles de *Nitella stelligera*. Terminons en disant que le coin Nord-Ouest du lac est occupé par les vastes marais de St-Lumine, dont une partie consiste en prés marécageux entrecoupés de larges fossés.

L'arrondissement de Nantes, sur la rive gauche de la Loire, se compose, outre les marais et les vignes, d'un pays élevé, faisant suite au Bocage vendéen et garni, comme lui, surtout en s'éloignant de Nantes, de haies nombreuses, et entrecoupé de plusieurs vallées formées par des rivières qui vont se jeter soit dans la Loire, soit dans le lac de Grand-Lieu. Il me suffira d'avertir qu'il faut éviter le pays plat et gagner les vallées, où de beaux sites viennent dédommager du temps qu'on a mis à se rendre de l'une à l'autre. Quoique les bords des rivières offrent en tous temps une promenade agréable, on reconnaitra que leur végétation est à peu près uniforme ; aussi n'aurai-je à produire qu'une faible liste de plantes qui leur soient particulières.

Je citerai d'abord *Cardamine impatiens*, qui habite le bord de presque toutes les rivières. *Impatiens noli tangere, Ægopodium Podagraria, Triticum sepium, Hesperis matronalis* ; puis, sur les coteaux boisés, *Isopyrum thalictroides, Myosotis silvatica*, et sur les collines plus sèches, *Saxifraga granulata ;* dans les vignes, *Tulipa silvestris, Muscari Lelievrei, compactum ;* enfin, dans les haies, *Rosa tomentella.*

Parmi les plantes trouvées sur d'autres points de la Flore, on remarque : sur les coteaux boisés, *Carex depauperata, Mercurialis perennis, Corydalis solida, Doronicum plantagineum, Ranunculus nemorosus, Hypericum montanum, Turritis glabra ;* dans les vallées, *Hypericum quadrangulum, Lychnis diurna, Saponaria officinalis, Bromus giganteus, Allium ursinum, Epipactis latifolia, Avena pubescens* et *Polygonum Bistorta* que M. Gadeceau vient de trouver dans la vallée de la Divatte.


## BRETAGNE

Le sol de la Bretagne se compose de deux chaines de terrains primitifs entourant des terrains de transition. Comme nous l'avons vu, le premier terrain commence entre Oudon et Ancenis (Loire-Inférieure), et va jusqu'à la Roche-Bernard. De là, il remonte jusqu'à Redon, d'où il se divise en deux longues pointes, l'une allant jusqu'à Lanvaux, l'autre partant de Malestroit jusqu'à Baud. Il continue de Malestroit à Ploërmel, Locminé, Pontivy, remonte à Rostrenen, suit les Montagnes Noires jusqu'à Locronan et la côte, et enfin jusqu'à la rivière de Landerneau. Sur la côte du Nord, le terrain primitif forme une multitude d'ilots entremêlés de terrains de transition, lesquels vont en général rejoindre la masse du même terrain dans l'intérieur de la Bretagne. Il me serait difficile et peut-être peu utile pour la botanique de suivre toutes ces divisions du terrain primitif, qui ne dépasse pas dans l'intérieur une ligne partant de Brest et passant par le Huelgoat (Finistère), Plouguenast (Côtes-du-Nord), Hédé (Ille-et-Vil.) et finissant à Fougères. Ces deux terrains sont parsemés de quelques dépôts tertiaires.

La végétation de ce pays est peu variée, et pour permettre d'en saisir promptement le caractère, j'ai noté par le renvoi X toutes les espèces étrangères au nord de la Loire. A cette liste il faudrait ajouter quelques espèces croissant sur les schistes des environs d'Ancenis, qui se relient plutôt avec le calcaire de l'Anjou qu'avec la Bretagne, et aussi plusieurs plantes qui ne s'écartent pas des bords de la Loire. Enfin il est probable que plus tard on devra y joindre un bon nombre d'autres espèces, que, faute de renseignements suffisants, je n'ai pas osé y comprendre, quoiqu'elles n'aient pas été trouvées au nord de la Loire. Ce qui reste constitue la Flore Bretonne, composée d'environ 1,300 espèces ; nombre peu considérable pour un pays aussi vaste et lorsqu'il est comparé à la flore des départements situés au midi de la Loire.

Cette pauvreté relative est due en partie à la position plus septentrionale de la Bretagne. En effet, à mesure que l'on s'éloigne de la Loire et surtout de l'embouchure de la Vilaine, il est facile de remarquer la disparition graduelle de plusieurs plantes communes plus bas, et si quelques-unes nous accompagnent encore, ce n'est plus en nombre aussi fréquent ni avec une végétation aussi développée, aussi robuste. Ce contraste est encore plus frappant sur la côte nord de la Bretagne.

Une cause bien plus évidente de l'exiguïté de la flore bretonne est l'uniformité de son terrain et surtout l'absence du sol calcaire, qui nous prive de toute une série de plantes croissant dans la Normandie située plus au nord. Ce n'est pas que notre pays soit entièrement dépourvu de plantes calcaires. Un petit nombre de celles-ci existent, mais seulement sur le littoral où le sel marin et les débris de coquillages fournissent les éléments qui leur sont nécessaires. Au reste, le nombre de ces plantes est très limité, comme on le verra par le tableau suivant :

### PLANTES CALCAIRES CROISSANT EN BRETAGNE

Fumaria parviflora.
Diplotaxis muralis.
— viminea.
Arabis sagittata.
Lepidium campestre.
Thlaspi perfoliatum. (L.-Inf.)
Helianthemum vulgare.
Silene inflata.
Althæa hisurta. (L.-Inf.)
Anthyllis Vulneraria.
Astragalus glycyphyllos.
Potentilla verna.
Galium spurium.
— tricorne.
Dipsacus pilosus. (Rennes.)
Scabiosa Columbaria.
Cirsium acaule.
— eriophorum (L.-Inf. Ren.)
Centaurea Scabiosa.
Podospermum laciniatum (L.-Inf.)
Chlora perfoliata.
Lithospermum officinale.
Anchusa italica.

Cynoglossum pictum. (Rennes.)
Salvia Sclarea.
— pratensis. (L.-Inf.)
Stachys germanica. (L.-Inf.)
— annua.
— recta. (L.-Inf.)
Ajuga Chamæpitys.
Potamogeton plantagineus.
Orchis pyramidalis.
— hircina.
— palustris.
Ophrys aranifera.
— apifera.
Juncus obtusiflorus.
Carex nitida.
— paludosa
Avena pubescens.
Festuca tenuiflora.
Bromus erectus.
— arvensis.
Equisetum Telmateia.
Adiantum Capillus **Veneris**.

Cette liste, bien peu nombreuse, comprend toutes les plantes calcaires croissant au nord de la Loire. Celles qui sont particulières aux bassins calcaires du département de la Loire-Inférieure et à celui de Rennes sont marquées d'un signe distinct.

Je ne connais pas assez la Bretagne pour entreprendfe la revue de tous ses départements. Cependant ce que j'ai vu de chacun me fait croire qu'ils se ressemblent trop entre eux pour qu'une notice séparée n'entraînât pas à des répétitions continuelles. Les listes des plantes divisées par station et dont on aura élagué les espèces marquées X, suffiront, je crois, et sans qu'il soit besoin d'autres détails, pour donner un aperçu de l'ensemble de la végétation bretonne.

On remarquera d'abord que la région maritime est de beaucoup la plus riche, la plus variée et la plus intéressante. Les listes 1, 2, 3, 4 donnent l'énumération des espèces propres à cette région. On y peut ajouter, outre les plantes calcaires notées plus haut, les espèces suivantes, non maritimes, mais qui, dans ce pays, ne se trouvent que sur les bords de la mer, principalement dans les sables, ou qui y jouent un grand rôle.

| | |
|---|---|
| Glaucium luteum. | Asparagus officinalis, var. |
| Silene Otites, | Allium sphærocephalum. |
| — conica. | Muscari comosum. |
| Spergula nodosa. | Kœleria cristata. |
| *Arenaria viscidula.* | Aira canescens. |
| Medicago minima. | Festuca uniglumis. |
| Ononis repens. | Geranium sanguineum. |
| Ornithopus compressus. | Trifolium strictum. |
| Vicia lathyroides. | Rosa pimpinellifolia. |
| Bupleurum aristatum. | Epilobium parviflorum. |
| Corrigiola littoralis. | Herniaria glabra. |
| Asperula cynanchica. | *Sium ochreatum.* |
| Gnaphalium luteo-album. | Œnanthe Lachenalii. |
| Chondrilla juncea. | Salvia Verbenaca. |
| Vincetoxicum officinale. | Samolus Valerandi. |
| Linaria supina. | Thesium humifusum. |
| Salix repens. | Carex punctata. |

Enfin la valeur de tout cet ensemble est rehaussée par quelques plantes méridionales, qui, grâce à la douceur du climat, s'avancent plus ou moins loin sur les côtes ou dans les îles de la Bretagne ; ce sont :

PLANTES MÉRIDIONALES CROISSANT AU NORD DE LA LOIRE

| | |
|---|---|
| Silene portensis. | Crepis bulbosa. |
| Malva nicæensis. | — suffreniana. |
| Tribulus terrestris. | Andryala integrifolia. |
| Ononis reclinata. | Lithospermum prostratum. |
| Melilotus parviflora. | Omphalodes litttoralis. |
| Trifolium Bocconi. | Linaria commutata. |
| Lotus parviflorus. | Trixago apula. |
| Astragalus bayonensis. | Eufragia latifolia. |
| Ornithopus roseus. | Lysimachia Linum stellatum. |
| Lupinus reticulatus. | Urtica membranacea. |
| Bupleurum aristatum. | Triglochin Barrelieri. |
| Helichrysum Stœchas. | Serapias cordigera. |
| Scolymus hispanicus. | — triloba. |
| Tolpis umbellata. | Romulea Columnæ. |

| | |
|---|---|
| Narcissus reflexus. | Lagurus ovatus. |
| Allium ericetorum. | Kœleria phleoides. |
| Scirpus parvulus. | Avena longifolia. |
| — Savii. | Bromus molliformis. |
| — Holoschœnus. | Ophioglossum lusitanicum. |
| Carex trinervis. | Graminitis leptophylla. |
| Phalaris minor. | Adiantum Capillus Veneris. |

La Bretagne ne présente que des montagnes peu élevées. Dans les Côtes-du-Nord elles portent le nom de Menez (montagne, en bas-breton). Entre Quintin et Corlay, elles se divisent à l'est en deux branches : l'une passant par Plœuc, Collinée et se dirigeant vers l'est ; l'autre descendant dans la direction de Josselin. A l'ouest, près de Callac (Côtes-du-Nord), la montagne se bifurque ; la branche du nord, portant le nom de Montagnes d'Arès, se dirige vers Brest ; celle du sud, appelée Montagnes Noires, se termine à la presqu'île de Crozon.

Les points les plus élevés qui ne dépassent pas 350 et 400 mètres, sont le Ménez-C'hom dans la presqu'île de Crozon (Fin.), la montagne S.-Michel près de Brasparts, la butte S.-Michel près de la Porte-au-Moine, non loin de Corlay (Côtes-du-Nord), et le Menez entre Moncontour et Collinée. J'ai herborisé dans ces localités et traversé la chaîne sur plusieurs autres endroits, sans y rencontrer aucune végétation de montagne : *Lycopodium Selago*, fort rare sur un ou deux points les plus élevés, *Viola palustris* et *Polystichum Oreopteris*, pouvant appartenir tout au plus à la région sous-montagneuse. La seule plante exceptionnelle est une forme à feuilles plus étroites de *Silene maritima*, qui croît sur le sommet de tous les rochers de la chaîne et que l'on retrouve dans la Vendée et les Deux-Sèvres.

Ces montagnes sont couvertes de landes dont plusieurs paraissent être le reste d'anciennes forêts, ainsi que le prouverait la présence de maigres *Vaccinium Myrtillus*, plante aimant l'ombre des bois.

C'est de la montagne que sortent les nombreuses petites rivières du pays commençant souvent par des marais étendus, qu'il est bon de visiter, sans que cependant ils soient aussi riches que leur étendue le ferait supposer.

Les landes occupent souvent des espaces très vastes, surtout dans le Morbihan et le Finistère ; cependant leur étendue diminue tous les jours par les progrès de l'agriculture : leur végétation est énumérée dans la liste nº 9.

Les forêts, dont quelques-unes sont considérables, sont loin d'offrir dans un grand espace la variété d'un petit bois sur sol calcaire. Les arbres qui les composent sont le Hêtre, *Quercus pedunculata* et *sessiliflora*, le Bouleau ; le Frêne et l'Ormeau y sont très rares ; le Châtaignier et le Pin maritime y sont par plusieurs botanistes considérés comme spontanés. Dans le sous bois figurent le Tremble, le Noisettier, le Houx, la Bourdaine, *Pyrus aucuparia, Vaccinium Myrtillus* ; et l'Aune, avec *Salix aurita, cinerea*, plus rarement *Capræa*, habitent les parties humides.

Les moissons, comme toutes celles des pays granitiques, sont d'une pauvreté désolante, et c'est seulement dans la région maritime que le mélange du sable avec les débris des coquilles apporte un changement à cette triste uniformité.

Après cet aperçu, je me fais un devoir d'indiquer les sources où j'ai puisé la connaissance des plantes de la Bretagne. Dans cette énumération ne sont pas compris beaucoup de botanistes qui ont herborisé en passant ou plus souvent dans la presqu'île bretonne. Quelques-unes de leurs découvertes sont consignées dans les Flores, les Notices, etc. ; d'autres m'ont été communiquées, et un grand nombre probablement est ignoré ou bien a été perdu. Parmi ces botanistes, je mentionnerai MM. Deschamps, Bourassin, Delise, Despréaux, J. Woods, auteur du Tourist's Flora, qui a découvert *Erythræa diffusa;* Dudresnay, qui a surtout herborisé aux environs de S.-Pol-de-Léon ; J. Gay ; Debooz, colonel d'artillerie, qui a visité beaucoup de points sur la côte ; de la Pylaie, de Fougères, qui a fait de nombreux voyages en Bretagne, où il a recueilli la plupart des curiosités de ce pays.

## MORBIHAN

M. Le Gall, conseiller à la Cour de Rennes, a publié, en 1852, la Flore du Morbihan, dont l'impression était commencée depuis plusieurs années. L'auteur, qui, depuis longtemps, a bien voulu encourager mes études ainsi que mon projet de Flore, m'a donné ou fait recueillir plusieurs des plantes remarquables qu'il a découvertes dans le département. La confiance que j'ai dans ses connaissances m'a engagé à puiser largement dans son livre, surtout pour les localités de l'intérieur que je ne connais pas. Cependant, pour ne pas m'écarter du principe adopté, j'ai renfermé entre « » les localités dont je n'ai pas vu d'échantillons. Je renvoie, au reste, à la Flore du Morbihan les personnes qui ne seraient pas satisfaites de mes descriptions ; elles en trouveront de plus étendues dans ce livre, fruit d'une longue expérience chez un bon observateur.

M. Aubry avait publié précédemment, en l'an IX et X, sous le nom d'Exercices d'histoire naturelle à l'école centrale du Morbihan, au milieu de beaucoup d'espèces exotiques cultivées au jardin botanique de Vannes, une liste de plantes recueillies dans le Morbihan. Aucune description n'accompagne ces plantes, dont l'auteur indique seulement la station et presque toujours sans localité précise. Je n'ai cité que les espèces retrouvées depuis, ou dont j'ai vu des échantillons à Quimper, dans l'herbier de Bonnemaison, qui les avait reçues de M. Aubry. Des notes trouvées dans cette collection me font croire que ces deux botanistes sont les premiers qui aient herborisé dans les iles de Houat et de Hœdic, où ils ont dû trouver les plantes qui ne peuvent échapper à personne, comme *l'ancratium maritimum, Lagurus ovatus, Crambe maritima,* etc.

Enfin, De Candolle, dans le supplément à la Flore française, mentionne plusieurs plantes du Morbihan recueillies dans son voyage, où il avait été quelquefois accompagné par M. Aubry.

M. Amand Taslé, ancien notaire à Vannes, a beaucoup contribué à la Flore du Morbihan, à laquelle il prenait le plus grand intérêt; son nom est fréquemment cité pour les plantes nombreuses qu'il m'a montrées.

M. Pontarlier, lors de son séjour à Vannes, a souvent accompagné M. Taslé dans ses herborisations, et surtout dans celles du littoral et à Coëtsurho, belle localité située entre Arzal et Billiers, où M. Taslé avait découvert *Trifolium Bocconei*.

On sait que M. Hémont, médecin à Auray, a découvert l'intéressant *Eryngium viviparum*.

M. Toussaints, d'Auray, m'a communiqué ses découvertes aux environs de cette ville, ainsi que d'autres plus nombreuses faites dans les départements des Deux-Sèvres et de la Charente-Inférieure.

M. Thépault, médecin au Port-Louis, a herborisé aux environs de cette ville, où il a retrouvé *Triglochin Barrelieri, Erica vagans,* et à l'île de Groix, qui lui est familière, il a découvert *Trixago apula*.

M. J.-M. Sacher, professeur, a habité plusieurs villes de la Bretagne, entre autres Ploërmel (Morb.), Lesneven (Fin.), dont il a étudié les plantes. J'ai eu le plaisir de voir en sa présence toutes celles qu'il avait rapportées de ces pays.

L'abbé Delalande a exploré la limite du département au-delà de la Vilaine, entre cette rivière et Saint-Gildas, où il a découvert *Malaxis paludosa* et *Helianthemum umbellatum*. Nous y avons vu ensemble *Carex filiformis, Rhynchospora fusca, alba, Eriophorum gracile, Utricularia minor, Lycopodium inundatum, Scirpus cæspitosus,* qui croissent dans le marais de Valory et dans celui du Petit-Rocher, dont une partie appartient au département de la Loire-Inférieure. Ce botaniste a fait plusieurs voyages aux îles de Hœdic et d'Houat, dont, en 1850, il a écrit l'histoire, accompagnée d'une liste des plantes qui y avaient été récoltées.

Le frère Elphège, organiste à Sainte-Anne, aujourd'hui professeur à Grandchamp, a signalé un bon nombre de plantes à Sainte-Anne, ainsi qu'aux environs de Ploërmel, où il était professeur, par ex. : *Juncus tenuis ; Lycopodium inundatum ; Epipactis latifolia ; Luzula pilosa,* etc.

M. l'abbé Guyonvarc'h, aumônier de l'hospice d'Hennebont, revoit tous les ans l'île de Groix, son pays, où il a découvert *Erodium Botrys, Lotus parviflorus, Ophioglossum lusitanicum,* et, avec M. Viaud-Grand-Marais, il en a publié, dans le *Bulletin de la Société botanique de France,* t. xxx, 1883, le *Catalogue des plantes vasculaires*.

M. Raphaël Ménager, dans ses fréquents voyages, découvre souvent de nouvelles localités pour les plantes rares, entre autres pour l'*Isoetes Hystrix*.

J'ai fait moi-même de fréquentes herborisations dans le département, sans cependant m'écarter beaucoup du littoral, que j'ai parcouru presque en entier et où j'ai fait de longs séjours.

Enfin, les premiers travaux ont reçu un complément très important dans le *Catalogue des plantes phanérogames du Morbihan,* publié en 1867, à Vannes, sous les auspices de la Société Polymathique, par M. Arrondeau, inspecteur de l'Académie. Déjà ce botaniste était connu par : Statistique végétale du Morbihan, Notes et observations sur les plantes du Mor., Nouvelles additions à la Flore du Mor., Herborisations de 1863, brochures extraites du Bulletin de la Société Polymathique, 1860, 2, 3, 4, et contenant des détails utiles sur la végétation du pays, ainsi que des notes accompagnées de descriptions sur ses plantes, principalement sur les espèces formées depuis peu aux dépens des anciennes. Le Catalogue, fruit de 10 années de recherches continuées par l'auteur après celles de ses devanciers, énumère toutes les plantes phanérogames, avec stations, localités, abondance ou rareté, fleuraison ; et quelques-unes sont l'objet de remarques et de descriptions. Ce livre m'a été du plus grand secours, en résumant les connaissances récentes, et j'ai pu le citer avec d'autant plus de sûreté, que j'ai vu dans l'herbier de la Société, grâce à l'obligeance de M. Taslé, ou reçu de l'auteur lui-même, les plantes les plus importantes signalées dans un ouvrage, supplément indispensable de la Flore de M. Le Gall. J'ai le regret d'ajouter que M. Arrondeau a été surpris par la mort au moment où il préparait, sur quelques espèces critiques du pays, une note de laquelle je ne connais que la mention de *Ranunculus acris* trouvé par lui dans un pré entre Vannes et Séné.

## LISTE DE QUELQUES PLANTES DU MORBIHAN, RARES POUR LE DÉPARTEMENT OU POUR LA FLORE GÉNÉRALE

Thalictrum flavum.
*Fumaria micrantha.*
Raphanus maritimus.
Diplotaxis viminea.
Arabis sagittata.
Crambe maritima.
Cochlearia anglica.
Helianthemum umbellatum.
Viola palustris.
Astrocarpus Clusii.
Silene portensis.
Arenaria montana.
Lavatera arborea.
Geranium sanguineum.
Erodium maritimum.
—      Botrys.
Ulex Gallii.
Adenocarpus complicatus.
Ononis reclinata.
Melilotus parviflora.
Trifolium strictum.
—      michelianum.
—      angustifolium.
—      Bocconei.
Lotus parviflorus.
Lupinus reticulatus.
Ornithopus compressus.
Vicia bithynica.
Potentilla Vaillantii.
Rosa mollissima.
Pyrus aucuparia.

Scleranthus perennis.
Eryngium viviparum. sp.
Torilis heterophylla.
Sium angustifolium.
Œnanthe pimpinelloides.
Peucedanum officinale.
Galium spurium.
Linosyris vulgaris.
Artemisia gallica.
Scolymus hispanicus.
Tolpis umbellata.
Crepis suffreniana.
—      bulbosa.
Erica vagans.
—      scoparia.
Cuscuta Godronii.
Omphalodes littoralis.
Linaria commutata.
—      pelisseriana.
—      supina.
Eufragia latifolia.
Trixago apula.
Stachys annua.
Teucrium Scordium.
Lysimachia Linum stellatum.
Statice rariflora.
Plantago carinata.
Quercus Toza.
Potamogeton obtusifolius.
Triglochin Barrelieri.
Zostera nana.

Acorus Calamus.
Ophrys aranifera.
Serapias cordigera.
— triloba.
Epipactis palustris.
Malaxis paludosa.
Gladiolus illyricus.
Pancratium maritimm.
Juncus obtusiflorus.
Eleocharis ovata.
Scirpus parvulus.
— triqueter.
— Holoschœnus.
Eriophorum vaginatum.
— gracile.

Carex teretiuscula.
— nitida.
— limosa.
— depauperata.
— filiformis.
Coleanthus subtilis.
Polypogon littoralis.
Lagurus ovatus.
Cynosurus echinatus.
Bromus erectus.
Isoetes Hystrix.
Ophioglossum lusitanicum.
Aspidium aculeatum.
Adiantum Capillus Veneris.

Le signe sp. indique les plantes spéciales à chaque département.

## FINISTÈRE

La *Florule du Finistère,* par MM. Crouan, Brest, 1867, contenant l'énumération des plantes cellulaires et vasculaires du département, va augmenter considérablement nos connaissances sur ce *finis terræ.* Je ne puis parler ici des plantes cellulaires qui occupent la plus grande partie du volume, où sont inscrites, souvent avec notes, descriptions, les espèces nombreuses dues aux longues recherches des auteurs. Les algues surtout, famille de leur prédilection, sont abondamment représentées et accompagnées des figures de 198 genres, qui forment le complément des *Algues marines du Finistère,* collection en 3 volumes, contenant de beaux échantillons de 404 espèces.

La partie des plantes vasculaires consiste en un catalogue indiquant la station, localité, rareté, fleuraison de ces plantes, rarement accompagnées de notes. L'absence de descriptions m'a engagé à avoir recours à l'obligeance des auteurs, pour voir les représentants des espèces de la Florule. Ces botanistes, dont les relations m'ont toujours été utiles et agréables, se sont empressés de m'ouvrir leur herbier, et, en le parcourant en entier, de me donner des détails bien plus étendus, bien plus précieux que des descriptions imprimées. L'instruction que j'ai reçue à Brest comble de grandes lacunes dans la Flore, et j'espère qu'on en sera reconnaissant envers les auteurs de la Florule du Finistère.

J'ai puisé d'autres connaissances sur le département aux sources suivantes :

L'herbier de Bonnemaison, appartenant à la bibliothèque de Quimper, m'a fourni beaucoup de localités. Bonnemaison était botaniste, comme le prouve son essai sur les hydrophytes loculées. et il avait l'intention de faire une Flore de ce pays, qu'il devait mieux connaître que ce qui reste de son herbier ne le ferait croire. On sait qu'il a fourni à la Flore française de De Candolle plusieurs plantes nouvelles intéressantes, et, dans le tome 3 du Journal de Botanique de M. Desvaux, li a inséré une note sur la végétation du Finistère.

M. J.-M. Sacher m'a montré les plantes qu'il avait recueillies aux environs de Lesneven.

M. de Guernisac m'a envoyé plusieurs espèces curieuses qui croissent aux environs de Morlaix, et ce botaniste est souvent cité, ainsi que M. de Crec'hquérault, dans la Florule du Finistère.

M. Hubert, pharmacien à Brest, continuant de prendre à la Flore le même intérêt que lorsqu'il habitait La Rochelle, m'a fait part de ses récoltes aux environs de Brest.

Plusieurs localités de plantes, ainsi que des notes intéressantes, m'ont été fournies par MM. Guiho, Tanguy, Le Dantec.

M. Blanchard, jardinier en chef du Jardin botanique de la Marine, à Brest, m'a donné un catalogue manuscrit des plantes vues par lui aux environs de Brest et dans l'archipel d'Ouessant. Il comprend les plantes croissant principalement sur le littoral, de la baie de Goulven à Brest, sur le bord de la rade de Brest et des rivières qui s'y jettent, et dans la presqu'île de Crozon. Ce catalogue montre que M. Blanchard connaît bien cette partie du Finistère, et je suis heureux d'avoir utilisé son travail. En 1874, il a accompagné M. Thiébaut dans une « Excursion botanique aux îles Molène, Ouessant, de Sein, » dont il est rendu compte dans le Bulletin de la Soc. Botanique, t. 22, janvier 1875.

Une Société d'études scientifiques du Finistère s'est formée à Morlaix, et il n'est pas douteux qu'elle ne contribue au progrès de la Botanique en Bretagne. Le premier numéro de son Bulletin a été publié en 1879, et chaque année ce bulletin contient quelques bonnes notes sur les plantes du département. En 1883, M. Miciol y a inséré une note sur les Rosiers du Nord-Finistère, comprenant 26 formes ou espèces et depuis, en 1892, le *Catalogue des plantes des environs de Morlaix*. Cet ouvrage d'un botaniste de valeur doit être consulté et j'en ai cité les localités entre « » lorsque je n'ai pas vu les plantes qui y sont indiquées.

M. Ch. Picquenard, étudiant en médecine, plein d'ardeur pour la botanique, a fait déjà de nombreuses publications, principalement : dans le bulletin de la Société des Sciences naturelles de l'Ouest, 1892, *Herborisations dans le sud du Finistère ; Contributions à la Flore de Bretagne ;* 1893, *Exploration botanique du littoral sud-ouest du Finistère ;* 1895, *Catalogue des plantes du Finistère,* dans le bulletin de la Société scientifique de l'Ouest, Rennes. M. Picquenard m'entretient régulièrement des plantes qu'il recueille, et j'ai soin de citer tout ce qui est nouveau pour la Flore.

Enfin, j'ai herborisé dans ce département, aux environs de Quimperlé, de Pontaven, dont je connais la côte et d'où j'ai fait une visite aux îles Glénans ; de Concarneau à la rivière de l'Odet et autour de Quimper ; à la pointe de Penmarc'h ; depuis Châteaulin jusqu'à la presqu'île de Crozon et Kélern : de Landerneau à Brest et dans la presqu'île de Plougastel, de Brest au Conquet. Sur la côte du nord, j'ai suivi la côte depuis l'anse de Goulven jusqu'à Batz, Roscoff et S.-Pol-de-Léon. A l'intérieur, j'ai vu depuis Brasparts jusqu'au Mont-St-Michel, le marais du Yunélez, St-Herbot, le Huelgoat, Carhaix, Châteauneuf-du-Faou et la forêt de Laz.

La végétation du Finistère est à peu près la même que celle du Morbihan et des Côtes-du-Nord ; cependant on remarquera qu'un nombre assez considérable d'espèces de l'intérieur s'arrête à une grande distance de la pointe du Finistère. Le changement doit en être attribué à l'influence de la mer environnante, puisque les mêmes espèces reparaissent à l'extrémité E. des Côtes-Nord et Mor. et dans l'Ille-et-Vilaine. Cette privation est compensée par une grande étendue de côtes qui rend sa flore maritime abondante, et par cette même position péninsulaire, à l'extrémité du golfe de Gascogne, offrant un dernier asile à quelques plantes méridionales.

### LISTE DE QUELQUES PLANTES DU FINISTÈRE, RARES POUR LE DÉPARTEMENT OU POUR LA FLORE GÉNÉRALE

Fumaria speciosa.
Diplotaxis muralis.
Arabis sagittata.
Crambe maritima.
Cochlearia anglica.
    — officinalis. sp.
Viola palustris.
Silene portensis.
Arenaria montana.
Lavatera arborea.
Hypericum montanum.
Geranium sanguineum.
Erodium maritimum.
Ulex Gallii.
Ononis reclinata.
Trifolium strictum.
    — angustifolium.
Astragalus bayonensis.
Rosa mollissima.
Pyrus aucuparia.
Sium angustifolium.
Cineraria spathulæfolia.
Crepis bulbosa.
Campanula patula.
Gentiana campestris. sp.
Erythræa diffusa.
    — capitata.
Lithospermum prostratum.
Symphytum tuberosum.
Anchusa italica.
Omphalodes littoralis.
Linaria pelisseriana.
Eufragia latifolia.
Galeopsis versicolor. sp.
Teucrium Scordium.
Pinguicula vulgaris.

Lysimachia Linum stellatum.
Statice rariflora.
Urtica membranacea. sp.
Triglochin Barrelieri.
Orchis palustris.
Serapias cordigera.
Narcissus reflexus. sp.
Scilla verna.
Juncus squarrosus.
Scirpus cæspitosus.
    — parvulus.
    — triqueter.
Eriophorum vaginatum.
    — gracile.
    — latifolium.
Carex dioica.
    — punctata.
Crypsis aculeata.
    — schœnoides.
Lagurus ovatus.
Polypogon littoralis.
Aira flexuosa.
Avena pubescens.
    — longifolia.
Cynosurus echinatus.
*Bromus velutinus.*
Isoetes Hystrix.
Lycopodium Selago.
Ophioglossum lusitanicum.
Grammitis leptophylla.
Polystichum Oreopteris.
Hymenophyllum tunbridgense. sp.
Chara fragifera.
Nitella hyalina.
    — tenuissima.

## COTES-DU-NORD

Dans ce département j'ai fait quelques herborisations de Lannion à la Pointe de Trébeurden, à Guingamp, Saint-Brieuc, de Quentin à la

Butte Saint-Michel dans les montagnes d'Arès, passant par le calcaire de Cartravers, qui ne m'a offert aucune plante caractéristique ; de là à Uzel et à la forêt de Lorge, ainsi qu'à Moncontour et au Menez. De Lamballe et des bords du Gouessant, j'ai suivi la côte jusqu'à la Rance, sur les bords de laquelle j'ai vu les environs de Dinan.

A Lamballe, M. Adolphe Bichemin, pharmacien, et M. Droguet, médecin, après m'avoir fourni sur les plantes des renseignements utiles, m'ont fait cueillir plusieurs espèces curieuses, comme *Polygonum Bistorta, Paris quadrifolia, Eufragia latifolia.*

M. Cornillé, notaire, et M<sup>lle</sup> Cornillé m'ont permis de voir dans leurs herbiers plusieurs espèces qu'ils avaient découvertes.

M. F. Ferrary, pharmacien à Saint-Brieuc, a commencé en 1836, dans l'annuaire des Côtes-du-Nord, une flore du département, classée d'après le système de Linné ; elle a été interrompue par sa mort en 1842. Je me suis à peine servi d'un livre où sont décrites comme plantes du pays : *Elymus arenarius ; Veronica verna, præcox, triphyllos* AC. tous trois ; *Polycnemum arvense, Globularia vulgaris, Plantago media ; Cornus mas* dans presque tous les taillis ; *Passerina annua, Myosotis Lappula ; Asperugo procumbens* AC. au bord des étangs, *Campanula rotundifolia ; Atriplex pedunculata* AC. *Bupleurium rotundifolium, Viburnum Lantana, Anthericum ramosum, Liliago ; Convallaria Polygonatum* dans tous les taillis. L'insertion et la description de ces plantes, la plupart propres à la région calcaire, m'ôte toute confiance dans une flore à laquelle M. Le Gall a fait beaucoup d'honneur en la continuant. J'ajouterai que l'herbier de M. Ferrary étant composé de plantes sans indication de localités, ne permet ni de citer, ni de rectifier quoique ce soit dans ce livre.

Un ouvrage d'une toute autre nature, le *Catalogue des plantes des environs de Dinan et de S<sup>t</sup>-Malo,* par M. Mabille, alors professeur au Lycée de Dinan, a paru en 1866, dans les Actes de la Société Linnéenne de Bordeaux. L'auteur a herborisé pendant 5 ans dans les limites suivantes : la côte, depuis la baie de Cancale jusqu'à la rivière de Morieux : de là vers l'O. et le S.-O. à Lamballe, Moncontour, Collinée et le versant S. du Menez jusqu'à la forêt de Loudéac ; enfin vers le S. et S.-O., du Menez à la forêt de Boquien et les coteaux de Guenroc, le calcaire de S<sup>t</sup>-Juvat vers Tréfumel et de là à Trévérien (I.-et-V.) jusqu'à la baie de Cancale, sans envelopper Dol et son marais. Il faut se rappeler que le côté O. de ces limites, avoisinant l'Ile-et-Vilaine, une partie des espèces qui y sont indiquées appartient aux deux départements. C'est le résultat de ces herborisations qui est exposé dans le Catalogue. Des Prolégomènes donnent une notice sur les botanistes antérieurs, une description pittoresque du pays, laquelle peut s'appliquer à une partie de la Bretagne, enfin des détails sur la répartition de ses plantes. Le Catalogue lui-même contient la liste des espèces (Mousses, Hépatiques incl.) avec station, localité, époque de fleuraison, rareté, et cette liste est accompagnée de remarques importantes principalement sur les espèces de nouvelle création, dont il est fait une longue énumération. Précédemment M. Mabille me faisait, de ses récoltes, de ses découvertes, une part abondante et qui me permet de puiser avec sécurité dans un travail dont le floriste est heureux de rencontrer le secours.

M. Baron, alors supérieur du collège de Sᵗ-Brieuc, et bon observateur, m'a adressé une longue série d'espèces des environs de Sᵗ-Brieuc, d'où il a étendu ses herborisations jusqu'à la côte de Sᵗ-Cast; les plus remarquables sont : *Hippophae rhamnoides, Lysimachia L. stellatum, Galium tricorne, Ajuga Chamæpitys, Nitella glomerata.*

M. Le Corre, curé de Pont-Melvez, m'a montré tout son herbier, d'autant plus précieux qu'il contient les plantes de l'intérieur, de la partie montagneuse de la Bretagne, peu fréquentée par les botanistes, et quoique cette région soit relativement pauvre comparée à la côte, on peut voir dans la Flore qu'elle fournit plusieurs plantes exceptionnelles qui nous en font espérer d'autres.

MM. J.-M. Sacher, Trobert et Fraval ont signalé de nouvelles localités pour plusieurs bonnes plantes.

M. Avice, médecin militaire, me fait part des plantes à citer aux environs de Paimpol qu'il habite, entr'autres *Isoetes Hystrix* et *Ophioglossum lusitanicum,* lequel s'avance encore jusqu'en Ille-et-Vilaine.

Enfin, M. l'abbé Morin, professeur d'histoire naturelle au Petit-Séminaire de Dinan, herborise fréquemment dans ces environs, où il trouve encore du nouveau, après les études de M. Mabille. Il a aussi parcouru plusieurs fois les côtes voisines, soit seul, soit avec MM. Rolland et Gallée, et le fruit de ces explorations m'a été obligeamment communiqué, avec un complément de notes toujours instructives.

LISTE DE QUELQUES PLANTES DES CÔTES-DU-NORD, RARES **POUR LE** DÉPARTEMENT OU POUR LA FLORE GÉNÉRALE

| | |
|---|---|
| Turritis glabra. | Erythræa diffusa. |
| Arabis sagittata. | Symphytum tuberos**um.** |
| Cochlearia anglica. | Eufragia latifolia. |
| Helianthemum vulgare. | Polygonum Bistorta. |
| Viola palustris. | Salix Capræa. |
| Hypericum montanum. | Neottia Nidus avis. |
| Geranium sanguineum. | Paris quadrifolia. |
| Erodium Botrys. | Juncus squarrosus. |
| — maritimum. | Carex depauperata. |
| Adenocarpus complicatus. | Agrostis interrupta. |
| Melilotus parviflora. | Polypogon littoralis. |
| Trifolium angustifolium. | Avena pubescens. |
| Rosa mollissima. | Aira flexuosa. |
| Pyrus aucuparia. | Cynosurus echinatus. |
| Selinum Carvifolia. | Equisetum silvaticum. **sp.** |
| Peucedanum gallicum. | — Telmateia. |
| Petasites vulgaris. | Lycopodium Selago. |
| Artemisia maritima. | Isoetes Hystrix. |
| Cineraria spathulæfolia. | Botrychium Lunaria. **sp.** |
| Cirsium acaule. | Polystichum Oreopteris. |
| Hieracium murorum. | Grammitis leptophylla. |
| Gentiana amarella. sp. | Ophioglossum lusitanicum. |

## ILLE-ET-VILAINE

J'ai emprunté la plupart des citations de localités à l'*Ager rhedonensis,* herbier appartenant à la ville de Rennes. Cette collection, qui ne contient que les espèces d'Ille-et-Vilaine, a été composée par M. Pontallié avec les plantes de l'herbier de M. Degland, qu'il avait acquis, et avec celles qu'il avait détachées de son propre herbier. J'ai noté ces emprunts sous la rubrique (herb. Degland), parce que j'ai cru que la majeure partie des espèces provenait de cette source, et qu'elle avait l'avantage de rappeler le nom de celui qui a présidé à la botanique du pays pendant de longues années. Cette collection est trop incomplète pour représenter toutes les plantes que ces deux botanistes connaissaient dans le département, et cette circonstance me fait beaucoup regretter la perte de M. Pontallié, qui s'était offert de me renseigner sur les plantes du pays. La mémoire de ce savant et digne homme était excellente, et je suis certain que la Flore a beaucoup perdu par l'absence d'un botaniste qui, depuis plus de trente ans, avait suivi avec intérêt et retenu toutes les découvertes des plantes du département qu'il habitait.

M. Le Gall, conseiller à la cour, auteur de la Flore du Morbihan, continuateur de celle des Côtes-du-Nord, et parfaitement au courant de la végétation de la Bretagne, m'a remis plusieurs notes sur les plantes du département et m'en a montré les plus intéressantes.

Mon ami, M. Letourneux, élève de M. Degland, m'a fait part de ses premières herborisations aux environs de Rennes.

M. J.-M. Sacher m'a montré ou envoyé les espèces à noter dans ses herborisations autour de Rennes et aux environs de Redon ; il continue ses contributions à la Flore.

Son frère, M. Victor Sacher, professeur à Fougères, après m'avoir donné une liste des plantes des environs de Fougères, m'a fait cueillir *Cardamine amara, Carex limosa, teretiuscula, Pyrus aucuparia.* M. V. Sacher connaît bien la côte de l'Ille-et-Vilaine et a visité avec soin plusieurs autres localités intéressantes dans la Bretagne.

Plusieurs espèces des environs de Fougères, Antrain, Vitré, Redon, etc., m'ont été signalées par M. l'abbé de la Godelinais, aumônier de la Retraite à Redon.

M. l'abbé Rolland, sous-directeur du collège de S.-Malo, est cité pour plusieurs plantes recueillies aux environs de Bourg-des-Comptes et de S\u1d57-Malo.

M. Jules Gallée, de Rennes, m'a fait connaître le résultat de nombreuses herborisations faites, soit seul, soit en compagnie de M. Sirodot, professeur à la Faculté de Rennes, connu par ses beaux travaux sur les *Lemania* et *Batrachospermum.* Parmi leurs excursions, on doit citer les recherches minutieuses du *Coleanthus,* et dont il est rendu compte dans les Annales des sciences naturelles, 5ᵉ série, T. X.

Je ne connais personnellement le département que par quelques promenades faites sur la limite de la Loire-Inférieure, entre Fougeray et Derval, à Rennes, autour de Fougères, à Antrain, pour avoir suivi la côte depuis Pontorson jusqu'au Vivier et Dol, ainsi que de Cancale à St-Malo, et enfin par la reconnaissance que j'ai faite à Vitré du curieux *Sedum cæspitosum* et du méridional *Tulipa Celsiana* à Martigné-Ferchaud.

Ce département est moins bien partagé que les autres départements bretons pour les plantes maritimes. Son littoral est, en effet, très peu étendu, et une partie de celui-ci, de Pontorson à Chérueix, offre une vaste alluvion où se montrent peu de plantes maritimes. La partie la plus intéressante est celle située entre Cancale et Saint-Malo ; quoique d'une longueur de quelques lieues seulement, elle fournit, avec la plupart des plantes de la région maritime, plusieurs espèces dont quelques-unes ne se retrouvent pas ailleurs en Bretagne ou rarement, par ex. : *Avena pubescens, Seseli coloratum, Sinapis incana, Ajuga Chamæpitys, Centaurea Scabiosa, Potentilla verna, Scabiosa maritima, Trifolium strictum, Diplotaxis muralis, Cynosurus echinatus, Bupleurum aristatum.* On sait que ce pays a été de nouveau exploré par M. Mabille, qui l'a compris dans son Catalogue.

L'Ille-et-Vilaine a l'avantage sur les autres départements bretons situés au nord de la Loire-Inférieure, de posséder un bassin calcaire, qui peut donner une petite idée de la végétation de ce terrain. Il est situé au midi et près de Rennes, et est généralement connu des botanistes sous le nom de Calcaire de Saint-Jacques. Il contient les espèces calcaires suivantes :

Ranunculus ophioglossifolius.
Lepidium campestre.
Astragalus glycyphyllos.
Filago spathulata.
Cirsium eriophorum.
Centaurea Scabiosa.
Cynoglossum pictum.
Chlora perfoliata.
Lithospermum officinale.

Galeopsis Ladanum.
Orchis pyramidalis.
    —    hircina.
Ophrys apifera.
Epipactis palustris.
Bromus erectus.
Potamogeton plantagineus.
Carex paludosa.

LISTE DE QUELQUES PLANTES D'ILLE-ET-VILAINE, RARES POUR LE DÉPARTEMENT OU POUR LA FLORE GÉNÉRALE

Isopyrum thalictroides.
Sinapis incana.
Diplotaxis muralis.
Cardamine amara. sp.
Helianthemum umbellatum.
Astrocarpus Clusii.
Geranium sanguineum.
Trifolium strictum.
Astragalus glycyphyllos.
Rubus Idœus.
Potentilla verna.
Pyrus aucuparia.
Scleranthus perennis.
Seseli coloratum.
Selinum Carvifolia.
Dipsacus pilosus.
Scabiosa maritima.
Doronicum plantagineum.
Cirsium eriophorum.
    —    acaule.
Centaurea Scabiosa.
Vaccinium Oxycoccos.

Cynoglossum pictum.
Galeopsis Ladanum.
Ajuga Chamæpitys.
Quercus Toza.
Salix rugosa.
    —    Capræa.
Potamogeton plantagineus.
Naias major.
    —    minor.
Acorus Calamus.
Orchis hircina.
Ophrys aranifera.
Neottia Nidus avis.
Paris quadrifolia.
Juncus obtusiflorus.
Eriophorum vaginatum.
    —    gracile.
Eleocharis ovata.
Scirpus michelianus.
Carex teretiuscula.
    —    elongata.
    —    limosa.

| | |
|---|---|
| Carex strigosa. | Cynosurus echinatus. |
| Coleanthus subtilis. | Equisetum Telmateia. |
| Aira flexuosa. | Asplenium septentrionale. |
| Arrhenatherum elatius. | Chara alopecuroides. |
| Avena pubescens. | Nitella hyalina. |

M. le chanoine Hodée, ancien professeur au collège Saint-Vincent, à Rennes, familier avec nos plantes, m'a envoyé les espèces qu'il a découvertes dans des localités nouvelles.

Tels sont les documents qui m'ont servi pour cette cinquième édition. Ils sont bien plus nombreux que ceux à l'aide desquels j'avais entrepris la Flore de l'Ouest de la France, et cependant ils laissent encore voir combien de localités ont été à peine explorées, combien d'autres n'ont jamais été visitées, combien, en un mot, il reste encore à faire pour compléter la Flore de l'Ouest. Si le présent Manuel peut conduire à ce but, je prie ceux qui s'en serviront de conserver un sentiment de reconnaissance pour les botanistes qui ont bien voulu m'aider et me fournir les matériaux que je viens de réunir.

Avec cette cinquième édition, je fais mes adieux ; puissent tous ceux qui étudieront ces plantes trouver avec elles autant de plaisir qu'en a éprouvé leur ami.

J. LLOYD.

# ANALYSE DICHOTOMIQUE DES GENRES

L'Analyse dichotomique suivante est exposée ici dans le seul but de conduire facilement le commençant au *nom* de chaque genre décrit dans la Flore. Là je me suis arrêté et n'ai pas étendu l'analyse aux espèces, parce que la plupart de nos genres n'en contiennent qu'un petit nombre, et que les caractères en italiques dans les descriptions permettent d'en faire une application rapide à la plante que l'on étudie. Dans le peu de genres à espèces nombreuses, par ex. *Trifolium*, *Carex*, les divisions fréquentes doivent suffire à l'étudiant ; j'ai compté assez sur son intelligence pour ne pas grossir le livre par des répétitions. Lorsqu'il sera parvenu à ce nom de genre, il en étudiera la description dans la famille à la page indiquée ; puis après cet examen il passera au détail des espèces. Il ne doit jamais se contenter d'une *Analyse dichotomique* quelconque, soit de genres, soit d'espèces, laquelle n'est qu'un moyen d'arriver machinalement à un nom, après le choix duquel il ne reste dans l'esprit *aucun ensemble* de la série des caractères que l'on a parcourus et cru reconnaître.

Cette *Analyse dichotomique*, dont j'ai emprunté les détails à la Flore du Centre, par M. Boreau, se compose d'une suite de propositions accolées deux à deux, et dont l'une doit s'appliquer à la plante que l'on étudie, tandis que l'autre ne lui convient nullement. On est ainsi renvoyé de numéro en numéro jusqu'à ce qu'on arrive, ou au genre à la page indiquée (par ex., nº 4, *Lobelia*, page 215), ou à la famille (par ex., nº 11, *Crassulacées*, page 136), dans laquelle il faut continuer les recherches.

Si nous voulons analyser une fleur de *Campanula*, la division nº 1 fait reconnaître que c'est une plante avec étamines ; — Nº 2, que les fleurs ne sont pas réunies dans un involucre commun ; — Nº 5, que les fleurs sont toutes hermaphrodites ; — Nº 6, que le périanthe est double, c'est-à-dire avec un calice et une corolle ; — Nº 7, que la corolle est monopétale ; — Nº 105, que l'ovaire est adhérent au calice ; — Nº 106, que les feuilles sont alternes ; — Nº 107, que la fleur a plus de 4 étamines ; — Nº 108, que la fleur a 5 étamines ; — Nº 110, que les feuilles sont alternes ; — Nº 111, que la corolle a les lobes ovales ou arrondis ; — Nº 112, que l'ovaire est ovale ou arrondi ; — Nº 113, que les étamines sont insérées au fond de la corolle, qui est bleue ; — enfin Nº 114, que la capsule s'ouvre par des trous latéraux et que la plante appartient au genre *Campanula*, p. 216, où il faut chercher son nom spécifique parmi les huit espèces décrites.

VII

# ANALYSE DICHOTOMIQUE DES GENRES

## D'APRÈS LE SYSTÈME DE LAMARCK


1 Plantes avec étamines ou pistils. . . . . . . . . . . . . . . . . . . . .          2
  Plantes sans étamines ni pistils . . . . *Acotylédonées*, p. 424.

2 Fleurs réunies dans un involucre commun. . . . . . . . . .          3
  Fleurs non réunies dans un involucre commun . . . . . . .          5

3 Anthères soudées. . . . . . . . . . . . . . . . . . . . . . . . .          4
  Anthères libres. . . . . . . . . . . . . . . . . . . . . . . . .          5

4 Périanthe simple. . . . . . . . . . . . . . *Composées*, p. 174.
  Fleurs avec calice et corolle. . . . . *Lobelia, Jasione*, p. 215.

5 Fleurs monoïques. . . . . . . . . . . . . . . . . . . . . . .          230
  Fleurs dioïques . . . . . . . . . . . . . . . . . . . . . . . .          248
  Fleurs toutes hermaphrodites. . . . . . . . . . . . . . . .          6

6 Périanthe double, calice et corolle . . . . . . . . . . . . . . .          7
  Périanthe simple ou nul . . . . . . . . . . . . . . . . . . .          172

7 Corolle polypétale. . . . . . . . . . . . . . . . . . . . . .          8
  Corolle monopétale . . . . . . . . . . . . . . . . . . . . . .          105


## POLYPÉTALES


8 Ovaire adhérent au calice, ou placé sous la corolle et
  visible au-dessous de la fleur . . . . . . . . . . . . . . . . . .          96
  Ovaire libre placé dans la corolle ou au fond du calice. . .          9

9 Un seul ovaire. . . . . . . . . . . . . . . . . . . . . . . . . .          15
  Plusieurs ovaires ou un ovaire profondément divisé et à
  plusieurs pistils particuliers . . . . . . . . . . . . . . . . .          10

10 Etamines à filets non soudés en tube. . . . . . . . . . . . .          11
  Etamines à filets soudés en tube. . . . . . . . . . . . . . .          14

11 Feuilles épaisses et charnues, toujours simples . . . . . . .
  . . . . . . . . . . . . . . . . . . . . . . . . *Crassulacées*, p. 136.
  Feuilles non charnues, ord. découpées ou composées. . . .          12

12 Etamines et pétales insérés sur le réceptacle et n'adhérant
  pas au calice. . . . . . . . . . . . . . . . . . . . . . . . . . .          13
  Etamines et pétales insérés sur la paroi intérieure du calice .          103

13 Pétales 3. . . . . . . . . . . . . . . . . . *Alismacées*, p. 322.
  Pétales 4 ou plus, entiers, dentés ou échancrés . . . . . . .
  . . . . . . . . . . . . . . . . . . . . . . . . *Renonculacées*, p. 1
  Pétales profondément laciniés ou découpés . . . . . . . . .          86

14 Calice double . . . . . . . . . . . . . . . . . . *Malvacées*, p. 69.
   Calice simple . . . . . . . . . . . . . . . . . *Géraniacées*, p. 74.

15 Corolle régulière, c'est-à-dire à divisions égales. . . . . . . . .       16
   Corolle irrégulière, c'est-à-dire à divisions inégales . . . . .          85

16 1 à 10 étamines. . . . . . . . . . . . . . . . . . . . . . . .           27
   12 étamines ou plus . . . . . . . . . . . . . . . . . . . .              17

17 Calice à 2 divisions. . . . . . . . . . . . . . . . . . . . .            18
   Calice à plus de 2 divisions . . . . . . . . . . . . . . . .             19

18 5 pétales . . . . . . . . . . . . . . . . . . *Portulaca*, p. 134.
   4 pétales . . . . . . . . . . . . . . . . . . *Papavéracées*, p. 14.

19 Pétales insérés sur le calice auquel ils adhèrent . . . . . . .          20
   Pétales libres, insérés sur le réceptacle. . . . . . . . . . .           21

20 Calice à 5 divisions profondes . . . . . . . . *Rosacées*, p. 110.
   Calice à 6 ou 12 dents . . . . . . . . . . . *Lythrum*, p. 131.

21 Feuilles alternes ou radicales . . . . . . . . . . . . . . . . .         22
   Feuilles opposées . . . . . . . . . . . . . . . . . . . . . .            25

22 Etamines à filets libres et distincts. . . . . . . . . . . . .           23
   Etamines à filets soudés . . . . . . . . . . . . . . . . . .             14

23 Arbres ou arbrisseaux . . . . . . . . . . . . . . . *Tilia*, p. 71.
   Sous-arbrisseau . . . . *Helianthemum procumbens*, p. 42.
   Herbes. . . . . . . . . . . . . . . . . . . . . . . . . . . .            24

24 Plantes aquatiques . . . . . . . . . . . . *Nymphéacées*, p. 13.
   Plante terrestre . . . . . . . . . . . . . . . *Isopyrum*, p. 11.

25 Etamines soudées entre elles par la base . *Hypéricinées*, p. 71.
   Etamines libres . . . . . . . . . . . . . . . . . . . . . . .            26

26 Arbres à 2 stigmates . . . . . . . . . . . . . . . . *Acer*, p. 74.
   Herbes ou sous-arbrisseaux; 1 stigm. . . . . *Cistinées*, p. 40.

27 3 pétales . . . . . . . . . . . . . . . . . . . . . . . . . . .          28
   4 pétales . . . . . . . . . . . . . . . . . . . . . . . . . . .          30
   5 pétales . . . . . . . . . . . . . . . . . . . . . . . . . . .          40
   6 pétales . . . . . . . . . . . . . . . . . . . . . . . . . . .          83

28 Pétales colorés; calice herbacé . . . . . . . . . . . . . . . .          29
   Pétales et calice à peu près de même couleur . . . . . . . .             199

29 Petites plantes à feuilles ovales et opposées. . *Elatine*, p. 65.
   Plantes à feuilles linéaires, alternes ou radicales . . . . . .          205

30 2 étamines. . . . . . . . . . . . . *Lepidium ruderale*, p. 36.
   4 étamines. . . . . . . . . . . . . . . . . . . . . . . . . .            31
   6 étamines dont 2 plus courtes . . . . . . *Crucifères*, p. 19.
   8 ou 10 étamines. . . . . . . . . . . . . . . . . . . . . . .            36

31 Tige herbacée . . . . . . . . . . . . . . . . . . . . . . . . .          32
   Tige ligneuse; feuilles alternes . . . . . . . . . *Ilex*, p. 221.
   Tige ligneuse; feuilles opposées. . . . . *Evonymus*, p. 80.

32 Feuilles opposées ou entières . . . . . . . . . . . . . . . . .          33
   Feuilles alternes. . . . . . . . . . . . . . . . . . . . . . .           39

33 Fleurs blanches ou blanchâtres . . . . . . . . . . . . . . . .           34
   Fleurs roses. . . . . . . . . . . . . . . . . . *Frankenia*, p. 51.

34 Tige plusieurs f. dichotome ; feuil. ovales.. *Radiola*, p. 68.
    Tige non dichotome ; feuilles linéaires. . . . . . . . . . . . . 35

35 Capsule à 4 valves. . . . . . . . . . . . . . . *Sagina*, p. 56.
    Capsule à 8 dents au sommet. . . . . . . . . *Mœnchia*, p. 63.
    Capsule à 2 valves, à 2 graines . . . . . . . . *Buffonia*, p. 56.

36 Tige feuillée . . . . . . . . . . . . . . . . . . . . . . 37
    Tige écailleuse. . . . . . . . . . . . . *Monotropa*, p. 220.

37 1 style ; feuilles composées . . . . . . . . . . . . . *Ruta*, p. 79.
    3 ou 4 styles ; feuilles simples. . . . . . . . . . . . . . . 38

38 Tige uniflore : 4 feuilles en croix. . . . . . . . *Paris*, p. 359.
    Herbes aquatiques. . . . . . . . . . . . . . . *Elatine*, p. 65.
    Herbes terrestres. . . . . . . . . . . . . . . *Linum*, p. 67.

39 2 sépales. . . . . . . . . . . . . . . . . . *Hypecoum*, p. 16.
    4 sépales, *Cardamine hirsuta*, p. 29 ; *Teesdalea Lepidium*, p. 38.

40 1 à 5 étamines . . . . . . . . . . . . . . . . . . 41
    Plus de 5 étamines . . . . . . . . . . . . . . . . 55

41 5 styles . . . . . . . . . . . . . . . . . . . . . 42
    Moins de 5 styles . . . . . . . . . . . . . . . . . 45

42 Feuilles alternes ou toutes radicales . . . . . . . . . . 43
    Feuilles opposées sur la tige. . . . . . . . . . . . . . 63

43 Feuilles toutes radicales . . . . . . . . . . . . . . . 44
    Feuilles alternes sur la tige. . . . . . . . . *Linum*, p. 67.

44 Feuilles couvertes de poils glanduleux . . . *Drosera*, p. 48.
    Feuilles sans poils glanduleux. . . . *Plumbaginées*, p. 283.

45 Arbres ou arbrisseaux . . . . . . . . . . . . . . . 46
    Herbes . . . . . . . . . . . . . . . . . . . . . 50

46 Feuilles très petites, appliquées . . . . . . *Tamarix*, p. 133.
    Feuilles élargies. . . . . . . . . . . . . . . . . . 47

47 Feuilles alternes. . . . . . . . . . . . . . . . . . 48
    Feuilles opposées . . . . . . . . . . . . . . . . . 49

48 Fleurs terminales . . . . . . . . . . . . . *Hedera*, p. 163.
    Fleurs axillaires ou opposées aux feuilles. . *Rhamnus*, p. 80.

49 2 stigmates ; feuilles lobées. . . . . . . . . . . *Acer*, p. 74.
    1 stigmate ; feuilles indivises. . . . . . . *Evonymus*, p. 80.

50 Feuilles alternes. . . . . . . . . . . . . . . . . . 51
    Feuilles opposées . . . . . . . . . . . . . . . . . 63

51 Tige uniflore. . . . . . . . . . . . . . *Parnassia*, p. 49.
    Tige multiflore. . . . . . . . . . . . . . . . . . 52

52 Feuilles entières ou dentées . . . . . . . . . . . . . 54
    Feuilles lobées ou pennifides. . . . . . . . . . . . . 53

53 Fleurs jaunes. . . . . . . . . . . . . . . . . *Ruta*, p. 79.
    Fleurs jamais jaunes. . . . . . . . . . . *Géraniacées*, p. 74.

54 Calice tubuleux ,capsule polysperme. . . *Lythrum*, p. 131.
    Calice en cloche ; capsule 1 sperme . . . *Corrigiola*, p. 134.

55  1 style et 1 stigmate . . . . . . . . . . . . . . . . . . . . . .  56
    Plusieurs styles ou stigmates. . . . . . . . . . . . . . . . .  58

56  Herbe à feuilles opposées . . . . . . . . . . . *Tribulus*, p. 79.
    Herbes à feuilles alternes ou nulles . . . . . . . . . . . . .  57
    Arbres à feuilles opposées. . . . . . . . . . . . *Acer*, p 74.

57  Plantes avec feuilles vertes. . . . . . . . . *Lythrum*, p. 131.
    Ecailles en place de feuilles . . . . . . . . *Monotropa*, p. 220.

58  Arbres. . . . . . . . . . . . . . . . . . . . . *Acer*, p. 74.
    Tige herbacée ou à peu près . . . . . . . . . . . . . . . . .  59

59  Feuilles alternes ou toutes radicales. . . . . . . . . . . . .  60
    Feuilles opposées sur la tige. . . . . . . . . . . . . . . . .  63

60  2 styles . . . . . . . . . . . . . . . . . . *Saxifraga*, p. 140.
    4 ou 5 styles . . . . . . . . . . . . . . . . . . . . . . . .  61

61  Feuilles à 3 folioles. . . . . . . . . . . . . . . . *Oxalis*, p. 78.
    Feuilles simples ou lobées, ou avec plus de 3 folioles . . . .  62

62  Feuilles entières, sans stipules . . . . . . . . *Linum*, p. 67.
    Feuilles découpées, stipulées . . . . . . *Géraniacées*, p. 74.

63  Feuilles avec petites stipules. . . . . . . . . . . . . . . .  64
    Feuilles sans stipules . . . . . . . . . . . . . . . . . . . .  68

64  Feuilles ovales ou arrondies . . . . . . . . . . . . . . . . .  65
    Feuilles très étroites et filiformes . . . . . . . . . . . . .  68

65  Feuilles lobées ou incisées . . . . . . . *Géraniacées*, p. 74.
    Feuilles entières. . . . . . . . . . . . . . . . . . . . . . .  66

66  Feuilles de la tige quaternées . . . . . *Polycarpon*, p. 135.
    Feuilles opposées . . . . . . . . . . . . . . . . . . . . . .  67

67  Fleurs blanches . . . . . . . . . . . . . *Illecebrum*, p. 135.
    Fleurs vertes ou jaunâtres. . . . . . . . *Herniaria*, p. 135.

68  Calice divisé jusqu'à la base . . . . . . . . . . . . . . . .  74
    Div. du cal. n'atteignant pas le milieu ou le dépassant peu .  69

69  10 étamines. . . . . . . . . . . . . . . . . . . . . . . . . .  70
    Moins de 10 étamines, style simple . . . *Lythrum*, p. 131.
    Moins de 10 étamines, style 3. partit. . . *Frankenia*, p. 51.

70  2 styles . . . . . . . . . . . . . . . . . . . . . . . . . . .  71
    3 styles . . . . . . . . . . . . . . . . . . . . . . . . . . .  73
    5 styles . . . . . . . . . . . . . . . . . . . *Lychnis*, p. 55.

71  Calice en tube à 5 dents. . . . . . . . . . . . . . . . . . .  72
    Calice en cloche à 5 divisions . . . . . . *Gypsophila*, p. 51.

72  Cal. muni à la base de 2 ou 4 écail. opposées. *Dianthus*, p. 51.
    Calice sans écailles à la base . . . . . . . . *Saponaria*, p.52.

73  Calice tubuleux ; capsule. . . . . . . . . . . . *Silene*, p.53.
    Calice en cloche ; baie. . . . . . . . . . . . *Cucubalus*, p.53.

74  10 étamines. . . . . . . . . . . . . . . . . . . . . . . . . .  75
    Moins de 10 étamines . . . . . . . . . . . . . . . . . . . . .  78

75  3 styles . . . . . . . . . . . . . . . . . . . . . . . . . . .  76
    5 styles . . . . . . . . . . . . . . . . . . . . . . . . . . .  77

76 Pétales entiers. . . . . . . . . . . . . . . . . . . . . . . . . . . . 77bis
   Pétales à 2 lobes profonds. . . . . . . . . *Stellaria*, p. 62.

77 Pétales entiers ; feuilles linéaires. . . . . *Spergula*, p. 57.
   Pétales bifides ou échancrés ; feuilles ovales ou oblongues.
   . . . . . . . . . . . . . . . *Cerastium, Malachium*, p. 63.

77bis Capsule s'ouvrant jusqu'à la base en 3 valves ; stipules
   scarieuses. . . . . . . . . . . . . . . . . *Spergularia*, p. 59.
   Capsule à 3 valves, graines obovales, très grosses. . . . .
   . . . . . . . . . . . . . . . . . . . . . *Halianthus*, p. 59.
   Capsule s'ouvrant jusqu'à la base en 3 valves, graines
   réniform s, sans aile. . . . . . . . . . . . *Alsine*, p. 60.
   Capsule s'ouvrant au sommet en 6 dents . *Arenaria*, p. 60.

78 2 styles, 4 étamines. . . . . . . . . . . . . . . . . . . . . 35
   3 styles. . . . . . . . . . . . . . . . . . . . . . . . . . . . . 79
   4 styles. . . . . . . . . . . . . . . . . . . . . . . . . . . . . 81
   5 styles. . . . . . . . . . . . . . . . . . . . . . . . . . . . . 82

79 Pétales entiers . . . . . . . . . . . . . . . . . . . . . . . . . 80bis
   Pétales dentés, échancrés ou bifides . . . . . . . . . . . . . 80

80 Pétales dentés . . . . . . . . . . . . . . . *Holosteum*, p. 61.
   Pétales bifides . . . . . . . . . . . . . . . *Stellaria*, p. 62.

80bis Capsule s'ouvrant en 3 valves . . . . . . . *Alsine*, p. 60.
   Capsule s'ouvrant au sommet en 6 dents. *Arenaria*, p. 60.

81 Capsule à 1 loge. . . . . . . . . . . . . . . . . . . . . . . . 35
   Capsule à 3 ou 4 loges. . . . . . . . . . . . *Elatine*, p. 65.

82 Capsule à 10 valves. . . . . . . . . . . . . . . *Linum*, p. 67.
   Capsule à 5 valves ou 10 dents . . . . . . . . . . . . . . . 77

83 Arbrisseau à fleurs jaunes. . . . . . . . . *Berberis*, p. 13.
   Herbes à fleurs rouges ou blanchâtres. . . . . . . . . . . . . 84

84 Calice en tube cylindrique. . . . . . . . . *Lythrum*, p. 131.
   Calice court, en cloche. . . . . . . . . . . . *Peplis*, p. 132.

85 1 ou 2 styles ou stigmates . . . . . . . . . . . . . . . . . . 89
   Plus de 2 styles ou stigmates . . . . . . . . . . . . . . . . . 86

86 Pétales laciniés ou découpés. . . . . . . *Résédacées*, p. 39.
   Pétales non laciniés. . . . . . . . . . . . . . . . . . . . . . 87

87 Feuilles indivises . . . . . . . . . . . . . . . . . . . . . . . 88
   Feuilles découpées ou lobées. . . . . . *Géraniacées*, p. 74.

88 Très petites fleurs blanches. . . . . . . . . *Montia*, p. 134.
   Grandes fleurs jaunes. . . . . . . . . . . *Impatiens*, p. 78.

89 Calice entier ou dont les divisions ne vont pas jusqu'à la base
   . . . . . . . . . . . . . . . . . . . . . *Légumineuses*, p. 80.
   Divisions du calice prolongées jusqu'à la base. . . . . . . 90

90 Eperon ou bosse à la base de la fleur. . . . . . . . . . . . 94
   Fleur sans éperon ni bosse. . . . . . . . . . . . . . . . . . 91

91 Tige herbacée, non épineuse. . . . . . . . . . . . . . . . . 92
   Tige ligneuse, épineuse. . . . . . . . . . . . . *Ulex*, p. 82.

92 4 à 6 étamines libres ; 4 pétales opposés en croix. . . . . .     93
   8 étamines monadelphes. . . . . . . . . . . *Polygala*, p. 49.

93 Fleurs jaunes . . . . . . . . . . . . . . . *Hypecoum*, p. 16.
   Fleurs jamais jaunes. . . . . . . . *Teesdalea, Iberis*, p. 38.

94 5 sépales verts et persistants. . . . . . . . . . *Viola*, p. 43.
   Calice n'offrant pas 5 sépales verts et persistants. . . . . .    95

95 Feuilles simples. . . . . . . . . . . . . *Impatiens*, p. 78.
   Feuilles composées ; éperon très allongé, très aigu. . . . .
   . . . . . . . . . . . . . . . . . . . . *Delphinium*, p. 13.
   Feuil. composées ; éperon court, obtus . *Fumariacées*, p. 16.

96 2 à 10 étamines. . . . . . . . . . . . . . . . . . . . .    97
   11 étamines ou plus. . . . . . . . . . . . . . . . . . . .   103

97 2 étamines. . . . . . . . . . . . . . . *Circœa*, p. 130.
   3 étamines. . . . . . . . . . . . . . . . *Iridées*, p. 344.
   4 étamines. . . . . . . . . . . . . . . . . . . . . . . .    98
   5 étamines. . . . . . . . . . . . . . . . . . . . . . . .   100
   6 étamines. . . . . . . . . . . . . *Amaryllidées*, p. 347.
   8 étamines. . . . . . *Epilobium*, p. 127 ; *Œnothera*, p. 129.
   10 étamines . . . . . . . . . . . . . . . . . . . . . . .   102

98 Arbrisseaux. . . . . . . . . . . . . . . . . *Cornus*, p. 163.
   Herbes aquatiques. . . . . . . . . . . . . . . . . . . . .    99

99 Feuilles flottantes, rhomboïdales. . . . . . . *Trapa*, p. 130.
   Feuilles ovales, entières. . . . . . . . . . . *Isnardia*, p. 130.

100 Tige ligneuse . . . . . . . . . . . . . . . . . . . . .    101
    Tige herbacée ; fleurs petites en ombelle ou en tête. . . . .
    . . . . . . . . . . . . . . . . . . *Ombellifères*, p. 141.

101 Feuilles persistantes . . . . . . . . . . . . *Hedera*, p. 163.
    Feuilles caduques . . . . . . . . . . . . . . . *Ribes*, p. 140.

102 Feuilles opposées . . . . *Arenaria*, p. 60 ; *Stellaria*, p. 62.
    Feuilles alternes . . . . . . . . . . . . . *Saxifraga*, p. 140.

103 Calice à 2 divisions. . . . . . . . . . . . . *Portulaca*, p. 134.
    Calice à plus de 2 divisions. . . . . . . . . . . . . . .    104

104 Feuil. opposées ou verticillées sur la tige. *Lythrum*, p. 131.
    Feuilles alternes ou 0 au moment de la fleuraison. . . . . .
    . . . . . . . . . . . . . . . . . . . . . . *Rosacées*, p. 110.

## MONOPÉTALES

105 Ovaire libre, placé dans la corolle ou au fond du calice. . .    120
    Ovaire adhérent au calice, et placé sous la corolle, où il
    forme un renflement visible au-dessous de la fleur. . . .    106

106 Feuilles verticillées, au moins les inf. . *Rubiacées*, p. 165.
    Feuilles alternes ou opposées. . . . . . . . . . . . . . .   107

107 5 étamines ou plus. . . . . . . . . . . . . . . . . . . .   108
    1 à 4 étamines. . . . . . . . . . . . . . . . . . . . . .   117

108 Plus de 5 étamines. . . . . . . . . . . . . . . . . . . . . . .   109
    5 étamines . . . . . . . . . . . . . . . : . . . . . . . . . .   110

109 Feuilles simples . . . . . . . . . . . . Vaccinium, p. 218.
    Feuilles 1,2 fois ternées . . . . . . . . . . . . Adoxa, p. 164.

110 Feuilles alternes . . . . . . . . . . . . . . . . . . . . . . .   111
    Feuilles opposées . . . . . . . . . . . . . . . . . . . . . . .   115

111 Corolle à lobes linéaires. . . . . . . . . . Phyteuma, p. 215.
    Corolle à lobes ovales ou arrondis . . . . . . . . . . . . . .   112

112 Ovaire en prisme allongé . . . . . . . . Specularia, p. 216.
    Ovaire ovale ou arrondi. . . . . . . . . . . . . . . . . . . .   113

113 Etamines insérées au fond de la corolle souvent bleue. . . .   114
    Etamines insérées sur la corolle blanche . Samolus, p. 282.

114 Capsule s'ouvrant par des trous latéraux. Campanula, p. 216.
    Capsule s'ouvrant en 3 valves . . . . Wahlenbergia, p. 218.

115 Feuilles composées ou pennifides . . . . Sambucus, p. 164.
    Feuilles entières, dentées ou lobées . . . . . . . . . . . . .   116

116 3 stigmates . . . . . . . . . . . . . . . . Viburnum, p. 164.
    1 stigmate . . . . . . . . . . . . . . . . . Lonicera, p. 165.

117 4 étamines . . . . . . . . . . . . . . . . . . . . . . . . . .   118
    1 à 3 étamines . . . . . . . . . . . . . . . . . . . . . . . .   119

118 Fleurs en tête serrée entourée d'un involucre. Dipsacées, p. 173.
    Non. . . . . . . . . . . . . . . . . . . Sanguisorba, p. 117.

119 Corolle nulle. . . . . . . . . . . . . . Alchemilla, p. 117.
    Fleur avec calice et corolle . . . . . . . Valérianées, p. 170.

120 1 à 5 étamines . . . . . . . . . . . . . . . . . . . . . . . .   121
    6 étamines ou plus. . . . . . . . . . . . . . . . . . . . . . .   128

121 Corolle régulière. . . . . . . . . . . . . . . . . . . . . . .   122
    Corolle irrégulière ou éperonnée. . . . . . . . . . . . . . .   163

122 5 étamines . . . . . . . . . . . . . . . . . . . . . . . . . .   123
    Moins de 5 étamines . . . . . . . . . . . . . . . . . . . . .   139

123 Feuilles opposées ou verticillées sur la tige. . . . . . . .   127
    Feuilles 0, radicales, ou alternes. . . . . . . . . . . . . .   124

124 Plusieurs ovaires, ou un seul partagé en lobes profonds
        d'entre lesquels sort le style . . . . . . . . . . . . . .   154
    1 seul ovaire indivis. . . . . . . . . . . . . . . . . . . . .   125

125 Une baie, ou tige grimpante. . . . . . . . . . . . . . . . . .   155
    Une capsule, tige non grimpante. . . . . . . . . . . . . . . .   126

126 Etamines opposées aux lobes de la cor. . Primulacées, p. 279.
    Etamines alternes avec les lobes de la corolle. . . . . . . .   155

127 Etamines opposées aux lobes de la cor. . Primulacées, p. 279.
    Etamines alternes avec les lobes de la corolle . . . . . . . .   152

128 1 seul ovaire . . . . . . . . . . . . . . . . . . . . . . . .   129
    Plusieurs ovaires. . . . . . . . . . . . . . . . . . . . . . .   138

129 Corolle régulière . . . . . . . . . . . . . . . . . . . . . .   132
    Corolle irrégulière. . . . . . . . . . . . . . . . . . . . . .   130

130 Feuilles simples ou à 3 folioles. . . . . . . . . . . . . . . 131
    Feuilles très découpées . . . . . . . . . .*Delphinium*, p. 13.

131 Feuilles simples . . . . . . . . . . . . . . *Polygala*, p. 49.
    Feuilles à 3 folioles. . . . . . . . . . . . *Trifolium*, p. 91.

132 Tige ligneuse . . . . . . . . . . . . . *Ericinées*, p. 218.
    Tige herbacée. . . . . . . . . . . . . . . . . . . . . . 133

133 Tige pourvue de feuilles. . . . . . . . . . . . . . . . . 134
    Tige pourvue d'écailles . . . . . . . . . *Monotropa*, p. 220.

134 Feuilles opposées ou verticillées . . . . . . . . . . . . 136
    Feuilles alternes ou radicales. . . . . . . . . . . . . . . 135

135 Calice double . . . . . . . . . . . . . *Malvacées*, p. 69.
    Calice simple. . . . . . . . . . . . . . . . . . . . . . 61

136 4 styles ; tige à 4 feuilles . . . . . . . . . . . *Paris*, p. 350.
    1 ou 2 styles . . . . . . . . . . . . . . . . . . . . . . 137

137 Etamines indéfinies en faisceaux. . . . *Hypéricinées*, p. 71.
    Etamines définies, non soudées. . . . . *Gentianées*, p. 223.

138 6 étamines. . . . . . . . . . . . . . . . . . . . . . . 205
    Plus de 6 étamines. . . . . . . . . . . . . . . . . . . . 10

139 2 ou 3 étamines. . . . . . . . . . . . . . . . . . . . . 140
    4 étamines. . . . . . . . . . . . . . . . . . . . . . . . 143

140 1 seul ovaire simple. . . . . . . . . . . . . . . . . . . 141
    2 ou 4 ovaires au fond du calice. . . . . . . *Lycopus*, p. 265.

141 1 style . . . . . . . . . . . . . . . . . . . . . . . . . 142
    3 styles. . . . . . . . . . . . . . . . . . . *Montia*, p. 134.

142 Herbes à corolle en roue. . . . . . . . . . *Veronica*, p. 248.
    Arbrisseaux . . . . . . . . . . . . . . . . *Oléacées*, p. 221.

143 Plantes sans feuilles, parasites. . . . . . . . *Cuscuta*, p. 228.
    Plantes feuillées . . . . . . . . . . . . . . . . . . . . 144

144 Corolle scarieuse . . . . . . . . . . . . . *Plantago*, p. 285.
    Corolle colorée. . . . . . . . . . . . . . . . . . . . . 145

145 Feuilles opposées le long de la tige. . . . . . . . . . . . 146
    Feuilles radicales ou alternes . . . . . . . . . . . . . . 149

146 Un seul ovaire simple. . . . . . . . . . . . . . . . . . 147
    Ovaire divisé en 4 ou 2 lobes au fond du calice. . . . . . .
    . . . . . . . . . . . . . *Verbena*, p. 277 ; *Mentha*, p. 261.

147 2 étamines courtes, 2 longues . . . . . . . . *Verbena*, p. 277.
    Etamines égales entre elles . . . . . . . . . . . . . . . 148

148 Caps. s'ouvrant circulairement en travers. *Centunculus*, p. 280.
    Caps. 2.valve ; cor. en tube ou en entonnoir. *Cicendia*, p. 227.

149 Fleurs en tête serrée, terminale . . . . . . *Globularia*, p. 172
    Fleurs non en tête terminale . . . . . . . . . . . . . . . 150

150 Arbrisseau à feuilles épineuses. . . . . . . . . *Ilex*, p. 224.
    Herbes à feuilles non épineuses. . . . . . . . . . . . . . 151

151 Caps. s'ouvrant circulairement en travers. *Centunculus*, p. 280.
    Non. . . . . . . . . . . *Limosella*, p. 252, *Sibthorpia*, p. 251.

152 Ovaire à 2 divisions sous un seul style, fruit s'ouvrant
      d'un seul côté . . . . . . . . . . . . . . . . . . . .    153
    Ovaire simple, fruit 2. valve . . . . . . . *Gentianées*, p. 223.

153 Graines chevelues . . . . . . . . . . . *Asclépiadées*, p. 222.
    Graines nues. . . . . . . . . . . . . . . . *Vinca*, p. 222.

154 5 styles ; feuilles peltées. . . . . . . . . *Umbilicus*, p. 140.
    1 style ; 4 carpelles. . . . . . . . . . *Boraginées*, p. 230.

155 Plantes sans feuilles. . . . . . . . . . . . *Cuscuta*, p. 228.
    Plantes feuillées . . . . . . . . . . . . . . . . . . .    156

156 Corolle plane en roue . . . . . . . . . . . . . . . . . .    157
    Corolle en entonnoir, en cloche ou en tube . . . . . . . . .    159

157 Baie ; corolle à lobes égaux . . . . . . . . . . . . . . .    158
    Capsule ; corolle à lobes un peu inégaux. *Verbascum*, p. 239.

158 Fleurs solitaires. . . . . . . . . . . *Physalis*, p. 238
    Fleurs en petits bouquets . . . . . . . . . . *Solanum*, p. 237

159 Corolle très régulière . . . . . . . . . . . . . . . . .    160
    Corolle irrégulière. . . . . . . . . . . *Hyoscyamus*, p. 239.

160 Corolle en tube ou en entonnoir allongé. . . . . . . . . .    161
    Corolle en cloche non rétrécie en tube. . . . . . . . . . .    162

161 Herbes ; capsule épineuse. . . . . . . . . . *Datura*, p. 239.
    Arbrisseaux à baie. . . . . . . . . . . . . . *Lycium*, p. 238.

162 Corolle en cloche ouverte à 5 angles. . *Convolvulus*, p. 228.
    Corolle sans angles ; baie. . . . . . . . . . *Atropa*, p. 238.

163 1 à 4 étamines . . . . . . . . . . . . . . . . . . . . .    166
    5 étamines ou plus. . . . . . . . . . . . . . . . . . . .    164

164 1 seul ovaire simple. . . . . . . . . . . . . . . . . . .    165
    1 ovaire à 2 ou 4 lobes. . . . . . . . . . . *Echium*, p. 231.

165 Etamines soudées toutes ou plusieurs ensemble. . . . . . .    131
    Etamines non soudées entre elles . . . . . . . . . . . . .    166

166 Un seul ovaire simple. . . . . . . . . . . . . . . . . . .    167
    Ovaire divisé en 4 ou 2 lobes distincts, au fond du calice
      et du milieu desquels sort le style . . . . *Labiées*, p. 260.
    Ovaire terminé par le style ; fruit se séparant en 4 carp.
      1. spermes ; feuil. découpées ; fleurs petites en longs
      épis grêles . . . . . . . . . . . *Verbena officinalis*, p. 277.

167 2 étamines avec anthères . . . . . . . . . . . . . . . . .    168
    3 étamines avec anthères . . . . . . . . . . *Montia*, p. 134.
    4 étamines avec anthères . . . . . . . . . . . . . . . . .    170

168 Corolle éperonnée à la base. . . . . . *Lentibulariées*, p. 278.
    Corolle non éperonnée . . . . . . . . . . . . . . . . . .    169

169 2 étamines avec anthères et 2 filets stériles . . . . . . .
      . . . . . . . . *Gratiola, Lindernia gratioloides*, p. 243.
    2 étamines sans filets stériles . . . . . . *Veronica*, p. 248.

170 Fleur en tête terminale entourée d'un involucre. . . . . . .  
. . . . . . . . . . . . . . . . . . . *Globularia*, p. 172.  
    Fleurs non en tête . . . . . . . . . . . . . . . . . . . . . . 171  
171 Plantes feuillées. . . . . . . . . . . . . *Personées*, p. 241.  
    Plantes sans feuilles . . . . . . . . . . *Orobanchées*, p. 256.


INCOMPLÈTES


172 Fleurs avec un périanthe propre. . . . . . . . . . . . . . . 174  
    Fleurs nues sans périanthe. . . . . . . . . . . . . . . . . 173  
173 Plantes en forme de feuilles flottantes . . . *Lemna*, p. 330.  
    Feuilles filiformes, alternes . . . . . . . . . *Ruppia*, p. 327.  
    Feuilles verticillées . . . . . . . . . . . . . *Hippuris*, p. 131.  
    Arbre à feuilles pennées . . . . . . . . . . . *Fraxinus*, p. 221.  
174 Tige herbacée . . . . . . . . . . . . . . . . . . . . . . . . 175  
    Tige ligneuse. . . . . . . . . . . . . . . . . . . . . . . . . 183  
175 1 à 6 étamines ou anthères . . . . . . . . . . . . . . . . . 186  
    Plus de 6 étamines ou anthères . . . . . . . . . . . . . . 176  
176 Plusieurs ovaires libres ou placés dans le calice . . . . . . . . 177  
    Un seul ovaire parfois partagé en 2, 3 lobes. . . . . . . . . . 178  
    Un seul ovaire à 10-12 carpelles soudés en baie. . . . . . .  
. . . . . . . . . . . . . . . . . . . *Phytolacca*, p. 288.  
177 Fleur à 6 divisions ; 9 étamines ; 6 styles. . *Butomus*, p. 323.  
    Fleur n'ayant pas à la fois 6 divisions, 9 étamines et 6 styles,  
. . . . . . . . . . . . . . . . . . *Renonculacées*, p. 1.  
178 Périanthe à 8 divisions. . . . . . . . . . . . . . *Paris*, p. 350.  
    Périanthe nul, ou de 2 à 6 lobes . . . . . . . . . . . . . . 179  
179 Fleur à 4 divisions, d'un beau jaune. *Chrysosplenium*, p. 141.  
    Fleur jamais d'un beau jaune. . . . . . . . . . . . . . . . 180  
180 1 style. . . . . . . . . . . . . . . . . . . . . . . . . . . . 183  
    Plusieurs styles ou stigmates . . . . . . . . . . . . . . . 181  
181 Feuilles opposées . . . . . . . . . . . . . . . . . . . . . 182  
    Feuilles alternes. . . . . . . . . . . . . . *Polygonum*, p. 296.  
182 Feuilles étroites sans stipules. . . . . . . *Scleranthus*, p. 135.  
    Feuilles ovales ou arrondies, avec des petites stipules . . . . 66  
183 1 stigmate . . . . . . . . . . . . . . . . *Thymélées*, p. 298.  
    2 à 6 stigmates . . . . . . . . . . . . . . . . . . . . . . . 184  
184 Sans feuilles ; tige articulée . . . . . . . . *Salicornia*, p. 288.  
    Feuilles linéaires, charnues. . . . . . . . . . *Suæda*, p. 290.  
    Arbres ou arbrisseaux. . . . . . . . . . . . . . . . . . . . 185  
185 Arbrisseau grimpant. . . . . . . . . . . . . . *Clematis*, p. 2.  
    Arbrisseau à feuilles persistantes . . . . . . . . *Ilex*, p. 221.  
    Sous-arbrisseau à fleurs jaunes ; étamines 3. . *Osyris*, p. 299.  
    Arbres à feuilles opposées. . . . . . . . . . . . *Acer*, p. 74.  
    Arbres ; fleurs paraissant avant les feuilles. . *Ulmus*, p. 310.

186 Périanthe coloré ayant l'apparence d'une corolle . . . . . . . .    187
    Périanthe foliacé, écailleux, ou membraneux, ayant l'appa-
        rence d'un calice. . . . . . . . . . . . . . . . . . . . . . . . .    207

187 1 ou 2 étamines fixées sur le pistil et peu apparentes . . . .
        . . . . . . . . . . . . . . . . . . . . . . *Orchidées*, p. 332.
    6 anthères attachées au pistil. . . . . . *Aristolochia*, p. 301.
    3 étamines ou plus, libres . . . . . . . . . . . . . . . . . . . . .    188

188 3 étamines. . . . . . . . . . . . . . . . . . . . . . . . . . . . .    206
    4 ou 5 étamines . . . . . . . . . . . . . . . . . . . . . . . . . .    189
    6 étamines ou plus . . . . . . . . . . . . . . . . . . . . . . . . .    199

189 Feuilles alternes ou opposées. . . . . . . . . . . . . . . . . . . .    190
    Feuilles verticillées, au moins les infér. . *Rubiacées*, p. 165.

190 Fleurs en ombelles . . . . . . . . . . . . *Ombellifères*, p. 144.
    Fleurs non en ombelles . . . . . . . . . . . . . . . . . . . . . . .    191

191 Pér. double sur 2 rangs, ou cal. entouré par un involucre. .    192
    Calice simple, sans involucre. . . . . . . . . . . . . . . . . . .    194

192 4 étamines . . . . . . . . . . . . . . . . . . . . . . . . . . . . .    193
    5 étamines; feuilles peltées . . . . . . *Hydrocotyle*, p. 143.

193 Feuilles pennées . . . . . . . . . . . . . *Sanguisorba*, p. 117.
    Feuilles simples . . . . . . . . . . . . . . . . . . . . . . . . . .    195

194 Feuilles pennées . . . . . . . . . . . . . *Sanguisorba*, p. 117.
    Feuilles non pennées . . . . . . . . . . . . . . . . . . . . . . . .    195

195 Entrenœuds des feuil. avec stip. ou gaines membraneuses. .    196
    Feuilles sans stipules ni gaines membraneuses. . . . . . . .    197

196 Feuilles opposées. . . . . . . . . . . . . . . . . . . . . . . . . .     66
    Feuilles alternes . . . . . . . . . . . . . . *Polygonum*, p. 296.

197 Feuilles alternes . . . . . . . . . . . . . . . . . . . . . . . . . .    198
    Feuilles la plupart opposées. . . . . . . . . . . *Glaux*, p. 283.

198 Fleurs en épis serrés. . . . . . . . . . . . *Amarantus*, p. 287.
    Fleurs en grappes lâches . . . . . . . . . . *Thesium*, p. 299.

199 Ovaire 1; style 1 ou nul . . . . . . . . . . . . . . . . . . . . .    200
    Plusieurs ovaires ou plusieurs styles . . . . . . . . . . . . . .    201

200 Ovaire libre . . . . . *Asparaginées*, p. 349, *Liliacées*, p. 351.
    Ovaire adhérent . . . . . . . . . . . . . *Amaryllidées*, p. 347.

201 Tige florifère feuillée . . . . . . . . . . . . . . . . . . . . . . .    202
    Fleur radicale, sans feuille. . . . . . . . . *Colchicum*, p. 360.

202 Entrenœuds de la tige avec gaines membraneuses, en forme
        de stipule . . . . . . . . . . . . . . . . . . . . . . . . . . . .    203
    Feuille sans gaîne en forme de stipule . . . . . . . . . . . . .    204

203 Fruit recouvert par les 3 lobes intér. du cal. *Rumex*, p. 294.
    Fruit recouvert par tous les lobes du cal. *Polygonum*, p. 296.

204 9 étamines ; calice coloré. . . . . . . . . . . *Butomus*, p. 323.
    6 étamines ; calice vert . . . . . . . . . . . . . . . . . . . . . .    205

205 Feuilles linéaires étroites. . . . . . . . . *Triglochin*, p. 323.
    Feuilles non linéaires étroites. . . . . . . . *Alisma*, p. 322.

206 Sous-arbrisseau . . . . . . . . . . . . . . . . . *Osyris*, p. 299.
    Herbes . . . . . . . . . . . . . . . . . . . . *Iridées*, p. 344.

207 Plante feuillée. . . . . . . . . . . . . . . . . . . .          208
    Plantes articulées, sans feuilles . . . . . *Salicornia*, p. 288.

208 1 à 5 étamines. . . . . . . . . . . . . . . . . . .            212
    6 étamines . . . . . . . . . . . . . . . . . . . . .           209

209 Plusieurs ovaires . . . . . . . . . . . . . . . . . .          205
    1 seul ovaire. . . . . . . . . . . . . . . . . . . .           210

210 Fleurs en épi serré placé sur le coté de la tige foliacée. . .
    . . . . . . . . . . . . . . . . . . . . . . . *Acorus*, p. 332.
    Fleurs non en épi sur le côté de la tige. . . . . . . . . . .   211

211 Capsule polysperme, feuilles très étroites. . *Joncées*, p. 361.
    Capsule 1.sperme. . . . . . . . . . . . . . . . . . .          203

212 1 à 3 étamines . . . . . . . . . . . . . . . . . . .           224
    4, 5 étamines . . . . . . . . . . . . . . . . . . . .          213

213 Style 1 ou nul. . . . . . . . . . . . . . . . . . .            215
    Style 2 ou plus . . . . . . . . . . . . . . . . . . .          214

214 2, 3 styles. . . . . . . . . . . . . . . . . . . . .           221
    4 styles. . . . . . . . . . . . . . . . . . *Sagina*, p. 256.
    5 styles. . . . . . . . . . . . . *Erodium maritimum*, p. 77.

215 Plusieurs ovaires ; plantes croissant dans l'eau. . . . . . .
    . . . . . . . . . . . . . . . . . . . . *Potamogeton*, p. 324.
    1 seul ovaire. . . . . . . . . . . . . . . . . . . .           216

216 Ovaire adhérent. . . . . . . . . . . . . . . . . . .           217
    Ovaire non adhérent. . . . . . . . . . . . . . . . . .         218

217 Feuilles opposées. . . . . . . . . . . . . . *Isnardia*. p. 130.
    Feuilles alternes. . . . . . . . . . . . . . *Thesium*, p. 299.

218 Feuilles avec petites stipules. . . . . . . . . . . . . . . .   66
    Feuilles sans stipules. . . . . . . . . . . . . . . . . .      219

219 1 stigmate. . . . . . . . . . . . . . . . *Parietaria*, p. 310.
    2-4 stigmates. . . . . . . . . . . . . . . . . . . . .         220

220 Feuilles planes. . . . . . . . . . . . . *Chenopodium*, p. 290.
    Feuilles triquètres. . . . . . . . . . . . . *Salsola*, p. 289.
    Feuilles demi-cylindriques. . . . . . . . . . *Suæda*, p. 290.

221 Feuilles opposées, stipulées. . . . . . . . . . . . . . . . .   66
    Feuilles alternes, sans stipules. . . . . . . . . . . . .      222

222 Feuilles ou pétioles munis à la base de gaines membra-
    neuses . . . . . . . . . . . . . . . . . *Polygonum*, p. 296.
    Feuilles sans gaines membraneuses . . . . . . . . . . . .      223

223 Base du calice adhérent. . . . . . . . . . . . . *Beta*, p. 292.
    Calice tout à fait libre. . . . . . . . . . . . . . . . .      219

224 Feuil. engaînantes ; cal. en forme d'écailles ou de glumes. .   228
    Feuilles non engaînantes ; fleurs non glumacées . . . . . . .   225

225 Feuilles opposées. . . . . . . . . . . . . . . . . . . .        226
    Feuilles alternes. . . . . . . . . . . . . . . . . . . .        227

226 Feuilles stipulées . . . . . . . . . . . . . . . . . . . . . . .    66
     Feuilles sans stipules. . . . . . . . . *Stellaria pallida,* p. 62.

227 Feuilles stipulées, palmées . . . . . . . . . *Alchemilla,* p. 117.
     Feuilles sans stipules, entières. . . . *Polycnemum,* p. 288.

228 Périanthe de 1 ou 2 valves ou écailles . . . . . . . . . . . . .    229
     Périanthe à 6 divisions . . . . . . . . . . . *Joncées,* p. 361.

229 Périanthe glumacé, composé d'une seule écaille; tige sans
     nœuds, gaine des feuilles entière . . . *Cypéracées,* p. 366.
     Périanthe composé de 2 à 4 écailles; tige noueuse, gaine des
     feuilles fendue en long . . . . . . . . . *Graminées,* p. 387.

230 Arbrisseau à feuilles persistantes . . . . . . . . *Buxus,* p. 302.
     Arbres . . . . . . . . . . . . . . . . . . . . . . . . . . .    231
     Herbes . . . . . . . . . . . . . . . . . . . . . . . . . . .    233

231 Fl. renfermées dans un récept. charnu. en poire, *Ficus,* p. 310.
     Fleurs mâles en chatons . . . . . . . . . . . . . . . . . .    232

232 Chatons mâles globuleux; stigmates 3 . . . . *Fagus,* p. 314.
     Chatons mâles linéaires; stigmates 3 . . . . *Quercus,* p. 312.
     Chatons mâles linéaires; stigmates 6-3. . *Castanea,* p. 314.
     Stigm. 2 rouges; fleurs fem. plusieurs dans un bourgeon
     écailleux . . . . . . . . . . . . . . . . . . . . *Corylus,* p. 313.
     Stigm. 2; chatons femelles lâches . . . . . *Carpinus,* p. 313.
     Styles 2; chatons fem. très serrés; fruit ailé. . *Betula,* p. 318.
     Styles 2; étamines 4; fruit dur . . . . . . . . *Alnus,* p. 318.

233 Herbes submergées ou flottantes . . . . . . . . . . . . . . .    234
     Herbes non submergées ni flottantes. . . . . . . . . . . . .    235

234 Feuilles dentées-épineuses . . . . . . . . . . . . *Naias,* p. 328.
     Feuil. et fleurs verticillées; ovaires 4. *Myriophyllum.* p. 130.
     Feuil. et fleurs verticillées; ovaire 1. *Ceratophyllum,* p. 308.
     Feuilles opposées; fruit se séparant en 4 carpelles sessiles
     . . . . . . . . . . . . . . . . . . . . . . *Callitriche,* p. 307.
     Feuil. linéaires; carp. pédicellés, obliques. *Zannichellia,* p. 328.
     Feuil. linéaires; carp. pédicellés, oblongs. . *Althenia,* p. 328.
     Spadice inséré sur la feuille graminée. . . . *Zostera,* p. 329.

235 Plante sans feuilles. . . . . . . . . . . . . . . . *Cytinus,* p. 300.
     Plantes feuillées. . . . . . . . . . . . . . . . . . . . . .    236

236 Spadice entouré d'une spathe en cornet. . . . *Arum,* p. 332.
     Non . . . . . . . . . . . . . . . . . . . . . . . . . . . .    237

237 Herbes laiteuses; caps. à 3 loges 1. spermes. *Euphorbia,* p. 302.
     Non . . . . . . . . . . . . . . . . . . . . . . . . . . . .    238

238 Fruit épineux, 2. sperme; étamines 5 . . . *Xanthium,* p. 214.
     Non . . . . . . . . . . . . . . . . . . . . . . . . . . . .    239

239 Fleurs très serrées en chatons cylindriques, le supérieur
     mâle . . . . . . . . . . . . . . . . . . . . . . . *Typha,* p. 330.
     Non . . . . . . . . . . . . . . . . . . . . . . . . . . . .    240

240 Fleurs en chatons globuleux . . . . . . *Sparganium*, p. 331.
    Non . . . . . . . . . . . . . . . . . . . . . . . . . . . . . . . . . .   241

241 Fl. réunies en tête, les fem. au sommet. *Poterium*, p. 118.
    Non . . . . . . . . . . . . . . . . . . . . . . . . . . . . . . . . . .   242

242 Fl. glumacées, en épis. Glume 1. valve. Etam. 3. *Carex*, p. 375.
    Non . . . . . . . . . . . . . . . . . . . . . . . . . . . . . . . . . .   243

243 Corolle 0 ; capsule s'ouvrant en travers ou indéhiscente . . .
    . . . . . . . . . . . . . . . . . . . . *Amarantus*, p. 287.
    Non . . . . . . . . . . . . . . . . . . . . . . . . . . . . . . . . . .   244

244 *Fleurs mâles :* calice et corolle à 4 divisions ; étamines très
    saillantes. . . . . . . . . . . . . . . . . . *Littorella*, p. 285.
    Non . . . . . . . . . . . . . . . . . . . . . . . . . . . . . . . . . .   245

245 Cor. 0 ; *Mâles :* cal. à 4 div. *Femelles* à 2 div. . *Urtica*, p. 309.
    Non . . . . . . . . . . . . . . . . . . . . . . . . . . . . . . . . . .   246

246 Fleurs polygames : *Femelles* à 2 divisions recouvrant le
    fruit 1. sperme. . . . . . . . . . . . . . . . . *Atriplex*, p. 293.
    Non . . . . . . . . . . . . . . . . . . . . . . . . . . . . . . . . . .   247

247 Sép. et pét. 3 ; feuilles en fer de flèche. . *Sagittaria*, p. 323.
    Calice à 5 divisions ; étamines soudées 2 à 2, la 5e libre. . .
    . . . . . . . . . . . . . . . . . . . . . *Ecballium*, p. 133.

248 Arbres ou arbrisseaux. . . . . . . . . . . . . . . . . . . . . . . . .   252
    Plantes flottantes ou submergées. . . . . . . . . . . . . . . . . . .   249
    Plantes grimpantes . . . . . . . . . . . . . . . . . . . . . . . . . .   250
    Plantes non grimpantes. . . . . . . . . . . . . . . . . . . . . . . .   251

249 Feuilles orbiculaires. . . . . . . . . . . . . *Hydrocharis*, p. 321.
    Feuilles verticillées par 3 . . . . . . . . . . . . . *Elodea*, p. 321.
    Feuilles en glaive, raides, épineuses . . . *Stratiotes*, p. 322.

250 Herbe ; fleurs mâles en grappes, les femelles en chatons. . .
    . . . . . . . . . . . . . . . . . . . . . . . *Humulus*, p. 310.
    Herbe. Etamines 6 ; ovaire adhérent. . . . . *Tamus*, p. 350.
    Ligneux, épineux ; feuilles persistantes. . . *Smilax*, p. 350.
    Etamines 5, réunies 2 par 2, la 5e libre. . . *Bryonia*, p. 133.

251 Cor. 0. *Mâl.* cal. à 4 div. *Fem.* à 2 div. *Urtica dioica*, p. 309.
    Etamines 6 ; fruit trigone, 1. sperme. . . . . . . . . . . . . . . .
    . . . . . . . . . . . . *Rumex Acetosa, Acetosella*, p. 296.
    Calice 3. part. ; corolle 0. . . . . . . . . *Mercurialis*, p. 307.
    Etamines 10 ; feuilles opposées . . . . . . . . . . . . . . . . .
    . . . *Lychnis diurna, vespertina*, p. 56 ; *Silene Otites*, p. 54.
    Fleurs glumacées ; étamines 3. . . . . *Carex dioica*, p. 375.

252 Arbres. . . . . . . . . . . . . . . . . . . . . . . . . . . . . . . . . .   253
    Arbrisseaux. . . . . . . . . . . . . . . . . . . . . . . . . . . . . . .   254

253 Feuilles persistantes, larges . . . . . . . . . . *Laurus*, p. 299.
    Fleurs en chatons ; étamines, 2. 3. . . . . . . . . *Salix*, p. 313.
    Fleurs en chatons ; étamines 8. . . . . . . *Populus*, p. 318.

254 Feuilles persistantes en alène. . . . . . . *Juniperus*, p. 319.
Fleurs en chatons, étamines 2,3. . . . . . . . . *Salix*, p. 313.
Marécageux, aromatique. . . . . . . . . . . *Myrica*, p. 319.
Parasite sur les branches d'arbres. . . . . . *Viscum*, p. 163.
Fleur à 6 div. insérée au milieu de la feuille. *Ruscus*, p. 350.
Sous-arbrisseau sans feuilles. . . . . . . . *Ephedra*, p. 319.
Epineux ; feuilles argentées en dessous ; baie jaunâtre . . .
. . . . . . . . . . . . . . . . . . . . . *Hippophae*, p. 300.
Feuilles non argentées en dessous ; baie noire. . . . . . .
. . . . . . . . . . . . . *Rhamnus catharticus, Alaternus,* p. 80.


FIN DE L'ANALYSE DICHOTOMIQUE

# SOINS A PRENDRE

## POUR FORMER UN HERBIER

SUIVIS DE

### QUELQUES CONSEILS AUX COMMENÇANTS

« Le moyen le plus sûr de devenir promptement botaniste est de former une collection de plantes sèches, ou herbier : on y trouve en toute saison des objets d'étude et de comparaison, et mille souvenirs agréables viennent s'y rattacher.

Les plantes fleuries, et surtout celles qui offrent tout à la fois des fleurs et des fruits, doivent être récoltées en entier, avec leur racine, si leur taille n'est pas trop élevée : ces dernières peuvent être courbées ou séparées en plusieurs morceaux. Pour les végétaux ligneux, il suffit d'un rameau pourvu de feuilles, de fleurs et de fruits ; si ces organes ne se développent que successivement, il faut récolter sur le même individu plusieurs exemplaires à des époques différentes. On doit, en général, choisir les plantes les mieux développées, dont les feuilles n'ont pas été déchirées, ni rongées par les insectes ; on doit prendre aussi plusieurs échantillons de la même espèce.

Pour conserver les plantes pendant l'herborisation, on se sert d'une boîte de fer blanc à peu près cylindrique et dont l'usage est bien connu : le diamètre à donner à cette boîte est à peu près indifférent ; mais sa longueur ne doit pas dépasser 5 décimètres, parce que cette mesure sert de guide pour le choix des échantillons que l'on destine à l'herbier. Les plantes doivent y être placées dans une position uniforme, de manière que les racines des unes ne froissent pas les fleurs des autres ; les racines doivent être préalablement dégagées de la terre qui peut leur être adhérente. Les plantes ainsi disposées dans la boîte fermée, peuvent s'y conserver fraîches pendant quelques jours ; il n'y faut jamais mettre d'eau.

A mesure que les plantes sont retirées de la boîte, on doit les étudier et joindre à chacune d'elles une étiquette indiquant son nom, et le lieu et la date du jour où elle a été recueillie : ces dernières indications suffiront pour celles dont on ne parviendrait pas à trouver le nom, et qu'il ne faudrait pas rejeter pour cela.

Ayez alors plusieurs mains de papier sans colle, ou papier gris ordinaire, format in-folio (40 à 45 centimèt. de hauteur), que vous distribuez par cahiers de trois feuilles : au centre et sur l'une des faces de ces trois feuilles ouvertes, on place une plante, ou même plusieurs, si elles sont petites et si elles peuvent y tenir sans se toucher ; on les étale avec soin, de manière qu'aucune partie ne recouvre les autres ou ne fasse de plis, et en ayant soin de conserver le port naturel de la plante, par exemple, de ne pas redresser ce qui est naturellement penché, et de ne pas donner une courbure à ce qui est droit. Lorsque les feuilles résistent et reviennent sur elles-mêmes, on peut les tenir en place à l'aide de quelques petits objets pesants, tels que des pièces de monnaie, que l'on retire ensuite avec dextérité, en refermant la feuille de papier.

Les plantes étant ainsi disposées, chacune au centre de trois feuilles de papier, on superpose tous ces cahiers pour les soumettre à la presse. Deux petites planches bien unies, entre lesquelles on les place et sur lesquelles on pose un objet quelconque du poids de 15 à 20 kilogram., forment tout l'appareil nécessaire pour opérer cette pression. Cette opération doit être faite dans un lieu sec, chaud et aéré ; un grenier, en été, remplit toutes ces conditions.

Après douze heures de pression, on retire le poids et l'on trouve les papiers imprégnés de l'humidité qu'ils ont enlevée aux plantes ; le meilleur procédé à suivre alors est d'enlever les deux feuilles extérieures sans toucher à la troisième qui contient la plante, et de les remplacer par deux nouvelles feuilles de papier : si ce papier a été séché à la chaleur du soleil ou du feu, la dessiccation s'opérera rapidement en renouvelant cette opération une ou deux fois par jour. On peut aussi se contenter d'étaler chacun des cahiers sur le plancher ou sur des meubles sans les ouvrir et sans toucher aux plantes qu'ils renferment ; après quelques heures l'humidité est dissipée, et on les soumet de nouveau à la presse. On renouvelle ainsi ces alternatives de pression et d'évaporation jusqu'à ce que les plantes soient entièrement sèches. Mais il en est dont les feuilles se crispent très facilement par l'évaporation, ce qui doit rendre circonspect dans l'emploi de ce procédé.

Il est des espèces très aqueuses qui ne se dessèchent pas aussi facilement, et qui continuent de végéter dans le papier, ou qui finissent par y pourrir : on détruit le principe végétatif dans ces plantes, en les immergeant dans l'eau bouillante. L'eau étant en pleine ébullition dans un vase plus profond que large, on y plonge la plante jusqu'à la fleur *exclusivement*, pendant quelques instants. On la laisse ensuite un peu sécher à l'air, ou on l'essuie légèrement ; puis on la dispose dans le papier, pour la traiter par les moyens ordinaires. Ce procédé est indispensable pour la préparation des plantes grasses ou à feuilles charnues, et de celles dont les racines sont bulbeuses. » Les plantes grasses se préparent encore fort bien après les avoir fait tremper pendant plusieurs heures dans du vinaigre.

« Lorsque la tige n'est pas très charnue et très volumineuse, on emploie aussi avec avantage un fer à repasser chauffé convenablement que l'on applique immédiatement sur la plante. Nos Sedum conservent parfaitement leurs formes quand ils sont préparés par ce moyen. » On se servira aussi avec le plus grand succès de l'instrument inventé il y a environ 40 ans par M. Moride, pharmacien à Nantes.

Ce *Préparateur botanique* se compose de deux cadres en tringles de fer larges de 15-18 millim. En supposant que le format du papier d'herbier ait 44 cent. sur 28, chaque cadre doit avoir 47 cent. sur 31 ; il est renforcé par 4 fils de fer de 5 millim. d'épaisseur, qui, se croisant en angle droit, divisent le cadre en neuf rectangles égaux, soudés à tous les angles. Sur chaque cadre est tendue fortement et cousue une toile métallique galvanisée, de manière à obtenir, du côté intérieur, une surface entièrement plane. Ces deux surfaces sont posées l'une sur l'autre et serrées au moyen de 4 vis et écrous placés deux par deux vis-à-vis l'un de l'autre sur le *long côté* de chaque cadre à 9 cent. de l'angle.

Après avoir étendu avec soin sur du papier brouillard les plantes que l'on veut dessécher, on les soumet pendant 6 à 8 heures à une pression convenable ; ce temps écoulé, il faut les changer de papier, rectifier les mauvais plis, ne mettre que deux feuilles de papier entre chaque couche d'individus, les presser de nouveau pendant deux heures. On réunit ces feuilles entre les grilles métalliques dont on serre avec soin les écrous, et en exposant l'appareil à une chaleur *modérée*, soit à celle du soleil, soit à celle d'une étuve, d'un four ou d'une cheminée, on obtient très promptement la dessiccation des plantes qui conservent leur éclat et leurs couleurs.

Pour simplifier cet appareil, on peut se dispenser des vis et écrous, des fils de fer croisés, et employer de simples cadres en fil de fer (de 5 mill. de diamètre), sur lesquels est tendue la toile métallique, et l'on serre le tout au moyen de courroies, de sangles ou de cordes. Ce procédé est commode en voyage et peu coûteux. On peut encore employer de la même manière deux châssis en bois léger divisés en carrés, sans toile métallique.

« Lorsque toutes les plantes sont parfaitement sèches, on les retire du papier gris qui peut servir indéfiniment au même usage, et l'on s'occupe de les disposer dans l'herbier ; mais, avant de prendre ce soin, on doit les préserver de l'action destructive des insectes, en les lavant, à l'aide d'un pinceau de cheveux, avec une solution alcoolique de deutochlorure de mercure (30 grammes pour un litre d'alcool) ou en les y plongeant.

« On se munit alors de feuilles simples de papier blanc, de même format que le papier gris employé pour la dessiccation, on fixe chaque espèce sur une de ces feuilles, non pas en la collant, comme cela se faisait autrefois, mais à l'aide de petites bandelettes de papier dont les extrémités sont retenues par une petite épingle que l'on fait passer sous la plante. L'étiquette portant le nom de la plante, l'indication du lieu où on l'a recueillie et la date de cette récolte s'attache, avec une épingle, au bas de la feuille de papier ».

Beaucoup de botanistes, trouvant que ces plantes fixées sur le papier ne peuvent être maniées ni examinées à la loupe facilement, placent les échantillons sur une feuille de papier blanc, ainsi qu'il vient d'être recommandé, en les accompagnant d'autant d'étiquettes qu'ils proviennent de localités différentes.

Ces feuilles simples sont ensuite disposées, par espèces, dans une feuille double de papier gris ou gris-bleu, puis on les classe d'après l'ordre des familles, et on les enferme dans un carton en forme de portefeuille, fermé avec des liens, ou mieux dans une boîte dont le devant et le dessus s'ouvrent au moyen de charnières. Dans les deux cas, les plantes sèches demandent toujours à être légèrement pressées.

« Les procédés que j'indique paraîtront peut-être minutieux et sembleront devoir exiger beaucoup de temps ; mais vous ne consacrerez à cette occupation que vos instants de loisir, ceux que d'autres consument en plaisirs frivoles ou dangereux, et bientôt vous reconnaîtrez que la préparation d'un herbier est bien moins un travail qu'une agréable récréation. En suivant exactement les avis que je vous donne, vous aurez en peu de temps une collection intéressante et d'une durée indéfinie. Les couleurs, il est vrai, s'altèrent dans quelques plantes, mais elles n'offrent aux botanistes qu'un intérêt secondaire : un herbier est un objet d'étude, dont le but n'est pas de flatter l'œil des ignorants. Habituez-vous à préparer les plantes avec élégance ; mais ne compliquez pas votre travail par des enjolivures inutiles. Ce que je recommande au-dessus de tout, c'est de noter scrupuleusement les localités **des plantes** », c'est-à-dire le lieu précis où a été recueilli l'individu **accompagnant** son étiquette ; celle-ci peut être ainsi conçue :

### HERBIER DELALANDE

Carex filiformis L.

       Marais de Saint-Gildas.

          (Loire-Inf.).

10 juin 1842.

et signifie pour tout le monde que la plante qui y est jointe ou attachée a été cueillie le 10 juin 1842, par M. Delalande, dans les marais de Saint-Gildas (Loire-Inf.).

J'insiste sur ces détails, qui ne sont pas puérils, parce que je n'ai eu que trop souvent, dans le cours de mon travail, à déplorer l'absence de pareils renseignements dans des collections souvent volumineuses rendues ainsi sans aucune valeur. « N'imitez jamais le procédé de quelques personnes qui, cueillant des plantes dans un jardin, ou les recevant des contrées voisines, les placent dans leur herbier, en leur assignant une localité de leur pays, sous prétexte que ces plantes y croissent ou y sont indiquées. On ne peut trop blâmer cette manière d'agir, qui donne souvent à l'erreur les apparences de la vérité, et qui, dans tous les cas, est un mensonge indigne d'un homme d'honneur. Les plantes des jardins n'ont pas le même intérêt que celles qui se rencontrent dans la nature ; mais si vous en préparez quelques-unes, ayez le soin d'indiquer leur origine cultivée. Si vous recevez les plantes d'un pays voisin, placez-les dans l'herbier avec l'étiquette de la personne qui vous les envoie, notez sur la vôtre la localité qui vous est indiquée, en joignant à cette indication le nom de la personne qui vous l'a transmise ; en un mot, soyez vrai, scrupuleux, consciencieux jusque dans les moindres détails, et vous posséderez bientôt une collection qui, quelque peu nombreuse qu'elle puisse être, sera riche en documents précieux, que les savants eux-mêmes ne dédaigneront pas de consulter. Les faits que recueille le naturaliste lui coûtent souvent tant de peines, de fatigue et de soins, qu'il doit connaître le prix de la vérité, et laisser le mensonge et le charlatanisme à ceux qui ne possèdent que ce triste moyen de masquer leur ignorance impuissante. »

Les pages précédentes sont presque entièrement extraites de la Flore du Centre de M. Boreau, ouvrage consciencieux dont je fais un usage continuel et dans lequel on trouvera la description des espèces nombreuses détachées des anciens types, soit par l'auteur, soit par M. Jordan ou d'autres. M. Boreau était un homme bon, fin, instruit, écrivain habile, bon observateur, et il peut être cité comme un modèle de probité scientifique. Il a immensément ajouté à l'œuvre des floristes angevins Bastard, Desvaux, Guepin.

Les personnes qui désireraient des conseils plus étendus sur ce sujet, ainsi que sur tout ce qui concerne l'étude de notre science, les trouveront dans le *Guide du Botaniste*, par M. E. Germain, l'un des auteurs de la Flore des environs de Paris. Cet ouvrage contient toutes les instructions nécessaires à celui qui veut se livrer à l'étude des plantes, et le 2ᵉ volume forme un dictionnaire complet de tous les termes de Botanique. Le commençant pourra aussi consulter avec avantage l'Atlas que le même auteur a joint à la Flore des environs de Paris. Il se compose de belles figures d'un grand nombre de plantes litigieuses, ainsi que du détail des organes des plantes dans toutes les familles difficiles.

Je terminerai en recommandant a celui qui veut devenir botaniste, d'étudier les plantes du pays qu'il habite. Nulle part les matériaux ne sont plus abondants, plus à sa portée, et, d'ailleurs, il est du devoir du naturaliste de bien connaître son pays. Il doit se rappeler qu'il vaut mieux étudier à fond l'organisation, les mœurs de 1,000 à 1,200 plantes, que de posséder une collection de plusieurs milliers d'espèces dont on ne sait que les noms. Suivre une autre marche serait vouloir se réduire au rôle de machine à collecter ou de dictionnaire de noms. Il suit de là que, lorsque l'élève a recueilli une plante, il doit se garder d'en demander de suite le nom ; il le cherchera lui-même par l'étude, et ne s'adressera aux botanistes expérimentés que lorsqu'il n'aura pu réussir dans ses recherches, ou lorsqu'il voudra faire confirmer sa détermination.

L'herborisation fréquente est toujours utile. Le contact de la nature, sans parler des jouissances qu'il procure, détruit les préjugés qu'engendre une étude trop sédentaire. Je me suis bien trouvé de porter une Flore avec moi à la campagne, et j'engage le commençant à prendre cette habitude. C'est dans ce but qu'une forme portative a été donnée à la Flore de l'Ouest de la France.

# PLANTES

## LE PLUS COMMUNÉMENT CULTIVÉES DANS L'OUEST DE LA FRANCE,

### AU NORD DE LA GIRONDE

---

La plupart des espèces suivantes, introduites par la culture, sont étrangères à la Flore, et leur description se trouvera dans le *Bon Jardinier*, ouvrage spécialement consacré aux plantes cultivées, ou bien dans la *Flore élémentaire des Jardins et des Champs*, par E. Le Maout et J. Decaisne. Toutes les espèces de ma liste sont des plantes d'ornement, lorsque le contraire n'est pas exprimé par les abréviations : Pot. (potager) ; Méd. (plante médicinale) ; Champs (cultivé en grand dans les champs) ; Jard. (jardins).

RENONCULACÉES. Clematis Flammula L. ; C. Viticella L. — Anemone coronaria L. *Anemone des fleuristes* ; A. Hepatica L. *Hépatique.* — Adonis autumnalis L. — Ranunculus aconitifolius L. *Bouton d'argent* ; R. acris L., et R. repens L. *Bouton d'or* ; R. asiaticus L. *Renoncule des fleuristes.* — Helleborus niger L. *Rose de Noël*, Eranthis hyemalis Salis. — Nigella damascena L. *Nigelle de Damas.* — Aquilegia vulgaris L. *Ancolie.* — Delphinium Ajacis L. et D. orientale Gay, *Pied d'Alouette.* — Aconitum pyramidale Mil. *Aconit.* — Paeonia officinalis.

MAGNOLIACÉES. Magnolia grandiflora L., et autres espèces. — Liriodendron tulipifera L. *Tulipier.*

BERBÉRIDÉES. Plusieurs Mahonia.

PAPAVÉRACÉES. Papaver Rhœas L. *Coquelicot* ; P. somniferum L., P. officinale Gmel.. Méd. fournit *l'opium* et *l'huile d'œillette* ; P. hortense Hus. *Pavot*, et qqf. sables maritimes et *Ile de Ré*.

FUMARIACÉES, Corydalis lutea DC.

CRUCIFÈRES. — Brassica oleracea L. *le Chou*, dont les principales races sont : 1° *Chou pommé* ou *Cabus* ; 2° *Chou de Milan* ou *frisé*, comprenant le *Chou de Bruxelles* ; 3° *Chou vert, chou cavalier, chou vache*, non pommé ; 4° *Chou rave*, à souche charnue : 5° *Chou fleur* et *Brocoli*, Pot. et Champs ; B. Rapa L. *Navet Turnep*, Champs ; B. campestris L. *Colza*, champs calcaires de la Vendée, de la Char-Inf. et sur la côte nord de la Bretagne ; B. Napus L. *Navet*, Pot. et Champs. — Raphanus sativus L., qui varie à rac. allongée (*rave*), ronde (*radis*), et grosse, noire (*radis noir*), Pot. — Hesperis matronalis L. *Julienne.* — Matthiola incana R. Br. *Giroflée* ; M. annua R. Br. *Quarantain* ; M. græca DC. *Kiris.* — Cheiranthus Cheiri L. *Giroflée, Violier.* — Barbarea vulgaris L. ; B. præcox R. Br. *Roquette*, Pot. — Cochlearia officinalis L. Méd. — Lepidium sativum L. *Cresson alenois*, Pot. qqf. échappé des cultures ainsi que le suivant. — Lunaria biennis Mœnch. — Alyssum saxatile L. *Corbeille d'or.* — Aubrietia deltoidea DC. — Plusieurs Iberis, *Talaspi*.

VIOLARIÉES. Plusieurs *Violettes* et *Pensées*.

RÉSÉDACÉES. Reseda odorata L. *Réséda*.

CARYOPHYLLÉES. Dianthus barbatus L. *Jalousie*; D. sinensis L. *Œillet de Chine*; D. Plumarius L. *Mignardise*. — Silene Armeria L.; S. pendula L. — Lychnis Viscaria L.; L. Chalcedonica L. *Croix de Jérusalem*; L. Flos cuculi L.; L. diurna Sibth; L. Coronaria L. *Coquelourde*. — Spergula maxima Weihe, *Spargoute*, rar. cult. comme fourrage; S. pilifera DC. — Cerastium tomentosum Lam.

MALVACÉES. Malva crispa L. *Mauve frisée*. — Althæa rosea Cav. *Passerose*. — Lavatera trimestris L. — Hibiscus syriacus L. *Althæa en arbre*. — Malope trifida Cav.

HYPÉRICINÉES. Hypericum calycinum L.

ACÉRINÉES. Acer Pseudo-platanus L. *Sycomore*; A. platanoides L. *Erable plane*; A. striatum L. *Er. jaspé* et plusieurs autres.

HIPPOCASTANÉES. Æsculus Hippocastanum. L. *Maronnier d'Inde*.

AMPÉLIDÉES. Vitis vinifera L. *Vigne*. Jardins, champs; haies et bois. Les vignes s'étendent depuis la Gironde jusqu'aux coteaux de la Loire; il en existe encore quelques-unes à Pouillé, Riaillé, Joué, Nort, Saffré, Blain (Loire-Inf.) et à Redon. De Nantes à la mer, les vignes ne donnent plus qu'un vin détestable; elles continuent cependant le long des coteaux de la Loire et de la côte jusqu'à l'Ile-aux-Moines (Morbihan). Au-delà de Lorient, le raisin ne mûrit pas tous les ans, même en espalier. — Ampelopsis quinquefolia Kern. *Vigne vierge*.

GÉRANIACÉES. Geranium pratense L. — Pelargonium Willd. *Geranium des fleuristes*, beaucoup d'espèces et de variétés.

OXALIDÉES. Oxalis crenata Jacq. Pot.

BALSAMINÉES. Impatiens Balsamina L. *Balsamine*. — Tropœolum majus L. *Capucine*.

RUTACÉES. Ruta graveolens L. *Rue*, Méd. — Dictamnus Fraxinella Pers. *Fraxinelle*.

CÉLASTRINÉES. Staphylea pinnata L. *Nez coupé*.

TÉRÉBINTHACÉES Rhus Cotynus L. *Fustet*; R. Coriaria L.; R. glabrum L.; R. typhinum L. *Sumac*. — Ailanthus glandulosa Desf. *Vernis du Japon*. — Ptelea trifoliata.

LÉGUMINEUSES. Cytisus sessilifolius L. *Trifolium*; C. Laburnum L. *Faux-ébénier*; C. capitatus Jacq. — Trigonella Fœnum græcum L. *Fenugrec*, *Sénegrain*, fourrage peu cult. — Galega officinalis L., qqf. échappé des jardins. — Robinia Pseudo-acacia L. *Acacia*; R. viscosa Vent.; R. hispida L.; R. umbraculifera DC. *Acacia Parasol*, etc. — Colutea arborescens L. *Baguenaudier*. — Coronilla Emerus L. — Hedysarum coronarium L. *Sainfoin d'Espagne*. — Cicer arietinum L. *Pois chiche*, très rar. cultivé comme légume. — Ervum Lens. L. *Lentille*, légume peu cult. — Lathyrus odoratus L. *Pois fleur*. — Phaseolus vulgaris L. *Haricot*, *Pois de Rome*, et plusieurs autres espèces cult. comme légumes; P. multiflorus Wild. *Haricot d'Espagne*, légume et d'orn. — Lupinus albus L., rar. cult. en grand, pour enfouir comme engrais; L. angustifolius L. *Pois-Café, Café français*, Jardins. — Wisteria sinensis DC. *Glycine*. — Cercis Siliquastrum L. *Arbre de Judée*.

ROSACÉES. Amygdalus communis L. *Amandier*, dans qq. vignes et jardins de la Char.-Inf. et sur les coteaux des env. de S.-Loup, Airvault (Deux-Sèv.); A. Persica L. *Pêcher*, vignes au midi de la Loire, jardins; A. lævis DC. *Brugnon*, Espaliers. — Prunus Armeniaca L. *Abricotier*, Jard. fruitier; P. Padus L. *Mérisier à grappes*; P. Laurocerasus L. *Grand Laurier*, Orn. et pour la cuisine; plusieurs *Pruniers* et *Cerisiers* de Jard. fruitier. — Spiræa hypericifolia L.; S. salicifolia L.; et plusieurs autres. — Kerria japonica DC. *Corchorus*. — Plusieurs *Fraisiers*. — Un grand nombre d'espèces et de variétés de Rosiers. — Plusieurs Cratægus. — Cydonia vulgaris L. *Coignassier*, Jard. fruitier et souv. dans les haies de la Char.-Inf. — Un grand nombre d'espèces ou de variétés de *Poiriers* et de *Pommiers* de jard. fruitier.—Plusieurs Sorbus.

GRANATÉES. Punica Granatum. L. *Grenadier*.

PHILADELPHÉES. Philadelphus coronarius L. *Seringa*.

TAMARISCINÉES. Myricaria germanica Desv.

CUCURBITACÉES. Cucurbita maxima Duch. *Citrouille, Potiron*, Pot; C. Pepo L. *Giraumon*, Pot.; C. Melopepo L. *Bonnet d'Electeur*, Pot., ainsi que plusieurs autres; C. lagenaria L. *Gourde*. — Cucumis sativus L. *Concombre, Cornichon*, Pot.; C. Melo L. *Melon*, Pot., et en plein champ au bord et au midi de la Loire.

CACTÉES. Opuntia vulgaris Mil., sur les vieux murs.

GROSSULARIÉES. Ribes nigrum L. *Cassis*, Jard. fruitier; plusieurs Ribes d'ornement.

SAXIFRAGÉES. Saxifraga hirsuta L. — Hydrangea Hortensia DC. *Hortensia*.

OMBELLIFÈRES. Bupleurum fruticosum L. — Levisticum officinale Koch, *Ache*, Méd. Jardins des campagnes. — Archangelica officinalis Hoffm. *Angélique*. cult. surtout à Châteaubriant et à Niort pour les confiseurs; Myrrhis odorata Scop., *Cerfeuil anisé*. — Coriandrum sativum. L. *Coriandre*, Jardins, et qqf. sous-spontané.

CAPRIFOLIACÉES. Sambucus racemosa L. — Viburnum Opulus L. *Boule de neige*; V. Laurus tinus L. *Laurier Tin*, 14 degrés de froid le font périr ou souffrir à Nantes. — Lonicera Caprifolium L. *Chèvrefeuille*; L. tatarica L. et plusieurs autres d'ornement. — Symphoricarpos racemosa Mich.

DIPSACÉES. Dipsacus fullonum Willd. *Chardon à foulon*, rar. cult. en grand. — Scabiosa atropurpurea L.

COMPOSÉES. Aster sinensis L. *Reine Marguerite*; et beaucoup d'espéces d'ornement dont qq.-unes se naturalisent çà et là. — Solidago canadensis L.; S. glabra Desf. et d'autres d'ornement. — Helianthus annuus L. *Soleil*; H. tuberosus L. *Topinambour*, Pot. et Champs. — Calliopsis tinctoria DC. *Coreopsis*. — Tagetes erecta L. *Rose d'Inde*; T. patula L. *Œillet d'Inde*. — Zinnia multiflora L.; Z. elegans Jacq.

—Dahlia variabilis Desf.—Chrysanthemum indicum L. *Chrysanthème*. C. coronarium L. -- Pyrethrum Tanacetum DC., *Baume*. Pot. — Artemisia Abrotanum. L. *Citronnelle*; A. Dracunculus L. *Estragon*; Pot. — Helichrysum orientale DC., *Immortelle*; H. bracteatum Willd. — Gnaphalium margaritaceum L. *Immortelle blanche*. — Cineraria maritima L. qqf. échappé des cultures dans la rég. marit.—Calendula officinalis. L. *Souci*. — Xeranthemum annuum L. *Immortelle*.—Centaurea montana L. — Cynara Scolymus L. *Artichaut* et C. Cardunculus L. *Chardonnette*, Pot. — Cichorium Indivia L. *Chicorée* et *Escarole*, Pot. — Scorzonera hispanica L. *Scorzonère*, Pot. — Lactuca sativa L. *Romaine, Chicon*, Pot; L. Capitata DC. *Laitue pommée*, Pot.; L. crispa DC. *Laitue frisée*, Pot. —Hieracium aurantiacum L.

CAMPANULACÉES. Campanula medium L.; C. persicifolia L.

OLÉACÉES. Fraxinus Ornus L. *Frêne à fleurs*. — Olea europæa L. *Olivier*, fructifie à l'ile d'Oleron (Char-Inf.). — Syringa vulgaris L. *Lilas*; S. persica L. *Lilas de Perse*.

JASMINÉES. Jasminum officinale L. *Jasmin* et plusieurs autres d'ornement; *J. fruticans*, L. cult. partout, se reproduit sur qq. coteaux, sort à travers les murs comme les *Lycium*.

APOCYNÉES. Nerium Oleander L. *Laurier Rose*.

POLÉMONIACÉES. Polemonium cæruleum L.

CONVOLVULACÉES. Convolvulus purpureus L. *Liseron, Volubilis*; C. tricolor L. *Belle de jour*.

BORAGINÉES. Heliotropium peruvianum L. *Héliotrope*; H. grandiflorum. Desf. — Omphalodes verna Mœnch.

SOLANÉES. Capsicum annuum L. *Piment*, Pot.; Solanum tuberosum L. *Pomme de terre*, Pot. Champs: S. Pseudo-Capsicum L. *Pommier d'amour*; S. Melongena L. *Aubergine*, Pot.; S. Lycopersicum L. *Tomate*, Pot.; S. ovigerum Dun. *Pondeuse*.— Nicandra Physalodes, Gærtn., s'échappe qqf. des cultures. — Nicotiana Tabacum L. *Tabac*, cult. dans les Côtes-du-Nord.

PERSONÉES. Linaria bipartita Willd.

LABIÉES. — Lavandula vera DC. *Lavande*. — Ocymum Basilicum L., *Basilic*; O. minimum L. et autres. — Salvia officinalis L. *Sauge*, Pot., Méd. — Thymus vulgaris L. *Thym*, Pot. — Satureia montana L. *Sarriette d'hiver*, Pot. — Rosmarinus officinalis L. *Romarin*.

PRIMULACÉES. Primula Auricula L. *Auricule, Oreille d'Ours*; P. variabilis Goup. *Primevère*.

AMARANTACÉES. Amarantus caudatus L. *Queue de Renard*. — Celosia cristata L. *Crête de Coq*. — Gomphrena globosa L. *Immortelle violette*.

SALSOLACÉES. Artriplex hortensis L. *Epinards d'été*, Pot. — Spinacia inermis et spinosa Mœnch. *Epinards*. Pot. Blitum virgatum L. et capitatum L. — Beta vulgaris L. *Belle Carde*, Pot., *Bette*, Pot. et Champs.

POLYGONÉES. Rumex Patientia L. *Patience* Jard. des campagnes. — Polygonum Fagopyrum L. *Blé noir*, champs en Bretagne ; *P. tataricum* L. très rar. cult en grand ; P. orientale L.

NYCTAGINÉES. Myrabilis Jalapa L. *Belle de nuit.*

THYMÉLÉES. Daphne Mezereum L. *Bois gentil.*

LAURINÉES. Laurus nobilis L. *Laurier sauce*, Jard. ; 14 degrés de froid le font périr ou souffrir à Nantes.

ARISTOLOCHIÉES. Aristolochia Sipho L.

EUPHORBIACÉES. Ricinus communis. L. *Ricin.*

URTICÉES. Cannabis sativa L. *Chanvre*, Champs. — Ficus Carica L. *Figuier*, gèle au nord de Nantes dans les hivers rigoureux. — Morus alba L. Jard. ; M. nigra L. *Mûrier*, Jard. fruitier ; Mûrier multicaule, cult. qqf. pour la nourriture des vers à soie. — Celtis australis L. *Micocoulier.* — Plusieurs Ulmus, *Ormeau*, d'ornement.

JUGLANDÉES. Juglans regia L. *Noyer*, cult. en grand dans les calcaires.

AMENTACÉES. Salix babylonica L. *Saule pleureur.* — Platanus orientalis L., surtout la var. P. acerifolia Willd., *Platane.* — Plusieurs Quercus d'Amérique ; Q. Suber, *liège*, dont il existe çà et là de grands individus.

CONIFÈRES. — Taxus baccata L. *If.* — Thuya occidentalis L. ; T. orientalis L. — Cupressus sempervirens L. *Cyprès.* — Pinus silvestris L. *Pin silvestre ;* P. maritima Lam. cult. en grand ; P. Abies L. *Épicéa ;* P. Picea L. *Sapin argenté ;* P. Larix L. *Mélèze ;* P. Pinea L. *Pin pignon ;* P. Strobus L. *Pin du Lord ;* P. Cedrus L. *Cèdre au Liban.*

ASPARAGINÉES. Asparagus officinalis L. *Asperge*, Pot.

LILIACÉES. Tulipa gesneriana L. *Tulipe des fleuristes*, la plus belle fleur de collection, pas cultivée autant ni aussi bien qu'elle le mérite. — Fritillaria imperialis L. *Couronne impériale.* — Lilium Martagon L. *Martagon ;* L. candidum L. *le Lis ;* L. croceum Chaix, *Lis jaune ;* L. bulbiferum L. *Lis bulbeux ;* L. Pomponium L. *Lis Pompon.* — Muscari ambrosiacum Mœnch ; M. comosum monstruosum, *Lilas terrestre.* — Hyacinthus orientalis. L. *Jacinthe* des fleuristes ; H. albulus Jord. — Scilla hemisphærica Bois. (S. peruviana L.) Scille du Pérou, naturalisé sur qq. points du littoral du Finistère. — Allium Porrum L. *Porreau*, Pot. ; A. Cepa L. *Oignon*, Pot. ; A. sativum L. *Ail*, Pot. ; A. Scorodoprasum L. *Rocambole*, Pot. ; A. fistulosum L. *Ciboule ;* A. ascalonicum L. *Échalotte*, Pot. ; A. schœnoprasum L. *Petites cives, appétits*, Pot. ; A. subhirsutum L. (1).— Hemerocallis flava L. ; H. fulva L. ; H. japonica L.

---

(1) *A. subhirsutum* L. est très fréquemment cultivé à Nantes, pour les bouquets, ainsi que dans le *Finistère* et dans les *Côtes-du-Nord* aux environs de Paimpol (Picq., Avice). Rejeté des jardins, on le rencontre çà et là dans leur voisinage. C'est ainsi que je l'ai vu à *Belle-Ile-en-Mer* (Morb.), où il a été indiqué à tort comme spontané (Note de M. E. Gadeceau).

AMARYLLIDÉES. Narcissus major Curt ; N. incomparabilis Mil., tous deux ord. à fl. pleines ; N. Tazetta L. ; N. jonquilla L. *Jonquille*. — Amaryllis lutea L. et sous-spontané à Noirmoutier ; et autres d'ornement.

IRIDÉES. Gladiolus communis L. — Crocus sativus L. *Safran ;* non cult. en grand ; C. aureus Sm. — Tigridia Pavonia Red. *Ferraria*.

AROIDÉES. Arum Dracunculus L.

COMMÉLINÉES. Tradescantia virginica L. *Ephémère de Virginie*.

GRAMINÉES. Zea Mays L. *Maïs, blé de Turquie*, cult. en grand dans la Char.-Inf. et à Belle-Ile. — Sorghum vulgare Pers., cult. dans la vallée de la Loire et plus bas pour faire des balais. — Panicum miliaceum L., *Mil.*, Champs ; P. italicum L. *Millet* des oiseaux, Champs. — Phalaris arundinacea L. var. picta. — Arundo Donax L. *Roseau à quenouille*, Jardins ; ne fleurit pas. — Triticum vulgare Vil. *Froment ;* varie à fl. mutiques (T. hybernum L.) ou aristées (T. æstivum L.), Champs ; T. turgidum L. *Gros blé*, Champs, peu cult. Belle-Ile et littoral de la Char.-Inf. ; v. compositum, *Blé de Miracle*, t. rar. cult. — Secale cereale L. *Seigle*, Champs. — Hordeum vulgare L. *Orge*, Champs de la région maritime ; H. Zeocriton L. région maritime, très peu cult. ; H. distichum L. *Baillarge, Paumelle*, Champs, très cult.

# VOCABULAIRE

DES MOTS TECHNIQUES EMPLOYÉS DANS L'OUVRAGE

---

ACCRESCENT ; qui s'accroît au-delà du terme habituel.
ACHÈNE ; fruit sec, indéhiscent, à une seule graine libre.
ACUMINÉ ; dont le sommet se termine brusquement en pointe effilée.
AGRÉGÉ ; rapproché en une seule masse.
ADNÉ ; soudé dans toute sa longueur à un autre.
ALBUMEN, périsperme ; corps accompagnant l'embryon et servant à sa nourriture.
ALTERNES (organes) ; non placés vis-à-vis les uns des autres.
AILE ; prolong* membraneux ou foliacé faisant saillie sur une surface.
AIGRETTE ; faisceau ou couronne de soies, de poils, d'écailles terminant certains fruits.
AISSELLE ; exemple : angle formé par l'insertion d'une feuille.
ANASTOMOSÉES (nervures) ; se réunissant entre elles par leur sommet.
ANDROGYN ; fleurs mâles et femelles groupées sur le même pédoncule.
ANTHÈRE ; voir *Étamine*.
ANTHÈSE ; temps de fleuraison.
APÉTALE ; sans pétale.
ARANÉEUX ; imitant les fils entrecroisés d'une toile d'araignée.
ARÈTE ; prolongement filiforme droit et raide.
ARISTÉ ; muni d'une arête.
ARILLE ; expansion de forme variée du funicule enveloppant plus ou moins la graine.
ASCENDANT ; étalé à la base, puis redressé.
ARTICLE ; espace compris entre deux articulations.
AURICULÉ ; muni d'oreillettes.
AXE ; ligne passant par le centre d'un corps ; ex. pédoncule commun d'un épi.
AXILLAIRE ; placé dans l'aisselle.

BAIE ; fruit mou, charnu, à plusieurs graines.
BASILAIRE ; à la base.
BI ; deux, deux fois ; ex. bidenté, à 2 dents ; bilobé, à 2 lobes ; bivalve, à 2 valves ; bipenné, 2 fois penné.
BRACTÉES ; petites feuil. avoisinant les fl. et différant des autres feuil.
BRACTÉOLES ; petites bractées à la base des pédicelles.
BULBE ; bourgeon écailleux, charnu, ord. souterrain ; *Bulbeux,* en bulbe ; *Bulbille,* petit bulbe.

CADUC ; tombant de bonne heure.
CALICE ; enveloppe la plus extérieure de la fleur, et dont les divisions ord. vertes sont appelées *sépales*.
CALICULE ; ensemble de folioles situées sous le calice et simulant un calice extérieur.

CAMPANULÉ ; en cloche.
CAPILLAIRE ; comme un cheveu, c.-à-dire plus fin que *filiforme*.
CAPITULE ; tête de fleurs serrées ; ex. *Composées*.
CAPSULE ; fruit sec contenant plusieurs graines.
CARPELLE ; division d'un fruit multiple.
CHAUME ; tige des Graminées, des Cypéracées.
CHATON ; épi de fleurs unisexuelles, serrées, dont le périanthe est
　　　　remplacé par une écaille, ex. Amentacées.
COMPOSÉE (feuille) ; divisée en plusieurs folioles.
CONNECTIF ; partie réunissant les deux loges de l'anthère.
CONNÉ ; ex. deux feuilles opposées soudées entre elles par leur base.
COROLLE ; enveloppe de la fleur située entre le calice et les étamines
　　　　et dont les divisions ordinairement colorées sont appelées
　　　　*pétales*.
CONNIVENT ; rapproché sans être soudé.
CORYMBE ; inflorescence dont les rameaux insérés à des points diffé-
　　　　rents arrivent à peu près au même niveau.
COTYLÉDON ; nom donné à la première ou aux deux premières feuilles
　　　　sortant de la graine.
CRÉNELÉ ; bordé de crénelures, c.-à-d. de dents arrondies, obtuses.
CRYPTOGAMES ; plantes se reproduisant sans étamines ni ovules.
CUPULE ; en forme de petite coupe.
CUSPIDÉ ; terminé en pointe longue et aiguë.
CYME ; inflorescence dont les pédoncules, partant presque du même
　　　　point, portent plusieurs fleurs presque sessiles sur un de
　　　　leurs côtés ; ex. qq. *Sedum*.


DÉCOMPOSÉ ; à divisions subdivisées.
DÉCURRENTE (feuille) ; qui se prolonge intérieurement le long de la tige.
DÉHISCENT ; qui s'ouvre naturellement.
DENTÉ ; avec dents ; *dentelé*, avec dents fines.
DÉFINIES (étamines) : de 1 à 12.
DI ; deux, deux fois ; voir *bi*.
DIADELPHES ; réunis en deux faisceaux.
DICHOTOME ; plusieurs fois bifurqué.
DICLINE ; dont les fleurs sont unisexuelles.
DICOTYLÉDONÉ ; avec 2 cotylédons opposés.
DIDYME ; formé de deux parties globuleuses soudées entre elles ;
DIDYNAME ; fleur à 4 étamines, dont 2 plus courtes.
DIGITÉ ; disposé comme les doigts de la main.
DIOÏQUE ; à fleurs mâles et femelles sur les individus différents.
DISQUE ; appendice glanduleux, de forme variée, se développant sur le
　　　　réceptacle de la fleur ; centre du capitule des fleurs radiées.
DISPERME ; à deux graines.
DISTIQUE ; disposé alternativement sur les deux faces opposées d'un axe.
DIVARIQUÉ ; étalé en angle très ouvert.
DRUPE ; fruit charnu, pulpeux, à noyau osseux.


EMBRYON ; plante rudimentaire renfermée dans la graine.
EMBRASSANT ; ex. feuille qui embrasse la tige par la base élargie.
ENTIER ; sans aucune division.
EPERON ; prolongement tubuleux de la base dans qq. fleurs.
EPI ; reunion de fleurs sessiles ou pédicellées le long d'un axe.

EPILLET ; petit épi : ex. *Carex*, ramification de l'épi ; *Graminées,* réu-
    nion de fleurs dans une même glume.
EPIGYNE ; placé sur l'ovaire.
ETAMINE ; organe mâle de la fleur ord. composé du *filet,* terminé par
    l'*anthère* qui contient le *pollen,* poussière fécondante.
EXTRORSE (anthère) ; dont la face regarde le dehors de la fleur.

FASCICULÉ ; en faisceau.
FASTIGIÉ ; à rameaux dressés et appliqués.
FEMELLE ; avec pistil, sans étamines.
FIDE : fendu ; ex. bifide, fendu en deux jusqu'au milieu environ.
FILET ; voir *Etamine.*
FILIFORME ; comme un fil.
FOLIACÉ ; qui a l'apparence d'une feuille.
FOLIOLE ; division de la feuille composée ; division de l'involucre.
FOLLICULE ; carpelle ventru s'ouvrant en long par une seule suture où
    sont attachées plusieurs graines.
FRONDE ; feuille des Fougères.
FRUCTIFÈRE ; portant le fruit.
FRUIT ; ovaire fécondé arrivé à sa maturité.
FUNICULE ; cordon ombilical, support de l'ovule.

GAINE ; base engaînante de certaines feuilles ou d'autres organes.
GAZONNANT ; cæspitosus ; en touffe serrée ; formant gazon.
GÉMINÉ ; disposé deux par deux sans être opposé.
GENOUILLÉ ; plié en forme de genou.
GLABRE ; sans poils ; *glabrescent,* devenant glabre.
GLANDE ; organe ord. vésiculeux et protubérant, qui sécrète des
    liquides de nature variée ; *glanduleux,* muni de glandes.
GLAUQUE ; vert de mer.
GLUMACÉ ; de la nature des glumes, pourvu de glumes.
GLUME ; enveloppe scarieuse extérieure de la fleur des Graminées ;
    périanthe des Cypéracées.
GLUMELLE ; enveloppe intérieure de la fleur des Graminées.
GORGE ; entrée du tube du cal. monosépale ou de la corolle monopétale.
GOUSSE, legumen ; fruit des Légumineuses.
GRAPPE ; inflorescence dont l'axe ou pédoncule commun est ramifié ;
    souvent synonyme de *panicule.*
GRUMELEUX ; composé de grumeaux.

HAMPE ; pédoncule radical à 1 ou plusieurs fleurs, sans feuilles, et
    ressemblant qqf. à une tige.
HASTÉ ; en fer de hallebarde.
HERBACÉ ; de la consistance de l'herbe.
HÉRISSÉ ; garni de poils raides.
HERMAPHRODITE ; fleur avec étamines et ovaire.
HILE ; ombilic, point d'attache du funicule à la graine.
HISPIDE ; garni de poils raides.
HYPOGYNE ; inséré au-dessous de l'ovaire.

IMBRIQUÉ ; se recouvrant comme les tuiles d'un toit.
IMPARIPENNÉE (feuille composée) ; terminée par une foliole impaire.
INCOMBANTES (anthères) ; insérées sur le filet par leur dos.
INDÉFINIES (étamines) ; au delà de 12.
INDÉHISCENT ; qui ne s'ouvre pas.

INFÈRE; situé au-dessous; ex. ovaire, quand il est situé au-dessous
de la fleur.
INFLORESCENCE; disposition des fleurs.
INTRORSE (anthère); dont la face regarde le dedans de la fleur.
INVOLUCELLE; collerette des ombellules dans les Ombellifères.
INVOLUCRE; collerette de bractées entourant la base d'une ombelle,
d'un capitule, etc.

LABIÉ; à deux lèvres.
LACINIÉ; découpé en lanières.
LANCÉOLÉ; en fer de lance.
LIGNEUX; de la consistance du bois.
LIGULE; membrane au sommet de la gaîne des Graminées.
LIMBE; partie plane et élargie d'une feuille, d'un pétale, etc.
LINÉAIRE; étroit, presque d'égale largeur dans sa longueur.
LOBE; division; *lobé*, avec lobes.
LOGES; cavités du fruit, de l'anthère.
LYRÉE (feuille); pennifide à lobe terminal grand, élargi.

MALE; avec étamines, sans pistil.
MARCESCENT; se fanant et restant en place.
MONADELPHES; étamines soudées en un seul faisceau.
MONOCHLAMYDÉ; avec une seule enveloppe florale.
MONOCOTYLÉDONÉ; avec un seul cotylédon.
MONOGYNE; avec un seul pistil.
MONOÏQUE; à fleurs unisexuelles sur le même individu.
MONOPÉTALE, MONOSÉPALE; corolle ou calice dont les divisions sont
plus ou moins soudées entre elles.
MONOSPERME; à une seule graine.
MUCRONÉ; brusquement terminé en pointe.
MULTI; plusieurs ou plusieurs fois.
MURIQUÉ; couvert de pointes courtes et robustes.
MUTIQUE; sans arête ni pointe.

NECTARIFÈRE; portant des nectaires c.-à-d. certains appendices de la
fleur sécrétant un liquide.
NERVURES; faisceaux de fibres formant la charpente de la feuille;
*nervée*, pourvue de nervures.

OB. devant un adjectif signifie renversé; ainsi, *obovale* veut dire en
ovale renversé.
OBLONG; ovale allongé égal aux deux bouts.
OMBELLE; inflorescence dont les rameaux partent du même point en
forme de parasol; et lorsqu'ils portent au sommet une
petite ombelle, celle-ci s'appelle *ombellule* et l'ensemble
*ombelle composée*.
OMBILIC; voir *Hile; ombiliqué*, en forme de nombril.
ONGLET; partie inférieure rétrécie d'un pétale; *onguiculé*, avec onglet.
OPPOSÉ; en face l'un de l'autre.
OPPOSITIF; placé devant.
ORBICULAIRE; en forme de cercle.
OREILLETTE; expansion foliacée à la base d'une feuille.
OVAIRE; le jeune fruit.
OVOÏDE; se rapprochant de l'ovale.
OVULE; la jeune graine.

**PAILLETTES** ; petites lames scarieuses accompagnant les fleurons sur le réceptacle de plusieurs Composées.

**PALAIS** ; renflement formant la gorge de qq. corolles irrégulières.

**PALMÉ** ; disposé comme les doigts d'une main ouverte.

**PANICULE** ; inflorescence très variable dans laquelle l'axe porte des ramifications dont les inférieures sont plus longues ; *paniculé*, en panicule.

**PAPILIONACÉE** (fleur) ; voir *Légumineuses*.

**PAPILLES** ; petites rugosités rapprochées.

**PARTIT** ; divisé ; ex.. bipartit, divisé en deux au-delà du milieu.

**PAUCI** : en petit nombre ; ex. *pauciflore*, à peu de fleurs.

**PARASITE** ; vivant sur d'autres plantes.

**PARIÉTAL** ; adhérent à la paroi.

**PECTINÉ** ; en dents de peigne.

**PÉDONCULE** ; support de la fleur ; quand il se ramifie, les divisions uniflores s'appellent *pédicelle*. — *Pédonculé, pédicellé* ; avec pédoncule, avec pédicelle.

**PELTÉ** ; attaché par le milieu d'une surface arrondie.

**PENNÉE**, ailée ; feuille divisée jusqu'à la côte comme les barbes d'une plume (penna).

**PENNIFIDE** ; découpé comme une feuille pennée, plus ou moins profondément, mais non jusqu'à la côte.

*Obs*. Aujourd'hui on définit ces feuilles ainsi : *pennées*, à fol. articulées sur le rachis ; *penniséquées*, divisées jusqu'à la nervure médiane ; *pennipartites*, divisées au-delà du milieu du limbe ; *pennifides*, divisées jusque vers le milieu du limbe.

**PENNULES** ; divisions de la fronde dans les fougères.

**PÉRENNANT** ; durant au-delà d'un hiver.

**PERFOLIÉE** (feuille) ; dont le limbe est traversé par la tige.

**PÉRIANTHE** ; enveloppe de la fleur.

**PÉRICARPE** ; enveloppe extérieure du fruit.

**PÉRISPERME** ; voir *Albumen*.

**PERSISTANT** ; durant au-delà du terme où les mêmes organes sont caducs ; feuilles durant plus d'une année.

**PERSONÉE** ; corolle en forme de masque, à 2 lèvres.

**PÉTALES** ; divisions de la corolle.

**PÉTALOÏDE** ; ayant l'apparence d'un pétale coloré.

**PÉTIOLE** ; support de la feuille ; *pétiolé*, muni d'un pétiole.

**PISTIL** ; organe femelle de la fleur, composé de l'*ovaire*, du *style* et du *stigmate*.

**PIVOTANTE** (racine) ; perpendiculaire.

**PLACENTA** ; partie de l'ovaire sur laquelle les ovules sont attachés.

**POLLEN** ; voir *Étamine*.

**POLY.** ; plusieurs : ex. *polypétale*, à plusieurs pétales ; *polyphylle*, à plusieurs feuilles ou folioles ; *polysperme*, à plusieurs graines.

**POLYGAME** ; portant sur le même individu des fleurs hermaphrodites et des fleurs unisexuelles.

**PRÉFLEURAISON** ; état de la fleur avant l'épanouissement.

**PUBÉRULENT** ; légèrement pubescent.

**PUBESCENT** ; couvert d'un duvet fin, court et peu serré.

**PULVÉRULENT** ; couvert d'une sorte de poussière.

Rachis ; nervure médiane dans les feuilles pennées ; axe de l'inflorescence de quelques Graminées.

Radical ; appartenant à la racine.

Radicant ; produisant des racines.

Radicelle ; petite racine.

Réceptacle : sommet élargi du pédoncule sur lequel sont insérés les différents organes de la fleur, ou bien, dans les Composées, les fleurs entières.

Réfléchi ; courbé vers la terre.

Réfracté ; brusquement réfléchi.

Réniforme ; en forme de rognon.

Réticulé ; en réseau.

Rhomboïdal ; en losange.

Roncinée ; (feuille) ; pennifide à lobes aigus, dirigés vers la base.

Rugueux ; ridé.


Sagitté ; en fer de flèche.

Sarmenteux ; à tiges allongées prenant appui sur les objets voisins ; ex. la vigne, le chèvrefeuille.

Scarieux ; mince, sec et transparent.

Segment ; division.

Sépales ; divions du calice.

Sessile ; sans support ; ex. feuille sans pétiole.

Sétacé ; en forme de soie.

Silique, Silicule ; voir Crucifères, p. 19.

Sinus ; angle rentrant arrondi.

Sinué ; à bords flexueux.

Soie ; poil raide.

Souche ; partie souterraine de la tige des plantes vivaces ; souvent synonyme de *rhizome*.

Spadice ; épi ord. charnu de fleurs sessiles très serrées ; ex., *Arum*.

Spathe ; grande bractée membraneuse qui enveloppe d'abord les fleurs dans *Arum*, *Allium*, etc.

Stigmate ; extrémité glanduleuse terminant l'ovaire ou le style.

Stipité ; pourvu d'un petit support aminci.

Stipules ; appendices foliacés ou membraneux situés à la base des feuilles.

Stolon ; rejet rampant sur terre ou sous terre, produisant des racines et de nouvelles plantes ; *stolonifère*, avec stolons.

Style ; prolongement de l'ovaire terminé par le stigmate.

Subéreux ; de la consistance du liège.

Supère ; situé au-dessus ; ex., ovaire, quand il est libre dans le calice.


Terné ; disposé par trois.

Test ; enveloppe extérieure de la graine.

Tétragone ; à quatre angles.

Tomenteux ; couvert d'une pubescence cotonneuse, feutrée.

Toruleux ; bosselé dans sa longueur.

Traçant ; longuement rampant.

Tri ; trois, trois fois ; ex., trifide, fendu en 3 ; trinervé, à 3 nervures ; tripenné, 3 fois penné.

Triquètre ; à 3 angles saillants.

Tube ; partie inférieure et tubuleuse du calice monosépale ou de la corolle monopétale.

**Tubercule** : renflement souterrain de la tige ou de la racine ; protubérances sur quelques fruits ou graines.

**Uni** ; un, une fois ; ex. uniloculaire, à une loge.
**Unisexuel**, fleur n'ayant à la fois que des étamines ou des pistils.
**Unilatéral** ; disposé d'un seul côté.
**Urcéolé** ; renflé au milieu et resserré aux deux bouts.

**Valves** ; pièces composant l'enveloppe des fruits déhiscents.
**Verruqueux** ; couvert de protubérances en verrue.
**Verticille** ; série d'organes disposés en cercle autour d'un axe ; *ver-
ticillé*, en verticille.
**Vivace** ; vivant plusieurs années.
**Vrille** ; organe filiforme s'enroulant en spirale autour des corps voisins.


FIN

# NOMS DES BOTANISTES

## CITÉS EN ABRÉGÉ POUR LEURS CONTRIBUTIONS A LA FLORE

| | |
|---|---|
| Bul. Soc. bot... | Bulletin de la Société botanique des *Deux-Sèvres*. |
| Duss............ | Dussouchaud. |
| Fd ............. | Foucaud. |
| Gad............ | Gadeceau. |
| Gen............ | Genevier. |
| Gir ............ | Giraudias. |
| Lx ............. | Letourneux. |
| Picq ........... | Picquenard. |
| Pont........... | Pontarlier. |
| Pont., M........ | Pontarlier, Marichal. |
| Sauzé, M........ | Sauzé, Maillard. |
| Sav............ | Savatier. |
| Tess........... | Tesseron. |

# CORRECTIONS A FAIRE AVANT LA LECTURE

| Page | Ligne | Au lieu de | Lisez |
|---|---|---|---|
| XXXV | 47 | *Athenia,* | *Allhenia.* |
| XXXVII | 51 | *Potamogetan,* | *Potamogeton.* |
| XLII | 45 | chisteux, | schisteux. |
| LXXIX | 48 | li, | il. |
| LXXXII | 24 | ôte, | ôtent. |
| LXXXIII | 16 | *Ophioglossum lusitanicum,* | (1). |
| 8 | 30 | Supprimez la localité de | Combourg. |
| 21 | 10 | 1-3 f., | 1-3 fois. |
| 75 | 9 | *pubescente,* | *pubescence.* |
| 87 | 8-9 | *carénés le dos,* | *carénés sur le dos.* |
| 92 | 19 | tes stip., | les stip. |
| 96 | 37 | **T. mimus,** | **T. minus.** |
| 106 | 32 | 1/3 fl., | 1-3 fl. |
| 120 | 13 | J'y apporte, | J'y rapporte. |
| 149 | 9 | p. 149, | p. 146. |
| 171 | 17 | **VANERIANELLA,** | **VALERIANELLA.** |
| 172 | 16 | *Plougean* (CHAR.-INF.), | « *Ploujean* » (C.-NORD). |
| 196 | 43 | des graines, | de graines. |
| 202 | 1 | pénonculée, | pédonculée. |
| 204 | 3,4,5,6 | achene, | achène. |
| » | 4 | couverte, | couvert. |
| 205 | 10 | acuminés. | acuminées. |
| 234 | 2 | poilu-rude, | poilue-rude. |
| 235 | 34 | terres, | terrains. |
| 238 | 11 | (Miciol cal.), | (Miciol cat.). |
| 240 | 37 | **sinatum,** | **sinuatum.** |
| 250 | 44 | floréales, | florales. |
| 345 | 15 | *C. vernus,* | *Crocus vernus.* |
| 346 | 36 | 14-18 cent., | 14-18 mil. |

---

(1) La présence de l'*Ophioglossum lusitanicum* en Ille-et-Vilaine, mentionnée ici par Lloyd, me paraît un « lapsus », car il ne l'indique point dans la liste des plantes rares d'Ille-et-Vilaine, p. LXXXV, et il ne cite pour cette plante, p. 431, aucune localité dans ce département. Le D' Avice et l'abbé Morin ne l'y ont pas trouvée ; enfin, l'herbier Lloyd ne contient pas d'*O. lusitanicum* provenant d'Ille-et-Vilaine.

E. G.

# ABRÉVIATIONS PRINCIPALES (*)

CC.   Très commun.  
C.   Commun.  
AC.   Assez commun.  
PC.   Peu commun.  
AR.   Assez rare.  
R.   Rare.  
RR.   Très rare.

Les sept signes précédents s'appliquent à toute la Flore, ou à tout le département, ou bien à la région notée.

Les petits CC — C — AC — R — RR — s'appliquent, au contraire, aux localités qui les suivent. *Voir l'exemple ci-dessous.*

; suivant une localité, indique : 1º que les signes C. R. précédant cette localité ne s'appliquent pas à celles qui suivent le ; — 2º que le botaniste cité est responsable seulement des localités qui précèdent son nom, jusqu'à ce qu'elles soient interrompues par le ; — Ex : LOIRE-INF. C. *Ancenis, Derval !* (Bornigal) ; AC. *Nantes ; Joué, Nort* (Delalande). R. — Signifie que la plante décrite est commune à Ancenis et à Derval, que M. Bornigal l'a découverte à Ancenis et à Derval, que je l'ai vue aussi à Derval, qu'elle est assez commune à Nantes (non à Joué, Nort), que M. Delalande l'a recueillie à Joué, Nort (non à Nantes), enfin qu'elle est rare pour le département de la Loire-Inférieure.

? Signe de doute.

! Signe de certitude. — Placé après une localité, indique qu'elle a aussi été vérifiée par moi.

α. β. γ. ρ. Numéros d'ordre des variétés. — Lorsque la série commence par β., la variété α. est comprise dans la description de l'espèce.

*Obs.* — Observation.

* Précédant une espèce, signifie qu'elle est étrangère à la Flore.

X. Précédant une espèce, signifie qu'elle ne croît pas au nord de la Loire.

« ». Les caractères entre « » sont empruntés aux auteurs sans avoir été vérifiés par moi. — Les localités de plantes sont renfermées entre « », lorsque je n'ai pas vu d'échantillons provenant de ces localités.

---

(*) N. B. Il est important de faire attention à toutes ces abréviations qui, mal comprises, peuvent causer des erreurs.

(J. F.) après des notes et descriptions de plantes de la Charente-Inférieure, signifie qu'elles ont été faites par M. Foucaud.

Ab. Aberr. (aberration). Signifie que les plantes suivant ce signe ont les caractères de la place qu'elles occupent; par ex., page 20, ligne 28.

Ach. — Achène.
Cal. — Calice.
Caps. — Capsule.
Carp. — Carpelle.
Cor. — Corolle.
Cult. — Cultivé.
Div., Divis. — Division.
Edit. 1. — de la Flore de l'Ouest.
Etam. — Etamine.
Ext., Extér. — Extérieur.
Fem. — Femelle.
Feu., Feuil. — Feuille.
Fl. — Fleur.
Fol. — Foliole.
Herm. — Hermaphrodite.
Inf., Infér. — Inférieur.
Int., Intér. — Intérieur.
Invol. — Involucre.
Lin. — Linéaire.
L. c. — Loco citato, lieu cité.
Long. — Longuement.
Mâl. — Mâle.
Mar., Marit. — Maritime.
0. — Nul.
Ord. — Ordinairement.
Ov. — Ovale.
P. — Page.
Panic. — Panicule.
Part. — En partie.
Pédic. — Pédicelle.
Pédonc. — Pédoncule.

Pér. — Périanthe.
Pét. — Pétale.
Profond. — Profondément.
Rac. — Racine.
Rad., Radic. — Radical.
Rar. — Rarement.
Récept. — Réceptacle.
Rég. — Région.
Souv. — Souvent.
Stigm. — Stigmate.
Stip. — Stipule.
Ter. calc. — Terrain calcaire.
Ter. schist. — Terrain schisteux.
Var. — Varie.
Vulg. — Vulgairement.
1. — Uni ou mono.
2. — Bi ou di.
3. — Tri.
4. — Quatri, etc.

*Exemples :*

1., 2. sperme. — Monosperme, disperme.
1., 2. loc. — Uniloculaire, biloculaire.
1-4. — Un à quatre.
1, 4. — Un ou quatre.
Jⁿ-jᵗ. — Juin à juillet.
①. — Annuel.
②. — Bisannuel.
♃. — Vivace.

— Lorsque deux termes sont réunis comme *linéaire-lancéolé*, cela signifie que la forme est une combinaison des deux termes, le premier modifiant le dernier, qui est le principal ; ainsi linéaire-lancéolé est plus large que lancéolé-linéaire.

––––––––––

Les noms des auteurs ordinairement cités en abrégé sont :

Adanson, Allioni, Bartling, Bastard, Bieberstein, Bonamy, Boreau, Cassini, Cosson et Germain, Curtis, De Candolle (DC.), Desfontaines, Desportes, Desvaux, Duby, Ehrhart, Gærtner, Gaudin, Gmelin, Godron, Goodenough, Grenier, Hoffmann, Hoppe, Hudson, Jacquin, Jordan, Jussieu, Kutzing, Lamarck, Linné (L.), Loiseleur, Miller, Morison, Mutel, Palisot de Beauvois, Pesneau, Persoon, Reichenbach, Richard, Robert Brown, Rœmer et Schultz, Schleicher, Schrader, Schreber, Scopoli, Seringe, Sibthorp, Soyer Willemet, Sprengel, Swartz, Tenore, Thuillier, Tournefort, Ventenat, Villars, Wahlenberg, Waldstein et Kitaibel, Wallroth, Willdenow.

# CLEF DU SYSTÈME DE DE CANDOLLE

### SUIVI DANS CET OUVRAGE

## Pour la Distribution des Familles naturelles

---

# PLANTES VASCULAIRES OU COTYLÉDONÉES

### CLASSE Iʳᵉ. DICOTYLÉDONÉES OU EXOGÈNES

I. THALAMIFLORES. Calice à plusieurs sépales. Pétales distincts, insérés ainsi que les étamines sur le réceptacle et non sur le calice. Page 1.

II. CALICIFLORES. Sépales plus ou moins soudés entre eux. Pét. et étamines insérés sur un disque adhérent à la base du calice; ou bien calice soudé avec l'ovaire et portant la corolle et les étamines. P. 80.

III. COROLLIFLORES. Calice libre, monosépale. Corolle monopétale, hypogyne. Etamines insérées sur la corolle. Ovaire libre. P. 221.

IV. MONOCHLAMYDÉES. Fleurs à périanthe simple, c'est-à-dire n'ayant qu'un calice. P. 287.

### CLASSE II. MONOCOTYLÉDONÉES OU ENDOGÈNES PHANÉROGAMES. P. 321

### CLASSE III. ACOTYLÉDONÉES OU ENDOGÈNES CRYPTOGAMES. P. 424

# FLORE

DE

# L'OUEST DE LA FRANCE

## PLANTES VASCULAIRES OU COTYLÉDONÉES

Plantes à tissu cellulaire entremêlé de vaisseaux lymphatiques, pourvues de stomates et de feuilles véritables.

## CLASSE I. — DICOTYLÉDONÉES OU EXOGÈNES

Tige composée d'une moelle centrale entourée de couches concentriques recouvertes par une écorce distincte. Feuil. à nervures anastomosées. Fleurs distinctes à divisions ord. quinaires. Embryon à deux cotylédons opposés, rarement à plusieurs verticillés.

### SOUS-CLASSE I. — THALAMIFLORES

Calice à plusieurs sépales. Pétales distincts, insérés, ainsi que les étamines, sur le réceptacle et non sur le calice.

### RENONCULACÉES

Sép. 3-6 souv. pétaloïdes. Pét. 4-12, rar. 0, planes ou tubuleux, souv. nectarifères. Étam. hypogynes, libres, indéfinies. Anthères adnées, s'ouvrant par une double fente. Ovaire ord. multiple. Carpelles tantôt nombreux, 1.spermes, indéhiscents *(achènes)*, tantôt polyspermes, déhiscents *(follicules)*, libres ou plus ou moins soudés ensemble. *Herbes ou sous-arbrisseaux sarmenteux. Feuil. alternes, opposées dans* Clematis.

* Carpelles monospermes.

*Adonis.* Sép. 5. Pét. rouges sans fossette nectarifère.
*Myosurus.* Pét. 5. Sép. 5 prolongés en éperon. Feuil. toutes radicales. linéaires.

*Ranunculus*. Sép. et pét. 5. Tige feuillée.
*Ficaria*. Sép. 3. Pét. 8-10.
*Clematis*. Cor. 0. Arbrisseau grimpant.
*Thalictrum*. Cor. 0. Cal. caduc. carp. striés en long.
*Anemone*. Cor. 0. Involucre à 3 fol. découpées, éloigné de la fleur.

" Carpelles polyspermes.

*Delphinium*. Cor. irrégulière, éperonnée.
*Aquilegia*. Pét. 5 en cornet, éperonnés.
*Isopyrum*. Sép. pétaloïdes, très caducs. Pét. nectariformes, courts, en cornet.
*Nigella*. Sép. pétaloïdes, caducs. Pét. nectariformes, à 2 lèvres, l'inf. bifide.
*Helleborus*. Sép. persistants. Pét. nectariformes, très courts.
*Caltha*. Sép. 5 jaunes. Cor. 0.

## A. *Carpelles monospermes, indéhiscents*

**CLEMATIS** L. Sép. 4,5 pétaloïdes. Cor. 0. Carp. terminés par une longue arête souv. plumeuse.

**C. Vitalba**. L. Tige sarmenteuse, grimpante. Feuil. pennées ; fol. ovales, acuminées, presque en cœur à la base, entières, fortement dentées ou presque lobées, opposées, Sép. oblongs, tomenteux. Fl. blanches en panic. trichotome, axillaire. ♃. j<sup>t</sup>-a<sup>t</sup>. — Haies, broussailles, bois. AC. — Plus c. dans le calc.

**THALICTRUM** L. Sép. 4,5 colorés, caducs. Cor. 0. Carp. oblongs, sillonnés, terminés par une pointe courte.

**T. flavum**. L. Rac. rampante. Tige de 6-10 déc. sillonnée, creuse. Feuil. bipennées, à fol. de largeur très variable, obovales en coin, qqf. presque linéaires, souv. trifides, plus pâles en dessous. *Fl.* blanc-jaunâtre, *dressées ainsi que les étam.* en panic. ord. compacte, tantôt allongée en pyramide, tantôt presque en corymbe. Carp. ovales, qqf. presque globuleux, mutiques, qqf. à style persistant. ♃. j<sup>t</sup>-a<sup>t</sup>. Bord des rivières, prés humides. — CHAR.-INF. C. — DEUX-SÉV. c. le Marais (A. Guillon), *Rom* (Sauzé), *St-Loup* (Guyon), c. *St-Jouin* (Brottier), *Pas-de-Jeu* (Lunet), *Tourtenay* (Gennier), env. de *Thouars* ; *St-Martin-de-Sanzay* (Pellier), *Chatillon, St-Hilaire* (Gen.). AC. — VEND. *Tiffauges* (Gen.), AC. Marais méridional. — LOIRE-INF. C. — MOR. Pont-Quesneau près *Etel* (Hémont). RR. — IL.-et-V. PC. *Redon* (Moreau), AC. env. de *Pléchatel* (Rolland), env. de *Rennes* (Degland), *Fougères* (de la Godelinais).

*Obs. T. nigricans* des auteurs de l'Ouest, an Jacq. ? qui a toutes les div. des feuil. linéair.-oblongues, me paraît être une forme du précéd., qui est si variable ; je l'ai cultivé et vu de *St-Martin-de-Sanzay, St-Jouin, Mauzé, Coulon* (Deux-Sév.)

※. **T. minus** L. *1. montanum* Wallr. Souche non épaisse, à rejets traçants jaunâtres. Tige dure, non compressible, un peu anguleuse, un peu flexueuse et un peu sillonnée sous les nœuds, garnie dès la base de feuil. décroissantes, triangulaires, bipennées ; stip. arrondies, déchirées, étalées, scarieuses ; rachis plane en dessus jusqu'aux pennules, puis arrondi, un peu anguleux en dessous ; fol. plus glauques en dessous, arrondies, en coin ou en cœur à la base, ord. à 3 dents au sommet ou à trois lobes tridentés, les latéraux bidentés, dents aiguës. *Fl. jaunâtres, pendantes, en panic. lâche, étalée. Anthères apiculées.* Cal. verdâtre-violacé. Carp. ovales, comprimés, ventrus extérieurement à la base, 4,5 f. plus courts que le pédic. ♃. mai-jⁿ. Coteaux et champs secs pierreux calc. — CHAR.-INF. *Surgères* (de Lisle), *le Pin !* (Mᵐᵉ George), *Dœuil* (Duss.), *Aulnay ; Beauvais !* (Sav.), *La Rochelle à Chef-de-Baie* (Hubert), *Thairé, St-Christophe* (Fd.), *Courçon* (Bouchet), *Dompierre* (Tess. !), *Mortagne.* PC. — DEUX-SÈV. Çà et là calc. du midi ; *Availles* (Bonnin). — VEND. Çà et là Plaine ! de *Fontenay* à *Benet* (Lx., Ayraud), *Corps, Luçon* (Pont.).

*Obs. Th. Savatieri* Foucaud, in. Bull. Soc. bot. Fr. t. XXV, p. 255, Flore de l'Ouest, édit. 2, 3 et 4, p. 3, que M. Savatier m'a fait cueillir au bord des haies sèches et pierreuses de Beauvais-sur-Matha (Char.-Inf.) a été planté au Jardin botanique de la Rochelle où M. Foucaud l'a vu revenir au précéd. Il est plus lâche, moins glauque et les fol. sont aussi larges ou plus larges que longues à lobes obtus, apiculés. M. Savatier l'a revu depuis à *Villairet* en *Seigné*, le *Bois-Blanc* en *Fontaine-Chalendray*, les *Blanches-Terres* aux confins des communes de *Chives* et de *Villers-Couture*, les *Consoudes* près *Vinax*.

**ANEMONE** L. Sép. 5,6 pétaloïdes. Cor. 0. Carp. réunis en tête, avec ou sans arête. *Involucre plus ou moins éloigné de la fl., à 3 fol. incisées ; feuil. rad.*

**A. nemorosa** L. *Sylvie.* Souche horizontale. Feuil. de l'invol. ternées à fol. incisées, la terminale trilobée, les latérales à 2 lobes inégaux, l'extér. plus petit. Hampe pubescente. unifl. *Sép. 6 blancs,* rosés en dehors. Carp. aigus, pubescents, à *style court, glabre.* ♃. mars-av. Bois, taillis. C.

✗ **A. montana** Hop. *Puls.* Hop. *A. rubra* Lam. Velu-soyeux. Souche ligneuse. Feuil. tripennifides à lobes linéaires, aigus. Invol. multifide. Hampe à 1 *fl. grande,* violet-brun, droite ou un peu inclinée, *ǀ* ouverte, pas étalée. Sép. oblongs ou oblongs-lancéolés, obtus ou aigus. *Carp. terminés par une longue queue plumeuse.* ♃. av.-mai. — DEUX-SÈV. Coteaux schisteux du ruisseau du Pont-Février près *Argenton-Château !* (J. Richard), *Thouars !* (Lunet), *St-Martin-de-Sanzay* (Jeanneau, 1862).

✗. **A. Pulsatilla** L. *Puls. vulgaris* Mill., qui est particulier au calcaire, diffère du précédent surtout par la fl. plus grande violet-lilas ou violet-bleuâtre et par les sép. à la fin étalés-courbés en dehors. ♃. av.-mai. Pelouses, coteaux et bois découverts. CHAR.-INF. *Bussac* (Daleau).

*Obs. A. coronaria* L. (Anemone des fleuristes) est naturalisé à Lafond, près La Rochelle (Faye cat. !)

**ADONIS** L. Sép. 5. Pét. 3-9 sans fossette nectarifère. Carp. ridés, ovales, en épi ovale ou oblong. *Herbes ; feuil. multifides à lobes linéaires.*

✗. **A. autumnalis** L. *Sép.* glabres, *non appliqués,* concaves, ainsi que les pét. rouge foncé, noirâtres à la base. Epi en fruit serré ovale-oblong, courtement pédonculé. Carp. sans dent du côté supér., à *bec court, droit*. ①. mai-j". Moissons calc. — CHAR.-INF., DEUX-SÈV. C. — VEND. C. Plaine, îles hautes et calcaire de *Chantonnay*.

✕. **A. æstivalis** L. Coss. et Germ. Atlas fl. Paris, T. 3. Sép. glabres, appliqués contre les pét. planes. rouge clair ou jaunes. Epi en fruit oblong. Carp. à insertion sur le récept. *égalant le plus grand diamètre du fruit ;* bord supér. bossu dans le haut et à une dent aiguë à la base, bec long, ascendant, concolore. ①. mai-j". Moissons calc. — DEUX-SÈV. *Bilazais* (Foucard), *S.-Loup* (Cornuault), *Doux* (Guyon), *S.-Pompain, Villiers-en-Plaine* (Sauzé fl.), RR. *Thouars*, C. *Puy-Notre-Dame* en Maine-et-Loire (Revelière). — Entre la *Grimaudière* (Vienne) et *Assais* en Deux-Sèv. (Guyon).

✕. **A. flammea** Jacq. Sép. velus. Pét. 3-8, rouge vif. *Epi en fruit cylindrique,* lâche, longuement pédonculé. Carp. bossus sous le bec ascendant, noirâtre au sommet. ①. j"-j¹. Moissons, champs pierreux calc. — CHAR.-INF., DEUX-SÈV. Çà et là. PC. — VEND. Çà et là à l'est de *Fontenay,* à *Nieul, Sauveré-le-Sec, Charzais* (Lx.), *Xanton, Fontaines !* (Ayraud).

**MYOSURUS** L. Sép. 5 colorés, prolongés en éperon à la base. Pét. 5 à onglet filiforme. Etam. souv. 5. Carp. très nombreux, triquètres, serrés autour d'un réceptacle filiforme, très allongé.

· **M. minimus** L. Hampe de 5-8, cent. à une fl. jaune pâle. Feuil. linéaires. ①. av.-mai. Moissons et terres inondées l'hiver. — CHAR.-INF. *Vergeroux, Rétaud* (Faye), *Rochefort* (A. Guillon !), *Muron* (Parat), *Genouillé* (Riveau), *Dœuil* (Duss.), *Aumagne* (Guillaud.). — DEUX-SÈV. Entre *Boussais, Tessonnière, Airvault* et *Borcq* (Bonnin), R. *Pressigny* (Guyon), env. de *Thouars* (Lunet), *Etusson* (Souché), *Exireuil* (Gir.). — VEND. *Château-d'Olonne, Curzon* (Pont., M.), *Ile d'Yeu* (Ménier), *S^{te}-Radégonde-des-Noyers* (Girardeau), *Vix* (Ayraud). — LOIRE-INF. *Ancenis, Nantes, Vallée du bas de la Loire, S^t-Philbert,* C. moissons du bord de la mer de *Pornic à la Vilaine*. — MOR. *Houat, Belle-Ile ; Sarzeau* (Taslé), presqu'île de *Séné* (Pont.), *Ile d'Ars* (Elphège), presqu'île de *Garre, Etel* (Le Gall). — FIN. *Tréguennec, Plovan* (Crouan). — IL.-ET-V. Env. d'*Antrain* (Champion), *Redon* (Masselin).

**RANUNCULUS** L. Sép. 5 caducs. Pét. 5 munis à la base d'une écaille ou fossette nectarifère. Carp. ovales, comprimés. mucronés, réunis en tête.

· *Fl. blanches ; carp. striés-rugueux en travers ; plantes aquatiques.* (Batrachium.)

**R. hederaceus** L. Tige rampante. *Feuil. toutes réniformes à 3 ou 5 lobes courts, entiers, obtus*. Stipules longuement adhérentes au pétiole, à oreillettes courtes, arrondies. *Fl. très petites, dépassant à peine le cal.* Etam. 5-10. Carp. obtus. Récept. glabre. ♃. av.-a¹. Fossés, sources. CC. — R. le calc. ; CHAR.-INF. R. de *Montendre* à *Montlieu*.

**R. Lenormandi** Schultz. Tige rampante. *Feuil. toutes réniformes, divisées jusqu'au milieu en 3 lobes,* l'interméd. à 3, les latéraux à 4 crénelures. Stip. courtement adhérentes, à oreillettes grandes, larges, *Fl.* blanches, *1 fois plus longues que le cal.* Carp. à bec long, d'abord crochu. *Récept. ord. glabre.* ♃. fév.-j¹. Petites mares, bord des petits ruisseaux dans les lieux boisés. — BRETAGNE C. — VEND. PC. *Evrunes, la Verrie* (Gen.), *S.-Paul-M.-Pénil* (Gir.), AC. env. de *la Roche !* (Pont., M.), *Faymoreau* (Lx.). — DEUX-SÈV. *Chapelle-Largeaud, Châtillon* (Gen.), *Bressuire, Brétignolle* (J. Richard), *Chap.-S.-Laurent* (Souché), forêts de *l'Absie,* de *Secondigny* (A. Guillon).

*Obs.* Ses feuil. varient de la forme peltée à celle des deux suiv. Dans ces formes est compris *R. lutarius* Revel qui a les feuil. à 3 lobes plus profonds, à crénelures presque aiguës, et à récept. poilu.

**R. ololeucos** Lloyd flore Loire-Inf., p. 3, *R. Petiveri* Koch (part.), Cosson et Germain fl. Paris. T. 1, fig. 5, 6. Tige nageante, ord. poilue. Feuil. submergées capillaires-multifides, les flottantes à 3 lobes profonds, en coin, l'interméd. à 3 crénelures, les latéraux bifides, chaque division à 2 crénelures. Stip. grandes, larges, évasées, très courtement adhérentes. *Fl. tout à fait blanches,* assez grandes. Pét. ovales-oblongs. *Récept.* globuleux, *poilu. Carp. 25-35 à bec long,* d'abord crochu. ①. mai-j^n. Lisière des étangs et ruisseaux affluents, mares. — CHAR.-INF. Marais et fossés des landes de *Montendre* à *Montlieu.* R. — DEUX-SÈV. *Thouars* (Lunet). — VEND. *Le Longeron* (Gen.), *Challans* (Gobert), étang *Bruneau* en *S.-Hil.-Le-Vouhis* (Lepeltier), étang de *Rortheau* et env., *la Ferrière,* étang de *Badiole* près *La Roche,* lande de *Bouaine* (Pont., M.). LOIRE-INF. c. nord-est du départ. AC. — — MOR. RR. env. de *Vannes, Pluherlin ! Elven* (Taslé), env. d'*Auray* (Toussaints), *Tréhorenteuc* (Elphège). — FIN. *Quimper* (Bonnemaison). — IL.-ET-V. *S.-Aubin d'Aubigné* (Tetrel), forêt de *Paimpont* (Gallée), *Pléchatel* (Rolland). — Se distingue au premier coup-d'œil par ses fl. blanches sans onglet jaune. Il diffère de *R. tripartitus,* dont il a exactement les feuil., par la grandeur de ses fl. et le bec de ses carp. qui sont beaucoup plus nombreux. Ce dernier caractère, sa fl. blanche et ses stip. l'éloignent tout à fait de *R. aquatilis.* Enfin il se distingue de *R. Lenormandi,* dont il a qqf. les petites fl., par son récept. poilu, ses feuil. de deux sortes et la forme de ses feuil. flottantes.

**R. tripartitus** DC. Tige nageante. Feuil. submergées capillaires-multifides, les flottantes à 3 lobes profonds, en coin, l'interméd. à 3 crénelures, les latéraux bifides, chaque division à 2 crénelures. *Stip. courtement adhérentes, à oreillettes grandes, larges. Fl. petites dépassant peu le cal. Carp. obtus à bec grêle, peu nombreux.* Récept. poilu. ①. mai-j^t. Mares, fossés. — CHAR.-INF. *Gabras* près *Tonnay-Ch.* (Parat), de *Bussac* à *Bédenac* (Fd.). — DEUX-SÈV. AC. Bocage ; *S.-Jouin* (Brottier), *Missé* (Pont.), *la Mothe* (Sauzé, M.). — VEND. AC. Bocage (Pont., M.). — LOIRE-INF. AC. — PC. reste de *la Bretagne.* — Var. à feuil. plus petites, à 3 lobes qqf. entiers, *S.-Gildas* dans Loire-Inf. (Delalande).

**R. aquatilis** L. Tige nageante. Feuil. submergées capilllaires-multifides, à divis. divariquées, formant ord. le pinceau lorsqu'on les sort de l'eau, les flottantes à 3 ou 5 lobes plus ou moins profonds, qqf. tachés de brun. *Stip. longuement adhérentes au pétiole,* les supér. à oreilles larges, *Pét. à onglet jaune,* beaucoup plus longs que le cal. *Stigm. large, sessile,* jaunâtre. Carp. à bec très court. Récept. poilu. ♃. av.-j^t. Fossés, mares, étangs, ruisseaux, rivières. CC. — Feuil. très variables ; les principales formes sont :

α. *peltatus*. Feuil. flottantes presque orbiculaires ou réniformes-en cœur, à 5 lobes, l'intermédiaire à 3, les latéraux à 2 crénelures. C.

β. *truncatus*. Forme précéd., mais feuil. tronquées à la base. AC.

γ. *quinquelobus*. Feuil. flottantes à 5 lobes entiers. C.

δ. *acutilobus*. Feuil. flottantes tronquées à la base, à trois lobes à crénelures aiguës, l'intermédi. souv. entier. *Lac de Grand-Lieu* (Loire-Inf.) R.

ε. *homoiophyllus*. Feuil. toutes multifides par l'avortement des feuil. flottantes. R.

ζ. *succulentus*. Feuil. toutes multifides à divis. courtes, raides. C. — Forme gazonnante des lieux desséchés, qui se présente aussi dans *R. Baudotii, tripartitus* et *ololeucos*, lorsque, par qq. accident, ils croissent hors de l'eau.

**R. Baudotii** God. Monog. f. 4, fl. de France 21. Se distingue (qqf. avec peine) du précéd. par les feuil. sup. à divis. en coin souv. pétiolulées, disposées en éventail, les feuil. inf. ou toutes capillaires-multifides, étalées lorsqu'on les sort de l'eau, par les pédonc. longs, dépassant beaucoup les feuil., par les étam. plus courtes que les pistils, par le stigm. étroit, en languette, enfin par les carp. petits, nombreux, renflés au sommet, insérés sur un *récept. ovale-conique*, non globuleux. ♃ av.-j⁶. — Fl. qqf. moyennes. — Çà et là dans les eaux saumâtres, surtout entre la Loire et la Gironde.

**R. trichophyllus** Chaix, God. fl. de France, *R. capillaceus* Thuil. Lloyd, fl. Loire-Infér., *R. paucistamineus* Tausch. Tige nageante. *Feuilles toutes submergées, capillaires-multifides,* ne formant pas ord. le pinceau lorsqu'on les sort de l'eau. Stip. sup. à oreillettes larges. Fl. 1/2 plus petites que dans *aquatilis*. Pét. à onglet jaune, caducs. Etam. 10-12. Stigm. large, blanchâtre. Carp. à bec très court. Récept. hispide. ♃. av.-j⁶. Mares, fossés des ter. schisteux, calc. et du bord de la mer. — CHAR.-INF. CC. région maritime. C. — DEUX-SÈV. c. le calc. (A. Guillon). — VEND. CC. région maritime et le Marais. — LOIRE-INF. AC. — Çà et là, mais rc. reste du littoral de *la Bretagne*. Var. t. rar. à qqf. feuil. (sup.) flottantes presque orbiculaires 3, 5. partites (*R. radians* Revel, *R. Godroni* Gren.).

R. **Drouetii** Schulz, *exsicc.* n° 404, Boreau *Fl. du Centre*. Très voisin de *R. trichophyllus*, il en diffère surtout par les carp. moins nombreux, glabres, lâches, c'est-à-dire espacés de manière que la moitié supér. du carp. qui est renflée-arrondie, est tout à fait dégagée, tandis que dans *R. trichophyllus* ils sont velus, serrés, comprimés, un peu aigus et imbriqués de manière à laisser voir seulement le côté extér. du carp. Cette disposition donne à la tête de fruits un aspect différent facile à distinguer. Les stigmates sont plus étroits, en languette ; dans *R. trichophyllus* ils approchent de l'ovale. Mêmes lieux que le précéd. auquel il est qqf. mêlé, moins C.

*Obs.* — Plusieurs caractères auxquels les auteurs attachent de l'importance sont variables, ainsi : notre *R. Drouetii* n'est pas plus grêle. d'un vert plus clair que l'autre, ses feuil. sont raides ou flasques selon la nature de l'eau, leur profondeur, leur situation ombragée ou non, les fleurs des deux espèces n'offrent pas de différence appréciable.

**R. divaricatus** Schranck, *R. circinnatus* Sibth. Tige nageante. Feuil. toutes submergées, capillaires-multifides, petites, presque sessiles, à *div. raides, toujours étalées en cercle plane* de 1-2 cent. de diamètre. Stip. sans oreillettes. Fl. assez grandes. Stigm. long, linéaire. Carp. à bec assez long. ♃. mai-j¹. Rivières, ruisseaux. — CHAR-INF. AC. dans la Charente, de *Taillebourg* et *Saintes* en remontant ; *Colombiers* (Tess.), *Cadeuil, Marans* et env., *la Gère* près Ciré, *Vautron, Rochefort, St-Symphorien*, (Fd). *St-Louis, Genouillé* (Riveau). — DEUX-SÉV. La Dive à *Pas-de-Jeu* (J. Richard). — VEND. La Sèvre à *Damvix* (Lx). — LOIRE-INF. Çà et là, vallée de la Loire, du marais de *Bouée* à *Anetz* et *Varades*.

**R. fluitans** Lam. *Feuil. toutes submergées à lanières allongées, parallèles.* Stip. longuement adhérentes au pétiole, oreillettes des feuil. sup. larges. Fl. grandes à 5-9 pét. Carp. à bec court, Récept. velu. — Var. rar. à qqf. feuil. (sup.) flottantes, trifides. ♃. mai-j¹. Rivières. — CHAR.-INF. AC. mêlé au précéd. dans la Charente, de *Taillebourg* et *Saintes* en remontant ; *La Caillaude* dans un affluent du Mignon (Fd), *St-Julien-de-l'Escap* (Riveau). — DEUX-SÉV. C. marais de *Coulon* (A. Guillon), *Niort, Magné, Arçais* (Sauzé fl.) — LOIRE-INF. Çà et là dans la Loire au-dessus de *Nantes*, où il est souv. déplacé par les inondations ; c. *Basse-Goulaine*.

β. *terrestris*. Forme du bord des eaux. Tige courte très feuillée aux nœuds ; feuil. à 3 lobes courts, linéaires, *élargis au sommet*. — Ce dernier caractère distingue l'espèce entre toutes.

¨ *Fleurs jaunes*

a. *Feuilles indivises*

X. **R. gramineus** L. *Souche chevelue à rac. renflées.* Tige 1-4. flore. Feuil. linéaires-lancéolées, très entières, nervées. Cal. glabre. Carp. obliquement obovales, ridés, un peu carénés, à bec court, en tête ovale. ♃. mai-j¹⁰. Pelouses sèches. — CHAR.-INF. Prés entre *S.-Coux* et *Fontpatour* (herb. de Beaupreau), *Martrou* (Faye), c. les Auzes près *S.-Savinien* (Pinatel !), *S.-Hippolyte* (Marc-Arnauld), *Douil !* R. forêt de *Chizé* (Duss.), *Surgères* (Hubert). *Courçon* (Bouchet), *forêt* de Benon (Pont.), *Boisse, S.-Pierre-d'Amilly, S.-Christophe* (Fd.), *Bussac* (Merlet). — DEUX-SÉV. *Petit-Jouet* (Fd.).

*Obs.* Dans les prés humides, ses racines sont renflées en fuseau et ses feuil. ont qqf. près de 2 cent. de largeur. *Boisse, S.-Pierre-d'Amilly, S.-Christophe* (Fd.).

**R. Flammula** L. Tige creuse, redressée, radicante à la base. Feuil. lancéolées, les inf. oblongues ou ovales, pétiolées. Pédonc. opposés aux feuil. *Fl. petites. Carp. lisses, à bec court.* ♃. mai-a¹. Lieux marécageux, fossés. CC.

β. *reptans*. Tige couchée, plusieurs fois radicante ; feuil. linéaires. R.

**R. ophioglossifolius** Vil. *Annuel.* Tige de 3-6 déc., creuse, couchée à la base et émettant des rac. aux nœuds inf. *Feuil. inf. en cœur*, obtuses, longuement pétiolées, celles du milieu ovales, les sup. lancéolées, presque sessiles. *Fl. petites, jaune soufre. Carp. finement* *tuberculeux*. Mai-jⁿ. Fossés surtour des ter. sablon., calc. et schist. — CHAR.-INF. C. région maritime. AC. — DEUX-SÈV. *Niort, Paizay* (A. Guillon), *Chef-Boutonne, Bressuire* (J. Richard), « *Aiffres* (Souché), *St-Gelais* (Duret), bul. soc. bot. ». — VEND. *Champ-S.-Père, St-Cyr-en-Talm., le Givre, Challans, Château-d'Olonne* (Pont., M.), *Commequiers* (Gobert), *Longève, Dumvix* (Lx.), *Luçon* (Gen.), *île d'Yeu*. PC. — LOIRE-INF. C. par localités. *D'Ancenis à Varades, Cambon, Bouaye, les Cléons*, forêt de *Touvois, Fresnay, Chéméré, St-Brevin*. — MOR. *Roh-Haliguen* en *Sarzeau* (Taslé, Pont.). RR. — FIN. *Penmarc'h* (Bonnemaison), *Plomeur* (Picq.), *Brest* (Hubert), presqu'île de *Plougastel* (Crouan). — IL.-ET-V. *St-Jacques* (Le Gall), *Redon* (Moreau). RR.

**R. Lingua** L. Racine stolonifère. Tige dressée de 8-10 déc., pubescente au sommet. Feuil. demi-embrassantes, lancéolées-linéaires, à dents courtes, obtuses, éloignées, les rad. submergées, en cœur-ovales. *Fl. grandes, larges de plus de 3 cent.* Cal. poilu. *Carp. à bec large*. ♃. jⁱ-sept. Marais. — CHAR.-INF. *Thairé, Soubise, la Tremblade*, marais de *Berjal*, des *Mathes*, Chenaumoine près *Méchers, Surgères ; St-Jean-d'Angély* (Pinatel), *St-Jean-de-Liversay, Courçon, Gerzan* (Fd.), *Genouillé, St-Loup* (Riveau), *Pontaillac* (Duffort). — DEUX-SÈV. Marais de *Coulon* (A. Guillon), *St-Loup* (Guyon) ; marais de la *Dive*, la *Folie*, le *Mai* (Lunet). — VEND. *Vix ! Luçon ! Fontaine ! Maillezais*. (Lx.). Marais de *Billy ! la Bauduère !* (Pont., M.). — LOIRE-INF. Marais de l'*Erdre* et tous les grands marais. AC. — MOR. C. étang de *Calion* en *St-Jacut* (Moreau), Plaisance, près *Vannes, Lannenec* (Le Gall), *Lanvaux* (Taslé), *Plouhinec* (Toussaints). RR. — FIN. *Plonéour* (Bonnemaison), *Plomeur* (de Créc'hquérault), *Treffiagat* et AC. dans l'Ouest(Picq.) *Lampaud-Ploud., Kerloc'h, Plovan, Camfrout* (Crouan). — IL.-ET-V., R. forêt de *Coëtquen*, R. tourbières de *Châteauneuf* (Mabille). calc. de *Feins* (Gallée), *Combourg* (Hodée).

**R. nodiflorus** L. *Tige de 1-2 déc. dichotome*. Feuil. inf. oval.-oblong., les sup. plus étroites, presque géminées. *Fl. très petites, sessiles à l'aisselle des rameaux*. Carp. tuberculeux, à bec droit. ①, mai. — DEUX-SÈV. *St-Maurice-la-Fougereuse* (Roux). — LOIRE-INF. Bord des mares des ter. chist. RR. env. d'*Ancenis ;* étang de *Gravotel*, AC. *Grand-Auverné !* (de Lisle). RR. — FIN. Beuzec en *Plomeur* (Picq.). — IL.-ET-V. *St-Thurial* (Picq.).

### b. *Feuilles divisées.*

**R. sceleratus** L. Tige de 3-7 déc., très rameuse. creuse. Feuil. inf. à 3 ou 5 lobes incisés-crénelés, obtus, les sup. à 3 lobes linéaires. *Fl.* petites, nombreuses, *jaune pâle.* Carp. *très petits, nombreux, en tête oblongue*. ♃. mai-jⁿ. Fossés, lieux fangeux, surtout du littoral. AC. — DEUX-SÈV. — AC.

**R. chærophyllos** L. Velu, à poils couchés. Souche émettant qq. rejets souterrains et des rac. composées de *tubercules courts* mêlés à de longues fibres. Tige 1,2 flore. Feuil. presque toutes rad. à 3 fol., la terminale à 3, les latérales à 2 divis. incisées-dentées. *Carp.* bordés, ponctués, *à bec long courbé,* en tête oblongue. ♃. mai-jⁿ. Coteaux arides, talus des fossés. — CHAR.-INF., VEND. AC. — DEUX-SÈV., LOIRE-INF., MOR. C. — Au-delà PC. région maritime, R. ailleurs.

**R. auricomus** L. Tige de 15-25 cent. *Feuil rad. réniformes*, crénelées, indivises ou à 3 lobes dentés ou incisés, celles de la tige sessiles, digitées, à 3 ou 7 lobes linéaires, entiers. Fl. peu nombreuses, ord. à 1 ou plusieurs pét. avortés ou déformés. *Carp. ventrus, pubescents*, à bec crochu. ♃. av.-mai. Haies, taillis, bois couverts, prés ombragés. CHAR.-INF. AC. — DEUX-SÈV. AC. par localités. — VEND. AC. *Mortagne* (Gen.) ; AC. *la Roche*, CC. bois bordant *le Lay* (Pont., M.), CC. forêt de *Vouvant, Maillezais* (Lx.), *Commequiers* (Gobert), *Challans* (V.-Grand-Marais). — LOIRE-INF. AC. — MOR. *Vannes, Lanvaux, Poncallec*, etc. AR. (Le Gall). — C.-NORD. RR. *Dinan, St-Juvat* (Mabille). — IL.-ET-V. *Bréquigny* (Le Bot(erf), Cucé près *Rennes* (J.-M.-Sacher), *St-Grégoire, Bruz* et env. de *Rennes* (Gallée), *Bourg-des-Comptes* et env. (Rolland), *Vitré, St-Thurial* (Hodée).

**R. boræanus** Jordan, fragment 6, *R. acris* flore Loire-Inf. *Souche compacte, tronquée*, émettant des racines nombreuses, en faisceau, et des tiges rapprochées de 4-6 déc., presque nues, à poils appliqués, multiflores. Feuil. rad., couvertes à la base de poils roux plus ou moins étalés, palmatipartites à 5 ou 7 lobes incisés-multifides, les sup. sessiles, à lobes linéaires. *Pédonc. cylindrique.* Carp. obovales-arrondis, un peu bordés, à bec court, terminés en pointe crochue disparaissant à la maturité. *Récept. glabre.* ♃. av.-j*. Prés, pâturages, bord des chemins. CC. — Var., surtout dans les repousses, à lobes des feuil. élargis, rhomboïdaux, trifides, incisés-dentés. Var. aussi à poils du bas de la tige et des pétioles étalés.) *R. tomophyllus* Jord).

**R. acris** L. Jord. l.c. ; Bull. vén. 109 ; *R. Steveni* And., ressemble beaucoup au précéd. dont il diffère par la souche obliquement horizontale, fibreuse en dessous ; « ses ramifications déprimées, demi-cylindriques, s'allongent jusqu'à 5-10 cent., elles s'étendent et se multiplient successivement, et la souche envahit bientôt un assez grand espace. » Jord. l.c. — Ses feuilles sont moins découpées que dans *R. boræanus* et se rapprochent de la var. notée ; il croît aux mêmes lieux. ♃. av.-j*. — CHAR.-INF. Lande de *Mortagne*. — VEND. *Mortagne, Charagnes-en-Paillers* (Gen.). — MOR. « Entre *Vannes* et *Séné* » (Arrondeau, 1873). — A chercher de nouveau. RR.

**R. nemorosus** DC. *R. silvaticus* Thuil. Plante couverte de poils étalés. Rac. fibreuse, Feuil. d'un vert sombre, qqf. tachées de blanc, les rad. à 3 lobes larges, le terminal trifide, les latéraux bifides, tous incisés-dentés. *Pédonc. sillonné.* Carp. *à bec enroulé. Récept. hérissé.* ♃. mai-j*. Coteaux boisés. — CHAR.-INF. PC. — DEUX-SÈV. forêt de *Chef-Boutonne*, AC ! forêt de *Chizé, Melle* (A. Guillon), *S.-Gelais, Amailloux* (Guyon), *Parthenay ;* AC. (Sauzé fl.). — VEND. AC. Bocage (Pont., M.). — LOIRE-INF. AR. — MOR. *La Bretêche* (Gen.), *Camors*, Le Plessis près *Auray* (Le Gall). R. — FIN. *Locquirec* (Crouan). — C.-NORD. « AC. forêts de : *Coëtquen, Yvignac, Boquien, la Hunaudaie* (Mabille). » — IL.-ET-V. Env. de *Rennes*, forêt de *Rennes* (herb. Degland), *Hédé* (Le Gall).

**R. repens.** L. *Tige* redressée, *à rejets rampants.* Feuil. souvent tachées de noir et de blanc, les rad. à 3 fol. pétiolées, 3. partites, incisées-dentées. Pédonc. sillonné. Carp. à bec assez long, un peu courbé. ♃. mai-sept. Lieux humides, prés, fossés. CC. — Dans les bois, il est souv. dressé, sans rejets rampants.

**R. bulbosus** L. *Souche bulbeuse*, à une ou plusieurs tiges multiflores, dressées ou étalées. Feuil rad. à 3 fol. pétiolées, trilobées, incisées-dentées. Pédonc. sillonné. Cal. réfléchi. *Carp. bordés, à bec court, crochu.* ♃. av.-j<sup>n</sup>. Prés, haies, chemins. CC.

**R. philonotis** Retz, Ehrh. *R. Sardous* Crantz. *Vert jaunâtre.* Tige ord. couverte de poils étalés. Feuil. rad. à 3 lobes obtus, incisés-dentés. Pédonc. sillonné. *Carp. bordés, tuberculeux près du bord.* ①. mai-a<sup>t</sup>. Prés humides, bord des mares, lieux cultivés. CC. — Moins c. au-delà de *Loire-Inf.*

X. **R. trilobus** Desf. Atl. T. 113. Caract. du précéd., dont il diffère par la tige et les feuil. moins hispides, les carp. jaunâtres et non brunâtres, couverts de tubercules sur tout le disque et surtout par les fl. 3 f. plus petites. Feuil. inf. 2 f. ternées à lobes incisés-dentés. Fossés. ①. j<sup>n</sup>. — CHAR.-INF. AC. Iles d'*Oleron* et de *Ré.*

X. **R. muricatus** L. Morison tab. 29. S. 4, fig. 24. Plante diffuse, parsemée de qq. poils. Tige creuse. Feuil. à 3 fol. incisées-dentées. Pédonc. sillonné. *Carp. grands* 10-15 à bordure verte ; *disque* brunâtre, *granuleux entre les aiguillons forts, ord. crochus ; bec* vert, robuste, un peu courbé, *égalant au moins la moitié du carp.* ①. mai-j<sup>n</sup>. Bord des fossés, lieux frais, champs. — CHAR.-INF. Çà et là ile de *Ré ; Sauzelles* en *Oleron* (Savatier).

**R. parviflorus** L. Tiges diffuses, qqf. redressées. *Feuil. orbiculaires,* en cœur à la base, à 3 ou 5 lobes fortement dentés. Pédonc. opposés aux feuil. Fl. petites égalant le cal. *Carp. tuberculeux à bord lisse ; bec* crochu. ①. mai-j<sup>n</sup>. Lieux secs, bord des chemins, des haies. C. — PC. intérieur de la *Bretagne.*

**R. arvensis** L. Plante vert pâle. Feuil. à 3 fol. découpées en lobes linéaires. *Fl. jaune soufre. Carp. 4-6, grands, comprimés sur chaque face, hérissés d'aiguillons.* ①. j<sup>n</sup>-j<sup>t</sup>. Moissons. CC. le calc. — AR. au-delà de la *Loire-Inf.*

**FICARIA** Dil. Caractères du *Ranunculus.* Sép. 3 ; pét. 8-10.

**F. ranunculoides** Roth, *Ran. Ficaria* L. Rac. grumeleuse. Tige rameuse de 1-3 déc. Feuil. en cœur, à lobes de la base ord. divergents, anguleuses, obtuses, à pétiole engaînant qqf. bulbillifère. Pédonc. à 1 fl. d'un beau jaune vernissé. Carp. oblongs, obtus, lisses. ♃. mars-mai. Bord des fossés, des haies, prés, champs. CC.

## B. Carpelles polyspermes, déhiscents.

**CALTHA** L. Sép. 5 pétaloïdes. Cor. 0. Carp. 6-10 rayonnants.

**C. palustris** L. Tige rameuse de 3-4 déc. Feuil. largement en cœur, très obtuses, crénelées. Fl. jaunes, grandes. ♃. av.-j<sup>n</sup>. Prés humides, marais, bord des ruisseaux, des petites rivières. — CHAR-INF. AC. — DEUX-SÈV. AC. Marais de *Coulon* (A. Guillon), *Mauzé* (Fd.), c. *Lezay* et prés de la *Sèvre* (Sauzé, M.), *St-Loup,* bord du *Thouet,* de la *Dive.* AC. — VEND. R. Marais méridional ! (Lx.). — LOIRE-INF. c. prés humides du *bas de la Loire ;* marais de *la Seilleraie* PC. — MOR. *Guidel* (Le Gall), *Pontscorff* (Guiho). RR. — FIN. *Port-Launay* bord de l'*Aulne* (Bonnemaison), *Berrien, Plonévez-du-Faou, Loqueffret* (de Crech'quérault), *Huelgoat, Poulaouen* (Crouan), l'*Aven* près *Carhaix,* « *St-Herbot* (Miciol) » ; *Quimperlé !* (J.M. Sacher), et plus bas sur la rivière. — C.-NORD. *Lannion* (J.-M. Sacher), *Kérien, Lohuec, Calanhel, Maël-Pestivien* (Le Corre). — IL.-ET-V. AC. env. de *Redon !* dans les trois dép. (Moreau), C. entre la *Herbougère* et *St-Pierre-la-Cour* (Gallée).

**HELLEBORUS** L. Sép. 5 pétaloïdes, persistants. Pét. très petits, tubuleux, nectariformes. Carp. comprimés, coriaces. Graines sur 2 rangs.

**H. viridis** L. *H. occidentalis* Reut. Tige annuelle de 25-30 cent., nue jusqu'aux rameaux. Feuil. rad. longuement pétiolées, en pédale à 7-9 fol. lancéolées, dentées en scie, à veines saillantes en dessous, celles de la tige divisées, presque sessiles. Fl. verdâtres, 2, 3 terminant les rameaux, *sans bractées.* Cal. dépassant les étam. ♃ mars-av. Lieux pierreux, bois secs. — DEUX-SÈV. C. bois de Boispouvreau près *Ménigoute* (Sauzé, M.), *Coutières* (Gir.) forêt de *Secondigny* (Gabard), *Parthenay* (Janneau). *S.-Generoux* (Brottier), *Châtillon-sur-Sèvre* (Toussaints). — VEND. AC. forêt de *Vouvant !* la Girarderie près *Fontenay* (Lx.), *St-Proent* (Douteau). — IL.-ET-V. Buttes de *Coësmes* près *Rennes, St.-Germain-sur-Ille* (Lx.). R. forêt de *Fougères* (V. Sacher). Bois de Vaux près *Rennes* (Hodée). RR. — Ça et là autour des habitatious, où il est cult., pour faire des sétons aux animaux.

X. **H. fœtidus** L. Tige vivace, dépouillée de ses feuil. dans le bas, très feuillée sous les rameaux florifères garnis de *bractées* ovales, entières, les inf. trifides, vert pâle, membraneuses. Feuil. en pédale à 7-11 fol. linéaires-lancéolées, dentées en scie, coriaces. Fl. jaune-verdâtre, bordées de rouge. Cal. égalant les étam. Fév.-mai. Coteaux secs calc. — CHAR.-INF. *Montlieu, Jonzac, (Cognac),* forêt *d'Aulnay ; Beauvais* (Sav.), les Marais près *Saintes* (P. Brunaud). *Beurlay :* C. *Pont-l'Abbé* et env., *S.-Pierre-d'Amilly* (Fd.), R. *Muron* (Riveau). PC. — DEUX-SÈV. *Celles,* sur le schiste (A. Guyon), *la Mothe !* (Sauzé, M.). env. de *Sauzé-Vaussais, Couture-d'Argenson,* forêt de *Chef-Boutonne ; Loubillé !* (Jousse), *S.-Generoux* (Bonnin). C. forêt de *Chizé !* (Duss.).

**ISOPYRUM** L. Sép. 5 pétaloïdes, caducs. Pét. 5 en cornet, nectariformes, dépassés par le cal. Carp. 1-3, comprimés, mucronés, presque sessiles.

**I. thalictroides** L. Rac. rampante, à fibres épaisses, fasciculées. Tige de 15-20 cent. faible. Feuil. 2 f. ternées, à fol. trilobées, minces, glauques. Stip. larges, membraneuses. Fl. blanches, peu nombreuses, pédonculées. ♃. av.-mai. Taillis. — CHAR.-INF. Le Fief près *Montlieu* (Frouin). — DEUX-SÈV. *Châtillon-s.-Sèvre* (Toussaints), *Puy-S.-Bonnet* (Gen.), *Vautebis, Allonne* (Jeanneau), *Ménigoute, Sourigné* (Gir.), forêt de l'*Hermitain,* AC. bois des *Fouilloux* (Sauzé, M.). « *Ecireuil* (Arignon), *Lezay* (Argenton), *Bécelerf* (Duret) Bul. S. Bot. ». — VEND. Bois-Huguet près *Mortagne* (Gen.), la Cacaudière près *Pouzauges* (Gad.), la *Girarderie,* C. forêt de *Vouvant* (Lx.), bord du Lay, communes du *Simon* et de *la Réorthe,* C. *Pont-Charault* (Pont., M.). — LOIRE-INF. Le *Portereau ;* forêt de *Touvois* (Gobert), la *Chasseloire* (G. de Liste) ; vallée de la Sèvre près *la Hautière ! Pont-Hubert* sur la *Divatte !* (Guiho), *Couffé* (Coquet). RR. — C.-NORD. Vallée de la *Rance* au-dessus de

*Dinan* (Mabille), R. *S.-Juvat* (Morin). — IL.-ET-V. *Bruz* (Lx.), *S.-Jacques* (Hodée), *Bourg-des-Comptes* (Desmars), *S.-Senoux* (Rolland), forêt de *Teillé,* bord de l'*Aron* (G. de Lisle). RR.

**NIGELLA** L. Sép. 5 pétaloïdes, caducs. Pét. petits, nectariformes à 2 lèv., l'inf. bifide, onglet à fossette nectarifère couverte par la lèv. sup. Carp. 5-10 sessiles, soudés. Styles allongés.

♃. **N. arvensis** L. Rameaux ouverts. Feuil. multifides à div. linéaires. Fl. blanc-bleuâtre. Sép. oval.-arrondis, nervés, brusquement contractés en onglet égalant le limbe. Pét. brusquement coudés, à lèv. sup. ovale, acuminée en longue pointe atteignant presque la base des appendices de la lèv. inf., renflés au sommet ; lèv. inf. à 2 lobes ovales, convexes et poilus en dehors, onglet et base violacé-sale, le reste marqué de bandes jaunâtres et violacé-sale. Anthères apiculées. *Carp.* 5-7, soudés dans leur moitié inf., *trinervés.* Graines triquètres, granuleuses. ①. jⁿ-jᵗ. Moissons du calc. — CHAR.-INF. Çà et là dans le N. et N.-E ; *Pons* (Delalande). — DEUX-SÈV. AC. — VEND. *Benet* (Pontdevie). RR.

♃. **N. damascena** L. Feuil. multifides à div. fines, linéaires en aléne. Fl. bleu tendre, foncées à la base, terminales, solitaires dans un *involucre semblable aux feuil.* Sép. oval.-lancéolés. Pét. 5 ou nombreux. Anthères mutiques, verdâtres. Carp. 5 lisses, soudés jusqu'au sommet en une caps. globuleuse. Graines triquètres, ridées en travers. ①.jⁿ-jᵗ. Moissons du calc. — CHAR.-INF. *Le Pin* (Mᵐᵉ George), *Montlieu* (de Meschinet), *S.-Georges-du-Bois,* C. *Saintes!* (Delalande), *Chagnolet* (Hubert), *S.-Vivien* (Fd.), *la Rochelle, S.-Romain ; S.-Nazaire* (Gir.). C. par localités. — VEND. Çà et là, plaine de *Luçon* (Lepeltier), *Magnils* (Pont., M.), *Mouzeuil* (David), *S.-Et.-de-Brillouet* (Ayraud), *Chaillé-les-Marais.* R.

♃. **N. gallica** Jord. pugil. *N. hisp. parviflora* Coss. notes 29. Tige de 2-3 déc. cannelée, rude ; rameaux dressés. Feuil. pennifides, à lobes oblongs-linéaires, un peu en gouttière. *Fl. bleu pâle.* Invol. nul. Sép. largement ovales, à onglet égalant env. la moitié du limbe. Pét. 5, brusquement coudés, à lèv. sup. lancéolée en aléne, atteignant la base des appendices de la lèv. inf., celle-ci à 2 lobes arrondis, brusquement rétrécis en un appendice env. de même longueur, arqué, linéaire-cylindrique, un peu élargi au sommet. Anthères apiculées. Carp. 5, soudés jusqu'au sommet en une caps. un peu rétrécie à la base, un peu rude au sommet et sur le bec étalé et tordu des carp., ceux-ci à 3 nervures dont les latérales descendent jusqu'au tiers env. de la caps. *Graines* triquètres, *lisses, marbrées.* ①. jᵗ-août. Moissons du calc. — CHAR-INF. PC. *Douil* (Duss.), *S.-Pierre-d'Amilly, Benon ;* C. *Beauvais* (Sav.), *Ardillières, Loir* (Parat) ; C. *Genouillé, S.-Crépin* (Riveau), C. *S.-Vivien, S.-Christophe* (Fd.), *Clavette* (Gelot), C. par localités à *Montlieu* (de Meschinet). — DEUX-SÈV. *Planisseau* (Fd.), çà et là ! entre *Loubillé* (Jousse), *Chizé* (A. Guillon), *Paizay* (Vernial) et *Couture-d'Argenson.* — Lèvre inf. de la cor. bleuâtre à la base, puis marquée d'une raie transversale pourprée, située un peu au-dessus de la base des lobes ; appendices jaunâtres, avec une raie pourprée au-dessous du sommet bleuâtre.

**AQUILEGIA** L. Sép. 5 colorés, caducs. Pét. 5 en cornet, prolongés à la base en éperon creux, recourbé. Carp. 5 longuement acuminés par le style.

**A. vulgaris** L. *Ancolie*. Tige de 5-10 déc. Feuil. 2 f. ternées à fol. inégalement crénelées, obtuses, pâles en dessous. Fl. bleues, grandes, penchées, à éperons *courbés en crochet*. Carp. pubescents. ♃. mai-j^n. Prés ombragés, lisière des bois. AC. — Moins C. au-delà de *Loire-Inf.*

**DELPHINIUM** L. Cal. irrégulier, à 5 sép. pétaloïdes, le sup. prolongé à la base en éperon. Pét. 4, tous soudés en un seul, ou les deux sup. soudés et engaînés à la base dans l'éperon du cal.

**D. Ajacis** L. *Pied d'alouette*. Tige pubescente, à rameaux redressés en angle aigu. Feuil. sessiles, découpées en lobes linéaires. Fl. monopét. bleues, roses ou blanches, tachées en dedans, 6-10 en grappe allongée. Pédic. ord. moitié plus long que la bractée, qqf. l'égalant. *Carp. unique, pubescent.* ①. j^n-j^t. Moissons de la région marit. ou calc. — Char.-Inf. *Montlieu* (de Meschinet). AC. — Deux-Sèv. AC. plaine de *Chenay* (Sauzé, M.) *Rom* (Grelet), *Pamproux* (Souché), *Airvault*, *Louin* (Bonnin), *Thouars* (Lunet). — Vend. *La Couture*, C. *Luçon* (Pont., M.), *Nalliers* (Ayraud), *Chaillé-les-Marais ! Ile-d'Elle* (Lx.), *Pouzauges* (Gad.). — Loire-Inf. AC. moissons de Brandu près *Piriac!* (Lx.), et çà et là échappé des jardins. — Mor. « *Quiberon, S.-Gildas* (Le Gall fl.). » RR. — Fin. *Penmarc'h* (Crouan). Kerisec en *Loctudy* (Picq.). — C.-Nord. RR. presqu'île de *S.-Briac* (Mabille), Il.-et-V. *S.-Malo* (Rolland). — Cette espèce tend à se répandre hors des jardins, où elle est cult. partout.

✕. **D. Consolida** L. Rameaux étalés. Feuil. sessiles, multifides à div. linéaires. Fl. bleues en épis lâches terminaux. Pédic. plus longs que la bractée. *Carp. unique, glabre.* ①. j^n-sept. Moissons du calc. — Char.-Inf., Deux-Sèv. AC. — Vend. Ile de *Maillezais, Ile-d'Elle* (Lx.), *Fontaines*.

✕. **D. cardiopetalum** DC. Tige de 2-3 déc. finement pubescente, rameuse. Feuil. multifides ou trifides, à lobes linéaires, les sup. entières. Fl. bleues en grappe serrée. Sép. pubérulents, le sup. à éperon beaucoup plus long que le limbe. *Pét. tous libres,* les inf. à limbe en cœur, 2 f. plus court que l'onglet. *Trois carp.* toruleux, à la fin glabres, 3 f. plus longs que le style. Graines arrondies, fortement ombiliquées, couvertes d'écailles imbriquées non ondulées. ①. j^t-a^t. Moissons du calc. — Char.-Inf. C. par localités, surtout dans le N. et le N.-E. — Deux-Sèv. C. par localités. — Vend. *Benet* (Pontdevie). RR.

## BERBÉRIDÉES

**BERBERIS** L. Sép. 6. Pét. 6 munis de deux glandes à la base. Etam. 6 oppositives. Baie 1-3. sperme.

**B. vulgaris** L. *Epine vinette*. Arbrisseau touffu, à rameaux cannelés, grisâtres. Epines 3 part. Feuil. obovales, ciliées-dentées, fasciculées. Fl. jaunes en épis penchés, axillaires. Baie rougeâtre. Av.-mai. Qq. pieds çà et là dans les haies. — Il est possible que cet arbrisseau, cult. partout, ne soit nulle part spontané, mais qu'il ait été propagé par les oiseaux, ainsi que d'autres arbres à baies.

## NYMPHÉACÉES

Sép. 4-6. Cor. régulière. Pét. nombreux. Etam. nombreuses, à filets pétaloïdes, insérées ainsi que les pét. sur un disque entourant plus ou moins l'ovaire. Anthères adnées. Ovaire pluri-loculaire, à plusieurs ovules attachés aux parois des loges. Stigm. rayonnant. Fruit indéhiscent, rempli d'une pulpe gélatineuse. *Plantes aquatiques à souche rampante.*

**NYMPHÆA** L. Sép.4, Pét. nombreux imbriqués sur plusieurs rangs, sans glande nectarifère. Ovaire à moitié entouré par le disque. Stigm. à rayons libres, ascendants.

**N. alba** L. *N. Milletii* et *permixta.* Bor. *Nénuphar.* Feuil. flottantes, presq. orbiculaires, profond. en cœur à la base. Sép. oval.-lancéolés, verdâtres en dehors. F. blanche flottante. Baie globuleuse. ♃. jⁿ-aᵗ. Eaux stagnantes profondes. C. — Var. qqf., ainsi que la plante suiv., à fl. moitié plus petites.

**NUPHAR** Smith. Sép. 5, plus longs que les pét. nombreux, sur un rang, et ayant sur le dos une glande nectarifère. Ovaire presque libre. Stigm. à rayons nombreux, sessiles, sur un disque couronnant l'ovaire.

**N. luteum** Smith, *Nymphæa* L. Feuil. flottantes presque orbiculaires, profond. en cœur à la base ; pétiole triquètre. Sép. oval.-arrondis. Fl. jaune, odorante, élevée hors de l'eau d'env. 6-8 cent. Stigm. à rayons disparaissant près du bord. Baie conique. ♃. jⁿ-aᵗ. Eaux stagnantes profondes. C.

# PAPAVÉRACÉES

Sép. 2 caducs. Cor. régulière à 4 pét. Etam. nombreuses (4 dans *Hypecoum*), hypogynes. Ovaire libre à plusieurs stigm. sessiles. Caps. ovale, oblongue ou en forme de silique. Placenta latéraux ou en forme de cloisons. *Herbes à suc blanc ou jaunâtre.*

**PAPAVER** L. Stigm. 4-10 rayonnants, sessiles sur un disque couronnant l'ovaire. Caps. ovale ou allongée, à 1 loge s'ouvrant sous les stigm. par autant de valves qu'il y a de fausses cloisons.

*Obs.* Les plantes suiv., appelées *Coquelicot,* sont annuelles, ont la tige rameuse, hérissée, et les feuil. 1, 2. f. pennifides à lobes dentés ; elles se ressemblent par le port et fleurissent en mai-jⁱ.

* *Caps. hérissée ; filets des étam. élargis au sommet.*

**P. Argemone** L. *Caps. allongée en massue,* hérissée de soies arquées-dressées. Stigm. 4-6 atteignant ou dépassant le bord du disque sinué. Sép. à poils épars. Fl. petite, rouge pâle, onglet à grande tache noire. Moissons du calc. et du bord de la mer, plus rar. du schiste. PC. — Plus c. midi de la *Loire.*

**P. micranthum** Bor. *Caps. oblongue,* non en massue, munie de soies raides plus dressées que dans *P. Argemone. Fl. petite* de 25-28 mil. ; *pét.* obovales-elliptiques, *écartés, rouge minium clair,* à *onglet violet foncé ; anthères bleues ;* pédonc. à poils couchés. Moissons. — CHAR.-INF. *La Jarrie, St-Christophe, Angliers, Angoulins, Yves* (Fd.), *Fouras* (Parat !), *Paillé* (Reau). — DEUX-SÈV. *St-Pompain* (Guyon), entre *Mauzé et Petit-Jouet* (Fd.), *S-Loup* (Cornuault).

**P. hybridum** L. *Caps. ovale,* hérissée de soies nombreuses, raides, étalées, arquées. Stigm. 6-8 atteignant les bords du disque sinué. Sép.

hérissés. Fl. petite, rouge violacé. Moissons du calc. et du bord de la mer. PC. — Plus c. midi de la *Loire.*

** *Caps. glabre ; filets des étam. en alène*

**P. Rhœas** L. *Caps. courtement obovale.* Stigm. 10 sur un disque dont les lobes se recouvrent par les bords. Fl. grande, d'un beau rouge, pédonc. hérissé, très rar. à poils couchés. Moissons, terres cultivées. C. — Plus c. dans le calc. et au bord de la mer. — Caps. variable.

*Obs.* M. Jordan Diagnoses, p. 99, et Icon., considère que les *P. Rhœas* et *dubium* des auteurs correspondent à des groupes très nombreux d'espèces.

**P. dubium** L. *Caps. oblongue-en massue.* Stigm. 5-7 n'atteignant pas les bords du disque crénelé-lobé. Fl. plus petite et d'un rouge moins vif que le précéd.; pédonc. à poils couchés, ceux du bas étalés. Champs, murs. C. — Caps. variable, ord. rétrécie graduellement à partir du quart supér., qqf. plus ou moins resserrée à la base.

**P. collinum** Bog. *P. modestum* Jord! Ic. nᵒ 21. Un peu glauque. *Caps.* oblongue-en massue *brusquement rétrécie à la base,* qui est plus étroite que le sommet du pédonc. Stigm. 5-7 n'atteignant pas le bord du disque moins distinctement lobé que dans *P. dubium ;* pédonc. à poils couchés. Plante moins hispide que la précéd., feuil. moins lobées. — CHAR.-INF. Vignes, champs de la pointe sud de l'île de Ré. depuis *la Flotte !* (Lx.), *le Martray* (Fd.), *Aulnay* (Gir. !), *Montendre* (Fd.). — DEUX-SÈV. *Ménigoute, Niort, Souché, la Mothe, S.-Genard* (Gir.). C. (Sauzé fl.). — FIN. *Brest* (Crouan). — C.-NORD. Env. de *S.-Brieuc.*

**P. Lecoqii** Lamotte diffère de *P. dubium* par la caps. presque cylindrique rétrécie à la base, les stigm. atteignant ou *dépassant le bord du disque* dont les crénelures ont les bords contigus, par les graines brunes et non glauques, plus petites, et enfin par le *suc jaunissant à l'air.* — CHAR.-INF. *Mortagne ; S.-Xandre* (Lx.), *Aigrefeuille, Anglier, la Jarrie* (Fd.). *Beauvais,* haies entre *Brie* et *Sonnac* (Sav.), *Aulnay* (Gir. !). — DEUX-SÈV. *Amailloux* (Guyon), *Puy-Saint-Bonnet, Nanteuil, Prahecq, Sainte-Soline, Mairé l'Évescault, Lezay,* AC. (Sauzé fl.). — VEND. *Mortagne* (Gen.).

**MECONOPSIS** Vig. Style court, 4-6, stigm. rayonnants, libres. Caps. obovale à 1 loge s'ouvrant au sommet par 4-6 valves ; placenta allongés en membrane étroite.

**M. cambrica** Vig. *Papaver* L. Herbe à suc jaunâtre. Tige rameuse. Feuil. pennées à fol. ovales, incisées-dentées, un peu décurrentes sur le rachis, glauques en dessous. Pédonc. très allongé à 1 fl. jaune. Caps. glabre à 4-6 côtes blanches. ♃. jⁿ-aᵗ. Partie rocheuse ombragée des bois montagneux. — FIN. Forêt de *Laz* dans les Montagnes-Noires (Bonnemaison herb.). — Je ne l'y ai pas retrouvé, ni d'autres non plus.

**RŒMERIA** DC. Style court, stigm. en tête. Caps. en forme de silique à 1 loge, à 3,4 valves s'ouvrant du sommet à la base.

X. **R. hybrida** DC. *Chelidonium* L. Tige plus ou moins poilue. Feuil. bipennifides à div. linéaires terminées par une soie. Fl. solitaires, violet foncé. Caps. linéaire, longue. hérissée de soies éparses, étalées, un peu arquées. Graines réniformes, cendrées, alvéolées. ①. mai-j^n. Moissons et friches du calc. — *Puy-Notre-Dame* (Maine-et-L.) tout près des *Deux-Sèv.* (Bastard). — *Amberre, Vendeuvre, Couture* dans la Vienne (Guyon).

**GLAUCIUM** Tourn. Caps. en forme de silique, à 2 loges, à 2 valves s'ouvrant du sommet à la base. Graines logées sur un seul rang dans une cloison spongieuse.

**G. luteum** Scop. Très glauque, rameux. Feuil. pennifides à lobes incisés-dentés, les sup. arrondies-sinuées, embrassantes. Fl. grandes, jaunes. Silique de 2 déc., arquée, rude. ♃. j^n-a^t. AC. sables et décombres du bord de la mer. — Plus c. midi de *la Loire*.

**CHELIDONIUM** L. Caps. en forme de silique, 1. loc. à 2 valves s'ouvrant de la base au sommet. Graines sur deux rangs, couronnées par une crête.

**C. majus** L. *Eclaire*. Herbe à suc jaune fétide. Feuil. pennifides à 5 ou 7 fol. ovales, incisées-lobées, glauques en dessous. Fl. petites, jaunes, presq. en ombelle simple. ♃. mai-sept. Décombres, murs, haies. CC.

β. *laciniatum*. Fol. plus longuement pétiolées, profond. découpées. — IL.-ET-V. Forêt de *Rennes*, ruines de la Faisanderie (Avice). Prob. reste de culture.

**HYPECOUM** L. Pét. 4 inégaux. Etam. 4 oppositives. Caps. en forme de silique se séparant à la maturité en articles 1.spermes.

X. **H. pendulum** L. Tige dressée. Feuil. glauques, bipennifides, à lobes linéaires, les rad. nombreuses, celles de la tige naissant sous les rameaux. Fl. petites, jaunes, solitaires, axillaires et terminales. Sép. ovales, courts. Pét. ext. non tachés, les int. à 3 lobes, les latéraux tachés de points noirâtres, l'interméd. à limbe spatulé, cilié. Caps. pendante, non arquée, noueuse, non articulée. ①. mai-j^n. Champs calc. — DEUX-SÈV. Féole près *Thouars* (Genuer 1840), près du parc d'*Oiron* (Toussaints). R. — *Puy-Notre-Dame* en Maine-et-Loire (Bastard). — *Vendeuvre* dans la Vienne, (Guyon), Nanville en S.-*Laon* dans la Vienne, sur la limite des Deux-Sèv. (J. Richard).

## FUMARIACÉES

Sép. 2 caducs. Cor. irrégulière à 4 pét. imitant une fl. papilionacée. Etam. hypogynes, réunies en 2 faisceaux terminés par 3 anthères dont les latérales sont à 1 loge. Ovaire libre. Style filiforme. Fruit tantôt polysperme, 2.valve, à placenta persistants sur les sutures, tantôt 1.sperme, indéhiscent. Graines arillées. *Herbes à suc aqueux; feuilles multifides.*

**CORYDALIS** DC. Sép. 2 ou 0. Pét. supér. éperonné à la base. Fruit polysperme, 2.valve.

**C. solida** Smith. *C. bulbosa* DC. *Fum. bulbosa* γ L. *Racine bulbeuse*, arrondie, pleine. Tige simple d'env. 2 déc. Feuil. 2-4 glauques, 2 f. ternées à fol. obtuses. Bractées digitées. Fl. rougeâtres, en épi terminal. ♃. mars-avr. Haies, taillis. DEUX-SÈV. *La Mothe* (Sauzé, M), *Exoudun, Bougon, Ménigoute* (Gir.), *Moncoutant, la Peyratte* (Jeanneau), *Louin, Airvault* (Bonnin), AC., *St-Loup* (Guyon), RR. Chambon près *Thouars* (Lunet), *Bressuire, Châtillon-S.-Sèvre* (Toussaints). — VEND. *Bois-Plat*, c. forêt de *Vouvant* (Lx.), la Dalle près *La Roche*, au-dessous de *Chaillé-les-Orm.*, bord du Lay en la *Réorthe* (Pont., M.) *la Meilleraie-Tillay, Challans* (Gobert), PC. — LOIRE-INF. Bord du *Hâvre*, de la *Divatte, Mauves, Pont-du-Cens, Carcouët, le Portereau ; Vertou* (Lx.), *Maisdon !* (Dornigal), c. bord de la Sèvre entre *Monnières* et *Saint-Fiacre !* (Guiho), *Château-Thébaud* (Bureau), *St-J.-de-Corcoué !* (Cailleteau), etc. AR. — IL.-ET-V. La Trotinais en *Bourg-des-Comptes* (Degland, Le Gall). RR.

**C. claviculata** DC. *Fumaria* L. *Tige* rameuse, *grimpante*. Feuil. pennées ; pennules pédicellées, presque digitées, à fol. oblongues, entières. Pétioles terminés en vrille rameuse. *Fl.* petites, 5-6 en épi, *blanc jaunâtre*. Caps. à 2. 3 graines. ①. jⁿ-aᵗ. Buissons et rochers des coteaux schisteux et granitiques. AC.

*Obs. C. lutea* DC. sans vrilles et à fl. jaunes plus grandes que celles du précéd., s'échappe des cultures et se naturalise sur les vieux murs à *Dinan, St-Juval, Malignon, St-Brieuc, Landerneau*, etc.

**FUMARIA** L. *Fumeterre*. Sép. 2. Pét. supér. éperonné à la base. Fruit 1. sperme, indéhiscent. *Herbes annuelles des lieux cultivés, fleurissant de mai à sept. ; tiges anguleuses, faibles, diffuses, ou grimpantes par les pétioles qui se roulent autour des corps voisins ; feuil. décomposées ; fl. rougeâtres ou blanchâtres, foncées au sommet, en épis opposés aux feuil.*

**F. speciosa** Jordan cat. Grenoble, 1849, *F. capreolata* auct. part. Plante élégante, robuste, vert clair. *Pédic. fructifères*, épais, *toujours recourbés*, dépassant la bractée. Sép. ovales, aigus, prolongés à la base et fortement dentés, égalant la moitié de la cor., qui est plus étroite. *Cor. blanche* ou *rosée* supérieurement, brun noirâtre au sommet, pét. inf. verdâtre au sommet, éperon gros, arrondi. Fruit orbiculaire, lisse. — CHAR.-INF. *Saintes* (M. Arnauld), *St-Denis-d'Oleron* (Fd.). — VEND. *Noirmoutier* (Viaud-G-M.). — MOR. *Riantec* avec fl. rosée (Taslé). — FIN. c. arrond. de *Brest* ; « *Roscoff, Primel, Locquenolé* » (Miciol cat.). — C.-NORD. Env. de *St-Brieuc* (Baron), coteaux de la Rance à *Taden* et *S.-Samson* (Morin). — IL.-ET-V. AC. env. de Paramé près *St-Malo* (*F. pallidiflora* Jord., Mabille cat.).

**F. Boræi** Jordan, *F. Bastardi* var. *major* Boreau revue, *F. Bastardi* Jord., *F. muralis* Bor. éd. 2, *F. capreolata* Smith, Lloyd fl. Loire-Inf. Lobes des feuil. ovales ou oblongs. Pédic. fructifères étalés, rar. recourbés, plus longs que la bractée. *Sép.* grands, largement ovales, *peltés*, fortement dentés vers la base, dépassant à peine la largeur de la cor. *Fruit* globuleux, *un peu plus long que large*, très obtus, à base rétrécie plus étroite que le sommet du pédicelle. C. — PC. le calc. — Qqf. très glauque.

**F. confusa** Jordan, *F. Bastardi* Bor. revue et flore, éd. 2 et 3, *F. capreolata* Bor. éd. 1. Diffère de *F. Boraei* par les lobes des feuil. plus obtus, par la fl. plus pâle, 1/2 plus petite, les sép. 1/2 plus petits, étroitement ovales, très peu ou point prolongés au-dessous de leur insertion, où ils sont très peu ou point dentés, persistant sur le jeune fruit, plus étroits que celui-ci, par la bractée large, 2 f. plus courte que le pédic, et par la base du fruit large, formant comme un bourrelet, égalant le sommet du pédicelle. Çà et là. R., moins R. dans le calc.

**F. officinalis** L. Bull. médic. 189, *F. media* Lois. Lobes des feuil. oblongs-linéaires. Sép. oval. ou oval.-lancéolés, plus étroits que la cor., dont ils égalent env. le 1/3. *Fruit globuleux, plus large que long, tronqué, presque échancré,* un peu ridé-granuleux. C. — Plus C. le calc. — AC. *Bretagne, au-delà de la Vilaine.*

**F. micrantha** Lagasca. Lobes des feuil. oblongs-linéaires. Epi serré ; pédic. dressé, épais, en coupe au sommet, égalant la bractée ou plus court. *Sép.* dentelés tout autour, *orbiculaires,* peltés, *beaucoup plus larges* que la cor. et dépassant le tiers de sa longueur. Fruit globuleux, un peu plus large que long, un peu ridé-granuleux. — CHAR.-INF. De *Méchers à Royan ; Angoulin !* (A. Guillon), *La Rochelle ; Saintes* (M. Arnauld), *Péré* (Parat), *Surgères, Marans, Breuil-Magné, la Vergne, St-Savinien* (Fd.). — DEUX-SÈV. *Niort* (A. Guillon), *Villiers-en-P.,* RR. *St-Pompain, St-Loup ! Chiché, Lageon* (Guyon), *Airvault ; Thouars* (Lunet), *Louin* (Bernard). — VEND. *Challans, Chaillé-les-Marais ! Ste-Gemme* (Pont.), *St-Gervais* (Gad.), *Noirmoutier, Fontenay* et env. (Lx.), RR. *Mortagne* (Gen.). — LOIRE-INF. *Arthon !* (Gobert), *le Collet* (Gad.), *Bourgneuf* (P. Bruneau), *Machecoul, St-J.-de-Corcoué* (Cailleteau). — MOR. *Ile-aux-Moines ! St-Gildas* (Taslé), *Belle-île* (Gad.). RR. — FIN. *Kérity-Penmarc'h, Plomeur* (Crouan). — IL.-ET-V. *St-Coulomb* (Hodée).

**F. parviflora** Lam. Très glauque. *Lobes des feuil. linéaires, en gouttière.* Sép. petits, de la largeur du pédicelle court, épais. Fl. blanchâtres. *Fruit mûr* globuleux, ridé-granuleux, *apiculé.* Champs calc. ou sablon. — CHAR.-INF. AC. surtout sables maritimes. — DEUX-SÈV. *Niort* (A. Guillon), *St-Pompain, Villiers-en-P.* (Guyon), *Sainte-Eanne, St-Florent* (Gir.), *Airvault* (Bonnin), *Soudan* (Portron), *Thouars* (Revelière). — VEND. *Noirmoutier ;* C. *Fontenay !* (Lx.), *St-Jean-de-Mont !* (Gad.), *Palluau* (Gir.), *St-Hilaire-de-Riez, Les Sables, Sainte-Paixine* (Pont.-M.). — LOIRE-INF. *Chéméré, Machecoul,* C. dans toutes les vignes sablon. *d'Escoublac* à *S-Sébastien* et au village de *Cavareau ;* autour du *Pouliguen ; Pornic* (Gad.). Çà et là de *Liarne* à la *Pointe-St-Gildas* (Cailleteau). R. — MOR. *Quiberon* (Le Gall). RR. — FIN. *Plomeur* (Crouan).

**F. Vaillantii** Lois. Glauque. *Lobes des feuil.* linéaires-lancéolés, *planes.* Sép. très petits, *plus étroits que le pédic.* Fl. rosées. Fruit mûr globuleux, ridé-granuleux, obtus, apiculé. Champs calc. — CHAR.-INF., DEUX-SÈV. AC. — VEND. Vigne des dunes entre *Olonne, St-Hilaire-de-Riez* et *St-Jean-de-Mont, Ste-Paixine,* de *Mouzeuil* à *Nalliers* (Pont.-M.), *Chaillé-les-Marais, Sauveré-le-Sec* (Ayraud), *Noirmoutier* (Ménier). — LOIRE-INF. *Machecoul, Arthon.* RR.

# CRUCIFÈRES

Sép. 4. Pét. 4 opposés en croix, onguiculés, alternes avec les sép. Etam. 6 hypogynes, tétradynames, c.-à-d. 2 plus courtes, solitaires, opposées aux sép. extér. et 4 plus longues géminées, opposées aux sép. intér. Anthères à 2 loges introrses. Ovaire libre. Style 1 à ord. 2 stigm. Fruit allongé *(silique)*, ou court *(silicule)*, rar. à une loge indéhiscente, ord. à 2 loges, à 2 valves parallèles à la cloison qui porte sur chaque bord plusieurs graines, rarement une seule. *Herbes à feuil. alternes ; fl. en épis ou en grappes.*

SILIQUEUSES. — Fruit au moins trois fois plus long que large.

* Graines sur un rang.

*Raphanus.* Silique indéhiscente, articulée en travers.

*Brassica.* Cal. dressé. Silique presque cylindrique. Graines globuleuses.

*Sinapis.* Caract. du *Brassica.* Cal. étalé.

*Erucastrum.* Cal. ouvert, bossu à la base. Siliq. linéaire, valves convexes à 1 nervure. Graines ovales ou oblongues.

*Erysimum.* Cal. fermé ou dressé. Siliq. tétragone.

*Sisymbrium.* Cal. égal à la base. Caps. linéaire. Fl. jaunes, petites.

*Hesperis.* Cal. bossu à la base. Siliq. linéaire. Stigm. à 2 lames dressées-conniventes. Graines anguleuses.

*Matthiola.* Cal. fermé, bossu à la base. Stigm. à 2 lobes épaissis sur le dos. Graines comprimées.

*Malcolmia.* Caract. du *Matthiola.* Style conique en alène. Graines non bordées.

*Cheiranthus.* Cal. fermé, bossu à la base. Stigm. à 2 lobes non bossus. Graines comprimées.

*Barbarea.* Cal. dressé, presq. égal à la base. Siliq. linéaire, presque tétragone ; valves convexes. Fl. jaunes.

*Arabis.* Cal. dressé, bossu à la base. Siliq. linéaire, valves planes. Graines comprimées.

*Cardamine.* Cal. étalé. Siliq. s'ouvrant avec élasticité.

*Dentaria.* Caract. du *Cardamine.* Cal. dressé. Souche écailleuse, fragile.

** Graines sur deux rangs.

*Diplotaxis.* Cal. lâche, égal à la base. Siliq. linéaire, comprimée. Fl. jaunes, rar. blanches.

*Braya.* Cal. égal à la base. Siliq. linéaire à 1 faible nervure. Fl. blanche, très petite.

*Turritis.* Silique linéaire, à 1 forte nervure longitudinale. Fl. blanche.

*Nasturtium.* Cal. étalé. Silique courte ou silicule.

SILICULEUSES. — Fruit moins de 3 fois plus long que large.

* Silicule indéhiscente.

*Bunias.* Silic. a 4 angles dentés en crête.

*Isatis.* Silic. plane, 1.sperme.

*Biscutella*. Silic. plane à 2 lobes orbiculaires.

*Crambe*. Grandes étam. munies d'une dent au sommet. **Silic. à 2** articles, l'inf. en forme de pédicelle.

*Cakile*. Cal. dressé, bossu à la base. Article inf. de la silic. en cône renversé.

*Rapistrum*. Article inf. de la silic. en forme de pédicelle.

*Coronopus*. Silic. à 2 lobes tuberculeux ou ridés.

*Neslea*. Silic. osseuse, globuleuse, 1.sperme.

*Calepina*. Silic. ovale-globuleuse, acuminée, 1.sperme.

*Myagrum*. Silic. comprimée, 3.loc.

** Silicule s'ouvrant d'elle-même.

*Teesdalea*. Pét. inégaux. Filets des étam. munis à la base d'une petite écaille blanche.

*Iberis*. Pét. très inégaux.

*Camelina*. Silic. renflée en poire.

*Alyssum*. Silic. orbiculaire, comprimée. Valves convexes au milieu. Graines bordées.

*Draba*. Silic. elliptique. Valves presque planes. Graines sur 2 rangs.

*Lunaria*. Silic. elliptique, plane, large de 1 à près de 3 cent.

*Cochlearia*. Silic. presque globuleuse ou elliptique. Valves ventrues. Graines non bordées.

*Lepidium*. Silic. ovale, comprimée. Valves en carène qqf. ailée. Loges 1.spermes.

*Hutchinsia*. Caract. du *Lepidium*, loges de la silic. à 2 graines ou plus.

*Thlaspi*. Silic. ovale, échancrée au sommet. Valves en carène ailée. Loges 3-6.spermes.

*Capsella*. Silic. triangulaire en cœur renversé.

Aberr. *Nasturtium amphibium, pyrenaicum*.

# A. *Siliqueuses, c.-à-d. dont le fruit est 3 fois plus long que large.*

**RAPHANUS** L. Cal. dressé, bossu à la base. Siliq. linéaire ou conique, cylindrique, indéhiscente, à 2 loges continues ou se séparant en articles transversaux 1.spermes, terminée en long bec conique.

**R. Raphanistrum** L. *Ravénelle*. Tige de 5-8 déc. rameuse-étalée. Feuil. lyrées à lobes ovales, sinués-dentés, rudes, le terminal plus grand. Siliq. se séparant à la maturité en articles 1.spermes nombreux, fortement nervés, à bec très long. Fl. jaunes, veinés ou d'un jaune blanchâtre veiné de violet. ①. jⁿ-oct. Moissons, prés, champs en friche. CC. — Qqf. ② et alors plus robuste avec les lobes des feuil. rad. et inf. séparés par d'autres plus petits.

β *R. maritimus* Smith. Tige de 10-15 déc. à rameaux très étalés; feuil. rad. et inf. à lobes séparés par d'autres plus petits, les rad. en large rosette; fl. jaunes, non veinées; siliq, à articles moins nombreux, plus gros, très fortement nervés, à étranglements plus distincts, bec moins long; rac. ②, rar. trisannuelle, mais certainement pas vivace. Rochers maritimes dans les îlots ou dans les lieux exposés à

la grande mer. — MOR. *Houat* et îlôts vo'sins, où il est C ! (Delalande),
R. *Larmor* et *Guïdel* près *Lorient*. — FIN. *Iles Glénans,* C. rade de
*Brest,* R. *Ile de Batz ;* C. *Ile Verte* près *Roscoff* (Moreau), « côte de
*Morlaix »*, *St-Pol* (Miciol cat.). — C.-NORD. *Ile Bréhat* (Debooz), sillon
Talbert en *Pleubian* (Avice). RR. — IL-ET-V. RR. îlôt v.-à-v. *Saint-
Briac,* pointe de *Lavarde* (Mabille cat.), *île des Rimains* (Debooz).
RR. — Distinct de *R. Raphanistrum* selon Le Gall et Crouan.

*Obs.* M. Foucaud m'a fait cueillir un *Raphanus* très voisin de *R.
maritimus* Sm., dont il diffère « surtout par la silique ayant jusqu'à
6 articles dont le supér. est terminé par un bec l'égalant 1-3 f., croît
prairies, bord des chemins. — CHAR.-INF. *La Rochelle, Châtelaillon,*
vallées de *la Charente* et de ses affluents. »

*Obs. R. Landra* Moretti est très voisin de *R. Raphanistrum* et
encore plus de *R. maritimus ;* feuil. rad. et inf. lyrées à lobes séparés
par d'autres plus petits. les inf. recourbés, les feuil. rad. en large
rosette ; fl. jaune pâle, veinées ; siliq. subéreuse, lisse, à nervures
faibles, à étranglements moins distincts, bec long. ②.

**BRASSICA** L. Cal. dressé. Siliq. presque cylindrique, terminée
en bec. Graines globuleuses sur un rang.

**B. Cheiranthus** Vill. Glaucescent. Tige rameuse, couverte dans le
bas de poils épars, étalés. *Feuil. hispides, pennées,* à fol. oblongues,
sinuées-dentées, les sup. à fol. linéaires. Cal. toujours fermé. Fl. jaunes.
Siliq. d'env. 4 cent.. linéaires, bosselées, terminées en bec à 1, 2
graines à la base. ②. ♃. jⁿ-aᵗ. Coteaux pierreux. bord des haies, bois
de pins. C. — Une forme ord. naine est AC. dans les sables maritimes.

**B. oleracea** L. *Chou sauvage. Très glabre.* Tige de 6-10 déc.
rameuse. Feuil. lyrées, sinuées-ondulées, glauques, épaisses, les sup.
lancéolées, auriculées, dentées ou entières. Fl. jaune pâle en grappes
lâches. Cal. dressé, bossu à la base. ②. et trisannuel. Mai. — CHAR.-
INF. Rochers calc. de la *Gironde, de Mortagne* à *Méchers* et plus bas.

*** B. Napus** L. *Navet.* Glauque, rameux. Rac. pivotante, charnue.
Feuil. inf. lyrées, les sup. oblongues, rétrécies au-dessus de la base
élargie, embrassante en cœur. Fl. jaunes en grappes lâches. Cal. à la
fin étalé. ①. av.-mai. Cult. partout et sous-spontané çà et là. — Aux
îles d'Ouessant (FIN.), sa racine est grêle, effilée (non charnue comme
dans les navets cultivés) et ce caractère persiste après plusieurs années
de culture par M. Blanchard, qui croit que cette plante est le type sauvage du navet. — *B. oleronensis* Savatier, ann. acad. Rochelle, 1878,
appartient (ainsi que le *Navet de Belle-Ile*) à la race des *navets durs* du
type, et sa racine qui, sur la côte d'Oleron, est « longue de 10-15 cent.
et rarement plus de la grosseur du doigt », devient 3 f. plus grosse
par la culture.

**ERUCASTRUM** Schimp. Cal. ouvert, bossu à la base. Siliq.
linéaire, valves convexes à une nervure. Graines ovales ou oblongues
sur un seul rang.

X. **E. obtusangulum** Reich. *Sisymbrium* DC. Tige de 3-6 déc.

finement pubescente dans le bas, à poils dirigés en bas. Feuil. penni-partites, à lobes obtus, dentés-sinués, ondulés, un peu glauques, les lobes infér. des feuil. intermédiaires situés près de la tige qu'ils embrassent comme par deux oreillettes. Fl. d'un beau jaune, odo-rantes, en grappes sans bractées. Sép. très étalés, plus courts que le pédic. Siliq. redressées sur un pédic. ouvert, bec portant souvent une graine à la base. ②. j". — CHAR.-INF. R. rochers calc. de *la Gironde*, de *St-Seurin* aux *Monnards*. RR.

⚥. **E. Pollichii** Schimper. *Sis. Erucastrum* Pol. Vill. Diffère du précéd. par les feuil. à lobes infér. écartés de la tige et non embras-sants, par les fl. jaune pâle, plus petites, les infér. garnies d'une bractée semblable à la feuil., par les sép. ouverts, les étam. appliquées et le bec des siliq. sans graine. ①. Print. et aut. Lieux sablonneux, décombres. — DEUX-SÈV. *Eveillard* près *Pas-de-Jeu* (J. Richard 1869). RR.

**SINAPIS** L. Diffère (à peine) du *Brassica* par le cal. étalé.

**S. nigra** L. *Moutarde.* Tige rameuse d'un mètre et plus. Feuil. infér. lyrées, grandes, rudes, à lobe terminal très grand, les supér. lancéolées, entières, glabres. Fl. jaunes. *Siliq. tétragones* à bec court, serrées contre l'axe. Graines noires. ①. j"-sept. Lieux pierreux, coteaux, bord des rivières, des marais, terres fortes salées. — CHAR.-INF. C. région maritime et vallée de *la Gironde* ; *St-J.-d'Angély* et env. (Pinatel), *St-Georges-du-Bois* (Duss.). — DEUX-SÈV. *Niort, St-Pompain* (Guyon), *St-Eanne, Souvigné, Ste-Pezenne, Ste-Soline, Lezay,* PC. (Sauzé fl.). — VEND. C. région maritime et le Marais (Pont., M.). — LOIRE-INF. AC. oseraies de la *Loire,* C. sur le talus des fossés du *bas de la Loire,* où l'on récolte ses graines qui fournissent la moutarde du commerce. — PC. au-delà de la *Loire* jusqu'au *Fin.* ; de là AC., surtout dans la région maritime.

**S. arvensis** L. Tige rameuse de 4-6 déc., hispide. Feuil. ovales, inégalement dentées, les infér. lyrées ou lobées, hispides. Fl. jaunes. *Siliq. cylindriques, bosselées,* demi-dressées, glabres, plus longues que le bec long conique en alène, à 3 nervures dorsales. Graines noires. ①. j"-a". Moissons, vignes, champs cultivés. CC. — Var. qqf. à siliq. couvertes de poils réfléchis.

*Obs. S. Schkuhriana* Reich. Boreau. M. de Rochebrune, qui le trouve dans les lieux cult. humides, les décombres de la Charente, le distingue de *S. arvensis* « par ses fl. d'un jaune plus pâle, ses siliq. grêles, allongées, un peu flexueuses, toruleuses jusqu'à la maturité, à 5 nervures, les deux latérales plus faibles et interrompues, tandis que *S. arvensis* a une siliq. épaisse et à 3 nervures ; enfin par le pédic. de la siliq. grêle, non épais et court, par les graines bien plus grosses. » — DEUX-SÈV. C. (Sauzé fl.)

⚥. **S. alba** L. *Moutarde blanche.* Tige hispide. Feuil. lyrées-penni-fides à lobes ovales, sinués-dentés. Fl. jaunes en grappes. Pédonc. sillonné, étalé. Siliq. toruleuses, hispides, munies sur le dos de trois nervures saillantes et terminées par un *bec* long *en sabre.* Graines jaunâtres, 2, 3 dans chaque loge. ①. mai. Coteaux, rochers et mois-sons des ter. calc. ou argileux. — CHAR.-INF. *Mortagne.*

**S. incana** L. *Erucastrum* Koch, *Hirschfeldia adpressa* Moench.
Tige de 5-10 déc., rameuse, couverte de poils dirigés en bas. Feuil.
lyrées, les supér. lancéolées, entières, pétiolées. Fl. jaunes. *Siliq.*
grêles, cylindriques, un peu toruleuses, *serrées contre l'axe ;* valves à
1 nervure et à veines anastomosées ; *bec court, rétréci à la base, à une
graine.* ②. j⁻-sept. Champs, coteaux, lieux pierreux, décombres du
calc. — CHAR.-INF. de *St-Romain-de-Beaumont* jusqu'à *Royan, Terre-
Nègre, la Tremblade ; Oleron, Fouras* jusqu'à *la Rochelle* et *l'ile de Ré,
Saintes.* C. par localités. — VEND. *St-Gilles, Ile-d'Yeu, Noirmoutier.*
LOIRE-INF. *Pouliguen, Mesquer-Kercabélec.* C. gare du *Croisic ; Bourgneuf.* — C.-NORD. *St-Jacut, St-Lunaire* (Mabille). — IL.-ET-V. Entre
*St-Malo* et *St-Coulomb.* — Qq. pieds de cette plante de décombres
apparaissent dans les ports de mer, les gares, d'où elle se répand.

**DIPLOTAXIS** DC. Cal. lâche, égal à la base. Silique linéaire,
comprimée. Graines sur 2 rangs dans chaque loge.

**D. tenuifolia** DC. *Sisymbrium* L. *Glabre,* fétide par le frottement.
Tiges de 4-6 déc. sous-frutescentes à la base. Feuil. inf. pennifides à
lobes linéaires, entiers. *Fl. jaune soufre,* longuement pédicellées, odorantes. ♃. j⁻-sept. Sables. décombres, rochers. C. région maritime,
mais par localités. — A l'intérieur : Château de *Bressuire* (Toussaints,
1840), *Thouars* en *Deux-Sèv.* (Boreau).

**D. muralis** DC. *Sisymb.* L. *Tiges* d'env. 3 déc. *ascendantes,
presque nues, un peu poilues* ainsi que les feuil. oblongues, sinuées-
pennifides. Fl. jaune, odorante. Cor. étalée, dépassant 1 f. le cal. ;
limbe arrondi, brusquement contracté en onglet. ①, ②, ♃. j⁻-j⁻.
Champs, bord des chemins, lieux pierreux du calc. — CHAR.-INF. C.
de *Mortagne à Méchers ;* côte de *la Rochelle, Montlieu, Jonzac,* C. *ile de
Ré ; Oleron, Beauvais* (Sav.) ; de *Siecq* à *Cognac,* etc. — DEUX-SÈV.
« *Thouars* (Boreau fl.), » *Pas-de-Jeu* (J. Richard), *Valians, Epannes,*
la *Rochénard, Usseau* (Grelet). — VEND. *Fontenay, Auzais, Chaillé-
les-Marais !* (Lx.), *Gué-de-Velluire* (Ayraud), *Yeu* (Ménier), *Noirmoutier* (V.-G.-M.). LOIRE-INF. *Machecoul !* où il est devenu C. *Mesquer-
Kercabélec !* (Gen.), *Préfailles* (Galard). RR. — FIN. *Roscoff, Santec,
Kerfichen* près *Plouescat,* C. anse de *Goulven ; Guisseny* (Blanchard),
le *Conquet* (Crouan), *Loctudy* et la côte jusqu'à *Penmarc'h* (Picq.). —
C.-NORD. R. *St-Jacut* (Mabille). — IL.-ET-V. C. *St-Malo et env.*

**D. viminea** DC. *Sisymb.* L. Glabre. Tiges plus grêles que dans le
précéd. Feuil. lyrées-sinuées, presque toutes radic.-en rosette. *Pét.
jaunes, dépassant à peine le cal. ;* limbe oblong, insensiblement
rétréci en onglet. Style contracté à la base. ①. av.-sept. Champs,
vignes, lieux cultivés des ter. calc. ou sablon. — CHAR.-INF. C. —
DEUX-SÈV. AC. — VEND. *Noirmoutier, Ile d'Yeu, la Barre-de-Mont ;
Challans* (V.-Grand-Marais), *le Molin* (Gad.), *la Bauduière !* (Delalande),
*le Veillon* (Maupon), *Maillezais, Longève, Chaillé-les-Marais !* ile
*d'Elle* (Lx.), *Mareuil* (Pont.). — LOIRE-INF. R. *Chéméré, Machecoul.*
— MOR. *Etel, Sarzeau* (Toussaints). RR. — FIN. *Camaret* (Crouan).

✕. **D. erucoides** DC. *Sinapis* L. Tiges de 3-5 déc., herbacées,
rameuses, diffuses, poilues-rudes. Feuil. de la tige sinuées-pennifides. *Fl. blanches,* assez grandes, en longue grappe. Fruit bosselé,

dépassant plusieurs fois le pédic. ④. Mai. Vignes, bord des **chemins,** des champs. — CHAR.-INF. c. *Esnandes* et la côte jusqu'à *Coup-de-Vagues ;* Pays bas de *Matha* (Guillaud).

**SISYMBRIUM** L. Cal. égal à la base. Silique linéaire ; valves convexes, à 3 nervures longitudinales. Stigm. entier ou échancré, obtus. Graines sur un rang. *Fl. jaunes, petites.*

**S. officinale** Scop. *Erysimum* L. Velu ; *Rameaux divergents.* Feuil. inf. roncinées-lyrées. *Siliq.* en alène, *serrées contre l'axe.* ④. jⁿ-aᵗ. Décombres, pieds des murs. CC. — Siliq. qqf. glabre (β *leiocarpum* DC.).

**R. austriacum** Jacq. Koch. Tige rameuse de 2-5 déc. Feuil. roncinées pennifides, un peu épaisses, à côtes blanchâtres, les rad. en rosette ; lobes triangulaires à sommet aigu, calleux. souv. garni de 1 ou plusieurs soies, le lobe terminal plus allongé dans les feuil. sup. Fl. dépassant les jeunes siliq. Sép. presque glabres, dressés, inégaux à la base. Pét. étalés. *Siliq.* nombreuses, *serrées-entremêlées* autour de l'axe, sur un pédic. arqué-ascendant un peu épaissi au sommet, qui est aussi épais que la silique, celle-ci 4-5 f. plus longue que le pédic. Graines jaunâtres, lisses. ②. Mai-jⁿ. — CHAR.-INF. Rochers calc. de *la Gironde*, de *St-Seurin* aux *Monnards ; Mortagne*. (Fd.). RR. — IL.-ET-V. cc. murs de *Rennes*, où il est pubescent. à poils dressés ; aussi dans qq. haies autour de la ville (*S. rhedonense* Le Gall).

**S. Irio** L. A la fin glabre ou à peu près, rameux. Feuil. pennifides à lobes dentés du côté supér., le terminal plus grand, allongé dans les feuil. supér. *Siliques* nombreuses, 4 f. aussi longues que le pédic., ouvertes en angle aigu, *les plus jeunes dépassant les fleurs* jaune pâles. ②. mai-aᵗ. Murs, décombres, bord des chemins. — CHAR-INF. Remparts de *la Rochelle, Pons*. — DEUX-SÈV. *Niort* (Sauzé H.). — VEND. RR. port des *Sables* (Marichal), Château de *Maillezais* (Gobert). — LOIRE-INF. Quais et rochers de la Loire à *Nantes*, rues d'*Ingrande*. R. — FIN. Moissons de *Quimper* (Bonnemaison) ; à retrouver là.

☓. **S. Columnæ** L. Koch. Velu. Tige flexueuse de 3-6 déc. Feuil. roncinées-pennifides, *à lobes munis à la base du côté inf. d'une oreillette redressée*, lobe terminal des feuil. moyennes hasté-lancéolé, les feuil. supér. lancéolées, entières. Cal. dressé. Cor. jaune. Siliq. peu nombreuses, ouvertes, espacées, 12-15 fois plus longues que le pédic., presque de même épaisseur que lui. ②. et ④. mai-jⁿ. Murs, coteaux pierreux. — CHAR.-INF. *La Rochelle*, AC. murs et à leur pied dans les bourgs de *l'île de Ré*. R. — VEND. Rocher de *la Dive !* (Lx.), délestages des *Sables*. RR. — Apparaît dans quelques ports de la Bretagne.

**S. Sophia** L. Pubescent, rameux dans le haut. *Feuil. tripennées à fol. linéaires.* Cor. petite, jaune pâle, plus courte que le cal. Siliq. nombreuses, grêles, dressées. 2 f. plus long. que le pédic. étalé. ④. mai-jⁿ. Lieux sablon. décombres. — CHAR.-INF. *Les Boulassiers !* en Oleron (Sav.), *Rivedoux !* en île de Ré (Gobert), *le Martray !* et *la Rivière* en île de Ré (Sav.!).— DEUX-SÈV. *St-Martin-de-Sanzay ;* ville de *Thouars !* (Toussaints), *Airvault* (Lecovec), *Chiché* (Guyon),

RR. *Marnes*, c. murs de *la Grimaudière* dans la Vienne (Brottier). — VEND. c. à *Noirmoutier* autour des villages ; de *la Barre* à *St-Jean-de-Mont !* (Gobert), *les Sables, la Tranche* (Pont., M.). — LOIRE-INF. Sables de *St-Brevin*. RR.

**BRAYA** Sternb. Caract. du *Sisymbrium*. Siliq. à 1 nervure, graines sur 2 rangs.

✗. **B. supina** Koch, *Sisymb*. L. Couché, couvert de poils raides. Feuil. pennifides à lobes oblongs, entiers ou sinués, obtus, le terminal plus grand. Fl. petites, blanches, axilaires en épis lâches, feuillés. Siliq. un peu comprimées, dressées, arquées, 5-6 f. plus longues que le pédic. ①. juin-sept. Lieux sablonneux humides. — CHAR.-INF. *Beaulieu* en *Aulnay* (Pinatel). — DEUX-SÈV. Graviers de la Dive à *Rom* (Guyon), vignes des env. d'*Epannes* (J. Richard), *Prahecq* (Sauzé fl.).

**ERYSIMUM** L. Cal. dressé ou fermé. Silique tétragone ; valves à une forte nervure. Stigm. obtus, entier ou échancré. Graines sur un rang.

**E. Alliaria** L. *Hesperis* Lam. *Sisymb*. Scop. Plante froissée ayant une odeur d'ail, haute d'environ 6 déc. Feuil. en cœur, aiguës, grossièrement et inégalement dentées, les inf. obtuses-arrondies. Cal. dressé. *Fl. blanches*. Siliq. demi-dressées sur un pédic. très court. Graines presque cylindriques, striées. ②. av.-j<sup>n</sup>. Haies. C.

**E. cheiranthoides** L. Tige anguleuse, rude. Feuil. lancéolées, à peine dentées, couvertes de poils 3. furqués. *Fl. d'un beau jaune*. Siliq. un peu pubescente, ascendante, 4 f. plus longue que le pédic. étalé. ①. mai-sept. Bord des eaux, champs humides. — CHAR.-INF. Bord de la Charente à *Cognac* ; la Boutonne à *St-Jean-d'Angély* et env. (Pinatel), *Saintes* (Delalande), *Port-d'Envaux* (Faye) et prob. sur plusieurs points interméd. ; *Naneras* (Delalande), la Caillaude en *Taugon*, la Grève en *St-Martin-de-Villeneuve* (Fd.), de *St-Ouen* à *Haimps* (Sav.). — DEUX-SÈV. *Niort, Ste-Pezenne* (A. Guillon), *Epannes* (J. Richard), *Mauzé, la Boutonne* à *Brioux* et prob. çà et là en descendant. — VEND. *Fontaines, Maillé* (Lx.). R. — LOIRE-INF. C. Vallée de la *Loire*. — FIN. *St-Jean-Plougastel* (Crouan), *Irvillac* (Blanchard). — IL.-ET-V. *Grosmallon* près *Rennes* (herb. Degland).

✗. **E. orientale** R. Br. *Brassica* L. *Erys. perfoliatum* Crantz. Herbe *glauque*, glabre. Tige souv. simple. *Feuil. entières*, obtuses, ellipiq. ou oblongues, embrassantes en cœur, les rad. obovales. Cal. bossu, appliqué. Fl. blanc sale ; pét. ouverts. Siliq. très longues, étalées. ①. j<sup>n</sup>. Moissons, champs pierreux calc. — CHAR.-INF. Çà et là entre *Dœuil, le Pin !* (M<sup>me</sup> George), *Aulnay, Beauvais, Pérignac, Pons* et *Archiac ; Cadeuil ; St-Pierre-d'Amilly, St-Félix* (Fd.). PC. — DEUX-SÈV. *Paizay* (Vernial), *Melle* (A. Guillon), *St-Martin-de-Berne-goue, Sauzé-Vaussais, Pliboux, Villemain, Bougon* (Sauzé fl.).

**HESPERIS** L. Cal. bossu à la base. Siliq. linéaire. Stigm. à deux lames dressées-conniventes. Graines oblongues, anguleuses, sur un rang.

**H. matronalis** L. *Julienne*. Tige de 4-6 déc. hérissée. Feuil. oval.-lancéolées, acuminées, dentées. Fl. lilas, odorantes. Siliq. bosselées, glabres, dressées sur un pédic. étalé. ♃. mai-j^n. — LOIRE-INF. Bords ombragés de la Moine à *Clisson* (Bornigal) et plus bas sur la Sèvre de *Gorges !* à *Monnières !* (Guiho), RR. — J'en ai vu qq. pieds dans une semblable station à *Cognac*, au bord de la Charente, sous le Parc du Portal. M. Sauzé l'a trouvé spontané au bois de l'Echassier, à 2 kil. en amont de *Cognac*. — DEUX-SÈV. *La Chapelle-Thireuil, S^te-Pezenne, Le Vert,* RR. (Sauzé fl.).

**MATTHIOLA** R. Br. Calice fermé, bossu à la base. Siliq. linéaire. Stigm. à 2 lobes connivents, épaissis sur le dos. Graines comprimées.

**M. sinuata** R. Br. *Cheiranthus* L. Tomenteux-blanchâtre ; rameaux étalés. *Feuil.* lancéolées, les *inf. sinuées.* Fl. rosé-lilas, odorantes le soir. Siliq. longue, rude-glanduleuse. Graines ovales, largement bordées. ②. j^n-sept. Sables maritimes. Graduellement moins C. en s'éloignant du midi. — CHAR.-INF. C. — AC. de la Vendée à *Brest*, moins c. au-delà. — C.-NORD. *Trébeurden* (Le Corre), *St-Michel-en-Grève ;* RR. *Grève St-Symphorien* (Cornillé). Trestel près *Tréguier* (Avice). R. — IL-ET-V. *Île Harbourg* (Debooz), qq. pieds à Lavarde près *St-Malo* (Mabille).

✗. **M. incana** R. Br. *Cheiranthus* L., *Giroflée des fleuristes*, To-menteux-blanchâtre. Tige rameuse portant inférieurement les cicatrices des anciennes feuil. *Feuil.* lancéolées, arrondies au sommet, rétrécies à la base, *entières*, les inf. ondulées. Fl. blanches, violacées ou rouges, à odeur suave. Siliq. dressée, tomenteuse, non glanduleuse. Graines orbiculaires, largement bordées. ②. j^n-j^t. Rochers calc. de la Gironde de *Mortagne* à *Méchers*. R.

*Obs.* Les espèces du genre *Malcolmia* R. Br. se distingueront des *Matthiola* par le style conique-en alène et par les graines non bordées. *Malcolmia maritima* R. Br. *Cheiranthus* L. Gazon de Mahon est cult. partout dans les jardins et même dans les rues des bourgs du littoral dans la Char.-Inf., par ex. à *Oleron, la Tremblade*, où il se ressème en bordure le long des maisons, d'où il peut se répandre ailleurs ; M. Foucaud et moi ne l'avons pas rencontré sauvage, pas plus que *Malcolmia littorea* R. Br. *Cheiranthus* L. que la *Flore de France* de Grenier et Godron indique « dans les sables des côtes de l'Océan, depuis *Bayonne* jusqu'à *Cherbourg* ». Ce dernier a les caractères suivants : Tomenteux-blanchâtre ; feuil. lancéolées-linéaires, obtuses, entières ; fl. violacées à onglet jaune ; cal. bossu à la base ; siliques en grappe flexueuse, arquées en dehors sur un pédic. étalé ; style en alène ; graines ovales, non bordées. ②.

**CHEIRANTHUS** L. Cal. fermé, bossu à la base. Siliq. linéaire. Stigm. à deux lobes non bossus. Graines comprimées, sur un rang.

**C. Cheiri** L. *C. fruticulosus* L. *Giroflée, Ramoneurs*. Tige presque ligneuse à la base, rameuse. Feuil. lancéolées, entières, à poils couchés. Fl. d'un beau jaune, odorantes. Graines bordées surtout au sommet. ♃. mars-av. Rochers calc. — CHAR-INF. Rochers de la Gironde de *Mortagne* à *Méchers ; S.-Savinien.* — VEND. Île de *la Dive !* (Lx.). — FIN. Talus

et coteaux sablonneux du littoral, *Lannevez, Audierne*, etc. (Crouan).
— C.-NORD. Rochers maritimes de *Dahouet!* (Cornillé), de *Hillion*
(Baron). — IL.-ET-V. Rochers du littoral (Mabille). — AC. vieux murs
des villes.

**BARBAREA** R. Br. Calice dressé, presque égal à la base. Siliq.
linéaire presq. tétragone ; valves convexes à une seule nervure longitudinale. Stigm. obtus, entier ou échancré. Graines sur un rang. *Herbes
à tige simple à la base ; feuil. pennées, pennifides ou lyrées, à lobe
terminal plus grand ; fleurs jaunes.*

**B. vulgaris** R. Br. *Erysimum Barbarea* L Tige cannelée. Feuil. **rad.**
lyrées à lobe terminal ovale ou arrondi, les latéraux oblongs, les *sup.
indivises*, crénelées-dentées. *Siliq.* dressées ou étalées, *à pointe longue.*
♃. mai. Haies fraîches. PC.

**B. stricta** Bor. an Andrz? Diffère du précéd. surtout par les lobes
latéraux des feuil. rad. très-petits, le terminal grand en cœur, les fl.
plus petites, les siliq. ord. serrées contre l'axe. ②. mai. Mêmes lieux, C.

**B. intermedia** Boreau. *Tige triquètre.* Feuil. rad. pennées à fol°
ovales-oblongues, *les sup. pennifides à lobes oblongs-linéaires*, entiers
ou dentés. Siliq. nombreuses, courtes, à pointe courte, rapprochées de
l'axe. ②. av.-mai. Champs en friche. — DEUX-SÈV. Env. de *Bressuire*
(J. Richard), *Amailloux !* (Guyon), *Puy-St-Bonnet, St-Sauveur, St-
Pierre à Champ, Vautebis, Secondigny, Chef-Boulonne, St-Martin-
d'Entraigues* (Sauzé fl.). — VEND. AC. Bocage. — LOIRE-INF. CC. entre
*Ancenis* et *St-Herblon*, à *Copchoux, Ligné, St-Mars-la-Jaille, la Cha-
pelle-Glain, Châteaubriant, Noyal, Rougé*, et c. de là à *Rennes* et
*Fougères* en Il.-et-V. — MOR. « *Lorient, Malestroit, le Fresne en Néant*
(Le Gall flore), » *Ploërmel* (J.-M. Sacher). — FIN. *Brest* (Tanguy),
*Guidel* (Picq.). — C.-NORD. AR. env. de *St-Brieuc, Lamballe* (Baron),
R. *Dinan*, C. région maritime adjacente (Mabille). — IL.-ET-V. AC. en
*Bains*, AC. *Redon* (Moreau). — Varie qqf. à siliq. arquées-entremêlées
autour de l'axe, aussi à siliq. étalées.

**B. præcox** R. Br. *Erys.* Smith, *Roquette.* Saveur du *Cresson de
fontaine.* Tige anguleuse. Feuil. inf. pennées, *les sup. pennifides à
lobes linéaires, entiers.* Siliq. *longues*, à pointe très-courte, demi-
étalées, *espacées.* ②. mai. Champs en friche, bord des chemins. —
CHAR-INF. *Oleron* (Delalande), *île de Ré, Arvert, Fontcouverte ; Véné-
rand* (Pinatel), *Nancras, St-Savinien* (Tess.), *Aumagne* (Riveau). —
DEUX-SÈV. *Niort ; Parthenay* (Jeanneau). *Beaulieu, les Forges* (Gir.),
*St-Loup, Amailloux* (Guyon), *Louin* (Bonnin), *la Mothe, Bressuire*
(J. Richard), *Argenton-Château ; Thouars !* (Revelière). — VEND. AC.
Bocage. — LOIRE-INF. C. — MOR. AC. littoral ; *Ploërmel* (Arrondeau).
— FIN. C. arrond. de *Brest !* (Crouan), *Quimper, Penmarc'h* (Bon-
nemaison), *Quimperlé* (Picq.), « *Morlaix, Saint-Martin, Ploujean,
Plougasnou*, etc. » (Miciol cat).—C.-NORD. *S.-Brieuc, Binic, Pordic, Car-
travers, Moncontour, Morieux*, AC. région maritime de l'est (Mabille).
— IL.-ET-V. *Ros-sur-Couesnon, Rennes ; Bonnemain* (Hodée). —
Siliq. 2 f. plus longue que dans les précéd.

**TURRITIS** L. Cal. lâche. Siliq. linéaire ; valves planes à une
nervure longitudinale. Graines sur 2 rangs.

**T. glabra** L. *Arabis perfoliata* Lam. Glauque. Tige de 4-8 déc.
simple, raide, velue à la base. Feuil. rad. sinuées-dentées, velues,
pétiolées, les sup. embrassantes en fer de flèche, entières, glabres.
Fl. blanchâtres. Siliq. très-longues, serrées contre l'axe. ②. mai-j$^n$.
Champs secs, haies. — DEUX-SÈV. La Touche-Poupart près *S$^t$-Maixent*
(A. Guillon), *Parthenay!* (Janneau), « *S$^t$-Porchaire* (Coulais) bul. s. bot. »
*S$^t$-Pompain* (Guyon), *Airvault* (Bonnin), *Argenton-Ch.* — LOIRE-INF.
Entre *Oudon* et *Couffé* ; RR. *Vertou !* (Ménier), *Pont-Trubert* sur la
Divatte (Gad.). RR. — C.-NORD. R. la Courbure près *Dinan*, communes
de *S$^t$-Carné*, de *Lehon* (Mabille). — IL.-ET-V. Bonnemain près *Dol*
(Hodée), *S$^t$-Pierre de Plesguen* (S$^t$-Marc), *le Tiercent* (Alph. Legal).

**ARABIS** L. Cal. dressé, bossu à la base. Siliq. linéaire ; valves
planes. Graines planes sur un rang. *Fl. blanches* ou blanc jaunâtre.

**A. sagittata** DC. *Tige* de 2-4 déc. *simple, raide*, couverte ainsi que
les feuil. de poils étoilés. Feuil. dentées, les rad. lancéolées-oblongues,
rétrécies en pétiole, en rosette, les autres plus ou moins serrées et
appliquées contre la tige, embrassantes par deux oreillettes. Siliq.
nombreuses, serrées contre l'axe, à une nervure longitudinale. Graines
entourées d'une bordure étroite plus large au sommet, finement
ponctuées (caractère difficile à examiner même à une forte loupe).
②; ♃ dans les jardins. j$^n$. Lieux pierreux des ter. calc. — CHAR.-INF.
DEUX-SÈV. VEND. AC. — LOIRE-INF. *Machecoul, Arthon ;* du *Cormier*
au marais de *Calais* (Ménier). R. — MOR. *Belle-Ile*. RR. — FIN.
*Guisségny, Santec, Locquirec,* etc. (Crouan). R. — C.-NORD. *S$^t$-Efflam*
(Miciol cat), Bon-Abri en *Hillion* (Baron), *S$^t$-Jacut, Ile-des-Ebiens*,
mielles de *S$^t$-Cast*, R. — IL.-ET-V. Côte de *S$^t$-Coulomb* (Morin.) —
C'est aussi *A. Gerardi* des auteurs de l'Ouest.

**A. thaliana** L. *Tige* hispide à la base ; *rameaux lâches*. Feuil. de
la tige peu nombreuses, oblongues, couvertes de poils 2,3 furqués, les
rad. pétiolées, en rosette. Pédic. étalés. ①. av.-mai et aut. Jardins,
champs, murs. CC.

**CARDAMINE.** L. Cal. étalé, égal à la base ; siliq. linéaire, comprimée, à valves planes sans nervures, s'ouvrant ord. avec élasticité de la
base au sommet. Graines sur un rang. *Feuil. pennées à fol. terminale
plus grande ; fl. blanches (ord. lilacées dans* C. pratensis).

**C. pratensis** L. Tige de 2-4 déc. Feuil. rad. à fol. arrondies-anguleuses, qqf. bulbillifères à la base, les sup. à fol. lancéolées, entières.
*Fl. grandes.* Etam. 1/2 plus courtes que la cor. *Anthères jaunes.
Stigm. obtus, en tête.* ♃. av.-mai. Prés et haies humides CC. — Varie
rar. à fl. pleines.

β. *C. fragilis* (Degland herb.), *C. amara* (Pesneau cat.), *C. prat. v.
alba* (Le Gall flore). Feuil. sup. à fol. très étroites, linéaires, fl. blan-
ches plus tardives. Marais et prés humides. — VEND. AC. Bocage
(Pont.). — LOIRE-INF. j$^n$-j$^t$. Marais flottants de l'*Erdre*. — MOR. AC. —
FIN. Env. de *Quimper* (Picq.), Montagnes d'*Arès*, env. du *Huelgoat*
(Miciol cat.) — C.-NORD. « Le Menez et le littoral de l'est. » (Mabille).
— IL.-ET-V. C. près des env. de *Rennes* (Degland). — Prob. çà et là en
*Bretagne.*

**C. amara** L. Diffère du précéd. par les *fol. toutes larges, ovales, anguleuses-dentées*, par le stigm. aigu, les étam. égalant la cor. d'un beau blanc, et *par les anthères violacées*. ♃. mai. Bord des ruisseaux. — IL.-ET-V. *Fougères* ! (V. Sacher). R.

**C. hirsuta** L. Tige de 10-15 cent. peu feuillée, velue. *Feuil. rad. à fol. arrondies*, dentées, les sup. à fol. plus étroites. *Fl. petites*. Etam. presque toujours 4. Style moitié plus court que la largeur de la siliq. dressée contre l'axe. Siliq. dépassant beaucoup le corymbe de fleurs. ①. mars-mai. Talus des fossés, haies, murs. CC.

**C. silvatica** Link. Diffère du précéd., dont il est très voisin, par la tige flexueuse, plus feuillée, à fol. plus larges, plus dentées ; étam. 6 ; style plus long que la largeur de la siliq. écartée de l'axe. Siliq. dépassant à peine le corymbe de fleurs. ②. jⁿ-aᵗ. Lieux frais des terrains siliceux ou granitiques. PC. — CHAR.-INF. O. ou RR. (Fd.).

**C. parviflora** L. Tige grêle, ascendante, dressée dans les lieux secs ou herbeux. *Fol. toutes linéaires*, sessiles. *Fl. très petites*. Siliq. dressée sur un pédic. étalé. ①. mai. Lieux inondés, bord des fossés. — CHAR.-INF. Gabras près *Tonnay-Ch.* (Parat), *Genouillé, Muron* (Riveau), *Anais, Bords* (Fd.), *Le Mung* (Tess.). — DEUX-SÈV. *Genneton* (Souché). — VEND. c. marais de *la Bretonnière* (Pont.) *Damvix* et prob. ailleurs sur la Sèvre, *Lorbrie* (Lx.), çà et là dans le marais entre *Sᵗ-Gervais, Bois-de-Céné* et *Machecoul*. R. — LOIRE-INF. Çà et là *Vallée de la Loire* et affluents, *les Cléons ;* lac de *Grand-Lieu !* et affluents ! (Delamare), bord du canal à *Blain* (Lx.), c. *Sᵗ-Gildas* (Delalande). PC. — IL.-ET-V., MOR. c. *Redon* et env. (Moreau). — Sujet, comme le suiv., à être déplacé par les inondations.

**C. impatiens** L. Tige très feuillée. *Feuil. munies de stipules* ou *oreillettes* aiguës embrassant la tige. Fol. inégales à la base, incisées-dentées surtout dans le bas. Pét. linéaires-en coin, blancs, rar. en nombre complet, très petits, très caducs, ord. 0. Siliq. grêles. ②. mai-jⁿ. Lieux ombragés au bord des eaux. — CHAR.-INF. Bois des Bisselières près *Sᵗ-Jean-d'Angély* (Pinatel), *GrandJean* (Fd.), *Rochecourbon, Jonzac, Bonvallon* et *Châteauguaillard* (herb. de Beaupreau) ; *Sablonceaux* (Delalande), *Corme-Royal* (Tess.). — DEUX-SÈV. Bord du *Thouet ; Ménigoute* (Gir.). — VEND. Forêt de *Vouvant* (Lx.), bord des 2 *Lays* aux env. de *Chantonnay* et de *la Réorthe* (Pont., M.). R. *la Verrie, Mouchamps* (Gen.). — LOIRE-INF. Bord de la *Sèvre* et ruisseaux affluents, bord de la *Divatte*, R. forêt d'*Ancenis* (de Lisle), c. bord du Semnon à *Soulvache* (Gad.) ; prob. sur qq. points intermédiaires jusqu'à l'embouchure en *Ille-et-V.*, où il est c. (Rolland), et près de laquelle il a été autrefois découvert à *la Molière* par M. Sᵗ-Marc. — IL.-ET-V. *Mézières* (Avice).

**DENTARIA** L. Cal. dressé, bossu à la base. Siliq. lancéolée-linéaire, comprimée ; valves planes sans nervures, s'ouvrant avec élasticité de la base au sommet. Graines sur un rang. *Souche horizontale, écailleuse, fragile*.

✗. **D. bulbifera** L. Tige de 3-5 déc. simple. Feuil. pennées à 5, 7 fol. lancéolées, dentées, les sup. ternées, puis simples, portant à leur aisselle un bulbile arrondi. Pét. lilas clair, étalés, à limbe oblong. ♃. avril. Lieux ombragés des bois. — DEUX-SÈV. Bois du Fouilloux ! près *la Mothe* (Sauzé).

**NASTURTIUM** R. Br. *Sisymbrii* sp. L. Cal. étalé, égal à la base. Fruit en forme de silique ou de silicule. Graines non bordées, sur deux rangs irréguliers.

### * Silique

**N. officinale** R. Br. *Sis. Nasturtium* L. *Cresson de fontaine.* Tige redressée, radicante à la base. Feuil. pennées, à fol. oval-arrondies, un peu sinuées, la terminale plus grande, ovale-en cœur, feuil. sup. à fol. ovales. *Fl. blanches.* Siliq. courtes, arquées, étalées. ♃. jⁿ-aᵗ. Sources, fontaines, ruisseaux. AC. — C. dans le calc. ou une forme robuste de 1-2 mèt., à fol. ressemblant à celles de *Sium nodiflorum* L. et croissant dans les eaux, les fossés profonds, a été appelée *N. siifolium* Reich.

**✕. N. asperum** Coss. Tige de 1-2 déc. rameuse. Feuil. profond. pennifides à lobes lancéolés, incisés ou entiers, les rad. en rosette. Cor. jaune. *Siliq.* un peu arquées, étalées ainsi que le pédic. court, graduellement rétrécies de la base au sommet, *tuberculeuses-rudes* ainsi que la tige. ① ou ②. mai-jⁿ. Lieux mouillés l'hiver. — CHAR.-INF. *Chez-Merlet* ! (Sav.), *Aulnay, Néré* (Lemarié), le *Sœuil* en *Fontenet* (Pinatel), *Nieulles-Saintes* (Tess.), *Allas-Bocage* (Fd.), *Loire* (Parat), *Genouillé, Aumagne* (Riveau), *Dœuil.* R. — DEUX-SÈV. Forêt de *Chizé* (Duss.), prés humides de *Paizay, Brioux* (Vernial), *Avon, Souché* (Gir.), *Messe* (Guyon), *Mairé-l'Evescault, Lezay, Exoudun, Bougon* ! *Prahecq, Niort,* PC. (Sauzé fl.), *Vallans, Rom* (Grelet).

**N. silvestre** R. Br. *Rac. rampante.* Tige diffuse ou tombante, anguleuse. Feuil. pennées à fol. plus ou moins incisées-dentées, celles des feuil. sup. presque linéaires et entières. *Cor. jaune dépassant le cal.* Siliq. linéaire de longueur variable, qqf. ancipitée. ♃. jⁿ-sept. Bord des rivières, des fossés. C. — Moins C. au nord de la *Loire.* — La siliq. est tantôt 2, 3 f. plus longue que le pédic., tantôt de longueur égale, et enfin 2 f. plus courte.

**N. palustre** DC. *Rac. pivotante.* Tige diffuse ou couchée. Feuil. inf. lyrées, les sup. pennifides à lobes dentés. *Cor. jaune, plus courte que le cal.* Siliq. courte, oblongues étalées, égalant le pédic. ②. jⁿ-sept. Bord des étangs, des rivières. — DEUX-SÈV. Etang de la Durbelière en *St-Aubin-Baubigné,* étang de la Madoire près *Bressuire* (Gen.), « étang d'*Oiron* (Delastre) », *St-Pompain* (Guyon). — VEND. AC. bord du *Lay* entre *Mareuil* et *Mortevieille* (Pont.), *Fontenay* (Lx.). — LOIRE-INF. AC. *Vallée du haut de la Loire ;* C. *St-Gildas* (Delalande) ; *St-Joachim, Piriac, Rougé, Moisdon,* étang de *Vioreau,* etc. PC. — MOR. AC. *Ploërmel* ! (J.-M. Sacher), *Vannes* (Taslé). AR. — FIN. Etang du *Huelgoat ;* la Villeneuve près *Brest* (Crouan), quai de *Quimperlé* (Picq.). — C.-NORD. Bord de la Rance à *Lehon, St-Juvat,* C. étang de *Jugon* (Mabille), étangs du *Bois de la Motte* et du *Pin, Etables* (Morin), « *Hengoat* (Le Corre) ». — IL.-ET-V. AC.

•• *Silicule*

**N. amphibium** R. Br. *Tige grosse, creuse.* Feuil. lancéolées, demi-embrassantes, plus ou moins dentées, pennées-pectinées ou même à fol. capillaires, lorsqu'elles croissent dans l'eau. Cor. jaune, dépassant le cal. Silicule oblongue, elliptique ou presq. globuleuse, 3 f. plus courte que le pédic. étalé. ♃. jⁿ-sept. Bord des rivières, des marais. C.

**N. pyrenaicum** R. Br. *Tige* dressée de 2-3 déc., *grêle.* Feuil. inf. en spatules ou lyrées, *les sup.* embrassantes, à *fol. linéaires, entières.* Fl. jaunes, en panic. Silicule oblongue, 2 f. plus courte que le pédic. Style filiforme. ♃. mai-jⁿ. Bord des chemins, prés ; bois du calc. — Char.-Inf. *Muron* (Faye), *la Barde, Montlieu, Montendre ; Méchers !* (de Lisle), *Royan* ; lande *d'Enet* (Hubert), *Rochefort, St-Aignan* (Parat). — Deux-Sév. c. coteaux granitiques et schisteux. AC. (Sauzé fl.). — Vend. *Pont-Charault* et au-dessous, *Monsireigne* (Pont., M.) forêt de *Vouvant* (Lx.). — Loire-Inf. c. près sablonneux du *haut de la Loire,* bord de la *Chère,* etc. PC. — Mor. *Ploërmel* (J.M. Sacher). RR. — Il.-et-V. Chantepie près *Rennes,* c. *St-Jacques,* c. la Vilaine au *Pont-Féart* (J.-M. Sacher), et à *Pontréan, Bourg-des-Comptes, S.-Senoux* (Rolland) ; du *Sel* à *Janzé* (Gad.).

## B. Siliculeuses, c'est-à-dire dont le fruit n'est pas 3 fois plus long que large

**CRAMBE** L. Cal. étalé, égal à la base. Grandes étam. munies d'une dent au sommet. Silic. à 2 articles indéhiscents, le sup. arrondi, à une graine pendante, l'inf. avorté, en forme de pédicelle.

**C. maritima** L. *Chou marin.* Plante glauque, haute d'env. 6 déc., très touffue, ayant le port du chou cultivé. Feuil. oblongues ou ovales, plus ou moins sinuées, dentées ondulées, grandes, épaisses. Fl. blanches, nombreuses, en panic. Silic. globuleuse ; stigm. sessile. ♃. mai-jⁿ. Rochers et sables maritimes, souv. parmi les galets. — Mor. Iles de *Hœdic, Houat.* RR. — Fin. rr. *îles Glénans et Raguénez ;* côte de *Benodet,* etc. (Bonnemaison), *Treffiagat* (Picq.), env. de *Brest* au N. et N.-O. des baies et îles (Crouan), *Camaret, le Conquet,* qq. îlots entre les îles de *Beniguet* et *Ouessant* (de la Pylaie), île de Seigle en *Lampaul-Plouarzel* et côtes voisines (Crouan), rr. *Ile de Batz ;* Trégastel en *Plougasnou* (de Crec'hquérault) ; « Ile de *Siec* » (Miciol). PC. — C.-Nord. *Ile d'Er, Plougrescant* (Le Corre), *Erquy* (Gallée), *Sillon Talbert, Loquémeau* (Avice), « *Plestin* » (Miciol).

**RAPISTRUM** Boerh. Cal. ouvert, bossu à la base. 4 glandes opposées au pét. Silic. à 2 articles indéhiscents, le sup. arrondi à 1 graine dressée, l'inf. en forme de pédicelle. Style conique-en alêne.

✕· **R. rugosum** All. *Myagrum* L. Plus ou moins velu. Tige de 4-8 déc. ; rameaux nombreux, divariqués. Feuil. rad. et inf. lyrées, pétiolées, celles de la tige lancéolées, dentées. Fl. jaunes en grappes effilées ; pét. étalés. Silic. à pédic. appliqué, aussi long et plus étroit que l'art. inf. à 1 graine pendante, art. sup. plus gros, marqué de crêtes longitudinales, égalé ou dépassé par le style. ①. jⁿ-sept.

Coteaux, lieux pierreux, décombres. — CHAR.-INF. c. depuis *Blaye* jusqu'à *St-Romain*, *S<sup>t</sup>-Seurin*, *S<sup>t</sup>-Palais*, *la Tremblade ; Oleron*, puis la côte jusqu'à *Esnandes*. — *La Mothe-Bourbon* près *Pouancey* dans la Vienne (Revelière).

**CAKILE** L. Cal. dressé, bossu à la base. Silic. à 2 articles indéhiscents, le sup. ovale-oblong, à 1 graine dressée, l'inf. (souvent avorté ici) en cône renversé, à une graine pendante.

**C. Serapionis** Lobel, icones, *C. edentula* Jord. diag., *C. maritima* Scop. part. *Bunias Cakile* L., part. Rameaux nombreux, étalés. Feuil. vert clair, charnues-salées, pennifides, à lobes obtus. Fl. blanches ou rosées. Silic. subéreuse ; article sup. oblong, acuminé, comprimé, à base creuse elliptique ou arrondie (non hastée), l'inf. court ord. avorté, en cône renversé tronqué au sommet, à dents très courtes (non à 4 cornes et a côtés rhomboïdaux). ①. j<sup>n</sup>-sept. Sables maritimes. C. — Moins c. au nord de *la Vilaine*.

**BUNIAS** L. Cal. dressé, égal à la base. Silic. tétragone, à angles dentés en crête ; loges 1.spermes disposées 2 par 2 l'une au-dessus de l'autre. Style filiforme.

✗. **B. Erucago** L. Tige de 2-3 déc. rameuse, couverte de glandes sessiles. Feuil. inf. lancéolées, pennifides ; lobes latéraux triangulaires à base large, le terminal plus grand. Fl. jaunes, en grappes lâches. Angles du fruit largement ailés en crête souv. interrompue en deux lobes. ①. j<sup>n</sup>. Moissons du calc. — VEND. RR. Le Moulin près *la Garnache* (Gobert). — LOIRE-INF. *Chéméré*, *Fresnay* (Pesneau), *Bourgneuf* (Lajunchère), c. sur qq. schistes de *S<sup>t</sup>-Et.* et *St-J.-de-Corcoué* (Cailleteau). RR.

**CALEPINA** Desv. Cal. égal à la base. 2 pét. ext. plus grands. Silic. oval-globuleuse, à 1 loge indéhiscente, 1.sperme, ridée, terminée par le style épais, court, conique.

✗. **C. Corvini** Desv. *Bunias cochlearioides* Willd. Glabre, un peu glauque. Tiges couchées à la base. Feuil. rad. en rosette, lyrées, pétiolées, celles de la tige oblongues, entières ou sinuées-dentées, embrassantes par deux oreillettes aiguës. Fl. blanches en grappes allongées. Pédic. du fruit arqué, ascendant. ①. mai-j<sup>n</sup>. Champs calc. — CHAR.-INF., DEUX-SÈV. AC. — VEND. CC. Marais méridional (Lx., Pont.). AC.

**NESLEA** Desv. Cal. un peu bossu, à peine ouvert. Silic. osseuse globuleuse, un peu comprimée, indéhiscente, 1.sperme, à deux loges dont l'une avorte. Style filiforme.

✗. **N. paniculata** Desv. *Myagrum* L. Velu. Tige de 3-6 déc., dressée ; rameaux paniculés. Feuil. un peu rudes, oblongues-lancéolées, embrassantes en fer de flèche, les inf. rétrécies en pétiole. Fl. jaunes. Fruit ridé en réseau. Pédic. filiforme, étalé. ①. mai-j<sup>t</sup>. Moissons du calc. — CHAR.-INF. C. — DEUX-SÈV. AC. — VEND. C. Plaine ! et îles hautes ! (Lx.), *Bazoges* (Pont.).

**MYAGRUM** L. Cal. dressé, presq. égal à la base. Pét. étalés, linéaires-en coin. Sllic. comprimée, à 3 loges, 2 sup. vides collatérales, l'inf. à 1 graine pendante. Style filiforme.

X. **M. perfoliatum** L. Herbe glauque de 3-8 déc. ; rameaux divariqués. Feuil. inf. sinuées-dentées, pétiolées, les autres sessiles, embrassantes par 2 oreillettes. Fl. jaunes, petites. Pédic. du fruit creux. ①. mai-jⁱ. Champs calc. — CHAR.-INF., DEUX-SÈV. PC.

*Obs. Isatis* L. Cal. ouvert, égal à la base. Silic. ovale ou oblongue, comprimée par le côté, indéhiscente, monosperme, à 2 valves subéreuses, en carène presque ailée. — *I. tinctoria* L. *Pastel.* Tige de 5-8 déc. Feuil. glauques, peu dentées, les rad. pétiolées, velues, celles de la tige presque glabres, embrassantes par 2 oreillettes aiguës. Fl. jaunes en grappes paniculées. Silic. oblongue, obtuse au sommet, rétrécie à la base, pendante sur un pédic. filiforme, épaissi au sommet. ②. mai-jⁿ. Rochers calc., murs. Cette plante, que j'ai vue autour du fort des *Saumonards*, dans l'île d'*Oleron* (Char.-Inf.) et dans qq. sainfoins, me parait étrangère à ce département.

* **CAMELINA** Crantz. Cal. dressé. Silic. obovale-en poire, à valves très convexes, terminées brusquement au sommet en appendice appliqué sur la base du style qui adhère à l'une d'elles lorsqu'elles s'ouvrent ; loges 2 polyspermes.

**C. dentata** Pers. *Myagrum* Willd. *C. fœtida* Fries, Gren. God. Plante de la hauteur du Lin, parmi lequel elle croit, a été introduite et se répand. Feuil. linéair.-oblongues, ord. rétrécies au-dessus de la base, dentées, sinuées-pennifides, qqf. entières, à oreillettes embrassantes. Fl. jaunâtres, en grappes. *Caps. molle,* renflée, *tronquée-échancrée* au sommet. ①. mai-juin. — CHAR.-INF. *Le Pin* (Mᵐᵉ George), *Candé* (Hubert). *Tonnay-la-Ronde* (Lx.). — DEUX-SÈV. *Chapelle-Largeau, le Temple, S.-Aubin-B., les Echaubrognes* (Gen.). — VEND. *Lin fou, Grosse tête.* AC. surtout région marit.! (Pont., M., Lx.). Au-delà, AC. région marit., RR. à l'intérieur.

*Obs. C. sativa* Crantz, Myagrum L. a le fruit plus allongé que le précéd. arrondi au sommet, à valves ventrues, *dures ;* les graines sont une fois plus grosses que dans *C. silvestris* Wallr. qui a la tige et les feuil. velues, le fruit arrondi au sommet à valves *convexes* non ventrues, dures. — *C. microcarpa* Andr. est vert plombé, le fruit est en poire oblongue. Ces trois plantes ne se trouvent qu'accidentellement autour des cultures.

**COCHLEARIA** L. Cal. étalé, égal à la base. Silic. presque globuleuse ou elliptique, à valves ventrues ; loges 2, à plusieurs graines non bordées. — Voir Lloyd herbor. 1878, 1879.

**C. danica** L. Lobel, icones 615. Tiges faibles ou dressées. *Feuil. pétiolées,* les rad. réniformes-en cœur, entières, celles de la tige *deltoïdes* à 3 ou 5 lobes, les supér. courtement pétiolées ou sessiles. *Fl.* blanches ou rosées, *petites.* Caps. ovale, aiguë, cloison large. ①. fév.-mai. Lieux humides, rochers, murs, talus, pelouses du littoral, qqf. loin du rivage mais non de l'eau salée. C.

**C. anglica** L. Lobel, icones 294. Tiges ascendantes. *Feuil. rad. largement ovales à base tronquée ou décurrente* sur le pétiole, presque entières, les *supér. ovales-oblongues,* sessiles, embrassantes par 2 oreillettes et munies de chaque côté de 1, 2 grosses dents ou entières. *Fl. grandes,* d'un beau blanc, odorantes, à pédonc.

épaissi dans le haut ; pét. elliptiques, brusquement rétrécis en onglet.
Style ord. long. Caps. grande, elliptique ou arrondie-elliptique, comprimée par les côtés avec un sillon, cloison oblongue. ②. av.-mai. AC.
vases salées des rivières, des anses, de *Vannes* à la baie de *Saint-Brieuc*. — CHAR-INF. *Mornac* (Rouffineau).

**C. officinalis** L. Lobel, icones 293. Tiges ascendantes. *Feuill.*
rad. et infér. longuement pétiolées, *arrondies-en cœur*, entières ou
anguleuses, épaisses, qqf. un peu concaves, les autres sessiles à
1, 2 dents de chaque côté, embrassantes en cœur. Fl. blanches assez
grandes, odorantes ; pét. elliptiques, ord. brusquement rétrécis en
onglet. Caps. ovale-globuleuse, globuleuse ou elliptique. Bisannuel et
trisannuel. mars-j<sup>n</sup>. Rochers et lieux pierreux exposés à la grande
mer. — FIN. AC ! *Brest* et toute la côte Ouest (Guiho, Crouan),
*Beuzec Cap, Poullan* (Picq.). — Plus robuste que le précéd., feuil. plus
grandes, plus épaisses ; fl. moins odorante, un peu plus petite, ainsi
que la caps. qui est ord. non comprimée.

β. *æstuaria*. Feuil. vert clair, peu ou point épaisses, crénelées,
celles de la tige sinuées-dentées ; pét. oblongs, rétrécis graduellement
en onglet ; caps. elliptique ou arrondie-elliptique, bosselée, obtuse,
tronquée ou même échancrée, comprimée par les côtés avec un
sillon, à cloison très étroite, linéaire à la base par suite de l'avortement des graines. ②. j<sup>n</sup>-j<sup>t</sup>. c. talus herbeux ou mus, murs du quai
des rivières au-dessus des marées ordinaires. — FIN. *Quimper* !
(Bonnemaison, Guiho), anse de *Plonivel*, c. île *Garo* (Picq.). *Quimperlé* ! (Martinière), puis c. en aval en *Guidel* (Picq.). — MOR. En
aval de *Pontscorff, Hennebont* (Guiho).

*Obs.* Une forme intermédiaire aux deux précédentes est c. sur le
haut de la berge des fossés, dans les prés salés du Teich et sur le
bord de la Leyre (Gir.), d'où elle m'a été envoyée par M. Motelay. Elle
a l'aspect du *C. æstuaria* avec les feuil. sinuées-dentées, mais non
ses capsules tronquées, aplaties.

*Obs. C. Armoracia* L. *Raifort,* se trouve qqf. autour des habitations,
mais n'est pas une plante bretonne. — *C. glastifolia* L. tige de 4-8
déc., dressée, feuil. lancéolées, embrassantes par 2 longues oreilles
obtuses, glauques, panic. ample, terminale, se maintient depuis longtemps dans une vieille carrière à *Luçon* (Vend.).

**ALYSSUM** L. Cal. égal à la base. Filets des étam. souv. dentés.
Silic. orbiculaire, comprimée, à valves convexes au milieu ; 2 loges à
1, 2 graines bordées. *Herbes blanchâtres, couvertes de poils étoilés.*

✗. **A. campestre** L. *Annuel.* Tiges de 4-7 cent., ascendantes.
Feuil. obovales-lancéolées, les inf. plus larges. *Cal. caduc.* Pét. en
coin, échancrés, jaunes. Étam. plus courtes munies en dedans, à la
base, d'un appendice élargi. Silic. à poils étalés, non échancrée, 4 f.
plus longue que le style. 15 av.-15 mai. Sables maritimes. — CHAR.-INF., VEND. C. — LOIRE-INF. Le Collet près *Bourgneuf*. R.

✗. **A. calycinum** L. Tiges d'env. 1 déc., diffuses ou ascendantes.
Feuil. lancéolées, plus rétrécies à la base. *Cal. persistant.* Cor. jaunâtre, blanche en vieillissant. Etam. plus courtes munies de chaque
côté à la base d'un appendice filiforme. *Style dépassant à peine l'échancrure de la silic.* à poils appliqués. ①. mai-j<sup>n</sup>. Lieux sablon. des ter.

calc. — CHAR.-INF. c. sables maritimes ; à l'intérieur : *Landrais* (Fd.), *S.-Même*, la Crochette en *Varaise* (Caillaud), *Corme-Royal, Nieul-les-Saintes* (Tess.) *Beauvais ; Montils* (Cazaugade). — DEUX-SÈV. *Thouars !* (Bastard), c. *S.-Jouin* (Brottier), *Airvault* (Bonnin), les *Jumeaux* (Lacroix), *S.-Loup !, S.-Pompain, Verrines* (Guyon), *la Mothe* (Sauzé, M.). — VEND. *Garenne-Augeard,* AC. *Quatrevaulx* (Lx.), *Chaillé-les-Marais ! Souveré-le-Sec* (Ayraud), *Bazoges* (Pont.), c. *S.-Gilles* (Gen.). — LOIRE-INF. AC. *Machecoul, Arthon,* RR. *le Collet.* R.

*Obs. A. maritimum* Lam. est abondant dans le cimetière du *Croisic* (Loire-Inf.), d'où il peut sortir dans les sables voisins. — Délestages de *Loctudy* dans le Fin. (Picq.).

**DRABA** L. Cal. égal à la base. Pét. entiers ou bifides. Silic. ovale, elliptique ou oblongue, à valves presque planes. Graines sur 2 rangs dans chaque loge, non bordées. *Fl. blanches.*

**D. muralis** L. Tige de 2-3 déc., grêle, presque simple, couverte de poils rameux ou fourchus. Feuil. velues, les rad. oblongues, pétiolées, celles de la tige ovales, sessiles, embrassantes. Fl. en longue grappe grêle. *Pét. entiers.* Pédic. de la silic. horizontal. ⨀. avr.-mai. Terrains pierreux au bord des haies. — CHAR.-INF. *Royan ; la Rochelle, Tonnay-Charente, S.-Hippolyte,* c. *Pont-l'Abbé,* c. *Bords* et env., *Champdolent, S.-Savinien, S.-Porchaire, Grandjean* (Fd.), c. *S.-Jean-d'Angély* et env. (Pinatel), *Aulnay* (Gir.). — DEUX-SÈV. AC. — VEND. c. le calc., AC. Bocage voisin de la Plaine (Pont., M., Lx.), *Mouchamp* (Gen.). — LOIRE-INF. c. bord des haies sèches d'*Ancenis à Varades ; Oudon* (Gad.) *la Regrippière* (Pesneau), *S.-Philbert, S.-Colombin* (Cailleteau), *S.-Sébastien* près *Nantes !* (Gen.). R. — C.-NORD. La Courbure près *Dinan* (Mabille). — IL.-ET-V. c. *Bourg-des-Comptes* (Gallée, Rolland). RR.

**D. verna** L. *Erophila vulgaris* DC. *Tige* de 4-10 cent., *nue,* flexueuse. Feuil. radicales, lancéolées-en spatule, entières ou peu dentées, poilues ou presque glabres, en rosette. Fl. en épi d'abord penché. *Pét. bifides.* Pédonc. égalant ou dépassant 1 ou plusieurs fois la caps. ovale-arrondie, oblongue, elliptique ou linéaire-elliptique. ⨀. fév.-mars. Murs, lieux sablonneux. CC.

*Obs.* M. Jordan pense que l'on confond sous ce nom un nombre considérable d'espèces, dont il reproduit chaque année de graines environ 200 de différentes localités ; consultez les *Diagnoses* et les *Icones* de cet auteur.

**LEPIDIUM** L. Cal. étalé, égal à la base. Silic. ovale, comprimée, à valves en carène qqf. ailée ; 2 loges à 1 graine. *Fl. blanches.*

⚥. **L. Draba** L. Pubescent. Tige de 3-4 déc., à rameaux florifères en corymbe. Feuil. oval.-oblongues, sinuées-dentées, embrassantes en fer de flèche, les inf. rétrécies en pétiole. Fl. blanches. Pédic. fructifères étalés. *Silic. en cœur,* non bordée, à loges renflées, 1 f. env. plus longue que le style. ♃. juin. Lieux arides, pied des murs dans les ter. calc. — CHAR.-INF. Remparts de *la Rochelle,* Chaussée de *Marennes ; les Portes* et *Ars-en-Ré* (Rousseau). — VEND. *Les Sables.* — LOIRE-INF. RR. *bossis* des marais salants à *Bourgneuf !* (Rocher). — Accidentel dans qq. luzernières.

**L. campestre** R. Br. *Thlaspi* L. *Tige dressée* de 3-4 déc., rameuse dans le haut. Feuil. rad. sinuées-dentées, pétiolées, celles de la tige sessiles, embrassantes en fer de flèche, dentées. *Silic.* ovale, échancrée, carénée, *couvertes sur le dos de petites écailles. Style dépassant à peine l'échancrure.* ②. mai-jⁿ. Lieux incultes et champs calc. — CHAR.-INF. C. — DEUX-SÈV. AC. — VEND. AC. Plaine (Lx., Pont.), *S.-Hilaire* (Gen.). — LOIRE-INF. Çà et là entre *Ingrande, Ancenis, Couffé, Pouillé, Belligné;* c. *Erbray* (Gad.) ; vallée de *la Sanguèse !* (Gen.), *la Haie* (de Lisle), *Arthon.* RR. — MOR. *Penestin* (Gad.) ; *Sarzeau* (Taslé). — FIN. *Lampaul-Ploud., Locquirec,* etc. (Crouan), « *Bertheaume, Crozon* » (Blanchard). — IL.-ET-V. et C.-NORD. Çà et là de *Cancale* à *Erquy,* et *S.-Brieuc;* c. moissons de *la Rance* (Mabille), *S.-Jacques* (Degland, Gallée).

**L. Smithii** Hooker, Lindley, *L. heterophyllum* Guépin, *Thlaspi hirtum* Smith non L. Voisin du précéd., velu, pubescent, qqf. glabre, Rac. dure à *plusieurs tiges* couchées ou ascendantes, *simples ou un peu rameuses au sommet.* Feuil. rad. pétiolées, ovales-oblongues, qqf. sinuées, celles de la tige sessiles, embrassantes en fer de flèche, dentées. *Silic.* ovale, échancrée, carénée, *lisse ou rar. à qq. très petites écailles. Style dépassant beaucoup l'échancrure.* ♃. mai-jⁿ. Bord des chemins, des haies sèches. C. — R. le calc. — CHAR.-INF. *Oleron* (Delalande), *la Rochelle* (Hubert), de *Bussac* à *Bédenac* (Fd.) *la Barde* (Pétureau). — DEUX-SÈV. AC. (Sauzé H.).

**L. ruderale** L. Tige de 2-3 déc., très rameuse. Feuil. inf. 1-2 pennifides, les supér. linéaires, entières. Pét. 0. *Etam.* 2. Silic. largement ovale à *stigm. sessile au fond de l'échancrure.* ②. mai-jⁿ. Chemins, décombres dans la région maritime et surtout bord des marais salants. — C. de *la Gironde* à *la Vilaine.* — MOR. PC. — C.-NORD. Ecluse de *Livet, S.-Juval* (Mabille), port de *Binic.*

*Obs. L. virginicum* L., plante d'Amérique naturalisée au sud de la Gironde, est apparue dans quelques terrains vagues, à *Trentemoult, Nantes,* aussi à *Rochefort-sur-Mer* (Foucaud). Tige de 2-4 déc., rameuse dans le haut ; feuil. de la tige lancéolées, dentées ou incisées ; fl. blanches, petites ; silic. orbiculaire, échancrée ; graines étroitement ailées. ①. mai-aⁿ.

**L. graminifolium** L. *L. Iberis* DC. Tige de 3-8 déc., à *rameaux* nombreux, *effilés.* Feuil. rad. oblong.-en spatule, dentées ou pennifides à la base, *les sup. linéaires,* entières. Sép. rougeâtres. Etam. 6. *Silic. ovale-en cœur, aiguë, sans échancrure.* ♃. jⁿ-sept. Murs, rochers, coteaux pierreux, bord des chemins. — CHAR.-INF. Qqf. sables maritimes, C. — DEUX-SÈV. *Niort* et env. ! (A. Guillon), *Airvault !* (Bonnin), *Louin* (Cornuault), c. *S.-Jouin* (Brottier), c. ! env. de *Thouars* (Toussaints), « Boësse (Violleau), Bul. S. bot. » — VEND. c. *Fontenay* (Lx.), *Maillezais* (Guyon), c. env. de *Luçon, Port-la-Claye* (Pont., M.), *Chaillé-les-Marais.* — LOIRE-INF. c. par localités. Vallée de la *Loire* d'*Ingrande* à *Port-Launay; Croisic.* PC.

**L. latifolium** L. Plante de 6-10 déc., rameuse, un peu glauque, à saveur piquante. Rac. rampante. *Feuil. rad. grandes, ovales ou oval.-lancéolées,* obtuses, longuement pétiolées, crénelées-dentées, les sup. largement lancéolées. Fl. très nombreuses en panic. *Silic.* oval.-arrondie, *pubescente.* Stigm. sessile. ♃. jⁿ-jⁿ. Lieux frais et salés de la région maritime. — CHAR.-INF. *S.-Seurin, Soubise; S.-Vivien* (Fd.), *Oleron, Ars* et env.! dans *l'île de Ré* (Delalande), *Marsilly* (Lemarié). — VEND. *Maillezais, la Tranche* (Lx.), env. *des Sables, Talmont, S.-Michel-en-l'Herm* (Pont., M.), *S.-Jean-de-Monts; S.-Hil.-de-Riez, Noirmoutier* (Gobert), *île d'Yeu.* — LOIRE-INF. AC. *Batz; Croisic* (Delalande, *les Moutiers.* R. — MOR. *Billiers* (Arrondeau). — FIN. *Penmarc'h* (Bonnemaison), anse de la Torche près *Kervedal* (Crouan), *île Molène* (Blanchard). — C.-NORD. Murs de *S.-Michel-en-Grève* (Baron), *Dinan* (herb. Degland). — IL.-ET-V. De *Pontorson à Dol!* et à *S.-Malo* (V. Sacher).

**HUTCHINSIA** R. Br. Caractères du *Lepidium;* loges de la silic. à 2 graines ou plus.

**H. petræa** R. Br. *Lepidium* L. *Petite plante* de 3-6 cent., très grêle, *pubérulente,* rameuse. Feuil. pennifides à lobes ovales ou lancéolés, celles de la tige sessiles. Pét. très petits, blancs, échancrés. Fruits en grappe ovale ou oblongue, ovales, arrondis à la base et au sommet; *loges à 2 graines.* ①. avril. Lieux pierreux, rochers arides du calc., sables maritimes. — CHAR.-INF. *Le Pin* (M^me George), *Beaurais* (Sav.), *Aulnay* (Gir.), AC. le Sœuil en *Fontenet* (Pinatel), Chambon près *Pont-l'Abbé, Soubise!* Sèche-Bec près *Bords* (Parat!), *Saintes* (P. Brunaud), *S.-Pierre-d'Amilly, Puyravault, S.-Christophe, Salles* (Fd.), *S.-Savinien, Crazannes* (Tess.). R. — DEUX-SÈV. *Loubillé* (Jousse), la Crignolée! près *Douil* (Duss.), *Rom* (Guyon), AC. entre *Mauzé* et *Niort* (Grelet). — VEND. Dunes de la *Bauduère* (Pont.). — C.-NORD. Grève du Val André en *Pléneuf,* c. Mielles de *S.-Cast* (Morin), Quatre-Vaux en *N.-D.-du-Guildo* (Gallée).

**H. procumbens** Desv. *Lepidium* L. Saveur de *Lepid. sativum.* *Glabre.* Tiges grêles de 5-15 cent., ascendantes ou couchées. Feuil. pennifides à 5 ou 3 lobes elliptiq. ou lancéolés, ascendants, les feuil. sup. et qqf. toutes, entières, lancéolées. Pét. blancs, spatulés-en coin, un peu échancrés, ne dépassant pas le cal. Stigm. sessile. Fruits en grappe lâche, allongée, oblongs-ovales, rétrécis à la base; *loges à 6-8 graines* sur 2 rangs. ①. avril-mai. Fissures des rochers maritimes, talus pierreux, sables ras. — CHAR.-INF. *La Rochelle!* (Guyon), pointe *du Chai* (Fd.), *île Madame* (Guillon), *Méchers,* Susac près *Royan, Oleron* au pertuis de Maumusson; *Fouras* (Lx.). — VEND. Ile de *la Dive!* (Lx.), *S.-Gilles* (Gen.), *l'Aiguillon,* pelouses rases des bords du *Lay* (Pont.). R. — C.-NORD. Quai de *Binic* (Morin).

**CAPSELLA** Vent. Caractères du *Thlaspi.* Silic. triangulaire-en cœur renversé, à 2 valves en carène non ailée; loges polyspermes.

**C. Bursa-pastoris** Mœnch, *Thlaspi* L. Tige rameuse. Feuil. radic. entières, dentées ou pennifides, en rosette, celles de la tige à 2 oreillettes embrassantes. Fl. blanches en grappe longue. ①. av.-nov. Champs cultivés, décombres, partout. CC. — Extrèmement variable.

**C. rubella** Reut. se distingue du précéd. par le cal. rougeâtre à peine plus court que la cor. petite, dressée; silic. plus rétrécie à la base, plus échancrée et arrondie aux angles, à côtés un peu rentrants, non droits; style plus court. ①. av.-juil. Mêmes lieux. AC.

*Obs. C. gracilis* Gren. qui croît çà et là avec les précéd., en est considéré comme un hybride; la grappe est grêle, allongée; la silic.

est 1 f. plus petite, à style dépassant l'échancrure peu profonde, et les graines sont ord. avortées. — Voir l'analyse comparative de ces trois plantes, par Lacroix, Bull. Soc. bot. Fr., t. 8, p. 259, et un premier groupe de cinq nouvelles espèces décrites par M. Jordan, Diagnoses, p. 339.

**THLASPI** L. Pét. égaux, entiers. Silic. ovale, échancrée au sommet, à 2 valves en carène ailée ; loges à 3-6 graines. *Fl. blanches.*

**T. perfoliatum** L. *T. erraticum* Jord. Tige de 10-15 cent., rameuse dès la base. *Feuil. glauques,* les inf. oblongues, pétiolées, un peu dentées, les sup. ovales, embrassantes par 2 oreillettes obtuses. Style très court. Silic. largement *en cœur renversé ;* pédic. perpendiculaire à l'axe. *Graines lisses.* ①. av. Champs, vignes du calc. — CHAR.-INF., DEUX-SÈV. C. — VEND. AC. Plaine et îles hautes (Pont., Lx.), *Sainte-Cécile, Sigournais* (Gad.). — LOIRE-INF. *Copchoux ;* RR. *Chéméré* (Ménier). RR.

**T. alliaceum** L. Odeur d'ail. Tige de 3-6 déc., souv. simple, poilue et rougeâtre près de la base. Feuil. inf. en spatule, dentées ou sinuées, les sup. oblongues, embrassantes par 2 oreillettes aiguës, dentées. Fl. en grappe longue. *Silic. elliptique,* un peu arquée, plus convexes en dehors, un peu échancrée, étroitement bordée ; pédic. étalé. *Graines alvéolées-ponctuées.* ②. av. Vignes, champs incultes, haies. — LOIRE-INF. AC. env. d'*Ancenis* et de *S.-Herblon.* R.

**T. arvense** L. Tige souv. simple, qqf. rameuse au sommet. Feuil. oblongues, sinuées-dentées, embrassantes par 2 oreillettes courtes. *Silic. orbiculaire, largement bordée tout autour ;* pédicelle ascendant. Graines à stries arquées. ①. mai-j". Champs cult. — CHAR.-INF. *Aumagne* (Pinatel), *Beauvais* (Sav.), *Siecq, Montlieu, Oleron ;* RR. *île de Ré !* (Lemarié), *Ardillières* (Paral), *S.-P.-d'Amilly* (Fd.). R. — DEUX-SÈV. *Champdeniers* (A. Guillon), *Pers* (Sauzé), AR. *Parthenay* (Janneau), *Beaulieu, Fontperron* (Gir.), *Maisontiers, Amailloux, Verruyes* (Guyon), R. *Airvault* (Bonnin), *S.-Varent,* Mauzé près *Thouars* (Lunet), *Nieul,* Plaine au sud du *Puy-N.-Dame.* — VEND. *Bourneau* (Ayraud), *S.-Maur.-le-Girard, S.-Maur.-des-Noues* (Gobert), *Pouzauges* (Gad.), etc. — AC. LOIRE-INF. et région maritime de *la Bretagne.*

**TEESDALEA** R. Br. Pét. inégaux, les 2 sup. plus grands. Filets des étam. munis à la base d'une petite écaille blanche. Silic. ovale, échancrée, à 2 valves en carène ailée ; loges 2.sperm. *Fl. blanches.*

**T. Iberis** DC. *Iberis nudicaulis* L. Pubescent. Tiges simples, de 5-10 cent., presque nues, la centrale dressée. Feuil. rad. en rosette, lyrées-pennifid., à lobes obtus, celles de la tige dentées ou entières. Pét. ext. plus grands. Etam. 6. Style court. ①. mars-mai. Coteaux secs, talus, C.

✗. **T. Lepidium** DC. *Lepidium nudicaule* L. Bien distinct du précéd. par la tige nue, à peu près glabre, les feuil. aiguës ou à lobes aigus, les pét. presque égaux, 4 étam., style 0. ①. mars-av. — DEUX-SÈV. Coteaux secs. Pommiers ! la Cascade ! *près Thouars* (Genuer), le Ligron ! près *Thouars,* le Breuil près *Argenton-Ch.* (Trouillard). R.

**IBERIS** L. Pét. entiers, les deux extér. très grands. Silic. ovale ou arrondie, très comprimée, échancrée au sommet ; valves en carène ailée ; loges à une graine ovale.

✗. **I. amara** L. Tige de 2-3 déc., rameaux nombreux étalés. Feuil. oblong.-lancéolées, munies de chaque côté de 2-4 dents profondes, obtuses, les feuil. inf. rétrécies en pétiole. Fl. blanches ou qqf. lavées de violet, en grappe. Pédic. fructifères très étalés, pubescents en dedans. Silic. orbiculaire, rétrécie au sommet, à deux lobes triangulaires un peu divergents dont le côté intér. est arqué en dehors, séparés par un sinus aigu et dépassés par le style. ①. jⁿ-aⁱ. Moissons, vignes, lieux pierreux calc. — CHAR.-INF. C. — DEUX-SÈV. AC. — VEND. C. *Fontenay* (Lx.), *Luçon ! Ste-Gemme ! Bazoges* (Pont., M.), *Benet* (Pontdevie), C. entre *Mouzeuil* et *Pouillé* (Ayraud), *S.-Hilaire-de-Riez* (Gobert).

**CORONOPUS** Haller. Cal. étalé, égal à la base. Silic. à 2 lobes ou réniforme, à 2 loges 1.spermes, indéhiscentes. *Fl. blanches en grappes presq. opposées aux feuil.*

**C. Ruellii** Daléchamp, *Cochlearia Coronopus* L. *Coronopus vulgaris* Desf. Tiges couchées, rameuses. Feuil. profond. pennipartites, à lobes dentés ou incisés du côté sup., qqf. entières. *Silic. réniforme, tuberculeuse en crête*, terminée par le style. ①. mai-oct. Bord des chemins, décombres. C. — Les premières fl. naissent au milieu des feuil. rad. en rosette.

**C. didyma** Smith. *Lepidium* L. *Senebiera pinnatifida* DC. Odeur du Cresson alénois. Tiges couchées, rameuses. Feuil. profond. pennipartites, à lobes dentés ou presq. entiers. Pét. 0. Etam. 2 (4 sans anthères). *Silic. à 2 lobes ridés en réseau*, se séparant à la maturité, mais indéhiscents. Stigm. sessile. ①. jⁿ-sept. Chemins, rues, pied des murs, décombres. Çà et là région maritime, d'où il s'avance assez loin dans l'intérieur par les rivières. AC.

**BISCUTELLA** L. Sép. rar. bossus à la base. Pét. égaux, entiers. Silic. plane, à 2 lobes orbiculaires se détachant de l'axe par la base, indéhiscents à 1 graine comprimée.

✗. **B. lævigata** L. Rac. épaisse à plusieurs tiges hispides à la base. Feuil. hispides, les rad. rétrécies en pétiole, pennifides à lobes aigus, ou dentées, celles de la tige embrassantes en cœur. Fl. jaunes en grappe lâche paniculée. Cal. non bossu. Silic. glabre, échancrée à la base et au sommet. ♃. jⁿ-jⁱ. Champs pierreux, coteaux calc. et qqf. terrains sablon. — CHAR.-INF. AC. dans le N.-E. et E. ; de *Bussac* à *Bédenac* et de *la Clotte* à *la Barde !* (Fd.). — DEUX-SÈV. *Beauvoir, Paizay, Chizé ! Niort* (A. Guillon) ; *la Rochénard, Vallans, la Foye-Montjault* (Grelet). *Loubillé* (Jousse), *Asnières, Crézières, Brioux !* (Gir.), *Couture-d'Argenson ; Tourteron, Ste-Sabine* (Guyon), *S.-Georges-de-Retz* (Jeanneau), *Mauzé.* — VEND. *Sauveré-le-Sec* (Lx.), *Benet, Lesson* (Pontdevie). RR.

# RÉSÉDACÉES

Pét. 4-6 inégaux, alternes avec les lobes du cal. Etam. 10-24 insérées sur une glande nectarifère hypogyne. Fruit tantôt polysperme, à une loge ouverte au sommet, à 3-6 lobes terminés par un style court, à placenta pariétaux, tantôt à 4-5 carpelles 1.spermes, s'ouvrant en dedans et terminés par un style. *Fl. en épis.*

**RESEDA** L. Pét. inégaux, les sup. laciniés. Caps. 1 loc. ouverte au sommet, anguleuse.

**R. lutea** L. Tige de 3-5 déc. rameuse, diffuse, qqf. chargée d'aspérités cristallines. *Feuil.* inf. entières ou à 3 lobes, les *interméd.* *pennifid.* Fl. jaunâtres. Cal. à 6 lobes. Styles 3. Caps. allongée, tronquée au sommet. Graine noire, lisse, luisante. ②. jⁿ-aᵗ. Lieux incultes, champs pierreux ou sablonneux du calc. et du bord de la mer. — CHAR.-INF. et *calc. Vendéen.* CC. — DEUX-SÈV. C. — LOIRE-INF. *Machecoul,* c. *Arthon ; Ancenis.* AC. — MOR. *Quiberon* (Arrondeau). — FIN. Moulin de Kergus en *Plourin* (de Crec'hquérault). — IL.-ET-V. *Pontorson, Chérueix, S.-Malo.*

**R. luteola** L. *Gaude. Tige* de 6-18 déc., *dressée,* raide. *Feuil. simples,* lancéolées-allongées, obtuses, les rad. ondulées, en rosette. Fl. jaunâtres. Cal. à 4 lobes. Caps. courte, bosselée, à trois pointes. Graine jaunâtre, lisse, luisante. ②. jⁿ-aᵗ. Haies, décombres, pied des murs, champs pierreux. C.

*Obs. R. Phyteuma* L. a les feuil. interméd. de la tige trifides, le cal. très grand à 5,6 sép. accrescents, la caps. grosse, oblongue-en massue, à 3 dents, les graines grises, rugueuses. ①. — *R. alba* L. échappé des jardins se trouve qqf. sur les décombres.

**ASTROCARPUS** Necker. 4,5 carpel. 1.spermes, étalés en étoile, s'ouvrant en dedans par une fente dentée.

**A. Clusii** Gay, *Reseda canescens et purpurascens* L. R. *Sesamoides* DC. ic. Tiges persistantes et couchées à la base. Feuil. linéaires rétrécies à la base, entières, obtuses, glauques, les rad. plus larges. Fl. blanches, en épis grêles. Cal. à 5 lobes. Glande nectarifère pubescente. Filets des étam. presque glabre, ceux des étam. sup. géminés. Style latéral dépassé par le sommet du carp. arrondi en casque. ♃. jⁿ-aᵗ. Terres arides et surtout coteaux et rochers schisteux. — CHAR.-INF. R. çà et là bois sablon. de *Montendre* à *la Barde ; Royan* (Lespinasse). RR. — DEUX-SÈV. *Thouars !* (Woods), *Argenton-Ch. ; Chambroutet, Noirlieu,* la *Touche-Gom !* près *Bressuire, S.-Mesmin, Louzy* (J. Richard). — LOIRE-INF. *Ingrande, Varades,* d'*Ancenis* à *Pouillé, Grand-Auverné,* CC. d'*Oudon* à *Ancenis ; Barbechat, Sion,* c. coteaux de *Guémené* à *Juzet.* — MOR. *La Roche-Bernard !* *Néant, Tréhorenteuc* (Le Gall), *Rochefort ;* c. schistes rouges de *Ploërmel !* (J.-M. Sacher). — IL.-ET-V. *Pont-Féart* (J.-M. Sacher), rochers de la Vilaine de *Guipry* à *S.-Malo-de-Phily, Poligné* (Lx.), *la Molière, Pléchatel* (Colleu), *Monterfil* (Picq.), AC. rochers de Bougros en *Bains* et bois entre *S.-Just* et *Sixt* (Moreau), c. *la Roche du Theil !* (J.-M. Sacher).

## CISTINÉES

Sép. 5 dont 2 ext. ord. plus petits, qqf. 0. Pét. 5 en rosette, très caducs, contournés dans le bouton, en sens inverse des sép. Étam. nombreuses, hypogynes. Ovaire libre. Style filiforme à stigm. simple. Caps. polysperme à 3 ou 5 loges, ou 1.loc. à 3, 5 ou 10 valves portant au milieu les graines, ou des cloisons incomplètes, à l'angle interne desquelles elles sont attachées.

**CISTUS** L. Sép. 5, les deux ext. inégaux. Pét. 5 très caducs. Caps. à 5 ou 10 valves portant la cloison au milieu.

✕. **C. salvifolius** L. Sous-arbrisseau de 2-5 déc., à rameaux diffus, rougeâtres. Feuill. oval.-elliptiques, obtuses, tomenteuses et ridées surtout en dessous, opposées. *Fl. grandes*, blanches (jaunes par la dessiccation), solitaires ou 3, 4 au sommet des petits rameaux ; *pédic. long, articulé au-dessus du milieu.* juin. Bois sablonneux de la côte. — CHAR.-INF. C. depuis *Méchers* jusqu'à *la Tremblade, Oleron, île d'Aix, Fouras ; Nancras ;* C. *S.-Romain-de-Benet* (Tess.), le Douhet près *Saintes.* — VEND. AC. bord du Lay du *Pont-Charault* à *l'Assemblée*, C. de là au *Pont-de-Trizay.* C. côte de *Jard !* (Pont.) ; finit au bois de *la Blanche* à *Noirmoutier.*

*Obs.* ˙ *C. hirsutus* Lam. Sous-arbrisseau de 4-8 déc., en buisson ; rameaux sup. garnis de longs poils simples, mêlés à d'autres petits, crépus, plus nombreux. *Feuil. lancéolées, opposées, un peu connées, foncées,* persistant l'hiver, à 3 nervures rameuses, parsemées en dessus de poils simples et garnies en dessous de poils étoilés. Plusieurs fl. blanches à onglet jaune, terminant les rameaux et formant corymbe. Sép. en cœur-acuminés, hérissés de poils blancs, 1/3 plus courts que la cor. jⁿ-jˡ. — Cette plante, qui depuis longtemps est cantonnée sur les rochers, les landes de la côte, est échappée des jardins de *la Joyeuse-Garde* près *Landerneau* (Fin.). où l'on m'a assuré qu'elle était encore cultivée en 1850, lorsque je l'ai vue. Bonnemaison, qui l'a trouvée le premier. note dans son herbier qu' « elle y est naturalisée. » C'est donc une espèce à rayer de la flore de Bretagne et par conséquent de celle de France, opinion qui n'est pas partagée pas Mess. Crouan et Le Dantec. Elle vient de se répandre sur les talus du chemin de fer voisin.

**HELIANTHEMUM** Tourn. Sép. 5, dont 2 ext. plus petits, qqf. 0. Caps. à 3 valves, portant au milieu les graines ou une cloison incomplète.

**H. guttatum** Mil. *Cistus* L. Tige de 2-3 déc., dressée, poilue. Feuil. lancéolées, à trois nervures. sans stip., opposées, les inf. obovales, les sup. alternes. *Fl. en grappe lâche,* sans bractées. *Pét. jaunes,* ord. tachés de brun à la base. entiers, qqf. dentés. ①. jⁿ-aˡ. Coteaux et lieux secs ou sablon. C. — Manque ou R. dans le calc. — CHAR.-INF. CC. toute la bruyère, dunes herbeuses et bois sur le sable.

β. *maritimum, H. Alyssoides !* Pesn. cat. 59, non Vent. Plante de 5-10 cent., rameuse, étalée, hérissée, blanchâtre ; rac. épaisse, dure, mais ①. Rochers et coteaux marit. AC. — Revient graduellement au type, à mesure que l'on s'éloigne de la mer.

**H. umbellatum** L. Tiges ligneuses, diffuses. Feuil. linéair.-oblongues, roulées par les bords et pubescentes-blanchâtres en dessous. sans stip. *Fl. blanches, 4-8 en verticilles,* le sup. terminal, qqf. solitaire. Sép. 3. mai-jⁿ. — LOIRE-INF. CC. landes des coteaux du *Don*, de *Guémené* à *Juzet*, R. sur l'autre rive, *Grand-Auverné !* (de Lisle). — MOR. Le Roho en *S.-Dolay*, de *Rochefort* à *Malansac* et *S.-Jacut, la Gacilly.* — IL.-ET-V. Rochers de Bougros en *Bains*, C. entre *Sixt* et *S.-Just ; la Roche-du-Theil, S.-Malo-de-Phily, Pléchatel, S.-Senoux, Bourg-des-Comptes.*

♃. **H. alyssoides** Vent. Tige ligneuse, rougeâtre ; rameaux diffus. Feuil. opposées, oval.-oblongues, rétrécies en pétiole, couvertes de poils étoilés, mêlés en dessus à de longs poils simples, blanchâtres en dessous, sans stip. *Fl. jaunes, grandes*, 1-3, terminant les petits rameaux. *Sép. couverts de longs poils blancs.* mai-jⁿ. — CHAR.-INF. AC. landes sablonneuses de *Montendre* à *Montlieu* et au-delà ; *Bédenac* (Delalande).

♃. **H. procumbens** Dunal. Tiges ligneuses, couchées ; jeunes rameaux, feuil. et pédonc. parsemés de petits poils blancs appliqués et crépus. *Feuil.* sans stip. d'un vert clair, *linéaires, étroites,* planes en dessus, convexes en dessous, mucronulées et un peu ciliées-rudes, un peu épaisses, les inf. serrées et plus courtes que les autres qui sont d'égale longueur. Fl. petites, jaunes, solitaires, presque axillaires, 2-4 sur chaque rameau, la dernière non terminale ; pédonc. égalant ou plus court que la feuil. Sép. ciliés sur les bords et sur les côtes. juin. Coteaux pierreux calc. — CHAR.-INF. De *Méchers* à *Royan ; Montlieu !* (Caudéran). *Trizay* (Fd.), bois et Chaumes au N. de *S.-Savinien* et de *Sèche-Bec.* — DEUX-SÈV. AC. coteaux de *Veluché,* d'*Airvault* à *Availles,* coteaux de Fretevaux, de Vionnais près *Thouars.*

♃. **H. salicifolium** Pers. *Cistus.* L. Pubescent. Tige de 6-10 cent., simple ou à rameaux simples, arqués à la base. Feuil. opposées, obovales, les sup. lancéolées-oblongues ; *stip. lancéolées.* Fl. jaunes en grappe lâche, munie de bractées. Pédic. du fruit horizontal, ascendant au sommet. *Annuel.* mai. Champs, coteaux calc. — DEUX-SÈV. RR. Paluau et Veluché ! près *S.-Loup* (Guyon) ; d'*Airvault* à *Availles,* AC. *Thouars.* — VEND. *Chaillé-les-Marais !* (Petit). RR.

**H. vulgare** Gœrt. *Cistus Helianthemum* L. Tiges ligneuses à la base, couchées ; rameaux pubescents. *Feuil.* oval.-elliptiq. ou linéair.-oblongues, velues, tomenteuses-blanchâtres en dessous, un peu roulées par les bords, *opposées, stipulées.* Fl. *jaunes, en épis penchés.* Pédic. des fruits réfléchis, munis de bractées. Style 2-3 f. plus long que l'ovaire. ♃. jⁿ-aᵗ. Coteaux et pelouses, ord. du calc. — CHAR.-INF. C. — DEUX-SÈV. AC. — VEND. AC. *Fontenay ! Luçon ! Ste-Gemme !* (Lx.), *Pont-Charault* (Pont., M.). — LOIRE-INF. C. *Machecoul, Arthon.* R. — C.-NORD. Falaises de *Dahouet !* (Mˡˡᵉ Cornillé), de Lanruen près *Erquy* (Gallée). RR.

♃. **H. pulverulentum** DC. Jord., Boreau. Tiges ligneuses à la base, couchées, pubescentes-blanchâtres. Feuil. oblong.-linéaires, vertes en dessus et à la fin glabres, tomenteuses-blanchâtres en dessous, un peu roulées par les bords, opposées. Stip. linéaires ord. plus courtes que le pétiole. *Fl. blanches,* à onglet jaune, 5-7 *en épi.* Pédic. des fruits réfléchis, contournés. Sép. obtus, scarieux, tout couverts de poils courts, étoilés. Style 1 fois plus long que l'ovaire. ♃. mai-aᵗ. — Coteaux calc. — CHAR.-INF. Coteaux de la Gironde de *S.-Seurin* à *S.-Palais ;* Chaumes de Sèche-Bec ! près *Bords* (Roufineau), *Préguillac,* arènes de *Thénac* (Tess.). — DEUX-SÈV. *Thouars* (Boreau flore). — *Cognac* (Charente). — C. *Liré* (Maine-et-L.).

# VIOLARIÉES

Sép. 5 prolongés à la base. Pét. 5 inégaux. Etam. 5 hypogynes ; anthères adnées, conniventes. Style et stigm. 1. Caps. 1. loc. polysperme, à 3 valves ; placenta pariétaux. *Feuil. stipulées.*

**VIOLA** L. Sép. 5 prolongés à la base. Pét. 5 inégaux, l'inf. prolongé à la base en éperon creux. Etam. 5, courtes, rapprochées en cône. Anthères appendiculées au sommet, les 2 inf. appendiculées à la base.

* *Stigmate crochu, aigu* (Violettes).

a. *Fl. et feuil. naissant d'une souche, sép. obtus.*

**V. palustris** L. Souche stolonifère, couverte de stip. ovales, acuminées, et portant à la fleuraison 2, 3 *feuil. réniformes-orbiculaires,* finement crénelées, succulentes, cassantes, un peu concaves. Pédonc. radicaux, solitaires, à 2 bractées non contiguës. Sép. ovales, obtus. Fl. bleu-lilas ; pét. sup. courbés en arrière de manière à être à peine vus de face, les latéraux moins courbés, l'inf. concave à veines foncées. Caps. trigone ; faces oblong.-elliptiq., à 4 stries. ⚥. av.-mai. Marais, prés marécageux, bord des eaux. AC. ou C. par localités en Bretagne, dans les *montagnes Noires* et *d'Arès,* et de là jusqu'à *Vannes, Morlaix, Fougères.*

*Obs.* Dans les espèces suiv. de cette section, les fl. tardives sont souv. apétales, mais fructifient mieux et même jusqu'en automne ; les feuil. de l'été sont bien plus grandes, et c'est en cet état que leur description a été faite.

**V. hirta** L. *Souche* épaisse, *rameuse, sans rejets rampants.* Feuil. en cœur allongé, obtuses, crénelées, velues ; *pétioles hérissés ;* stip. ovales-lancéolées, bordées de cils dont les intermédiaires n'égalent pas la moitié de la largeur de la stip. Fl. violettes, inodores. Pét. échancrés, les latéraux barbus à la base. Caps. grosse, arrondie, velue. ⚥. av.-mai. Haies pierreuses, prés élevés, bois AC. — Plus C. dans le calc. — Le fond de la fl. est qqf. blanc, † rarement jaunâtre. — On trouve çà et là dans les sables de la *Loire,* au pied des arbres, une forme à cor. souv. très petite ou 0, à pét. non échancrés, les latéraux souv. glabres.

**V. Foudrasi** Jord. fragm. 7, p. 4, très voisin du précéd., est plus petit dans toutes ses parties, et sa fleur est lilas-rosé. Mêmes lieux dans les ter. calc. — CHAR.-INF. *Tonnay-Charente, Rochefort* (Parat). — DEUX-SÈV. *La Mothe, Chenay, Souvigné* (Sauzé). — LOIRE-INF. *S.-Philbert* (Cailleteau).

**V. abortiva** Jord. pug. ressemble beaucoup à *V. hirta,* dont il a les pétioles hérissés ; il en diffère par la souche à rameaux nombreux allongés, par les feuil. à la fin d'un vert sombre passant souv. l'hiver et par la caps. plus petite, souv. avortée à 1, 2 graines. ⚥. mars-av. Bois secs. — DEUX-SÈV. *Souvigné* (Sauzé), *Melle, S.-Genard, Pouffonds, Ménigoute, Vausseroux, Vautebis* (Gir.). C. (Sauzé fl.). — Je connais imparfaitement cette plante.

**V. permixta** Jord. voisin de *V. hirta*, en diffère par la souche émettant de longs rejets non radicants (au moins la 1re année), les feuil. simplement en cœur à pétiole moins hérissé, les estivales très grandes passant l'hiver et la caps. arrondie, déprimée. Les stip. sont ovales-lancéolées, à cils intermédiaires n'égalant pas la moitié de la largeur de la stip. Fl. point ou à peine odorantes. ♃. mars-av. Haies, broussailles. — CHAR.-INF. *Clavette, S.-Christophe* et env., *Bords* (Foucaud), *Labrousse* (Raux), *Aulnay* (Gir.). — LOIRE-INF. Le Verger près *S.-Philbert!* (Gir.) *Cambon, Copchoux* (Ménier), *Nantes* et env.

**V. odorata** L. *La Violette. Souche* dure, écailleuse, *à longs rejets rampants, radicants* et florifères, durs. *Feuil. en cœur-arrondi*, obtuses, pubescentes, ainsi que les pétioles. *Stip.* larges, *ovales-lancéolées* acuminées, bordées de *cils dont les intermédiaires n'égalent pas la moitié de la largeur de la stip.* Pédonc. glabre ou pubescent. *Fl.* violettes, qqf. blanches à éperon qqf. violacé, plus rar. lilas ou violet-rougeâtres, *odorantes.* Pét. obtus, l'inf. plus grand échancré. Caps. arrondie, déprimée, pubescente. ♃. mars-mai. Haies, taillis, prés. AC. — R. dans l'ouest du *Fin.* et dans les C.-NORD, voisines. — Je ne puis distinguer de l'espèce : *V. dumetorum* Arrondeau, an Jord? qui a la fl. blanche avec éperon violet. — *V. subcarnea* Sauzé, an Jord? à fl. lilas ; ils croissent tous deux dans nos limites.

X̣. **V. scotophylla** Jord. Souche épaisse à rejets courts, en touffe, la plupart non radicants, qq.-uns plus allongés radicants. *Feuil.* vert sombre, *ovales-en cœur*, rétrécies en pointe obtuse, échancrure de la base à 2 lobes arrondis, rapprochés ou presque contigus, couvertes ainsi que les pétioles de poils assez longs, persistant longtemps après l'hiver. *Stip. linéaires-en alène*, bordées de *cils glanduleux dont les intermédiaires égalent presque la largeur de la stip.* Fl. moyennes, bleu violet, blanches dans le 1/3 ou la 1/2 infér., qqf. entièrement blanches, à odeur tantôt très suave, tantôt nulle, ord. un peu plus larges que longues, pét. oval.-arrondis, les sup. se recouvrant dans le 1/3 infér., puis brusquement divergents ; éperon violacé. Caps. obovale-globuleuse, pubescente, violacée. ♃. mars. Taillis secs du calc. — CHAR.-INF. *Marennes* (Mad. Trigant-Beaumont), *Rochefort* (Parat!), AC. dans le N. et dans le N.-E.. *Tonnay-Charente*, C. *Pont-l'Abbé* et env., *Bords* (Fd.), *S.-Savinien, Sablonceaux* (Tess.). — DEUX-SÈV. *Mauzé! Mallet!* (Fd.), bois de Féole près *Thouars* avec fl. blanche. AC. (Sauzé fl.). Fl. bleue de la *Violette de Parme*, à fond blanc ; odeur souv. plus suave que dans *V. odorata.*

X̣. **V. virescens** Jord. *V. alba* Besser? est très voisin du précéd. dont il a les feuil. et les stip. ; la souche est grêle, à rejets plus ou moins allongés, les feuil. sont d'un vert clair, la fl. est blanche, et l'éperon est d'un blanc un peu jaunâtre, même quand la fl. est violacée, tandis que dans *V. scotophylla* l'éperon est violacé à l'extrémité quand la fl. est blanche. Sauzé fl. l'indique RR. à *Souvigné, Bougon* (Deux-Sèv.) et je l'ai cueilli dans les taillis secs calc. à S.-Vincent et Fourneux près *Saumur* (Maine-et-L.).

*Obs.* Les précéd. *V. virescens, scotophylla, abortiva* et *Foudrasi* doivent exister dans beaucoup d'autres bois secs et pierreux du calc. au midi de la Loire.

b. *Tige feuillée, florifère, sép. aigus.*

**V. riviniana** Reich. *Tiges* couchées ou ascendantes, anguleuses, les florifères naissant de l'aisselle des feuil. d'une tige centrale stérile. *Feuil.* largement en cœur, *acuminées*, les inf. réniformes-en cœur, obtuses. Stip. lancéolées, acuminées, ciliées. Fl. bleues, grandes ; éperon blanchâtre, en gouttière dans son pourtour. Sép. lancéolés, acuminés. Appendices du cal. grands, anguleux, même sur le fruit. *Caps. aiguë.* ♃. av.-mai. Haies, bois. CC.

**V. reichenbachiana** Jord. *V. silvatica*, éd. 1. Diffère du précéd. par les feuil. plus minces, les fl. violet-lilas, 1/2 plus petites, les appendices du cal. courts, presque nuls sur le fruit ovale-oblong, acuminé, éperon plus foncé que la cor., à peine en gouttière, droit en dessous ou légèrement rentré, tandis que dans *V. riviniana* la coubure forme un arc régulier ; pét. oblongs, l'inf. à stries peu rameuses. ♃. av.-mai. Bois. AC. au midi de la Loire, surtout dans le calc., PC. au-delà.

**V. canina** L. *Tiges* florifères couchées ou ascendantes, naissant de la souche, sans tige centrale. *Feuil. oval.-oblongues, à base en cœur, presque obtuses, non acuminées*, les inf. obtuses. Stip. oblongues-lancéolées, ciliées, dentées, arquées. Fl. bleu clair, éperon jaunâtre. Sép. oval.-lancéolés, aigus. *Caps. oblongue presque tronquée, apiculée.* ♃. av.-j⁰. Lieux secs, landes, bord des bois. AR.

**V. lancifolia** Thore. Végétation du précéd. Tiges ascendantes. *Feuil. oval. et oval.-lancéolées, aiguës, un peu décurrentes sur le pétiole.* Stip. lancéolées, incisées-dentées. Fl. bleu pâle, longuement pédonculées. Sép. lancéolés, aigus ; appendices anguleux, dépassés par l'éperon gros, ascendant. Caps aiguë. ♃. mai-j⁰. Landes. — BRETAGNE, VEND. AC. — CHAR.-INF. *Énet !* et env. (Fd.), *S.-Pierre-de-Surgères* (Faye), landes de *Mortagne* à *Montlieu*, côte d'*Arvert ; Cadeuil, Sablonceaux* (Tess.). — DEUX-SÈV. R. Sauzé (H.).

✗. **V. pumila** Chaix in Vill. *V. pratensis* Koch. Souche ligneuse non stolonifère, à plusieurs tiges de 1-4 déc., dressées, anguleuses. Feuil. lancéolées-ovales, obtuses, largement crénelées, arrondies ou tronquées à la base, décurrentes tout le long du pétiole. *Stip. grandes, foliacées,* lancéolées, ayant à la base du côté ext. 1-3 dents profondes ou lobes, les interméd. et sup. plus longues que le pétiole, les inf. dentées-incisées, plus courtes que le pétiole des feuil. ovales. Pédonc. à 2 bractées linéaires-lancéolées, obtuses, finement ciliées, écartées l'une de l'autre et situées au-dessous de la courbure, les inf. plus longs que la feuil., les sup. plus courts. Fl. assez grandes, bleu très pâle, à stries plus foncées, pét. obov.-oblongs. Sép. oval.-lancéolés, à appendices assez grands, dépassés par l'éperon arrondi. Caps. trigone, acuminée, à faces elliptiques. mai-j⁰. Prés argileux. — CHAR.-INF. R. *Douil* (Duss.), *Beauvais* (Sav.), forêt de *Benon !* la Ragotrie près *S.-Vivien, S.-Christophe, Boisse* (Fd.), *Migré* (Lemarié), *Corme-Royal* (Tess.). — DEUX-SÈV. Bois de la Tranchée près *Niort* (Guillon), *Bessines* (Gir.), prés et lit desséché du ruisseau de *Bougon !* près la Mothe-S.-Héray (Sauzé, M.), *Lezay* (Roufineau) prés de la Bonvent à *Vanzay* (Guyon), *Epannes, Rom* (Grelet). — Prés de la *Bouleur* entre *Brux* et *Chaunay* dans la Vienne (Guyon).

* *Stigmate droit, en entonnoir* (Pensées).

**V. tricolor** L. Tige anguleuse, rameuse, diffuse. Feuil. glabres ou hérissées de poils fins, crénelées, les rad. en cœur ou ovales, graduellement décroissantes, les sup. lancéolées. Stip. grandes, pennipartites à lobe terminal grand, semblable à la feuil. Pédonc. arqués au sommet et munis de deux petites bractées. Sép. lancéolés, acuminés. Fl. de couleur et grandeur très variables, violettes, jaunes, blanches ou mélangées de ces trois couleurs. ①. mai-oct. Champs, lieux cultivés. — Très variable ; ses formes nombreuses sont considérées par plusieurs auteurs comme autant d'espèces distinctes ; voir Jordan, *Observations, Pugillus* et Boreau *Flore du Centre*. Je décris seulement les formes que j'ai vues vivantes.

α. *hortensis*. Sous ce nom on comprend plusieurs plantes à fl. grandes et de couleurs variables que l'on rencontre dans les jardins, et issues en partie de la *Pensée* des amateurs.

β. *V. Lloydii* Jord. *V. variata?* édit. 1. Feuil. inf. ovales, crénelées, les interméd. et inf. lancéolées, plus longues que le pétiole, les sup. plus longues que l'entre-nœud. Stip. à fol. latérales, arquées en dehors. Pédonc. ouvert à 1/2 angle droit, dépassant la feuil. et l'entre-nœud, bractées situées un peu au-dessous de la courbure. Sép. plus courts que la cor. moyenne. *Pét. sup. beau violet pourpré*, blanchâtres à la base, les latéraux blancs à stries pourpre-violet, horizontaux, dirigés en avant, pétale inf. en carène en-dessous, largement en coin renversé, blanc, jaunâtre et strié de marron à la base, ces pét. inf. ayant, en vieillissant, une teinte violacée. Caps. arrondie-ovale. — CHAR.-INF. Jardins de *Saintes !* (P. Brunaud). — LOIRE-INF. Jardins de *Nantes*. — MOR. Jardins de *Vannes !* (Taslé).

γ. *V. meduanensis* Bor. Feuil. inf. oval. et oval.-en cœur, obtuses, les sup. oval.. lancéolées-oblongues ou lancéolées, plus courtes que les entre-nœuds. Stip. à lobe terminal linéaire-oblong, les autres linéaires souvent arqués. Pédonc. ouvert en angle aigu, au moins 1 fois plus long que la feuil., à bractées situées bien au-dessous de la courbure. *Sép. plus courts que la cor.* à appendices à peine dépassés par l'éperon de la cor. aplati, un peu courbé. *Cor. grande*, à la fin toute violette ou à peu près, pét. sup. violets se recouvrant par leurs bords, oblongs, rétrécis à la base, presque dressés, les latéraux ascendants, recouvrant un peu les sup., plus ou moins lavés de violet (qqf. jaunes), l'inf. en coin renversé, violacé ou jaunâtre, marqué de 5 à 7 stries pourpres. Caps. de *V. confinis*. jⁿ-jˡ et aut.. Champs des ter. granitiques. — DEUX-SÉV. *Châtillon, les Échaubrognes* (Gen.). — VEND. *S.-Hilaire-de-Mortagne* (Gen.), c. *la Châtaigneraie* (Gobert), *Réaumur*. — LOIRE-INF. c. *Vue, Princey* (Gobert). — c. par localités en *Bretagne ; Fougères*, entre *Dinan* et *Jugon, S.-Brieuc, Pontivy, Vannes*, etc.

δ. V. *Pesneaui, V. rothomagensis* Pesneau cat. part. Rac. grêle. Tiges nombreuses, couvertes d'une pubescence fine. Feuil. inf. ovales, les interméd. oval. ou oval-lancéolées, les sup. lancéolées, toutes crénelées-dentées, plus longue que les entre-nœuds. Stip. à lobes latéraux arqués en dehors ou en dedans. Pédonc. bien plus longs que les feuil., ouverts ; bractées situés sur la courbure ou peu au-dessous. *Sép.* oblongs-lancéolés, aigus, *plus courts que la cor. à la fin toute violette ;* à appendices dépassés par l'éperon droit de la cor. *Pét. sup. violets,* les latéraux violet un peu plus clair, à 1,2 raies à la base, un peu ascendants, l'inf. d'abord blanchâtre puis violet clair, jaune vif à la base, marquée de 7 raies marron foncé, recouvrant la base inf. des pét. latéraux dont le côté sup. recouvre une petite partie de la base des pét. sup. Caps. oval.-arrondie, très obtuse, peu dépassée par les sép. ①. qqf. ②. — LOIRE-INF. Délestage de *Couëron*. — C'est peut-être un *Viola* du nord de l'Europe, introduit par les navires hollandais dont le lest a créé la localité notée. — *V. sabulosa* Bor. des sabl. marit. du nord de la France, en a les caract. généraux, mais en diffère surtout par les feuil. plus étroites, les inf. longuement pétiolées, oval.-oblongues les sup. oblongues et lancéolées, longuement rétrécies en pétiole. mai-j<sup>n</sup>.

ε. *V. confinis* Jord. *V. contempta?* édit. 1. *V. Provostii* Bor. Feuil. inf. ovales., les interméd. oval.-lancéolées, les sup. lancéolées, en gouttière, toutes crénelées-dentées. plus longues ! que les entrenœuds. Stip. à lobe terminal grand, souv. entier, les latéraux arqués, tantôt en dehors, tantôt en dedans. Pédonc. au moins une fois plus long que la feuil., ouvert en angle aigu, bractées situées bien au-dessous de la courbure. *Sép. beaucoup plus courts que la cor.,* à appendices dépassés de 2 mill. par l'éperon de la cor. un peu bleuâtre, aplati, droit. *Pét. sup. blancs,* se recouvrant dans le bas, les latéraux ascendants et recouvrant une partie des pét. sup. blancs, qqf. un peu jaunâtres à la base avec 1,2 stries marron, l'inf. jaunâtre plus foncé à la base, marqué de 5,7 stries marron. Caps. ovale-elliptique, obtuse, non anguleuse, mais un peu plus bombée et verte sur le dos des valves. — DEUX-SÈV. *Chiché* (Guyon). — VEND. et DEUX-SÈV. *Mortagne !* et communes environnantes (Gen.), *la Châtaigneraie, Réaumur* (Ayraud), entre *Clisson* et *Tiffauges*. — LOIRE-INF. c. Vallée du haut de la *Loire*, et çà et là au S.-E. de *Nantes, la Roche-Bernard*. — MOR. *La Gacilly* (Taslé). — FIN. *Brest ;* çà et là dans le Sud (Picq.). — C.-NORD. *Plounérin* (Miciol), *Lannion* (Baron), *Bobital, Brusvily, Beaulieu* (Mabille). — Prob. dans beaucoup d'autres lieux.

*Obs.* A côté de cette plante se placent plusieurs formes : *V. agrestis, gracilescens, Paillouxii, arvatica* Jord. signalés dans notre flore ; je les connais imparfaitement et n'ose les décrire, de crainte d'augmenter les difficultés au milieu d'espèces dont le nombre va toujours croissant.

ζ. *V. ruralis* Jord. Feuil. inf. pétiolées, en cœur ou ovales, crénelées, les suiv. ovales, obtuses, les sup. lancéolées. Stip. à lobes inf. entiers, droits ou arqués, le terminal semblable à la feuil., denté. Pédonc. beaucoup plus long que la feuil., ouvert en demi-angle droit ; bractées situées sur la courbure ou peu en dessous. *Sép.* lancéolés-acuminés, *égalant la cor. ou un peu plus courts,* qqf. plus longs, à appendices égalant l'éperon. *Pét. blanc-jaunâtre,* qqf. tachés de bleuâtre, l'inf. plus foncé à la base et marqué de raies noirâtres. Caps. oval. mai-sept. Champs. C.

η. *V. segetalis* Jord. Caract. du précéd. Tige élancée. Feuil. plus allongée, les sup. longuement rétrécies en pétiole. Stip. à lobes latéraux plus droits, le terminal peu ou point denté. *Sép. plus longs que la cor.* Pét. sup. oboval., blancs et un peu bleuâtres au sommet, les latéraux oboval. blancs, l'inf. en coin renversé, blanc, taché à la base de jaune et marqué de raies noirâtres. Caps. presque arrondie, obtuse, à peine anguleuse. mai-j<sup>t</sup>. Champs surtout sablonneux. — Vallée de la *Loire.* AC. — DEUX-SÈV. C. (Sauzé fl.).

θ. *V. nana* DC. *Petite plante* de 5, 10 cent. Feuil. oval.-en cœur, crénelées, les sup. oblongues ou lancéolées. Pédonc. dépassant plusieurs fois la feuil., bractées situées sur la courbure. *Sép.* triangulaires-lancéolés, *dépassant la cor.,* tronqués ou échancrés à la base. Pét. sup. oblongs, blancs ou un peu bleuâtres, redressés, les latéraux blancs, étalés, recouvrant en partie les sup., l'inf. en coin renversé, blanc, gorge jaune à stries brun foncé, éperon violacé, dépassant un peu les appendices des sép. violacés inférieurement. Caps. oval.-arrondie, très obtuse, plus courte que les sép. ④. 15 mars-15 mai. Sables maritimes. — AC. toute la côte du Sud. — Les individus tardifs (de l'été) sont plus rameux-étalés, à péd. plus courts, à cor. qqf. dépassant un peu le cal., et lorsqu'ils sont très développés, ils forment le *V. Olonnensis* Genevier, mém. acad. Angers, vol. 8.

ι. « *V. Foucaudi* A. Savatier, Bull. soc. sc. nat. Char.-Inf. 1877, p. 73. Plante de 5,10 cent. *Feuil. inf. orbiculaires-en cœur, ondulées,* crénelées, échancrées ou très obtuses. les sup. ovales ou presque spatulées, non en cœur. Pédonc. étalés, dépassant 1-3 f. les feuil., bractées situées sur la courbure. Sép. triangulaires-lancéolés, violacés à la base, le sup. dépassant les pét. sup., les autres plus courts que les pét. Pét. sup. blanchâtres. petits, entiers, les latéraux jaunâtres, l'inf. jaune, échancré, à stries marron foncé à la base, *gorge* poilue et *d'un beau jaune,* éperon légèrement comprimé, violacé, recourbé, égalant ou dépassant un peu les appendices des sép. Caps. ovale-arrondie, égalant presque les sép. ①. mars-mai. Champs, moissons du calc. — CHAR.-INF. *Aulnay* (Gir.), *Marsais, S.-Pierre-d'Amilly* et env., *Puyravault, Landrais, Aigrefeuille,* c. canton de *la Jarrie ; Dompierre* (Tess.). — DEUX-SÈV. *Brioux* (Sauzé). — Var. à pét. d'un jaune clair dépassant beaucoup le cal. et dont les sup. portent qqf. une large tache marron-velouté. Avec le type à *S.-Pierre-d'Amilly.* — Ce *Viola* a presque tous les caractères de *V. nana,* auquel Mess. Lloyd et Sauzé le réunissent, mais sa fleur jaune et ses feuil. ondulées lui donnent un aspect qui l'en fait distinguer facilement. » (Foucaud in Fl. de l'Ouest, éd. 4.)

# DROSÉRACÉES

Cal. à 4 sép. ou lobes profonds imbriqués dans le bouton. Cor. régulière à 5 pét. Etam. 5 hypogynes. Anthères terminales. Ovaire simple, libre, à 4,5 styles ou 4 stigm. Caps. 1,3 loc. polysperme, à 3-5 valves s'ouvrant par le sommet ; placenta pariétaux.

**DROSERA** L. Cal. à 5 lobes profonds. Pét. 5. Styles 3-5 bipartits. Caps. 1.loc. *Herbes* ♃ *à feuil. radicales, couvertes de cils rougeâtres, glanduleux, roulées en crosse dans leur jeunesse ; fl. blanches en épis.*

**D. rotundifolia** L. Hampe dressée, 3 f. plus longue que les feuil. appliquées contre terre ; pétiole velu en dessus, non cilié ; *limbe orbiculaire.* Cal. dépassé par la caps. cylindrique, lisse. Graines linéaires à test lâche, lisse. jⁱ-.aⁱ. Marais et prés tourbeux. — CHAR.-INF. Landes de *Montendre à Montlieu.* R. — DEUX-SÈV. *Secondigny* (A. Guillon), *S.-Martin-du-Fouilloux* (Souché), *Bressuire,* la Morpinière en *Brétignolles* (J. Richard), *le Temple* (Gen.), *Amailloux* (Guyon). R. — BRETAGNE et *Bocage Vendéen.* AC. — Avant de périr, le pied de l'année émet un stolon terminé par un bourgeon reproducteur. Dans le suiv. ce bourgeon est sessile sur la souche.

**D. intermedia** Hayne, *D. longifolia* DC. Hampe courbée à la base, dépassant peu les feuil. lors de la fleuraison. Feuil. ascendantes ; *pétiole* glabre, non cilié, plus long que *le limbe obovale-en coin ;* cal. dépassé par la caps. courte, sillonnée, lisse. *Graines* oblongues, *à test appliqué, finement tuberculeux.* jⁱ.-aⁱ. Marais, landes et prés tourbeux gras. — CHAR.-INF. Landes de *Montendre à Montlieu.* R. — VEND. *Le Bourg-sous-la-Roche, la Ferrière* (Pont.). — BRETAGNE. C.

* **D. anglica** Huds. *D. longifolia* Hayne. Hampe dressée, 2 f. plus longue que les feuil. ascendantes ; *pétiole glabre, non cilié,* plus long que le *limbe linéaire-oblong.* Cal. dépassé par la caps. prismatique-4.gone, non sillonnée. Graines oblongues-ovales, à test lâche, lisse. Lieux tourbeux. — Je l'ai bien cherché, mais en vain.

**PARNASSIA** L. Sép. 5. Pét. 5, portant à la base une écaille nectarifère ciliée. Etam.5. Stigm. 4 sessiles. Caps. 1.loc. à valves.

✘. **P. palustris** L. Tige simple, anguleuse, à 1 feuil. en cœur, sessile, embrassante, les rad. longuement pétiolées. Fl. blanche, solitaire, nervée. ♃. jⁱ-oct. Landes et prés tourbeux du calc. — CHAR.-INF. *Courçon* (Bouchet), *Aigrefeuille* (Fd.), S.-Ouen près *Beaurais* (Sav.), *Saujon,* c. *Rochecourbon ;* AR. marais de *Prignac* (Pinatel), c. *Pisany, Meursac* (A. Guillon), de *Cadeuil à Nancras* (Delalande), marais de Gerzan près *Corme-Royal ; Montlieu* ! (de Meschinet). — DEUX-SÈV. *Loubillé* (Jousse), *Mauzé* ! (Sauzé), *Frontenay-R. Rohan* (Charbonneau), *Épannes, Vallans* (Grelet), AC. marais de la Dive à *Pas-de-Jeu* (Guyon).

## POLYGALÉES

Cal. à 5 sép. dont 2 latéraux plus grands (ailes), pétaloïdes. Cor. irrégulière à 3 pét. plus ou moins soudés avec le tube des étam. l'inf. (carène) barbu. Etam. 8 réunies inférieurement en deux faisceaux opposés. Anthères à 1 loge s'ouvrant au sommet par un trou. Ovaire et style 1. Caps. comprimée ; 2 loges à 1 graine pendante, arillée ; valves 2 opposées à la cloison.

**POLYGALA** L. Voir la famille. *Fl. en épis.*

**P. vulgaris** L. C. et Germ. 11. Par. T. 8. Tiges dressées, à rameaux simples. Feuil. lancéolées, les inf. elliptiques. *Fl. nombreuses,* bleues, roses, rar. blanches, en épis terminaux. *Ailes du cal.* (comme dans les 2 suiv.) *à 3 nervures anastomosées* dans la partie sup. avec les latérales divisées extérieurement en ramifications nombreuses anastomosées. Caps. plus courte et plus étroite que les ailes. ♃. mai-jⁿ. Haies, prés, taillis. C.

β. *oxyptera*. Plante plus basse, à épis plus courts ; caps. ord. débordant partout les ailes. Landes, coteaux et sables maritimes. AC. — A cette var., je rapporte *P. dunensis* Dum., *P. aquitanica* et *littorea* Clav. *P. Michaleti* Gren., *P. ciliata* Lebel sur lesquels consultez : Clavaud Flore de la Gironde avec fig., Corbière Nouvelle Flore de la Normandie.

*Obs. P. comosa* Schk. diffère de *P. vulgaris* par les feuil. serrées et surtout par les bractées dépassant les boutons de fleurs et rendant ainsi l'épi chevelu au sommet. Je l'ai cueilli à Avanton près *Poitiers*.

**P. depressa** Wender. C. et Germ. T. 8. Plante grêle, à tiges couchées, souv. très rameuses. Feuil. lancéolées, les inf. elliptiq., les interméd. presque opposées. *Fl. 5-8 ord.* blanches, qqf. bleues, *en épis devenant par la suite latéraux*. Ailes oboval.-elliptiq. plus longues et plus étroites que la caps. fortement échancrée. ♃. mai-j⁴. Pelouses mousseuses, taillis, landes sèches ou marécageuses. AC. — R. dans le calc. ; CHAR.-INF. R. la lande de *Mortagne* ; C. de *Montendre* à *Bédenac* et env., *S.-Hippolyte* (Fd.), la Branderie en *Plassay* (Tess.). — L'opposition des feuil. se remarque aussi sur les tiges stériles.

✗. **P. calcarea** Schultz, *P. amarella* C. et Germ. T. 7. Tiges couchées, ord. nombreuses, nues à la base, puis munies de feuil. grandes, oboval., obtuses, plus ou moins en rosette, émettant de leur aisselle 1 ou plusieurs rameaux florifères. Fl. assez nombreuses en épis. Ailes oboval., débordées en tous sens par la caps. grande. *Arille* à lobes aigus *égalant presque la 1/2 de la graine*. ♃. mai-jⁿ. Pelouses, clairières des bois secs et coteaux calc. — CHAR.-INF. AC. de *Dœuil, Loulay* à *Aulnay, Beauvais* et *Sieeq* ; *Surgères* ; *S.-Christophe, Bourgneuf, la Garde-au-Valet, S.-Sarinien* (Fd.), *Meux*, C. *Montlieu* ; *Montendre* ; *la Clotte* (Sav.). — DEUX-SÉV. *Réfannes* sur le granite, *Maisontiers* (Guyon), *Ste-Soline* (Sauzé), *Brétignolle* (J. Richard), *Melle, forêt d'Aulnay* (A. Guillon), *Loubillé* ! (Jousse). PC. (Sauzé fl.), *Vallans, la Foye-Montjault, Epannes* (Grelet).

**P. austriaca** Crantz, C. et Germ. T. 7. Très amer, couché, rameux. Feuil. rad. obov.-spatulées, en rosette, celles de la tige allongées, obtuses. *Fl. petites*, blanches (dans mon échantillon) ou bleues, assez nombreuses. *Ailes* oboval.-elliptiques, *à nervure moyenne simple non anastomosée avec les latérales à peine rameuses*. Caps. presq. arrondie-en cœur, plus longue et beaucoup plus large que les ailes. Arille atteignant à peine le 1/4 de la graine. ♃. « Prés humides tourbeux (Cosson et G.) ». Je possède un échantillon de cette espèce que je suis sûr d'avoir cueilli aux environs de *Nantes,* mais je ne saurais préciser la localité, qu'il est nécessaire de retrouver pour maintenir l'espèce dans la Flore.

✗. **P. monspeliaca** L. *Rac. annuelle* à 1, qqf. plusieurs tiges dressées, fleuries dans la moitié sup. Feuil. dressées, linéaires-lancéolées, très aiguës. Fl. d'un blanc vert roussâtre. Ailes oval.-oblong. à *3 nervures* vertes, *rameuses, non anastomosées*, aussi larges et plus longues que la caps. oboval.-allongée, en cœur au sommet, pendante, oscillante. juin. Talus herbeux du littoral. — CHAR.-INF. Remparts de *S.-Martin,* et fort *la Prée* dans l'île de *Ré*. R.

# FRANKÉNIACÉES

Cal. à 4,5 sép. persistants, soudés à la base en un tube sillonné. Pét. 4,5 alternes avec les sép., onguiculés. Etam. 4,5 hypogynes. Ovaire 1, libre ; style 2,3 fide. Caps. 1.loc. à 2-4 valves portant les placenta sur les bords.

**FRANKENIA** L. Style à 3 lobes oblongs, portant les stigm. à l'intérieur. Caps. polysperme à 3,4 valves.

**F. lævis** L. Tiges dures, sous-ligneuses, très rameuses, couchées, glabres ou pubescentes. Feuil. linéaires, roulées en dessous par les bords, glabres, ciliées à la base, verticillées. Fl. roses, élégantes, axillaires, solitaires, sessiles. Cal. glabre ou pubescent dans les sinus. ♃. jⁿ-sept. Sables et rochers maritimes, bord des marais salés. C.

*Obs. F. hirsula* DC. fl. fr., *F. intermedia* DC. prod., indiqué sur nos côtes, n'y a pas été trouvé ; il diffère du précéd. par ses tiges à pubescence serrée, grisâtre, ses feuil. longuement ciliées à la base et ses cal. hispides.

# CARYOPHYLLÉES

Cal. à 5, rar. 4 sép. ou dents. Pét. 5, rar. 4, ord. onguiculés, alternes avec les sép. Etam. 10, rar. 3-5, hypogynes. Ovaire 1 libre, à 2-5 styles. Caps. à 1, rar. 2-5 loges, à 2-5 valves s'ouvrant au sommet. Graines nombreuses ; placenta central. *Feuil. toujours opposées, entières.*

A. *Cal. 1.sépale, tubuleux, à 4,5 dents.* (Silénées.)

**GYPSOPHILA** L. Cal. en cloche, à 5 dents. Pét. 5 en coin, presque sans onglet. Etam. 10. Styles 2. Caps. 1.loc. à 4 dents au sommet.

**G. muralis** L. Plante grêle de 10-15 cent. à rameaux étalés. Feuil. linéaires. Fl. rosées, axillaires, longuement pédonculées. Cal. sans écail. à la base. Pét. échancrés ou crénelés, veinés. ①. jⁿ-sept. Champs arides après la moisson, lieux desséchés, bord des étangs, des rivières. AC. — RR. au-delà de la Loire-Inf. — Manque ou RR. dans le calc.

**DIANTHUS** L. Cal. tubuleux, à 5 dents, munis à la base d'écailles opposées. Pét. 5 à onglet linéaire. Etam. 10. Styles 2. Caps. 1.loc. à 4 valves au sommet.

* *Fl. réunies en tête ou en corymbe.*

**D. prolifer** L. Glabre, raide ; rameaux simples. Feuil. linéaires, rudes au bord. *Fl.* paraissant l'une après l'autre, *réunies en tête* entourée d'écailles scarieuses, les inf. plus petites, mucronées, les sup. obtuses, dépassant le cal. Pét. roses, échancrés ou entiers. ①. jⁿ-aᵗ. Coteaux arides, champs sablon., surtout dans la région marit. et le calc. AC. Jusqu'au FIN., puis PC. et sur le littoral seulement.

**D. Armeria** L. Pubescent, raide, rameux dans le haut. Feuil. linéair.-lancéolées, les inf. plus larges, obtuses. *Fl. en faisceaux terminaux,* entourées de bractées et d'écailles lancéolées-en alène, égalant le cal. Pét. rouges, tachés de blanc, dentés en scie. ②. jⁿ-aᵗ. Haies, vieux murs. C. — PC. *Mor.* et *Fin.*

**D. Carthusianorum** L. Tiges simples. *Feuil.* linéaires, *connées-engaînantes,* à 3 nervures. Fl. rouges, réunies 2-6 en tête entourée à la base de 2-4 bractées brunes, semblables aux écailles obtuses, échancrées, mucronées au milieu, plus courtes que le cal. brun au sommet. Pét. dentés, un peu velus en dedans ; limbe aussi long que l'onglet. ♃. jⁿ-jᵗ. Prés, bord des haies, coteaux des ter. calc. et schist. — CHAR.-INF. *Le Pin* (Mᵐᵉ George), *Pons* (Sav.), *Cognac* (Charente), *S.-Eugène; Breuillet* (Rouffineau), *Oleron* (de Beaupreau). R. — DEUX-SÈV. AC. — VEND. Pré près de *Charzais* (Mˡˡᵉ Poey Davant), le Plessis en *la Ferrière* (Pont.), AC. *Mortagne, la Verrie, S.-Hilaire* (Gen.). RR. — LOIRE-INF. La Motte près *Maumusson !* entre *Riaillé* et *Bonnœuvre* (Guiho), *S.-Mars-la-Jaille* (S.-Gal), *Copchoux* (Pesneau), entre *Vertou* et forêt de *Touffou* (Beuchet), *le Pallet.* RR.

*" Fl. solitaires.*

**D. Caryophyllus** L. *Œillet des fleuristes. Tiges rameuses, de 3-5 déc.* Feuil. linéaires, en gouttière, scarieuses à la base, glauques. Fl. 5,6 en panic., à odeur suave. *Ecailles 4, courtes, mucronées, 3-4 fois plus courtes que le cal.* cylindrique. Pét. rouges, dentés. ♃. jᵗ. Vieux murs, ruines. — CHAR.-INF. *Saintes, Oleron,* rochers de *Taillebourg, Mornac.* — DEUX-SÈV. *Niort, Parthenay, Bressuire.* — VEND. *Tiffauges, Pouzauges, Mortagne, le Boupère,* c. château de *Talmont, Palluau, Apremont.* — LOIRE-INF. *Tour d'Oudon,* c. châteaux de *Châteaubriant,* de *Clisson,* c. *Guérande.* — MOR. *Vannes, Auray.* — FIN. *Concarneau,* château de *Brest,* de la *Roche-Maurice,* de *Trémazan.* — C.-NORD. *Dinan, Lamballe, S.-Jacut, Matignon, le Guildo,* et rochers marit. de *Dahouet* avec fl. blanches. — IL.-ET-V. *Hédé, Dol.* — ETC.

**D. gallicus** Pers. DC. *Tiges nombreuses, simples, de 15-20 cent. Feuil.* linéaires, *courtes, dentelées et scarieuses tout autour,* presq. obtuses, glauques. Fl. 1-3 terminales, à odeur suave. *Ecailles 4 courtes,* un peu mucronées, *3 f. plus courtes que le cal.* cylindriq. Pét. rosés, qqf. blancs, fortement dentés, glabres, ou velus à la gorge. ♃. jⁿ-sept. Sables marit. C. jusqu'à *Quimper.*

**SAPONARIA** L. Cal. à 5 dents, nu à la base. Pét. 5 à onglet linéaire. Etam. 10. Styles 2. Caps. 1.loc. à 4 dents au sommet.

**S. officinalis** L. *Saponaire.* Tige rameuse. Feuil. lancéolées-elliptiq., à 3 nerv. Fl. rose tendre, en corymbe terminal. *Cal.* renflé, *cylindrique,* glabre ou pubescent. Pét. munis à la base d'appendices linéaires. ♃. jᵗ-aᵗ. — CHAR.-INF. Glacis de *la Rochelle !* tour de *Broue* (Faye), *Royan, Corme-Royal, S.-Savinien* (Tess.), *S.-Jean-d'Angély,* Garneau sur *la Boutonne, Dœuil !* (Duss.), *S.-Saturnin-du-Bois* (Fd.), *Montlieu, la Barde.* — DEUX-SÈV. c. haies et décombres de *la Mothe !* (Sauzé), *Rom* (Guyon), *Chizé ; S.-Genard* (Gir.), c. bord du *Thouet,* de l'*Argenton,* etc. — VEND. C. *Gétigné* et çà et là sur la *Sèvre* jusqu'à *Tiffauges, Mouzeuil.* — LOIRE-INF. Bord de la *Sèvre,* de la *Maine,* de la *Loire.* AR. — Et çà et là, à fl. simples ou doubles, sous-spontané dans les décombres, les ruines.

𝕏. **S. Vaccaria** L. Tige divisée au sommet en plusieurs rameaux dichotomes formant un corymbe lâche. Feuil. glauques, lancéolées, élargies et connées à la base. *Cal. à cinq angles* verdâtres. Fl. roses. ①. jⁿ-jᵗ. Moissons, champs calc. — CHAR.-INF. *Le Pin* (Mᵐᵉ George), *Aulnay* (Gir.), *Dœuil ; S.-Pierre-d'Amilly, S.-Christophe, S.-Vivien* (Fd.), *Surgères* (Hubert!), *Vandré* (Delalande), c. de *S.-Jean-d'Angély* à *Matha* (Lemarié), *Aumagne* (Riveau), *Siecq!* c. *Beauvais!* (Sav.), *Séchebec* (Gad.), *S.-Savinien, Nancras.* — DEUX-SÈV. *Vanzay, Pliboux* (Guyon), *la Mothe* (Gir.), *Sauzé-Vaussais, Rom* (Grelet), *Pamproux* (Souché). PC. (Sauzé fl.).

**CUCUBALUS** L. Cal. en cloche, à cinq lobes. Pét. bifides, couronnés à la gorge. Etam. 10. Styles 3. Baie 1.loc. polysperme, indéhiscente.

**C. bacciferus** L. Tige de 6-10 déc. faible, presque grimpante ; rameaux ouverts à angle droit. Feuil. ovales, acuminées. Pét. écartés, blanc-verdâtre. Baie et graines noires, luisantes. ♃. jⁱ-aᵗ. Haies, buissons. — CHAR.-INF. *Le Pin* (Mᵐᵉ George). *Saintes ; Pons, Arces* (Fd.), *Montendre* (de Beaupreau). c. *Montlieu* (de Meschinet) ; *Orignolle, Sablonceaux* (Delalande), *Thézac* (Robin). *les Mathes!* (Reau). — DEUX-SÈV. *Rom, Louin, Glénay,* R. *S.-Loup* (Guyon). *Airvault!* et env. (Bonnin), *S.-Jouin* (Brottier), *Pas-de-Jeu* (J. Richard), *Thouars ; « Boësse* (Violleau), *Soulièvre* (Argenton). Bul. Soc. bot. » —. VEND. *Luçon* (Lepeltier). — LOIRE-INF. PC.

**SILENE** L. Cal. à 5 dents, nu à la base. pét. 5 onguiculés. Etam. 10. Styles 3. Caps. 3 loc. à la base, s'ouvrant au sommet en 6 dents.

**S. inflata** Smith. *Cucubalus Behen* L. Glauque. Souche ligneuse non rampante. Tiges de 3-6 déc., rameuses, couchées à la base. Feuil. ovales-lancéolées, plus ou moins ciliées, rar. velues. *Fl. d'un blanc pur* en panic. : bractées scarieuses. *Cal. renflé en vessie*, à veines en réseau, vertes ou brunâtres. *Pét. sans appendices* à la base, écartés l'un de l'autre, à divis. oblongues ; onglet inclus. Caps. ovaleglobuleuse. Graines couvertes de *tubercules coniques* saillants. ♃. jⁿ-aᵗ. Moissons, prés, bord des chemins, des haies, surtout dans les ter. calc. et au bord de la mer. C. — R. ailleurs. — Moins C. au nord de *la Loire.* Cette plante a été décomposée en 4 espèces, *S. vesicaria, brachiata, puberula, oleracea,* toutes croissant dans nos limites.

**S. maritima** With. Glauque, gazonnant. Tiges de 1-2 déc. étalés en cercle, redressées. Feuil. lancéolées, ciliées-épineuses au bord. Bractées herbacées. *Fl. d'un blanc pur*, 1-3 au sommet des rameaux. Cal. renflé en vessie veinée de violet. Pét. munis à la base de *2 appendices bien distincts*, à divis. obovales-en coin, recouvrant les pét. voisins par les bords ; onglet saillant. Caps. globuleuse. Graines triangul.-réniformes, couvertes de nombreux tubercules coniques saillants. ♃. mai-aᵗ. Rochers et coteaux marit. ; s'avance qqf. loin dans l'intérieur le long des rivières. C. en Bretagne dans la région maritime de *Cancale* à la Vilaine où il remonte jusqu'à Pontréau près *Rennes ; Noirmoutier, Ile d'Yeu ; S.-Palais* en Char.-Inf. (Roufineau). — A l'intérieur : forêt de *Laz* (Fin.), *Mur*, Butte S.-Michel près *Porte-au-Moine* (C.-Nord).

*S. montana* Arrondeau Bul. soc. polym. Vannes p. 58. Feuil. plus étroites, linéaires-lancéolées ; appendices de la cor. d'autant moins distincts que la plante croît loin de la mer et remplacés par des bosses lorsqu'elle vient tout à fait à l'intérieur ; *graines chagrinées*. — Montagnes Noires et d'Arès en Bretagne ; s'avance sur les schistes jusqu'à *Tréhorenteuc* et *Paimpont* (Il.-et-V.), et *Guenroc* (C.-Nord). — Région maritime : îles d'*Yeu* et de *Noirmoutier* ; *la Trinité*, île de *Hœdic*, presqu'île de Gavres et Larmor près *Port-Louis* ; *Loctudy* (Fin.).

*S. Bastardi* Bor. in Lloyd fl. Ouest édit. 3 ; feuil. du précéd. ; pét. écartés l'un de l'autre à divis. obovales-oblongues, appendices en forme de bosses ou de bosses-écailles ; caps. ovale ; *graines chagrinées*. C. sur les rochers schisteux aux environs d'*Argenton-Château* (Deux-Sèv.) et en Vendée rochers Coquilleau près *la Châtaigneraie* (M^lle Poey Davant), C. Mouilleron *en Pareds* et rochers de *Cheffois* sur une longueur de 2-3 lieues (Pont., Lx.).

*Obs.* Les localités des 3 plantes précédentes ont été réparties en tenant compte du caractère des graines auquel Godron l. c. attache une grande importance. Cependant, on voit par ces localités, que les plantes à graines tuberculeuses et chagrinées sont mélangées dans la région maritime et sur les rochers de l'intérieur. J'ajouterai que dans les champs calcaires (miocène supérieur) des Cléons près *Nantes*, j'ai trouvé (puis cultivé) des *S. inflata* ayant des graines distinctement chagrinées mêlées à d'autres pieds avec graines tuberculeuses. Tous ces faits *doivent nous engager à rechercher d'autres caractères pour distinguer les trois plantes, surtout S. montana* de *S. Bastardi* qui n'en est probablement qu'une forme.

X. **S. Thorei** Léon Duf., *S. crassifolia* Thore, *Cucubalus fabarius* Thore. Très glauque, non gazonnant, tiges souvent étalées en cercle. Souche longue, blanchâtre, charnue, à divis. rampantes. Feuil. largement obovales ou spatulées, acuminées, charnues, à bord cartilagineux cilié-rongé. *Fl.* plus petites que dans les 4 précéd. *d'un blanc sale,* 1, 2 au sommet des rameaux. Bractées foliacées. Cal. renflé en vessie à veines verdâtres peu marquées. Pét. sans appendices, à deux bosses ; divis. oblongues ; onglet saillant. Caps. ovale-globuleuse. Graines réniformes, chagrinées, c.-à-d. marquées de *tubercules plats.* ♃. j^n-j^t. AC. çà et là sables maritimes nus de *la Gironde* à *Noirmoutier.*

**S. Otites** Smith, *Cucub.* L. Tiges d'env. 2 déc. presq. simples, visqueuses. Feuil. de la tige en petit nombre. les rad. en spatule, nombreuses, en touffe. *Fl. dioïques, petites, jaunâtres, verticillées en grappe terminale, étroite, interrompue.* Pét. linéaires, entiers, nus. ♃. j^n-a^t. AC. Sables marit. de *la Gironde* au *Finistère* où PC. côte sud. — R. et de 4-6 déc. à l'intérieur, champs sablonneux : DEUX-SÈV. *Thouars !* (Toussaints), butte de *Montcoué.* — LOIRE-INF. *Machecoul, Arthon.*

β. *umbellata.* Fl. en 1-2 verticilles terminaux. AC. — Forme naine des sables maritimes.

**S. conica** L. Plante pubescente-grisâtre, de 1-2 déc. Feuil. linéaires-lancéolées, molles. Fl. roses, axillaires et terminales. *Cal. en fruit en forme de carafe,* ombiliqué à la base, à 30 stries. Pét. échancrés, couronnés. ①. mai-j^n. Sables marit. AC. — Plus C. au midi de la *Loire.* — R. à l'intérieur, lieux secs sablon. — VEND. *Challans* (Gobert). — LOIRE-INF. *Machecoul, Arthon,* qqf. *sables de la Loire.*

**S. gallica** L. *S. anglica* L. Pubescent-visqueux. Tige dressée ou étalée, rameuse. Feuill. lancéolées, aiguës, plus ou moins velues, les inf. spatulées. Fl. axillaires, alternes, en épis. *Cal. hispide,* d'abord tubuleux, puis *ovale,* à 10 *nervures vertes* ou brunâtres, pédic. dressé, rar. réfléchi. Pét. de grandeur variable, roses, carnés ou blancs, échancrés ou entiers, saillants ; filets des étam. velus. ①. jⁿ-jˡ. Moissons, champs et prés sabl., surtout dans les ter. calc., schist. et au bord de la mer. AC.

β. *S. quinquevulnera* L. *S. cruentata* Jord. Pét. avec une large tache pourpre. — FIN. Rochers de l'île Louet, rade de *Morlaix* (Miciol).

𝒳. **S. brachypetala** Rob. et Cast. in DC. fl. fr. 5 p. 607, Jord. obs. fragm. 5. Pubescent, non velu, ni hispide, un peu glanduleux au sommet. Tige dressée, en zigzag, de 2-3 déc. à qq. rameaux espacés ou étalée à rameaux nombreux. Feuil. rad. et inf. spatulées, ciliées à la base, les sup. linéaires, brunâtres à l'extrémité. Fl. axillaires, peu nombreuses et très écartées en épi grêle. *Cal. toujours oblong, pubescent,* à 10 nervures verdâtres ou brunâtres, alternativement rameuses. Pédic. dressés. *Pét.* linéaires, échancrés et un peu élargis au sommet, inclus, n'atteignant pas la 1/2 de la caps. Filets des étam. glabres. Pédic. de la caps. pubescent. Graines réniformes, chagrinées, un peu en gouttière sur le dos, excavées sur les côtés, et vues de côté représentant une oreille humaine. ①. jⁿ-jˡ. Bord des chemins, champs, et talus des fossés du littoral. — CHAR.-INF. Du *Fort la Prée* à *Rivedoux ; la Noue, la Flotte* (Fd.) et *Groin de Loix* (Lemarié) dans *l'île de Ré.* RR. — Se retrouvera ailleurs dans le midi.

**S. nutans** L. Pubescent-visqueux au sommet, rameux du bas. Feuil. lancéolées, les inf. en spatule aiguë. *Fl. blanc sale, en panic. trichotome, penchée,* à odeur suave le soir. Pét. linéaires, bifides, roulés en dedans pendant le jour. ♃. av.-mai. Coteaux arides, rochers, bords des bois, surtout sur les schistes. AC.

**S. portensis** L. sp. 600, *S. bicolor.* Thore. *Tige* de 1-3 déc. à *rameaux grêles, couchés.* Feuil. linéaires, en gouttière. Fl. terminales, longˡ pédonculées, odorantes le soir. Cal. en massue, à 10 stries rosées. Pét. bifides, couronnés, blancs en dessus, rougeâtres en dessous, roulés en dessus pendant le jour. *Caps.* ovale, *plus courte que son pédic. propre.* ①. jˡ-sept. Sables marit. C. de *la Gironde* à *la Vilaine.* — MOR. *Billiers* (Hémont). — FIN. *Tréguennec, Plovan* (Crouan). — A l'intérieur, sables d'*Orignolle,* de *Montendre (Char.-Inf.).*

* **S. annulata** Thore, *S. rubella* DC. Vulg. *Lin fou. Tige grêle* de 2-4 déc. *dressée,* glabre, pubescente à la base, rameuse dans le haut. *Feuil. inf. en spatule, velues,* les sup. linéaires, glabres. Fl. rouges, terminales, longˡ pédonculées. Cal. à 10 stries. Pét. bifides, dépassant le cal. Caps. presque globuleuse et sessile, égalant le cal., granuleuse. ①. av.-mai. Champs de Lin, avec la graine duquel il a été introduit ; peu fixe dans ses stations.

**LYCHNIS** L. Cal. à 5 dents. Pét. 5 onguiculés, ord. couronnés. Etam. 10. Styles 5. Caps. 1.loc à 5 ou 10 dents au sommet.

**L. Flos cuculi** L. Tige presque glabre. Feuil. linéaires-lancéolées, les inf. plus larges. Fl. roses, en panic. terminale. Cal. rougeâtre, à 10 stries. *Pét. découpés en 4 divis. linéaires.* Caps. ovale. ♃. mai-j^n. Prés humides, bord des haies. CC.

**L. vespertina** Sibth. *L. dioica* DC. *L. dioica* β. L. Tige rameuse. Feuil. sup. ovales-lancéolées, rétrécies en pointe. Fl. dioïques, blanches, odorantes le soir, en panic. *Caps. ovale-conique, à 5 dents bifides, dressées ou ouvertes, mais non recourbées.* ♃. j^n-sept. Haies, décombres, bord des chemins. CC. — C'est à cette espèce qu'appartiennent les var. à fl. carnées, roses et même rouges des rochers de *Mauves* (Loire-Inf.) et de *Mortagne* (Vend.).

**L. diurna** Sibth. *L. silvestris* Hoppe, *L. dioica* α. Tige rameuse. Feuil. sup. ovales, brusquement acuminées. Fl. dioïques, d'un beau rouge, inodores, en panic. *Caps. ovale-arrondie, à dents recourbées.* ♃. av.-j^n. Haies, bord des rivières, des bois. — CHAR.-INF. *Gouffre de la Sèvre* (Hubert). — DEUX-SÈV. *La Touche Poupart* (A. Guillon), *Parthenay !* (Janneau), forêt de *Secondigny* (Maillard), *Fénioux, S.-Loup* (Guyon). « *Gourgé* (Argenton), *Pamplie, Béceleuf* (Duret), Bul. S. bot. » — VEND. AC. Bocage. — LOIRE-INF. Bord de *la Divatte*, de *la Sèvre*, du *Cens*, etc. AC. mais pas partout. — C. dans l'intérieur de *la Bretagne !*

**L. Githago** Lam. *Agrostemma* L. *Nielle.* Plante velue-blanchâtre, de 6-10 déc. presque simple. Feuil. linéaires-lancéolées. Fl. pourpres, long. pédonculées. *Pét. à peine échancrés, non couronnés, plus courts que les lobes foliacés du cal. à 10 côtes.* ①. j^n-j^t. Moissons. C.

B. *Cal. à 4,5 sépales.* (Alsinées.)

**BUFFONIA** Sauv. L. Sép. 4 scarieux. Pét. 4. Etamines 4 ou 8. Styles 2. Caps. 1.loc. à 2 valves, à 2 graines.

♂. **B. paniculata** Delarbre. *B. macrosperma* Gay. Plante grêle, de 15-30 cent. Feuil. linéaires-en alène, très étroites, connées. Fl. blanchâtres en petits faisceaux paniculés. Sép. lancéolés-acuminés, à 5 nervures, dont 3 plus saillantes atteignent presque le sommet. Pét. oblongs, 1/3 plus courts que le cal. Graines grosses, obovales-elliptiques, fortement tuberculeuses. Lieux pierreux des ter. calc. ①. j^t-a^t. — DEUX-SÈV. *Thouars,* d'après un échantillon donné par M. Genuer à M. Marichal, mêlé à trois autres plantes de cette localité.

**SAGINA** L. Sép. 4. Pét. 4 entiers ou 0. Etam. 4. Styles 4. Caps. 1.loc. polysperme, à 4 valves. *Fl. verdâtres ; pédonc. axillaire, solitaire.*

**S. procumbens** L. *Glabre,* étalé-couché. Tiges de 7-10 cent. radicantes à la base. Feuil. linéaires, un peu mucronées. Sép. obtus. Pét. très courts, qqf. 0. *Pédonc. du jeune fruit courbé au sommet.* ①. et pérennant. mai-oct. Murs, champs. CC.

**S. apetala** L. Plus grêle que le précéd. Tiges dressées ou ascendantes, à poils épars. *Feuil.* linéaires, mucronées, *ciliées surtout à la base. Sép. étalés en croix à la maturité,* plus courts que la caps., les ext. très peu mucronés, courbés en dedans. Pét. courts, bifides, souv. 0. Pédonc. grêle, toujours droit, pubescent-glanduleux ainsi que le cal. ①. mai-j^n. Champs sablonneux, murs. C. — Mêlé qqf. à *S. maritima* dans la région maritime.

*Obs. S. filicaulis* Jord. est une variation grêle de *S. apetala,* croissant çà et là dans les lieux sablonneux ; il en diffère en outre par les sép. obtus, toujours appliqués. Semé par M. Timbal-Lagrave, il a reproduit le type.

**S. patula** Jord. fragm. 1, T. 3. Très voisin du précéd. Feuil. linéaires, mucronées, glabres ou un peu ciliées à la base. *Sép. appliqués sur le fruit* qu'ils égalent presque, un peu obtus, les ext. mucronés. Pét. très petits, verdâtres, ou en forme de glandes. Pédonc. un peu courbé pendant l'anthèse, pubescent-glanduleux ainsi que le cal. ①. mai-j$^n$. Lieux sablonneux. Çà et là. PC.

β. *glabra, S. ambigua* Lloyd fl. de l'Ouest. Glabre. Tiges étalées-redressées. Feuil. linéaires-en alène, mucronées, en gouttière en dessus. Pédonc. droit. Sép. égalant env. la caps., oval.-oblongs, obtus ou presq. aigus, ouverts, non étalés à la maturité du fruit, à pointe ouverte dans la fleur, recourbée en fruit. Pét. très courts, comme avortés. ①. mai-j$^n$. Murs, lieux secs, coteaux. Çà et là. surtout région marit. PC. — Plante plus voisine de *S. apetala* que de *S. maritima,* toujours étalée lorsqu'elle croît isolément, et dressée seulement dans les lieux herbeux qui la forcent de monter droit, ou bien lorsque les pieds serrés les uns contre les autres l'empêchent de s'étaler, ce qui a lieu aussi dans *S. apetala* et *maritima.* Une rosette centrale de feuilles existe dans les individus très développés.

**S. maritima** Don. Très glabre, rougeâtre ou brunâtre. Tiges ascendantes de 5-8 cent. Feuil. linéaires. obtuses ou à pointe très courte. Pédonc. droit ou ascendant. Sép. ovales, très obtus, étalés en fruit. *Pétales nuls.* ①. av.-mai. Rochers, coteaux et terres cultivées du bord de la mer surtout celles mouillées l'hiver. C. — Dans les lieux ras, cette plante est plus ou moins couchée, à tiges et pédoncules ascendants et ayant au milieu une rosette de feuil. Dans les lieux herbeux, la tige est dressée ainsi que le pédonc., et la rosette centrale manque.

**SPERGULA** L. Sép. 5. Pét. 5 entiers. Etam. 5 ou 10. Styles 5. Caps. 1.loc. polysperme, à 5 valves. *Fl. blanches.*

* Feuil. comme verticillées, stipulées.

**S. vulgaris** Boën. Pubescent-visqueux. Tiges de 2-3 déc. étalées. Feuil. linéaires-en alène, marquées en dessous d'un petit sillon. Fl. en panic. terminale. Pédic. à la fin réfléchis. *Graines orbiculaires, comprimées, noires, chagrinées, couvertes sur le dos de petites papilles jaunâtres, à rebord étroit, blanchâtre.* ①. mai-j$^t$. Moissons, champs sablonneux. C.

**S. arvensis** L. *S. sativa* Boën. Très voisin du précéd., plus visqueux ; caps. plus saillante ; graines chagrinées, sans papilles. Mêmes lieux. — CHAR.-INF. *Bussac,* c. *Bédenac* (Fd.). — VEND. *Challans ! Sallertaine* et env. (Pont., Gobert), *Noirmoutier* (V.-G.-Marais). R. — LOIRE-INF. Env. d'*Ancenis !* (Guiho), *S.-Simon-sur-Loire,* sables du lac de *Grand-Lieu ; Arthon* (Gad.), *Carnbon* (de Lisle). — MOR. *Conlo* près *Vannes, Carnac* (Arrondeau). — FIN. *Brest* (Tanguy).

*Obs. S. linicola* Boreau herborisat. 1865, a la graine réniforme-arrondie, sans papilles et entourée d'une membrane d'un blanc sale égalant le 1/4 du disque ; il est robuste, de la taille du Lin parmi lequel il croît, et avec la graine duquel il a prob. été introduit. Je l'ai trouvé à *Guenrouet* en 1841, MM. de Lisle l'ont vu à *Vallet* (Loire-Inf.) et M. Genevier à *S.-Aubin-Baubigné* (Deux-Sèv.), au *Longeron*, à la *Romagne* (Maine-et-L.) près *Mortagne*, et près *Nantes*.

**S. Morisonii** Boreau. Presque glabre. Feuil. linéaires, cylindriques, non sillonnées en dessous. *Graines* aplaties, papilleuses au bord et *entourées d'une membrane transparente,* d'un blanc sale égalant environ la 1/2 du disque. Etam. 5 ou 10. ①. av.-mai. Lieux arides, pierreux, surtout sur le schiste. — CHAR.-INF. « *La Rochelle* (Morison hist. 2, p. 551, n° 17) », *Vergeroux* (Faye), *Montlieu*. — DEUX-SÈV. *Thouars* (Revelière), *Parthenay* (Janneau), *Bressuire* (J. Richard), *Ménigoute, Coutières, Vasles* (Gir.), *la Touche Poupart* (Delastre), schistes de la *Mothe* (Sauzé), *Argenton-Château*, etc. — VEND. AC. *la Roche* et env. (Marichal), tous les coteaux du *Lay* (Pont.), CC. coteaux de la *forêt de Vouvant* (Lx.), C. *Mortagne* (Gen.).— LOIRE-INF. *Boussay, Aigrefeuille* (Gad.). CC. rochers de la *Loire* de *Thouaré* à *Ingrande ;* coteaux schist. des arrond. d'*Ancenis* et de *Châteaubriant ; S.-Jean-de-Corcoué*. C. — MOR. Sur quelques schistes. — IL.-ET-V. AC. *la Roche du Theil, Redon* (Moreau), *Pléchatel* (Gallée) ; *Martigné* (Picq.), *S.-Senoux* (Rolland), *Bain* (Gad.), *S.-Georges-de-Grehaigne* (Pontallié).

**S. pentandra** L. Boreau, diffère des précéd. par la tige dressée, les pét. plus étroits, aigus et par les graines lisses à membrane d'un blanc argenté égalant le diamètre du disque. ①. av.-mai. Lieux sablonneux. — CHAR.-INF. *Le Souil* (Guillaud), C. *Robichon* en *S.-Savinien, Fontcouverte* (Tess.), *Montendre* (Pinatel), C. *Bédenac* (Fd.), *Cadeuil* (Parat), « env. de *la Rochelle* (Morison l. c.) » — DEUX-SÈV. *S.-Maixent* au Puits d'enfer (A. Guillon), *S.-Loup* (Guyon), *Ménigoute* (Gir.), *Bressuire* (J. Richard), *Aireault* (Bonnin), *Orbé* (Pont.). — VEND. *Challans* (Gobert), la Pironnière près les *Sables* (Pont.). — LOIRE-INF. C. *Arthon* ! (Bouchet), R. sables du lac de *Grand-Lieu*, de *S.-Brevin ; S.-Etienne-de-Corcoué* (Cailleteau). *Saint-Simon-sur-Loire* et *Ile Bord* (Paul Bruneau), champs sablonneux entre *Vertou* et *La Haie* ! (G. de Lisle).

*" Feuil. sans stipules.*

**S. nodosa** L. *Sagina* Mey. Tiges de 5-10 cent. presque couchées. *Feuil.* linéair.-filiformes, aiguës, les *sup. en faisceau* reproduisant la plante. Fl. 1,2 terminales. *Pét. dépassant le cal.* ♃. j^n-j^t. Lieux sablon. humides du bord de la mer. — CHAR.-INF. *Berjat, la Coubre, la Tremblade*. R. — LOIRE-INF. *Penchâteau, Escoublac ; S.-Brevin* (Delalande), marais de la *Boivre* (H. Lefièvre). RR. — MOR. *Quiberon,* étang de *Kervran, Plouharnel* (Elphège), côte de *Guidel* (Picq.). R. — FIN. *Penmarc'h ! Plomeur ! île Tudy* (Bonnemaison), et env. (Picq.), *Audierne, Lervily* (Moreau), anse de *Dinan ; Lannilis* (Hubert), *Lampaul-Plouarzel* et *Ploud., l'Aber-Vrac'h* (Crouan), *Roscoff* (Camus), *Santec, Plougasnou* (Miciol cat.). — C.-NORD. Pointe de *Trébeurden ; Garenne-d'Erquy* (Baron), *S.-Cast* (Morin), RR. *Dahouet* (de Ferron), *Trégastel* (Avice). — IL.-ET-V. *S.-Malo* (V. Sacher).

**S. subulata** Swartz, *Sagina* Wim. Petite touffe pubescente-glanduleuse. Tige de 4-8 cent. dressées. Feuil. linéaires, terminées en arête,
ciliées à la base. *Fl. solitaires sur de longs pédonc. filiformes. Pét.
égalant le cal.* Pédonc. du jeune fruit courbé au sommet. ⅔. jⁿ-aᵗ.
Lieux sablon. humides surtout du bord de la mer. — CHAR.-INF. Landes
de *Mortagne* à *Montendre, Montlieu, Bussac* et *Bédenac ; Cadeuil* (Fd.),
*la Tremblade.* — DEUX-SÈV. *Maisontiers, Amailloux* (Guyon), *Vasles,
Coutières* (Gir.), parc *d'Oiron* (Lunet), « *Boussais* (Richard), *Vausseroux* (de Loynes), bull. Soc. bot. » — VEND. et LOIRE-INF. AC. —
Moins C. reste de *la Bretagne.*

**SPERGULARIA** Pers. Sép. 5. Pét. 5 entiers. Etam. 10. Styles 3.
Caps. s'ouvrant jusqu'à la base en 3 valves. Graines comprimées.
*Feuil. linéaires munies de stipules scarieuses.* — Voir Lebel, Révision
des *Spergularia,* et Bréb. Flore, éd. 4 et 5.

✗. **S. segetalis** Lam. *Alsine* L. Koch, *Delia* Du Mort. Grêle. Tige
de 7-14 cent. dressée, très rameuse. Feuil. filiformes. souv. dirigées
du même côté. Pét. blancs plus courts que les sép. blancs-scarieux à
1 nervure verte. *Pédonc. droit. filiforme, déjeté après la fleuraison.* ①.
mai-jⁿ. Moissons, champs sablonneux. — CHAR.-INF. *Châtelaillon*
(Hubert). — DEUX-SÈV. PC. *La Mothe* (Sauzé, M.), *Parthenay* (Janneau), *Pressigny, S.-Loup* (Guyon), *Tessonnière, S.-Jouin* (Bonnin),
*S.-Varent,* AC. *Thouars* (Genuer), *Orbé* (Pont.), *Puy-S.-Bonnet* (Gen.),
« *Rom* (Grelet), *S.-Maurice-la-Fougereuse* (Souché) ». — VEND. Serigny
en *Foussais* (Lx.), la Croix-Bouchère près *Mortagne* (Gen.).

**S. rubra** Wahl. *Ar. rubra* α L. Tiges nombreuses, rameuses,
couchées ou ascendantes. Feuil. linéaires-filiformes, mucronées, un
peu charnues. Fl. roses, en grappes lâches. Sépal. obtus, ne dépassant pas la caps. *Graines petites, triquètres en poire, finement muriquées.* ①. mai-sept. Lieux arides, sablonneux. C.

**S. marina** Roth., *Ar. rubra* v. *marina* L. Voisin du précéd. Feuil.
plus charnues ; cal. plus court que la caps. ; *graines largement obovales-en poire, muriquées, marquées d'un rebord gonflé, les 1,2 infér.
raᵗ bordées d'une membrane blanche.* ①. ②. jⁿ-aᵗ. Rochers maritimes,
terres salées. CC. — La forme des rochers à rac. grosse qqf. vivace
et à tiges nombreuses en forte touffe est *Spergularia rupestris* Lebel.
AC.

**S. marginata** DC. *Ar. media* L. Plus robuste que le précéd. dans
toutes ses parties. Rac. grosse, longue pérennante, sinon vivace. Cal.
beaucoup plus court que la caps. *Graines* largement obovales-en
poire, *lisses, toutes bordées d'une large membrane blanche.* jⁿ-aᵗ. C. —
Espèce propre aux terres salées, se distinguant au coup-d'œil par
ses grandes fl. rose-pâle ou blanches.

**HALIANTHUS** Fries. Sép. 5. Pét. 5 entiers. Etam. 10, les extér.
munies à la base de 2 petites glandes ovales. Styles 3. Caps. 1.loc.
à 3 valves. Graines obovales, convexes d'un côté, creusées de l'autre
d'une fossette oblongue.

**H. peploides** Fries, *Arenaria* L. Rac. longue, rampante. Tiges
couchées à la base. *Feuil. ovales, aiguës, connées, charnues, serrées.*

Fl. blanches terminales. Cal. égalant la cor. Caps. grosse, arrondie, ord. à 3 valves. Graines en poire, grosses, noires, lisses. ♃. j^n-j^t. Sables maritimes. C. — Forme souv. de larges tapis, fleurit peu et fructifie encore moins.

**ALSINE** Wahl. Sép. 5. Pét. 5 entiers. Etam. 10 ou moins. Styles 3. Caps. s'ouvrant jusqu'à la base en 3 valves. Graines réniformes, sans aile. Feuil. sans stip.

**A. tenuifolia** L. Tige grêle de 10-15 cent. dichotome, glabre. *Feuil. linéaires-filiformes*. Fl. blanches en panic. assez serrée. Sép. lancéolés, acuminés, à 3 nervures, membraneux au bord, dépassant les pét. Caps. plus longue que le cal. ①. mai-j^n. Terre sablon. ou calc. — CHAR.-INF. et calc. des DEUX-SÈV. et de la VEND. C. — LOIRE-INF. *Arthon, Machecoul ;* murs *d'Ingrande* (Guiho), *Ancenis ! Candé* (Gad.), *Maures !* (Maupon). R. — MOR. *Auefer* (Taslé). — C.-NORD, la Courbure près *Dinan* (Mabille). — IL.-ET-V. Murs de *Fougères* (V. Sacher), sur un mur à *Redon.*

β. *A. hybrida* Jord. La panic. est intermédiaire de celles du précéd. et du suiv. dont il a les glandes. M. Foucaud me l'a donné de *Beurlay* et de *Roche-Courbon* (Char.-Inf.), d'où je l'ai cultivé.

γ. *A. viscosa* Schreb., *A. viscidula* Thuil. Plante couverte au sommet de poils glanduleux ; panic. courte, plus serrée ; cal. égalant la caps. Mêmes lieux. Moins C. — Murs de *Rennes* (Degland). — AC. sables et rochers maritimes.

δ. *A. conferta* Jord.. *A. dunensis* Corbière Flore norm. 105. Voisin du précéd. ; panic. courte, plus serrée comme en corymbe ; glanduleux seulement sur le cal. qui ne s'ouvre ord. pas ; cor. très petite de 1 mil. à pédonc. plus court. Coteaux maritimes arides de l'embouchure de la Loire (Migault), d'où je l'ai cultivé.

ε. *A. laxa* Jord. Très voisin de *A. tenuifolia,* en diffère surtout par la panic. lâche à pédonc. à la fin étalés ou défléchis ; la caps. linéaire-oblongue dépasse le cal. garni de poils glanduleux. Mai-j^n. Champs calc. — CHAR.-INF. *Bords et env., Archingeay, Taillebourg, Grand-jean, S.-Porchaire* (Fd.), *Pont-l'Abbé* (Maillard !), *Sablonceaux* (Lemarié). — DEUX-SÈV. *S.-Pompain, S.-Loup* (Guyon). — Doit se trouver ailleurs.

*Obs.* Il y a des formes intermédiaires à ces variétés, ainsi : la panic. est grêle ou plus ou moins serrée, et les glandes sont plus ou moins rares ou abondantes. J'ai même, dans un champ. à *Arthon* (Loire-Inf.), vu la même ! plante (le type) glabre et glanduleuse, à pét. dépassant le cal. ou l'égalant.

**ARENARIA** L. Sép. 5. Pét. 5 entiers ou légèrement échancrés. Etam. 10. Styles 3. Caps. s'ouvrant au sommet en 6 dents. *Fl. blanches.*

**A. serpyllifolia** L. Tige étalée, diffuse, très rameuse, dichotome, pubescente-grisâtre. Feuil. petites, ovales, acuminées, sessiles. Fleurs blanches, axillaires, en panic. courte. Sép. lancéolés, à 3 nervures, couverts de poils droits, ascendants, membraneux au bord, dépassant les pét. Pédonc. 1 f. plus long que la caps. globuleuse-ovale, un peu dure. ①. mai-j¹. Murs, lieux pierreux. — Çà et là calc. de CHÁR.-INF., DEUX-SÈV., VEND. — LOIRE-INF. Gare de *Nantes, Mauves, Clermont; S.-Philbert !* (Cailleteau). — IL.-ET-V. Murs de *Rennes*. RR. — *Liré*.

β. *A. Lloydii* Jordan pugil. p. 37, *A. serpyl.* var. *macrocarpa* flore Loire-Inf., p. 42. Mêmes caract., plus vert. ord. raide de 2-6 cent.; panic. courte. raide ; sép. à nerv. plus saillantes, hérissés de poils arqués, non glanduleux ; pédonc. égalant ord. la caps. ①. mai-j¹. Murs et sables marit. AC.

γ. *A. leptoclados* Gussone. *A. serpyllifolia* fl. Loire-Inf. Caract. du type, mais plus petit dans toutes ses parties, plus diffus, finement pubescent-glanduleux, rar. visqueux ; panic. lâche, allongée, grêle ; pédonc. 1 fois plus long que la capsule ovale-conique, molle. ①. mai-j¹. Murs, terres arides. CC.

**A. montana** L. Pubescent. *Tiges stériles longues, couchées,* les florifères redressées. Feuil. linéaires-lancéolées, acuminées. *Fl.* blanches, *grandes,* terminant les petits rameaux. Sép. ovales-lancéolés, aigus, presque 1 f. plus courts que les pét. Caps. ovale. ♃. mai-jⁿ. Buissons, haies, taillis, souv. des lieux sablonneux. — CHAR.-INF. c. landes de *Mortagne* à *Montendre, Montlieu* et *la Barde ;* la *Tremblade ;* forêt *d'Arvert !* (de Beaupreau). *Breuillet !* (Rouffineau), *Cadeuil, Oléron.* — DEUX-SÈV. c. parc *d'Oiron !* (Lunet). — VEND. c. *Sallertaine, Challans !* la *Garnache ! Palluau* (Pont., Gobert), *Noirmoutier.* — LOIRE-INF. *Sucé,* c. *Nort,* de *Guérande* à *Piriac ; Croisic, la Villemartin, S.-Michel,* c. de *Bourgneuf* à *Arthon,* env. de *Nantes, Couëron, etc.* C. par localités. — MOR. *Port-Navalo !* (Aubry), *le Petit-Mont ; Broël* sur la Vilaine, *île de Garrinis, Baden* (Taslé). R. — FIN. *Penmarc'h* (Bonnemaison), Dinan en *Crozon* (Crouan), *Plonivel* (Picq.). RR.

✕. **A. controversa** Boiss. *A. conimbricensis.* Delastre Tiges grisâtres-pubescentes, diffuses ; rameaux nombreux. dichotomes, multiflores. *Feuil. oblongues-linéaires,* uninervées, ciliées à la base. Pét. blancs dépassant les sép. ovales-oblongs, membraneux au bord, à 3 nervures peu marquées. et un peu plus courts que la caps. ovale. Graines chagrinées. ① ; ♃. ex de Rochebrune. mai-j¹. Champs et plateaux pierreux calc. — DEUX-SÈV. Vignes de *Frontenay-Rohan-Rohan* (Charbonneau). — Je l'ai cueilli à *Bapteresse* (Vienne) et à *Angoulême* (Charente), département où il est c.

**A. trinervia** L. *Mœhringia* Koch. Tige rameuse, faible, diffuse, pubescente. *Feuilles ovales,* aiguës, à 3 nervures, ciliées, *pétiolées.* Sép. lancéolés, aigus, rudes sur le dos, à 3 nervures rapprochées, membraneux au bord, dépassant les pét. *Pédonc. penchés après la fleuraison.* Graines noires, luisantes, arillées. ①. mai-j¹. Haies, bois. C.

**HOLOSTEUM** L. Sép. 5. Pét. 5 dentés. Etam. 3-5. Styles 3. Caps. 1.loc. à 6 dents au sommet.

**H. umbellatum** L. Tige de 9-12 cent. Feuil. ovales-lancéolées, glauques. Fl. blanches en ombelle terminale à pét. inégaux, réfléchis après la fleuraison. ①. mars-av. Murs, champs sablon., vignes. —

CHAR.-INF. *S.-Georges-d'Oleron* (Sav.), *Le Pin* (M^me Georges), *Saint-Xandre* (de Beaupreau), *Benon, Virson, S.-Christophe* et env., c. *S.-Vivien* (Fd.), *S.-Savinien* (Tess.), *Montendre* (Lemarié), *le Sœuil* (Pinatel). — DEUX-SÈV. R. *la Mothe* (Maillard), R. *Parthenay* ! (Janneau), *Pressigny, S.-Pompain, S.-Loup* (Guyon), *Marnes, S.-Jouin, Airvault, Louin* (Bonnin), c. ! de *Pas-de-Jeu, Oiron* (J. Richard), à *Thouars* (Lunet), « *Vallans, la Rochénard, Epannes, Rom* (Grelet), *Nueil* (Frère Dioclès) », « *S.-Pezenne, Coulon* (Duret), bul. Soc. bot. ». R. — VEND. *Nieul-sur-Autise, Oulmes* (Lx.). — LOIRE-INF. Gare de *Mauves!* (P. Bruneau).

**STELLARIA** L. Sép. 5. Pét. 5 bifides. Etam. 10 rar. moins. Styles 3. Caps. 1.loc. à 6 valves. *Fl. blanches.*

**S. media** With. *Alsine* L. *Mouron des oiseaux. Tige* très rameuse, diffuse ou couchée, *marquée d'une ligne de poils alternant d'un nœud à l'autre.* Feuil. ovales, aiguës, pétiolées, les sup. sessiles. Fl. solitaires, axillaires et terminales. Cal. velu, dépassant la cor., styles égalant presque les étam. 3-5 à anthères violacées. Caps. oblongue. ①. Partout et toujours.

β. *S. neglecta* Weihe. Feuil. plus grandes, les inf. plus longuement pétiolées ; sép. ainsi que les pédonc., ord. glabres, un peu plus courts que les pét. ; étam. 10. ; styles égalant presque les étam. ①. av.-mai. Haies fraîches, bois. PC.

γ. *S. pallida* Du Mort. *S. boraeana* Jord. pug., *S. apetala* Boreau non Ucria ex Jord. Caract. du type mais vert clair, jaunissant promptement au soleil ; sép. ord. appliqués, souv. velus ainsi que les pédonc., pét. 0 ou très étroits, inclus ; styles presque 0. ①. av.-mai. Lieux secs, sablonneux, murs. AC.

**S. holostea** L. Tige tétragone, raide, cassante. Feuil. fermes, sessiles, lancéolées, longuement acuminées, dentelées sur les bords et sur la nervure en dessous. *Fl. grandes,* en panic. lâche. *Bractées herbacées.* Sép. sans nervures, une fois plus courts que la cor. ♃. av.-mai. Haies, buissons. CC.

**S. glauca** With. Tige tétragone, faible. *Feuil.* sessiles, linéaires-lancéolées, aiguës, très glabres, *glauques.* Fl. assez grandes, en panic. lâche. *Bractées scarieuses, glabres.* Sép. à 3 nerv. plus courts que la cor. ♃. j^n-j^t. Lieux marécageux. — VEND. *La Bretonnière* (Pont.), *Damvix* (Lx.). R. — LOIRE-INF. Lac de *Grand-Lieu, les Cléons ; S.-Julien-de-Concelles,* près de *Basse-Goulaine,* et d'*Anetz* à *Varades, la Seilleraie ; la Popinière* (P. Bruneau), *Naye, Trentemoult ; Bergon!* (Delamare), *S.-Nic.-de-Redon, Fégréac* (Moreau), *S.-Joachim* (Gad.). AR. — MOR. *Baud* près l'Evel (Le Gall). — FIN. Portztolonnec en *Crozon* (Crouan). — IL.-ET-V. *Moulin-du-Comte, S.-Grégoire* (herb. Degland), marais d'*Apigné* (Le Gall), *Redon* (Leray), tourbières de *Châteauneuf* (abbé Robert). R.

**S. graminea** L. *Tige* tétragone, *grêle,* très faible. Feuil. sessiles, lancéolées, aiguës, ciliées à la base. *Fl. petites,* en panic. lâche. *Bractées scarieuses, ciliées.* Sép. à 3 nerv., égalant la cor. ♃. mai-a^t. Champs, buissons. C. — Var. à cor. 1/2 plus longue que le cal.

**S. uliginosa** Murray, *Larbrea aquatica* S.-Hil. Tige diffuse. *Feuil.* sessiles, ovales-lancéolées, *terminées en pointe calleuse,* légèrement ciliées à la base, glauques. Fl. petites, en panic. latérale. Bractées scarieuses, glabres. Sép. à 3 nervures, dépassant les *pét. à 2 lobes profonds, écartés.* ♃. mai-sept. Bord des ruisseaux, des sources. C. — O. ou RR. en *Char.-Inf.* (Foucaud).

**S. viscida** Bieb. *S. dubia* Bast. *Cerastium anomalum* W. et Kit. Tige de 15-25 cent. coudée à la base, rameuse, un peu pubescente-visqueuse au sommet. *Feuil. linéaires,* obtuses, les inf. presque spatulées. Fl. peu nombreuses, en panic. lâche. Pédic. dressés. Sép. à 3 nervures. Pét. bifides, plus longs que le cal. *Caps.* cylindrique *des Cerastium,* dépassant le cal. ①. mai-j". Prés gras. — CHAR.-INF. *Vergeroux* (Faye), *Muron* (Fd.). *Genouillé* (Riveau). — VEND. *la Bretonnière* près du *Lay* (Pont.), *Nalliers, le Langon* (Ayraud). — LOIRE-INF. Çà et là prés de la Loire ; la *Galissonnière* près le Pallet (Gad.).

**MŒNCHIA** Ehrh. Caractères du *Sagina.* Caps. du *Cerastium,* s'ouvrant au sommet en 8 dents.

**M. erecta** Ehrh. *Sagina* L. Tige de 6-10 cent. ord. raide, à rameaux 2-3 fl., simple dans les lieux herbeux. Feuil. lancéolées, glauques. Fl. blanches ; pédonc. long. Sép. lancéolés, aigus, membraneux au bord. ①. av.-mai. Pelouses sèches, chemins, prés. C.

**MALACHIUM** Fries. Caractères du *Cerastium.* Caps. à 5 valves bifides au sommet.

**M. aquaticum** Fries, *Cerastium* L. Tige de 3-5 déc. tombante ou grimpante. Feuil. ovales, en cœur à la base, acuminées, sessiles, celles des rameaux stériles pétiolées. Fl. blanches, solitaires, en panic. dichotome. Caps. presque globuleuse. ♃. j"-sept. Lieux humides couverts, bord des eaux. — CHAR.-INF. *Jonzac* (Delalande), *Pons, Taillebourg, Angliers* (Fd.), *la Ronde* (Lemarié), c. la Boutonne à *Tonnay-Boutonne, S.-J.-d'Angély* (Pinatel), *Echillais* (Parat), *Corme-Royal* (Grimard), *Muron, S.-Loup, S.-Dizant-du-Guer* (Riveau). — DEUX-SÈV. *Niort* (A. Guillon). *la Mothe* (Maillard), *Parthenay* (Janneau), *Bressuire, l'Enclave, Ste-Eanne* (Gir.), *S.-Loup* (Guyon), *Availles,* c. *Airvault* (Bonnin), *Thouars* (Lunet), *Puy-S.-Bonnet* (Gen.), *Nueil* (Frère Dioclès), etc. AC. — VEND. AC. — LOIRE-INF. PC. — MOR. *Ploërmel* (J.-M. Sacher). R. — C.-NORD. *S.-Jurat, S.-Malo* (Mabille), *Mont-Dol* (Hodée). — IL.-ET-V. AC. env. de *Rennes* (Le Gall), étang de *Combourg* (Morin), çà et là env. de *Redon* (Moreau).

**CERASTIUM** L. Sép. 5. Pét. 5 bifides ou échancrés. Etam. 10. Styles 5. Caps. à 10 dents au sommet. *Fl. blanches, qqf. à 4 divisions.*

**C. glomeratum** Thuil. *C. vulgatum* L. herb. ! et Smith. *Plante vert jaunâtre,* à poils étalés. Tiges dressées ou ascendantes. Feuil. largement ovales, très obtuses, les inf. presque spatulées. *Fl. agglomérées en panic. serrée. Pédonc. jamais plus long que le cal.* Bractées toutes herbacées. Sép. herbacés ou à peine scarieux au bord, poilus au sommet. ①. mai-a'. Champs, lieux sablonneux. CC. — Qqf. veluvisqueux.

**C. brachypetalum** Desp. *Plante couverte de longs poils mous, ascendants.* Tiges dressées ou diffuses-genouillées. Feuil. ovales ou

oblongues, les inf. rétrécies en pétiole. Pédonc. 2-3 f. plus longs que
le cal. *Bractées et sép. tous herbacés et poilus même au sommet.* ①.
mai-jⁿ. Champs et lieux pierreux calc. — CHAR.-INF., DEUX-SÈV. AC.
— VEND. Tous les env. de *Chantonnay*, de *Mareuil*, *Puybelliard*,
*Puymaufrais*, etc., *Pouzauges* (Pont.), *Fontenay* (Lx.), *Sᵗᵉ-Gemme*
(Gen.). — LOIRE-INF. *Les Cléons; Ancenis* (Pesneau). RR.

**C. semi-decandrum** L. *C. pellucidum* Chaub. Tiges couchées ou
ascendantes. Feuil. ovales ou oblongues. Pédonc. 1-2 f. plus longs
que le cal. *Bractées et sép. tous longuement et largement scarieux,*
glabres au sommet et souv. rongés-dentelés. ①. av.-mai. Lieux
sablonneux. — CHAR.-INF. C. — DEUX-SÈV. *Exoudun* (Sauzé), *Soudan*
(Gir.). Prob. ailleurs. — VEND. c. la côte et le calc.; c. *Mortagne*
(Gen.). — LOIRE-INF. AC. sables de la *Loire* et sables maritimes;
*Machecoul*, *Arthon*, sables du *lac de Grand-Lieu.* — AC. sables
maritimes de la *Bretagne.* — Souv. velu-visqueux.

**C. glutinosum** Fries, Grenier flore de France. *C. obscurum* Chaub.
*C. pumilum* Curt. (nom le plus ancien). Velu-visqueux. Tiges ascendantes, diffuses. Feuil. ovales ou oblongues, les inf. rétrécies en
pétiole, presque spatulées. Pédonc. arqués au sommet, 1-3 f. plus
longs que les sép. *Bractées inf. herbacées, les sup. seulement très
étroitement scarieuses au bord.* Sép. scarieux au bord, très aigus,
glabres au sommet, qqf. d'abord 1/2 plus courts que la cor. *(litigio-
sum).* ①. av.-mai. Champs calc., pelouses sèches, pierreuses. —
CHAR.-INF. C. — DEUX-SÈV. AC. — VEND. AC. (Pontarlier). —
LOIRE-INF. c. *Machecoul*, *Frénay*, *Arthon;* sables et rochers maritimes, qqf. sables de la Loire. — MOR. Ile de *Groix*, 1838.

**C. tetrandrum** Curt. *C. pumilum* Grenier non Curt. diffère du
précéd. par les feuil. sup. ovales, les bractées largement ovales,
toutes *herbacées*, et par les pédonc. raides, *droits* non arqués au
sommet. av.-mai. Sables maritimes. C. — 2 formes : l'une trapue,
très visqueuse, couchée, appartenant aux sables nus; l'autre grêle,
moins visqueuse, croissant dans les lieux plus ou moins herbeux.
Dans les individus robustes, les fl. à 5 parties dominent; dans les
plus petits, elles sont presque toutes à 4 parties.

**C. triviale** Link. *C. viscosum* L. herb.! et Smith. *Tiges ascendantes,*
les *latérales radicantes à la base.* Feuil. ovales ou ovales-oblongues.
Pédonc. 1-2 f. plus longs que le cal. *Bractées scarieuses au bord et au
sommet,* les 2 inf. ord. herbacées. Sép. tous scarieux au bord et au
sommet, glabres au sommet. ①. qqf. pérennant. mai-sept. Champs,
bord des haies, chemins, murs, prés. CC. — ①. dans les prés de la
*Loire.*

**C. arvense** L. Vivace, pubescent. Tiges stériles couchées, radi-
cantes à la base, les florifères redressées. Feuil. lancéolées-linéaires.
Fl. grandes, 5.4 terminales. *Cor. dépassant 1 fois le cal.* av.-mai.
Champs sablon. — DEUX-SÈV. *Exoudun* (Sauzé, M.), *Bois de Messé*
(Guyon), *Rom* (Grelet). — LOIRE-INF. *Ile Bord* vis-à-vis *Mauves,
butte de Couëron, S.-Brevin* près le poste de *Grogné; Indret* (Gen.). R.
— IL.-ET-V. Presque détruit à *Fougères* (V. Sacher). — FIN. Lannévez
en *Trefflez* (de Crec'hquérault).

## ÉLATINÉES

Cal. à 3,4 sép. Pét. 3,4. Etam. hypogynes, en nombre égal ou double des pét. Ovaire libre à 3,4 styles. Caps. à 3,4 loges polyspermes ; placenta central. *Herbes à feuil. opposées ou verticillées, sans stip.*

**ELATINE** L. Sép. 3,4. Pét. 3,4. Etam. 6 ou 8. Styles 3,4. Caps. à 3,4 loges. Graines nombreuses, à plusieurs côtes, alvéolées en travers.

**E. campylosperma** Seubert, *E. Hydropiper* Pesn. cat. 47 excl. les localités, *E. Hydropiper* β. *pedunculata* Moris fl. sardoa. T. 20. Tiges très rameuses, radicantes à la base, dressées, ascendantes ou couchées selon qu'elles croissent dans les lieux plus ou moins desséchés (ce qui a lieu aussi chez les deux espèces suiv.). Feuil. ovales-oblongues, pétiolées, les sup. sessiles. Fl. d'un blanc un peu rosé, axillaires, solitaires, long' pédonculées. *Sép.* 4 membraneux à la base, verts au sommet, plus longs que les 4 pét. *Etam.* 8. Styles 4. *Graines en fer à cheval.* ①. mai-août. Bord des mares, des marais, des rivières. — CHAR.-INF. *Muron, Genouillé* (Riveau), *Bords* (Fd.). — VEND. *Luçon* (Marichal), c. marais de *Challans à Notre-Dame* et *S.-Urbain !* (Pont.), marais de *Bois de Céné.* — LOIRE-INF. *Thouaré,* Boire-Livart près *la Chapelle-Basse-Mer, Pierre-Percée, Vertou ; la Haute-Ile !* (Pesneau), *la Popinière* sur l'Erdre ; *lac de Grand-Lieu !* (Delalande), c. *Marsac* et *Aucard* dans *la Brière ;* mares, fossés aux env. de *Guérande* et *la Turballe.* C. par localités. — MOR. Etang du Duc près *Vannes* (Taslé), étangs au Duc ! et Millet près *Ploërmel* (J.-M. Sacher). — Le pédonc. dépasse 1-2 f. et plus la feuil., qui qqf. l'égale ou le dépasse un peu. La graine ne forme pas exactement le fer à cheval, l'une des branches étant plus courte et se rapprochant de l'autre.

**E. Hydropiper** L. *E. Schkuhriana* Hayne, a la graine et la fl. du précéd., dont il diffère par le limbe des feuil. plus court que le pétiole et par les fl. sessiles. Je l'ai vu sec recueilli par MM. Crouan au Moulin-Blanc près *Brest* (Fin.).

**E. hexandra** DC. Plus petit que *E. campylosperma,* ord. couché. Feuil. oblongues, plus longues que le pétiole, opposées. *Sép.* 3 inégaux, plus courts que les pét. blancs et marqués d'une raie rose. *Etam.* 6. Styles 3. Caps. un peu convexe, profondément ombiliquée. *Graines légèrement courbées.* ①. jⁿ-sept. Bord des rivières, des étangs. — DEUX-SÈV. Etangs de *la Meilleraie,* de *la Madoire* (J. Richard), *S.-Aubin-Baubigné* (Gen.). — VEND. *Luçon* (Lepeltier), étangs de *Radiole,* de *Rortheau* (Pont., M.), *S.-Laurent* et *Mortagne-sur-Sèvre* (Gen.). — LOIRE-INF. Etangs du nord, AC. rivière d'*Erdre,* çà et là marais et bord de *la Loire,* de *la Sèvre,* c. *lac de Grand-Lieu.* — MOR. *Rochefort ! Vannes* (Taslé), *Tréhuinec* (Arrondeau), *Lorient, Pontivy, Ploërmel* (Le Gall), etc. — FIN. Env. de *Brest ! Landerneau* (Crouan), étangs de Toulgoat en *Penhars,* du Mur en *S.-Evarzec,* du Brieux en *Kerfeunteun* (Picq.). — C.-NORD. Etang du Rouvre en *Pleugueneuc* (Mabille), de *Beaulieu* (Morin), étang du Val en *Brusvily* (F. Morin), « *Plounérin* (Miciol cat.) ». — IL.-ET-V. AC.

**E. inaperta** Lloyd herbor. 1876. Tiges très rameuses, radicantes, appliquées sur la vase, où elles forment des plaques quelquefois *étendues. Feuil. oblongues, rétrécies en court pétiole, obtuses,* obscurément sinuées-dentées. Fl. sessiles, très petites, munies à la base de deux petites bractées membraneuses, incisées, opposées. Sép. 2, rarement 3, ovales-elliptiques, verdâtres, minces, membraneux, moitié plus courts que le bouton ; le 3ᵉ sépale (ainsi que dans les deux autres espèces à fl. trimères) plus petit, opposé à la feuille. Pét. 3, ovales, obtus, concaves, *appliquées, recouvrant l'ovaire, où ils forment un bouton rosé d'environ 1 millimètre.* Etam. 3, appliquées dans la suture des valves de la capsule, à anthères appliquées contre les 3 stigmates sessiles. Caps. arrondie, déprimée, ombiliquée, à 3 loges. Graines nombreuses, 35-60, légèrement courbées, pâles, vert-jaunâtre, *finement muriquées au bord (au microscope).* ①. Août-oct. et même nov. C. sur la vase exposée à la marée. de *Trentemoult* (Nantes). sur la Loire à la Sèvre, où il est plus répandu jusqu'à *Vertou ;* il a la végétation des autres petits *Elatine,* cependant il est plus appliqué sur la vase, qu'il paraît préférer, et où sa longue durée est probablement causée par la marée, qui en entretient la fraîcheur. Jusqu'à présent, nous ne l'avons pas rencontré dans le haut de la Loire.

*Obs.* Cette espèce se distingue de tous nos *Elatine* par la fleur, qui ne s'étale *jamais.* Les organes de la fleur, de nature aqueuse, s'altèrent promptement et sont difficiles à reconnaître. Ils doivent être étudiés avec une forte loupe et en entr'ouvrant le jeune bouton. Après la formation de la capsule, tout est indistinct.

*Les espèces dont elles se rapprochent le plus sont :* 1° *El. triandra* Schkuhr. T. 109 b, qui a aussi la fleur sessile avec 3 étamines, mais dont le calice et la corolle s'étalent ; 2° *El. hexandra,* à côté duquel elle croît. et qui s'en distingue par 6 étamines. les fleurs pédonculées, à 3 sépales verts, charnus, étalés et non très minces, membraneux, peu apparents et par la graine 1 fois plus grosse, plus foncée, presque lisse au bord (au microscope).

Elle ne peut se confondre avec *El. Hydropiper,* qui a la fleur sessile, mais à 4 divisions, et les graines en fer à cheval ; ni avec *El. campylosperma* et *macropoda,* dont la fleur est pédonculée et à 4 divisions.

Je dois la connaissance de cet *Elatine* à M. le docteur Maupon, qui m'a montré combien il est distinct de *El. hexandra,* à côté duquel il l'a trouvé. Depuis, du mois d'août jusqu'à la fin de novembre, nous l'avons attentivement suivi et étudié ensemble, dans les localités indiquées, où il croît en immenses quantités.

**E. macropoda** Guss. *E. Fabri* Gren. *E. major* fl. Loire-Inf. Feuilles oblongues, pétiolées, les sup. sessiles. Fl. blanc-rosé axillaires, solitaires, pédonculées. Sép. 4 membraneux à la base, herbacés au sommet, étalés, beaucoup plus longs que les 4 pét. ovales, obtus et atteignant les styles de la caps. Etam. 8. Caps. aplatie. Graines légèrement courbées. ①. jᵗ-sept. — LOIRE-INF. Bord de *la Loire* et marais voisins, à *Pierre-Percée,* en plusieurs localités autour d'*Oudon,* marais de Grée *[Ancenis]* et se retrouvera prob. çà et là dans la

Vallée ; *Trentemoult !* (Maupon), étang de *la Provotière* (Bureau). — IL.-ET-V. Ruisseau de Ferridor à *Redon* (Leray). — Cal. de l'*E. campylosperma*, graines de l'*hexandra*.

**E. Alsinastrum** L. Tige de 2-5 déc. *Feuil.* verticillées, les inf. submergées, linéaires, les *supér. ovales, ternées.* Fl. blanches, axillaires, sessiles. Sép. pét. et styles 4. Etam. 8. ♃. j¹-sept. Etangs, marais. — CHAR.-INF. Canal de *Candé* (herb. de Beaupreau). — DEUX-SÈV. Etang d'*Oiron* (J. Richard). — VEND. La Patère en *Landeronde* (Pont., M.), AC. tout le marais de *Challans* (V.-Grand-Marais, Gobert), et çà et là dans celui de *Bois de Céné à Machecoul ; Tiffauges* (de Lisle). — LOIRE-INF. *Pont-S.-Martin* et çà et là bord du *lac* de *Grand-Lieu* et affluents. *Machecoul*, en plusieurs endroits des marais de *S.-Julien* et de *la Chapelle-Heulin, Boire-Livart, Boire-des-Clous, S.-Simon ; Pont de Cahéreau ; le Montru, la Chapelle-des-Marais, Camert*, c. *Marsac ; la Popinière* sur l'Erdre, *S.-Herblain ;* étang de *Caha* (de la Godelinais). AR. — MOR. *Rieuæ* et env. (Moreau). — IL.-ET-V. *S.-Perreux*, env. de *Redon* (Moreau), marais de *Dol* (Gallée).

## LINÉES

Sép. 5,4 persistants. Pét. 5,4 onguiculés, hypogynes, contournés dans le bouton. Etam. 5,4 monadelphes à la base, alternant avec 5,4 filets sans anthères. Anthères à 2 loges, à deux fentes. Caps. à 10 ou 8 loges, à une graine pendante. Placenta central. *Feuil. entières, sans stipules.*

**LINUM** L. Sép. pét. étam. et styles 5. Caps. à 10 loges.

* *Feuilles alternes.*

**L. gallicum** L. Tige grêle, rameuse au sommet, qqf. en même temps à la base. Feuil. linéaires-lancéolées, rudes au bord. *Fl. jaunes,* petites, en *corymbe dichotome, très lâche.* Sép. ovales-lancéolés, ciliés-glanduleux au milieu, égalant la caps. globuleuse, aiguë. ①. j¹-a¹. Vignes, coteaux, champs incultes. — CHAR.-INF., DEUX-SÈV., VEND. AC. — LOIRE-INF. Tout l'arrond. de *Nantes*, coteaux de *la Loire* de *Thouaré* à *Ingrande*.

✗. **L. strictum** L. Tige raide, dressée de 2-3 déc. *Feuil.* dressées, *appliquées*, linéaires-lancéolées, très rudes au bord. Fl. jaunes en *corymbe compacte.* Sép. lancéolés, ciliés-glanduleux, rétrécis en longue pointe dépassant beaucoup la caps. ①. juin. Coteaux et plateaux secs calc. — CHAR.-INF. *Montlieu*, bord de *la Gironde* et région maritime, *Marsais, Surgères ; Saintes* (Brunaud), *Pons* (Parat). AC. par localités. — DEUX-SÈV. *Thouars !* (Bastard), *Airvault !* (Bonnin) ; R. *S.-Loup !* (Guyon). — VEND. *Chaillé-les-Marais !* (Lx.). R.

✗. β. *laxiflorum, L. corymbulosum* fl. de l'Ouest, édit. 3. Corymbe lâche, feuil. moins rudes. Coteaux secs calc. — CHAR.-INF. *Montlieu, Mortagne, Ste-l'Heurine, Surgères, Saintes, Pons, Marsais*, forêt de *Benon ; S.-Christophe, Croix-Chapeau, Yves* (Fd.), *S.-Savinien* (Tess.), c. cantons d'*Aulnay* et de *Matha* (Sav.), *Ile de Ré* et côte opposée ; *Fouras !* (A. Guillon). — DEUX-SÈV. R. coteau de *Veluché* (Guyon), *Fors* (Maillard), *Chizé* (Gir.), *Épannes, Vallans* (Grelet), *Loubillé.* — VEND. *Gué-de-Velluire* (Lx.), *la Dive, Mouzeuil ;* c. forêt de *Ste-Gemme* (Lepeltier).

꙰. **L. tenuifolium** L. Souche presque ligneuse à plusieurs tiges rameuses dans le haut, couchées ou ascendantes. Feuil. très nombreuses, éparses, linéaires-en alène, ciliées-rudes au bord. *Cor. d'un blanc rosé* en dedans et en dehors, plus foncé à l'onglet en dehors, 2-3 fois plus longue que les sép. elliptiques, en alène au sommet, ciliés-glanduleux, dépassant un peu la caps. jⁿ-jᵗ. Coteaux, lieux pierreux, pelouses des bois dans le calc. — CHAR.-INF., DEUX-SÈV. AC. — VEND. Çà et là Plaine.

꙰. **L. suffruticosum** L. *L. salsoloides* Lam., que l'on confond facilement sur le sec avec le précéd., s'en distingue sur le vivant par la fl. en cloche 4-5 f. plus grande que le cal.; les sép. moins longᵗ acuminés dépassent peu la caps. et la tige est *pubescente jusqu'au sommet.* jⁿ-jᵗ. Rochers calc. — CHAR.-INF. *Aulnay* (Gir.), *Surgères, Pont-l'Abbé ;* de *Soubise à Martrou !* (J. Richard), la Garde près *S.-Vivien Péré, Vallet, la Clotte, S.-Martin-d'Ary* (Fd.), *Pons* (Parat), *Montlieu ;* coteaux de *la Gironde* (de Lisle). Je l'ai cueilli aussi sur les rochers calc. de *Lourdines* et au Bois de *Paché près Poitiers* (Vienne), à *Cognac* et à *Angoulème.*

꙰. **L. Loreyi** Jord. Bord. *L. montanum* Lor. et auct. part. Rac. dure, vivace, à plusieurs tiges raides, dressées, de 12-15 cent. Feuil. de la moitié inf. de la tige serrées, petites, linéaires, acuminées, les autres espacées, étalées. Fl. bleues, 4-6, comme en épi lâche terminal. Stigm. en tête. Pédonc. un peu arqué, 2 f. plus long que la *caps. globuleuse, 1/2 plus longue que les sép.* à 3-5 nerv. Graines brunes, oval.-oblongues, à bord plus pâle, très étroit. av.-mai. — DEUX-SÈV. RR. coteau calc. très aride de Vionnais près *Thouars.*

*Obs.* Je ne puis distinguer du précéd. le *Linum* reçu frais comme *L. Leonii* Schultz (noté fl. de l'Ouest, édit. 4, p. 72) de M. Giraudias qui l'a recueilli à *Salles-les-Aulnay* (Char.-Inf.).

**L. angustifolium** Huds. *Tiges nombreuses, ascendantes.* Feuil. linéaires, aiguës, à 3 nervures. *Cor. bleue,* dépassant 1 f. les sép. ovales, acuminés, non glanduleux, les int. un peu ciliés. Stigm. en massue. Caps. acuminée, égalant le cal. ♃. mai-jᵗ. Coteaux arides, bord des chemins, champs secs, prés. — CHAR.-INF. Souv. dans les prés. C. — DEUX-SÈV. c. le calc. — VEND. c. le calc., AC. Bocage. — LOIRE-INF. c. coteaux de *la Loire, Machecoul, Arthon,* AC. — IL.-ET-V. Calc. de *Rennes.* — C. toute la région maritime.

*Obs.* On cultive en grand *L. usitatissimum* L. *le Lin,* qui se distingue du précéd. par sa *rac. annuelle,* sa *tige* dressée, *solitaire,* ses feuilles plus larges, ses anthères en fer de flèche, sa caps. plus grosse. Semé à l'automne, c'est le *lin d'hiver ;* semé au printemps, on l'appelle *lin d'été ;* sa cor. est alors plus petite et plus pâle.

** *Feuilles opposées ; fl. blanches.*

**L. catharticum** L. Tige de 10-15 cent. grêle, dichotome au sommet. Feuill. oval.-lancéolées, les inf. oboval. Sép. oval., acuminés, ciliés-glanduleux, égalant la caps. obtuse. ①. mai-jᵗ. Prés, landes. C.

**RADIOLA** Gmel. Cal. à 4 sép. 2-3.fides. Pét. et étam. 4. Caps. à 8 loges.

**R. linoides** Gmel. *Linum Radiola* L. Petite plante grêle, de 2-4 cent. très rameuse, dichotome. Feuil. ovales, opposées. Fl. blanches. ④. mai-j^t. Lieux humides sablon., pelouses ombragées, landes. CC. — R. dans le calc. où il préfère les ter. tertiaires.

## MALVACÉES

Cal. double, l'intér. à 5 sép. soudés à la base, l'extérieur à 3-9 div. Pét. 5 hypogynes, ord. soudés avec les filets des étam. réunis en colonne. Etam. indéfinies. Anthères à une loge s'ouvrant en travers. Plusieurs ovaires et styles. Carp. 1.spermes, s'ouvrant en dedans, rangés en cercle autour d'un axe central. *Feuil. alternes, stipulées.*

**MALVA** L. Cal. extér. à 3 fol., l'intér. 5.fide. Carp. nombreux, 1.spermes, rangés en cercle.

* *Fl. axillaires, solitaires, les supér. agglomérées, terminales.*

**M. Alcea** L. Plante de 6-10 déc. couverte de poils étoilés. Feuil. palmées à 5 lobes incisés-dentés ou pennifides, les rad., orbiculaires à 5 lobes crénelés-dentés. Fl. grandes, roses. *Cal. ext. à fol. ovales.* Carp. lisses, glabres. ♃. j^t-sept. Haies, lieux couverts. — Deux-Sèv. AC. S.-Jouin (Brottier), parc d'Oiron (Lunet). — Loire-Inf. *Vallée du haut de la Loire.* AR. — Var. à carp. rugueux en travers, hispides sur la carène ou seulement à chaque extrémité.

**M. moschata** L. Tige de 3-6 déc. à poils la plupart simples. Feuil. à 5 lobes presque rhomboïdaux, trifides, incisés-dentés ou 1-2 pennifides, les rad. orbiculaires à lobes dentés. Fl. grandes, roses. *Cal. ext. à fol. linéaires.* Carp. à carène hispide. ♃. j^t-sept. Prés, bord des chemins, des haies. C. — AC. au-delà de la *Loire-Inf.* — R. en *Char.-Inf.* (Foucaud). — Feuilles des repousses moins découpées, les inf. presque indivises.

** *Fl. axillaires, agglomérées.*

**M. silvestris** L. *Grande mauve.* Tiges dressées ou ascendantes, à poils étalés. Feuil. à 5 ou 7 lobes crénelés, les sup. à lobes aigus. Pétiole et pédic. poilus. *Cor. grande, rose-violacé,* veinée, beaucoup plus longue que le cal. *Sép. ext. oblongs.* Carp. rugueux en travers, rangés autour d'un axe en cône dont les côtés sont concaves. ②. j^n-sept. Champs, haies, décombres. CC. — Sur le bord de la mer, les fl. sont qqf. lilas et la pubescence des pédic. très courte.

**M. rotundifolia** L. *Petite mauve.* Couché, peu velu. Feuil. orbiculaires-en cœur, à 5 ou 7 lobes peu profonds, crénelés, obtus. *Cor. petite, blanche, dépassant 1 f. le cal. Cal. extér. à sép.* linéaires, *insérés près du pédic.* Carp. lisses, pubescents. ①, ②, ♃. j^n-oct. Chemins, décombres, champs. CC.

**M. nicæensis** Cav. Hispide, couché. Feuil. à 5 lobes crénelés, aigus dans les feuil. sup. *Cor. petite, rosée. Cal. ext. à sép. ovales, distants de 2 millimètres du pédic.* Carp. glabres, fortement creusés-ridés. ①. j^n-a^t. Lieux arides incultes, décombres, rues. — Char.-Inf. et Vend. où les fruits sont qqf. hérissés. C. — Deux-Sèv. AC. —

LOIRE-INF. AC. surtout dans la région maritime où il continue jusqu'au *Port-Louis* (Mor.). — FIN. *Iles Molène, Glénans* (Crouan), baie d'*Audierne* (de la Pylaie), *le Conquet* (Bonnemaison). — C.-NORD. *S.-Brieuc, Dahouet.*

**ALTHÆA** L. Cal. double, l'extérieur à 6-9 fol. Carp. du *Malva*.

**A. officinalis** L. *Guimauve. Plante* de 4-8 déc. *toute veloutée blanchâtre.* Feuil. ovales ou en cœur à 5 ou 3 angles, inégalement crénelées. Fl. grandes, blanc-rosé, sessiles ; pédonc. multiflores, axillaires. Carp. veloutés. ♃. j⁰ⁿ-sept. Bord des eaux, des marais, surtout ceux de la région maritime. — CHAR.-INF. et VEND. C. — DEUX-SÈV. *Niort !* (A. Guillon), *Ménigoute, Lezay* (Gir.), « *S^te-Soline* (Argenton), bul. Soc. bot. », *Chérigné* (Vernial), vallée de la *Sèvre* (Sauzé, M.), *S.-Loup* (Guyon), *Thouars* (Lunet). — LOIRE-INF. *S.-Michel, Port-S.-Père,* c. *Marais de Machecoul, de Pénestin, la Brière ;* çà et là dans les prés du *bas de la Loire.* AC. — MOR. *Rieux* (Moreau), *Sarzeau* (Taslé). R. — FIN. *Loctudy* (Bonnemaison), presqu'île de *Plougastel,* anse du *Gareau* (Crouan), *Lanniron* près Quimper (Picq.). — C.-NORD. Marais du *Port-à-la-Duc,* baie de *la Fresnaye* (Cornillé), *S.-Jacut, le Guildo* (Mabille). — IL.-ET-V. De *Dol* au *Vivier* et à *Chérueix ; Rothcneuf* (Mabille).

✗. **A. cannabina** L. Plante de 1 mètre et plus, à *pubescence étoilée. Feuil. palmées* à 5 lobes inégalement dentés, les sup. trilobées, plus courtes que les pédonc. à 1,2 fl. roses, pourpres à la base. Sép. ovales, acuminés, les ext. linéaires-lancéolés. ♃. j⁰ⁿ-sept. Bord. des haies, des chemins du calc. — CHAR.-INF. AC. — DEUX-SÈV. Env. de *Niort, Chizé ! Paisay* (A. Guillon). *Chérigné* (Vernial), *Aubigné,* AC. *la Mothe* (Maillard), « *S^te-Soline* (Argenton) ; *Vançais* (Duret) ; *S^te-Eanne* (Gamin), bul. S. bot. », *Vauzay,* R. *Louin* (Guyon). *Airvault* (Huyard), R. *S.-Jouin* (Brottier), *Thouars* (Bastard). — VEND. Çà et là Plaine ! *Bessay* (Pont.).

**A. hirsuta** L. *Hispide.* Tiges couchées ou ascendantes. Feuil. interméd. à 5 lobes profonds, incisés-dentés, plus courtes que les pédonc. Fl. roses, axillaires, solitaires. Carp. glabres. ridés en travers, ①. j⁰ⁿ-j¹. Champs, haies des ter. calc. — CHAR.-INF. C. — DEUX-SÈV. AC. — VEND. AC. *Plaine* et *Iles hautes* (Lx., Ayraud) ; calc. des *Essarts,* de *Chantonnay, Bazoges* (Pont.. M.), *Commequiers* (Gobert). — LOIRE-INF. *Copchoux, Ancenis, Cambon, Chéméré.* RR.

**LAVATERA** L. Cal. double, l'extér. à 3 lobes. Carp. du *Malva*.

**L. arborea** L. *Mauve royale.* Tige de 5-10 déc. *Feuil. tomenteuses,* en cœur à la base, à 5 ou 7 angles aigus, crénelés. Fl. grandes, violacées, agglomérées aux aisselles des feuil. Sép. du *cal. ext.* étalés, *dépassant l'int.* appliqué sur les carp. pubescents, ridés partout. ②. mai-j⁰ⁿ. Rochers maritimes. — VEND. *Ile du Pilier.* RR. — LOIRE-INF. Ilots de *Lévain,* de *Pierre-Percée !* (Morison). RR. — MOR. Ile *Téviec* (Le Gall), îlot de *Poulpiquet* (Toussaints), R. *Houat,* AC. ! aux îlots voisins, *Malevant, Béniguet, Glazic, la Grande-Ile* (Delalande), RR. *Belle-Ile.* — FIN. RR. Iles *Glénans ; Penmarc'h,* île *Nona* et côte de *Loctudy* (Bonnemaison). c. île *Laber* près *Douarnenez* (Arist. Letourneux), *Cap-la-Chèvre* (Hubert), îles de *Sein, d'Ouessant* et îlot de

*Kerouzec* (de la Pylaie) près *Camaret, Cap Sizun,* pointe de *Monérousse* près *Guisseny,* île de *Batz,* îlots de la rade de *Morlaix* (Crouan). — IL.-ET-V. Iles *Harbourg* et *Césembre* (Le Gall, Debooz), *S.-Malo* et env. (Mabille). RR. — La plante est aussi cultivée le long de la côte comme à l'intérieur, se répand facilement et disparait de même.

* **L. cretica** L. *M. mamillosa* édit. 1. Voisin de *Malva silvestris.* Tige à poils couchés. Feuil. sup. à lobes plus aigus. Pétiole et pédic. à poils étoilés, couchés. Cor. lilas clair ; pét. plus larges, moins écartés et plus sensiblement rétrécis à la base. Sép. plus acuminés, *les ext. ovales.* Fruit 1 fois plus gros ; carp. séparés par un intervalle plus profond, ord. 8, tandis qu'il y en a ord. 11 dans *M. silvestris ;* ces carp. rangés autour d'un axe en forme de mamelon demi-elliptique, lorsque celui de *M. silvestris* représente un cône aussi large que long, dont les côtés sont concaves et non convexes. ②. jⁿ-sept. — CHAR.-INF. *S.-Martin, la Couarde* et *les Portes* en *Ré, La Rochelle.* — VEND. Décombres du port *des Sables* (Marichal), *rocher de la Dive* (Pont.), pointe de *l'Aiguillon* (Fd.), *Noirmoutier* (Ménier). — LOIRE-INF. Dans une cour au *Croisic* (Coquet). — MOR. Port de *Belle-Ile* (Arrondeau). — Plante méridionale qui doit avoir été introduite ; elle apparait çà et là, décombres, bord des chemins, sables, ports du littoral et a disparu de quelques localités citées.

## TILIACÉES DC. PROD.

**TILIA** L. *Tilleul.* Sép. 5. Cor. régulière à 5 pét. Etam. indéfinies, libres (ici). Anthères à 2 loges s'ouvrant en long par 2 fentes. Ovaire 1 ; loges 5 à 2 ovules. Caps. coriace, à une loge par avortement, à 1,2 graines. Placenta central. *Arbres à feuil. stipulées.*

**T. parvifolia** Ehrh. *T. microphylla* Willd. *Feuil.* orbiculaires, acuminées, en cœur oblique à la base, dentées en scie, *glabres, poilues en dessous aux aisselles des nervures.* Fl. blanchâtres, 7-9 en corymbe sur un pédonc. axillaire, bordé d'une large membrane foliacée, libre dans sa moitié sup. *Lobes du stigm. à la fin étalés.* jᵗ. Bois. AR.

*Obs. T. grandifolia* Ehrh. se distingue du précéd. par les feuil. molles, velues en dessous, surtout sur les nervures, les fl. plus odorantes, 2-4 par corymbe, les lobes du stigm. dressés et la caps. à 5 côtes saillantes. Il est plus souv. cult. que le précéd. pour former des allées et des promenades. — Voir Gren. God. fl. de France, p. 286, pour les autres espèces que l'on rencontre dans les cultures.

## HYPÉRICINÉES

Cal. à 5 sép. ou 5 part. Cor. régulière à 5 pét. hypogynes. Etam. nombreuses, réunies en 3 ou 5 faisceaux. Anthères oscillantes. Ovaire 1 libre. Styles 3-5. Caps. (rar. baie) à 3-5 loges, à 3-5 valves. Graines nombreuses, attachées à un placenta central, entier, ou aux cloisons formées par les bords rentrants des valves.

**HYPERICUM** L. *Millepertuis.* Cal. à 5 sép. ou 5 part. Pét. 5. Styles 3. Caps. à 3 loges. *Fl. jaunes, feuil. opposées.*

* *Sépales non ciliés-glanduleux.*

**H. tetrapterum** Fries, *H. quadrangulum* Smith. *Tige à 4 ailes.*
Feuil. ovales, très ponctuées-transparentes. *Fl. petites, pâles, en
corymbe serré.* Sép. lancéolés, très aigus. ♃. j<sup>n</sup>-a<sup>t</sup>. Bord des eaux,
des marais. C.

**H. quadrangulum** L. *H. dubium* Leers. Vert foncé. Tige à
4 angles peu marqués. *Feuil. elliptiques-oblongues, peu ou point
ponctuées-transparentes*, à veines en réseau, transparentes. Fl. grandes,
en corymbe. *Sép.* ovales-lancéolés, *obtus.* ♃. j<sup>t</sup>-a<sup>t</sup>. Prés et haies
ombragés. — LOIRE-INF. *S.-Julien-de-Vouvantes* (Pesneau), *Copchoux*
(Guiho) ; *vallée de la Divatte ; Clisson* (Pradal), *la Haie-Fo..assière* (de
Lisle), *le Coin* sur la Maine (Migault). R. — C.-NORD. AR. vallée de la
*Rance, S.-Juvat* (Mabille). — IL.-ET-V. Entre *Braye* et *Cesson* (herb.
Degland) ; *Fougères*, env. de *Rennes* et de *S.-Malo* (V. Sacher). —
Facile à confondre avec les deux suiv.

**H. Desetangsii** Lamotte, Bull. Soc. bot. de Fr.. T. 21, p. 121, Pro-
drome fl. Plateau central, p. 165. Tige à 4 lignes saillantes. Pan. lâche.
Feuil. ovales-elliptiques, ponctuées-transparentes, sessiles. Sép. très
aigus, moitié plus courts que la cor. assez grande (17 mil.), bordée
de taches noires, à bouton rougeâtre. Anthère munie d'une glande
noire entre les lobes. ♃. j<sup>t</sup>-août. — FIN. Cette plante m'a été envoyée
par M. Blanchard, de Brest, avec les localités : Kerallan en *Lambezellec*, bord de l'Elorn et de ses affluents jusqu'à la Grande Palue en
*Landerneau*, vallée de Kerhuon sur le bord du ruisseau de Guipavas,
bord de la rivière de Laber-Benoist et de la Diouris, jusqu'à la limite
de l'eau salée.

Intermédiaire à *H. perforatum* et *quadrangulum*, il diffère du premier par les lignes saillantes de la tige, par les feuil. plus larges, de
forme différente ; de *H. quadrangulum* Flore de l'Ouest dont il a le
port, il se distingue par les feuil. ponctuées-transparentes et par les
sép. très aigus.

D'après Lamotte l. c. *H. quadrangulum* L. est une plante de montagne ayant la panicule compacte, les fl. plus grandes et les veines
des feuil. très rameuses-anastomosées ; il différerait du nôtre, que
M. Bonnet, Bull. Soc. bot. de Fr. 1878, p. 276, rattache à *H. Dese-
langsii* comme variété *imperforatum*.

**H. perforatum** L. Tige à deux angles. *Feuil.* oblongues ou
linéaires-oblongues, qqf. petites (*H. microphyllum* Jord.), *très ponctuées-transparentes.* Fl. grandes, en corymbe, souv. marquées en dessous de taches noirâtres ou qqf. de lignes (*H. lineolatum* Jord.). *Sép.*
lancéolés, *très aigus.* ♃. j<sup>t</sup>-a<sup>t</sup>. Lieux arides, bords des chemins, des
haies. CC.

**H. humifusum** L. *Tiges couchées*, filiformes, comprimées. *Feuil.
et sép. elliptiques-oblongs.* Fl. petites, peu nombreuses, terminales.
*Sép. obtus*, bordés de points noirs qqf. pédicellés. ♃. qqf. ④. mai-
sept. Lieux arides, haies, champs, après la moisson. CC.

** *Sépales bordés de cils glanduleux.*

**H. linarifolium** Vahl. Tiges ascendantes. *Feuil. linéaires,* obtuses, roulées en dessous par les bords. Fl. assez grandes, en corymbe trichotome. *Cor. jaune-rougeâtre, dépassant plus de 2 f. les sép. lancéolés, aigus.* ♃. j*-j*. Coteaux arides surtout schisteux ou de la région maritime. — DEUX-SÈV. *Argenton-Château.* — VEND. C. coteaux de la *Sèvre* aux env. de *Mortagne !* (Revelière), *Noirmoutier.* — BRETAGNE. AC.

**H. pulchrum** L. Tige dressée, rougeâtre. *Feuil. ovales, embrassantes-en cœur,* ponctuées-transparentes. *Fl. en panic. allongée.* Sép. obtus, 4 f. plus courts que les pét. ♃. j*-a*. Buissons, haies, landes. C.

**H. montanum** L. Tige dressée, simple, cylindrique. *Feuil. ovaleslancéolées, embrassantes,* très ponctuées-transparentes. *Fl. pâles en corymbe compacte.* Sép. et bractées, lancéolés, aigus, fortement ciliésglanduleux. ♃. j*-j*. Coteaux boisés. — CHAR-INF. *Saintes !* (A. Guillon), *S.-Savinien* et *Sèche-Bec ; Corme-Royal, Nancras* (Tess.), *Beaugeay* (Parat), *Montlieu-la-Barde ; Varaise* (Pinatel), *Fontaine-Chalandray, S.-Christophe, Breuil-Magné* (Fd.), *Genouillé, Bernay* (Riveau), *Dœuil* (Dussouchaud), *Surgères, Benon.* — DEUX-SÈV. Forêts de *Chizé, d'Aulnay ;* tous les bois de *la Mothe* (Sauzé, M.), *la Rochénard, la Foye-Montjault* (Grelet), *Paizay ; S.-Gelais* (Guyon), *S.-Loup* (Cornuault). — VEND. R. bord du Lay près *Chantonnay, Pont-Charault,* bois des env. de *Luçon* (Pont., M.), RR. *forêt de Vouvant* (Lx.).— LOIRE-INF. *Barbechat, Clermont ; Couffé !* (Migault), *Château-Thébaud* (Pradal). RR. — FIN. *Port-Salut* (Crouan). RR. — C.-NORD. La Courbure près *Dinan* (herb. Degland) et vallée de la *Rance* (Mabille), R. *le Guildo* (Morin) ; Bois Boissel près *S.-Brieuc ; Hillion* (Baron), « *S.-Efflam* (Miciol cat.) ». RR.

**H. hirsutum** L. *Pubescent.* Tige dressée, de 8-10 déc. Feuil. oval.-oblongues, presq. pétiolées, ponctuées-transparentes. *Fl. en panic. allongée.* Sép. lancéolés, aigus, ciliés-glanduleux. ♃. j*-j*. Haies, taillis. — CHAR.-INF. AC. — DEUX-SÈV. *Niort* (A. Guillon), AR. *S.-Loup* (Guyon), *Thouars* (Lunet), *Loubillé* (Jousse), prob. AC. — VEND. AC. Plaine, PC. Bocage (Pont., M.). — LOIRE-INF. AC. — MOR. *Ploërmel* (herb. Taslé). RR. — FIN. Entre *Locquirec* et *Guimaëc, Port-Salut* (Crouan). — C.-NORD. *S.-Ilan* (Baron). AC. env. de *Dinan* (Mabille). — IL.-ET-V. R. *Rennes* et env. ; AC. *Bourg-des-Comptes* (Rolland), *Martigné* (Picq.).

*Obs.* Le fétide *H. hircinum* L. sous-arbrisseau, se trouve qqf. échappé des jardins, ainsi que *H. calycinum* L. à tiges rampantes et fl. très grandes.

**ANDROSÆMUM** All. Cal. 5.part. Pét. 5. Baie 1.loc.

**A. officinale** All. *Hyp. Androsæmum* L. Tige à lignes saillantes. Feuil. grandes, ovales, obtuses, très finement ponctuées-transparentes. Fl. jaunes, peu nombreuses, comme en ombelle. ♃. j*-j*. Haies et bois frais. — CHAR.-INF. *Montendre, S.-Savinien ; Nancras* (Tess.),

*Fenioux* et env. (Pinatel). R. — DEUX-SÈV. *Rom* (Sauzé). — VEND. Folie Brunetière près *Fontenay*, forêt de *Vouvant* (Lx.), *Pont-Charault* (Gobert), R. *S.-Hilaire-le-V.* (Pont.). RR. — LOIRE-INF. *Mauves, la Meilleraie*, forêt d'*Ancenis, du Gâvre, Guémené, S.-Gildas ; Nivillac* (Delamare), *Orvault, Château-Thébaud, Château-d'Aux, la Sicaudais*, etc. PC. — AC. çà et là dans le reste de *la Bretagne*.

**ELODES** Spach. Cal. 5.part. Pét. 5 marcescents. Etam. 15 en 3 faisceaux. Glandes hypogynes pétaloïdes, alternant avec les faisceaux d'étam. Cap. 1.loc. à 3 valves à placenta pariétaux.

**E. palustris** Sp. *Hyp._Elodes* L. *Pubescent-grisâtre*. Tiges faibles, ascendantes, radicantes à la base. *Feuilles arrondies-ovales*, sessiles, finement ponctuées-transparentes. Fl. peu nombreuses, terminales. Sép. ovales, obtus. ♃. jⁱ-sept. Marais, prés et fossés marécageux. -- C. *Bretagne, Bocage Vendéen*, PC. dans celui des *Deux-Sèv.* — CHAR.-INF. *Cadeuil* (Fd.), C. de *Montendre* à *Montlieu, Bédenac ;* prob. au-delà. R.

## ACÉRINÉES

Sép. 5 (ici). Pét. 5 insérés sur un disque hypogyne. Etam. ord. 8. Ovaire à 2 lobes. Style 1 ; stigm. 2. Fruit formé de 2 carp. soudés, indéhiscents, 1-2.spermes, terminés par une aile. *Arbres à feuil. opposées.*

**ACER** L. Voir la famille. Fl. polygames. Etam. des fl. mâles plus longues.

**A. campestre** L. Arbre peu élevé, à écorce crevassée. *Feuil.* palmées à 5 *lobes* grossièrement dentés, velues en dessous sur les nervures et à leur aisselle. Fl. verdâtres, en corymbe dressé. Pédic. et cal. velus. *Car.* pubescents, qqf. glabres, *divergents en ligne droite.* mai. Haies, bois. C. — Moins c. au-delà de Loire-Inf.

✗. **A. monspessulanum** L. Arbre ord. peu élevé. *Feuilles* à 3 *lobes* ovales, *simples*, luisantes en dessus, glauques en dessous. Ailes des carp. plus ou moins larges, rapprochées l'une de l'autre, tantôt ouvertes en angle aigu, tantôt parallèles et se touchant, ou bien entre-croisées. av.-mai. Haies, bois, coteaux du calc. — CHAR.-INF. AC. dans le N.-Est de *Courçon* à *Cognac ; Geay* (Fd.), *Nancras, Corme-Royal*, R. *Oleron, S.-Xandre.* — DEUX-SÈV. C. dans le midi jusqu'à *Niort, Villiers en Plaine, S.-Maixent, la Mothe ;* parc d'*Oiron* (Toussaints). — VEND. Bois d'Ecoulandre ! et de la Rivière près *Mouzeuil* (David), rochers du *Gué de Velluire*, R. *Chaillé-les-Marais, Nalliers* (Lx.), *Xanton* (Ayraud). R.

*Obs. A. pseudo-platanus* (Sycomore) à fl. vert-jaunâtre en longue grappe pendante, est cult. partout, mais n'est pas du pays. Mess. Crouan et Guiho le trouvent répandu dans les haies, les lieux boisés autour de *Brest* (Fin.).

## GÉRANIACÉES

Sép. 5 persistants, qqf. inégaux. Pét. 5 hypogynes. Etam. 5-10 à filets ord. monadelphes. Ovaires 5 libres. Styles 5 soudés. Carp. 5 indéhiscents, à 1 graine pendante, attachés à la base des styles qui, à la maturité, se détachent de la base vers le sommet, en emportant les carp. *Feuill. stipulées.*

**GERANIUM** L. Sép. et pét. 5 égaux. Etam. 10, les 5 plus grandes munies à la base d'une glande nectarifère. Arête des carp. glabre en dedans, arquée à la maturité.

* *Pédonc. biflores ; pét. échancrés.*

**G. molle** L. *Tiges* diffuses, *à longs poils mous, étalés.* Feuil. orbiculaires à 7 ou 9 lobes trifides. Fl. rosées. Sép. terminés en pointe noirâtre. *Carp. glabres, ridés en travers. Graines lisses.* ①. mai-sept. Terres incultes, bord des champs, des haies, des chemins. CC.

**G. pusillum** L. *Tiges* faibles, *à pubescente courte.* Feuill. orbiculaires à 7 lobes 3.fides. Cor.-rose violacé, égalant les sép. brièvement mucronés, Anthères 5. *Carp. carénés, non ridés, à poils couchés.* Graines lisses. ①. mai-j$^t$. Lieux sablonneux. — CHAR.-INF. *Siecq ;* çà et là *île de Ré, Esnandes, Lagord, Angliers, S.-Christophe, Angoulins, Port-des-Barques, Bords, S.-Hippolyte, Jonzac* (Fd.). — DEUX-SÈV. *La Mothe, Salles* (Sauzé, M.), *Exoudun, S$^{te}$-Eanne* (Gir.), *Airvault* (Bonnin), *Thouars* (Revelière). — VEND. *S$^{te}$-Gemme ; Fontenay* (Lx.), AC. autour de *Mortagne* (Gen.) — LOIRE-INF. *Saffré, Ancenis, Nantes, Couëron,* sables maritimes, etc. PC. — MOR. *Auray, Pontivy* (Le Gall). — FIN. *S.-J.-du-Doigt* (de Guernisac), *Tréguennec* (Crouan). — IL.-ET-V. *Fougères* (V. Sacher).

**G. columbinum** L. Tiges diffuses ou couchées, à poils appliqués, dirigés en bas. *Feuil. à 5 ou 7 lobes multifides.* Fl. lilas. *Pédonc. plus longs que les feuil.* Sép. presque membraneux, longuement aristés. Carp. glabres. Graines finement réticulées. ①. j$^n$-a$^t$. Lieux pierreux, bord des haies, des champs, C. — AC. au-delà de *Loire-Inf.*

**G. dissectum** L. Tiges diffuses ou couchées, à poils réfléchis. *Feuil. à 5 ou 7 lobes profonds, trifides.* Fl. rougeâtres. *Pédonc. plus courts que les feuil.* Sép. aristés. *Carp. poilus.* Graines réticulées. ①. j$^n$-j$^t$. Haies, lieux cultivés. C.

*Obs. G. pyrenaicum* L. s'échappe qqf. des jardins où il est rar. cultivé ; il a été vu à *la Rochelle,* à *Nantes ;* à *Plougean, Plourin* (C.-Nord). Souche épaisse, vivace ; feuil. orbiculaires à 5-7 lobes incisés-crénelés ; fl. purpurines, en cœur au sommet, dépassant 1 f. le cal. ; carp. finement pubescents, non ridés, graines lisses. — *G. striatum* L. cultivé pour ses fl. blanches élégamment veinées de rouge, s'est naturalisé dans qq. localités du Fin. à *Ploujean, Morlaix, Quimper* (Miciol), *Paimpol* en C.-Nord (Avice) et ailleurs.

** *Pédonc. biflores ; pét. entiers.*

**G. rotundifolium** L. Tiges diffuses, poilues. Feuil. à 5 ou 7 lobes trifides, marqués d'un point rougeâtre dans les sinus. Fl. rougeâtres. Sép. aristés. *Carp. à poils non couchés. Graines réticulées.* ① mai-sept. Décombres, pied des murs, champs. CC. — AC. au-delà de *Loire-Inf.*

**G. lucidum** L. Tige ascendante, glabre, rougeâtre. *Feuil.* orbiculaires, à 5 ou 7 lobes crénelés, *luisantes.* Fl. d'un joli rouge. *Cal. anguleux, ridé en travers.* Carp. ridés en long. Graines glabres. ①. mai-j$^n$. Haies, vieux murs. C. par localités. — Moins c. dans le calc.

**G. robertianum** L. Fétide. Tige rougeàtre, en zigzag, renflée aux articulations, couverte de poils étalés, qqf. très nombreux, grisàtres. *Feuil.* ovales-pentagones, plus courtes que les pédonc., *quinées ou ternées* à fol. bipennifides. Sép. appliqués sous la fl. ouverte, planes sur le dos à 3 côtes, Pét. rouges 1 f. plus longs que le cal. ; limbe étroitement oboval.-en coin, plus long que l'onglet ; anthères rouges, styles rosés-pourprés. Carp. glabres, ridés. Graines lisses. ①, ②. mai-sept. Haies, murs, décombres, lieux incultes. C.

**G. purpureum** Vil. G. *robert*, β. Il. Loire-Inf. *G. modestum* et *minutiflorum* Jord. Caract. du précéd., plus petit, feuil. moins découpées ; cor. d'un rouge plus pâle, dépassant moins de la 1/2 du cal., pét. à limbe obovale-oblong, égalant l'onglet ou un peu plus court. Anthères jaunes ou jaune-orangé, égalant presq. les stigm. pourprés ou jaunâtres. Carp. glabres ou velus, plus profondément ridés. Mêmes lieux. AC. jusqu'à *la Vilaine*. R. au-delà.

··· *Pédoncules uniflores.*

**G. sanguineum** L. Tige et pédonc. couverts de longs poils étalés. Feuil. orbiculaires à 5 ou 7 lobes 3.fides, aigus. Fl. pourpre-violacé, grandes, belles. Pédonc. munis vers le milieu de 2 bractées. ♃. jⁿ-j¹. Bois secs. — CHAR.-INF. AC. *Surgères et Benon, Dœuil ; Bourgneuf, la Garde au Valet* (Foucaud), *Villiers-Couture* (Savatier) ; *Rochecourbon, S.-Savinien, Martrou, Nantras, Cadeuil, Montendre, la Barde, Bédenac* ; AC. *le Gros-Buisson* (de Meschinet), etc. — DEUX-SÈV. *Forêt d'Aulnay !* (Vernial), *Loubillé !* (Jousse), *Chizé* (A. Guillon), *Mauzé* (J. Richard), *Couture-d'Argenson ; Parc-d'Oiron* (Lunet). — VEND. C. forêt de *Stᵉ-Gemme !* (Mˡˡᵉ Poey-Davant). R. — Sables. talus et coteaux herbeux sur les côtes de la *Bretagne*. — MOR. *Belle-Ile, Quiberon,* étang de *Kerrran,* pointe du *Talu.* RR. — FIN. *Camaret* (de la Pylaie) : *Argenton ; Porsal* (Moride), *Porsmoguer, Trémazan, Guissény* (Crouan). — C.-NORD et IL.-ET-V. C. par localités jusqu'à *Cancale.*

**ERODIUM** L'Hér. *Geranii* sp. L. Sép. 5 égaux. Etam. 5 munies à la base d'une glande nectarifère, alternant avec 5 filets sans anthère. Carp. marqués d'une dépression sur chaque côté du sommet ; arête velue en dedans, tortillée en spirale à la maturité.

**E. cicutarium** L'Hér. Tiges couchées. *Feuil. pennées ;* fol. profond. pennifides à lobes incisés-dentés. Fl. roses en ombelle sur un long pédonc. axillaire. Pét. inégaux, souv. tachés à la base. Etam. glabres, les fertiles dilatées à la base. ①. av.-sept. Champs et prés sablonneux, lieux cultivés, lieux arides, murs, chemins, coteaux. CC. — Très variable, surtout dans les sables maritimes. Vert, poilu-blanchàtre ou plus ou moins visqueux ; tige très allongée ou presque nulle à feuil. en rosette et à pédonc. à 2-4 Il. rouges, roses, presque ou tout à fait (côte du nord) blanches. Plusieurs auteurs pensent que beaucoup de ces formes sont autant d'espèces distinctes. — Les principales formes sont :

*E. triviale* Jordan. Pét. non tachés, stigm. rouges égalant les anthères. C.

*E. commixtum* Jord. Pét. tachés, stigm. carnés, un peu plus longs que les filets fertiles. C.

*E. prætermissum* Jord. Pét. tachés, stigm. pourpre-violet foncé, dépassés par les filets fertiles, fl. plus grande à pét. plus inégaux que les autres. C.

*E. boræanum* Jord. Pét. rose très pâle, non tachés, petits, dépassant peu le cal., stigm. pâles, plus courts que les filets fertiles ; anthères violacées. Sables surtout maritimes. C.

*E. pilosum* Thuil, *E. sabulicolum* Jord., *E. jacquinianum.* Bois. *E. cicut.* var. *parviflorum* Le Gall flore. Feuil. à fol. découpées presque jusqu'à la côte ; poilu-blanchâtre, qqf. visqueux, fl. petite, rose très pâle, sans tache. Sables, C. sables maritimes.

*E. Lebeli* Jord. Fl. tout à fait blanche. Côte nord de la Bretagne.

**E. moschatum** L'Her. Plus robuste que *E. cicutarium,* s'en distingue par *son odeur de musc,* ses fol. obliques à la base, moins profond. découpées et par les filets de ses étam. dilatés et bidentés à la base. ①. mai-sept. Pied des murs, bords des chemins. AC. — Se répand de plus en plus.

X. **E. romanum** Willd. Très distinct des précéd. par la souche vivace, épaisse, rameuse, d'où naissent les feuil. en larges rosettes et les pédoncules. Les fleurs paraissent au printemps et se succèdent tout l'été ; les pét. ovales-arrondis, contigus, forment une corolle arrondie différente de celle de toutes les variétés de *E. cicutarium.* Pelouses calc. — DEUX-SÈV. *S.-Loup* (Guyon, P. Cornuault).

**E. maritimum** Smith. Couché, velu. *Feuil. ovales-en-cœur,* à lobes peu marqués, inégalement incisées-dentées ; stip. souv. rougeâtres. *Pédonc.* à 1,2 fl. Sép. à arête courte. Cor. 0. Dépression des carp. demi-circulaire, séparée du sillon concentrique jaunâtre par une crête jaunâtre, tous deux entourés par une collerette de poils plus longs que les autres. ①. mai-jⁿ. Talus pierreux des clôtures, coteaux, rochers de la région maritime. — VEND. *Le Pillier* et vis-à-vis à *Noirmoutier.* RR. — MOR. R. *Belle-Ile* ; île de *Groix, Ile-aux-Moines* ; *Crach,* par exception à *Josselin* à 50 kil. de la mer et très rarement avec des pét. blancs dépassant le cal. (Taslé). — FIN. C. — C.-NORD. AC. mais moins c. en approchant d'*Il-et-V.*

**E. malacoides** Willd. *E. altheoides* Jord. pug. ! Couché ou ascendant, pubescent-glanduleux, grisâtre. *Feuil. ovales-en-cœur,* obtuses, *obscurément lobées,* inégalement dentées. *Pédonc.* à 5,6 fl. Sép. oblongs, apiculés, écartés des pét. et beaucoup plus courts. Pét. oblongs, onglet poilu. Filets des étam. dépassant les styles, les stériles lancéolés, élargis à la base. Carp. munis d'un seul pli concentrique sous la dépression du sommet irrégulièrement arrondie, glanduleuse ; arête parsemée de poils très fins, couchés. ①. mai-jⁿ. Bord des chemins, décombres. — CHAR.-INF. Ile de Ré à *S.-Martin* et env., du *Fort-la-Prée* à *Rivedoux* et au-delà. — VEND. C. ruines du château de *Talmont* (Pont., M.), AC. *Noirmoutier.* — LOIRE-INF. Stᵉ-Marie près *Pornic!* (Maupon), *la Bernerie* (Ménier). — C.-NORD. Coteaux de Pont-Perrin près *Tressaint* (Morin). — IL.-ET-V. *Mont-Dol* (Gallée).

**E. Botrys** Bert. Gren. et God. Plante robuste, couverte dans le bas de poils rubanés, pubescente-glanduleuse au sommet. Tige très renflée aux nœuds. *Feuil.* ovales ou oblongues, *bipennifides* à lobes dentés ; stip. ovales-triangulaires. Pédonc. à 2-4 fl. lilas à 3 veines plus foncées. Sép. oblongs, glanduleux, à pointe d'un millim., dressés. Filets des étam. stériles linéaires, aigus, glabres, 1/2 plus courts que les fertiles qui sont brusquement rétrécis en alène à partir du milieu. Carp. couverts de petits poils déjetés sur deux côtés, marqués au sommet de 3,4 plis profonds et glabres ; *arète* pubescente, *d'env.* 1 déc. ①. mai-j. — Char.-Inf. La Martière en *Oleron.* — Vend. Bord des champs, des chemins à la Chaume près *les Sables !* — Mor. *Ile de Groix* (Guyonvarc'h). — C.-Nord. Coteaux de la Courbure près *Dinan !* (Despréaux) et un peu plus bas. RR.

# BALSAMINÉES

Sép. 2 caducs, opposés. Cor. irrégulière, à 4 pét. hypogynes, le sup. voûté, l'inf. creux, prolongé en forme d'éperon, les 2 latéraux grands, inégalement bifides (formés de 2 pét. soudés selon qq. auteurs). Etam. 5 hypogynes entourant étroitement l'ovaire. Anthères à 2 loges plus ou moins soudées entre elles, s'ouvrant en long par deux fentes. Caps. à 5 loges polyspermes, à 5 valves s'ouvrant avec élasticité en se roulant en dedans. Placenta central.

**IMPATIENS** L. Stigm. 5 soudés. Caps. prismatiques-cylindrique, s'ouvrant avec élasticité de la base au sommet.

**I. noli tangere** L. Tige de 4-7 déc. rameuse, succulente, cassante, renflée aux nœuds. Feuil. ovales, dentées, pétiolées. Fl. pendantes, jaunes, à gorge ponctuée de rouge. Pédonc. multiflores, axillaires. ①. j.-a. — Loire-Inf. Bords ombragés de *la Divatte,* 1842 ; Omble-pied ! près *Ancenis* (Guiho), *le Cellier !* (Siffait). RR.

# OXALIDÉES

Sép. 5 persistants. Cor. régulière, à 5 pét. hypogynes, qqf. adhérents à la base. Etam. 10 souv. monadelphes à la base, 5 plus longues. Anthères à 2 loges. Ovaire 1 libre. Styles 5. Caps. 5.loc. à 5-10 valves s'ouvrant par les angles et à plusieurs graines renfermées dans une arille charnue qui, à la maturité, les lance avec élasticité.

**OXALIS** L. Voir la famille. *Feuil. à 3 fol. en cœur renversé.*

**O. Acetosella** L. Souche écailleuse, rampante. *Fl. blanche,* striée, solitaire sur une hampe munie de deux bractées situées au-dessus du milieu. Caps. ovale, à loges 2.spermes. ♃. mai-j. Lieux ombragés humides. — Char.-Inf. Fort de *S.-Pierre* (Hubert). — Deux-Sèv. Forêts de *Réfanne,* de l'*Absie* (A. Guillon) ; *Brétignolle* (Toussaints), *Parthenay* (Janneau), R. *Chambrille* (Maillard). — Vend. Çà et là Bocage. — Loire-Inf. et Mor. AC. — c. par localités reste de la *Bretagne.*

**O. stricta** L. Rac. à stolons charnus. Tige dressée, rameuse. Pédonc. à 3-5 *fl. jaunes,* plus long que les *feuil. sans stipules ;* pédic.

dressés. Caps. linéaire à 5 angles ciliés, à sép. étalés. ♃. j"-sept. Lieux cultivés. — CHAR-INF. La Saudière en *Fenioux* (Pinafel). — DEUX-SÈV. *S.-Vincent de la Châtre*, *Prailles* (Sauzé, M.), *Souché* (Gir.), *Fénioux*, *S.-André-s.-Sèvre*, *Cirières* (Guyon), *S.-Martin-de-Sanzay* (Pellier), « *Surin*, *Vancais* (Duret). bull. S. bot. ». — VEND. *Montournais* (herb. David), PC. *Mortagne* (Gen.), *S.-Fulgent, les Herbiers* (Gad.). — LOIRE-INF. CC. *Vallée du haut de la Loire.* — MOR. *Quiberon* (Le Gall). — C.-NORD. *S.-Jacut* (Mabille), *Guenroc, Taden* (Morin). — IL.-ET-V. *Antrain* (herb. Degland), AC. *Rennes* (J.-M. Sacher), *Fougeray* (Gad.), *Bonnemain* (Hodée), Parc Anger près *Redon* (L. Guihaire), *la Painière près S.-Didier* (Desmars).

**O. corniculata** L. Rac. fibreuse. Tiges couchées, radicantes à la base. Pédonc. à 2,3 *fl. jaunes*, plus court que les *feuil. stipulées ;* pédic. du fruit réfractés. Sép. appliqués sur la caps. linéaire, pubescente. ①. j"-sept. Lieux cultivés ; vieux murs, où il vit plusieurs années. — CHAR.-INF. *Oleron* (Delalande), *Rochefort, Nieul-s.-Mer* (Fd.), *Port d'Envaux* (Lemarié), *Corme-Royal ; Thézac* (Robin), AC. *Montguyon*, R. *Orignolles* (de Meschinet!), *Chez-Merlet* (Sav.). — VEND. *Noirmoutier* à la Blanche (Piet, Gobert). — BRETAGNE. AC.

*Obs. O. Navieri* Jord. intermédiaire des 2 précéd. diffère du premier par l'absence de stolons et par les péd. du fruit réfractés ; du deuxième par la tige redressée, non radicante, et par le pédonc. plus long que les feuil. sans stip. M. Foucaud et moi avons semé cette plante et nous en avons obtenu des *O. stricta* munis d'abondants stolons.

## ZYGOPHYLLÉES R. BROWN

**TRIBULUS** L. Sép. 5 caducs. Cor. régulière, à 5 pét. insérés sur le récept. Étam. 10 libres hypogynes. Stigm. sessile, à **5 rayons.** Carp. 5 ligneux, épineux, se séparant à la maturité ; 2,3 loges à cloison verticale, 1.spermes, indéhiscentes. *Feuil. opposées, stipulées.*

**T. terrestris** L. Velu, appliqué contre terre. Feuil. pennées à 6 paires de fol. un peu obliques. Fl. jaunes, axillaires, solitaires ; pédonc. plus courts que les feuil. Carp. 5 pubescents et hispides, à 4 cornes dont deux en dessous plus petites, disposés en étoile imitant une croix de St-Louis. ①. j"-sept. Sables marit. — CHAR.-INF. CC. *Oleron* autour des aires à battre. AC. — VEND. *Des Sables à Noirmoutier, île d'Yeu.* — LOIRE-INF. *Pouliguen.* RR.

## RUTACÉES JUSSIEU

**RUTA.** L. Sép. 4,5 persistants. Cor. régulière à 4,5 pét. concaves, onguiculés, insérés devant un disque glanduleux, portant 8,10 étam. 1 style. Caps. à 4,5 lobes s'ouvrant par le bord. intér.

⚥. **R. graveolens** L. *Rue.* Odeur très forte. Buisson de 6-8 déc. ligneux à la base, très rameux. Feuil. glauques, bipennées à fol. oboval.-oblongues, épaisses. Fl. jaune pâle en corymbe, la terminale à 5 divis. les autres à 4. Caps. à lobes arrondis, obtus. j"-j'. —

CHAR.-INF. Rochers, chaumes de *S.-Savinien, Taillebourg,* du Douhet près *Saintes*. R. — La culture a dû réduire l'aire de cette plante.

## SOUS-CLASSE II. — CALICIFLORES

Sépales plus ou moins soudés entre eux. Pét. et étam. insérés sur un disque adhérent à la base du cal., ou bien cal. soudé avec l'ovaire et portant la cor. et les étam.

## CÉLASTRINÉES R. BROWN

**EVONYMUS** L. Cal. à 4,5 lobes. Pét. 4,5 insérés sur le bord d'un disque hypogyne. Etam. 4,5 insérées sur le milieu du disque, alternes avec les pét. Anthères à 2 loges. Ovaire 1 libre. Style 1. Caps. à 3-5 loges, à 3-5 valves portant les cloisons au milieu. Graines solitaires, arillées.

**E. europæus** L. *Fusain*. Arbrisseau de 3-4 mèt. à jeunes rameaux tétragones. Feuil. oval.-lancéolées, acuminées, dentelées en scie, glabres, pétiolées, opposées. Fl. jaune-verdâtre, 4-7 comme en ombelle sur un pedonc. axillaire. Pét. ord. 4 oblongs. Caps. à 4 lobes roses, arille orangée, graine blanche. mai-j^n. Haies, taillis. C.

## RHAMNÉES R. BROWN

**RHAMNUS** L. Cal. à 4,5 lobes caducs. Cor. régulière à 4,5 pét. Etam. 4,5 opposées aux pét. Ovaire adhérent au tube du cal. Style 1, à 1-4 stigm. Baie à 1-4 loges 1.sperm. s'ouvrant en dedans.

**R. catharticus** L. Arbrisseau de 3-4 mèt., épineux sur les vieux rameaux. *Feuilles* elliptiques ou largement ovales, *dentées en scie*. Fleurs jaune-verdâtre, fasciculées, dioïques. Pét. et étam. 4. Baie noire, à 4 loges. mai-j^n. Haies. — CHAR.-INF. AC. — DEUX-SÈV., VEND. Çà et là. PC. — LOIRE.-INF. AC. — MOR. *Lorient, Ploërmel* (Le Gall), *Guer* (Arrondeau). — C.-NORD c. *Caulnes* (Mabille), *S.-Juvat* (Morin). — IL.-ET-V. Cesson près *Rennes* (de la Godelinais), *Buttes de Coësmes, S.-Jacques* (Hodée).

**R. Frangula** L. *Bourdaine*. Arbrisseau de 3-4 mèt. *Feuil.* largement ovales, *entières*, à nervures parallèles et rousses en dessous. Fl. hermaph. blanchâtres, axillaires, agglomérées. Pét. et étam. 5. Baie rougeâtre, puis noire, à 2 graines. mai-j^t. Haies, bois. C.

*** R. Alaternus** L. Arbrisseau. *Feuil.* ovales ou elliptiques, *persistantes*, coriaces, pétiolées, à dents écartées. Fl. jaunâtres, dioïques, en petites grappes axillaires. Pét. et étam. 5. Baie noirâtre à 3 loges. avril. Fréquemment cult. ; il se reproduit au bois de la Blanche à *Noirmoutier* (Vend.), sur les remparts de *Brouage*, de *S.-Martin* dans l'île de *Ré*, à *Chaniers* (Char-Inf.), à *Thouars* (Deux-Sèv.) et ailleurs.

## LÉGUMINEUSES

Cal. à 5 dents ou lobes, ou à 2 lèvres. Cor. irrégulière, papilionacée (ici). Pét. 5 libres, rar. soudés entre eux et avec les étam., le sup. nommé *étendard,* les latéraux *ailes,* et les 2 inf. ord. soudés en un seul appelé *carène*. Etam. 10[*] insérées avec la cor. à la base du cal., qqf. monadelphes, ord. 9 soudées en colonne fendue en dessus, la 10me libre, placée vis-à-vis la fissure. Ovaire 1 libre. Style et stigm. 1. Fruit nommé *gousse*, tantôt 1.loc. 2.valve, à une ou plusieurs graines, tantôt à plusieurs articles transversaux. Graines attachées alternativement à la suture sup. des valves. *Feuil. alternes, stipulées.*

### a. *Etamines monadelphes.*

*Lupinus.* Feuil. digitées.
*Anthyllis.* Feuil. pennées.
*Ulex.* Arbrisseaux très épineux, comme sans feuilles.
*Adenocarpus.* Gousse tuberculeuse-glanduleuse.
*Sarothamnus.* Carène laissant voir les étam. Style très long, enroulé.
*Genista.* Carène laissant voir les étam. Style en alène. Stigm. latéral, oblique.
*Cytisus.* Caract. du *Genista*. Carène renfermant les étam. Stigm. en tête, un peu tourné en dehors, entouré de poils.
*Ononis.* Cal. à 5 dents linéaires. Etendard grand, rayé.

### b. *Etamines diadelphes* (9 et 1).

#### * Feuil. à 3 folioles.

*Dorycnium.* Stip. semblables aux fol. Ailes renflées de chaque côté en une bosse.
*Lotus.* Stip. semblables aux fol. Ailes sans bosse, carène terminée en bec. Gousse non ailée.
*Tetragonolobus.* Caract. du *Lotus*. Gousse bordée de **4** ailes foliacées.
*Medicago.* Gousse en faucille ou roulée en escargot.
*Trigonella.* Carène très courte. Cor. paraissant à 3 pét. Gousse polysperme.
*Melilotus.* Gousse 1,2.sperme, presq. indéhiscente, saillante.
*Trifolium.* Gousse incluse, 1,2, rar. 3,4 graines.

#### ** Feuil. imparipennées.

*Onobrychis.* Gousse 1.loc., 1.sperme.
*Astragalus.* Gousse polysperme, à 2 loges qqf. incomplètes formées par le repli de la suture infér.
*Ornithopus.* Carène obtuse. Gousse linéaire, droite ou arquée, se séparant en articles 1.spermes.
*Coronilla.* Caract. de l'*Ornithopus*. Carène acuminée en bec.
*Hippocrepis.* Onglet de l'étendard très saillant. Gousse arquée, sinuée.
*Scorpiurus.* Gousse articulée, enroulée.

#### *** Feuil. paripennées.

*Pisum.* Style plié en dessous en carène, barbu en dessus.
*Vicia.* Style filiforme, barbu sous le sommet du côté inf., **glabre du** reste ou entouré de poils courts.

*Ervum*. Caract. du *Vicia*. Style également velu tout autour au sommet.

*Lathyrus*. Caract. du *Vicia*. Style plane et velu en dessus au sommet.

*Orobus*. Caract. du *Lathyrus*. Feuil. sans vrille.

a. Feuil. simples.

**ULEX** L. Cal. à 2 lobes profonds, lèv. sup. à 2 petites dents, l'inf. à 3. Etam. monadelphes. Gousse courte, renflée, 1.loc. 2.valve, à peu de graines. *Fl. jaunes.*

**U. europæus** L. *Lande, ajonc*. Arbrisseau de 1-3 mèt. ; rameaux sillonnés, hérissés d'épines. Feuil. linéaires-lancéolées, placées sous les épines et s'en distinguant parce qu'elles sont planes en dessus. Fl. axillaires. *Cal. velu, muni à la base de 2 bractées largement ovales plus larges que le pédonc*. Ailes de la cor. arquées (ainsi que dans les suiv. et c'est en cet état, sur le vif, qu'il faut faire la comparaison), plus longues que la carène. déc.-j<sup>n</sup>. Landes, bois, haies. CC. — PC. dans le calc.

β. *biferus* Taslé in Arrondeau cat. 24, Le Gall flore 816, *U. armoricanus* Mabille cat. p. 50. M. Taslé m'a fait cueillir cette forme en août 1849, près *Vannes*, et plus tard il m'a démontré que c'était une fleuraison estivale du type, par un fort bel échantillon, offrant dans sa partie infér. les fl. normales desséchées et ses larges bractées à la base du cal., avec quelques fruits, et terminé par une dizaine de nouvelles pousses garnies de fl. portant, vers le milieu du pédonc. et non à la base du cal., deux *bractées* longues, *lancéolées-en-alène*, carénées. Cette variation accidentelle est rare à *Vannes ;* M. Mabille l'a vue abondante en j<sup>n</sup>-j<sup>t</sup> au *Cap Fréhel* et à *Dahouet* (C.-Nord), à Lavarde près *S.-Malo ;* Godron l'a remarquée à *Lorient* et env., je l'ai vue sur la côte de la Loire-Inf., et l'on doit la rencontrer sur plusieurs points intermédiaires de la côte, dans les années favorables à cette seconde végétation.

**U. nanus** Smith. Dans toutes ses parties plus petit que le précéd. dont il diffère en outre par les feuil. linéaires et par les *bractées du cal. pubescent, petites, plus étroites que le pédonc.* Carène évidemment plus longue que les ailes. Fl. jaune citron. j<sup>t</sup>-oct. Mêmes lieux, aussi C.

**U. Gallii** Planch. *U. provincialis* Le Gall flore. Intermédiaire des précéd. pour la taille. Feuil. linéaires-lancéolées. Bractées du *cal. pubescent* largement ovales, aiguës, égalant la largeur du pédonc. *Cor. d'un beau jaune* un peu orangé, étendard largement ovale, carène égalant env. les ailes. a<sup>t</sup>-déc. Mêmes lieux. — c. landes du littoral de : *Mor., Fin.* et prob. *C.-Nord.* — M. Le Jolis le trouve c. *à Cherbourg* (Manche). — Ne peut appartenir à *U. europæus* dont Godron (Bul. Soc. bot. fr., t. 26, p. 303) le considère comme une fleuraison estivale due aux pluies abondantes sur la côte pendant l'été. *U. europæus* a le cal. velu à poils abondants, lâches et le fruit oblong, soyeux, dépassant le cal., tandis que *U. Gallii* et *nanus* (qui sont très voisins l'un de l'autre) ont le cal. pubescent à poils fins appliqués et le fruit ovale-oblong, velu, dépassant très peu ou point le cal. — Quoique chacune des trois espèces fleurisse à une époque différente, on trouve en même temps, selon les saisons, des fleurs tardives ou précoces des deux autres.

**GENISTA** L. Cal. à 2 lèv., la sup. 2.fide, l'inf. 3.fide. Carène laissant voir les étam. monadelphes. Style ascendant ; stigm. latéral, oblique, intérieur.

**G. anglica** L. Sous-arbrisseau de 3-6 déc. à *rameaux* étalés, *épineux*. Feuil. obovales-lancéolées. Fl. jaunes, axillaires, en épis grêles. Gousse renflée, glabre. mai-j$^n$. Landes humides. AC.

**G. tinctoria** L. Sous-arbrisseau de 4-6 déc. à *rameaux* striés, *non épineux*. Feuil. lancéolées, pubescentes au bord. Fl. jaunes, axillaires, en grappes. Gousse comprimée, un peu bosselée. j$^n$-j$^t$. Pâturages secs, bord des bois. C. — FIN. Kergantel en *Penmarc'h*. RR. (Crouan).

✕. **G. pilosa** L. Sous-arbrisseau de 3-8 déc. à rameaux nombreux, couchés ou ascendants, cannelés-striés. Feuil. ovales-oblongues, pubescentes-soyeuses en dessous. Fl. jaunes, 1,2 naissant au milieu d'un faisceau de feuil., en grappe ou en panic.; carène et étendard *pubescents-soyeux en dehors*. Gousse velue. mai-j$^t$. Landes et bois du calc. — CHAR.-INF. AR. de *Montendre* à *Montlieu ; Bussac* (Fd.), *Clérac* (Millieurenche). R. — DEUX-SÈV. *Souvigné, Mairé, Clussais* (Sauzé, M.), *Rom* (Grelet).

✕. **G. sagittalis** L. Tiges de 1-3 déc. couchées, en touffe ; *rameaux* redressés, herbacés, *bordés de 3 ailes foliacées*, interrompues à l'insertion des feuil. ovales-oblongues, peu nombreuses. Fl. jaunes en épis courts, terminaux. ♃. j$^n$-sept. Landes, lieux secs boisés. — CHAR.-INF. RR. *S.-J.-d'Angély* (M. Arnauld), AC. bois des Etières près *la Villedieu* (Pinatel), *Aulnay* (Gir.). — DEUX-SÈV. AR. *Parthenay* (Janneau), C. *Pressigny, Lamairé, S.-Loup ! les Jumeaux* (Guyon), C. *Airvault* (Bonnin), *Rom* (Grelet), « *Vançais* (Duret), Bull. Soc. bot. ».

*Obs. Spartium junceum* L. Genêt d'Espagne, sorti des cultures, se trouve sur qq. coteaux, surtout du littoral, où il se reproduit.

b. *Feuil. à 3 folioles.*

**SAROTHAMNUS** Koch. Cal. court, à 2 lèv. la sup. à 2 dents, l'inf. à 3. Carène laissant voir les étam. monadelphes. Style très long, roulé sur lui-même, épaissi au sommet. Stigm. petit, horizontal, en tête.

**S. scoparius** Koch, *Spartium* L. *Genista* Lam. *Genêt à balai.* Arbrisseau à rameaux anguleux. Feuil. à 3 fol. ovales-allongées, d'abord pubescentes-soyeuses, les sup. simples. Fl. jaunes, grandes, en épis lâches. Gousse comprimée, hérissée sur les bords. av.-j$^n$. Haies, bois, terres incultes. CC. — PC. *Char.-Inf.* (terr. tertiaires).

**CYTISUS** L. Caract. du *Genista ;* carène renfermant les étam., stigm. en tête, un peu tourné en dehors, entouré de poils.

**✗. C. supinus** L. Velu *à poils étalés*. Tiges couchées, rampantes ; rameaux étalés, les floraux redressés. 3 fol. obovales ou obovales-lancéolées. Fl. jaunes, 2-6 en tête terminale. Cal. presque tubuleux. ♃. jⁿ-aᵗ. Bord des bois secs et des landes du calc. — CHAR.-INF. PC. çà et là dans le N.-Est ; forêts de *Benon* et de *Surgères ; Loulay, le Pin* (Mᵐᵉ George) ; *S.-J.-d'Angély*, forêt d'*Aulnay ;* env. de *Beauvais*, d'*Archiac ; Chambon, le Thou, S.-Christophe*, la Garde près *S.-Vivien* (Fd.). — DEUX-SÈV. *Chizé !* (A. Guillon), bois du *Défend* près *Availles ; Bougon* (Maillard), *Rom, la Foye-Montjault* (Grelet), « *Pamproux* (Souché), *Vançais* (Duret), *Clussais* (Argenton), Bull. Soc. bot. », *Prahecq* (Bonneau), de *Chef-Boutonne* à *Loubillé* et *Couture-d'Argenson*. — VEND. *Forêt de Sᵗᵉ-Gemme !* (Mˡˡᵉ Poey Davant, c. bois de *Barbe-Torte* (Pont.), Quatre-Vaulx près *Fontenay* (Ayraud). RR. — M. Chaboisseau, Bull. Soc. bot. fr., t. 10, p. 291, a reconnu que *C. prostratus* Bor. flore, à fl. solitaires ou réunies 2,3 à la partie sup. des rameaux, est une forme due à ce que le sommet de la tige a été tronqué pendant l'hiver ou au premier printemps. MM. Sauzé et Maillard l'indiquent à *Prahecq* (Deux-Sèv.), et l'on doit le retrouver ailleurs.

**✗. C. argenteus** L. sp. *Argyrolobium linneanum* Walp. Tiges de 10-14 cent. ligneuses à la base, couchées ou ascendantes, couvertes de poils couchés. Feuil. pétiolées à *3 fol.* ovales ou oblongues, en gouttière, *glauques, garnies* en dessous et sur les bords *de poils blancs soyeux* couchés, glabres et très finement ponctuées en dessus. Fleurs jaunes, 1-3 terminales ou aux aisselles sup., presque sessiles. Cal. à 2 lèv. plus longues que le tube, la supér. à lobes profonds, l'inf. à 3 dents. Gousse de 25-35 mil. sur 5, couverte de poils appliqués, à 4-6 graines lenticulaires, jaunâtres. mai. Clairières des bois pierreux calc. — CHAR.-INF. La Motte-Aubert près *Mauzé* (Fd.). — DEUX-SÈV. Le Grand-Breuil près *Mauzé*, où M. Foucaud m'a fait cueillir cette plante méridionale tout à fait inattendue. — Fructifie ici sans corolle.

**ADENOCARPUS** DC. Cal. à 2 lèv., la sup. bifide, l'inf. plus longue à 3 dents. Carène obtuse, renfermant les étam. monadelphes. Gousse linéaire-oblongue, comprimée, couverte de tubercules glanduleux.

**A. complicatus** Gay, *Cytisus* DC. Sous-arbrisseau de 10-15 déc. rameaux diffus, étalés, blanchâtres, d'abord pubescents. 3 fol. obovales-oblongues, souv. pliées en long, pubescentes en dessous. Fl. jaunes, en longue grappe terminale ; étendard pubescent en dehors. Bractées caduques, tuberculeuses-glanduleuses ainsi que le cal. et le fruit. jⁿ-jˡ et sept. Landes, bois, haies. — DEUX-SÈV. Près la forêt de *Chantemerle* (herb. Savatier). — VEND. Vulg. *genêt bâtard, Bournezeau* (Pont.), *la Tardière, Faymoreau, Cheffois* (Lx.), *S.-Pierre-du-Chemin* (Guettard), *Errunes ! la Verrie, S.-Martin-l'Ars* (Gen.). — MOR. *Augan* (Le Gall), *Guer* (J.-M. Sacher), *Monteneuf* (Taslé), AC. *Campénéac, Tréhorenteuc* (Elphège). — C.-NORD. Lande Mazurié près *Quintin* (Fraval). — IL.-ET-V. Le Plessis près *Mauron* (Coudron).

**ONONIS** L. Cal. à 5 lobes linéaires. Etendard grand, rayé. Etam. monadelphes. Gousse renflée.

**O. repens** L. *O. procurrens* Wall. Velu-visqueux, souv. fétide. Souche longuement rampante. Tiges ascendantes ou couchées. Feuil. à 3, les sup. à 1 fol. ovales, oblongues ou arrondies, dentées, entières à la base. *Fl. roses,* rar. blanches, axillaires, solitaires. *Cal.* très velu, *dépassant toujours la gousse.* Graines chagrinées. ♃. jⁿ-aᵗ. Plante variable et présentant ici les 3 formes principales suivantes :

α. *O. arvensis* Smith, Pesn. Très épineux, ord. ascendant, qqf. buissonneux ; fol. elliptiq. Bord des chemins, des champs, de *la Loire.* C. en *Bretagne.*

β. *O. repens* L. Très épineux, couché ; fol. plus petites, obovales-elliptiques. Sables maritimes. C.

γ. Tiges allongées, ord. couchées, peu ou point épineuses. C. le calcaire ; çà et là région maritime.

**O. spinosa** L. C. et Germ. flore Par. T. 11 B. *O. campestris* Wall. Se distinguera de la var. α du précéd. surtout par la gousse égalant ou dépassant le cal. Souche verticale, profonde. Tiges dressées ou ascendantes, en buisson, poilues sur deux lignes. Fol. linéaires-oblongues. ♃. jˡ-aᵗ. Champs arides, pâturages. M. Dussouchaud me l'a fait cueillir à *Douil* (Char.-Inf.), où il est très rare.

X. **O. striata** Gouan. Tiges d'env. 1 déc. couchées, diffuses, *3 fol. obovales-en coin,* fortement nervées, dentées ainsi que les stip. lan-céolées, acuminées. *Fl. jaunes* en tête feuillée. Cal. à lobes lancéolés-en alène, beaucoup plus courts que la cor., plus longs que le fruit ovale. Graines lisses. ♃. jⁿ-jˡ. Coteaux secs calc. — CHAR-INF. *Sur-gères* (Hubert), *S.-Christophe* et du *Thou* à *Péré* (Fd). R.

X. **O. Columnæ** All. Tiges de 10-16 cent. diffuses. *3 fol. oblongues,* nervées, dentées ainsi que les stip. lancéolées-acuminées. *Fl. jaunes* en épi feuillé. Cal. à lobes lancéolés-en alène, égalant env. la cor. et le fruit ovale. Graines finement chagrinées. ♃. jⁿ-jˡ. Coteaux secs calc. — CHAR.-INF., DEUX-SÈV. PC. mais répandu. — VEND. RR. France près *Mouzeuil !* (David), *Garenne-Augeard, Quatre-Vaulx* (Lx). RR.

X. **O. Natrix** Lam. Velu-glanduleux. Tiges de 3-5 déc. ascen-dantes. Fol. oblongues, dentées en scie, obtuses. Stip. entières, acuminées. *Fl. jaunes,* dressées avant l'anthèse, en grappe feuillée. Pédonc. plus long que la feuil. et muni au sommet d'une arête en alène. Etendard rayé de rouge, *Gousse* linéaire, *pendante.* Graines finement tuberculeuses. ♃. jˡ-aᵗ. Champs arides et coteaux du calc., sables maritimes. — CHAR.-INF. CC. sables de *Méchers* à *Royan.* AC. — DEUX-SÈV. AC. — VEND. Calc. méridional. — LOIRE-INF. *Chéméré, Arthon.* RR.

**O. reclinata** L. *O. Cherleri* DC. Velu, glanduleux. Tiges de 8-15 cent. ascendantes. 3 fol. obovales-en coin, dentées au sommet ainsi que les stip. ovales. Fl. peu apparentes, en épi feuillé, *étendard rosé.* Pédonc. égalant env. la feuil. Cal. à lobes linéaires-lancéolés, égalant env. la cor. et plus courts que la *gousse* cylindrique, *pendante,* à graines couvertes de tubercules transparents. ① ou ②. jⁿ. — CHAR.-INF.

Lèdes de *la Tremblade* à *la Gironde* ; *Port-des-Barques* (Fd.), entre *Angoulins* et *la Rochelle* (Gouget), *la Repentie !* (Lx.) ; pelouses salées du *Fier* en *Ré* (Lemarié !), le Labeur en *Oleron*. — Mor. Dunes de *S.-Adrien* en *Plœmeur* (Le Gall). RR. — Fin. Coteaux maritimes arides, un peu sablonneux, sables. Le Minou près *Brest* (Crouan), *anse de Dinan ;* la Grande Palue en *Rostudel,* vallée de Penhart, en *Camaret, S.-Pabu* (Blanchard), *Plomeur* (Picq.). R. — C.-Nord. RR. *Trégastel* (Elphège).

**MEDICAGO** L. Cal. à 5 dents. Carène obtuse, écartée de l'étendard. Étam. diadelphes. Ovaire arqué, à style glabre. Gousse courbée en faucille ou roulée en spirale, à 1 ou plusieurs graines. *Fl. ord. jaunes.*

* *Gousse sans épines.*

**M. lupulina** L. *Lupuline*. Tige couchée. Fol. obovales, en coin à la base, dentées au sommet. Stip. ovales-lancéolées, dentelées ou entières. Fl. petites, 8-12 en tête sur un long pédonc. *Gousse réniforme,* 1.*sperme,* striée-rugueuse, pubescente ou glabre. ① ou ②. j$^n$-sept. Lieux arides, bord des chemins et sables maritimes où il est pubescent-blanchâtre. C. — Et cult. comme fourrage dans le calc. de la *Char.-Inf.* et de la *Vend.*

**M. media** Pers. *M. falcata* éd. 1. Tiges anguleuses, couchées ou ascendantes, presque glabres. Fol. des feuil. sup. linéaires, en coin à la base, dentées et échancrées-mucronées au sommet. Stip. lancéolées, acuminées. Fl. nombreuses en épi court, ord. jaunes. qqf. noir-violacé ou passant du jaune au vert et au violacé ; pédic. plus longs que leur bractée. *Gousse en faucille, à un seul tour de spire,* veinée en réseau, pubescente. ♃. j$^n$-sept. Moissons, bord des rivières, lieux incultes. — Char.-Inf. *Groin de Loix* en *Ré* (Lemarié), *Martrou !* (Parat), *Bords* (Fd.). — Deux-Sèv. Env. de *Messé* (Guyon), AC. (Sauzé fl.). — Vend. *Fontenay* (Lx.), *Challans* (Gobert). — Loire-Inf. Surtout bords sablonneux de *la Loire, Chéméré, Machecoul.* C. — Il.-et-Vil. *S.-Malo.* — Cette espèce, considérée par qq. auteurs comme un hybride de *M. sativa* et *falcata,* ne peut avoir cette origine, au moins dans la vallée de la Loire, où le premier est rare et *M. falcata* manque tout à fait. Celui-ci diffère surtout de *M. media* par la fl. toujours jaune et la gousse en faux ou un peu tordue.

* **M. sativa** L. *Luzerne*. Rac. très longue. Tiges anguleuses, dressées. Fol. des feuil. inf. obovales-oblongues, dentées et échancrées-mucronées au sommet, celles des feuil. sup. plus étroites. Stip. ovales-lancéolées, acuminées. Fl. nombreuses, en épi oblong, violacées ; pédic. plus courts que leur bractée. *Gousse à 2-3 tours* de spire, veinée en réseau, pubescente. ♃. j$^n$-sept. Très cult. dans les ter. calc. où il se reproduit au bord des champs. — R. en *Bretagne* dans le calc. et la région maritime.

**M. marginata** Willd. *M. ambigua* Jord. A la fin glabre, couché. Fol. obovales-en coin, dentelées. Stip. découpées en lanières fines. Pédonc. à 1-4 fl. écartées. *Gousse orbiculaire, aplatie,* à 4-5 tours de spire lâches. ④. j$^n$-j$^t$. Champs et coteaux calc. — Char.-Inf., Deux-Sèv., Vend. C. — Loire-Inf. Coteaux schisteux de Juigné près *Ancenis*

*Couëron !* (Desvaux). RR. — Dans plusieurs localités, les fruits ont jusqu'à 7 millim. d'épaisseur, les tours de spire étant écartés l'un de l'autre de plus d'un millim.

**M. striata** Bast. Tige couchée, anguleuse, velue. Fol. obovales-rhomboïdales, entières et en coin à la base, velues en dessous. Stip. à dents sétacées. Pedonc. 2-4 fl. ; étendard replié. *Gousse plus petite que dans M. littoralis, cylindrique, tronquée à chaque extrémité, glabre, à 3-4 tours de spire épais, un peu veinés sur les bords, carénés le dos, nus ou bordés de chaque côté de petits points tuberculeux.* Graines jaunâtres, en croissant obtus. ①. mai-jᵗ. Moissons, coteaux et sables du bord de la mer. AC. de *la Gironde à Brest.*

*Obs. M. Langeana* Todaro m'a été montré, en 1888, par M. Maupon, sur une des chaussées du Croisic où il a l'aspect sauvage des autres *Medicago* qui l'entourent ; cependant, je crois que c'est un étranger apporté là avec le lest de quelque navire. Il se place entre *M. Helix* Willd et *M. striata* Bast. Le premier, dont il se rapproche le plus, en diffère par la fleur beaucoup plus grande et par le fruit plus grand ; il se distingue du second par le fruit plus grand, *comprimé*, à 2-3 tours de spire qui sont le plus souvent garnis de courtes épines, enfin il s'éloigne de *M. littoralis* (M. Braunii Gr. God.), dont les folioles sont triangulaires-en cœur renversé et le fruit épais, muni de fortes épines.

M. Maupon m'a signalé les caractères de cette plante et, pour les éprouver, il l'a semée sur plusieurs points de la côte du Croisic. Voir Lloyd Herborisations 1887 à 1890.

·· Gousse épineuse.

**M. littoralis** Rhode. Velu. Stip. incisées-dentées. Fol. triangulaires-en cœur renversé, dentées dans le haut, plus courtes que le pedonc. à 2-4 fl. jaunes ; faisceau des étam. dégagé de la carène et appliqué contre l'étendard plane dépassant la carène plus longue que les ailes. *Gousse cylindrique, tronquée à chaque extrémité, subéreuse, non veinée, à 4 tours de spire épais, serrés, en gouttière à la maturité entre les 2 rangs d'épines fortes, à base conique, en alène, plus ou moins courbées en dehors.* Graine jaune terne, oblongue, arquée, un peu échancrée à l'ombilic. ①. jⁿ-jᵗ. Sables maritimes. AC. de *la Gironde à Noirmoutier.* — LOIRE-INF. *Pornichet* (Mad. Duchesne), *les Moutiers !* (Migault), du *Cormier* à *S.-Gildas*, RR. Sᵗᵉ-Marie près *Pornic ! Kercabelec !* de *Pennebé !* à *Pont-Mahé !* (Gad.), et au-delà dans le *Mor.* à *Kerseguin.*

X. **M. tribuloides** Lam. Velu. Stip. ovales, laciniées. Fol. triangulaires-en cœur renversé, dentées dans le haut, plus longues que le pédonc. à 1,2 fl. *Gousse à poils épars, cylindrique,* tronquée à chaque extrémité, *à 4,5 tours de spire très épais,* serrés, en carène à la maturité entre les 2 rangs *d'épines très fortes* à base ovale-conique, en alène, courbées en dehors, presque appliquées. Graine jaune-pâle, oblongue, un peu échancrée à l'ombilic. ①. mai-jⁿ. — CHAR.-INF. Talus herbeux du *Groin de Loix* en *Ré*, où, mêlé au précéd., ses fruits sont 1,2 f. plus gros, longs de 11-12 mil., larges de 8-9 ; *Châtelaillon ! Angoulins* (Fd.).

**M. marina** L. *Tout cotonneux-blanchâtre*, couché. Rac. longue, épaisse. Fol. obovales-en coin, dentelées au sommet. Stip. ovales-lancéolées, peu dentées. Pédonc. 6-9 fl. Gousse cotonneuse, à trois tours de spire épais, veinés, bordés de deux rangs d'épines courtes, droites. ♃. mai-j^n. Sables maritimes. AC. de *la Gironde* à *Brest*.

**M. cinerascens** Jord. *M. Gerardi* flore de l'Ouest, auct. part. *Pubescent*, couché. Fol. en cœur renversé, en coin à la base, dentées au sommet. Stip. à dents sétacées. Pédonc. à 1,2 fl. jaune-clair. *Gousse pubescente-glanduleuse*, ovale, à 5 *tours de spire épais*, non veinés, bordés de 2 rangs d'épines écartées, coniques en-alène, qqf. très courtes, un peu crochues au sommet. ①. j^n-j^t. Coteaux calc. — CHAR.-INF. *Yves*, le Magnou près *Fouras* (Fd.). — DEUX-SÈV. *Thouars!* (Bastard), *Airvault!* (Bonnin), *S.-Loup!* (Guyon). — VEND. *Chaillé-les-Marais!* (Lx.). RR. — LOIRE-INF. Coteaux schisteux de *Juigné* à *Ancenis*, *Anetz*, gare de *Nantes*, sables de *Butte de Couëron ;* du canal maritime (Guyard) ; du *Collet!* (Migault, Paul Bruneau) ; entre *Clermont* et *Oudon* (Ménier). RR.

**M. minima** Lam. Pubescent. Fol. obovales, un peu dentées au sommet. Stip. ovales, presq. entières. Pédonc. 3-6 fl. *Gousse ovale, petite*, à 5 tours de spire, *hérissée d'épines longues, crochues au sommet, élargies et en gouttière de chaque côté à la base.* ①. mai-j^n. Lieux sablonneux et surtout sables marit. où il est souv. blanchâtre et qqf. à fol. linéaires. AC. — Varie à épines moitié plus courtes que le diamètre du fruit ; et

β. *longiseta.* Epines plus longues que le diamètre du fruit. — CHAR.-INF. *La Rochelle, Martrou.* — DEUX-SÈV. *Thouars.* — *Montreuil-Bellay.* — LOIRE-INF. *Ancenis!* (Moreau), gare de *Nantes*.

**M. maculata** Willd. Couché ou diffus, à poils épars, articulés. Fol. en cœur renversé, sinuées-dentelées au sommet, souv. marquées au milieu d'une tache noire. Stip. larges, profond. dentées. Pédonc. 2-5 fl. *Gousse ovale*, plane et veinée à chaque extrémité, *à 3-4 tours de spire marqués sur le dos de 4 côtes et de 2 rangs d'épines réfléchies, en alène.* ①. mai-j^t. Prés, bord des champs, des chemins. C.

✗. **M. lappacea** Lam. *M. pentacycla* DC. Presque glabre. Tiges couchées, anguleuses. Fol. presque en cœur renversé ou rhomboïdales-obovales, sinuées-dentelées, entières et en coin dans la moitié inf. Stip. laciniées. Pédonc. à 3,4 fl. Gousse comprimée, ridée en réseau, à 4-5 tours de spire écartés au bord, bordés d'épines en alène, droites, crochues au sommet, dépassant le demi-diamètre transversal du fruit. ①. mai-j^n. — CHAR.-INF. Lieux sablonneux au bord de la Chaussée de *Marennes ;* entre *S.-Seurin* et *Mortagne* (Fd.). — Diffère du suiv. surtout par les fruits 1 f. plus gros (7 mil. de diamèt.), à épines dressées, moins nombreux sur le pédonc. et par la graine moins échancrée. Apparait dans qq. ports.

**M. denticulata** Willd. Glabre, couché. Fol. presque en cœur renversé, sinuées-dentelées au sommet. Stip. ciliées-dentées. Pédonc. 4-7 fl. *Gousse comprimée, fortement ridée en réseau, à 2-3 tours de spire bordés d'épines distiques, en alène, crochues au sommet,* dépassant le 1/2 diamètre transversal du fruit. ①. mai-j^t. Moissons, champs en friche, surtout du bord de la mer. AC.

**M. apiculata** Willd. Cultivé à côté du précéd., se maintient distinct par ses fruits plus nombreux, plus petits, noircissant davantage, à tours de spire plus épais, plus serrés, et garnis d'épines dont la longueur n'égale pas la 1/2 du diamètre transversal du fruit et qqf. réduites à des tubercules (*V. confinis* Koch). Graines plus grosses, un peu plus courbées et échancrées. Mêmes lieux et aussi C.

**TRIGONELLA** L. Cal. en cloche, à 5 dents. Carène très courte, obtuse ; ailes et etendard écartés, imitant une cor. à 3 pét. Ovaire droit, à style glabre. Gousse allongée, peu courbée, polysperme.

**T. ornithopodioides** DC. *Trif. Melilotus* L. Tiges couchées en rosette. 3 folioles en cœur renversé, dentées au sommet. Stip. ovales-lancéolées, membraneuses. Pédonc. axillaires, courts ou allongés surtout dans le haut, à 1-3 fl. blanchâtres. *Gousse* à peine courbée, *dépassant peu le cal.*, très obtuse, mucronée obliquement par le style persistant. Graines brunes, lavées de noir, lisses. ①. juin. Prés salés, pelouses rases du bord de la mer. C. de *la Gironde* à *Brest ;* puis çà et là jusqu'à la baie de *S.-Brieuc.* — R. à l'intérieur sur les pelouses sèches des ter. schisteux ou sablonneux. — DEUX-SÈV. *S.-Maurice-la-Fougereuse* (Souché). Voir *Thouars* et *Argenton-Ch.* — VEND. *Evrunes !* (Gen.), *Rortheau, Le Fougéré, Dompierre,* etc. (Pont.). — LOIRE-INF. Vallée de la Loire ; *la Villate* (S^t-Gal). — Dans les prés du *bas de la Loire* la plante est dressée et haute de 20 à 25 cent.

⚥. **T. monspeliaca** L. Pubescent. Tiges de 6-15 cent., couchées. 3 fol. obovales-en coin, dentées dans le haut. Stip. lancéolées. *Fl.* jaunes, petites, *en tête* sur un pédonc. axillaire, très court, aristé. Gousse pubescente, arquée, veinée obliquement, 3-4 f. plus longue que le cal. Graines cylindriques, tuberculeuses. ①. mai-j^n. Coteaux calc., champs sablonneux. — CHAR.-INF. *Fouras !* (Faye), et côte du *Magnou, Port-des-Barques* (Parat), le Labeur et Boyardville en *Oleron ; Châtelaillon !* (Fd.). RR. — VEND. *Chaillé-les-Marais* (David).

⚥. **T. gladiata** Stev. *T. prostrata* DC. Velu. Tiges de 5-15 cent. les latérales couchées. 3 fol. obovales-en coin, dentées dans le haut. Fl. jaune-pâle, solitaires, axillaires, presque sessiles. Gousse velue, un peu courbée en forme de *sabre*, longue de 4-5 cent. dont *presque la moitié pour le bec*, marquée en long de veines anastomosées. Graines 4-7 tuberculeuses. ①. mai. — CHAR.-INF. Plateau pierreux de la pointe *du Chay ;* talus à *Châtelaillon ! Yves*, pointe des *Minimes* (Fd.). RR.

*Obs. T. corniculata* L. Tige dressée, feuil. obovales, dentées-mucronées ; fl. jaunes en tête plus courte que le long pédoncule ; gousse d'env. 15 mil. glabre, pendante, arquée, à pointe dirigée en haut, marquée de veines nombreuses transversales. ①. M. l'abbé Grelet a trouvé (été 1894), à l'état sauvage, sur un coteau inculte, à Rom (Deux-Sèv.), quelques pieds de cette plante méridionale qui a dû être introduite sur ce terrain autrefois cultivé.

**MELILOTUS** Tourn. *Trif. Melilotus.* L. Cal. en cloche. Carène obtuse. Etam. diadelphes. Ovaire droit, à style glabre. Gousse courte, dépassant le cal., presq. indéhiscente, 1-3.sperme. *Feuil. à 3 fol. l'impaire pétiolée ; fl. nombreuses, en épis axillaires, longuement pédonculés.*

**M. officinalis** L. Willd. *M. altissima* Thuil. *Tige robuste, dressée,*
de 6-10 déc. Feuil. sup. à fol. linéaires-oblongues, en coin à la base,
dentées en scie, tronquées au sommet. Fl. d'un beau jaune. *Gousse*
ovale, brièvement mucronée, ridée, *pubescente, à suture sup. com-*
*primée en carène aiguë.* ②. j⁴-a⁴. Bois frais, bord des eaux. — CHAR.-
INF. AC. — DEUX-SÈV. *Niort* (A. Guillon), *Mauzé, Chizé ; Rom* (J.
Richard), *la Mothe* (Sauzé), *S.-Pompain, S.-Loup* (Guyon). AC. (Sauzé
fl.). — VEND. Bois humides, AC. env. de *Luçon* (Pont.), entre *le Gué* et
le bois de *Velluire* (Lx.), C. marais de la *Bauduère* (David), *S.-Gervais*
(Gobert). — LOIRE-INF. *Les Cléons*, C. *le bas de la Loire ; Frénay ;*
*Croisic!* (Delalande). Une variété à fl. blanches a été autrefois trouvée
à *Couëron* par M. Hectot. — FIN. Anse de *Goulven* (J.-M. Sacher). —
C.-NORD. Lanvallay près *Dinan* (Mabille). — IL.-ET-V. Env. de *Dol,*
d'*Antrain* (Champion), *S.-Malo* (herb. Degland), calc. de *Feins*
(Gallée), *S.-Jacques* (Hodée).

**M. arvensis** Wall. *Tige ascendante ; rameaux diffus.* Feuil. sup.
à fol. ovales-lancéolées, obtuses, dentées en scie. Fl. jaune-pâle ; ailes
dépassant la carène. *Gousse* ovale, obtuse, mucronée, *très ridée en*
*travers, glabre, à suture supér. en carène obtuse.* ②. jⁿ-j⁴. Décembres, bord des chemins, champs des ter. calc., sables maritimes. —
CHAR.-INF., DEUX-SÈV. C. — VEND. AC. — LOIRE-INF. Lieux sablonneux ; *Ancenis, Mauves,* cà et là dans le *bas de la Loire, Croisic,*
*Batz, Pouliguen, Kercabelec.* R. — Appparaît çà et là en *Bretagne*
dans les champs de trèfle et les ports.

**M. alba** Desr. *M. leucantha* Koch, *M. officinalis* β. L. *Tige robuste,*
*dressée,* de 10-16 déc. Feuil. sup. à fol. ovales-lancéolées, obtuses, dentées en scie. Etendard plus long que les ailes et la carène égales. *Fl.*
*blanche. Gousse* ovale, obtuse, mucronée, ridée-rugueuse, *glabre, à*
*suture sup. en carène obtuse,* 1,2 sperme. ②. jⁿ-a⁴. Décembres, sables.
— CHAR.-INF. *La Tremblade!* (de Baupreau), *Marennes! Royan!*
(Toussaints), *la Coubre* (Fd.), *Montlieu* (de Meschinet) ; *Oleron ; île de*
*Ré* (Lemarié), *Surgères* (Pont.). — DEUX-SÈV. *S.-Loup* (Guyon),
*Borcq* (Boyer), *Thouars* (Boreau). — VEND. Port des *Sables* (Marichal),
*Noirmoutier.* RR. — LOIRE-INF. Çà et là entre *le Cormier* et *S.-Brevin ;*
de plus en plus C. dans les dunes et sur la ligne du chemin de fer
entre *S.-Nazaire, Guérande, Croisic.* — C.-NORD. *Caulnes* (Mabille). —
IL.-ET-V. C. *S.-Malo* (de la Godelinais). — Tend à se répandre en
suivant les routes et dans les ports.

✗. **M. sulcata** Desf. Tiges dressées ou ascendantes. Fol. oblongues-lancéolées, aiguës, dentées en scie. Stip. incisées-dentées, longuement acuminées. Fl. petites, d'un beau jaune, carène égalant l'étendard et dépassant les ailes. *Gousse* obovale, petite, pendante, *marquée*
*de nervures* saillantes *concentriques,* à une graine granuleuse. ①. jⁿ.
Coteaux maritimes. — CHAR.-INF. AC. coteaux de *la Gironde ; Châte-*
*laillon* (Fd.), *Pointe des Minimes, île de Ré.* — VEND. *Gué-de-Vel-*
*luire* (Lx.). RR.

**M. parviflora** Desf. *Trif. M. indica* L. Tige couchée ou ascendante.
Feuil. sup. à fol. allongées, en coin à la base, obtuses, dentées en scie.
*Fl. très petites, jaune pâle ;* carène et ailes égales, plus courtes que
l'étendard. *Gousse* petite, presque globuleuse, très obtuse, *ridée,* glabre,

à suture sup. très obtuse, à *une graine granuleuse*. ①. j<sup>n</sup>-j<sup>t</sup>. Champs
et rochers maritimes. — CHAR.-INF. AC. — VEND. C. *Les Sables !*
Delalande), château de *Talmont* (Pont., M.), *la Dive, île d'Yeu ; Notre-
D.-de-Mont, Noirmoutier* (Gobert), *Bouin*. — LOIRE-INF. *Bourgneuf,
Croisic, Pouliguen*. R. — MOR. Pointe de *Quiberon*, R. *Houat, Belle-Ile ;
Plouharnel* (Taslé), Broël en *Arzal* (Pont.). — FIN. *Penmarc'h, île
Tudy* (Crouan). — C.-NORD. AC. île *Bréhat* (Debooz), *Port à la Duc*
(Mabille). — IL.-ET-V. *S.-Malo* (V. Sacher).

**TRIFOLIUM** L. *Trèfle*. Cal. à 5 dents, persistant. Cor. marescente.
Carène obtuse, plus courte que l'étendard et les ailes. Etam. diadelphes plus ou moins soudées aux pét. Style glabre. Gousse ovale,
renfermée dans le cal., presque indéhiscente, à 1.2 rar. 3,4 graines.
*Feuil. ternées, fl. en tête ou en épi.*

1. *Fl. jaunes.* T. campestre, procumbens, filiforme, patens.
2. *Cal. renflé en vessie.* T. resupinatum, fragiferum.
3. *Fl. en épi.* T. angustifolium, incarnatum, arvense, rubens.
4. *Cal. glabre.* T. strictum, glomeratum, repens, michelianum, elegans.
5. *Cal. plus ou moins velu, fl. en tête.* T. suffocatum, subterraneum,
arvense, ochroleucum, prateuse, medium, scabrum, maritimum,
stellatum, lappaceum, striatum, Bocconei, Perreymondi.

* Cal. glabre.

**T. strictum** Waldst. *Lisse ;* rameaux ouverts. *Feuil. sup. à fol.
linéaires-lancéolées,* dentelées en scie, les inf. à fol. oblongues. *Stip.
larges,* scarieuses, dentelées au sommet. Fl. blanc-rosé, en tête
globuleuse longuement pédonculée. Cal. sillonné. Gousse 2.sperme,
presque saillante. ①. j<sup>n</sup>-j<sup>t</sup>. Pelouses et coteaux secs, champs en
friche. — CHAR.-INF. Sables d'*Arvert !* (de Lisle), et *des Mathes*, bois
d'Avail en *Oleron ; Fouras, Cadeuil* (Fd.). — DEUX-SÈV. *La Touche-
Poupart, S<sup>t</sup>-Maixent !* (A. Guillon), *Boësse* (Souche), *S.-Loup, Airvault,
Luzay,* AC. env. de *Thouars,* d'*Argenton-Ch.* — VEND. *Challans,
Sallertaine, Pont-Charault, Luçon,* C. *S.-J.-d'Orbetiers* (Pont., M.),
*Mervent* (Lx.). *Noirmoutier.* — LOIRE-INF. *Bellevue , le Loroux* (Lx.),
AC. *d'Oudon à Couffé, Ancenis, Varades, Chéméré* et bord de la mer.
— MOR. *Houat, Hœdic, Belle-Ile ;* AC. Coëtsurho en *Arzal* (Taslé). —
FIN. Raguenez près *Pontaven ;* près Loc'h-Vie en *Plomeur, Plovan*
(Crouan). — IL.-ET-V. Côte de *S.-Malo à Cancale.*

**T. glomeratum** L. Glabre, couché. Fol. obovales, en coin à la
base, dentelées. Stip. ovales-lancéolées. *Fl.* blanc-rosé, *en tête sessile,
axillaire.* Cal. strié, à dents recourbées, plus court que la cor. Gousse
1-2.sperme. ①. mai-j<sup>n</sup>. Coteaux arides, talus des fossés, friches. AC.
surtout dans le calc. et la région maritime.

**T. repens** L. *Tige rampante.* Fol. obovales-en cœur, dentelées en
scie. Stip. scarieuses, acuminées. *Fl. blanches, en tête* globuleuse,
*serrée,* longuement pédonculée. Dents du cal. inégales, tachées de
brun sous les sinus. Gousse à 4 graines. ♃. mai-sept. Prés, chemins. CC.

**T. michelianum** Savi. *Tige* faible, *ascendante, creuse,* striée. Fol.

obovales, échancrées au sommet, sinuéee-dentelées. Stip. ovales-triangulaires, foliacées. *Fl. blanc sale, en tête lâche.* Dent du cal. inégales, beaucoup plus courtes que la cor. Pédic. longs, réfléchis à la maturité. Gousse obovale, oblique, pédicellée, à 2 graines. ①. mai-jⁿ. Prés salés et bord de la mer. — CHAR.-INF. *Cadeuil, Moëze, Rochefort ; Fouras, Châtelaillon, S.-Jean-d'Angle, Trizay* (Fd.), c. *Muron, Genouillé* (Riveau), c. *Bords* (Tess.). — VEND. *Champ-S.-Père, Moricq, Layroux, Challans, Sallertaine, Chaillé,* marais de *Luçon* ! (Pont., M.), *Gué-de-Velluire, Fontenay* (Lx.). — LOIRE-INF. c. prés de *la Loire* (où il se répand de plus en plus), surtout ceux de *Paimbœuf* à *S.-Brevin ;* çà et là près du bord de la mer. — MOR. Marais de *Pénestin ;* c. autour de *Redon* (Moreau), *Muzillac,* RR. *Belle-Ile* ! (Taslé). — FIN. *Lampaul-Ploudalmezeau* (Crouan).

*Obs. T. elegans* Savi a été trouvé par M. Taslé sur les coteaux schist. de *S.-Jacut* (Mor.) et par M. Dumas sur le talus du chemin de fer à *la Chapelle-sur-Erdre* et à *Saffré* (Loire-Infér.) ; il apparaît aussi dans quelques gares ; on le distinguera des deux précéd. par la tige ni creuse ni radicante ; par les fol. obovales, très nervées, finement dentelées, tes stip. oval.-lancéolées, acuminées, les *fl. roses,* pédicellées, en tête serrée sur un pédonc. beaucoup plus long que la feuil. ♃. — Essayé comme fourrage, il est étranger à la région, ainsi que *T. hybridum* L. Vivace et à fl. en tête serrée comme *T. elegans,* il en diffère surtout par la tige dressée, creuse, molle, les fl. d'abord blanchâtres et les dents des fol. 1/2 moins nombreuses.

** Cal. plus ou moins velu.

**T. suffocatum** L. Plante ramassée en petite touffe. Feuil. longuement pétiolées ; fol. en cœur renversé, dentelées au sommet. *Fl. très petites,* blanches, *en têtes globuleuses,* serrées, axillaires, *rapprochées près de la rac. sur la tige et la cachant presque.* Cal. lâchement velu sur le tube, à dents recourbées, plus longues que la cor. Gousse à 2 graines. ①. mai-jⁿ. Pelouses rases des coteaux maritimes. *Royan, Châtelaillon, La Repentie,* çà et là la côte de *Rochefort* et dans les îles (Char.-Inf.). C. de *S.-J.-d'Orbetiers* (Vend.) à *Brest ;* çà et là, mais moins c. sur la côte nord de la *Bretagne,* où je l'ai vu en plusieurs endroits avec *Trigonella ornithopodioides.* — R. à l'intérieur. — CHAR.-INF. Sables de *Cadeuil.* — DEUX-SÈV. *Thouars* (Revelière), voir *Argenton-Ch.* — VEND. *La Couture,* env. de *la Roche* (Pont.), *Evrunes* ! (Gen.). — LOIRE-INF. AC. pelouses et coteaux arides, de *Couëron, Nantes* à *Ingrande, Candé.* — Difficile à apercevoir, surtout dans les années sèches.

**T. subterraneum** L. Couché, velu. Fol. en cœur large, renversé. Stip. larges, scarieuses. *Fl.* blanches, 2-4 en tête, réfléchies après la fécondation et *recouvertes par de nouvelles fl. stériles formant une boule presque épineuse qui finit par s'enfoncer dans la terre.* Cal. renflé à la maturité, à 1 grosse graine noire. ①. mai-jⁿ. Pelouses, chemins, prés sablonneux. CC.

**T. angustifolium** L. Dressé, raide, velu surtout sur les stip. et les cal. *Fol. et stip. linéaires, étroites.* Fl. roses, en épi cylindrique, terminal. Cal. à dents inégales, l'inf. égalant à peu près la cor. ①.

jⁿ-jᵗ. Coteaux, lieux arides. — CHAR.-INF. AC. — DEUX-SÈV. *S.-Martin-de-Sanzay* (Brottier), *Thouars* ! (Bastard), *Airvault* et environs ! (Bonnin), *Louin* (Guyon), *S.-Maixent* ! *la Mothe* (Sauzé, M.), *Niort* (A. Guillon), *Epannes, Amuré, Vallans, la Rochénard* (Grelet). — VEND. Plaine et région maritime. AC. — LOIRE-INF. Vignes, coteaux arides du bord de la mer. *Pornic, S.-Michel,* AC. sur les hauteurs depuis *Cavareau, S.-Sébastien* jusqu'à *Escoublac et Careil ; Mesquer,* pointe de *Pennebé ;* RR. à l'intérieur, la Tremblaie près *la Limouzinière ; S.-Philbert* (Cailleteau), *Clisson* (Delalande). — MOR. AC. de *Pénestin à Vieille-Roche, Belle-Ile ; Sarzeau* (Taslé), *Coëtsurho* (Pont.). — FIN. Coteaux de *Morgat* ! (Bonnemaison), baie d'*Audierne,* près Loc'h-Vic en *Plomeur* (de Crec'hquérault). RR. — C.-NORD. *Binic, Plérin, S.-Jacut* (Baron). — IL.-ET-V. *Paramé* (Mabille), *Ile Besnard* (Rolland), Ile des Landes près *Cancale* (Gallée).

𝔁. **T. rubens** L. Glabre. Tiges de 3-5 déc., dressées, presque simples. *Fol. oblongues-lancéolées,* coriaces, *à nervures et dentelures nombreuses.* Stip. moyennes lancéolées, acuminées. Fl. rouges en épi cylindrique-oblong, terminal. Cal. à dents longuement ciliées, très inégales, l'inf. plus longue que le tube glabre, à 20 stries. ♃. juin-jᵗ. Champs, bord des bois, friches des terr. calc. — CHAR.-INF. AC., R. dans le midi. — DEUX-SÈV. AC. — Schistes d'*Argenton-Ch.* — VEND. *Bazoges, Sigournais,* AC. *Champ-S.-Père, Mareuil* et Plaine ; R. *Noirmoutier* (Gobert).

**T. incarnatum** L. Dressé, velu. *Fol. obovales ou arrondies,* très obtuses. Stip. ovales, un peu aiguës. *Fl. rouge foncé, en épi cylindrique,* pédonculé. Cal. strié, très velu, à dents égales, ouvertes, plus courtes que la cor. ①. Cult. en prairies artificielles, surtout dans le calc. sous le nom de *trèfle incarnat* ou *far-ouch.*

β. *T. Molinerii* Balbis. Fl. blanchâtres, roses en vieillissant. ①. mai-jⁿ. Prés. — CHAR.-INF. C. terrain de lande de *Mortagne* à *Montlieu ;* C. *Mornac* (Rouffineau), *Rochefort* (Lx.!). — DEUX-SÈV. *Niort* (A. Guillon), *Ménigoute* (Gir.), *S.-Loup* ! (Guyon), CC. *Thouars* ! (Genuer). — VEND. *Challans* (Gobert), AC. *Mortagne* ! *Evrunes, S.-Hilaire* Gen.). — LOIRE-INF. C. surtout *Vallée de la Loire.* — MOR. *Redon, Vannes, Auray, Belle-Ile,* région maritime. R.

**T. arvense** L. Dressé ou diffus, velu. Fol. linéaires-oblongues, à qq. dents au sommet. Stip. inf. longuement acuminées. *Fl.* blanchâtres *en épi très velu, mou, presque cylindrique. Cal. à dents* égales, linéaires-en alène, *plumeuses,* dépassant la cor. dont l'étendard dépasse les ailes plus longues que la carène. ①. jⁿ-aᵗ. Champs cult. friches. C.

β. *T. gracile* Thuil. Mêmes caract., mais plus grêle, moins velu, *qqf. tout à fait glabre ;* fol. plus étroites ; cal. moins velu à dents rougeâtres ; pédonc. filiforme. Champs sablonneux. — CHAR.-INF. *Montlieu,* etc. — DEUX-SÈV. *Thouars* (Devielbanc), *Argenton-Ch.* — VEND. *Ile d'Yeu.* — LOIRE-INF. Sᵗᵉ-Marie près *Pornic* (Le Dantec). — FIN. Kerlagatu près *Quimper* (Picq.).

γ. *T. arenivagum* Jord., *v. gracile* flore Loire-Inf. Caract. du type,

mais grêle, rameaux étalés ; cal. moins velu, plus coloré ; pédonc.
filiforme ; cal. à dents égalant env. le tube ainsi que la cor. Sables
maritimes. AC. jusqu'à *la Vilaine,* puis R. çà et là jusqu'à *Brest.* —
Qqf. Sables de *la Loire.*

ĉ. *v. perpusillum* DC.., *v. littorale* Bréb., Ray syn. 14 f. 2. Caract.
du type ; très velu ; rameaux nombreux, courts, étalés ; fl. en têtes
nombreuses, ovales ; cal. égalant env. la cor. Rochers maritimes
élevés. AC. de *l'île d'Yeu* à *Brest.*

**T. ochroleucum.** L. Ascendant, velu. Fol. elliptiques-oblongues.
Partie libre des stip. lancéolée-en alène, striée, ciliée. *Fl. jaunâtres,*
en tête arrondie, puis allongée, plus ou moins éloignée des 2 feuil.
sup. opposées. Cal. striée, à dents ciliées, l'inf. une fois plus longue.
♃. jⁿ-jᵗ. Prés secs, bord des bois. — CHAR.-INF. C. — DEUX-SÈV.,
VEND., LOIRE-INF. AC. — MOR. Embouchure de *la Vilaine* ! (Taslé,
Pont.), R. — IL.-ET-V. *Rennes.*

**T. pratense** L. Tige ascendante. Fol. ovales, celles des feuil. inf.
échancrées. *Stip. ovales,* velues, *terminées par une arête poilue au
sommet.* Fl. rouges, en tête d'abord globuleuse, puis ovale, entourée à
la base ou près de la base de 2 feuil. opposées. Cal. strié à dents filiformes, ciliées, l'inf. plus longue, mais beaucoup plus courte que la
cor. ♃. mai-sept. Prés, bord des chemins. C. et cult. en prairies artificielles, sous le nom de *trèfle.*

**T. medium** L. Tige ascendante, flexueuse. Feuil. oblongues, veinées, velues en dessous, ciliées, a peine dentelées. *Stip. linéaires-lancéolées, longuement acuminées, non aristées.* Fl. rouges, en grosse tête
globuleuse, pédonculée. Cal. strié, à dents filiformes, ciliées, l'inf.
plus longue, mais beaucoup plus courte que la cor. ♃. jⁿ-jᵗ. Bois, prés
secs. — CHAR.-INF. *Le Pin* (Mᵐᵉ George). PC. *Dœuil* (Dussouchaud),
forêt de *Benon ; le Thou, Sablonceaux* (Fd.), *S.-Savinien* (Tesseron),
*Beauvais* (Sav.)., le Colombier près *Nancras ; Bussac* (Ramey). RR.
— Forêt de *Jarnac-Charente.* — DEUX-SÈV. *La Mothe* ! *Exoudun,
Lezay, Pers, Vançay, forêt d'Aulnay, Sauzé-Vaussais* (Sauzé fl.). —
VEND. *Pont-Charault* (Marichal), *Sigournais* (Pont.). RR. — LOIRE-
INF. Prés des Mottais à *Chéméré* ! (Le Boterf), env. du *Pallet* ! *Vertou* !
*les Cléons,* forêt d'*Ancenis* (de Lisle), *Saffré* (Gen.). RR. — C.-NORD. C.
Bois de *la Rouvraye* et à la Chesnaye dans la forêt de *Coëtquen*
(Mabille).

**T. maritimum** Huds. *T. irregulare* DC. Dressé ou étalé, velu.
Fol. ovales-oblongues. Stip. lancéolées-linéaires, velues. Fl. carnées,
en tête ovale, assez longuement pédonculée à la maturité. *Cal. sillonné, à dents foliacées, étalées à la maturité, l'infér. plus grande à 3
nervures.* ①. mai-jⁿ. Prés, surtout ceux du bord de la mer. — CHAR.-
INF., VEND. et LOIRE-INF. C. — DEUX-SÈV. *Niort* (A. Guillon), env.
de *Dœuil ; Bougon* (Sauzé), *Thouars* ! et embouchure de l'*Argenton*
(Revelière). — Graduellement moins C. de *la Vilaine* à *Brest.* — AR.
sur la côte du nord. — IL.-ET-V. *Rennes* et env. R.

⚥. **T. stellatum** L. Tout couvert de poils mous étalés. Ascendant.
Fol. en cœur renversé, à base en coin. Stip. grandes, ovales, obtuses,

dentées, veinées. Fl. d'un blanc de chair, rosé en vieillissant, en tête globuleuse longuement pédonculée. Cal. à 10 stries, tube fermé à la gorge par des poils cotonneux, *dents* lancéolées-acuminées, égales, glabres en dedans, à 3 nervures et veinées en réseau, *à la fin étalées en grande étoile*. ④. jⁿ. — CHAR.-INF. Talus herbeux, au *Groin de Loix* ! dans *l'île de Ré* (Lemarié).

℣. **T. lappaceum** L. Tiges couchées. Fol. obovales-en coin. Stip. lancéolées-acuminées, ciliées. Fl. blanc-rosé, en tête *globuleuse* ord. pédonculées. Cal. à 20 stries, glabre en dehors ; *dents* presque égales, ciliées, à 5 *stries*. ①. jⁿ. Champs cult., bord des champs, des chemins, Lèdes. — CHAR.-INF. *Montlieu* (de Meschinet), Chenaumoine près *Méchers*, entre *Royan et S.-Palais, S.-Denis-d'Oleron ;* C. Lèdes de *Châtelaillon* (Fd.), *île d'Aix, Fouras, Angoulins*, forêt de *Benon*. — DEUX-SÈV. La Crignolée ! près *Dœuil* (Dussouchaud), *Fors* (Maillard).

**T. scabrum** L. Couché, couvert de poils couchés. Fol. obovales, dentelées. Stip. ovales, acuminées. Fl. blanc-rosé, en têtes latérales et terminales, feuillées. *Cal.* strié, *à dents lancéolées, recourbées-raides à la maturité,* plus longues que la cor. ①. jⁿ-jˡ. Coteaux arides, friches, surtout du bord de la mer. AC.

**T. striatum** L. Plus ou moins velu. Fol. obovales ou obovales-en coin, dentelées, celles des feuil. inf. souv. échancrées. *Stip. ovales, acuminées, membraneuses, veinées.* Fl. blanc-rosé, en têtes feuillées à la base, terminant les tiges et les petits rameaux. *Cal. ovale-ventru.* strié, très velu, *resserré au-dessous des dents courtes,* en alène, droites. *Graine brune.* ①. mai-jⁿ. Pelouses, coteaux arides, bord des chemins. C. — Qqf. les têtes de fl. sont géminées ; craignez alors de le confondre avec le suiv.

**T. Bocconei** Savi, *T. collinum* Bast. Tige de 8-12 cent. mollement pubescente, simple ou à rameaux simples partant de la rac. *Fol. oblongues-en coin,* très obtuses et dentelées au sommet. *Stip. en alène.* Fl. blanches, serrées, en têtes oblongues, géminées, terminales, feuillées, panachées par les dents brunes, inégales, en alène du cal. strié. *Graine jaune pâle, 3-4 f. plus petite que dans le précéd.* ①. jⁿ-jˡ. Coteaux arides, champs en friche. — CHAR.-INF. *Fouras ; Échillais* (Parat), *Sablonceaux* (Tess.). — DEUX-SÈV. *Thouars* ! (Bastard), *Argenton-Château.* — VEND. *Pont-Charrault, S.-J.-d'Orbetiers* (Marichal, Pontarlier), *Merrent* au moulin Gourdin (Lx.). R. — LOIRE-INF. *Pornic, Chéméré, Arthon.* RR. — MOR. Coëtsurho en *Arzal* (Taslé). RR.

**T. resupinatum** L. Tige ascendante, striée, glabre. Fol. ovales, dentées en scie. Fl. roses, en tête hemisphérique, axillaire. Dents du cal. en fl. lancéolées, les 2 supér. plus longues, linéaires, en alène. *Cal. fructifère* ovale, *renflé en vessie* membraneuse, veinée en réseau, terminée par les 2 dents sup. du cal., les 3 autres ne prenant pas d'accroissement. *Cor. renversée.* ①. mai-jⁿ. Prés salés ; pelouses du bord de la mer, où il est couché et gazonnant. — CHAR.-INF., VEND., LOIRE-INF. C. — DEUX-SÈV. Env. de *Niort* (Bonneau), *Melle* (A. Guillon), *Mauzé* (Sauzé), env. de *Dœuil* ! *Rom* (Grelet). — PC. en *Mor.,* puis graduellement R. en *Fin.* — C.-NORD. *Painipol* (Avice). — Çà et là dans l'intérieur au midi de la Loire, sur le bord des routes et dans qq. prés.

**T. fragiferum** L. *Tiges rampantes,* gazonnantes. Feuil. ovales, dentelées. Fl. rose clair, en tête ovale. Cal. en fl. glabre en dessous, à dents presq. égales. *Cal. fructifères renflés en vessie membraneuse,* ridée en réseau, très velue, colorée, *formant une tête globuleuse qui imite une fraise.* ♃. jⁿ-sept. Bord des chemins, pelouses, prés secs. C. — AC. au nord de la *Loire-Inf.*

*Obs.* On pourrait trouver dans le midi de la *Char.-Inf. : T. Perreymondii* Grénier, *T. minutum* Cass. qui croît dans les lieux herbeux au midi de la Gironde. Voici ses caractères : glabre ; feuil. fol. obovales, marquées de veines et de dents cuspidées nombreuses ; partie libre des stip. en alène ; *fl.* rose très pâle, *très petites,* nombreuses *en tête globuleuse* presque sessile ou à pédonc. bien plus court que le pétiole, à la fin réfléchies ; pédic. égalant le tube du cal. obconique à 10 stries, garni de poils épars ; dents sup. un peu plus longues, arquées en dehors ; étendard strié, échancré au sommet.

*** Fleurs jaunes

**T. campestre** Schreb., *T. procumbens* majus Koch, *T. proc.* β. fl. Loire-Inf.. *T. agrarium* S. Wil. Tige dressée à rameaux nombreux, diffus, pubescents. Fol. obovales, en coin à la base, dentelées et échancrées au sommet, la terminale pétiolulée. Stip. ovales, aiguës. Fl. jaune pâle 30-40 en tête ovale, serrée, sur un pédonc. égalant souv. la feuil. *Etendard étalé,* courbé en cuiller au sommet, *fortement strié.* ①. mai-sept. Lieux incultes, bord des chemins. AC.

β. *T. pseudo-procumbens* Gmel., *T. procumbens* α. fl. Loire-Inf., *T. procumbens* minus Koch. Tiges souvent couchées, fl. d'un jaune plus pâle, 15-20 en tête plus petite, sur un pédonc. souvent 1 f. plus long que la feuil. C.

**T. filiforme** L.sp., Smith., S. Wil. *T. micranthum* Viv., Ray. syn. T. 14 f. 4. Tige grêle, ord. couchée. Fol. ovales, en coin à la base, dentelées et échancrées au sommet, toutes sessiles. Stip. ovales, aiguës, non dilatées à la base. *Pédonc.* capillaire, *flexueux,* plus long que la feuil. à 2-6 fl. lâches. *Etendard plié, non strié,* à la fin blanchâtre. ①. mai-sept. Prés, pelouses rases. C.

**T. mimus** Smith, *T. procumbens* L., S. Wil., *T. filiforme* Koch, *T. filiforme* majus fl. Loire-Inf. Moins grêle que le précéd. dont il diffère par la fol. terminale *pétiolulée,* les stip. élargies à la base en dehors, les *pédonc. raides, droits,* à 15-25 fl. imbriquées, jaunes, à la fin brun clair, étendard plié, presque lisse. ①. mai-sept. Mêmes lieux que le précéd., auquel il est souv. mêlé. C.

**T. patens** Schreb. *T. parisiense* DC. Tige ascendante, faible, peu rameuse. Fol. ovales-oblongues, la sup. pétiolulée. Stip. larges, les sup. à oreillettes embrassantes. Pédonc. à 10-18 *fl. jaune d'or,* en tête lâche. Etendard étalé, strié. *Style égalant la gousse.* ①. mai-jⁿ. Prés. —

CHAR.-INF. C. — DEUX-SÈV., VEND., LOIRE-INF. AC. — MOR. *Plouhar-nel, Etel* (Le Gall), *Arradon*, Bouervaux en *Theix* (Taslé). RR. — FIN. *Plomeur, Locquirec* (Crouan), « le *Nivot* » (Blanchard). — C.-NORD. *Cesson*, vallée de l'Urne en *Plédran* (Baron), *S.-Cast ; Dahouet,* vallées aux Moines et du S.-Esprit près *Dinan,* C. à *S.-Juvat* (Mabille), *Pleu-dihen* (Morin). — IL.-ET-V. Env. de *Pontorson ;* qq. prés des env. de *Rennes* (Le Gall).

**DORYCNIUM** Tourn. Cal. presque à 2 lèv. à 5 lobes, les 2 sup. un peu plus larges. Ailes soudées au sommet et renflées de chaque côté en une bosse. Carène obtuse. Etam. diadelph. Style glabre. Gousse dépassant le cal., renflée ; graines peu nombreuses. *Stip. semblables aux folioles.*

⚥. **D. suffruticosum** Vil. Tiges sous-ligneuses, en buisson de 3-5 déc., jeunes rameaux glauques et couverts ainsi que les feuil. de poils soyeux, couchés en haut. Fol. linéaires-lancéolées, rétrécies à la base, un peu en gouttière. Fl. blanches en têtes longuement pédon-culées terminant les rameaux. Carène courbée en angle droit, pourpre foncé, étendard redressé. Gousse ovale, ord. à une graine jaune-ver-dâtre marbrée de pourpre. j^n. Coteaux calc. — CHAR.-INF. C. coteaux de *la Gironde, Meux,* Bonnefond près *Archiac, S^te-l'Heurine ; Péri-gnac, Montils* (Cazaugade), env. de *Pons !* (Delalande), *Sablonceaux* (Sav., Fd.), *Somme,* où M. Jordan cite *D. implexum* 232 de ses Icones, *Siecq* (Sav.). — DEUX-SÈV. *Loubillé* (Jousse).

**LOTUS** L. Cal. à 5 dents ou lobes presque égaux. Ailes conni-ventes en dessus ; carène ascendante, terminée en bec. Etam. dia-delphes. Style en alène. Gousse polysperme, à 2 valves se roulant en spirale, linéaire, droite, acuminée. *Feuil. ternées à stip. semblables aux fol.*

**L. corniculatus** L. Glabre ou à poils étalés, épars. Tiges angu-leuses, couchées ou tombantes. Fol. obovales ou oblongues (épaisses au bord de la mer). Pédonc. longs, à 4-6 fl. jaunes, en tête. *Dents du cal. droites avant l'anthèse. Etendard arrondi. Carène courbée presque en angle droit,* saillante en dessous ; ailes obovales. Gousse cylindrique. ♃. j^n-sept. Prés, pâturages, bord des chemins, des champs. C.

**L. tenuifolius** Pol. Caract. du précéd. ; fol. linéaires-lancéolées ; ailes de la cor. obovales-oblongues. ♃. j^n-sept. Lieux humides. AC. régions maritime et calcaire, R. ailleurs.

**L. uliginosus** Schk., *L. major* Smith. Tiges faibles, dressées, allongées, creuses, ord. velues. Fol. obovales. Pédonc. longs, à 10-12 fl. jaunes, en tête. *Dents du cal. étalées-recourbées avant l'anthèse. Etendard à limbe ovale. Carène courbée en angle très obtus,* étroite, rétrécie en bec au sommet, ord. cachée par les ailes. Gousse plus grêle que dans le précéd. ♃. j^n-sept. Fossés, haies fraîches, prés marécageux. C.

**L. angustissimus** L., *L. diffusus* Smith. Plante hérissée de poils mous ; rameaux nombreux, couchés. Fol. ovales-lancéolées. Pédonc.

7

à 1,2 fl. jaune-foncé, égalant les feuil. ou 1-2 f. plus longs. *Etendard à limbe plus large que long, ne dépassant pas les ailes. Carène courbée en angle droit, saillante au sommet et par l'angle.* Gousse grêle, linéaire, comprimée, 4-5 f. plus longue que le cal. ①. mai-j<sup>t</sup>. Coteaux arides, pelouses, chemins. C.

β. *glaber*. Tout à fait glabre. Mêmes lieux. AC.

**L. hispidus** Lois. Plante hérissée de poils blancs, mous, étalés ; rameaux nombreux, couchés. Fol. ovales-oblongues. Pédonc. à 2,3 fl. jaune-foncé, 2-3 f. plus long que les feuil. *Etendard à limbe ovale, dépassant les ailes et la carène. Carène courbée en angle très obtus, entièrement dégagée des ailes.* Gousse cylindrique, 1 fois seulement plus longue que le cal. ①. j<sup>n</sup>-j<sup>t</sup>. Coteaux arides, bord des chemins, terres en friche, surtout du littoral. AC. — DEUX-SÈV. *S.-Georges de Noisné, Exireuil.* RR. (Sauzé fl.).

**L. parviflorus** Desf., *Dorycnium* DC. prod. est hispide comme le précéd., dont il a les caractères généraux ; il en diffère surtout par la fl. petite égalant ou dépassant à peine le cal., par le fruit (long de 6 mil.) oblong, 1 1/2 f. plus long que large, ridé en travers, égalant le cal. ou le dépassant à peine, et par les valves ne se roulant pas en spirale, enfin par le pédonc. à la fin arqué en dehors. ①. j<sup>n</sup>-j<sup>t</sup>. Même station littorale que le précéd. auquel il est souv. mêlé. Bord des chemins. — VEND. *Ile d'Yeu.* — LOIRE-INF. AC. ! *de la Bernerie à Préfaille* (Maupon). — MOR. *Quiberon* (Le Gall), *Belle-Ile ; île de Groix* (Guyonvarc'h). — FIN. *Brest* et sur la côte voisine (Tanguy), env. de *Crozon* et du *Fret* (Le Dantec).

**TETRAGONOLOBUS** Scop. Caract. du *Lotus*. Gousse bordée de 4 ailes foliacées.

✗. **T. siliquosus** Roth, *Lotus* L. Velu, couché. Souche épaisse. 3 fol. obovales-en coin ; stip. ovales. Fl. jaune pâle. Pédonc. 1-2 f. plus long que la feuil. Ailes 4 f. plus étroites que le diamètre de la gousse. ♃. mai-j<sup>t</sup>. Prés et lieux humides des ter. calc. — CHAR.-INF. C. Lèdes de *la Gironde à la Tremblade* et *Oleron ; Fouras, le Chay, Surgères, Macqueville,* Pays bas de *Mutha ;* AC. *Dœuil !* (Dussouchaud), env. de *S.-J.-d'Angély,* C. *Fontenet, Ebéon, les Eglisesd'Argenteuil* (Pinatel). — DEUX-SÈV. *Brioux* (Vernial), *Prahecq* (Maillard), *Chizé* (A. Guillon), C. *Mauzé !* (J. Richard), *Thouars !* (Lebrun), AR. *S.-Jouin* (Brottier).

c. *Feuil. digitées ou imparipennées.*

**LUPINUS** L. Cal. à 2 lèv. Etam. monadelphes. Anthères alternativement arrondies et allongées. Style ascendant, en alène. Stigm. en tête. Gousse oblongue, comprimée, coriace, bosselée obliquement, polysperme. *Feuil. digitées.*

**L. reticulatus** Desv., *L. linifolius* Boreau ; fl. Loire-Inf. *L. angustifolius* Pesn. Guépin. Rac. pivotante. Tige de 3-4 déc. rameuse, pubescente. Feuil. à 5 ou 7 fol. linéaires, en gouttière et glabres en dessus, couvertes en dessous de poils couchés. Fl. bleu pâle, en épi long, terminal. Cal. à lév. sup. bifide, l'inf. 1 f. plus longue, à 2,3 dents ou cils à peine distincts, muni de trois bractées, dont 2 latérales, et la 3e placée à la base, caduque, égalent la lév. inf. Gousse droite, velue, à 5,6 graines longues d'env. 5 millim. occupant 2/3 de la largeur de la gousse, orbiculaires, aplaties, grises, marbrées de noir (à la loupe, blanches, tachées de veines et de points noirs). ①. mai. Champs calc. sablonneux en friche.— CHAR.-INF. R. *Montendre; Montlieu!* (de Meschinet), *Bédenac* (Fd.), C. çà et là midi d'*Oleron*, et de *la Tremblade à la Gironde;* R. *Ré* (de la Pylaie). — DEUX-SÈV. *Les Aubiers* (Gabard). — VEND. Pointe du *Perray, le Caillola* (Pont.), RR. *Noirmoutier*. RR. — LOIRE-INF. *Chéméré, Fresnay, Machecoul,* dans qq. champs seulement, où il est rare ou commun, selon qu'ils sont cultivés ou en friche, pointe de *Chemoulin*. R. — MOR. RR. *Hœdic;* RR. *Houat!* (Delalande). RR.

**ANTHYLLIS** L. Cal. ventru, à 5 dents. Pét. presq. égaux. Etam. monadelphes. Gousse renfermée dans le cal.

**A. Vulneraria** L. Couché. pubescent. Feuil. pennées, les rad. à fol. impaire très grande. Fl. jaune-pâle ou jaunes passant quelquefois au rouge, en têtes géminées, terminales, entourées de bractées digitées. Cal. oblique à la gorge, à dents très inégales, les 2 sup. ovales. Gousse 1.sperme, pédicellée dans le cal. ⚥. jⁿ-jⁱ. Champs pierreux, coteaux, taillis du calc., sables maritimes, Lèdes. — CHAR.-INF. C. — DEUX-SÈV., VEND. AC. — LOIRE-INF. *Arthon, Machecoul;* la Saulaie près *Candé* (Desaintdo). R. — Rochers, coteaux et sables maritimes : — MOR. *Erdeven* (Le Gall), *Quiberon* (Gad.), *Belle-Ile, Pointe du Talu.* RR. — FIN., C.-NORD et IL.-ET-V. AC. et C. par localités éloignées jusqu'à *Cancale*.

β. *rubriflora, A. Dillenii* Schultes, Boreau. Fleurs toujours rouges. — CHAR.-INF., DEUX-SÈV. Mêmes lieux. R.

**ASTRAGALUS** L. Cal. à 5 dents. Carène obtuse, mutique. Gousse polysperme à 2 loges qqf. incomplètes, formées par le repli de la suture inf.

X. **A. purpureus** Lam. dict. 1,314. Vert-grisâtre. Souche épaisse, profonde, à rameaux nombreux, garnis de racines. Tiges couchées, couvertes de poils blancs ainsi que les feuil. à 19-29 fol. elliptiques, échancrées au sommet. Stip. opposées aux feuil., soudées jusqu'à la moitié. *Fl.* d'un *beau pourpre* en épi court, ovale, serré, sur un pédonc. plus court ou plus long que la feuil. Cal. couvert de poils noirs ainsi que les bractées et le haut des pédonc., à dents linéaires, les 2 sup. plus courtes. Etendard à limbe oblong, dépassant les ailes de la moitié de la longueur de celles-ci. Gousse ovale-triquêtre, marquée sur le dos d'un sillon profond, couverte de longs poils blancs. Graines rougeâtres. ⚥. mai-jⁿ. Lieux pierreux calc., surtout au bord des bois. — CHAR.-INF. *Le Pin!* (Mᵐᵉ George), AC. *Dœuil* (Dussouchaud), de *Marsais* à *Surgères* (Pont.), *Courçon!* la *Rochelle* (de Beaupreau), d'*Aigrefeuille* à *Croix-Chapeau, S.-Vivien, S.-Crépin* (Fd.), bord des forêts d'*Aulnay* et de *Benon; Beauvais* (Sav.), *S.-Jean-d'Angély, Siecq, Macqueville, Archiac,* etc. R. — DEUX-SÈV. *Loubillé* (Jousse), *Prahecq, Fors* (Maillard), *Couture-d'Argenson! Paizay*

(Vernial), *Asnières, Crézières* (Gir.), forêt de *Chizé !* (A. Guillon), *Mauzé !* et env. ! (J. Richard), *Niort* (Segretain), *Granzay, Vallans* (Grelet). — VEND. RR. *Ile d'Elle* (Lx.). RR.

**A. bayonensis** Lois. Tomenteux-*blanchâtre*. Souche rampante. Tiges couchées à la base. 11-17 fol. oblongues, un peu en gouttière. Stip. longuement soudées, opposées aux feuil. Fl. 4-6 sur un pédonc. égalant env. la feuil. Cal. tubuleux, couvert de poils noirs, à dents courtes, triangulaires. Ailes et milieu de l'étendard blancs, carène et étendard bleu pâle. *Gousse oblongue-trigone*, en gouttière sur le côté extér., 1 fois plus longue que le cal. Graines jaunâtres. ♃. jⁿ-jᵗ. Sables maritimes. — CHAR.-INF. De *S.-Palais à la Tremblade ; Oleron !* (Bonpland), c. là, du canal de *S.-Georges à Fort-Boyard. —* FIN. RR. dunes d'*Audierne* (de Guernisac), *Beuzec, Tréguennec, Plomeur*, jetée de *Plovan* (Crouan). R.

✠. **A. hamosus** L. Plante couverte de poils couchés, blanchâtres. 15-21 fol. oblongues, échancrées, glabres en dessus. Fl. 5-10, jaune pâle en tête ovale sur un long pédonc. plus court que la feuil. *Gousse* cylindracée, en alène au sommet, pendante, *recourbée en hameçon*, marquée sur le dos d'un sillon peu profond, d'abord pubescente. Graines comprimées, inégalement carrées, lisses, olivâtres. ①. mai-jⁿ. Lieux sablonneux, coteaux calc. exposés au midi. — CHAR.-INF. *Fouras !* (Faye), *Churras* (Fd.). RR. — VEND. RR. *Chaillé-les-Marais !* (Gen.), *Gué-de-Velluire* (Lx.). RR.

**A. glycyphyllos** L. Tiges de 6-10 déc., faibles, couchées ou ascendantes. 11-13 fol. ovales. *Fl. jaune-verdâtre* en épi court ; pédonc. axillaire beaucoup plus court que la feuil. Gousse glabre, linéaire, aiguë, triquètre, marquée sur le dos d'un sillon profond, arquée, dressée. ♃. jⁿ-aᵗ. Bois et haies des ter. calc. — CHAR.-INF. *Beauvais* (Sav.), *Loulay ; Dœuil !* (Duss.). env. de *S.-Jean-d'Angély* (Pinatel), *Virson* (Faye), *Sireq, la Grâce-Dieu* et *Courçon*, forêt de *Benon ;* Beauregard près *Nuaillé, Ciré, S.-Saturnin-du-Bois* (Fd.), *Surgères* (Delalande), *Saintes !* (P. Brunaud), *Taillebourg. —* DEUX-SÈV. *Forêt d'Aulnay* (A. Guillon), forêt de *Chizé ;* R. *Loubillé* (Jousse), *Thouars* (Genner), *Brion* (Pellier). R. *S.-Jouin*, plus c. *Airvault !* (Brottier), *S.-Loup ; Luzay* (J. Richard), *Rom* (Grelet), « *les Jumeaux* (Argenton), *Vançais* (Duret), Bul. S. bot. ». — VEND. c. Forêt de *Sᵗᵉ-Gemme* (Mˡˡᵉ Poey Davant), env. de *Chavagnes* (Gourraud), bois de *Barbetorte, Bessay* (Pont.), *Vigneronde, S.-Pierre-le-Vieux* (Lx.). — LOIRE-INF. Sur schiste, *Rougé* (Desaintdo), *Couffé !* (Moreau. — IL.-ET-V. *La Chaussairie* et *Matival* près *Rennes*. RR.

✠. **A. monspessulanus** L. *Tige sous-ligneuse* à rameaux couchés, couverts du débris des anciennes feuil. 21-31 fol. ovales, un peu glauques. Stip. soudées au pétiole. *Fl. purpurines* en épi court sur un pédonc. plus long que la feuil. Gousse cylindracée, linéaire, arquée, ascendante, d'abord pubescente. ♃. mai-jⁿ. Pelouses des coteaux calc. — CHAR.-INF. AC. — DEUX-SÈV. *Chizé* (A. Guillon), *Asnières* (Gir.), *Thouars* (Toussaints), RR. *S.-Jouin* (Brottier), *Marnes, Availles !* (Bonnin), RR. *Maisoncelle*, Thorigné en *Avon* (Guyon), *Niort, Oiron* (J. Richard), *Epannes, la Rochénard* (Grelet). — VEND. France près *Mouzeuil !* (Mˡˡᵉ Poey Davant), *Ile d'Elle !* (Lx.), *Chaillé-les-Marais*. RR.

**SCORPIURUS** L. Cal. court, en cloche, à 5 dents, les 2 sup. soudées au-dessus du milieu. Carène rétrécie en bec. Filets des plus longues étam. dilatés au sommet. Gousse cylindrique, sillonnée en long, enroulée, se séparant en 3-6 articles 1.spermes.

♈. **S. subvillosa** L. Un peu poilu. Tiges couchées. Feuil. lancéolées-spatulées, plus courtes que le pédonc. anguleux à 1,2 fl. jaunes. Gousse à env. 12 côtes hérissées en dehors de longues épines souv. crochues au sommet. ①. 15 mai-jⁿ. Lieux pierreux en friche ou cult. — CHAR.-INF. Cette plante est bien du pays. Signalée depuis longtemps par Bonpland dans l'île d'*Oleron*, elle a été revue en 1848 par M. Delalande sur la route de *S.-Denis* à *Chéray*, où elle existe encore au bord de la route. des champs et dans quelques friches. Je l'ai revue au *Labeur* dans des friches pierreuses, sur l'indication de M. Savatier. et elle devait être répandue entre ces deux localités avant la culture plus générale de la vigne. Enfin je l'ai retrouvée dans plusieurs vignes au nord du village de *Serres* près *Méchers*.

**CORONILLA** L. Cal. court en cloche, presq. à deux lèv., à 5 dents, les sup. soudées au-dessus du milieu. Carène acuminée en bec. Gousse allongée, droite ou arquée, cylindrique ou anguleuse, contractée transversalement en articles. 1.spermes.

♈. **C. minima** L. *Tige sous-ligneuse*, rameaux nombreux, couchés. 7-9 fol. petites, ovales, glauques, épaisses, glabres. Stip. scarieuses, soudées en une opposée à la feuil. *Fl.* 7-10, *jaunes*, en tête sur un pédonc. très long. Cal. à lèv. sup. plus longue, plus court que l'onglet des pét. et égalant le pédic. un peu rude. Gousse tétragone. mai-jⁱ. Pelouses sèches, bord des bois et coteaux calc. — CHAR.-INF., DEUX-SÈV.. C. par localités.

♈. **C. scorpioides** Koch., *Ornithopus* L. Tige de 15-30 cent. rameaux divariqués. *Trois folioles* glauques, épaisses, les latérales obliques, en forme d'oreillettes, la terminale ovale, très grande. Stip. petites, scarieuses, soudées en une bifide opposée à la feuil. Pédonc. axillaire à 2-4 fl. jaunes. Gousse tétragone, arquée, striée. ①. mai-jⁿ. Champs, moissons du calc. — CHAR.-INF., DEUX-SÈV. AC. — VEND. AC. Plaine.

♈. **C. varia** L. Rac. rampante. Tiges de 4-6 déc. tombantes, diffuses. 17-21 *folioles* oblongues. Stip. petites, lancéolées, libres. Fl. 10-15 en tête sur un pédonc. axillaire, plus long que la feuil. ; étendard rose, ailes blanches, carène blanche, violette au sommet. Gousse tétragone. ♃. jⁿ-jⁱ. Champs calc.— CHAR.-INF., DEUX-SÈV., VEND. C.

**ORNITHOPUS** L. Cal. tubuleux, à 5 dents presque égales. Etam. diadelphes. Carène obtuse. Gousse linéaire, acuminée, se séparant en articles 1.spermes, indéhiscents. *Feuil. imparipennées ; fl. en tête sur un pédonc. axillaire.*

    * *Fl. entourées d'une bractée semblable aux feuil.*

**O. perpusillus** L. *Pied d'oiseau.* Pubescent, couché. Pédonc. à 3,4 fl. très petites. *Cal. à dents env. 3 f. plus courtes que le tube.*

Etendard blanc, strié de rose, ailes blanches, carène jaunâtre. *Gousse arquée,* pubescente, rar. glabre, striée-ridée, à bec droit ; articles rétrécis aux deux bouts. ①. mai-sept. Pelouses, terres arides. CC.

**O. roseus** Dufour. Pubescent, couché ou redressé. Pédonc. à 3,4 fl. *roses* (ailes qqf. blanches), beaucoup plus grandes que dans le précéd. *Cal. à dents égalant le tube. Gousse droite,* glabre, très striée-ridée, *à bec droit ;* articles rétrécis aux deux bouts. ①. mai-j¹. Lieux sablonneux. — CHAR.-INF. R. *Montendre, Montlieu ; Bussac* (Fd.). — DEUX-SÈV. *Châtillon !* près *Parthenay* (Janneau), *Naides* (Cornuault). — VEND. C. *Challans !* et env., *Venansault* (Pont., M.), le Tanchet près *Château-d'Olonne* (Bonnaud). — LOIRE-INF. C. *Chéméré, Arthon,* de *Fresnay à Machecoul ; S.-Mars-de-Coutais* (Gobert), côté nord du lac de *Grandlieu ; Prinquiau* (G. de Lisle), env. de *S.-Nazaire.* — MOR. Le Val en *S.-Perreux* (Taslé).

**O. compressus** L. Velu-blanchâtre, couché ou redressé. Pédonc. à 3,4 *fl. jaunes.* Cal. à dents égalant la 1/2 du tube. *Gousse arquée,* pubescente, rar. glabre, très striée-ridée, à *bec robuste, crochu ;* articles non rétrécis aux deux bouts. ①. j¹-j¹. Champs sablonneux ou graveleux surtout des terr. calc. — CHAR.-INF. *La Barde,* c. de *Montendre à Montlieu ; Cercoux* (Savatier), bois sur les sables depuis *Berjat* sur la Gironde jusqu'à *la Tremblade, Oleron ; Fouras, Cadeuil ; Breuil-Magné, S.-Symphorien* (Fd.), *Corme-Royal, S.-Savinien* (Tess). — DEUX-SÈV. *Chiché,* Naides, près *S.-Loup* (Guyon), R. *S.-Jouin* (Brottier), Biard en *Glenay* (Bonnin), *Thouars* (Bastard), *Sanzay, Brion* (Lunet), *Nueil-sous-les-Aubiers, Bressuire* (Gen.). — VEND. *Girouard, S.-Gilles, Château-d'Olonne, Challans !* et env. (Pont., M.). *Noirmoutier, île d'Yeu.* — LOIRE-INF. Bellevue près *Nantes ; Anetz !* (Gen.), le *Breuil, Montbert* (de Lisle), c. *Chéméré, Arthon, de Machecoul à Fresnay, de S.-Brevin à la rivière de Boivre.* — MOR. *Houat.* RR.

*Obs.* J'ai reçu de M. Guyon, en 1856, sous le nom de *O. compressus v. depauperatus,* un *Ornithopus* qu'il a cueilli à Naides, Amailloux (Deux-Sèv.). et que M. Giraudias, exsicc. Soc. Rochel., n° 759, a nommé *O. Martini,* rappelant M. Martin qui l'a signalé dans son Catal. des plantes de Romorantin. Cet hybride croît qqf. au milieu des *O. compressus* et *perpusillus ;* il se rapproche surtout du premier dont il diffère par la gousse à 1-3 articles et par la fl. jaune pâle à étendard rayé de brun ; de *O. perpusillus,* il se distingue par la même fleur qui est bien plus grande et par la gousse à bec crochu. M. Foucaud a semé cet hybride et en a obtenu les trois plantes.

** *Fl. sans bractées foliacées.*

**O. ebracteatus** DC. *Arthrolobium* Desv. Tiges grêles, couchées ou redressées, presque glabres. 4 paires de fol., la paire inf. éloignée de la tige. Bractées et stip. petites, membraneuses. Pédonc. à 1-3 fl. jaunes. Cal. à dents env. 4 f. plus courtes que le tube cylindrique. Gousse arquée, glabre, non striée ; articles non rétrécis aux deux bouts. ①. j¹-j¹. Moissons et terres en friche surtout dans les lieux sablonneux. — CHAR.-INF. R. *Montendre ; la Tremblade,* bois d'Avail en *Oleron,* R. — DEUX-SÈV. *Brion* (Lunet). — AC. région maritime de la *Vendée* à *la Vilaine*, puis graduellement moins c. jusqu'à *Brest*. — R. sur la côte du nord, « *Iles Callot, Ricard* (Miciol Cat.) », *Ile Bréhat* (Debooz), *Paimpol, île Riom* (Avice), *île Stérec* (de Guernisac), anse du Pouldu près *Roscoff* (Camus). — R. à l'intérieur : VEND. *Beaulieu* et env. (Pont.). — LOIRE-INF. *Le Loroux ; le Breuil* (de Lisle), côtés N. et E. du lac de *Grand-Lieu, Machecoul, S.-Etienne-de-Montluc.*

**HIPPOCREPIS** L. Cal. court en cloche, à 5 dents inégales. Etendard à onglet saillant ; carène rétrécie en bec. Gousse comprimée, arquée, sinuée, à échancrures en formes de fer à cheval.

**H. comosa** L. Tiges nombreuses, couchées. Feuil. pennées à 6-8 paires de fol. lancéolées-linéaires. Fl. jaunes, 6-8 en ombelle, sur un pédonc. axillaire, plus long que la feuille. ♃. mai-j". Lieux arides des ter. calc. — CHAR.-INF., DEUX-SÈV., VEND. C. — LOIRE-INF. c. *Machecoul, Arthon*. R. — FIN. RR. *Camaret* (Le Dantec).

**ONOBRYCHIS** L. Cal. à 5 div. presq. égales. Carène tronquée obliquement, dépassant les ailes. Etam. diadelphes. Gousse comprimée, 1.loc., 1.sperme, indéhiscente, ridée en fossettes, à suture sup. droite, l'inf. courbée, souv. épineuse ou dentée.

X. **O. sativa** L. Tiges ascendantes. Fol. nombreuses, pubescentes ou glabres. Stip. soudées en une seule bifide opposée à la feuil. Fl. rosées, striées en épis longuement pédonculés ; carène courbée en angle arrondi. Dents du cal. en alène, les deux latérales appliquées, les 3 inf. étalées. Gousse pubescente, épineuse ; épines de la crête plus courtes qu'elle. ♃. mai-j". — Çà et là coteaux et bord des chemins du calc. dans *Char.-Inf., Deux-Sèv., Vend.*, où il est très cult. sous le nom de *sainfoin*.

d. *Feuil. paripennées.*

**VICIA** L. Cal. à 5 dents. ou à 5 lobes. Etam. diadelphes, filets en alène. Style filiforme, barbu sous le sommet du côté infér. glabre du reste et entouré de poils courts. Gousse comprimée, polysperme. *Feuil. paripennées, terminées en vrille simple ou rameuse.*

* *Fl. longuement pédonculées.*

**V. Cracca** L. Tige grimpante, faible, anguleuse. Env. 10 paires de fol. lancéolées-linéaires ou linéaires, obtuses ou aiguës, mucronées, pubescentes à poils couchés. Vrille rameuse. Stip. en demi-fer de flèche. Fl. bleues, *nombreuses*, serrées, en épi. Pédonc. axillaire, ord. plus long que la feuil. Cal. à dents sup. courtes, triangulaires. *Lame de l'étendard égalant l'onglet. Gousse longue de 20-23 mil., large de 4-5*, sur un support non saillant hors du cal. Hile 4 f. plus court que le contour de la graine. ♃. j"-a". Haies et prés frais. C.

**V. tenuifolia** Roth. Port de *V. Cracca*, mais distinct par la lame l'étendard 1 fois plus longue que l'onglet, par la gousse un peu plus large, plus rétrécie à la base surtout dans sa jeunesse. ♃. j"-j". Haies, buissons, bois, champs, dans le calc. — CHAR.-INF., DEUX-SÈV., VEND. AC.

**V. varia** Host., *V. villosa* var. *glabrescens* Koch. Tige grimpante, faible, anguleuse. 6-7 paires de fol. lancéolées, mucronées, veinées, parsemées de poils couchés. Vrille rameuse. Stip. en demi-fer de flèche. *Fl. nombreuses*, unilatérales, en épi ; étendard bleu à tube violet, ailes plus pâles ou blanches. Pédonc. axillaire. ord. plus long que la feuil. *Cal. bossu à la base*, à dents sup. courtes. *Lame de l'étendard une fois plus courte que l'onglet. Gousse* oblongue-rhomboïdale, *longue de 24-26 mil., large de 8-9.* Hile 8 f. plus court que le contour de la graine.①.jⁿ-aᵗ. Champs, moissons du calc.—CHAR.-INF., DEUX-SÈV., VEND. C. — LOIRE-INF. Çà et là et qqf. AC., d'*Ancenis* à *Ingrandes*. — Fl. 1/2 plus longues que dans les précéd., en épi moins serré.

**V. villosa** Roth, a les caractères généraux du précéd. auquel qq. auteurs le réunissent ; il est plus robuste dans toutes ses parties et est couvert de longs poils grisâtres ; les ailes de la cor. sont violettes, plus claires que l'étendard. ①. mai-jⁿ. — CHAR.-INF. M. Tesseron me l'a fait cueillir à *Corme-Royal*, dans un champ, reste de coupage, mêlé à *V. varia*, dont il se distinguait facilement.

*·· Fl. courtement pédonculées.*

X. **V. serratifolia** Jacq. Tige robuste de 3-8 déc. tétragone, striée. Feuil. moyennes et sup. à 6 fol. ovales, tronquées, dentées, entières à la base. Stip. réniformes, incisées-dentées. Pédonc. presque sessile à 1/4 fl. pourpre foncé terne, plus foncé au sommet des ailes. *Gousse* oblongue-lancéolée, glabre et veinée sur les faces, *couverte sur les sutures de tubercules* en forme de dents, terminés par un poil. Graines noirâtres, arrondies, légèrement chagrinées ; hile oblong. ①. jⁿ-jᵗ. Bois du calc. — *Garenne d'Estrade* dans la Charente. — CHAR.-INF. RR. Bois de Chartres près *Breuil-Magné* (Fd.). — DEUX-SÈV.). *S.-Jouin* (Brottier). — *Montreuil-Bellay*, *Puy-Notre-Dame* en M.-et-Loire (Chédeau). — VEND. *Forêt de Sᵗᵉ-Gemme !* (Mˡˡᵉ Pocy Davant), bois de *Bessay* (Pont.), Passy en *Dissay* (Lepeltier). RR.

X. **V. narbonensis** L. aspect du précéd. dont il diffère par les fol. entières ou à peu près et par la gousse couverte sur les faces de poils bulbeux à la base. ①. mai-jⁿ. — CHAR.-INF. AC. moissons entre *Loire* et *Breuil-Magné* (Fd).

*Obs. V. Faba* L. *Fève*, est cult. en grand, surtout dans les terres salées du midi de la Loire.

**V. bithynica** L. *Port d'un Lathyrus.* Tige anguleuse de 6-10 déc., à qq. poils. 2/4 fol. oblongues ou lancéolées, mucronées. Vrille rameuse. Stip. en demi-fer de flèche. larges, à grosses dents inégales. Pédonc. à 1,2 fl., étendard violacé, ailes blanches. Cal. à dents presq. égales, de la longueur du tube. Gousse velue. Graines arrondies, noirâtres, marbrées, lisses, ①. ou ②. mai-jⁿ. Moissons, bord des champs calc. — CHAR.-INF. De *S.-Romain* à *Méchers, Royan* et *la Tremblade ; Mornac* (Routineau). *Corme-Royal* (Tess.), *Oleron* (de Lisle), *Angliers, S.-Hippolyte* (Fd.), *Genouillé* (Riveau). PC. — VEND. R. *Champ-S.-Père, S.-Cyr en Talm.*, C. tout *le Marais de Luçon* (Pont., M.), *Vix*, (Ayraud), *Chaillé-les-M.* (Lx.). R. — MOR. R. *Belle-Ile* (Arrondeau), *Hœdic, Houat* (de Lisle).

**V. sepium** L. Tige grimpante, anguleuse. 5,6 paires de fol. ovales, tronquées ou échancrées, mucronées. Stip. souv. tachées, à oreillettes dentées. *Pédonc.* très court, *à 3-. fl. violet sale*, rar. blanches ou jaunâtres. Cal. à dents inégales, brusquement en alène, les deux sup. conniventes. Gousse en sabre, glabre. ♃. mai-jⁿ. Haies, buissons. C.

**V. lutea** L. Tige couchée, anguleuse, 5,6 paires de folioles lancéolées-linéaires, mucronées, velues. Stip. tachées, à qq. dents. Fl. jaune-pâle ou blanches, solitaires, presque sessiles. Etendard glabre. Dents sup. du cal. plus courtes, conniventes. *Gousse hérissée de poils bulbeux à la base.* ①. mai-jˡ. Bord des chemins, buissons, moissons. C. au-delà de Loire-Inf. plutôt région maritime.

✗ **V. hirta** Balbis, DC. fl. fr. V. 581, très voisin du précéd. avec lequel il croit, s'en distingue par la villosité plus abondante, plus raide, par la tige plus robuste, ord. moins élevée, par les feuil. plus rapprochées, à fol. plus serrées, par la fl. blanchâtre, à étendard un peu rosé et par la gousse plus grande, plus penchée, couverte de poils tuberculeux abondants. ①. mai-jⁿ. — CHAR.-INF. AC. moissons de S.-Christophe, Muron (Fd.). Dompierre (Tess.).

**V. angustifolia** Roth, *Grand Jerzeau*. Tige faible, couchée ou redressée, anguleuse, 6-8 paires de fol. obovales ou obovales-oblongues, échancrées et mucronées au sommet, les sup. qqf. lancéolées ou lancéolées-linéaires, aiguës, mucronées. Stip. fortement dentées (avec ou sans tache). *Pédonc.* très courts à 1-3 fl. violacées, rouges ou rosées. Dents du cal. égalant environ le tube. *Gousse linéaire*, pubescente, à la fin glabre, ord. noire à la maturité. Graines globuleuses. ①. mai-jˡ. Moissons, coteaux, buissons, haies. CC. — Cette plante variable offre les formes principales suiv. :

α. *V. segetalis* Thuil. Fol. des feuil. sup. oblongues, tronquées avec un mucron ; gousse linéaire, comprimée, dressée, fendant le cal.

β. *V. Bobartii* Forst. Fol. des feuil. sup. linéaires, entières et aiguës ; fl. rouges ; gousse ascendante ou étalée ne fendant pas le cal.

γ. *V. uncinata* Desv. Grêle ; fol. des feuil. sup. très étroites, tronquées avec un mucron ; stip. en trapèze à dents fortes et crochues; fl. rouges ; gousse grêle, cylindracée.

**V. sativa** L. Très cult. comme fourrage sous les noms de *Garrobe, Jarosse, Charance* ; a les fol. toutes larges, échancrées-rétuses, l'étendard violet, les ailes rougeâtres, et diffère surtout du précéd. par la gousse bosselée, pubescente, roussâtre, à graines globuleuses, un peu comprimées. ①.

✗ **V. peregrina** L. Pubescent. Tiges grêles, anguleuses, 8-12 paires de fol. linéaires, tronquées, mucronées. Stip. à 2 lobes linéaires, entiers. Vrille rameuse. Pédonc. très court à 1 fl. violet terne foncé. Cal. en cloche, à dents sup. courbées en dehors. *Gousse oblongue*, pubescente, à la fin pendante. ①. juin. — CHAR.-INF. *Talmont, Méchers!* Vaux, près *Royan* (de Lisie). — DEUX-SÈV. *Prahecq* (Maillard), R. *Oiron* (Pont.), *S.-Martin-de-Bern., Brulain, Fors, Brioux* (Sauzé fl.). — VEND. RR. Grange près *Fontenay.*

**V. lathyroides** L. Petite plante grêle, couchée. Feuil. infér. à 2 ou 4 fol. en cœur renversé, les supér. à 4 ou 6 fol. lancéolées. Vrille simple. *Fl. petites, bleuâtres, solitaires, sessiles.* Gousse linéaire. *Graines cubiques, ponctuées-tuberculeuses.* ①. av.-mai. Pelouses sablonneuses. AC. région maritime de *la Gironde* à *la Vilaine.* — Mor. *Groix* (Le Gall), *Séné, Arradon, île de Boët,* anse de *Pénerf* (Taslé). R. — Fin. *Ile Penfret Glenans ; Argenton* (Crouan), près *Tremenec'h* en *Plouguerneau, Pen-Enez* (Blanchard). — C.-Nord. R. coteaux de *Gouédic* (Baron), *Dahouet, S.-Jacut, Dinard,* Paramé près *S.-Malo* (Mabille). — A l'intérieur : Deux-Sèv. *Thouars* (Lunet). — Loire-Inf. *Ile Dorelle, Nantes, Arthon, Machecoul.*

**ERVUM** L. Caract. du *Vicia.* Style également velu tout autour au sommet.

**E. hirsutum** L. Tige grêle, grimpante. 12-16 fol. linéaires, tronquées ou échancrées-mucronées. Vrille rameuse. Stip. découpées. Pédonc. plus court que la feuil. ou l'égalant, à 2-5 fl. blanc-bleuâtre. *Dents du cal. égales,* de la longueur du tube. *Gousse* oblongue, bosselée, *velue, à 2 graines* arrondies, olivâtres, tachées de pourpre ; hile linéaire. ①. mai-j¹. Prés. moissons, champs cultivés. CC. — Vulg. *Jerzeau,* ainsi que les 3 suiv.

**E. Terronii** Ten., *E. Loiseleurii* Hohenack. unio itin. 1036 ! non Bieb., *V. hirsuta* var. ? Lloyd, notes p. 12. Voisin du précéd., fol. plus grandes, les premières très rapprochées de la tige. Stip., excepté les inf., linéaires, entières, horizontales. Gousse glabre, plus grosse, bosselée, à 2 graines plus grosses, brunâtres, tachées de noir ; hile occupant presque toute la longueur du long côté de la graine, tandis que dans le précéd. il en égale seulement 2/3. — Char.-Inf. Bois de la Grâce-Dieu près *Courçon ;* bois de la Sausaie près *S.-Aignant* (Fd.). — *Cognac* (Bouchet).

**E. tetraspermum** L. Tige grêle, grimpante, glabre. Ord. 8 fol. linéaires, mucronées. Vrille simple ou rameuse. Stip. en demi-fer de flèche. Pédonc. capillaire, plus court que la feuil. à 1/3 fl. blanc-bleuâtre ; étendard rayé de violet. Dents du cal. inégales, plus courtes que le tube. *Gousse oblongue, glabre,* ord. à 4 graines arrondies, brunâtres, tachées de noir ; *hile linéaire,* égalant le 1/5 du contour de la graine. ①. jⁿ-j¹. Prés, moissons, haies. C.

**E. gracile** DC. *Vicia* Lois. Tige grêle, grimpante, anguleuse. Ord. 8 fol. linéaires, mucronées. Vrille ord. simple. *Pédonc.* filiforme, *plus long que la feuil.* à 1-4 fl. bleuâtres, plus grandes que dans le précéd. Dents du cal. inégales, plus courtes que le tube. *Gousse linéaire,* glabre, à env. 6 graines arrondies, brunâtres, tachées de noir ; *hile ovale.* ①. jⁿ-j¹. Moissons, prés du calc. — Char.-Inf. AC. — Deux-Sèv. *Chizé* (A. Guillon), *Niort* (Segretain), *Pamproux,* PC. *Bougon* (Sauzé). *Thouars* (Bastard), *S.-Jouin* (Brottier), etc. — Vend. AC. le calc. (Pont., M.). — Loire-Inf. *Machecoul, Chéméré,* C. le *Collet ; les Cléons, Saffré.* R. — Fin. R. (Crouan). — Il.-et-V. *S.-Malo* (Rolland).

X. **E. Ervilia** L. *Vicia* Willd. *Tige dressée,* anguleuse, 20-26 fol. linéaires-oblongues, échancrées, mucronées. Vrille presque nulle.

Pédonc. aristé, plus court que la feuil. à 2-4 fl. blanches, veinées de violet. Cal. à dents égales. *Gousse bosselée-noueuse,* glabre, à 3,4 graines arrondies-anguleuses ; hile ovale. ①. jⁿ-jˡ. Moissons du calc. — DEUX-SÈV. *Thouars* (Bastard), c. *S.-Jouin* (Brottier), *Soulièvre, Bougon, Vançais, Pers, Paizay-le-Chapt* (Sauzé fl.).

X. **E. cassubicum** Peterm., *Vicia* L. un peu velu. *Rac. rampante.* Tige de 4-8 déc., anguleuse. *Feuil. distiques, fol.* nombreuses, oblongues, obtuses, mucronées, *veinées ;* vrille courte, 2,3.fide. Stip. en demi-fer de flèche, entières. Fl. nombreuses, en épi sur un pédonc. plus court que la feuil.; étendard violacé, ailes plus pâles, carène blanchâtre. Gousse presque rhomboïdale, à 2 grosses graines. ♃. jⁿ-jˡ. Bois, haies du calc. — VEND. c. forêt de *Sᵗᵉ-Gemme !* (Mˡˡᵉ Poey Davant), *Bessay* (Pont.). R. — *Lusignan* (Vienne), *Brézé* en Maine-et-L. (Revelière).

**PISUM** L. *Pois.* Cal. à 5 lobes foliacés, les 2 sup. plus courts. Style plié en dessous en carène, barbu en dessus. *Stip. foliacées, plus grandes que les fol.*

**P. arvense** L. Tige grêle, flexueuse. 2 ou 4 fol. ovales, crénelées. Pédonc. ord. court, à 1 ou 2 fl. blanc-bleuâtre, ailes rouge-noirâtre. *Graines lisses, gris-verdâtre, marbrées de brun-clair, fortement comprimées de chaque côté, anguleuses.* Hile ovale, env. 10 f. plus court que le contour de la graine. ①. jⁿ-jˡ. Moissons du calc. — CHAR.-INF., DEUX-SÈV. Çà et là. PC. — VEND. Çà et là. AC. (Lx., Pont.). — LOIRE-INF. *Vritz* (Desaintdo), la Guellerie près *Ancenis.* — FIN. *Camfrout* (Crouan).

**P. elatius** Bieb. non Boreau, *P. Tuffetii* Lesson flore Rochefortine. p. 170, *P. granulatum* Lloyd fl. Loire-Inf. Port du suiv. Tige robuste, grimpante, flexueuse, striée. 4 ou 6 fol. ovales, peu ou point crénelées-dentées, mucronées. Pédonc. 1-2 f. plus long que les stip., à 1, plus rar. 2 fl. grandes, roses, ailes rouge-noirâtre. *Graines globuleuses, brunes (à la loupe, grises, marbrées de brun foncé), finement granuleuses,* séparées par une cloison de poils. Hile oblong, 6 f. plus court que le contour de la graine. ①. av.-mai. — CHAR.-INF. Bois de *Chartres* (Lépine !), la Jeannière près *Tonnay-Charente* (Riveau), la Sauzaie près *Beaugeay* (Parat). RR. — DEUX-SÈV. Bois du château de *S.-Pompain* (Guyon), *Argenton-Château* (Trouillard). — VEND. *Château-Guibert !* R. forêt de *Sᵗᵉ-Gemme* (Lepeltier). — LOIRE-INF. Buissons des rochers de *Mauves.* RR.

*Obs. P. sativum* L. *Petits pois.* Tige robuste, grimpante. 6 fol. Pédonc. court, à une ou plusieurs fl. blanches. *Graines globuleuses, lisses, de couleur uniforme,* jaune pâle ou gris-verdâtre. *Hile oblong,* env. 10 f. plus court que le contour de la graine. ①. Cult. partout. — *P. elatum* DC. prod., *P. elatius* Bor. non Bieb., port de *P. sativum,* fl. rougeâtres, étendard rosé, ailes brun foncé, graines brun-noirâtre, lisses, est cultivé dans la région maritime, surtout dans le nord de la *Bretagne,* où on le rencontre aussi dans les moissons ; il ne faut pas le confondre avec *P. Tuffetii,* plante de buissons, de bois.

**LATHYRUS** L. Caractères du *Vicia.* Style plane et velu en dessus au sommet.

*** *Pédoncules à 1-3 fleurs.***

**L. Aphaca** L. Glauque. Tige faible. Pétioles filiformes, terminés en vrille, sans feuille. *Stip. très grandes, foliacées, à 2 oreillettes à la base.* Pédonc. long, à 1 fl. jaune. Gousse brune, en sabre. Graines noires, luisantes. ①. jⁿ-jˡ. Moissons. AC. — Plus c. dans le calc. — Varie rar. à vrille terminée par une foliole linéaire-lancéolée. — DEUX-SÈV. *Bougon, la Mothe* (Sauzé). — MOR. *Port-Louis* (Thépault).

**L. Nissolia** L. Tige élancée, de 4-6 déc. *Pétiole lancéolé-linéaire, imitant une feuille.* Stip. très petites. Pédonc. à 1,2 fl. rouges. Gousse linéaire, veinée en long. Graines ponctuées-rudes. ①. jⁿ-jˡ. Moissons. bord des haies, buissons. PC. — Plus c. en *Bretagne.*

**L. sphæricus** Retz. Tige anguleuse. triquètre au sommet. 2 fol. lancéolées-linéaires, à 5 nervures ; vrille simple. Stip. linéaires, en demi-fer de flèche. Pédonc. aristé, ord. plus long que le pétiole, à 1,2 *fl. rouge rif.* Ovaire glabre. *Gousse linéaire, presque bosselée, très veinée en long.* Graines globuleuses, tronquées à chaque extrémité, lisses. ①. jⁿ-jˡ. Moissons maritimes et des ter. calc. — CHAR.-INF. PC. — DEUX-SÈV. *S.-Maixent, Melle, Niort* (A. Guillon), *Sᵗᵉ-Sabine, S.-Pompain* (Guyon). *Thouars !* (Lunet), *Puy-N.-Dame* en Maine-et-L. (Revelière). — VEND. AC. *Plaine* (Pont., M.). — LOIRE-INF. *Machecoul, Arthon,* AC. sur la côte du nord, R. sur l'autre. — MOR. *Sarzeau ! Vannes* (Taslé), *Plouhinec* (Toussaints), *Hœdic, Houat, Belle-Ile.* R. — FIN. *Tréguennec, Plovan* (Crouan).

*Obs. L. Cicera* L. Tige anguleuse à 2 ailes. 2 fol. linéaires-lancéolées. Stip. en demi-fer de flèche. *Fl. rouge* solitaire sur un pédonc. plus court que la feuil. Gousse oblongue. comprimée. à suture sup. droite. en gouttière. Graines anguleuses, lisses, sans tache. rougeâtres. ①. mai-jⁿ. Cult. en grand. ainsi que le suiv., et çà et là sous-spontané dans les calc. de la *Char.-Inf.*, des *Deux-Sèv.* et de la *Vend.* — *L. sativus* L. Voisin du précéd. Tige à 2 angles, à 2 ailes. 2 fol. linéaires-lancéolées. Stip. en demi-fer de flèche. Fl. blanche. qqf. bleuâtre ou rosée, solitaire sur un pédonc. plus court que la feuil. Gousse elliptique oblongue, comprimée, *à suture sup. courbée, à 2 ailes.* Graines anguleuses, lisses, tachées, grisâtres. ①.

**L. angulatus** L. Tige grêle, triquètre. 2 fol. linéaires ; vrille simple. Pét. plus courts que les stip. lancéolées, en fer de flèche, à une dent dans le sinus. *Fl. bleuâtre, solitaire.* Pédonc. ord. plus long que le pétiole, terminé en arête assez longue. *Gousse linéaire,* glabre, *non veinée. Graines cubiques, ponctuées-rudes.* ①. mai-jⁿ. Moissons et terres sablonneuses. — AC. région maritime jusqu'à *la Vilaine.* — R. à l'intérieur : — CHAR.-INF. *Montendre, Montlieu* et env. — DEUX-SÈV. *Parthenay* (Janneau), *Chiché* (Guyon). *S.-Loup, Thouars.* — VEND. *Fontenay ;* env. de *Luçon* (Pont.). — LOIRE-INF. *Chéméré.* — MOR. *Vannes, Arradon* (Taslé). RR.

**L. hirsutus** L. *Tige* tombante, *hérissée, à 2 ailes foliacées.* 2 fol. linéaires-oblongues, obtuses, mucronées ; vrille rameuse. Pédonc. plus long que la feuil. à 1, qqf. 2 fl. bleuâtre. Gousse allongée, couverte de poils bulbeux à la base. Graines ponctuées-rudes. ②. jⁿ-jˡ.

Moissons. AC. jusqu'à *la Vilaine;* plus C. dans le calc. — MOR. *Vannes,
Sarzeau!* (Taslé), « *Séné, Arradon, Baden, Quiberon* (Arrondeau cat.) »,
*Houat, Belle-Ile.* — IL.-ET-V. S.-Grégoire près *Rennes* (Lx.). RR.


** *Pédoncules à 4-10 fleurs.*


**L. tuberosus** L. *Rac. garnies de tubercules* aplatis. Tige anguleuse, faible, grimpante. 2 fol. oblongues, mucronées; vrille rameuse.
Stip. en demi-fer de flèche. Fl. 2-5 rose vif, sur un long pédonc.
dépassant la feuil. Gousse renflée, bosselée, rétrécie à la base, marquée sur les faces de veines obliques anastomosées, et sur le dos de
3 côtes peu saillantes. Graines lisses. ♃. jⁿ-jᵗ. Champs calc. — CHAR.-
INF. *S.-Laurent-de-la-Prée!* (Hubert), *S.-Nazaire* (Gir.), *S.-Vivien,*
les Rivières *d'Anais, Ciré, le Vergeroux* (Fd.), *la Rochelle.* — DEUX-
SÈV. Env. de *S.-Maixent* (A. Guillon). — VEND. Marais de *Vix* (Lx.);
*Dissay* près *Mainclay* (Lepeltier). RR. — LOIRE-INF. Vignes et friches
sablonneuses de *Pornichet!* (G. de Lisle).


**L. pratensis** L. Tiges tombantes, anguleuses ainsi que les pétioles
et les pédonc. 2 fol. lancéolées; vrille rameuse. Stip. lancéolées, en
fer de flèche, foliacées. Pédonc. plus long que la feuil. à 8-10 *fl. jaunes,*
Gousse en sabre, obliquement veinée, pubescente. Graines globuleuses, marbrées, lisses. ♃. jⁿ-jᵗ. Prés, haies, C.


**L. silvestris** L. Tiges grimpantes, de 1-3 mèt., à 2 ailes foliacées.
2 fol. lancéolées; vrille rameuse. Stip. lancéolées, en demi-fer de
flèche. Pédonc. plus long que la feuil. à 4-6 *fl. rose sale mêlé de vert.*
Gousse allongée, veinée en réseau, glabre. Graines marbrées, à pana-
chures en relief. Hile entourant presque la moitié de la graine. ♃.
jⁿ-jᵗ. Buissons, haies. — CHAR.-INF. O. ou RR. (Foucaud). — DEUX-
SÈV. AC. — VEND. AC. (Pont., M.). — LOIRE-INF. Vignes et buissons
de *Maures* à *Oudon* et à *Couffé, Languin, la Morinière; les Cléons*
(Bornigal). PC. — MOR. *Sarzeau! Ploeren* (Arrondeau). PC. — FIN.
*Locquirec, Goulven* (Crouan). — C.-NORD. *S.-Michel-en-Grève,* coteaux
de *Tréveneuc* (Baron), *S-Juval* (Mabille), la Courbure près *Dinan,
Etables* (Morin). — IL.-ET-V. R. *Rennes* (Lx.), Lande *d'Izé* (de la
Godelinais), *Bonnemain* (H. Cron).


✕. **L. latifolius** L. Belle plante plus robuste que la précéd. dont
elle diffère par les fl. grandes, d'un beau rose pur et par le hile
égalant à peine 1/3 de la graine dont les rugosités sont plus en relief.
♃. jⁿ-jᵗ. Taillis, buissons, souv. vignes. — CHAR.-INF. AC. — DEUX-
SÈV. *Niort, Paizay* (A. Guillon), *Chizé* (Gir.), *Sᵗᵉ-Eanne, la Mothe*
(Sauzé), *Airvault* (Bonnin), « *Les Jumeaux* (Argenton), *Fors, Souvigné*
(Gamin), Bull. Soc. bot. ». — VEND. Dunes *d'Olonne,* AC. le calc.
(Pont., M., Lx.). — Varie ainsi que le précéd. à fol. plus étroites.


**L. palustris** L. Glabre, grimpant. Rac. profonde. Tiges à 2 ailes
foliacées. 2,3 paires de fol. ovales-lancéolées ou lancéolées, mucro-
nées; vrille rameuse. Pédonc. plus long que la feuil. à 3,4 *fl. bleuâtres.*
Gousse allongée, glabre. Graines lisses. ♃. mai-jⁿ. Prés marécageux.
— CHAR.-INF. Les Gonds près *Saintes* (A. Guillon), *Angliers* (Bouchet!),
*Genouillé* (Riveau). R. — DEUX-SÈV. Marais de *Coulon* (A. Guillon), de

Bessines près *Niort* (Sauzé). R. — VEND. *Fontaines ; Luçon* (Lepeltier). RR. — LOIRE-INF. *Les Cléons, Haute-Goulaine ;* marais de *Quiheix !* (Lx.), et répandu v.-à-v. dans la plaine de *Mazerolles ;* marais de *Vue* (Gobert), *Besné* (Viau).

**OROBUS** L. Caract. du *Lathyrus. Feuill. paripennées ; pétiole terminé en pointe courte.*

**O. tuberosus** L. *Rac.* rampante, renflée aux nœuds en *tubercules arrondis.* Tige ailée ainsi que les pétioles. 2,3 paires de fol. ovales-lancéolées, qqf. ovales. Stip. en demi-fer de flèche. Pédonc. plus long que la feuil. à 3,4 *fl. rouge-violacée.* Gousse mûre noire, allongée. ♃. av.-mai. Bois. C. — Une var. *O. tenuifolius* Roth, à fol. linéaires, très étroites, croît à la forêt de l'*Hermitain* dans les *Deux-Sèv.* (Sauzé, M.), à *Montlieu* (de Meschinet), entre *Taillebourg* et *Grandjean* (Doin, Termonia), dans la forêt de la *Lande* en *Char.-Inf.* (Termonia) et à *Bouguenais* (Loire-Inf.).

**O. albus** L. *Rac. à tubercules linéaires-en fuseau, fasciculés.* Tige anguleuse, d'env. 4 déc. 2-3 paires de fol. linéaires, un peu glanduleuses ; pétiole ailé. Stip. en demi-fer de flèche. Pédonc. 2 fois plus long que la feuil. à 5-8 *fl. blanc-jaunâtre.* Gousse linéaires. Graines ovales, tronquées à chaque extrémité, lisses. ♃. mai-j". Prés. — CHAR.-INF. et DEUX-SÈV. AC. — VEND. *S.-Pierre-le-Vieux, Ste-Christine* (Lx.), *Puybelliard, Sigournais* (Pont.), Pierre-Levée près *les Sables* (Pontdevie), *Commequiers* (Gobert). PC. — LOIRE-INF. c. entre *Ancenis, Ligné, S.-Mars-la-Jaille* et *Ingrande.*

𝒳. **O. niger** L. Tige rameuse, anguleuse, de 4-6 déc. 6-10 fol. ovales ou elliptiques, glauques en dessous. Stip. lancéolées-en alène, en demi-fer de flèche. Pédonc. à 4-10 fl. violacées, plus long que la feuil. *Style* linéaire, *barbu dans sa moitié sup.* Gousse allongée. ♃. j"-j¹. Bois du calc. — CHAR.-INF. AC. — DEUX-SÈV. Forêt de *Chizé !* (A. Guillon), tous les bois des env. *de la Mothe !* (Sauzé, M.), *Rom* (Grelet), « *Vançais* (Duret), Bul. S. bot. ». *S.-Loup* (Bonnin). *S.-Gelais, Ste-Soline* (Guyon), Féole près *Thouars* (Lunet). — VEND. c. forêt de *Ste-Gemme !* (Lx.), et autres bois des env. de *Luçon, Pont-Charault, Château-d'Olonne,* c. *Sigournais* (Pont., M.), *Mervent* (Lx.). — Noircit par la dessication.

# ROSACÉES

Cal. à 5, qqf. 4-10 lobes, libre ou adhérent à l'ovaire. Cor. à 5, rar. 4 pét. Étam. nombreuses, insérées sur le cal. avec la cor. Ovaires 1.loc. à styles simples, souv. latéraux. Carp. 1,2 spermes, tantôt solitaires par avortement, tantôt soudés entre eux ou renfermés dans le tube du cal. imitant un seul ovaire. Fruit en forme de caps., de baie, de drupe ou de pomme. *Feuil. alternes, stipulées.*

**A.** Étam. 1-4. Cor. 0.

*Sanguisorba.* Fl. en tête. Feuil. pennées.
*Alchemilla arvensis.* Petite plante à feuil. palmées.

**B.** Étam. nombreuses.

**a.** 1 style.

*Prunus.* Arbres ou arbrisseaux. Drupe.
Ab. *Cratægus monogyna.*

**b.** 2-5 styles.

˙ Fleurs supères.

*Cratægus.* Fruit peu charnu, à 1,2 graines.
*Mespilus.* Fruit charnu, en toupie, très ouvert au sommet.
*Pyrus.* Fruit charnu, à 5 loges cartilagineuses, 2.spermes.

˙˙ Fleurs infères.

*Poterium.* Fl. monoïques, en tête.
*Agrimonia.* Tube du cal. hérissé d'épines crochues.
*Spiræa.* Cal. à 5 div. Carp. à 2-5 graines.

**c.** Styles nombreux.

˙ Cal. à 5 divisions.

*Rosa.* Ovaires nombreux, renfermés dans le tube du **cal.** imitant
une baie.
*Rubus.* Drupes nombreuses, insérées sur un réceptacle et imitant
une baie.
Ab. *Spiræa.* Fl. infères. •

˙˙ Cal. à 8 ou 10 div., les extér. plus petites.

*Geum.* Cal. à 10 div. Carp. terminés en arète.
*Fragaria.* Cal. à 10 div. Carp. insérés sur un récept. devenant suc-
culent à la maturité.
*Comarum.* Cal. à 10 div. Récept. spongieux.
*Potentilla.* Cal. à 10 div. Récept. sec.
*Tormentilla.* Cal. à 8 div. Récept. sec.

**A.** *AMYGDALÉES. Ovaire 1 libre, à 2 ovules, style 1 ; fruit
charnu, à noyau 1,2.sperme.*

**PRUNUS** L. Cal. en cloche, à 5 dents. Pét. 5. Etam. 20-30, Drupe
charnue à noyau lisse ou sillonné, 1.sperme.

˙ *Fruit couvert d'une poussière glauque, jeunes feuil. enroulées
par les bords.* (Pruniers.)

**P. spinosa** L. Arbrisseau à rameaux plus ou moins divariqués et
épineux, les plus jeunes pubescents. *Feuil.* très variables, ovales ou
obovales-lancéolées, oblongues, qqf. lancéolées ou ovales-arrondies,
plus ou moins dentées en scie, *à la fin glabres. Pédonc. glabres,* solitaires, à 1 fl. blanche naissant ord. avant les feuil. Fruit bleuâtre, globuleux, ord. dressé. Av. Haies, bois. CC.

β. *pubescens*. Mêmes formes de feuil. à pubescence plus abondante, surtout en-dessous, persistante ; pédonc. pubescent ou pubérulent. PC.

**P. fruticans** Reich. Arbrisseau élevé, à rameaux peu épineux, les plus jeunes pubescents. *Feuil.* obovales-oblongues, dentées en scie, *velues en dessous, surtout sur les nervures. Pédonc.* géminés ou solitaires, *glabres,* à une fl. blanche, naissant ord. en même temps que les feuil. *Fruit* globuleux, dressé, *moitié plus gros que dans le précéd.* Av. Haies. Çà et là. — PC. — Les deux espèces précéd. portent les noms de *Prunellier, Épine noire, Ébeaupin noir.*

*Obs.* Un arbrisseau *(P. ligerina)* voisin du précéd. est répandu dans la vallée de la Loire, du *Pellerin* à *Paimbœuf ;* il est plus robuste, à rameaux moins nombreux, bois gris, brun sur qq. jeunes pousses ; feuil. ovales. grandes (du *P. domestica)* crénelées-dentées, à nervures saillantes ; pédonc. glabre, dirigé en tous sens ; fl. grande, fruit gros du suiv.

**P. insititia** L. Arbrisseau élevé à *rameaux* tortueux, peu épineux. *les plus jeunes reloutés-grisâtres.* Feuil. ovales-elliptiques, dentées en scie, *velues en dessous, surtout sur les nervures. Pédonc.* ord. géminés, *finement pubescents,* à 1 fl. blanche. *Fruit* (vulg. Belosses) *globuleux,* penché, gros. Av. Haies. Çà et là. PC.

**P. domestica** L. Arbrisseau élevé ou arbre à rameaux non épineux, les plus jeunes glabres. Feuil. elliptiques, dentées en scie, un peu velues en dessous. *Pédonc.* solitaires ou géminés, *pubescents. Fruit oblong.* Av. Cult. et çà et là sous-spontané dans les haies.

*Obs.* Les espèces précéd., surtout les deux premières, sont moins des plantes distinctes que des réunions de formes qu'il est fort difficile de bien circonscrire en les séparant. M. A. Savatier en a publié 18 espèces nouvelles dans l'*Exsiccata* de la Société Rochelaise, de 1882 à 1885. — Voir Bull. Soc. Roch. an. 1882, 1885. — Consultez aussi dans les actes de la Soc. linn. de Bordeaux. p. 584 à 608, un travail très savant par M. Clavaud sur les *Prunus* de la Gironde, dans lequel ce groupe est étudié avec le plus grand soin et chaque forme décrite avec détails originaux et complets de tous ses caractères.

** *Fruit sans poussière glauque, jeunes feuil. pliées dans leur longueur.* (Cerisiers.)

**P. avium** L. *Cerasus* DC. *Guignier, Merisier.* Arbre élevé, à écorce grisâtre, lisse. *Feuil.* elliptiques, acuminées, *un peu pubescentes en dessous.* Pétiole muni au sommet de 2 glandes. Fl. blanches en faisceaux, sessiles, sortant de bourgeons à *écailles non foliacées.* Fruit petit, à la fin noir. Av. Bois, haies. AC.

**P. Cerasus** L. Arbre à rac. traçante. *Feuil.* elliptiques, acuminées, à 1,2 glandes à la base et non sur le pétiole. *glabres, luisantes.* Fl. blanches, en faisceaux sessiles, sortant de bourgeons *à écailles intérieures foliacées.* Fruit rouge, acide. Av. Bois, haies. Çà et là. PC.

✗. **P. Mahaleb** L. *Cerasus* Mil. Arbrisseau qqf. assez élevé, à bois odorant. Feuil. ovales-arrondies, un peu en cœur à la base, acuminées, obtuses, à dents arquées et calleuses-glanduleuses au sommet. *Fl. odorantes en petits corymbes simples, dressés.* Fruits petits, ovales, noirs. av.-mai. Haies, bois du calc. — CHAR.-INF. AC. *Beauvais-sur-Matha !* et communes environnantes ! (Sav.) ; et de là jusqu'à *Cognac ; Surgères* (de Lisle), *S.-Jean-d'Angély* (Lemarié), R. *S.-Pierre-d'Amilly ! du Thou à Péré* (Fd.), R. *Montlieu* (Duss.). — DEUX-SÈV. AC. entre *Chef-Boutonne, Couture-d'Argenson,* forêt de *Chef-Boutonne* et *Aubigné ; Louin* (Cornuault) ; « *S.-Liguaire* (Régnier), *S**-Pezenne* (Duret), Bul. Soc. bot. ».

### B. *SPIRÉACÉES. Plusieurs ovaires libres ; plusieurs carp. polyspermes.*

**SPIRÆA** L. Cal. à 5 dents. Pét. 5. Etam. nombreuses. Styles 3-12. Carp. 2-4.spermes s'ouvrant en dedans.

**S. Ulmaria** L. *Reine des prés.* Feuil. pennées *à 3 ou 5 fol. ovales, entremêlées d'autres plus petites, la terminale à 3 lobes,* tomenteuses en dessous, rar. vertes. Fl. blanches, en panic. très rameuse. *Carp.* arqués, *glabres.* ♃. j*-j*. Bord des eaux. C. — AC. au midi de la *Loire-Inf.*

**S. Filipendula** L. *Filipendule.* Rac. à tubercules comme suspendus à des fils. Tige simple. *Feuil.* pennées, *à fol. nombreuses, incisées-pennifides.* Fl. blanches, en panic. *Carp.* droits, *velus.* ♃. mai-j*. Prés, bois, coteaux herbeux. — CHAR.-INF. C. surtout dans le N.-E. — DEUX-SÈV. AC. dans le sud ; *S.-Loup, Amailloux* (Guyon), C. *Airvault !* (Bonnin), *Argenton-Ch. ; Thouars !* (Bastard). — VEND. C. ! forêt de *S**-Gemme* (M*** Poey Davant), de *Chantonnay* à *Pouzauges, Bazoges, Sigournais, S.-Prouent, Vairé* (Pont.), *Château-d'Olonne* (David), *S.-Hil.-de-Mortagne* (Gen.). — LOIRE-INF. C. autour d'*Anetz ; Ancenis, Maumusson,* C. le Bignon près *Quilly ; S.-Philbert, S.-Colombin* (Cailleteau). R. — MOR. Rochers maritimes : *Belle-Ile, Groix, Lorient ; Prières* (Bonamy), *Coëtsurho, Sarzeau* (Taslé). — FIN. C. ! côte de *Pouldreuzic* (Bonnemaison), *Plovan,* le *Ménez, Pont-Men* (Crouan), *île Trébéron* (Blanchard).

✕. **S. obovata** Willd., *S. hypericifolia* DC. Petit *arbrisseau* touffu, traçant. Feuil. obovales-spatulées, entières ou à qq. crénelures au sommet, pâles en dessous. Fl. blanches en petits bouquets axillaires formant une longue grappe terminale. mai. Plateaux calc. très pierreux. — CHAR.-INF. AC. ! Chaumes de Sèche-Bec près *Bords* (Lemarié !), la Bonnauderie en *S.-Savinien* (Tess.). RR.

### C. *DRYADÉES. Carp. 2 ou plus, secs ou charnus, indéhiscents, 1.spermes, insérés sur un récept. sec ou charnu.*

**GEUM** L. Cal. à 10 div. dont 5 extér. plus petites. Carp. secs, terminés en arête, réunis en tête globuleuse. Récept. sec, cylindrique.

**G. urbanum** L. *Benoite.* Tige simple, velue. Feuil. de la tige à 3 fol. obovales, dentées, la terminale plus grande. Fleurs jaunes, terminales. Cal. réfléchi. Carp. poilus, à bec glabre, rouge. crochu. ♃. mai-juin. Bois, haies. AC.

**RUBUS** L. Cal. à 5 div. Pét. 5. Etam. nombreuses. Style presque latéral. Carp. formant de petites drupes charnues, 1.spermes, réunies en tête globuleuse, creuse en dessous. Récept. hémisphérique ou conique.

**R. fruticosus** L. *Ronce. Tiges* frutescentes, *couchées ou recourbées-arquées,* couvertes, ainsi que les pétioles, d'aiguillons crochus. Feuil. à 5 ou 3 fol. ovales, grossièrement dentées. Fl. blanches ou rosées, en grappes terminales. Pét. ovales. ouverts. *Fruit* (mûres) *noirs, luisants.* jⁱ-aⁱ. Haies, buissons, bois. CC. — Pour les nombreuses formes de cette plante considérées par plusieurs botanistes comme des espèces distinctes, consultez la *Monographie des Rubus du bassin de la Loire* (2ᵉ édit. 1880) par G. Genevier, volume in-8ᵉ de 404 pages, contenant la description de **302** espèces.

**R. cæsius** L. Caractères du précéd. Fl. blanches. *Fruits noir-bleuâtre, à carp. peu nombreux, couverts d'une poussière glauque.* jⁱ-aⁱ. Haies, bord des eaux. — C. jusqu'à *la Vilaine;* RR. ou R. au-delà.

**R. Idæus** L. *Framboisier.* Tiges dressées. *Feuil. pennées,* les sup. ternées. Fl. blanches. *Pét. ovales-en coin, dressés. Fruits rouges, parfumés.* ♃. mai-jⁿ. — IL.-ET-V. C. forêt de *Fougères !* (V. Sacher).

**FRAGARIA** L. *Fraisier.* Cal. à 10 div., dont 5 extér. plus petites. Pét. 5. Etam. nombreuses. Style latéral. Carp. secs, insérés sur un récept. arrondi, accrescent, charnu et succulent à la maturité.

**F. vesca** L. *Fraisier des bois.* Stolonifère. Feuil. à 3 fol. fortement dentées, soyeuses en dessous. Poils des pétioles étalés, ceux des pédonc. ord¹. couchés. Fl. 2,3 blanches, terminales. *Cal. du fruit étalé ou réfléchi.* ♃. mai-jⁿ. Bois, haies, C.

**F. collina** Ehrh. se distingue du précéd. par les feuil. plus soyeuses, les pédonc. plus grêles, le cal. appliqué sur le fruit dépourvu de carp. à la base, très adhérent au réceptacle, et par la saveur différente du fruit. ♃. mai-jⁿ. Bois secs. — CHAR.-INF. *S.-Christophe* (Fd.), Essouvert près le *Pin : Aulnay* (Giraudias), forêts de *Mille-Ecus,* de *Benon* et prob. dans d'autres bois. — DEUX-SÈV. *La Mothe-S.-Héraye !* (Sauzé), *Mauzé* (Fd.), *S.-Genard, Asnières, Salles* (Gir.), *Pallnau,* coteau de *Veluché !* C. *S.-Loup, Thouars* (Guyon), bois du Défend près *Availles.* — VEND. Forêt de *Bessay, Barbetorte* (Pont.), *Vigneronde* (Lx.).

**COMARUM** L. Caract. du *Fragaria.* Récept. accrescent, spongieux-charnu à la maturité.

**C. palustre** L. Tige couchée à la base, pubescente, rougeâtre. Feuil. pennées à 5 ou 7 fol. lancéolées, dentées, glauques en dessous. Fleurs rouge vineux, terminales. Pét. petits, plus courts que le cal. ♃. jⁿ-jⁱ. Marais tourbeux. — VEND. Etang de la Tesserie prés *Pouzauges* (A. Rossignol). RR. — LOIRE-INF. Rivière d'*Erdre* et tous les grands marais. AC. — MOR. *Lannenec, Camors* (Le Gall), vallée de l'Arz à *Molac,* Plaisance près *Vannes* (Taslé), AC. *Ploërmel* (J.-M. Sacher) ; AC. étang de Gui en *Allaire,* CC. étang de *Caléon* en *S.-Jacut* (Moreau), etc. — FIN. C. à Bodonoux, Plouzané, Lan-an-Trimm, aux environs de *Brest* (Guiho), *Kerloc'h*, etc. (Crouan), env. de *Pont-l'Abbé*, *Tréméoc, Treffiagat* (Picq.), *Lesneven*. AC. — C.-NORD. *Quintin* (G. Fraval), forêt de *Coëtquen*, oseraies de *Lehon, Treverien, le Menez* (Mabille), *Rostrenen* (Avice). — IL.-ET-V. Env. de *Rennes* (Lx.), étang de *Landemarais; Renac* (herb. Redon), AC. env. de *Bonnemain* (Hodée).

**POTENTILLA** L. Caract. du *Fragaria*. Récept. sec, non charnu.

* *Fleurs jaunes.*

**P. Anserina** L. *Argentine.* Tige rampante. *Feuil. pennées interrom-pues,* à fol. ovales incisées-dentées, soyeuses-argentées en dessous. Pédonc. long, solitaire, 1.flore. ♃. mai-j¹. et sept. Bord des eaux, lieux humides. C.

X̶. **P. supina** L. Delastre fl. de la Vienne, p. 153. Tiges grêles, allongées, couchées. *Feuil. vertes sur les 2 faces,* pennées à 3,5,7 fol. obovales-oblongues, incisées-dentées. Stip. entières. Pédonc. axillaires, solitaires, penchés après la fleuraison. Fl. petites, jaune-pâle, pét. obtus, ne dépassant pas le cal. ①. j¹¹-sept. — DEUX-SÈV. Bord de l'étang d'*Oiron!* (Delastre), étang de la Madoire près *Bressuire* (J. Richard). RR.

**P. argentea** L. Tige ascendante, tomenteuse, rougeâtre. *Feuilles* digitées à 5 fol. allongées, élargies et profond¹ dentées au sommet, en coin et entières à la base, *cotonneuses en dessous et roulées par les bords. Fl. petites en corymbe terminal.* ♃. j¹¹-j¹. Lieux arides, rochers, vieux murs. C. — PC. au nord de la Loire-Inf. — M. Jordan a divisé cette plante en plusieurs espèces : *P. argentata, confinis, tenuiloba, decumbens, demissa,* etc.

**P. reptans** L. *Quintefeuille. Tiges simples, longuement rampantes.* Feuil. digitées à 5 fol. oblongues-obovales, dentées, peu velues. *Pédonc. solitaires,* plus longs que les feuil. Carp. garnis de tuber-cules mêlés à qq. rides. ♃. j¹¹-sep¹. Lieux pierreux, bord des chemins, des champs. CC.

**P. verna** L. *Tiges couchées-étalées en touffe,* à poils dressés ainsi que ceux des pétioles. Feuil. digitées à 5 fol. obovales-en coin, poilues sur les bords et sur les nervures en dessous, ayant au sommet 5 dents profondes dont la terminale est plus courte. Stip. entières, aiguës. *Panicule pauciflore.* Pét. échancrés, dépassant le cal. ♃. mai. Pelouses, coteaux et bois secs du calc.— CHAR.-INF. DEUX-SÈV. AC.— VEND. *Quatre-Vaulx, France! Garenne-Augeard,* c. *Vigneronde* (Lx.), *Mouzeuil* (David), AC. env. de *Luçon* (Pont.). R. — LOIRE-INF. Coteaux schisteux : *Oudon,* env. d'*Ancenis,* de *Varades.* R.— C.-NORD. *S.-Briac, S.-Lunaire* (Mabille). — IL.-ET-V. c. Mielles de *S.-Malo* à *Cancale.*

*Obs. P. Chaubardiana* T. Lagrave, *P. rubens* S.-Amans non Vil. est ord. réuni au précéd.; il est plus robuste, plus lâche, moins velu et les fl. sont plus grandes, d'un beau jaune. — CHAR.-INF. *Pointe du Chay!* (Lx.), c. ter. calc. (Fd.). — VEND. Rochers de *Maillezais* (Lx.).

** *Fleurs blanches.*

**P. Vaillantii** Nestler, *P. splendens* Ram., *P. nivea* Bon. p. 41.
Tiges couchées, couvertes ainsi que les pétioles de poils mous, étalés.
Feuil. à 3 *fol. ovales-oblongues,* vertes et poilues en dessus, soyeuses-
argentées en dessous, *bordées au sommet de qq. dents conniventes,* la
dent terminale plus petite. Fl. 2,3 terminales. *Pét.* en cœur renversé
*dépassant beaucoup le cal.* Carp. lisses ou rar. ridés, poilus vers l'ombilic. ♃. mai-j⁹. Pelouses, buissons, bord des chemins, bois. —
CHAR.-INF., DEUX-SÈV. C. — VEND. C. Bocage (Pont., M.), *forêt de
Sᵗᵉ-Gemme.* — LOIRE-INF. Env. de *Nantes, le Pellerin, bord de la
mer,* C. landes *du Pin ; Monnières, Pennebé,* etc. AC. — MOR. C.
*Arzal* (Taslé), R. *Belle-Ile.* RR. — IL.-ET-V. *Baguer-Morvan, Bonnemain* (Hodée).

**P. fragariastrum** Ehrh. *Fragaria sterilis* L. Tiges faibles, couchées. Feuil. à *3 fol.* ovales-arrondies, *fortement dentées,* plus velues
en dessous. Pétioles hérissés. Fl. 1-3 terminales. *Pét. échancrés,
dépassant peu le cal.* ♃. mars-mai. Haies, bord des chemins. CC. —
Port d'un fraisier.

X. **P. rupestris** L. *Tige dressée,* velue, dichotome au sommet,
peu feuillée. *Feuil.* rad. et infér. nombreuses, *pennées à 5,7, fol.*
inégalement et doublement dentées, longuement pétiolées, les sup.
ternées. Pét. arrondis, dépassant le cal. ♃. juin. — DEUX-SÈV. *le
Breuil-sous-Argenton* (Michelet). RR.

**TORMENTILLA** L. Caract. du *Potentilla.* Fl. à 4 parties.

**T. erecta** L. Tiges couchées. *Feuil. sessiles,* à 3 fol. ovales-oblongues, dentées. *Stip. incisées-digitées.* Pédonc. solitaires, plus longs
que les feuil. Cor. jaune, toujours à 4 pét. dépassant le cal. Carp.
striés-ridés et qqf. un peu tuberculeux. ♃. j⁹-sept. Prés, pelouses,
bois, landes. CC. — Dans les bois les feuil. sont qqf. soyeuses-blanchâtres en dessous.

**T. reptans** L. flore Loire-Inf., *Pot. mixta* Reich. Boreau, *P. nemoralis* Bor. herbor. 1862. Tiges longues, rameuses, couchées. *Feuil.
pétiolées,* à 3 fol. obovales-oblongues, dentées, les radic. à 5. *Stip.*
lancéolées, *entières ou 2,3.fides.* Pédonc. solitaires, plus longs que
les feuilles. Cor. jaune, à 4 et 5 pét. dépassant le cal., plus grands
que dans le précédent. Carp. striés-ridés et qqf. un peu tuberculeux.
♃. j⁹-a⁹. Bord des marais. — DEUX-SÈV. *Secondigny* (A. Guillon),
*S.-Aubin-Baubigné* (Gen.), *Pamplie,* les *Groselliers, Allonne, Mauzé*
(Sauzé II.). — VEND. C. *Mortagne* (Gen.), AC. *La Roche* (Pont.),
*Pouzauges* (Gad.). — LOIRE-INF. AC. bord des marais de l'*Erdre,* la
*Seilleraie, les Cléons,* C. lande de *Kerfeuille,* la *Chapelle-des-Marais*
et la *Brière,* bord du lac de *Grand-Lieu,* etc. — MOR. *Pontivy*
(Taslé), *S.-Martin* (G. de Lisle), *Montertelot* (Elphège), *Tour d'Elven*
(Gad.). — FIN. *Quimper* et env., env. de *Pont-l'Abbé* (Picq.). —
C.-NORD. « *S.-Martin-des-Champs* (Miciol cat.) ».—IL.-ET-V. *Corps-Nuds*
(herb. Degland). — Espèce très distincte, conservant tout ses carac-
tères par la culture. Elle diffère du précéd. par ses feuil. pétiolées,
ses stip. plus petites, ord. entières, et par sa cor. plus grande, à 4 et

5 pét. sur le même pied ; de *Potentilla reptans* par les dents de ses fol.
plus aiguës, par le nombre de ses pét., par ses carp. moins tuberculeux mais plus ridés, et enfin par ses tiges rameuses, ne commençant
à émettre de racines aux nœuds qu'à l'automne, ce qui explique
pourquoi les auteurs décrivent les tiges comme non radicantes.

*Obs.* Cette plante, que sa ressemblance avec *Potentilla reptans* et
*Tormentilla erecta* empêche de reconnaître, est prob. répandue ; elle
a deux stations : l'une au bord des marais dans les localités citées et
prob. dans beaucoup d'autres ; la 2ᵉ, dans les landes élevées, sur les
coteaux, les pelouses, et M. Letourneux soupçonne que cette plante
des lieux secs est différente de celle des lieux humides. Il l'a recueillie
à *S.-Père-en-Retz* (Loire-Inf.), à *la Châtaigneraie, Faymoreau, Vouvant,* et M. Gobert à *Challans, Cezais* (Vend.), et je l'ai vue AC. dans
les *Montagnes Noires* et d'*Arès* en *Bretagne*.

**AGRIMONIA** L. Cal. à 5 dents courbées en dedans après la fécondation, hérissé sous le limbe d'épines crochues. Pét. 5. Etam. 9-15 insérées avec les pét. à la gorge du cal. Styles 2. Carp. 1,2 renfermés
dans le cal. endurci, imitant une capsule.

**A. Eupatoria** L. *Aigremoine.* Poilu. Tige simple. Feuil. pennées,
interrompues, à fol. ovales-lancéolées, dentées. Fl. jaunes écartées,
en épi effilé, terminal, entourées à la base de 3 bractées. Fruit en cône
renversé, sillonné presque jusqu'à la base, à épines extér. très étalées.
♃. jⁿ-sept. Lieux pierreux, chemins. AC. — Moins c. au-delà de la
*Loire-Inf.*

**A. odorata** Mil. Koch. Très ressemblant au précéd., plus robuste,
fruit plus court, plus arrondi à la base, sillonné peu profondément jusqu'au milieu, à épines extér. recourbées. ♃. jⁿ-sept. Bord des haies
fraîches. — VEND. *Champ-S.-Père,* env. de *la Roche!* (Pont., M.),
*les Herbiers* (Gad). — LOIRE-INF. *Macigné!* près la *Chapelle-s.-Erdre*
(Bouchet), *les Cléons!* (de Lisle), forêt de *Touvois!* (Cailleteau), env.
de *Clermont* (Gad).

D. *SANGUISORBÉES. Fl. souv. unisexuelles ; cal. à 3-5 divis. ;
cor. 0 ; style 1,2, à stigm. en pinceau ; carp. 1,2 libres, renfermés
dans le tube du cal. resserré au sommet et imitant une capsule.*

**ALCHEMILLA** L. Cal. à 8 div., dont 4 très petites. Cor. 0. Etam.
1-4 insérées à la gorge du cal. Styles 1,2 latéraux. Carp. 1,2 recouverts
par le cal.

**A. arvenis** Scop. *Aphanes* L. Petite plante étalée ou couchée, velue. Feuil. en coin à la base, palmées à 3 lobes 3. ou 5.fides. Fl. verdâtres, agglomérées dans les stip. larges, dentées. Etam. ord. 1. ①.
mai-sept. Champs. CC.

**SANGUISORBA** L. Cal. à limbe 4.lobé ; tube quadrangulaire, entouré à la base de 3 petites écailles. Cor. 0. Etam. 4 oppositives. Style 1,
stigm. en pinceau capité. Carp. 1,2 renfermés dans le cal. endurci.

**S. officinalis** L. *S. serotina* Jord. Glabre. Feuil. imparipennées ; fol.

oblongues-en cœur, obtuses, crénelées, glauques en dessous. Fl. rouge-noirâtre, serrées en tête ovale-oblongue, terminale. ♃. aᵘ-sept. Prés inondés l'hiver. — CHAR.-INF. *Balanzac* (Delalande), *Bédenac* (Lemarié), *Montendre, Oleron, Surgères; S.-Pierre-d'Amilly! Anais, Cadeuil* (Fd.), *S.-Ouen,* Pays-Bas de *Matha* (Sav.), AC. *Douil!* (Duss.).— DEUX.-SÈV. *Mauzé!* (J. Richard) et jusqu'au *Marais de Coulon* (A. Guillon); *Vallans* (Grelet), *Loubillé,* (Jousse). *Echorigné, Genouillé* et Champault près *Chizé.* — VEND. C. par localités aux env. de *Challans* (Gobert). R. — LOIRE-INF. Les Prés bas de *S.-Julien-de-Concelles!* (Bornigal), *Sᵗᵉ-Luce; Ingrande* (Guiho); *S.-Herblon! Anetz,* C. bord du *Don* et de ses affluents de *Treffieuc* à la *Vilaine;* Crevry près *S.-Lyphard* (Le Boterf et moi). PC.

**POTERIUM** L. *Pimprenelle.* Fl. monoïques ou polygames. Cal. à limbe 4.lobé; tube resserré au sommet, entouré à la base de 2,3 écailles. Cor. 0. *Mâl.* 20-30 étam. *Fem.* à 2 styles; stigm. coloré, en pinceau. Carp. 2. renfermés dans le cal. endurci.

**P. dictyocarpum** Spach, *P. Sanguisorba* L. part. Glabre ou velu sur le bas de la tige et sur les pétioles. Tige anguleuse, rougeâtre. Feuil. pennées à fol. arrondies, dentées, qqf. (*P. Guestphalicum* Bœnng.) glauques surtout en dessous. Fl. verdâtres en têtes globuleuses, terminales, les fem. au sommet. Etam. dépassant le cal. Fruit à 4 angles obtus, ridé en réseau à 2 graines. ♃. mai-jᵗ. Vieux murs, coteaux, terres sablonneuses, surtout sables maritimes. C. — Moins c. intérieur de la Bretagne.

**P. muricatum** Spach. var. *platylophum* et *stenolophum.* Diffère du précéd. par le fruit bordé de 4 ailes entières ou dentées, à faces muriquées par des fossettes irrégulières dont les bords sont élevés et dentés. ♃. mai-jᵗ. Mêmes lieux. — CHAR.-INF. C.— DEUX-SÈV. AC. le calc. — VEND. La côte et le calc. (Pont., M.). — LOIRE-INF. *Ancenis, Clermont, Nantes; le Pallet* (P. Bruneau), *Buzay; Ile Dumet,* Sᵗᵉ-Marie près *Pornic!* (Gad.); *les Moutiers.*

E. *ROSÉES. Cal. urcéolé, limbe à 5 div. dont 3 souv. pennifides; pét. 5, étam. nombreuses; plusieurs styles; carp. nombreux osseux, velus, pariétaux, renfermés dans le cal. devenant charnu à la maturité et imitant une baie.*

**ROSA** L. *Rosier.* Caract. des *Rosées. Arbrisseaux munis d'aiguillons; feuil. imparipennées, stipulées.*

* *Styles courts, distincts, non soudés en colonne.*

**R. pimpinellifolia** L. Tige de 1-8 déc. très rameuse, couverte d'aiguillons nombreux, droits, inégaux. *Feuil.* à 5,7 ou 9 *fol. ovales-arrondies, dentées, ressemblant à celles de la Pimprenelle.* Pédonc. glabre, à une fl. blanche ou un peu rosée, qqf. rouge! odorante. Lobes du cal. lancéolés, entiers, à la fin dressés. Fruit globuleux, noir. mai-jⁿ. Coteaux, haies et sables maritimes. — CHAR.-INF. AC. par localités bois. de *La Tremblade* et d'*Arvert; Oleron!* (Delalande), bois de *Sᵗᵉ-Soulle* (Tess.). — VEND. AC. — RR. à l'intérieur, forêt de *Sᵗᵉ-Gemme!* (Mˡˡᵉ Poey Davant). — LOIRE-INF. *Le Cormier, Sᵗᵉ-Marie, Escoublac,*

*Pouliguen, Pont-Mahé*. PC. — A l'intérieur, schistes depuis *la Grée* (et vis-à-vis près du *Clérat*) jusqu'à la *Roche* près *Ancenis*. — AC. ou C. par localités au-delà de *la Vilaine*. — DEUX-SÈV. Coteaux schisteux d'*Argenton-Château!* (Trouillard), *S.-Loup* (Cornuault).

β. *R. spinosissima* L. Pédonc. et fruits plus ou moins hérissés d'aiguillons. — VEND. De *S.-Gilles aux Sables*. — LOIRE.-INF. Anse du Porteau près *Ste-Marie*. R. — MOR. Dunes de la presqu'île de *Quiberon* à *Etel* et *Port-Louis*, où ses rac. traçantes et ses tiges couchées forment de larges gazons fleurissant sur la terre. — Çà et là dans le reste de la *Bretagne*.

γ. *R. Ripartii* Déség. diffèrent du type par les fol. surdentées à surdents glanduleuses ainsi que la côte des fol. et les stip., se trouve çà et là dans la région marit. Fl. du type.

*Obs*. Les arbrisseaux suiv. appelés *Eglantiers*, habitent les haies, les buissons, les bois ; leurs fl. terminales 1 à 5, qqf. plus nombreuses et réunies en corymbe, paraissent fin mai-juin. J'ai noté seulement les principales formes de ce genre intéressant, mais où il est impossible de dire ce qui constitue l'Espèce. Il n'y a pas deux auteurs d'accord sur ce point. La nature n'en a peut-être pas fixé les limites, a dit Linné. et cette opinion est bien prouvée aujourd'hui par les travaux abondants des monographes, et mieux par les jardiniers qui créent tous les jours des formes nouvelles, différant bien plus entre elles que ne le font nos rosiers sauvages. — Pour d'autres détails, consultez la Flore du Centre de Boreau, les ouvrages suivants de Déséglise : *Essai monographique* sur 105 (nombre porté à 148 dans un catalogue postérieur) espèces de Rosiers français, *les Rosiers du Centre de la France* (141 espèces), *Catalogue raisonné* des espèces du genre Rosier, plusieurs *descriptions* de Rosiers, et les nombreux ouvrages de F. Crépin, botaniste belge, qui depuis plus de 30 ans étudie ce genre dans le but d'en faire une monographie.

**R. canina** L. Aiguillons courbés, uniformes. *Fol.* elliptiques ou ovales, *dentées en scie, sans glandes odorantes*. Fl. rosées ou blanches. Lobes du cal. pennifides, caducs à la maturité. Fruit ovale, qqf. arrondi ou oblong.

A. *Glabra*. Fol. et pédonc. glabres.

a. *R. canina* L. Fol. simplement dentées, pétiole lisse ou avec qq. glandes et poils ; fruit ovale, qqf. oblong ou arrondi. AC. — Varie à fol. plus ou moins luisantes, plus ou moins glauques, qqf. pliées en gouttière ; fl. rose ou blanche.

b. *R. dumalis* Bechst. Fol. surdentées à surdents glanduleuses ainsi que les pétioles et les stip.; fruit aussi variable. — Forme très commune, très variable, à fol. tantôt régulièrement ou abondamment, tantôt irrégulièrement ou obscurément surdentées, se reliant insensiblement au type ; feuil. qqf. glauques ; fl. rose ou blanche.

c. *R. squarrosa* Rau. Rameaux lâches, flexueux, souv. rougeâtres, à aiguillons rapprochés, presque droits ; fol. à surdents glanduleuses ainsi que le pétiole avec qq. poils, qqf. en gouttière ; fl. rose ; styles velus ; fruit ovale. PC.

B. *Hispida*. Pédonc. hispides ou velus.

d. *R. andegavensis* Bast. Fol. glabres, ovales. largement dentées en scie, pétiole glanduleux avec qq. poils ; pédonc. hispide ; fl. rose ; fruit ovale, obovale-oblong ou globuleux, plus ou moins hispide ; style hispide. AC.

dd. *R. aspernata* Dés., *R. saxatilis* Boreau édit. 3, page 226. Fol. ovales, glabres, surdentées-glanduleuses, non odorantes, pétiole glanduleux avec qq. poils, aiguillonné ; pédonc. hispide ; fl. rose ; fruit ovoïde ; styles hispides. Aiguillons courbés, uniformes. — M. Viaud-Grand-Marais m'a donné, en 1893, ce *Rosa,* dont il connaît un buisson à Noirmoutier, d'où je le cultive depuis. J'y apporte un *Rosa* que j'ai vu en 1873 aux Portes en *Ile de Ré*.

e. *R. collina* Jacq. Robuste ; fol. ovales-arrondies, un peu velues et pâles en-dessous, pétioles pubescents et glanduleux ; cal. glabre ; fl. rose, grande ; fruit gros, ovale ; styles hispides. — DEUX-SÈV. *Parthenay*. — VEND. *Commequiers* (Gobert). — LOIRE-INF. *Pornic*, C. entre *S.-Sébastien* et *Lesnerac ; Oudon ; Vallet !* (de Lisle), *Port-Launay !* (Dumas). R.

f. *R. corymbifera* Borkh. Fol. ovales-oblongues, aiguës aux deux bouts, velues en-dessous, à dents simples calleuses-mucronées, pétioles velus et glanduleux ; pédonc. poilus à la base ou partout, non glanduleux. courts, en corymbe, les latéraux qqf. rameux ; bractées grandes ainsi que les stip. ; appendices du cal. longs ; récept. conique ; fl. lavées de rose. — CHAR.-INF. AC. *Montlieu ; S.-Aigulin ; Corme-Royal*. — LOIRE-INF. *Clisson ; S.-Fiacre !* (G. de Lisle), *Machecoul, Nantes, Nort, Ancenis*. — MOR. *Vannes* (Arrondeau). Prob. répandu.

Aberr. *R. subobtusifolia*.

C. *Pubescens*. Pétioles et fol. pubescents. pédonc. non hispides.

ff. *R. subobtusifolia* a les caractères et les fol. arrondies du suiv. dont il est distinct surtout par les feuil. gris-cendré, velues des deux côtés et par le pédonc. qqf. hispide. — Ce *Rosa* est répandu autour de Nantes et je l'ai vu et suivi depuis 1871 entre Clisson, le Pallet, Saint-Fiacre et Saint-Sébastien, aussi à Ancenis, et je l'ai cultivé pendant 10 ans. Déséglise le rapproche du *R. collina* Jacq. (non Lloyd fl. de l'Ouest lequel est nommé *R. Lloydi* in Dés. cat. p. 222).

g. *R. obtusifolia* Desv. Fol. vert mat, simplement dentées, oval.-arrondies, presque obtuses, qqf. aiguës, velues des deux côtés ou seulement en-dessous ; fl. blanche, styles qqf. agglutinés ; fruit ovale-arrondi. AC. — Jeunes pousses qqf. rougeâtres.

h. *R. dumetorum* Thuil. Fol. ovales-arrondies, qqf. aiguës, simplement dentées, ciliées, velues des deux côtés ou seulement en-dessous, pétioles velus peu ou point aiguillonnés ; fl. rose-clair ; fruit ovale-arrondi. C. — La pubescence est très variable, qqf., surtout dans le calc. du midi, aussi cendrée que dans *R. Sherardi*.

i. *R. urbica* Lem. Ressemble au précéd., dont il diffère surtout par les fol. aiguës, velues seulement en-dessous sur les nervures, les pétioles plus aiguillonnés et le fruit ovale ou oblong.; fl. qqf. blanche. AC.

j. *R. platyphylla* Rau. Très voisin des trois précéd., plus robuste ; fol. grandes, oval.-arrondies, aiguës, à dents de scie calleuses au sommet, glabres et vertes en-dessus, plus pâles en-dessous et velues sur les nervures ; pétioles velus et glanduleux, fortement aiguillonnés ; fl. grande, rose clair. — CHAR.-INF. *Mortagne*, *Oleron*, Revétison près *Mauzé*. — LOIRE-INF. *Ancenis*. R. — Prob. ailleurs.

*Obs.* Les trois précéd. se confondent tellement par des intermédiaires qu'il m'est souvent impossible de les distinguer.

**R. tomentella** Lem. Très ressemblant à *R. obtusifolia*, dont il est qqf. bien difficile de le distinguer. Aiguillons forts, courbés. Fol. plus aiguës, un peu glanduleuses-odorantes, surdentées à dents glanduleuses, portant en-dessous qq. glandes sur les nervures ; pétioles velus et glanduleux. Pédonc. courts, hispides ou inermes, qqf. poilus. Styles poilus, un peu en colonne à la base. Fl. petite, blanche, d'abord très légèrement lavée de rose. Fruit ovale-arrondi, rouge non orangé. — LOIRE-INF. AC. entre la Haie-Fouacière, S.-Fiacre et Vertou près *Nantes*.

**R. Carionii** Déség. descrip. ros. 1, p. 13. Très voisin du précéd. Robuste. Fol. à surdents peu nombreuses ou presque nulles, très peu ou point glanduleuses odorantes ! Pédonc. hispides ou lisses qqf. sur le même pied. Fl. très légèrement rose changeant promptement en blanc. Styles libres, glabres, fruit ovale. — LOIRE-INF. S.-Fiacre près *Nantes.* — Cette espèce innommée édit. 3, p. 110, est cert. distincte de *R. tomentella* et doit être rangée dans les *rubiginosæ*, non dans les *caninæ pubescentes* comme l'indique Dés. l. c. Son odeur *rubigineuse*, qqf. faible, a été reconnue par tous ceux qui l'ont vue dans mon jardin, où je l'ai cultivée pendant 12 ans.

**R. jundzilliana** « Besser », Boreau. Aiguillons longs, *presq. droits.* Fol. arrondies-ovales, aiguës, surdentées à surdents glanduleuses ainsi que les nervures en-dessous, le bord des stip. et les pétioles. Pédonc. hispide ainsi que la base du fruit ovale. Style à qq. longs poils. Fl. rose tendre passant au blanc. — DEUX-SÈV. Bois du Défend près *Availles*, AC. de *Thouars* à *Pommier ; Amaillloux* (Guyon). — CHAR.-INF. *Saintes* (P. Brunaud).

**R. sepium** Thuil. Buisson très rameux. Aiguillons courbés. *Fol.* elliptiques *rétrécies aux deux bouts*, surdentées, *glanduleuses-odorantes* en-dessous ainsi que les pétioles. Pédonc. glabre. Fl. blanche ou lavée de rose. Lobes du cal. caducs à la maturité. Styles glabres. Fruit oval.-oblong. — CHAR.-INF. C. — DEUX-SÈV. et VEND. C. calcaire, R. Bocage. — LOIRE-INF. AC. arrond. d'*Ancenis,* R. ailleurs. — R. reste de *la Bretagne ;* AC. env. de *Dinan* et littoral d'*Il.-et-V.* et *C.-Nord* voisin. — Une forme (*R. virgultorum* Rip.), remarquable par les feuil. pubescentes en-dessus et en-dessous ainsi que les pétioles et par le fruit arrondi est répandue dans la région marit. de la *Loire-Inf.*, entre *Pouliguen, Escoublac, Lesnérac* et *S.-Sébastien.* Je l'ai vue aussi dans le calc.— Sur les coteaux très arides, plus petit, fol. et fruit plus allongés. (*R. agrestis* Savi.)

**R. rubiginosa** L. et Anglor. Buisson touffu. Aiguillons inégaux, les uns robustes courbés. les autres grêles presq. droits. *Fol. ovales-arrondies*, surdentées, *glanduleuses-odorantes en dessous* ainsi que les pétioles. Pédonc. hispide. Sép. se redressant après l'anthèse, marcescents. Fl. rose vif., petite. Styles velus ou pubescents. Fruit ovale ou globuleux, rouge vif. R. — Moins R. dans le calc. et au midi de la Loire.

**R. micrantha** Sm., *R. nemorosa* Libert. Caract. du précéd. : moins odorant, lâche ; aiguillons égaux, tous courbés ; sép. caducs avant la maturité ; fl. rose, petite ; styles ord. glabres ; fruit petit. AC.

**R. tomentosa** Smith ? *R. Sherardi* et *subglobosa* Smith. *Aiguillons droits*, les plus vieux un peu courbés. *Fol.* ovales, surdentées, velues, *vert-cendré sur les deux faces*. Pédonc. hispide. Pét. roses, non ciliés-glanduleux. Styles velus. Fruit ovale-globuleux, hispide, qqf. un peu glanduleux. — CHAR.-INF. C. *Les Mathes, La Tremblade*. — DEUX-SÈV. *La Mothe* (Sauzé), *Prahecq* (Maillard), *S.-Loup, Vausseroux* (Guyon), *Airvault* et env. (Bonnin), env. d'*Argenton-Ch.*, sous *Puy-N.-Dame*; *S.-Aubin-Baubigné* (Gen.), etc. — VEND. Çà et là. — LOIRE-INF. *Bouaye, les Cléons, la Haie, la Chapelle-B.-Mer* et çà et là N.-E. de la Loire. R. — MOR. *Ploërmel* (J.-M. Sacher). — FIN. « *Le Cloître, la Feuillée, S.-Herbot* (Miciol) ». — C.-NORD. Littoral des env. de *Dinan* (Mabille).

*Obs. R. cinerascens* Du Mortier, dont M. Maupon m'a montré un buisson route d'Arthon à la Bernerie (Loire-Inf.), ne me parait différer de *R. subglobosa* que par les fol. à dents simples ou quelques-unes avec une dent accessoire ; ses fleurs étaient blanches.

**R. mollis** Sm., R. *mollissima* Fl. O. éd. 4. Caract. du précéd. Odeur ord. un peu résineuse, fol. ovales-oblongues, plus finement surdentées du suiv. : pétales rose vif qqf. ciliés à la base ; fruit gros, hispide, variable, globuleux ou ovale plus ou moins urcéolé, couronné par les sép. marcescents, dressés. — Çà et là au-delà de la Vilaine : *Vannes, Ile-aux-Moines, Ploërmel, Ste-Brigitte, Penmarc'h*, env. de *Brest, S.-Brieuc, le Huelgoat* et région marit. jusqu'à *St-Malo, Dinan, Rennes*. — Forêt d'*Ancenis*, Forêt *Pavée* en Loire-Inf. (Gad.). — DEUX-SÈV. *Chapelle-Bertrand* (Guyon).

β. *R. résinosoides* Crép. diffère du type par la couleur du bois, les feuil. vert plus cendré, les fl. rose plus vif, le pédonc. lisse ou avec qq. soies, le fruit lisse. — RR. à *Vannes* avec le type.

**R. fœtida** Bast. Très voisin du précéd. Odeur un peu résineuse. *Aiguillons presq. droits*. Fol. ovales-elliptiq. ou ovales-oblongues à dents surchargées en-dessus de 3,4 dents fines glanduleuses, parsemées de poils mais *vertes en-dessus*, velues-cendrées en-dessous et un peu glanduleuses : pétioles velus et glanduleux. Pédonc. hispides. Tube du cal. un peu hispide, qqf. glabre. Sép. très glanduleux. Pét. roses. Fruit ov.-globuleux ou ov.-oblong. — CHAR.-INF. *Royan* (de Lisle), forêt d'*Arvert*, avec odeur fétide. — VEND. Badiole près *la Roche* (Pont.). R. — LOIRE-INF. Çà et là forêt d'*Ancenis* ! d'*Arraize* (de Lisle), *Nozay* (Migault). — MOR. *Ploërmel*. — FIN. *Morlaix* (Miciol). — C.-NORD. *Dinan* ; forêt de *Coëtquen* (Mabille).— IL.-ET-V. *Rennes* ; *S.-Aubin-d'Aubigné* (Tetrel).

** *Styles soudés en colonne.*

**R. leucochroa** Desv. Aiguillons courbés. Feuil. jaunissant en été. Pétioles pubescents. Fol. elliptiques, dentées en scie, pubescentes en dessous surtout sur les nervures ou à la fin glabres, nervures saillantes. Pédonc. glabre ou hispide. *Fl. blanche à onglet jaunâtre*, odorante ; disque saillant. *Lobes du cal. pennifides*. Styles glabres soudés en colonne tantôt saillante, tantôt presq. incluse. Fruit glabre. PC. — Plus C. au midi de la *Loire*. — Dans qq. lieux, cette espèce embarrassante a la colonne des styles aussi longuement saillante que dans *R. arvensis*, avec pédonc. glabre (*R. chlorantha* Sauzé) ; dans d'autres, elle est courte ou de longueur variable, avec pédonc. hispide ou glabre.

**R. systyla** Bast. Voisin du précéd. ; fol. luisantes, velues en dessous sur les nervures, restant vertes ; pédonc. hispide ; fl. rose sans onglet jaune ; colonne des styles saillante. PC. — Plus C. au midi de la *Loire*.

*Obs. R. parvula* Sauzé, Mail. très voisin de *R. systyla*, s'en distingue, selon les auteurs, surtout par la fl. beaucoup plus petite, le pédonc. glabre ou muni de poils très fins non glanduleux, les rameaux grêles et les feuil. d'un vert tendre. AC. midi des Deux-Sèv. (Sauzé fl.).

**R. stylosa** Desv. Voisin des deux précéd.; fol. ovales ou oblongues, d'un vert mat, restant vertes, légèrement pubescentes en dessus, couvertes en dessous d'une pubescence glaucescente appliquée ; pédonc. hispide ; fl. blanche ou un peu rosée, à anthères très jaunes.— DEUX-SÈV. Je l'ai cueilli à *Thouars* et à *Argenton-Château*. — CHAR.-INF. *Chaban, Sèche-Bec* près *Bords*.

**R. arvensis** L. Tige faible, à aiguillons courbés. Fol. vert clair, ovales-elliptiques, largement dentées, glaucescentes en dessous. Pédonc. glanduleux, rar. glabre. Fl. blanche, inodore. *Lobes du cal. court peu divisés*. Styles glabres, en longue colonne égalant les étam. Fruit globuleux, ovale ou obovale, glabre. C.

*Obs. R. sepperina* Sauzé, a les caractères généraux de *R. arvensis*; feuil. vert assez foncé, non glaucescentes en dessous ; fl. blanche à bouton rosé, peu odorante ; sép. pennifides; fruit petit, ovale-oblong, récept. convexe non en cône ; styles saillants à stigm. étagés qqf. dès la base, assez courts et non en longue colonne nue dans les 2/3 inf. *S.-Eanne* (Deux-Sèv.), d'où je l'ai reçu de M. Sauzé et cultivé pendant plusieurs années.

**R. bibracteata** Bast. Se distingue qqf. avec peine de *R. arvensis* et surtout du suiv. *Dressé* et plus robuste que tous deux, il diffère en outre du premier, par les fol. vertes sur les deux faces, un peu plus pâles en dessous, luisantes, à dents plus serrées, par les fl. odorantes, 3-18, en corymbe à pédonc. violacés, munis de 2,3 bractées opposées ; son port et ses styles en colonne glabre plus courte, le séparent de *R. sempervirens*. Fruit persistant après l'hiver ; recept. conique ; pétiole pubescent-glanduleux. — CHAR.-INF. Dans le nord. PC. — DEUX-SÈV. PC. — VEND. PC. Bocage, C. Plaine et env. (Pont., Lx.). — LOIRE-INF. *Machecoul, Pointe de Chemoulin*, AC. de *S.-Brevin* à *Bourgneuf*, d'*Ancenis* à *Varades*. PC. — RR. au-delà de *la Loire*. — R. env. de *Dinan*, de *S.-Malo* (Mabille).

β. *glandulosa*, très remarquable par ses rameaux flagelliformes longs de 4-6 mèt. et couverts à leur extrémité de soies glanduleuses sur une longueur de 4-6 déc., est mêlé au type à la Forêt en Vertou ! près *Nantes* (G. de Lisle).

*Obs. R. conspicua* Bor. ne me paraît pas différer des individus très florifères du *R. bibracteata* que l'on voit entre *Ancenis* et *Ingrande*.

**R. sempervirens** L. Tige à *longs rameaux flagelliformes, tombants*, aiguillons courbés. *Fol.* elliptiques, acuminées, finement dentées en scie, *luisantes* et vertes sur les deux faces, *persistantes*. Pédonc. et cal. glanduleux. Fl. blanche à odeur peu agréable. Sép. presque toujours entiers. *Styles hérissés*, surtout dans le midi, en longue colonne plus courte que les étam. Fruit ovale ou globuleux ; récept. plane. — CHAR.-INF. AC. surtout région maritime ; *Ile de Ré, S.-Nazaire*, avec fruit globuleux. — DEUX-SÈV. *La Mothe* (Maillard). — VEND. *Chasnais, la Couture, Talmont* (Pont., M.), *Ile d'Elle, Lorbrie, Fontenay, Gué-de-Velluire* (Lx.). R. — LOIRE-INF. *Le Pallet*, avec fruit globuleux ; çà et là *Pornic ;* Bois de *Clermont*.

*Obs. R. prostrata* DC. Déség. Mon. 16, dont j'ai vu un fort buisson à *Saintes* au bord de la route de Lormont, ressemble à *R. sempervirens*, dont il diffère surtout par les styles glabres, longs, non soudés, — *R. scandens* Mil. plante du midi, très voisine de *R. sempervirens*, que je cultive d'Antibes (Var) a les feuil. élégamment luisantes, les pét. écartés l'un de l'autre, le fruit petit, arrondi.

*R. obtusifolia, tomentella, Chaboissæi*, ont quelquefois les styles soudés en colonne ; d'autres ont aussi cette apparence par suite de l'affaissement du disque dans la plante desséchée.

Sont étrangers à la Flore : *R. provincialis* Ait. *Rose de Provins*, à fl. pourpre-noir, simples ou demi-doubles que l'on rencontre qqf. dans les haies, autour des habitations ; — *R. Boræana* Béraud reste d'ancienne culture, dans les mêmes conditions ; — *R. arvina* Krocker à fl. demi-doubles, que M. Tesseron a vu AC. au Bois de Ferrières près *S.-Savinien* et à *Ste-Soulle* (Char.-Inf.) ; — *R. baltica* Boreau, plante américaine trop légèrement admise dans la Flore par Boreau, qui a donné ainsi l'autorité de son nom à des répétitions trompeuses. Pour l'origine de sa plantation dans les dunes de Pornichet, voir Flore de l'Ouest, édit. 3, p. LXIII.

*Obs. gén.* Dans nos *Rosa* aucun caractère n'est constant. J'avertis donc que les R. *canina, dumalis, andegavensis, dumetorum, micrantha* ci-dessus, représentent des groupes de formes très variables.

Autrement, si l'on veut détailler et fixer par ex. un type *canina,*
*dumalis* comme dans les descriptions de Déség., il serait facile, dans
la Loire-Inférieure seulement, d'ajouter à la Flore 30 espèces dont les
buissons sont différents de ces types et de même valeur.

Un certain nombre de ces formes m'a été nommé comme suit; je
connais la plupart des buissons qui ont fourni mes échantillons, et je
pourrais les décrire longuement si je ne craignais de rendre encore
plus confuse la nomenclature de ces plantes. Voici la liste de ces
espèces :

**Caninæ nudæ.** *R. mucronulata* Dés. cat. 1. 45, *Ancenis.* — *R.*
*separabilis.* Dés. fasc. 1, p. 9, *Ancenis.* — *R. sphærica* Gren. *Nantes,*
*Oudon, Vannes.*

**Caninæ biserratæ.** *R. malmundariensis* Lej. grande et belle fl.
rose; *Dœuil* (Char.-Inf.), *Mauves, Ancenis* (Loire-Inf.), *Plestin* (C.-Nord).
— *R. rubescens* Rip. *Morlaix* ex *Miciol.* — *R. oblonga* Dés. *Anetz*
(Loire-Inf.). — *R. Chaboissæi* Gren. que je cultive est un *dumalis*
très surdenté à styles poilus, qqf. en colonne; *S.-Christophe* (Char.-
Inf.). *Ancenis, S.-Fiacre, Couëron* (Loire-Inf.). — *R. glaucina* Rip.,
*Ancenis.* — *R. cladoleia* Rip., *Nantes* et *Vertou* (Loire-Inf.). — *R.*
*biserrata* Mérat. *Ancenis, Vertou* (Loire-Inf.). — *R. sphæroidea* Rip.,
Dés., cat. p. 169, glauque, surdenté, fr. presque rond, récept. plane,
styles courts, hérissés. *Couëron* (Loire-Inf.).

**Caninæ hispidæ.** *R. Suberti* Rip. Caract. de *R. andegavensis,*
feuil. surdentées, fr. ovale, styles hérissés; *Revétison, S.-Christophe* en
Char.-Inf. (Fd.). — *R. inconspicua* Des. cat. p. 188, voisin de
*R. Suberti,* fol. très surdentées, fr. ovale-arrondi, styles hérissés; la
Perche en *Breuil-Magné* dans la Char.-Inf. (Fd.). — *R. hispidula*
Rip., Dés. Cat. p. 217, robuste, feuil. vert-foncé, simplement dentées,
pubescentes en dessous sur les nervures et le pétiole, pédonc. la
plupart hispides, fl. blanche, styles courts, velus, récept. convexe.
La Série près *Ancenis* (Loire-Inf.).

**Caninæ pubescentes.** *R. semiglabra* Rip. AC. *Ancenis* qqf. à fl.
blanches. — *R. platyphylloides* Rip. Dés. cat. p. 207, *Oudon, Ancenis,*
*le Pallet* (Loire-Inf.).

**Rubiginosæ.** *R. apricorum* Rip. *Argenton-Château* (Deux-Sèv.).
— *R. Lemanii* Bor. *Nantes, Ancenis,* etc. — *R. permixta.* Dés. AC.

*Obs.* Pour les *Rosa* des env. de Morlaix (Fin.), consultez le catalogue
des plantes des environs de Morlaix par Miciol.

*F. POMACÉES. Cal. à tube adhérent à l'ovaire, limbe à 5 lobes;*
*pét. 5; étam. 20; style 1-5; fruit charnu, à 1-5 loges.*

**CRATÆGUS** L. Styles 1-5. Fruit fermé par les dents du cal., à
1-5 loges osseuses.

**C. monogyna** Jacq. *Ebaupin, Aubépine, Epine blanche.* Arbrisseau très rameux, épineux. *Feuil. largement ovales, en coin à la base,*

*à* 5 *lobes profonds*, dentés au sommet et dont les *nervures* sont *divergentes*. Fl. blanches, qqf. rosées, en corymbes terminant les petits rameaux. Pédic. glabres ou velus. Lobes du cal. lancéolés. *Style* 1. Fruit rouge, presque globuleux, à 1 graine. mai. Haies, bois. CC.

**C. Oxyacantha** L. *Crat. oxyacanthoïdes* Thuil. Port. du précéd. dont il se distingue par les *feuil. obovales*, d'un vert foncé, luisant, *à* 3 *ou* 5 *lobes peu profonds*, dont les *nervures* sont *convergentes*, par les lobes du cal. plus courts et par le fruit ovale, plus gros, ord. à 2 styles, à 2 graines. av.-mai. Haies, bois. — CHAR.-INF. AC. — DEUX-SÉV. Çà et là le calc. — VEND. Çà et là près *Fontenay, S.-Sigismond*, (Lx.), AC. *Mortagne* (Gen.), AC. *Mouchamp* (Gad.). R. — LOIRE-INF. *D'Ancenis à Varades* et *à la Chapelle-S.-Sauveur ; Erbray*, ailleurs qq. pieds çà et là. AR. — IL.-ET-V. *S.-Sulliac* (Morin), *Rennes* (Hodée).

**MESPILUS** L. Lobes du cal. foliacés. Styles 4.5 glabres. Fruit (*nèfle, mêle*) en toupie, très ouvert. à 5 lobes, à 1,2 graines osseuses.

**M. germanica** L. *Néflier*. Arbrisseau épineux. Feuil. oval.-lancéolées, velues-molles en-dessous. Fl. blanches, solitaires, sessiles. mai. Haies, bois. AC.

**PYRUS** L. Styles 5, rar. 2.3. Fruit charnu, arrondi ou ovale, ombiliqué au sommet ; 5 rar. 2,3 loges 2.spermes, à cloisons cartilagineuses.

**P. communis** L. *Poirier sauvage., Poirasse*. Arbre à rameaux épineux. Feuil. ovales, acuminées ou en cœur-arrondies (*cordata* Desv.). dentelées, de la longueur du pétiole, à la fin glabres. Fl. blanches, en corymbes terminant les petits rameaux. *Styles libres. Fruit* de grosseur variable (depuis 12 mil. de diam.), arrondi, ou rétréci à la base, *ombiliqué au sommet*, à sép. caducs ou marcescents. av.-mai. Haies, bois. C. — Souche, dit-on, des poiriers cultivés.

**P. Malus** L. *Pommier sauvage, Aigrasseau*. Arbre à rameaux épineux. Feuil. ovales-acuminées. à dents obtuses, dépassant le pétiole, les plus jeunes pubescentes en-dessous, surtout sur les nervures. Fl. blanches, rosées en dehors. en corymbes terminant les petits rameaux. *Styles soudés à la base. Fruit ombiliqué aux deux bouts*. av.-mai. Haies, bois. C. — Souche, dit-on, des pommiers cultivés.

β. *tomentosa*. Feuil. plus ou moins tomenteuses, surtout étant jeunes. Moins C.

**P. torminalis** Ehrh. *Cratægus* L. *Alisier*. Arbre. *Feuil.* ovales, tronquées ou en cœur à la base, *à* 7 *lobes dentés*, les deux inf. étalés, pubescentes dans leur jeunesse. Fl. blanches, en corymbe rameux. Styles 2,3. Ovaire et pédic. velus. Fruit obovale, brunâtre. av.-mai. Haies, bois. AC.

**P. domestica** Smith, *Sorbus* L. *Cormier*. Arbre assez élevé. *Feuil. pennées* à 13,15 fol. ovales-oblongues, velues-blanchâtres en-dessous. Bourgeons glabres, glutineux. Fl. blanches, nombreuses, en corymbe.

*Fruit verdâtre ou roussâtre, en forme de poire.* mai. Haies, bois. AC.
jusqu'à la *Loire-Inf.* inclus. — MOR. PC.

**P. aucuparia** Gært. *Sorbus* L. Arbre à écorce grisâtre. Feuil. pennées, à 13,15 fol. oblongues, dentées en scie, surtout au sommet, pubes-
centes-tomenteuses en-dessous. Bourgeons tomenteux. Fl. blanches,
nombreuses, en corymbe. *Fruit petit, ovale, rouge vif.* mai-jⁿ. AC. dans
presque toutes les forêts de la Bretagne au nord et à l'ouest de *Rennes*
et de *Vannes*.

# ONAGRARIÉES

Cal. plus ou moins adhérent à l'ovaire ; limbe à 4, rar. 2-5 lobes. Pét.
4, rar. 2-5. Etam. 4-8 insérées avec la cor. à la gorge du cal. Style filiforme à 1 ou 4 stigm. Ovaire à 2-4 loges. Placenta centraux.

**EPILOBIUM** L. Cal. caduc, à 4 lobes. Pét. 4. Etam. 8. Caps.
linéaire, à 4 loges polyspermes, à 4 valves. Graines chevelues.

*     Pét. entiers ; étam. penchées.

**E. angustifolium** L. *E. spicatum* Lam. Tige de 6-14 déc. rougeâtre. Feuil. éparses, lancéolées, veinées. Fl. grandes, rouge violacé,
en bel épi terminal. Pédonc. ayant à la base une bractée étroite. ♃.
jⁱ-aⁱ. Bois. — VEND. RR. forêt d'*Aizenay* (Marichal, Pont.). RR. —
LOIRE-INF. Bois du Parc ! et de la Garenne à *Châteaubriant* ; forêts
de *Juigné*, d'*Ancenis* (Guiho), *la Bretèche* (Thomas) ; souv. sur les
charbonnières. R. — MOR. Pont-Sal près *Auray* (Le Gall), *S.-Geran*
(Elphège), *Pleseop*, forêt de *Camors*, *tour d'Elven* (Taslé), forêt de
*Brambien* (Arrondeau). RR. — FIN. Forêt de *La* (Bonnemaison),
*Plounéour-Ménez*, *Plourin* (de Crech'quérault), N. *du Ménezc'hom*
(Blanchard). RR. — C.-NORD. RR. forêt de *Lorge* (Cornillé) ; « de *la
Hunaudaie*, de *Loudéac* (Mabille), » *Merléac* (Fraval), forêts du *Beffou*,
de *Coat-an-Nos*, de *Duault*, de *Loguivy-Plougras* (Le Corre).— IL.-ET-V.
C. par localités.

**     Pét. échancrés ; étam. dressées.

**E. hirsutum** L. *Rac. stolonifère.* Tige de 6-15 déc. très rameuse,
poilue. Feuil. lancéolées-oblongues, irrégᵗ dentelées, demi-embrassantes, un peu décurrentes, velues sur les nervures. *Fl. grandes*, rosées. Stigm. 4 étalés. ♃. jⁱ-aⁱ. Bord des eaux. AC. par localités. —
Cult. comme ornement, il se répand facilement. — Ainsi que dans les
suiv., les feuil. sont opposées et les sup. alternes.

**E. parviflorum** With. *E. molle* Lam. *Rac. fibreuse.* Tige de 3-7
déc. ord. simple, velue. Feuil. lancéolées, sessiles, molles, velues-
blanchâtres (surtout dans la région marit.), bordées de petites dents
rougeâtres-glanduleuses. *Fl. petites*, rosées. Stigm. 4 étalés. ♃.
jⁿ-sept. Lieux humides, bord des eaux, surtout près de la mer et
dans le calc. — C. au midi de *la Loire*. — LOIRE-INF. et MOR. AC. —
Moins c. au-delà. — Qqf. rameux et haut de 10-16 déc. dans les
fossés ombragés.

**E. palustre** L. Tige à stolons filiformes, simple ou peu rameuse,
couverte d'un duvet court, plus prononcé sur 2 ou 4 lignes. *Feuil.*

*lancéolées-linéaires*, presq. entières, à bord roulés, pubescentes, sessiles. Fl. petites, rosées. Stigm. ovale, entier. Graines lisses, linéaires-en coin, prolongées au sommet en un *appendice* portant l'aigrette. ♃. j^t-a^t. Marais. — CHAR.-INF. Marais de *Berjat*. — DEUX-SÈV. *Secondigny* (A. Guillon), *Bressuire* (J. Richard). — VEND. *Aubigny, les Clouzeaux*, abbaye de *Jard* (Pont., M.), *la Bauduère, Bourneau, Vigneronde* (Lx.), RR. *la Verrie* (Gen.). R. — LOIRE-INF. *Machecoul* ; marais de la *Boière* (P. Bruneau), tous les grands marais de l'*Erdre, Châteaubriant ; S.-Nic.-de-Redon* (Moreau). PC. — MOR. AC. — Çà et là *Montagnes Noires* et d'*Arès*. — FIN. *Lambezellec, Gouesnou* (Crouan), *Penmarc'h* (Picq.). — C.-NORD. *Plédran* (Baron). *le Jaudi*, à *Pommerit* (Le Corre), forêt de *la Hunaudaie* (Morin). — IL.-ET-V. *Fougères, Parigné !* (V. Sacher), *Bout de Lande* (Rolland). *Bonnemain* (Hodée).

**E. montanum** L. Mut. fig. 98. Tige cylindrique, pubescente. *Feuil. ovales-lancéolées*, glabres. irrég^t dentées en scie, courtement pétiolées. *Fl. petites, lilas, plus foncées en vieillissant*. Stigm. 4 étalés. ♃. j^n-j^t. Lieux boisés. — DEUX-SÈV. *Argenton-Ch.; Mazières* (A. Guillon), *Bourgneuf* (Gobert), *S.-Pompain*, RR. *S.-Loup* (Guyon), PC. *la Mothe* (Sauzé), *Melle* (Gir.). — VEND. Forêt de *Vouvant* (Lx.), *Pont-Charault, Pouzauges, S.-Laurent-sur-Sèvre* (Pont., M.), c. *Mortagne* (Gen.), *S.-Hilaire-des-Loges* (Pontdevie). — LOIRE INF. et au-delà AC. — Une forme à feuil. lancéolées, que j'ai vue en Vendée, vis-à-vis Boussay, et qui, par la culture, est revenue au type, se distinguera de *E. lanceolatum* par la couleur des fleurs et par les feuil. plus larges dans la moitié inférieure, tandis que dans *E. lanceolatum*, les feuil. sont également rétrécies dans les deux moitiés et plus pétiolées.

**E. lanceolatum** Sébast. Tige pubérulente, souv. rougeâtre, garnie aux aisselles des feuil. de petits rameaux feuillés. *Feuil. lancéolées, obtuses, à dents écartées, pétiolées. Fleurs d'abord penchées et blanches, à la fin d'un rose vif*. Stigm. 4 étalés. ♃. j^n-j^t et sept. Bord des chemins, des haies, lieux arides. pierreux, et aussi bois, haies fraîches. C. — Très distinct du précéd. qui n'a jamais les fl. blanches et qui ne croît que dans les lieux boisés. Les feuil. des jeunes plants s'étalent en naissant et forment une rosette semblable à celles des *Valerianella*, tandis que dans *E. montanum*, elles sont dressées et imbriquées en colonne dont la coupe transversale donne un carré parfait.

* **E. roseum** Schreb. Mut. fig. 101. Tige rameuse, pubescente au sommet, marquée de 2 lignes saillantes. *Feuil. oblongues-lancéolées, à dents nombreuses, inégales, toutes pétiolées. Fl. blanchâtres, striées de rose, rosées à la base*. Stigm. ovale, entier. ♃. — La localité la plus rapprochée est *Angers*.

**E. tetragonum** L. Mut fig. 103, pour le type. Tige stolonifère au bord des eaux, raide, rameuse, souv. rougeâtre, pubescente au sommet. *Feuil. lancéolées-linéaires*, gl.bres, luisantes, rétrécies graduellement de la base au sommet, à dents inégales et écartées, sessiles, décurrentes en 4 ou 2 lignes saillantes. *Fl. lilas foncé*. *Stigm.*

*linéaire, entier*. Graines obovales-oblongues, très finement tuberculeuses. ♃. ②. ①. j^n-j^t. AC. bord des eaux, c. fossés desséchés, jardins, moissons. — Dans ces deux dernières stations, la plante est moins élevée, ses feuil. sont plus rétrécies à la base, sessiles ou courtement pétiolées, et les 2 ou 4 lignes sur la tige sont moins ou très peu saillantes : c'est alors *E. Lamyi* Schultz, lequel, après la fleuraison, produit à la base une ou plusieurs rosettes de feuil. destinées à fleurir l'année suivante. Mais lorsque la même espèce est plantée ou croît au bord des eaux, en place de rosettes de feuil., il se développe des stolons filiformes à feuil. distantes par paires. En cet état, c'est *E. obscurum* Schreb., *E. virgatum?* auct. an Fries? cependant, ces stolons ne paraîtront pas si la localité vient à se dessécher. On remarque aussi que les feuil. sont d'autant plus allongées et sessiles que la plante croît dans un lieu humide et ombragé. Je ne crois pas que nous ayons ici deux ou trois espèces, mais bien une seule qui, dans les lieux secs, est le plus souvent annuelle, et peut vivre plusieurs années, surtout au bord des eaux.

**ŒNOTHERA** L. Caract. de l'*Epilobium*. Graines non chevelues.

**Œ. biennis** L. Tige de 6-10 déc., rameuse, rude, poilue. Feuil. ovales-lancéolées, rétrécies en pétiole, un peu velues, dentelées. Fl. grandes, jaunes, légèrement odorantes, en épi, s'ouvrant vers les 5-6 heures du soir ; pét. en cœur renversé, dépassant les étam. et env. 1/2 plus courts que le tube du cal. ②. j^n-j^t. Lieux sablon. — CHAR.-INF. *Montguyon, Montendre, Royan, la Tremblade, Oleron ; Mornac, S.-Palais* (Roulineau). PC. — DEUX-SÈV. c. *Airvault,* bord du Thouet (Bonnin). — VEND. Entre l'*Aiguillon* et *la Tranche* (Lx.), *Réaumur* (Pont.), vignes de *S.-Hil.-de-Riez* (Gobert). — LOIRE-INF. c. vallée de *la Loire,* c. entrée du chemin de *S.-Nazaire* à *Pornichet,* vignes de *Pornichet.* PC. — FIN. Forêt de *Landerneau* (Crouan). — C.-NORD. Chemin de fer à *Caulnes* (Mabille).

**Œ. suaveolens** Desf. diffère du précéd. surtout par les fl. 1 f. plus grandes, à odeur de fleurs d'oranger, à pét. échancrés, égalant presque le tube du cal. ②. j^n-j^t. — VEND. Vignes de *S.-Hil.-de-Riez* (Gobert). — LOIRE-INF. Vallée de *la Loire ;* c. vignes de *S.-Michel-en-Retz* (Gad.). — Se répand de plus en plus.

*Obs. Œ. muricata* L. indiqué dans la vallée de la Loire, en Anjou, a été découvert par M. Maupon, au bord du chemin de fer, à Nantes, d'où il ne peut manquer de se répandre. Aussi robuste que les 2 précéd., au milieu desquels il a été trouvé, ses fl. sont 3-4 f. plus petites, à pét. ne dépassant pas les étam. et 3 f. plus courts que le tube du cal.

**Œ. stricta** Ledeb. Peu velu. Tige de 6-10 déc. simple, faible. Feuil. lâchement dentées, les inf. allongées, rétrécies en pétiole, les sup. lancéolées, demi-embrassantes. Fl. jaune, à la fin rouge vineux, en long épi lâche ; *pét.* échancrés, dépassant le style et *un peu plus courts que le tube du cal.* ②. mai-a^t. Bord des chemins, lieux sablon. — A paru dans qq. ports de mer *(Brest, Quimper, Roscoff, Pouliguen, Pointe de l'Aiguillon).* — Port de *Lactuca saligna* avec feuil. de la tige larges d'env. 7 mil.

*Obs*. Ces *Œnothera* sont des plantes américaines cult. partout et se répandant de plus en plus dans les lieux sablonneux, les décombres et le long des chemins de fer.

**ISNARDIA** L. Cal. à 4 lobes persistants. Cor. 0. Etam. 4. Style caduc ; stigm. en tête. Caps. tétragone à 4 loges polyspermes, à 4 valves s'ouvrant par le milieu.

**I. palustris** L. Glabre. Tige couchée, radicante, rougeâtre. Feuil. ovales, aiguës, rétrécies en pétiole. Fl. petites, verdâtres, solitaires, axillaires, opposées, sessiles. ♃. j^n-sept. Marais, lieux inondés. C. — AC. au-delà de la *Loire-Inf*.

**CIRCÆA** L. Cal. à 2 lobes caducs. Pét. 2. Etam. 2. Style 1 ; stigm. échancré. Caps. en forme de poire, couverte de poils crochus, bivalve, à 2 loges à une graine dressée.

**C. lutetiana** L. Souche traçante. Tige pubescente, renflée aux nœuds. Feuil. ovales, aiguës, sinuées-dentelées, presque glabres, opposées, pétiolées. Fl. en grappe terminale. Pédonc. velus, sans bractées. Pét. bifides, blanc légèrement rosé. ♃. j^n-sept. Bois et lieux frais couverts. C. — R. le calc.

**TRAPA** L. Cal. à 4 lobes. Pét. et étam. 4. Style 1 ; stigm. en tête. Ovaire adhérent jusqu'au milieu, à 2 loges dont l'une avorte. Fruit dur, 1.sperme, à 4 épines formées par les lobes accrus du cal.

**T. natans** L. *Mâcre*. Tige submergée. Feuil. submergées opposées, pennées à fol. capillaires, les flottantes étalées en rosette, rhomboïdales, dentées sur les deux côtés sup., velues en dessous et sur les pétioles qqf. renflés. Fl. blanches, axillaires ; pédonc. court. Fruit à 4 épines. ①. j^n-j^t. Étangs, eaux stagnantes des rivières. — DEUX-SÈV. C. Bocage (A. Guillon). — VEND. AC. *La Roche, Port la Claye* (Pont.), presque tout le Bocage où il est ord. semé (Lx.). — LOIRE-INF. CC. rivière d'*Erdre*, C. — MOR. *Penmur* (Taslé). — FIN. *Quimper* (Bonnemaison). — C.-NORD. Taden près *Dinan* (Mabille), étangs du *Bois de la Motte* et des *Ponts-Neufs* (Morin). — IL.-ET-V. C. par localités. — Les fruits cuits sont mangeables et se vendent sur les marchés.

## HALORAGÉES

Cal. adhérent à l'ovaire ; limbe divisé ou presque 0. Pét. insérés au sommet du tube du cal., en nombre égal aux lobes du cal. ou 0. Etam. 1-8, insérées comme la cor. Style 0. Stigm. 1-4. Caps. composée de 1-4 carp. indéhiscents, monospermes, plus ou moins soudés dans le cal., graine suspendue.

**MYRIOPHYLLUM** L. Fl. monoïques. Cal. à 4 lobes presque nuls dans les fl. fem. Pét. très caducs. Etam. 8. Stigm. 4 pubescents. Fruit composé de 4 carp. indéhiscents, se séparant à la maturité. *Plantes aquatiques à feuil. verticillées ; fl. en épi ou verticillées, les mâles au sommet.*

**M. spicatum** L. Tiges submergées, rameuses. Feuil. pennées en dents de peigne, à fol. capillaires. *Fl. rosées, verticillées,* en épi droit. *Bractées sup. entières, plus courtes que les fl.* ♃. jⁿ-aᵗ. Eaux stagnantes. C.

**M. alterniflorum** DC. Plus grêle que le précéd. Fol. capillaires, molles. *Fl. jaunâtres, alternes,* en épi qqf. unisexuel, d'abord penché. Bractées plus courtes que les fl. Fl. inf. fem. solitaires ou réunies 2,3 et souvent à l'aisselle du verticille de feuil. sup. ♃. jⁿ-jˡ. Eaux stagnantes. C.

**M. verticillatum** L. Tige presque simple, raide. Feuil. pennées en dents de peigne. *Fl. toutes* verticillées, axillaires, *dépassées par les feuil. florales pennifides en dents de peigne.* ♃. jⁿ-aᵗ. Lieux fangeux, étangs, fossés. AC.

β. *M. pectinatum* DC. Feuil. florales courtes ; fl. presq. en épi distinct. AC.

**HIPPURIS** L. Cal. adhérent à l'ovaire, limbe très court. Cor. 0. Etam. 1, insérée sur le bord du cal. Anthère à 2 fentes. Style filiforme, appliqué dans le sillon de l'anthère. Fruit 1.loc. 1.sperme, couronné par le bord du cal.

**H. vulgaris** L. Tige simple, raide, comme articulée. Feuil. linéaires, verticillées. Fl. sessiles, axillaires. ♃. jⁿ-sept. Marais, étangs. — CHAR.-INF. c. *la Boutonne ; la Seugne ; Saintes, Courcoury* (A. Guillon), *Taillebourg ; Candé* (Hubert!), *Nuaillé* (Bouchet!), *les Mathes, Angoulins,* etc. — DEUX-SÈV. *Lezay, Mauzé!* (Sauzé), *Clussais* (Caillon), *Chizé* (Gir.), *Pas-de-Jeu* (Brottier), *Tourtenay* (Lunet), *Mallet* (Grelet), etc. — VEND. *Longueville,* c. du *Perrier* à *S.-J.-de-Monts* et *S.-Hil-de-Riez* (Pont.), *Challans, Soullans* (Gobert), marais de *la Sèvre* dans les trois départements. — LOIRE-INF. Marais de *S.-Julien-de-Concelles,* de *Mazerolles, lac de Grand-Lieu,* bas de *la Loire, S.-Joachim* et env., *Cambon,* etc. AC. — MOR. *Sarzeau* (Taslé), *Erdeven* (Hémont), étang de *Linès* (Toussaints), *Quiberon* (Elphège), *S.-Perreux* (Moreau). — FIN. *Plomeur, Plovan, Plounévez-Lochrist* (Crouan fl.). — IL.-ET-V. Tourbières de *Châteauneuf* (Mabille), marais de *Dol ;* de *Redon* (J.-M. Sacher), calc. de *Feins* (Gallée).

## LYTHRARIÉES

Cal. tubuleux ou en cloche, à 6-12 lobes sur 2 rangs. Pét. 4-6 insérés au sommet du tube du cal. qqf. nuls. Etam. insérées dans le tube du cal. au-dessous des pét. Ovaire libre. Style 1 ; stigm. en tête. Caps. entourée par le cal, à 2-4 loges polyspermes, Placenta centraux.

**LYTHRUM** L. Cal. tubuleux, cylindrique, à 6-12 dents, les extér. étalées. Pét. 6. Style filiforme, à stigm. en tête. Caps. à 2 loges polyspermes.

**L. Salicaria** L. *Salicaire,* Tige de 6-10 déc. tétragone, pubescente au sommet. Feuil. lancéolées, en cœur à la base, sessiles, opposées, qqf. verticilées. *Fl.* rouge-violacé, *en paquets axillaires formant un* *bel et long épi terminal*. Cal. velu, sans bractées à la base. **Etam.** ord. 12 dont 6 plus courtes. ♃. j^n-sept. Bord des eaux. C.

**L. Hyssopifolia** L. Glabre. Tige de 15-25 cent. plus ou moins étalée. Feuil. oblongues et linéaires, ord. obtuses. *Fl.* petites, lilacées à onglet blanchâtre, *solitaires* à l'aisselle de presque toutes les feuil. Cal. dressé, muni à la base de 2 petites bractées scarieuses. Etam. ord. 6. ①. j^n-sept. Lieux mouillés l'hiver. C.

**X. L. bibracteatum** et *tribracteatum* Salzm. *L. Salzmanni* Jord. fragm. 5. Tab. 2. f. B. Voisin du précéd., est plus grêle, plus rameux, diffus et plus feuillé, la tige est plus anguleuse, le *cal.* a *les dents ext. courtes et non lancéolées*, les graines 3 f. plus petites, aplaties d'un côté. Feuil très obtuses, étalées-déjetées. Tige et cal. rougeâtres ainsi que la caps. cylindrique ord. saillante. ①. j^t-sept. Bord vaseux des mares, talus des fossés marécageux.— CHAR.-INF. *Aytré*, alluvion des *Trois-Canons !* çà et là entre *Vautron* et *Ballon*, *S.-Hippolyte*, *Bords*, marais entre *Méchers* et *Semussac* (Fd.), *Muron*, *Genouillé* (Riveau). — VEND. *S.-Michel-en-Lherm* (Lx.), AC. marais de *Curzon*, *Triaize*, (Pont.), entre *Sallertaine* et *N.-Dame-de-Monts ;* routes de *Challans* à *S.-J.-de-Monts* et à *Beauvoir* (Gad.). — LOIRE-INF. Pont de la *Gravelle !* dans le Marais de *Machecoul* (Gobert), et c. par localités dans les Charreaux (chemins) de ce vaste marais entre *Machecoul* et *Bois-de-Céné*, et dans la partie moins voisine de la mer. — Il se distingue de *L. Hyssopi-folia*, même sans fleurs, par sés feuil. plus élargies au milieu et plus longuement rétrécies à la base.

**PEPLIS** L. Cal. en cloche, à 12 dents, les 6 extér. réfléchies. Pét. 6 très petits, *caducs*, qqf. o. Etam. 6. Style très court. Stigm. orbiculaire. Caps. à 2 loges polyspermes.

**P. Portula** L. Glabre. Tiges couchées, radicantes, rougeâtres, cylindriques. marquées de chaque côté d'une glande entre les feuil. toutes spatulées, rétrécies en pétiole, opposées. Fl. solitaires, axillaires. *Pét. lilas clair.* Caps. dépassant le cal. ; style très court. ①. j^n-sept. Bord des eaux, fossés. C.

**P. Boræi** Jordan, fragment 3, T. 5, *Ammannia* Guépin. Tige de 5-10 cent., ascendante, puis couchée et souv. radicante, couverte de poils courts, surtout sur les angles formés par la décurrence des *feuil. obo-vales-oblongues*, rétrécies à la base, sessiles, un peu ondulées, contournées, alternes, les inf. seulement opposées. Fl. solitaires (rar. 2), axillaires ; pédonc très court, garni de 2 bractées linéaires n'atteignant pas le milieu du cal. fructifère. *Pét.* petits, très caducs, orbiculaires, *rouge-vineux.* Caps. globuleuses, ne dépassant pas le cal. *Style long de 1-2 millim.* Graines obovales, planes d'un côté avec un petit rebord, convexes de l'autre. ①. j^t-sept. — LOIRE-INF. Bords sablonneux de la Loire inondés l'hiver, S.-Simon près *Mauves !* (Moride), cc. juin 1877 à la Templerie près *Ancenis* au bord du Marais de *Grée*, et prob. ailleurs autour de ce vaste marais ; RR. lac de *Grand-Lieu* au *Crêne !* (Gen.). R. bord d'une mare schisteuse entre *Moisdon* et *Grand-Auverné* (Gad.). R.

# TAMARISCINÉES

Cal. à 4-5 lobes persistants. Pét. 4,5 insérés à la base du cal. Etam. 4-10 ord. libre. Ovaire libre. Style 1 ; 3 stigm. Caps. trigone, 1 loc. polysperme, à 3 valves. Graines chevelues, attachées à la base de la caps. ou en ligne au milieu des valves.

**TAMARIX** L. Voir la famille. stigm. 3 étalés, dilatés au sommet, Graines à poils simples, fixées à la base de la caps.

**T. anglica** Webb. Arbrisseau de 2-3 mèt. à rameaux grêles, effilés, rougeâtres. Feuil. petites, longuement acuminées, rétrécies sous la base ovale, embrassantes, appliquées, imbriquées. Fl. petites, rosées ou blanches, en épis linéaires, serrés, latéraux. Disque à 5 angles confondus avec la base élargie des filets des étam. Anthères ovales. Ovaire en forme de bouteille. Caps. trigone-lancéolée, élargie à la base, acuminée. j<sup>n</sup>-sept. Buissons bordant les sables maritimes, et cult. sur le bord de la mer. — C. jusqu'à *la Vilaine*, puis graduellement moins c. et ord. cultivé. — R. côté nord *de la Bretagne*. — Fleurit plusieurs fois, mais fructifie peu. D'après Webb, il ne faut pas le confondre avec *T. gallica* L. qui est un arbrisseau méditerranéen.

# CUCURBITACÉES

Fl. monoïques ou dioïques. Cal. supère, à 5 dents. Cor à 5 lobes plus ou moins soudés entre eux et avec le cal. Etam. triadelphes, rar. libres. Anthères linéaires, flexueuses, à 2 loges. Style presque nul, à 3-5 stigm. bilobés. Ovaire à 3-5 loges, à placenta pariétaux. Fruit charnu, polysperme, à loges disparaissant souv. à la maturité.

**BRYONIA** L. Fl. dioïques (ici). Cal. à 5 dents. Cor. en cloche. Etam. 5 soudées 2 à 2, la 5<sup>e</sup> libre. Stigm. 3 bilobés. Baie globuleuse, à 3 loges ord. dispermes.

**B. dioica** Jacq. *Bryone, Gros navet.* Rac. très grosse, charnue. Tige longue, grimpante. Feuil. à 5 lobes en cœur à la base, calleux-rudes, opposées aux vrilles en spirale. Fl. blanc-jaunâtre, en grappe axillaire, pédonculée. Fruits rouges, luisants, en corymbe presq. sessile. ♃. j<sup>n</sup>-j<sup>t</sup>. Haies. AC.

**ECBALLIUM** Rich. Fl. monoïques. Cal. à 5 div.; tube court. Etam. soudées 2 à 2, la 5<sup>e</sup> libre ; 3 filets stériles très courts dans les fl. fem. Style 3.fide à stigm. bifides. Fruit à 3 loges polyspermes, se détachant du pétiole à la maturité et lançant avec élasticité par la base les graines mêlées de mucilage.

✗. **E. Elaterium** Rich. *Momordica* L. Hérissé de poils raides, un peu glauque. Tiges tombantes. Feuil. en cœur. obtuses, crénelées, dentées, ondulées, longuement pétiolées, épaisses. Fl. jaune pâle en petits corymbes axillaires, les fem. solitaires. Fruit oblong, penché. ♃. j<sup>n</sup>-a<sup>t</sup>. Décombres, lieux pierreux, sables. — CHAR.-INF. *Fouras !*

(Faye), çà et là vallée de *la Gironde ; Oleron !* (Delalande), *S.-Nazaire, Ars-en-Ré* (Lemarié). — DEUX-SÈV. Ville de *Thouars !* (Woods). — VEND. *Ile d'Elle, Jard, Talmont* (Pont., M.), *Triaize* (Ayraud), entre *Beauvoir* et *la Barre, Noirmoutier* (Gobert). — Sort qqf. des jardins où on le cultive.

# PORTULACÉES

Cal. à 2 sép. ou à 3-5 div. Pét. 3-6 insérés à la base du cal., libres ou un peu soudés à la base. Etam. 3-12 opposées et adhérentes aux pét. ou indéfinies et libres. Ovaire libre ou adhérent à la base du cal. Styles 5 ou 0 ; plusieurs stigm. Caps. 1.loc. s'ouvrant circulairement ou à 3 valves. Plusieurs graines attachées à un placenta central libre.

**PORTULACA** L. Cal. à 2 div. caduques. Pét. 4-6 insérés sur le cal., libres ou soudés à la base. Etam. 8-15 libres ou adhérentes aux pét. Style à 3-6 stigm. Caps. à 1 loge polysperme, s'ouvrant en travers.

**P. oleracea** L. *Pourpier.* Herbe couchée, succulente. Feuil. en coin allongé. Fl. jaunes, sessiles à l'aisselle des rameaux. Sép. à carène obtuse. (1). j$^n$-a$^t$. Jardins, champs cult., sables des rivières. C. — Moins c. au-delà de la *Loire-Inf.* — *P. sativa* Haw. *(Pourpier doré)* est cult. pour la cuisine.

**MONTIA** L. Sép. 2 persistants. Cor. en entonnoir, fendue d'un seul côté jusqu'à la base ; limbe à 5 div. dont 3 plus petites. Etam. 3, qqf. 4,5 opposées aux div. de la cor. Style très court, à 3 stigm. Caps. entourée par le cal. à 3 valves, à 3 graines ponctuées.

**M. fontana** L. Tige rampante ou flottante. Feuil. spatulées, obtuses, opposées. Pédonc. axillaires d'abord penchés, à 1 ou plusieurs petites fl. blanches. (1). mai-j$^t$. Bord des sources, des fontaines. C.

β. *minor.* Plante jaunâtre, dressée ; graines moins finement tuberculeuses, moins luisantes. Moissons, champs sablonneux. C.

# PARONYCHIÉES

Cal. persistant, à 5 div. Pét. 5 petits, en forme d'écailles ou d'étam. avortées, insérés entre les div. du cal. Etam. 3-10 placées devant les div. du cal. Ovaire libre. Styles 2,3 distincts ou plus ou moins soudés. Caps. 1.sperme, indéhiscente ou polysperme, à 3 valves.

**CORRIGIOLA** L. Cal. à 5 div. égalant la cor. Pét. 5 insérés à la base du cal. Etam. 5. Stigm. 3 sessiles. Caps. trigone, indéhiscente, à une graine suspendue à un funicule capillaire.

**C. littoralis** L. Rameaux nombreux, filiformes, couchés. Feuil. ovales-lancéolées ou linéaires, glauques ; stip. petites, blanchâtres. Fl. petites, blanches, en corymbes feuillés, serrés, terminaux, les latéraux allongés. (1). j$^t$-sept. Champs humides ou sablonneux, vignes, sables marit. C. — AR. et R. au-delà du *Mor.*

**X. C. telephiifolia** Pourr. Plus robuste que le précéd., s'en distingue par la racine vivace, pivotante, par les feuil. étroites, obovales-oblongues, épaisses, très glauques, par les fl. et les caps. plus grosses, par les corymbes non feuillés, par les sép. bordés d'une membrane blanche non argentée. mai-jᵗ. Lieux incultes, terres sablon. — CHAR.-INF. *Bédenac* (Fd.).

**HERNIARIA** L. Cal. à 5 div. un peu concaves. Pét. ou écailles 5. Etam. 5 avortant qqf. Style très court ou 0. Stigm. 2 obtus. Caps. indéhiscente, à une graine, recouverte par le cal.

**H. glabra** L. *Turquette. Glabre à l'œil nu.* Rac. devenant très épaisse ; rameaux nombreux, couchés. Feuil. elliptiques ou oblongues, sessiles. Fl. verdâtres, ramassées en petits paquets axillaires. Graine brune, luisante. ♃. mai-aᵗ. Lieux arides et sablonneux. C.

β. *H. ciliata* Bab. (*H. maritima* Link ex Daveau, Jornal de Scientias, Lisbonne, 1892.) Feuil. ovales, charnues, rougeâtres, ciliées, plus ou moins couvertes de poils ; calices qqf. poilus. AC. en Bretagne : coteaux, rochers, qqf. sables maritimes.

**H. hirsuta** L. Diffère de la var. du précéd. par les poils raides dont il est couvert et qui lui donnent une teinte jaunâtre. Terres sablonneuses, moissons. Moins C. et souv. ①.

**ILLECEBRUM** L. Cal. à 5 div. en cornet, cartilagineuses, blanc de neige, terminées en soie. Ecailles ou pét. 5, linéaires. Etam. 2-5. Style très court. Stigm. 2 en tête. Caps. à 5 valves, à une graine luisante, cachée dans le cal.

**I. verticillatum** L. Tige couchée, très rameuse, rougeâtre. Feuil. arrondies, opposées ; stip. blanches, scarieuses. Fl. blanches, axillaires, verticillées, sessiles. ①. jᵗ-sept. Lieux humides et sablonneux. C. — RR. dans le calc.

**POLYCARPON** L. Cal. à 5 div. concaves, carénées, membraneuses au bord. Pét. 5. Etam. 3-5. Styles 3 très courts. Caps. 1.loc. polysperme, à 3 valves.

**P. tetraphyllum** L. Très rameux, couché. Feuil. obovales, quaternées, celles des rameaux opposées. Stip. scarieuses. Fl. verdâtres, en panic. dichotome, terminale. Etam. 3,4. Pét. blancs. Graines pâles, très finement ponctuées. ①. mai-aᵗ. Vieux murs, haies sèches ou humides, pelouses, coteaux maritimes, lieux sablonneux. AC. — Audelà de *Loire-Inf.*, AC. région maritime, R. à l'intérieur.

**SCLERANTHUS** L. Cal. en cloche, resserré sous le limbe à 5 div. Pét. 0 ou rudimentaires. Etam. ord. 10. Styles 2, à 2 stigm. Caps. très petite, membraneuse, indéhiscente, cachée dans le cal. qui tombe avec elle à la maturité, à 1 graine suspendue à 1 funicule capillaire naissant de la base.

**S. annus** L. Tige pubescente ; rameaux dichotomes. Feuil. linéaires, membraneuses et ciliées à la base. *Fl. verdâtres,* en petits corymbes terminaux. *Div. du cal. aiguës, très étroitement bordées de* *blanc, ouvertes à la maturité.* ① qqf. ②. av.-sept. Champs surtout sablon., pelouses, coteaux, talus. CC. — *S. biennis* Reuter ex Sauzé, cat. 29, ne me paraît pas distinct de la forme naine resserrée des pelouses et coteaux secs (var. *collinus* Bréb. fl. norm.)

X. **S. verticillatus** Tausch, *S. pseudopolycarpos* Lacroix ! Bul. Soc. bot. 6, p. 558. Port et inflorescence de *S. annuus,* mais plus petit, plus grêle ; feuill. divergentes ; div. du cal. dressées après l'anthese, égalant env. le tube ; partie saillante de la caps. égalant celle incluse et non pas plus courte. ①. av.-mai. Pelouses sablon. arides du *calcaire,* qqf. avec *S. annuus,* parmi lequel on le reconnaît à sa précocité et à sa couleur vert-jaunâtre. — DEUX-SÈV. *Exoudun* (Sauzé, M.), *Soudan* (Gir.), *Coulonges-sur-l'Autize, S.-Pompain* (Guyon), *Thouars* (Pont.). — A chercher *Char.-Inf.* et *Vend.*

**S. perennis** L. Tige pubérulente ; rameaux dichotomes. Feuilles linéaires, un peu glauques. *Fl. blanches en petits corymbes terminaux. Div. du cal. très obtuses à large bord blanc, fermées à la maturité.* Etam. 10. ♃. mai. Coteaux schist. arides. — DEUX-SÈV. Le Puits d'Enfer près *S.-Maixent!* (A. Guillon), *la Motte* (Sauzé), *Thouars* ! (Woods), *Argenton-Ch.* R. — LOIRE-INF. Env. *d'Ancenis, Moisdon,* c. *Grand-Auverné;* de *Candé!* à *la Borre-David* (Guiho). RR. — MOR. *Tréhorenteuc, Néant* (Le Gall). RR. — IL.-ET-V. Ouest de forêt de *Paimpont* (Le Gall), au S.-O. *le Gobu, Martigné-Ferchaud* (Gallée), entre *Amanlis* et *Châteaugiron* (de la Pilaye), *Vitré!* (V. Sacher), *Monterfil* (Picq.). R.

# CRASSULACÉES

Cal. à 3-20 div. Pét. 3-20, libres ou soudés en cor. 1.pétale, insérés à la base du cal. Etam. insérées avec les pét., en nombre égal ou double. Ovaires en nombre égal aux pét., munis à la base d'une écaille nectarifère. Carp. à une loge s'ouvrant longitudinalement en dedans. Graines attachées à la suture. *Herbes à feuil. charnues sans stip.*

**TILLÆA** L. Cal. à 3 div. Pét. 3. Etam. 3. Carp. 3, à 2 graines, resserrés entre les graines.

**T. muscosa** L. Petite plante de 2-4 cent. rameuse, rougeâtre. Feuil. connées. Fl. blanchâtres, axillaires, sessiles. ①. mai-jᵖ. Lieux sablonneux battus, coteaux pierreux et surtout sables maritimes. — CHAR.-INF. *Fouras* (Faye), çà et là de *Montendre* à *Montlieu.* — DEUX-SÈV. *Parc d'Oiron* (Lunet), *Ménigoule* (J. Richard), *Amailloux* (Guyon), *Argenton-Ch.* — VEND., LOIRE-INF. et MOR. AC. — Moins C. reste de *la Bretagne.*

**BULLIARDA** DC. Cal. à 4 div. Pét. 4. Etam. 4. Carp. 4 polyspermes s'ouvrant en dedans.

**B. Vaillantii** DC. Tige de 3-5 cent. dichotome, radicante aux nœuds infér., rougeâtre. Feuil. linéaires, opposées, plus courtes que les pédonc. axillaires, solitaires. Fl. rosées. ①. mai-jᵗ. Rochers plats où l'eau a séjourné l'hiver. — LOIRE-INF. Entre *Clis* et *Lauvergnac!*

(Lx). landes de *la Ménardais*, de *Pierreplate*, env. d'*Ancenis*, de *Candé, Grand-Auverné ; S.-Aubin* (Guiho). R. — FIN. Env. de *Plobannalec*, de *Treffiagat*, du *Guilvinec* (Picq.). RR.

**SEDUM** L. Div. du cal. et pét. 5, rar. 4-7. Etam. 10, rar. 4-5. Styles, ovaires et écailles 5, rar. 4. Carp. 1. loc. polyspermes.

* *Fleurs blanches ou rouges.*

**S. Telephium** L. *Orpin.* Souche épaisse à fibres en navet. Tige simple, de 3-6 déc. *Feuil. planes, ovales-lancéolées*, qqf. obov.-oblongues, dentées, entières et en coin à la base, les inf. retrécies en pétiole. Fl. rouges, en corymbe compact terminal ; pét. étalés-recourbés, un peu en gouttière vers le sommet, soudés dans leur tiers inf. avec le filet des étam. Ovaires convexes sur le dos. ♃. j^a^t. Bord des haies. AC. — Consultez Boreau, Notes sur le *Telephium* 1866 et Jord. icon.

**S. Cepæa** L. Tige faible, pubescente. *Feuil.* planes, *spatulées*, obtuses, ord. quaternées. Fl. en panic. allongée, terminale. Pét. blancs, à carène rosée, aristés. ①. et ②. j^a^t. Haies, vieux murs. C. — R. ou O. au-delà de la *Loire-Inf.* — MOR. R. — IL.-ET-V. *Noyal-sur-Vilaine* (Hodée).

**S. pentandrum** Boreau, *S. villosum pentandrum* Auct. *Plante pubescente-glanduleuse*, de 5-12 cent. Feuil. linéaires-oblongues, planes en-dessus, obtuses. Fl. peu nombreuses, solitaires, pédonculées, en panic. terminale. *Pét.* aigus, 1. f. plus longs que le cal., *rosés*, à carène plus foncée. ①. mai. — CHAR.-INF. Champs et lieux sablonneux. *Arvert!* (Lesson), *Montendre.* R. — DEUX-SÈV. *Parthenay* (Janneau), env. d'*Airvault* (Bonnin), env. de *Bressuire*, d'*Argenton-Ch!. Taizé!* (J. Richard), *Parc d'Oiron* (Lunet), *Orbé* (Pont.), *Thouars!* (Toussaints), *Chantecorps* (Gir.), *La Gripière* (Boux), *S.-Maurice-la-Fougereuse* (Souché). — VEND. RR. forêt de *Vouvant* (Lx.). — LOIRE-INF. Coteaux et rochers schisteux d'*Ancenis* à *la Censerie* et *Pouillé ; Pont-Enault* (Guiho). R. — 5 étam. dans les lieux secs, 10 sur le bord des ruisseaux.

**S. andegavense** Desv. *Crassula* DC. Tige dressée, de 1-4 cent. simple à la base, trichotome au sommet. *Feuil. grosses, ovales-arrondies*, obtuses, glabres, prolongées à la base. *Fl. à 4 div.* disposées le long des rameaux. *Pét.* aigus, *blanc sale.* ①. 15 av.-15 mai. Coteaux et rochers schisteux. — DEUX-SÈV. *Thouars, Argenton-Ch.* RR. — LOIRE-INF. La Série près *Ancenis, de la Censerie à Pouillé.* R.

**S. album** L. *Tige redressée, couchée à la base ; rejets stériles rampants* à feuilles lâches. Feuil. linéaires, cylindriques, obtuses, étalées. *Fl. blanches* en corymbe serré, terminal. Pét. un peu obtus, 3 f. plus long que le cal. à div. elliptiques, obtuses. Anthères noirâtres. ♃. j^n^-j^t^. Murs, rochers, lieux pierreux. CC. — Au-delà de la *Loire-Inf.* MOR. PC. — FIN. RR. *Morlaix.* Redevient c. env. de *Dinan* et rég. marit. voisine. — Qqf. le corymbe est contracté par une piqûre d'insecte sur la tige.

**S. micranthum** Bast. Très voisin du précéd., dont il est qqf. difficile de le distinguer, mais ordinairement 1/2 plus petit ; feuil. des rejets stériles rapprochées, celles des tiges fleuries dressées ou étalées, jamais réfléchies, plus courtes, plus renflées. Çà et là, mêmes lieux et moins C. — Au-delà de *Loire-Inf.* MOR. *Coïtsurho*, introduit à *Vannes!* (Taslé). — Reparait rég. marit. de *S.-Brieuc* à *S.-Malo*.

**S. anglicum** L. *Tiges nombreuses*, rameuses, *gazonnantes*. Feuil. ovales, obtuses, alternes, glabres, prolongées à la base. Fl. en cyme lâche. Pét. aigus, ouverts en étoile. ♃. j<sup>n</sup>-j<sup>t</sup>. Lieux arides, rochers. C. terrains granitiques ou schisteux, surtout dans la région maritime, où mêlé à *S. acre*, il fait l'ornement des toits de chaume qu'il couvre de ses jolies fl. blanches ou rosées.

**S. rubens** L. *Crassula* L. Pubescent-glanduleux. Feuil. d'abord en tête glauque, linéaires, cylindriques, obtuses, glabres, étalées. *Fl. uni-latérales*, sessiles, en cyme. *Pét.* aigus, aristés, *blanc sale*, à carène rougeâtre. *Etam.* 5. *Carp. tuberculeuse-granuleux*, ovales-lancéolés, longuement mucronés, ouverts en coupe ; graines striées en long. ①. j<sup>n</sup>-j<sup>t</sup>. Terres arides, vignes, vieux talus, murs. C. — MOR. AC. rég. marit. — FIN. *Penmarc'h* (Bonnemaison). R. — AC. env. de *Dinan* et rég. marit. voisine.

*Obs. S. cæspitosum* DC. prod. *Crassula Magnolii* DC. flore fr. Petite plante de 2-3 cent., glabre, simple ou divisée dès la base en 2,3 rameaux. Feuil. ovales, obtuses, aplaties en dessus et en dessous. Fl. solitaires à l'aisselle des feuil. sup. Sép. ovales-triangulaires. Pét. blanc sale à carène rousse, lancéolés, acuminés, égalant les ovaires, plus courts que les carp. Etam. 4,5. *Carp.* 4,5 acuminés, promptement *étalés en étoile* rougeâtre, *lisses*, sillonnés en long. Graines obscurément striées. ①. avril. Plateau de schiste noir exposé au midi à *Vitré!* (Il.-et-V.). — La présence de cette plante méridionale m'a beaucoup étonné, et je n'ai pas osé en parler jusqu'à présent, quoique M. Victor Sacher m'en eût donné connaissance depuis plus de 30 ans. Elle se reproduit donc au moins depuis cette époque dans une localité où, quoique restreinte, personne ne peut supposer que c'est une plante étrangère.

** *Fleurs jaunes.*

X. **S. littoreum** Gussone, *S. Marichalii* Lloyd. Très glabre, ord. rougeâtre. Tige de 2-10 cent., pleine, grêle à la base, puis s'élargissant sensiblement jusqu'aux rameaux. Feuil. oblongues, obtuses, rétrécies à la base, épaisses, un peu aplaties en dessus, moins en dessous, prolongées à la base, décroissantes, les premières spatulées, 1,2 f. quaternées, rapprochées en rosette assez éloignée du bas de la tige. Fl. unilatérales, sessiles le long des rameaux de la cyme recourbés, puis convergents. *Pét.* ovales-lancéolés, aigus, terminés en petite pointe, *jaune-pâle, puis blancs*, égalant les sép. dans les fl. inf., 1 fois plus grands dans les autres. Sép. demi-cylindriques, obtus, inégaux, l'un souv. beaucoup plus grand. Etam. 5-10, souv. 5. Anthères violet-foncé. Carp. 5 aigus, un peu divergents, lisses. *Annuel!* fin avril. Vieux murs. — VEND. *Les Sables* (Bastard 1809, Marichal), où il tend à disparaitre. RR. — A retrouver le long de la côte. — Dans les individus nains, la cyme est courte à épis épais, d'abord presq. en paquet et réduits à 2,3 fl.

**S. acre** L. *Plante très piquante au goût,* en gazons serrés. *Feuil. ovales,* bossues, formant 6 rangs serrés sur les tiges stériles. Fl. en cyme courte. Div. du cal. ovales, obtuses, 1 f. plus courtes que les pét. aigus. ♃. jⁿ-jˡ. Murs, rochers, lieux pierreux, sables, surtout dans la région maritime. C.

**S. sexangulare** L. *S. boloniense* Lois. Tige redressée. *Feuil. linéaires,* cylindriques, obtuses, prolongées à la base, formant 6 rangs sur les tiges stériles. *Fl. en cyme trifurquée.* Div. du cal. oblongues-linéaires, obtuses. ♃. jⁿ-jˡ. Lieux pierreux. — LOIRE-INF. Murs du châtau de *Thouaré !* (Lx.), *S.-Sébastien !* (Maupon), *Chantenay, Folies-Siffait, Oudon ;* AC ! env. *d'Ancenis* (Guiho). R.

X. **S. anopetalum** DC. Tiges ascendantes de 1-2 déc. Feuil. glauques, cylindracées, un peu comprimées en dessus et en dessous, mucronées, dressées, prolongées à la base, serrées sur les tiges stériles. *Fl. sessiles en cyme compacte,* toujours droite, *d'un jaune presque blanc.* Div. du cal. triangulaires-lancéolées, acuminées, 1 f. plus courtes que les pét. lancéolés, dressés. Cyme fructifiée ouverte à rameaux lâches. ♃. jⁿ-jˡ. Coteaux pierreux calc. — CHAR.-INF. Chaniers près *Saintes !* (A. Guillon), de *S.-Savinien !* à *Taillebourg* (Sav.), c. Chaumes de *Sèche-Bec ; Vaux, Pontaillac.* R.

X. **S. elegans** Lej. *S. Forsterianum* Smith. Tiges grêles, creuses' rougeâtres à la base, ascendantes, à rejets stériles obconiques, obtus, couverts de *feuil. petites,* serrées, ponctuées, mucronées, celles de la tige très prolongées à la base, charnues, planes en dessus et en dessous, obtuses avec un petit mucron, *verdâtres. Fl. petites, d'un beau jaune,* en cyme serrée. Sép. planes, non épaissis au sommet et sur les bords. Pét. oblongs. Cyme fructifiée oblongue à rameaux droits, resserrés. ♃. jⁿ-jˡ. Rochers schist. — DEUX-SÈV. Château de *Thouars* (Toussaints 1841). et coteaux de *Grevant, Pommier, la Cascade, Butte de Montcoué, Argenton-Château.*

**S. reflexum** L. *Tige* dressée, couchée et rampante à la base ; *rejets stériles rampants.* Feuil. linéaires, en alène, cylindracées-comprimées, mucronées, prolongées à la base, les inf. qqf. recourbées, vertes. *Fl. en cyme d'abord penchée, à rameaux recourbés, se redressant ensuite.* Sép. qqf. 6,7 lancéolés, aigus, excavés au milieu en dehors. Pét. étalés, en gouttière. ♃. jˡ. Coteaux, lieux pierreux, murs. — CHAR.-INF. c. dans le n.-est et le sud. — DEUX-SÈV. Dans le sud, *S.-Loup, Parthenay,* env. de *Thouars, d'Argenton-Ch.* — VEND. *Mervent* (Maire). — LOIRE-INF. D'*Oudon* à *S.-Herblon,* coteaux de la *Divatte.* — MOR. *Belle-Ile* (Gad.). — C.-NORD. c. *Dinan* et rég. marit. voisine (Mabille).

β. *S. rupestre* L. *S. albescens* Bor. plus robuste, feuil. glauques. Mêmes lieux et sables marit. C. — R. au-delà de *Loire-Inf.* — Peut-être distinct de *S. reflexum,* qui pendant 10 ans s'est ressemé dans notre jardin sans changer de forme. — Je ne puis faire une distribution complète des localités de ces deux plantes.

*Obs.* Il ne faut pas confondre les individus robustes de *S. rupestre* avec *S. altissimum* Poir. qui a les fl. jaune pâle d'abord serrées en tête arrondie.

**SEMPERVIVUM** L. Div. du cal., pét., carp. et écailles nectarifères 12-18. Etam. en nombre double.

*.**S. tectorum** L. *Joubarbe*. Tige pubescente. Feuil. lancéolées, éparses, celles des pousses stériles en rosette, ciliées. Fl. rougeâtres, unilatérales, sessiles sur les rameaux en corymbe. ♃. jⁱ. Cult. sur les toits, les vieux murs, d'où il gagne qqf. les rochers voisins.

**UMBILICUS** DC. Cal. à 5 div. Cor. tubuleuse, monopétale. Etam.10, insérées sur la cor. Ecailles 5. Carp. 5,1.loc. polyspermes.

**U**. **pendulinus** DC. *Cotyledon Umbilicus β*. L. *Gobelets*. Rac. tubéreuse. Tige simple. Feuil. inf. orbiculaires, peltées, ombiliquées, crénelées, celles de la tige en coin. Fl. blanc-jaunâtre, pendantes, en long épi-terminal qqf. rameux à la base. ♃. mai-jⁿ. Vieux murs, rochers, haies. CC. — R. dans le calc.

# GROSSULARIÉES

Cal. adhérent à 4,5 div. Pét. et étam. 4,5 insérés à la gorge du cal. Style 2,4 fide. Baie 1.loc. polysperme, couronnée par le cal. marcescent. *Arbrisseaux à feuil. alternes.*

**RIBES** L. Voir la famille. Pét. très petits.

**R. rubrum** L. *Castillier*. Feuil. en cœur à la base, à 3 ou 5 lobes obtus, crénelés-dentés, pubescentes en dessous. Fl. vert-jaunâtre, ord. rougeâtres au milieu, en épis pendants. Bractée tronquée, bien plus courte que le pédic. Baie rouge. Av. Haies fraiches, bords boisés des ruisseaux. — CHAR.-INF. Bardon en *Courcerac* au bord de *l'Antenne* (Raux). — DEUX-SÈV. *Thouars* au bord du Thouet (Lunet), *S.-Loup* au bord du Cébron et du Thouet (Guyon). — LOIRE-INF. Çà et là d'*Oudon* à *Ingrande* ! bord de *la Divatte* ! (Guiho), bord du *Semnon* (Gad.), près le bois de *la Pipe à Châteaubriant* (Moride). — C.-NORD *Lehon* forêt de *Coëtquen* (Mabille). — IL.-ET-V. Forêt de *Rennes* (Lx.).

*Obs*. On rencontre qqf. dans les haies, autour des habitations, *R. Uva-crispa.* L. *Groseillier*, échappé des jardins ; il a les rameaux nombreux, à épines ternées, les feuil. arrondies à 3,5 lobes incisés-dentés, les pédonc. à 1,2 fl., les baies glabres. M. Guiho assure l'avoir vu dans la *forêt du Gâvre* et dans la futaie de *Bruc* (Loire-Inf.).

# SAXIFRAGÉES

Cal. à 4-5 div. persistant, adhérent ou libre. Pét. 4,5 insérés sur le cal. rar. 0. Etam. 8-10 libres, insérées sur le cal. Styles 2, rar. 4,5 persistants ; stigm. dilatés au sommet. Caps. polysperme, terminée par 2 pointes, à 1,2 loges s'ouvrant par un trou entre les pointes ou de la base au sommet.

**SAXIFRAGA** L. Cal. à 5 div. Pét. 5. Etam. 10. Styles 2. Caps. à 2 loges polyspermes, s'ouvrant par un trou entre les styles.

**S. granulata** L. Rac. garnie de petits tubercules. Tige pubescente-visqueuse au sommet. *Feuil. inf. réniformes*, crénelées-lobées, à pétiole en gouttière. Fl. blanches, assez grandes, en panic. peu garnie. ♃. mai. Coteaux secs, bois, prés, bord des fossés. — CHAR.-INF. *La Barde* (Péturcau). — DEUX-SÈV. C. calc. et schiste. — VEND. AC. *Fontenay* (Lx.) ; *Cheffois, Merrent* (Gobert), *Treize-Vents* (Soulard), *S*ᵗᵉ*-Hermine* (Grammont), *S.-M.-M.-Mercure* (Gad.), c. env. de *Mortagne* (Gen.). — LOIRE-INF. *Getté* (Pesneau), de *Gétigné* à *Tiffauges* ! (Le Boterf), *le Pallet* ! (H. Lefièvre). *Clisson*. R. — MOR. Rochers de l'île de *Groix !* (Thépault). RR. — C.-NORD. AC. coteaux de la Rance à *Pleudihen* (Bréhel), *la Ville-ès-Nonais* (Gautier).

**S. tridactylites** L. Tige pubescente-visqueuse, de 5-10 cent. *Feuil. en coin, à 3 lobes*, les rad. spatulées, entières ou trifides. Fl. blanches, petites, axillaires et terminales. ①. av.-mai. Murs, sables, surtout maritimes. C.

**CHRYSOSPLENIUM** L. Cal. adhérent, à 4 div., coloré. Cor. 0. Etam. 8 insérées autour d'un disque glanduleux. Styles 2. Caps. 1 loc. polysperme, à 2 becs, à 2 valves s'ouvrant au sommet.

**C. oppositifolium** L. Plante délicate, gazonnante. Tiges radicantes à la base. Feuil. presque orbiculaires, en coin ou tronquées à la base, un peu crénelées, opposées, pétiolées. Fl. jaunâtres, en corymbe terminal, feuillé. ♃. av.-mai. Bords couverts des ruisseaux d'eau vive. — DEUX-SÈV. *L'Absie* (A. Guillon), *Château-Tison, Chambrille* et env. (Maillard), *Goux* (Gir.). — VEND. R. env. de *la Roche !* ; *Chantonnay*, au bord du Lay, *Paymaufrais* (Pont., M.), forêt de *Vouvant* (Lx.), *Bourneau* (Ayraud), AC. env. de *Mortagne* (Gen.). — BRETAGNE. AC.

# OMBELLIFÈRES

Cal. adhérent à l'ovaire ; limbe à 5 dents ou à peu près nul. Pét. et étam. 5 insérés sur le bord du cal. Ovaire à 2 loges. Styles 2 dilatés en un disque *(stylopode)* épigyne. Fruit à 2 carpelles ou *méricarpes* soudés avec la moitié du cal., d'abord par leur face interne *(commissure)*, puis se séparant de bas en haut et restant suspendus à un axe central *(carpophore)* filiforme, ord. bipartit. Chaque carp. est muni sur le dos de 5 côtes principales, et qqf. de 4 autres secondaires. Intervalles *(vallécules)* entre les côtes garnis d'un ou de plusieurs *canaux résine x* (bandelettes). *Plantes herbacées* (ici) ; *feuil. ord. divisées, à pétiole engainant ; fl. en* ombelle *ord. composée, souv. munie* d'involucre et d'involucelle.

*Obs.* Pour l'étude de cette famille difficile, les fruits mûrs sont indispensables, et il est bon d'en faire une coupe transversale. — Dans tous les genres où le bord du cal. est peu apparent, j'ai omis l'énonciation de ce caractère.

### 1. Ombelle simple.

*Hydrocotyle.* Feuil. orbiculaires, peltées.
*Eryngium.* Feuil. épineuses.
*Sanicula.* Feuil. palmées.

### 2. Ombelle composée.

#### §. Feuil. simples.

*Bupleurum.*

#### §§. Feuilles composées.

##### ˙ Fruit allongé ou en alène.

*Scandix.* Fruit à bec très long.
*Chærophyllum.* Fruit sans bec. Carp. à 5 côtes égales, obtuses.
*Anthriscus.* Fruit à bec court et à 5 côtes. Carp. presque cylindriques sans côtes.

##### ˙˙ Fruit hérissé.

*Daucus.* Fol. de l'involucre pennifides.
*Torilis, Caucalis, Turgenia, Orlaya.*
Ab. *Anthriscus vulgaris.*

##### ˙˙˙ Fruit dont le diamètre transversal égale ou dépasse la largeur de la commissure.

*Smyrnium* Fl. jaunes. Carp. gros, noirs, réniformes.
*Fœniculum.* Fl. jaunes. Involucre et involucelles 0.
*Silaus.* Fl. jaunâtres. Carp. à 5 côtes aiguës, presp. ailées.
*Crithmum.* Fruit subéreux. Feuil. charnues.
*Bifora.* Carp. globuleux-renflés. Commissure percée de 2 trous.
*Œnanthe.* Cal. à 5 dents. Fruit cylindrique, en toupie ou oblong. Styles longs, droits, persistants.
*Ammi.* Fol. de l'invol. pennifides.
*Pimpinella.* Involucre et involucelles. 0. Fruit ovale.
*Ægopodium.* Involucre et involucelles. 0. Fruit oblong.
*Conium.* Carp. à 5 côtes ondulées-crénelées.
*Æthusa.* Fruit ovale-globuleux. Carp. à 5 côtes élevées, aiguës, les latérales presq. ailées.
*Apium.* Fruit presque globuleux. Carp. à 5 côtes filiformes, égales. Stylopode déprimé. Carpophore entier.
*Petroselinum.* Fruit et carp. ovales. Stylopode un peu conique.
*Cicuta.* Fruit presque globuleux. Carp. à 5 côtes obtuses, égales. Vallécules à 1 canal presq. aussi saillant que les côtes. Involucre 0.
*Helosciadium.* Fruit ovale ou oblong. Carp. à 5 côtes égales. Vallécules à 1 canal. Carpophore entier, libre.
*Trinia* Fl. dioïques ou monoïques. Pét. des fl. mâles lancéolés. Fruit ovale. Un canal dans l'intérieur de chaque côte.
*Falcaria.* Cal. à 5 dents. Fruit oblong, comprimé par le côté. Carp. à 5 côtes filiformes, égales. Vallécules à un canal filiforme.
*Sison.* Fruit ovale. Carp. à 5 côtes filiformes, égales. Canaux courts en massue renversée.
*Carum.* Fruit ovale-oblong. Carp. à 5 côtes filiformes, égales. Commissure plane. Vallécules à 1 canal. Carpophore libre, fourchu au sommet.
*Conopodium.* Fruit ovale. Carp. à 5 côtes en forme de stries. Stylopode conique, terminé par le style droit.
*Sium.* Fruit presque globuleux. Carp. à 5 côtes filiformes, égales. Styles recourbés.

*Seseli.* Dents du cal. épaisses. Fruit oblong. Styles réfléchis. Carp.
à 5 côtes, les latérales placées au bord. Involucre 0 ou à 1 fol.


**····** **Fruit dont le diamètre transversal est beaucoup plus court
que la largeur de la commissure.**

*Pastinaca.* Fl. jaunes. Involucre et involucelles 0. Carp. à 5 côtes,
les latérales éloignées des autres et touchant le rebord.
*Anethum.* Caract. du *Pastinaca.* Carp. à 5 côtes également dis-
tantes.
*Selinum.* Carp. à 5 ailes, les latérales beaucoup plus grandes.
*Laserpitium.* Carp. à 4 ailes membraneuses.
*Tordylium.* Carp. à rebord épais, rude-tuberculeux.
*Heracleum.* Canaux rétrécis en massue linéaire.
*Angelica.* Fruit bordé de 2 larges ailes.
*Peucedanum.* Carp. à 5 côtes très fines.

### I. *Ombelles simples.*

**HYDROCOTYLE** L. Pét. ovales, entiers. aigus, droits. Fruit
comprimé, à 2 lobes. Carp. à 5 côtes filiformes, les 2 intermédiaires
plus saillantes, arquées. *Ombelle imparfaite.*

**H. vulgaris** L. Plante délicate ; tiges rampantes. Feuil. orbiculaires, peltées, nervées, largement crénelées; pétiole poilu. Fl. petites,
blanches ou un peu rosées, en 1,2 paquets sur un pédonc. axillaire.
♃. jⁿ-sept. Marais, bord des étangs. CC.

**ERYNGIUM** L. Cal à 5 fol. épineuses. Pét. dressés, connivents,
échancrés, à longue pointe courbée en dedans. Fruit ovale, sans
côtes, hérissé d'écailles. Fl. en tête sur un récept. garni de paillettes,
entouré d'un involucre épineux. *Feuil. épineuses.*

**E. campestre** L. *Chardon Roulant.* Feuil. coriaces, veinées en
réseau, 1-2.pennées, décurrentes sur le pétiole, celles de la tige
embrassantes à oreillettes larges. Fl. blanchâtres, en tête plus courte
que les *fol. linéaires, entières de l'invol. Paillettes simples.* ♃. jⁱ-sept.
Terrains arides, sablonneux ou calc., sables maritimes. C. — PC.
Bocage des *Deux-Sèv.,* de *la Vend.* et intérieur de *la Bretagne.*

**E. maritimum** L. Glauque-blanchâtre. Feuil. coriaces, veinées en
réseau, les rad. entières ou plissées-lobées, celles de la tige sinuées-
lobées, embrassantes. Fl. bleuâtres, en tête plus courte que les *fol.
sinuées-dentées de l'invol. Paillettes trifides.* ♃. jⁿ-sept. Sables maritimes. C.

**E. viviparum** Gay. an. sc. nat. 1848, p. 28, t. 11, *E. pusillum* Le
Gall flore. *Petite plante couchée,* de 3-6 cent. Souche courte, tronquée,
à rac. nombreuses. Plusieurs tiges couchées, naissant autour d'une
ombelle radicale, dichotomes, portant une ombelle à l'aisselle de
chaque bifurcation, rameaux divergents. Feuilles rad. en rosette,
lancéolées, incisées-épineuses ou pennifides épineuses, les ext. plus
étroites, dentées, rétrécies en pétiole entier. Feuil. de la tige pennifides,
à 3-5 lobes incisés-épineux, le terminal très grand. Fol. de l'invol.

5, lancéolées, dentées-épineuses. Paillettes entières ou à une seule épine, dépassant les fl. peu nombreuses, bleu clair, à anthères jaune-blanchâtre. Fruit muni, surtout vers le sommet, de petites écailles non ponctuées. ♃. jⁱ-aᵗ. Pâtures planes, stériles, à terre compacte très mouillée l'hiver. — MOR. Entre *Ploërmel* et *Erdeven* (Hémont 1832, Toussaints), Séné près *Vannes !* (Pontarlier), c. dans qq. localités. R. — Vers l'automne, au collet de la plante, en dedans des feuil., il se développe une ou plusieurs rosettes de feuil., qui font paraître latérales les tiges fructifères. Ces rosettes jettent plusieurs racines, tandis que celles qui ont porté les tiges se dessèchent et meurent avec elles. A la même époque, et dans les années humides, une rosette semblable naît à l'aisselle des feuil. supér.

**SANICULA** L. Cal. à 5 dents. Pét. dressés, connivents, échancrés, à pointe longue, pliée en dedans. Fruit ovale-globuleux. Carp. sans côtes, hérissés d'aiguillons crochus. ne se séparant qu'à la parfaite maturité.

**S. europæa** L. *Sanicle*. Tige simple. Feuil. palmées à 5 lobes tri-fides, dentés, vert foncé, luisant. Fl. blanches, en ombellules globuleuses. Etam. longues. ♃. mai-jⁿ. Bois. AC.

### II. *Ombelles composées*

### A. *Feuilles simples*

**BUPLEURUM** L. Pét. presque arrondis, entiers, courbés. Fruit ovale ou arrondi, comprimé. Carp. à 5 côtes égales, ailées, filiformes ou presque 0. *Fl. jaunes.*

**B. tenuissimum** L. *Rameaux* couchés, filiformes. Feuil. linéai-res-lancéolées acuminées. Ombelles petites, nombreuses, les termi-nales à 3 rayons inégaux, les latérales incomplètes. *Carp. granuleux-jaunâtres,* à côtes sinuées-plissées. ①. jⁱ-sept. Terres arides, bord des chemins. C. région marit et calc. jusqu'à la *Vilaine*. — MOR. PC. rég. marit. — FIN. Vallée de *Port-Salut* (Tanguy), *Kerity-Penmarc'h, S.-Jean-Trolimon,* (Picq.). *Camaret* et *Quélern,* presqu'île de *Kermor-van* (Blanchard). — C.-NORD. Du *Légué* à *Cesson* (Le Corre), *S.-Jacut, S.-Suliac* (Mabille).

✗ **B. affine** Sad. *Plante* de 3-4 déc. *grêle,* raide, *dressée ;* rameaux effilés. Feuil. linéaires-lancéolées, acuminées, à 3 ou 5 nervures. Om-belles lâches, les terminales à 5-7 rayons très inégaux, les latérales moins nombreuses à 1,2 rayons. Fol. de l'involucelle acuminées-en alène, dépassant l'ombelle à 3-5 *fruits lisses,* plus longs que leur pédicelle. Fol. de l'involucre à env. 5 fol. ①. jⁱ. — CHAR.-INF. Monterneuf près *S.-Aignant* (Parat). *Chérac* (Delaage). — DEUX-SÈV. Coteaux arides, *Thouars* (Reveliere), *Argenton-Ch.;* forêt de *Chizé* (Dussouchaud). RR. — VEND. Buissons dans les sables marit. aux env. *des Sables* (Pont-devie, Rossignol). RR. — LOIRE-INF. Dunes herbeuses du moulin de Tharon en *S.-Michel-en-Retz !* (Le Dantec), jusqu'au marais de *Calais !* (P. Bruneau, H. Lefièvre), RR. bord des haies à *Ancenis!* (Desray). RR.—La forme à rameaux courts, appliqués (*B. affine* Sad.) et celle à rameaux allongés, étalés-ascendants *(B. Jacquinianum* Jord.) ne constituent qu'une même espèce, ainsi qu'on peut le voir par les intermédiaires croissant dans la même localité aux *Sables d'Olonne* et à *Tharon* (Loire-Inf.). Dans les dunes et les lieux sans abri, il n'y a que *B. affine*, tandis que dans les lieux plus frais et abrités par les buissons, une partie des individus sont *B. Jacquinianum.* L'été humide de 1878 a produit des *B. Jacquinianum* et des formes intermédiaires où il n'existait en 1877 que des *B. affine.* Enfin, M. Foucaud et moi avons semé des graines d'un *B. affine,* qui ont donné de beaux *B. Jacquinianum.*

**B. aristatum** Bart. *B. Odontites* DC. fl. fr. *B. opacum* (Lange). Tige dichotome, de 2-10 cent. à rameaux étalés. *Feuil. linéaires-lancéolées,* à 3 nervures. Fol. de l'involucelle 5 opaques, dépassant les fl. ovales-lancéolées, *en arête,* à 3 nervures ramifiées latéralement. Pédic. surtout celui du milieu, plus court que la fl. ①. j"-j'. Sables, pelouses et coteaux maritimes. — AC. surtout au midi de *la Loire.* — A l'intérieur : coteaux, lieux pierreux. — CHAR.-INF. PC. — DEUX-SÈV. Env. de *Douil, S.-Loup, Airvault, Thouars, Argenton-Ch.;* Mallet, près *Mauzé* (Fd.).

X. **B. falcatum** L. Tige de 3-9 déc. dressée, flexueuse, rameuse, surtout dans le haut. *Feuil. inf. un peu arquées, lancéolées,* rétrécies en pétiole, les sup. linéaires-lancéolées à 5,7 nervures. Fol. de l'involucre inégales, celles de l'involucelle cuspidées plus courtes que les fl. d'un beau jaune. Fruit ridé strié. ♃. a'-sept. Champs, vignes, coteaux, bord des bois, dans le calc. — CHAR.-INF. AC. dans le n.-est ; La Garde près *Croix-Chapeau* (Fd.). — DEUX-SÈV. *Airvault* (Bonnin), AC. *S.-Loup!* (Guyon), *S.-Martin-de-Sanzay* (Pellier), *Tourtenay* (Lebrun), C. dans le midi.

X. **B. protractum** Link. Un peu glauque ; rameaux divariqués. *Feuil.* sup. ovales, mucronées, *perfoliées.* Ombelle sans invol. à 2,3 rayons. Fol. de l'involucelle ovales, mucronées, jaunes, toujours très étalées. *Fruit granuleux.* ①. j'. Champs et moissons du calc. — CHAR.-INF. C. — DEUX-SÈV., VEND. AC.

X. **B. rotundifolium** L. diffère du précéd. par les feuil. plus arrondies, distiques, l'ombelle à 5-8 rayons, les fol. de l'involucelle vertes, redressées sur les fruits lisses, plus petits. ①. j". Mêmes lieux. — CHAR.-INF. Moins C. — DEUX-SÈV. AC. — VEND. *Chaillé-les-Marais!* *Ile d'Elle* (Lx.), R. *Sigournais* (Pont.), les Groies en *S.-Germ.-le-Prinçay* (Gad.). RR.

B. *Feuilles composées.*

a. *Fruit allongé ou en alène.*

**SCANDIX** L. Pét. inégaux, obovales, tronqués, à pointe courbée. Fruit comprimé latéralement, à bec très long. Carp. à 5 côtes égales, obtuses, les latérales placées au bord.

**S. Pecten Veneris** L. Tige pubescente. Feuil. bipennées à fol. linéaires, aiguës. Involucre 0 ou à 1 fol. pennifide. Ombelle à

2,3 rayons. Fol. de l'involucelle 2-3.fides ou entières. Bec des carp. comprimé par le dos, hérissé d'aiguillons sur chaque côté. ①. mai-j$^n$. Moissons. CC.

**CHÆROPHYLLUM** L. Pét. obovales, échancrés, à pointe courbée. Fruit comprimé latéralement, sans bec. Carp. à 5 côtes égales, obtuses, les latérales placées au bord. Vallécules à 1 canal.

**C. temulum** L. Tige de 6-10 déc. sillonnée, hérissée et tachée de brun, surtout dans le bas, pubescente dans le haut, renflée sous les nœuds. Feuil. d'un vert sombre, bipennées ; fol. incisées-lobées, à lobes obtus, mucronulés. Involucre 0 ou à 1 fol. Fol. de l'involucelle ovales-lancéolées, acuminées. ciliées. Fl. blanches, ombelle pédonculée d'abord penchée. ②. mai-j$^t$. Haies. CC.

**ANTHRISCUS** Pers. Pét. obovales, échancrés, à pointe courbée ou 0. Fruit contracté latéralement, terminé en bec court à 5 côtes. Carp. presque cylindriques, sans côtes. *Fl. blanches.*

**A. silvestris** Hoffm. *Chærophyllum* L. Tige de 6-10 déc. sillonnée, velue à la base, glabre dans le haut, un peu renflée sous les nœuds pubescents. Feuil. 2-3.pennées à fol. allongées, incisées-dentées. Involucre 0. Fol. de l'involucelle ovales, acuminées, ciliées, réfléchies. *Carp. linéaires, lisses, à bec peu sensible.* ♃. mai-j$^t$. Haies. Moins C. que *Chærophyllum temulum* auquel il ressemble.

*Obs. A. Cerefolium* Hoffm. *Scandix* L. *Cerfeuil,* se trouve qqf. dans les haies autour des habitations. Ses feuil. sont aromatiques, 2-3.pennées à fol. ovales, incisées-pennifides ; l'ombelle est latérale, sessile ou pédonculée, le *fruit linéaire, lisse, 1 fois plus long que le bec sillonné.* ①. Cult.

**A. vulgaris** Pers. *Scandix Anthriscus* L. *Caucalis scandicina* Roth. Tige très rameuse, glabre. Feuil. molles, tripennées à fol. pennifides ; pétiole poilu ; gaine ciliée. Involucre 0. Fol. de l'involucelle ovales-lancéolées, acuminées, ciliées, unilatérales. *Fruit ovale-oblong, hérissé d'aiguillons crochus, blanchâtres.* Style droit, très court. ①. mai-j$^n$. Décombres. AC. — Plus c. en approchant de la mer et dans le calc.

b. *Fruit hérissé.*

**TORILIS** Gært. Cal. à 5 dents. Pét. obovales, échancrés, à pointe courbée, Fruit contracté latéralement. Carp. à 5 côtes principales garnies d'aiguillons, les secondaires cachées par les aiguillons des vallécules. *Fl. blanches.*

**T. Anthriscus** Gmel. *Tordylium* L. *Tige* rameuse, *élancée,* à poils couchés, dirigés en bas. Feuil. bipennées à fol. incisées-dentées, la terminale lancéolée. Ombelle longuement pédonculée. *Involucre à 4,5 fol. linéaires. Aiguillons du fruit courbés, aigus.* Fl. qqf. rosées. ②. j$^n$-a$^t$. Haies, buissons, bois, champs incultes. C.

**T. helvetica** Gmel. *Caucalis arvensis* Huds. *Rameaux étalés,* à poils couchés, dirigés en bas. Feuil. 1-2.pennées à fol. incisées-dentées, la terminale qqf. plus allongée. Ombelle longuement pédonculée, dressée avant l'anthèse. *Involucre 0 ou à 1 fol. membraneuse. Aiguillons du fruit terminés en tête hérissée.* ①. j^t-a^t. Champs incultes, bord des haies. C.

**T. heterophylla** Guss. Tige de 4-8 déc. à poils couchés, dirigés en bas. Feuil. inf. bipennées à fol. incisées-dentées, les moyennes à 3 fol. lancéolées, incisées-dentées, les sup. simples, entières ou dentées. Ombelle longuement pédonculée, penchée avant l'anthèse, à 3, rar. 4 rayons. Involucre 0 ou à 1 fol. Fl. petites. *Carp. extérieur à aiguillons terminés en tête hérissée, ceux du carp. int. courts, tuberculeux.* ①. mai-j^n. Haies, buissons et décombres des lieux secs. — CHAR.-INF. *Fouras*, c. de *Soubise* à *S.-Aignant; S.-Hippolyte, S.-Porchaire* (Fd.), la Martinière en *Oleron* (Gad.), *Broue, S.-Palais, le Douhet.* — DEUX-SÈV. *Thouars!* (Revelière), la Couarde en *Goux, la Mothe* (Sauzé), *S.-Maixent, Luzay; Melle* (Gir.). AC. (Sauzé fl.). — VEND. *Fontenay; la Roche*, çà et là de *Luçon* à *Talmont, Chantonnay, S^te-Hermine* (Pont.), *Mouilleron-en-Pareds* (Gobert). — LOIRE-INF. De *Mauves* à *Ingrande, Paimbœuf; S.-Brevin* (Ménier). — MOR. *Vannes!* et env.! *Sarzeau* (Taslé).

**T. nodosa** Gært. *Tordylium* L. *Caucalis nodiflora* Lam. Tige faible, étalée. Feuil. bipennées à fol. étroites. *Ombelle* simple, *presque sessile, opposée à la feuil.* Fruits du centre de l'ombelle tuberculeux, ceux de la circonférence hérissés partout d'aiguillons crochus ou seulement sur le carp. ext. ①. j^n-a^t. Murs, rochers, décombres, surtout au bord de la mer. AC. — R. à l'intérieur au-delà de *Loire-Inf.*

**CAUCALIS** Hoffm. Cal. à 5 dents. Pét. obovales, échancrés, à pointe courbée, les ext. rayonnants, bifides. Fruit un peu comprimé latéralement. Carp. à 5 côtes principales garnies de soies ou de petits aiguillons, les 4 secondaires plus élevées, garnies de longs aiguillons et couvrant chacune un canal.

⚥. **C. daucoides** L. Tige striée-cannelée, hispide à la base; rameaux divariqués. Feuil. 2-3-pennées à lobes linéaires, aigus. Ombelle à 3 rayons, ombellules à 3 fl. fertiles. Involucre 0 ou à 1 fol. Fl. rosées. Aiguillons du fruit lisses, crochus au sommet, sur un rang. ①. j^n. Moissons du calc. — CHAR.-INF., DEUX-SÈV. C. — VEND. *Chantonnay, Bazoges*, AC. Plaine par localités (Pont., Lx.), la Grande Rhé près *Vouvant* (Gobert). — LOIRE-INF. RR. *Machecoul; Saffré* (S. Gal).

**TURGENIA** Hoffm. Caract. du *Caucalis.* Fruit contracté latéralement à 9 côtes chargées de 2,3 rangs d'aiguillons, les deux latérales muriquées, placées dans le plan de la commissure. *Invol. et involucelles polyphylles.*

⚥. **T. latifolia** Hoffm. *Caucalis* L. Hispide. Tige raide. Feuil. pennées, fol. oblongues lancéolées, incisées-dentées en scie, décurrentes. Fl. blanches, rosées ou rouges en ombelle à 3 rayons. Aiguillons du fruit rougeâtres. ①. j^n. Champs et moissons du calc. — CHAR.-INF., DEUX-SÈV. C. — VEND. AC. Plaines et îles (Pont., M.), *la Grande Rhé* (Gobert).

**ORLAYA** Hoffm. Caract. du *Daucus*, les 4 côtes secondaires armées de 2-3 rangs d'aiguillons et couvrant chacune un canal.

✗ **O. grandiflora** Hoffm. *Caucalis* L. Tige de 1-3 déc., rameuse dès la base ; rameaux ouverts. Feuil. inf-2.3.pennées à lobes linéaires, aigus, un peu rudes au bord. Invol. et involucelles à fol. lancéolées. à 3 nervures, membraneuses au bord, mucronées. Fl. blanches à pét. ext. très grands. Aiguillons du fruit crochu. ①. jⁿ-aᵗ. Moissons du calc. — CHAR.-INF. *Jonzac* (de Beaupreau), *S.-P.-d'Amilly*, *S.-Saturnin-du-Bois*, *S.-Christophe*, *Anais* (Fd.), *Surgères* et env. ; *l'Houmée* (Faye), *Saintes* (A. Guyon), *Laleu* (Hubert), *Beauvais!* (Sav.), *Archiac ; Montlieu* (de Meschinet). — DEUX.-SÈV. *Thouars!* et env. ! (Bastard), *Taizé ; S.-Martin-de-Sanzay* (Pellier), *Availles ; Airvault! S.-Jouin* (Bonnin), *Mauzé!* (Fd.), *Vallans* (Grelet). — VEND. C. l'Abbé près *Nalliers* (Mˡˡᵉ Poey Davant, Ayraud), le Mureau près *Luçon* (Lepeltier), *la Grande Rhé* (Gobert).

**DAUCUS** L. Cal. à 5 dents. Pét. obovales, échancrés, à pointe courbée, les extér. rayonnants, bipartits. Fruit comprimé par le dos, à 5 côtes principales filiformes, hérissées de soies divergentes, les deux latérales placées à la commissure, les 4 secondaires plus grandes, à une rangée d'aiguillons soudés à la base. *Fol. de l'involucre pennifides.*

**D. Carota.** L. *Carotte.* Rac. en fuseau. Tige hispide ou rude, rameaux ouverts à angles de 45 degrés. Feuil. 2-3.pennées à lobes lancéolés, acuminés. Fl. blanches, la centrale pourpre foncé et stérile. Ombelle à rayons nombreux, redressés à la maturité et la rendant concave. Aiguillons du fruit ovale-elliptique égalant presque son diamètre transversal. ②. jⁿ-oct. Champs, talus, prés, pâturages. CC.

**D. gummifer.** Lam. *D. maritimus* With. et anglor. *D. hispidus* Le Gall flore ! *D. Carota v. hispidus* fl. Loire-Inf. racine pivotante. Tige courte, épaisse, très hispide, en zig-zag ; *rameaux étalés*, très hispides surtout à la base ainsi que les pédonc. Feuil. rad. et inf. ovales-triangulaires, pennées ; fol. pennifides, lobes ovales, à dents obtuses, mucronées, velues sur les nervures et le rachis, glabres du reste et même *luisantes*, épaisses. Fl. blanches. Ombelle à rayons nombreux plus longs que l'involucre à la fin réfléchi, redressés à la maturité et la rendant plus ou moins concave. Aiguillons du fruit ascendants, confluents à la base. plus courts que son diamètre transversal. ②. jⁿ-jᵗ. Grands rochers maritimes. AC. par localités depuis *la Vilaine* jusqu'à *Cancale.* — LOIRE-INF. *Pointe de Chémoulin ;* RR. *Pouliguen* (Bardin), *Ile-Leven* (Bureau). R. — La longueur des aiguillons du fruit est très variable, ils sont qqf. réduits à de simples tubercules et les côtes forment alors une crête dentée. Le pourtour des carp., en y comprenant les aiguillons, est presq. elliptique, tandis qu'il est presque arrondi dans *D. Carota.*

*Obs.* Le Gall flore du Mor. page 224, décrit une autre espèce sous le nom de *D. maritimus* Lam. *D. parviflorus* Lois? avec les caract. suiv. « Tige rameuse dès la base à rameaux rapprochés plus ou moins ouverts, un peu scabres. Feuil. glabres ou presque glabres, assez luisantes, les inf. et rad. bipinnées, fol. à lobes oblongs ou linéaires-oblongs, faiblement mucronés, les autres feuilles pinnées à fol. souvent allongées-spatulées. Ombelle très longuement pédonculée, légèrement convexe, à rayons assez nombreux, rapprochés après la fleuraison, sans être serrés. les ext. un peu plus longs que les autres, mais ne dépassant pas l'involucre. Fl. très petites, blanches ou rougeâtres. Fruits ovoïdes à aiguillons ord. assez courts, rapprochés. ascendants. Eté. Ne croît pas comme *D. hispidus* (Le Gall) dans les fissures des rochers maritimes ou sur les pelouses entre ces rochers, mais dans les sables maritimes ou sur les terrains rocailleux-sablonneux très voisins de la mer, mais produisant qq. petits arbrisseaux. » Je l'ai cueilli à *Belle-Ile*, *S.-Gildas-de-Ruiz*, au-dessus des grottes de *Morgat*, etc., sur la côte de *la Bretagne*.

*Aberr.* Anthriscus vulgaris, p. 149.

c. *Fruit dont le diamètre transversal égale ou dépasse la largeur de la commissure.*

**APIUM** L. Pét. ovales-arrondis, entiers, à pointe courbée. Stylopode déprimé. Fruit presque globuleux, comprimé latéralement, à 5 côtes filiforme, égales, les latérales placées au bord. Vallécules à 1 canal. Carpophore entier. *Invol. et involucelles* 0.

**A. graveolens** L. *Ache*. Tige de 3-8 déc. cannelée. Feuil. infér. pennées à fol. presque rhomboïdales, dentées-lobées, les sup. ternées à fol. trifides, incisées, en coin à la base. Fl. blanchâtres, en ombelle à l'aisselle des rameaux et des feuil. Fruit petit. ②. j⁰-sept. Bord des étiers, des marais salants, des ruisseaux, des sources, et dans les rochers humides au bord de la mer. C. — Cult. au pied des chaumières pour ses feuil. comestibles ou vulnéraires. Une var. à rac. épaisse *(céleri)* est cult. pour la table.

**PETROSELINUM** Hoffm. Pét. arrondis, entiers, à pointe courbée. Stylopode convexe, un peu conique. Fruit ovale, contracté latéralement. Carp. à 5 côtes filiformes, égales, les latérales placées au bord. Vallécules à 1 canal. Carpophore biparti.

**P. segetum** Koch, *Sison* L. *Sium* Lam. Rameaux filiformes, grêles, presque nus. Feuil. inf. pennées à fol. ovales, incisées-dentées en scie, les sup. presq. simples. Ombelle et ombellule à rayons très inégaux. Involucre à 3 fol. linéaires. *Fl. blanches*. ①. j⁴-a⁴. Champs incultes, lieux pierreux ou argileux, bord des chemins (en *Bretagne* dans la région maritime). — CHAR.-INF. C. — DEUX-SÈV. AC. le calc. — VEND. C. toute la côte et le calc., R. ailleurs (Pont., M., Lx.). — LOIRE-INF. *Copchoux* (Pesneau), *Ancenis*, *Varades*, bord des fossés de *Buzay* à *S.-Brevin*; de *Ste-Marie* au *Collet*, *Pornichet*, *Pouliguen*, les Régats en *Clis*, *Bergon*, *Cambon*. PC. — MOR. *Belle-Ile*; « *Quiberon*, *Lorient* (Le Gall) », *S.-Gildas* (Pont.). R. — FIN. S.-J. *Plougastel*, *Trézien*, *Plonivel*, *Plovan*, *Rosan*, etc. AR. (Crouan), de *Loctudy* à *S.-Guido*, *Penmarc'h* (Picq.). — C.-NORD. Coteaux du *Gouessant*; bord de la Rance de *Taden* à l'Ecluse (Mabille), *Paimpol* (Avice). — IL.-ET-V. Bord de *la Rance* à *S.-Malo* (Guinard), et à *S.-Ideuc* (Mabille), calc. de *Rennes* (herb. Degland), et *les Trois-Croix* (J.-M. Sacher).

* **P. sativum** Hoffm. *Apium Petroselinum* L. *Persil*. Tige striée. Feuil. luisantes, les infér. bipennées à fol. rhomboïdales, trifides et

dentées, les sup. ternées à fol. lancéolées, entières ou 3.fides. *Fl. jaunâtres*, en ombelle pédonculée. ②. jⁿ-aᵗ. Naturalisé autour des jardins, sur les rochers, les murs, surtout au bord de la mer, et cult. pour la cuisine. — Varie à fol. toutes linéaires, allongées.

**TRINIA** Hoffm. Fleurs dioïques ou monoïques. *Mâl.* pét. lancéolés, contractés en lanière roulée en dedans ; *fem. ou herm.* pét. ovales, à pointe courte, fléchie en dedans. Fruit ovale, comprimé latéralement. Carp. à 5 côtes filiformes, un peu saillantes, égales, les latérales placées au bord. Un canal dans l'intérieur de chaque côte. *Invol. et involucelles* 0 *ou à 1 fol.*

☿. **T. vulgaris** DC. Prod. *Pimpinella dioica* L. Racine pivotante, épaisse, chevelue au collet par les nervures des feuil. détruites. Tige de 1-3 déc. à rameaux étalés. Feuil. bipennées, fol. à lobes linéaires. Fl. blanches en ombelles nombreuses pédonculées. Pédic. des fruits très inégaux. ②. mai-jⁿ. Coteaux et lieux pierreux du calc. — CHAR.-INF. De *Méchers à Royan* ; la Garde près *Croix-Chapeau* (Fd.), *Couplais* (Riveau), *S.-Christophe, Pointe du Chay, la Repentie, Sèche-Bec, Dœuil, Marsais,* c. bois de *Surgères* et de *Benon ; île de Ré*. — DEUX-SÈV. R. bois du Mai à *S.-Jouin* (Brottier), AC. *S.-Loup!* (Guyon), *Airvault!* (Bonnin), *Mauzé!* (Fd.), *Fors* (Maillard), « *S.-Symphorien* (Gamin), Bul. S. bot. ». R.

**CICUTA** L. Cal. à 5 dents. Pét. en cœur renversé, à pointe courbée. Fruit presque globuleux, comprimé latéralement. Carp. à 5 côtes obtuses, égales, les latérales placées au bord. Vallécules à 1 canal presque aussi saillant que les côtes. *Involucre 0.*

**C. virosa** L. Tige de 5-8 déc. rameuse, robuste, cannelée, creuse. Feuil. 2-3.pennées à fol. linéaires-lancéolées, dentées en scie. Ombelle opposée à la feuil. Involucelle à fol. linéaires. Fl. blanches. ♃. jⁿ-aᵗ. — LOIRE-INF. c. marais de l'*Erdre ;* apparu en 1878 au lac de *Grand-Lieu,* il y est déjà AC. et ne peut manquer de devenir abondant dans cette vaste localité de marais, qui lui est si favorable.

**CONIUM** L. Pét. en cœur renversé, à pointe courbée. Fruit ovale, comprimé latéralement. Carp. à 5 côtes ondulées-crénelées, les latérales placées au bord. Vallécules à stries nombreuses. Canaux 0.

**C. maculatum** L. *Ciguë*. Fétide. Tige de 6-15 déc. marquée, surtout dans le bas, de taches brunes. Feuil. inf. tripennées ; fol. pennifides à lobes dentés, mucronés. Rayons de l'ombelle inégaux. Fol. de l'involucelle à 3 fol. unilatérales. Fl. blanches. ②. jⁿ-jᵗ. Haies, lieux pierreux. C.

**BIFORA** Hoffm. Pét. obovales, échancrés, à pointe courbée. Fruit didyme. Carp. globuleux-renflés, rugueux. Canaux 0. Commissure percée de 2 trous. *Invol. et involucelles à 1 fol.*

☿. **B. testiculata** Spr. *Coriandrum* L. Fétide. Tige à angles aigus. Feuil. 1-2.pennées ; fol. pennifides à lobes linéaires, divariqués, apiculés. Ombelle à 1-3 rayons ; ombellule à 2,3 fl. blanches, anthères brun foncé ; pét. presque égaux. Fruit échancré à la base, terminé au sommet par un mamelon conique. ①. fin mai et j^n. Moissons du calc. — CHAR.-INF. AC. — DEUX-SÈV. *Niort! Chizé!* (A. Guillon), env. de *Dœuil ; Paizay, Asnières, Crézières, Brioux, S.-Florent* (Gir.), *la Mothe* (Maillard). *Vançais, Rom, S^te-Soline* (Guyon), *Thouars!* (Lunet), *Vallans, la Rochénard* (Grelet). — VEND. AC. s.-est de la Plaine et Iles hautes (Pont., Lx.).

**SMYRNIUM** L. Pét. ovales, entiers, acuminés, à pointe courbée. Fruit globuleux, comprimé latéralement. Carp. réniforme, à 3 côtes.

**S. Olusatrum** L. Tige de 6-12 déc. robuste, sillonnée. Feuil. grandes, 2-3.pennées, les sup. ternées à fol. grandes, ovales, dentées ; gaine du pétiole large, membraneuse. Involucre 0. Fol. de l'involucelle courtes. F. jaune pâle. Fruit gros, noir à la maturité. ②. j^n-j^t. Haies, décombres, surtout en approchant de la mer. — CHAR.-INF. *Valin, la Barde, le Fouilloux, S.-Hippolyte* (Fd.), *Montlieu* (de Meschinet), *Mortagne* (A. Guillon), *Puyrolland* (Riveau). *Brouage* jusqu'à *la Rochelle ; Esnandes, île de Ré ;* çà et là île d'*Oleron, Beaurais* (Sav.), *Saintes ; Taillebourg* (Pinatel), *Corme-Royal* (Tess.). — DEUX-SÈV. *Tourteron* (Guyon), *Prahecq* (Sauzé), *la Mothe* (Gir.). *S.-Loup* (Guyon), *Thouars* (Lunet). R. — VEND. Çà et là région maritime. — LOIRE-INF. *S.-Et.-de-Mont-Luc, Donges, S.-Joachim, Croisic, S.-Viaud, Pornic, S.-Léger, Arthon, Fresnay, Bourgneuf, Beauvoir, S.-Aignan* et *Pont-S.-Martin,* etc. PC. — MOR. *Houat, Hœdic, Belle-Ile,* AC. tous les env. de *Vannes.* — FIN. *Pont-l'Abbé, île Glénans,* env. de *Brest!* (Bonnemaison), *Ploudalmézeau, Landéda* (Crouan), *Morlaix* (Miciol), île de *Batz,* etc. — C.-NORD. *Corseul, Dinan* (Morin), *Lezardrieux* (Le Corre), env. de *Ploubazlanec* (Avice), *Lantic.* — IL.-ET-V. R. Le Lupin près *S.-Coulomb* (de la Godelinais).

**HELOSCIADIUM** Koch. Bord du cal. à 5 dents ou peu apparent. Pét. ovales, entiers, à pointe courbée ou droite. Fruit ovale ou oblong, comprimé latéralement. Carp. à 5 côtes égales, les latérales placées au bord. Vallécules à un canal. Carpophore entier, libre. *Fl. blanches.*

**H. nodiflorum** Koch. *Sium.* L. Tiges de taille très variable, faibles, couchées et radicantes dans le bas. Feuil. pennées ; *fol. ovales-lancéolées,* à dents égales presque obtuses, la fol. terminale qqf. trilobée. Ombelle opposée à la feuil., sessile ou à pédonc. plus court que les rayons. *Involucre 0. ou à 1 fol. Fl. blanc un peu verdâtre.* Fruit ovale. ♃. j^n-sept. Ruisseaux, fossés. CC.

β. *ochreatum* DC. Tiges couchées, radicantes, à fol. ovales-arrondies, gaîne des pétioles dilatée, membraneuse. Sources du bord de la mer. AC.

**H. repens** DC. *Sium* L. fil. Voisin de la var. du précéd., s'en distingue facilement sur le vivant. Tiges couchées, radicantes à tous les nœuds. Feuil. longuement pétiolées à fol. petites, sessiles, inégalement dentées ou lobées. Pédonc. de l'ombelle plus long que les rayons. *Involucre à 4,5 fol. lancéolées. Fl. blanches.* Fruit plus arrondi. ♃. j^n-a^t. Lieux tourbeux. — DEUX-SÈV. Bord de la Dive entre *Oiron* et *Pas-de-Jeu* (Guyon), la Davière près *Thouars* (Lunet). — VEND. *Fontaines!* au bord du Marais (Ayraud).

**H. inundatum** Koch, *Sium* L. Tige rampante ou submergée. *Feuil. submergées à lanières capillaires*, les sup. flottantes ou émergées, pennées à fol. en coin, trifides au sommet. *Ombelle* opposée à la feuil., *à 2 rayons*, chacun à 3,4 fl. Involucre 0. Fruit oblong. ♃. jⁿ-jⁱ. Marais, étangs, mares, fossés, qqf. ruisseaux où le courant allonge toutes ses fol. (var. *torrentium* Mabille cat. 68). C. — Moins c. *Char.-Inf.* et *Deux-Sèv*.

**FALCARIA** Host. Cal. à 5 dents. Pét. obovales, échancrés à pointe courbée. Fruit oblong, comprimé par le côté. Carp. à 5 côtes filiformes, égales, les latérales placées au bord. Carpophore libre, bifide. Vallécules à un canal filiforme. *Invol. et involucelles polyphylles.*

✗. **F. Rivini** Host. *Sium Falcaria* L. Rac. en fuseau. Tige striée ; rameaux nombreux, divariqués. Feuil. pennifides, un peu coriaces et glauques, à lanières linéaires-lancéolées à dents de scie serrées et bordées de blanc. les rad. simples ou à 3 fol. Fl. blanches. Ombelle à 12-20 rayons. Fruit allongé un peu courbé. ♃. jⁱ-sept. Champs calc. — CHAR.-INF., DEUX-SÈV., VEND. C.

**SISON** L. Pét. arrondis, profondément échancrés, à pointe courbée. Fruit ovale, comprimé latéralement. Carp. à 5 côtes filiformes, égales, les latérales placées au bord. Canaux courts, en massue renversée. Carpophore bipartit. *Fl. blanches.*

**S. Amomum** L. Odeur désagréable. Tige de 5-8 déc. Feuil. inf. pennées à fol. ovales-lancéolées, incisées-dentées, les sup. 1-2.pennifides à lobes linéaires. Ombelle à 3-5 rayons inégaux. Involucre et involucelles à 3 fol. ②. jⁱ-aⁱ. Bord des chemins, des haies. AC.

**AMMI** L. Pét. obovales, échancrés en 2 lobes inégaux, à pointe courbée. Fruit ovale, comprimé latéralement. Carp. à 5 côtes filiformes, égales, les latérales placées au bord. Vallécules à un canal. Carpophore libre, bipartit. *Fol. de l'involucre pennifides ; fl. blanches.*

**A. majus** L. Glaucescent ; rameaux étalés. Feuil. inf. pennées ; fol. lancéolées, à dents de scie blanches-cartilagineuses au sommet. les sup. bipennées à fol. linéaires. Rayons de l'ombelle nombreux.①. aⁱ-sept. Champs cultivés. — C. jusquà *la Vilaine ;* PC. au-delà.

β. *A. glaucifolium* L. Feuil. excepté les plus infér. bipennées à fol. linéaires. — Mêlé souv. au type, plus c. littoral de la *Char.-Inf.*, où ses feuil. rad. si différentes feraient croire à une espèce distincte, si les semis ne produisaient des individus difficiles à rapporter à l'une plutôt qu'à l'autre forme.

✗. **A. Visnaga** Lam. *Daucus* L. Tige dressée. Feuil 2-3.pennées à lanières très étroites, entières, en gouttière. Rayons de l'ombelle très nombreux, très connivents à la maturité, sur un *récept. alors dilaté en un large disque*. ①. aⁱ-sept. Moissons. — CHAR.-INF. *Royan* (herb. Lesson). Env. de *Blaye* dans la Gironde, (Marichal).

**ÆGOPODIUM** L. Pét. obovales, échancrés, à pointe courbée. Fruit oblong, comprimé latéralement. Carp. à 5 côtes filiformes, les latérales placées au bord. Canaux 0. Carpophore fourchu au sommet. *Involucre et involucelles 0.*

**Æ. Podagraria** L. Rac. rampante. Tige de 3-6 déc. sillonnée, creuse. Feuil. 2 f. ternées à fol. ovales-lancéolées, aigües, dentées, les sup. ternées, pétiole triquètre. Ombelle à rayons nombreux. Fl. blanches. ♃. j<sup>n</sup>-j<sup>t</sup>. Haies, décombres, contre les clôtures des jardins. — DEUX-SÈV. *Azais* sur le Thouet (herb. Guillon), *Bressuire*, (Toussaints), *Airvault* (Bonnin), *Parthenay* (Janneau). — VEND. *Vigneronde* (Lx.), — LOIRE-INF. *Nantes*, jardins de S.-Félix ; et de *la Contrie !* (Toussaints), *Vue !* (Gobert), çà et là arrond. de *Châteaubriant !* moulin de *Barbechat !* (Guiho), *S.-Gildas.* — FIN. *Lesneven* (J.-M. Sacher), Kérazan près *Pont-l'Abbé* (Bonnemaison), *Quimper ; Plo gastel* (Crouan), Kergontès près *Gouesnou* (Tanguy). — C.-NORD. *Cartravers ; Tréfumel, S.-Alban, Taden, S.-Solin* (Morin). — IL.-ET-V. AC. env. de *Rennes* (Lx.), *Fougères !* (V. Sacher), *Epiniac* (Rolland), *Bonnemain* (Hodée).

**CARUM** L. Pét. obovales, échancrés, à pointe courbée. Fruit ovale-oblong, comprimé latéralement. Carp. à 5 côtes filiformes, égales, les latérales placées au bord. Commissure plane. Vallécules à 1 canal. Carpophore libre, fourchu au sommet.

**C. verticillatum** Koch. *Sison* L. *Sium* Lam. Rac. à fibres renflées. Tige grêle, rameuse dans le haut. Feuil. pennées, peu nombreuses ; fol. opposées, découpées en lanières fines imitant des fol. verticillées. Fl. blanches. Fruit oblong. ♃. j<sup>n</sup>-j<sup>t</sup>. Landes et prés marécageux. C. — R. le calcaire. — CHAR.-INF. Çà et là, env. de *Montendre* et de *Montlieu ; la Barde* et env. (Fd.). R.

**CONOPODIUM** Koch. Pét. échancrés à pointe courbée. Fruit ovale-oblong, comprimé latéralement. Carp. à 5 côtes en forme de stries. Stylopode conique, terminé par le style droit. Carpophore bifide au sommet.

**C. denudatum** Koch. *Bunium* DC. *B. flexuosum* Smith. *Janottes.* Rac. trigono-globuleuse. Tige flexueuse, presque nue, rameuse dans le haut. Feuil. 2-3.pennées à fol. linéaires, aiguës. Involucre nul ou à 1 fol. Involucelle à 3 fol. Fl. blanches. ♃. mai-j<sup>n</sup>. Bord des champs, des bois, haies. CC. — R. le calc. — C. *S<sup>te</sup>-Gemme* (Vend.). — o ou RR. en *Char.-Inf.* (Foucaud).

**PIMPINELLA** L. Pét. obovales, échancrés, à pointe courbée. Fruit ovale, comprimé latéralement. Stylopode arrondi, couronné par les styles recourbés. Carp. à 5 côtes filiformes, en forme de stries, égales, les latérales placées au bord. Carpophore libre, bifide. *Fleurs blanches, involucre et involucelles 0.*

**P. magna** L. *Tige sillonnée-anguleuse,* de 5-8 déc. Feuil. inf. pennées à fol. grandes, ovales-arrondies, grossièrement dentées, lobées, les sup. plus étroites, en coin. Fruit ovale-oblong. ♃. j<sup>n</sup>-a<sup>t</sup>. Bord des haies humides, des bois. AC. ter. primitifs.

**P. saxifraga** L. *Tige striée,* ord. pubescente, *peu feuillée dans* *haut*. Feuil. inf. pennées à fol. petites, ovales-arrondies, plus ou moins dentées, les sup. découpées en lobes linéaires. Fruit ovale. ♃. j^t-sept. Coteaux, prés, landes. AC. — c. vallée de *la Loire* et le calc.

β. *dissectifolia*. Toutes les feuil. à fol. découpées. Çà et là avec le type.

**SIUM** L. Cal. à 5 dents caduques.- Pét. obovales, échancrés, à pointe courbée. Fruit presque globuleux, comprimé latéralement. Carp. à 5 côtes filiformes, égales. Styles recourbés. Vallécules à trois canaux. Carpophore bipartit, adhérent aux carp. *Fl. blanches*.

**S. angustifolium** L. Tige de 5-7 déc. Feuil. pennées, les inf. à fol. ovales ou ovales-lancéolées, incisées-dentées à dents aiguës, les sup. plus étroites. Fol. de l'involucre nombreuses, souv. incisées-dentées, qqf. pennifides, réfléchies. *Fruit petit, presque globuleux, à côtes latérales placées avant le bord*. Canaux cachés par le péricarpe. ♃. j^t-sept. Çà et là région maritime de *la Gironde* à *la Loire* et mêlé à *Helosciadium nodiflorum*, auquel il ressemble beaucoup. — CHAR.-INF. AC. — DEUX-SÈV. AC. *la Mothe*, *Lezay* (Sauzé, M.), *Fontenay* (Charbonneau), *Mauzé*; *Machepaille* (Bonnin), *S.-Loup* (Guyon), la Dive à *Oiron* (J. Richard), *Thouars* (Lunet), *Vallans*, *Épannes* (Grelet). — VEND. Tout le marais méridional (Lx., Marichal, Pont.), R. le Bocage; marais de *Billy!* (Pont.). — LOIRE-INF. Marais d'*Escoublac*; *S.-Michel* (Desvaux). R. — MOR. *Plouhinec*, *Lannenec* en *Ploemeur* (Le Gall). R. — FIN. Beuzec en *Plomeur* (Bonnemaison), S.-Vio en *S.-J. Trolimon* (Picq.), Kerloc'h en *Crozon* (Crouan).

**S. latifolium** L. Tige de 6-10 déc. robuste, sillonnée, creuse. Feuil. pennées à fol. ovales-lancéolées, dentées en scie, inégales à la base, les inf. 2-3 pennifides. Fol. de l'involucre et des involucelles nombreuses, inégales. *Fruit elliptique à côtes obtuses, blanchâtres, les latérales placées au bord*. ♃. j^t-sept. Marais, prés marécageux, rivières. — CHAR.-INF. *S.-Jean-d'Angély* (Pinatel), de *Lozay* à *Blanc*, c.! *S.-Vivien* et env., *Marans!* *Angliers*, *la Ronde*, *Champdolent* (Fl.). *Genouillé* (Riveau), *Corme-Royal* (Tess.). — DEUX-SÈV. *Niort* (A. Guillon). — VEND. CC. Marais méridional et occidental (Pont.). — LOIRE-INF. CC. — MOR. AC. (Le Gall).

**ŒNANTHE** L. Cal. à 5 dents. Pét. obovales, échancrés, à pointe courbée. Fruit cylindrique, en toupie ou oblong. Styles longs, dressés, persistants. Carp. à 5 côtes, les latérales un peu plus larges, placées au bord. Carpophore peu apparent. *Fl. blanches*.

**Œ. fistulosa** L. Rac. fibreuse, fasciculée. *Tige stonolifère, faible, creuse*. Feuil. de la tige pennées; *fol. linéaires, peu nombreuses, placées à la partie sup. du pétiole creux*, les inf. 1-2 pennifides. Ombelle à 2,3 rayons. Ombellule globuleuse. Fl. qqf. un peu rosées. Involucre 0 ou à 1 fol. Fruit en toupie, anguleux. Style long. ♃. j^n-a^t. Marais, fossés. C.

**Œ. pimpinelloides** L. *Tubercules de la rac.* ovales ou globuleux, *suspendus au bout des fibres*. Tige très sillonnée. *Feuil. rad.*, bipennées à fol. ovales, *en coin à la base*, pennifides, les sup. à 1,3,5 fol.

linéaires, très allongées. Involucre à plusieurs fol. très caduques,
qqf. 0. *Fruit cylindrique, calleux à la base.* ♃. mai. Bords secs des
champs, des haies, prés secs. — CHAR.-INF. AC. — DEUX-SÈV.
*S.-Maixent! Melle, Mazières* (A. Guillon), *Parthenay ; Ménigoute, les
Forges* (Gir.), AC. *La Mothe* (Maillard), *S.-Pompain, S.-Loup! Amailloux* (Guyon), *Thouars!* (Lunet). AC. — VEND. AC. Bocage, çà et là env.
de *Luçon* (Pont.), AR. *Maillezais* près la *Porte de l'Ile* (Lx.). — LOIRE-
INF. *Nantes* et env., AC. de là jusqu'à *Ingrande*. — MOR. RR. *Arradon! Séné* (Taslé). RR. — FIN. *Penmarc'h* (Crouan). — Fleurit plus tard
que *Œ. silaifolia*, dont il se distingue au premier coup d'œil, par ses
fl. d'un blanc tirant sur le jaune et par ses ombelles compactes,
planes, à rayons peu nombreux (7-12) se touchant, ou à peu près, en
fleur et en fruit. *Œ. silaifolia* a les fl. d'un blanc pur, les rayons de
l'ombelle convexe (5-7) écartés, ne se touchant ni en fleur ni en fruit.
Celui-ci habite les prés humides, l'autre les lieux plus secs.

**Œ. silaifolia** Bieb., *Œ. peucedanifolia* Flore de l'Ouest (non
Pollich). Un peu glauque. Rac. fasciculée à tubercules sessiles, en
massue oblongue ou plus allongée, qqf. linéaires. Tige sillonnée.
Feuil. bipennées, les sup. pennées ; fol. toutes linéaires, celles des
feuil. inf. plus courtes. Involucre nul, rarement à une fol. Rayons de
l'ombelle épaissis à la maturité. *Fruits oblongs-cylindracés, serrés* en
tête tronquée à la base. ♃. av.-mai. Prés humides. — CHAR.-INF. AC.
— DEUX-SÈV. et VEND. C. — LOIRE-INF. et MOR. CC. ; PC. reste de la
Bretagne et plutôt vallées du littoral qu'à l'intérieur. — M. Foucaud
(Actes de la Société Linnéenne de Bordeaux, vol. XLV avec figures) a
montré que, dans l'Ouest, nous nous sommes tous trompés en nom-
mant cette espèce *Œ. peucedanifolia* Poll. et il en a clairement
signalé et figuré les différences.

**Œ. peucedanifolia** Pollich, plante à tubercules de la rac. sessile ; ovales ou oblongs ou arrondis, diffère du précéd. par un port
plus grêle, par les fl. plus blanches, par les rayons de l'ombelle grêles
et surtout par les *fruits* oblongs ou ovales, rétrécis à la base, *contractés sous le calice,* moins nombreux et disposés en *tête lâche*. — M.
Ménier a découvert cette plante dans les prés de Préfailles (Loire-Inf.)
et il l'a suivie sur la côte de Pornic jusqu'à Bourgneuf où M. Lajunchère,
renseigné sur cette découverte, la recueillait en même temps, ainsi
qu'à Arthon. M. Ménier l'a récoltée aussi assez abondante aux env. de
Guérande. Il est donc probable que cette espèce méconnue sera trouvée dans d'autres stations analogues où elle croît dans les prés un
peu élevés, et lorsque les deux plantes croissent ensemble, dans les
parties plus hautes, plus sèches.

**Œ. Lachenalii** Gmel. *Œ. rhenana* DC. *Rac. à fibres* charnues,
allongées. *filiformes ou renflées à leur extrémité en massue allongée.*
Tige peu sillonnée, pleine inférieurement, creuse du reste. Feuil. bipennées, les sup. pennées à fol. toutes linéaires, les rad. à fol. ovales,
en coin ou incisées-crénelées. Involucre à 6-8 fol. souv. caduques, qqf.
0. *Fl. extérieures à pét. extér. arrondis.* Fruit oblong, rétréci à la
base, resserré sous le cal. ♃. a⁴-sept. Pâtures et prés marécageux de
la région maritime et du calc. AC. — Se distingue des deux précéd.
par son port élancé, par les fibres de la rac. toujours longues,
linéaires, par les fol. des feuil. sup. plus allongées, par l'involucre

souvent à plusieurs fol., par les pét. rayonnants plus petits, par les fruits plus petits quoique de même forme que ceux de *Œ. peucedanifolia*, enfin par sa fleuraison 3 à 4 semaines plus tardive, en juillet, août. — Les pét. rayonnants sont, dans *Œ. silaifolia*, en cœur renversé fendu jusqu'au tiers. — Dans *Œ. peucedanifolia*, le cœur est aussi fendu jusqu'au tiers, mais il est plus longuement rétréci à la base, — enfin dans *Œ. Lachenalii* le cœur est moitié plus petit, arrondi avec onglet court, et fendu jusqu'à la moitié.

*Obs. Œ. Foucaudi* Tesseron Bull. Soc. bot. Rochelaise 1883, p. 14, me paraît une forme du précéd. très développée par sa station ; elle en diffère par sa taille (8-15 déc.), les divis. des feuil. un peu plus larges et par la tige entièrement creuse, tandis que dans le type elle ne l'est que environ dans les 2/3 supér. Distingué par M. Tesseron à *S.-Savinien* et env. au milieu des roseaux sur les bords vaseux de la Charente baignés par la marée, il a été revu par M. Foucaud, de Rochefort à Saintes et aux bords de la Gironde et de la Dordogne.

**Œ. crocata** L. *Pensacre, Pimpin. Tubercules de la rac. gros, en fuseau, sessiles.* Tige robuste de 10-12 déc. sillonnée. Feuil. grandes, 2-3 pennées ; *fol. rhomboïdales-en coin*, incisées-dentées. Involucre et involucelles à plusieurs fol. Fruit cylindrique. ♃. j^a-j^t. Bord des ruisseaux. C. — Manque *Char.-Inf.* (Foucaud). — Cette plante très vénéneuse n'a de suc jaune que dans les tubercules et qqf. dans le bas de la tige. Varie qqf. à fol. découpées en lobes lin.-lancéolés. Varie aussi à tige brunâtre avec fl. rosées ; alors son feuillage est vert foncé et non vert clair comme dans le type.

**Œ. Phellandrium** Lam. *Phellandrium aquaticum* L. *Rac. en fuseau à fibres verticillées.* Tige de 6-10 déc. creuse ; rameaux divariqués. Feuil. 2-3. pennées à fol. ovales', incisées-pennifides, les feuil. submergées découpées en lanières capillaires. *Ombelle opposée à la feuil.* Involucre 0. Fl. toutes égales. Fruit ovale cylindrique. ♃. j^t-sept. Marais, étangs, fossés, petites rivières. C. jusqu'à *la Vilaine*. — Mor. PC. — C.-Nord., Il.-et-V. prob. AC. — Les bestiaux le mangent.

**ÆTHUSA** L. Pét. obovales, échancrés, à pointe courbée. Fruit ovale-globuleux, à 5 côtes élevées, aiguës, les latérales presq. ailées, placées au bord. *Fl. blanches.*

**Æ. Cynapium** L. *Petite ciguë.* Tige de 2-6 déc. Feuil. vert sombre, triangulaires, 2-3.pennées ; fol. rhomboïdales, incisées-pennifides. Ombelle opposée à la feuil. Involucre 0. Involucelle à 3 fol. unilatérales, réfléchies, plus longues que l'ombellule. ①. j^t-sept. Champs cult., jardins. C. — Qqf. haut de 2 mèt. au bord des bois humides ombragés. Vénéneux.

**FŒNICULUM** Hoffm. Bord du cal. renflé sans dents. Pét. ovales, entiers, roulés en dedans, à pointe presque carrée, tronquée. Fruit allongé, cylindrique. Carp. à 5 côtes. Stylopode conique. Carpophore bipartit. *Involucre et involucelles 0.*

**F. officinale** All. *Anethum Fœniculum* L. *Fenouil, Anis.* Glaucescent. Tige de 1-2 mèt. striée. Feuil. décomposées, à lanières nombreuses, capillaires, pétiole engaînant, membraneux. Ombelle à 15-20 rayons. Fl. jaunes. Fruits anisés. ♃. jⁿ-sept. Coteaux et lieux pierreux. C. — Au-delà de Loire-Inf. AC. rég. mar., R. à l'intérieur.

**SESELI** L. Cal. à 5 dents courtes, un peu épaisses ou allongées en alène. Pét. obovales à pointe courbée. Fruit ovale ou oblong, couronné par les styles réfléchis. Carp. à 5 côtes, les latérales placées au bord, souv. un peu plus larges. *Fl. blanches.*

**S. montanum** L. Glauque. Souche épaisse, rameuse, à plusieurs tiges un peu rameuses au sommet. Feuil. oblongues, bipennées ; fol. linéaires, cuspidées, planes, à nervures saillantes en dessous. Rachis et pétioles en gouttière, ceux-ci engaînants, embrassants, entiers, les sup. à fol. peu nombreuses. Ombelle à 6-12 rayons pubérulents en dedans. Involucre 0 ou à 1 fol. *Dents du cal. courtes et persistantes.* Fruit jeune pubescent. ♃. jⁱ-sept. Coteaux secs, lieux rocailleux calc. ou qqf. schisteux. — CHAR.-INF. CC. — DEUX-SÈV. et VEND. C. — LOIRE-INF. Coteaux schisteux. La Série et Juigné près *Ancenis,* de la *Censerie* à *Pouillé.* R.

**S. coloratum** Ehrh. *S. bienne* Crantz, *S. annuum* L. *Rac.* épaisse, *pivotante,* surmontée de fibrilles, à *une seule tige* de 3-6 déc. striée, pubescente, souvent rougeâtre. Feuil. rad. vert foncé, ovales, bipennées, fol. pennifides à lobes lancéolés-linéaires, apiculés, celles de la tige à pétiole très dilaté. Ombelle à rayons nombreux, anguleux, pubescents. Involucre 0. Involucelles à *fol.* lancéolées, acuminées, *largement membraneuses au bord,* dépassant les fl. Fruit glabre. ②. jⁱ-sept. — CHAR.-INF. Çà et là lande de *Cadeuil* (Fd.). — VEND. C. landes calc. du Molin ! près *la Garnache* (Gobert). — IL.-ET-V. AC. Mielles de *S.-Malo !* (Le Gall), où il est nain (1-2 déc.).

♃. **S. Libanotis** Koch. *Athamantha* L. *Libanotis montana* All. Rac. dure, chevelue au collet. Tige de 4-10 déc. cannelée. Feuil. rad. petiolées, bipennées à fol. incisées-pennifides, ovales, les inf. se croisant autour du pétiole principal, les feuil. sup. presque réduites au pétiole engaînant. Ombelle à rayons nombreux, dressés à la maturité. Fleurs blanches. *Dents du cal.* en alène, *allongées, caduques.* Fruits velus-hérissés. ♃. jⁱ-sept. Coteaux et bois pierreux du calc. — CHAR.-INF. AC. au n.-est ; *la Rochelle ; la Jarrie, Croix-Chapeau* et entre *S.-Jean-d'Angély* et *Grandjean* (Fd.), *Archingeay* (Tess.).— DEUX-SÈV. *S.-Georges de Reix* (Segretain), *Mauzé, Villeneuve-Comtesse,* AC. de *Loubillé* à *Couture-d'Argenson, Vallans, Epannes, la Rochénard, la Foye Mont-jault* (Grelet). — VEND. C. de *Fontenay !* à *Luçon !* (Lx.), dunes de la *Tranche ! Angles, Longeville* (Pont., M.), *Sigournais, Bazoges-en-Pareds* (Gobert).

**SILAUS** Besser. Pét. obovales, à pointe courbée. Fruit ovale, à 5 côtes aiguës, presq. ailées, égales, les latérales placées au bord. Carpophore bipartit.

**S. pratensis** Bess. *Peucedanum Silaus* L. Tige anguleuse, peu rameuse. Feuil. inf. 2-3 pennées, à fol. latérales entières ou bipartites. les terminales tripartites, lobes lancéolés-linéaires mucronés. Involucre à 1-3 fol. Fol. de l'involucelle blanchâtres au bord. Fl. jaune pâle. Styles souv. rougeâtres. ♃. mai-j⁰. Prés humides. C. surtout dans le calc. ; PC. et R. au-delà de *Loire-Inf*.

**CRITHMUM** L. Pét. arrondis, entiers, à pointe courbée. Fruit ovale, à 5 côtes filiformes, aiguës, saillantes. Canaux nombreux. Carpophore bipartit.

**C. maritimum** L. *Percepierre, Cassepierre, Criste marine*. Tige de 2-3 déc. rameuse. Feuil. glaucescentes, bipennées ; fol. linéaires, aiguës, charnues. Involucre et involucelle à fol. nombreuses. Fl. blanchâtres. Fruit subéreux. ♃. jᵗ-aᵗ. Rochers marit. C. — Moins c. CHAR.-INF. et qqf. dans les galets. — En petits buissons dans les dunes *des Sables*.

d. *Fruit dont le diamètre transversal est beaucoup plus court que la largeur de la commissure.*

**ANGELICA** L. Pét. lancéolés, entiers, droits ou courbés au sommet. Fruit comprimé par le dos, bordé de 2 larges ailes. Carp. à 3 côtes dorsales filiformes, rapprochées, les 2 latérales en forme d'aile large, membraneuse. Carpophore bipartit.

**A. silvestris** L. Tige de 10-15 déc. glauque ou rougeâtre, creuse, striée. Feuil. très grandes. 2-3.pennées ; fol. ovales, dentées, les latérales inégales à la base ; pétiole largement dilaté à la base. Ombelle à rayons nombreux, pubescents. Involucre ord. 0. Fol de l'involucelle linéaires. Fl. blanches ou rosées. ♃. jᵗ-aᵗ. Bord des bois, des ruisseaux, des rivières, prés humides. C.

**A. heterocarpa** Lloyd. Tige de 1 à 2 mèt. très creuse, lisse, excepté dans le haut où elle est cannelée et rude-pubescente. Feuilles très grandes, 2-3.pennées, les rad. pétiolées avec rachis en gouttière ainsi que les pétioles largement dilatés à la base en gaîne qqf. rougeâtre, fol. ovales-lancéolées, plus foncées et luisantes en dessus, à dents de scie terminées en pointe blanchâtre-scarieuse. Ombelle à rayons nombreux, striés, pubescents-rudes. Involucre nul ou à 1-3 fol. plus ou moins caduques ; fol. de l'involucelle linéaires-en alène. Fl. blanches, pét. ovales à pointe infléchie. Carp. ovales ou elliptiques-oblongs à côtes latérales un peu plus grandes, qqf. dilatées en forme d'aile plus étroite que le corps du carp. ♃. jᵗ-aᵗ. Bords vaseux des rivières baignés par la marée. — CHAR.-INF. De *Saintes* à *Rochefort* ; de *Carillon* à *Bel-Ebat* (Fd.). — LOIRE-INF. c. de *Nantes* à *Paimbœuf*. — M. Foucaud l'a vu c. bord de la Garonne et de la Gironde de *la Tresne* à *Blaye*, bord de la Dordogne à *Bourg* et env. de Fronsac (Gironde).

*Obs.* Cette espèce se distingue de *A. silvestris* dont elle a le port, par la fleuraison plus précoce, les fol. plus étroites et surtout par le fruit. Dans *A. silvestris*, le fruit est uniforme, comprimé par le dos, à carp. elliptiq.-arrondis, bordés d'une large aile membraneuse, ondulée, plus large que le corps du carp. Dans *A. heterocarpa* le fruit est variable ; mûr, mais non sec, il est un peu plus large sur le côté que sur le dos, chaque carp. elliptiq.-oblong à 5 côtes obtuses, les latérales un peu plus fortes ; plus rarement, et cela dans les ombelles des individus robustes, le fruit est comprimé par le dos, parce que les côtes latérales sont développées en aile épaisse de largeur variable. Cette plante, qui parait être sous-maritime, doit être recherchée au bord des autres rivières marines.

**SELINUM** L. Pét. obovales, échancrés. Fruit comprimé par le dos. Carp. à 5 ailes, les latérales beaucoup plus grandes. Vallécules à 1 canal, les ext. qqf. à 2. Carpophore bipartit.

**S. Carvifolia** L. Rac. à fibres épaisses. Tige de 3-6 déc. marquée d'angles saillants. Feuil. rad. bipennées à fol. pennifides ou incisées à lobes linéaires, mucronés. Involucre 0 ou à 1-2 fol. ; involucelles polyphylles. Fl. blanches. ♃. a¹-sept. Prés et bois humides. — Loire-Inf. *Charrières de la Tournerie!* dans la forêt de Touvois (Auvynet). RR. — Fix. Vallon du *Huelgoat* (Crouan). — C.-Nord. Coteau boisé entre la *Butte S.-Michel* et le *Grand Pont* sur l'Oust ; la Boissière en *Allineuc* (Fraval), vallée de *Bobital*, forêt de *Coëtquen* à la Rouvraye, bois de *la Garaye* (Mabille), bois de Pontual près *Ploubalay* (Jeanpert). — Il.-et-V. Env. de *Bain* (Bastard), env. d'*Orgères* (Degland), RR. *Bourg-des-Comptes* (Rolland). — *Combrée* en Maine-et-L. (Lelièvre).

**PEUCEDANUM** L. Dents du cal. 5 ou 0. Pét. obovales, échancrés ou entiers, à pointe courbée. Fruit comprimé par le dos, entouré d'un rebord dilaté. Carp. à 5 côtes presque également distantes, les 3 intermédiaires filiformes, les latérales moins distinctes, rapprochées du rebord ou confondues avec lui. Carpophore bipartit.

**P. officinale** L. Rac. chevelue au sommet. Tige de 6-10 déc. striée. Feuil. rad. 5 f. ternées ; fol. linéaires, rétrécies aux 2 bouts. Ombelle à *rayons glabres*. Involucre à 2.3 fol. caduques. *Fl. jaunes. Pédic. capillaires*, inégaux, 2-3 f. *plus longs que le fruit*. ♃. j¹-a¹. Champs incultes, prés, bord des haies. — Char.-Inf. Le Chay près *Saujon* (Sav.), au n.-est de *Didonne ; Beaugeay* (Parat), de *Montendre à Bussac*, c.! midi de forêt de *Benon* (Fd.). R. — Vend. *Givrand, le Molin* (Gobert). — Loire-Inf. Ac.! route de *Bourgneuf* à S¹ᵉ-Pazanne (Le Boterf), rochers du *Pouliguen, S.-Joachim, Montoir*, pont de Nyon, Donges ; de *Guérande* à *Saillé!* (Gen.); Dreux près *Quilly* (Delalande). PC. — Mor. c. embouchure de *la Vilaine*, rive droite (Bonamy, Taslé), pointe S.-Jacques près *Sarzeau* (Taslé).

**P. gallicum** Latourette, *P. parisiense* DC. Rac. chevelue au sommet. Tige de 6-10 déc. striée, pleine. Feuil. rad. tripennées ; fol. linéaires-lancéolées. Ombelle à *rayons pubescents-rudes du côté intér. Fl. blanches. Pédic. env. de la longueur du fruit*. ♃. a¹-sept. Prés secs, bord des haies, bois. — Char.-Inf. *Fouras* (Faye), *Bussac* (Ramey), R. *la Barde*, R. de *Macqueville* à la forêt de *Jarnac-Charente*. — Deux-Sèv. Gourgé, c. *la Chauvière* (Guyon), *Amailloux ; Parthenay!* (Janneau), *Tessonnière* (Bonnin), *Parc d'Oiron, Massais* (J. Richard). *Brétignolle*, c. env. de *Bressuire* (Toussaints), *Puy-S.-Bonnet, les Echaubrognes* (Gen.), Taizon près *Thouars* (Lunet). PC. — Vend. *S.-Hilaire de Mortagne* (Gen.), *Rortheau* (Pont.). — Loire-Inf. *Quilly,* S¹ᵉ-Anne en *Cambon, Sévérac* (Delalande), Nérac en *Avessac* (Viau), *forêt du Cellier ; les Sorinières* (Gen.). R. — Mor. Plaisance près

*Vannes* (Pont.), *Auray* (Arrondeau). *S.-Perreux* (Le Gall). — FIN. *Bois de Rosières* (herb. Bonnemaison); où est ce bois? — C.-NORD. Sources de *la Rance*; prés de *Collinée* (Mabille).

**P. Chabræi** Gaud. Tige de 4-6 déc. peu rameuse, sillonnée. Feuil. luisantes, pennées; fol. pennifides, *les inf. se croisant sur le pétiole*; lobes linéaires, à pointe blanche-cartilagineuse. Involucre 0 ou à 1 fol. *Fl. d'un blanc presque verdâtre ou jaunâtre.* Vallécules du fruit ovale à 3 canaux. ♃. mai-j". — LOIRE-INF. Prés humides de *la Loire : Boire-Courant !* (Desvaux). c. *île Haut-Bois* v.-à-v. *Thouaré ; Varades !* (Gad.), *Anetz*, *Ile Neuve* v.-à-v. *la Patache*; prob. çà et là dans la Vallée. — Refleurit à l'automne. Il faut se garder de le confondre avec *Silaus pratensis* croissant aux mêmes lieux et qui a les fl. jaunes et le fruit ovale-arrondi, non aplati. *Selinum Carvifolia* s'en distinguera par la tige à angles très saillants, par les fl. d'un blanc pur. et par les carp. à 5 ailes. les latérales 2 f. plus larges.

**X. P. Cervaria** Lap. *Athamantha* L. *Rac. chevelue* au sommet. Tige de 7-10 déc. striée, glauque. Feuil. triangulaires dans leur pourtour, bipennées, *fol. glauques en dessous, ovales*, obliques, lobées à la base, à dents cuspidées; feuil. sup. réduites à la gaîne. Involucre à plusieurs fol. réfléchies. Fl. blanches. Fruit ovale-elliptique. Canaux de la commissure légèrement arqués. ♃. j"-sept. Coteaux, bois secs pierreux dans le calc. — CHAR.-INF. cc. bois de *Surgères !* et de *Benon !* (Hubert); *S.-Christophe*, *Bourgneuf, la Garde au Valet, Moutlieu, Bussac* (Fd.), *Douil ;* env. de *Mauzé !* (J. Richard); *Beaurais ! Siecq !* (Sav.), cc. forêt de *Jarnac-Charente ; Cognac ; Montendre, Naucras* et env. — DEUX-SÈV. Forêts d'Aulnay à *Paizay* (Vernial), de *Chizé ; Pers* (Sauzé), *Loubillé !* (Jousse), *Mauzé*.

**X. P. Oreoselinum** Mœnch, *Athamantha* L. Rac. épaisse. Tige d'env. 8 déc. striée. Feuil. 2-3.pennées à gaîne renflée, les rad. très grandes, à pétioles. longs, flexueux dont les ramifications sont *divariquées-refractées*, fol. incisées-pennifides ou trifides, étalées, à pointe calleuse, blanchâtre. Ombelle grande; invol. et involucelle polyphylles. Fl. blanches. Fruit presque orbiculaire, *canaux de la commissure formant presque un cercle.* ♃. j"-oct. Bois sablonneux, coteaux, vignes. — DEUX-SÈV. *Argenton-Château !* (Toussaints); *Taizon* (Lunet) et coteau de Pommier près *Thouars* (J. Richard). RR. — *Puy-Notre-Dame.*

**P. alsaticum** L. Tige de 7-15 déc. vert-rougeâtre, creuse inférieurement, un peu anguleuse dans le haut. Rameaux nombreux, effilés, en panic. Feuil. 2-3.pennées, *fol.* ovales, pennifides à lobes lancéolées, nervés, *rudes au bord*, mucronés. Ombelle longuement pédonculée. Involucre étalé et involucelle à 5,6 fol. en alène, scarieuses au bord. *Fl. jaune-verdâtre*, rougeâtres en dehors; dents du cal. ovales. Fruit ovale-elliptiq. Styles réfléchis, dépassant un peu le stylopode. ♃. j"-sept. Haies pierreuses des terres schist. ou calc. — DEUX-SÈV. De *Chizé* à la forêt ! (Sauzé, M.) et jusqu'à *Bert* (Caillon). — LOIRE-INF. *Ancenis* (Guiho). RR.

**P. palustre** Hoffm. *Selinum* L. *Rac. épaisse.* Tige de 10-12 déc. sillonnée, creuse, à suc laiteux. Feuilles 2-3.pennées, *fol. pennifides à lobes linéaires-lancéolés, à pointe calleuse, rudes au bord, veinés.*

Ombelle à rayons pubescents-rudes du côté intér. Fol. de l'involucre et des involucelles nombreuses, lancéolées-linéaires, acuminées, membraneuses au bord, réfléchies. *Fl. blanches.* Fruit elliptique. *Canaux de la commissure recouverts par le péricarpe.* ②. jⁱ-aⁱ. Marais. — DEUX-SÈV. Marais du *Vanneau* (A. Guillon), d'où il doit descendre dans la *Char.-Inf.* et la *Vend.* — LOIRE-INF. C. dans tous les grands marais.— MOR. et IL.-ET-V. *Redon* et env.

**P. lancifolium** Lange Pugillus pl. hisp. (1865), *Siler* Hoffmansegg et Link fl. port. T. 109! (non Mœnch). *Selinum peucedanoides* Brot. (non Desf.), *Peuc. Crouanorum* Boreau Bul. Soc. bot., vol. 20, p. 30, 1870. Lloyd herbor. 1878-9. Caract. de *P. palustre*, mais plus grêle dans toutes ses parties et lobes des feuil. linéaires, plus allongés, semblables à ceux de *P. gallicum*. jⁱ-aⁱ. Bord des marais, des étangs. — LOIRE-INF. *Nozay!* (S.-Gal), Foie des Bois près *Derval!* ouest de *la Brière!* (Gad.). — MOR. *Poulandré* (Tanguy, qui, le premier, m'a signalé la plante comme distincte), forêt de *Camors* (Le Gall.), le long du Blavet, au-dessous de *Pontivy*, vallée de *S.-Nolff*, *Plescop* (Arrondeau), *Josselin* (Avice), env. de *Molac* (Gad.). — FIN. Forêt de *Lorges* près le Haut-Questel (1853); *Quimper*, au bord du Steir (Bonnemaison), et c. env. de *Quimper* dans les communes de : *Briec, Plogonnec, S.-Ivy, Gouesnach; Edern, S.-Jean Trolimon;* env. de *Quimperlé* (Picq.); le Roual près *Dirinon;* étangs des *Grands-Marais*, forêt de *Crannou* (Blanchard). — C.-NORD. C. *Pont-Melvez* et env. (Le Corre), forêts de *Boquien*, de *la Hardouinaye*, de *la Hunaudaie*, env. de *Collinée* et de *Moncontour*, *Boquien* (Morin). — IL.-ET-V. étang de *Paimpont* (Gallée).

*Obs.* Cette espèce a été qqf. confondue avec *P. gallicum*, dont elle a le port; mais celui-ci est une plante des bois secs, a la racine chevelue au sommet et les canaux de ses fruits ne sont pas recouverts par le péricarpe. L'ayant réunie moi-même à *P. palustre*, je n'en puis donner que les localités ci-dessus, et il serait utile d'en répartir toutes les autres, afin de savoir jusqu'où le premier s'avance dans la presqu'île bretonne, et jusqu'où le second descend vers la Loire, enfin de noter les lieux où les deux, se rencontrant, peuvent être mieux comparés.

*Obs. Anethum graveolens* L. est une plante étrangère cult. sous le nom d'*Ecarlate*, pour son feuillage dont l'odeur forte sert à aromatiser le linge; elle apparaît çà et là dans les jardins, les moissons. Pét. arrondis, entiers à pointe presque carrée roulée en dedans. Fruit aplati par le dos, entouré d'un rebord dilaté. Carp. à 3 côtes filiformes, aiguës, les deux latérales peu apparentes, confondues avec le rebord. Vallécules remplies chacune par un canal. Tige creuse, finement striée. Feuil. un peu glauques, décomposées en lanières fines, les sup. sessiles sur une gaîne plus courtes qu'elles. Ombelle à rayons nombreux. Fl. jaunes. Fruit ovale-elliptique muni d'un rebord aussi large que les vallécules. ①. jⁱ-aⁱ.

**PASTINACA** L. Pét. arrondis, entiers, roulés en dedans. Fruit aplati par le dos, entouré d'un rebord dilaté. Carp. à 5 côtes très fines, les latérales éloignées des autres et touchant le rebord. Vallécules à 1 canal linéaire. Carpophore bipartit. *Fl. jaunes.*

**P. silvestris** Mill. *P. opaca* Bernh. *Panais.* Tige de 8-10 déc. sillonnée-anguleuse, pubescente. Feuil. pennées ; fol. ovales ou ovales–oblongues, ord. à 2 lobes à la base, les terminales 3.lobées, grossièrement dentées, plus pubescentes en dessous. Involucre et involucelles 0. Fruit ovale. ②. jⁱ-aⁱ. Bord des chemins, des haies. C. jusqu'à *la Loire.* — Au-delà de la Vilaine : ʀ. çà et là littoral.

**P. sativa** Mil. diffère du précéd. par les fol. plus rétrécies à la base et luisantes en dessus. Sa rac. plus épaisse est peu cult. pour la cuisine, mais davantage pour les bestiaux. dans le *Fin.* où on le rencontre souv. sous-spontané.

**HERACLEUM** L. Cal. à 5 dents. Pét. obovales, échancrés, à pointe courbée, les ext. rayonnants, bifides. Fruit du *Pastinaca ;* côtes peu apparentes. Canaux raccourcis, en massue.

**H. Sphondylium** L. Tige de 8-12 déc. creuse, sillonnée, hispide. Feuil. pennées ou profondⁱ pennifides ; fol. larges, obliquement en cœur, à 3 ou 5 lobes crénelés-dentés, rudes en dessus, velues-molles en dessous. Ombelle à rayons nombreux, pubescents en dedans. Fl. blanches, les ext. rayonnantes. Fruit ovale-elliptique ou ovale-arrondi, échancré au sommet, un peu rétréci vers le 1/3 infér., d'abord velu. ♃. jⁿ-jⁱ. Haies, prés humides. CC. — A été divisé en 4 espèces : *H. pratense* et *æstivum* Jord., *H. occidentale* et *armoricum* Bor.

β. *dissectum* Le Gall. Flore p. 249. Fol. lancéolées-linéaires (de *H. stenophyllum* Jordan) moins rudes en dessous, presque glabres en dessus. — Mor. Prés, *Néant, Mauron* (Le Gall). — Fix. env. de *Quimper* (Picq.).

**TORDYLIUM** L. Cal. à 5 dents. Pét. obovales, échancrés, à pointe courbée, les ext. rayonnants. Fruit aplati par le dos, entouré d'un rebord épais rude-tuberculeux. Carp. à côtes peu apparentes. *Fl. blanches.*

**T. maximum** L. Hispide. Tige de 3-8 déc. sillonnée, à poils dirigés en bas. Feuil. pennées ; fol. crénelées-pennifides, celles des feuil. sup. lancéolées, la terminale plus allongée. Involucre et involucelles à plusieurs fol. linéaires-en alène, les int. des involucelles courtes. Fruit presque orbiculaire, grisâtre et hérissé dans le milieu. ①. jⁱ-aⁱ. Lieux pierreux, bord des chemins, des haies. — AC. surtout dans le calc. — Au-delà de *Loire-Inf.* — Mor. *Billiers, Coëtsurho* (Taslé). R. — C.-Nord. De *Dahouet* à *Lamballe ; S.-Alban, Dinan* (Mabille. — Il.-et-V. *Rennes* (Degland), S.-Joseph près *S.-Malo* (Jeanpert).

**LASERPITIUM** L. Cal. à 5 dents. Pét. obovales, à pointe courbée. Fruit aplati par le dos. Carp. à 5 côtes principales filiformes, les 4 secondaires ailées ; ailes entières, largement membraneuses, couvrant chacune 1 canal.

X. **L. latifolium** L. Collet de la rac. chevelu. Tige de 8-10 déc. Feuil. inf. bipennées ; *fol. grandes, ovales,* en cœur à la base, à dents de scie mucronées, un peu poilues en dessous et sur les pétioles. Ombelle très ample, rude sur le côté intér. des rayons. Fl. blanches. ♃. jⁱ-aⁱ. Bois montueux. — Deux-Sèv. Bois de Melle en l'*Enclave* (Perrain), garenne de *Veluché* (Boyer), bois de la Mare en *Gourgé* (Janneau), *Amailloux* (Guyon). ʀʀ.

# ARALIACÉES

Tube du cal. adhérent à l'ovaire ; limbe à 4,5 dents. Pét. et étam. 5-10 insérés devant un disque épigyne. Style 1 ou plusieurs ; stigm. simple. Baie ou drupe à 2-5 loges à 1 graine pendante. *Arbrisseaux à feuil. sans stipules.*

**HEDERA** L. Cal. à 5 dents. Pét. 5. Etam. 5 à anthères bifurquées à la base. Style et stigm. 1. Baie à 5 loges 1.spermes.

**H. Helix** L. *Lierre.* Arbrisseau grimpant à l'aide de crampons ou radicules. Feuil. persistantes, luisantes, à 3-5 lobes, celles des rameaux florifères ovales-rhomboïdales, entières. Fl. verdâtres, en ombelle globuleuse. Fruit noir, ord. à 2 graines par avortement. Sept.-oct. Forêts, le long des arbres, des vieux murs. CC.

**CORNUS** L. Cal. à 4 dents. Pét. et étam. 4. Style 1. Drupe contenant un noyau à 2 loges 1.spermes.

**C. sanguinea** L. Arbrisseau à rameaux rougeâtres. Feuil. ovales, pubescentes en dessous, nervées. *Fl. blanches* en cyme plane, sans involucre. Fruit petit, globuleux. noir. j". Haies, bois. C.

**X. C. mas** L. Arbre peu élevé à rameaux grisâtres. *Fl. jaunes* en petite ombelle simple, dépassant à peine l'involucre à 4 fol. ovales, concaves, et paraissant avant les feuil. ovales, acuminées, nervées, plus pâles en dessous, Fruit rouge. mars-av. Haies et bois du calc. — CHAR.-INF. c. au n.-est ; bois de *Surgères* et de *Benon, S.-Pierre-d'Amilly, Bourgneuf, Aulnay* et dans la forêt, *Beauvais, (Cognac), le Douhet* et *Saintes.* — DEUX-SÈV. *Niort,* forêt de *Chizé !* (A. Guillon) *la Foye-Monjault, Epannes* (Grelet), *la Mothe !* (Sauzé), de *Loubillé* à *Couture-d'Argenson,* forêt de *Chef-Boutonne* et *Paizay ; Brioux ; Thouars* (Lunet).

# LORANTHACÉES

Tube du cal. adhérent à l'ovaire : limbe court, entier ou lobé. Cor. 4.partit ou à 4 pét. Etam. 4 opposées aux div. de la cor. et insérées sur elles. Style 1 ou 0 ; stigm. 1. Baie à 1 loge 1.sperme.

**VISCUM** L. Fl. dioïques. Cal. à bord entier, à peine visible. Pét. 4 portant chacun une anthère sessile. Stigm. sessile, obtus. Baie 1.sperme.

**V. album** L. *Gui.* Sous-arbrisseau à rameaux dichotomes. Feuil. lancéolées, obtuses, persistantes, coriaces, opposées. Fl. jaunâtres, agglomérées, sessiles, axillaires et terminales. Baie globuleuse, blanche, remplie d'une pulpe gluante. février-mars. C. Parasite sur les pommiers, les peupliers, les tilleuls, etc., et sur lui-même ; sa racine trace sous leur écorce.

# CAPRIFOLIACÉES

Cal. adhèrent à l'ovaire ; limbe à 3-5 div. ou presq. entier. Corolle 1. pét. insérée sur l'ovaire, à 4,5 div. Etam. 5 rar. 10 insérées sur la cor. Style 1 ou 0, stigm. 3. Ovaire à 3-5 loges. Baie souv. 1.loc. qqf. formée de 2 ovaires connés, couronnés chacun par le cal. *Feuil. opposées.*

**ADOXA** L. Cal. à 3 div. Cor. en roue, à 5,4 div. planes ; tube très court. Etam. 10 ou 8 insérées 2 à 2 entre les div. de la cor., anthères à 1 loge. Styles 5,4 en alène ; stigm. obtus. Caps. charnue, couronnée par les dents du cal. et par le style persistants, à 5 loges dont plusieurs avortent. Graines solitaires.

**A. Moschatellina** L. Souche écailleuse, horizontale. Tige grêle, à 2 feuil. opposées, ternées, les rad. 2 f. ternées. Fl. verdâtres, un peu musquées, réunies ord. en tête terminale, la fl. terminale ayant le cal. à 2 div., la cor. à 4,8 étam. et 4 styles. ♃. mars-av. Lieux frais ombragés. —Deux-Sèv. *La Mothe* (Sauzé, M.), RR. *Airvault* (Bonnin), RR. *S.-Loup* (Lacroix), R. *Parthenay* (Janneau), *Ménigoute, Souvigné, Melle* (Gir.). « *les Aubiers* (Violleau), *Moncoutant* (Marais). R. *Béceleuf* (Duret), *Soudan* (Souché), Bul. S. bot. ». — Vend. *La Girarderie*, C. forêt de *Vouvant* (Lx.), env. de *la Roche, le Bourg-sous-la Roche, les Clouzeaux,* bois du bord du Lay en *la Réorthe* (Pont., M.), *la Verrie* (Gen.). — Loire-Inf. AC. — Il.-et-V. *Antrain* (herb. Degland), AC. *Fougères* (V. Sacher), *Martigné-Ferchaud* (Gallée), *Piré* (Rolland), Beaufort en *Plerguer* (Hodée). — Prob. sur d'autres points de la *Bretagne.*

**SAMBUCUS** L. Cal. à 5 dents. Cor. en roue, à 5 lobes à la fin réfléchis. Etam. 5. Style 0 ; stigm. 3. Baie globuleuse, à 3 graines.

**S. Ebulus** L. *Yèble, Tige herbacée* de 9-12 déc. Feuil. imparipennés ; fol. lancéolées, dentées. *Stip. foliacées,* dentées. Fl. blanches, rosées en dehors, en corymbe à 3 branches principales. Baie noire. ♃. jᵗ-aᵗ. Terres incultes, bord des chemins. C. — CC. dans le calc.

**S. nigra** L. *Sureau. Arbrisseau* à rameaux remplis de moelle blanche. Feuil. imparipennées ; fol. ovales, dentées. *Stip. linéaires, très courtes.* Fl. blanches, en corymbe à 5 branches principales. Baie noire. jⁿ. Haies, bois. C.

**VIBURNUM** L. Cal. à 5 dents. Cor. presque en cloche, à 5 lobes. Etam. 5. Stigm. 3 sessiles. Baie à une graine osseuse. *Fl. blanches.*

**V. Lantana** L. Arbrisseau couvert de poils étoilés sur les jeunes rameaux et surtout sur le dessous des feuil. *Feuil. ovales,* presq. en cœur à la base, dentées, *veinées-ridées.* Corymbe terminal. Baie comprimée, rouge, puis noire. av.-mai. Haies du calc. — Char.-Inf., Deux-Sèv., Vend. AC. — Loire-Inf. AC. schistes entre *Oudon, Ligné, Belligné* et *Ingrande* (vulg. Mersaule) ; PC. coteaux de la *Divatte.* AC.

**V. Opulus** L. Arbrisseau. *Feuil. à 3 lobes* inégalement dentés ;

pétioles glanduleux au sommet; stip. sétacées. Fl. en corymbe pédonculé, les ext. beaucoup plus grandes, stériles. Baie ovale, rouge, luisante. mai-j$^n$. Haies et bois frais. AC.

**LONICERA** L. Cal. à 5 petites dents. Cor. tubuleuse ou presq. en cloche, irrégulière, à 5 lobes. Etam. 5. Stigm. en tête. Baie à 3 loges à plusieurs graines presque osseuses.

**L. Periclymenum** L. *Chèvrefeuille*. Arbrisseau grimpant. Feuil. ovales, qqf. sinuées (*quercifolium*), pétiolées, ciliées, non connées. *Fl.* odorantes, *en tête* pédonculée. Cor. blanc-jaunâtre en dedans, rosée en dehors, à 2 lèv., la sup. à 4 lobes, l'inf. simple, roulée en dehors. Baie rouge vif, couronnée par le cal. j$^n$-a$^t$. Haies, bois. C.

X. **L. Xylosteum** L. Arbrisseau à rameaux divariqués, grisâtres, pubescents. Feuil. ovales, mucronées, opposées, pétiolées, molles, pubescentes, pâles en dessous. *Fl.* blanches, puis jaunâtres, inodores, *géminées* sur un pédonc. axillaire, garni au sommet de 2 bractées. Lév. sup. de la cor. à 4 lobes égaux, l'inf. entière, recourbée. Baie rouge, non couronnée par le cal. j$^n$. Haies et bois du calc. — CHAR.-INF. *Aulnay* et dans la forêt; forêt de *Chef-Boutonne!* (Pinatel). R. — DEUX-SÈV. *Airvault!* et env.! (Bonnin), *S.-Loup* (Guyon).

# RUBIACÉES (Sect. *Stellatæ*)

Cal. adhérent à l'ovaire; limbe à 4-6 div. ou presque 0. Cor. 1.pét. à 4-6 lobes, insérée sur l'ovaire. Etam. 4-6 insérées sur la cor. Styles 2 ou 1 seul à 2 stigm. Fruit à 2 loges ou méricarpes 1.spermes, indéhiscents, se séparant souv. à la maturité. *Herbes à feuil. ord. verticillées, sans stipules.*

*Crucianella*. Fl. en épis, entourées à la base d'un involucre de 2,3 bractées.
*Sherardia*. Cor. en entonnoir. Cal. couronnant le fruit.
*Galium*. Cor. en roue. Fruit sec.
*Asperula*. Cor. en entonnoir. Fruit sec.
*Rubia*. Cor. plane. Fruit charnu.

**RUBIA** L. Caract. du *Galium*. Fruit composé de 2 baies arrondies, noires, charnues, dont une avorte ord.

**R. peregrina** L. Tige de 10-15 déc. grimpante, accrochante. *Feuil.* 4-6 par verticille, ovales-lancéolées, plus rar. ovales ou linéaires, non veinées, luisantes, *persistantes* pendant l'hiver, hérissées d'aiguillons crochus sur les bords et la carène. Pédonc. axillaires, trichotomes. Cor. jaune pâle, souv. à 5 lobes terminés en pointe très aiguë. ♃. j$^n$-j$^t$. Haies, bois. C. — PC. au-delà de la Loire, ord. dans les buissons de la région maritime.

*Obs. R. tinctorum* L. *La Garance*, diffère du précéd. par les feuil. non persistantes, veinées, et les lobes de la cor. acuminés en pointe calleuse. Cult. dans la *Char-Inf.* à *Saintes* et qqf. naturalisé, à *Méchers, île de Ré, S.-J.-d'Angély*, etc. — *S.-Loup, Oiron* (Deux-Sèv.); *Maillezais, les Sables, Noirmoutier* (Vend.).

**GALIUM** L. Limbe du cal. 0 ou très petit. Cor. en roue ou plane, à 4, rar. 3 lobes. Etam. 4. Fruit sec à 2 carpelles globuleux, indéhiscents.

*Obs.* M. Jordan Obs. fragm. 3, a fait sur ce genre difficile un travail important dans lequel les anciens *G. Mollugo, palustre, anglicum, silvestre*, etc., sont divisés en plusieurs espèces. J'engage à consulter cet ouvrage ainsi que la flore de France de M. Grenier, où tous ces changements sont adoptés.

** Fleurs jaunes.*

**G. Cruciata** Scop. *Vaillantia* L. Herbe vert-jaunâtre. Tige simple hispide. *Feuil. oblongues*, 3.nervées, quaternées. Fl. polygames sur des pédonc. axillaires, munis de bractées, recourbés après la fleuraison et cachés par les feuil. refléchies. ♃. av.-mai. Haies, buissons. C.

**G. verum** L. *Caille-lait*. Tige ascendante ou diffuse, pubescente surtout dans le haut. *Feuil. linéaires*, mucronées, roulées en dessous par les bords, 6-10 par verticille. Rameaux florifères formant une grappe allongée. Fruit lisse. ♃. jⁿ-jᵗ. Prés, bord des chemins, sables maritimes, où, ainsi que dans les lieux très secs, la tige est qqf. couchée et la panic. courte, peu fournie. C. surtout dans le calc. Au-delà du *Mor.* R. à l'intérieur. — Noircit en herbier.

*Obs.* Dans les prés secs calc. de *Vix* (Vendée), à côté de *G. verum*, on trouve les deux plantes suiv. que M. Grenier considère comme hybrides des *G. verum* et *erectum* : 1º *G. approximatum* Grenier, fl. de France. Port de *G. verum* mais panic. plus allongée ; feuil. plus courtes, oblongues-linéaires ; fl. blanc-jaunâtre, plus grandes ; cor. plus apiculée ; anthères ovales-oblongues. Ne noircit pas par la dessication. — 2º *G.*                . Pubérulent, plus robuste que les 2 précéd.; feuil. linéaires-lancéolées, luisantes, à nervure large, luisante, non saillante ; fl. blanc-jaunâtre en panic. ample de *G. Mollugo*, mais plus serrée ; anthères ovales-oblongues. Ne noircit pas par la dessication.

**G. arenarium** DC. Glabre. Racine longuement rampante. *Tiges couchées*, très rameuses. *Feuil.* linéaires-oblongues, *longues de* 2-5 mil. mucronées, roulées en dessous par les bords, planes sur le vivant, rudes au bord, *épaisses*, 6-10 par chacun des verticilles rapprochés. Fl. peu nombreuses, en grappe courte, terminale. Fruit lisse, 1 f. plus gros que dans le précéd. (qqf. très gros par la piqûre d'un insecte). ♃. jⁿ-sept. Sables maritimes. — CC. jusqu'à *Lorient.* — FIN. C. — C.-NORD. Bon Abri en *Hillion* (Baron).

**G. neglectum** Le Gall, *G. Mollugo* var. fl. Loire-Inf. Rac. rougeâtre, longuement rampante. *Tiges ascendantes, tétragones, pubescentes surtout dans le bas*, à nœuds un peu renflés. Feuil. oblongues ou lancéolées-linéaires, mucronées, ord. glabres, qqf. velues dans le bas de la tige, à bords très rudes se roulant en dessous, 6-10 par verticille. Fl. jaune pâle en panic. oblongue, étroite dressée. Lobes de la cor. ovalesoblongs avec une petite pointe infléchie. ♃. jⁿ-jᵗ. Çà et là sables maritimes surtout au bord des talus.

*Obs*. Entre *G. arenarium, neglectum* et *Mollugo*, il y a, dans les sables maritimes, plusieurs plantes à fl. passant du jaune au blanc qu'on ne peut rapporter rigoureusement à aucun de ces trois types et qui doivent rappeler que les *Galium* se prêtent à l'hybridité.

** *Fl. blanches* (roussâtres dans *G. anglicum*).

**G. Mollugo** L? *G. elatum* Thuil. Tige faible s'élevant à 10-15 déc. au milieu des buissons, couchée quand elle est sans appui, tétragone, lisse ou velue surtout dans le bas, à nœuds renflés. *Feuil.* 6-8 par verticille, *obovales-lancéolées*, obtuses, mucronées, rudes au bord, à nervure dorsale saillante, non veinées ni transparentes. *Fl. nombreuses*, en panic. à rameaux principaux ouverts en angle de 45°, les secondaires étalés. Lobes de la cor. mucronés. Fruit glabre, chagriné. ♃. j⁰-j¹. Bord des haies, des chemins, buissons. CC. — Nain et couché dans les sables maritimes.

β. *G. erectum* Huds. Feuil. plus allongées, à nervure plus saillante ; fl. plus blanches, plus grandes, moins nombreuses, en panic. étroite à rameaux étalés-dressés. Mêmes lieux et prés. — CHAR.-INF., DEUX-SÈV. AC.

♃. **G. boreale** L. Rac. rougeâtre. Tige de 3-4 déc. raide, dressée, tétragone. *Feuil.* nombreuses, quaternées, lancéolées, à 3 *nervures* obtuses, rudes au bord. Fl. d'un blanc pur en panic. serrée. Fruits glabres ou à poils crochus. ♃. j⁰-a¹. Prés humides du calc. — CHAR.-INF. *Surgères! S.-Georges* (Delalande). AC. *Douil!* (Duss.), bois de *Benon ; S.-Christophe, Bussac* (Fd.), *Maison-Nouvelle* (Sav.), *Fontenet* (Pinatel), *Migré* (Lemarié), *Ballon* (Parat), *Muron* (Riveau), *Montendre*. — DEUX-SÈV. c. dans le midi.

**G. uliginosum** L. *Tige* faible, très rude de bas en haut, *très accrochante. Feuil.* lancéolées-linéaires, *mucronées*, garnies sur les bords et la carène d'aiguillons crochus, ord. 6 par verticille. Pédonc. latéraux, à fl. peu nombreuses. Anthères jaunes. Fruit tuberculeux. ♃. mai-j⁰. Prés marécageux. — CHAR.-INF. *Soulignonne, Rochecourbon* (Tess.), *Cram-Chaban, Anais* (Fd.), *Berjal* (Reau). — DEUX-SÈV. c. *la Mothe* (Sauzé), *S.-Génard* (Gir.), *Mauzé ; Brétignolle* (J. Richard). — VEND. *Chasnais*, c. *la Roche!* et env. (Pont., M.), marais de *Billy ; Faymoreau* (Lx.), *Sᵗᵉ-Radégonde-des-Marais* (Ayraud). PC. — LOIRE-INF. *La Seilleraie ; S.-Gildas* (Delalande), marais de *Renard, Orvault, Cambon* (Guiho), *Sautron, la Popinière* sur l'Erdre. PC. — MOR. « *Lorient, Baud, Ploërmel!* etc. » (Le Gall flore), *Arradon, Plunéret* (Taslé). — FIN. *Kerogan* en *Ergué-Armel* (Picq.). — C.-NORD. *Plouguenouel* (H. de Ferron), marais de *Languenan* (Mabille), *S.-Alban*, forêt de *Coëtquen* (Morin). — IL.-ET-V. Étang de *Rosbise*, Chartres près *Rennes* (V. Sacher).

**G. palustre** L. Tige faible, diffuse, plus ou moins rude, qqf. tout à fait lisse. *Feuil.* linéaires-oblongues, rétrécies à la base, *obtuses*, rudes au bord, 4,5 par verticille. Panic. diffuse, à pédicelles fructifères divariqués, rendant ainsi les petits corymbes tronqués. Fruit chagriné. ♃. j⁰-j¹. Marais, fossés et prés humides. C. Noircit en herbier. — Souv. très grêle dans ces deux dernières stations et dans les marais herbeux, et alors difficile à distinguer de *G. constrictum*. — **Les individus robustes constituent le** *G. elongatum* Presl.

β. *rupicola* Des M. Tiges nombreuses, grêles, couchées, formant un gazon serré sur le gravier ou pendantes des rochers ; feuil. par 4 en verticilles serrés, inégales, obovales ou ovales-oblongues, obtuses. Lieux inondés. Çà et là.

**G. constrictum** Chaub. *G. debile* Desv. Tige un peu ferme, peu rude. Feuil. linéaires, presque aiguës mais mutiques, un peu rudes sur les bords et roulées en dessous, 4-6 par verticille. Pédic. fructifères dressés, resserrés. Fruit très finement granuleux. ♃. jⁿ-jˡ. Prés tourbeux. Port de *Asperula cynanchica*. — Çà et là. PC.

**G. saxatile** L. *G. harcynicum* Weig. *Petite plante* couchée, *gazonnante*, glabre ; tiges florifères redressées. Feuil. 4-6 par verticille, les inf. obovales, mucronées, les sup. obovales-lancéolées. Panic. assez grêle. Lobes de la cor. souv. 5, aigus. Anthères jaunes. Fruit finement granuleux. ♃. jⁿ-jˡ. Landes, coteaux et bois parmi la mousse. C. ter. granitiques ou schisteux. — Noircit en herbier.

**G. anglicum** Huds. *G. rupicolum* Jord. *Tige très grêle*, qqf. très rameuse, entremêlée, *rude de bas en haut*. Feuil. linéaires-lancéolées, rudes, mucronées, 6 par verticille, étalées, puis réfléchies. *Pédonc.* axillaires, *filiformes*, formant une *panic. générale oblongue*. Fl. roussâtre ou verdâtre, s'ouvrant à peine. Fruit petit, granuleux. ①. jⁿ-jˡ. Coteaux et champs pierreux, sables. Çà et là toute la région maritime. — CHAR.-INF. AC. — DEUX-SÈV. AC. calc. et schiste. — VEND. AC. *la Roche* et env, *le Boupère, la Bretonnière* (Pont., M.). C. *Fontenay* (Lx., France! *Garenne-Augeard* (Ayraud), île d'*Yeu*. — LOIRE-INF. *Du Cellier à Ancenis*, C. *d'Oudon à Couffé*, forêts du *Cellier* et du N. dans les charbonnières, *Chéméré*. PC. — C.-NORD. La Courbure près *Dinan* (Mabille). — IL.-ET-V. *Hédé* (Le Gall), *Tinténiac* (Mabille), *Bout-de-Lande* (Degland).

*Obs. G. tenuicaule* Jord. se distingue du précéd. par la panic. ovale, très ample ; rameaux rudes, moins étalés, mais beaucoup plus allongés et capillaires à pédic. courts, en sorte que les fl. sont disposées en petits fascicules épars, très écartés. J'y rapporte des échantillons de : CHAR.-INF. *Moutlieu*. — DEUX-SÈV. *Chambrille* (Sauzé), *S.-Pompain, Amailloux, S.-Loup* (Guyon), *Bressuire* (Gen.). — VEND. *S.-Hilaire* (Gen.), *Lorbrie* (Lx.), *Noirmoutier*. — LOIRE-INF. C. autour de *Pornic ; S.-Michel-en-Retz, pointe de Pennebé*. — FIN. *S.-Marc* et *Sⁱᵉ-Barbe* près *Brest* (Crouan). — C.-NORD. *Tressaint, S.-Alban* (Morin). — De *Montrevault à Gesté* en Maine-et-Loire (Gad.).

X. **G. silvestre** Poll., Jordan, obs. Souche grêle à tiges nombreuses de 1-3 déc. diffuses, couchées, ascendantes au sommet, lisses. *Feuil. linéaires-lancéolées*, acuminées, mucronées, ord. rudes de haut en bas sur les bords et sur la face sup., à 1 nervure saillante en dessous, 7,8 par verticille, étalées ou recourbées surtout dans le bas. Panic. irrégulière à rameaux ouverts, les inf. alternes, les autres opposés, inégaux. Cor. blanche à lobes aigus. Fruit finement granuleux, à pédic. ouvert.

♃. jⁿ-jˡ. Pelouses, coteaux et bois secs du calc. — CHAR.-INF., DEUX-SÈV. C. — VEND. Plaine et îles (Lx., Ayraud). — Il est possible que dans les calc. de la *Char.-Inf.* et des *Deux-Sèv.* Il existe plusieurs plantes voisines de la précéd., par ex. *G. loxe, commutatum, Timeroyi* Jordan.

**G. Aparine** L. *Gratteron, Tige* de 5-10 déc. très rude de bas en haut, *accrochante*, renflée et hérissée aux nœuds. Feuil. lancéolées, élargies au sommet, très rudes au bord et sur la carène, mucronées, 6,8 par verticille. Pédonc. des panic. axillaires, dépassant les feuil. *Fruit gros, hérissé de poils crochus et tuberculeux à la base.* ①. jⁿ-jˡ. Haies, lieux cultivés. C.

**G. spurium** L. Distinct du précéd. Tige grêle, non renflée ni hérissée aux nœuds. Feuil. étroitement linéaires-lancéolées. Fruit 3-4 f. plus petit, noirâtre, chagriné, non tuberculeux, glabre. ①. jⁿ-jˡ. Moissons du calc. — LOIRE-INF. *Machecoul* (Letourneux et moi), *Guenrouet*. RR. — MOR. *Vannes, Carentoir* (Taslé), *Ploërmel* (J.-M. Sacher).

β. *G. Vaillantii* DC. Fruit hérissé de poils crochus non tuberculeux à la base. — MOR. *Vannes* (Taslé).

**G. tricorne** With. Tige de 15-30 cent. simple, très rude de bas en haut, accrochante. Feuil. linéaires-lancéolées, très rude au bord et sur la carène, mucronées, 6-8 par verticille. *Pédonc. à 3 fl., axillaire, plus court que les feuil., recourbé après la fleuraison.* Fl. petites, blanchâtres. *Fruit gros, verruqueux.* ①. jⁿ-jˡ. Moissons des ter. calc. — CHAR.-INF. et DEUX-SÈV. C. — VEND. c. Plaine et îles (Pont., M.), c. *Stᵉ-Cécile* (Gad.), *Noirmoutier* (P. Bruneau). — LOIRE-INF. RR. *Cambon;* AR. *Bergon.* R. — FIN. Port-Salut en *Crozon* (Crouan), *Camaret* (Blanchard), *Ile Molène* (Thiébaut). — C.-NORD. *Cesson,* c. Le Rosaire près *S.-Brieuc* (Baron).

**ASPERULA** L. Caractères du *Galium.* Cor. en entonnoir ou en cloche.

♀. **A. galioides** Bieb. *Galium glaucum* L. Tiges de 3-5 déc. dressées ou ascendantes, presque cylindriques et lisses. *Feuil.* linéaires, mucronées, rudes et roulées par les bords, *glauques,* 8 par verticille. Fl. blanches paniculées en corymbe. *Fruit lisse.* ♃. jⁿ-jˡ. Pelouses, clairières des bois secs dans le calc. — DEUX-SÈV. Bois du Mai près *S.-Jouin de Marnes* (Brottier). RR.

**A. cynanchica** L. Tiges nombreuses, grêles, couchées. *Feuil.* 4 par verticille, *linéaires,* très inégales dans le haut, mucronées, ainsi que les bractées lancéolées. Fl. en petits faisceaux terminaux. Div. de la cor. blanches et un peu rudes en dehors, à 3 *stries roses en dedans.* Fruit ridé-granuleux. ♃. jⁿ-sept. Pelouses arides ou sablonneuses du calc. et de la région maritime où les tiges sont plus courtes, plus ramassées ainsi que les fl. C. — PC. côte nord de la *Bretagne.*

**A. odorata.** L. Racine rampante. *Feuil. lancéolées,* rudes au bord et sur la carène, les sup. 8 par verticille, les inf. 6. Fl. blanches, en corymbe terminal. *Fruit hérissé de soies crochues.* ♃. mai-jⁿ. Bois frais. — CHAR.-INF. *Saintes,* forêt d'*Aulnay! Paizay* (A. Guillon), *Fenioux*

(Pinatel). — Deux-Sèv. Forêts d'*Aulnay!* de *Chizé!* (A. Guillon); *S.-Gelais* (Guyon).— Loire-Inf. Forêt de *la Bretêche!* (Bonamy), forêt de *Juigné* près l'étang de la *Primaudière*. R. — Fin. *Huelgoat;* forêt de *Men-Gwenn* (Crouan fl.), forêt de *Crannou* (Tanguy), forêt de *Carnoet* (de Lisle), R. — C.-Nord. c. forêt de *la Hunaudaie* (Cornillé), forêt de *Lorge;* forêt de *Boquien* (Mabille), ac. forêt du *Beffou, Loquivy-Plougras* (Le Corre). — Il.-et-V. Forêt de *Fougères!* (de la Pylaie), forêt de *S.-Méen* (Rigolé).

☿. **A. arvensis** L. Tige rameuse. Feuil. linéaires, rétrécies à la base, obtuses, 6-8 par verticille, les inf. à 4, rudes au bord. *Fl. bleues* en têtes terminales entourées de bractées bordées de longs cils blancs. Fruit glabre. ①. mai-j'. Moissons du calc. — Char.-Inf., Deux-Sèv. AC. — Vend. Çà et là Plaine et iles, ac. *Fontenay!* (Lx.).

**SHERARDIA** L. Cal. à 6 dents. Cor. en entonnoir, à 4 lobes. Etam. 4. Fruit à 2 graines, couronné par le limbe accru du cal.

**S. arvensis** L. Couché-étalé, hispide. Feuil. ovales-lancéolées, 6-8 par verticille, les sup. formant un involucre autour des fl. sessiles. Cor. lilas ou rosée. ①. mai-sept. Champs, lieux cultivés, pelouses sèches, dunes. C.

**CRUCIANELLA** L. Caract. de l'*Asperula*. Lobes de la cor. courbés-connivents. Fruit à 2 graines oblongues ou demi-ovales. Fl. en épis, entourées à la base d'un involucre de 2,3 bractées.

☿. **C. angustifolia** L. Tige de 2-3 déc. grêle, tétragone. Feuil. linéaires-en alène, rudes, dressées, 6 par verticille. Epi tétragone, 3 bractées libres, à carène aiguë, blanches-membraneuses, vertes sur le dos. ①. j'-j'. Champs secs et coteaux calc. — Char.-Inf. *Marcilly, Terre-Nouvelle* (de Beaupreau), *S.-Vivien, S.-Pierre-d'Amilly!* (Fd.), *la Repentie* (Lx.), *Sèche-Bec; Semussac* (Lemarié), *Beauvais!* (Sav.), *Migré* (Vinet), R. *Douil, S.-G.-de-Didonne,* Serre près *Méchers.* — Deux-Sèv. *Paizay* (Vernial), c. *Loubillé!* (Jousse), coteau de *Veluché!* (Guyon), coteaux schisteux de *Thouars!* (Bastard), d'*Argenton-Ch.; Mauzé.*

# VALÉRIANÉES

Cal. adhérent à l'ovaire; limbe denté ou se déroulant enfin en aigrette. Cor. tubuleuse-en entonnoir, insérée sur l'ovaire, régulière ou irrégulière, qqf. bossue ou éperonnée à la base. Etam. 1-4. Style 1 à 1-3 stigm. Caps. à 3 loges dont deux avortent. Graine solitaire, pendante. *Feuil. opposées.*

**VALERIANA** L. Limbe du cal. roulé en dedans pendant la fleuraison, se déroulant enfin en aigrette plumeuse couronnant le fruit. Cor. en entonnoir, bossue ou éperonnée à la base; limbe à 5 div. Etam. 1 ou 3. Caps. à 1 graine.

**V. officinalis** L. *Rac. fasciculée,* entremêlee de stolons, *fétide.* Tige de 6-10 déc., sillonnée, creuse, pubescente. *Feuil. imparipennées* à fol. lancéolées, dentées ou entières. Fl. blanc-rosé, en corymbe terminal. Etam. 3. ♃. j'-j'. Bord des eaux, lieux frais. C.

**X. V. dioica** L. Souche oblique. Tige cannelée, rude. Feuil. lyrées-pennifides, fol. oblongues ou lancéolées, entières ; feuil. inf. et celles des rejets stériles longuement pétiolées, ovales-en cœur. *Fl. dioïques*, blanc-rosé, en corymbe terminal. Etam. 3. ⚃. mai-j<sup>n</sup>. Prés maréca-geux du calc. — Char.-Inf. PC. — Deux-Sèv. *Lezay* (Sauzé, M.), *Mauzé! Pas-de-Jeu* (J. Richard), *S.-Genard, Melle, Ménigoute* (Gir.), env. d'*Airvault!* (Bonnin), de *Thouars* (Lunet), *S.-Loup* (Cornuault), « *Brioux* (Rillaud), *S.-Symphorien* (Gamin). Bul. S. bot. ». — Loire-Inf. Marais de la *Seilleraie*! (Dumas).

* **V. rubra** α. L. *Centranthus ruber* DC. Glauque, lisse. Tige creuse. *Feuil. ovales et lancéolées, entières.* Fl. rouges en corymbe ter-minal. Cor. à éperon 1 f. plus long que l'ovaire. *Etam.* 1. ⚃. j<sup>t</sup>-sept. Vieux murs et châteaux, falaises calc., chemins de fer. AC. et cult. sous le nom de *Valériane, Lilas d'Espagne*.

*Obs.* *V. Phu* L. *Guérit-tout* est cult. dans les campagnes comme vulnéraire.

**VANERIANELLA** Tourn. Limbe du cal. denté. Cor. régulière, en entonnoir, sans éperon, à 5 lobes. Etam. 3. Caps. à 3 loges, 2 stériles restant vides.

*Obs.* Toutes nos espèces appelées *Mâche, Boursette*, sont des herbes annuelles, à tige dichotome ; les fl. petites, blanc-rosé ou lilas sont réunies en têtes terminales, entourées de bractées ciliées. Pour les dis-tinguer, il est indispensable d'avoir les fruits ; ceux-ci murissent en juin.

**V. olitoria** Mœnch, Mut. fig. 206. Rameaux étalés. Fl. en tête glo-buleuse. *Caps.* glabre, plus large que longue, *irrégulièrement arrondie, comprimée;* loges stériles séparées par une cloison incomplète, perpen-diculaire sur la loge fertile, qui est épaisse-subéreuse sur le dos. Lieux cultivés, murs. C.

**V. carinata** Lois. Mut. fig. 208. Port du précéd. *Caps.* glabre, *oblon-gue, presque tétragone, profondément creusée en long d'un côté;* les deux loges stériles courbées, à cloison perpendiculaire sur la loge fer-tile. Lieux cultivés, murs. C.

**V. eriocarpa** Desv. Mut. fig. 214. *Mâche de Hollande.* Rameaux raides, divariqués, ceux des corymbes renflés, anguleux. Limbe du cal. évasé, veiné en réseau, de la largeur de la caps. à 6 dents, celles de devant plus courtes. Caps. ovale à 3 côtes, *les 2 de devant* formées par les loges stériles filiformes et *séparées par un intervalle creux, ovale.* Moissons des ter. calc. et du bord de la mer. C. jusqu'à *la Loire*, moins C. au-delà. — La couronne du fruit est très variable, plus ou moins évasée, à dents distinctes, ou plus ou moins tronquée obliquement. avec la dent de derrière prolongée en forme d'oreille et le fruit est ord. luisant, veiné, poilu sur les côtes, qqf. poilu partout et souvent tout à fait glabre. Cette dernière var. est AC. région maritime jusqu'à *Brest,* moins C. au-delà.

**V. Morisonii** DC. Tige dressée, bifurquée au sommet. Fruit glabre ou plus ou moins couvert de poils ord. courbés. Limbe du cal. obliquement tronqué, à dents de devant peu distinctes, couronnant la *caps. conique, aiguë,* à 5 côtes peu saillantes. *les 2 de devant* formées par les loges stériles filiformes et *séparées par un intervalle oblong.* Moissons du calc. et du littoral. — AC. région maritime et son voisinage de *Pontorson* (Manche) à *Brest* et *Quimper.* — MOR. *Quiberon* (Le Gall). — CHAR.-INF. *Yves, Pessines* (Fd.). — A l'intérieur : calc. de *Rennes* (Degland) ; *Erbray, Machecoul, Arthon* (Loire-Inf.).

**V. Auricula** DC, Mut. fig. 212. Tige dressée, bifurquée au sommet. *Caps. ovale-arrondie,* glabre, couronnée par le limbe du cal. tronqué obliquement en forme d'oreille, les dents de devant peu distinctes ou (Mut. fig. 215) courbées l'une vers l'autre. *Loges stériles placées en avant, plus grandes que la loge fertile et séparées par un sillon.* Moissons. AC. — C. dans le calc.

β. *dasycarpa.* Fruit velu. — CHAR.-INF. *Mortagne ;* env. de *S.-Christophe, Pessines* (Fd.), *Plougean* (Miciol cat.). — DEUX-SÈV. *La Mothe* (Sauzé). — VEND. *Mareuil* (Pont.). — LOIRE-INF. *Piriac* (Lx.), Prairie-au-Duc à *Nantes.* — MOR. *Vannes* (Taslé).

X. **V. pumila** DC., S. Will. *V. membranacea* Lois. Mut. fig. 216. Feuil. vert plombé. *Caps.* largement ovale, *comprimée sur le devant* et marquée d'un sillon profond entre les 2 loges stériles, convexe sur le *dos à trois côtes presque égales,* l'intermédiaire plus saillante formée par la loge fertile. Limbes du cal. à 3 petites dents triangulaires, celle de derrière un peu plus grande. Bractées largement scarieuses au bord. — CHAR.-INF. Moissons, env. de *la Tremblade.* Roche-Batard près *Mortagne.* R.

X. **V. hamata** Bast. *V. coronata* DC. fl. fr. non prodr., Koch syn. Tige droite, bifurquée au sommet. Fl. en têtes serrées. Caps. ovale, velue, marquée d'un sillon sur le devant, entre les deux loges stériles, couronnée par le *limbe du cal.* évasé *en cloche* membraneuse, veinée, *glabre en dedans et en dehors,* à 6 *dents crochues.* ①. jⁿ-jᵗ. Moissons sablonneuses du calc. — CHAR.-INF. Serre près *Méchers ; Puyravault, S.-Christophe* (Fd.). — DEUX-SÈV. Sud de *Puy-Notre-Dame ; Thouars !* (Bastard), butte de *Montcoué* (J. Richard). *Oiron, Orbé, Pas-de-Jeu ; Airvault* (Guyon), de *Borcq* à *S.-Jouin* (Bonnin), la Crignolée près *Damil.* — *V. discoidea* Lois *V. coronata* DC. prod. diffère du précéd. par les feuil. plus découpées, et par le *vase du cal.* plus grand, plus ouvert, *velu en dedans.*

# GLOBULARIÉES

Fl. agrégées en capitule globuleux, entourées à la base d'un involucre polyphylle, inséré sur un réceptacle garni de paillettes. Cal. à 5 div. persistant. Cor. 1.pét. irrégulière à 5 lobes. Étam. 4 insérées au haut du tube de la cor. et alternes avec ses lobes. Ovaire 1, à 1 ovule pendant. Style 1, stigm. bifide. Fruit indéhiscent. *Feuil. alternes.*

**GLOBULARIA** L. Voir la famille.

X. **G. vulgaris** L. *G. Wilkommii* Nym. Souche presque ligneuse, ord. à 1 tige de 1-3 déc. Feuil. rad. ovales-spatulées, longuement pétiolées, mucronnées dans l'échancrure, celles de la tige lancéolées, aiguës. Fl. bleues, en tête globuleuse terminale. Cal. cilié. Cor. à 2 lèv., la sup. à 3 div. linéaires, l'inf. à 2 lobes plus courts. ♃. jⁿ. Coteaux et plateaux secs calc. — CHAR.-INF., DEUX-SÈV. AC.

# DIPSACÉES

Fl. agrégées en capitule, entourées à la base d'un involucre polyphylle, insérées sur un réceptacle garni de paillettes. Cal. propre double, persistant, l'extér. (involucelle DC.) à tube entourant étroitement le fruit, l'intér. adhérent, à lobes souv. en forme d'aigrette. Cor. 1.pét. insérée sur le sommet du cal. intér., à 4-5 lobes souvent inégaux. Etam. 4 libres, insérées sur le tube de la cor.; filets non articulés. Style et stigm. 1. Caps. indéhiscente, à 1 graine pendante. *Herbes à feuil. opposées.*

**DIPSACUS** L. Cal. intér. en forme de coupe, l'extér. tétragone. Cor. à 4 lobes. Etam. 4. Fol. de l'involucre ord. plus, longues que les paillettes épineuses du réceptacle.

**D. silvestris** L. Tige d'env. 1 mètre, robuste, sillonnée, hérissée d'aiguillons. Fl. inf. rétrécies à la base, les sup. largement connées en vase, ovales-lancéolées, garnies d'aiguillons sur la carène. Fol. de l'invol. arquées, dépassant le *capitule, gros, ovale.* Paillettes flexibles, à pointe droite, dépassant les fl. lilas clair. ②. jᵗ-aᵗ. Bord des haies, des champs. C. — Varie très rar. à feuil. interméd. de la tige pennifides.

**D. pilosus** L. Tige de 8-10 déc. cannelée, garnie d'aiguillons au sommet. Feuil. ovales, acuminées, dentées, munies au sommet du pétiole de 2 oreillettes foliacées. Fol. de l'invol. herbacées, réfléchies, égalant env. le *capitule petit,* presque globuleux. Paillettes obovales, ciliées, garnies de soies au sommet, à pointe longue, droite, égalant les fleurs blanchâtres. ②. jᵗ-sept. Haies, lieux ombragés, humides. — DEUX-SÈV. La Touche-Poupart près *S.-Maixent* (Sauzé). — IL.-ET-V. Le Verger-au-Coq en *Melesse* (Lx.), près *la Gavouyère* (herb. Degland), Montbarrot près *Villejean* (J.-M. Sacher). RR.

**SCABIOSA** L. Involucre polyphylle. Réceptacle garni de soies ou de paillettes. Cor. à 4,5 lobes. Etam. 4. Fruit couronné par le double cal., l'intér. ord. à soies raides, rar. entier, l'extér. membraneux.

**S. arvensis** L. *Knautia* Coult. Tige de 2-4 déc. couverte de poils raides. *Feuil. pennifides* à lobes lancéolés, entiers ou dentés-lobés du côté inf. Cor. bleuâtres, les extér. plus grandes. *Récept. garni de soies.* Fruit velu. Cal. int. à env. 8 soies, l'ext. entier. ♃. jⁿ-aᵗ. Champs, prés, coteaux des ter. calc. et du bord de la mer. — CHAR.-INF., DEUX-SÈV. et calc. Vendéen. C. — LOIRE-INF. *Machecoul, Arthon, pointe de Pennebé,* de *Pénestin à Vieille-Roche, Canibon; Erbray* (Moride), AC. *Soulvache* (Gad.). PC. — AC. côte de *la Bretagne* et son

voisinage ; plus c. en approchant de l'*Il.-et-V.* — Varie qqf. à feuil.
entières.

**S. Succisa** L. *Succisa pratensis* Mœnch. Rac. tronquée. Tige
presque simple. *Feuil. rad. ovales ou ovales-lancéolées*, les sup. plus
étroites, dentées ou entières. Cor. bleu ciel, toutes égales à 4 lobes ;
capitule longuement pédonculé. Fol. de l'involucre et paillettes lancéolées. Fruit velu. Cal. int. à 5 soies noirâtres, l'ext. à 4 dents. ⚥. a¹-oct.
Landes et prés frais, bord des champs, des chemins. CC.

**S. Columbaria** L. *S. permixta* Jord. Tige rameuse. Feuil. rad.
qqf. épaisses, obovales, dentées, crénelées ou lyrées, les inf. pennifides
à div. dentées ou lobées, velues, les sup. à lobes linéaires, entiers. Cor.
bleu clair, les ext. plus grandes, toutes à 5 lobes inégaux. Fol. de l'invol. linéaires-lancéolées. *Récept. garni de paillettes membraneuses,*
spatulées, *velues.* Cal. int. à 5 soies noirâtres, 3-4 f. plus longues que
le cal. ext. évasé en coupe membraneuse, crénelée, plus courte que
la moitié du fruit sillonné, velu. ⚥. j¹-sept. Terr. calc. secs ou sablonneux, qqf. schistes. — CHAR.-INF., DEUX-SÈV. C. — VEND. c. calc.
méridional (Pont.). — LOIRE-INF. c. *Machecoul, Chéméré*, R. *Oudon* ;
RR. *Ancenis* (Moreau).

**S. maritima** L. Tige simple ou rameuse, peu feuillée. Feuil. rad.
et inf. oblongues-spatulées, dentées, incisées ou pennifides, les sup.
pennifides à lobes linéaires ou linéaires. Cor. bleu très clair à lobes
ext. rayonnants. Fol. de l'invol. linéaires-oblongues, moitié plus
courtes que les fl. Récept. allongé, garni de paillettes linéaires-spatulées. Cal. int. à 5 soies supporté par un long tube engainé à la base,
l'*ext.* à tube garni de 8 côtes, couronné en forme de coupe à 8 crénelures et *8 fossettes allongées* et terminée par une *collerette* de *nombreux*
*lobes* triangulaires, membraneux *dirigés en dedans.* ①. j¹-j¹. Lieux
vagues, incultes ou sablonneux. — CHAR.-INF. De *Royan* à *Pontaillac*
(Duffort), *la Rochelle* (Le Gall). — FIN. c. Isthme de Kermor près l'*Ile-*
*Tudy* (Picq.). — IL.-ET-V. Côte de S.-Malo entre *Paramé* et *Rothe-*
*neuf*, où je l'ai faussement indiqué dans les éditions précédentes,
sous le nom de *S. Columbaria.* — Je soupçonne que cette espèce
méridionale a été introduite autrefois dans les localités citées, comme
elle l'a été récemment à Royan.

# COMPOSÉES

Fleurs petites, nombreuses, réunies en *capitule (fleur composée)*, entourées d'un involucre commun, insérées sur un réceptacle commun,
nu ou garni de soies ou de paillettes. Calice propre adhérent à l'ovaire-
limbe non distinct ou se changeant en paillettes ou en aigrette couronnant le fruit. Corolle 1.pétale, insérée sur le tube du cal., tantôt régulière à 5 dents *(fleuron)*, tantôt irrégulière en forme de languette *(demi-*
*fleuron)*. Etam. 5 insérées sur le tube de la cor., distinctes à la base ;
anthères soudées en tube. Ovaire 1. Style 1, à 2 stigm. Fruit *(achène)*
sec, indéhiscent, à une graine.

Capitules appelés ici fleurs, formés tantôt de fleurons *(fleurs floscu-*
*leuses)*, tantôt de demi-fleurons *(fleurs semi-flosculeuses)*, ou bien de
fleurons au centre et de demi-fleurons à la circonférence *(fleurs radiées)*.

**I. RADIÉES**. — Fleur composée de fleurons au centre et de demi-fleurons à la circonférence.

### a. *Réceptacle garni de paillettes*

*Achillea.* Languette des demi-fl. courte, arrondie.
*Anthemis.* Languette des demi-fl. oblongue.
Ab. *Bidens.*

### b. *Réceptacle nu.*

#### * Achènes sans aigrette.

*Calendula.* Ach. extér. courbés, tuberculeux.
*Bellis.* Récept. conique, creux. Ach. comprimés.
*Matricaria.* Récept. conique, creux. Ach. striés d'un côté.
*Chrysanthemum.* Récept. plane ou convexe. Ach. nus ou couronnés d'un petit rebord.

#### ** Achènes aigrettés.

*Tussilago.* Fl. paraissant avant les feuilles.
*Conyza.* Demi-fl. sur plusieurs rangs, blancs.
*Erigeron.* Demi-fl. très étroits, d'une autre couleur que le disque.
*Aster.* Demi-fl. oblongs, d'une autre couleur que le disque. Récept. plane.
*Bellis.* Récept. conique, creux. Demi-fl. blancs.
*Pallenis.* Anthères à 2 pointes à la base. Fol. ext. de l'invol. épineuses.
*Inula.* Anthères à 2 pointes à la base. Invol. non épineux.
*Senecio.* Invol. cylindrique, noirâtre au sommet, écailleux à la base.
*Cineraria.* Caract. du *Senecio.* Invol. simple, sans écailles à la base.
*Doronicum.* Invol. hémisphérique, à 2,3 rangs de fol. égales. Ach. du bord sans aigrette.
*Solidago.* Invol. imbriqué. Ach. tous aigrettés.

**II. FLOSCULEUSES**. — Fl. composée toute de fleurons.

### a. *Achènes sans aigrette.*

*Diotis.* Récept. à paillettes. Cor. prolongée en deux éperons sur l'ovaire et le faisant paraître ailé.
*Santolina.* Récept. à paillettes. Cor. prolongée en éperon sur l'un des côtés de l'ovaire.
*Evax.* Récept. à paillettes, allongé, conique. Plante de 1-2 cent.
*Micropus.* Récept. nu. Ach. enveloppé dans les fol. de l'invol.
*Artemisia.* Récept. nu ou poilu. Fleuron du rayon femelles.
*Tanacetum.* Invol. hémisphérique. Ach. couronnés d'une membrane entière.
Ab. *Centaurea pratensis, C. serotina, C. Calcitrapa.*

### b. *Achènes aigrettés.*

#### * Réceptacle nu.

*Eupatorium.* Invol. cylindrique. Styles très longs.

*Filago*. Invol. anguleux. Fleurons du disque herm., ceux du rayon fem. placés entre les fol. de l'invol.

*Gnaphalium*. Invol. ovale, à fol. obtuses, scarieuses. Fleurons du disque herm., ceux du rayon fem. sur plusieurs rangs.

*Helichrysum*. Caract. du *Gnaphalium*. Fleurons du rayon sur un seul rang.

*Galactites*. Invol. à fol. en alène. Aigrette à longs poils plumeux.

*Petasites*. Hampe multiflore, non feuillée.

Ab. *Senecio vulgaris*.

    •• Récept. garni de paillettes. de soies ou d'alvéoles.

*Bidens*. Invol. double. Ach. à 2-4 arêtes accrochantes.

*Carlina*. Fol. int. de l'invol. colorées, luisantes, étalées, les ext. épineuses-pennées.

*Xeranthemum*. Fol. de l'invol. scarieuses, entières, les int. colorées étalées.

*Carduncellus*. Fl. bleues. Invol. foliacé.

*Linosyris*. Invol. hémisphérique, imbriqué de fol. linéaires.

*Onopordum*. Récept. alvéolé. Invol. épineux.

*Cirsium*. Invol. épineux. Aigrette plumeuse.

*Lappa*. Fol. de l'invol. crochues en hameçon.

*Carduus*. Invol. épineux. Aigrette à poils simples.

*Silybum*. Caract. du *Carduus*; fol. ext. de l'invol. terminées par un appendice étalé, denté-épineux.

*Serratula*. Fol. de l'invol. aiguës. Paillettes du récept. divisées en soies.

*Centrophyllum*. Fol. extér. de l'invol. pennifides. Aigrette composée de paillettes sur plusieurs rangs.

*Centaurea*. Fleurons du disque herm., ceux du rayon stériles, ord. plus grands. Ach. nus ou à aigrette composée de paillettes inégales. Hile latéral.

*Crupina*. Caract. du *Centaurea*. Ach. soyeux. Hile basilaire.

### III. SEMI-FLOSCULEUSES. — Fleur composée toute de demi-fleurons.

    • Aigrette écailleuse ou 0.

*Scolymus*. Invol. épineux. Plante maritime.

*Catananche*. Invol. scarieux-argenté.

*Cichorium*. Invol. double. l'int. à 8 fol., l'ext. à 5.

*Lapsana*. Invol. simple. Ach. à 20 stries.

*Arnoseris*. Invol. simple. Ach. à 10 stries.

*Rhagadiolus*. Ach. du bord étalés en étoile.

    •• Aigrette à poils simples.

*Tolpis*. Invol. double, l'ext. plus long.

*Pterotheca*. Récept. garni de longs poils. Ach. du bord munis en dedans de 2,3 ailes.

*Andryala*. Récept. alvéolé, poilu. Aigrette sessile, roussâtre.

*Hieracium*. Aigrette sessile d'un blanc sale.

*Sonchus*. Invol. imbriqué. Aigrette sessile. Ach. striés en long. Demi-fl. sur plusieurs rangs.

*Taraxacum*. Invol. double, l'extér. plus court. Aigrettes toutes longuement pédicellées. Hampe 1.flore.
*Crepis*. Fol. de l'invol. sur 2 rangs, l'extér. plus court. Aigrette sessile
ou pédicellée. Ach. striés.
*Chondrilla*. Invol. écailleux à la base. Aigrette pédicellée. Demi-fl. peu
nombreux, sur deux rangs.
*Lactuca*. Invol. imbriqué. Aigrette pédicellée. Demi-fl. sur un ou plusieurs rangs. Ach. striés.

··· Aigrette à poils plumeux.

*Hypochœris*. Récept. garni de paillettes.
*Thrincia*. Aigrette des ach. du bord en couronne dentée.
*Picris*. Aigrette sessile. Ach. courbés, sillonnés en travers.
*Podospermum*. Aigrette sessile. Ach. portés sur un pédic. creux.
*Scorzonera*. Aigrette sessile. Fol. de l'invol. scarieuses au bord.
*Helminthia*. Invol. double, l'extér. à 5 fol. Ach. ridés en travers. Aigrette
pédicellée.
*Urospermum*. Invol. simple. Ach. à bec creux et dilaté à la base.
*Tragopogon*. Aigrette longuement pédicellée. Invol. simple.
*Leontodon*. Aigrette sessile, rousse.

**A. CORYMBIFÈRES.** *Style non articulé au sommet ; fleurs flosculeuses
ou radiées.*

**EUPATORIUM** L. Involucre cylindrique, imbriqué. Fl. flosculeuses ; fleurons peu nombreux, tous herm. tubuleux. Styles très longs.
Réceptacle nu. Achènes à 5 angles. Aigrette à poils simples.

**E. cannabinum** L. *Eupatoire.* Tige de 9-12 déc. pubescente, rougeâtre. Feuil. opposées, pétiolées, à 3 fol. lancéolées, dentées, la terminale plus grande. Fl. rosées, nombreuses, en corymbe serré, terminal. ♃. j⁾-sept. Bord d s eaux, des fossés, des marais. C.

**TUSSILAGO** L. Invol. simple à fol. membraneuses au bord. Fl.
radiées ; demi-fl. sur plusieurs rangs, fertiles ; fleurons herm. stériles.
Récept. nu. Aigrette à poils simples, très blancs.

**T. Farfara.** L. *Pas-d'âne.* Rac. rampante. Hampe de 1-2 déc. gar-
nie d'écailles, à 1 fl. jaune, terminale, paraissant avant les feuil. en
cœur, anguleuses, dentées, cotonneuses en dessous. ♃. fév.-mars.
Vignes, qqf. rochers maritimes humides, surtout ter. argileux.—CHAR.-
INF. C. — DEUX-SÈV. R. *Aireault!* (Bonnin), *S.-Loup, Amailloux*
(Guyon), AR. *Parthenay!* (Janneau), AC. dans le midi. — VEND.,
LOIRE-INF. AC. — MOR. *Coëtsurho* (Taslé), « *Plœmeur, Hennebont*
(Le Gall) ». — FIN. *Pouldreuzic, Crozon, Plougasnou, Guissény, Goulven,*
*Trefflez*, etc. (Crouan), *Clohars-Carnoët* (Picq.). — C.-NORD. *Pouldouran*
et littoral (Le Corre), *S.-Quay*, C. littoral du *Rosaire* (Baron), *S.-Cast*
et littoral jusqu'à la *Rance,* d'où il remonte jusqu'à *Dinan* et *Evran*
(Conray). — IL.-ET-V. C. de *Pontorson à Dol ; S.-Coulomb ; S.-Jac-*
*ques, Hédé* (Le Gall), *Pontpéant* (Gallée), *Redon.* — ETC.

*Obs. Nardosmia fragrans.* Reich. *Héliotrope d'hiver,* se voit qqf. au
bord des haies, des murs, échappé des jardins où on le cultive.

**PETASITES** Tourn. Invol. simple avec quelques écailles accessoires à la base. Fl. flosculeuses ; fleurons tantôt presque tous femelles, tantôt presque tous mâles, ceux-ci placés au centre. Récept. nu. Aigrette à poils simples très blancs.

**P. vulgaris** Desf. *P. riparia* Jordan, *Tussil. Petasites* L. Souche épaisse. Hampe multiflore, garnie d'écailles. Feuil. très grandes, en cœur, doublement dentées, pubescentes en dessous ; lobes de la base arrondis. Fl. presque dioïques, rougeâtres, en grappe ovale ou oblongue. ♃. mars-av. Lieux humides, bord des eaux. — Deux-Sèv. c. *Mazières* (A. Guillon), env. de *Bressuire* (J. Richard), *S^{te}-Néomaye* (Sauzé), le Défend ! près *Airvault* (Bonnin), « *S.-Georges de Noisné, Augé* (Arignon), rr. *Béceleuf* (Duret), Bul. S. bot. ». — Loire-Inf. Connu sous le nom de *cru, contrecru*, autour des habitations dans les villages de *Venourais, du Hil*, de la Grande-Place près *Derval*, château de *Sion*, où il était prob. cult. autrefois comme médicinal et d'où il disparaît. — Fin. *Le Rélec* (de Crec'hquérault), prob. reste de culture. — C.-Nord. Ruisseau de *Moncontour !* (A. Bichemin). ruisseau de *S.-Alban* (Baron), de *Dinan* à l'*Écluse*. — Il.-et-V. rr. env. de *Fougères* (V. Sacher), rr. env. de *Rennes* (Lx.), de Montaudevert en *Fougeray* jusque dans la *Loire-Inf.*

**LINOSYRIS** Lob. Invol. hémisphérique, imbriqué de fol. linéaires. Fleurons tous herm. tubuleux. Styles courts. Récept. couvert d'alvéoles à bords dentés. Ach. comprimés : aigrette sessile à poils ciliés.

**L. vulgaris** Cass. *Chrysocoma Linosyris* L. Tige simple, effilée, de 2-5 déc. Feuil. linéaires, aiguës, ponctuées. Fl. jaunes en corymbe à pédonc. feuillés. ♃. sept.-oct. Coteaux, taillis pierreux, calc. ou schist. — Char.-Inf. AC. — Deux-Sèv. AC. dans le midi ; *Bressuire* (Toussaints). — Vend. Rochers du *Gué-de-Velluire, Ile d'Elle ! Auzais* (Lx.), Bois de *Barbetorte* (Lepeltier). — Loire-Inf. Coteaux schisteux, *Ancenis !* (Guiho). RR. — Mor. Rochers maritimes schisteux de *Belle-Ile !* au port *Borderie* et à *Donant !* (de la Pylaie), avec tige de 5-10 cent. à 2-5 fl.

**ASTER** L. Invol. imbriqué. Fl. radiées, de 2 couleurs ; fleurons herm. tubuleux, jaunes ; demi-fl. fem. Récept. nu. Aigrette sessile, à poils simples.

**A. Tripolium** L. Tige de 3-6 déc. Feuil. lancéolées, à 3 nervures, charnues. Demi-fl. variant du blanc au blanc-lilas. Ach. comprimés, poilus, surtout à la base. ♃. j'-sept. Lieux marécageux salés de la région maritime. C. — Les rayons des fleurs tardives avortent qqf.

**BELLIS** L. Invol. à fol. égales, sur 2 rangs. Fl. radiées, demi-fl. fem. ; fleurons herm. tubuleux. Récept. nu, conique, creux. Ach. comprimés, bordés, sans ou avec aigrette très courte.

**B. perennis** L. *Marguerite*. Rac. rampante. Feuil. radicales, obovales-spatulées, en rosette. Hampe 1.fl. Demi-fl. blancs, souv. rosés en dehors. Fleurons jaunes. *Ach. sans aigrette.* ♃. mars-mai et un peu toute l'année. Prés, pelouses. CC.

✗. **B. pappulosa** Boissier ! el. n° 106. Rac. tronquée. Feuil. radicales, *lancéolées*-spatulées, obtuses, poilues, un peu rudes, un peu ondulées, bordées de qq. dents calleuses. Hampe 1.fl. de 20-25 cent. sillonnée, à poils couchés dirigés en haut. Demi-fl. étroits, blancs, rosés en dehors ; fleurons jaunes. Récept. conique-hémisphérique, alvéolé. Ach. oblongs-obovales, parsemés de poils couchés, entourés d'une bordure blanchâtre et terminés par une petite *couronne* de soies écailleuses env. 4,5 f. plus courtes qu'eux. ♃. fin av.-juin. — CHAR.-INF. AC. ou C. sur presque tous les plateaux et pointes de *Mortagne* à *la Rochelle* et *Marsilly* ; rochers de *Pont-l'Abbé*, C. bois de *Beurlay ; Soubise ; Corme-Royal*, C. *Cadeuil*, Chadin près *S.-Savinien* (Tesseron). — Cette espèce méridionale découverte par Mess. Lemarié et de Lisle, se distingue de la précéd., avec laquelle elle a une grande ressemblance, par la taille plus élevée, les feuil. insensiblement rétrécies en pétiole, non planes, l'invol. tronqué-échancré à la base et non en coin, le récept. non en cône allongé très aigu, et surtout par la couronne de l'achène.

**ERIGERON** L. Invol. imbriqué. Fl. radiées, de 2 couleurs ; demi-fl. fem. linéaires, sur plusieurs rangs ; fleurons herm. tubuleux. Récept. nu. Aigrette à poils simples.

**E. canadensis** L. *Tige élancée,* hispide. Feuil. linéaires-lancéolées, ciliées, les rad. en rosette détruites lors de la fleuraison, à qq. dents écartées. *Fl. petites, nombreuses, en panic. resserrée, oblongue.* Demi-fl. blancs. Aigrette blanchâtre. ①. juin-oct. Lieux cultivés, sables. — CHAR.-INF., DEUX-SÈV. C. — VEND. c. la côte ! (Pont.), *Lorbrie*. — LOIRE-INF. AC. surtout sables de *la Loire*. — MOR. Qq. gares de chemin de fer. — FIN. *Quimper* (Bonnemaison), *Quimperlé* (Picq.). — C.-NORD. Vallée de *Bobital*, *S.-Malo* (Mabille). — IL.-ET-V. Charbonnières de la forêt de *Rennes* (herb. Degland), C. gare de *Rennes*.

**E. acris** L. Tige velue, rougeâtre. Feuil. lancéolées-linéaires, velues, étalées, les inf. plus larges, rétrécies en pétiole. 1, rar. 2,3 fleurs sur chaque rameau. *Demi-fl. bleu-rougeâtre.* Ach. velus. *Aigrette rousse* ou blanc sale. ②. jⁿ-sept. Lieux sablonneux ou calc. — CHAR.-INF. *Bonnefond, Surgères, S.-Pierre-d'Amilly, S.-J.-d'Angély ; Migré* (Lemarié), *Pessines* (Brunaud), çà et là région maritime. — DEUX-SÈV., VEND. AC. — LOIRE-INF. AC. *Macheroul, Arthon, Cambon, S.-Gildas,* etc., et surtout sables maritimes. PC. — Çà et là côte du reste de *la Bretagne*. — IL.-ET-V. *La Chaussairie* (J.-M. Sacher); *S.-Jacques, Hédé* (Degland).

*Obs. Erigeron mucronatus* DC. prod. *Villadinia* des jardiniers, s'est naturalisé sur quelques murs à Quimperlé et sur ceux du quai à Quimper (Fin.) ; cultivé partout, il se montrera ailleurs.

**CONYZA** Less. Caractères de l'*Erigeron*. Fl. flosculeuses.

**C. ambigua** DC. Grisâtre. Tige de 2-4 déc. hispide, à rameaux comme en corymbe. Feuil. linéaires-lancéolées, non ciliées, les inf. rétrécies en pétiole, à qq. fortes dents. Fl. blanches, 2-3 f. plus grandes que dans *E. canadensis,* en panic. lâche, oblongue. Fol. de l'invol. rougeâtres au sommet. Aigrette fauve. ①. jⁿ-août. Lieux cultivés ou incultes, bord des chemins. — CHAR.-INF. *Rochefort* (Fd.). — Est apparu dans le port et dans les îles de *Nantes !* (Maupon) et au port militaire de *Brest* (Crouan).

**SOLIDAGO** L. Invol. imbriqué. Fl. radiées, d'une seule couleur ; demi-fl. fem. sur un seul rang ; fleurons herm. tubuleux. Récept. nu. Ach. cylindracés. Aigrette à poils simples.

**S. Virga aurea** L. Tige dressée, simple, pubescente. Feuil. ovales-lancéolées, dentées en scie, les sup. lancéolées, entières. Fl. jaunes, en grappe étroite, dressée, terminale. Ach. striés, pubérulents. ♃. jⁿ-sept. Taillis, buissons, landes, bord des haies. C. — Tige de 3-10 déc., qqf. naine, 7-10 cent. sur les coteaux, les landes très arides.

**EVAX** Gærtn. Invol. oblong ou hémisphérique. Fl. flosculeuses, à tube très grêle, à 4 dents ; fleurons du disque mâles, ceux du rayon fem. à style bifide. Récept. allongé, conique, muni de paillettes. Ach. libre sans aigrette.

✗. **E. carpetana** Lange pug. *E. Cavanillesii* var. *gallica* Rouy in Naturaliste, nᵒ 70, 1884, *Filago pygmæa* Cav. non L. Cotonneux-blanchâtre. Tige de 1-3 cent. ord. simple, dressée. Feuil. rapprochées, mucronées, les sup. aiguës, peu fermes, en étoile, dépassant les glomérules, à base enveloppée dans un coton épais et tenace. Écailles glabres extérieurement, un peu pubescentes au sommet, à pointe blanchâtre. Ach. ovales-allongés, pubescents ou hispides. ①. jⁿ. — Cette plante nouvelle pour la flore française est c. sur les Chaumes secs et stériles de Sèche-Bec près *Bords* (Char.-Inf.), où elle a été découverte le 27 juin 1884 par M. Foucaud.

**MICROPUS** L. Invol. à 5-9 fol. lâches. Fl. flosculeuses ; fleurons du disque herm. stériles à 5 dents, style simple ; ceux du rayon fem. fertiles à style bifide. Récept. nu. Ach. obovales-comprimés, sans aigrette, enveloppés dans les fol. de l'invol.

✗. **M. erectus** L. Cotonneux-blanchâtre. Tige simple et dressée, ou rameuse et étalée. Feuil. lancéolées. Fl. sessiles en glomérules entourées d'un coton épais, axillaires et terminaux au milieu des feuil. florales. ①. jⁿ-aᵗ. Champs et coteaux calc. arides. — CHAR.-INF. AC. et c. dans toute la partie bordant les départ. des Deux-Sèv. et de la Charente ; *Méchers, Sèche-Bec*, côte de *la Rochelle, Corme-Royal*, etc. — DEUX-SÈV. AC. — VEND. *Chaillé-les-Marais* ! RR. *Garenne-Augeard, Maillezais* (Lx.), *Gué-de-Velluire* (Pont.). R.

**PALLENIS** Cass. Invol. imbriqué. Fl. radiées, d'une seule couleur ; demi-fl. fem. sur 2 rangs ; fleurons herm. tubuleux, ailés en long du côté int., un peu renflés à la base. Anthères à 2 pointes à la base. Récept. nu. Ach. du bord aplatis, à 2 ailes, terminés sur un côté seulement par une aigrette courte, membraneuse ; ach. du disque un peu comprimés, à une seule petite aile et à aigrette en couronne.

✗. **P. spinosa** Cass. *Buphthalmum* L. Plante couverte de longs poils mous. Tige de 2-4 déc. raide, rougeâtre. Feuil. rad. et inf. lancéolées-spatulées, apiculées, bordées de dents écartées en forme de points, celles de la tige oblongues, rétrécies vers la base élargie de nouveau en 2 oreillettes, les florales épineuses. Fol. ext. de l'invol. épineuses au sommet, dépassant beaucoup les fl. jaunes, solitaires au sommet des rameaux. ②. jⁿ-jᵗ. Coteaux calc. — CHAR.-INF. De *Blaye* à *Méchers* ; Chaniers ! près *Saintes* (A. Guillon).

**INULA** L. Invol. imbriqué. Fl. radiées, d'une seule couleur ; demi-fl. fem., fleurons herm. tubuleux. Anthères à 2 pointes à la base. Récept. nu. Aigrette simple ou double, l'ext. très courte, membraneuse. *Fl. jaunes.*

*Aigrette simple.*

**I. Helenium** L. *Aunée*. Tige d'un mètre et plus, grosse. Feuil. rad. ovales-oblongues, pétiolées, inégalement dentées, tomenteuses en dessous, celles de la tige ovales en cœur, embrassantes. Fl. grandes, en panic. *Fol. ext. de l'invol. ovales, tomenteuses,* les int. en spatule. Ach. glabres. ♃. j¹-a¹. Haies et prés frais. — CHAR.-INF. Bord de la Charente, de *Charente* à *Rochefort* et *S.-Laurent-de-la-Prée* ; AC. *Muron, Genouillé* (Riveau), Chaumont près *Thairé, S.-Symphorien*, C. de *S.-Hippolyte* à *Bords* (Fd.) ; *S.-Pierre de l'Ile, Migré* (Lemarié), *Surgères* (Hubert). — DEUX-SÈV. *Pas-de-Jeu* (J. Richard) ; « *S.-Porchaire* (Coulais), Bul. S. bot. ». — VEND. *Chaillé-les-Orm., Chasnais*, R. *Ile-d'Elle, Champagné-les-M.* (Pont., M.), *Aizenay* (Pontdevie), *Sallertaine* (Gobert). — LOIRE-INF *Le bas de la Loire, la Villemartin, Arthon, Machecoul, Pornic ; la Limouzinière* (Bornigal), *Cambon, S.-Gildas, Blain, Amézé-sur-le-Chère* (Delalande), *Derval* (Gad.), *Nozay* (S.-Gal). PC. Haut de 3 déc. dans les prés de *Buzay*. — MOR. *S.-Gildas, la Trinité-Surzur* (Taslé), *Vannes* (Arrondeau). — FIN. *Penmarc'h, Kerloc'h,* Dinan en *Crozon, Rostelec, S.-Mathieu*, près du pont de *Kerolzec, Plougasnou, Ste-Sève, Taulé* (Crouan H.), St-Tromeur en *Guilvinec* (Picq.). — C.-NORD. Prés de la Rance à *S.-André-des-Eaux*, au moulin de *Kameroch* (Mabille), la Grange en *Taden* (Brébel), Penvenan près *Tréguier* (Mme Le Coniat). — IL.-ET-V. *Houlbert* (Lx.), *Coësme, Acigné* (herb. Degland), *Redon, Langon* (Desmars), landes d'*Izé* (de la Godelinais).

**I. salicina** L. Tige de 3-4 déc. striée, qqf. poilue. Feuil. lancéolées, acuminées, à dents courtes, écartées, ciliées-rudes sur les bords et les nervures, recourbées, les sup. embrassantes en cœur. Fl. terminales, en corymbe, qqf. solitaires. *Fol. de l'invol. glabres, ciliées. Ach. glabres.* ♃. j¹-a¹. Prés, coteaux, taillis, plus souv. des ter. calc. — CHAR.-INF. AC. — DEUX-SÈV. *S.-Martin-de-Sanzay, Thouars* (Lunet), *Airvault* (Bonnin), C. dans le midi. — VEND. C. forêt de S¹ᵉ-*Gemme* (Mlle Pocy Davant) ; bois de *Barbetorte*, bois de *Chasnais* à *S.-Denis-du-Payré, Bazoges-en-Pareds*, AC. *Sigournais* (Pont., M.), *S.-Pierre-le-Vieux, Mervent* (Lx.). — LOIRE-INF. *S.-Herblon, Maumusson!* la Sinandière en *Mésanger* (Guiho), *Chéméré!* (Le Boterf), R.

☓. **I. squarrosa** L. Facile à distinguer sur place du précéd., mais non à signaler sur le papier autrement que par les *feuil. plus serrées, plus fermes, presque coriaces,* les sup. sessiles à base arrondie, par les fol. de l'invol. recourbées au sommet et par les demi-fl. plus courts. ♃. j¹-a¹. Coteaux, buissons, bois secs du calc. — CHAR.-INF. AC. coteaux de *la Gironde* et région maritime ; *Surgères* (Delalande), forêt de *Benon, Dœuil ; S.-Georges-d'Oleron* (Sav.). — DEUX-SÈV. *Mauzé* (Fd.), *la Rochénard, Amuré* (Grelet), « *S.-Symphorien* (Gamin), Bul. S. bot. ». — VEND. Rochers du *Gué-de-Velluire, Ile d'Elle! Quatre-Vaulx* (Lx.), *Chaillé-les-Marais!* Bois de *Barbetorte* (Marichal, Pont.), *Vix* (Ayraud). PC.

**I. Conyza** DC. prod. *Conyza squarrosa* L. Tige de 6-8 déc. raide, velue, rougeâtre, à rameaux en corymbe. Feuil. ovales-lancéolées, dentées, tomenteuses, surtout en dessous, les inf. pétiolées. Fl. jaunâtres, *demi-fl. trifides ne dépassant pas les fleurons.* Fol. de l'invol. verdâtres au sommet. Ach. striés, velus au sommet. ②. jⁱ-aⁱ. Coteaux pierreux, bord des haies, des bois. C. — AC. au-delà de la *Loire-Inf.*

**I. Britannica** L. Tige de 3-6 déc. velue-cotonneuse, rameuse dans le haut. Feuil. lancéolées, embrassantes, dentelées, velues en dessous. *Fol. de l'invol. linéaires. Ach. hispides.* ♃. jⁱ-sept. Bord des eaux. — CHAR.-INF. AC. *Muron*, *Genouillé* (Riveau), bord de la Charente à *Saintes!* (A. Guillon), *Cléré* (Tess.). — DEUX-SÈV. *Rom* (Sauzé), *S.-Varent* (Bonnin), R. *Thouars* (Lunet). — VEND. *Angles*, *Souil* (Lx.), marais de *Luçon*, *Port-la-Claye* et env. (Pont., M.), *Langon* (Ayraud), *Challans*, *Soullans*, *Sallertaine* (Gobert). — LOIRE-INF. AC. *vallée de la Loire; S.-Joachim.* — FIN. *Quimper* (Bonnemaison). — IL.-ET-V. *Redon* (Le Gall).

※. **I. montana** L. *Plante couverte de longs poils blancs, soyeux.* Tige de 15-25 cent. simple. Feuil. lancéolées-spatulées, les sup. lancéolées, sessiles. Fl. d'un beau jaune, solitaire, terminale. Fol. ext. de l'invol. oblongues, tomenteuses, beaucoup plus courtes. Ach. hérissés. ♃. jⁱ-aⁱ. Lieux secs pierreux, coteaux, bord des bois dans le calc. — CHAR.-INF. C. — DEUX-SÈV. De *Loubillé* à *Couture d'Argenson*, *Paizay*, *Chizé*, forêts de *Chef-Boutonne* et d'*Aulnay*, *Dœuil; la Foye Montjault*, *Epannes*, *la Rochénard* (Grelet). — VEND. *Maillezais* (Mˡˡᵉ Poey Davant).

**I. crithmoides** L. Tige ferme, lisse, à rameaux simples, 1.flores. *Feuil. linéaires, charnues, élargies et trifides au sommet.* Ach. poilus. ♃. jⁱ-sept. Marais salants, rochers marit. — C. jusqu'à *la ·Vilaine.* — MOR. AC. — PC. jusqu'à *Brest*, R. au-delà.

**I. graveolens** Desf. *Erigeron* L. *Solidago* Lam. *Fétide; rameaux en pyramide.* Feuil. lancéolées-linéaires, entières. Fl. jaunes, axillaires le long des rameaux, courtement pédonculées. Demi-fl. petits, courts. Ach. velus. ①. aⁱ-oct. Champs en friche, bord des chemins. — CHAR.-INF., DEUX-SÈV. AC. — VEND. C. — LOIRE-INF. CC. — MOR. AC. région marit. — FIN. Rég. marit. C. de *Penmarc'h !* à *Pouldreuzic*; PC. ailleurs (Crouan). — C.-NORD. C. *S.-Laurent en Plérin* (Baron), baie de *S.-Cast*; sables de *S.-Lunaire* (Mabille), *Dinan.* — IL-ET-V. Ecluse de *Macquer* (S.-Marc), *Redon* (Le Gall), *Fougères*, *S.-Malo* (V. Sacher).

·· *Aigrette double.* (Pulicaria Gært.)

**I. dysenterica** L. Tige de 3-6 déc. cotonneuse. Feuil. lancéolées-oblongues, embrassantes en cœur, ondulées sur les bords, velues en dessous. *Rayons de la fl. dépassant beaucoup le disque.* Fol. de l'invol. sétacées, Ach. velus, à aigrette ext. en forme de coupe dentée. ♃. jⁱ-aⁱ. Bord des chemins, des haies. C.

**I. Pulicaria** L. Tige de 15-30 cent. très rameuse, souv. rougeâtre. Feuil. petites, oblongues-lancéolées, embrassantes, ondulées, velues.

*Fl. petites, globuleuses, à rayons courts.* Ach. velus, à aigrette ext. en forme de coupe laciniée. ④. jᵘ-sept. Lieux inondés l'hiver, bord des chemins, fossés. CC.

**BIDENS** L. Invol. à fol. sur 2 rangs, l'ext. plus grand, à fol. étalées. Fl. flosculeuses à fleurons tous herm. tubuleux, rar. radiées à demi-fl. stériles. Récept. plane, garni de paillettes. Ach. terminés par 2-4 arêtes hérissées d'aiguillons recourbés. *Feuil. et rameaux opposés; fl. jaunes.*

**B. tripartita** L. *Feuil. à 3 fol. lancéolées,* dentées, la terminale plus grande. *Fl.* flosculeuses, *droites.* Ach. ord. à 2 arêtes. ④. jᵘ-sept. Marais, bord des eaux. C. — Feuil. rarement indivises, lancéolées.

**B. cernua** L. *Feuil. lancéolées,* dentées, *connées. Fl. ord.* radiées, *penchées.* Ach. en coin plus allongé, ord. à 4 arêtes. ④. jᵘ-sept. Marais, bord des eaux. C. — PC. au midi de la *Loire-Inf.* — Var. à tige 1.flore (*B. minima* L.). Marais de l'*Erdre.*

**FILAGO** L. Invol. anguleux. Fl. flosculeuses; fleurons du disque herm. à 4 dents, ceux du rayon fem. sur plusieurs rangs, placés entre les fol. de l'invol. Récept. nu. Aigrette capillaire, nulle dans les ach. du rayon. *Herbes cotonneuses; fl. roussâtres en glomérules.*

• *Glomérules globuleux, terminaux ou situés aux bifurcations.*

**F. germanica** L. *F. canescens* Jord. Plante blanchâtre. Tige dichotome à rameaux ouverts. *Feuil.* lancéolées ou oblongues, dressées, serrées, comme imbriquées, aiguës, *élargies à la base, appliquées,* à bords ondulés, recourbés. *Glomérules à peu près nus ou munis à la base d'une feuille plus courte que les fl.* Invol. obscurément pentagone, plongé dans un coton épais jusqu'au milieu de sa hauteur, à fol. terminées en pointe glabre, luisante, jaune paille, les int. obtuses, mucronées. ④. jⁿ-sept. Champs. C. — La feuille qui se trouve à la base de chaque rameau de la dichotomie et qui dépasse qqf. le glomérule ne doit pas être confondue avec celle qui est à la base du glomérule même.

**F. apiculata** G.-E. Smith, in Phytog. II, p. 575, *F. lutescens* Jord! fragm. 3. Port du précéd. dont il diffère par la dichotomie plus lâche, par les feuil. moins serrées, les sup. obtuses, mucronulées, les fol. de l'invol. terminées en pointe souv. rougeâtre et par sa couleur blanc-jaunâtre. ④. Champs; sables. — DEUX-SÈV. *S.-Marc-la-Lande* (A. Guillon), *les Jumeaux, S.-Loup* (Guyon), *Airvault, Assais* (Bonnin), *S.-Maixent, Bressuire* (J. Richard). *Thouars* (Cosson). — VEND. *Challans* (Gobert), entre *S.-Pompain* et *S.-Hil.-des-Loges* (Guyon). — LOIRE-INF. *Oudon, S.-Simon* et env., *Arthon, Fresnay,* côté N.-E. du lac de *Grand-Lieu, S.-Et.-de-Mont-Luc,* Brandu près *Piriac.* — MOR. Autour du golfe du Morbihan; *Chartreuse-d'Auray* (Gad.). — C.-NORD. AR. carrières de *Dinan* (Mabille). — IL.-ET-V. La Gaultraie près *Rennes* (J.-M. Sacher), *Bourg-des-Comptes* et env. (Rolland), *Bonnemain* (Hodée). —Les capitules sont moins nombreux, plus gros, que dans *F. germanica,* distinctement pentagones; il est plus facile à confondre avec le suiv., surtout lorsque ses rameaux sont divariqués, comme on le trouve à *Oudon.*

**F. spathulata** Presl. Jord. *F. Jussiæi* Coss. et Germ. Plante blanchâtre. Tige dichotome à rameaux étalés ou divariqués. *Feuil.* lancéolées, *élargies dans le haut, étalées,* à bords un peu roulés. *Glomérules entourés à la base de 3,4 feuil. dépassant les fl.* Invol. reposant sur un coton épais qui ne s'élève pas au-dessus de sa base, 2 f. plus gros que dans le précéd., plus distinctement pentagone, à fol. plus nombreuses, cuspidées, rar. rougeâtres, les int. ord. obtuses. ④. jᵗ-sept. Champs pierreux ou sablonneux surtout calc. — CHAR.-INF. C. — DEUX-SÈV. AC. le calc. — VEND. C. le calc. (Pont., M.). AC. de *Bouin* à la *Barre* et à *Notre-Dame-de-Monts.* — LOIRE-INF. Vignes et champs sablonneux du bord de la mer, *la Bernerie, Pornic, Préfaille,* vignes des hauteurs de Pornichet à *Escoublac* et *Pouliguen, Brandu, Pont-Mahé, Arthon; Machecoul! Fresnay!* (Delalande), *les Cléons.* — FIN. *Brest, Kélern, Penmarc'h; Pouldreuzic, Plovan,* etc. (Crouan), « *Plougasnou, S.-Martin-des-Champs* » (Miciol cat.). — C.-NORD. *S.-Brieuc!* (Le Gall), *Plérin* (Baron), *S.-Cast* (Morin). — IL.-ET-V. *S.-Lunaire, S.-Malo* (Mabille), *S.-Jacques* (Le Gall).

*** Glomérules non globuleux, axillaires et terminaux.*

**F. arvensis** L. sp. 1312. *Herbe couverte d'un coton blanc épais. Tige paniculée à rameaux presque simples, dressés.* Feuil. lancéolées. Fleurs blanchâtres. Fol. de l'invol. tout à fait cotonneuses, un peu obtuses. ④. jᵗ-aᵗ. Champs sablonneux. — DEUX-SÈV. Puits d'Enfer près *S.-Maixent* (Sauzé), *Airvault!* (Bonnin), *S.-Pompain,* C. *S.-Loup!* (Guyon), AC. *Thouars!* (Lunet). — VEND. *Sallertaine* et env., *Challans* (Gobert), RR. *S.-Hil.-de-Mortagne* (Gen.). — LOIRE-INF. AC. *Machecoul!* (Lx.), *Fresnay,* côté nord du lac de *Grand-Lieu.* R. — Sables de la Loire à la *Varenne* (Maine-et-L.) et qq. pieds çà et là plus bas dans la *Loire-Inf.*

**F. montana** L. *F. minima* Fries. Tige simple, dichotome au sommet ou rameuse dès la base. *Feuil.* linéaires-lancéolées, *appliquées, plus courtes que les fl.* Invol. conique à *fol. terminées en pointe glabre, luisante.* ④. jᵗ-aᵗ. Coteaux schisteux, landes, champs incultes, sablonneux. C.

**F. gallica** L. Moins cotonneux que les précéd., rameaux grêles, dichotomes. *Feuil. linéaires-en alène, dépassant les fl.* Ach. du rayon courbés, renfermés dans les fol. endurcies de l'invol. (*Logfia* Cass.) conique, pentagone. ④. jⁿ-sept. Champs. C.

**GNAPHALIUM** L. Invol. ovale, imbriqué de fol. obtuses, scarieuses. Fl. flosculeuses; fleurons du disque herm. tubuleux, à 5 dents, fertiles, ceux du rayon filiformes, à 5 petites dents, disposés sur plusieurs rangs. Récept. nu. Aigrette sessile, à poils simples ou dentelés. *Plantes cotonneuses.*

**G. silvaticum** L. Tige simple, ascendante. Feuil. linéaires-lancéolées, glabres en dessus, cotonneuses en dessous, les inf. linéaires-spatulées. *Fl.* roussâtres, *en longue grappe étroite,* raide, feuillée. Invol. glabre, marqué de taches brunes. Aigrette roussâtre à poils soudés en anneau à la base (genre *Gamochœta* Weddell). ♃. jⁱ-sept. Bois élevés et leur lisière, genêts, friches, vignes. — CHAR.-INF. Dunes de *S.-Trojan* (Hubert). — DEUX-SÈV. Çà et là Bocage (A. Guillon). — VEND. Çà et là Bocage. —LOIRE-INF. *La Verrière; Pannecé* (Lx.), *Pouillé* (Guihô), *Châteaubriant; Nozay, Derval* (Gen.), *Plessé* (Desmars), *Château-Thébaud* (Pesneau), *Maisdon* (Bornigal), etc. PC. — MOR. Forêt de *Camors, Vannes* (Taslé), *Redon*. — FIN. *Quimper* (Bonnemaison). *Châteauneuf-du-Faou ;* C. landes et coteaux de *Brest* (Tanguy). *Plouarzel, Landerneau*, etc. (Crouan), forêt de *Carnoët, Scaer*, env. de *Briec* (Picq.). — C.-NORD. Communes de *S.-Carné*, de *Lehon*, bois de *la Garaye, Jugon, Plénée-Jugon* (Mabille), C. *Pont-Melvez* et communes environnantes (Le Corre). — IL.-ET-V. AC. *Rennes* (Degland), C. *Fougères* (V. Sacher), *Bonnemain* (Hodée). — ETC.

**G. uliginosum** L. Tige de 1-2 déc. rameuse dès la base, diffuse, cotonneuse surtout au sommet. Feuil. linéaires-lancéolées, rétrécies à la base, cotonneuses. *Fl.* roussâtres, *réunies en têtes terminales plus courtes que les feuil.* ①. jⁿ-oct. Lieux inondés l'hiver. CC. — Paraît aussitôt après le dessèchement d'un étang.

**G. luteo-album** L. Tige simple, dressée. Feuil. linéaires, demi-embrassantes, cotonneuses sur les deux faces, les rad. ovales. *Fl.* serrées *en têtes* terminales *non feuillées. Fol. de l'invol.* obtuses, *transparentes, jaune paille.* ①. jⁱ-aⁱ. Lieux sablonneux humides. AC. — Moins C. intérieur de la *Bretagne*. — Très variable dans sa taille et n'ayant souv. dans les sables maritimes que 5-10 cent.

*Obs. G. undulatum* L. God. Fl. de France, voisin du précéd., à odeur forte, a les *feuil.* de la tige lancéolées-linéaires, aiguës, *vertes* et un peu rudes *en dessus*, blanches-cotonneuses en dessous, *décurrentes*, les fl. en têtes terminales feuillées. Je l'ai vu C. au bord et sur le talus des champs entre *Kerfichen* et *Plouescat ;* C. terres cultivées entre *S.-Pol-de-Léon* et *Plougoulin* (Camus), *Lannevez*, de *Ploudalmézeau* à *Brignogan* en Fin. (Blanchard), *Morlaix* et côte voisine (Miciol), Port-Blanc près *Tréguier* en C.-Nord (Avice). — C'est, dit-on, une plante du Cap de Bonne-Espérance, naturalisée aussi aux env. de *Cherbourg*. — *G. fœtidum* L. Helichrysum Mœnch, est naturalisé sur la côte de *Brest* (de la Pylaie, 1815) ; il a une forte odeur de bouc et son invol. est rayonnant d'un beau jaune.

℣. **G. dioicum** L. *Antennaria* Gært. Dioïque. Souche émettant des *stolons couchés radicants*, terminés par des rosettes de feuil. obovales-spatulées, obtuses, vertes en dessus, blanches-tomenteuses en dessous, ainsi que celles de la tige linéaires, dressées. Fl. 4-5 en petit corymbe terminant la tige simple. Fol. de l'invol. blanches ou rosées dans le haut. ♃. mai-jⁿ. Pelouses arides montueuses, bruyères, bord des bois. — CHAR.-INF. Forêt de *Benon* (Boupland in herb. de Beaupreau), où on ne peut le retrouver.

**HELICHRYSUM** DC. Caractères du *Gnaphalium*. Fleurons du rayon sur un seul rang.

**H. Stœchas** DC. *Gnaphalium* L. *Immortelle*. Grisâtre, blanchâtre, ou très blanc. Tige sous-frutiqueuse de 10-25 cent. diffuse ou couchée, à rameaux simples, cotonneuse. Feuil. linéaires, roulées en dessous par les bords, cotonneuses surtout en dessous. Fl. jaune citron, en corymbes terminaux. Invol. ovale-globuleux à fol. obtuses, scarieuses, d'un jaune luisant, non glanduleuses. j^n-sept. Sables et qqf. rochers maritimes. — CHAR.-INF. CC. ; à l'intérieur, çà et là lieux rocailleux et coteaux. — DEUX-SÈV. De *Loubillé!* (Jousse). à *Couture-d'Argenson*; coteaux entre *Mauzé! Fontenay* et *Niort* (Lunet, Delalande). R. — VEND., LOIRE-INF. C. — MOR. AC. — puis moins c. jusqu'à *Brest*; audelà dans le Fin. à *Lampaul-Plouarzel, Lamp.-Ploud..S.-Pabu*, presqu'île *S^te-Marguerite* (Crouan), RR. *Lannerez* (de Guernisac). — A l'inrieur, *Arthon* (Loire-Inf.). — Quelques formes à feuil. très étroites ne doivent pas être prises pour *H. angustifolium* DC., qui a l'invol. oblong, 1 f. plus petit à fol. int. glanduleuses sur le dos.

**ARTEMISIA** L. Invol. imbriqué, ovale ou globuleux. Fleurs flosculeuses ; fleurons du disque herm. à 5 dents, ceux du rayon fem. filiformes. Récept. nu ou poilu. Ach. obovales, nus.

**A. campestris** L. *Tiges grêles, couchées à la base.* Jeunes tiges et feuil. soyeuses. Feuil. inf. bipennifides, auriculées à la base, les sup. pennifides, à lobes linéaires. Fl. petites, ovales, droites ou penchées, en panic. grêle. Fol. de l'invol. scarieuses-luisantes au bord, les ext. plus courtes. ♃. a^t-sept. Lieux sablonneux. — LOIRE-INF. c. en Maine-et-L. dans la vallée de *la Loire*, on en trouve çà et là des pieds que l'inondation fait qqf. disparaître, par ex. *Oudon, Mauves, Nantes*.

β. *maritima* Pesn. *Abrotanum maritimum hemisparsum.* Bon. *A. crithmifolia* DC. Ascendant ou couché ; jeunes pousses plus soyeuses ; *feuil. courtes, épaisses ;* récept. nu. — N'offre d'autre différence avec le type que les caractères cités, qui doivent être attribués à l'influence de l'air salé et des vents de la mer. Sables maritimes. — CHAR.-INF. CC. Robuste et ascendant, puis graduellement moins c. jusqu'à *la Vilaine* quoique c., moins robuste et couché — MOR. PC. — FIN. Baie d'*Audierne* (Crouan).

**A. vulgaris** L. *Armoise* Tige de 5-10 déc. rougeâtre. *Feuil.* auriculées à la base, pennifides *à lobes lancéolés, entiers ou dentés,* tomenteuses blanchâtres en dessous, *vert foncé en dessus,* les florales entières. Fl. rousses, oblongues en épis ou grappe formant une panic. allongée. Invol. cotonneux. Récept. nu. ♃. j^n-sept. Bord des haies, des chemins. C.

**A. maritima** L. *Sanguenite. Tomenteux-blanchâtre.* Tige dressée. Feuil. bipennifides à lobes linéaires, les florales entières. *Fl.* jaunâtres, *oblongues,* en panic. à rameaux penchés ainsi que les fl. Fol. de l'invol. scarieuses, les ext. courtes, herbacées, tomenteuses. *Récept. nu.* ♃. sept.-oct. Bord des marais salants, qqf. bord des coteaux. — CHAR.-INF., VEND. C. — LOIRE-INF. R. *Bourgneuf* ; RR. *Pouliguen.* — C.-NORD. RR. entre *Dahouet* et *Cap Fréhel* (Bichemin), *S.-Briac* (Rolland).

**A. gallica** Willd. Diffère du précéd. par les rameaux de la panicule et les fl. dressés. — CHAR.-INF., VEND. C. — LOIRE-INF. RR. *Bourgneuf!* (Lx.), RR. *Pouliguen.* — MOR. Ile de Boëde près *Vannes, Séné*

(Taslé), *Broël* en *Arzal* (Moriceau). — C.-Nord. Rochers d'*Erquy*; de *Dahouet* (Bichemin), du *Cap Fréhel*; de l'écluse de Livet près *Dinan* (Mabille), *la Ville-ès-Nonais* (Morin), *S.-Briac* (Rolland).

**A. Absinthium** L. *Absinthe.* Soyeux-blanchâtre. Feuil. ovales-arrondies dans leur contour, bipennifides, à lobes linéaires-lancéolés, pétiolés, les sup. pennifides; *pétiole sans oreillettes. Fl. globuleuses*, penchées, en panic. terminale. Fol. de l'invol. blanchâtres, les int. arrondies, très obtuses, les ext. linéaires, herbacées. *Récept. velu.* ♃. jⁱ-aⁱ. Vignes, talus des fossés, bord des chemins et lieux pierreux dans la région maritime. — CHAR.-INF. AC. — DEUX-SÈV. *Sᵗᵉ-Pezenne* (Gir.), *Souvigné, Chénay* (Sauzé fl.). — VEND. Rochers de *la Dive*! *Chaillé-les-Marais*! c. *Champagné*, AC. sous-spontané autour des habitations (Pont., M.), c. *S.-Vincent-sur-Jard.* — LOIRE-INF. *Bourgneuf, Escoublac, Clis*, etc. PC. et cult. — MOR. *Coëtsurho, Baden* (Taslé), *Locmariaquer* (Arrondeau). — FIN. *Ile Glénans, Penmarc'h*, c. de *Plouescat à Kerfichen*, etc. C. par localités, R. sur la côte sud; c. *Loctudy* (Picq.). — C.-NORD. *Plérin* (Baron), *Pouldouran* (Le Corre). — IL.-ET-V. *Chérueix.*

X. **A. camphorata** Vil. *A. corymbosa* Lam. Plante sous-frutiqueuse à la base, en buisson, d'une odeur aromatique agréable. Tiges florifères ascendantes. Feuil. un peu glauques, tomenteuses; limbe ovale-arrondi, bipennifide, à lobes linéaires, raides, divariqués, les florales entières; pétiole long, trigone, plane en dessus, muni à la base de 2 *petites oreillettes linéaires, caduques. Fl.* jaunâtres, globuleuses, penchées, en petites grappes formant une longue *panicule étroite.* Fol. de l'invol. ovales, concaves, tomenteuses, scarieuses au bord. Récept. convexe, à poils crépus. aⁱ-sept. Coteaux calc. — CHAR.-INF. c. carrières et rochers de *S.-Vaize à Taillebourg; « Burie* (Lemarié) ». — CC. à *Angoulême* et à *Cognac* (Charente).

**TANACETUM** L. Invol. imbriqué, hémisphérique. Fl. flosculeuses; fleurons du disque herm. tubuleux, à 5 dents, ceux du rayon fem. filiformes, à 3 dents. Récept. glabre. Ach. anguleux, couronnés d'une membrane entière.

**T. vulgare** L. *Tanaisie.* Tige de 6-10 déc. Feuil. bipennifides, à lobes dentés. Fl. jaunes, en corymbe compacte, terminal. ♃. jⁱ-sept. Lieux incultes, bord des chemins, des eaux. — CHAR.-INF. *Marennes* (de Beaupreau), *Cram-Chaban* (Lemarié). — DEUX-SÈV. R. Chey près *la Mothe* (Sauzé), *Amailloux* (Guyon), *Bilazais* (Mauberger fils), *Thouars* (Lunet), « *Brétignolles* (Ménard), Bul. S. bot. ». — VEND. Çà et là (Pont., Lx.). R. — LOIRE-INF. *Vallée de la Loire.* AC. — MOR. *Vannes* (Taslé), *Lorient, Pontivy* (Le Gall). — FIN. *Brest, Ploudalmézeau, Plougasnou* (Crouan). — C.-NORD *Kertugal*, au bord de la route (Baron). — IL.-ET-V. La Pamière près *S.-Didier* (Desmars).

**DIOTIS** Desf. Invol. imbriqué, hémisphérique. Fl. flosculeuses; fleurons herm. tubuleux, à 5 dents. Cor. dilatée-comprimée inférieurement et terminée par 2 éperons prolongés sur l'ovaire. Récept. garni de paillettes. Ach. nus.

**D. candidissima** Desf. *Athanasia maritima* L. *Otanthus* Link.

Tout blanc-cotonneux. Tige de 12-25 cent. nombreuses. Feuil. oblongues, dentées. Fl. jaunes, peu nombreuses, en corymbe terminal. Paillettes larges, cotonneuses au sommet. ♃. sept. Sables maritimes. — CHAR.-INF. *Oleron* (Bonpland), *Ile de Ré, Fouras* (de Beaupreau). R. — VEND. c.! *des Sables à S.-Gilles* (Pont., Delalande), CC. pointe nord de *l'Ile-d'Yeu ; Noirmoutier*. — LOIRE-INF. AC. *Chaussée de Pembron, Piriac, Mesquer, Pénestin*, qq. pieds seulement ailleurs. PC. — MOR. AC. par localités. — FIN. AC. côte sud! *Porsmoguer, Guisseny* (Crouan). — C.-NORD. *Trégastel* (F. Morin), Port-Blanc près *Tréguier* (Avice), *Pordic* (Rolland). — La partie inf. du tube de la cor. s'accroit, devient spongieuse, recouvre presque entièrement la graine et la fait paraître ailée.

*Obs. Santolina Chamæ-Cyparissus* L. *S. incana* Lam. planté en haies sur le bord de la mer, surtout aux env. de *Pornichet*, de *Guérande* et du *Croisic* (Loire-Inf.), n'y est point indigène. Il porte qqf. le nom de *Sanguenite* et est employé comme vermifuge. Voici ses caractères : sous-arbrisseau de 3-5 déc. tomenteux-blanchâtre, formant buisson. Feuil. linéaires, couvertes de très petites dents ovales, obtuses, étalées, disposées sur 4 rangs. Pédonc. longs, terminaux, à 1 fl. jaune. Invol. imbriqué, hémisphérique, pubescent, à fol. légèrement carénées. Fleurs flosculeuses ; fleurons herm. tubuleux, à 5 dents. Tube de la cor. comprimé et prolongé à la base en membrane sur un seul côté de l'ovaire. Récept. garni de paillettes. Ach. nus, ne mûrissant pas. Les feuil. des jeunes rameaux sont tout à fait blanches-tomenteuses, celles des rameaux florifères le sont moins ; mais sur le même pied on trouve qqf. des jeunes rameaux et même des portions de la plante entièrement glabres et vertes.

**ACHILLEA** L. Invol. imbriqué, ovale ou oblong. Fl. radiées ; demi-fl. fem. à languette courte ; fleurons herm. tubuleux, à 5 dents, à tube comprimé-ailé. Récept. garni de paillettes. Ach. nus ou couronnés d'un petit rebord.

**A. Ptarmica** L. Rac. rampante. Tige presque simple. *Feuil. linéaires-lancéolées*, à dents nombreuses, régulières, mucronées, finement surdentées. Fl. blanches, peu nombreuses, en corymbe terminal. ♃. jⁿ-sept. Prés humides. C. région granitique. — CHAR.-INF. *Saintes* (A. Guillon), *Bussac* (Lemarié), *Courcoury* (Ferrand). — DEUX-SÈV. *Airvault, S.-Jouin* (Brottier), AC. *S.-Loup* (Guyon), Parc-Chalon près *Thouars* (Lunet), *Rom* (Grelet), etc., AC. (Sauzé fl.). — VEND. c. Bocage, RR. calc. — LOIRE-INF. C. — MOR. AC. — FIN. *Quimper* (Bonnemaison), Kergadou en *Kerfeunteun* (Picq.). RR. — AC. IL.-ET-V. et dans l'est des C.-Nord.

**A. Millefolium** L. *Herbe aux charpentiers*. Rac. rampante. Tige sillonnée, pubescente. *Feuil. lancéolées*, pennées ; fol. nombreuses, découpées en lobes linéaires, mucronés. Fl. blanches ou rosées, petites, nombreuses, en corymbe serré, terminal. ♃. jⁿ-sept. Bord des chemins, des haies, lieux incultes. CC. — Varie (*v. candicans* Le Gall flore), sur les coteaux maritimes arides, à tige naine, cotonneuse-blanchâtre, feuil. petites, moins divisées, tomenteuses ainsi que l'invol. *Belle-Ile*! (Le Gall), littoral de la *Char.-Inf.*

**ANTHEMIS** L. Invol. hémisphérique, imbriqué de fol. presq. égales, scarieuses au bord. Fl. radiées ; demi-fl. fem. ; fleurons herm. tubuleux, comprimés, à 5 dents. Récept. garni de paillettes. Ach. nus ou couronnés d'un rebord membraneux. *Fl. à rayons blancs* (ici) ; *pédonc. solitaire, terminal.*

**A. nobilis** L. *Camomille.* Aromatique. Tiges ord. couchées. Feuil. pennées ; fol. pennifides à lobes linéaires, mucronés, velues-blanchâtres. Invol. scarieux-luisant. *Paillettes membraneuses, obtuses, déchirées au sommet.* Ach. nus. ♃. j'-sept. Pelouses, chemins. CC.

**A. Cotula** L. *Maroute. Fétide.* Feuil. bipennifides à lobes linéaires. *Paillettes linéaires-sétacées. Ach.* nus, *à 10 petites côtes tuberculeuses.* ①. j"-a'. Moissons, champs cultivés. CC.

**A. mixta** L. Tige diffuse. Feuil. pennifides à lobes incisés-dentés, velues-blanchâtres. *Demi-fleurons* blancs, *jaunes à la base.* Récept. conique. *Paillettes carénées, enveloppant les achènes et s'enlevant avec eux.* ①. j"-a'. Moissons, bord des chemins, surtout sables. — CHAR.-INF. C. sables tertiaires du midi. — DEUX-SÈV. C. Bocage (A. Guillon). — VEND. C. — LOIRE-INF. Un peu partout, c. région maritime. — Puis graduellement R. sur la côte sud jusqu'à *Audierne (Fin).*

**A. arvensis** L. Tige diffuse, souvent rougeâtre à la base. Feuil. pubescentes-blanchâtres, bipennifides à lobes entiers ou peu dentés. *Paillettes* persistantes *lancéolées,* carénées, *terminées en pointe raide.* Ach. tétragones, sillonnés, les intér., couronnés d'un rebord aigu, membraneux, les extér. d'un bourrelet. ①. j"-a'. Champs sablon. cultivés. — CHAR.-INF., DEUX-SÈV. AC. — VEND. *La Châtaigneraie* (Lx.), *Cheffois, Challans!* (Gobert), *S.-Michel-M.-M., la Verrie* (Gen.).—LOIRE-INF. PC. — MOR. AC. (Taslé). — FIN. *Douarnenez, Châteaulin,* etc. (Crouan), *« Morlaix »* (Miciol cat.). — IL.-ET-V. *Fougères, Rennes* (V. Sacher), AC. *Bourg-des-Comptes* (Rolland), *Bonnemain* (Hodée).

**MATRICARIA** L. A peine distinct du *Chrysanthemum* par son récept. en cône allongé, *creux.*

**M. Chamomilla** L. Herbe glabre, à odeur assez agréable. Tige dressée, rameuse en corymbe. Feuil. 2-3.pennifides à lobes capillaires. Fl. blanches à disque jaune. Ach. très petits, striés d'un côté. ①. j"-j'. — CHAR.-INF. *Ile de Ré ; S.-Georges d'Oleron,* Lauzières près *Nieul-sur-Mer, Tonnay-Charente* (Fd.), *S.-Laurent-de-la-Prée* (Audard). —DEUX-SÈV. *Vanzais, S.-Gelais* (Guyon). — LOIRE-INF. c. talus des fossés dans les prés salés, les moissons maritimes et dans celles du *bas de la Loire* et de la *Grande-Brière,* AR. champs de l'intérieur ; *le Loroux, Nantes, Ancenis, Varades, Ingrande.* — MOR. AC. région maritime. — AC. ou AR. par localités dans toute la région maritime. — *Rennes.* — Qqf. simple à 1 ou plusieurs fleurs plus petites. Les ach. sont très petits, pâles, un peu courbés, à 2 côtés inégaux, le plus court marqué de 3,4 stries blanchâtres, rapprochées, le plus long convexe, sans stries ; leur sommet est oblique, ord. nu, qqf. terminé par une couronne membraneuse, blanchâtre, déchirée-dentée, 3 f. plus courte que l'achène.

**CHRYSANTHEMUM** L. Invol. plane ou hémisphérique, imbriqué de fol. scarieuses au bord. Fl. radiées; demi-fl. fem. ; fleurons herm. tubuleux, à 5 dents. Récept. nu, plane ou convexe. Ach. nus ou couronnés d'un rebord court.

*Fl. à disque jaune et à rayons blancs.*

**C. inodorum** L. *Pyrethrum* Smith. Glabre, *sans odeur*. Tige diffuse. Feuil. 2-3.pennifides à lobes filiformes. *Ach.* 4.gones ou 3.gones, à 3 côtes blanchâtres séparées par 3 intervalles rugueux, 2 intérieurs oblongs, le 3e extérieur large, *muni au sommet de 2 glandes* arrondies; rebord membraneux, entier, à 4 lobes ou nul (dans le même capitule). Récept. conique, plein. ①. jt-oct. Champs cultivés. CC. — Le caractère des glandes, qui se voit toujours si facilement sur les ovaires de la plante sèche ou vivante, doit empêcher de la confondre avec aucune espèce des genres voisins.

β. *maritimum* (Bab. man. éd. 5, p. 179), *Matricaria* L. *Pyrethrum* Smith et auct. anglorum, Ray syn. T. 7, fig. 1. Tige rougeâtre, ord. couchée; feuil. à lobes courts, charnus; glandes oblongues, intervalles réduits à de simples lignes. ①. qqf. ②. jt-oct. Sables et rochers maritimes. AC. — Lorsque les graines de cette var. remarquable tombent dans des fentes de rochers remplies de terre végétale, elles produisent le type, mais à feuil. plus charnues. De plus, j'ai semé ces deux formes, et dès la première année, j'ai obtenu le *C. inodorum* de l'intérieur.

**C. Parthenium** Pers. *Matricaria* L. *Pyrethrum* Smith, *Matricaire.* Odeur forte. Tige de 4-7 déc., rameuse en corymbe, pubescente. Feuil. pennées ; *fol. oblongues, pennifides, obtuses, à lobes dentés, les sup. confluentes.* Demi-fl. égalant la moitié de la largeur du disque. Ach. glanduleux entre les côtes blanches, à rebord très court, denté. ♃. jn-jt. Lieux pierreux autour des habitations. PC. — On trouve à Vaux-Bressy près *Oudon* et à la Fressigaudière en *S.-Herblon* (Loire-Inf.) une plante très voisine, se distinguant de *C. Parthenium,* surtout par les fleurs plus grandes, en corymbe lâche, les demi-fl. dépassant la largeur du disque.

X. **C. corymbosum** L. *Pyrethrum* Willd. Rac. oblique. Tige de 3-5 déc. cannelée, un peu velue ainsi que les feuil. pennées ; fol. pennifides à lobes incisés, mucronés, les inf. petites, rapprochées et embrassant la tige. Fl. grandes en corymbe lâche ; fol. de l'invol. largement scarieuses et brunâtres au bord. Ach. allongés, à 5 côtes, surmontés d'une couronne membraneuse déchirée-dentée égalant env. le tiers du fruit, celle du bord plus longue. ♃. jn-jt. Coteaux et bois secs du calc. — Char.-Inf. Coteaux de *Mortagne* à *S.-Palais*, bois de *Surgères* et de *Benon; S.-Georges-du-Bois* (Delalande), *Dœuil* (Duss.), entre *Dampierre* et *la Villedieu* (Pinatel), *Chérac* (Delaage), bois du Four en *Chives* (Sav.), *S.-Christophe, Bourgneuf,* la Garde, le Jau près *Croix-Chapeau* (Fd.), RR. *Oleron.* — Deux-Sèv. *Forêt d'Aulnay, Paizay* (A. Guillon), schistes d'*Argenton-Chât.* — Vend. c. forêt de *Ste-Gemme!* (Mlle Poey Davant), rochers du *Gué-de-Velluire* (Letourneux). R.

**C. Leucanthemum** L. *Leucanthemum vulgare* Lam. *Grande Marguerite.* Tige dressée, souv. simple. *Feuil. inf. obovales-spatulées,* *crénelées,* longuement pétiolées, les sup. oblongues, embrassantes, rétrécies et plus profondément dentées à la base. Pédonc. longs terminaux. Fl. grandes. Ach. nus, à 10 petites côtes blanches. ♃. jⁿ-sept. Prés, champs incultes. CC. — Une forme naine croît sur les Chaumes calc.

X. **C. graminifolium** L. *Leucanthemum* Lam. Souche oblique, à plusieurs tiges de 15-25 cent. simples, striées, à 1 seule grande fleur. *Feuil.* épaisses, un peu en gouttière, les rad. obovales ou oblongues-spatulées, longuement dépassées par les suiv. linéaires, un peu élargies et dentées au sommet, celles de la tige plus courtes, *linéaires,* entières ou à qq. dents peu apparentes. Fol. ext. de l'invol. lancéolées ou oblongues, obtuses, largement scarieuses et bordées de noir. Ach. à 10 stries, nus. les ext. à couronne membraneuse. ♃. mai. Rochers crayeux. — CHAR.-INF. Pointes à l'ouest de *Méchers!* (de Lisle). — *Angoulême.*

" *Fl. à disque et rayons jaunes.*

**C. segetum** L. Rameux. Feuil. oblongues, élargies et plus profondément dentées dans le haut, embrassantes à la base, glauques. Fl. d'un beau jaune, grandes, terminales. Ach. cannelés, nus, ceux du rayon à 2 ailes latérales. ①. jⁿ-aᵗ. Moissons. C. — PC. dans le calc. non sablonneux.

**DORONICUM** L. Invol. hémisphérique ou presque plane à 2,3 rangs de fol. égales, lancéolées. Fl. radiées ; fleurons herm. tubuleux à stigm. en tête ; demi-fl. fem. Ach. sillonnés, ceux du disque à aigrette simple, ceux du rayon nus.

**D. plantagineum** L. sp. Souche noueuse avec stolons, velue. Tige de 4-6 déc. ord. 1.flore, presque glabre. Feuil. rad. ovales ou un peu en cœur, pétiolées, celles de la tige sessiles, les sup. embrassantes. Fl. jaune, grande, terminale. Ach. velus, ceux du rayon glabres. ♃. av-mai. Coteaux boisés. —DEUX-SÈV. *La Touche Poupart* (Delastre), *Moutiers-sous-Chantemerle* (herb. Savatier), *Bressuire* (J. Richard), « R. *Moncoutant* (Marais), *Fenioux* (Duret), Bul. S. bot. ». — VEND. AC. forêt de *Vouvant* (Mᴵˡᵉ Poey Davant), *Baguenard* (Lx.), *la Meilleraie Tillay* (Gobert), C. *Pont-Charault* (Gad.). R. *la Verrie* (Gen.). — LOIRE-INF. *Le Loroux, Mauves,* C. du *Cellier* aux *Folies Siffait ; Oudon, la Chap.-s.-Erdre, Carcouet, le Portereau,* entre le *Pellerin* et *Bouguenais ; Maisdon* (Bornigal), *Château-Thébaud ; Portillon!* (Gen.), *S.-Étienne* (Cailleteau), *Machecoul.* PC. — C.-NORD. *Plancoët* (Mabille), bois Boissel près *S.-Brieuc* (Ferrary). — IL.-ET-V. Entre *Melesse* et *S.-Grégoire, de la Rétarde* à *Montigné, Laillé* (herb. Degland), *S.-Germain* près *Bauce* (Pont.), C. tous les coteaux de la *Rance* (Mabille), coteaux de la Vilaine du *Pont-Féart* à *Pléchatel, Beaufort, S.-Germain-s.-Ille* (Gallée).

**CINERARIA** L. Caractères du *Senecio,* invol. simple, sans calicule.

**C. spathulæfolia** Gmel. Rac. tronquée, garnie de fibres nombreuses. Tige de 5-10 déc. cannelée, creuse, couverte ainsi que toute la plante d'un duvet cotonneux. Feuil. vertes en dessus, blanchâtres en dessous, les rad. ovales, entières ou dentées, longuement pétiolées, celles de la tige oblongues, retrécies à la base élargie de nouveau et embrassante, les sup. plus étroites, sessiles. Fl. jaunes, presq. en ombelle. Invol. tomenteux. Ach. hispides. ♃. mai-jⁿ. Coteaux sablonneux humides du bord de la mer, bois humides. — FIN. *Plouguesnou, S.-Jean-du-Doigt, Guimaec, Locquirec* (de Guernisac, de Crec'hquérault). R. — C.-NORD. « *S.-Efflam* » (Miciol cat.), *S.-Michel-en-Grève* (Baron), région marit. de *Lannion* (J.-M. Sacher), bois de Coron près *Lamballe* ; forêt de *Coëtquen* et bois de *la Rouvraye* (Mabille). R.

**SENECIO** L. Invol. cylindrique à fol. sur 2 rangs, les int. égales, ord. tachées de noir au sommet, les ext. (calicule) plus petites, peu nombreuses, placées à la base de l'invol. Fl. radiées, rarement flosculeuses ; demi-fl. fem., fleurons herm. à 5 dents, à 1 stigm. en tête. Récept. nu. Ach. cannelés. Aigrette à poils simples. *Fl. jaunes* (ici).

** Rayons nuls ou courts et roulés en dehors.*

**S. vulgaris** L. *Seneçon.* Tige rameuse. Feuil. pennifides, les sup. sessiles, à oreillettes embrassantes ; lobes, oreillettes et rachis dentés. *Fol. du calicule longuement noirâtres au sommet.* Fl. flosculeuses. Ach. pubérulents. ①. Partout et toujours. — Pauciflore et radié dans les sables maritimes.

**S. viscosus** L. *Tige rameuse, couverte ainsi que les feuil. et les invol. de poils visqueux, fétides.* Feuil. pennifides à lobes sinués-dentés. Fl. en corymbe lâche, terminal. Calicule à fol. longues, lâches. *Ach. bruns, glabres.* ①. jᵗ-aᵗ. Lieux sablonneux ou pierreux. — CHAR.-INF. C. *Port-des-Barques* (J. Richard), *Fouras* (Contejean), *Yves* (Fd.). — DEUX-SÈV. *Châtillon-sur-Thouet* (Janneau), R. *Airvault* (Bonnin), *Thenezay, S.-Varent, Adilly* (Guyon), *Thouars* (Bastard). — LOIRE-INF. Qq. pieds çà et là dans les sables du *haut de la Loire*, autour des gares de *Nantes* et dans ses îles.

**S. silvaticus** L. Pubescent, moins fétide que le précéd. Tige dressée, élancée, rameuse au sommet. Feuil. pennifides à lobes sinués-dentés. Fl. 1/2 plus petites, en corymbe très garni. Calicule très court, appliqué contre l'invol. *Ach. gris, velus.* ①. jⁿ-aᵗ. Bord des bois, champs, lieux sablonneux ou pierreux. AC.

*** Rayons grands, planes.*

✕ **S. erucifolius** L. *Rac. rampante.* Tige élevée, plus ou moins velue-floconneuse et *grisâtre* ainsi que les feuil. Feuil. pennifides, les inf. pétiolées, les sup. à lobes lancéolés, dentés, aigus, ceux du bas embrassantes en forme d'oreillettes. Calicule à plusieurs fol. lâches. Fl. en corymbe, comme dans les 2 suiv. *Tous les ach. velus, aigrettés.* ♃. aᵗ-oct. Haies, bord des bois, des chemins, des champs dans le calc. — CHAR.-INF. AC. — DEUX-SÈV. AC. dans le midi. — VEND. *Maillezais, Velluire* (Lx.), *Luçon, Mareuil, Sᵗᵉ-Cécile, Chantonnay, Bazoges* (Pont., M.).

**S. Jacobæa** L. Rac. tronquée, fibreuse. Feuil. inf. lyrées-pennifides, pétiolées, les autres pennifides à lobes bifides, sinués ou dentés, embrassantes par une oreillette multifide. Calicule à 2.3 fol. courtes, appliquées. *Ach*. velus-rudes, ceux du *rayon glabres ou à peu près*, à aigrette caduque, souv. presque nulle. ②. fin mai-sept. Bord des chemins, des haies, près. CC. — Corymbe serré, ou (*S. nemorosus* Jord.) lâche; demi-fl. larges ou étroits, d'un jaune plus ou moins foncé.

**S. aquaticus** L. Rac. tronquée, fibreuse. Feuil. rad. et inf. ovales, allongées, entieres, dentées ou lyrées, petiolées, *les autres* pennifides *à lobe terminal très grand, ovale*, denté, embrassantes par une oreillette plus découpée à mesure qu'elles approchent du haut de la tige. Fl. plus grandes que dans le précéd. Calicule à 2,3 fol. courtes, appliquées. *Ach. à peu près glabres*. ②. jⁿ-aᵗ. Prés humides, surtout ceux de *la Loire*. C.

β. *S. erraticus* Bert. Plus élevé. rameaux plus nombreux, plus grêles, divariqués; feuil. d'un vert foncé, plus minces, plus profondément découpées, à lobe terminal très grand, ovale-en coin; fl. plus petites; ach. glabres. Lieux ombragés au bord des eaux. — fin jᵗ-sept. PC.

✗. **S. ruthenensis** Mazuc et T. Lagrave, note avec figure, *S. Doronicum?* edit. I. Souche oblique. Tige de 3-4 déc. simple, striée, garnie ainsi que les feuil. et les invol. de poils laineux, articulés, épars, à 1-5 fl. *Feuil*. molles, les *inf. oblongues-lancéolées*, rétrécies en petiole, à dents cartilagineuses-glanduleuses, les sup. élargies à la base, sessiles, embrassantes par 2 oreillettes. Calicule à fol. linéaires, 1/3 env. plus courtes que l'invol. à fol. linéaires-lancéolées. Ach. glabres, aigrette tres blanche. Fl. à 12, 13 rayons oblongs. ♃. fin jⁿ-jᵗ. Taillis secs des ter. calc. — CHAR.-INF. Çà et là bois de *Surgères* et de *Benon;* RR. *Dœuil; S.-Christophe, Thairé* (Fd.), *Parençay* (Lemarié).

**CALENDULA** L. Invol. hémisphérique à fol. égales, sur 2 rangs, Fl. radiées; demi-fl. fertiles; styles à 2 stigm. Fleurons herm. stériles à stigm. en tête. Récept. nu. Ach. difformes, courbés, muriqués ou dentes, sans aigrette.

**C. arvensis** L. *Souci sauvage*. Odeur forte; rameaux ouverts. Feuil. lanceolées, dentées, demi-embrassantes, les inf. plus larges, rétrécies à la base. Fl. jaunes, terminales. Ach. int. en anneau, qq.-uns en nacelle, ceux du bord terminés en bec linéaire. ①. mai-sept. Vignes, champs cultivés. — CHAR.-INF. C. — DEUX-SÈV., VEND. C. calc., PC. Bocage. — LOIRE-INF. C. — MOR. AC. région maritime. -- FIN. *Quimper* (Bonnemaison), Sᵗᵉ-Melaire près *Loctudy* (Picq.), env. de *Brest* (Crouan). — C.-NORD. *S.-Brieuc* (Baron), RR. *Dahouet* (Mabille). — IL-ET-V. R. vignes de *Beaumont* près *Redon* (J.-M. Sacher). R.

*Obs. C. officinalis* L. *Souci*, cult. partout, se trouve souvent autour des jardins et M. Blanchard l'indique naturalisé dans les lieux sablonneux de la région maritime du *Fin.*, même aux îles Molène et d'Ouessant. Il est plus grand que le précéd. dans toutes ses parties, les feuil. sont spatulées et les ach. sont presque tous en nacelle.

B. *CYNAROCÉPHALES. Style articulé au sommet, fleurs flosculeuses.*

**CIRSIUM** Tourn. Invol. ovale, imbriqué de fol. épineuses. Récept. garni de soies. Aigrette caduque à poils plumeux, soudés en anneau à la base.

**C. lanceolatum** Scop. *Carduus* L. Tige de 5-10 déc. *Feuil. décurrentes en aile épineuse*, velues-cotonneuses en dessous, hispides en dessus, lancéolées-pennifides à lobes bifides terminés par une forte épine. *Fl.* rougeâtres, *solitaires, terminales.* Invol. ovale, à fils laineux ; fol. lancéolées, lâches, terminées en épine. ②. j"-sept. Bord des chemins, champs pierreux. CC.

**C. eriophorum** Scop. *Carduus* L. Tige robuste de 6-10 déc. *Feuil. embrassantes*, hispides en dessus, tomenteuses-blanchâtres en dessous, pennifides à lobes partagés en 2 divis. lancéolées, entières, épineuses au sommet. Fl. rouges, grosses. *Fol.* de l'invol. dilatées et ciliées sous l'épine terminale, *entremêlées d'un coton araneux, très abondant.* ②. Bord des chemins, lieux pierreux du calc., qqf. du schiste. — CHAR.-INF., DEUX-SÈV. AC. — VEND. Çà et là, AC. dans qq. localités, c. calc. de *Chantonnay* (Pont., Lx.). — LOIRE-INF. *Erbray* ; le Chatelier en *Cambon !* (Guiho). RR. — C.-NORD. R. coteaux de l'Arguenon à *Créhen* (Morin). — IL.-ET-V. *Bruz* (Degland), *S.-Jacques* (Le Gall). RR.

**C. palustre** Scop. *Carduus* L. Tige de 6-15 déc. rameuse au sommet. *Feuil. décurrentes en aile épineuse*, pennifides, à lobes dentés, très épineux. *Fl.* rougeâtres, qqf. blanches, assez petites, *agglomérées au sommet des rameaux.* Fol. de l'invol. ovales appliquées, épineuses. ②. j"-a¹. Bord des ruisseaux, des marais. C.

**C. acaule** All. *Carduus* L. *Tige 0 ou très courte.* Feuil. lancéolées, sinuées-pennifides à lobes sinués-triangulaires, très épineux. Fl. rougeâtre, solitaire, presque sessile au milieu des feuil. en rosette. Fol. de l'invol. lisses, à pointe courte. ♃. j¹-sept. Pelouses sèches et bord des chemins du calc. — CHAR.-INF., DEUX-SÈV., VEND. C. — LOIRE-INF. *Erbray*, c. *Cambon*, RR. *Chéméré ; S.-Gildas !* S.-Omer en *Blain*, Dreux en *Guenrouet* (Delalande), *Saffré !* RR. Boischaudeau ! près *le Pallet* (Gen.). RR. — C.-NORD., IL.-ET-V. Coteaux maritimes sablonneux de *Dahouet* à *S.-Malo*. R. — Varie qqf. à tige de 7-10 cent., à 1-3 fleurs.

**C. anglicum** Lobel. *Carduus pratensis* Huds. Souche oblique, garnie de fibres longues. épaisses, rétrécies aux deux bouts. *Tige* de 2-6 déc. *cotonneuse, simple, à 1, rar. 2 fleurs.* Feuil. lancéolées, épineuses, peu velues en dessus, molles et tomenteuses en dessous, ord. entières ou dentées, qqf. toutes sinuées-pennifides à lobes dentés, les radic. pétiolées, celles de la tige peu nombreuses, resserrées au-dessus de la base embrassante. Fl. rougeâtres. Fol. de l'invol. lancéolées, non piquantes, appliquées. ♃. mai-j¹. Prés marécageux, marais tourbeux.

**C. bulbosum** DC. Diffère du précéd. et bien caractérisé par ses feuil. plus profondément pennifides *à lobes divisés en 2,3 segments* *lancéolés, divergents.* Tige 1-3 fl. plus élevée, plus grêle. Rac. plus traçante. ♃. j⁰-jˡ. Prés et bois marécageux, surtout du calc. — CHAR.-INF., DEUX-SÈV. AC. — VEND. *Quatre-Vaulx*, c. *S.-Pierre-le-Vieux* (Lx.), *Stᵉ-Cécile, Bazoges-en-Pareds, Bessay*, c. calc. de *Chantonnay*, R. forêt de *Stᵉ-Gemme* (Pont., M.), *la Bauduère* (David). — LOIRE-INF. c. environs d'*Ancenis ;* çà et là de *Couffé* à *Ingrande ; Boischaudeau* (Ménier), *la Sicaudais* (Gobert), côte du *Croisic!* (Maupon). R. — Au-delà de *Pennebé* (Loire-Inf.) : çà et là landes et coteaux secs de la région maritime et des *Montagnes Noires* et d'*Arès*.

**C. arvense** Scop. *Serratula* L. Rac. rampante. Tige glabre. Feuil. sessiles, qqf. décurrentes, sinuées-pennifides, ciliées-épineuses. *Fl.* rougeâtres, *en panicule.* Invol. ovale ; fol. appliquées, à pointe courte, étalée. Aigrette rousse. ♃. j⁰-sept. Champs, lieux incultes, chemins. CC.

**CARDUUS** L. Caract. du *Cirsium*. Aigrette à poils dentelés, non plumeux.

**C. tenuiflorus** Curt. Tige de 4-8 déc. Feuil. décurrentes en aile non interrompue, peu velues en dessus, blanches-cotonneuses en dessous, sinuées-pennifides à lobes anguleux. Épines des ailes, des feuil. et des invol. jaunâtres. *Fl.* rosées, *assez nombreuses, agglomérées au sommet des rameaux,* sessiles ou courtement pédonculées. Invol. presque cylindrique, à fol. lancéolées, acuminées en épine, arquées en dehors. ①️ et ②️. j⁰-jˡ. Bord des chemins, pied des murs. C. — cc. le calc.

**C. pycnocephalus** Jacq. Très voisin du précéd. mais distinct par ses feuil. plus blanches-cotonneuses en dessous et par ses *fl. oblongues, caduques, plus grosses, agglomérées 2-4 au sommet des rameaux.* Fol. de l'invol. plus ouvertes. ①️ et ②️. j⁰-jˡ. Mêmes lieux. — CHAR.-INF. *Royan!* (de Lisle), CC. de *Martrou* à *Soubise; Rochefort!* (J. Richard), *Fouras ; S.-Médard, les Trois-Canons, Tonnay-Charente, Bords, Surgères* (Fd.), *S.-Sarinien* (Tess.). — DEUX-SÈV. AC. *Niort!* (A. Guillon). — VEND. *La Roche* (Pont.). — LOIRE-INF. CC. Nantes à *S.-Donatien* et autour des gares, prairie de *la Madelaine, Thouaré.* R. — FIN. Naturalisé çà et là : « *Roscoff, Morlaix* » (Miciol cat.). — IL.-ET-V. Ville de *Rennes!* (Le Gall). RR. — Plante de décombres qui se répand de plus en plus.

**C. nutans** L. Tige de 4-8 déc. ailée-épineuse. Feuil. décurrentes, lancéolées, pennifides à lobes profonds, sinués-dentés, épineux, velues surtout sur les nervures. Pédonc. cotonneux. *Fl.* rougeâtres, *grosses,* presque globuleuses, *solitaires, penchées.* Fol. de l'invol. lancéolées, piquantes, les ext. ord. recourbées. ②️. j⁰-sept. Bord des chemins, décombres. CC.

* **C. crispus** L. *Port de Cirsium palustre.* Feuil. décurrentes en aile épineuse, lancéolées à lobes dentés, très épineux. Fl. rougeâtres, agglomérées au sommet des rameaux. Fol. de l'invol. en alène, molles, épineuses au sommet. Ach. finement ridés en travers entre les stries nombreuses. Bord des chemins, lieux incultes.

**SILYBUM** Gært. Caract. du *Carduus.* Fol. ext. de l'invol. terminées par un appendice étalé, denté-épineux ; filets des étam. soudés.

**S. marianum** Gært. *Carduus* L. *Chardon-Marie*. Tige robuste de 6-12 déc. Feuil. embrassantes, sinuées-pennifides, épineuses, ord. tachées de blanc. Fl. très grosses, rougeâtres. Epine terminale des fol. de l'invol. robuste, très longue. ②. j⁰-j¹. Bord des haies, décombres. PC. — AC. le calcaire.

**ONOPORDUM** L. Caract. du *Carduus*. Récept. alvéolé, sans paillettes.

**O. Acanthium** L. Cotonneux-blanchâtre. Tige robuste de 6-12 déc. Feuil. decurrentes, ovales-oblongues, sinuées, dentées-épineuses. Fl. rougeâtres, très grosses, terminales. Invol. presque globuleux, cotonneux, à fol. lancéolées, terminées en épine raide, piquante, les ext. étalées. Ach. comprimés-tétragones, ridés en travers. ②. j⁰-sept. Lieux pierreux, décombres, surtout dans le calc. et la région maritime. C. — PC. Bocage des *Deux-Sèv.*, de la *Vend.*, et en *Bretagne* au-delà de la *Loire-Inf.*

**LAPPA** Tourn. Invol. globuleux, imbriqué de fol. crochues en hameçon au sommet. Récept. garni de paillettes. Aigrette courte, à poils simples sur plusieurs rangs.

**L. minor** DC. *Arctium Lappa* L. *Bardane*. Tige de 6-10 déc. Feuil. ovales-en cœur, pubescentes-blanchâtres en dessous, les rad. en cœur, très grandes. Fl. rougeâtres, en grappe oblongue dont les rameaux sont comme en épi à fl. avec pédonc. court. Invol. ovoïde, glabre ou à peu près, à fol. en alène, toutes crochues au sommet, les int. un peu colorées, dépassées par les fleurons. ②. j⁰-a¹. Bord des chemins, décombres. C.

**L. major** Gært. *Arctium Lappa* Willd. Plus robuste que le précéd. dont il diffère par les fl. 1 f. plus grosses, moins nombreuses ; pédonc. solitaires, longs, lâchement en corymbe ; fol. de l'invol. arrondi toutes vertes, égalant les fleurons ; feuil. rad. à pétiole plein. — Çà et là de la Gironde à la Rance dans les vallées des rivières marines, où il remonte assez loin. — A l'intérieur : CHAR.-INF. La Grève près *Puy-du-Lac*, *Nuaillé* (Fd.), *Tonnay-Boutonne* (Tess.), *Genouillé* (Riveau). — DEUX-SÈV. *Vançais* (Sauzé), *S.-Loup* (Guyon), marais de la Dive à *Sazé* (Genuer), C. *Pas-de-Jeu* (J. Richard), *S.-Martin-de-Sanzay* (Pellier). — LOIRE-INF. *Machecoul*, *Sⁿ-Pazanne*, *S.-Gildas* (Delalande). — IL.-ET-V. *Mont-Dol* (Hodée).

*Obs.* Parmi *Lappa minor* et *major*, on trouve qqf. des intermédiaires. — LOIRE-INF. Entrée Est du *Canal maritime! Boire-Courant* (Gadeceau). — CHAR.-INF. *Nuaillé* (Foucaud). Plusieurs fois, nous avons, M. Gadeceau et moi, semé la forme intermédiaire la plus distincte, et, en se reproduisant, elle a donné : *L. major* type, divers *L. major* réduits et une forme très voisine de *L. minor*.

*Obs.* J'ai cultivé des graines de la Charente-Infér. ? envoyées par M. Foucaud. *L. nemorosa* Lej. qui diffère de *L. major* par les rameaux arqués, par les fl. moins grosses, très courtement pédonculées, espacées par 1,2 le long des rameaux au sommet desquels elles sont réunies ord¹ par 3. — *L. tomentosa* Lam. a les fol. de l'invol. entremêlées d'un coton blanc aranéeux abondant, les int. lancéolées, colorées, obtuses, terminées par une petite pointe droite, les fl. plus grosses que dans *L. minor,* en corymbe serré. — Pourrait se trouver tout au plus dans les calc. de la *Char.-Inf.,* des *Deux-Sèv.* et au sud de la Gironde. M. Des Moulins l'indique c. à *Périgueux* et à *Bergerac,* localités un peu éloignées de nous. — *L. pubens* Bab., non trouvé dans nos limites, a l'inflorescence de *L. minor,* mais ses fl. sont plus grosses, plus longuement pédonculées, avec les fol. de l'invol. entremêlées d'un coton blanc, aranéeux, qqf. abondant ; en ce dernier état, il ne faut pas le confondre avec *L. tomentosa* dont les fl. sont en corymbe serré.

**CARLINA** L. Invol. imbriqué ; fol. ext. épineuses-pennées, les int. simples, colorées, luisantes, rayonnantes. Récept. à paillettes laciniées. Aigrette double, l'ext. très courte, persistante, l'int. caduque, à poils plumeux.

**C. vulgaris** L. Tige de 3-6 déc. tomenteuse, raide, simple ou rameuse en corymbe. Feuil. oblongues, embrassantes, sinuées, dentées-épineuses, tomenteuses en dessous. Fol. int. de l'invol. jaune pâle. Fleurons violacés. Ach. soyeux. ②. j<sup>t</sup>-sept. Coteaux arides, bord des chemins. AC.

**SERRATULA** L. Invol. imbriqué de fol. aiguës, à peine épineuses. Paillettes du récept. divisées en soies. Poils de l'aigrette simples, libres à la base, sur plusieurs rangs, les int. plus longs.

**S. tinctoria** L. Tige de 4-9 déc. Feuil. pennifides à lobes lancéolés, dentés en scie, le terminal qqf. plus grand, les inf. qqf. indivises ou lyrées. Fl. rougeâtres, dioïques, en corymbe lâche, terminal. Invol. oblong. ♃. a<sup>t</sup>-sept. Bois, landes. AC.

**CENTROPHYLLUM** Necker. Invol. imbriqué ; fol. ext. pennifides-épineuses, les int. lancéolés, entières. Paillettes du récept. divisées en soies. Paillettes de l'aigrette inégales, sur plusieurs rangs. Ach. du bord nus.

**C. lanatum** DC. *Carthamus* L. *Centaurea* DC. Plante à odeur de girofle. Tige simple ou rameuse en corymbe, cotonneuse au sommet. Feuil. coriaces, pennifides à lobes dentés-épineux, les sup. embrassantes. Fl. jaunes, terminales. ①. j<sup>t</sup>-sept. Coteaux secs, lieux pierreux, bord des chemins. C. calc. et région maritime ; PC. ailleurs.

**CARDUNCELLUS** DC. Invol. imbriqué, folioles vertes, molles, un peu épineuses, les int. plus étroites, terminées par un appendice scarieux, denté. Paillettes du récept. courtes, sétacées. Ach. tétragone, lisse. Aigrette sessile, à poils courtement plumeux.

✗. **C. mitissimus** DC. *Carthamus* L. Tige uniflore, courte, souv. nulle, rarement de 10 à 15 cent. Feuil. inf. lancéolées, dentées, les autres pennifides ; lobes lancéolés, à dents terminées par une épine molle. Fl. bleue, grande, odorante ; fol. de l'invol. nervées, appliquées. ♃. j<sup>n</sup>-j<sup>t</sup>. Coteaux et pelouses sèches calc. — CHAR.-INF. Coteaux de *la Gironde,* région maritime et çà et là dans l'est de *Courçon* à *Montlieu.* AC.

— **Deux-Sèv.** ac. dans le midi. — **Vend.** c. rochers de Maillezais au *Port-Raiteau* (M^lle Poey Davant, Lx.). RR.

**CENTAUREA** L. Invol. imbriqué de fol. entières, laciniées ou épineuses. Fleurons du disque herm., ceux du bord stériles, ord. plus grands, en entonnoir. Récept. garni de soies. Ach. nus ou à aigrette composée de soies ou de paillettes inégales, sur plusieurs rangs. Hile latéral.

*Obs. C. Jacea* L. diffère de *C. pratensis* par les pédonc. moins renflés et anguleux et par les fol. de l'invol. entières, les inf. qqf. déchirées, mais non régulièrement ciliées. Il paraît étranger à la région de l'ouest.

**C. pratensis** Thuil. Tige anguleuse. Feuil. lancéolées, entières, les inf. sinuées-pennifides. *Fl. grandes,* rougeâtres, terminales, à fleurons du bord plus grands, stériles ; pédonc. fortement anguleux et renflés au sommet. *Fol. de l'invol.* imbriquées, *cachées par leurs appendices* ovales, concaves, déchirés-dentés, les ext. ciliées en dents de peigne. *Ach. nus.* ♃. j^n-sept. Prés, bois, bord des chemins, des champs, pelouses. CC. — Dans les lieux plus secs, au bord des chemins, sur les talus, les fol. de l'invol. sont qqf. entières ou déchirées, les inf. seulement déchirées-ciliées.

**C. serotina** Bor. *C. amara* Thuil. Caract. du précéd. Tige élancée, moins anguleuse. Feuil. étroites. Fl. plus petites. Pédonc. moins renflés au sommet. Fol. de l'invol. plus régulièrement pectinées. Saveur très amère. ♃. a^l-oct. Bord des champs, des bois. C. ①. Moins c. nord de *la Bretagne.*

**C. decipiens** Thuil. Tige dressée, anguleuse, velue ; rameaux étalés. Feuil. rad. et inf. sinuées-pennifides, ovales-lancéolées, les autres lancéolées, souv. entières. Fleurons du bord qqf. plus grands et stériles. Invol. globuleux-ovale ; *appendices* des fol. de la moitié infér. triangulaires-lancéolés ou un peu plus larges, *étalés* ou arqués en dehors, *ne cachant pas les fol.* et garnis de cils flexueux, ascendants, égalant 3-4 f. la largeur de l'appendice. Ach. tous aigrettés d'écailles courtes, inégales. Hile oblong-rhomboïdal. ♃. a^l-sept. Bord des champs. C. par localités, peu c. au delà de Loire-Inf.

*Obs. C. Debeauxii* God. Gren. qui croît à *Montlieu* (Char.-Inf.), à les capit. un peu plus petits et les appendices des fol. plus étroits que dans *C. decipiens,* dont il pourrait bien n'être qu'une forme.

**C. nigra** L. *C. nemoralis* Jord. Port du précéd. Tige dressée, rameaux en panicule. Feuil. lancéolées, un peu rudes, les infér. pétiolées, dentées ou sinuées. Fl. rougeâtres à fleurons tous égaux herm. *Fol. de l'invol.* imbriquées, *cachées par leurs appendices* appliqués, noirâtres ou fauves, lancéolés, bordés de longs cils 3 fois plus longs que la largeur de l'appendice. *Aigrette courte.* ♃. j^l-sept. Bord des chemins, des haies, des buissons, des bois. CC. — Varie à appendices des fol. inf. ne cachant pas ces fol. et qqf. divergentes à la fin et alors il passe au *C. decipiens ;* une autre forme, *C. nigra* Jord. qui croît çà et là dans la partie montagneuse de la Bretagne, a l'invol. plus arrondi, les fol.

noires, garnies d'appendices ovales. — *C. consimilis* Bor. qui croît çà et là dans nos limites, a l'aspect de *C. pratensis* avec la fl. non rayonnante, l'invol. plus petit de *C. nigra,* mais plus pâle, l'aigrette très courte.

*Obs.* Les plantes précéd. varient à tige naine, à feuil. blanchâtres, à involucre pâle ; elles offrent des intermédiaires d'une détermination embarrassante et justifient l'opinion des auteurs qui les réunissent comme variétés d'une même espèce.

**C. Cyanus** L. *Bleuet.* Tige tomenteuse. *Feuil. linéaires-lancéolées,* tomenteuses-blanchâtres, les inf. dentées à la base. Fl. bleues, qqf. rosées ou blanches. Invol. oblong à fol. ciliées-dentées et noirâtres au sommet. Ach. pubescents, aigrettés. ①. j<sup>n</sup>-j<sup>t</sup>. Moissons. C. surtout dans le calc.

**C. Scabiosa** L. Tige sillonnée. *Feuil.* pennifides *à lobes linéaires, terminés par un point calleux.* Fl. rouge foncé, grosses, en corymbe terminal. Invol. ovale-globuleux ; appendices des fol. noirâtres, triangulaires, bordés de cils flexueux. Aigrette égalant presque l'achène. ♃. j<sup>t</sup>-a<sup>t</sup>. Champs calc. — CHAR.-INF., DEUX-SÈV., VEND. C. — LOIRE-INF. AC. *Arthon,* de *Machecoul* à *Fresnay; les Cléons, Cambon.* R. — FIN. *Le Fret, Locqueret* (Crouan). — C.-NORD. *Dinan* (Mabille). — IL.-ET-V. De *S.-Briac* à *S.-Coulomb; Pontpéan* (Lx.), *S.-Jacques* (Leclair).

X. **C. solstitialis** L. Tomenteux-blanchâtre. *Feuil.* linéaires-lancéolées, *décurrentes,* entières, les rad. lyrées. *Fl. jaunes,* solitaires, longuement pédonculées. Invol. ovale à fol. terminées par 5 épines palmées, la terminale robuste, longue, dépassant l'invol. ②. j<sup>t</sup>-sept. Bord des champs, des chemins. — Qq. pieds ont paru çà et là dans les Luzernières : *Saujon* en Char.-Inf. (Fd.), *Pouliguen* (Loire-Inf.), *S.-Brieuc, S.-Lunaire,* sur la côte du Nord, *Rennes, Bains* (Il.-et-V.), etc.

**C. Calcitrapa** L. Saveur amère. Rameaux nombreux, divariqués. Feuil. sup. indivises, les rad. en rosette, velues, pennifides, à lobes linéaires, dentés. Fl. roses, solitaires, axillaires, presque sessiles. *Invol. ovale à fol. terminées par une épine palmée à lobe terminal très long.* Ach. nus. ②. j<sup>t</sup>-a<sup>t</sup>. Bord des chemins. CC. — Au-delà de *la Loire :* AC. région maritime, R. à l'intérieur.

X. **C. aspera** L. Tige anguleuse, rude ; rameaux nombreux, divariqués, couchés ou étalés. Feuil. rudes, les radic. lyrées, celles de la tige pennifides à lobes mucronés, les supér. dentées ou entières. Fl. rosées. Pédonc. solitaires, terminaux, renflés, feuillés jusqu'au sommet. Invol. ovale ; *appendices des fol. recourbés,* palmés *à 5 épines presque égales.* Ach. aigrettés. ♃. j<sup>n</sup>-sept. Sables et lieux pierreux de la région maritime. — CHAR.-INF. CC. — VEND. AC. — LOIRE-INF. RR. *la Bernerie.* — IL.-ET-V. Qq. pieds à *S.-Lunaire,* C. à *Dinard* au-dessus de la plage des bains (Mabille), où cette plante méridionale a dû être introduite. — Apparaît dans qq. ports de *la Bretagne.*

**CRUPINA.** Cass. Caract. du *Centaurea.* Ach. ovales-cylindriques, hile basilaire. Fol. de l'invol. entières sans appendice.

X̶. **C. vulgaris** Cass. *Centaurea Crupina* L. Tige de 3-5 déc. grêle, sillonnée. Feuil. rad. spatulées, entières ou lyrées, les autres pennifides à lobes linéaires, couverts en-dessous et vers les bords de poils courts, raides. Fl. rosées en panic. très lâche. Invol. oblong, à fol. lancéolées. Ach. gros, soyeux-jaunâtre dans le haut. Aigrette noire, sur 3 rangs, l'ext. à écailles très courtes inégales, l'intermédiaire à longs poils dentelés, l'int. composé de 10 écailles lancéolées, courtes. ①. jⁿ-jᵗ. Coteaux arides calc. — CHAR.-INF. Coteau du Cluseau près S.-Jean d'Angély (Bérard). — DEUX-SÈV. *Thouars* à Fretevaux ! (Genuer, Toussaints), et à *Vrines* (Trouillard).

**XERANTHEMUM**. L. Invol. imbriqué de fol. scarieuses, les int. plus longues, colorées, rayonnantes. Fleurons du disque herm. fertiles, à 5 dents ; ceux du bord peu nombreux, fem., stériles, à 2 lèv. Récept. garni de paillettes. Ach. à aigrette composée de 5-10 paillettes lancéolées à la base, ceux du bord nus.

X̶. **X. cylindraceum** Smith, Koch. tomenteux-grisâtre. Tige de 2-4 déc., anguleuse ; rameaux étalés, longuement nus au sommet. 1.flores. Feuil. lancéolées-linéaires, entières. Fl. purpurines. Invol. cylindracé à *fol. tomenteuses sur le dos, mutiques*, les int. aiguës, conniventes. Aigrette à 8-10 paillettes égalant à peine le fruit. ①. jᵗ-aᵗ. Coteaux, lieux arides calc. — CHAR.-INF. Çà et là. C. — DEUX-SÈV. AC. calc. du nord ; *S.-Maixent, Bougon* (Sauzé, M.). — VEND. *La Bauduère* (Pontlevie), *abbaye de Jard, le Bernard, Triaize, S.-Cyr-en-Talm.* (Pont.), *Sigournais* (Gad.), *S.-Michel-en-Lherm* (Lx.), *Vallans, Epannes, Granzay* (Grelet). R.

X̶. **X. inapertum** Willd. Koch, non DC. Tomenteux-blanchâtre. Diffère du précéd. par l'invol. ovale à *fol. glabres* et brunâtres *sur le dos*, mucronées ; aigrette à 5 paillettes dépassant le fruit. ①. jⁿ-jᵗ. Champs secs calc. — CHAR.-INF. *Surgères ;* Nantilly en *Marsilly* (de Beaupreau), *S.-Vivien,* Fompatour près *Vérines* (Fd.). — DEUX-SÈV. *Thouars !* (Lebrun) ; *Vrines* (Lunet), « *S.-Loup* (Marais), Bul. S. bot. ». — VEND. *S.-Hilaire de Talmont* (David). RR.

C. *CHICORACÉES. Style non articulé ; fleurs semi-flosculeuses.*

**SCOLYMUS** L. Invol. imbriqué de fol. épineuses. Paillettes du récept. enveloppant les ach. soudés avec elles, de manière à les faire paraître ailés. Aigrette 0 ou à 2,3 soies.

**S. hispanicus** L. Tige robuste, de 5-7 déc. rameuse, pubescente. Feuilles coriaces, sinuées-pennifides, dentées-épineuses, décurrentes en aile épineuse ne se prolongeant pas d'une feuil. à l'autre ; épines, nervures des feuil. et des ailes jaunâtres. Bractées épineuses, semblables aux feuil. Fl. jaunes, axillaires, sessiles, solitaires ou réunies 2-4. Fol. de l'invol. lancéolées. Aigrette à 2,3, qqf. 4,5 soies courtes, presque cachées par les paillettes. ②. jᵗ-sept. Sables, décombres, lieux pierreux du bord de la mer. — CHAR.-INF. La Rochelle (Faye), *Pizany* (A. Guillon), c. entre le *Gua* et *Saujon* (Parat), et çà et là jusqu'à *Cozes* (Fd.), *S.-Dizant-du-Gua* (Riveau), AC. de *S.-Romain-de-Beaumont* à *Royan, la Tremblade, Oleron, Thors* (Sav.). — VEND. *Le Veillon*

(Gen.), *S.-Gilles ; Ile d'Yeu !* (David), *Noirmoutier.* R. — LOIRE-INF.
AC. — MOR. *Belle-Ile, Houat ; Surzeau* (Tasle), presqu'île de *Quiberon*
(Roux).

**LAPSANA** L. Invol. simple, muni à la base de qq. petites écailles
accessoires. Récept. nu. Ach. comprimés, nus, à stries nombreuses
égales.

**L. communis** L. Tige rameuse. Feuil. infér. lyrées, les sup.
ovales-lancéolées, dentées. Fl. jaunes en panic. Invol. glabre. ①.
j$^n$-sept. Terres cultivées, haies. CC.

**ARNOSERIS** Gært. Caract. du *Lapsana.* Invol. connivent et
presque globuleux à la maturité. Ach. obovales à 10 stries alternativement inégales, couronnés d'un très petit rebord pentagone.

**A. pusilla** Gært. *Hyoseris minima* L. *Lapsana* Lam. Feuil. rad. en
rosette, lancéolées-obovales, dentées. Hampe à 2.3 fl. jaune citron.
Pédonc. très renflé et creux au sommet, d'abord penché. Invol. pubescent. ①. j$^n$-a$^t$. Champs secs et sablonneux, coteaux et landes arides.
C. — R. dans le calc. non sablonneux.

**RHAGADIOLUS** L. Invol. simple, muni à la base de qq. écailles
accessoires. Récept. nu. Ach. nus, allongés. arqués. ceux du bord
enveloppés par les fol. du bord accrescentes, étalées en étoile.

X. **R. stellatus** L. Tige rameuse, pubescente. Feuil. obovales,
lyrées ou entières. Fl. jaunes en panicule très lâche. ①. mai-juin.
Champs. — CHAR.-INF. *Courçon* (Pontarlier 1872), *La Grâce-Dieu* et
*Benon* (Bouchet, Foucaud). R.

**CATANANCHE** L. Invol. à fol. nombreuses, scarieuses-argen-
tées, imbriquées sur plusieurs rangs. Récept. hérissé de longues soies.
Ach. un peu pentagones, égalant l'aigrette composée de 5 écailles
ovales, acuminées en longue soie.

X. **C. cærulea** L. Plante de 4-8 déc. rameuse, couverte de poils couchés, étalés dans le bas de la tige et des pétioles. Feuil. linéaires à 3
nervures, ou pennifides à 2-4 lobes écartés, linéaires. Fl. bleues. solitaires sur les pédonc. très longs garnis au sommet de qq. écailles semblables aux fol. de l'invol. qui sont argentées à nervure dorsale rousse,
terminée en pointe. Ach. soyeux. ♃. j$^n$-j$^t$. Pelouses, bois et coteaux
secs du calc. — CHAR.-INF. *Saujon* (A. Guillon), *Semussac* (Toussaints), coteaux de *la Gironde ; S.-Vivien,* Pointe *du Chay, Esnandes,
Saintes, Pons, Pérignac,* c. bois de *Surgères* et de *Benon, Dœuil,
Beauvais,* etc. AC. — DEUX-SÉV. Env. de *Villeneuve-Comtesse ;* Pizé
près *Arçais* (Delastre), *Mauzé ! Paizay* (A. Guillon), « *S.-Symphorien*
(Gamin), *Amuré* (Arignon), Bul. S. bot. », *Chizé.*

**CICHORIUM** L. Invol. double, l'int. à 8 fol. soudées à la base,
l'ext. à 5 fol. étalées. Récept. nu. Ach. terminés par une très petite
couronne d'écailles nombreuses.

**C. Intybus** L. *Chicorée sauvage.* Tige rameuse, poilue. Feuil. roncinées, les florales entières, embrassantes en cœur. Fl. bleues, grandes,

solitaires ou 2-4 agglomérées, sessiles ou l'une d'elles pénonculée. ♃.
j¹-sept. Lieux arides, bord des chemins. C. — Plus c. dans le calc. —
*Bretagne :* à l'intérieur RR. ; rég. marit. AC. *Mor.* puis R.

**TOLPIS** Gært. Invol. double, l'int. à fol. droites, l'ext. plus long à
fol. linéaires-sétacées. Récept. nu, alvéolé. Ach. striés. Aigrette sessile, formée de quelques soies séparées par d'autres plus nombreuses
et beaucoup plus courtes.

**T. umbellata** Pers. Plante d'un vert légèrement cendré. Tige de 2-3
déc. raide, effilée, peu rameuse. Feuil. lancéolées, sinuées-dentées. Fl.
jaune clair, unicolores ou brunes au milieu. Pédonc. latéraux, solitaires, plus épais que les pédonc. subséquents qui les dépassent et
naissent sur leurs côtés, solitaires ou presq. opposés. Invol. pulvé-
rent-farineux. Ach. à 4 soies manquant souv. dans les ach. du bord.
①. jⁿ-j¹. Coteaux arides, souv. schist. — CHAR.-INF. Fl. bicolore.
*Montlieu! Orignolle, Clérac* (de Meschinet), *Montendre, la Barde ;
Royan* (Trouillard), *Pessines* (Brunaud), c. *Corme-Royal! Sablonceaux, S.-Romain, Balanzac, Nancras* (Tess.), la Petite-Maçonne en
*S.-Symphorien* (Fd.). — VEND. Fl. bicolore, AC. Roc S.-Luc et Moulin Gourdin près *Fontenay* (Mᵐᵉ Poey Davant), *Pont-Charault* (Gad.),
coteaux du Lay de *S.-Hilaire-le-V.* à *Puymaufrais*, rochers de
*S.-André-s.-Mareuil* à *la Couture, Talmont* (Pont., M.). — LOIRE-INF.
Fl. bicolore, RR ! la côte. entre *Pornic* et *la Bernerie* (Plessis). — MOR.
Fl. unicolore, coteaux schist. de *Belle-Ile!* (Le Gall). R.

**THRINCIA** Roth. Invol. simple. muni à la base de qq. petites
écailles accessoires. Récept. nu. Ach. rétrécis au sommet. Aigrettes
du disque plumeuses, celles du bord en forme de couronne dentée.

**T. hirta** Roth. Rac. tronquée à fibres fasciculées. Feuil. lancéolées, sinuées-dentées, plus ou moins couvertes de poils simples ou
fourchus. Hampe 1.fl. peu velue. Fl. jaune. Invol. ord. glabre. Ach.
int. striés. rudes, rétrécis au sommet. ② ou ♃. jⁿ-sept. Lieux arides
ou sablonneux. CC. — Une forme c. dans les sables maritimes (var.
*arenaria* DC. prod., *T. hispida* Pesn.), n'offre point de différence
essentielle avec le type. Les fibres rad. de la plante jeune sont fasciculées, la principale souv. en fuseau.

**LEONTODON** L. *Apargia* Willd. Caractères du *Thrincia.*
Aigrettes toutes plumeuses.

**L. autumnalis** L. Rac. tronquée, à fibres nombreuses. *Tige
rameuse.* Feuil. rad. lancéolées, plus ou moins sinuées-pennifides,
celles de la tige peu nombreuses ou 0. Fl. jaunes, terminales. Pédonc.
garni de petites écailles, renflé au sommet. Invol. pubescent. Ach.
rugueux en travers. *Aigrette rousse.* ♃. j¹-sept. Prés et pelouses souv.
humides, lieux incultes. CC.

**X. L. hispidus** L. Plante de 2-5 déc. hérissée de poils 2-3.furqués.
Rac. tronquée à fibres nombreuses. Feuil. lancéolées, dentées-si-
nuées ou pennifides. *Fl.* grande, jaune, *penchée avant l'anthèse, solitaire* sur une *hampe* nue ou garnie de qq. écailles. Ach. rugueux en

travers. Aigrette à poils int. plumeux, les ext. très courts, écailleux. ♃. jⁿ-sept. Prés, coteaux, lieux incult. du calc. — CHAR.-INF. *Martrou* et çà et là arrondissement de *S.-Jean-d'Angély* (Fd.). — DEUX-SÈV. AC.

*Obs. L. Hastile* L. est considéré comme distinct du précéd. par les feuil. plus minces, glabres ou parsemées de qq. poils simples ; hampe et invol. glabres ou à peu près ; ach. plus courts, moins atténués au sommet. — A chercher aux mêmes lieux.

**PICRIS** L. Invol. imbriqué, entouré à la base d'un rang de fol. plus courtes, étalées. Récept. nu. Ach. sillonnés, striés en travers. Aigrette sessile, plumeuse.

**P. hieracioides** L. Tige à rameaux divergents, couverte de poils raides, à 2 crochets. Feuil. hispides, allongées, sinuées-dentées, les sup. embrassantes en cœur. Fl. jaunes, en corymbe. Ach. contractés sous l'aigrette. ②. jⁱ-aⁱ. Lieux pierreux, bord des champs. AC. — C. calc. ; PC. au-delà de *Loire-Inf.*

**HELMINTHIA** Juss. Invol. double. l'ext. à 5 fol. l'int. à 8. Récept. nu. Ach. ridés en travers. Aigrette pédicellée, plumeuse.

**H. echioides** Gært. *Picris* L. Tige rameuse, hérissée de poils raides, à 2 crochets. Feuil. ovales-oblongues, sinuées-dentées, embrassantes. Fl. jaunes en corymbe terminal. Fol. de l'invol. ext. ovales-en-cœur, acuminées, plus grandes que celles de l'invol. int. à arête poilue, placée au-dessous du sommet. ①. jⁱ-aⁱ. Bord des chemins, des haies, alluvions, dans le calc. et la région marit. — CHAR.-INF. Souv. vignes, champs incultes secs. C. — DEUX-SÈV. AC. — VEND. Vignes de *Stᵉ-Cécile*, AC. de *Mareuil* à *Stᵉ-Hermine*, CC. toute la région marit. (Pont., M.). — LOIRE-INF. *Ancenis, Machecoul, Arthon, Croisic,* CC. prés et bord de leurs fossés du *Pellerin* et de *Couëron* à la mer. — Çà et là et PC. région marit. du reste de *la Bretagne*. — *Rennes* (J.-M. Sacher).

**TRAGOPOGON** L. Invol. simple à 8-12 fol. égales, soudées à la base. Récept. nu. Aigrette plumeuse, longuement pédicellée.

**T. porrifolius** L. *Salsifis*. Rac. en fuseau. Tige robuste, rameuse. Feuil. lancéolées-linéaires, un peu glauques. *Pédonc.* long, *très renflé-creux au sommet. Fl. rouge vineux.* Invol. à 8 fol. dépassant les demi-fl. Ach. ext. tuberculeux-écailleux. ②. jⁿ-jⁱ. Prés, surtout de la région marit. — Et cult. dans les potagers, d'où il se répand sur les murs et les lieux pierreux voisins. — CHAR.-INF. C. prés de *la Gironde* avec une var. à fl. gris de lin ; *île de Ré* ; C. marais de *Genouillé*, de *S.-Louis* (Riveau), alluvion de *Brouage, Saintes*, prés de *la Charente*, Pays-bas de *Matha*, de *Siecq* à *Cognac*, etc. AC. — VEND. C. tout le Marais méridional (avec la var. à fl. gris de lin) et de *Talmont* (Pont., M.). Marais occidental. — LOIRE-INF. De *Buzay* à *S.-Brevin*, de *Bourgneuf* à *Beauvoir; Careil!* (Gen.). R. — MOR. *Sarzeau* (Taslé). — C.-NORD. « R. vallée de *la Rance* (Mabille). » — IL.-ET-V. *Dol* (Gallée). — La couleur de la fleur varie du rouge vineux au lilas et les demi-fleurons sont de longueur variable, tantôt un peu, tantôt beaucoup plus courts que l'involucre, et lorsqu'ils sont très courts et violet foncé, il faut se garder de confondre cette espece avec *Tragopogon australis* Jord. Celui- ci a les achenes exterieurs rétrécis *insensiblement* en bec plus court que l'achène qui est couverte d'écailles nombreuses. Dans *T. porrifolius* les achenes exterieurs sont terminés *brusquement* en bec plus long que l'achene et ce bec est plus ou moins cotonneux sous l'aigrette. — On peut voir la plupart de ces formes de *T. porrifolius* dans la prairie de *Corsept* (Loire-Inf.) et M. Foucaud Bul. Soc. bot. Rochel. p. 38 a noté des variations encore plus nombreuses dans beaucoup de localités de la Char.-Inf.

⚥. **T. major** Jacq. se distingue de *T. porrifolius* par les fl. *jaune citron*, concaves à la fleuraison et par ses ach. à angles aigus. fortement tuberculeux-ecailleux. Son *pédonc. très renflé-creux au sommet* et son invol. à 8-12 fol. dépassant toujours les demi-fl. le feront distinguer du suiv. Champs pierreux. coteaux. — Char-Inf., Deux-Sèv. AC. — Vend. Çà et là dunes, de *l'Aiguillon*! à *la Gachère*! (Pont., M.). *Serigné* (Lx.).

**T. pratensis** L. Tige souv. simple. Feuil. lancéolées-linéaires, qqf. ondulées-tortillées (*tortilis*). Invol. à 8 fol. égalant ou dépassant plus ou moins les demi-fl. jaunes. *Pédonc. peu renflé au sommet.* Ach. ext. tuberculeux-écailleux. ②. jⁿ-jᵗ. Prés. AC. jusqu'à *Loire-Inf.* — Mor. « *Erdeven* (Le Gall flore). » — C.-Nord. *S.-Jacut ; Lancieux*, *S.-Briac* (Mabille), AC. *Jugon* (Morin). — Il.-et-V. *S.-Jacques, Cucé* (Degland).

**T. orientalis** L. ressemble beaucoup au précéd. dont il se distingue par les feuil. plus larges à la base, la fl. plus grande, d'un beau jaune, les demi-fl. dépassant l'invol. Les ach. sont distinctement écailleux. tandis que dans *T. pratensis* ils sont tuberculeux-écailleux, ces tubercules-écailles étant plus forts que dans *T. orientalis*. Mêmes lieux. PC. — Char.-Inf. *S.-Jean-d'Angély* (Fd.). RR. — Deux-Sèv. c. (Sauzé fl.).

**SCORZONERA** L. Invol. imbriqué de fol. inégales, scarieuses au bord. Recept. nu. Aigrette plumeuse, sessile.

**S. humilis** L. *S. plantaginea* Schleicher. Racine épaisse, écailleuse, *non chevelue au sommet. Tige 1.flore* velue-cotonneuse, à 2.3 feuil. linéaires. Feuil. rad. lancéolées, lancéolées-linéaires ou même linéaires, à 5 nervures. Fl. jaune. Fol. ext. de l'invol. acuminées mais obtuses. Ach. rétrécis au sommet, striés, lisses. ♃. mai-jⁿ. Prés et lieux marécageux. CC.

⚥. **S. austriaca** Willd. Se distinguera du précéd. à la racine chevelue au sommet par les débris des anciennes feuil. Il croît sur les pelouses seches des terrains sablonneux-calcaires.

⚥. **S. hispanica** L. *S. glastifolia* Willd. *S. montana* Mut. Rac. noire, épaisse. *Tige à 1-5 fl.* jaunes. Feuil. un peu laineuses, linéaires-lanceolées, entières, longuement rétrécies à la base et au sommet, celles de la tige demi-embrassantes, les sup. très étroites. Invol. glabre, à fol. ext. triangulaires-ovales, acuminées, les int. ovales-lancéolées, aiguës. Ach. ext. fertiles et muriqués-écailleux sur les stries.

♃. jⁿ-jˡ. Bois secs calc. — CHAR.-INF. AC. bois de *Surgères* et de *Benon;* C. côte nord de *Fouras!* (Hubert), cote nord d'*Esnandes!* (Lx.), *Bourgneuf, S.-Christophe,* AC. du *Thou à Péré* (Fd.), *Genouillé* (Riveau), bois de *la Bourelle* (Tess.), R. *Marsais;* R. *Dœuil* (Duss.), *Aulnay* (Fd., Gir.). — Lande de *Puy-Notre-Dame.*

✕. **S. hirsuta** L. Souche épaisse à plusieurs tiges arquées à la base, ascendantes, striées. *Feuil.* en gouttière, laineuses au bord, à 5 nervures, *très étroites,* rétrécies graduellement de la base sessile jusqu'au sommet tronqué, calleux. Pédonc. long, presque nu, à 1 fl. jaune. Fol. ext. de l'invol. ovales, acuminés. *Ach. couverts d'une longue soie blanche,* 3 f. plus courts que l'aigrette jaunâtre. ♃. jⁿ-jˡ. Pelouses et taillis pierreux. — CHAR.-INF. Presque tous les plateaux et pointes de *S.-Seurin-s.-Gironde* à *Esnandes :* C. bois de *Surgères* et de *Benon; Bourgneuf, S.-Christophe,* du *Thou à Péré* (Fd.), *Genouillé, Couplais* (Riveau), *Gibourne, Touches-de-Périgny* (Sav.), R. *Dœuil* (Duss.). — DEUX-SÈV. Grand-Breuil près *Mauzé!* (Fd.).

**PODOSPERMUM** DC. Caract. du *Scorzonera.* Ach. portés sur un pédic. épais, creux.

**P. laciniatum** DC. *Scorzonera* L. Rac. en fuseau, épaisse. Tige rameuse. Feuil. pennifides à lob. linéaires, aigus, le terminal linéaire-lancéolé, très long. Pédonc. renflés, puis resserrés sous l'invol. à fol. ext. lâches, carénées, souv. garnies sous le sommet d'une petite corne. Fl. petites, jaune pâle, terminales. Ach. striés, lisses. ②. mai-jⁿ. Bord des champs, des chemins, coteaux dans le calc. — CHAR.-INF. C. — DEUX-SÈV. AC. — VEND. AC. calc. méridional jusqu'à *Talmont, la Bauduère* (Pont.), *les Sables* (Pontdevie), AC. *Noirmoutier.* — LOIRE-INF. *Bourgneuf!* (Diard), RR. *Pointe de Penchâteau!* (Desvaux). — Varie à feuil. entières, linéaires, à fol. de l'invol. chargées, entre le sommet et la petite corne, d'un petit flocon de laine blanche.

**HYPOCHŒRIS** L. Invol. imbriqué. Récept. garni de paillettes caduques. Aigrettes plumeuses, toutes longuement pédicellées ou celles du bord seulement sessiles.

**H. glabra** L. *Annuel.* Tige rameuse ou simple. Feuil. toutes radicales, en rosette, roncinées ou pennifides, glabres, qqf. hispides. *Fl.* jaunes, *petites,* terminales. Aigrettes du disque longuement pédicellées, celles du bord sessiles. mai-aˡ. Champs après la moisson, coteaux et landes arides, lieux sablonneux. — CHAR.-INF. CC. pays de lande et sables maritimes cultivés. — DEUX-SÈV., VEND. C. — LOIRE-INF. CC. — Au-delà : AC. schistes et région maritime, PC. ailleurs.

β. *H. Balbisii* Lois. Aigrettes toutes pédicellées. Çà et là sables et pelouses maritimes. PC. — Le caractère cité est le seul qui distingue cette plante du type ; je l'ai semée, et dès la première année toutes les aigrettes du bord étaient sessiles. — Dans les sables maritimes très arides, j'ai recueilli des individus tous à capitules 4,5.flores et à aigrettes toutes sessiles.

**H. radicata** L. *Racine longue, tenace.* Tige rameuse. Feuil. toutes radicales en rosette, roncinées à lobes obtus, hispides. *Fl.* jaunes, *plus* *grandes que dans le précéd.* Pédonc. un peu écailleux. Fol. de l'invol. glabres ou hérissées sur la nervure dorsale. Aigrettes toutes longuement pédicellées. ♃. mai-oct. Bord des chemins, des haies, prés. CC.

X. **H. maculata** L. Hispide. Tige robuste de 3-8 déc. à 1, qqf. 2 grandes fleurs jaunes, et à 1 *feuil. embrassante* située près de la base. Feuil. radic. oblongues, à dents écartées, ord. tachées de brun. Fol. de l'invol. entières, les int. tomenteuses sur les bords au sommet. Aigrettes toutes pédicellées. ♃. jⁿ. Clairières des bois, landes élevées. — CHAR.-INF. RR. *Dœuil* (Duss.), *S.-Christophe* (Lemarié!), çà et là forêts de *Surgères!* (de Beaupreau) et de *Benon ; Bourgneuf*, du *Thou* à *Péré, la Gravelle* (Fd.), *Montendre* (Parat), R. bois du Colombier près *Nancras*. R. — DEUX-SÈV. *S.-Martin-de-Sanzay* (Pellier).

**TARAXACUM** Juss. Invol. double, l'ext. à fol. plus courtes, appliquées, ou plus ou moins étalées. Récept. nu. Aigrette longuement pédicellée, à poils simples.

**T. officinale** Wigg. *Leontodon Taraxacum* L. *Pissenlit*. Plante très variable. Feuil. toutes radic. lancéolées, roncinées, ou profondément roncinées-pennifides. Hampe à 1 fl. jaune. Inv. ext. ord. réfléchi ou étalé, souv. appliqué dans les lieux marécageux (*T. palustre* DC.). Ach. olive, jaunâtres, bruns ou (*T. erythrospermum*) rougeâtres, striés, muriqués au sommet. ♃. mars-mai et un peu toute l'année. Partout. CC.

*Obs.* M. Jordan pug. p. 113 et suiv. décrit ou mentionne 11 espèces confondues, mal à propos selon lui, sous le nom ci-dessus.

**CHONDRILLA** L. Invol cylindrique, muni à la base d'écailles accessoires plus petites. Demi-fl. peu nombreux sur 2 rangs. Récept. nu. Aigrette pédicellée, à poils simples.

**C. juncea** L. Tige hérissée à la base de poils raides, recourbés; rameaux nombreux, effilés. Feuil. rad. roncinées, ord. détruites à la fleuraison, celles de la tige linéaires. Fl. jaunes, petites, solitaires ou agglomérées 2,3 le long des rameaux. Ach. striés, fortement dentés au sommet et terminés par une petite couronne de 5 dents lancéolées du milieu desquelles sort l'aigrette longuement pédicellée. ②. jⁿ-jⁱ. Lieux sablonneux surtout des terres calc., sables maritimes. — CHAR.-INF. et VEND. C. — DEUX-SÈV. AC. — LOIRE-INF. De *Pierre-Percée* à la *Varenne, Vaux-Bressy*, sables du *lac de Grand-Lieu, S.-Philbert, Fresnay, Machecoul, Arthon, S.-Gildas*, c. sables maritimes. PC. — MOR. PC. sables maritimes. — FIN. De l'anse de *la Torche* à *Plonéis* (Crouan), plutôt à *Plomeur* (ex Picq.), Penarc'hoat en *Crozon* (Tanguy).

**LACTUCA** L. Invol. oblong, imbriqué. Récept. nu. Ach. comprimés, striés. Aigrette pédicellée, à poils simples.

**L. virosa** L. *Laitue vireuse*. Tige élevée, hérissée d'aiguillons ainsi que les nervures du dessous des feuil. Feuil. horizontales, ovales-oblongues, dentelées-épineuses, entières ou qqf. pennifides-roncinées, à oreillettes embrassantes. *Fl.* jaunes, petites, *en panicule* oblongue, *étalée*, à rameaux droits. *Ach.* oblongs-obovales, striés, *noirs*, à rebord un peu large, glabres au sommet. ②. jⁿ-aⁱ. Lieux pierreux, murs, chemins, haies. C.

**L. Scariola** L. Caract. du précéd. Feuil. verticales, pennifides-roncinées ou (*L. dubia* Jord.) entières ; panic. largement ovale, à rameaux les plus jeunes penchés ; *ach. gris,* oblongs, rétrécis à la base, à rebord plus étroit, un peu hispides au sommet. ②. j<sup>n</sup>-a<sup>t</sup>. Mêmes lieux. Moins C.

**L. saligna** L. Tige blanchâtre, effilée. Feuil. infér. roncinées-pennifides, un peu hispides sur la carène ; lobes linéaires, le terminal très long ; *Feuil. supér. linéaires, entières,* à oreillettes aiguës. embrassantes. *Fl.* jaunâtres. petites, *en grappe effilée* presq. en épi. Pédic. de l'aigrette blanc, 1 fois plus long que l'ach. ②. j<sup>t</sup>-sept. Lieux pierreux, chemins, vignes. — CHAR.-INF. et calc. des DEUX-SÈV. et de la VEND. C. — LOIRE-INF. c. *vallée de la Loire ; Pouliguen.* PC. — MOR. *Auray,* Larmor en *Plœmeur* (Le Gall). — IL.-ET-V. *S.-Jacques, S.-Malo!* (herb. Degland), *Laillé* (Le Gall).

**L. muralis** Fres. *Prenanthes* L. *Chondrilla* Lam. Tige simple à la base. Feuil embrassantes, lyrées-roncinées, à lobes anguleux, *le terminal très grand, en cœur, à 5 angles.* Fol. de l'invol. 5 sur un rang. Fl. jaunes, petites en panic. terminale ; pédonc. filiformes ; demi-fl. 5 sur un seul rang. Ach. noirâtres, striés, lisses, 2-3 f. plus longs que le pédic. de l'aigrette. ②. j<sup>n</sup>-a<sup>t</sup>. Lieux pierreux et ombragés des bois, vieux murs. — CHAR.-INF. *Beauvais!* (Sav.), *S.-Jean-d'Angély* et env. (Pinatel), *Grandjean* (Fd.), *Pessines* (P. Brunaud). *le Douhet, S.-Savinien ; Plassay, Rochecourbon* (Tess.), *Corme-Royal ; Montlieu!* (de Meschinet), etc. — DEUX-SÈV. AC. — VEND. R. Les Fontenelles près *la Roche* (Marichal). *Roc S.-Luc, Lorbrie, Ardenne, Bourneau, Serigné* (Lx.), forêt de *Vouvant, Cheffois* (Gobert), etc.— LOIRE-INF. *Ancenis, Châteaubriant,* forêt de *Teillé* et *la Roche-Giffard, la Meilleraie, Nozay, Orvault, le Chaffault* et *Bouguenais, forêt* de *Touvois.* PC. — MOR. Bois de la Roche en *Loyat* (Le Gall), *Hennebont,* forges des *Salles, Le Faouet,* etc. (Arrondeau), *Tour d'Elven* (Taslé). — FIN. Forêt de *Quimperlé, Châteaulin, Huelgoat,* forêt de *Crannou,* etc. — C.-NORD. *La Harmoy,* forêts de *Lorge,* du *Beffou,* de *la Hunaudaie,* etc. — IL.-ET-V. Bois de *la Molière, Corps-Nuds* (herb. Degland), *Fougères, Parigné ; Beaufort* (Gallée), *S.-Thurial* (Picq.). — ETC.

⚥. **L. chondrillæflora** Bor. Rameaux nombreux, effilés, blanchâtres. *Feuil.* glauques, les rad. roncinées-pennifides à lobes dentés, celles de la tige *décurrentes,* presque d'un nœud à l'autre, en aile libre de chaque côté et persistant après la chute de la feuil., les feuil. sup. entières, linéaires-lancéolées. Fl. d'un beau jaune, agglomérées, presque en grappe ; demi-fl. 5 sur un rang. Ach. noirs, muriqués sur les stries nombreuses, 1 f. plus longs que le bec portant l'aigrette très blanche. ②. a<sup>t</sup>-oct. Vignes calc. — CHAR.-INF. *Chérac* (Barbreau). — *Segonzac* dans la Charente (Parat).

⚥. **L. perennis** L. Glauque. Feuil. pennifides à lobes recourbés, lancéolés, entiers ou dentés du côté sup., les sup. presq. entières, embrassantes par 2 oreillettes arrondies. *Fl. bleues,* grandes, en corymbe lâche. Ach. à 1 strie de chaque côté, égalant le pédic. de l'aigrette. ♃. j<sup>n</sup>-j<sup>t</sup>. Champs et lieux pierreux calc. — CHAR.-INF., DEUX-SÈV., VEND. C.

**SONCHUS** L. Invol. imbriqué. Demi-fl. sur plusieurs rangs. Récept. nu. Ach. comprimés, striés. Aigrette sessile, à poils simples.

**S. oleraceus** L. *S. lœvis* Vil. Tige creuse, rameuse. Feuil. variables, roncinées-pennifides à lobe terminal ord. triangulaire, dentées ou qqf. entières, embrassantes par 2 *oreillettes acuminées*. Fl. jaunes, en corymbe ; pédonc. souv. velus-floconneux. *Ach. muriqués en travers*, à 3 stries sur chaque face. ①. j⁰-oct. Terres cultivées. CC.

β. *S. lacerus* Willd. Feuil. profondément pennifides à lobes sinués-dentés, tous égaux. C.

**S. asper** Vil. *S. fallax* Wallr. Diffère du précéd. par ses feuil. plus fermes, luisantes, à dents raides, épineuses, embrassantes par 2 *oreillettes obtuses ou contournées* et par ses *ach. lisses*, bordés. ①. j⁰-oct. Mêmes lieux. C.

**S. arvensis** L. *Rac. rampante*. Tige de 5-8 déc. simple, creuse, hérissée au sommet de poils glanduleux, surtout sur les pédonc. et les invol. Feuil. lancéolées, roncinées, bordées de petites dents épineuses, celles de la tige embrassantes par 2 *oreillettes obtuses*. Fl. grandes, d'un beau jaune, en corymbe. Ach. brun foncé, striés, muriqués en travers, plusieurs fois plus courts que leur aigrette. ♃. j⁰-sept. Champs argileux. — CHAR.-INF. C. — DEUX-SÈV. AC. — VEND. AC. littoral, calcaire et Marais méridional (Lx., Pont., M.). — AC. *Bretagne* surtout région maritime. — Qqf. haut de 10-15 déc. sur le bord des eaux : en cet état, il ne faut pas le confondre avec *S. palustris* L. qui en diffère surtout par les feuil. embrassantes par *deux oreillettes longues, acuminées*, et par les ach. à 4 côtes principales qui les rendent presque tétragones ; aigrette 1 f. plus longue que l'ach. ; rac. non rampante.

**S. maritimus** L. Rac. rampante. Tige simple, dressée ou ascendante. *Feuil.* un peu glauques, *longuement lancéolées, entières ou peu sinuées*, à dents presque toutes dirigées en bas, les sup. embrassantes. Fl. jaunes, 2-4 terminales ; pédonc. souv. floconneux. Ach. striés, finement muriqués en travers. ♃. j⁰-a⁰. Lieux marécageux maritimes, et çà et là auprès des sources des rochers marit. ou parmi les galets. — CHAR.-INF. C. — VEND., LOIRE-INF. PC. — MOR. *Arradon, Séné, Sarzeau* (Pont.), *Quiberon* (Tasle), *Hœdic* (Delalande), *Pont Mahé*. PC. — FIN. *Bertheaume, Argenton* (Crouan). RR. — A l'intérieur : CHAR.-INF. Marais *des Sœurs* et Pays-bas de *Matha* (Sav.), *Corme-Royal*. — Remonte la Sèvre jusqu'à *S.-Sigismond* en Vendée (Lx.), au marais du *Vanneau* (Guillon) et à *Mauzé* (Deux-Sèv.). — CC. Marais de la Dive depuis *la Mothe-Bourbon* jusqu'à une lieue au-dessus (Reveliere), *Pas-de-Jeu* (J. Richard).

**PTEROTHECA** Cass. Invol. imbriqué de fol. sur 2 rangs, l'ext. plus court. Récept. garni de longues soies caduques. Ach. du disque striés, rétrécis en bec, ceux du bord convexes en dehors, munis en dedans de 2,3 ailes membraneuses. Aigrette à poils capillaires.

⚥. **P. nemausensis** Cassini. *Andryala* Vil. *Hieracium sanctum* L. Plusieurs tiges de 10-25 cent. dressées, hérissées de poils glanduleux, à 1-5 fl. en corymbe. Feuil. toutes radicales, lyrées ou dentées, obtuses. ①. av. — CHAR.-INF. *Courçon* (Bouchet), *la Grâce-Dieu, La*

*Rochelle* et env., *Aigrefeuille, Croix-Chapeau, Châtelaillon, Tonnay-Charente, S.-Hippolyte, Pont-l'Abbé, Bords, S.-Doulant, Taillebourg S.-Jean-d'Angély, Saujon* (Fd.), *Beauvais* (Sav.). — DEUX-SÈV. *Mauzé* (Fd.).

**CREPIS** L. Invol. imbriqué de fol. sur 2 rangs, l'ext. plus court. Récept. nu. Ach. striés. Aigrette sessile ou pédicellée. *Fl. jaunes* (ici).

*Ach. du disque rétrécis en bec portant l'aigrette*
(Barkhausia Mœnch).

**C. fœtida** L. Poilu-grisâtre : odeur de l'amande amère. Tige de 2-4 déc. dressée ou diffuse. Feuil. rad. pennifides-roncinées, à lobes anguleux, dentés, les sup. lancéolées, embrassantes, profondément divisées à la base. *Fl.* rougeâtres en dehors, *penchées avant l'anthèse,* en corymbe irrégulier. Invol. velu-blanchâtre, à fol. ext. lancéolées. *Pédic. des aigrettes ext. très court.* ①. j^n-a^t. Champs incultes pierreux ou sablonneux, bord des chemins. AC. — PC. au-delà de *Loire-Inf.* et ord. dans la région maritime. — Varie qqf. à feuil. indivises, dentées.

**C. taraxacifolia** Thuil. Tige dressée, de 4-8 déc. sillonnée, rougeâtre, hispide ainsi que les feuil. Feuil. pennifides-roncinées à lobes anguleux, dentés, les sup. embrassantes, profondément divisées à la base. *Fl. dressée avant l'anthèse,* en corymbe terminal. Invol. rude, velu-cendré, à fol. ext. ovales-lancéolées. *Pédic. des aigrettes presque égaux.* ②. mai-j^t. Prés, coteaux, chemins, vignes, surtout du calc. — CHAR.-INF., DEUX-SÈV., VEND. CC. — LOIRE-INF. *Nantes, Mauves, Varades, Ancenis,* Lépine près *la Chap.-Basse-Mer, Copchoux, Saffré, Château-d'Aux,* etc. PC. — MOR. AC. *Belle-Ile,* AR. *Houat, Groix;* c. *Hœdic* (Delalande). — FIN. Murs de *S.-Marc* près *Brest* (Hubert), AC. *Morlaix.* — C.-NORD. AC. région marit. et son voisinage. — IL.-ET-V. c. mêmes lieux; *Martigné* (Picq.), murs de *Rennes.* — Se répand en Bretagne dans les prés artificiels et de là ailleurs.

**C. setosa** Hall. *Bark.* DC. Tige de 3-6 déc. rameuse. Feuil. rad. sinuées-dentées ou roncinées-lyrées, celles de la tige sessiles, entières ou incisées à la base embrassante en fer de flèche. Fl. en corymbe. Inv. à *fol.* linéaires, en carène, *hérissées de soies raides jaunâtres,* ainsi que les *fol. ext.* de l'invol. *étalées* et les bractées. Stigm. livides. Aigrette dépassant à peine l'invol. ①. j^n-j^t. Champs, vignes, prés, bord des champs. — CHAR.-INF. et calc. des DEUX-SÈV. C. par localités. — VEND. c. le calc. — BRETAGNE : Introduit par la culture, il se répand de plus en plus surtout dans les luzernes.

**C. suffreniana** (*Barkhausia*) DC. fl. franç. 5.449 ! Rac. pivotante à 1, qqf. 2 tiges de 5-10 cent. dressées, très hérissées jusqu'au tiers de leur longueur de poils raides qui deviennent plus rares ou qui manquent vers le sommet. Feuil. rad. spatulées-oblongues, pennifides, sinuées ou presque entières, celles de la tige entières, se rétrécissant de la base au sommet, embrassantes par 2 oreillettes entières, feuil. inf. pennifides ou dentées. Fl. 2,3 terminant les *rameaux penchés avant l'anthèse.* Invol. fructifère conique, hérissé, un peu dépassé par l'aigrette ; fol. ext. linéaires, ouvertes. *Ach.* brun foncé, striés, *rétrécis au sommet en bec trois fois plus court qu'eux.* ①. fin mai au 15 juin. Sables maritimes herbeux. — CHAR.-INF. *Oleron !* (de Beaupreau), *Fouras, Angoulins, Ile de Ré* (Fd.), etc. AC. par localités. — VEND. *Caillola* (Lx.), *la Bauduère* (Pont.). c. ! *Ile d'Yeu* (V.-Grand-Marais), *S.-Jean-de-Mont* (Gobert, V.-Grand-Marais). — LOIRE-INF. c. entre *Mindin* et *S.-Brevin* et au-delà ; *S.-Michel* près le moulin de Tharon, en plusieurs endroits entre *Pornichet* et *Pouliguen, Arthon*. AC. par localités. — MOB. *Penestin ; « Belle-Ile* (Le Gall flore). » RR. — Varie dans les lieux plus secs à tige 1-3.fl. et à feuil. entières. — Le caractère des petits rameaux penchés avant l'anthèse servira à distinguer cette obscure petite plante de *C. virens*, qui croît souvent avec elle, et les fruits mûrs rendront toute erreur impossible.

    ** *Ach. sans bec ; aigrette sessile.* (Crepis DC.)

**C. virens** Vill. *C. polymorpha* Wallr. Rac. en fuseau. Tige sillonnée, dressée. *Feuil.* rad. pétiolées, lancéolées, dentées ou sinuées-pennifides, celles *de la tige* embrassantes en fer de flèche, *planes*. Fl. en corymbe. *Stigm. jaunes. Invol.* plus ou moins velu-blanchâtre, *à fol. int. glabres en dedans*, les ext. appliquées. Ach. légèrement courbés, un peu rétrécis à chaque extrémité, striés, *lisses*. ①. jⁿ-oct. Prés, champs, chemins, haies, sables maritimes. CC. — Plante variable offrant en outre les formes suiv.

β. *C. agrestis* W. et Kit. Tige raide, élevée, plus ou moins rude surtout à la base ; feuil. sinuées-pennifides, pédonc. et invol. hérissés de poils noirâtres. c. prés de *la Loire*.

γ. *C. diffusa* DC. Couché ou diffus, très rameux ; pédonc. longs, grêles, filiformes ; fl. très petites. Pied des murs, le long des chemins, CC. — Cette forme semée m'a produit le type avec tige dressée de 6-9 déc.

X. **C. nicæensis** Balb. *C. scabra* DC. Bast. Tige dressée, de 3-5 déc. sillonnée, hérissée surtout à la base. Feuil. rad. roncinées-pennifides ; celles de la tige sessiles, embrassantes par deux oreillettes acuminées, divergentes, les sup. indivises. Fl. en corymbe ; stigm. livides. Fol. de *l'invol. ventru à la maturité* lancéolées, glabres en dedans, *les ext.* plus étroites *étalées*. Ach. jaunâtres, striés, lisses. ②. jⁿ-jⁱ. — CHAR.-INF. Prés, AC. par localités sur la route de *Sieç* à *Cognac* depuis *les Granges* jusqu'au-delà de la forêt de *Jarnac ; Dœuil ; Montguyon* (Sav., Fd.). — DEUX-SÈV. Forêt de *Chizé* (Guillon), *Bougon* (Gir.), *S.-Loup*.

*Obs. C. biennis* L. se distinguera du précéd. par les stigm. jaunes et l'invol. non ventru à la maturité, à fol. int. garnies en dedans de *poils fins, couchés, brillants ;* ces deux derniers caractères, ainsi que les ach. plus pâles, 1 f. plus longs, empêcheront de le confondre avec *C. agrestis* var. de *C. virens*. — *C. tectorum* L. a les feuil. de la tige roulées en dessous par les bords, les stigm. gris livide et les ach. de couleur marron, muriqués. — Ces deux plantes sont étrangères à la Bretagne et prob. à l'ouest de la France, où cependant qq. pieds du premier apparaissent dans les prés artificiels et au bord des routes.

Ӿ. **C. pulchra** L. Koch. Tige de 3-9 déc. raide, sillonnée, glabre dans le haut, velue-glanduleuse dans le bas, ainsi que les feuil. triangulaires-oblongues, dentées, demi-embrassantes, les rad. roncinées ou obovales-oblongues, pétiolées. Fl. en corymbe paniculé, nu. *Invol. glabre*, à *fol.* linéaires-lancéolées, les *ext. courtes, ovales*, appliquées. Stigm. fauves. Ach. striés, les ext. rudes. ①. jⁿ-j¹. Champs pierreux, vignes du calc. — CHAR.-INF. C. — DEUX-SÉV. AC., moins C. dans le nord. — VEND. AC. calc. méridional et de *Chantonnay* (Pont., Lx.).

**C. bulbosa** Tausch, *Leontodon* L. Souche composée de fibres longues, nombreuses, rampantes, garnies de tubercules ovales, blanchâtres, luisants. *Hampe* de 1-2 déc. *uniflore*, hérissée au sommet ainsi qu'à la base de l'invol. de poils noirs glanduleux. Feuil. un peu glauques, toutes radicales (ou bien une seule au bas de la hampe), pétiolées, ovales-lancéolées, entières ou à qq. dents écartées, glabres. Fol. ext. de l'invol. blanchâtres. Ach. un peu ridés en travers, à 4 côtes très obtuses, rétrécis au sommet, 4 fois plus courts que l'aigrette blanche. ♃. fin mai. Sables et rochers maritimes humides nus, ou parmi les pierres, les buissons. — CHAR.-INF. C. par localités de *Méchers* à *Châtelaillon* et aux îles. — VEND. *Noirmoutier, île d'Yeu; des Sables* au *Veillon.* — MOR. *Houat; Hœdic* (Delalande). — FIN. *Îles Glénans!* (Bonnemaison). RR.

**HIERACIUM** L. Invol. imbriqué. Récept. nu. Ach. non rétrécis au sommet. Aigrette sessile, à poils simples, d'un blanc sale. *Fl. jaunes* (ici).

*· Tige à rejets rampants feuillés.*

**H. Pilosella** L. Rejets longs, nombreux, radicants. *Hampe* nue *1.flore.* Feuil. obovales-lancéolées, tomenteuses-blanchâtres en dessous, glauques et couvertes de longs poils en dessus. Fl. jaune citron, rougeâtres en dessous. Invol. velu, couvert de poils noirâtres. ♃. mai-sept. Lieux pierreux, murs, pelouses, talus des fossés. **CC.**

β. *H. pelleterianum* Lois. Plus robuste, à rejets courts, et formant des touffes épaisses; invol. grand, hérissé de longs poils blancs soyeux. — DEUX-SÉV. Coteaux schist. *Thouars!* (Cosson), *Argenton-Ch.* — VEND. R. *Mortagne* (Genevier). — FIN. *Brest* (Hubert).

**R. Auricula** L. Hampe nue ou à 1 seule feuil. Feuil. lancéolées-spatulées, un peu glauques, minces, munies de qq. longs poils épars. *Fl.* jaunes, 2-5 *en corymbe* compacte, terminal. Invol noirâtre plus ou moins hérissé, ainsi que la tige, de poils noirâtres. ♃. jⁿ-sept. Bord des haies, des champs, prés. AC. — *Char.-Inf.* seulement dans le midi (Foucaud). — R. *Fin., Mor.* et dans la partie des *C.-Nord* voisine.

Ӿ. *H. præaltum* Vill., *H. Bauhini* Schultz, *H. pratense* fl. de l'Ouest éd. 3 (non Tausch). Tige élancée de 3-4 déc. parsemée à la base de qq. longs poils, à 2,3 feuil., garnie de longs rejets feuillés radicants ou non. Feuil. lancéolées, un peu glauques, minces, parsemées de longs poils ord. noirs à la base. *Fl.* jaune-soufre, *petites* (12-15 mil.), *assez nombreuses* (12-20), en corymbe à rameaux ouverts.

Stigm. jaunes. Invol. hérissé de poils noirs. ⚂. juin. Talus herbeux.
— CHAR.-INF. Pointe des Minimes près *la Rochelle!* (Maillard, Giraudias). — *H. flagellare* Willd, enum., *H. stoloniflorum* Friès, Koch.
syn. (non W. Kit). *H. rupellense* (Maillard). Rejets courts ; hampe
courte de 10-12 cent. épaisse, garnie de longs poils noirs, à 1 fl. ou
bifurquée au sommet à 2 fl. de la grandeur de *H. pelleterianum* (25-27
mil.) ; feuil. lancéolées-spatulées, vert clair, un peu plus en dessous.
Stigm. livides. Invol. fructifère globuleux dans les 2/3 inférieurs.
Même lieu ! — M. Maillard considérait son *H. rupellense* comme un
hybride des *H. Pilosella* et *præaltum* au milieu desquels il se trouve.
J'y verrais plutôt une espèce distincte. Pendant plus de 15 années, elle
s'est ressemée dans mon jardin, sans autre altération que d'être plus
robuste, avec 1 ou 2 fleurs de plus sur la hampe et des stolons plus
longs, plus nombreux. Durant tout ce temps, *H. præaltum* s'y est conduit
de même et il ne s'est formé entr'eux aucun hybride. — Je crois que
ces deux plantes sont étrangères à notre région. On ne les trouve nulle
part ailleurs et elle sont très rares dans la localité citée, où elles ont
bien pu être apportées, par le vent ou autrement, du port de la
Rochelle.

*Obs.* Les *Hieracium* se répandent facilement par leurs graines hors
des jardins où on les cultive. C'est ainsi que *H. pratense* Tausch s'est
maintenu sur quelques murs à Vannes, où je n'ai pas cru devoir citer
cette plante étrangère à la flore. Sa fleur est plus grande que celle de
*H. præaltum*, d'un jaune plus foncé et son involucre est très hérissé de
poils noirs.

    ** *Tige feuillée ; feuil. rad. non déssechées pendant la fleuraison.*

*Obs.* Les plantes suiv., si variables, représentent, selon MM. Jordan
et Boreau, des groupes entiers d'espèces, qqf. très nombreuses. Dans
un département qui nous touche, celui de Maine-et-Loire, M. Boreau
énumère 43 espèces, en avertissant qu'il en reste sans doute encore
beaucoup à distinguer. Incapable de reconnaître ces nouvelles espèces,
je renvoie aux livres de ces auteurs, avec lesquels j'ai renoncé à
accorder ma synonymie. Je rappellerai que l'étude de ces plantes doit
être faite dans les champs, où il est plus facile de les comprendre que
dans les herbiers remplis d'échantillons imparfaits. — Il convient
d'avertir le commençant que la même plante a un aspect différent
selon qu'elle est : naine ou robuste ; broutée ou coupée avec rejets, ou
bien naturelle ; née dans un lieu nu ou ombragé ; dans une terre aride,
pierreuse ou meuble, toutes formes souvent très embarrassantes en
herbier. — Pour les espèces des Deux-Sèv. consultez la Flore de
MM. Sauzé et Maillard qui contient la description de 28 espèces.

**H. murorum** L. Tige presque nue. *Feuil. radic.* ovales ou ovales-
oblongues, souv. *à base en cœur*, à dents inf. plus profondes, dirigées
en bas, celle de la tige solitaire, sessile ou pétiolée. Fl. en corymbe à
*rameaux arqués-ascendants*, couverts ainsi que les invol. d'une
pubescence étoilée mêlée à des poils noirâtres, glanduleux. ⚂. mai-j¹.
Vieux murs, haies, bois. — CHAR.-INF. *Fouras, Taillebourg, Saintes,
Jonzac, Siecq, Montlieu,* forêt d'*Aulnay*, et çà et là. AC. — DEUX-SÈV.
C. env. de *la Mothe ; Parthenay,* forêt de *Chizé,* etc. — VEND.

*Dompierre*, la *Roche-sur-Eau* (Pont.), *forêt de Vouvant* (Ayraud), *Bourneau*, La *Châtaigneraie* (Gobert), *Pouzauges* (J. Rossignol), *les Chatelliers*, *Luçon* (Gen.). — LOIRE-INF. C. *Châteaubriant ; Soudan* et env. (Guiho), *le Chaffault !* (M^me Duchêne), *Portillon* (Lx.), C. chemin de fer à *Thouaré*. R. — C.-NORD. Murs de *Dinan ;* de *Lehon*, la *Rance* et vallées secondaires (Mabille). — IL.-ET-V. Murs de *Fougères*. — Varie comme les suiv. à feuil. plus ou moins velues ainsi que les tiges, peu ou fortement dentées, même incisées ou laciniées, et qqf. tachées de brun.

**H. silvaticum** Sm. DC. prod. *H. vulgatum* Koch, syn. Tige garnie de 3 à 5 (qqf. 6, 7) feuil. *Feuil.* ovales-lancéolées ou ovales, *rétrécies à la base*, à dents inf. plus profondes, dirigées en haut, les radic. pétiolées, les sup. presque sessiles. Fl. en corymbe à *rameaux droits*, couverts ainsi que les invol. d'une pubescence étoilée mêlée à des poils noirâtres, glanduleux. ♃. mai-j^t. Bois, haies, vieux murs. C.

*··· Tige feuillée ; feuil. radic. nulles, les inf. desséchées avant la fleuraison.*

**H. tridentatum** Fries ex Grenier fl. de France, *H. rigidum* Hart. *H. affine* H. Loire-Inf. Tige raide de 6-12 déc. très feuillée. *Feuil.* ovales-lancéolées ou lancéolées, *rétrécies à chaque extrémité*, ord. *munies au milieu de plusieurs grosses dents*, les inf. rétrécies en pétiole. Fl. grandes. en corymbe. Stigm. jaunâtres. Fol. de l'invol. appliquées, *sans poils glanduleux*. Ach. noirâtres ou brunâtres. ♃. j^t-a^t. Bois. AC.

**H. umbellatum** L. Tige de 4-12 déc. raide. Feuil. uniformes, qqf. contournées, lancéolées ou linéaires, entières ou dentées, les sup. sessiles. *Fl. en corymbe à rameaux terminaux réunis en ombelle.* Stigm. jaunes. *Invol.* glabre à *fol. recourbées au sommet*, surtout dans le bouton. ♃. j^t-15 sept. Haies, bois, rochers, lieux pierreux. C.

**H. boreale** Fries. Koch. Grenier, *H. silvestre* Tausch, *H. sabaudum* Smith, DC. Tige raide, très feuillée. *Feuil.* nombreuses, rapprochées, ovales ou ovales-lancéolées, dentées, sessiles, les *sup. ovales, acuminées, demi-embrassantes*. Fl. en corymbe paniculé. *Stigm. grisâtre-livide.* Fol. de l'invol. lâches, mais non recourbées au sommet. ♃. a^t-sept. Bord des bois, des buissons. AC.

*H. eriophorum* S.-Am. Couvert de *longs poils blancs, laineux*. Tige couchée ou ascendante. Feuil. lancéolées, sessiles. non embrassantes, très nombreuses, serrées, imbriquées, dentées. Fl. presque en ombelle ; stigm. jaunes ; ach. gris-blanchâtre. — On m'a assuré qu'il croissait à l'*île d'Oleron* où je l'ai vainement cherché ; je l'ai reçu de la *Teste de Buch* (Gironde).

**ANDRYALA** L. Invol. à fol. presque sur un seul rang. Récept. couvert d'alvéoles dont les bords sont divisés en soies dépassant les ach. anguleux, striés. Aigrette sessile, à poils simples.

**A. integrifolia** L. Plante couverte d'un duvet mou, blanc-jaunâtre. Tige simple. Feuil. lancéolées, sinuées, les supér. entières, sessiles.

Fl. jaune citron, en corymbe terminal. Invol. un peu glanduleux. ④.
jʟ-sept. Vignes, coteaux pierreux. AC. par localités jusqu'à la vallée de
*la Loire.*

# AMBROSIACÉES

Fl. monoïques. *Mâl.* en capitule garni de paillettes ou nu, entourées
d'un invol. polyphylle à fol. sur un seul rang ou monophylle ; cal.
propre à 5 div. cor. 0 ; étam. 5 à anthères libres. *Fem.* 2 entourées d'un
invol. 1.phylle, persistant ; cal. et cor. 0 ; style 1, à 2 stigm. allongés.
Fruit renfermé dans l'invol. endurci, indéhiscent.

**XANTHIUM** L. Fl. monoïques. *Mâl.* invol. à fol. sur un rang ;
récept. garni de paillettes ; cal. en massue, à 5 dents. *Fem.* placées
au-dessous des mâles ; invol. 1.phylle à 2 fl. séparées par une cloison ;
cal. et cor. 0. Stigm. 2. Fruits à 2 graines renfermées dans l'invol.
épineux.

**X. strumarium** L. Tige rameuse, pubescente. *Feuil.* dentées-
anguleuses, *en cœur à la base,* un peu rudes. *Fruits* agglomérés,
axillaires, ovales, hérissés d'aiguillons crochus et *terminés par 2
pointes droites.* ④. aʟ-sept. Bord des chemins, des fossés. — CHAR.-
INF. AC. région maritime: *Montlieu* (de Meschinet), *Colombiers* (Cazau-
gade), *S.-Cyr-du-Doret* (Lemarié). — VEND. AC. région maritime !
(Pont., M.), marais occidental ; c. Marais mouillé ! (Lx.). — LOIRE-INF.
*Méans! Montoir!* (Lx.), *S.-Joachim* et *Rozay ; Machecoul!* (Pesneau),
*Pointe S.-Gildas* (Ménier), *Frénay* (Lajunchère), *Nantes; les Marilais*
(Guiho). R.

**X. macrocarpum** DC. Tige simple ou rameuse, rude. *Feuil.*
rhomboïdales, *en coin à la base,* dentées-lobées, très rudes. *Fruits*
oblongs, axillaires, réunis 2,3 ou plus ensemble, 1 fois plus gros que
dans le précéd. *terminés par 2 pointes courbées en dedans.* ④. jʟ-sept.
— CHAR.-INF. *Royan* (Crevélier!). — LOIRE-INF. AC. sables du *haut de
la Loire,* où il s⋅ répand de plus en plus.

* **X. spinosum** L. *Tige à épines tripartites.* Feuil. entières et à
3 lobes, tomenteuses-blanchâtres en dessous. ④. sept.-oct. Cette
plante de décombres, introduite dans les ports avec le lest des navires,
y séjourne qqf.; elle a été vue : CHAR.-INF. c. de *Barzan à Talmont*
(Lemarié !), *Royan, Terre-Nègre.* — DEUX-SÈV. *Parthenay, Niort, la
Mothe* (Sauzé flore). — VEND. *Les Sables.* — LOIRE-INF. *Nantes,
S.-Nazaire, Croisic.* — C.-NORD. *Le Légué, Dinan.* — ETC.

# LOBÉLIACÉES

Cal. adhérent à l'ovaire, à 5 div. ou entier. Cor. 1.pét. insérée sur
le cal., irrégulière, à 5 lobes. Etam. 5 insérées sur l'ovaire. Anthères
soudées aux filets. Ovaire à 2-4 loges, ovules nombreux ; placenta
centraux. Style 1 ; stigm. urcéolé, membraneux, ou couronné par
des cils. Fruit capsulaire, rar. drupacé. *Feuil. alternes.*

**LOBELIA** L. Cal. à 5 div. Cor. à 2 lèv. la sup. plus petite, bifide, l'inf. à 3 lobes. Etam. 5, anthères soudées en tube. Stigm. cilié, à 2 lobes. Caps. à 2-3 loges s'ouvrant au sommet.

**L. urens** L. Herbe à suc très piquant. Tige simple, anguleuse. Feuil. inf. obovales-spatulées, crénelées-dentées, les sup. lancéolées. Fl. bleues en épi allongé, terminal. ②. j⁰-aⁱ. Landes, bord des champs. C. — R. le calc. — CHAR.-INF. Ter. tertiaires, *S.-Seurin, Nancras, Montlieu, Montendre* ; c. la Brousse en *Brisambourg* (Pinatel), *Corme-Royal* (Tess.).

# CAMPANULACÉES

Cal. adhérent à l'ovaire, 5.fide. Cor. 1.pét. ord. régulière, insérée sur le cal. Etam. 5 insérées sur l'ovaire ; anthères qqf. soudées à la base, à 2 loges. Ovaires à 3-5 loges, ovules nombreux ; placenta centraux. Style 1 ; stigm. 2-5.fide. Fruit capsulaire. *Feuil. alternes.*

**JASIONE** L. Cal. à 5 div. Cor. régulière, à 5 lobes linéaires, d'abord soudés. Anthères soudées à la base. Caps. à 2 loges s'ouvrant au sommet par un trou. *Fl. agrégées en capitule entouré d'un involucre polyphylle.*

**J. montana** L. Hispide. Rac. simple. Tiges rameuses, diffuses. Feuil. linéaires, rétrécies à la base, ondulées. Fl. bleues, en tête terminale, longuement pédonculée. ① et ②. j⁰-jⁱ. Moissons, bord des haies, lieux sablonneux. CC.

β. *maritima*. Hérissé-grisâtre ; tiges nombreuses, couchées, fl. ord. plus pâles. j⁰-sept. Sables maritimes. C.

**PHYTEUMA** L. Cal. à 5 div. Cor. en roue, à 5 lobes linéaires, allongés ; tube très court. Etam. 5, filets dilatés à la base, anthères libres. Stigm. à 2,3 lobes. Caps. à 2,3 loges s'ouvrant par des trous latéraux. *Fl. en épi ou en tête garnie de bractées.*

**P. spicatum** L. Rac. en fuseau. Tige simple. Feuil. inf. ovales-en cœur, crénelées en scie, pétiolées, les sup. linéaires, sessiles. Fl. blanc-jaunâtre, en tête ovale, s'allongeant ensuite en épi cylindrique. ♃. mai-jⁿ. Bord des bois. — CHAR.-INF. La Brassière près *Dampierre* (Pinatel), AC. *Montlieu* et qqf. à fl. bleues (de Meschinet). — DEUX-SÈV., VEND. AC. Bocage, RR. à fl. bleues, Baguenard près *Fontenay* (Lx.), — LOIRE-INF. AC. — MOR. Forêt de *Lanvaux* (Taslé), écluse du *Divet* sur le Blavet (Bonnemaison), « *Pont-Kalleck, Camors, Josselin* (Le Gall flore) », *Lanvaux, Surzur* (Taslé), *Molac* (Arrondeau). R. — C.-NORD. Forêt de *Coëtquen* (Morin), env. de *Tréguier* (Le Dantec), *Pommerit-Jaudy, Pleudaniel* et littoral (Le Corre). — IL.-ET-V. *Rennes* (Lx.) ; fl. bleues, forêt de *Rennes* et *Châteaubourg* (herb. Degland), R. forêt de *Fougères !* (V. Sacher), *Plerguer* (Rolland), *Acigné* (Hodée), *la Molière* (P. Colleu), *Monterfil* (Oberthur).

✕. **P. orbiculare** L. Rac. rampante à plusieurs tiges simples.

Feuil. rad. ovales ou oblongues-en-cœur, crénelées-dentées, longuement pétiolées, celles de la tige linéaires, sessiles. Fl. d'un beau bleu, en *tête arrondie*, puis un peu ovale. Bractées élargies à la base. ♃. j<sup>n</sup>-j<sup>l</sup>. Pâturages secs des coteaux, ou prés mêmes marécageux. — CHAR.-INF. *Jonzac* (de Beaupreau), *Terre-Nouvelle* (Hubert), la Garde près *Croix-Chapeau* (Fd.), *S.-Christophe* (Lemarié !), *Surgères !* (Delalande), forêt de *Benon ; c. Dœuil* (Duss.), *Dampierre* (Pinatel), c. *Echebrune* (Cazaugade), *Pérignac* (Sav.), *Mauzé!* (J. Richard). — DEUX-SÈV. *Mauzé* et env.; *Chizé* (A. Guillon), landes de Chevé près *Pers, Fors* (Maillard), *Loubillé* (Jousse).

**SPECULARIA** Heist. Caract. du *Campanula*. Cor. en roue, à limbe plane. Etam. non dilatées à la base. Caps. prismatique, linéaire.

**S. Speculum** Alph. DC. *Prismatocarpus* L'Hér. *Campanula* L.. Tige dressée, à rameaux étalés. Feuil. oblongues, les inf. obovales, ondulées. Fl. axillaires, solitaires, formant la panicule. *Lobes du cal.* linéaires, *égalant la cor.* et l'ovaire. Cor. violette à gorge blanche. ①. j<sup>n</sup>-j<sup>l</sup>. Moissons sablonneuses. — CHAR.-INF. *Le Pin* (M<sup>me</sup> George), *S.-J.-d'Angély* (Lemarié). R. *Dœuil* (Duss.), *Virson* (Faye), c. *Nancras* et env., *Sablonceaux, Vaux ; Royan!* (de Lisle), *Bords* (Fd.), *Tonnay-Charente* (Riveau). — DEUX-SÈV. AC. — VEND. *Fontenay* et env. (Ayraud). — LOIRE-INF. c. de la *Chébuette* à la *Varenne*, qq. pieds çà et là dans les sables de la *Loire ;* au nord de Maubreuil en *Carquefou*, 1864 ; c. là, 1894, (abbé Dominique). R. — IL.-ET-V. *S.-Grégoire* (Picq.).

**S. hybrida** Alph. DC. *Prismat.* L'Hér. *Campanula.* L. Tige de 1-2 déc. simple ou rameuse dès la base. Feuil. oblongues, ondulées, les inf. obovales. Fl. axillaires, solitaires ou réunies 3,4 au sommet de la tige. *Lobes du cal.* lancéolés, *plus longs que la cor.* et 1 f. plus courts que l'ovaire. Cor. violette à gorge verdâtre, petite, qqf. peu apparente. ①. mai-j<sup>n</sup>. Moissons du calc., qqf. du littoral. — CHAR.-INF., DEUX-SÈV. C. — VEND. c. calc. méridional (Pont.), *S.-Hil.-de-Riez* (Pont.), *Noirmoutier.* — LOIRE-INF. *Les Cléons! Machecoul* (Pesneau) *Chéméré* (de Lisle), *Croisic* (Gen.), *Pouliguen.* RR. — MOR. *Houat, Hœdic* (Delalande), *Sarzeau, Séné, Erdeven* (Taslé), *Quiberon!* (Aubry), env. d'*Etel* et du *Port-Louis ;* Larmor en *Plœmeur* (Le Gall), *Belle-Ile* (Gad.), etc. PC. — FIN. *Penmarc'h*, Beuzec en *Plomeur* (Crouan).— C.-NORD. *Le Légué* (Baron), *Lancieux* (Morin).— IL.-ET-V. *Paramé* (Morin).

**CAMPANULA** L. Cal. en toupie, à 5 div. Cor. en cloche ou en roue, à 5 lobes. Etam. 5 : filets dilatés à la base et couvrant l'ovaire. Stigm. 3 ou 5. Caps. à 2,3 loges s'ouvrant par des trous latéraux.

**C. patula** L. Tige rude sur les angles ; *rameaux* grêles, *divisés au sommet.* Feuil. crénelées-dentées, les inf. obovales-lancéolées, celles de la tige lancéolées. *Fl.* bleu-violet, *peu nombreuses, en panic. lâche.* Lobes du cal. linéaires, longuement acuminés, dentelés à la base. Cor. à lobes étalés. ②. j<sup>n</sup>-a<sup>t</sup>. Bord des bois, haies. — CHAR.-INF. *Soubran* (Ferrand), env. de *Montendre* (Lemarié). — DEUX-SÈV. Bord de l'*Argenton* près le Breuil. — VEND. Forêt de *Vouvant!* (Lx.). — LOIRE-INF. *Bouguenais!* (Pesneau), vallée du Havre de *Oudon* à *Couffé* (Coquet,

Gad.), Omblepied près *Ancenis* (Guiho). RR. — *Champtoceaux* en Maine-et-L. — FIN. *Henvic, Carantec,* surtout entre *Kerjean* et *Taulé* (de Crec'hquérault). — C.-NORD. Forêt de *Coëtquen* (Morin).

**C. Rapunculus** L. *Raiponce.* Rac. en fuseau blanchâtre. Tige ord. simple. Feuil. rad. ovales-lancéolées, pétiolées, les sup. linéaires-lancéolées, souv. ondulées. *Fl. bleues, nombreuses, en grappe allongée.* Lobes du cal. linéaires, un peu dentelés à la base. Cor. à lobes ouverts. ②. mai-sept. Prés, bord des haies. C.

**C. rapunculoides** L. Rac. rampante. Tige simple. Feuil. un peu rudes, les rad. presque en cœur, pétiolées, inégalement dentées en scie, les sup. lancéolées. *Fl. bleues, penchées, en grappe unilatérale,* terminale. Lob. du cal. lancéolés, refléchis après la fleuraison. ♃. En 1835, j'en ai recueilli un individu sur le bord d'une haie au *Pont du Cens* (Loire-Inf.) : M. Pesneau m'en a aussi montré un échantillon de ces env. d'où il a disparu depuis longtemps.

**C. Trachelium** L. Hispide. Tige anguleuse. *Feuil. en cœur, doublement et grossièrement dentées,* pétiolées, les sup. ovales-lancéolées, sessiles. Fl. bleues, en grappe terminale. Pédonc. axilllaires, à 1-3 fl. Lobes du cal. ovales-lancéolés, hispides. ♃. jⁿ-aᵗ. Bord des haies, des bois. C. — PC. au-delà de la *Loire-Inf.*

**C. glomerata** L. Tige simple de 2-3 déc. poilue. Feuil. rad. ovales-lancéolées, arrondies à la base, finement crénelées, les sup. lancéolées, embrassantes en cœur. *Fl. d'un beau bleu foncé, agglomérées en tête terminale* et à l'aisselle des feuil. sup. ♃. mai-jⁿ. Prés secs ou inondés, coteaux secs, taillis. — CHAR.-INF. et calc. des DEUX-SÈV. AC. — VEND. Bois des environs de *Luçon,* bord de l'*Yon* au-dessous de *Chaillé, Château-d'Olonne* (Pont., M.), près humides de *Challans* (Gobert), *Sigournais* (Gad.), forêt de *Vouvant, Quatre-Vaulx* (Lx.), c. *Mortagne* (Gien.). — LOIRE-INF Près de *la Loire* et des environs de *Nantes,* vallée de *la Sèvre,* coteaux de *Monnières; forêt de Touvois* (Gad.). PC. — FIN. Forêt de *Luz* (Bonnemaison). R.

X. **C. persicifolia** L. Tige de 5-8 déc. simple. *Feuil.* inf. lancéolées, les autres *linéaires-lancéolées,* à qq. faibles crénelures écartées, rétrécies en pétiole, les sup. linéaires, sessiles. Fl. bleues, larges, peu nombreuses, en épi. Lobes du cal. lancéolés. ♃. jⁿ-jᵗ. Coteaux boisés calc. — DEUX-SÈV. R. *Airvault* (Bounin), RR. *forêt de la Chauvière, S.-Loup* (Guyon), *Rom* (Grelet), schistes d'*Argenton-Chât.* RR. — VEND. c. bord du *Lay* au-dessous du *Pont-Charault* (Pont., M.). R.

X. **C. rotundifolia** L. Rac. dure à rameaux nombreux garnis de radicelles et portant plusieurs tiges de 1-2 déc., grêles, ascendantes. Feuil. radic. et des rejets stériles arrondies ou *ovales-en cœur,* à qq. fortes dents inégales, 3-5 f. plus courtes que le pétiole, les inf. lancéolées-dentées, toutes les autres linéaires, entières, sessiles. Fl. grandes, bleues, peu nombreuses, en grappe lâche. Div. du cal. étalées, linéaires-en alène, 4 f. plus courtes que la cor. Etam. beaucoup plus courtes que le style. Caps. penchée. ♃. jᵗ-sept. Coteaux, bord des bois, des chemins, des champs pierreux dans le calc. — CHAR.-INF. RR. *Saintes* (Guillon), Chaumes des Chenaux près *Méchers;* Bourcelaine près *Beauvais* (Fd.), *Bazauges, Sècheboue* (Sav.). — C. à *Angoulême.*

X. **C. Erinus** L. Plante velue de 10-25 cent. Tige dressée ou tombante. Feuil. inf. obovales-oblongues, rétrécies en pétiole court, les autres oblongues-en coin, à qq. dents, sessiles. *Fl. bleu pâle,* petites, solitaires, axillaires, à pédic court. Lobes du cal. triangulaires, *étalés en étoile à la maturité.* Cor. tubuleuse-en cloche. ①. jⁿ-jⁱ. Coteaux arides, champs pierreux calc. — CHAR.-INF. AC.; nul arrondissements de *la Rochelle* et de *Rochefort* (Fd.). — DEUX-SÈV. AC. — VEND. *Fontenay* (Lx.), *Mouzeuil ; Benet, la Bauduère* (Pontdevie). PC.

**WAHLENBERGIA** Schrad. Caract. du *Campanula.* Cor. en cloche. Etam. non dilatées à la base. Caps. demi-adhérente, à 3 loges s'ouvrant au-dessus du tube du cal.

**W. hederacea** Reich. *Campanula* L. Herbe délicate. Tige filiforme, grêle, couchée. Feuil. arrondies, à 5 ou 7 angles, en cœur à la base, pétiolées. Fl. bleu pâle, axillaires, solitaires. Pédonc. long, filiforme. ♃. jⁱ-aⁱ. Marais herbeux, bords humides des haies, pelouses humides. — DEUX-SÈV. Bocage (A. Guillon). — VEND. *Dompierre, S.-Malo-du-Bois* (Pont.). PC. — BRETAGNE. C.

# ÉRICINÉES

Cal. libre ou adhérent à l'ovaire, à 4,5 div. ou entier. Cor. 1.pét. régulière, à 4,5 lobes. Etam. 8 ou 10 insérées à la base de la cor. ou sur le récept. Anthères à 2 loges souv. prolongées à la base en 2 petites cornes. Style et stigm. 1. Caps. ou baie à plusieurs loges polyspermes. Placenta centraux.

* *Ovaire adhérent.* (Vacciniées DC.)

**VACCINIUM** L. Cal. entier ou à 4,5 dents. Cor. à 4,5 div. Etam. 8 ou 10. Baie globuleuse.

**V. Myrtillus** L. Sous-arbrisseau de 3-6 déc, à rameaux anguleux-ailés. Feuil. ovales, dentelées en scie, distiques. Fl. penchées, axillaires, solitaires. *Cor.* rosée, *en grelot.* Anthères à 2 cornes dirigées en haut. Baie bleu-noirâtre. mai. Bois. — LOIRE-INF. Forêts d'*Ancenis* (de Lisle), de *Juigné* (Guiho), du *Gâvre* (Pesneau). RR. — BRETAGNE. C. aux environs de *Rennes,* de *Vannes* et de *Lorient.* — Ses fruits appelés *Lucets* se vendent au marché.

**V. Oxycoccos** L. Tiges filiformes, couchées, radicantes. Feuil. ovales, petites, persistantes, blanchâtres en dessous et roulées par les bords. Pédonc. longs, munis de 2 bractées. Fl. roses, penchées. *Cor. en roue à 4 div.* profondes, oblongues, *s'enroulant en dessous.* Baie rouge, puis noire. ♃. mai-jⁿ. Marais spongieux parmi les *Sphagnum.* — LOIRE-INF. C. marais de Logné près *Sucé ;* R. marais de *Naye.* R. — IL.-ET-V. Marais de Landemarais ! près *Parigné* (de la Pylaie). R.

** *Ovaire libre.* (Ericées DC.)

**ERICA** L. *Bruyère.* Cal. à 4 div. Cor. à 4 lobes. Etam. 8. Anthères à 2 pointes à la base. Caps. à 4 loges, à 4 valves portant la cloison au milieu ou s'ouvrant en face la cloison.

*Obs*. Les 4 espèces suivantes sont de jolis sous-arbrisseaux de 3,6 décim. qui habitent les landes et les bois ; ils fleurissent depuis juin jusqu'en oct. Je les ai tous recueillis à fl. blanches.

**E. Tetralix** L. Grisâtre. Feuil. quaternées, linéaires, à bord arrondi et couvert de poils glanduleux. *Fl. rose tendre, en tête* terminale, *penchée*. Cor. ovale. Anthères aristées, incluses. Style à peine saillant ; stigm. en tête. Lieux humides. — CHAR.-INF. La lande humide de *Montendre* à *Montlieu ; Cadeuil*, forêt de *la Lande* (Fd.). — DEUX-SÈV. *Niort* et Bocage (A. Guillon). — VEND. PC. Bocage (Pont.). — BRETAGNE. C.

**E. ciliaris** L. Feuil. ternées, ovales, roulées en dessous par les bords, ciliées, blanchâtres en dessous. *Fl. rouges, en épi* terminal, *unilatéral*. Cor. en grelot allongé, renflée au milieu. Anthères mutiques, incluses. Style saillant ; stigm. en massue. — CHAR.-INF. De *Montendre* à *Montlieu ; Cadeuil*, forêt de *la Lande* (Fd). — CC. *Bretagne*, C. Bocage de *la Vend.*, plus R. celui des *Deux-Sèv*.

**E. cinerea** L. Rameaux pubescents-cendrés. Feuil. ternées, linéaires, glabres. *Fl. rouge-violacé, comme verticillées et formant une grappe allongée*, terminale. Cor. en grelot ovale. Anthères aristées. Style peu saillant. CC.

**E. vagans** L. Mut. 2, p. 277, *E. multiflora* DC. fl. fr. 5, 430 non L. Rameaux touffus. Feuil. verticillées par 4,5, linéaires, marquées d'un sillon en dessous. Fl. rosées, axillaires, en épi feuillé terminal. *Pédic.* brunâtres, *capillaires, munis de 3 bractées* membraneuses, frangées, les 2 sup. opposées. Lobes du cal. colorés, courts, concaves, finement frangés. Cor. en cloche. Anthères noirâtres, mutiques, à 2 lobes ovales, écartés. longs d'un mil., plus courtes que le style. — CHAR.-INF. RR. *Montlieu* (de Meschinet), bois de Mille-Ecus ! près *Benon* (Ayraud). R. — DEUX-SÈV. Bois de *Melle* (Sauzé, M.). R. — VEND. L'Ajonc près le *Bourg-s.-la-Roche* (Pont.). — LOIRE-INF. Entre *Vigneux* et *Fay* (Lx.), forêt *du Gâvre* (Gad.), AC. entre *Guenrouet, Quilly, Drefféac* et *Sévérac !* (Delalande). R. — MOR. C. *Belle-Ile ; Groix ;* env. du *Port-Louis* (Thépault), *Merlévenez* (Toussaints), *Lorient* (Tanguy), « Est de *Sarzeau* (Taslé). » R.

**E. scoparia** L. *Bruyère* à *balai*. Arbrisseau de 6-12 déc. à rameaux dressés. Feuil. verticillées par 3,4, linéaires. *Fl. verdâtres, petites*, axillaires, en grappes feuillées. Cor. en cloche, à lobes profonds. Anthères mutiques. Stigm. en bouclier, à peine saillant. mai-jⁱ. Bord des bois, haies. AC. — RR. au-delà de *Loire-Inf.* — MOR. *Pont Mahé ; Arzal* (Ed. Lorois), *Ambon* (Taslé). RR.

*Obs. E. lusitanica* Rud., *E. polytrichifolia* Salisb. Arbrisseau et même arbre à Brest, est fréquemment planté dans l'ouest du Finistère. Il est comme naturalisé sur le talus des chemins de fer et ailleurs. Ses rameaux blancs-grisâtres, poilus hispides, dressés, forment une longue grappe pyramidale.

**CALLUNA** Salisb. Caract. de l'*Erica*. Cal. entouré à la base de 4 bractées foliacées, en forme de calicule. Cloisons de la caps. opposées aux sutures des valves et adhérentes à l'axe central.

**C. vulgaris** Salisb. *Erica* L. Sous-arbrisseau. Feuil. comme sagittées à la base, petites, appliquées, serrées, imbriquées sur 4 rangs. Fl. rose tendre luisant, en longue grappe terminale. Bractées frangées. Sépales 4 colorés, dépassant la cor. Etam. incluses. jⁿ-sept. Landes, bois. CC.

β. *pubescens*. Rameaux et feuil. velus-grisâtres. R.

**ARBUTUS** L. Cal. à 5 div. Cor. en grelot à 5 dents. Etam. 10. Anthères s'ouvrant au sommet par 2 pores. Baie à 5 loges 4,5.spermes.

X. **A. Unedo** L. *Fraisier en arbre*. Arbrisseau de 2-3 mèt. Feuil. obovales ou oblongues-lancéolées, dentées en scie, coriaces, persistantes. Fl. verdâtres en panic. terminale, penchée. Baie globuleuse, tuberculeuse, rouge vif. — CHAR.-INF. Bois du littoral près *S.-Palais;* rare mais bien spontané. — C.-NORD. M. Avice m'en signale un taillis sur les falaises rocheuses du Trieux à Bois l'Hermite en *Plourivo*.

# MONOTROPÉES

Cal. à 4,5 sép. colorés persistants. Cor. à 4,5 pét. hypogynes, bossus et nectarifères à la base. Etam. 8 ou 10, dont moitié sortant de glandes hypogynes et moitié alternant avec ces glandes. Anthères 1.loc. Ovaire 1. Style 1 ; stigm. en entonnoir. Caps. à 4,5 loges, à 4,5 valves portant au milieu la moitié de la cloison. Graines très nombreuses. Placenta central.

**MONOTROPA** L. Voir la famille. La fl. terminale est à 5 div., les latérales à 4.

**M. Hypopitys** L. Parasite, jaunâtre. Tige simple de 15-25 cent. succulente, garnie d'écailles dentelées, appliquées. Fl. jaunâtres, en épi terminal, d'abord penché. Intérieur de la cor., étam. et pistils poilus. ♃. jⁿ-jˡ. Bois. — CHAR.-INF. c. de *Méchers* à *S.-Palais* et forêt *d'Arvert* (fl. glabre), forêt *d'Aulnay* (Pinatel). — DEUX-SÈV. forêt de *Chizé* (A. Guillon), *la Mothe* (Sauzé), *Rom* (Grelet), *Brétignolle* (Toussaints). — VEND. R. Rortheau en *Dompierre* (Humbert). R. — LOIRE-INF. La Garde près *Nantes;* parc de *Châteaubriant* (Pesneau), *la Houssinière, la Collinière* (Pradal), la Madeleine près *Nantes* (Moriceau) *Maubreuil*, forêts du *Cellier*, du *Gâvre* (Ménier), Carheil près *Guenrouet* (Delalande), *Vay, Grandjouan, Puceul* (S.-Gal), *S.-Et.-de-Mont-Luc, Derval* et env., forêt de *Touffou* (Gen.), AC. *bois de la Meilleraie,* (E. Bureau), forêt *d'Ancenis* (Guiho), forêt de *la Bretêche* (Thomas), *Avessac* (Moreau), etc. R. — MOR. *Lorient* (Gand), *Molac,* c. Beauregard près *Vannes* (Taslé), *Rochefort* (Toussaints), « *Auray, Lorient, Ploërmel*, etc. (Le Gall flore). » — FIN. Forêt de *Quimperlé; Quimper* (Bonnemaison), la Joyeuse Garde et Kerloret près *Landerneau* (Hubert), *Pontanézen, Morlaix* (Crouan), env. de *Ergué-Armel, Kerfeunteun,* forêt de *Quimerch, Plomelin* (Picq.). — C.-NORD. Bois de *la Moglais* (Droguet), *Tréguieux, S.-Brieuc, Coëtlan* (Baron), forêt de *Coëtquen* (Mabille). — IL.-ET-V. *Hédé, Chapelle-Bouëxic* (herb. Degland), landes Gimbert en *Plesder* (Mabille), AC. forêt de *Rennes* (Poulain), env. de *Redon* et de *Bains* (Moreau), *Bonnemain* (Hodée). — ETC.

## *SOUS-CLASSE III.* — COROLLIFLORES

Cal. libre, monosépale. Corolle 1.pétale, hypogyne. Etam. insérées sur la cor. Ovaire libre.

# ILICINÉES

Cal. à 4,5 dents. Cor. régulière, 4,5 partite. Etam. 4,5 insérées sur la cor. Ovaire à 4,5 stigm. sessiles. Baie à 4,5 noyaux indéhiscents, 1.spermes.

**ILEX** L. Voir la famille.

**I. Aquifolium** L. *Houx*. Arbrisseau toujours vert. Feuil. ovales, ondulées, coriaces, luisantes, dentées-épineuses, entières sur les vieux pieds. Fl. blanches, presq. en ombelle axillaire, sessile. Baie rouge. mai. Bois, haies. C.

# OLÉACÉES

Cal. à 4 div., rar. 0. Cor. 1.pét. régulière, à 4 lobes, rar 0. Etam. 2, à filets courts, insérées sur la cor. Ovaire 1, à 2 loges contenant 2 ovules pendants. Style 1 ; stigm. à 2 lobes. Capsule ou baie à 1,2 loges 1,2.spermes.

**FRAXINUS** L. Fleurs souv. polygames. Cal. et cor. 0 ou à 4 div. Etam. 2. Fruit plane, ailé-membraneux, indéhiscent, 1.sperme par avortement.

**F. excelsior** L. *Frêne*. Arbre élevé. Feuil. imparipennées ; fol. ovales-lancéolées, dentées en scie. Fl. brunâtres en grappes paraissant avant les feuil. Cal. et cor. 0. Anthères sessiles. Caps. en grappes pendantes. mars-av. Bois, haies. C. — Ses fruits sont très variables, oblongs, oblongs-lancéolés, lancéolés, échancrés au sommet, qqf. obliquement, obtus, aigus, et plus ou moins longuement acuminés, planes ou contournés ; il varie aussi dans son aspect général, dans la couleur du feuillage et dans la largeur, les dents des fol. Au milieu de ces variations, on trouve *F. oxyphylla* Bieb. et *F. rostrata* (Guss).

**LIGUSTRUM** L. Cal. très petit, à 4 dents. Cor. en entonnoir ; tube court ; limbe étalé à 4 lobes. Etam. 2. Baie à 2 loges 2.spermes.

**L. vulgare** L. *Troène*. Arbrisseau. Feuil. lancéolées, lisses, presque persistantes. Fleurs blanches, odorantes, en grappe courte, terminale. Baie noire. mai-j<sup>n</sup>. Haies, buissons. C.

**PHILLYREA** L. Cal. petit à 4 dents. Cor. à 4 div. Drupe globuleuse à noyau fragile.

**P. media** L. Arbrisseau de 10-15 déc., buissonneux. Feuil.

ovales ou ovales-lancéolées, dentées en scie ou entières, coriaces, persistantes, opposées. Fl. jaunâtres, en petites grappes axillaires. Fruit globuleux, apiculé. mai. — CHAR.-INF. Bois du littoral, *Méchers*, *S.-Palais*, où je l'ai vu seulement en feuil. qui étaient ovales-en cœur, ovales, ovales-lancéolées et lancéolées : c. *Rochecourbon* (A. Guillon!), *S.-Savinien!* (Rouffineau), Rasour près *Champagne* (J. Richard), *Triçay* et env. (Fd.). — VEND. *Rocher de la Dive!*

**X. P. angustifolia** L. Lam. Illust. T. 8. f. 3. — Arbrisseau de 10-15 déc. distinct du précéd. par les feuil. lancéolées-linéaires, entières. — CHAR.-INF. Bien spontané à Susac près *Royan, île d'Aix*, garenne de *Châtelaillon*.

# APOCYNÉES

Cal. à 5 div. persistantes. Cor. régulière à 5 lobes obliquement contournés dans le bouton. Etam. 5 insérées sur la cor.; filets libres; anthères à 2 loges appliquées sur le stigm.: pollen granuleux. 2 ovaires. Styles 2 ou 1 sous un seul stigm. Follicules 1,2 allongés, polyspermes à 1 loge s'ouvrant en long d'un seul côté.

**VINCA** L. *Pervenche*. Cal. à 5 div. Cor. en soucoupe, à 5 lobes tronqués obliquement; tube allongé. Etam. 5. Style 1. Stigm. en anneau, surmonté d'une couronne de poils. Follicules 2; graines ridées, non chevelues.

**V. minor** L. *Petite Perv.* Tiges presque ligneuses, couchées, les florifères redressées. Feuil. ovales-elliptiques et lancéolées, persistantes, opposées, courtement pétiolées. Fl. bleues, axillaires, solitaires. Pédonc. plus long que la feuil. *Lobes du cal.* lancéolés, *courts, glabres.* ♃. av.-mai. Bois. — AC. jusqu'au *Mor.* inclus. — FIN. *Plougastel-S.-Germain, Morlaix*, le Moulin-Vert et Penhars près *Quimper*; R. (Crouan flore), env. de *Guengat*, de *Plobannalec* (Picq.). R. — C.-NORD. *Dinan!* et presque toute la vallée de *la Rance*, forêt de *Coëtquen*, bois de *Coëllan* (Mabille), *Allineuc* (Fraval), etc. — IL.-ET-V. Forêt de *Fougères;* AC. *Redon* et env. (Moreau). ETC.

*** V. major** L. *Grande Perv.* Tiges couchées, les florifères redressées. *Feuil.* ovales-en cœur, *finement ciliées. Lobes du cal.* linéaires-en alène, *longs, ciliés.* ♃. av.-mai. Cult. partout est naturalisé qqf. abondamment dans les haies autour des habitations.

# ASCLÉPIADÉES

Différent des *Apocynées* surtout par la cor. ord. garnie à la gorge d'appendices soudés avec le tube des étam.; les étam. insérées à la base de la cor. à filets soudés en un tube renfermant le pistil, rar. libres; par le pollen aggloméré en masses qui se fixent aux glandes du stigm. Styles 2 soudés sous un seul stigm. à 5 angles glanduleux. Graines chevelues autour du hile.

**VINCETOXICUM** Mœnch. Cal. à 5 div. Cor. en roue, à 5 lobes. Etam. 5, à appendices soudés en une couronne charnue à lobes arrondis ou apiculés. Masses de pollen renflées, pendantes. Follicules lisses ; graines chevelues.

**V. officinale** Mœnch, *Asclepias Vincetoxicum* L. *Dompte-venin.* Tige pubescente (qqf. élevée et un peu grimpante dans les buissons). Feuil. ovales-en cœur ou ovales lancéolées, acuminées, opposées, courtement pétiolées. Fl. blanc-jaunâtre en petites grappes axillaires. Follicules renflés dans le bas. ♃. jⁿ-jⁱ. Lieux pierreux incultes, bois secs, sables maritimes. — CHAR.-INF. et calc. des DEUX-SÈV. AC. — Schistes d'*Argenton-Ch.* (DEUX-SÈV.). — VEND. Çà et là Plaine (Lx., Pont.), c. sables maritimes. — LOIRE-INF. *Doulon, Le Loroux, Barberhat, Clermont,* bord du Hâvre *d'Oudon à Couffé, Ancenis, S.-Aignan;* c. sables maritimes. — MOR. PC. sables maritimes.

**CYNANCHUM** L. Caract. du *Vincetoxicum.* Appendices des étam. soudés en une colonne enveloppant les étam., à 10 dents opposées en double série.

**※. C. acutum** L. Clus. hist. p. 125, f. 2. Rac. rampante. Tige grimpante. Feuil. en cœur, acuminées, légèrement rentrées sur les côtés, à oreillettes grandes, arrondies et à sinus coupé presque carrément, glanduleuses près du pétiole en gouttière. Fl. blanches en petites ombelles axillaires et terminales. Lobes de la cor., lancéolés-oblongs, obtus, 3-4 f. plus longs que le cal. ♃. aᵗ. Lieux pierreux ou sablonneux du littoral. — CHAR.-INF. AC. par localités, de *Royan* à *Angoulins* et aux îles. — VEND. Dunes de *la Faute* (Pont.). — Ne fructifie pas.

*Obs.* On rencontre rarement dans le haut de la Loire *Asclepias Cornuti* Decaisne (*A. Syriaca* L.), plante de la Virginie.

# GENTIANÉES

Cal. lobé ou divisé, persistant. Cor. régulière à 4-8 div. Etam. 4-8 insérées sur la cor. Ovaire 1. Styles 1,2 ; stigm. 1,2. Caps. polysperme, à 2 valves portant les graines sur leurs bords, ou à 2 loges formées par le bord rentrant des valves et à placenta central. *Feuil. ord. opposées.*

**MENYANTHES** L. Cal. à 5 div. Cor. en entonnoir, à 5 lobes barbus en dedans. Etam. 5. Style 1 ; stigm. à 2 lobes. Caps. posée sur un anneau cilié, à 1 loge, à 2 valves. Graines nombreuses, attachées au milieu des valves.

**M. trifoliata** L. *Trèfle d'eau.* Souche épaisse, articulée, rampante. Feuil. pétiolées, à 3 fol. ovales-elliptiques. Fl. blanches un peu rosées, en épi terminant la hampe. Graines jaunes, luisantes. ♃. av. Marais, étangs, bords des eaux. AC.

**LIMNANTHEMUM** Gmel. Cal. à 5 div. Cor. en roue, à 5 lobes ciliés. Etam. 5 alternant avec 5 glandes placées à la base de l'ovaire. Style 1 ; stigm. à 2 lobes. Caps 1.loc. Graines plates, ciliées, attachées à la suture des 2 valves.

**L. Nymphoides** Link, *Menyanthes* L. *Villarsia* Vent. Aquatique. Feuil. orbiculaires-en cœur, flottantes, pétiolées. Fl. jaunes comme en ombelle axillaire, sessile. ♃. j¹-sept. Étangs, eaux stagnantes des rivières. — CHAR.-INF. *Martrou* (Faye), marais de *la Sèvre*. — DEUX-SÈV. AC. Bocage et dans le N. — VEND. C. Marais méridional et dans *la Vendée* (Pont., Lx.). — LOIRE-INF. CC. — MOR. Dans l'Oust du *Roc-S.-André* à *S.-Perreux* (Le Gall), rivière d'*Arz*, *Coëtsurho* (Taslé), AC. en *Rieux* (Moreau), *Ploërmel!* (J.-M. Sacher). PC. — C.-NORD. C. *la Rance*, étangs de l'arrond. de *Dinan*. — IL.-ET-V. AC.

**CHLORA** L. Cal. à 8 div. profondes. Cor. en soucoupe, à 8 lobes. Etam. 8 insérées à la gorge de la cor. Style 1 ; stigm. 2 échancrés. Caps. 1.loc. Graines nombreuses, attachées à des placenta fixés sur les bords rentrants des valves. *Fl. jaunes.*

**C. perfoliata** L. Glauque. Tige raide, rameuse au sommet. *Feuil. ovales-triangulaires,* soudées à la base dans toute leur largeur. Fl. en bouquets terminaux. *Cal. fendu jusqu'à la base ;* div. linéaires-en alène, à 1 nervure, beaucoup plus courtes que la cor. ①. j¹-a¹. Lieux pierreux, lieux humides sablonneux ou calc. et coteaux secs calc. — CHAR.-INF. C. — DEUX-SÈV. Çà et là le calc. et le schiste. — VEND. Çà et là le calc., AC! vallées humides des sables maritimes(Pont., Lx.). — LOIRE-INF. *Cambon ; Saffré* (Guiho), vallées des sables maritimes de *Pornichet* au poste de *la Bole*. R. — MOR. *Belle-Ile ; Groix* (Thépault), Pointe de Loscolo près *Penestin* (Gad.). RR. — FIN. « *Santec* » (Miciol cat.) ; *S.-Pol-de-Léon* (de la Pylaie). — C.-NORD et IL.-ET-V. Çà et là sur la route de *Dahouet* à *Pontorson ;* la Courbure près *Dinan ;* calc. de *S.-Jacques* (Lx.).

✗. **C. serotina** Koch. Glauque-blanchâtre. Tige raide, simple ou rameuse au sommet. *Feuil. ovales ou ovales-lancéolées, arrondies à la base et offrant une soudure moindre que leur largeur.* Fl. jaune pâle, en bouquets terminaux. Cal. à *div. lancéolées-linéaires, un peu plus courtes que la cor.* Cor. à div. presque aiguës ou acuminées. ①. j¹¹-a¹. Lieux humides.— CHAR.-INF. Alluvion de *Châtelaillon* (Foucaud).

**C. imperfoliata** L. *C. sessilifolia* Desv. Glauque. Tige raide. *Feuil. ovales-lancéolées,* connées à la base ou seulement sessiles. Fl. axillaires et terminales, solitaires. *Cal. fendu jusqu'aux 3/4 de sa longueur ;* div. lancéolées à 3 nervures égalant la cor. ①. j¹-a¹. Sables maritimes humides. — CHAR.-INF., VEND. AC. — A l'intérieur : CHAR.-INF. Marais de *Surgères ; Dœuil* (Duss.). *Migré* (Lemarié), *S.-Christophe* (Fd.). — DEUX-SÈV. *Frontenay* (Charbonneau), « *Pezé* près *Arçais* (Delastre) », les marais de *Mauzé!* (J. Richard), *Niort* (Gir.), *Mallet* (Grelet). — MOR. Dunes près *Carnac* (B. Blow).

**GENTIANA** L. Cal. à 4-9 div. Cor. en cloche ou en entonnoir. Etam. 4-9 insérées sur le tube de la cor. Style 2, ou 1 seul à 2 stigm. Capsule 1.loc. à 2 valves. Placenta attachés aux bords rentrants des valves.

**G. Pneumonanthe** L. Souche tronquée à fibres épaisses. Tige simple ou peu rameuse. Feuil. linéaires-lancéolées, obtuses, roulées en dessous par les bords, opposées, les inf. très petites, en forme d'écailles. Fl. grandes, peu nombreuses, axillaires et terminales. *Cor.* en cloche, bleue, ponctuée de jaune obscur, *non barbue à la gorge.* Anthères soudées. Stigm. linéaires, allongés. Graines allongées, alvéolées. ♃. a¹-sept. Landes humides l'hiver. — CHAR.-INF. C. *Montlieu* (de Meschinet), *Bussac, Voissay* (Lemarié), *Saintes*, C. *Pisany* (A. Guillon), *Corme-Royal* (Tess.); *Beauvais S.-Ouen* (Sav.), R. *Dœuil* (Duss.). — DEUX-SÈV. *Chizé, Périgné* (A. Guillon), *Genouillé; Lezay* (Sauzé), *Vallans, Frontenay* (Grelet), *Loubillé* (Jousse), *Tourtenay,* S¹ᵉ-*Soline* (Guyon), env. de *Mauzé!* (Ayraud), *Pas-de-Jeu* (Brottier). — VEND. AC. *Challans* (Gobert). — AC. au nord de la Loire ; R. en avançant dans le *Fin.* — Devient plus rare par le défrichement des landes.

**G. amarella** L. Bréb. Gren. et God. Rac. pivotante. Tige de 5-10 cent. Feuil. lancéolées, élargies vers la base, sessiles, aiguës, plus pâles en dessous, opposées, les rad. lancéolées en rosette. Fl. petites, peu nombreuses, axillaires et terminales. Cal. à lobes aigus, inégaux, un peu roulés en dehors par les bords, égalant env. le tube cylindrique de la cor. Cor. lilas-rosé en dehors, blanchâtre en dedans, tubuleuse-en cloche, à 5 lobes ovales, *barbus à la base.* Anthères non adhérentes. Caps. courtement pédicellée. Graines globuleuses, lisses. ④. sept.-oct. Pelouses des landes. — C.-NORD. *Cap Fréhel,* entre *Plurien* et les *Hôpitaux d'Erquy,* garenne et sémaphore d'*Erquy* (Pontallié, Bichemin).

**G. campestris** L. Bréb. Gren. et God. diffère du précéd. par la cor. plus grande à 4 div., et surtout par le cal. à 4 lobes profonds très inégaux, les 2 *ext. ovales,* acuminés, recouvrant presque les 2 int. beaucoup plus étroits. ④. Aut. Landes. — FIN. *Plouigneau,* Lan ar ~ Foasse en *Garlan* (de Guernisac). R.

*Obs.* La présence des deux plantes précéd. dans le nord de la Bretagne peut faire espérer d'y trouver aussi *G. germanica* Willd., qui croit en Normandie. Il ressemble beaucoup à *G. amarella,* dont il diffère par les feuil. plus larges, par les fl. 1 f. plus grandes, bleu-violet, et par la caps. plus longuement pédicellée.

**ERYTHRÆA** Rén. Cal. tubuleux, pentagone, à 5 div. Cor. en entonnoir; tube très long. Étam. 5, anthères contournées en spirale après l'anthèse. Style 1, à 2 stigm. parallèles, en lame. Caps. linéaire, allongée, à 2 fausses loges formées par les bords rentrants des valves.

**E. pulchella** Fries, *E. Centaurium* β. L. *E. ramosissima* Pers. Tige à 4 angles aigus; *rameaux* nombreux partant souv. de la base, dichotomes, *ouverts.* Feuil. ovales, les rad. plus larges, non en rosette, à 5 nervures. Fl. rose foncé, axillaires dans les dichotomies. *Cal. sans bractées.* Lobes de la cor. oblongs. ②. jⁿ-a¹. Lieux mouillés l'hiver. AC. — C. dans qq. localités maritimes, où il est souv. nain, ramassé et qqf. à tige uniflore.

**E. tenuiflora** Link, *E. latifolia* Crouan non Sm. Cette plante, que j'avais réunie à la précéd. (var. *scoparia*) s'en distingue facilement par le port (caractère si important dans le genre). La tige ord. simple est dressée à rameaux dressés-resserrés et la fl. est d'un rose plus clair. Elle est répandue dans la région maritime qqf. à côté de *E. pulchella.*

**E. Centaurium** Pers. *Gentiana* L. *Petite Centaurée*. Tige tétragone, simple ou dichotome à rameaux fastigiés. Feuil. ovales-oblongues, à 3 nervures, opposées, les rad. plus larges, en rosette. Fl. roses, en *corymbe resserre. Cal. garni de bractées à la base*. Lobes de la cor. ovales. ②. j⁰-aⁱ. Bord des haies, des buissons, pâturages humides. C.

β. *capitata*. Plante courte, ramassée, à corymbe toujours compacte; feuil. rad. nombreuses, grandes, arrondies, obtuses, à 5-7 nervures. Rochers, pelouses sablonneuses, graviers de la région maritime, surtout de la côte du nord.

**E. capitata** Willd., F. Townsend Linnean society nov. 1879 et vol. xviii avec fig. Habite les mêmes localités que la var. du précéd. à laquelle il ressemble et dont il diffère par les fl. sessiles réunies en tête très serrée, dépassée ou égalée par les feuil. sup. formant comme un involucre, le cal. égalant le tube de la cor. et surtout par les *étam. insérées à la base de la cor.* (non à la gorge). — Fin. Langoz près *Loctudy*, vis-à-vis Poulguen en *Penmarc'h* (Picq., 1890, 91). — Signalé par M. Townsend dans l'île de Wight (Angleterre) en 1879, il a été trouvé en 1885, dans les dunes de *Bretteville* et de *Créances* (Manche) par M. Corbière, et encore à la pointe de la Falaise de *Carteret*, d'où je l'ai reçu en 1867 de M. Lebel.

* **E. littoralis** Fries, Bab. Puel et Mail, herb. local, n° 212. Une seule tige de 12-15 cent. tétragone, raide, dressée, ou plusieurs du collet de la rac. *Feuil. oblongues-linéaires*, rétrécies à la base, les rad. assez nombreuses, oblongues-en spatule. Fl. roses, sessiles entre les feuil. florales, en petit corymbe court. Lobes de la cor. ovales. août. Croît dans les sables maritimes de *S.-Quentin* (Somme) et sur les côtes d'Angleterre. — Réuni par plusieurs auteurs au suiv., qui a un port bien différent.

✗. **E. chloodes** Gren. God. flore de France, 2, p. 484, *Gentiana* Brot. *Tiges* nombreuses (plus rar. 1,2), de 4-10 cent., naissant ensemble du collet de la rac., *étalées-redressées*, plus épaisses vers le haut, portant 2,4 côtes fines plus saillantes que dans les espèces voisines, à plusieurs rameaux simples ou divisés inférieurement en 2,3 branches à 1-3 fl. roses. Feuil. *linéaires-oblongues, obtuses*, rétrécies à la base, sessiles, les inf. en rosette souv. détruite au moment de la fleur, *les sup. oblongues-linéaires*. Pét. ovales, obtus. Caps. oblongue-linéaire. juil.-sept. — R. Lèdes et falaises depuis *la Tremblade* (Char.-Inf.) jusqu'à *Biarritz* (Basses-Pyrénées).

✗. **E. spicata** L. Tige tétragone de 2-3 déc. Feuil. elliptiques-oblongues, opposées. Fl. roses, axillaires. *en épi lâche* le long des rameaux d'abord dichotomes. Lobes de la cor. oblongs-lancéolés, obtus. Stigm. arrondis, obscurément bilobés. ①. j¹-aⁱ. Lieux humides de la région maritime. — Char.-Inf. Prés salés de *Talmont* (Lafont, Savatier), *S.-Hippolyte* (Faye), *Fouras* (Contejean), alluvion des *Trois Canons !* et de *Châtelaillon ! Lauzières, Marans, Bords, Saujon*, marais entre *Méchers* et *Semussac* (Fd.). — Vend. Moissons, champs du Marais, *Triaize, S.-Michel-en-Lherm, Longeville, Champagné* (Pont., M.).

**E. diffusa** Woods, Le Jolis an. sc. nat. 3e série, T. 7, pl. 13. *Tiges couchées,* diffuses, *en gazon;* rameaux nombreux, à feuil. obovales-spatulées, les florifères dressées, à feuil. oblongues ou elliptiques, espacées, portant au sommet 1-3 fl. élégantes d'un rose vif, plus grandes que dans les précéd. Cal. à div. linéaires-en alène, plus courtes que le tube de la cor. à lobes ovales. Stigm. réniformes. ♃. jⁱ-aⁱ. Landes. — Fɪɴ. *Morlaix* (Woods) 1836, c. *Plouigneau, Plouézoc'h, Plouégat-Moisan,* etc. (de Guernisac), *Carhaix?* la *Roche-Maurice,* le *Faou, Lanhouarneau,* entre *Loqueffret* et *Huelgoat* (Crouan), *Ploudiry* (Le Dantec). — C.-Nᴏʀᴅ. c. sommet des montagnes d'Arès à la *Porte-au-Moine;* c. *Lohuec* et env. (Le Corre).

**E. maritima** Pers. *Gentiana* L. Tige de 6-15 cent. raide, tétragone, simple ou rameuse-dichotome. Feuil. ovales, qqf. lancéolées. *Fl. jaunes,* peu nombreuses, terminales et axillaires. Cal. sans bractées. Lobes de la cor. ovales. Stigm. linéaires-oblongs. ①. jⁿ. Landes et coteaux maritimes. — Cʜᴀʀ.-Iɴꜰ. *Arvert* (de Beaupreau), la *Parée* en *Oleron* (Sav.), *Beurlay,* Sèche-Bec près *Bords* (Fd), *Martrou, Fouras* (Faye), *Trizay* (Marc-Arnauld !), entre *Nancras* et *Sablonceaux* (Tess.) — Vᴇɴᴅ. *Noirmoutier, Ile-d'Yeu;* Givrand près *S.-Gilles, Vairé* et env. (Pont., M.), *S-Jean-d'Orbetiers,* bois du *Château d'Olonne* (Pontdevie, Rossignol). PC. — Lᴏɪʀᴇ-Iɴꜰ. Sᵗᵉ-Marie près *Pornic !* (Bastard), AC. entre *Pornic* et la *Bernerie.* RR. — AC. de la *Vilaine* à *Brest,* où il est ʀ.

**CICENDIA** Adans. Cal. à 4 div. Cor. à 4 lobes; tube renflé au milieu. Etam. 4; anthères non contournées après l'anthèse. Style 1. Caps. à 2 valves; placenta suturaux.

**C. filiformis** Delarbre, *Exacum* Willd. *Gentiana* L. *Tige* grêle de 4-12 cent., *simple* ou peu rameuse. Feuil. de la tige lancéolées-en alène, opposées. *Fl. jaunes,* très petites, solitaires, longuement pédonculées. Calice en cloche, à dents courtes. Stigm. en tête. Caps. ovale, s'ouvrant jusqu'au milieu en 2 valves. ①. jⁿ-aⁱ. Bord des étangs des fossés, landes et chemins humides. — Bʀᴇᴛᴀɢɴᴇ. C. — AC. Bocage de *Vend., Deux-Sèv.;* ʀ. dans le calc. non sablonneux. — Cʜᴀʀ.-Iɴꜰ. *Montlieu, Cadeuil.*

**C. pusilla** Griseb. *Exacum* DC. Tige de 4-10 cent. à *rameaux nombreux, divariqués.* Feuil. linéaires-lancéolées, glauques. Fl. lilas (*E. Candollei* Bast.), t. rar. blanchâtres (*E. pusillum*), excepté au sud de la *Gironde.* Cal. à lobes profonds, lâches. Stigm. à 2 lobes aplatis. Caps. allongée, à 2 fausses loges formées par le bord rentrant des valves. ①. jⁿ-aⁱ. Mêmes lieux. AC. jusqu'au *Mor.* inclus. — AR. *Fin.,* ʀ. *C.-Nord, Il.-et-V.* — ʀ. le calc.

# CONVOLVULACÉES

Cal. à 5. div. persistantes. Cor. régulière, caduque, à 5 lobes. Etam. 5 insérées à la base de la cor. Style 1, qqf. partagé jusqu'à la base. Caps. à 1-4 loges; cloisons correspondant avec les sutures des valves et portant à la base les graines peu nombreuses. *Plantes souv. grimpantes.*

**CONVOLVULUS** L. Cal. à 5 div. Cor. en cloche, à 5 **angles**, à 5 plis. Style 1 ; stigm. 2. Caps. à 2-4 loges 2.spermes.

**C. sepium** L. Tige élevée, grimpante, anguleuse. Feuil. **triangulaires-en** flèche, à *oreillettes tronquées*. Fl. blanches (qqf. roses en Bretagne), axillaires, solitaires ; pédonc. tétragone, plus long que le pétiole. Cal. recouvert par 2 bractées en cœur. Stigm. ovales. ♃. jⁿ-sept. Haies des lieux frais. C.

**C. Soldanella** L. Couché. Rac. rampante. *Feuil.* petites, *réniformes*-arrondies, épaisses. Fl rose foncé, à 5 raies blanches, grandes, axillaires, solitaires. Pédonc. anguleux, beaucoup plus long que la feuil. Cal. entouré de 2 bractées ovales. ♃. jⁿ-jᵗ. Sables maritimes. — C. jusqu'à *la Vilaine* ; AC. au-delà.

**C. arvensis** L. *Vrillée.* Rac. en spirale. Tige faible, grimpante ou couchée. Feuil. en fer de flèche, de largeur variable, qqf. presque linéaires ; *oreillettes aiguës*, divergentes. Fl. blanches ou rosées, axillaires, ord. solitaires ; pédonc. plus long que la feuil., garni de 2 petites bractées éloignées de la fl. Stigm. linéaires. ♃. mai-sept. Champs, lieux incultes. Trop C.

✕. **C. lineatus** L. *Velu-soyeux.* Rac. presque ligneuse. Tiges ascendantes. Feuil. lancéolées, les rad. et inf. rétrécies en pétiole, à *nervures latérales nombreuses et parallèles*. Fl. roses ou blanches, ord. solitaires sur des pédonc. plus courts que les feuil. Lobes du cal. ovales-lancéolés, blanchâtres dans leur moitié inf. ♃. jⁿ-jᵗ. — CHAR.-INF. AC. çà et là rochers de la région maritime depuis *Mortagne* à *S.-Palais, Oleron* pointe du nord. jusqu'à *la Rochelle, Marsilly* et à la Flotte en *Ré.* — VEND. *Chaillé-les-Marais!* (LX.). RR.

✕. **C. Cantabrica** L. Plante couverte de poils blanchâtres, étalés, excepté dans le haut et sur les feuil. Tiges de 3-5 déc. nombreuses, couchées. Feuil. linéaires, lancéolées, aiguës, les inf. lancéolées-spatulées. Fl. roses entourées de bractées opposées, 1-3 sur des *pédonc.* axillaires *dépassant beaucoup les feuil.* et formant une panic. lâche. Div. du cal. ovales-lancéolées, acuminées, hérissées. Cor. soyeuse sur les angles. ♃. jⁿ. Coteaux calc. très chauds. — CHAR.-INF., *Royan* (Marc Arnauld), RR. Chaumes de Sèche-Bec près *Bords* (Pinatel), RR. *S.-Seurin* (Fd.). — *Cognac, Angoulême* (Charente).

**CUSCUTA** L. Cal. à 4-5 div. Cor. globuleuse-en cloche, à 4-5 lobes. Étam. 4,5 insérées vers la base de la cor. au-dessus d'une petite écaille dentelée. Styles 1,2. Caps. globuleuse, à 2 loges 2.spermes, s'ouvrant circulairement en travers de la base. *Plantes filiformes, sans feuil., parasites par le moyen de suçoirs ; fl. réunies en paquets axillaires.*

**C. major** DC. *C. europæa* L. Plus robuste que *C. minor. Ecailles* de la cor. palmées, *appliquées contre le tube,* ce qui, au premier coup d'œil, les fait paraître nulles. Styles plus courts que l'ovaire, jaunes, qqf. rouges au sommet. ☉. jⁿ-aᵗ. Sur l'*ortie,* le *houblon, Convolvulus sepium,* etc. — CHAR.-INF. Pays-bas de *Matha* (Sav.), *Nuaillé* (Reau). — Çà et là marais de *la Sèvre* en *Char.-Inf., Deux-Sèv., Vend.* — VEND. Bord de *la Sèvre-Nantaise.* — LOIRE-INF. Çà et là, vallée de *la Loire,* plus R. celle de *la Sèvre.*

**C. Godronii** Desm ? *Cuscuta...* Flore de l'Ouest édit. 4 p. 232. Voisin du suiv. Fl. blanches, petites, serrées en petits paquets moitié plus petits ; div. du cal. linéaires-oblongues, demi-cylindriques, très obtuses ; cor. bien plus ouverte, en godet et non en cloche ; pét. triangulaires-ovales, un peu obtus, plus longs que les sép. et les étam. ; écailles fermant le tube, largement ovales, laciniées, séparées par un sinus arrondi ; styles et stigm. blanchâtres, linéaires, un peu plus longs que la corolle. J'ai trouvé cette plante en juin 1877, à l'île d'Yeu, sur les coussins du *Plantago carinata* et M. Gadeceau l'a revue le 4 juin 1892, dans les mêmes conditions à Belle-Ile (Mor.), où il a reconnu qu'elle était plus précoce que *C. minor*, ses fleurs commençant à paraître, lorsque les fils du *C. minor* n'offraient aucun indice de fleuraison prochaine ; il l'a décrite et figurée sous le nom de *C. Godronii* dans Bull. Soc. Sciences nat. de l'Ouest T. V. (1895) p. 145. Pl. IV *bis*.

**C. minor** DC. *C. epithymum* Smith. *Teigne, fil à perdrix*, ainsi que les suiv. et les précéd. Tige très grêle, rougeâtre. Div. du cal. ovales, plus longues que le tube. Cor. blanche ou un peu rosée, à 5 lobes ovales étalés égalant *le tube* cylindrique, *fermé par les écailles* arrondies, frangées et *connirentes au sommet*, séparées à la base par un *intervalle étroit, aigu*, à partie infér. appliquée contre la cor. Styles plus longs que l'ovaire, filiformes, rouges et à la fin divergents au sommet. ①. jⁱ-sept. Landes. terres incultes. Sur l'*ajone* (*Cuscuta Ulicis* Godron), le *genêt à balai*, les *bruyères*, *Eryngium campestre*, *Artemisia crithmifolia*, etc. C.

**C. Trifolii** Bab. Tige grêle, jaunâtre, qqf. rougeâtre. Fl. petites, blanchâtres, à odeur de miel. Cal. charnu, à tube égalant env. les sép. triangulaires-lancéolés. Tube de la cor. cylindrique, presque fermé par les écailles spatulées-arrondies, frangées, convergentes, séparées à la base par un *espace arrondi*. Lobes de la cor. triangulaires-ovales, étalés. Anthères jaunes non ou à peine apiculées. Styles blancs, stigm. rouges, à la fin étalés. égalant env. les étam. et la cor. Ovaire obovale, excavé au sommet. ①. jⁱ-aᵗ. Cette espèce s'étend en cercles dans les champs de Trèfle (*Tr. pratense*) et qqf. de Luzerne et étreint si fortement ces plantes qu'elle les fait périr. Elle se répand de plus en plus, apparaissant et disparaissant selon les cultures et les soins qu'on met à la détruire.

**C. epilinum** Weihe, *C. densiflora* S. Willem. Tige jaune-rougeâtre, simple. Paquet de fl. sans bractées. *Fl. globuleuses*, blanc-jaunâtre. Sép. charnus, concaves, égalant la cor. à lobes plus courts que le tube. Pét. blancs, incurvés au sommet. Ecailles carrées, élargies et frangées au sommet, qui s'écarte un peu du tube de la cor. Style plus court que l'ovaire. ①. jⁿ. Sur le lin d'été, avec la graine duquel il est introduit. — CHAR.-INF. *Tangon la Ronde* (Lx.), *Martrou* (Parat). — DEUX-SÈV. *S.-Loup, Béceleuf* (Guyon), *S.-Aubin-Baubigné, Les Echaubrognes, Bressuire* (Gen.). — VEND. c. calc. de *Fontenay ! Chaillé-les-Marais !* (Lx.), *Bellevue des Clouzeaux* (Pont.), *la Banduère* (Rossignol), *S.-Aubin-des-Orm., Bazoges* (Gen.). — LOIRE-INF. *Cambon ; Blain* (Revelière) ; *Grand-Auverné* (G. de Lisle), *Tréveneuc* près *Donges* (Leroux), *S.-Joachim* (Gad.). RR. — MOR. *Coëtsurho* (Taslé), *Vannes* (Arrondeau), *Ploërmel*. RR. — FIN. *Locquirec, Lampaul-Ploud*. etc.

(Crouan), « *Morlaix* » (Miciol cat.). RR. — IL.-ET-V. c. *Châteauneuf*, 1863 (Mabille), *S.-Aubin-d'Aubigné* (Tetrel).

**C. suaveolens** Ser. *C. Hassiaca* Pfief. Tige rameuse, orangé pâle, portant à l'aisselle de chaque écaille plusieurs *fascicules pauciflores pédicellés*, munis d'une bractée, mêlés à 1 ou 2 fl. solitaires, toutes les fl. à pédic. 2-4 f. plus long que le cal. Cor. blanche, odorante, en cloche, à 5 lobes étalés et dont le sommet est incurvé, un peu plus courts que le tube fermé par les écailles frangées, conniventes au sommet. Anthères d'un beau jaune. Styles blancs, souv. inégaux, droits (écartés sur le fruit), *stigm. en tête*, jaunes. ④. jⁿ-sept. Sur *Medicago sativa* avec la graine duquel il est introduit. — CHAR.-INF. *S.-Georges-d'Oleron* (Sav.), *Martrou* (Parat). — DEUX-SÈV. Marais du *Vanneau* sur *Convolv. sepium* et *Thalictrum flavum* (A. Guillon); *Souvigné* (Sauzé), *Azay* (J. Richard). — VEND. *La Tranche*, marais de *Maillezais* sur *Phragmites communis, Convolvulus sepium,* les *Bidens*, etc. (Lx.), *Sᵗᵉ-Gemme, la Bretonnière* (Pont.). — LOIRE-INF. *Préfailles !* (Matignon), *Blain* (Revelière). — IL.-ET-V. *Roteneuf* (Jeanpert). — Dans les localités de la Sèvre les fl. sont bien moins longuement pédicellées et il est facile de confondre la plante sèche avec *C. major*.

# BORAGINÉES

Cal. à 5 div. persistant. Cor. ord. régulière à 5 lobes. Etam. 5. Ovaire divisé en 4 lobes du milieu desquels sort le style; stigm. entier ou bifide. Fruit composé de 2 carp. bispermes, imitant 4 carp. indéhiscents, 1.spermes. *Plantes à feuil. alternes, ord. hérissées de poils rudes ; fl. en grappes ou en épis unilatéraux, courbés en crosse avant leur parfait développement.*

• Gorge de la cor. sans appendices.

*Heliotropium.* Cal. 5.part. Cor. en soucoupe à 5 lobes séparés par une petite dent.
*Echium.* Cor. oblique, en cloche.
*Lithospermum.* Cor. en entonnoir, gorge un peu resserrée par 5 plis ou par des poils. Carp. osseux.
*Pulmonaria.* Cal. en cloche, à 5 angles. Cor. poilue à la gorge.
*Onosma.* Cor. cylindrique-en cloche, nue à la gorge.

•• Gorge de la cor. fermée par 5 appendices.

*Asperugo.* Carp. cachés à la maturité par le cal. accru à 2 lobes.
*Symphytum.* Cor. tubuleuse-en cloche, à 5 dents courtes. Appendices en alène, réunis en cône.
*Lycopsis.* Tube de la cor. allongé, courbé.
*Anchusa.* Cor. en entonnoir. Appendices obtus, en pinceau.
*Borago.* Cal. à la fin fermé. Cor. en roue.
*Myosotis.* Cor. en soucoupe. Appendices glabres.
*Echinospermum.* Caract. du *Myosotis.* Carp. triquètres, chargés sur le dos d'aiguillons crochus au sommet.
*Cynoglossum.* Cor. en entonnoir. Carp. déprimés, hérissés d'aiguillons étoilés au sommet.

*Omphalodes*. Carp. en forme de corbeille à bord membraneux, plié en dedans, denté ou cilié.

### a. *Gorge de la cor. sans appendices.*

**HELIOTROPIUM** L. Cal. 5.part. Cor. en soucoupe, à 5 lobes séparés par une petite dent. Carp. 4 soudés étant jeunes.

**H. europæum**. L. Pubescent ; rameaux diffus. Feuil. ovales, obtuses, entières, nervées, pétiolées. Fl. blanches, en épis axillaires et terminaux. Cal. fructifère ouvert-étalé. Carp. rugueux. ①. j⁰-aᵗ. Terres en friche. C. le calc. — Vend., Loire-Inf. ac. région maritime, r. à l'intérieur. — Mor. pc. région maritime. — Fin. Archipel d'*Ouessant* (de la Pylaie).

**ECHIUM** L. Cor. oblique ; tube court, limbe en cloche, à 5 lobes inégaux, carp. tuberculeux.

**E. vulgare** L. *Vipérine.* Tige couverte de poils rudes, tuberculeux-violacés à la base. Feuil. lancéolées, hispides, sessiles. Fl. bleues, en petits épis axillaires formant une *longue grappe linéaire,* terminale. Filets des étam. roses, saillants. Stigm. bifide. ②. mai-aᵗ. Lieux pierreux. murs. CC. — Varie surtout dans les sables maritimes et le calc. à fl. 1/3 plus petites comme en panicule, à étam. incluses (var. *subpaniculatum* Le Gall flore, *E. Wierzbickii* Reich.).

X̶. **E. pyramidale** Lapeyr. *E. pyrenaicum* Desf. DC. Tout hérissé de poils blancs, *très rameux en buisson.* Tige ponctuée de rouge. Feuil. rad. en rosette, lancéolées, celles de la tige plus larges à la base. Cor. petite, en cloche à 5 lobes presq. égaux, rosée surtout à la gorge. Etam. et styles rouges, saillants, anthères bleuâtres. ②. j⁰-jᵗ. Coteaux secs. — Char-Inf. ac. région maritime. — A l'intérieur : *le Pin* (Mᵐᵉ George), *Surgères !* (Delalande), *Ciré, Chambon ; Gué d'Alleré* (Bouchet), *Longères, Angliers, Trizay* (Fd.). — Vend. Rochers de *la Dune ! de la Dive !* (Pont.), chemin de *Talmont à Jard* (Lx.). R.

X̶. **E. plantagineum** L. Mant., Gren. God. flore de France 2, p. 524. Plusieurs tiges ascendantes, couvertes de poils de deux sortes, les uns raides, étalés, tuberculeux à la base, les autres fins, couchés, plus nombreux. Feuil. rad. en rosette disparaissant au printemps, lancéolées, rétrécies en pétiole. obtuses, celles de la tige oblongues, rétrécies a la base, sessiles, celles des rameaux floraux graduellement plus élargies à la base jusqu'à ce que les supér. soient en cœur à la base ; toutes couvertes de poils tuberculeux de différente grandeur. *Fl. à la fin écartées en épis formant une panicule lâche.* Cal. à div. linéaires-lancéolées, inégales, dressées, 1 1/2 à 2 f. plus court que la cor. Cor. ventrue au-dessus du cal., d'abord rosée. puis violacée ; lèv. sup. marquée de 5 bandes plus foncées dont les 2 intermédiaires doubles, lèv. inf. d'un violet bleuâtre uniforme à lobes triangulaires, aussi larges que longs, Etam. et style saillants. ②. août. Sables maritimes pierreux. — Char.-Inf. Groin de Loix en *Ré* (Fd.). — Vend. rr. du Fort-Larron et env. au Sableau à *Noirmoutier.* — Cette espèce connue dans l'île de *Noirmoutier* par Piet et notée. dès 1807, dans sa correspondance, a été retrouvée en 1851 par M. E. Revelière et en 1861-3 par M. Gobert.— La fleur est qqf. petite sur les pieds levés tardivement au printemps et fleurissant la même année.

**LITHOSPERMUM** L. Cal. 5.part. Cor. en entonnoir, à 5 lobes ; gorge un peu resserrée par 5 plis ou par des poils. Stigm. obtus, bifide. Carp. osseux.

**L. officinale** L. Rameux. Tige et feuil. couvertes de poils raides, appliqués. Feuil. lancéolées. *Fl. blanc-jaunâtre*, axillaires, en épis. *Carp.* ovales, *blancs, luisants,* très durs. ♃. mai-j$^n$. Bord des haies, lieux incultes surtout des ter. calc. — CHAR.-INF., DEUX-SÈV., VEND. AC. — LOIRE-INF. De *Machecoul* à *Fresnay, S.-Michel ; les Cléons* (Pesneau), *Louisfert* (Moride), *Rougé* (Desaintdo). R. — MOR. *Houat, Hœdic ; « Guidel, Erdeven, Quiberon* (Le Gall flore), » *Rochefort* (Taslé). RR. — FIN. *Pontaven, Tréogat* (Bonnemaison), *Clohars-Car-noët, Moëlan* (Picq.). Beuzec en *Plomeur,* baie *d'Audierne* à *S.-Vélen, Penfeld, Locquirec, île Blanche, Plouézoc'h, Plougasnou* (Crouan fl.). — C.-NORD. « *S.-Efflam* » (Miciol cat.), *S.-Michel-en-Grève,* Bon-Abri en *Hillion, S.-Cast* (Baron) ; *îles des Ebiens, S.-Jacut, Dinan.* — IL.-ET-V. Calc. de *Rennes.* — Çà et là mais R. sur la côte de *la Bretagne.*

**L. arvense** L. Tige simple ou peu rameuse, dressée, couverte ainsi que les feuil. de poils raides, appliqués. Feuil. lancéolées, à 1 nervure, les inf. oblongues, rétrécies en pétiole. Fl. blanchâtres, qqf. rosées ou bleuâtres, axillaires, en épis terminaux ; pédic. à peine renflés. *Carp. rugueux-tuberculeux.* ①. mai-j$^n$. Moissons. CC. le calc. ; AC. région maritime, PC. ailleurs.

*Obs. L. permixtum* Jord. se distinguera du précéd. surtout par les pédic. courts, à la fin fortement renflés, et par les carp. tuberculeux-alvéolés, ces carp. sont moins tuberculeux, fortement alvéolés, tandis que ceux de *L. arvense* sont ord. tout couverts de tubercules, plus rarement avec qq. tubercules mêlés à des alvéoles ou fossettes. J'y rapporte des échantillons que j'ai cueillis au Deffand et d'autres récoltés à Pressigny (Deux-Sèv.). par M. Guyon.

✗. **L. apulum** Vahl. *Myosotis* L. Hispide. Une ou plusieurs tiges simples, dressées, de 5-10 cent. Feuil. dressées, linéaires, rétrécies au sommet, les inf. linéaires-spatulées. *Cor. jaune,* tube plus long que le cal., velu en dedans et en dehors, et fermé à la gorge par des poils, lobes ovales-oblongs. Carp. fauves, tuberculeux. ①. 15 mai-15 juin. Plateaux pierreux du littoral. — CHAR.-INF. R. *Fouras !* (Faye). C. *Pointe du Chay ;* C! *la Repentie* et au-delà (Lx.), R. bois d'Avail en *Oleron.*

**L. prostratum** Lois fl. gal. T. 4. *Tiges presque ligneuses,* couchées lorsqu'elles sont sans appui. Feuil. lancéolées-linéaires, recourbées par les bords. Fl. bleues, peu nombreuses, 3 f. plus longues que les lobes linéaires du cal. Cor. velue en dehors, bleue, tube rougeâtre, gorge fermée par des poils. Carp. blancs, lisses. mai-j$^n$. — FIN. C. landes de la presqu'île de *Crozon.* — CHAR.-INF. La Martière en *Oleron.*

✗. **L. purpureo-cæruleum** L. *Tiges* stériles allongées, rampantes, les *fertiles dressées* de 3-5 déc. Feuil. lancéolées, rudes, les sup. demi embrassantes. Fl. bleues bien plus longues que les lobes linéaires du cal. Carp. blancs, luisants. ♃. jⁿ-jᵗ. Bord des haies, des bois du calc. — CHAR.-INF., DEUX-SÈV. et midi de la VEND. AC.

**PULMONARIA** L. Cal. 5.fide, en cloche, à 5 angles. Cor. en entonnoir, à 5 lobes ; gorge poilue. Stigm. obtus, échancré.

**P. angustifolia** L. Tige hispide, de 15-25 cent. Feuil. lancéolées ou ovales-lancéolées, longues, qqf. plus que la tige, souv. tachées de blanc, à pétiole ailé, celles de la tige courtes, un peu embrassantes ou légèrement décurrentes. Fl. bleues ou passant du rougeâtre au bleu, à tube poilu à la gorge, glabre du reste, en grappe terminale. Carp. noirs, luisants. ♃. av.-mai. Bord des haies, des bois. C. — MOR. Région marit. R. — ILL.-ET-V. PC. ainsi que dans la partie des *C.-Nord* voisine. — Cette espèce comprend *P. tuberosa* et *longifolia* Boreau, fl. du centre. — Comme dans le *Primula*, tantôt le style est court avec étam. insérées à la gorge de la cor., tantôt il est long avec étam. placées vers le milieu du tube et dans ce cas la fl. est ord plus grande.

* **P. ovalis** Bastard, Flore suppl. que je cultive de Beaupreau (Maine-et-L.) est distinct de *P. angustifolia* par les feuil. molles au toucher, d'un vert plus clair, obscurément tachées, par les fl. plus grandes, ternes, d'abord rouges, puis bleues, en grappe lâche, par le cal. cylindracé-tubuleux à dents occupant le 1/3. Les feuil. radic. de l'été sont ovales-oblongues, plus courtes que la tige ; le tube de la cor. est poilu à la gorge, glabre du reste ; les carp. sont pubescents.

**ONOSMA** L. Cor. cylindrique-en cloche. Anthères en fer de flèche, adhérentes à la base. Carp. libres, à base triangulaire. *Fl. blanches puis jaunâtres.*

⚥. **O. echioides** L. Hispide. Tige simple, raide, d'env. 3 déc. Feuil. lancéolées-linéaires, les inf. rétrécies en pétiole, les florales ovales-lancéolées, toutes couvertes de poils raides partant d'un tubercule glabre. Fl. en panic. Anthère glabre 2 f. plus longue que le filet. Carp. lisses, marbrés. ♃. jⁿ-jᵗ. Lieux pierreux calc. — CHAR.-INF. *Surgères!* (de Beaupreau), c. de *S.-Christophe*, de *Virson* à *Chambon* (Lemarié!) de *Landrais* au *Thou* et à *Péré*, la Garde près *Croix-Chapeau* (Fd.), R. *Fouras* (Lesson). R.

b. *Gorge de la cor. couronnée par 5 écailles ou appendices.*

**SYMPHYTUM** L. Cor. tubuleuse-en cloche, à 5 dents courtes, gorge fermée par 5 appendices en alêne, dentés-glanduleux, réunis en cône. Carp. lisses.

**s. officinale** L. *Consoude.* Hispide, rameux. Rac. rameuse, épaisse, noirâtre. *Feuil. lancéolées, longuement décurrentes.* Fl. blanches, qqf. rougeâtres, en grappes terminales. ♃. mai-jⁿ et automne. Prés humides, bord des eaux. C.

**S. tuberosum** L. Rac. oblique, noueuse, non interrompue, charnue, blanchâtre, garnie de fibres. Tige de 3-4 déc. poilu-rude, simple
ou bifide au sommet. *Feuil.* lancéolées-elliptiques, *courtement décurrentes,* les florales opposées, les inf. rétrécies en pétiole. Fl. jaunâtres
en grappe courte terminale. Lobes de la cor. recourbés. ♃. av.-mai.
Lieux ombragés. — CHAR.-INF. *Montlieu,* c. bord du *Lary* et de ses
affluents (de Meschinet), *la Barde* (Pétureau). R. — DEUX-SÈV. Vallons
du Puits d'Enfer près *S.-Maixent* (Sauzé, M.), *Prailles* (Gir.). R. —
MOR. *La Chartreuse* d'Auray (Elphège). — FIN. c. bord du Jarno près
*Morlaix* (Hervé). — C.-NORD. « *S.-Efflam* » (Miciol cat.), coteau humide un peu boisé dans la baie de *S.-Michel-en-Grève* (de Guernisac),
*Coëtfrec* et environs de *Lannion* (J.-M. Sacher), *Pommerit-Jaudy* (Le
Corre). RR.

**ANCHUSA** L. Cor. en entonnoir, à 5 lobes ; gorge fermée par 5
écailles obtuses, en pinceau. Carp. ridés, creux à la base et entourés
d'un anneau strié-plissé.

**A. italica** Retz. *Buglose.* Plante couverte de poils blancs, raides.
Tige rameuse, de 6-10 déc. *Feuil. lancéolées,* sessiles. Fl. d'un beau
bleu, en épis géminés, garnies de bractées linéaires-lancéolées et formant une panic. terminale. Div. du cal. profondes, égalant le tube
de la cor. à lobes arrondis. Ecailles de la cor. blanches, terminées en
pinceau. Carp. obliquement oblongs, grisâtres, fortement ridés, 4
fois plus gros que ceux du suiv. ♃. jⁿ-aᵗ. Champs et décombres des
ter. calc. — CHAR.-INF., DEUX-SÈV. et VEND. C. — LOIRE-INF. R.
*Machecoul,* RR. *Croisic.* RR. — FIN. c. champs sablonneux marit. des
environs de *Plomeur ! Beuzec, S.-Jean-Trolimon ; Loctudy* (Bonnemaison), c. baie d'Audierne à *Traon-Houarn, Port-Salut* (Crouan).

*** A. officinalis** L. *A. angustifolia* DC. Tige de 6-10 déc. rameuse,
hispide. *Feuil. lancéolées-linéaires,* sessiles. Fl. bleues, en épis axillaires, formant une panic. terminale. Bractées ovales lancéolées. *Cal.
fendu jusqu'au milieu,* à lobes presque obtus. Ecailles de la cor. ovales,
papilleuses au bord. Carp. ovales finement tuberculeux, ridés, à la fin
noirs. Poils des rameaux de la panic. et du cal. étalés. ②, rar. ♃.
jⁿ-jᵗ. Lieux incultes, décombres de la région maritime, où il a sans
doute été apporté avec le lest des navires. — CHAR.-INF. Oleron à
*Boyardville !* (Delalande). — VEND. Autour du cimetière *des Sables*
(Delalande). — LOIRE-INF. Délestages de *Couëron.* — RR.

**A. sempervirens** L. *Caryolopha* Fisch. Tige de 3-4 déc. rameuse,
hispide. *Feuil. largement ovales,* un peu sinuées-dentelées, hispides,
caduques, les rad. et inf. pétiolées. Fl. d'un beau bleu, en petits bouquets géminés, accompagnés de 2 bractées foliacées et situés au sommet d'un pédonc. axillaire, solitaire, plus court que la feuil. Cor. presq.
en roue à lobes égaux, obtus ; tube blanc, ovale, court, presque fermé
par les écailles blanches, obtuses, papilleuses. Carp. munis à la base
int. d'un appendice en oreille courbé vers l'ombilic. ♃. mai-jⁿ. — LOIRE-
INF. Nantes au *Four du Diable !* (Bonamy), et parcs voisins. RR. —
BRETAGNE. AC. haies fraîches et pierreuses au-delà de *Vannes, Ploërmel* et *Rennes.*

**LYCOPSIS** L. Caract. de l'*Anchusa.* Cor. irrégulière ; tube allongé,
courbé.

**L. arvensis** L. Plante rameuse, toute hérissée de poils blancs. Feuil. lancéolées, sinuées-dentées, ondulées. Fl. bleu clair, à gorge blanche, en grappe terminale. ①. jⁿ-sept. Lieux incultes sablonneux. C. — Au-delà de *Loire-Inf.* AC. région maritime.

**BORAGO** L. Cal. fermé après la fleuraison. Cor. en roue, à 5 lobes étalés ; gorge fermée par 5 écailles obtuses, échancrées. Anthères insérées sur le lobe intér. des filets bifides. Carp. ridés, creusés à la base.

**B. officinalis** L. *Bourrache.* Rameux, hispide. Feuil. ovales, les inf. pétiolées. Fl. bleu ciel, en panic. ouverte. Anthères noirâtres. ①. jⁿ-sept. Terres cultivées, autour des habitations, décombres. AC.

**MYOSOTIS** L. Cal. en cloche. Cor. en entonnoir ou en soucoupe ; gorge fermée par 5 appendices glabres. Carp. lisses. *Fl. en épis grêles, ord. géminés.*

** Cal. à poils tous appliqués.*

**M. palustris** With. *Souche oblique un peu rampante. Tige anguleuse* à poils étalés. Feuil. de la tige oblongues-lancéolées. Cal. fructifère en cloche. Cor. grande, bleu ciel à gorge jaune, limbe plane. Style égalant presque le cal. à dents plus courtes que le tube. ♃. mai-sept. Prés humides, fossés, marais, bord des eaux. C.

β. *M. strigulosa* Reich. Tige plus grêle à poils appliqués ou ceux du bas étalés.

**M. repens** Don. Rac. non rampante. Tige arrondie, *hérissée de poils étalés. Cor.* grande, plane, *bleu très pâle.* Style plus court que le cal. à dents égalant le tube. ②? mai-jⁱ. Lieux spongieux, tourbeux. AC.

**M. cæspitosa** Schultz, *M. lingulata* Lehm. *Rac. fibreuse. Tige arrondie à poils appliqués.* Cor. bleue, petite, limbe un peu concave. Style très court égalant env. le tube du cal. ②. jⁿ-jⁱ. Fossés, marais, bord des eaux. AC.

**M. sicula** Guss. Petite plante de 3-12 cent. en touffe. Rac. fibreuse. Tige arrondie à poils appliqués, peu nombreux, rameuse presque dès la base, *rameaux* nombreux, *divariqués. Cor. très petite,* bleu clair, limbe un peu concave. Style très court. ① ou ②. mai-jⁱ. Bord des mares, des étangs, des vieilles carrières, surtout dans les terres schisteux. — LOIRE-INF. AC. — Çà et là ailleurs.

*Obs.* — Quelques auteurs réunissent sous le nom de *M. palustris* ces 4 plantes, qu'il n'est pas toujours facile de distinguer entre elles.

*** Cal. à poils étalés, ceux du bas crochus ; tige poilue, à feuil. oblongues-lancéolées.*

**M. silvatica** Hoffm. Rac. fibreuse. Feuil. rad. spatulées ou obovales, pétiolées. Cal. fructifère à div. profondes, dressées, plus court que le pédic. étalé. *Cor grande,* bleue, inodore, tube plus court que le *limbe plane* et un peu plus long que le cal. ②! mai-j<sup>n</sup>. Lieux ombragés. — DEUX-SÈV. *Parthenay* (Janneau). — VEND. d'*Evrunes* à *la Sèvre, la Verrie!* (Gen.), moulin Martin près *Château-Guibert*. — LOIRE-INF. *Clisson !* (Le Boterf). c. de là jusqu'à *Gorges*. R. — Plante très élégante.

**M. intermedia** Link. *Cal.* fructifère fermé, *plus court que le pédic. étalé. Cor. petite*, bleue; tube égalant le limbe concave. ②. mai-j<sup>t</sup>. Lieux cultivés, taillis. C. — cc. le calcaire.

**M. hispida** Schlect. *M. collina* Reich. *Cal. fructifère ouvert, plus long que le pédic.* ou l'égalant. Cor. petite, bleue ; limbe concave; tube inclus. ①. av.-mai. Murs, lieux cultivés, talus des fossés. CC. — Moins c. que le précéd. au nord de la *Loire-Inf*.

**M. versicolor** Pers. Cal. fructifère fermé, plus long que le pédic. ascendant. *Cor. passant du jaune au bleu et enfin au violet ;* limbe concave ; tube saillant. ①. av.-j<sup>n</sup>. Lieux cultivés, bord des chemins. C. — Varie à fl. blanche (*M. dubia* Arrondeau), passant au bleu (qqf. très pâle), à fl. jaune passant au bleu très pâle et (*M. Balbisiana* Jord.) à fl. entièrement jaune ; ce dernier à *Lorient* (Godron), à *Plounérin* en *Côt.-du-Nord* (Miciol), à *Quimper* en *Fin.* (Picq.).

<sup>·</sup> **M. stricta** Link. Fl. très petites, bleues, *en épis raides*, effilés, *feuillés a la base. Cal. fructifère fermé*, beaucoup plus long que le pédic. Cor. en entonnoir à tube inclus. ①. Lieux sablonneux. Bastard l'a recueilli à *Chalonnes*, dans les sables de *la Loire*.

**ASPERUGO** L. Carp. ovales comprimés, verruqueux, cachés à la maturité par le cal. accru à 2 lobes parallèles, sinués-dentés.

⚥. **A procumbens** L. Hispide, couché. Feuil. oblongues ou lancéolées, alternes, rétrécies en pétioles, les florales opposées. Fl. bleues, petites, axillaires, solitaires. Pédonc court. à la fin recourbé. ①. mai-j<sup>n</sup>. Lieux incultes, bord des champs. — DEUX-SÈV. *Thouars* (Revelière). RR.

**ECHINOSPERMUM** Swartz. Cal. 5 part. Cor en soucoupe, gorge fermée par 5 écailles convexes. Carp. triquètres, chargés sur le dos d'aiguillons crochus au sommet, fixés par le côté int. au style persistant.

⚥. **E. Lappula** Lehm. *Myosotis* L. Herbe de 3-5 déc. couverte de poils blancs couchés. Tige dressée, rameuse au sommet à rameaux très ouverts. Feuil. linéaires-lancéolées, ciliées, sessiles. Fl. bleu clair, petites, en grappes feuillées. Carp. muriqués. bordés de chaque côté d'un double rang d'aiguillons crochus. ① ou ②. j<sup>t</sup>-a<sup>t</sup>. Champs, vignes du calc. — CHAR.-INF., DEUX-SÈV. AC. — VEND. R. *Corps.* c. vignes de *Bourneau* (Pont., M.), *Pouzauges* (Gad.), *la Bauduère* (Bonneau), *Brétignolles* (Gobert), vignes de *Barbelorte* (Lepeltier). PC. — LOIRE-INF. Vignes près *S.-Et.* et *S.-J.-de-Corcoué* (Gad.), *Plessé* (Desmars).

**CYNOGLOSSUM** L. Cor. en entonnoir; gorge fermée par 5 appendices convexes. Carp. déprimés, hérissés d'aiguillons étoilés au sommet, fixés par le côté int. au style persistant.

**C. officinale** L. *Cynoglosse*. Rameux. Feuil. de la tige lancéolées, demi-embrassantes, molles-tomenteuses. *Fl. rouge-vineux*, en épis axillaires et terminaux. *Carp.* planes sur le devant et *entourés d'un bord saillant*. ②. mai-j^t. Lieux pierreux, incultes, décombres. — AC. dans le calc. et par localités dans la région maritime ; PC. ailleurs.

**C. pictum** Ait. Rameux. Feuil. linéaires-lancéolées, embrassantes en cœur, molles-tomenteuses, les inf. oblongues, rétrécies en pétiole. *Fl. veinées* de rose changeant en bleu clair. *Carp. convexes sans rebord.* ②. j^n-j^t. Bord des chemins, des haies, lieux pierreux du calc. — CHAR.-INF. AC. — VEND. AC. calc. du midi. — IL.-ET-V. RR. calc. de *Rennes*. (LX.).

**OMPHALODES** Tourn. Caract. du *Cynoglossum*. Carp. en forme de corbeille, à bord membraneux, plié en dedans.

**O. littoralis** Mut. *Cynoglossum* Spreng. *Cyn. linifolium* Bon. 87, *Cyn. lateriflorum* Aubry. Glauque. Tige de 5-15 cent. Feuil. rad. en spatule, celles de la tige oblongues, sessiles. *Fl.* blanches, peu nombreuses, *en grappe* terminale *garnie de bractées* ovales-lancéolées, semblables aux feuil. et bordées de qq. cils. Carp. bordés de qq. cils. ①. mai-j^n. Sables maritimes. — CHAR.-INF. *Oleron ; Fouras, Châtelaillon* (Fd.), *Angoulins* (Hubert), *île de Ré!* (Lemarié). — VEND. *La Bauduère, île d'Yeu, Noirmoutier.* — MOR. c. *Houat, Hœdic ; Quiberon!* (Aubry), *Belle-Ile.* — FIN. *Iles Glénans ; Loctudy, Ile Tudy* (Ménager).

*Obs. O. linifolia* Mut. *Cyn.* L. cultivé sous le nom de *Gazon blanc*, diffère du précéd. par les *grappes* allongées, *sans feuil. florales* et par le bord des carp. crénelé-plissé.

# SOLANÉES

Cal. à 5 div. ord. persistant. Cor. à 5 lobes égaux ou inégaux, plissée ou imbriquée dans le bouton. Etam. 5, insérées à la base de la cor. Ovaire 1. Style à stigm. simple ou bifide. Fruit à 2 loges polyspermes, tantôt caps. à cloison parallèle aux valves, tantôt baie à placenta attaché au milieu de la cloison. *Feuil. alternes.*

**SOLANUM** L. Cor. en roue. Anthères conniventes, s'ouvrant au sommet par 2 pores. Baie.

**S. nigrum** L. *Morelle.* Rameaux souv. anguleux-tuberculeux. *Feuil. ovales*, plus ou moins sinuées-dentées. Fl. blanches, en petits bouquets pédonculés, latéraux. Pédic. des fruits épaissis au sommet, réfléchis. Baie globuleuse, noire. ①. j^n-sept. Bord des chemins, décombres, lieux cultivés. C.

β. *S. ochroleucum* Bast. Baie jaune pâle, jaune-verdâtre ou verte. (Forme naine : *S. humile* Bernh.) AC. *Vallée de la Loire.* PC.

γ. *S. miniatum* Bernh. Odeur musquée, qui existe qqf. chez les autres var.; baie rouge. AC.

δ. *S. villosum* Lam. Velu-grisâtre ; baie jaune-orange. — LOIRE-INF. *S.-Nazaire* (Pesneau), *Indret !* (Gen.). — Ces 4 formes se reproduisent de graines.

**S. Dulcamara** L. *Douce-amère*. Rac. traçante. Tige de 1-2 mèt. frutescente, flexueuse, sarmenteuse. *Feuil*. ovales-en cœur, qqf. pubescentes (surtout dans le midi), pétiolées, les *sup*. *à 2 lobes à la base*. Fl. violettes, à 10 taches vertes à la base, en grappes latérales. Baie ovale, rouge. ♃. jⁿ-aᵗ. Haies humides, bord des eaux. C.

β. *marinum* Bab. En tapis ou touffes parmi les galets ; feuil. un peu épaisses. — C.-Nord. c. Sillon Falbert près *Paimpol* (Avice). — FIN. « *Locquirec* » (Miciol cal.).

**PHYSALIS** L. Cor. en roue. Anthères s'ouvrant en long. Baie globuleuse, renfermée dans le cal. renflé en vessie.

X. **P. Alkekengi** L. Rac. rampante. Feuil. géminées, ovales, entières ou sinuées, aiguës, pétiolées. Fl. blanc-jaunâtre, axillaires, solitaires, pendantes. Baie et son cal. rouge vif. ♃. jⁿ-jᵗ. Champs, haies, vignes du calc. — CHAR.-INF., DEUX-SÈV. C. surtout dans les vignes. — VEND. AC. vignes.

*Obs. Nicandra physalodes* Gært. Plante d'Amérique, se voit çà et là *Vallée de la Loire* et autour des jardins où on le cultive qqf.; sa fl. est en cloche d'un bleu tendre à fond blanc marqué à la base de 5 taches bleues ; le cal à 5 div. en fer de flèche et forme une vessie à 5 angles renfermant la baie.

**ATROPA** L. Cal. en cloche, persistant. Cor. en cloche à tube court. Etam. 5 inégales, rapprochées à la base, ensuite écartées ainsi que le style, puis courbées en dedans au sommet. Baie.

**A. Belladonna** L. *Belladonne*. Tige de 8-10 déc. pubescente. Feuil. ovales, acuminées, très entières, pétiolées, souv. géminées. Fl. axillaires, brun-livide sale. Baie globuleuse, noire, luisante. jⁿ-jᵗ. Bord des routes des forêts. — CHAR.-INF. Forêt d'*Aulnay* (Vernial). RR. — DEUX-SÈV. Forêts d'*Aulnay*, de *Chizé !* (A. Guillon). RR. — BRETAGNE. Lieux pierreux, bord des chemins, haies, décombres, où il est trop c. dans qq. localités, selon les botanistes cités. — MOR. R. et naturalisé (Arrondeau). — FIN. *Quimper, Audierne, Pont-Croix*, côte N. de *Plougastel, Brest! Porspoder, l'Aber-Vrac'h*, env. de *Morlaix*, de *S.-Pol, Plouézoc'h, Plougoulm* (Crouan fl.), *Ile Molène* (Thiébaut). PC. — C.-NORD. Coëtfrec près *Lannion* (J.-M. Sacher), env. de *Lamballe* (Ad. Bichemin), forêt de la *Hunaudaie, Plévenon* (Cornillé), *S.-Cast* (Droguet), vallée et coteaux de la Rance à *Lehon, Grilmont, Landboulon* (Mabille).

*Obs.* On rencontre qqf. dans les murs, à leur pied, autour des habitations et plantés en haies, surtout dans la région maritime, même la plus exposée au vent, *Lycium barbarum* L. part. (*L. vulgare* Dunal) et *L. sinense* Lam. (*L. ovatum* Dun.), arbrisseaux à rameaux grêles, faibles, épineux, cal. court, cor. violet-rosé, veinée, en entonnoir à tube court, baie rouge ; le 1ᵉʳ a les feuil. lancéolées et le cal. à 2 lèv., l'une qqf. bidentée ; le 2ᵉ les feuil. ovales et le cal. à 5 dents.

**HYOSCYAMUS** L. Cal. en cloche. Cor. en cloche à 5 lobes inégaux. Caps. ventrue, à 2 sillons, s'ouvrant circulairement en travers.

**H. niger** L. *Jusquiame, Herbe de S^{te}-Apolline.* Fétide. Tige rameuse, couverte de longs poils. Feuil. sinuées-pennifides à lobes aigus, les sup. embrassantes. Fl. jaune livide, à veines noirâtres, en épi unilatéral. ②. j^n-sept. Décombres, bord des chemins. AC. calc. et région maritime; PC. ailleurs.

**DATURA** L. Cal. caduc, à base circulaire persistante. Cor. grande, en entonnoir, plissée. Stigm. à 2 lames. Caps. à 4 valves à 2 loges séparées en 2 autres incomplètes.

**D. Stramonium** L. *Pomme épineuse.* Fétide. Tige rameuse. Feuil. ovales, sinuées-dentées. Fl. blanches, axillaires, solitaires, odorantes. Caps. dressée, épineuse. ①. j^n-sept. Décombres, autour des villages, sables maritimes. — *Vallée de la Loire* et région maritime. AC. — Moins C. au-delà du *Mor*.

β. *D. Tatula* L. Plus robuste; tiges, pétioles, nerv. des feuil. et cor. violacés. Mêmes lieux. R.


# VERBASCÉES

Caract. des Solanées. Cor. inégale ou irrégulière. Anthères 1. loc. soudées en travers ou obliquement au sommet dilaté des filaments.

**VERBASCUM** L. Cor. en roue, à 5 lobes inégaux. Etam. 5 inégales, à filets souv. barbus. Caps. à 2 valves au sommet. *Plantes bisannuelles,* à fl. jaunes. — Voir Franchet, essai sur *Verbascum,* 1868, avec fig.

a. *Feuil. décurrentes d'une feuil. à l'autre.*

**V. Thapsus** L. Schrad. *V. Schraderi.* Mey. *Bouillon blanc, Molène,* ainsi que les 2 suiv. Tout cotonneux blanchâtre. Tige simple. Feuil. ovales-oblongues, finement crénelées, les inf. rétrécies à la base. Fl. en petits faisceaux formant une grappe linéaire, serrée, terminale. *Cor. moyenne, presq. en entonnoir.* Filets des 2 étam. inf. glabres ou à peu près. *Anthères toutes réniformes.* Stigm. en tête. j^n-sept. Haies, décombres, lieux pierreux. C. — Varie t. rar. à feuil. peu ou point décurrentes. (*V. montanum* Schrad.), *Saintes* en Char.-Inf. (P. Brunaud). — M. Foucaud l'a vu aussi en Char.-Inf., surtout région maritime, à cor. grande, plane, d'un beau jaune et à filets des étam. inf. poilus en dessus (*V. canescens* Jord., Bor.).

β. *subviride, V. Thapso-nigrum.* éd 3. Caract. du type dont il diffère surtout par les feuil. vertes, moins cotonneuses, Fl. plus petites, planes, en grappes assez souv. rameuse; filets des étam. inf. poilus jusqu'aux 2/3. Caps. ovale. — Cette plante m'a été envoyée vivante par M. Morin qui a reconnu la persistance de ses caractères depuis quinze ans qu'il l'étudie. — C.-NORD. Sur les granits AC. ou C. *Bobital, le Hinglé, Trébédan, Mégrit, Plénée-Jugon, Plédéliac,* R. ailleurs. — M. Foucaud l'a

observée dans les ter. sablonneux à *S.-Mariens, la Teste* (Gironde), et
vue répandue dans les Landes et les Basses-Pyrénées jusqu'à *Biarritz*
et env. où elle fructifie abondamment, ainsi que dans les jardins
quand on l'y cultive.

**V. thapsiforme** Schrad. Tout cotonneux-jaunâtre. Tige simple.
Feuil. ovales-oblongues, crénelées, acuminées, les inf. rétrécies en
pétiole. Fl. en petits faisceaux formant une grappe linéaire, serrée, terminale. *Cor. grande, en roue. Les 2 étam. inf.* à filets glabres ou à
peu près et *à anthères linéaires.* Stigmate longuement décurrent.
jⁿ-sept. Coteaux pierreux, décombres. — LOIRE-INF. De *Mauves* à
*Ingrande*, sables maritimes, etc. C. — MOR. AC. — Prob. dans toute
la région maritime et dans le calc. — Varie rar. à feuil. non décurrentes d'une feuil. à l'autre *(V. phlomoides* L.). Cette variété semée
m'a produit le type et en même temps des formes avec feuil. à décurrence variable, mais ne s'étendant pas d'une feuille à l'autre.

b. *Feuil. non décurrentes.*

* *Filets des étam. à poils blanchâtres.*

**V. floccosum** Waldst. *V. pulverulentum* Villars. *Plante couverte
d'un duvet blanc, floconneux, caduc.* Tige rameuse, brunâtre sous le
duvet qui la couvre. Feuil. ovales, sessiles, les rad. ovales-oblongues,
pétiolées, finement crénelées, les sup. ovales ou arrondies-en cœur,
demi-embrassantes, brusquement acuminées en pointe souv. oblique.
Fl. petites, en panic. très rameuse. jⁿ-aˡ. Coteaux pierreux, décombres,
sables maritimes. AC. — Varie rar. à fl. 1 f. plus grandes.

**V. Lychnitis** L. Tige à angles aigus. *Feuil.* crénelées, *vertes et
presque glabres en dessus,* tomenteuses-blanchâtres en dessous, les
rad. et les plus inf. oblongues, pétiolées, celles de la tige ovales, les
sup. longuement acuminées ainsi que les bractées. Fl. petites, qqf.
blanches en panic. pyramidale. Cal. et pédic. pulvérulents. jˡ-aˡ. Lieux
pierreux, bord des haies, des chemins surtout dans le calc. — CHAR.-
INF. AC. — DEUX-SÈV. Moins C. — VEND. *Baguenard* et *Fontenay*
(Lx.), Puyreusens près *Vouvant* (Gobert), *Loge-Fougereuse* (A. et J.
Rossignol), *Sauveré-le-Sec* (Ayraud). RR. — LOIRE-INF. Carrières,
taillis, bruyères près de Dreux en *Guenrouet* (Delalande). RR. — FIN.
*Quimper* (Bonnemaison).

** *Filets des étam. à poils violacés.*

⚥. **V. sinatum** L. Tige de 6-10 déc. d'abord floconneuse, à la
fin glabre, très rameuse. *Feuil. oblongues, sinuées* et dentées, sessiles,
*embrassantes,* tomenteuses, vertes en dessus, blanchâtres en dessous,
les sup. très peu décurrentes, celle de la panic. en cœur, acuminées,
dentées. *Fl. petites, courtement pédicellées, agglomérées 3-8 en faisceaux écartés, formant une panic. lâche, très ample, à rameaux
grêles, effilés.* Cal. tomenteux-blanchâtre. Anthères égales. aˡ-sept. —
CHAR.-INF. Bord des chemins de *S.-Romain-de-Beaumont* à *S.-Palais*
et *Berjat.*

**V. nigrum** L. Tige simple ou rameuse, anguleuse, brun noirâtre. Feuil. ovales-oblongues, souv. en cœur à la base, crénelées, vert foncé et presque glabres en dessus, plus ou moins tomenteuses en dessous, les inf. longuement pétiolées, les sup. ovales, presque sessiles. *Fl. en petits faisceaux, formant une grappe linéaire, serrée, terminale, souv. rameuse à la base.* jⁱ-aⁱ. Bord des haies, des chemins, champs en friche. — CHAR.-INF. R. *Loulay* (Mᵐᵉ George), AC. *S.-Jean-d'Angély* et env. (Pinatel), *Saleigne, Beauvais, Oleron* (Sav.), *Vouhé* (Delalande), *S.-Christophe, la Clotte* (Fd.), la Motte en *Geay* (Tess.), Azay en *S.-Crépin, Genouillé, Ardillières* (Riveau). R. — DEUX-SÈV. AC. — VEND. *Chaillé-les-Orm., Nesmy* (Pont., M.), d'*Oulmes* à *Benet* (Lx.), *Luçon* et env. (Lepeltier), *Rocheservière*. R. — LOIRE-INF. et BRETAGNE. AC. — Varie qqf. à feuil. allongées, longuement rétrécies à la base (*V. Alopecurus* Thuil.) et à fl. en panicule (*V. parisiense* Thuil.).

**V. Blattaria** L. Glabre, poilu-glanduleux au sommet. Feuil. rad. ovales-oblongues, sinuées, obtuses, pétiolées, celles de la tige oblongues, sessiles, les sup. ovales, aiguës, crénelées, demi-embrassantes. *Fleurs écartées*, en long épi qqf. rameux à la base. *Pédic. solitaire, dépassant la bractée.* jⁱ-sept. Bord des chemins, des murs, talus des fossés, champs incultes. C. — Au delà de *Loire-Inf.* moins c. que le suiv.

**V. virgatum** With. V. *blattarioides* Lam. Caract. du précéd. Pubescent-glanduleux. *Fl.* plus grandes, *moins écartées*, agglomérées 2-5, rar. solitaires. *Pédic. plus courts que la bractée.* jⁱ-sept. Mêmes lieux. C. région maritime ; ord. moins c. à l'intérieur.

*Obs.* On rencontre rar. des individus, plus souv. isolés, des deux plantes suiv., dont les caps. avortent ord. et qui sont considérées comme hybrides de *V. Blattaria :* — *V. pseudo-Blattaria* Schleich. Boreau, *V. ramosissimum* édit. I, non Bast. Vert, pubescent-glanduleux. Tige cylindrique, simple ou très rameuse. Feuil. rad. crénelées-sinuées, les inf. ovales-oblongues, en cœur à la base, aiguës, *sessiles*, les sup. en cœur, acuminées, toutes à crénelures mucronées. *Fl.* petites, *agglomérées 2,3 et formant une panic. lâche*, qqf. très ample, *à rameaux grêles, effilés. Pédic. plus longs que la bractée.* jⁱ.-aⁱ. — *V. Bastardii* R. et Sch. *V. ramosissimum* Bast., non Poir. Mêmes caract., tige simple ou peu rameuse, feuil. oblongues, plus ou moins décurrentes. Fl. grandes. — LOIRE-INF. Çà et là coteaux de la Loire entre *Clermont* et *Ancenis*, qqf. au milieu de *V. Blattaria* et *thapsiforme*, dont c'est un hybride (*thapsiformi-Blattaria* Gren. Godr.). VEND. *Maillezais* (Lx.). Ses caps. avortent constamment, caractère qui le fera distinguer de *V. virgatum*, auquel il ressemble.

*Obs.* Cultivez ensemble plusieurs *Verbascum* et vous en obtiendrez des hybrides.

## PERSONÉES

Cal. à 4,5 div. Cor. irrégulière, ord. à 2 lèvres. Etam. 4 didynames, rar. 2. Style 1 ; stigm. simple ou bilobé. Ovaire 1. Caps. à 2 loges polyspermes, rar. à 1 loge. Graines situées tantôt sur les bords rentrants des valves, tantôt sur la cloison épaissie au milieu en forme de placenta, tantôt sur un placenta central libre. *Feuil. souv. opposées.*

* Calice à 4 divisions.

*Veronica.* Etam. 2.
*Melampyrum.* Caps. à 2 loges 1.spermes.
*Rhinanthus.* Cal. ventru. Graines aplaties-ailées.
*Eufragia.* Graines nombreuses, non striées.
*Euphrasia.* Caps. oblongue, comprimée. Graines nombreuses, striées. Fl. axillaires.
*Odontites.* Caract. de l'*Euphrasia.* Fl. en épis unilatéraux.
*Trixago.* Caps. ovale-globuleuse. Graines striées.

** Calice à 5 divisions.

*Gratiola, Lindernia gratioloides.* Etam. 2.
*Pedicularis.* Cal. ventru. Caps. oblique, acuminée.
*Antirrhinum.* Cor. personée, bossue à la base.
*Linaria.* Cor. personée, éperonnée à la base.
*Anarrhinum.* Caract. du *Livaria.* Gorge de la cor. ouverte, sans palais.
*Scrofularia.* Cor. globuleuse, limbe court.
*Digitalis.* Cor. ventrue, limbe oblique. Feuil. éparses.
*Lindernia.* Cor. à 2 lèv. Placenta central, libre.
*Limosella.* Cor. très petite, en entonnoir, à 5 lobes égaux.
*Sibthorpia.* Cor. très petite. Feuil. orbiculaires.

**SCROFULARIA** L. Cor. globuleuse ; limbe petit, à 2 lèv., la sup. à 2 lobes, ord. munie en dedans d'une petite écaille, l'inf. à 3 dents recourbées. Etam. 4. Caps. ovale-globuleuse, accuminée. *Plantes fétides ; feuil. opposées.*

**S. nodosa** L. *Scrofulaire noire.* Racine noueuse. Tige à 4 angles aigus. *Feuil.* ovales-oblongues, en cœur à la base, *aiguës, dentées en scie,* à dents inf. plus grandes. Fl. brun-olivâtre, en panic. terminale. Lobes du cal. obtus, un peu scarieux au bord. Ecaille de la cor. à peine échancrée. ♃. mai-j^t. Bord des haies, des taillis. C.

**S. aquatica** L. S. *Balbisii* Hornem. Rac. fibreuse. Tige à 4 angles ailés. *Feuil.* oblongues, *obtuses, crénelées,* souv. munies à la base de 1,2 oreillettes ; pétiole ailé. Fl. rouge-brunâtre en panic. terminale. Lobes du cal. arrondis, très obtus, largement scarieux au bord. Ecaille de la cor. entière. ♃. j^n-a^t. Fossés. C.

**S. Scorodonia** L. sp. 864. Tige de 6-10 déc. tétragone, pubescente. *Feuil. triangulaires,* en cœur à la base, aiguës, *grossièrement et doublement dentées en scie,* pubescentes, surtout en dessous. Fl. rouge-brun, en panic. feuillée, terminale. Lobes du cal. très obtus, largement scarieux au bord. Ecaille de la cor. entière. ♃. mai-sept. Haies, bord des chemins, décombres. — CHAR.-INF. *S.-Georges d'Oleron!* (Sav.) RR. — VEND. *Noirmoutier, S.-Urbain ; Ile d'Yeu !* (Ménier). R. — LOIRE-INF. *Pornic.* — C. région maritime au delà de *la Loire.*

⋆ **S. peregrina** L. Tige simple de 3-5 déc. *Feuil. en cœur*, doublement crénelées-dentées, luisantes, pétiolées, les florales alternes.
Fl. rouge-brunâtre, en grappe terminale. Lobes du cal. ovales-lancéolés, non bordés. Ecaille arrondie. ① ou ②. j$^n$-j$^t$. Bord des haies,
des champs. talus pierreux, vieux murs. — Mor. *Vannes*. — Fin.
*Quimper* (herb. Bonnemaison), château de la *Roche-Maurice* (Crouan).
— C.-Nord. *Dinan* (Mabille), *Ile Bréhat, Paimpol, Plounez, Ploubazlanec* (Avice). — Il.-et-V. R. ville de *Fougères!* (V. Sacher). —
Prob. naturalisé.

**S. canina** L. *Feuil. pennées* à fol. inégalement incisées-dentées.
Fl. petites, marron-noirâtre à lobes latéraux blanchâtres, tachés, à
pédonc. court, en panic. terminale à rameaux ord. bifides. Lobes du
cal. blancs-scarieux au bord. — RR. carrières calc. de *Liré* en Maine-
et-Loire. — Loire-Inf. Talus du chemin de fer à *Clermont!* (Dumas).
Apparaîtra prob. sur d'autres points de la Vallée.

⋆ **S. vernalis** L. Feuil. en cœur, larges. *Fl. jaune-verdâtre*, en
corymbes axillaires. Echappé autrefois du jardin de Bonamy à la Morinière près *Nantes*, où il est presque détruit. — L'herbier de Bonnemaison renferme un échantillon étiqueté : Ile Beniguet près *Ouessant*
(de la Pylaie).

**GRATIOLA** L. Cal. à 5 div. muni à la base de 2 bractées. Cor.
tubuleuse, à 2 lèvres peu distinctes, la sup. échancrée, l'inf. à 3 lobes.
Etam. 4. dont 2 sans anthères. Anthères pendantes, à 2 fentes. Stigm.
à 2 lames.

**G. officinalis** L. *Gratiole*. Tige simple. Feuil. lancéolées, à 3 nervures, dentées en scie dans le haut, opposées, sessiles. Pédonc. filiforme, axillaire, solitaire. Cor. blanc-lilas, à tube jaunâtre, strié et
poilu en dedans. ♃. j$^n$-sept. Bord des marais, des étangs, des rivières.
— Char.-Inf., Deux-Sèv. AC. — Vend. AC. *Fontenay* (Lx.), *la Roche*
et au-dessous vers *Chaillé* (Marichal), c. *Port de la Claye* (Pont.), *la
Châtaigneraie, Challans* (Gobert). — Loire-Inf. CC. — Mor. R. et
l'intérieur.— Fin. Québlein près *Quimperlé* (Picq.). — C.-Nord. c. à
la haute *Rance*, descend jusqu'à *Dinan*, étangs de *Beaulieu*, de
*Jugon*, etc. (Mabille).—Il.-et-V. Env. de *Rennes, Châteaubourg* (J.-M.
Sacher), c. en *Redon* et *Bains* (Moreau), et plus haut sur *la Vilaine;*
c. bord du *Semnon* (Rolland).

**LINDERNIA** L. Cal. à 5 div. Cor. à 2 lèv., la sup. courte, échancrée, l'inf. à 3 lobes inégaux. Etam. 4, les antérieures à 2 branches,
dont l'une arquée avec ou sans anthère, loges des anthères non
réunies. Stigm. à 2 lames. Placenta central, cylindrique, libre.

**L. Pyxidaria** L. Bon. 69. Tiges d'env. 1 déc. tétragones, couchées
ou étalées. Feuil. ovales-oblongues à 3 nervures opposées, sessiles.
Fl. rosées, axillaires, solitaires, avortant souv. Caps. oblongue-ovale,
un peu plus courte que le cal. ①. j$^t$-a$^t$. — Loire-Inf. Vases et sables
vaseux de *la Loire* et de *la Sèvre*, et çà et là dans le *Haut de la
Loire*. PC.

**L. gratioloides**, *Capraria* L. sp. *Ilysanthes* Bentham in DC. Prod.;

Lloyd, Bul. Soc. bot. V. 15, p. 155, *Gratiola anagalloidea* Michaux. diffère du précéd., avec lequel il a la plus grande ressemblance, par les étam, dont 2 *seulement* sont *pourvues d'anthère,* par les feuil. d'un vert plus clair, plus larges, moins rétrécies à la base, les pédonc. moins nombreux et la fl. 1 f. plus grande, la caps. oblongue dépassant le cal. ①. a¹-sept. — LOIRE-INF. CC. des *Ponts de Nantes à Bouguenais* et sur *la Sèvre* jusqu'à *Vertou,* où il couvre des plages étendues. Tiges de 1-2 déc. tétragones, radicantes aux nœuds infér., couchées ou étalées (dressées lorsque les individus sont serrés les uns contre les autres, et alors, surtout dans les lieux gras, s'élançant à 3-4 déc.). Feuil. vert clair, ovales ou qqf. ovales-oblongues, presque obtuses à 5 nervures, opposées. sessiles, les sup. à dents de scie écartées, qqf. assez obscures. Pédonc. de longueur variable, plus court que la feuil. Fl. axillaires, solitaires ; cor. tachée de violet clair, souv. fermée, surtout au bord de l'eau, et alors plus petite à tube ventru. 2 étam. postérieures à anthères rapprochées, 2 étam. antérieures à deux branches, l'int. droite, jaunâtre, glanduleuse, obtuse, l'ext. plus courte, en alène, arquée-ascendante, blanchâtre, toutes deux sans anthère. Caps. oblongue dépassant le cal.; graines nombreuses, oblongues, marquées (à un grossissement d'env. 40 diamètres) de plusieurs côtes et entre celles-ci de sillons réguliers qui leur sont perpendiculaires. (Dans *L. Pyxidaria* la graine est oblongue-ovale, ridée-rugueuse et, par transparence, bordée de points cristallins). — Cette espèce, d'origine américaine, est CC. à Nantes, où elle a pris la place occupée par *L. Pyxidaria,* qui seul était connu des botanistes avant 1850. Cependant, son existence, constatée à Angers en 1851, puis en 1854 aux Ponts-de-Cé, son abondance au bord de la Mayenne, font croire à Boreau que la plante est bien indigène. Elle a été récemment trouvée en petite quantité à Blois, jusqu'à la limite du Loiret.

**DIGITALIS** L. Cal. à 5 div. inégales. Cor. en cloche ; limbe oblique, à 4 lobes inégaux, le sup. échancré. Etam. 4 ; anthères à 2 loges divariquées. Caps. à 2 loges formées par les bords rentrants des valves.

**D. purpurea** L. *Digitale. Pubescent.* Feuil. ovales-oblongues, crénelées, les inf. pétiolées. Fl. pourprées, pendantes, en long épi unilatéral terminal. *Cor. grande,* ventrue, glabre en dehors, velue et marquée en dedans de *taches pourpres* bordées de blanc. ♃. jⁿ-a¹. Bord des haies, coteaux, champs en friche. CC. — RR. dans le calc. — CHAR.-INF. *Boisredon* (Lemarié). RR.

⚥. **D. lutea** L. Tige de 5-8 déc. glabre. Feuil. oblongues-lancéolées, demi-embrassantes, dentées en scie, glabres ou ciliées à la base, les rad. rétrécies en pétiole. *Fl. jaune pâle,* serrées en épi unilatéral. Cor. petite, tubuleuse. ②. jⁱ-a¹. Côteaux et lieux pierreux du calc. — CHAR.-INF. AC. Chez d'Aigre en *Villers-Couture, Ghives* et env. (Sav.), *Siecq* (Lemarié), forêt d'*Aulnay* (Duss.). RR. — DEUX-SÈV. *Sauzais* (Boreau), de *Loubillé!* (Jousse), jusqu'à *Couture-d'Argenson* et la *Char.-Inf. R.*

**ANTIRRHINUM** L. Cal. à 5 div. Cor. personée, bossue à la base, lèv. sup. 2.fide l'inf. 3.fide à palais proéminent et fermant la gorge. Etam. 4. Caps. s'ouvrant au sommet par 3 trous.

* **A. majus** L. *Muflier*. Glabre, rameux. Feuil. lancéolées. Fl. en épi, pubescent-glanduleux, terminal. *Lobes du cal.* ovales, obtus, *beaucoup plus courts que la cor.* grande, rouge clair, à palais jaune, ou bien de couleurs variées. ♃. jⁱ-aᵗ. Cult. pour ornement et naturalisé sur les vieux murs. PC.

**A. Orontium** L. Velu, rameux. Feuil. lancéolées ou linéaires-lancéolées. Fl. rosées, axillaires, solitaires. *Lobes du cal.* lancéolés, *égalant la cor.* petite. ①. jⁿ-sept. Champs cultivés. C.

**LINARIA** Tourn. *Antirrhini* sp. L. Caractères de l'*Antirrhinum*. Cor. éperonnée à la base. Caps. s'ouvrant au sommet par 2 valves entières ou trifides.

*     * Feuil. longuement pétiolées ; pédonc. axillaires, solitaires.*

**L. Cymbalaria** Mil. Rameux. *Feuil. réniformes-en cœur*, à 5 ou 7 lobes. Cor. bleu clair, à palais blanc taché de jaune. ♃. mai-aᵗ. Elégamment pendant le long des vieux murs humides. — CHAR.-INF. C. *Berneuil* (Cazaugade), *la Grâce-Dieu* (Bouchet), *Chéray* (Sav.). — DEUX-SÈV. CC. *Parthenay!* (Janneau), C. *Saint-Maixent!* (Sauzé, M.), *Niort, S.-Liguaire, Melle, S.-Léger* (Gir.), AC. *S.-Generoux, Airvault* (Brottier), *François* (Guillon), *S.-Loup, S.-Germain l. Ch.* (Guyon), *Thouars* (Lunet). — VEND. C. *Fontenay!* et env. (Lx.), *Loge-Fougereuse, La Châtaigneraie* (Gobert), *Luçon* (Gen.). — LOIRE-INF. AC. *Vallée de la Loire.* PC. — MOR. RR. murs de *Vannes*, RR. *Auray* (Toussaints), *Hennebont, Lorient* (Guiho). — FIN. R. *Brest!* (Hubert), *Quimperlé ; Quimper, Lannilis* (Crouan). — C.-NORD. Le Légué, près *S.-Brieuc* (Taslé), C. moulin de *Loscouet* (Poulain), R. *Lannion* (Elphège), C. *Dinan, Léhon.* — IL.-ET.-V. *Rennes* (Le Gall), RR. *S.-Sulliac, Paramé* (Rolland), *Combourg* (de la Godelinais). RR.

♉. **L. cirrhosa** Willd. Plante très grêle ; tige et rameaux filiformes, couchés, à longs poils étalés. *Feuil.* petites, *lancéolées-hastées.* *Pédonc. capillaires*, glabres. Cor. très petite, bleuâtre ; éperon aigu, égalant le tube. Graines noires, fortement tuberculeuses. ①. jⁿ-aᵗ. Lieux sablon. — CHAR.-INF. *Bussac* (Fd.).

**L. Elatine** Mil. Velu, couché, rameux. Feuil. hastées, les inf. ovales. *Pédonc. glabre.* Cor. jaune, à lèvre sup. pourpre violacé ; éperon droit. ①. jⁿ-sept. Lieux cultivés. CC.

**L. commutata** Bernh. *L. caulirrhiza* Delille, *L. radicans* Le Gall. Tiges velues, couchées, rameuses, souv. radicantes à la base. Feuil. ovales-hastées, les inf. ovales. Pédonc. glabre. Cor. 1 f. plus grande que dans *L. Elatine ;* lèv. sup. violet clair, l'inf. jaune blanchâtre à palais ponctué ; éperon violacé, gros, courbé en avant en hameçon. *Graines tuberculeuses,* non alvéolées comme dans *L. Elatine* et *spuria.* Jⁿ-sept. Lieux sablonneux et coteaux maritimes. — CHAR.-INF. *Vaux, Fouras ; la Rochelle* (Maupon), Méré en *Oleron* (Parat). — MOR. Cà et là coteaux de *Belle-Ile.* — En automne les tiges périssent après avoir pris racine à l'extrémité et formé des rosettes qui passent l'hiver et produisent autant de plants pour l'année suiv.

**L. spuria** Mil. Velu, couché, rameux. Feuil. ovales-arrondies, obtuses. *Pédonc. velu.* Cor. jaune; lèvre supér. brun-noirâtre, veloutée; éperon courbé. ①. j$^n$-a$^t$. Champs sablonneux ou argileux-calc. — CHAR.-INF., DEUX-SÈV. et VEND. C. calc. et région maritime. — LOIRE-INF. c. *Vallée du haut de la Loire; la Meilleraie, Châteaubriant; Bergon* (Delalande), *Frénay,* c. *Machecoul; de la Bernerie à Bourgneuf,* RR. de *Nantes* à la mer; *Savenay; Escoublac, Pornichet; Batz, Mesquer* (Gen.). — MOR. *Groix, Gâvre* (Thépault), Larmor en *Plœmeur, Belle-Ile* (Le Gall), *Quiberon* (Taslé). R. — FIN. c. de *Penmarc'h!* au *Conquet* (Crouan), de *Loctudy* à *Penmarc'h, Quimper* (Picq.), *Porspoder* (Blanchard), île *Ouessant* (Thiébaut). — C.-NORD. *Portrieux, Binic,* S.-*Brieuc,* etc., S.-*Cast* (Baron), de S.-*Jacut* à S.-*Briac* (Mabille). — IL-ET-V. S.-*Malo* et env., S.-*Juvat* (Mabille), calc. de *Rennes* (Le Gall), *Bonnemain* (Hodée), *Redon.*

" *Feuil. sessiles, étroites (ovales dans* L. thymifolia).

**L. minor** Desf. Pubescent-glanduleux, qqf. (*L. prætermissa* Delastre) glabre. Feuil. lancéolées ou linéaires-lancéolées, obtuses, rétrécies en pétiole, les inf. plus larges, opposées. Fl. violet clair, petites, en épi feuillé. Pédonc. solitaire, beaucoup plus long que le cal. *Graines oblongues, à sillons aigus.* ①. j$^n$-sept. Lieux sablonneux, décombres, carrières schist., sables maritimes. — CHAR.-INF. C. — DEUX-SÈV. AC. — VEND. Çà et là dans le calc.; S.-*Hil.-de-Mortagne* (Gen.). — LOIRE-INF. PC. — IL.-ET-V. Calc. de *Rennes* (Le Gall), forges de *Paimpont* (Degland).

* **L. arvensis** Desf. Tiges souv. plusieurs, glabres. Feuil. linéaires, rétrécies aux deux bouts, glauques, alternes, les inf. quaternées. *Fl. bleu pâle,* très petites, en tête s'allongeant ensuite en épi grêle, veluglanduleux. Lobes du cal. linéaires, obtus, plus courts que le cal. *Graines* planes, *orbiculaires,* cendrées, entourées d'une *aile membraneuse.* ①. j$^n$-j$^t$. Champs et lieux sablonneux. — S.-*Georges-des-Sept-Voies* en Maine-et-L. (Bastard).

⚥. **L. spartea** Hoffm. *L. juncea* Desf. *Tige effilée,* très rameuse. *Feuil. linéaires, très étroites,* alternes, épaisses, un peu en gouttière en dessus, les inf. et celles des rejets stériles linéaires-lancéolées, verticillées. Fl. grandes, jaunes, palais plus foncé. Lobes du cal. linéaires-lancéolés à pointe noirâtre, égalant presque la caps. beaucoup plus courte que le pédic. *Graines* petites, ridées en travers, plombées, *en pyramide irrégulière* et tronquée. ①. ②. j$^n$-j$^t$. — CHAR.-INF. Champs sablonneux de *Montendre* à *Montlieu;* CC. *Orignolle, Clérac* (de Meschinet).

⚥. **L. thymifolia** DC. Glabre, *glauque.* Tiges couchées. *Feuil. ovales, opposées ou ternées.* Fl. jaunes, odorantes, en têtes terminales. Cal. étalé. Cor. à palais orangé; lév. inf. à 3 lobes, l'intermédiaire un peu plus petit. Graines noires, orbiculaires, minces, convexes d'un côté, concaves de l'autre, bordées d'une aile membraneuse. ①. j$^n$-j$^t$. — CHAR.-INF. Sables maritimes nus en pente, çà et là *Oleron* et de *la Tremblade* au phare de *Bonne-Anse;* R. *Royan.*

**L. pelliceriana** Mil. Glabre. Tige grêle de 2-4 déc. *Feuil. inf. ternées,*

lancéolées, celles des tiges stériles ovales, les sup. linéaires, alternes.
Fl. en tête s'allongeant ensuite en épi grêle, peu fourni. Lobes du
cal. linéaires, dépassant la caps. didyme dont chaque lobe s'ouvre en
7 dents, les 3 ext. longues, lancéolées, les 4 int. courtes, obtuses. Cor.
violet foncé, de la longueur de son éperon ; lèvre supér. longue.
*Graines* membraneuses, *orbiculaires, plates, ciliées.* ①. mai-jⁱ. Coteaux
arides, surtout schisteux. — CHAR.-INF. *Vergeroux, Fouras* (Faye),
*Trizay* (Marc Arnauld), *Geay* (Fd.), *Cornie-Royal* (Tess.) ; sables de la
Martière et Avail en *Oleron, Berjat, les Mathes ; Rétaud* (Sav.), *Mon-
tendre ; Clérac* (Millieurenche), *la Barde* (Pétureau). PC. — DEUX-SÈV.
*Chambrille* (Sauzé), *Parthenay* (Janneau), RR. *Borcq* (Brottier),
*S.-Germain-de-L.-Chaume*, AC. *Gourgé, S.-Loup* (Guyon), *Pouffonds,
Ménigoute* (Gir.), *Thouars !* (Lunet), *Argenton-Ch. !* (J. Richard). —
VEND. *Challans, Mouilleron-en-Pareds*, C. coteaux bordant les deux
*Lays* (Pont., M.), *Garenne-Augeard, Cheffois*, C. *Roc-S.-Luc, Mervent*
(Lx.) ; RR. *Mortagne* (Gen.), *Noirmoutier* (Gobert), *Ile d'Yeu !* V.-Grand-
Marais). — LOIRE-INF. *Croisic, Guérande ; Trescalan ! S.-Sébastien !
Pornic* (Lx.) ; *Clisson* (Le Boterf) ; *S.-Colombin* (Cailleteau), *Chémeré*,
le Breuil en *la Haye*, l'Ebeaupin en *Maisdon*, AC. env. de l'Ecorche-
vrière près *Torfou, Grand-Auverné* (de Lisle), *Nozay* (S.-Gal), env.
d'*Ancenis*. R. — MOR. *Séné, Ile-aux-Moines, Sarzeau, Plouharnel*,
(Taslé), C. *Penestin* (S.-Gal), *Quiberon, Lorient, Port-Louis* (Le Gall).
*Houat, Belle-Ile.* — FIN. Coteaux de *Brest* (Bonnemaison). RR. — IL.-
ET-V. *S.-Just* (Moreau).

**L. striata** DC. Glaucescent. Feuil. linéaires-lancéolées, verticillées,
les sup. éparses. Fl. bleu-blanchâtre, rayées de violet, odorantes, en
épis allongés. Eperon court. *Graines trigones, ridées en réseau entre
les angles.* ♃. jⁿ-sept. Bord des haies, lieux pierreux. CC.

β. *ochroleuca*. Fl. beaucoup plus grandes, jaunes à palais orangé,
lèv. sup. striée de violet, éperon égalant le tube de la cor. — CHAR.-
INF. *La Rochelle* (Tesseron !). — VEND. *Stᵉ-Gemme-la-Plaine* (Lx.),
*La Roche* (Pont., M.), *Pouzauges* (Gobert), *Bazoges-en-Paillers* (Gad.),
*Evrunes !* (Gen.). — LOIRE-INF. *Blain* (Beuchet), *Bourgneuf* (Lajunchère), *Clermont, Vertou.* — C.-NORD. *S.-Brieuc* (Baron), *Dinan*
(Morin). — IL.-ET-V. *Rennes* (Hodée). — Qq. auteurs le considèrent
comme un hybride des *L. striata* et *vulgaris*, dans le voisinage
desquels il croît qqf. et entre lesquels on trouve encore d'autres
passages ; ses graines avortent ord.

**L. vulgaris** Mil. Glabre, glaucescent. Rac. rampante. *Feuil.* lancéolées-linéaires, *éparses, rapprochées. Fl. jaunes* à palais orangé, en
épis serrés, qqf. pubescents glanduleux. Lobes du cal. aigus, plus
courts que la caps. Palais velu au bord, en dedans ; lèv. inf. à lobe
intermédiaire plus petit dirigé en avant. Graines plates, finement
tuberculeuses, bordées d'une aile membraneuse. ♃. jⁿ-sept. Lieux
incultes, bord des chemins. CC.

**L. supina** Desf. *L. maritima* DC. Glauque, couché ; rameaux
redressés, un peu pubescents-glanduleux au sommet. *Feuil.* linéaires,
*presque toutes quaternées*, rapprochées. *Fl. jaune pâle* à palais plus
foncé, odorantes, *en têtes terminales.* Lobes du cal. obtus, rétrécis à
la base, dépassés par la caps. Eperon qqf. violacé. Graines orbicu-

laires, convexes d'un côté, concaves de l'autre, noires, bordées d'une
aile membraneuse. ①. jⁿ-sept. Sables maritimes, champs calc. —
CHAR.-INF., DEUX-SÈV., VEND. C. — LOIRE-INF. *Machecoul, Arthon ;*
c. sables maritimes. — MOR. *Belle-Ile.* R. — FIN. *Plomeur, le Fret*
(Crouan), RR. env. du Rodi près *Brest* (Blanchard).

**L. arenaria** DC. Vert-jaunâtre, pubescent-visqueux. Tige dressée,
rameuse, de 5-15 cent. Feuil. lancéolées, rétrécies à la base, éparses,
les inf. plus courtes et plus larges, verticillées. *Fl. jaunes, petites,*
courtement pédonculées, *en épis raides.* Lobes du cal. lancéolés,
dépassant à peine la caps. Lèv. sup. de la cor. jaune pâle, étroite,
l'inf. à 3 lobes égaux. Graines ovales, obliques, noires, membraneuses,
concaves d'un côté, convexes de l'autre. ①. mai-aⁱ. C. sables maritimes de *la Gironde* à la côte de *Lannion* (C.-Nord). — *L. arenaria*
DC. fl. fr. 5, p. 409 et icon. gal. rar. T. 14, convient aux individus
robustes des sables maritimes où il y a un peu de fond. *L. saxatilis.*
DC. l. c. et ic. T. 13 représente au contraire les individus rabougris
des sables arides et des rochers. Ces deux formes ne sont que les
extrêmes d'une même plante. — Qqf. dans la plante jeune, la cor. a
l'éperon et la gorge violets ou celle-ci marquée de deux points fauves.

**ANARRHINUM** Desf. Caract. du *Linaria.* Tube de la cor.
cylindrique ; gorge ouverte sans palais.

* ⚥. **A. bellidifolium** Desf. Tige de 3-5 déc. Feuill. rad. en rosette,
lancéolées-spatulées, dentées, celles de la tige divisées dès la base
en lobes linéaires, aigus, entiers. Fl. violacées, serrées en épi grêle
formant souv. la panic. Eperon grêle, recourbé. Jⁱ-aⁱ. Lieux secs et
sablonneux.

**VERONICA** L. Cal. à 4, rar. 5 div. Cor. en roue, à 4 lobes, le
supér. plus grand. Etam. 2. Caps. ovale ou en cœur renversé, à
2 loges ; placenta distincts, opposés aux valves.

** Fl. en épis axillaires.*

**V. scutellata** L. Glabre, rar. pubescent. Tige grêle, tombante.
*Feuil. lancéolées-linéaires, dentelées-ponctuées,* sessiles. Fl. en épis
lâches. Pédic. de la caps. divariqués. Cor. blanche à raies roses ou
bleuâtres. Caps. profondément échancrée, plus large que longue. ♃.
mai-sept. Marais, prés marécageux. — CHAR.-INF. AC. env. de
*Montlieu* (Frouin), *Archingeay* (Guillaud), *Anais, Cram-Chaban* (Fd.),
*Corme-Royal, Crazanne* (Tess.), *Genouillé* (Riveau). — DEUX-SÈV.
Bocage (A. Guillon). — VEND., LOIRE-INF. C. — MOR. AC. (Le Gall). —
PC. reste de *la Bretagne.*

**V. Anagallis** L. Tige creuse, souv. radicante à la base. *Feuil.*
*lancéolées, aiguës, dentées en scie, demi-embrassantes.* Fl. rosées ou
bleuâtres à veines plus foncées, en épis opposés, rar. (var. *anagalli-*
*formis* Bor.) pubescents-glanduleux. Caps. ovale-arrondie. ①, qqf. ②,
♃. jⁿ-sept. Marais, fossés, bord des rivières surtout des régions calc.
et maritime. C. — AC. au delà de la *Loire-Inf.* — On trouve çà et là
aux mêmes lieux *V. anagalloides* Guss., God., qui diffère du précéd.
par l'épi pubescent-glanduleux et la caps. elliptique.

**V. Beccabunga** L. Tige pleine, couchée et radicante à la base. *Feuil. elliptiques, obtuses, crénelées-dentelées, courtement pétiolées.* Fl. bleu foncé, en épis opposés. Caps. presque orbiculaire, renflée. ♃. mai-a‌ᵗ. Fossés, sources, ruisseaux. C.

**V. Chamædrys** L. *Tige ascendante, poilue sur 2 lignes.* Feuil. ovales-en cœur, incisées-dentées, presque sessiles. Fl. bleu ciel, élégantes, en épis allongés. Lobes du cal. lancéolés, dépassant la caps. échancrée, plus large que longue. ♃. av.-mai. Haies, bois. CC.

**V. montana** L. Tige rampante à la base. *Feuil.* ovales-en cœur, incisées-dentées, *longuement pétiolées.* Fl. bleu pâle, en épis lâches. *Caps.* échancrée aux 2 bouts, *très large,* ciliée-dentée, dépassant largement en tous sens les lobes du cal. ♃. mai-jⁿ. Bois frais. CHAR.-INF. *Montendre ; la Saudière,* les Bisselières en *Fenioux* (Pinatel). R. — DEUX-SÈV. *Melle* (A. Guillon), *Chambrille* (Sauzé, M.). — VEND. AC. forêt de *Vouvant* (Lx.), *Challans,* la Sèvre au-dessous de *Mortagne* (Pont.). — LOIRE-INF. *Bouguenais* (Pesneau), *la Maillardière* (P. Bruneau), *S.-Philbert,* c. *S.-Et.-de-Corcoué* (Cailleteau), c. forêt de *Touvois!* (D. Bourgault), les *Dervalières,* le *Plessis-Tison* (Desvaux), *la Seilleraie* (Ménier), forêts du *Gâvre,* de *Juigné* (Guiho), *la Meilleraie,* Juzet près *Guénrené.* AR. — MOR. Forêt de *Lanvaux* (Taslé), « *Pont-Kalleck, Tréhorenteuc,* env. d'*Auray* (Le Gall flore.) » R. — FIN. Forêt de *Quimperlé, Pontaven ;* Coataudon près *Brest,* c. le *Perennou* (Bonnemaison), forêt de *Pencran* (Elphège), R. forêt du *Lost-Coat* (Picq.), *Beaurepos, Poul-ar-Vilin, Squiriou, Huelgoat* (Crouan), etc. — C.-NORD. Coëtfrec près *Lannion* (J.-M. Sacher), forêt du *Beffou* (Elphège), forêt de *Lorge ;* bois de Coron près *Lamballe* (Droguet), bois de Coilan en *Caulnes* (Baron), *Dinan* (Morin). — IL.-ET-VIL. Forêt de *Rennes* (Lx.), *la Molière* (J.-M. Sacher), Garenne de *Carcé,* forêt de *Fougères* (Degland), *Beaufort* (Hodée), forêt de *Villecartier.* — ETC.

**V. officinalis** L. *Véronique.* Velu. Tige dure, couchée. *Feuil.* obovales-elliptiques, oblongues, ou arrondies-obovales, dentées, *rétrécies en pétiole,* entières à la base. Fl. bleu clair, en épi serré. *Caps. triangulaire-en cœur renversé* à pédic. dressé. ♃. mai-jⁱ. Pelouses, landes, bord des haies, des bois, C. — Var. à feuil. elliptiques, avec fl. plus foncées.

**V. Teucrium** L. Tige dure, pubescente, ascendante. *Feuil. oblongues, profondément incisées-dentées,* presque sessiles. Fl. bleues, en épi serré. Lobes du cal. 5, le sup. très petit, velus, ciliés. Caps. en cœur renversé, peu échancrée, ord. velue. ♃. mai-jⁿ. Prés, pelouses sèches. — CHAR.-INF. AC. — DEUX-SÈV. Forêt de *Chizé!* (A. Guillon), *S.-Loup ; Airvault* (Bonnin). — VEND. C. bois d'Ecoulandre près *Mouzeil* (Mˡˡᵉ Poey Davant) ; *Ile d'Elle,* RR. *Pointe du Grouin* (Lx.), AR. dunes entre *la Chaume* et *Olonne* (Pont., M.), *S.-Gilles* (Gobert). R. — LOIRE-INF. Prés de *la Loire,* où il forme de jolies corbeilles. RR.

β. *canescens.* Velu-grisâtre. — LOIRE-INF. *Le Buron* (Desvaux). RR. — *Bouzillé* (Maine-et-L.).

X. **V. prostrata** L. Diffère de *V. Teucrium* par les tiges plus grêles, presque ligneuses à la base, les feuil. linéaires-lancéolées, crénelées-dentées ou entières, presque sessiles ; fl. plus pâles, bleu souv. rougeâtre ; *caps.* à lobes plus écartés, *glabre* ainsi que le *cal. non-cilié.* mai-j<sup>n</sup>. Coteaux calc. — Char.-Inf. *Chez-Merlet ; Saintes* (M. Arnauld). — Deux-Sèv. Coteau de *Veluché* (Guyon).

*** *Fl. axilllaires en épi terminal.*

' **X. V. spicata** L. pubescent. Tige ascendante, raide. Feuil. oblongues-lancéolées, crénelées-dentées en scie, entières au sommet, les inf. obtuses. *Fl.* bleues, *serrées en épi terminal solitaire,* chevelu par les bractées. Lobes du cal. oblongs, hérissés. Lobes de la cor. aigus. Caps. arrondie, à peine échancrée. Style très long. ♃. j<sup>t</sup>-a<sup>t</sup>. Bois secs.

**V. serpyllifolia** L. *Glabre.* Tige couchée et radicante à la base, redressée. Feuil. ovales, entières ou obscurément crénelées, obtuses, courtement pétiolées. Fl. bleu pâle, en épi feuillé. Caps. plus large que longue, échancrée. *Style long.* ♃. mai-sept. Bord des chemins, des fossés, champs en friche. CC.

**V. acinifolia** L. *Tige* rameuse, *couverte de petits poils glanduleux,* Feuil. ovales à qq. crénelures, les florales ovales-lancéolées, entières. alternes. *Fl. bleu foncé,* petites, solitaires, en épi. *Caps. plus large que longue ;* style dépassant à peine l'échancrure profonde. ①. av.-mai. Champs en friche, moissons, vignes. CC. jusqu'à *Loire-Inf.* inclus. — Mor. *Quiberon, Gâvre* (Le Gall), *Vannes* (Taslé). RR. — Fin. *Plovan,* anse de *Dinan, Lampaul-Ploud* (Crouan). RR.

**V. arvensis** L. Velu, diffus. Feuil. ovales-en cœur, crénelées, presque sessiles. Fl. bleues, solitaires, en épi terminal, plus courtes que les feuil. florales lancéolées, entières, obtuses. *Pédic. dressés, plus courts que la caps.* en cœur renversé, cilliée ; style plus court que l'échancrure. *Graines presque planes.* ①. av.-j<sup>n</sup>. Prés, lieux cultivés, sables. C. — Les individus robustes, fleuris dès la base, forment le *V. polyanthos* Thuil.

' **V. peregrina** L. *Glabre.* Tiges de 1-2 déc. dressées ou étalées-ascendantes. Feuil. inf. obovales-oblongues, entières ou crénelées-dentées, pétiolées, les florales entières, oblongues, rétrécies inférieurement, alternes. *Fl. blanches,* petites, solitaires, en épi lâche, terminal, plus courtes que le cal. Pédic. très courts, Caps. largement en cœur, renversé. Style très court, égalant l'échancrure. Graines nombreuses, elliptiques, plates, lisses. ①. mai-j<sup>n</sup>. Est apparu dans les cultures de la manufacture des tabacs à *Morlaix* en Fin.! et à Coatconval en *Pleyber-Christ* (Miciol). — S'est fixé dans mon jardin à Saint-Félix (Nantes), d'où il peut sortir.

X. **V. verna** L. Tige de 5-15 cent. pubescente, *Feuil.* inf. ovales, celles de la tige sessiles, *pennifides* à 5, 7 lobes, le terminal plus grand, les floréales lancéolées, entières. Fl. bleu pâle en épi velu-glanduleux Lobes du cal. très inégaux, plus longs que le pédic. Caps. largement en cœur renversé, comprimée. Graines convexes d'un côté. ①. av.-mai. Lieux sablonneux calc. — Char.-Inf. *Surgères* (Hubert). RR.— À retrouver.

☿. **V. triphyllos** L. Tige de 5-15 cent. à rameaux lâches. *Feuil.
digitées* à 3, 5 lobes obtus, les inf. entières, les florales supér. lancéolées. Fl. bleu foncé en épi velu glanduleux. Cal. en fruit à lobes
obtus, plus court que le pédic. Caps. arrondie, renflée, échancrée,
ciliée-glanduleuse. Graines en bassin. ①. mars-mai. Champs sablonneux ou pierreux. — DEUX-SÈV. *Availles, Repéroux, les Jumeaux,* c.
*Airvault* (Bonnin), *Thouars* (Lunet), *Pas-de-Jeu* (J. Richard), « *Saint-Cyr-
la-Lande, Saint-Martin de Sauzay* (Duret), Bul. S. bot. » — Cette plante
et la suiv. sont indiquées dans *Char.-Inf.*, d'où je n'ai pas vu d'échantillons.

☿. **V. præcox** All. Tige de 5-15 cent. pubescente, un peu glandu-
duleuse, rameaux ascendants. *Feuil.* inf. opposées. en cœur, *fortement dentées,* obtuses, pétiolées, rougeâtres en-dessous, les florales
oblongues. Fl. bleues veinées, en épis lâches. Cal. à lobes oblongs,
égalant à peu près la *caps. plus longue que large,* arrondie-elliptique,
renflée, à style dépassant beaucoup l'échancrure. Graines en bassin.
①. mars-mai. Champs cultivés et vignes du calc. — CHAR.-INF.
*S.-Christophe* (Fd.). — DEUX-SÈV. *S.-Jouin, Noizé,* c. *Marnes* (Bonnin),
*S.-Loup* (Cornuault), « *S.-Cyr-la-Lande, Tourtenay* (Duret), Bul. S. bot. »
*Doué, Distré* en Maine-et-L. (Revelière). — VEND. *Benet* et prob. même
Plaine dans les *Deux-Sèv.* (Lx.). RR.

**V. agrestis** L. *V. pulchella* Bast. Vert-jaunâtre. Tige couchée. Feuil.
ovales-presq. en cœur, crénelées-dentées, pétiolées. Fl. blanches.
légèrement rosées, axillaires. *Lobes du cal. oblongs, obtus.* Pédic.
recourbés, beaucoup plus longs que la *caps. à poils* glanduleux, *épars,*
profondément échancrée, à lobes renflés, un peu comprimés sur la
suture ; loges à 4, 5 graines en forme de bassin. ①. mars-j^t. Terres
cultivées. PC.

**V. polita** Fries. Voisin du précéd., mais distinct. Plus petit, vert
foncé ou un peu glauque. Feuil. plus larges. Fl. bleues. *Lobes du cal.
ovales, aigus. Caps. à poils* glanduleux, *courts et serrés ;* loges globuleuses, à 8-10 graines. ①. mars-sept. Champs cultivés, murs. CC.

**V. Buxbaumii.** Ten. *V. persica* Poir. *V. filiformis* DC. Tiges couchées. Feuil. ovales-en cœur, incisées-dentées. Fl. bleues assez
grandes, axillaires. Lobes du cal. ovales-lancéolés, aigus, veinés, divariqués. *Pédic.* du fruit *filiformes,* arqués au sommet, *plus longs que
la feuil. Caps. veinée en réseau,* obtusément échancrée, beaucoup
plus large que longue. ①. mars-mai. Terres cult., pied des murs
AC. par localités. — Plante naturalisée qui tend à se répandre.

**V. hederifolia** L. Velu, couché. *Feuil.* arrondies-en cœur, *à 3 ou
5 lobes,* alternes, pétiolées. Fl. bleu très pâle. Lobes du cal. en cœur,
ciliés. Caps. grosse, 4-gones, à 4 grosses graines noires. ①. mars-mai.
Moissons, terres cultivées. CC.

*Obs. V. elliptica* Forst. *V. decussata* Soland. (Myrte d'Ouessant)
sous-arbrisseau à feuil. coriaces, pérennantes, opposées, est cult. et
naturalisé aux Îles Molène et Ouessant (FIN.).

**SIBTHORPIA** L. Cal. à 5 div. Cor. en roue, à 5 lobes dont 2 un
peu plus petits. Etam. 4. Caps. ovale, à 2 loges.

**S. europæa** L. Plante très petite, grêle, poilue. Tige filiforme, rampante. Feuil. orbiculaires, en cœur à la base, à 5 ou 7 larges crénelures. Pédonc. axillaires, solitaires, beaucoup plus courts que le pétiole. Cor. très petite, blanche, légèrement teinte de rose à la base. ♃. av.-jⁿ. Bord des ruisseaux d'eau vive, des sources, parmi la mousse qui le cache souvent, talus frais et ombragés où il forme souv. des gazons étendus. — LOIRE-INF. Vallées du *Cens*, de la *Verrière*, *Châteaubriant*, *Nozay*; *Bergon*; *Sévérac* (Delalande), etc. PC. — c. reste de *la Bretagne*.

**LIMOSELLA** L. Cal. à 5 div. Cor. en entonnoir, à 5 lobes égaux. Etam. 4. Stigm. en tête. Caps 1.loc. Placenta central, adhérent par la base à la cloison incomplète.

**L. aquatica** L. Plante très petite gazonnante, stolonifère. Feuil. toutes radicales, lancéolées, longuement pétiolées. Hampe plus courte que les feuil., à 1 fl. blanche, très petite. ①. jⁱ-sept. Bord des rivières, des étangs. — CHAR.-INF. *Saintes* (A. Guillon). — DEUX-SÈV. *Niort* (Sauzé), *Parc-d'Oiron* (Toussaints). « Env. de *Chantecorps* (Souché) *Sᵗ-Gelais* (Duret), *Exireuil* (Deloynes) Bul. S. bot. » — VEND. AR. (Pont., M.), *Fontenay* (Ayraud). — LOIRE-INF. C. — MOR. S.-Pierre près *Quiberon* (Le Gall), étang du Duc à *Vannes*, *Ploërmel*. RR. — FIN. *Huelgoat* (Crouan), rivière du *Faou* (Tanguy), *Logona* (Blanchard). — C.-NORD. Etangs du Pin en *S.-Carné*, de *Rocherel*, du *Val* (Morin), étang de Canon en *Plourino* (Avice). — IL.-ET-V. AC.

**MELAMPYRUM** L. Cal. à 4 div. Cor. à 2 lèvres, la sup. comprimée, en casque, à bords repliés, l'inf. à 3 dents. Etam. 4. Caps. acuminée, oblique, à 2 loges 4.spermes. *Feuil. opposées.*

**M. pratense** L. Mut. fig. 315. Rameaux étalés. Feuil. lancéolées, les sup. ayant à la base 2-4 dents profondes. *Fl.* jaunâtres à tube blanc, axillaires, *en épi lâche, unilatéral.* Cal 3 f. plus court que la cor. allongée, presque fermée. ①. jⁿ-aⁱ. Bois. CC.

✗. **M. cristatum** L. Rameaux étalés. Feuil. linéaires-lancéolées, les sup. dentées-ciliées à la base ainsi que les bractées recourbées, pliées en long. *Fl. en épi serré, quadrangulaire.* Cor. jaune pâle, à palais plus foncé; tube de couleur rose gagnant toute la cor. en vieillissant. ①. jⁿ. Bords et clairières des bords des bois ord. dans le calc. — CHAR.-INF. *S.-Aignan*, c. dans le n.-est. — DEUX-SÈV. Forêt de *Chizé!* *S.-Laurs*, *Beauvoir* (A. Guillon), *Parthenay* (Janneau), *Amailloux*, *S.-Loup*; *Pamproux* (Sauzé), *S.-Jouin* (Brottier), *Airvault!* (Bonnin) ; *Thouars!* (Bastard), *Oiron* (J. Richard), *Puy-S.-Bonnet* (Gen.). — VEND. AC. *S.-Hil.-de-Mortagne* (Gen.) ; c. bois des env. de *Luçon!* (Pont.). — LOIRE-INF. *Les Cléons!* (Bornigal). RR.

✗. **M. arvense** L. Tige de 3-5 déc. pubescente, rameuse. Feuile linéaires-lancéolées, les sup. incisées à la base. *Fl. rougeâtres* à gorge jaune, en long épi garni de bractées nombreuses, rougeâtres, bordées de longues dents en alène, ponctuées sur 2 rangs en dessous. Cal à 5 dents longuement en alène, dépassant la caps. ①. jⁿ-jⁱ. Champs calc. — CHAR.-INF., DEUX-SÈV. C. — VEND. D'*Oulmes* à *Benet* (Ayraud), *Ile d'Elle*, *Velluire* (Lx.), *Chaillé-les-Marais* (Pont.). RR.

**PEDICULARIS** L. Cal. ventru, à 5 dents, la sup. très petite. Cor. tubuleuse, à 2 lèv., la sup. en casque, l'inf. étalée, à 3 lobes. Caps. comprimée, oblique, acuminée, à 2 loges polyspermes; cloison opposée aux valves. *Fl. axillaires, en épi terminal.*

**P. silvatica** L. Tige principale de 1-2 déc. dressée, *les latérales couchées.* Feuil. pennées à fol. incisées-dentées. Lobes du cal. inégaux, foliacés et dentés au sommet, le sup. entier. Cor. rose; casque tronqué, terminé par 2 dents triangulaires. Caps. incluse, arrondie au sommet et mucronée sur le côté. ②. av.-j$^n$. Bois, landes et prés humides. CC.

**P. palustris** L. *Tige de 3-5 déc. dressée,* rameuse. Feuil. pennées; fol. oblongues, à lobes obtus, créneiés. Cal. à 2 lèv. dentées en crête. Cor. rose; casque tronqué, terminé par 2 petites dents en alène et muni de deux autres vers le milieu. Caps. saillante, rétrécie en pointe. Graines striées. ♃. mai-j$^n$. Marais et prés tourbeux. — AC. BRETAGNE, Bocage de la VEND. et des DEUX-SÈV. — CHAR.-INF. Bord du *Lary* (de Beaupreau).

**RHINANTHUS** L. Cal. ventru, comprimé, resserré à la gorge, à 4 dents. Cor. à 2 lèv., la sup. en casque, comprimée, échancrée, l'inf. à 3 lobes. Anthères velues. Caps. comprimée, à 2 loges. Graines nombreuses, ailées-membraneuses.

**R. glaber** Lam. *R. minor* Ehrh. *R. major* édit. 1. Tige rameuse et glabre dans le haut. Feuil. lancéolées, dentées en scie, rudes, vert pâle. Fl. jaunes, axillaires, en épi lâche, garni de bractées incisées-dentées, jaunâtres. Cal. glabre. Cor. à tube droit, casque muni au-dessous du sommet de deux *dents* courtes, *aussi larges ou plus larges que longues,* obtuses, souv. violacées. Caps. elliptique-arrondie. Graines env. 1 1/2 fois plus larges que leur rebord. ①. mai-j$^n$. Prés. CC. — Plus rar. toute la plante est vert foncé (*R. minor* Ehrh).

**R. hirsutus** Lam. *R. major* Ehrh. *R. Alectorolophus* Pol. diffère du précéd. par le cal. velu ainsi que le haut de la plante, la *cor. grande* à tube un peu courbé, saillant, les *dents* du casque oblongues, *plus longues que larges,* le style saillant et les graines 3 f. plus larges que leur rebord. ①. mai-j$^n$. Bord des champs, bruyères. — CHAR.-INF. *Moulieu* (de Meschinet). — DEUX-SÈV. *Secondigny* (Guillon), çà et là d'*Amailloux* à *Thouars, Argenton-Château* et *Mortagne.* — VEND. *Mortagne* et communes voisines (Gen.), *Tiffauges* (Bastard). — LOIRE-INF. De *Saint-Etienne* à *Savenay,* R. env. de *Nantes; Copchoux* (Pesneau), *Grand-Auverné; Missillac* (Gen.). — MOR. *Vannes* (Guiho). — FIN. S$^{te}$-Barbe près *Brest* (Crouan). — IL.-ET-V. *Fougeray* (Gad.).

**EUFRAGIA** Benth. Cal. tubuleux, à 4 div. Cor. à casque concave, entier ou échancré, à lobes non repliés, lèv. inf. plus longuement étalée, trilobée, palais convexe. Style à stigm. en tête. Caps. oblongue ou lancéolée, un peu comprimée. Graines petites, nombreuses, non striées.

**E. viscosa** Gris. *Bartsia* L. Vert-jaunâtre, velu, visqueux, simple ou peu rameux. Feuil. et bractées lancéolées, dentées en scie. Fl.

jaunes, axillaires, en épi lâche. *Lobes du cal. linéaires-lancéolés, égalant env. le tube.* Anthères velues. Caps. oblongue-lancéolée. ①. j⁰-sept. Champs en friche, bord des chemins, lieux secs, lieux inondés et même marais. — CHAR.-INF., DEUX-SÈV. PC. — VEND., LOIRE-INF. C. — AC. ailleurs.

**E. latifolia** Gris. *Euphrasia* L. Pubescent et glanduleux. Tige de 7-12 cent. Feuil. ovales, palmées-dentées. *Fl. pourpres*, petites, en épi serré dans le haut. Lobes du cal. beaucoup plus courts que le tube. Anthères glabres. Çaps. lancéolée. ①. mai. — MOR. RR. dunes de la pointe de *Quiberon!* (Le Gall). RR. — FIN. *Tréguennec* (Crouan). — C.-NORD. Côte de *Plérin!* (Ferrary), rochers des Pontneufs près *Morieux* jusqu'à la mer! (Ad. Bichemin), la Cotentin près *Dahouet* (de Ferron, Mabille). R.

**TRIXAGO** Stev. Cal. renflé en cloche, à 4 lobes courts. Palais de la cor. à 2 bosses. Caps. ovale-globuleuse, à placenta épais, bifides. Graines striées.

**T. apula** Stev. *Bartsia Trixago* L. DC. fl. fr. 3. p. 476. Tige de 2-3 déc. simple, raide, couverte de poils recourbés. Feuil. linéaires-lancéolées, garnies de dents obtuses, espacées, presque opposées. Fl. blanc-jaunâtre, en épi tétragone, serré, terminal, muni de bractées très velues, glanduleuses, les sup. ovales, entières. *Dents du cal. obtuses, 3 f. plus courtes que le tube.* Caps. ovale-arrondie. Graines striées. — MOR. Ile de *Groix!* (Thépault).

*Obs.* Je ne puis distinguer de cette espèce : 1° *Bartsia bicolor* DC. fl. fr. 5, p. 391, qui a la lèv. inf. blanche, à 3 lobes, l'intermédiaire un peu plus petit et plus long, 2 élévations parallèles fermant le palais, lèv. sup. lavée de rosé-purpurin, surtout vers le haut. ①. j⁰. Coteaux schisteux et sables maritimes. — CHAR.-INF. RR. *Loix!* et *Rivedoux!* en *Ré* (de la Pylaie), le Labeur! et S.-Denis! en *Oleron* (Savatier), *Méchers* (de Lisle). — VEND. *Ile d'Yeu* (V.-Grand-Marais). — MOR. *Belle-Ile.* — 2° *Bartsia versicolor* Desf. — DEUX-SÈV. Coteaux de *Thouars, d'Argenton-Ch.*

**ODONTITES** Hal. Caract. de l'*Euphrasia*. Lèv. sup. de la cor. concave, entière ou échancrée à bords non repliés, lèv. inf. presque égale, dressée-étalée, à 3 lobes oblongs ou ovales, obtus, entiers. *Herbes dressées, rameuses, à feuil. opposées ; fl. en épis unilatéraux.*

**O. verna** Reich. Voisin du suivant, dont on ne peut toujours le distinguer et formant avec lui *Euphrasia Odontites* de beaucoup d'auteurs. Feuil. larges à la base, lancéolées-acuminées. Bractées plus longues que les fl. mai-j¹. Champs. Moins C.

**O. serotina** Reich. Tige tétragone, pubescente ; rameaux ascendants. Feuil. lancéolées-linéaires, acuminées, dentées. Bractées oblongues-lancéolées, dentées, plus courtes que les fl. rougeâtres. Cor. pubescente, à lèv. très inégales, la sup. droite, tronquée, l'inf. plus petite, très ouverte, à lobes étroits, oblongs. Anthères barbues en dessous, et adhérentes entre elles. *Style dépassant la cor.* ①. a¹-oct. Champs, prés élevés, bois, pâturages. C.

β. *O. divergens* Jord. Rameaux allongés, étalés, les inf. divariqués ou réfléchis.

✗. **O. jaubertiana** Bor. Plante de 1-5 déc. couverte de poils courts, blanchâtres, appliqués. Rameaux ouverts-ascendants. Feuil. linéaires, acuminées, ponctuées, épaisses, rudes sur les bords, les inf. peu dentées, les sup. entières. Fl. en épis terminaux unilatéraux d'un jaune pâle ocreux passant rar. au jaune doré, parfois lavées à l'extérieur d'une légère teinte rosée. Cor. à lobes presque égaux. *Etam.* et style *ne dépassant pas la cor.* Anthères libres, ovales, un peu barbues en dessous. ①. sept-oct. Pâturages élevés, champs des coteaux calc. — CHAR.-INF. C. — DEUX-SÈV. AC. — VEND. *Fontenay* (Lx.), *Nueil-sur-l'Autize, S.-Hil.-des-Loges* (Guyon).

✗. **O. chrysantha** Bor. « Voisin du précéd.. il en diffère par sa couleur vert tendre et non rougeâtre, par ses rameaux redressés, moins ouverts, par ses feuil. lancéolées, dentées ainsi que les bractées, par les lobes du cal. plus longs, plus aigus, par les cor. d'un beau jaune doré, un peu odorantes, par ses anthères glabres ou à poils caducs, un peu plus saillantes, enfin par une station différente, ne se trouvant jamais dans les moissons. ①. a¹-sept. Pelouses sèches du bord des bois sur les coteaux calc., bois taillis, surtout dans l'été qui suit la coupe (Boreau fl. du centre). » — M. de Rochebrune cat. Char. l'indique dans les vignes de *Chalais* (Charente), près de nos limites.

✗. **O. lutea** L. Plante finement pubérulente, rameaux ouverts. Feuil. lancéolées-linéaires à dents écartées, les sup. linéaires, entières. *Fl.* en épis terminaux unilatéraux, *d'un beau jaune* à anthères orangées. Cal. en cloche à lobes courts, triangulaires. Cor. barbue-ciliée, à lèv. écartées. *Etam. saillantes.* Anthères oblongues, très glabres. ①. sept.-oct. Lieux secs calc. — CHAR.-INF. C. dans le N.-E.; *Royan* (Tess.). — DEUX-SÈV. *Paizay* (Vernial), *Mauzé ; Vallans, la Foye-Montjault, la Rochénard, Amuré* (Grelet), de *Loubillé* ! (Jousse) à *Couture-d'Argenson,* forêt de *Chizé.*

**EUPHRASIA** L.. Cal. tubuleux ou en cloche, à 4 div. Lèv. sup. de la cor. concave, à 2 lobes larges, ouverts, l'inf. étalée, à 3 lobes obtus ou échancrés, palais sans plis. Anthères mucronées. Stigm. obtus, épaissi. Caps. oblongue, comprimée. Graines nombreuses, striées. *Herbes à feuil. opposées, dentées ; fl. axillaires.*

**E. officinalis** L. S. Will. *Euphraise.* Tige rameuse, pubescente à *poils glanduleux,* étalés. Feuil. ovales, dentées ; dents des feuil. sup. et des bractées plus aiguës. Fl. axillaires, blanches à stries violettes ; gorge jaune. Caps. un peu tronquée-échancrée, mucronulée au sommet. ①. mai-a¹. Prés, pelouses, bois. C. — CHAR.-INF. inconnu (Fd.).

**E. nemorosa** Pers. S. Will. Ord. réuni au précéd. ; en diffère par les *poils* de la tige crépus, *appliqués, non glanduleux,* les feuil. vert-noirâtre, raides, épaisses, un peu en gouttière, à dents plus aiguës ou mucronées, la caps. plus étroite. Cor. petite, blanche ou plus ou moins lavée de violet, à stries violettes ; gorge jaune ; lèv. sup. en voûte, à bords refléchis, l'inf. à 3 lobes échancrés, les latéraux obliquement, plus courts, tous dirigés en avant. ①. mai-a¹. Pelouses,

coteaux, landes, bois. AC. — CC. dans le calc. — Varie : (var. *gracilis*
Bréb.), plante effilée, grêle ; AC. landes arides de *la Bretagne,* et (var.
*tetraquetra* Bréb.), plante ramassée, à tige de 2-4 cent., épi épais,
serré, à 4 angles ; çà et là sables et coteaux maritimes de *la Bretagne;*
*Méchers* (Char.-Inf.).

# OROBANCHÉES

Caract. des *Personées.* Etam. 4 didynames ; caps. 1.loc. à 2 valves,
placenta pariétaux. *Plantes parasites sur les rac. d'autres plantes, garnies d'écailles au lieu de feuil.*

**OROBANCHE** L. Cal. à 4,5 lobes ou à 2 sép. souv. bifides, muni
à la base de 1 ou 3 bractées. Cor. tubuleuse à 2 lèv., glanduleuse-
charnue dans le bas, marcescente, laissant, lorsqu'elle se détache, une
base circulaire persistante. Placenta pariétaux, opposés. *Fl. en épis.*
— Consultez T. 19, Atlas fl. Paris, Cosson et G., où toutes les fleurs
sont figurées.

*· Cal. latéral à 2 sép.; bractée solitaire.*

**X. O. cruenta** Bert. Tiges ordinairement renflées à la base, violacé-
rougeâtre ou jaunâtres, couvertes de poils glanduleux. Ecailles lancéolées, acuminées. *Fl.* inodores, jaunâtres, *rouge sang-violacé à l'intérieur* et au sommet en dehors, qqf. rouge sang noir partout. Sép. à 2
lobes égalant le tube de la cor. Cor. ventrue-trigone, arquée, à 2 creux
en dessous, comprimée en carène en dessus, à lobes ondulés, dentelés-
glanduleux ; lèv. sup. à bords un peu rejetés en arrière sur les côtés et
séparés par le pli arrondi de la carène, l'inf. à 3 lobes obtus arrondis,
l'interm. plus grand. Etam. insérées à la base de la cor., élargies et
velues à la base, puis pubescentes-glanduleuses jusqu'au sommet
ainsi que le style rougeâtre. Stigm. à 2 lobes arrondis, d'un beau
jaune, saillants. ♃. jⁿ-jˡ. Pâturages, coteaux, bois secs du calc., sur
*Lotus corniculatus* et *Hippocrepis comosa.* — CHAR.-INF. AC. — DEUX-
SÈV. Forêt d'*Aulnay; la Mothe* (Maillard), *Bougon, Sᵗᵉ-Eanne* (Gir.),
RR. *S.-Loup!* (Guyon), *Airvault!* (Bonnin), *Chiché* (J. Richard), *Parc-
d'Oiron* (Lunet). — VEND. Vigneronde en *Serigné* (Lx.).

**O. Ulicis** Des M. Ne me paraît pas distinct du précédent ; je l'ai
cueilli et étudié vivant à *S.-Seurin, Méchers, Royan, Montendre,
S.-Fort, Nancras,* à la butte de *Sᵗ-Eugène, la Barde* (Char.-Inf.) ; ses
tiges ord. sociétaires croissent sur les *Ulex !* et les étam. sont
insérées au même point à la base de la cor., qui est qqf. toute
jaune. — DEUX-SÈV. c. landes d'*Amailloux; Massais, Argenton-Ch.* —
VEND. *Nueil-s.-Aubiers* (Gen.).

**O. Rapum** Thuil. *O. major* DC. Plante d'un roux fauve. Tiges
robustes, souv. réunies, renflées à la base en forme de bulbe garni
d'écailles nombreuses. Fl. fauves, nombreuses, en épi serré, peu
odorantes. Sép. nervés, bifides. Cor. grande, en cloche ; lèv. sup.
voûtée, échancrée, l'inf. à 3 lobes aigus, ondulés-crépus, lobe intermédiaire plus grand. *Etam. insérées à la base de la cor.* dilatées et
*glabres à la base,* velues-glanduleuses au sommet ainsi que les styles;

anthères blanchâtres. Stigm. jaunes, sans rebord. ♃. mai-j^n. Sur *Sarothamnus scoparius.* C. — Qqf. la plante est toute jaune. Vulg. *Pain de lièvre,* ainsi que les suiv.

♃. **O. epithymum** DC. Tige jaune terne ou rougeâtre, renflée à la base. Fl. blanc-jaunâtre ou rougeâtre, à odeur de girofle. Sép. nervés, lancéolés-en alène, acuminés, plus longs que le tube de la cor., entiers ou à 1 dent divariquée. *Cor. en cloche, un peu arquée,* de manière à former en dessus 2 angles très obtus, *couverte en dehors de poils glanduleux, tuberculeux à la base ;* lèvres inégalement dentées et crépues au bord, la sup. courbée en avant au sommet, à 2 lobes ouverts, *lobe intermédiaire de la lèv. inf. 1 f. plus long que les latéraux.* Etam. insérées près de la base de la cor., garnies dans le bas de poils épars, poilues-glanduleuses au sommet ainsi que le style. Stigm. veloutés, sans rebord. ♃. Sur *Thymus Serpyllum,* dans le calc. — CHAR.-INF. AC. — DEUX-SÈV. Çà et là dans le midi. — VEND. *Sauveré-le-Sec* (Lx.). *Mouzeuil* (David). R.

**O. Galii** Duby. *O. caryophyllacea* Smith, *O. vulgaris* DC. Plante jaunâtre ou rougeâtre, couverte de poils glanduleux. Fl. ord. à odeur de girofle. Sép. nervés, souv. soudés en avant, ord. à 2 lobes un peu inégaux, égalant la moitié du tube de la cor. *Cor. en cloche élargie dès la base ;* lèv. sup. voûtée, échancrée, l'inf. à 3 lobes égaux, un peu crépus. *Etam.* insérées au-dessus de la base, *poilues* à la base, velues-glanduleuses dans le haut ainsi que le style ; anthères brunes. Stigm. brun-noirâtre, veloutés, sans rebord. ♃. mai-j^n. Coteaux secs, haies, sur *Galium Mollugo* et *verum,* dans les sables maritimes sur *G. arenarium.* C. — AC. au-delà de *Loire-Inf.* dans la région maritime, RR. ailleurs.

♃. **O. Teucrii** Holl. Mut. atlas sup. fig. 6. Plante jaune-rougeâtre, couverte de poils visqueux roussâtres. Écailles ovales-lancéolées, nervées. Fl. rouge-brun livide ou jaunâtre. Sép. nervés à 2 lobes inégaux, atteignant environ le milieu du tube de la cor. Cor. en cloche-tubuleuse, un peu courbée, à bords ondulés-ridés, lèv. sup. entière, en casque, l'infér. à 3 lobes égaux, étalés, arrondis, obtus. *Etam. insérées au-dessus de la base de la cor.,* élargies et poilues de la base jusqu'au milieu, pubescentes-glanduleuses au sommet, ainsi que le style. Stigm. à 2 lobes veloutés, granuleux, rouge-brun foncé. ♃. j^n-j^t. Lieux pierreux calc. sur *Teucrium Chamædrys.* — CHAR.-INF. Env. de *Massac* (Sav.), forêt de *Benon,* Chaumes de Sèche-Bec près *Bords* (Fd.), *Mortagne* (de Lisle), *Dompierre* (Tess.). Doit se trouver ailleurs dans un pays où *T. Chamædrys* est si abondant. — DEUX-SÈV. *Thouars ; Pailluau,* coteau de *Veluché !* (Guyon), *Airvault.* — VEND. R. *S^te-Gemme* (Pont.).

**O. Picridis** Schultz. Tige rougeâtre, bulbeuse à la base, couverte de poils glanduleux. Fl. blanchâtres à veines violacées, inodores, en épi. Sép. nervés, entiers ou bifides, à base ovale, dépassant le tube de la cor. tubuleuse-en cloche, à dos droit, puis courbée en avant au sommet, lèvres de *O. minor,* la sup. à bords ouverts. Etam. insérées un peu au-dessous du milieu, filets parallèles, rapprochés, garnis jusqu'au milieu de poils, et au sommet de qq. papilles. Anthères noirâtres. Style glabre, stigm. violet-pourpre à 2 lobes. ①. j^n-j^t. Sur

*Picris hieracioides*. — CHAR.-INF. *Nancras, Mortagne, Montlieu ; S.-Vivien, S.-Christophe* (Fd.), *La Rochelle* (Maupon), *S.-J.-d'Angély* (Pinatel). — DEUX-SÈV. RR. *la Mothe* (Sauzé), *S.-Loup* (Guyon), *Thouars !* (Revelière). — VEND. Coteaux de la Prévoté en *Layroux*, vignes de *Barbetorte, Sigournais* (Pont.). R. — Décrit sur des échantillons nombreux croissant à *Nancras* (Char.-Inf.), sur *Picris hieracioides*, au milieu d'un vaste champ de *Trifolium pratense*. Cette préférence doit faire penser que la plante est différente de *O. minor* qui vient souv. sur *Trif. pratense*, quoique à *Mortagne* et à *Montlieu* (Char.-Inf.) j'aie cueilli sur le *Picris* un *Orobanche* que je ne puis distinguer du *minor*.

**O. minor** Sutton, Koch syn. Tige de 15-20 cent., bulbeuse à la base. Fl. blanchâtres à veines violacées, inodores, en épi ord. lâche. Sép. nervés, lancéolés, à base ovale, bifides, égalant la *cor.* tubuleuse, *peu ouverte, arquée ;* lèvres obtuses, ondulées, dentelées, la sup. échancrée, à lobes dirigés en avant et en dedans, l'inf. à 3 lobes presque égaux. *Étam. insérées un peu au-dessous du milieu ; filets parallèles, rapprochés*, glabres, garnis à la base de poils épars ; anthères noirâtres. Style glabre ; *stigm. brun-pourpre*. ①. jⁿ. Sur beaucoup de plantes, par ex. *Trifolium pratense, arvense* et autres, *Dipsacus silvestris, Picris hieracioides, Crepis virens*, et dans la région maritime sur *Plantago Coronopus, Artemisia campestris, Medicago striata, Eryngium maritimum*, etc. AC. coteaux de la Loire, le calc. et région maritime ; R. ailleurs. — A *Argenton-Ch.* (Deux-Sèv.) j'ai vu toute la plante jaune citron. — Au bois de Dinchin près *Sigournais* (Vend.), M. Gadeceau a noté que la fl. est bleue, presque comme celle de *O. cærulea*. — Une forme grêle, plus colorée, croît çà et là en Char.-Inf. sur *Glechoma hederacea* (Foucaud).

*Obs.* Un *Orobanche* (*O. Crithmi* Vauch ?) croissant sur *Crithmum*, à l'anse de *Dinan* (Fin.) et qui m'a été envoyé vivant par M. Le Dantec, ne me paraît distinct, ni par le *facies* ni par les détails, de *O. minor*, surtout de notre plante maritime qui a les étam. plus poilues inférieurement que dans le type. Cette opinion est partagée par M. le lieutenant de vaisseau Thiébaut, qui a vu la plante abondante au lieu cité.

**O. Hederæ** Vauch. Tige rouge-violacé, poilue-glanduleuse, renflée à la base en bulbe ovale. Bractées violacées, égalant la cor. Fl. d'un blanc sale jaunâtre, à veines violacées, inodores. Sép. bifides ou entiers. Cor. arquée à lobes ondulés-crépus ; lèv. sup. bifide à lobes rentrant en dedans, l'inf. à 3 lobes. *Étam. insérées vers le tiers infér. de la cor.*, garnies à la base de poils épars ; *filets postérieurs très écartés à la base*. Style glabre ; *stigm. à 2 lobes jaunes*. ♃. jⁿ-jt. Sur le *Lierre*. — CHAR.-INF. AC. — DEUX-SÈV. *Thouars !* (Toussaints), *Beauvoir* (Vernial), « *Ste-Pezenne* (Duret), Bul. S. bot. », *Niort*. — VEND. *Noirmoutier ; Challans, Champ-S.-Père* (Pont.), *Pont-Charault*, sur *Daucus Carota* (Ayraud), AC. forêt de *Vouvant, Auzay* (Lx.), *Pouzauges, Mortagne* (Gen.). — LOIRE-INF. *Blain* (Delalande), AC. coteaux de la Loire de *Mauves* à *Varades ; Monnières, S.-Fiacre !* le *Pallet, Château-Thébaud* (Guiho). PC. — Et çà et là rochers maritimes de la presqu'île de *Crozon* (Fin.) jusqu'aux env. de *S.-Malo* (Il.-et-V.), où il est plus c. — Qqf. les lèvres de la cor. et leurs lobes sont très profonds. Dans *O. minor*, les filets postérieurs sont rapprochés et parallèles, et les lobes du stigm. sont d'un pourpre-brun et 1 f. plus petits.

**O. amethystea** Thuil. *O. Eryngii* Duby. Tige rouge-violacé, poilue-glanduleuse, courbée à la base. Bractées égalant presque la cor. Fl. blanc-jaunâtre ou rosé, à veines pourpres, inodores. Sép. à 2 lobes. *Cor. courbée subitement un peu au-dessus de la base*, puis droite, à lobes ondulés, échancrés, dentés ; lèvre supér. à 2 lobes échancrés ou comme à 4 lobes, l'inf. à 3 lobes, l'intermédiaire plus grand. Etam. insérées sur la courbure de la cor., garnies dans le bas de poils épars. Style glabre ; stigm. à 2 lobes brun foncé. ⚥. jⁿ. Sur l'extrémité des rac. de *Eryngium campestre* et *maritimum*. — AC. région maritime et calc. jusqu'à *la Vilaine*, coteaux de la Loire. — Mor. *Houat, Belle-Ile ; Quiberon, Gâvre* (Le Gall). — Fin. AC. région maritime.

** *Cal. à 4,5 lobes ; bractées 3.* (Phelipæa Mey.)

**O. cærulea** Vil. *Tige simple*, violacée. Bractées appliquées. Lobe postérieur du cal. beaucoup plus court. *Cal. beaucoup plus court que la cor., à 5 lobes.* Cor. violette, veinée, à palais blanc, arquée, lèvre sup. à 2 lobes obscurément 3.dentés, l'inf. à 3 lobes aigus ou presq. obtus, planes ; tube resserré vers le milieu. Etam. et *anthères glabres*. Style pubescent ; stigm. à 2 lobes blancs ⚥. jⁿ-jⁱ. Sur *Achillea Millefolium*. — Char.-Inf. *S.-J.-d'Angély* (Delalande), *Mortagne ; Montendre* (Lemarié). — Vend. *Puybelliard, Pouzauges, Pont-Charault* (Pont.). — Loire-Inf. *Oudon !* (Pesneau), *Ancenis !* (Pradal), *Rougé* (Desaintdo). *Vertou* (G. de Lisle), *la Ramée*. R. — Fin., C.-Nord. AC. par localités dans la région maritime depuis *Brest*. — Il.-et-V. c. région maritime; *Hédé, S.-Jacques, la Prévalaye* (Degland), AC. *Bonnemain* (Hodée).

*Obs.* MM. Guéranger et Boreau, herbor. 1862, distinguent deux formes : 1° *O. cærulea* Vil., Coss. et Germain fl. paris. T. 19 K. Robuste ; cor. grande à lobes acuminés aigus. 2° *O. Millefolii* Reich. Plus grêle, lobes de la cor. obtus et roulés, div. du cal. moins en alène, bract. moins longues. Ils croissent tous deux sur *A. Millefolium*.

**O. ramosa** L. *Tige rameuse*. Fl. en épi lâche. *Cal.* pédicellé, *à 4 lobes* ovales-triangulaires, acuminés. Cor. petite, lilas pâle à tube jaunâtre, grêle, rétréci au-dessus de la base. Anthères glabres. Stigm. pelté. ①. jⁱ-aⁱ. Ord. sur *le Chanvre*. — Char.-Inf. *Le Pin* (Mᵐᵉ George), *Beaurais* (Sav.), *Saintes* (P. Brunaud), *S.-Savinien ; S.-J.-d'Angély, la Clisse* (Delalande), *Laleu* (Hubert), *Fouras* (A. Guillon). — Deux-Sèv. c. *Loubillé* (Jousse), *la Mothe*, sur *Æthusa, Prahecq* (Maillard), *S.-Pompain, S.-Loup* (Guyon), c. *Airvault* (Bonnin), de *S.-Jouin* à *Irais* (Brottier), *Thouars* (Lunet). — Vend. Le Marais aux env. de *Fontenay* jusqu'à la Sèvre et prob. sur l'autre rive (Ayraud). — Loire-Inf. *Ancenis* (Pesneau). RR. — Il est connu des cultivateurs du *haut de la Loire*, surtout sur la rive gauche. — Mor. « Env. du *Port-Louis, Larmor* (Le Gall flore) », *Vannes, Arradon* (Taslé), c. *Ploërmel* (J.-M. Sacher).— Fin. Primelin près *Audierne* (Bonnemaison),

**Tromeur** en *Penmarc'h* (Crouan), env. de *Loctudy*, de *Plonivel*, de *Combrit* (Picq.). — C.-Nord. *S.-Alban* (Morin). rr. *Trégastel* (Elphège). — Il.-et-V. ac. *Fougères* (V. Sacher), *S.-Coulomb* (Morin).

*Obs.* La forme notée : Lloyd herboris. 1876, qui est jaune excepté la partie sup. de la cor. d'un blanc pur est *O. Muteli* Sch. à peine distinct du type. Sa fl. est qqf. bleuâtre et la lèv. inf. de la cor. est munie en dedans de plis velus qui se voient aussi plus ou moins dans le type. Elle abondait sur *Xanthium macrocarpum* dans les délestages de la Prairie-au-Duc à *Nantes*, où M. Maupon nous l'a fait connaître. Dans la crainte que les constructions ne la fasse disparaître, ses graines ont été répandues dans le haut de la Loire, où au reste M. Royné l'avait vue à *Ancenis*.

**LATHRÆA** L. Cal en cloche à 4 lobes. Cor. tubuleuse, se détachant en entier à 2 lèv., la sup. en casque, l'inf. à 3 lobes. Anthères velues. Ovaire muni en avant à la base d'une glande libre. Stigm. bilobé. *Souches souterraines, écailleuses.*

**L. Clandestina** L. *Cland. rectiflora* Lam. Souche rameuse, couverte d'écailles blanches, charnues, arrondies, en cœur à la base. Pédonc. axillaires, solitaires. *Fl.* pourpre-violacé, dressées, *en paquets à fleur de terre.* Caps. ord. à 4 graines lancées avec élasticité à la maturité, à 2 placenta. ♃. mars-mai. Bord des ruisseaux, lieux ombragés. — Char.-Inf. *Candé, La Rochelle* au canal de Niort (de Beaupreau), *Vergeroux* (Parat), de *Tonnay-Charente* à *Agonnay, Grandjean, S.-Symphorien,* c. *S.-Vivien* (Fd.), *Corme-Royal, Nancras* (Tess.), *Thézac* (Robin), *Beauvais* (Sav.), c. *S.-J.-d'Angély* (Pinatel !), *Montlieu* (de Meschinet), *Bussac* (A. Guillon). — Deux-Sèv. AC. — Vend. AC. Bocage. — Loire-Inf. C. — Mor. *Malestroit* (Taslé), *Ploërmel* (J.-M. Sacher), *Néant* (Arrondeau), *Pontivy, S.-Congard* (Le Gall.) R. — C.-Nord. Vallée de *Caulnes* et de *S.-Jouan-de-l'Isle* (Mabille), *Lehon* (Robert). — Il.-et-V. ac. env. de *Redon* (Desmars), env. de *Bains* et de *B·ains* (Moreau), *S.-Ouen, Bourg-des-Comptes, la Molière* (Rolland), env. de *Rennes* (Le Gall), forêt de *Rennes* (J.-M. Sacher), c. forêt de *Fougères* (de la Pylaie), *S.-Thurial* (Hodée).

×. **L. Squamaria** L. Souche rameuse, couverte d'écailles blanches, charnues, arrondies. Tige de 1-2 déc. terminée par *un épi de fl.* blanchâtres ou rosées, *penchées, unilatérales.* Caps. 1 loc. à 2 valves, placenta géminés, larges, confluents. Graines nombreuses, petites. ♃. mars.-av. Bois montueux et couverts. Parasite sur *le Lierre.* — Char.-Inf. *Archingeay* (Lemarié). — Deux-Sèv. *La Mothe,* sur *Acer campestre,* le frêne, le noyer, etc. (Sauzé, M.), *Souvigné* (Gir.), *Brétignolle* (Tousssaints), *Loubigné* (Souché), « *Augé* (Dubreuil). » R.


# LABIÉES


Cal. tubuleux ou en cloche, à 5 ou 10 dents, persistant. Cor. irrégulière, à 2 lèvres. Etam. 4 didynames, insérées sur la cor., rar. 2. Ovaire ord. divisé en 4 lobes du milieu desquels sort le style. Fruit composé de 2 carp. dispermes imitant 4 carp. indéhiscents. 1.spermes. *Tiges et rameaux tétragones ; feuil. opposées ; fl. axillaires, solitaires ou en glomérules opposés, rapprochés, simulant des verticilles souv. en forme d'épis et de là appelées verticillées, en épi.*

### A. *Calice à 2 lèvres.*

*Salvia.* Etam 2.

*Scutellaria.* Lèvres entières.

*Brunella.* Lèvre supér. plane, à 3 dents ; filets des étam. à 2 pointes au sommet.

*Clinopodium.* Bractées linéaires formant un involucre autour du verticille de fleurs.

*Melittis.* Cal. grand, en cloche, lèvre supér. à 2,3 dents, l'infér. à 2 dents larges.

*Melissa.* Cal. à 13 stries, lèvre supér. plane, à 3 dents.

*Calamintha.* Cal. cylindracé ou bossu à la base, à 10 stries. Etam. arquées et rapprochées sous la lèvre supér. de la cor.

*Thymus.* Cal. en cloche, lèvre supér. à 3 dents, l'infér. à 2 lobes linéaires ; gorge fermée par des poils.

Ab. *Teucrium Scorodonia.*

### B. *Calice non à 2 lèvres.*

*Lycopus.* 2 étam. fertiles.

*Mentha.* Cor. presque régulière, à 4 lobes.

*Origanum.* Chaque fl. garnie d'une bractée colorée.

*Teucrium.* Lèvre supér. de la cor. très courte, fendue en 2 lobes repliés sur les côtés.

*Ajuga.* Lèvre supér. de la cor. presque 0.

*Marrubium.* Cal. à 10 dents, dont 5 plus petites.

*Sideritis.* Cal. à 5 dents, tubuleux-cylindrique, strié. Cor. à tube garni d'un anneau interrompu de poils. Carp. à sommet plane, triangulaire.

*Hyssopus.* Cal. tubuleux, strié. Etam. divergentes. Anthères à 2 loges divergentes, soudées au sommet.

*Glechoma.* Cal. cylindrique, strié. Anthères rapprochées par paires en forme de croix.

*Nepeta.* Cal. cylindrique, strié. Lèvre infér. de la cor. à 3 lobes, l'intermédiaire grand, très concave.

*Stachys.* Cal. en cloche. Lèvre supér. de la cor. voûtée, entière, l'infér. à 3 lobes, les latéraux réfléchis.

*Betonica.* Tube de la cor. cylindrique, courbé, saillant ; lèvre supér. ascendante.

*Galeobdolon.* Caract. du *Lamium.* Fl. jaune.

*Lamium.* Cal. en cloche. Cor. à gorge renflée, lèvre supér. voûtée, entière, l'infér. à 3 lobes, les latéraux en forme de dent.

*Galeopsis.* Lèvre infér. de la cor. à 3 lobes, l'intermédiaire garni de chaque côté d'une dent creuse, aiguë.

*Leonurus.* Lèvre infér. de la cor. à 3 lobes obtus, roulés en dessous, de manière à imiter un seul lobe aigu.

*Chaiturus.* Caract. du *Betonica.* Carp. terminés par une surface plane, triangulaire, velue.

*Ballota* Cal. en entonnoir, à 5 angles et à 10 stries.

**MENTHA** L. *Menthe, Baume.* Cal. à 5 dents. Cor. en entonnoir ; tube inclus ; limbe à 4 lobes presq. égaux. le sup. échancré. **Etam.** 4 droites, écartées ; anthères à lobes parallèles.

*Obs*. Dans ce genre, l'espèce est insaisissable ; ces plantes varient à : odeur forte ou agréable, feuil. glabres ou plus ou moins velues, à dents plus ou moins profondes, inflorescence passant insensiblement des verticilles axillaires à l'épi, étam. incluses ou saillantes. En outre, elles se prêtent facilement à l'hybridation. — Consultez Timbal-Lagrave Essai... Bul. Soc. Bot. fr. T. 7, p. 254, et les *Menthæ exsiccatæ*. de Malinvaud.

· *Tige florifère terminée par des fleurs*. (Spicatæ et capitatæ).

**M. rotundifolia** L. Vert-grisâtre ; odeur forte. Stolons sur terre. *Feuil. elliptiques-arrondies*, obtuses, crenelées-dentées, ridées. cotonneuses en dessous, sessiles. Fl. blanches ou rosées, en épi linéaire-cylindrique, aigu. Bractées lanceolées. 2↓. j¹-sept. Fossés, lieux humides. AC. — c. région maritime et calc.

⋆ **M. silvestris** L. Velu-grisâtre ; odeur agréable. Stolons sous terre. *Feuil. ovales-lancéolées*, aiguës, à dents aiguës, tomenteuses-blanchâtres en dessous, sessiles. Fl. rosées, en épi-linéaire-cylindrique, aigu. Bractées linéaires-en alène. 2↓. j¹-sept. Bord des fossés, des chemins, autour des villages. — Char.-Inf. Ile de *Ré* (Lemarié), *Mons, Beauvais* (Sav.), *Dœuil* (Duss.), *S.-Pierre-d'Amilly! Pauléon, S.-Saturnin-du-Bois* (Fd.). — Deux-Sèv. *Loubillé!* (Jousse), *Mauzé, Villemain, Couture-d'Argenson ; Prahecq, Chizé* (Sauzé, M.), *Amailloux, Chiché* (Guyon), *Parthenay*, (Janneau), *Tessonnière* (Bonnin). — Vend. RR. *la Roche!* (Marichal), *Pouzauges* (Rossignol), *Commequiers, la Tardière* (Gobert), *les Sables* (Lx.), *Évrunes* (Gen.). — Loire.-Inf. *Monnières*, le Lion-d'Or, les Couëts, Carcouët près *Nantes ; Châteaubriant* (Moride), *Ancenis, Couëron, Cordemais, Batz*. R. — Fin. *Penmarc'h* ; env. de *Loctudy* (Picq.), *Douarnenez, Bertheaume*, Lochrist près le *Conquet, Porsmoguer, Lampaul-Ploud., Ile-de-Batz* (Crouan). — C.-Nord. *Collinée, Moncontour, la Ville-Pichard, S.-Brieuc, Dinan*. — ETC. — Feuil. variant en largeur, dans la profondeur des dents, la blancheur du *tomentum* et dans leur odeur. Cult. partout. rejeté des jardins, il est plutôt naturalisé que du pays.

*Obs*. Un pied du *M. mollissima* fl. de l'Ouest éd. 3 (*M. candicans* Crantz ex Timbal-Lagrave) existait sur la chaussée de la Loire à *Clermont* et de ce pied il a été répandu dans la Vallée des stolons et des graines. Rapporté au précéd., auquel il ressemble beaucoup, on l'en distinguera par sa pubescence blanchâtre, une odeur plus forte, désagréable. Ses feuil. sont longues, lancéolées à base en cœur, presque sessiles, pubescentes en dessus, *très blanches-tomenteuses* et douces au toucher en dessous. Plus précoce que *M. silvestris*, il est en pleine fleur lorsque ce dernier montre seulement la pointe de ses épis. Il se reproduit très bien de graines.

β. *M. viridis* L. Caract. de *M. silvestris*. Glabre, odeur suave particulière nullement citronnée ; feuil. plus étroites, vert foncé, presque sessiles ; cal. glabre ou peu velu. Cult. et qqf. autour des habitations, ainsi que sa var. *crispa* dont les feuil. sont arrondies, ondulées-crépues, incisées-dentées. Une autre var. *latifolia*, à feuil. ovales-elliptiques, rugueuses. est cult. pour la cuisine sur la côte de *Piriac* en Loire-Inf. (Gadeceau).

*Obs.* Les graines du *M. viridis* m'ont produit la même forme avec feuil. velues-grisâtres, ainsi que *M. silvestris* type. De plus, avec les graines du *M. silvestris,* j'ai obtenu le *M. viridis* type glabre.

**M. aquatica** L. Velu ; odeur forte. Stolons sur terre. Feuil. ovales, dentées en scie, pétiolées. *Fl.* en verticilles peu nombreux, tous ou le supér. *rapprochés en tête obtuse, terminale.* Tube de la cor. poilu en dedans. Dents du cal. triangulaires-lancéolées, en alène ; tube sillonné. ♃. jᵗ-sept. Bord des eaux, fossés. CC.

β. *M. hirsuta* L. Velu-grisâtre. C. — Cette variété passe insensiblement au type et ne serait pas à noter si, depuis Linné, elle n'avait cours dans les livres. Qqf. à feuil. drapées dans la région maritime. — *M. canescens* Boreau, éd. III p. 507, a été établi sur *M. aquatica* var. *canescens* du Catalogue des plantes de Lisieux par Durand-Duquesney, duquel j'ai reçu des échantillons. C'est en effet une forme très velue-grisâtre de *M. aquatica,* à 5 gros verticilles écartés ; elle n'a pas été trouvée dans nos limites.

γ. *M. Lloydii* Boreau, *M. pyramidalis* édit. 1. Cosson, non Tenore, Velu. Feuil. ovales, dentées en scie. *Fl.* rosées, *en épi court, oblong, obtus, formé de 3-5 verticilles.* Dents du cal. triangulaires-lancéolées, en alène. ♃. aᵗ-sept. — LOIRE-INF. Les grands marais, surtout ceux de l'*Erdre.* PC. — Variété du type à côté duquel il croît et parmi lequel il faut souvent faire un tri pour l'établir. Il fructifie, se reproduit bien et n'est ni un hybride ni une forme de *M. piperita* Huds. non L. *Menthe poivrée* qui a les feuil. plus allongées, les fl. en épi serré, aigu, et dont l'odeur forte mais agréable est bien connue. Ce *M. piperita* ne donne jamais de graines.

δ. *M. citrata* Ehrh (*M. adspersa* Mœnch, *M. odorata* Sole). Entièrement glabre, odeur citronnée du *Monarda didyma.* Cult. sous le nom de *Menthe citronnelle* et sous-spontané autour des habitations. Cette variété se relie au type par : 1º une plante trouvée par M. Gadeceau à *Blain !* (Loire-Inf.) dans le voisinage d'un jardin d'où je la crois sortie ; elle est velue dans toutes ses parties. a les feuil. ovales, aiguës, un peu en cœur à la base, fortement nervées, et a tout à fait l'odeur suave du *M. citrata* ; 2º par un *M. aquatica* croissant dans la région maritime et le calcaire et qui, quel que soit son degré de villosité, a souvent une odeur de citron sans être accompagnée d'autres caractères distinctifs. Cette plante semée a produit des individus avec et sans odeur citronnée. — Enfin des graines du *M. citrata* type glabre, j'ai obtenu des *M. aquatica* velus à odeur forte non citronnée et d'autres velus à odeur citronnée.

HYBRIDES

*M. aquatico-rotundifolia.* Feuil. pétiolées de *M. aquatica,* épi de *M. rotundifolia.* Bord des prés. — *Loire-Inf.* Une seule touffe (détruite) à La Motte en *Bouguenais,* un seul groupe a *Pornic !* (Maupon).

*M. pubescens* Wild. Boreau éd. 3. Velu-grisâtre ; odeur agréable. *Feuil.* ovales, aiguës, dentées en scie, *pétiolées.* Fl. rosées en épi assez serré, cylindrique, à verticilles inf. écartés. Bractées linéaires-en alène, hérissées ainsi que le cal. à dents triangulaires-lancéolées en alène. ♃. Haies et fossé d'un champ du Lion-d'Or! près *Nantes* (Genevier). — Cette plante dont la localité est détruite n'appartient pas à la flore ; elle est prob. un hybride (*aquatico-silvestris*) dû à l'action des autres *Mentha* qui étaient cultivés! dans le jardin voisin. Elle ne m'a jamais donné de graines.

*M. hirta* Will. Bor. *M. pyramidalis* Delastre. Caract. de *M. hirsuta* et *sativa*, dont il diffère par les verticilles 6-11 écartés dans le bas, puis graduellement rapprochés en épi obtus. — LOIRE-INF. *Vallée de la Loire* et *lac de Grand-Lieu*, — Prob. en beaucoup d'autres lieux, ainsi que le suiv. — *M. subspica* Weihe, Bor., très voisin, en diffère par l'épi moins obtus, les feuil. plus vertes ; il est intermédiaire à *M. aquatica* et *sativa*. Mêmes lieux. — Ces *M. hirta* de la *Vallée de la Loire* et *M. subspicata*, de la même localité et du lac de *Grand-Lieu*, me paraissent des hybrides à différents degrés de *M. aquatica* et *arvensis*. Tous deux passent qqf. au *M. sativa*, soit d'une année à l'autre dans une même localité, soit dans un individu entier ou dans une partie de celui-ci. Ils ne produisent pas de graines, tandis que *M. aquatica* et *arvensis*, à côté desquels ils se trouvent, grainent abondamment.

** *Tige florifère terminée par des feuil.* (Verticillatæ).

**M. arvensis** L. Odeur très forte. Qqf. couché. Stolons sous terre. Feuil. ovales, ou ovales-lancéolées, ou lancéolées (*M. parietarifolia*), dentées en scie, pétiolées. Fl. rosées en verticilles écartés. Tube de la cor. poilu en dedans. *Cal. court, en cloche, à dents* courtes, triangulaires, *presq. aussi larges que longues.* ♃ jʰ-sept. Bord des eaux, lieux cultivés humides. CC.

**M. Pulegium** L. *Pouliot*. Odeur extrêmement forte. Tige couchée et rampante à la base. Feuil. petites, ovales, obtuses, obscurément dentées, pétiolées. Fl. lilas-rosé, en verticilles écartés. *Gorge du cal. fructifère fermée par un anneau de poils ;* dents sup. recourbées. ♃. jʰ-oct. Bord des eaux, fossés, lieux inondés l'hiver. CC.

HYBRIDES

* *M. rubra* Sm., *M. sativa. v. glabra* Koch. Presque *glabre*, odeur suave. Feuil. ovales, dentées en scie, pétiolées, vert foncé, luisantes. Fl. rosées en verticilles nombreux, écartés, formant un épi qqf. terminé par des fl. *Cal. glabre* à dents triangulaires-lancéolées, en alène, velues. Cult. et qqf. autour des habitations. — Hybride des *M. viridis* et *arvensis*, d'après M. Malinvaud, qui le range dans la section des *M. gentilis*, hybrides des *M. viridis et arvensis*, section qui a pour caractères d'avoir les fleurs en verticilles avec le *cal. glabre à la base*.

*M. sativa* L. Velu ; odeur forte. Feuil. ovales, dentées en scie, pétiolées. *Fl. rosées, en verticilles écartés. Dents du cal. triangulaires-lancéolées, en alène.* ♃. jʰ-sept. Marais, bord des eaux. AC. par localités. — Varie qqf. ainsi que *M. aquatica* et ses formes, à feuil. rougissant ou plissées. — Je comprends sous ce nom une réunion de plantes variables, dont les fl. sont en verticilles écartés plus ou moins nombreux, avec les dents du calice triangulaires-lancéolées, en alène.

Elles doivent être des hybrides à différents degrés de *M. aquatica* et *arvensis*, près desquels elles croissent souvent, et quoique ces formes soient communes, surtout dans la *Vallée de la Loire*, je n'y ai point trouvé de graines, tandis que *M. arvensis* et *aquatica*, dans les mêmes lieux, en ont toujours. Il n'est pas rare non plus de voir des tiges florifères terminées par des fleurs sur des pieds qui, l'année précédente, portaient des tiges terminées par des feuilles.

*M. rotundifolio?-arvensis*, *M. arvensis* v. *micrantha* Schultz herb. norm. 126, Malinvaud exs. Nº 70. Caractères et aspect de M. *arvensis* ; Feuil. ridées. A côté de M. *arvensis et rotundifolia*, au bord de la route de la gare de *Clermont* au *Cellier* (Loire-Inf.), où ce groupe m'a été montré par M. Gadeceau. N'a pas donné de graines depuis plusieurs années que je le cultive.

Pour le détail des formes de la Loire-Inf., consulter *Matériaux pour l'étude des Menthes de la Loire-Inférieure* par M. Gadeceau, Société académique, Nantes 1881.

Cultivez ensemble plusieurs *Mentha* et vous obtiendrez des hybrides embarrassants.

**⋆LYCOPUS** L. Cal. en cloche, à 5 dents. Cor. à 4 lobes presq. égaux, le sup. échancré ; tube court. Etam. fertiles 2, écartées.

**L. europæus** L. Feuil. ovales-lancéolées, profondément dentées ou pennifides, surtout à la base, pétiolées. Fl. petites, blanches, ponctuées de rose, en verticilles axillaires, écartés. Point d'étam. stériles. ♃. jᵗ-sept. Bord des eaux, fossés. CC.

**SALVIA** L. *Sauge*. Cal. à 2 lèv., la sup. entière ou à 3 dents, l'inf. à 2 div. Cor. à 2 lèv., la sup. courbée en casque, l'inf. étalée à 3 lobes. Etam. 2. Anthères à loges placées aux 2 extrémités d'un long pédic. filiforme *(connectif)* posé en travers sur le filet, la sup. fertile, à une loge, l'inf. stérile.

**S. Sclarea** L. *Fétide*, velu, glanduleux au sommet. Tige de 3-6 déc. Feuil. ovales-en cœur, doublement crénelées, rugueuses, les inf. pétiolées. Fl. en épi. *Bractées* des verticilles *blanc-rosé*, grandes, ovales, mucronées, *dépassant le cal.* à lobes ovales, longuement aristés. Cor. à lèv. sup. lilacée, l'inf. blanche, ②. jᵗ-aᵗ. Bord des chemins, pied des murs. CHAR.-INF. *Surgères* (Hubert), *Migré* (Vinet), *S.-Georges-d'Oleron* (Sav.) — DEUX-SÈV. Surimeau près *Niort* (Guillon), *Louin* (Guyon), *Parthenay, Freteveau!* et Maranzais ! près *Thouars* (Toussaints). — VEND. *La Couture*, AC. château de *Talmont* (Pont. M.). — LOIRE-INF. Abbaye de la Chaume à *Machecoul*. RR. — C.-NORD. *La Ville-Pichard!* (Cornillé).

**S. pratensis** L. Tige ascendante, velue, glanduleuse au sommet. Feuil. ovales ou oblongues, doublement crénelées, rugueuses, les rad. en cœur, pétiolées, celles de la tige peu nombreuses, les sup. larges, sessiles, embrassantes. *Fl. d'un beau bleu*, grandes, en épi. Bractées ovales, acuminées, plus courtes que le cal. à lèv. sup. à 3 dents courtes. Lèv. sup. de la cor. dépassant l'inf. *Style très long, arqué*. ♃. mai-jⁿ. Prés et lieux secs cal. — CHAR.-INF., DEUX-SÈV.. C. — VEND. AC. (Pont. Lx.). — LOIRE-INF. Coteau de Juigne près *Ancenis* ; *S.-Mars-la-J.* (Sᵗ-Gal), *Maumusson* (Guiho), *Couffé, la Roche-Macé* (Coquet), *Saffré* ;

*Plessé* (Delalande), château de *Blain !* (Lx.), *Machecoul* (P. Bruneau). R. — Varie rar. à fl. 1/2 plus petites. c. calc. de l'arrondissement de *la Rochelle* et canton d'*Aigrefeuille* (Foucaud).

**S. verbenaca** L. et anglor. *S. clandestina* Mut. fl. fr. Tige ascendante, de 3-6 déc. *Feuil.* ovales, *sinuées* ou *pennifides*, inégalement crénelées, ridées-veinées en réseau, les inf. en cœur à la base, obtuses, pétiolées, les sup. larges, aiguës, sessiles. Fl. violettes, promptement fanées, 6 par verticille, en épi. Bractées réniformes-en-cœur, acuminées, plus courtes que le cal. Lèv. sup. du cal. obovale, arrondie au sommet, à 3 dents courtes, à 2 concavités séparées par une carène, l'inf. à 2 divis. ovales, mucronées. *Cor. petite*, étroite, 1/2 plus longue que le cal., tube et partie du casque inclus, lèv. inf. très concave, dirigée en avant, lobes latéraux étalés-arqués. ♃. mai-j¹. Prés, bords des haies de la région maritime. C. — R. à l'intérieur: CHAR.-INF. *Montlieu, Saintes.* — DEUX-SÈV. *Niort.* — VEND. *Puybelliard*, c. la Vaire près *Mareuil* (Pont.), c. *Fontenay* et calc. voisin (Lx.). — LOIRE-INF. *Le Loroux, Blain, Bergon; Pontchâteau* (Gad.), *la Bretèche* (Gen.), *Buzay, Machecoul, Arthon.* — IL.-ET-V. *Fougères* (V. Sacher). — Refleurit toujours en automne.

**X. S. pallidiflora** Chaub. fl. agen. Port du précéd., dont il diffère par la tige plus hérissée, les feuil. plus allongées, vert plus pâle, les bractées largement en cœur, acuminées, 1 f. plus grandes, égalant le cal., verticilles plus espacés; cor. bleu pâle 1 f. plus longue que le cal., tube saillant, lèv. inf. très concave, déjetée; fl. restant plus longtemps ouvertes. ♃. mai-j¹¹. — CHAR.-INF. Coteaux de la Gironde à *Méchers; Royan* (Fd.).

**ORIGANUM** L. Cal. à 5 dents ou à 2 lobes. Cor. à lèv. sup. droite, échancrée, l'inf. 3. fide. Etam. écartées, divergentes dans le haut. Une bractée colorée à la base de chaque fl.

**O vulgare** L. *Marjolaine.* Tige dressée. Feuil. ovales, velues, pétiolées. Fl. rosées, en épis agglomérés au sommet des rameaux et formant une panic. Bractée plus longue que le cal. à 5 dents égales, velu en dedans. ♃. j¹-sept¹. Lieux secs, coteaux, bord des haies, des champs. surtout régions calc., schisteuse et maritime. C. — PC. ailleurs.

β. *prismaticum* Gaud. *O. heracleoticum* Pesn. Epis prismatiques, longs de 15-20 mil. La Bouvardière près *Nantes, Mauves*, AC. autour d'*Oudon* (L.-Inf.). *Coulonge-sur-l'Autize, S.-Pompain, Mauzé, Sauzé-Vaussais, S.-Loup* (Deux-Sèv.). *l'Houmeau, Taillebourg, Crazannes* (Char.-Inf.). — On ne récolte cette forme qu'en faisant un choix des épis les plus longs dans certaines localités où elle ne se reproduit souv. pas l'année suivante.

**THYMUS** L. Cal. en cloche, à 2 lèv., la sup. à 3 dents, l'infér. à 2 lobes linéaires; gorge fermée par un anneau de poils. Cor. courte, à 4 lobes planes, presq. égaux, le sup. échancré. Etam. écartées.

**T. Serpyllum** L. *Serpolet.* Odeur aromatique ou nulle, qqf. forte, désagréable. Tiges en gazon épais, dures, couchées, rampantes, rougeâtres, pubescentes tout autour. Feuil. ovales ou oblongues, rétrécies à la base, obtuses, ponctuées-glanduleuses, à nervures saillantes,

ciliées dans le bas. Fl. rougeâtres, en tête. ♃. mai-sept. Pelouses, prés,
lieux incultes, surtout du calc. et de la région maritime. CC.

β. *T. citriodorus*. Odeur de citron. Çà et là région maritime.

γ. *T. angustifolius*. Inodore ; feuil. petites, linéaires-oblongues. —
Loire-Inf. *Machecoul, Arthon.*

**T. Chamædrys** Fries. Souv. réuni au précéd., s'en distingue par
les tiges en gazon lâche, couchées seulement à la base, poilues sur 2
ou 4 lignes, les feuil. plus grandes, plus larges, contractées en pétiole,
plus ponctuées, à nervures peu saillantes, par les verticilles de fl. en
épis ord. interrompus à la base. Mêmes lieux. C. — Varie sur les
schistes à feuil. vert-noirâtre.

*Obs. Satureia hortensis* L., *Sarriette,* cult. pour la cuisine, se reproduit dans les potagers.

**CALAMINTHA** Tourn. Cal. sillonné, à 2 lèv., la sup. 3.fide, l'inf.
à 2 lobes. Lèv. sup. de la cor. droite, plane, échancrée, l'inf. à 3 lobes.
Étam. écartées, arquées et rapprochées par les anthères sous la lèv.
sup. de la cor.

**C. Acinos** Gaud. *Thymus* L. Plante de 1-2 déc. poilue ; rameaux
simples, ascendants, partant de la base. Feuil. ovales, obscurément
dentées, pétiolées. *Fl.* lilas, tachées de blanc sur la lèv. inf., 6 *par
verticille.* Cal. bossu à la base, fermé après la fleuraison. ①. jⁿ-aᵗ.
Champs calc. — Char-Inf., Deux-Sèv., Vend. C. — Loire-Inf. ac.
*Machecoul, Arthon ;* coteaux schisteux du *Havre !* près *Oudon,* bord
de la forêt du *Cellier* (Gad), chaussée du Pont-Neuf près *Ancenis.*

**C. silvatica** Bromfield, Benth. *C. officinalis* Jord. Odeur plus
forte que dans le suiv. ; tige plus élevée. Feuil. vertes, ovales, crénelées-dentées, aiguës, à limbe plus long que large. Cal. à poils de la
gorge presq. inclus, lèv. inf. à dents linéaires-en alène, beaucoup plus
longues, infléchies. *Cor. lilas foncé,* tachée à la gorge, *longue d'env.*
1 cent 1/2, lobe intermédiaire de la lèvre inf. 2 f. plus large que long,
touchant ou couvrant en partie les latéraux. ♃. jⁿ-sept. Bois, bord des
haies, coteaux. — Char.-Inf. AC. — Deux-Sèv. C. — Vend. Env. de
*Luçon* (Pont.), c. forêt de *Vouvant* (Lx.), *Pont-Charault* (Gad). — Loire-
Inf. Coteaux de *Mauves,* la Turmelière ! près *Château-Thébaud* (Renou).
*le Pé, Clermont !* (Migault). Guenard sur la *Divatte ;* — Fin. Chemin
de *Plomeur* à l'anse de *la Torche* (Crouan). R.

**C. ascendens** Jord. *C. officinalis* Mœnch, *C. menthæfolia* Host,
*Melissa calamintha* L. *Thymus* Scop. *Calament.* Tige rameuse, pubescente. *Feuil.* largement ovales, obtuses, obscurément dentées ou
crénelées, pétiolées, vert-grisâtre, à limbe aussi large que long. *Fl.
lilas clair,* à taches plus foncées à la gorge, *en petits corymbes axillaires,* dont le pédonc. très court égale à peine le pétiole. Cal. à poils
de la gorge presq. inclus; lèv. inf. à dents beaucoup plus longues,
garnies de *longs cils étalés.* Cor. ne dépassant par 1 cent.; lobe intermédiaire de la lèv. inf. dégagé des latéraux, aussi large que long,
rétréci à la base. Carp. arrondis, ponctués. ♃. jⁿ-sept. Bord des haies,
pied des murs. AC. — PC. au-delà de *Loire-Inf.* — Les individus nains

à petites feuil. de la région marit. se distingueront du suiv. par le
pédonc. court du corymbe et par les longs cils étalés du cal.

**C. Nepeta** Clairville. Jord. frag. 4, T. 2. *Melissa* L. *Thymus* Smith.
Plante mollement pubescente, grisâtre, ayant un peu l'odeur de *Mentha Pulegium*. *Feuil.* bien plus *petites* que dans les précéd., ovales,
dentées, pétiolées, à pétiole bien plus court que le pédonc. des
corymbes. Fl. lilas pâle à lèv. inf. plus pâle. Cal. *à poils* de la gorge
*abondants, saillants, dents courtes,* les inf. un peu plus longues, garnies de *cils courts, ascendants.* Carp. ovales, bruns. ♃. j^t-sept.
Coteaux et rochers calc. exposés au soleil. — CHAR.-INF. L'Aubrée en
*Taillant* (Tess.). — DEUX-SÈV. « *Thouars* (Boreau flore). » — IL.-ET-V.
*Antrain* (V. Sacher). — Je l'ai cueilli à *Poitiers* (Vienne).

**CLINOPODIUM** L. Caract. du *Calamintha*. Bractées sétacées,
ciliées, formant un involucre autour de tout le verticille de fleurs.

**C. vulgare** L. Mollement velu. Feuil. ovales, obscurément dentelées, obtuses, pétiolées. Fl. rosées, en verticilles axillaires et terminaux. ♃. j^t-a^t. Landes, buissons, bord des haies. C.

**MELISSA** L. Cal. à 13 stries; lèv. sup. plane, à 3 dents courtes.
l'inf. bifide. Lèv. sup. de la cor. concave, l'inf. 3-fide; gorge nue.
Etam. écartées, arquées, rapprochées par les anthères sous la lèv. sup.
de la cor.

**M. officinalis** L. *Mélisse, Citronnelle*. Odeur légère de citron. Tige
rameuse, poilue. Feuil. ovales, crénelées-dentées, entières à la base,
pétiolées. Fl. blanches ou rosées, en petits corymbes axillaires, unilatéraux, presque sessiles. ♃. j^t-a^t. Çà et là bord des chemins et des
haies près des maisons, et cult. partout.

**HYSSOPUS** L. Cal. tubuleux à 15 stries, à 5 dents presq. égales.
Lèv. sup. de la cor. droite, plane, bifide, l'inf. à 3 lobes, dont l'interméd. plus grand en cœur renversé. Etam divergentes ; anthères à 2
loges divergentes, soudées au sommet.

**H. officinalis** L. *Hysope*. Aromatique. Tiges de 2-5 déc. en touffe,
ligneuses à la base, à rameaux redressés, effilés, finement pubescents.
Feuil. linéaires ou oblongues-lancéolées, entières, vertes, à peu près
glabres, arquées-ascendantes. Fl. d'un beau bleu en verticilles rapprochés en épi terminal, unilatéral. a^t-sept. ; cult. et qqf. naturalisé sur les vieux édifices.

✗. **H. canescens**. DC. fl. fr. suppl. 396, *H. pubescens* Jord. ic. 295 ?
*Sideritis scordioides?* fl. de l'Ouest éd. 1,357. Plante toute couverte de
poils fins, serrés, qui lui donnent un aspect blanchâtre bien différent
du précéd., dont il diffère en outre par le port plus touffu, les épis à
fl. plus nombreuses plus serrées, la fl. plus grande dont le lobe intermédiaire de la lèv. inf. a les div. plus profondes, plus divergentes, et
par les dents du cal. plus longuement acuminées et formant par leur
base saillante 5 angles distincts. — CHAR.-INF. AC. coteaux de *la
Gironde*, de *S.-Romain-de-Beaumont* à *S.-Seurin*; RR. coteaux de
Chaniers près *Saintes*.

**NEPETA** L. Cal. cylindrique, strié. Cor. à tube long ; lèv. sup. droite, plane, bifide, l'inf. à 3 lobes, l'intermédiaire grand, très concave, les latéraux petits, réfléchis. Etam. rapprochées, parallèles sous la lèv. sup. de la cor., à la fin déjetées de coté.

**N. Cataria** L. *Chataire.* Fétide ; pubescent-grisàtre. Feuil. en cœur, profondément crénelées-dentées, tomenteuses-blanchâtres en dessous, pétiolées. Fl. blanches, ponctuées de rouge, en petits corymbes rapprochés en grappe terminale: Carp. glabres. ♃. ju-at. Bord des chemins, des haies. — CHAR.-INF. *Le Pin* (Mᵐᵉ George), *Beauvais* (Sav.), *l'Ougeardrie* en *S.-P.-d'Amilly, les Mathes* ( Fd.), *S.-Sulpice-d'Arnoult, Sᵗᵉ-Gemme* (Tess.), *Sablonceaux* (Delalande), *S.-G.-de-Didonne* (M. Arnauld), *Méchers , Oleron* (Parat). — DEUX-SÈV. R. *Airvault* (Bonnin), *Féole* (Lunet), *Maranzais ; Chiché* (Guyon), *Rom* (Grelet). — VEND. *Jard* (Pont.), *Payré-sur-Vendée* (Ayraud). R. — LOIRE.-INF. *Savenay, S.-Nazaire, Escoublac ; Bergon* (Delalande) ; *Teillé* (Guiho), forges de la Provotière près *Riaillé* (Ed. Bureau), *Erbray, Chémére* (Gad.). R. — MOR. *Fort Penthièvre* (Lucas), pointe S.-Jacques en *Sarzeau* (Taslé). RR. — FIN. *Ile d'Ouessant* (de la Pylaie), « *Béniguet* (Blanchard) », *Porsmoguer* (Crouan), Kerscaven près *Penmarc'h.* S.-Thual près *Loctudy* (Picq.). — C.-NORD. *Erquy* (Baron). — IL.-ET-V. *Rennes* (Lx.), *la Chaussairie* (Gallée), *Fougères* (V. Sacher), *Roteneuf, S.-Coulomb* (Jeanpert), env. des 4 *Salines.*

**GLECHOMA** L. Cal. cylindrique, strié, à 5 dents. Lèv. sup. de la cor. droite, plane, bifide, l'inf. à 3 lobes, l'intermédiaire plus grand, échancré. Etam. parallèles sous la lèv. sup. de la cor.; anthères rapprochées par paires en forme de croix.

**G. hederacea** L. *Herbe Saint-Jean.* Tiges rampantes, les florifères redressées. Feuil. réniformes, les sup. en cœur, crénelées, pétiolées. Fleurs 2-4 axillaires. Cor. violette, tachée de pourpre à la lèv. inf. ♃. mars-av. Bord des haies. CC. — Qqf. velu ou à fl. plus petites.

**MELITTIS** L. Cal. grand, en cloche, à 2 lèv. Lèv. sup. de la cor. presque plane, droite, l'inf. à 3 lobes, l'intermédiaire plus grand, obovale. Etam. parallèles sous la lèv. sup. de la cor.; anthères rapprochées par paires en forme de croix.

**M. Melissophyllum** L. *M. grandiflora* Smith. Odeur forte. Tige d'env. 3 déc. simple, hispide. Feuil. ovales, crénelées, pétiolées. Cor. grande, blanche, à lobe intermédiaire de la lèv. infér. rougeâtre. ♃. mai. Haies ombragées, taillis. AC. — Inconnu dans le nord de *Char.-Inf.* (Foucaud). — AR. au-delà de *Loire-Inf.*

**LAMIUM** L. Cal. tubuleux-en cloche, à 5 dents presq. égales. Cor. à gorge renflée ; lèv. sup. en casque, entière, voûtée, l'inf. à 3 lobes, les latéraux très petits, en forme de dent, l'intermédiaire échancré. Anthères rapprochées par paires, barbues (ici). *Fl. en verticilles axillaires.*

**L. amplexicaule** L. Tige ascendante. *Feuil.* inf. réniformes-orbiculaires, obtuses, incisées-crénelées, pétiolées, les *sup. presque lobées, embrassantes,* sessiles. Cal. velu, à dents conniventes. *Cor.*

rouge vif, *à tube grêle, allongé*, droit. ①. av.-j¹. Lieux cultivés, **sables** maritimes où la plante est naine et la fl. grande. AC.

**L. purpureum** L. Couché à la base. *Feuil.* d'abord vert-rougeâtre, ovales-en cœur, inégalement crénelées, pétiolées, les *sup. plus grandes, ramassées au sommet de la tige.* Cor. rose, à tube droit, garni intérieurement dans le bas d'un anneau de poils. ①. mars-mai. Champs, lieux cultivés. CC.

**L. incisum** Willd. *L. hybridum* DC. Port du précéd. *Feuil.* d'abord vert-noirâtre, en cœur, pétiolées, les *supér. triangulaires-rhomboïdales, profondément incisées-dentées, ramassées au sommet de la tige.* Cor. rose à tube droit. glabre en dedans. ①. mars-mai. mêmes lieux. PC.

**L. maculatum** L. var *lævigatum* Mut. fig. 360, *L. Orvala* Bon. 63. Feuil. largement triangulaires-en cœur, doublement dentées, pétiolées, les premières du printemps qqf. avec une longue tache blanchâtre. *Fl. grandes, roses, en verticilles écartées.* Tube de la cor. courbé sur le dos et sur le devant. ♃. mars-sept. Haies fraîches. — DEUX-SÈV. *Thouars!* (Toussaints), *S.-Martin-de-Sanzay,* bord de l'Argenton près *le Breuil* et jusqu'en *Maine-et-L.* — LOIRE-INF. *Varades,* c. rive gauche de *la Vallée du haut de la Loire.*

**L. album** L. *Ortie blanche.* Feuil. ovales-en cœur, acuminées, fortement dentées en scie, pétiolées. *Fl. blanches,* en verticilles écartés. Cor. très poilue, à tube *droit sur le dos,* courbé sur le devant. ♃. av.-mai. Haies. — CHAR.-INF. *Ardillières* (Faye), *Lafond* (Hubert), *Nieul, Pont-l'Abbé* (Fd.), *Tonnay-Charente* (Parat), *Saintes!* (P. Brunaud). — DEUX-SÈV. *La Crèche* (Bonneau), *Chizé* (A. Guillon), *Celles* (Sauzé), *S.-Pompain, Scillé* (Guyon), *Parthenay* (Janneau), *Thouars* (Lunet). — VEND. *Fontenay* (Lx.). R. *la Roche!* la Fougerie *en Aubigny, Curzon, Féole* (M. Pont.). *Challans, Pallvau* (Gobert), *S.-Sornin* (Trappier). *Evrunes* (Gen.). — LOIRE-INF. De *Vertou* à *Gorges,* c. de là à *Monnières;* la Bouchinière en *S.-Fiacre,* la Mazure près *la Chapelle-b.-Mer, Ancenis, Nantes.* PC. — MOR. *La Roche-Bernard,* « *Lorient, Hennebont.* RR. (Le Gall flore) », *Vannes, Arradon* (Taslé), Kerango en *Plescop* (Arrondeau). — FIN. *Port-Launay, Daoulas* (Crouan), RR. *Quimperlé* (Picq.). — C.-NORD. *S.-Brieuc* (Taslé), *Dinan* (Mabille), *Léhon* (Morin). — IL-ET-V. *S.-Malo* (Mabille), R. *Fougères* (V. Sacher), *Rennes* (Lx.), *la Préralaye* (Geslin).

**GALEOBDOLON** Huds. Caract. du *Lamium.* Lèvre infér. de la cor. à 3 lobes aigus.

**G. luteum** Huds. *Galeopsis Galeobdolon* L. *Lamium* Crantz. Tige peu rameuse. à rejets stériles rampants. Feuil. ovales-en cœur, inégalement crénelées-dentées, pétiolées. Fl. jaunes, en verticilles axillaires. Bractées linéaires, ciliées. Anthères glabres. ♃. av.-mai. Taillis, buissons ombragés. — CHAR.-INF. Forêt d'*Aulnay;* moulin du Rocher près *Grandjean* (Doin, Termonia). — DEUX-SÈV. *Celles* (A. Guillon), *Melle, S.-Genard* (Gir.), forêt de *Chizé, S.-Jouin, Louin* (Brottier), *Lamairé, S.-Pompain* (Guyon). AC. Bocage. — VEND., LOIRE-INF., MOR. AC. — PC. reste de *la Bretagne.*

**GALEOPSIS** L. Cal. en cloche, à 5 dents mucronées, presq. égales. Cor. à tube renflé; lèv. sup. voûtée, l'inf. munie de chaque côté d'une dent creuse aiguë; à 3 lobes, l'intermédiaire obtus ou échancré. Anthères s'ouvrant par 2 valves transversales. *Fl. en verticilles terminaux ou axillaires.*

**G. dubia** Leers, *G. ochroleuca* Lam. Mollement pubescent. *Tige rameuse, non renflée sous les nœuds.* Feuil. lancéolées ou ovales-lancéolées, dentées en scie. Cor. 4 f. plus longue que le cal., jaune pâle ou rose; lèv. sup. incisée-dentée, l'inf. tachée de jaune foncé. ④. aᵗ-oct. Moissons. C. — RR. le calc. — Il ne m'est pas toujours possible de distinguer du suiv. la var. à fl. roses.

**G. Ladanum** L. *G. angustifolia* Ehrh. Rameux en pyramide, mollement pubescent. Feuil. lancéolées-linéaires, entières ou dentées. Cor. 3 f. plus longue que le cal., rouge, à lèvre infér. tachée de jaune. ④. jᵗ-oct. Champs calc. C. — LOIRE-INF. c. de *Legé* à *S.-Etienne-de-Corcoué*. PC. — MOR. *Plomeur* (Le Gall). — IL.-ET-V. Calc. de *Rennes* (J.-M. Sacher). — Varie rar. à fl. 1/2 plus petite.

**G. Tetrahit** L. *Tige* rameuse, hispide, *renflée sous les nœuds*. Feuil. ovales-oblongues, acuminées, crénelées-dentées. Fl. roses en verticilles rapprochés. Cal. à dents longues, épineuses. Cor. rose, ponctuée de jaune et de rouge, à lobe intermédiaire de la lèv. inf. presque carré, entier ou échancré, marqué à la base d'une tache jaune veinée de rouge. ④. aᵗ-oct. Décombres frais, taillis, moissons. C. — Inconnu dans *Char.-Inf* (Foucaud). — La longueur du tube de la cor. est variable par rapport au cal.; varie aussi à fl. plus petite, blanche ou bordée de rose, et à cal. noirâtre. Plusieurs de ces var. se reproduisent de graines.

*Obs.* Dans nos limites, je ne distingue pas du précéd. — *G. bifida* Bœnning., qui en différerait surtout par le cal. égalant ou dépassant le tube de la cor. petite, rose pâle, lèv. inf. à lobe interméd. carré, un peu échancré, pourpre foncé avec un liseré blanc, à la fin replié par les bords, les latéraux rosés avec une petite tache au milieu, très peu dentelés ainsi que la lèv. sup. Mêmes lieux. Indiqué en plusieurs localités de *la Bretagne.* — *G. pubescens* Bess. Je ne crois pas que cette plante soit de notre région ; tout ce que j'ai vu ou reçu de là appartient à des formes de *G. Tetrahit*. *G. pubescens Besser,* que j'ai reçu de Berlin et semé, diffère de *G. Tetrahit,* dont il a les caractères généraux, par la pubescence molle, par les feuilles largement ovales, par les fleurs plus grandes à tube une fois plus long que le calice, blanchâtre, puis brun-jaunâtre au sommet.

**G. versicolor** Curt. Caract. de *G. Tetrahit*. Fl. grande, élégante, tube 1 f. plus long que le cal., blanc à la base, puis jaune du *Galeobdolon* ainsi que la lèv. sup. ; lèv. inf. veinée à la gorge jaune, à lobes latéraux jaunes dans le bas, l'autre moitié blanche, le lobe intermédiaire carré-arrondi, violet avec un liseré blanc. ④. jᵗ-sept. Champs cultivés. — FIN. *Scaër*, c. château de Mûr en *Plouigneau* (de Guernisac), *Morlaix* (Hervé), *S.-J.-Plougastel* (Crouan). — C.-NORD. *Plougonver* (Le Corre).

**STACHYS** L. Cal. en cloche, à 5 dents. Cor. à tube garni en dedans d'un anneau de poils ; lèv. sup. voûtée, l'infér. à 3 lobes, l'intermédiaire plus grand, échancré, les latéraux réfléchis. Etam. inf. à la fin déjetées en dehors sur les côtés. Carp. arrondis, obtus.

**S. germanica** L. *Plante couverte d'un coton blanc, épais, soyeux,* Feuil. ovales-oblongues, crénelées, épaisses, les inf. en cœur à la base, les florales lancéolées, sessiles. Fl. rosées en verticilles rapprochés en épi. Dents du cal. ovales, acuminées, piquantes. ♃. ②. j^t-a^t. Coteaux, lieux pierreux du calc. — CHAR.-INF., DEUX-SÉV. AC. — VEND. *Vix*, AC. d'*Angles* au *Pont-Rouge* (Lx.), C. de là à *S.-Cyr.* (Pont.), *S.-Vincent-sur-Jard ; la Bretonnière, S.-Denis-du-Payré, S.-Hilaire la Forêt, Bazoges-en-Pareds* (Pont., M.), *La Bauduère* (Pont-devie), *Commequiers, Chavagne-les-Redoux*, sur schiste (Gobert), *Garenne S^te-Christine* (M^lle Poey Davant). — LOIRE-INF. *Copchoux* (Ménier), *Oudon*, la Série et coteaux de Juigné près *Ancenis, S.-Herblon* (Pesneau), *Cambon*. R.

♈. **S. heraclea** All. Bentham. Plante verte, couverte de longs poils blancs, étalés. Souche à plusieurs tiges simples. Feuil. ridées, les rad. et inf. pétiolées, ovales ou oblongues, obliquement en cœur à la base, crénelées ; feuil. florales rhomboïdales, entières, les inf. ayant les côtés sup. dentés. Verticilles écartés, à 6-8 fl. *Dents du cal.* ouvertes, triangulaires-ovales, *aiguës, presque épineuses.* Cor. soyeuse en dehors, rouge pâle vineux en dedans, gorge tachée de jaunâtre, lèv. sup. entière. ♃. j^n-j^t. Terrains pierreux, calc. — CHAR-INF. *le Chay !* la *Repentie* (de Beaupreau), *S.-Crépin* (Riveau), *Lauzières, S.-Christophe, Péré*, (Fd.), bois de *la Bourrelle* (Tess.), bois d'Essouvert près le *Pin* (M^me George), forêt de Benon près *Courçon ; Migré* (Lemarié), *Dœuil* (Duss.), *S.-Ouen, Massac, Siecq* (Sav.). R. — DEUX-SÉV. Bois d'Avail près *Chizé* (A. Guillon).

♈. **S. alpina** L. Tige couverte de poils mous, les sup. glanduleux. Feuil. ovales-en cœur, crénelées, pétiolées, mollement velues, les sup. plus étroites, sessiles. Fl. rouge-brun terne, tachées de blanc, en verticilles écartés. *Dents du cal. ovales, obtuses, mucronées.* ♃. j^n-j^t. Bord des haies et bois du calc. — CHAR.-INF. Forêt d'*Aulnay!* (Vernial). R. — DEUX.-SÉV. *Melle* (A. Guillon), bois de *la Drouille* (Guyon), *Chambrille* (J. Richard), *Sansay Ménigoute* (Gen.), *Vausseroux* (Duret), *Chantecorps, S.-Aubin-le-Cloux* (Souché), à l'est des *Maisons-Blanches*. R.

**S. silvatica** L. Fétide ; hispide. *Feuil. ovales-en cœur, acuminées,* crénelées-dentées. Verticilles écartés, à 6 fl. rouge-vineux, panachées de blanc. Dents du cal. triangulaires-lancéolées. ♃. mai-a^t. Lieux frais ombragés, buissons, haies, pied des murs. C.

**S. palustris** L. Tige simple à poils dirigés en bas. *Feuil. ovales-lancéolées*, à base en cœur, *aiguës*, crénelées-dentées en scie, à peine pétiolées, les sup. sessiles. Verticilles à 6-12 fl. roses, panachées de blanc, les supérieurs rapprochés en épi. Dents du cal. triangulaires, mucronées. ♃. j^n-sept. Marais, fossés. C. — AC. au-delà de *Loire-Inf.* et qqf. dans les moissons fraîches. — Une forme à feuil. toutes pétiolées que j'ai vue dans la *Vallée de la Loire* et que M. Miciol a récoltée dans les moissons de l'île de *Batz* (Fin.) est à peine distincte du type et n'est pas *S. ambigua* Sm.

**S. arvensis** L. *Hispide,* rameux de la base. *Feuil.* ovales-en cœur, *obtuses,* crénelées, pétiolées. les florales oblongues. Verticilles à *6 fl.* petites, *roses,* ponctuées de rouge, rapprochés en épi. *Cal. à dents* lancéolées, *égalant presque la cor.* ①. jⁿ-sept. Champs, moissons. C. — Un peu moins c. dans le calc.

**S. annua** L. Tige pubescente dans le haut. Feuil. ovales-oblongues, obtuses, crénelées, vert pâle, glabres, pétiolées, les florales lancéo-lées, entières, sessiles. Verticilles à 4-6 fl. rapprochés en épi. *Cal.* velu *à dents* lancéolées, *terminées en arête pubescente, 1 f. plus courtes que la cor. blanche, à lèv. inf. jaune.*①. jⁿ-sept. Champs calc. — CHAR.-INF., DEUX-SÈV. C. — VEND. C. calc. méridional, par localités (Lx.), *Bazoges-en-Pareds* (Pont.). — LOIRE-INF. *Chéméré!* (Pesneau). RR — MOR. *Ile-aux-Moines! Vannes, Séné* (Tasté), RR. *Auray* (Toussaints). R.

**S. recta** L. *S. Sideritis* Vil. *Sideritis hirsuta.* Bon. 111. Tige cou-chée, poilue. Feuil. ovales-lancéolées, crénelées-dentées, presque ses-siles, les florales ovales, entières, mucronées. Verticilles à env. 6 fl., écartés, en épi. *Dents du cal.* triangulaires, *terminées en arête glabre. Cor. jaune-blanchâtre,* ponctuée et rayée de rouge. ♃. jⁿ-aᵗ. Terrains pierreux calc. — CHAR.-INF., DEUX-SÈV. C. — VEND. Calc. méridio-nal et de *Chantonnay.* C. — LOIRE-INF. AC. coteaux schisteux de la *Loire, d'Oudon à Ingrande; Machecoul, Arthon.* R.

**BETONICA** L. Cal. tubuleux-conique, à 5 dents égales, mucro-nées. Cor. à tube cylindrique, courbé; gorge nue; lèv. sup. concave, ascendante, l'inf. recourbée, à 3 lobes, l'intermédiaire obtus ou échan-cré. Etam. rapprochées, parallèles sous la lèv. sup. de la cor. Carp. arrondis-obtus.

**B. officinalis** L. *Bétoine.* Tige ord. simple, raide, plus ou moins poilue. Feuil. ovales ou oblongues, en cœur à la base, crénelées, pétiolées, écartées, les sup. plus étroites, sessiles. Fl. roses, rar. rouges ou blanches; verticilles rapprochés en épi serré, interrompu à la base. Cal. glabre, rar. poilu au sommet, très rar. tout poilu. Cor. pubescente en dehors, à lèvres divergentes, l'inf. à lobe inter-médiaire entier ou profondément échancré et crénelé-denté. Etam. n'atteignant pas la moitié de la lèv. sup. de la cor. ♃. jⁿ-sept. Taillis, buissons, bord des champs, landes. C.

**MARRUBIUM** L. Cal. tubuleux-cylindrique, à 10 stries. Cor. à tube garni d'un anneau interrompu de poils; lèv. sup. étroite, bifide, l'inf. à 3 lobes, l'intermédiaire plus large, échancré. Etam. et style inclus. Carp. trigones, à sommet plane, triangulaire.

**M. vulgare** L. *Marrube blanc.* Tige rameuse, cotonneuse-blan-châtre. Feuil. orbiculaires-en cœur, inégalement crénelées, tomen-teuses-grisâtres surtout en dessous, rugueuses-ridées en réseau, pétio-lées, les sup. ovales, rétrécies en pétiole. Fl. blanches, en verticilles compactes, écartés. Dents du cal. 10 dont 5 plus courtes, glabres et crochues au sommet. ♃. jⁿ-aᵗ. Lieux pierreux, bord des chemins. AC.

**SIDERITIS** L. Caract. du *Marrubium.* Cal. strié, à 5 dents. Carp. arrondis-obtus au sommet.

18

X̵. **S. hyssopifolia** L. *S. Guillonii* T. Lagr. Tiges allongées de 5-9 déc., couvertes de poils couchés, diffuses en buisson. Feuil. linéaires-lancéolées, rétrécies à la base, à 3 nervures, à dents écartées ou entières, les supér. linéaires, entières. Fl. jaune soufre, en épi à la fin très allongé, composé de verticilles écartés, entourés de deux feuil. florales arrondies, acuminées, dentées-épineuses. Cal. en cloche allongée, hérissé, poilu à l'intérieur entre les 5 *dents* épineuses *à peu près égales*, égalant les 2/5 du tube à 10 stries. Cor. à 2 lèv., la sup. redressée, linéaire, obtuse, entière ou échancrée, l'inf. à 3 lobes, dont l'intermédiaire plus grand, échancré. ♃. a⁴-sept. Coteaux arides calc. — CHAR.-INF. *Meschers!* (de Lisle), AC. Chaniers près *Saintes!* (A. Guillon), *Chérac* (Bouchet). R. — C. rochers d'*Angoulême* (Charente).

X̵. **S. romana** L. Tige hérissée, rameuse à la base. Feuil. oblongues, dentées, sessiles, mucronées, Fl. blanches, env. 6 par verticille; ceux-ci commençant presque dès la base des rameaux flexueux, diffus. Cor. égalant le *cal.* garni à la gorge de poils blancs, *à 2 lèv., la sup.* grande, *orale, entière, à 4 lobes,* tous terminés par une épine. ①. jⁿ-jˡ et sept. Bord des chemins, vignes. — CHAR.-INF. C. *Sablonceaux* (Delalande), Malleville en *S.-Romain-de-Benet* (Tes.).

**BALLOTA** L. Cal. en entonnoir, à 5 angles, 5 dents et 10 stries. Cor. à lév. sup. concave, l'inf. à 3 lobes, l'intermédiaire en cœur renversé; tube garni d'un anneau de poils. Étam. rapprochées, parallèles sous la lèv. sup. de la cor.

**B. nigra** L. *Marrube noir.* Fétide, rameux. Feuil. ovales, presq. en cœur., inégalement crénelées-dentées, pétiolées. Fl. rougeâtres, en petits corymbes axillaires. Bractées linéaires. Dents du cal. largement ovales, mucronées. ♃. jⁿ-aˡ. Bord des haies, des chemins, pied des murs. CC.

**LEONURUS** L. Cal. en cloche, à 5 dents. Cor. à lév. sup. concave, l'inf. à 3 lobes obtus, roulés en dessous de manière à imiter un seul lobe aigu; tube garni d'un anneau de poils. Étam. à la fin déjetées sur les côtés. Carp. trigones, planes et poilus au sommet.

**L. Cardiaca** L. *Cardiaque.* Rameux, vert sombre. Feuil. inf. palmées, à 5 lobes incisés-dentés, les sup. en coin à la base, à 3 lobes, qqf. entières. Fl. rosées en verticilles axillaires, écartés. Cor. très poilue, à lév. inf. tachée de brun. ♃. jⁿ-aˡ. Bord des haies, des chemins, villages. R. — C'est prob. un reste de culture médicinale.

**CHAITURUS** Ehrh. Caract. du *Betonica.* Lév. sup. de la cor. concave, dirigée en avant, non ascendante. Carp. trigones, planes et velus au sommet.

**C. Marrubiastrum** Ehrhart, *Leonurus* L. Tige de 5-15 déc. rameuse. Feuil. primordiales en cœur-arrondies, crénelées, les inf. ovales, fortement et inégalement dentées, pubescentes en dessous, les sup. lancéolées, en coin et entières à la base. Fl. petites dépassant à peine le cal., blanc-rosé, en verticilles compactes, nombreux, écartés. Dents du cal. longuement mucronées. ②. aˡ. Bord des eaux, souv. près des buissons, des haies.— DEUX-SÈV. *Bougon! Avon, Chenay.* R. (Sauzé fl.)

« *Vançais* (Duret), Bul. S. bot. » — VEND. Marais de *S.-Vincent-sur-Jard!* (David). RR. — LOIRE-INF. Bord d'un champ entre *S.-Michel* et *Paimbœuf* (Desvaux); çà et là autour du marais de Grée à *Ancenis!* (Guiho), *Anct*. R. Se retrouvera ailleurs dans la Vallée.

**SCUTELLARIA** L. Cal. court, fermé à la maturité, à 2 lèv. entières, la sup. chargée sur le dos d'une écaille concave. *Fl. axillaires, opposées, tournées du même côté.*

**S. galericulata** L. Tige faible. *Feuil. oblongues, en cœur à la base,* dentées, un peu pétiolées. Cor. bleu clair à lèv. inf. tachée de blanc; tube courbé à la base. ♃. j$^n$-sept. Bord des eaux. C. — Moins c. dans le calc.

**S. hastifolia** L. Tige faible. *Feuil.* oblongues, *hastées,* à 1,2 dents de chaque côté à la base, obtuses, un peu pétiolées, les supér. plus étroites. Cor. violette non tachée de blanc; tube courbé à la base presq. en angle droit. Carp. plus tuberculeux que dans les autres espèces. ♃. j$^n$-sept. Haies et buissons du bord des eaux. — CHAR.-INF. *Saintes* (P. Brunaud). *Taillebourg.* — VEND. *S.-Vincent-sur-Jard* (Pont.) — LOIRE-INF. AC. *Vallée de la Loire* et des affluents. PC. — FIN. Coteaux cultivés de *Port-Salut* et env. (Crouan), étang de *Kerloc'h, Porstolonec, Telgruc* (Blanchard), env. de *Lanveoc* (Tanguy).

**S. minor** L. Tige dressée. Feuil. oblongues-lancéolées, à 1,2 dents de chaque côté à la base, les inf. ovales, les supér. lancéolées. *Cor. rose; tube droit,* un peu ventru à la base, ♃. j$^n$-sept. Marais, prés humides. C. — Moins c. dans le calc.

**BRUNELLA** L. Cal. à 2 lèv., la sup. plane, tronquée, a 3 dents, l'inf. à 2 lobes lancéolés. Cor. à lèv. sup. concave, l'inf. à 3 lobes. Filets des étam. divisés au sommet en 2 pointes dont une sans anthère.

**B. vulgaris** L. *Brunelle.* Tige couchée à la base, à poils appliqués. Feuil. ovales-oblongues, entières, les sup. rar. pennifides. Fl. violacées ou rougeâtres, en épi compacte. *Lèv. sup. du calice tronquée, à dents très courtes,* mucronées. Pointe des 2 longues étam. ascendante sur le côté et en avant. ♃. mai-j$^t$. Prés, pelouses, chemins. CC.

**B. pinnatifida** Pers. Feuil. pennifides à lobes arqués-ascendants; fl. souv. plus pâles. Mêmes lieux. PC. et plutôt au midi de *la Loire.* — Caract. généraux du précéd., dont il parait distinct. Depuis longtemps, il s'est naturalisé en conservant ses caractères dans le jardin de M. Sauzé, à la Mothe-S.-Héray, et dans le mien, il s'est comporté de même depuis 18 ans.

✗. **B. grandiflora** L. Tige couchée à la base, velue. Feuil. pétiolées, ovales, entières, sinuées ou pennifides. *Fl. bleues, grandes,* en épi compacte. Dents de la lèv. sup. du cal. largement ovales, mucronées, celles de la lèv. inf. lancéolées. *Etam. mutiques, les plus longues munies au sommet d'une dent courte en bosse.* ♃. j$^t$-a$^t$. — Coteaux arides calc. *de la Vienne.*

**B. alba** Pal. Mutel, fig. 385, *B. laciniata* L. Tige couchée à la base, hérissée de poils blancs. Feuil. pennifides, les inf. oblongues, entières ou dentées. *Fl. blanches*, en épi compacte. *Dents de la lèv. sup. du cal. largement ovales*, mucronées. Pointe des 2 longues étam. courbée en avant. ♃. j^n-a^t. Coteaux et pelouses arides. AC. — Au delà de *Loire-Inf., S. Jacut, île des Ebiens* (Mabille), *Dinan* (de Ferron), dans *C.-Nord.*

✗. **B. hyssopifolia** L. Tige hérissée ainsi que les *feuil. linéaires-lancéolées*, rétrécies à la base, très entières, sessiles. *Fl. lilas clair.* Lèv. sup. du cal. à dents très larges, mucronées, l'inf. à dents lancéolées. Lèv. inf. de la cor. frangée, la sup. pliée au milieu en carène hérissée. Pointe des 2 longues étam. courbée en avant, mais de côté. ♃. j^t-a^t. Pelouses, clairières des bois du calc. — CHAR.-INF. C. *S.-Georges-du-Bois* et env. (Delalande), forêt de *Benon;* env. de *Mauzé!* (J. Richard), *Gué-d'Alléré, Anais, S.-Christophe, Bussac* (Fd.). — DEUX-SÈV. AC. coteaux de la Rochelle près *Prahecq* (Delastre).

**AJUGA** L. Cal. à 5 dents presque égales. Cor. tubuleuse à lèv. sup. presque nulle, l'inf. à 3 lobes, celui du milieu grand, en cœur renversé. Carp. ridés en réseau.

**A. reptans** L. *Bugle.* Tige simple, velue sur 2 faces; *rejets stériles rampants.* Feuil. oblongues, un peu sinuées, sessiles, les inf. spatulées. Fl. bleues, qqf. rosées ou blanches, en verticilles axillaires, rapprochés en épi. ♃. mai-j^n. Prés humides, bord des fossés. CC.

✗. **A. genevensis** L. *Sans rejets stériles.* Tige couverte de poils mous, simple ou rameuse de la base. Feuil. oblongues ou obovales, sinuées ou irrégulièrement crénelées, les inf. rétrécies en pétiole. Fl. d'un beau bleu en verticilles rapprochés en épi serré. Bractées entières ou dentées, les sup. ord. plus courtes que les fl. ♃. mai-j^n. Bord des chemins, des champs calc. — CHAR.-INF. RR. près de *Sœuil* (Pinatel), *Aumagne* (Frouin). — DEUX-SÈV. *Réfannes* (A. Guillon), *la Mothe* (Sauzé, M.), *S^te-Eanne* (Gir.), c. *S.-Jouin* (Brottier); *Airvault, Veluché* (Bonnin), *Pressigny* (Guyon), « *S^te-Pezenne* (Largeau), *S.-Gelais* (Duret), Bul. S. bot. »

**A. Chamæpitys** Schreb. *Teucrium* L. Très poilu, étalé-couché. *Feuil. à 3 lobes linéaires*, roulés en-dessous, les inf. entières. Fl. jaunes, ponctuées, axillaires, solitaires, opposées, sessiles. ①. mai-sept. Champs calc. en friche. — CHAR.-INF., DEUX-SÈV. C. — VEND. c. calc. méridional (Lx.), *Bazoges* (Pont.), *Commequiers* (Gobert). — LOIRE-INF. *Machecoul, Arthon.* R. — Champs sablonneux du littoral : — C.-NORD. Baie de *S.-Cast* (Baron). — IL.-ET-V. *S.-Malo.*

**TEUCRIUM** L. Cor. à tube court; lèv. sup. courte, à 2 lobes déjetés sur les côtés et faisant paraître la lèvre inf. à 5 lobes. Etam. saillantes entre les lobes de la lèv. sup.

**T. Scorodonia** L. *Germandrée.* Tige velue. Feuil. ovales ou oblongues, en cœur à la base, crénelées-dentées, ridées, pétiolées. Fl. jaunâtres, opposées, en épis effilés, opposés, unilatéraux, axillaires et terminaux. *Lèv. sup. du cal. entière, l'inf. à 4 dents* mucronées. ♃. j^n-sept. Bord des haies, des buissons, des bois. CC.

Ӿ. **T. Botrys** L. Tige velue, ord. rameuse de la base. *Feuil.* pétiolées, bipennifides à lobes linéaires-oblongs. Fl. rosées, demi-verticillées par 4-6. Cal. bossu à la base, à 5 dents triangulaires, acuminées. ①. jⁿ-jᵗ. Champs pierreux et coteaux calc. — Char.-Inf., Deux-Sèv. AC. — Vend. AC. *Fontenay* et Plaine (Lx.), *Bazoges* (Pont.). — c. *Liré* (Maine-et-L.).

**T. Scordium** L. *Scordium*. Odeur alliacée ; tout velu-grisâtre. *Feuil. molles*, oblongues-lancéolées, grossièrement dentées, *sessiles*. *Fl. rosées, géminées*, axillaires, unilatérales. Cal. à 5 dents égales. Carp. ridés. ♃. jᵗ-oct. Bord des ruisseaux, des marais, surtout dans la région maritime. — Char.-Inf. pc. *Dœuil* (Duss.), *S.-J.-d'Angély* (Lemarié), *Beauvais*, Pays-bas de *Matha* (Sav.), *Montlieu* (de Meschinet), *Saintes* (P. Brunaud). — Deux-Sèv. c. *S.-Jouin* (Brottier), *Tourtenay* (Genuer), *Thouars* (Toussaints), *Pas-de-Jeu* (Richard). AC. dans le midi. — Vend. Marais occidental et méridional. — Loire-Inf. *Cambon ; Arthon !* (Maupon). — Région maritime : Char.-Inf., Vend. AC. — Loire-Inf. De *Pornichet* à *la Bole ; S.-Michel !* (Desvaux), *la Plaine ; Marais de Machecoul* au Pas-Giraud ! (P. Bruneau), *Frénay* (Lajunchère). R. — Mor. *Quiberon*. RR. — Fin. Çà et là côte de *Penmarc'h* (Bonnemaison) à *Plovan* (Crouan). — C.-Nord. *Garenne d'Erquy, Plurien* (Baron).

Ӿ. **T. Chamædrys** L. *Petit chêne*. Tiges presque ligneuses, couchées ; rameaux ascendants, velus ou pubescents. *Feuil. ovales*, en coin à la base, *incisées-crénelées*, pétiolées, pâles en dessous. Fl. rosées en verticilles rapprochés en épi terminal. ♃. jⁿ-jᵗ. Lieux pierreux calc. — Char.-Inf., Deux-Sèv. C. — Vend. c. Plaine et îles hautes ; *Chantonnay, Bazoges* (Pont.) — C.-Nord. *S.-Cast* près de la Colonne (Baron).

Ӿ. **T. montanum** L. Tiges de 1-3 déc. un peu ligneuses, couchées, pubescentes. *Feuil. linéaires-lancéolées*, entières, *tomenteuses-blanchâtres* et roulées *en dessous* par les bords. Fl. blanc-jaunâtre en tête aplatie, terminale. ♃. jⁿ-jᵗ. Coteaux calc. — Char.-Inf. C. — Deux-Sèv. AC. — Vend. PC.


# VERBÉNACÉES

Cal. tubuleux, persistant. Cor. tubuleuse, à limbe irrégulier, caduque. Étam. 4 didynames ou 2 insérées sur la cor. Style 1 naissant du sommet de l'ovaire à 2 ou 4 lobes ; stigm. simple ou bifide. Fruit un peu charnu, à 2, 4 carp. 1. spermes. *Feuil. opposées.*

**VERBENA** L. Cal. à 5 div. Cor. à tube courbé ; limbe presque plane, à 2 lèv., la sup. échancrée, l'inf. à 3 lobes. Étam. 4. Fruit se séparant en 4 carp. 1.spermes.

**V. officinalis** L. *Verveine*. Tige tétragone. Feuil. oblongues, incisées-dentées et pennifides, en coin à la base. Fl. petites, lilas, à gorge blanche, sessiles, en longs épis filiformes, paniculés. ①, ou ♃. jᵗ-sept. Champs, bord des chemins. CC.

# LENTIBULARIÉES

**Cal. divisé**, persistant. Cor. irrégulière, à 2 lèv., éperonnée. Etam. 2 insérées à la base de la cor. Ovaire 1. Style 1 ; stigm. à 2 lèv. Caps. 1.loc. polysperme. Placenta central.

**PINGUICULA** L. Cal. à 5 div. Cor. à 2 lèv., la sup. bifide, l'inf. à 3 lobes. Caps. bivalve.

**P. lusitanica** L. Feuil. radicales, en rosette, oblongues, obtuses, roulées en dedans par les bords, luisantes, vert-jaunâtre. Hampe de 10-15 cent. pubescente, à 1 fl. blanchâtre ; tube roussâtre, rayé de pourpre ; *éperon* court, *obtus*. Caps. globuleuse. ♃.mai-j¹. Landes et prés marécageux. C. *Bretagne* et Bocage Vendéen. — CHAR.-INF. La lande, de *Montendre* à *Montlieu* et env., *la Barde*, marais de *Corme-Royal*, *Forges* (Sav.), la Chataigneraie près *S.-Symphorien*, *Cadeuil* (Fd.). R. — Varie (*V. pallida* Picq.), à tube de la cor. jaune clair sans stries.

**P. vulgaris** L. Feuil. radicales, en rosette, ovales-oblongues, obtuses, vert-jaunâtre, couvertes en dessus de poils papilleux. Hampe à *1. fl. violette* tachée de blanc à la base de la gorge ; *éperon* violacé, cylindrique, *en alène*. Lobes du cal. oblongs, obtus (3 plus larges), glanduleux-pubescents ainsi que la hampe. Caps. ovale. ♃. mai. — CHAR.-INF. Entre *Soubise* et *Martrou*, (Rejou), marais de Gerzau près *Corme-Royal*. — FIN. Entre *Goulven* et *Kerlouan* (Blanchard).

**UTRICULARIA** L. Cal. à 2 lobes. Cor. personée, éperonnée. Caps. s'ouvrant circulairement. *Herbes aquatiques, garnies de vésicules ; feuil. à div. capillaires ; hampe pluriflore.*

**U. vulgaris.** L. Feuil. grandes, pennées à div. nombreuses, capillaires, finement dentées-épineuses, garnies de vésicules. Hampe à 3-7 fl., d'un rouge brun luisant ainsi que le cal. Cal. sous la fl. ouverte à lobe sup. ovale-lancéolé, presq. acuminé, à base large, l'inf. largement ovale, échancré. Cor. jaune, *à lèv. inf. recourbée par les bords*, la sup. entière, égalant le *palais étroit* et marqué de stries orangées peu nombreuses. Eperon conique, dirigé en avant. Pédonc. fructifères recourbés. ♃. j⁴-j¹. Marais. AC. — VEND., LOIRE-.INF. C. — La cor. vue de côté forme un carré et le palais est en coin très étroit.

**U. neglecta** Lehm. Feuil. moins grandes, à div. plus fines. Hampe rouge pâle ainsi que le cal. Cal. sous la fl. ouverte strié, à lobe sup. oblong-ovale, l'inf. largement ovale. Cor. jaune à *lèv. inf.* large, *étalée-plane,* la sup. dépassant 1/2 fois le palais large, proéminent, à 2 bosses parallèles, marqué de stries orangées nombreuses. Eperon conique, dirigé en avant. Caps..... ♃. j¹-a¹. Marais. PC. — Plus grêle que le précéd. avec lequel il croit, s'en distinguant facilement sur le frais par la forme de la cor., par le palais vu de côté court, obovale-en coin et par les lobes du cal. moins inégaux entre eux. — O ou RR. en *Char.-Inf.* (Foucaud).

**U. intermedia** Dreves et Hayne. Feuil. courtes, distiques. 3.partitesà div. dichotomes, sétacées, dentées-épineuses. Hampe à 2.3 fl. Cor.

jaune, lèv. sup. entière, striée d'orangé ainsi que le palais, 1 f. plus longue et plus large que le palais, l'inf. étalée, plane ; éperon conique. ♃. j⁰-jˡ. — LOIRE-INF. c. dans les petites flaques de tous les grands marais de l'*Erdre* ; fleurit peu. — CHAR.-INF. R. étang du Petit-Moulin près *Montendre*. — Diffère des 3 autres espèces par les *vésicules naissant sur des rac. rameuses* et non sur les feuil.

**U. minor** L. Feuil. tripartites à div. dichotomes, glabres, garnies de vésicules. Hampe à 2, 3 fl. *Cor. jaune pâle ; éperon très court*, non visible sur le sec ; lèv. sup échancrée, égalant le palais, l'inf. recourbée par les côtés ; gorge entr'ouverte. ♃. mai-jˡ. Landes et marais tourbeux.— CHAR.-INF. Marais de Gerzau près *Corme-Royal ; Aigrefeuille, Surgères, S.-Dizant-du-Gua, Ciré, S.-Symphorien, Forges* (Fd.). R. — DEUX-SÈV. Puysecprès *Bressuire* (J. Richard), Port-Jouet près *Mauzé* (Sauzé). — LOIRE-INF. *Geneston, S.-Mars-la-Jaille*, grands marais de l'*Erdre* ; étangs de *Villeneuve*, de la Bove en *Grand-Auverné* (Guiho), *S.-Gildas, Sévérac ; Missillac, Drefféac* (Delalande), PC. — MOR. *Vannes* (Taslé), *S.-Dolay ! Théhillac !* (Delalande), *Ploërmel* (J.-M. Sacher). — FIN. Env. de *Quimper* (Bonnemaison) ; *Le Tromeur, Gouesnou, Kergontès, Plougastel* (Crouan), « *étang de Kerlo'ch, Landerneau, Kersaint-Plabennec, Goulven, Guipavas* (Blanchard) », tourbière du *Yunélez*. — C.-NORD. Garatoie, près *Quintin !* forêt de *Lorges* (Trobert), *Aucaleuc* (Morin), forêt de *Loudéac* (de Ferron), *Bulat-Pestivien* (Le Corre). — IL.-ET-V. Étang de *Landemarais*, lande de Sans-Sec en *Guipry* (Camus, Brin), env. de *Hédé* (F. Morin). — Plus grêle ; fl. plus petites que dans les précédents.

# PRIMULACÉES

Cal. à 5, rar. 4 div. persistant. Cor. régulière, à 5,4 lobes. Etam. 5,4 insérées sur la cor. et opposées à ses lobes. Ovaire 1. Style et stigm. 1. Caps. 1 loc. à plusieurs graines peltées. Placenta central.

*Centunculus*. Fl. à 4 div. Etam. 4.
*Glaux*. Cor. 0. Cal. coloré.
*Hottonia*. Caps. indéhiscente. Feuil. pennées.
*Cyclamen*. Cor. à div. réfléchies.
*Anagallis*. Cor. en roue. Caps. s'ouvrant en travers.
*Samolus*. Cal. demi-adhérent. 5 écailles dans les sinus de la cor.
*Lysimachia*. Cor. en roue. Caps à 5 ou 2 valv.
*Primula*. Cal. à 5 angles. Tube de la cor. cylindrique ou en massue.
*Androsace*. Cor. à tube ovale, resserré au sommet.

**LYSIMACHIA** L. Cal. à 5 div. Cor. à 5 lobes, en roue ; tube court ou presque 0. Etam. 5 souv. soudées à la base. Caps globuleuse, à 5 ou 2 valves.

**L. vulgaris** L. tige dressée de 6-10 déc. pubescente. Feuil. ovales-lancéolées, presque sessiles, opposées, ternées ou quaternées. *Fl. jaunes, en panic. terminale.* Filets des étam. dilatés et réunis à la base. Caps. à 5 valves, ♃. j⁰-aˡ.. Bord des eaux, des marais, CC.

**L. Nummularia** L. Tige couchée, rampante. Feuil. ovales-orbiculaires, opposées, pétiolées. Fl. jaunes, grandes, axillaires, solitaires,

*Lobes du cal. en cœur*. Filets des étam. réunis à la base. **Caps. à 5 valves.** ♃. jⁿ-aⁱ. Prés et haies humides, bord des fossés. C. — R. au-delà de *Loire.-Inf.* — Fructifie très rarement.

**L. nemorum** L. Tige couchée. Feuil. ovales, aiguës, opposées, pétiolées. Fl. jaunes, assez petites, axillaires, solitaires; pédonc. filiforme, dépassant la feuil. *Lobes du cal. lancéolés-linéaires*, acuminés. Caps. à 2 valves. ♃. jⁿ-jⁱ. Bois humides. —. DEUX-SÈV. Forêts de l'*Absie* (A. Guillon), de *Chantemerle* (Brottier), *la Mothe* (Maillard), *Exireuil* (Souché). — VEND. *Bourneau* (Lx.), *Pouzauges* (J. Rossignol). — LOIRE-INF. *Orvault!* (Vandouer), *la Bretêche*, forêt du *Gâvre*; de *Juigné* (Guiho); *Châteaubriant* (Moride), *Touvois!* (Auvynet). R. — BRETAGNE. C. au-delà de *Rennes* et de *Vannes*.

**L. Linum stellatum** L. *Asterolinum* Link. *Plante de 2-5 cent.* Feuil. lancéolées, un peu rudes au bord, opposées, sessiles. Fl. blanches, axillaires, solitaires. *Cor. 3 f. plus courte que les lobes* lancéolés-en alène *du cal.* Caps. à 5 valves, à 2.3 graines ridées-rugueuses, creusées en forme de godet. ①. 15 av.-15 mai. Sables maritimes. — CHAR.-INF. *Fouras!* (de Beaupreau), *Port-des-Barques* (Guillon), *Boyardville* (Sav.), la Seuillière, le Labeur en *Oleron*; *île de Ré* (Sav., Fd.), R. — VEND. AC. *Noirmoutier*; AC! *Ile-d'Yeu* (Ménier), *S.-Jean-d'Orbetiers* (Pontdevie), *la Baudière*. R. — MOR. *Quiberon!* (Aubry), *Gâvre!* (Le Gall), *Houat, Hœdic, Belle-Ile*. — FIN. *Ile Penfret aux Glénans* (Le Men), *Toulinguet* près *Camaret* (Ménager). — C.-NORD. Baie du Rosaire à *Plérin* (Baron).

**ANAGALLIS** L. Caract. du *Lysimachia*. Etam. libres à la base. Caps. s'ouvrant circulairement en travers. *Feuil. opposées*.

**A. arvensis** L. Tige diffuse, anguleuse. *Feuil. ovales, sessiles*. Fl. rouges, roses ou bleues, axillaires, solitaires, pédonculées. Lobes de la cor. finement crénelés et plus finement ciliés-glanduleux. ①. jⁿ-sept. Terres cultivées. CC.

β. *A. cærulea* Schreb. Fl. bleues. C. dans calc., RR. au-delà de la Loire.

**A. tenella** L. Petite plante à *tige* couchée, *rampante*. Feuil. ovales-arrondies, pétiolées. *Cor. rose* tendre, à stries plus foncées, dépassant 3 f. le cal. Pédonc. filiforme, beaucoup plus long. que la feuil. Etam. barbues. ♃. jⁿ-aⁱ. Marais et prés tourbeux, landes, C. — R. dans le calc. non sablonneux.

**CENTUNCULUS** L. Cal. à 4 div. Cor. à 4 lobes; tube renflé-globuleux. Etam. 4. Caps. globuleuse, s'ouvrant circulairement en travers.

**C. minimus** L. Plante de 3-8 cent. Feuil. ovales, alternes, presque sessiles. Fl. blanchâtres, très petites, axillaires, solitaires, presque sessiles. ①. mai-jⁱ. Lieux mouillés l'hiver, chemins, moissons, bord des eaux. — CHAR.-INF. *Châtelaillon, S.-Hippolyte*, c. *Cadeuil, Mortagne* (Fd.), entre *Bussac* et *Bédenac* (Sav.). — DEUX-SÈV. *La Mothe* (Sauzé), *Parc-d'Oiron* (Lunet), *Thouars* (Genuer), *Noirterre*, la Garnerie près *Moutiers* (J. Richard), *Amailloux, S.-Loup, Maisontiers* (Guyon),

*Ménigoute, Vasles* (Gir.), *Puy-S.-Bonnet* (Gen.), *Chantecorps, Vausse-roux, Chap.-S.-Laurent* (Souché). — VEND. R. Bocage. — LOIRE-INF. AC. — MOR. *S.-Perreux, Vannes, Auray, Lorient, Ploërmel!* etc. AR. (Le Gall fl.). — FIN. *Quimper* (Bonnemaison), *Bodonoux, Plouarzel, S^te-Sève* (Crouan il.), env. de *Loctudy* (Picq.). — IL.-ET-V. *Rennes, S.-Grégoire, S.-Jacques* (Degland), étang de *Rosbise*, çà et là *Fougères* (V. Sacher), lande de *Laillé*, forêt de *Rennes, Trémeheuc, Dol* (Gallée), *Bonnemain* (Hodée). — ETC.

**ANDROSACE** L. Cal. à 5 div. Cor. à 5 lobes en soucoupe, tube ovale, resserré au sommet, muni à la gorge de 5 appendices. Caps. ovale, s'ouvrant au sommet en 5 valves.

⚥. **A. maxima** L. Rac. simple. Hampes de 8-12 cent. souv. nom-breuses, pubescentes, rougeâtres. Feuil. radicales, en rosette, ovales-ou elliptiques-lancéolées, dentées. Fl. blanches ou rosées en ombelle terminale entourée d'un invol. de fol. lancéolées. Cal. velu, plus grand que la cor., accressant. ①. mars-mai. Champs calc. — DEUX-SÈV. *Thouars* (Genner), moulin de *Rivière* en *Oiron* (J. Richard), *S.-Jouin* (Brottier), *Marnes, Airvault* (Bonnin), au sud de *Puy-Notre-Dame*. R.

**PRIMULA** L. *Primevère.* Cal. à 5 angles, à 5 dents. Cor. en sou-coupe ; tube cylindrique, dilaté à l'insertion des 5 étam. Caps. à 5 valves.

**P. vulgaris** Huds. et angl. *P. veris* γ. L. *P. acaulis* Jacq. *P. grandi-flora* Lam. *Feuil. oblongues,* rétrécies à la base. Hampe uniflore, lai-neuse. *Cal.* étroit, *à 5 lobes profonds, lancéolés,* acuminés, cor. grande, jaune pâle, t. rar. rosée ; limbe plane, à 5 larges taches à la base. Fl. à odeur douce, légère. Caps. oblongue. ♃. mars-mai. Bord des haies, des bois. CC. — PC. dans le calc.

*Obs. P. variabilis* Goupil. *Feuil. oblongues,* rétrécies à la base, plus pâles en dessous. Hampes multiflores et uniflores souv. sur le même individu, velues. *Cal.* verdâtre sur les angles, blanchâtre dans les sinus ; *lobes lancéolés,* acuminés. *Cor. à limbe plane,* à 5 taches à la base. Fl. ord. inodore, plus petite et plus foncée que dans *P. vulgaris,* plus grande et plus claire que dans *P. officinalis.* Caps. ovale-arron-die, cachée au fond du cal. évasé. ♃. av.-mai. Coteaux boisés, bois. — Çà et là et souv. par pieds isolés, toujours mêlé à *P. vulgaris* et *officinalis* — M. Guiho, après avoir vu et revu cette plante, me l'a toujours signalée comme un hybride des *P. vulgaris* et *officinalis.* Cette opinion a été confirmée depuis : 1° par M. Godron, qui assure, Bul. soc. bot. 10, p. 182, l'avoir obtenue par la fécondation artificielle de *P. vulgaris* avec le pollen de *P. officinalis ;* 2° par MM. Boreau, her-bor. 1862, et Naudin, Bul. soc. bot. 7, p. 307, qui, avec les graines de *P. variabilis,* ont reproduit les deux autres espèces.

**P. officinalis** Jacq. *P. veris* α L. *Feuil. ovales,* obtuses, ridées, ondulées-dentées, décurrentes sur le pétiole. Hampe multiflore, pubes-cente. *Cal. renflé,* tomenteux-blanchâtre, *à lobes courts, presque obtus.* Cor. d'un beau jaune, *limbe concave,* marqué à la base de 5 taches orangées. Fl. odorante. Caps. ovale, cachée au fond du cal. en cloche. ♃. mars-mai. Prés, bord des haies, coteaux boisés. — CHAR.-INF.,

Deux-Sèv. C. — Vend. c. le calc. PC. (Pont.). — Loire-Inf. RR. à *Nantes*, manque dans la région maritime. C. — Il.-et-V. c. par localités. — Fin. Le Lézardeau près *Quimperlé* (Ch. Piedoye), lande Vidach en *Moëlan* (Picq.). — Mor. *S.-Jean-la-Poterie* (Arrondeau), *Ploërmel, Grandchamp, S^te-Anne* (Elphège). RR. — C.-Nord. La Courbure près *Dinan* (Mabille), le Motay en *Evran* (Morin). RR.

**P. elatior** Jacq. *P. veris* β. L. *Feuil. ovales,* décurrentes sur le pétiole. Hampe multiflore. *Cal.* verdâtre sur les angles, blanchâtre dans les sinus; *lobes ovales,* acuminés, assez courts. *Cor. à limbe plane, sans taches à la base.* Fl. inodore, plus pâle que celle de *P. variabilis.* Caps. oblongue, dépassant le cal. appliqué sur elle. ♃. av.-mai. Coteaux boisés, haies des prés. — Je l'ai cueilli à *Mezeaux* près *Poitiers* (Vienne).

*Obs.* Ces 4 plantes cultivées ensemble produisent des hybrides à l'infini.

**HOTTONIA** L. Caract. du *Primula.* Cal. à 5 div. profondes. Caps. indéhiscente.

**H. palustris** L. Plante croissant dans l'eau. Feuil. pennées en dents de peigne, verticillées. Fl. en verticilles écartés, sur une hampe s'élevant au-dessus de l'eau. Cor. blanche, à gorge orangée. Pédonc. du fruit réfléchi. ♃. mai-j^n. Fossés, marais, eaux stagnantes. C. jusqu'à *Loire-Inf., Il.-et-V.* et n.-est des *C.-Nord.* — Mor. dans le s.-est. PC.

**CYCLAMEN** L. Cal. 5.part. Cor. à 5 div. allongées, réfléchies; tube court, en cloche. Caps. à 5 valves réfléchies.

✕. **C. neapolitanum** Ten. DC. prod., Des Moulins Cycl. Souche grosse. Feuil. radicales, largement en cœur, à 5 angles entières ou dentées, oreillettes arrondies, écartées. Pédonc. radicaux à 1 fl. rose plus foncée à la base, inodore, paraissant avant les feuil. Div. du cal. ovales-triangulaires, acuminées, dentées, dépassant un peu le milieu du tube de la cor. Cor. à lobes oblongs-ovales, gorge large à 10 dents formant 5 croissants blancs. Caps. cachée par le pédonc. roulé en spirale. ♃. a^t-sept. Coteaux boisés, haies. — Deux-Sèv. *S.-Maixent* (Babinet), la Fragnée en *l'Enclave,* env. de *Melle* (Sauzé, M.). — Cette plante cult. partout se naturalise facilement dans les bois, se répand dans les parcs où on l'a plantée, et je doute qu'elle soit indigène.

**SAMOLUS** L. Cal. demi-adhérent, à 5 lobes. Cor. en soucoupe, à 5 div. Etam. 5 Etam. stériles ou écailles 5 placées dans les sinus de la cor. Caps. à 5 valves au sommet.

**S. Valerandi** L. Tige peu rameuse. Feuil. obovales, entières, alternes, vert foncé, les sup. oblongues. Fl. blanches, en épis lâches, terminaux. Péd. courbés et garnis d'une petite bractée située au-dessus du milieu. ♃. j^n-sept. Bord des ruisseaux, des sources, lieux humides, rochers maritimes d'où l'eau suinte. C. région maritime, RR. à l'intérieur et alors ord. dans le calc.

**GLAUX** L. Cal. en cloche, coloré, à 5 div. Cor. 0. Etam. 5 insérées à la base du cal. Caps. 1.loc. à 5 valves. Graines env. 5, trigones.

**G. maritima** L. Stolonifère. Tige ord. couchée, radicante à la base. Feuil. oblongues, un peu épaisses, serrées, opposées, sessiles. Fl. blanc-rosé, axillaires, solitaires, sessiles. ♃. jⁿ-jⁱ. Lieux humides salés du bord de la mer. C.

# PLUMBAGINÉES

Cal. en entonnoir, plissé, persistant. Cor. régulière, à 5 lobes ou à 5 pét. Etam. 5, hypogynes dans les espèces monopét., insérées sur les pét. dans les espèces polypét. Ovaire. 1. Style 5. Caps. indéhiscente, à 1 graine pendante.

**STATICE** L. Cal. scarieux dans le haut, à 5 div. Pét. 5 Styles 5. *Fl. bleues* (ici) *en épis unilatéraux, sur une hampe rameuse; épillets à 1-4 fl. entourées de 3 bractées dont l'int. plus grande; feuil. en rosette.*

**S. Limonium** L. Tige robuste de 3-6 déc. *Feuil. oblongues,* rétrécies en pétiole. obtuses et mucronées sous le sommet, ou aiguës à pointe terminale, à *une nervure* rameuse. Fl. nombreuses, épillets serrés, en corymbe ample, à rameaux arqués en dehors. Bractée intér. 3 f. plus longue que les extér. *Lobes du cal. aigus. Pét. concaves,* arrondis au sommet, entiers ou échancrés. ♃. aⁱ-sept. Vases maritimes. C. — Moins c. côte nord de la *Bretagne.* — *S. serotina* Reich. appartient à l'espèce. — Dans les lieux desséchés on trouve qqf. des individus rabougris de 7-10 cent. qu'il faut se garder de confondre avec les deux suiv.

**S. rariflora** Drej. *S. Bahusiensis* Fries. Très voisin du précéd. Tige grêle, de 2-3 déc. Feuil. oblongues-lancéolées, aiguës à pointe ord. terminale, qqf. obtuses ou échancrées et mucronées sous le sommet, longuement rétrécies en pétiole, à une nervure. Fl. 1-3, en *épillets* solitaires ou géminés, *écartés,* formant une panicule à rameaux droits ou arqués-ascendants. Bractées obtuses ou aiguës. Lobes du cal. aigus. Pét. obtus, oblongs-en coin. Anthères ovales, orangées. Styles blancs. Mêmes lieux. — Mor. *Séné!* (Taslé); *Ile-aux-Moines.* PC. — Fin. *Loperhet* et *Sᵗᵉ-Claude* (Crouan), *Logonna* (Ménager). — Port distinct.

**S. ovalifolia** Poir. *S. hybrida* Montagne! Mut. fig. 408. Tige de 12-16 cent. *Feuil. obovales-spatulées, acuminées,* terminées en pointe fine, *à 3 ou 5 nervures. Rameaux* en panicule *occupant plus de la moitié de la tige.* Fl. nombreuses; *épis courts, très serrés, dressés,* en petits corymbes terminaux. Bractée intér. 4 f. plus longue que l'extér. Lobes du cal. obtus. Pét. planes, en coin, échancrés. ♃. jⁱ. Rochers maritimes. — Char.-Inf. Terre-Nègre près *Royan* (Lespinasse.), *Oleron* (Delalande), *Marennes* (Personnat), *Ile Madame* (Contejan!), *Ile d'Aix!* (A. Guillon!), *île de Ré* (Hubert). — Loire-Inf. ac. Pointes de *Chemoulin, Penchâteau, Croisic,* rr. côte du sud. PC. — Mor. *Gâvre!* (Montagne), *Belle-Ile.* — Il-et-V. *S.-Malo* et env., *la Rance* jusqu'à l'écluse du *Livet.*

**S. lychnidifolia** De Girard. Feuil. du pécéd. Rameaux distiques, lâches, en corymbes occupant le tiers supér. de la tige ou qqf. en panicule commençant vers la moitié. *Fl. serrées, en épis arqués-étalés.* Bractée intér. 3 f. plus longue que l'extér. Lobes du cal. obtus. ♃. août. Bord des marais salants. — Char.-Inf. *La Tremblade*, cc. pointe sud d'*Oleron ; Marennes ; Châtelaillon* (Fd.), *La Rochelle* (Lx.), *île de Ré* (Leblanc). — Vend. c. *Talmont, des Sables!* à *la Gachère!* (Pont.), *la Dive* (Ayraud), *S.-Gilles!* (Gobert). — Loire-Inf. c. du *Pouliguen à Careil; les Moutiers* (Lajunchère). PC. — Mor. *Gâvre.* — Il-et-V. *S.-Malo;* et jusqu'à *Pleudihen* sur la *Rance* (Mabille). — Epillets plus grands que dans le précéd.

**S. Dodartii** De Girard! ann. sc. nat. T. 17, pl. 4 A. Tige de 2-3 déc. lisse, assez robuste, dichotome, en panicule oblongue très lâche; rameaux ouverts à angle de 45 degrés, les 1, 2 inf. courts, stériles, les autres portant dans la partie supér. 2,3 épis allongés, droits, de fl. serrées; les épis terminaux de la panicule sessiles, agglomérés. *Feuil. spatulées, très obtuses*, assez souv. terminées en pointe courte. Lobes du cal. très obtus. ♃. j¹-août. Rochers maritimes, bord des marais salés. C. — Moins c. côte nord de *la Bretagne.*

**S. occidentalis** Lloyd, *S. Bubanii* De Girard. Port du précéd.. mais grêle, rameaux moins lâches, épis plus courts; fl. moins serrées. *Feuil. lancéolées-spatulées,* ord. terminées en pointe longue naissant sous le sommet. ♃. j¹-a¹. Rochers maritimes. — Char.-Inf. *île de Ré* (Delalande), *Chef-de-Baie* (Hubert), *Pointe des Minimes.* — Vend. *Ile-d'Yeu!* (David), à la pointe *du Corbeau!* et au *Vieux-Château!* — Ac. de *Bourgneuf* (Loire-Inf.) à *la Pointe du Fin.* — C.-Nord. *Dahouet, Erquy;* puis tout le littoral jusqu'à *S.-Malo (Il-et-V.)* et env.; *la Basse-Rance* (Mabille). — Fleurit un peu plus tard que *S. Dodartii*, et comme les 3 précéd. couvre ord. de larges espaces sur les rochers ou sur le bord des marais.

**ARMERIA** Willd. Caract. du *Statice. Fl. en capitule entouré d'un involucre commun dont les fol. ext. se prolongent en forme de gaîne sur la hampe simple; chaque fl. munie d'une écaille scarieuse; feuil. radicales, en touffe.*

**A. maritima** Willd. *A. pubescens* Link, *Statice Armeria* L. *Jonc marin. Feuil. linéaires,* presq. obtuses, à 1 nervure. Hampe pubescente . Fl. rosées, rar. blanches. Fol. int. de l'invol. très obtuses, tronquées, scarieuses, les 2,3 ext. ord. acuminées ou mucronées. *Cal. à lobes très courts,* mucronés, 3-4 f. plus courts que le tube velu sur les stries ou sur toute la surface. ♃. mai-15 j¹¹. et qq. fleurs çà et là jusqu'en automne. Rochers maritimes, prés salés. C. — La forme des prés s'élève ord. à 2-3 déc. et ses feuil. sont qqf. glabres.

✕. **A. plantaginea** Willd. *Statice* All., *S. arenaria* Pers. *A. sabulosa* Jord! Glabre. *Feuil. linéaires-lancéolées,* cartilagineuses au bord, à 3 nervures. Hampe de 3-5 déc. un peu rude. Fl. rosées. Fol. int. de l'invol. obtuses, tronquées, les 3 ext. inégales, acuminées, souv. réfléchies, dépassant ou égalant le capitule. *Cal. à lobes lancéolés.* longuement mucronés, égalant presque le tube velu sur les stries. ♃. j¹-a¹. Lieux sablonneux surtout calc. — Char.-Inf., Vend. Çà et là sables maritimes. — Loire-Inf. *Arthon,* c. *Machecoul; S.-Michel.* R.

# PLANTAGINÉES

Fl. herm. rar. monoïques. Cal. à 4 div. persistant. Cor. régulière, scarieuse, à 4 lobes. Etam. 4.insérées sur la cor. ou sur le récept. Ovaire 1. Style et stigm. 1. Caps. s'ouvrant circulairement en travers à 2 ou 4 loges formées par un placenta central à 2 ou 4 ailes portant les graines, rar. 1.loc. 1.sperme, indéhiscente.

**LITTORELLA** L. Fl. monoïques. *Mâl.* solitaires, longuement pédonculées ; cal. à 4 div. ; cor. en entonnoir, à 4 lobes ; étam. 4 longuement saillantes, insérées sur le récept. *Fem.* sessiles à la base du pédonc. des fl. mâles ; cal. à 3 fol. ; style très long en alène. Caps. 1. sperme.

**L. lacustris** L. Plante de 6-12 cent. Feuil. linéaires, demi-cylindriques, un peu charnues, dépassant peu la hampe des fl. mâles, qui porte une petite bractée vers son milieu, Cor. blanchâtre. ♃. jⁿ-aᵗ. Bord sablonneux ou pierreux des étangs, des eaux stagnantes. — Deux-Sèv. Etang de Gygny près *Thouars* (Lebrun), étang de la Meilleraie en *Beaulieu* (Sauzé), *Parthenay* (Janneau), *Ménigoute* (Gir.), « *Vausseroux, S.-Martin du Fouilloux* (Souché) Bul. Soc. Bot. ». — Vend. Env. de *la Roche, S.-Michel.-M.-M.* (Pont., M.), *S.-Laurent-sur-Sèvre* (Gen.). — Loire-Inf. cc. bord de *l'Erdre,* du lac de *Grand-Lieu,* où il forme des gazons très étendus. C. — ac. reste de *la Bretagne.*

**PLANTAGO** L. Fl. herm. Cal. à 4. div. profondes. Cor. en soucoupe. Etam. 4. insérées à la base du tube de la cor. Caps. s'ouvrant en travers. *Fl. en épis ou en têtes munis de bractées.*

**P. major** L. *Plantain.* Feuil. ovales, obtuses, peu dentées, à 7 nervures, pétiolées, égalant la hampe ascendante, qqf. (*P. intermedia* Gil.) arquée vers la terre, puis arquée-ascendante. Epi linéaire-cylindrique. *Caps. à 8 graines.* ♃. mai-sept. Bord des chemins, des champs, pelouses. CC.

℔. **P. media** L. *Feuil.* en rosette, appliquées contre terre, *elliptiques,* entières ou dentées, à 5 ou 7 nervures pubescentes des deux côtés, rétrécies en pétiole court, large, beaucoup plus courtes que la hampe striée. Epi oblong-cylindrique. Etam. lilas. *Caps. à 2 graines.* ♃. Mêmes lieux dans le calc. — Char.-Inf. c. mais pas partout.— Deux-Sèv. ac. — Vend. *Longère, France! S.-Martin-sous-Mouzeuil, Maillezais, Sauveré-le-Sec* (Lx., Ayraud); *la Bauduère* (Bonnaud). R. — Loire-Inf. *Erbray* (S.-Gal). — Fin. c. presqu'île de *Camaret* (Blanchard).

**P. lanceolata** L. *Herbe à 5 côtes. Feuilles lancéolées,* qqf. plus étroites, à 5 ou 7 nervures, beaucoup plus courtes que la hampe sillonnée. Epi ovale ou oblong. Caps. à 2 graines. ♃. av.-sept. Prés, pelouses, chemins. CC.

β. *lanuginosa, P. eriophora* Hoffm. Feuil. couvertes de longs poils blancs, soyeux. Sables maritimes. AC. — Qqf. sables de la Loire ; coteaux schist. de *Thouars* et *Argenton-Ch.* (Deux-Sèv.).

**P. carinata** Schrad. Godron fl. de France, p. 725! *P. subulata* fl. Loire-Inf., *P. Serpentina* Koch non Vill. Gazonnant. Rac. grosse, ligneuse, produisant des tiges épaisses à rameaux courts, étalés, terminés par une touffe de *feuil.* nombreuses, *linéaires*, triquètres-en gouttière, étroites, *pubescentes*, *bordées de cils raides*, recourbées, cotonneuses à la base, plus courtes que les pédonc. nombreux, cylindriques, à poils appliqués. Epi cylindrique, allongé, d'abord penché. Bractée égalant le cal. Cal. à lobes latéraux blancs-scarieux, arrondis et ciliés au sommet, à carène verte, ciliée. Tube de la cor. velu. Anthères jaunes. Caps. à 2 graines. ♃. mai-j⁰, Coteaux schisteux. — DEUX-SÈV. *Thouars, Argenton-Ch.* — VEND. c. coteaux granitiques de *l'île-d'Yeu.* — LOIRE-INF. La Série près *Ancenis*, c. de la *Censerie* et de *Grée* jusqu'à *Pouillé*, de *Candé* à *Vritz ;* de là à *la Barre-David* (Guiho) et au *Grand-Auverné.* R. — MOR. c. coteaux maritimes de *Belle-Ile, de l'île de Groix,* où il forme (ainsi qu'à *l'île-d'Yeu*) des coussins serrés, durs, avec les feuil. plus courtes, raides, presque piquantes.

**P. maritima** L. *Feuil. linéaires*, en gouttière, entières ou à dents écartées, *charnues*, à 3 nervures, cotonneuses à la base, plus courtes que la hampe cylindrique, à poils appliqués. Epi linéaire-cylindrique. Bractées oblongues, acuminées, en nacelle. Lobes intér. du cal. à carène verte, aiguë, ciliée, touchant le côté plus grand des lobes extér. n'ayant qu'une côte verte. Tube de la cor. velu. Caps. à 2 graines. ♃. mai-j⁰. Marais maritimes, prés salés. CC. — Les individus à feuil. plus larges forment *P. graminea* Pesn. cat.

**P. Coronopus** L. *Feuil.* en rosette, appliquées contre terre, *pennifides* à lobes écartés, plus ou moins poilues. Hampe à poils appliqués. Epi cylindrique-oblong. Bractée ovale, en alène. Tube de la cor. velu. Caps. à 4 graines. ① et ②. j⁰-a⁰. Pelouses, chemins. CC. — Très variable ; sur les rochers maritimes arides la plante est toute velue-blanchâtre et les feuil. sont courtes, épaisses, qqf. entières.

**P. arenaria** W. et Kit. *P. Psyllium* Bon. Velu, un peu visqueux. *Tige* dressée, rameuse, *feuillée.* Feuil. linéaires, opposées. Fl. en têtes ovales, axillaires et terminales, longuement pédonculées, entourées à la base de bractées foliacées formant involucre, les supér. membraneuses, en spatule. Caps. à 2 graines. ① j⁰-a⁰. Lieux sablonneux. — CHAR.-INF., VEND., c. sables maritimes. — DEUX-SÈV. *S.-Martin-de-Sanzay* (Pellier), Brion près *Thouars* (Lunet), *Taizé !* (J. Richard), *S.-Jouin-de-Marnes* (Guyon).—LOIRE-INF. *Vallée de la Loire, Machecoul,* c. de *Bourgneuf* à la *Bernerie ;* de *Préfaille, la Plaine* à *S.-Michel.* PC.

------

........Il faut le dire, la plupart de ceux qui ont eu à déterminer une Euphorbiacée, une Crucifère ou une Salsolacée, n'ont guère tenu compte de l'embryon ; sur ce point ils ont cru les maîtres sur parole, et ne se sont attachés qu'aux caractères accessibles à l'observation avec le secours d'une bonne loupe. C'est, selon moi, la règle qui devrait présider à toute nomenclature. N'abusons pas du microscope si nous tenons à ce que les avenues du moins de la science ne soient pas fermées à la généralité des naturalistes. Un petit nombre d'élus pénétrera dans le sanctuaire..... Cᵗᵉ Jaubert, Bul. soc. bot. fr. T. 13, p. 405.

# SOUS CLASSE IV. — MONOCHLAMYDÉES

Fleurs à périanthe simple, c-à-d. n'ayant qu'un calice.

## AMARANTACÉES

Cal. à 3 ou 5 div. scarieuses. Etam. 3 ou 5 libres ou monadelphes, oppositives. Ovaire 1 libre. 1-3 styles ou stigm. Caps. 1.loc. 1.sperme, s'ouvrant circulairement en travers ou indéhiscente. Embryon recourbé autour d'un périsperme farineux. *Feuil. non stipulées.*.

**AMARANTUS** L. Fl. monoïques. Cal. à 3 ou 5 div. *Mâl.* à 3 ou 5 étam. *Fem.* à 2,3 styles. Caps. 1.sperme s'ouvrant en travers, ou indéhiscente *(Euxolus)*.

**A. silvestris** Desf. *A. Blitum* L. ex Moq. in DC. prod. Tige principale dressée, les latérales ascendantes. *Feuil.* ovales-rhomboïdales, *presque aiguës. Fl.* verdâtres, *en paquets tous axillaires.* Etam. 3 ①. août-sept. Décombres, jardins, pied des murs. C. — R. au-delà de *Loire-Inf.*

**A. ascendens** Lois.. Mutel fig. 420 bis, *A. viridis* L. ex Moq. l. c., *Euxolus* Raf. Tiges couchées ou ascendantes. *Feuil.* ovales, presque rhomboïdales, *très obtuses ou échancrées*, qqf. tachées de blanc ou de noir. *Fl.* verdâtres, *en paquets* axillaires, *les sup. en épi terminal, non feuillé.* Bractées plus courtes que le cal. Etam. 3. Caps. indéhiscente. ①. août-sept. Mêmes lieux. C. — PC. au-delà de *Loire-Inf.*

**A. prostratus** Balb. Mut. fig. 421 bis. *A. deflexus* L. Mant. *Euxolus* Raf. Plante d'un vert un peu jaunâtre. *Tiges couchées, velues au sommet.* Feuil. ovales-rhomboïdales, rétrécies en pointe obtuse qqf. mucronée. *Fl. en paquets* axillaires, les *supér. réunies en grappe serrée, non feuillée.* Etam. 3. ①. ♃. a¹-oct. Pied des murs. -- CHAR-INF. AC. région maritime. — VEND. *Les Sables, La Roche* (Marichal), *Challans* (Gobert), *île d'Yeu, Noirmoutier.* — LOIRE-INF. C. *Nantes* et env., *le bas de la Loire, Pornic, Bourgneuf,* etc. AC. — MOR. *Hennebont* (Le Gall), *Auefer* (Moreau), *Lorient* (Tanguy). --FIN. *Camaret* (Blanchard). — C.-NORD. Quai de *Binic* (Baron). — IL.-ET-V. RR. *Rennes* (Le Gall); *Redon* (Moreau). — Tend à se répandre sur le littoral.

**A. retroflexus** L. Mut. fig. 423. *Tige dressée,* pubescente. Feuil. ovales, rétrécies en pointe obtuse qqf. mucronée, ondulées. scarieuses-rudes au bord, plus pâles en dessous. Fl. verdâtres, en grosse grappe terminale. *Bractées en alène, dépassant 1 f. le cal.* Etam. 5. ①. a¹-sept. Décombres. pied des murs. — CHAR.-INF. AC. — DEUX-SÈV. *Coulon,* env. de *Niort* (A. Guillon), *Parthenay* (Janneau), *la Crèche, S.-Maixent, Exoudun* (Sauzé, M.), *Villiers-en-P., S.-Gelais* (Guyon), *Brioux, Bret.* — VEND. *La Tranche, Damvix* (Lx.), *La Roche, Nesmy, Chaillé-les-Orm., les Sables, Longeville, S.-Benoist* (Pont., M.) — LOIRE-INF. C. *Nantes* îles de la *Loire ; Ancenis* (Moreau), *Clisson* (Delalande). — MOR. *Quiberon* (Desmars). R. — Tend à se répandre.

**POLYCNEMUM** L. Cal. scarieux, à 5 div., muni de 2 bractées. Etam. 3. Stigm. 2. Caps. comprimée, fermée au sommet par un opercule.

⚥. **P. majus** A. Braun, *P. arvense* L.? Tige étalée à rameaux nombreux, couchés. Feuil. triquètres-en alène, raides, serrées, imbriquées sur les petits rameaux. Fl. blanchâtres, axillaires, solitaires, sessiles, munies à la base de deux bractées blanchâtres dépassant le cal. ①. j⁰-sept. Champs calc. — CHAR.-INF. *Ste-Gemme* (Delalande), *Nieul-les-Saintes*, c. *Plassay* (Tess.), *Juicq* (Lemarié). — DEUX-SÈV. c. *la Mothe* (Sauzé), *S.-Pompain, Villiers-en-P., Coulonges-sur-l'Autize, S.-Loup* (Guyon), *Airvault, Borcq* (Bonnin), *Pas-de-Jeu* (Lunet), *Thouars* (Toussaints), *Mauzé* (Fd.). — VEND. *S.-Hil.-de-Mortagne* (Gen.). — LOIRE-INF. *Chéméré ! Pornic* (Pesneau). RR.

⚥. **P. minus** Jord. *P. arvense* Koch, L.? *P. verrucosum* Lang? Plus grêle que le précéd.; rameaux anguleux, verruqueux ; feuil. 1/2 plus courtes, dressées ; bractées ne dépassant pas le cal. ; fruit 1/2 plus petit. ①. j⁰-sept. Mêmes lieux. — CHAR.-INF. Mirande près *Corme-Royal* (Tess.), le Breuil près *Saujon* (Fd., Reau). — DEUX-SÈV. « *Faye-l'Abbesse* (Bor.) », *S.-Martin-de-Sanzay* (Pellier), *Amailloux, S.-Loup, S.-Pompain* (Guyon). — VEND. *S.-Hilaire-des-Loges* (Guyon), *les Sables* (Lx), *Château-d'Olonne, Talmont* (Pont., M.). — LOIRE-INF. Coteaux schisteux *d'Oudon !* (P. Bruneau, H. Lefièvre), R.! *Machecoul* (Migault).

*Obs. Phytolacca decandra* L., plante américaine de la famille des *Phytolaccées*, fréquemment cultivée, s'est fixée çà et là surtout dans la région des landes de *Montendre* (Char.-Inf.); voici ses caractères : Tige de 1-2 mèt. robuste, herbacée. Feuil. amples, ovales, aiguës. Fl. en épis longuement pédonculés, opposés aux feuil. qu'ils dépassent. Cal. coloré, à 5 div. Etam. 10. Styles 10. Baie rouge-noir à 10 carp. rayonnants.

## SALSOLACÉES

Cal. persistant, à 5 div. Etam. 5 ou moins, insérées à la base du cal. et opposées à ses lobes. Ovaire 1 libre ou rar. adhérent à la base. Style simple ou à 2-4 div., stigm. simple. Fruit sec, indéhiscent, 1.loc. 1.sperme. Embryon recourbé, ou en anneau autour d'un périsperme farineux, ou en spirale, sans périsperme. *Feuil. alternes, sans stip.*

**SALICORNIA** L. Cal. charnu, très obscurément lobé. Etam. 1,2, saillantes. Style court ; stigm. 2, papilleux, saillants. Graine verticale, recouverte par le cal. *Plantes charnues-salées, articulées, sans feuil.; fl. ternées, en épi, enfoncées dans les concavités de l'axe.* — Consultez Duval Jouve Bull. soc. bot. nov. 1868, où toutes les espèces sont longuement détaillées et figurées ; les articles y sont considérés comme des feuil. connées.

**S. herbacea** L. Plante vert clair ou rougeâtre. *Rac. annuelle.* Tige dressée, raide, rameuse en pyramide. Articles un peu comprimés, élargis et échancrés au sommet. *Epis* cylindriques, un peu *rétrécis au sommet.* Graine pubescente (au microscope, couverte de longs poils en crosse). jˡ-sept. Marais salants. CC.

β. *procumbens*. Plus petit, ord. rougeâtre, couché ou étalé ; articles plus comprimés, plus élargis et plus échancrés au sommet ; épis aigus. Forme des lieux plus secs ; hord des marais, embouchure des rivières. CC. — C. au-delà de *la Vilaine*.

**S. fruticosa** L., D. Jouve. *Plante* glauque, *ligneuse*, haute de 3-8 déc. à rameaux nombreux, tantôt dressés en buisson, tantôt tombants et radicants à extrémité ascendante. Articles cylindriques, échancrés au sommet. *Épis obtus. Graine granuleuse* (au microscope, couverte de tubercules ou d'aiguillons courbés). Rac. forte. a¹-sept.; fruct. en nov. Marais salants, terrains salés. C., mais moins C. en remontant vers la Loire. — Au-delà à constater. — Ainsi que dans le suiv., chaque article de l'épi contient 2 triangles de fl. opposés ; les fl. sont placées l'une à la suite de l'autre, l'intermédiaire plus grande, séparant complètement les latérales. Dans *S. herbacea* le triangle est plus distinct, les 2 fl. latérales se touchant par la base, l'intermédiaire étant placée au-dessus.

**S. radicans** Smith et anglor. *S. sarmentosa* D. Jouve. Rac. grêle. Tige ligneuse à la base, couchée, radicante, rameaux stériles allongés, en alène. Articles cylindriques, échancrés au sommet. Epis obtus. *Graine pubescente* (au microscope, couverte de longs poils crochus). j¹-sept.; fruct. dès juil. Marais salants, souv. suspendu au bord des étiers. C. — PC. au-delà de *la Vilaine*. — *S. fruticosa* forme d'autant plus le buisson qu'il croît loin de l'eau et qu'il habite le Midi ; ses graines y sont alors plus communes. Le type de *S. radicans* est, au contraire, au bord des étiers où la marée l'atteint, et il est alors d'un vert plus foncé ; ses graines y sont déjà formées abondamment dès juillet. Mais lorsqu'il est hors de la portée de la marée, soit en plaques arrondies de 3 à 15 déc. dans les terrains planes, soit en touffes ou buissons au bord des œillets, les épis sont plus gros, plus réguliers, et les graines avortent presque toujours. Ces deux dernières formes, qui se continuent jusqu'à la Vilaine, sont fort difficiles à distinguer de *S. fruticosa*. — Lorsque *S. fruticosa* croît à côté de *S. radicans* dans ces terrains planes, il est d'un glauque clair et dressé, tandis que *S. radicans* est d'un vert brunâtre puis rougissant, couché-ascendant ; et lorsque les deux croissent en touffe ou buisson au bord des œillets, *S. fruticosa* est toujours glauque, dressé, à épis toruleux remplis de graines, tandis que *S. radicans* est vert à la fin rougissant, les rameaux du bord sont tombants et les épis sont stériles, quoique plus gros.

**SALSOLA** L. *Soude.* Cal. à 5 div. munies sur le dos, après la fleuraison, d'un appendice scarieux. Etam. 5. Stigm. 2,3. Utricule déprimé ; graine à test membraneux ; embryon en spirale. *Plantes charnues-salées ; fl. verdâtres, axillaires, solitaires, munies de 2 bractées.*

**S. Kali** L. Tige très rameuse, étalée-diffuse, striée de rouge, pubescente. *Feuil.* triquètres, en alène, *épineuses au sommet*, étalées. *Appendice scarieux*, déchiré-sinué, étalé, *égalant les div.* aiguës *du cal.* ①. j¹-a¹. Sables maritimes. C. — AC. côte nord de *la Bretagne*.

**S. Soda** L. Glabre, lisse, plus robuste que le précéd. Tige dressée ou étalée, rameuse. *Feuil*. linéaires, *presque obtuses*, courtement mucronées, triquètres à angles obtus, fortement dilatées à la base, marquées sur les angles et au milieu de la face supér. d'une ligne verdâtre ou qqf. rougeâtre. *Appendice très court, en carène*. ①. j¹-a¹. Bord des marais salants. C. *jusqu'à la Vilaine*. — MOR. Sucinio en *Sarzeau*.

**SUÆDA** Forsk. *Chenopodii* sp. L. Caract. du *Chenopodium*. Embryon en spirale. *Feuil. cylindriques*.

**S. fruticosa** Forsk. *Arbrisseau* toujours vert, de 6-10 déc. dressé, très rameux. Feuil. petites, nombreuses, linéaires, demi-cylindriques, obtuses, charnues. Fl. verdâtres, 1-3, axillaires, sessiles. Cal. à carène circulaire. *Graine verticale*. J¹-sept. Vases salées, lieux pierreux maritimes. C. jusqu'à *la Vilaine*. — MOR. PC. — FIN. *Le Conquet, îlot du Vieux-Château* (de la Pylaie), *le Fret* (Crouan).

**S. maritima** Moq. *Chen. macrocarpum* Desv. *Plante annuelle* vert pâle ou rougeâtre, haute de 3-4 déc.; rameaux diffus, surtout les infér. ou dressés. Feuil. linéaires, demi-cylindriques, aiguës. Fl. verdâtres, 1-3, axillaires, sessiles. *Graine horizontale*, noire, luisante, très finement ponctuée. j¹-sept. Vases salées. CC.

**CHENOPODIUM** L. Cal. à 5 div. ne s'accroissant pas après la fleuraison. Etam. 5, rar. 3-1. Stigm. 2. Utricule déprimé, entouré par le cal. Graine lenticulaire, horizontale, rar. verticale, à test crustacé; embryon circulaire. *Fl. ord. verdâtres, réunies en paquets formant grappe ou panicule*.

**C. hybridum** L. *Fétide*. Tige cannelée. *Feuil*. pétiolées, triangulaires, tronquées-en cœur à la base, *terminées en pointe longue, garnies de chaque côté de 3,4 très fortes dents*. Fl. en grappes nues, rameuses, divariquées, formant une panic. terminale. ①. j¹-a¹. Lieux cultivés. — CHAR.-INF. AC. — DEUX-SÈV. *La Mothe* et env., *Prahecq* (Sauzé), *Bressuire* (Toussaints), *S.-Pompain* (Guyon), *Ménigoute* (Gir.), *Oiron* (J. Richard), *S.-Jouin, Airvault* (Bonnin). — VEND. *S.-Vincent-Sterlange, Nesmy, Chaillé-les-Orm.* (Pont.. M.), *Mervent* (Lx.), *les Sables* (Bonnaud), *la grande Rhé près Vouvant, Commequiers* (Gobert), *Mortagne, Evrunes* (Gen.). — LOIRE-INF. *Thouaré, les Cléons, S.-Fiacre*, c. *Chéméré ; S.-Joachim, Bergon, Cambon*, etc. PC. — MOR. « *Auray, Lorient* » (Le Gall flore), *La Roche-Bernard*. R. — FIN. *Quimper* (Bonnemaison). — C.-NORD. RR. *Dinan* (Morin).

**C. urbicum** var. *intermedium* Koch. Tige striée-cannelée, de 2-4 déc. *Feuil. triangulaires*, en coin à la base, fortement dentées, ord. farineuses en dessous. *Fl. en grappes* raides, un peu feuillées, *dressées*. Graines lisses, luisantes. ①. j¹-a¹. Bord des chemins, lieux cultivés. — CHAR.-INF. *Genouillé* (Riveau), *Mons, Pays-bas de Matha* (Sav.). — DEUX-SÈV. *Bressuire* (Toussaints), *Amailloux, S.-Jouin-de-Milly, S.-André* (Guyon), *Ménigoute* (Gen.). — VEND. *La Roche, Nesmy, Chaillé-les-Orm., le Boupère, Pouzauges* (Pont., M.), *Chaillé-les-M.* (Gen.), *Fontaines* (Lx.), *La Châtaigneraie* (Gobert). — LOIRE-INF. *Ingrande*, R. la Jonnelière près *Nantes ; Cambon, Plessé* (Delalande), *S.-Nicolas-de-Redon* (Moreau), *S.-André-des-Eaux*! (Le Boterf), *Bouaye*

(Gobert), de *Bourgneuf* à *Bouin*. R. — MOR. Aucfer en *Rieux* (Le Gall).
— FIN. *Quimper* (Bonnemaison), *S.-Renan* (Crouan). — C.-NORD.
« *Guingamp* (Le Maout) ». — IL.-ET-V. La Roche du Theil près *Redon*
(J.-M. Sacher).

**C. murale** L. Tige rameuse. Feuil. ovales-rhomboïdales, inégalement dentées, luisantes. *Fl. en grappes* non feuillées, rameuses, *divariquées. Graines opaques à carène circulaire.* ①. j¹-sept. Bord des
chemins, pied des murs, décombres. CC. — Dans la région maritime,
la tige et les feuil. sont souv. rougeâtres ; en cet état, il ne faut pas le
confondre avec le suiv. qui a les grappes dressées, feuillées et la
graine verticale, 1 f. plus petite.

**C. rubrum** L. Tiges couchées ou la centrale dressée, souv. rougeâtres. Feuil. rhomboïdales-triangulaires, sinuées-dentées, presque
hastées par les dents inf. plus fortes. *Fl.* rougeâtres, agglomérées, *en
grappe feuillée. Graines très petites,* lisses, la plupart *verticales.* ①.
j¹-a¹. Bord des rivières, des étangs, des marais, marais salés. — CHAR.-
INF. c. marais de la région maritime, *Courçon, Bazoin, Bords* (Fd.).
— DEUX-SÈV. *Ménigoute, Arçais, S.-Hilaire la Palud* (Sauzé fl.). —
VEND. AC. région maritime (Pont. M.), c. Marais occidental. — LOIRE-
INF. Bord de l'*Erdre,* de *la Loire,* c. dans la *Brière ; Piriac,* marais
salés de *Machecoul* à *Bouin,* etc. PC. — AR. çà et là reste de *la Bretagne.* — Les pieds robustes des lieux gras sont dressés..Cal. un peu
charnu et souv. rougeâtre à la maturité.

**C. album** L. *C. leiospermum* DC. Tige striée de vert ou de rouge.
*Feuilles ovales-rhomboïdales, sinuées-dentées,* qqf. entières ; les supér.
oblongues ou lancéolées, entières. Fl. en paquets formant des grappes
axillaires et terminales. Graines lisses, luisantes. ①. j¹-sept. Lieux
cultivés, bord des rivières, décombres. CC. — Très variable ; les principales formes sont :

α. *C. album* L. Tige souv. simple ; feuil. ovales-rhomboïdales, rongées-dentées, farineuses-blanchâtres en dessous, les sup. entières,
grappes petites, compactes, dressées, nues. — Au bord de la mer, qqf.
couché, à feuil. petites, ovales-lancéolées ou lancéolées, presque
toutes entières.

β. *C. paganum* Reich. *C. album* v. *viridescens* Moq. Feuilles vertes,
grappes feuillées, lâches.

γ. *C. concatenatum* Thuil. *C. viride.* L. Feuil. vertes, ovales ou
lancéolées, la plupart entières ; grappes allongées, étalées, souv. nues ;
à paquets de fl. écartés.

**C. opulifolium** Schrad. Caract. du précéd. dont il diffère par les
*feuil. toutes arrondies-rhomboïdales,* inégalement rongées-dentées, *très
obtuses,* glauques. Paquets de fl. plus épais, plus serrés. ①. a¹-sept.
Mêmes lieux. — CHAR.-INF. De *la Rochelle, Ré, Oléron* à *Marennes,
la Tremblade* et *Royan ; S.-Sulpice d'Arnoult* (Tess. !). — DEUX-SÈV.
*Thouars.* — VEND. *L'Aiguillon, Jard, la Bretonnière* (Pont.), *Mortagne* (Gad.). R. — LOIRE-INF. *Nantes* îles de *la Loire, Ingrande, Pouliguen, Batz ; Copchoux* (E. Bureau). R.

* **C. ficifolium** Smith. Caract. des deux précéd. dont il diffère par les *feuil. inf. trilobées-hastées*, dentées à la base ; *lobe terminal allongé, oblong-lancéolé, obtus*. Graines très finement ponctuées, 1 fois plus petites que dans les précéd. ①. — *Loire-Inférieure* (Pesneau). À retrouver. — MOR. *Auray* (Godron).

**C. glaucum** L. Tiges couchées, rougeâtres. *Feuil.* toutes ovales-oblongues, obtuses, *sinuées-glauques en dessous*. Fl. en épis non feuillés. Graines lisses, verticales et horizontales. ①. jⁿ-sept. Décombres, pied des murs, sables, bord des rivières. C. — Moins c. au-delà de *Loire-Inf.*

**C. Bonus Henricus** L. Souche épaisse, vivace. Tige ascendante, épaisse. *Feuil. grandes, triangulaires-hastées, entières*, les plus jeunes pulvérulentes en-dessous. Fl. en petites grappes formant une panic. serrée, non feuillée, terminale. Graines verticales. jⁿ-aᵗ. Bord des chemins, des murs près des villages. — DEUX-SÈV. *Clessé* (Janneau), *Parthenay* (Sauzé fl.). — VEND. *Pouzauges* (Rossignol), *Mortagne* ! et communes voisines ! (Gen.). — LOIRE-INF. *S.-Julien-de-Concelles* ! (Bornigal), c. entre *Géligné* et *Clisson* (Le Boterf). R. — MOR. RR. *Ploërmel* (J.-M. Sacher), *S.-Dolay* (Delalande). — FIN. *Quimper* (Bonnemaison), *Keroriou* près *Brest* (Crouan). — C.-NORD. *Léhon* près *Dinan* (Mabille), église de *S.-Hélen* (Morin). — IL.-ET-V. Cimetière de *Pleurtuit* (Mabille), *Fougères* et communes voisines (de la Godelinais), *Apigné* près *Rennes* (Lx.), *Corps-Nuds* (Degland).

**C. polyspermum** L. Tige rameuse, couchée. *Feuil. ovales*, obtuses, *très entières*. Fl. en cymes axillaires, non feuillées. Graines luisantes. ①. aᵗ-sept. Champs, décombres, sables humides. PC.

β. *C. acutifolium* Smith. Tige dressée, très rameuse ; feuil. aiguës ; fl. en grappes feuillées. CC.

*Obs. C. ambrosioides* L. Moris. hist. sect. 5, T. 31, fig. 8, est cult. sur le littoral de la Char.-Inf. sous le nom de *Thé vert*. Odeur aromatique assez agréable ; tige dressée ; feuil. lancéolées, les infér. un peu plus larges, peu sinuées-dentées, glanduleuses en dessous ; fl. en petites grappes feuillées, formant une longue panicule. — Une espèce américaine très voisine, *C. anthelminticum* L. sp., Dill. hort. Elth. T. 76, est apparue au port de Nantes ; elle est plus élevée (au-delà de 1 mét.), robuste, vivace, ses feuil. ont les sinuosités plus fortes, plus rapprochées, les petits rameaux des grappes sont ord. nus et son odeur est très forte, térébinthacée, peu ou point agréable. Automne.

**C. Vulvaria** L. *Très fétide*, couvert d'écailles farineuses-blanchâtres. Tige couchée. Feuil. ovales-rhomboïdales, entières. Fl. en grappes serrées, non feuillées. Graines luisantes. ①. jⁿ-sept. Lieux cultivés, chemins, décombres. CC.

*Obs. C. scoparium* L, *Kochia* Schrad. est cult. autour des habitations dans les îles de *Ré* et d'*Oleron* (Char.-Inf.), pour faire des balais.

**BETA** L. Cal. à 5 div. Etam. 5, insérées sur un anneau charnu entourant la base de l'ovaire. Styles 3. Fruit réniforme, recouvert par le cal. imitant une caps. à 5 côtes.

**B. maritima** L. Rac. à plusieurs tiges couchées à la base. Feuil. charnues, ovales-rhomboïdales, décurrentes sur le pétiole, ondulées, les rad. presque en cœur. Fl. ord. 2.3,axillaires, soudées à la base, en longs épis grêles, nus ou feuillés.②. j<sup>n</sup>-sept. Rochers maritimes, bord des marais salants. C.

**ATRIPLEX** L. Fl. polygames ord. monoïques. *Mâl.* ou *herm.* cal. 5.part.; étam. 5; pistil rar. parfait. *Fem.* cal. à 2 valves parallèles, croissant après la fécondation et couvrant l'utricule comprimé; stigm.2. Graine verticale.

*Obs. A. Halimus* L. *Fessecul,* est un arbrisseau méditerranéen de 12-16 déc., planté en haies dans la région maritime où il est d'autant plus précieux pour former un abri, qu'il réussit dans tous les terrains. Rameaux effilés, blanchâtres; *feuil.* ovales-rhomboïdales, glauques-argentées, rar. dentées, *persistantes, alternes;* fl. jaunâtres, en grappe terminale. a<sup>t</sup>-sept. Fruit avortant dans le cal. accru en oct.-nov., à valves réniformes, entières. c. entre *la Sèvre* et *la Vilaine;* çà et là seulement sur la côte de *la Bretagne* jusqu'à *S.-Malo.*

* **A. pedunculata** L. *Obione* Moq. *Tige herbacée,* flexueuse. Feuil. oblongues, rétrécies à la base, obtuses, entières. *Cal. fructifère longuement pédonculé,* à valves triangulaires ayant une petite dent entre les 2 lobes obtus au sommet. a<sup>t</sup>-sept. Marais salés. Croît au *Tréport* (Seine-Inf.) et sur les côtes d'Angleterre.

**A. portulacoides** L. *Obione* Moq. Sous-arbrisseau de 3-5 déc. à rameaux étalés ou couchés, blanchâtres. *Feuil. opposées, oblongues-lancéolées,* rétrécies à la base, obtuses, glauques-argentées. Fl. jaunâtres, en grappe terminale. Valves du cal. fructifère sessile triangulaires, rétrécies à la base, fortement muriquées sur le dos, rar. tout à fait lisses, à 3 lobes au sommet, les latéraux arrondis, celui du milieu ord. plus petit. j<sup>t</sup>-sept. Bord des marais salants, vases salées, rochers maritimes. C.

**A. angustifolia** Smith. *A patula* L. ex Moq. Tige dressée; *rameaux inf. divariqués* à angle droit. *Feuil. lancéolées,* les inf. qqf. hastées, les sup. linéaires. Fl. verdâtres en épis raides, axillaires et terminaux. Valves du cal. fructifère rhomboïdales-hastées. ①. a<sup>t</sup>-sept. Champs, bord des chemins. CC.

β. *angustissima, A. salina* Desv. Plante couverte d'écailles blanchâtres; feuil. très étroites, linéaires, entières. Bord des marais salants, région maritime. PC.

**A. latifolia** Wahl., *A patula* Smith, *A. hastata* L. ex Moq. DC. Tige dressée; *rameaux inf. divariqués* à angle droit. *Feuil. inf. triangulaires-hastées,* dentées, les sup. hastées-lancéolées, les florales lancéolées, entières. Fl. verdâtres, en épis axillaires et terminaux. Valves du cal. fructifère triangulaires, triangulaires-rhomboïdales ou rhomboïdales, dentelées ou entières.①. a<sup>t</sup>-sept. Champs, bord des chemins,

fossés. CC. — Varie comme le précéd. à tige couchée, à valves du cal.
petites ou grandes, qqf. très grandes dans les marais salants, muriquées ou lisses.

β. *salina*, *A. oppositifolia* DC. Plante couverte d'écailles blanchâtres ;
feuil. charnues-salées, qqf. presque toutes opposées, plus dentées,
plus obtuses. Marais salants. AC. — Moins c. au-delà de *la Vilaine*.

**A. littoralis** L. Tige dressée de 5-10 déc. à *rameaux dressés. Feuil.
linéaires, les inf. lancéolées, sinuées-dentées.* Fl. verdâtres, en longs
épis grêles, raides, dressés. Valves du cal. fructifère petites, dentées,
muriquées. ①. jⁿ-aⁿ. Bord des marais salants, terreaux des pointes et
îlots exposés à la grande mer. — CHAR.-INF., VEND. C. — LOIRE-INF.
c. de *Bourgneuf* à *Bouin ; Pouliguen, Croisic, Kercabélec*, et îlots de la
côte. PC. — MOR. *Houat, Hœdic* et îlots voisins, *île Logoden*. — FIN.
*Ile-aux-Moutons, île Penfret* (Bonnemaison), *Kerouroc'h* dans *les
Pierres Noires* (Blanchard). — IL.-ET-V. RR. *S.-Malo* (Rolland). — Les
feuil. inf. sont caractéristiques.

**A. arenaria** Woods, *A. farinosa* Du Mortier, *A. rosea* fl. de l'Ouest,
édit. 1, *A. crassifolia*, édit. 4. Tige rameuse, ord. couchée, jaunâtre
ou rougeâtre, farineuse dans le haut. *Feuil.* rhomboïdales-ovales,
entières à la base, sinuées-dentées dans le haut, *argentées-farineuses*
surtout en dessous, pétiolées, les sup. oblongues-hastées. Fruits agglomérés 2-4 à l'aisselle des feuil. sup. Valves du cal. fructifère tuberculeuses sur le dos, rhomboïdales, à angles latéraux tronqués et à 3-4
dents. ①. jⁿ-aⁿ. Sables maritimes. C. jusqu'à *la Vilaine ;* moins c.
*Mor.*, PC. au-delà.

# POLYGONÉES

Cal. à 3,5 ou 6 lobes. Etam. définies, insérées à la base du cal.
Ovaire 1 libre. Styles 2,3. Fruit indéhiscent, 1-sperme, nu ou recouvert par le cal. imitant une caps. *Feuil. alternes ; stip. engainantes.*

**RUMEX** L. Cal. à 6 lobes profonds, les 3 intér. plus grands, connivents. Etam. 6. Styles 3. Fruit trigone, recouvert par les lobes intér.
du cal. *Fl. ord. verdâtres,* en faux *verticilles* disposés *en épis.*

˙ *Fl. herm. ou polygames ; saveur non acide.*

**R. palustris** Smith, Mut. fig. 437. Feuil. allongées, rétrécies en
pétiole, les inf. lancéolées-linéaires, ondulées, les sup. linéaires. Verticilles jaunâtres à la maturité, rapprochés, munis d'une feuil. *Lobes
int. du cal.* fructifère ovales-triangulaires, tous granifères, *garnis de
chaque côté de 2 dents très fines, plus courtes que son diamètre longitudinal.* ②. jⁿ-aⁿ. Bord des marais. — CHAR.-INF. *Oleron* (Delalande),
*S.-Nazaire* (Gir.), *Fouras !* (Deloynes), *S.-Vivien ! Châtelaillon ! Villedoux, Breuil-Magné* (Fd.), marais de *Berjat* (Motelay, Fd.), *S.-Martin-
en-Ré*, bord de *la Sèvre.* — DEUX-SÈV. *Parc-d'Oiron* (Delastre). —
VEND. AC. Marais méridional ! et occidental ! (Pont., M.), *Noirmoutier.* — LOIRE-INF. *Anetz*, de *S.-Julien-de-Concelles* à *Queue-de-Vallée ;*
[illegible] *Ancenis*, à la région maritime. PC. —

MOR. *Rieux* (J.-M. Sacher), *Sucinio ; Gâvre* (Taslé). — FIN. *Penmarc'h,*
le *Guilvinec ;* celui-ci ou le suiv. à l'*île de Batz ; Kerhuon, Porsmoguer,*
*Lampaul-Ploud., Plouhinec* (Crouan). — IL.-ET-V. *S.-Briac, Château-*
*neuf* (Mabille), AC. env. de *Redon* (Moreau). — Ne pas confondre avec
*R. maritimus,* comme on le fait souvent.

**R. maritimus** L. Voisin du précéd. dont il diffère par les verticilles très serrés, plus jaunes à la maturité, par les fruits plus petits,
par les *lobes du cal.* oblongs-triangulaires, *garnis de chaque côté de*
*2 dents très fines égalant son diamètre longitudinal.* ②. j^n-a^t. Mêmes
lieux. — DEUX-SÈV. *S.-Aubin-Baubigné* (Gen.). — VEND. *S.-Gilles,*
*Bretignolles, les Sables, la Bretonnière* (M., Pont.). — LOIRE-INF. De
*S.-Julien-de-Concelles* à *Queue de Vallée ; Guenrouet* (Delalande),
entrée Est du *Canal maritime !* (Gad.). — MOR. Bord de l'*Oust* à
*S.-Perreux* (Le Gall), *Rieux* (Moreau), la *Vilaine* à la *Roche-Bernard !*
(Delalande). — FIN. Etang de S.-Paul en *Kerlouan* (Crouan), c. *Les-*
*conil* (Picq.). — C.-NORD. *S.-Jacut ; Trigavou* (Morin). — IL.-ET-V.
*S.-Briac, Châteauneuf* (Mabille), AC. env. de *Redon* (Moreau).

**R. conglomeratus** Schreb. Mut. fig. 430. Tige cannelée, rameaux
nombreux, effilés, ascendants ou étalés. Feuil. oblongues-lancéolées.
Verticilles écartés, munis d'une feuil., les sup. seulement nus. *Lobes*
*du cal. linéaires-oblongs,* obtus, *entiers, tous granifères.* ♃. j^t-a^t.
Bord des haies, des bois, des chemins. CC.

**R. rupestris** Le Gall flore du Mor. *R. conglomeratus* var. Lloyd fl.
Loire-Inf. Caractères de *R. conglomeratus,* dont il se distingue surtout
par la tige rameuse dans le haut, à rameaux courts resserrés en
panicule, et par les fruits plus gros. — Çà et là au bas des rochers
maritimes de la *Vendée* aux *C.-Nord* incl.

**R. nemorosus** Schrad. Se distingue de *R. conglomeratus,* par les
rameaux redressés, les verticilles nus ou les inf. seulement munis
d'une feuil. et par les *lobes du cal. dont un seul est granifère.* ♃. j^t-a^t.
Bords ombragés des haies, des bois. PC.

β. *R. sanguineus* L. *Sang-dragon.* Tige et nervures des feuil. rougeâtres. AC. dans les jardins et autour des habitations.

**R. pulcher** L. *Rameaux divariqués. Feuil. inf. en forme de violon,*
les sup. lancéolées, ondulées, aiguës. Verticilles écartés, munis d'une
feuil. Lobes du cal. triangulaires-oblongs, veinés en réseau, dentés-
épineux, l'ext. surtout granifère. ②. j^n-j^t. Bord des chemins, pied des
murs. CC.

**Au bas de la page 294,** après *Queue-de-Vallée,*
la dernière ligne doit être rétablie comme suit :

*Vue* (Gobert), *Machecoul* dans le Marais, AC. région maritime. PC. —

**R. crispus** L. Feuil. lancéolées, ondulées-crépues **au bord**. **Ver-**
**ticilles rapprochés, sans feuille.** *Lobes du cal. en cœur-arrondis,* obtus,
entiers, l'ext. ou plus rar. tous granifères. ♃. jⁿ-aˡ. Prés, **champs.**
CC. — Vulg. *Parelle, Patience,* ainsi que le précéd. et le **suiv.**

**R. Hydrolapathum** Huds. Mut. fig. 429, *R. aquaticus* DC. Tige
robuste de 1-2 mèt. Feuil. lancéolées, rétrécies aux 2 bouts, un peu
ondulées-dentées ; pétiole plane en dessus. Verticilles rapprochés, peu
feuillés, en panicule. *Lobes du cal. ovales-triangulaires,* obtus. *entiers*
ou un peu dentelés à la base. tous granifères. ♃. jⁿ-sept. Marais, bord
des fossés marécageux. C. — AC. au-delà de la *Loire-Inf.*

✗. **R. bucephalophorus** L. Tige de 1-2 déc. Feuil. rad. obovales-
spatulées, les inf. spatulées, acuminées, les autres lancéolées-spatulées,
puis lancéolées, rétrécies à la base. Stip. blanches, scarieuses, rougeâtres à la base. *Fl. pendantes,* géminées ou ternées, *en épi grêle,*
feuillé inférieurement. Sép. ext. du fruit réfléchis, les int. triangulaires-
oblongs, ayant à la base une glande obtuse, garnis de chaque côté de
*longs aiguillons arqués.* recourbés, *crochus en hameçon au sommet.* ①
et ②. aˡ-sept. Sables maritimes. — VEND. C. *île d'Yeu.*

*'' Fl. dioïques, saveur acide.*

**R. Acetosa** L. *Oseille, Vinette.* Souche épaisse. Feuil. oblongues,
sagittées, les sup. aiguës, sessiles. Fl. en panic. non feuillée. *Lobes du*
*cal. en cœur-arrondis,* obtus, membraneux, munis à la base d'une
petite écaille réfléchie, les ext. réfléchis. ♃. Prés, vignes, champs.
CC. — Varie qqf. dans la *Vallée de la Loire* à feuil. lancéolées ou
linéaires, ondulées-crépues, à oreillettes à 2 lobes inégaux.

**R. Acetosella** L. *Petite vinette.* Rac. rampante. *Feuil.* hastées à
*oreillettes divergentes.* Fl. en panic. nue. Lobes du cal. ovales, veinés
en réseau, entiers, sans écailles, les ext. appliqués. ♃. mai-jⁿ. Champs
en friche, chemins, etc. CC.

**POLYGONUM** L. Cal à 4, 5 lobes ord. colorés. Etam. 5-8. Style à
2, 3 stigm. Fruit ovale, comprimé et à 2 stigm., ou trigone et à 3 stigm.,
recouvert par le cal. *Stip. en forme de gaines.*

*' Fl. en épis ; feuil. non sagittées.*

**P. Bistorta** L. *Souche épaisse, noirâtre, noueuse.* Tige simple,
renflée aux nœuds. Feuil. un peu glauques en dessous, en cœur à la
base, aiguës, décroissantes, sessiles au sommet d'une longue gaîne,
les rad. et celles des tiges stériles oblongues, obtuses, en cœur à la
base et *décurrentes sur un long pétiole.* Fl. rose-chair, serrées, en épi
unique, terminal. ♃. mai-jⁿ. Prés humides. — LOIRE-INF. *Rougé*
(Desaintdo), *Soulvache, Pont-Trubert* sur la Divatte (Gad.). — C.-NORD.
Bois Boissel ! près *S.-Brieuc* (Ferrary), C. au *Pont-Houée !* et au
*Pont-Gand* (Droguet), sur le *Lié* et prob. ailleurs sur cette rivière et
sur d'autres ; *Allineuc* (G. Fraval). « C. prés des env. de *Guingamp*
(Le Maout). »

**P. amphibium** L. Tige nageante. Feuil. ovales-lancéolées, finement ciliées-dentées, les sup. flottantes. Gaînes entières. *Fl.* roses, *en
épis solitaires,* cylindriques, *serrés.* Etam. 5. ♃. jⁿ-aᵗ. Eaux stagnantes. C.

β. *terrestre.* Tige droite; feuil. plus allongées, pubescentes-rudes.
AC. — Forme des lieux desséchés.

**P. lapathifolium** L. Tige dressée, rameuse. Feuil. ovales-elliptiques ou lancéolées, marquées en dessous de points jaunâtres glanduleux. Gaînes tronquées, entières ou finement ciliées. *Pédonc. et cal.
glanduleux-rudes.* Fl. blanc-verdâtre ou roses en épis oblongs-cylindriques serrés. Etam. 6. Stigm. 2. ①. jᵗ-sept. Bord des rivières, des
étangs, lieux inondés l'hiver, moissons. C.

**P. nodosum** Pers. Souv. réuni au précéd., en diffère surtout par
la tige à nœuds très renflés, les gaînes lâches, les fl. roses ou blanches
en épis linéaires formant une panic. souv. inclinée. Mêmes lieux ; non
dans les moissons. C.

**P. Persicaria** L. Tige dressée, rameuse. Feuil. ovales ou lancéolées. *Gaînes poilues, longuement ciliées. Fl.* roses, qqf. blanches, *en
épis ovales-oblongs, serrés. Pédonc. et cal. non glanduleux.* Etam. 6.
Stigm. 2,3. ①. jᵗ-sept. Fossés, bord des eaux, lieux humides. CC.

β. *P. biforme* Wahl. Grande forme des terres cult. avec le port de
*P. lapathifolium* et la tige un peu renflée aux nœuds.

*Obs.* Les 3 précéd. varient à tige couchée, à feuil. cotonneuses-blan-
châtres en dessous et marquées en dessus d'une tache noire.

**P. dubium** Stein. *P. mite* Schranck, *P. laxiflorum* Weihe. Tige
grêle, ascendante. *Feuil. lancéolées.* Gaînes poilues, longuement
ciliées. *Fl.* rosées, qqf. blanches, *en épis grêles, interrompus,* presque
dressés. Cal. non glanduleux. Etam. 6. Stigm. 3,2. ①. jᵗ-sept. Fossés,
bord des eaux. — CHAR.-INF. *Rochefort* (Parat). bord de la Charente de
*Tonnay-Charente* à *S.-Savinien* et prob. plus loin (Fd.), *Muron,
Genouillé* (Riveau). — VEND. *la Roche* (Marichal). — LOIRE-INF. AC.
*Vallée de la Loire.* PC. — Port du suiv., saveur nulle.

**P. Hydropiper** L. *Curage. Saveur brûlante.* Tige redressée. Feuil.
lancéolées. Gaînes lâches, à poils rares, ciliées. *Fl.* blanchâtres ou
rosées, *en longs épis grêles, interrompus, lâchement penchés.* Cal. glanduleux. Etam. 6. Stigm. 3,2. ①. jᵗ-sept. Fossés, lieux humides. CC.

**P. minus** Huds. *P. pusillum* Lam. Tige couchée, rampante, puis
redressée. *Feuil. lancéolées-linéaires, rétrécies au sommet. Gaînes longuement ciliées. Fl.* roses, *en épis grêles, interrompus, dressés.* Cal.
non glanduleux. Etam. 5. Stigm. 2. ②. jᵗ-sept. Bord des marais. AC.
— R. dans le calc.

*Obs.* Pour les hybrides des 6 plantes précéd., voir Gr. God. fl. de
France 3, p. 49.

" *Fl. blanches, 2,3 axillaires ; étam. 8 ; fruit trigone.*

**P. aviculare** L. *Renouée.* Tiges couchées ou ascendantes, ou la principale dressée, feuillées jusqu'au sommet. Feuil. lancéolées ou elliptiques, qqf. plus étroites, veinées, planes. Gaines ciliées-déchirées. *Fruit* strié-ponctué, *d'un brun terne*. ①. j¹-sept. Champs, chemins, presque partout. CC. — Dans cette plante très variable, quelques auteurs reconnaissent plusieurs espèces ; voir Boreau l. c.

**P. maritimum** L. Tiges couchées, striées. Feuil. ovales-oblongues, roulées en dessous par les bords, coriaces, glauques, un peu plus longues que les entre-nœuds. Gaines larges, brunes à la base, blanches au sommet enfin déchiré, fortement nervées. *Fruit gros, très luisant,* non ponctué, dépassant les cal. ① et ②. j¹-a¹. Sables maritimes. AC. — RR. côte nord de la *Bretagne.*

β. *P. Raii* Bab. *P. littorale* Gr. God. (non Link nec Meisner, qui est une var. du précéd.) a le fruit du type et le port du *P. aviculare* couché ; feuil. planes, stip. plus courtes, moins scarieuses, à nervures moins nombreuses. Même lieu. R.

✗. **P. Bellardi** All. Caract. du *P. aviculare.* Tige dressée. Fl. en épi grêle, très lâche, non feuillé au sommet. ①. j¹. Champs calc. — CHAR.-INF., DEUX-SÈV. AC.

ˮ *Tige grimpante ; fl. blanches, en épis lâches, axillaires, style 1, court, à 1 stigm. 3.lobé.*

**P. Convolvulus** L. Tige anguleuse. Feuil. en cœur-sagittées. Anthères violacées. *Angles du cal. fructifère non ailés.* Fruit brun terne, strié-granuleux. ①. j¹-a¹. Haies, lieux cultivés. C.

**P. dumetorum** L. Tige cylindrique. Feuil. en cœur-sagittées. Anthères blanches. *Angles du cal. fructifère ailés.* Fruit lisse, luisant. ①. j¹-a¹. Mêmes lieux C. — Moins C. au-delà de *Loire-Inf.*

# THYMÉLÉES

Cal. tubuleux, à 4, rar. 5 div. colorées. Etam. ord. 8 insérées à la gorge ou sur le tube du cal. Anthères à 2 loges s'ouvrant en long par 2 fentes. Ovaire libre. Style et stigm. 1. Fruit 1.sperme, sec ou en forme de baie. *Arbrisseaux* (Passerina annua excepté) *sans stipules.*

**PASSERINA** L. Cal. persistant à 4 lobes. 8 étam. incluses. Fruit sec terminé par un bec, renfermé dans le cal.

✗. **P. annua** Wicks. *Stellera Passerina* L. Tige de 2-4 déc. à rameaux grêles. Feuil. linéaires-lancéolées, aiguës. Fl. jaune-verdâtre, sessiles 1-5 à chaque aisselle, formant des épis lâches, effilés. Cal. pubescent à lobes connivents après l'anthèse. ①. jⁿ-j¹. Champs calc. — CHAR.-INF. AC. — DEUX-SÈV. C. — VEND. AC. Plaine (Lx.), c. la Croix-Bouchère près *Mortagne* (Gen.).

**DAPHNE** L. Cal. à 4 lobes. Etam. 8. Style très court. Baie 1.loc. 1.sperme.

**D. Laureola** L. *Lauréole*. Sous-arbrisseau. *Feuil.* lancéolées, rétrécies à la base, persistantes, coriaces, vert foncé, en rosette au sommet
des rameaux. Pédonc. courts, axillaires, à 4-5 fl. vert-jaunâtre. Baie
noire. fév. Haies, bois. PC. — RR. CHAR.-INF. (Fd.).

℀. **D. Gnidium** L. *Sainbois*. Sous-arbrisseau de 5-8 déc. à *rameaux
effilés*. Feuil. linéaires-lancéolées, acuminées-mucronées, sessiles,
serrées, caduques. Fl. à odeur suave. en panic. courte, terminale. Cal.
tomenteux-blanchâtre. *Cor. blanche,* tube verdâtre, anthères orangées.
Baie rouge. jʰ-aʰ. Sables maritimes nus ou boisés. — CHAR.-INF. C.
de *Méchers* à *la Tremblade, Oleron.* — VEND. C.! de *Jard* à l'anse du
*Perray* et au *Veillon* (Pont., M.), presque détruit à *Noirmoutier.*

℀. **D. Cneorum** L. Sous-arbrisseau de 2-5 déc. *diffus à rameaux
pubescents.* Feuil. lancéolées-oblongues, rétrécies à la base, glabres,
obtuses ou échancrées, mucronées, glauques. Fl. roses, à odeur suave,
en tête terminale, à div. elliptiques, égalant le tiers du tube tomenteux.
av.-mai et août. — CHAR-INF. R. landes de *Montlieu !* (de Meschinet),
Jarculet près *Bédenac ;* entre *Montendre* et *Corignac* (Lemarié).

*Obs. Laurus nobilis* L. (Laurinées), *Laurier sauce,* cult. partout et se
ressémant facilement, est un arbre de 2-5 mèt. dioïque, toujours vert,
aromatique, à feuil. ovales-lancéolées, ondulées au bord, coriaces ; fl.
jaunâtres en ombelles axillaires courtement pédonculées, involu-
crées ; cal. à 4,5 div. obovales ; fl. mâles à 9-12 étam., anthères à 2
loges s'ouvrant de la base au sommet par une valve ; les fem. à drupe
noire 1.sperme ; mars-av. Coteaux et taillis exposés au sud, au *Goulet*
et à *Landevennec* (Fin.), où il est plutôt naturalisé que du pays.

## SANTALACÉES

Cal. supère, à 3-5 div. colorées en dedans. Etam. 3-5 oppositives,
insérées à la base des lobes du cal. Ovaire 1.loc à 2-4 ovules pendants,
attachés près du sommet d'un placenta central. Style 1. Fruit 1.sperme.
*Feuil. alternes, entières, sans stip.*

**THESIUM** L. Cal. à 4,5 div. Etam. 4,5. Stigm. simple. Fruit couronné par le cal. persistant.

**T. humifusum** DC. *T. linophyllum* Bon. Rac. épaisse, pivotante. Tige
très rameuse, tout à fait couchée. Feuil. linéaires. très étroites, à 1 nervure, vert pâle. Fl. blanches, en grappes terminales ; pédic. du fruit
divariqués, terminés par 3 bractées inégales. Lobes du cal. bidentés à
la base et garnis d'un faisceau de poils au-dessus de l'insertion des
étam. Fruit ovale, strié, 3 f. plus long que le cal. ♃. jⁿ-jʰ. Pelouses
sèches, sables, coteaux de la région maritime et du calc.— CHAR.-INF.,
DEUX-SÈV., VEND. C. — AC. côte sud de *la Bretagne,* moins C. sur
celle du nord.

**OSYRIS** L. Cal. à 3 div. Etam. 3. Stigm. 3. Baie sèche.

℀. **O. alba** L. Sous-arbrisseau de 3-8 déc. à rameaux nombreux,
striés. Feuil. linéaires-lancéolées à 1 nervure, dressées. Fl. jaunes, à

odeur de miel, 5,6 en petits bouquets garnis de bractées, le long des rameaux de l'année précédente dépourvus de leurs feuil. Sép. largement triangulaires, charnus. Baie rouge. j<sup>n</sup>. — CHAR.-INF. Coteaux et bois du littoral, de *Méchers* à la *Tremblade, Oleron;* entre *Soubise* et *Martrou* (Lesson!). — Cette plante n'est blanche dans aucune de ses parties.

## ELÉAGNÉES

Cal. infère, à 2-4 div. colorées en dedans. Etam. en nombre égal ou double, insérées à la gorge du cal. Anthères à 2 loges s'ouvrant par deux fentes longitudinales. Ovaire 1, libre à 1 ovule dressé. Style 1. Fruit en baie formée par le cal. accrescent, charnu.

**HIPPOPHAE** L. Fl. dioïques. *Mâl.* en chaton, cal. bipartit, étam. 4. *Fem.* cal. tubuleux, limbe bifide, baie 1.sperme.

**H. rhamnoides** L. Arbrisseau très rameux, épineux, à écorce grisâtre. Feuil. lancéolées-linéaires, vert-grisâtre en dessus, argentées en dessous et couvertes d'écailles rousses. Fl. verdâtres. Baie jaunâtre. av. — C.-NORD. *S.-Cast* où il couvre un grand espace dans les sables et sur les rochers (Pointe de la Garde) de la grève la plus isolée dans la baie (Baron), falaises d'*Etables* (Morin). — Cette plante est bien spontanée d'après les botanistes cités ; d'ailleurs, elle habite les sables maritimes du Calvados, de la Somme, du Pas-de-Calais, de la Belgique et de l'Angleterre.

## CYTINÉES

Fl. unisexuelles. Cal. supère à 4,5 div. imbriquées dans le bouton. Etam. 8-16 ou plus, adhérentes à une colonne centrale. Ovaire 1.loc., placenta pariétaux, ovules nombreux.

**CYTINUS** L. Fl. monoïques, les int. mâles par avortement, les ext. fem. Cal. tubuleux-en cloche, limbe 4.fide. *Mâl.* 2 bractées à la base du cal. ; anthères 8-10, sessiles autour du sommet d'une colonne centrale. *Fem.* ovaire infère, portant au milieu 2 bractées, 1.loc., 8 placenta pariétaux.

X. **C. Hypocistis** L. Plante jaune. Tige s'élargissant jusqu'au sommet qui parait seulement hors du sable, garnie en place de feuil. d'écailles jaune-rougeâtre, oblongues, frangées. Fl. 8-10, papilleuses-pubescentes, en tête terminale, chacune ayant à la base une bractée, et sur l'ovaire 2 autres bractées opposées. Div. du cal. en croix, frangées comme les bractées. Anthères 8,10 à 2 loges sessiles sous autant de stigm. sessiles en cercle. Ovaire infère, en forme de bouteille. mai-15 juin. — CHAR.-INF. Ord. plusieurs tiges réunies profondément sur les racines de *Cistus salvifolius, Oleron* (Sav.), *Méchers; S.-Palais* (de Lisle). R.

## ARISTOLOCHIÉES

Cal. supér. à limbe en languette oblique ou à 3 lobes. Etam. 6-12 libres et insérées sur le sommet de l'ovaire, ou adhérentes au style et au stigm. Ovaire à 3-6 loges. Style simple; stigm. rayonnant. Caps. ou baie; graines nombreuses, attachées à des placenta centraux.

**ARISTOLOCHIA** L. Cal. coloré, ventru à la base, élargi en cornet au sommet. Anthères 6 presque sessiles, adhérentes sous le stigm. à 6 div. Caps. à 6 loges.

**A. Clematitis** L. Fétide. Rac. rampante. Tige simple, cannelée. Feuil. profondément en cœur, obtuses, pétiolées. *Fl. jaunes*, 4-6, axillaires, sessiles. Caps. grosse, en forme de poire, pendante. Graine triangulaire, aplatie, lisse, subéreuse, jaunâtre. ♃. mai-sept. Lieux pierreux ou sablonneux, vignes. haies, surtout *Vallée de la Loire.* C. jusqu'à *la Vilaine.* — MOR. AC. côte entre *Sucinio* et *S.-Gildas !* (Taslé), « Kerpape en *Ploemeur.* R (Le Gall flore) ». — FIN. *Iles Glénans, île Tudy* (Bonnemaison), env. de *Loctudy* (Picq). *Port-Salut, Trélennec* (Crouan). R.

♃. **A. rotunda** L. Clus. hist. 2, p. 70, f. 1. *Rac. presque globuleuse.* Tige simple de 2-3 déc. anguleuse. Feuil. en cœur-arrondies, obtuses et échancrées au sommet, pétiole très court, beaucoup plus court que le pédonc. Fl. axillaires, solitaires, à limbe elliptique, échancré au sommet, d'abord droit, puis courbé ou tourné en dedans. Tube jaunâtre, égalant le limbe à 5 nervures et pourpre-noirâtre en dehors, olivâtre en dedans dans la moitié supér., jaunâtre et à 5 stries pourpre-noirâtre dans la partie inf. Fruit arrondi. Graine brunâtre, triangulaire, chagrinée par des lignes sur le côté convexe et sur les bords arrondis, subéreuse de l'autre. ♃. mai-j^n. Prés pierreux, bord des haies. — CHAR.-INF. *Angoulins* (Bastard). Arces près *Cozes* (Sav.), bord des prés de la Gironde à *Mortagne, Méchers; Atlas-Bocage* (Fd., Sav.). R.

♃. **A. longa** L. Clus. l. c. fig. 2. *Racine oblongue-en fuseau* à plusieurs tiges ord. simples, d'env. 2 déc., tétragones. Feuil. odorantes non fétides, en cœur, obtuses, échancrées, à pétiole entourant la tige par un petit rebord. Fl. axillaires, solitaires, tube vert-jaunâtre en dehors, plus long que le limbe oblong, jaunâtre en dehors, en dedans velu, marron-olive, couleur qui est plus foncée à la base d'où elle se prolonge en raies dans le tube. Fruit en poire. Graine marron, triangulaire en-cœur, ponctuée-chagrinée sur le côté convexe et sur les bords arrondis, subéreuse de l'autre. ♃. fin mai-j^n. Champs calc. — CHAR.-INF. AC. *Puycerteau, Beaurais! Bazauges, Chez-Merlet! Siecq!* (Sav.), env. *du Sœuil* (Pinatel). *Dœuil* (Duss.), AC. dans la Champagne entre *Colombiers, Pérignac, Archiac* et *Pons.* — DEUX-SÈV. *Paizay* (A. Guillon), *Asnières* (Gir.), *Chérigné* (Sauzé, M.).

## EUPHORBIACÉES

Fl. monoïques ou dioïques. Cal. infère, divisé ou 0. *Mâl.* étam. insérées au centre de la fl. ou sous le rudiment du pistil, libres ou monadelphes. *Fem.* ovaire libre, sessile ou stipité; stigm. divisés; caps.

à 2,3 loges 1,2 spermes, se détachant souv. avec élasticité de leur axe commun. *Plantes à suc ord. laiteux.*

**BUXUS** L. Fl. monoïques. *Mâl.* cal. à 3 div. ; pét. 2; étam. 4 et un rudiment d'ovaire. *Fem.* cal. à 4 div. ; pét. 3; caps. à 3 becs, à 3 loges 2.spermes.

**B. sempervirens** L. *Buis.* Arbrisseau à jeunes rameaux tétragones. Feuil. ovales-oblongues, opposées, pétiolées, persistantes, coriaces, luisantes. Fl. jaunâtres, en paquets axillaires. av. — CHAR.-INF. *Le Douhet;* la Brassière et le Chatellier en *Dampierre* (Pinatel). DEUX-SÈV. c. Bois Vinet près *Melle* (A. Guillon), *Pouffond, S.-Genard, Nanteuil, Ménigoute* (Gir.), bois de *Pressigny* (Janneau). — LOIRE-INF. c. coteaux pierreux de *Mauves,* de *Varades; Rougé.* PC. — MOR. *Monteneuf, Réminiac* (Le Gall), *S.-J.-la-Poterie* (Taslé). Bois du Talhouët en *Guidel* (Picq.). — FIN. *Daoulas, Hopital-Camfrout, Pont-de-Buis, Le Faou,* etc. (Crouan), *le Pérennou, Châteaulin* (Picq.), forêt de *Quimperlé.* — C.-NORD. La Boissière en *Allineuc,* la Boissière en *Plérin* (Trobert). Crec'h-Kas près *Trégarzec, Coat-an-Nos, Bourbriac* (Le Corre). — Et çà et là sous-spontané dans les haies autour des habitations.

**EUPHORBIA** L. Fl. monoïques renfermées dans un involucre commun à 5 div. séparées par un appendice glanduleux (*glandes*). *Mâl.* 10 ou plus, insérées à la base de l'involucre, consistant en 1 étam. à filet articulé garni à la base d'une écaille diversement fendue. *Fem.* solitaire, pédonculée au centre de l'invol.; cal. propre peu apparent; style trifide à stigm. bifides. Caps. à 3 loges 1. spermes. *Herbes* (ici) *à suc laiteux.*

*Glandes entières, non échancrées en croissant.*

**E. Peplis** L. Tiges rougeâtres, couchées. *Feuil.* ovales-oblongues, obtuses, prolongées à la base en une seule oreillette obtuse, opposées, pétiolées, stipulées. Fl. axillaires, solitaires. Caps. lisses, cachées sous les feuil. ①. jⁿ-jᵗ, Sables maritimes où il forme d'élégantes rosettes. C. jusqu'à *la Vilaine ;* AR. au-delà.

*Obs. E. polygonifolia* L., Bois. in DC. prod., plante du littoral de l'Amérique du Nord, a été trouvé par M. Letard dans les sables maritimes mouvants de l'anse du Tanchet (Vend.) mêlé au précéd. Il a été revu dans les localités suiv.: AC. sur les deux rives de l'embouchure de la Gironde, par ex. dans les dunes de *la Coubre* (Char.-Inf.) et entre la *Pointe de Grave* et *Soulac* (Contejean), à *Arcachon* en Gironde (Marc-Arnauld) et à *Capbreton* dans les Landes (Dubalen). L'étendue de ces localités prouve que la plante est bien fixée dans le pays. Voici ses caractères: Tiges blanc-jaunâtre, couchées. *Feuil. linéaires-oblongues,* obtuses, apiculées, en cœur très peu oblique à la base, en gouttière, un peu glauques, stipulées, pétiolées, opposées. Fl. solitaires dans l'aisselle des rameaux dichotomes renflés à la base. Caps. lisse. Graines ovales, comprimées, grisâtres. ①. aᵗ-oct.

**E. Helioscopia** L. Plante vert clair. Tige ord. simple. *Feuilles obovales-en coin, obtuses, dentelées en scie dans le haut.* Ombelles à 5 rayons 3.fides. Caps. lisses. Graines rougeâtres, ridées en réseau. ①. av.-oct. Terres cultivées. CC.

**E. platyphylla** L. Tige dressée, simple à la base. Feuil. lancéolées, à base en cœur, élargies et dentées dans le haut, aiguës. Ombelle à 3-5 rayons trifides puis dichotomes. Fol. des involucelles largement ovales-triangulaires, mucronées, garnies en dessous sur la nervure, ainsi que les feuilles, de qq. longs poils épars. *Caps. tuberculeuse. Graines gris-plombé*, luisantes. ①. j<sup>n</sup>-j<sup>t</sup>. Lieux pierreux. — CHAR.-INF. AC. — DEUX-SÈV. C. *Niort* (A. Guillon), *la Mothe* (Sauzé), *Bougon, Chey, Pouffond* (Gir.), *Limalonges.* — VEND. *Ile-d'Yeu*, entre *Triaize* et la *Dune; de Vix* à *l'Ile-d'Elle!* (Ayraud), *Chaillé-les-M.* (Pont.), *Commequiers* (Gobert). — LOIRE-INF. *Vallée de la Loire, les Cléons.* PC. — IL.-ET-V. *Rennes* (Lx.), *Dol, Châteauneuf* (Mabille).

**E. stricta** L. *E. serrulata* Thuil. *E. micrantha* Mut. Rac. à plusieurs tiges dressées. Feuil. lancéolées, aiguës, dentelées dans le haut, vert clair. Ombelle à 3-5 rayons trifides puis dichotomes. Fol. des involucelles largement ovales-triangulaires, mucronées. *Caps. à tubercules saillants, cylindriques. Graines brun-rougeâtre*, lisses, 3 fois plus petites que dans le précéd. ① ou ②. j<sup>n</sup>-j<sup>t</sup>. Haies, friches. — DEUX-SÈV. C. *S.-Loup!* (Guyon), *Airvault* (Bonnin), *Thouars, Bressuire* (Toussaints). — VEND. *Mareuil*, C. bord des 2 Lays vers *Chantonnay, Triaize, Pont de l'Angle* (Pont., M.), fossés de la route de *Vix* à *Marans!* (Lx.). — LOIRE-INF. AC. — IL.-ET-V. Env. de *Rennes* (J.-M. Sacher, Moreau), *Bourg-des-Comptes* (Rolland).

**E. dulcis** L. *Souche noueuse*, rampante. Tige simple, velue. Feuil. lancéolées-oblongues, rétrécies à la base, obtuses, velues. Ombelle à 5 rayons 1 f. bifides. Fol. de l'involucre lancéolées, celles de l'involucelle rhomboïdales, aussi longues que larges. *Glandes rougeâtres.* Caps. glabre, à gros tubercules inégaux. Graines lisses, jaune-rosé. ♃. mai-j<sup>n</sup>. Lieux boisés. — DEUX-SÈV. Bois *Pastureaux*, de *Refannes* (A. Guillon), *Bressuire* (J. Richard), *Prailles, Ménigoute, Vasles, les Forges* (Gir.), *Airvault* (Bonnin), *la Mothe* (Maillard), « *le Beugnon* (Frappier), *Béceleuf* (Duret), bul. s. bot. ». — VEND. AC. bord de la Sèvre à *Mortagne*, et partie des *Deux-Sèvres* voisine (Geu.), C. forêt de *Vouvant* (Lx.), bord du Lay près *la Réorthe, Pont de l'Angle, Rortheau* (Pont.). LOIRE-INF. PC. — MOR. *Baud* (Le Gall). — FIN. *Morlaix* (de Guernisac), *Laz, Huelgoat* (G. de Lisle), forêt du *Crannou* (Tanguy). — C.-NORD. Coëtfrec près *Lannion* (J.-M. Sacher), forêts du *Beffou*, de *Coat-an-Nos* (Le Corre). — IL.-ET-V. R. forêt de *Rennes* (Lx.), *Antrain* (de la Godelinais), *Bain* (Gad.), *Saint-Laurent* (Picq.).

✕. **E. angulata** Jacq. Voisin du précéd. *Rac. renflée çà et là en tubercules* et non à souche noueuse-continue. *Tige* grêle de 2-4 déc. *anguleuse* dans la moitié sup. Feuil. obovales ou oblongues, rétrécies à la base, finement dentées au sommet. Ombelle à 3 ou 5 rayons bifides. Fol. de l'involucre rhomboïdales-ovales, celles de l'involucelle plus larges que longues, triangulaires-en cœur. Glandes réniformes, entières, jaunes puis rougeâtres. Caps. à verrues obtuses. Graines lisses. ♃. mai-j<sup>n</sup>. — CHAR.-INF. C. pays de lande depuis *Mortagne* jusqu'à *Montlieu* et *la Barde.* — DEUX-SÈV. Bois de *Soudan* (Sauzé, M.), *Pamproux* (Gir.).

✕. **E. verrucosa** L. Souche dure, à plusieurs tiges étalées puis ascendantes. Feuil. ovales-oblongues, dentelées en scie, d'abord pubescentes. Ombelle en fleurs d'un beau jaune, à 5 rayons trifides. Fol. de l'involucre ovales, dentelées ainsi que celles de l'involucelle obovales. Glandes entières. Caps. couverte de *verrues cylindriques*. **Graines lisses.** ♃. j". Bord des champs, des prés, des chemins, taillis clairs dans le calc. — CHAR.-INF. AC. çà et là dans le N.-est de *Courçon* à *Loulay, Aulnay, Siecq, Cognac* et *Archiac; Montlieu, la Barde; Préguillac*, bois de *la Bourelie* (Tess.), *le Thou* (Fd.). — DEUX-SÈV. Forêts d'*Aulnay!* de *Chizé!* de *Réfannes* (A. Guillon), *Loubillé!* (Jousse), *la Mothe* (Sauzé, M.), *Prahecq* (Bonneau). *Puy-Notre-Dame* en Maine-et-L. (Revelière).

**Ж. E. hiberna** L. Souche épaisse, dure, à plusieurs tiges en touffe. *Feuil. lancéolées-oblongues, minces*, entières, à poils épars. Ombelle en fl. d'un beau jaune, à 5 rayons bifides. Fol. des involucelles ovales. Glandes entières. — *Caps. hérissée-tuberculeuse.* Graines lisses. ♃. av.-mai. Bois. — CHAR.-INF. R. la lande de *Mortagne.* R. — DEUX-SÈV. Bois *Pastureaux*, de *Réfannes* (A. Guillon), AC. arrond. de *Parthenay, Secondigny* (Janneau), forêt de *Chantemerle* (Pellier), env. de *S.-Maixent* c. forêt de l'*Hermitain* (Sauzé, M.), *Brétignolle* (Toussaints), *Puy.-S.-Bonnet, Chatillon* (Gen.).— VEND. AC. partie Est du Bocage.

**E. palustris** L. *Tige épaisse, robuste, de 8-12 déc.* cylindrique. rougeâtre, garnie de rameaux latéraux, ceux sous l'ombelle florifères, *Feuil.* lancéolées, *glabres*. Ombelle à 5 rayons ou plus. Fol. de l'involucelle elliptiques, obtuses, rétrécies à la base. Glandes entières, jaune fauve. Caps. tuberculeuse. Graines lisses, brun-plombé. ♃. mai-j". Marais, bord des rivières. — CHAR.-INF. AC. bord de *la Charente; la Boutonne*, c. du moulin de *Roussigné* à *Verrant; Vouhé*, c. la Ragotrie près *S.-Vivien* et env., île d'*Oleron* (Fd.), *Colombiers* (Cazaugade), etc. — DEUX.-SÈV. *Mauzé* et env.! (Lx.), *Sansais* (A. Guillon), *Brioux* (Arignon), *Séligné* (Guyon), et près *Genouillé.* — VEND. *Marans! Chaillé, Maillezais, Vix,* c. *Ile d'Elle* (Lx.), *Luçon!* (Gen.), RR. île d'*Yeu.* — LOIRE.-INF. RR. *Cambon!* (Guiho).

**E. pilosa** L. Plante de 4-5 déc. formant buisson. *Feuil.* lancéolées, obtuses, sessiles, *velues surtout en dessous.* Ombelle à 5-6 rayons 2 f. trifides. Fol. de l'involucelle obovales, obtuses. *Caps. lisse* ou couverte de points verruqueux, glabre ou à qq. longs poils épars. Graines lisses. ♃. mai-j". Bord des haies, des bois. — CHAR.-INF. AC. — *Cognac, Jarnac.* — DEUX.-SÈV. *Niort, Paizay* (A. Guillon), *la Mothe* (Sauzé, M.), de *Chef-Boutonne* à *Couture-d'Argenson* et forêt de *Ch.-Boutonne;* « *Brétignolle* (Toussaints) », RR. *S.-Hilaire-sur-Sèvre* (Gen.). — LOIRE.-INF. *La Berrière, Thouaré, la Collinière, le Loroux, S.-Sébastien, la Houssaye, le Chaffault, les Renardières, les Cléons,* etc. PC.

**Ж. E. serrata** L. Tiges de 3-5 déc. *Feuil. dentées en scie,* linéaires-oblongues, puis ovales-lancéolées, les supér. ainsi que les fol. de l'involucre largement ovales-en cœur, dentées en scie dans la moitié sup. Ombelle fleurie d'un beau jaune, à 4 rayons dichotomes. Fol. de l'involucelle largement ovales ou réniformes, acuminées, grossièrement ou irrégulièrement dentées. Glandes ovales-elliptiques, entières. Caps. lisse. Graines lisses. ♃. j"-j¹. Champs et bord des chemins. — CHAR.-INF. De *la Rochelle!* (Hubert) au *Rocher* (Lx.), *Lagord, Clavette* (Fd.), *Dompierre* (Tess.). R.

**E. gerardiana** Jacq. Rac. dure, perpendiculaire, à tiges nombreuses, sans rameaux stériles. *Feuil.* linéaires-lancéolées, mucronées,
*glauques*, celles des tiges stériles plus étroites. Ombelle à rayons nombreux, plusieurs f. dichotomes. Fol. de l'invol. triangulaires-réniformes,
mucronées. Caps. un peu rude sur les angles. Graines blanchâtres,
lisses. ♃. jⁿ-jˡ. Lieux sablonneux ou pierreux calcaires. — CHAR.-INF.
Entre *Méchers* et *Susac*, AC. bord du marais de Gerzan près *Corme-
Royal; Corme-Écluse* (Reau), env. de *Neuricq* (Pinatel). — DEUX-SÈV.
*Marne* (Bonnin), RR. *Veluché* (Cornuault), *S.-Jouin* (Pellier), RR. en
*Laire* et *Pas-de-Jeu* (Lunet), « *Thouars* (Boreau flore) », C. plaine de
*Montreuil-Bellay* en Maine-et-L. (Revelière). — VEND. R. le Molin près
*la Garnache.* — LOIRE-INF. C. *Machecoul.* Localité unique.

•• Glandes en forme de croissant ou à 2 cornes.

**E. Esula** L. Glabre, un peu glauque. *Rac. rampante.* Tige garnie
de rameaux stériles. *Feuil. lancéolées ou linéaires-lancéolées*, rétrécies
à la base, obtuses, apiculées, un peu dentelées au sommet. Ombelle à
rayons nombreux, 1 ou plusieurs fois dichotomes. Fol. de l'involucelle
rhomboïdales ou triangulaires-ovales, plus larges que longues, obtuses-
mucronées ou brièvement acuminées. Glandes en croissant à deux
petites cornes. Caps. un peu rude sur les angles arrondis. Graines
lisses. ♃. jⁿ-sept. Bord des haies, champs incultes pierreux, sables,
graviers. — CHAR.-INF. Forêt de *Benon; Chambon, S.-Christophe, la
Jarrie* et env., *Bourgneuf* (Fd.). — DEUX-SÈV. *Port-Jouet* et bois *du
Grand-Breuil* (Fd., Sav.). — VEND. R. entre *l'Aiguillon* et *les Sables;*
R. *Noirmoutier* (Gobert). RR. — LOIRE-INF. C. vallées de la *Loire* et
de ses affluents, où la forme à feuil. plus larges, s'élargissant dans le
haut est *E. salicifolia* Desv. non Host, *E. mosana* Boreau 1. c. — MOR.
*Coëtsurho, Gâvre* (Taslé). RR. — Une forme à feuil. lancéolées-linéaires,
longues, étroites, larges de 3-4 mil. croît à *S.-Savinien* en Char.-Inf.
(Tesseron), et à *Angoulême* en Charente (Duffort, 1870), d'où je l'ai
cultivée.

**E. Cyparissias** L. Rac. rampante. *Rameaux stériles nombreux.*
*Feuil. linéaires, étroites.* Ombelle à rayons nombreux, dichotomes.
Fol. de l'involucelle triangulaires-arrondies. Glandes à 2 petites cornes.
Caps. un peu rude sur les angles. Graines lisses. ♃. mai-jˡ. Champs
sablonneux, bord des chemins. — CHAR.-INF. *Ile de Ré; de Méchers* à
*Royan* (Tess.). — DEUX-SÈV. C. dans le nord. — VEND. Sables
marit.? — LOIRE-INF. *Vallée de la Loire*, sables maritimes. AC.

**E. Paralias** L. *Glauque.* Tige garnie de rameaux stériles. *Feuil.*
oblongues-linéaires, *coriaces*, serrées. Ombelle à 4-6 rayons bifides.
Fol. de l'involucelle réniformes. Glandes à 2 cornes qqf. dentées. Caps.
un peu rugueuse, marquée d'un sillon sur les angles. Graines lisses.
♃. jⁿ-sept. Sables maritimes. C. jusqu'à *la Vilaine*, AC. côte sud de *la
Bretagne*, PC. au-delà.

**E. portlandica** L. Tige ord. rougeâtre, à rameaux stériles assez nombreux. Feuil. lancéolées, élargies au sommet, obtuses, mucronées.
Ombelle à 5 rayons dichotomes, allongés. Fol. de l'involucelle très
larges, rhomboïdales, mucronées. Glandes à 2 longues pointes. Caps.

**20**

un peu rude sur les angles. *Graines obovales, tronquées, à rides blanchâtres, en réseau.* ② et ①. mais pas ♃. mai-j^t. Sables, talus des clôtures, vieux murs, de la rég. maritime. C. jusqu'à *la Vilaine*, AC. au delà. — Deux formes : — l'une, *E. segetalis* L ? fleurissant l'été ou l'automne de l'année où elle s'est semée, glauque, tige rougeâtre à la base, *dressée*, à rameaux stériles peu nombreux, feuil. linéaires-lancéolées, acuminées ; ombelles à 3.5 rayons dichotomes, garnis en dessous de plusieurs pédoncules florifères axillaires. — L'autre forme est donnée, soit par les pieds de la précédente qui ont survécu à l'hiver, soit par ceux qui n'ont pas fleuri la 1^re année. Sa tige, au lieu d'être dressée, est garnie de rameaux plus ou moins nombreux, *diffus*, à dichotomies plus fréquentes, offrant, comme la forme annuelle, des pédonc. florifères sous l'ombelle.

**E. Peplus** L. Rameux, diffus. Feuil. obovales, obtuses, pétiolées. Ombelle à 3 rayons dichotomes. Fol. de l'involucelle ovales. Glandes à 2 cornes. *Caps. à 2 carènes sur les angles.* Graines hexagones, marquées sur 2 côtés contigus d'un sillon longitudinal, et sur les quatre autres d'une rangée de petites fossettes. ①. j^n-sept. Lieux cultivés. CC.

♃. **E. falcata** L. Tige simple ou très rameuse. Feuil. toutes mucronées, lancéolées, acuminées, ainsi que les fol. de l'involucre, les inf. spatulées, obtuses ou échancrées. Ombelle à 3 ou 5 rayons dichotomes. Fol. de l'involucelle ovales, obliques, acuminées. Glandes en croissant à cornes courtes. Caps. lisse. *Graines ovales, comprimées, blanchâtres, marquées de chaque côté en travers de deux rangs de fossettes linéaires.* ①. j^n-j^t. Champs pierreux calc. — CHAR.-INF., DEUX-SÈV. AC. — VEND. *Benet* et *Oulmes* (Lx.). RR.

**E. exigua** L. Tige grêle. Feuil. linéaires, aiguës, obtuses ou tronquées *(E. retusa)*. Ombelle à 3 rayons dichotomes. Fol. de l'involucelle lancéolées, à base en cœur. Glandes à 2 pointes. Caps. lisse. *Graines presque tétragones, tuberculeuses-rugueuses.* ①. j^n-sept. Champs cult., coteaux arides. C. — N'a souv. que 3-5 cent. dans les lieux très secs.

**E. Lathyris** L. *Épurge.* Glauque, robuste. *Feuil. opposées,* les inf. linéaires, disposées sur 4 rangs, les sup. lancéolées, en cœur à la base. Ombelle à 4 rayons dichotomes. Fol. de l'involucelle ovales-lancéolées, aiguës, à 2 cornes élargies au sommet. Caps. lisse. Graines rugueuses. ②. mai-j^n. Coteaux et lieux pierreux. — CHAR.-INF. *Saintes* (A. Guillon), *Fenioux* (Lemarié), *Cadeuil* (Tess.). — DEUX.-SÈV. AR. S.-*Loup* (Guyon), *Thouars* (Toussaints), *Rom* (Grelet), « *Xaintray* (Duret). » — VEND. Env. de *Luçon*, AR. *la Roche* (Pont., M.), *Roc-S.-Luc* (Lx.). — LOIRE-INF. Coteaux de *Maures*, du *Cellier* aux *Folies-Siffait*, de *Varades, la Haute-Indre ; le Pallet !* (Le Boterf), *la Gilarderie* (Bornigal), *Nort, Treillières* (Guiho), etc. PC. — MOR. naturalisé. AR.(Arroudeau cat). — FIN. Env. de *Brest* (Bonnemaison). — C.-NORD. PC. coteaux de la Rance à *Grilmont, Landboulou,* etc. (Mabille). — IL.-ET-V. Coteaux près la Molière en *S.-Senoux* (Gallée). — Et çà et là sous-spontané non loin des habitations.

**E. amygdaloides** L. *E. silvatica.* Jacq. Tige pubescente, ord. rougeâtre. Feuil. inf. lancéolées, passant l'hiver, les sup. obovales-oblongues, pubescentes. Ombelle à plusieurs rayons bifides. *Fol.* de l'involucre ovales, celles *de l'involucelle connées*. Glandes à 2 cornes. Caps. finement ponctuée. Graines lisses. ♃. av.-mai. Bord des chemins, des haies, des bois. CC. — Varie t. rar. à fol. de l'involucelle libres, non connées (*E. ligulata* Chaubard?), *île de Ré* (Lemarié).

**MERCURIALIS** L. Fl. dioïques. Cal. à 3 div. *Mâl.* étam. 9-12. *Fem.* style court à 2 stigm. allongés; caps. didyme, à 2 loges 1.spermes. *Feuil. opposées.*

**M. perennis** L. Velu. Rac. rampante. *Tige simple.* Feuil. ovales-lancéolées, aiguës, dentées, pétiolées. Fl. verdâtres, axillaires, les mâles en épis grêles, les fem. solitaires, longuement pédonculées. Caps. hispide. ♃. av.-mai. Bois. — CHAR.-INF. çà et là. PC. — DEUX-SÈV., VEND. AC. — LOIRE-INF. C. par localités. — MOR. « *Pont-Scorff, Baud* (Le Gall flore) », c. *Lauvaux* (Taslé), forêt de *Brambien* (Arrondeau). — FIN. *Quimperlé* (J.-M. Sacher), le Pérennou près *Quimper* (Bonnemaison), env. de *Fouesnant, Poullan* (Picq.), entre *Loperhet* et *Daoulas* (Crouan), *le Moine!* et *le Folgoat!* (Blanchard), *Morlaix* (Moreau), « *S.-Martin-des-Champs, Plourin, S.-Thégonnec* » (Miciol cat.). C.-NORD. Forêts de *Coëtquen*, d'*Yvignac*, de la *Hunaudaie*, c. vallée de *la Rance, Bobital*, etc. (Mabille), *Lannion* (Elphège), *Guingamp* (Avice). — IL.-ET.-V. Çà et là.

**M. annua** L. *Ramberge.* Glabre. Racine fibreuse. *Tige rameuse*, renflée aux nœuds. Feuil. ovales, dentées, pétiolées. Fl. verdâtres, axillaires, les mâles en épis grêles, les fem. solitaires, courtement pédonculées. Caps. hispide. ①. mai-oct. Lieux cultivés. CC.

# CALLITRICHINÉES

Fl. ord. unisexuelles, sans cal., munies à la base de deux bractées opposées, transparentes, pétaloïdes. Etam. 1, filet long, anthère réniforme à 1 loge s'ouvrant par une fente demi-circulaire. Styles 2, en alène. Fruit à 4 angles, se séparant à la fin en 4 carp. 1.spermes, indéhiscents. — *Herbes aquatiques, vivaces, habitant les fossés, les fontaines, les ruisseaux; feuil. opposées, les sup. ord. flottantes en rosette; fl. petites paraissant depuis le printemps jusqu'à l'automne.*

**CALLITRICHE** L. Caract. de la famille.

**C. obtusangula** Le Gall. Feuil. toutes obovales-spatulées, ou les inf. linéaires, les sup. flottantes, obovales. Bractées lancéolées, en faux, rapprochées par le sommet, persistantes. Styles très longs, divariqués, persistants. *Angles du fruit* rapprochés par paire, *très obtus*, qqf. si arrondis qu'il y a à peine une séparation entre les deux. Surtout région maritime. PC. — cc. ruisseau de *Carquefou* (Loire-Inf.)

**C. stagnalis** Scop. Kütz. *Feuil. toutes obovales-spatulées.* Bractées en faux, rapprochées par leur sommet. *Styles* persistants, *recourbés.* Angles du fruit à carène ailée. CC.

β. *C. platycarpa* Kütz. Feuil. inf. des rameaux linéaires. PC.

**C. vernalis** Kütz. *Feuil. infér. des rameaux linéaires*, les supér. obovales. Bractées lancéolées, un peu arquées. *Styles dressés, caducs.* Fruits sessiles ou pédonculés *(C. pedunculata* DC.), surtout les inf. ; angles du fruit à carène aiguë. C.

**C. hamulata** Kütz. Feuil. inf. (ou toutes) des rameaux linéaires, échancrées ou à 2 pointes qqf. courbées en pince, rétrécies à la base, les sup. obovales. Bractées « courbées en crosse » souv. O. Styles caducs à partie inf. *recourbée dans la rainure du fruit.* Angles du fruit à carène ailée. C.

**C. truncata** Guss. *C. autumnalis* édit. 1, an L.? Feuil. toutes submergées, linéaires, plus larges et presque connées à la base, graduellement rétrécies jusqu'au sommet à 2 pointes, les sup. ne formant pas la rosette. Bractées 0. Styles très longs, recourbés, très caducs. Fruits sessiles, les inf. un peu pédonculés, à *angles* obtus, divergents, *formant la croix.* PC.

# CÉRATOPHYLLÉES

Fl. monoïques. *Mâl.* 12 div. linéaires ; anthères 12-20 sessiles, tricuspidées. *Fem.* pér. 0 ; ovaire 1 libre ; style 1 en alène. Fruit dur, 1.sperme, indéhiscent, terminé par le style persistant. Cotylédons 4 verticillés. *Plantes submergées, à fl. axillaires, sessiles.*

**CERATOPHYLLUM** L. Voir la famille.

**C. submersum** L. se distingue du suivant par les feuil. vert clair, en verticilles moins serrés, 3-4 f. dichotomes, à div. capillaires, peu dentées. Fruit elliptique, tuberculeux surtout au bord ou lisse, non ailé, à *1 épine terminale,* courbée, *beaucoup plus courte que lui.* Mêmes lieux. — CHAR.-INF. *S.-Séverin* sur la Boutonne (Lemarié), la Touche près *Martron* (Parat), *Rochefort* (Fd.). — VEND. Fossés vaseux du marais de *Luçon, Ile d'Elle* et *Gué-de-Velluire* (Pont., M.), les Sorbets à *Noirmoutier* (V.-Grand-Marais). — LOIRE.-INF. *Bouguenais ; S.-Fiacre!* (Migault), c! *Bourgneuf* (Lajunchère). RR. — MOR. *Vannes* (Taslé). — C.-NORD. Étang de la Bellière en *Pleudihen* (Morin). — IL.-ET.-V. *S.-Malo* (Rolland).

**C. demersum** L. Feuil. vert obscur, en verticilles rapprochés, 1-2 fois dichotomes, à div. filiformes, raides, dentées. Fruit ovale, comprimé, un peu tuberculeux, non ailé, à 3 épines, *l'une terminale égalant ou dépassant le fruit,* les 2 autres placées à sa base, recourbées. ♃. j^l-a^l. Marais, eaux stagnantes. CC.

β. *notacanthum.* Fruit à 5 épines *(pentacanthum* Heynald), dont 2 dorsales qui se réduisent souvent à des cornes, bosses ou tubercules ; bord du fruit irrégulièrement denté ou ailé, à épines dilatées à la base et quelquefois *(platyacanthum* Chamisso) prolongées en aile irrégulière.

Cette diagnose résume la note publiée dans les comptes rendus de la Société botanique Rochelaise, 1887, p. 28-32, dans laquelle M. Foucaud donne des détails intéressants sur les formes nombreuses, curieuses, des fruits du *C. demersum,* qu'il a vues dans la *Char.-Inf.*

On sait que le fruit du *C. demersum,* tel qu'il est décrit et figuré dans les auteurs, est muni de 3 épines, l'une terminale, les deux autres placées à la base et recourbées. Avec ce type, M. Foucaud a trouvé une série d'autres formes : tantôt le fruit est chargé sur *le dos* de deux longues épines, et alors ces fruits sont conformes à la figure du *C. pentacanthum* Haynald, espèce publiée en 1881, dans : Magyar növénytani Lapok, tantôt ses épines dorsales se réduisent à des cornes, bosses ou tubercules. D'autres fois, le fruit est irrégulièrement denté ou ailé, enfin, quelquefois le bord du fruit est prolongé en aile irrégulière, de manière que plusieurs ressemblent à la figure du C. *platyacanthum* Chamisso, in Linnæa, t. 5. f. 6 a. Cette figure me paraît trop irrégulière pour représenter un fruit normal, et M. Foucaud m'en a montré plusieurs de la *Char.-Inf.* aussi irréguliers, aussi bizarres et reliant au type ce *C. platyacanthum.*

M. Foucaud trouve cette variété *notacanthum* commune aux environs de *Rochefort,* aux environs de *Tonnay-Charente,* à *Breuil-Magné.*

Les *Ceratophyllum* fructifient peu en proportion de leur abondance considérable, et il en est de même de cette variété, qui, pour être en état, a besoin, selon M. Foucaud, « d'une eau claire non courante, et de plus il faut qu'elle forme des touffes denses et que les sommités de ses rameaux émergent un peu. » En observant ces conditions, il est probable que l'on retrouvera ailleurs dans notre région cette variété *notacanthum,* appelée ainsi à cause de ses épines dorsales.

# URTICÉES

Fl. monoïques, dioïques ou polygames. Cal. infère à 4, rar. 3-6 lobes. Etam. définies, oppositives, insérées à la base du cal. Ovaire 1 libre, à 1,2 loges 1.spermes. Styles 2 ou 1. Fruit indéhiscent.

A. *Herbes à fruit non charnu.* (Urticées.)

**URTICA** L. *Ortie.* Fl. monoïques ou dioïques. *Mâl.* cal. à 4 div.; étam. repliées avant la fécondation, puis s'allongeant avec élasticité. *Fem.* cal. à 2 div.; stigm. sessile, plumeux. Fruit 1.sperme, recouvert par le cal. *Herbes hérissées de poils sécrétant une liqueur caustique; fl. herbacées, en grappes axillaires.*

**U. pilulifera** L. Feuil. ovales, acuminées, profond¹. dentées, opposées, pétiolées. *Fl.* monoïques, les *fem. en boules pédonculées.* ①. jⁿ-sept. Pied des murs. — DEUX-SÈV. Rues de *Thouars* et de *S.-Jacques; Marnes, Airvault!* (Bonnin). — LOIRE-INF. AC. du *Pouliguen* à *Batz* et au *Croisic.* R. — FIN. Le *Conquet, Ile Molène, Lampaul-Ploud* (Crouan).

**U. urens** L. Feuil. ovales, profond¹ dentées, opposées. *Fl.* monoïques, les *fem. en grappes* géminées, *plus courtes que le pétiole.* ①. jⁿ-sept. Champs, chemins, pied des murs. C.

**U. dioica** L. Feuil. ovales-en cœur, acuminées, dentées, opposées, *Fl.* dioïques, *en grappes plus longues que le pétiole.* ♃. jⁿ-sept. Pied des murs, chemins, talus. CC.

**U. membranacea** Poir. enc. 4, 638. Feuil. ovales, profond¹ dentées, espacées, opposées, à pétiole égalant le limbe ou 1/4 plus court. Fl. monoïques. Épis mâles pédoncules, longs, filiformes, géminés à l'aisselle des feuil. sup. qu'ils dépassent; *fl. unilatérales sur un axe dilaté-membraneux*, large de plus de 2 mil. Épis fem. inférieurs, oblongs, pédonculés. Fruit ovale, comprimé, lisse. ①. j<sup>n</sup>-a¹. Pied des murs. — FIN. AC! *Le Guilvinec* (Bonnemaison), et villages voisins entre *Penmarc'h* et *Treffiagat; Pont-l'Abbé* (Guiho).

**PARIETARIA** L. Fl. polygames. Cal. en cloche, à 4 div., celui des fl. herm. s'allongeant après la fleuraison. Étam. 4 repliées, puis se redressant avec élasticité. Style filiforme; stigm. plumeux. *Fem.* cal. ne s'allongeant pas, recouvrant le fruit. *Fl. axillaires, entourées d'un involucre commun.*

**P. officinalis** Smith, *P. diffusa* Koch, *Pariétaire, Aumure.* Tige rameuse, diffuse. Feuil. lancéolées, rétrécies aux 2 bouts, à 3 nervures, les latérales naissant au-dessus de la base. Fl. en paquets axillaires. ♃. j¹-sept. Vieux murs, décombres. CC. — Sur les murs humides et dans les puits, les rameaux sont redressés et les feuil. sont grandes, plus allongées.

**HUMULUS** L. Fl. dioïques. *Mâl.* en grappes; cal. à 5 div. *Fem.* en chatons ou cônes; cal. formé par une écaille accrescente; styles 2. Fruit 1.sperme, à l'aisselle des écailles.

**H. Lupulus** L. *Houblon.* Tige élevée, grimpante. Feuil. rudes, opposées, pétiolées, en cœur à la base, dentées, simples ou à 3 ou 5 lobes. Fl. jaunâtres. ♃. j¹-a¹. Haies. AC. — PC. au-delà de *Loire-Inf.*

B. *Arbres à fruits agrégés, charnus.* (Artocarpées.)

*Obs. Ficus Carica* L. *Figuier,* cult. partout, est un arbre ou arbrisseau à suc laiteux; feuil. en cœur, palmées à 3 ou 5 lobes obtus, rudes en dessus, pubescentes en dessous; fl. monoïques, nombreuses, pédicellées, renfermées dans un récept. charnu, en poire, creux, ombiliqué et presque fermé au sommet, les sup. mâles; *mâl.* cal. à 3 div., étam. 3-5; *fem.* ovaire 1.loc., style latéral, stigm. 2; fruits petits, nombreux, entourés de la pulpe du récept., celui-ci (*figue*) en poire glabre. j¹-a¹. Rochers. — CHAR.-INF. Bord du *Lary,* de la *Gironde,* de la *Charente* et sables maritimes; *Grandjean* (Doin). — DEUX-SÈV. *La Mothe, S.-Maixent, Niort* (Sauzé). — VEND. Sables marit. — FIN. Baie d'*Audierne* (Crouan), côte de *Roscanvel* (Blanchard), *Treffiagat* (Picq.).

C. *Arbres à fruit sec.* (Ulmacées.)

**ULMUS** L. Fl. herm. Cal. en cloche, à 4.5 div. Etam. 4.8. Styles 2. Fruit 1.sperme, comprimé, bordé d'une aile membraneuse.

**U. campestris** L. *Ormeau, Orme.* Arbre élevé, à rameaux ascendants, lisses ou (*U. suberosa*) crevassés-boursouflés. Feuil. ovales, doublement dentées, inégales à la base. *Fl.* rougeâtres, agglomérées, *presque sessiles,* paraissant avant les feuil. Fruit glabre, à *graine située au sommet* sous l'échancrure. mars. Haies, bois. CC. — R. forêts au-delà de *Loire-Inf.*

β. *U. glabra* Sm. Petits rameaux très nombreux, feuil. petites, presque glabres, lisses, luisantes, vert foncé. Haies. Çà et là.

* **U. montana** Smith. Plus c. dans les plantations, les avenues, que le précéd., en diffère surtout par les rameaux lâches, un peu étalés, par les feuil. plus rudes, plus grandes, ainsi que le fruit arrondi, dont la *graine* est *située vers le milieu*, bien au-dessous de l'échancrure. — Une var. *U. major* Sm. à feuil. encore plus grandes, à fruit ovale, rétréci à la base, est cult. mêmes lieux.

**U. effusa** Willd. Arbre élevé. Feuil. ovales, acuminées, doublement dentées en scie, inégales à la base, pubescentes en dessous. *Fl. longuement pédonculées*, pendantes. Fruit cilié. mars-av. — LOIRE-INF. Forêt d'*Ancenis, les Cléons, Nantes!* route de Paris (de Lisle), parc de l'*Ebeaupin,* çà et là *Vallée de la Loire.* — Il est encore cult. ailleurs dans les parcs, les allées, ainsi que plusieurs autres variétés des précéd.

# AMENTACÉES

Fl. unisexuelles, rar. herm., en chatons garnis d'écailles, rar. solitaires ou géminées. Cal. écailleux ou 0. *Mâl.* étam. définies ou indéfinies, insérées sur l'écaille ou sur le cal., libres, rar. soudées. *Fem.* ovaire simple, libre ; style simple ou à plusieurs stigm. Fruit indéhiscent ou à 2 valves. *Arbres ou arbrisseaux à feuil. simples, alternes.*

A. *CUPULIFÈRES. Chatons monoïques ; fl. fem. solitaires, réunies, ou en chatons ; fruit 1.sperme, recouvert ou entouré d'un involucre.*

**FAGUS** L. *Mâl.* chatons presque globuleux ; cal. en cloche, à 5,6 div. ; étam. 10-15. *Fem.* 2 dans un involucre épineux à 4 lobes ; cal. adhérent à 4 div. ; stigm. 3. Fruit trigone, mollement épineux, 1.loc. par avortement, à 1,2 graines *(faines).*

**F. silvatica** L. *Hêtre, fouteau.* Arbre élevé, à écorce lisse, blanchâtre. Feuil. ovales, un peu sinuées-dentées, ciliées, lisses, pétiolées. Fl. verdâtres, les mâles en chatons nombreux, pendants. Av.-mai. Forêts, haies. — CHAR.-INF. R. forêt de *Benon ;* forêt d'*Aulnay ; Puycerteau* (Sav.), R. forêt de *Corme-Royal ;* bois de *Pons* (Fd.). PC. — DEUX-SÈV. Forêts de *Chizé* (A. Guillon), de *Chef-Boutonne ;* RR. *la Mothe* (Sauzé), RR. *S.-Loup, S.-Germain-L.-Ch., Amailloux* (Guyon). — VEND. PC. Bocage (Pont.). — LOIRE-INF. C. haies, forêts du nord, R. autour de *Nantes.* — C. reste de *la Bretagne,* où il domine dans toutes les forêts.

**CASTANEA** L. *Mâl.* en faisceaux garnis de bractées, formant des chatons longs, grêles, cylindriques ; cal. à 6 lobes ; étam. 8-20. *Fem.* 3 dans un invol. hérissé d'épines ; cal. à 5,6 lobes ; ovaire à 6-8 loges à 2 ovules ; stigm. 6-8. Fruit 1.loc.

**C. vulgaris** Lam. *Fagus Castanea* L. *Châtaignier.* Arbre à rameaux étalés. Feuil. oblongues-lancéolées, luisantes, coriaces, à dents mucronées. Fl. jaunâtres. fin jn-jt. Bois. PC. — CC. cult.; R. dans le calc. — Varie qqf. à fl. fem. en chatons linéaires.

**QUERCUS** L. *Chêne. Mâl.* Chatons filiformes, à fl. écartées, sessiles ; cal. à 5-10 div.; étam. 5-10. *Fem.* situées à l'aisselle d'une écaille caduque ; invol. formé de fol. très petites qui se transforment en une cupule coriace ; cal. adhérent, à 6 lobes ; ovaire à 3 loges 2.spermes, stigm. 3. Fruit mûr *(gland)* 1.loc. 1.sperme (très **rar**[t] 3.sperme). *Fl. jaunâtres.*

**Q. pedunculata** Ehrh. *Q. Robur.* α. L. flora suecica. Arbre élevé. Feuil. (très variables ainsi que dans les suiv.) obovales-oblongues, sinuées, presque sessiles, à lobes inégaux, arrondis, mutiques. *Fruits longuement pédonculés.* av.-mai. Haies, forêts. CC.

**Q. sessiliflora** Smith. *Q. Robur* β. L. Arbre élevé. Feuil. obovales, d'un vert plus foncé en dessus, sinuées, à lobes plus réguliers que dans le précéd., arrondis, mutiques, pétiolées, glabres. *Fruits presque sessiles.* av.-mai. Haies, forêts. AC. jusqu'à *la Loire ;* c. au-delà.

**Q. pubescens** Willd. Arbre moins élevé. Feuil. obovales, sinuées, à lobes arrondis, mutiques, pétiolées. Feuil. pubescentes en dessous, tomenteuses étant jeunes. Fruits sessiles ou pédonculés. Haies, bois, ord. dans le calc. — CHAR.-INF. AC. — DEUX-SÈV. AC. le calc. *Amailloux.* — VEND. Env. de *Talmont, Vairé,* c. bois des env. de *Luçon !* (Pont., M.), *Noirmoutier.* — LOIRE-INF. *Les Renardières !* (Desvaux), *le Pallet, Clisson ; Orvault* (herb. Hectot). RR.

**Q. Toza** Bosc. DC. *Chêne doux, Chêne roux, Ch. blanc, Ch. noir. Rac. traçante.* Jeunes pousses blanchâtre-rosé. Feuil. pétiolées, ovales-oblongues, sinuées-lobées ou pennifides, à lobes arrondis, qqf. dentés, rar. mucronés-calleux, couvertes surtout en dessous de poils roussâtres, étoilés. Fruits sessiles ou pédonculés. Plus tardif que les précéd., n'est feuillé qu'en juin. — CHAR.-INF. Terrains tertiaires. cc. pays de landes, depuis *Mortagne,* entre *S.-Genis* et *Mirambeau,* jusqu'à *Montlieu* et *la Barde ;* forêt de *Corme-Royal, Nancras* et *Cadeuil, Breuillet, la Tremblade, Pont-l'Abbé, Beurlay, S.-Savinien, Saintes* jusqu'à *Burie ; Loulay,* etc. — DEUX-SÈV. *Thouars* (Lunet), *Parc d'Oiron* (Sauzé fl.), *S.-Loup* et env., *Amailloux* (Guyon). — VEND. c. par localités entre *la Roche, S.-Julien-des-Landes, les Sables, Talmont* et *la Boissière-des-Landes* (Pont., M.). — LOIRE-INF. c. haies, landes, bois au nord et à l'ouest de *Nantes ; S.-Aignan, Princey ;* de *Vue* à *S.-Père-en-Retz.* Cette espèce forme rar. un arbre élevé ; dans les landes arides entre *S.-Sulpice-des-Landes, Derval, Nozay, Sucé* et *Guenrouet,* il croit en petits buissons hauts de 3-12 déc.; en cet état, c'est le *Quercus pedem vix superans* Bon. 101. — MOR. Entre *Theix* et *la Trinité,* env. d'*Elven* (Taslé). RR. — C.-NORD. RR. *Trélivan* (Morin). — IL.-ET-V. *Rennes* (Lx.).

**Q. Cerris** L. *Q. Ægilops* Bon. 102 ! Arbre élevé. Feuil. oblongues ou obovales, sinuées ou pennifides, à lobes aigus, mucronés-calleux, plus ou moins tomenteuses en dessous. *Cupule* grosse, *hérissée d'écailles longues, linéaires, recourbées, tortillées.* av.-mai. Haies, taillis. — DEUX-SÈV. *S.-Martin-de-Sanzay* (Pellier). — VEND. *Bois-de-Céné* (Gobert, V.-Grand-Marais). — LOIRE-INF. Pont-du-Cens, Petit-Port, le Plessis-Tison près *Nantes, Orvault ; S.-Herblain* (herb. Hectot), et qq. pieds çà et là. RR. — Env. de *Montreuil-Bellay* en

Maine-et-Loire (Revelière). — On le voit ailleurs dans qq. parcs et plantations.

**Q. Ilex** L. *Chêne vert*. Arbre peu élevé, à *écorce non crevassée*. *Feuil.* ovales ou ovales-lancéolées, mucronées, dentées-épineuses, coriaces, *persistantes*, tomenteuses-blanchâtres en dessous. jⁿ. Bois et coteaux du bord de la mer. — CHAR.-INF. *Pont-l'Abbé, Beurlay*, coteaux de *la Charente, Taillant, le Douhet*, jusqu'à *Burie ;* bois du littoral depuis *Méchers* jusqu'à *Noirmoutier* (Vend.), où sont les derniers bois ; çà et là qq. pieds à l'intérieur. — LOIRE-INF. Qq. individus au *Collet*, à *Prinquiau*, à *Clis, Guérande, Mesquer*. — Plus R. encore sur le littoral du reste de *la Bretagne*, où il est plutôt introduit par la culture que naturel. — En voyant qq. buissons à très petites feuil. que l'on serait tenté de rapporter à *Q. coccifera* L., se rappeler que celui-ci a les feuil. glabres sur les deux faces.

**CORYLUS** L. *Mâl.* en chatons cylindriques, pendants, écailles à 3 lobes ciliés, celui du milieu recouvrant les latéraux ; étam. 8, insérées sur l'écaille. *Fém.* plusieurs renfermées dans un bourgeon écailleux ; style 2. Fruit 1.sperme, entouré par un invol. foliacé, à 2 lobes incisés.

**C. Avellana** L. *Noisetier*. Arbrisseau. Feuil. ovales-en cœur, acuminées, doublement dentées. Stip. oblongues, obtuses. Fl. paraissant avant les feuil. Styles rouges. jr-fév. Haies, bois. C.

**CARPINUS** L. L. *Mâl.* en chatons cylindriques ; étam. 6-12 insérées sur les écailles ovales. *Fém.* chatons lâches : écailles ternées à 3 fl., l'extér. caduque, les 2 int. persistantes, à la fin à 3 lobes ; stigm. 2. Fruit ovale, 1.loc., 1.sperme par avortement, couronné par le cal. à 6 dents.

**C. Betulus** L. *Charme, Charmille*. Arbre assez élevé. Feuil. ovales-allongées, acuminées, doublement dentées en scie, poilues à l'aisselle des nervures nombreuses. Ecailles des fruits à 3 lobes, l'intermédiaire beaucoup plus long. av.-mai. Haies, bois. — CHAR.-INF. Forêt d'*Aulnay*. PC. — DEUX-SÈV. *La Mothe* (Sauzé), *Parthenay* (Janneau). — VEND. R. forêt de *Vouvant* (LX.), C. forêt du *Parc*, à *Vendrenne, Mouchamp* et tous les env. (Pont., M.). — *Loire-Inf.* AC. dans le nord. PC. — PC. au-delà.

B. *SALICINÉES. Chatons dioïques ; caps. 1.loc. bivalve ; graines nombreuses, chevelues.*

**SALIX** L. *Saule*. Chatons à écailles imbriquées, uniflores, garnies à la base de 1 ou 2 glandes, l'une intér., l'autre extér. entourant l'ovaire ou les étam. *Mâl.* ord. à 2 étam. *Fém.* style à 2 stigm.
Les Saules sont d'une étude difficile. Ils varient beaucoup dans la proportion de leurs feuil.; consultez T. 27-31, Atlas. fl. Paris, Cosson et G. où toutes nos espèces sont figurées.

* *Capsules glabres.*

**S. alba** L. Arbre élevé. *Feuil.* lancéolées, acuminées, dentelées en scie, *soyeuses-blanchâtres surtout en dessous*. Stip. lancéolées. Chatons à pédonc. feuillé. Etam. 2. *Caps.* ovale-conique, presque sessile, *à pédic. égalant la glande.* Ecailles ciliées, caduques. *Style court ;* stigm. échancrés ou bifides. av.-mai. Bord des eaux. CC. jusqu'à *la Vilaine,* c. au-delà.

β. *cærulea.* Feuil. presque glabres, glauques en dessous.

γ. *vitellina. Osier jaune.* Jeunes rameaux jaunes. Cult. dans les vignes, les jardins.

**S. fragilis** L. Feuil. vertes, de couleur uniforme, du reste caract. du suiv. qui en est considéré ord. comme une variété. Bord des eaux, haies fraiches. — *Bretagne.* Çà et là, R.

**S. russelliana** Smith. Arbre élevé ; rameaux luisants, très fragiles à leur articulation. *Feuil.* lancéolées, longuement acuminées, *glabres,* bordées d'assez fortes dents glanduleuses et courbées, toujours glauques en dessous, les plus jeunes un peu soyeuses en dessous. Stip. en demi-cœur. Chatons à pédonc. feuillé. Etam. 2. *Caps.* conique-lancéolée, *à pédic. 2-3 f. plus long que la glande.* Ecailles poilues. caduques. Style médiocre ; stigm. bifides. av.-mai. Çà et là. PC.

**S. triandra** L. Arbrisseau à rameaux brun-noirâtre. Feuil. ovales-lancéolées ou oblongues, à dents glanduleuses et courbées, très glabres. Stip. en demi-cœur, dentées, grandes. Chatons à pédonc. feuillé. *Etam. 3. Ecailles glabres au sommet,* persistantes. Caps. ovale-conique, à pédic. 2-3 f. plus long que la glande. Style court; stigm. échancrés, divergents. av.-mai. Bord des eaux. PC. — CHAR.-INF. R. bord de la Charente près *Bords, Agonnay* et *Taillebourg,* nul ou RR. ailleurs (Fd.). — LOIRE-INF. C. — R. reste de *la Bretagne.*

β. *S. amygdalina* L. Feuil. glauques en dessous. N'a pas été trouvé.

**S. undulata** Ehrh. Arbrisseau à rameaux brun-jaunâtre. Feuil. lancéolées, acuminées, dentelées en scie, qqf. un peu ondulées au bord, les plus jeunes soyeuses. Stip. en demi-cœur. Chatons à pédonc. feuillé. Etam. 2. *Ecailles* d'abord rosées au sommet, *très poilues partout, persistantes.* Caps. ovale-conique, glabre ou un peu pubescente, à pédic. 1 f. plus long que la glande. Style long, égalant les stigm. bifides. av.-mai. — VEND. C. bord du *Lay* (Pont.), *Porte-de-l'Ile, le Poiré,* bord de *la Vendée* (Ayraud), *Challans* (Gobert). — LOIRE-INF. c. *Vallée de la Loire.* — MOR. *Ploërmel!* (J.-M. Sacher). — FIN. *Brest.* — C.-NORD. Env. de *Collinée,* route de *Caulnes* (Mabille). — Prob. çà et là. mais R. en *Bretagne.*

**S. hippophaefolia** Thuil. a la plus grande ressemblance avec *S. undulata* dont il diffère par les feuilles plus étroites, dentelées-glanduleuses et par la glande égalant le pédicelle. Je rapporte à cette espèce :

1° Le *S. hippophaefolia* femelle noté au *Cellier,* Flore de la Loire-Inférieure 1814 ;

2° Un *Salix* femelle découvert par MM. Préaubert et Bonnet en mai 1887, île S.-Maurille et île Gemme près *Ponts-de-Cé* (Maine-et-Loire) ;

3° Le *Salix undulata* mâle de la Flore de l'Ouest, édit. 3 et 4, avec localités çà et là à *Nantes* et environs, et qui doit exister dans toute la Vallée ;

4° Un *Salix* mâle, découvert en 1886 à *Trentemoult-Nantes* par M. Migault ; il diffère du précéd. par les chatons courts (2 cent.), linéaires-oblongs, serrés et non longs (3 cent.), linéaires, espacés. Quoique cette inflorescence serrée donne à la plante un aspect différent, je la rattache à *S. hippophaefolia* dont elle a le bois jaunâtre, les feuil. vert clair, avec dentelure semblable. De ce *Salix* on ne connaît qu'un seul buisson ; cependant, il doit exister ailleurs dans la Vallée, d'où M. Boreau m'en a donné un échantillon provenant de l'*île Belle-Poule* (Maine-et-Loire) 1845.

Du *S. undulata* à fl. mâles je n'ai vu jusqu'à présent que quelques chatons recueillis sur un pied femelle croissant *au Cellier* en 1844, ainsi que je l'ai noté : Flore de l'Ouest, édit. 1, p. 413, et les fleurs avaient deux étamines.

Il resterait à trouver le *S. undulata* mâle, c'est-à-dire le *Salix* à feuil. dentées comme dans notre *S. undulata* femelle qui est si commun. La différence dans la dentelure des feuilles est quelquefois difficile à saisir et elle est bien exprimée par Koch syn. « Foliorum margo repando-obsolete denticulatus est et denticuli fere e sola glandula constant ; in *S. undulata* folia evidenter serrulata sunt. »

Ces *S. undulata* et *hippophaefolia* sont considérés comme des hybrides (probablement des *S. triandra* et *alba*) et les hybrides des mêmes parents ne se ressemblant pas toujours, je croirais que les deux *S. hippophaefolia* mâles notés plus haut ne sont que deux formes d'une même espèce auxquelles on trouvera peut-être d'autres intermédiaires.

*Capsules poilues.*

**S. purpurea** L. *S. monandra* Hoffm. Arbrisseau ou sous-arbrisseau à rameaux grisâtres ou jaunâtres, les jeunes pousses rougeâtres. *Feuil.* lancéolées, *élargies vers le haut*, finement dentelées en scie, glauques-bleuâtres en dessous, glabres, souv. opposées. Chatons sessiles, feuillés à la base. *Étam.* 1. ; *anthère à 4 loges*. Caps. ovale, obtuse, sessile, tomenteuse. Style court ; stigm. ovales. av.-mai. Bord des eaux et des rivières. — CHAR.-INF. *Bonnefond*, bord de *la Charente*. — DEUX-SÈV. *Deyrancon* (Sauze fl.). — VEND. Tout le Marais (Lx.), AC. cult. — LOIRE-INF. R. — Cult. çà et là dans les vignes et dans les jardins, surtout dans la région maritime et encore plus dans la vallée du haut de la Loire. — FIN. Cult. à *Roscoff*, à *Plouguerneau*, etc. (Crouan). — IL.-ET-V. Cult. à *S.-Malo*.

**S. rubra** Huds. *S. fissa* Ehrh. Arbrisseau à *feuil. lancéolées-allongées*, acuminées, dentelées, un peu roulées en dessous par les bords, *pubescentes-soyeuses en dessous, à la fin presque glabres*. Stip. linéaires. Chatons fem. presque sessiles, feuilles à la base. *2 étam. soudées* inférieurement, anthères rouges. Caps. ovale, sessile, tomenteuse. Style allongé. mars-av. — *Loire-Inf*. Çà et là ! Vallée de la Loire de *Nantes* (Migault, Maupon) à *Varades* et prob. au-delà ; qq. pieds dans les cultures. — Les feuil. de cette espèce sont très variables, rétrecies à la base ou arrondies et élargies inférieurement, plus ou moins dentelées, plus ou moins pubescentes en dessous, qqf. glabres ou à peu près, qqf. un peu glauques. Ses petits rameaux sont jaunâtres. L'individu mâle est plus rare ; ses feuil. sont plus étroites et qqf. ses étam. ne sont pas soudées.

**S. viminalis** L. Arbrisseau à rameaux jaunâtres ou brunâtres. *Feuil.* longues, lancéolées-linéaires, acuminées, ondulées, entières, *soyeuses-luisantes en dessous. Stip. lancéolées-linéaires.* Chatons presque sessiles, feuillés à la base. Style allongé ; stigm. linéaires, entiers, dépassant les poils des écailles. Glande dépassant la base de la caps. conique-lancéolée, sessile. av.-mai. Bord des eaux, et cult. dans les vignes. PC. — Loire-Inf. CC.

**S. seringeana** Gaud. Bor. éd. 3 ; *S. smithiana* var. *obscura* Gren. *S. salviæfolia* édit. 1. Arbrisseau de 4-5 mètres, à jeunes rameaux pubescents-grisâtres. *Feuil. oblongues-lancéolées,* acuminées, un peu ondulées et crénelées, vertes et à peine pubescentes en dessus, pubescentes-grisâtres, grisâtres ou seulement un peu plus pâles en dessous, nervées. *Stip. réniformes-en demi-cœur.* Chatons presque sessiles, feuillés à la base. Etam. 2. Caps. conique-lancéolée, à pédic. 1 f. plus long que la glande. Style allongé, plus long que les stigm. linéaires, entiers ou bifides. av.-mai. Bord de la Loire, *Iles Neuve* et *des Mazères* vis-à-vis le *Cellier,* où il n'y a que des pieds femelles. R. Cult. vignes de l'*Ile de Ré* (Char.-Inf.). -- Andersson in DC. prod. considère cette plante et la suiv. comme hybrides.

**S. rugosa** Sm. Bor. éd. 3, *S. seringeana* fl. Ouest, éd. 1. Très voisin du précéd., en diffère par les feuil. lancéolées-oblongues à base moins rétrécie, un peu arrondie, à tomentum serré, plus blanc en dessous et à nervures plus fortes. Stigm. bifides. — Deux-Sèv. Vignes de *Thouars* (Lunet). — Vend. Cult. comme osier, dans les vignes de *Noirmoutier ;* bois de la *Grande-Lande* (Gobert). — Loire-Inf. Bord de la Loire, *Nantes-Trentemoult, Anetz* et prob. ailleurs dans la Vallée ; vignes de *Vallet ;* qq. pieds plantés en haie aux env. de la Bôle près *Escoublac.* — Il.-et-V. Trublet près *Rennes* (Le Gall). — Etam. qqf. longuement soudées. Cet arbrisseau est réuni au précéd. par Grenier Fl. fr. sous le nom de *S. smithiana* Willd. et c'est avec raison. En effet, si dans la vallée du Pont du Gué près *Couëron* (Loire-Inf.), les deux sont assez répandus, M. Maupon et moi y avons trouvé des intermédiaires que l'on ne saurait rapporter sûrement à l'un plutôt qu'à l'autre. Les deux sexes existent et les graines avortant font croire que ce groupe est un composé d'hybrides dont *S. viminalis* est un des parents, et parmi ceux-ci j'ai vu des feuil. semblables à celles des *S. stipularis* et *acuminata* Sm. *holosericea* et *lanceolata* Ser. Souvent mêlés au *S. cinerea,* ce *Salix* et le précédent s'en distinguent par un port différent, leurs rameaux étant dressés, tandis qu'ils sont un peu écartés dans *S. cinerea ;* les petits rameaux sont jaunâtres, mais gris dans *S. cinerea,* et sous l'écorce du jeune bois il n'y a pas de lignes saillantes.

*Obs.* Les 3 arbrisseaux suiv. ont les stip. réniformes, les chatons précoces, presque sessiles, un peu feuillés à la base, les écailles noirâtres, 2 étam., le style très court et la caps. allongée-lancéolée, ovale à la base, à pédic. dépassant plusieurs fois la glande.

**S. cinerea** L. *Saule noir*. Jeunes rameaux tomenteux-blanchâtres. Feuil. elliptiques ou lancéolées-obovales, qqf. obovales, courtement acuminées, planes, ondulées-dentées en scie, vert cendré, pubescentes en dessus, tomenteuses-hérissées en dessous. Bourgeons blanchâtres-pubescents. Stigm. ovales, bifides ou entiers. mars-av. Haies, bois, bord des eaux. CC. — Varie à feuil. à nervures rousses (*S. rufinervis* DC.). — Moins rameux que le suiv., rameaux gris. feuil. très variables, plus grandes, lisses et un peu luisantes en dessus, couvertes en dessous d'un tomentum court, grisâtre.

**S. aurita** L. Très rameux, rameaux grêles, divariqués. *Feuil.* ord^t *petites*, obovales ou oblongues-obovales, à pointe recourbée, ondulées-dentées en scie, *rugueuses*, pubescentes et non luisantes en dessus, glauques et tomenteuses-hérissées en dessous, *molles au toucher sur les 2 faces*. Bourgeons glabres. rar. pubescents. Stigm. ovales, échancrés. av. Lieux marécageux des landes, des forêts. — CHAR.-INF. *Chevanceaux* (Sav.), *Montendre*. — DEUX-SÈV. Forêt de l'*Hermitain* (Sauzé), çà et là Bocage. — VEND. AC. forêt de *Vouvant* (Lx.), çà et là Bocage (Pont.), et jusqu'à *la Loire*. — AC. au-delà. — Les deux précéd., sous l'écorce du jeune bois, sont marqués de lignes saillantes, tandis que dans le suiv. le bois est lisse.

**S. Caprea** L. Rameaux épais, glabres, luisants. *Feuil. grandes*, ovales ou elliptiques, planes, à pointe recourbée, obscurément ondulées-crénelées, glabres, *lisses* et luisantes *en dessus*, glauques, tomenteuses et *molles au toucher* en dessous. Bourgeons glabres. Stigm. ovales, bifides. Lieux boisés. — DEUX-SÈV. Env. de *S.-Maixent, Souvigné, Chambrille*, forêt de l'*Hermitain* (Sauzé, M.), *S.-Loup* (Guyon). — VEND. *Pouzauges* (Gen.). — LOIRE-INF. Planté dans les haies de qq. pépinières et à la Tortière-*Nantes*. — C.-NORD. Bois Boissel près *S.-Brieuc* ; RR. bois de Coron près *Lamballe*, forêt de *Boquien*, forêt de *Coëtquen*, la Courbure près *Dinan* (Mabille). — IL.-ET-V. *Gevezé* (Lapierre, 1821), *S.-Aubin-d'Aubigné* (Tétrel), c. forêt de *Villecartier*. — Très rare.

**S. repens** L. *S. argentea* Sm. Sous-arbrisseau de 2-6 déc. à rameaux couchés, rampants, ou dressés en buisson. *Feuil.* ovales, oblongues, elliptiques ou lancéolées, à pointe recourbée, presque sessiles, *luisantes et veinées en dessus*, soyeuses en dessous et roulées par les bords, qqf. glauques-bleuâtres, presque glabres. Chatons sessiles. Caps. conique-lancéolée, glabre ou pubescente, pédicellée. Style médiocre ; stigm. ovales, bifides. av.-mai. Lieux humides, marécageux, c. sables maritimes au midi de *la Vilaine*. AC.

*Obs.* La Vallée de la Loire est le pays des *Saules*, dont on fait un grand usage comme Osiers, vulg. *Plons*. Parmi ceux-ci, la *Lusse* (*S. viminalis*), est l'espèce la plus recherchée, surtout pour la tonnellerie, à cause de la longueur de ses rameaux ; le *Quettier* (*S. undulata*) est aussi tenace, mais il se ramifie davantage. L'espèce appelée *Brune* (*S. triandra*) est la moins estimée. et quoiqu'on ne la plante plus, elle se propage abondamment de graines. *S. purpurea*, nommé qqf. *Sardine*, est le plus flexible de tous, et il est abondamment planté dans les lieux marécageux d'*Anetz* à *Ingrande* ; enfin le *Sausse* (*S. alba*) cult. ord. en arbre que l'on étête, donne aussi un très bon osier. Ce dernier est confondu par les cultivateurs avec *S. russelliana*.

**POPULUS** L. *Peuplier*. Chatons à écailles imbriquées, déchirées au sommet. Cal. en forme de coupe. Etam. 8-20. Style court ; stigm. 2, bilobés. *Arbres à pétiole comprimé ; fl. paraissant avant les feuil.*

**P. tremula** L. *Tremble*. Arbre peu élevé, à écorce lisse. *Feuil. presque orbiculaires*, grossièrement et inégalement dentées, glabres ; pétiole à 2 glandes au sommet. Ecailles incisées-digitées, longuement poilues. mars. Bois, haies. C. jusqu'à *la Vilaine*, AC. au-delà. — Jeunes feuil. soyeuses ; jeunes rejetons velus ainsi que leurs feuil., qui sont en cœur et aiguës.

**P. nigra** L. *Léard*. Arbre élevé, à rameaux ouverts. *Feuil. deltoïdes*, acuminées, plus longues que larges, tronquées à la base, dentées en scie tout autour. Ecailles glabres. Anthères rougeâtres. Caps. en longs chatons pendants. mars. Bord des eaux, haies. CC. jusqu'à *la Vilaine*, C. au-delà.

*Obs. P. alba*, L. (Peuplier de Hollande) est AC. dans les sables maritimes au midi de la Loire, il a les feuil. palmées à 5 lobes ou angles, vert foncé en dessus, très blanches-cotonneuses en dessous. On cultive encore *P. canescens* Smith (Grisaille), *P. fastigiata* Poir. (P. d'Italie), *P. virginiana* Desf. (P. Suisse), *P. angulata* Mich. (P. de la Caroline).

### C. *BÉTULINÉES. Chatons monoïques ; écailles à plusieurs fl. ; fruit comprimé, 1.sperme.*

**BETULA** L. Chatons cylindriques. *Mâl.* écailles pédicellées, à 3 lobes ; cal. 3.part. assis sur le pédic.; étam. 6 à filets bifides, portant chacun une des loges de l'anthère. *Fem.* écailles 2, 3.flores, à la fin 3.lobées et caduques ; cal. 0 ; styles et stigm. 2. Caps. 1.loc. entourée d'un rebord membraneux.

**B. alba** L. *B. verrucosa* Ehrh. *Bouleau*. Arbre à écorce blanchâtre ; rameaux grêles, lisses ou verruqueux, dressés ou pendants *(pendula)*. Feuill. deltoïdes ou rhomboïdales, acuminées, doublement dentées en scie, paraissant après les fl. Ecailles des chatons fem. à lobes latéraux plus grands, recourbés. Aile 2 f. plus large que le fruit, dont elle dépasse le sommet et les styles. mars-av. Bois, haies des ter. argilo-siliceux. AC. — CHAR.-INF. *Cadeuil* (Fd.), *Montendre* et *Montlieu*. PC.

β. *B. pubescens* Ehrh. Jeunes rameaux pubescents, feuil. ovales, en cœur ou rhomboïdales, pubescentes, à la fin presque glabres, poilues en dessous sur les nervures et à leur aisselle. Aile plus large que le fruit, qu'elle ne dépasse pas ord. au sommet, plus courte que les deux styles. Lieux humides. Moins C.

**ALNUS** L. Chatons mâles cylindriques, à écailles pédicellées, munies en-dessous de 3 petites écailles arrondies, 1.flores ; cal. à 4 div.; étam. 4. Chatons fem. à écailles biflores ; style et stigm. 2. Fruit dur, comprimé, 1.sperme.

**A. glutinosa** L. *Aune, Vergne*. Arbre élevé. Feuil. ovales-orbiculaires, tronquées au sommet, sinuées, dentées, visqueuses dans leur jeunesse, paraissant après les fl. Chatons mâl. et fem. brunâtres, sur un même pédonc. rameux. mars. Bord des eaux. C.

### D. *MYRICÉES*. *Chatons dioïques ; fruit drupacé, 1.sperme.*

**MYRICA** L. Chatons à écailles 1.flores. *Mâl.* étam. 4-6 insérées à la base de l'écaille, anthère à 4 valves. *Fem.* cal. à 4 div.; stigm. 2. Fruit 1.loc. 1.sperme, adhérent.

**M. Gale** L. Arbrisseau aromatique de 4-20 déc. Feuil. lancéolées, élargies et dentées au sommet. Chatons dressés. av. Marais, landes et prés marécageux. — CHAR.-INF. Vulg. *Lorette*, C. de *Montendre* à *Montlieu ; la Barde*. R. — VEND. *Challans* (Gobert). RR.— LOIRE-INF. C. — PC. reste de *la Bretagne*.

# CONIFÈRES

Fl. monoïques ou dioïques. *Mâl.* en chatons formés d'écailles ; cal. 0 ; étam. insérées sur les écailles, filets 0 ou monadelphes. *Fem.* réunies en tête ou en cône formé d'écailles imbriquées, accrescentes ; stigm. sessiles, ne formant qu'un point, ou style filiforme. Fruit indehiscent, 1.sperme, entouré par le cal. urcéolé, ouvert au sommet. *Arbres ou arbrisseaux ord. résineux ; feuil. ord. persistantes.*

**EPHEDRA** L. Fl. dioïques. *Mâl.* en chatons imbriqués d'écailles opposées en croix; cal. à 2 lobes; étam. 6-8, à filets soudés en colonne; anthères s'ouvrant au sommet par 2 trous. *Fem.* géminées, composées d'écailles connées, les supér. plus grandes, renfermant 2 ovaires à 1 style filiforme. Baie 2.sperme, formée par les écailles devenues charnues.

**E. distachya** L. *Raisin de mer*. Sous-arbrisseau de 1-4 déc. sans feuil. ; rameaux couchés ou ascendants, opposés ou verticillés, munis à chaque articulation d'une gaîne rougeâtre. Pédonc. opposés. Fl. jaunes. Fruits rouges. jⁿ. Sables maritimes. — C. jusqu'à *la Vilaine*.— MOR. AC. — FIN. *Baie d'Audierne* à Beuzec Cap-Caval (Bonnemaison). RR.

**JUNIPERUS** L. Fl. dioïques. *Mâl.* en chatons formés d'écailles peltées, portant à la base 4-7 anthères 1.loc. *Fem.* réunies par 3 dans un invol. trifide, accrescent, formant une baie à 3 graines osseuses.

**J. communis** L. *Genévrier*. Arbrisseau à rameaux diffus. Feuil. linéaires, en alêne, piquantes, glauques, persistantes, ternées. Fruits bleu foncé, 2-3 f. plus courts que les feuil. mai. Landes, haies, bois. — CHAR.-INF. Çà et là. PC. — DEUX.-SÈV. *Secondigny* (A. Guillon), RR. *la Mothe, Pers* (Sauzé), *Sauzé-Vassais*, env. de *Parthenay, S.-Loup* (Janneau). *Amailloux* (Guyon), AC. forêt de *Chantemerle* (Gobert), R. env. de *Thouars* (Burgevin), *Argenton-Ch. ; Puy-S.-Bonnet* (Gen.). — VEND. Forêt de *Château-Fromage*, AC. landes des env. de *Rortheau, Beaupuy* (Marichal), *la Pommeraie* (Pont.), forêt de *S.-Prouen* (Gad.), C. *Pouzauges* (Rossignol), *la Verrie, S.-Hilaire* (Gen.), R. *Vouvant*

(Ayraud). — LOIRE-INF. Env. de *Savenay* (Pesneau), la *Chapelle-sur-Erdre, Remouillé, Vieillevigne* (Bornigal), *Boischaudeau !* et forêt de *S.-Mars* (de Lisle), *Saffré, S.-Mars-la-Jaille ; Ligné* (Moride), forêts du *Gâvre* et d'*Ancenis* (Guiho). R. — MOR. « *Camors* (Le Gall flore) », *Ploërmel* (J.-M. Sacher), *Grand-Champ* (Taslé). R. — FIN. Lande env. de *Ploujean* (Hervé). — IL.-ET-V. *S.-Jacques* (Lx.), *Laillé* (Le Gall), forêt de *Montfort* (Picq). R.

*Obs. Pinus maritima* Lam. (Pin maritime) est com$^t$ cultivé, surtout dans les sables de *Montendre* à *Montlieu et la Barde*, et dans les sables maritimes de la *Char.-Inf.*, de la *Vend.*, de la *Loire-Inf.*, ainsi que dans les landes de la *Bretagne*, surtout celles du littoral. — *Taxus baccata* L. (If) est cult. et on le trouve çà et là autour des habitations en *Bretagne*, surtout dans le *Fin.*, où Mess. Crouan le croient naturel.

# CLASSE II. — MONOCOTYLÉDONÉES OU ENDOGÈNES PHANÉROGAMES

Tige composée de faisceaux de fibres longitudinales entremêlées de tissu cellulaire, dépourvue de moelle, d'écorce véritable et de rayons médullaires, croissant par le sommet et du dedans en dehors. Feuil. souvent engaînantes, entières, simples, à nervures parallèles, rarement lobées à nervures rameuses, jamais composées. Fl. distinctes, à divisions ord. ternaires. Embryon à un seul cotylédon ou mieux à cotylédons alternes.

## HYDROCHARIDÉES

Fl. dioïques rar. herm. Cal. à 3 div. Pét. 3, égaux. Etam. 1-13. Ovaire infère, à 1 ou plusieurs loges à plusieurs ovules. Styles 3-6, ord. bifides. Fruit indéhiscent, charnu, pulpeux a l'intérieur.

**HYDROCHARIS** L. Fl. dioïques. Sép. et pét. 3. *Mâl.* étam. 9 ; 3 styles avortés. *Fem.* styles 6 en coin, stigm. bipartits, séparés par autant d'appendices filiformes. Caps. à 6 loges polyspermes.

**H. Morsus ranæ** L. Tige submergée. Feuil. flottantes, orbiculaires, en cœur à la base. Pédonc. axillaires. Fl. blanches à onglet jaune, renfermées dans une spathe bivalve, les fem. solitaires, les mâl. ternées. ♃. jᵗ-aᵗ. Eaux stagnantes. C. — Moins c. au-delà de *Loire-Inf.* et par localités.

**ELODEA** Rich. « Fl. dioïques. Sép. et pét. 3. *Mâl.* pét. linéaires ou 0 ; étam. 9, filets réunis en colonne inférieurement. *Fem.* tube long, filiforme. Stigm. 3, entiers ou bifides séparés par autant d'appendices filiformes. Caps. 1 loc. à peu de graines. »

**E. canadensis** Rich. *Anacharis alsinastrum* Bab. Plante submergée, très rameuse. Feuil. oblongues, obtuses, très finement dentelées, sessiles, reunies par 3 en verticilles serrés, nombreux. Fl. fem. à tube très long, rosées, très petites, solitaires, sessiles à l'aisselle d'une bractée foliacée située en dedans du verticille et sortant d'une spathe tubuleuse bifide. Div. de la fl. à peu près de même longueur; sép. incurvés; pét. recourbés ainsi que les stigm. ♃. jⁿ-jᵗ. Eaux tranquilles. — CHAR.-INF. Mageloup près *Mortagne* (Fd.). — LOIRE-INF. Toutes les eaux tranquilles de la vallée de la Loire, de *Indret* à *Ingrande;* dans la Sèvre remonte au-delà de *Vertou,* et dans l'Erdre jusqu'à *Nort.* — BRETAGNE. *Rennes* (Criè), *Redon* (Desmars), « *Brest* » (Blanchard). — Cette plante, originaire de l'Amérique du Nord, découverte seulement en 1875, par M. Genevier, se propage rapidement dans les nombreuses stations qui lui conviennent, ainsi qu'il est arrivé en Angleterre, où elle s'est montrée pour la première fois (1836, 1846) en Europe, et où des drainages, des canaux, de grandes pièces d'eau en sont encombrés. La plante existe déjà depuis quelques années en France dans un assez grand nombre de localités, et on n'en a trouvé que des individus femelles.

*Obs. Stratiotes aloides* L. étranger à la région, s'y naturalise facilement. Il abonde à l'étang S.-Nicolas près *Angers*, où M. Boreau l'a placé ; il existe depuis longtemps dans un bras de la Vilaine à Pontréan près *Rennes*, où il a été porté du Jardin botanique de la ville, enfin, il vient d'être trouvé par MM. Motelay et Lemarié dans le marais de *Berjat* (Char.-Inf.), où il est assez abondant et où son origine est inconnue. Ses feuil. triangulaires-en glaive, dentées-épineuses sur les angles, toutes radicales, forment au fond de l'eau une ample rosette. Fl. dioïques, blanches. Cal. à 3 div. Pét. 3. *Mâl.* 12 étam. fertiles entourées d'étam. stériles nombreuses ; *fem.* styles 6, bifides.

## ALISMACÉES

Sép. 3. Pét. 3, hypogynes. Etam. 6-9, qqf. plus. Plusieurs ovaires, chacun à un style. Carp. 3-6 ou plus, libres ou soudés, indéhiscents et 1,2.spermes ou polyspermes bivalves. *Herbes aquatiques ; feuil. engaînantes.*

**ALISMA** L. Fleurs herm. Sép. et pét. 3. Etam. 6. Carp. 6 ou plus, indéhiscents et 1.2 spermes.

**A. Plantago** L. *Rameaux verticillés en panicule,* garnis à la base de bractées scarieuses. Feuil. toutes radic., ovales, en cœur, ou (*A. lanceolatum* With.) lancéolées, à 5 ou 7 nervures. Fl. rosées. verticillées. Style latéral. Carp. nombreux, mutiques, arrondis au sommet, sillonnés sur le dos, disposés en cercle. ♃. jⁿ-sept. Mares, fossés. CC.

β. *A. graminifolium* Ehrh. Feuil. linéaires, graminées, très longues. — CHAR.-INF. *Genouillé* (Riveau).

**A. natans** L. Tige grêle, feuillée, flottante. Feuil. nageantes ovales ou elliptiques, obtuses, à 3 nervures, les submergées, linéaires. Fl. blanches, axillaires. *Carp. striés, obtus, mucronés, disposés en cercle.* ♃. mai-sept. Mares, fossés. C. — RR. *Char.-Inf.* seulement dans le sud (Fd.).

**A. ranunculoides** L. Feuil. toutes radic. lancéolées-linéaires, à 3 nervures, pétiolées. Fl. rosées, en 1 ou 2 verticilles, sur une hampe dressée ou étalée. *Carp.* nombreux, à 5 angles, *réunis en tête.* ♃. jⁿ-sept. Marais, fossés, bord des eaux. AC.

β. *A. repens* DC. Plus petit, hampes les unes dressées, les autres couchées, radicantes aux nœuds qui produisent des feuil. et des fl. ;

fl. plus grandes ; carp. en tête 1/2 plus petite. Mêmes lieux. CC. — o ou **RR**. *Char.-Inf*. (Fd.).

**A. Damasonium** L. *Dam. stellatum* Juss. Feuil. toutes radic., oblongues, en cœur à la base. Fl. blanches, en ombelle terminale souv. prolifère. *Carp.* 6, comprimés, en alène, *dispermes, soudés en étoile.* ①. mai-j¹. Lieux vaseux inondés l'hiver. AR. dans le calc.; C. Bocage des **Deux-Sèv**., **Vend.**, **Loire-Inf**. — **AC**. au-delà. — **Fin. R**.

**SAGITTARIA** L. Fl. monoïques. Sép. et pét. 3. Etam. nombreuses. Carp. nombreux, comprimés, bordés, 1.spermes.

**S. sagittifolia** L. Rac. accompagnées de rejets souterrains filiformes terminés par un tubercule ovale reproducteur. Feuil. toutes radic., longuement pétiolées, en fer de flèche, à lobes aigus. Fl. blanches, ternées, les inf. fem. ♃. j⁰-sept. Marais, fossés et aussi rivières où le courant allonge les feuil. en rubans longs d'un mètre et plus. C.

**BUTOMUS** L. Sép. 3 colorés. Pét. 3. Etam. 9. Styles 6 persistants et terminant les carp. 1.loc. polyspermes, s'ouvrant en dedans, soudés à la base.

**B. umbellatus** L. Feuil. toutes radic. linéaires, triquètres-en gouttière. Fl. nombreuses. rosées, élégantes, en ombelle terminale garnie de bractées. ♃. j⁰-a¹. Marais, bord des eaux stagnantes. AC. — C. marais de la Sèvre. — R. au-delà de *Loire-Inf*. — MOR. *Rieux, S.-Jean-la-Poterie, S.-Perreux* (Moreau), *Sarzeau! Coëtsurho* (Taslé). — Fin. Etangs de la côte sud. R. — C.-Nord. *Taden*, R. *Dinan*, C. toute la haute *Rance* (Mabille). — Il.-et-V. AC. *Rennes* (Le Gall), *Bourg des Comptes* (Rolland), C. prés voisins de l'Oust en *Redon*, AC. en *Bains* (Moreau).

**TRIGLOCHIN** L. Sép. 3, verdâtres. Pét. 3. Etam. 6. Stigm. 3 ou 6, sessiles, plumeux. Fruit à 3 ou 6 carp. 1.sperm. s'ouvrant en dedans, se séparant par la base à la maturité. *Feuil. linéaires ; fl. verdâtres, en épi allongé terminant la hampe.*

**T. maritimum** L. *Fruit* ovale, *à 6 carp*. Pédonc. ouvert. ♃. j⁰-a¹. Lieux humides et marais du bord de la mer. C. — A l'intérieur : bord de la Bruz à *Soulvache* en Loire-Inf. (Gadeceau).

**T. Barrelieri** Lois. *T. palustre* β. L. Rac. bulbeuse, chevelue. *Fruit* linéaire, *un peu élargi à la base ; carp.* 3. Pédonc. ouvert. ♃. mai-j⁰. Mêmes lieux. — Mor. C! presqu'île de *Gâvre* (Le Gall). — Fin. *Combrit, Loctudy, Penmarc'h* (Bonnemaison), *Port-Salut* (E. Baron).

**T. palustre** L. Rac. stolonifère. Hampe grêle. *Fruit linéaire, rétréci à la base,* dressé contre l'axe ; carp. 3. ♃. j⁰-sept. Bord des marais ord. sablonneux. — **Char.-Inf.** *Berjat, Châtelaillon ; Forges* (Bétraud). — **AC**. çà et là toute la région maritime de *la Sèvre* jusqu'à la *Rance*. — **R**. à l'intérieur : — **Char.-Inf**. R. *Ternant, Voissay, Montendre* (Lemarié), *Anais* (Fd.). — **Deux-Sèv**. Marais de la Dive à *Pas-de-Jeu* et env. (Lunet), « *Thouars* (Bor. flore) », *Sᵗᵉ-Soline, S.-Genard* (Sauzé),

*Epannes*, *Vallans* (Grelet). — VEND. *Challans* (Gobert). — LOIRE-INF.
*Bouaye* au bord du Lac, *Arthon*, *S.-Gildas*, la Popinière *sur l'Erdre*.
— IL.-ET-V. Calc. de *Pontpéant* (Lx.), la Ville-Huë près *S.-Briac*
(Rolland).

## POTAMÉES

Fl. herm. ou monoïques. Cal. infère, à 2-4 div. ou 0. Etam. 1,2 ou 4.
Un ou plusieurs ovaires terminés par 1 style ou 1 stigm. simple. Carp.
1 ou 2-6 indéhiscents, à 1 graine pendante. *Herbes aquatiques.*

**POTAMOGETON** L. Cal. à 4 div. Anthères 4, sessiles à la base des
lobes du cal. Carp. 4, 1.spermes. Stigm. sessile. *Fl. verdâtres, en épis
axillaires.*

**P. natans** L. *Feuilles toutes longuement pétiolées*, les submergées
lancéolées, les flottantes ovales, oblongues ou elliptiques, presque en
cœur à la base, coriaces ; pétiole légèrement concave en dessus, s'unissant au limbe par 2 plis saillants. *Carp. gros, en épi peu garni ou
interrompu*, ovales, comprimés, à bord obtus, terminés en bec courbé.
Pédonc. non renflé. ♃. j⁰-a¹. Eaux tranquilles. C. — Tige naine dans
les lieux herbeux des marais.

**P. fluitans** Roth. Très voisin du précéd. ; s'en distingue par les
feuil. plus allongées, rétrécies aux 2 bouts, ne s'unissant pas par 2 plis
au pétiole, qui est convexe en dessus ; fruit moins gros. ♃. Eaux courantes ou tranquilles. — VEND. Etang de *Badiole* (Pont.). — Çà et là
dans la *Loire* et marais voisins. — Prob. çà et là ailleurs.

**P. polygonifolius** Pour. *P. oblongus*. Viv. *Feuil. toutes longuement
pétiolées*, les flottantes oblongues ou ovales-lancéolées. *Carp. petits, en
épi serré*, ovales, comprimés, à bord obtus ; bec court ou 0. Pédonc.
non renflé. ♃. j⁰-a¹. Etangs et mares des landes. — CHAR.-INF. De
*Montendre* à *Montlieu* et au-delà, c. ruisseau d'écoulement de *Cadeuil*
à *Broue*. — DEUX-SÈV. *Trayé*, forêt de l'*Absie* (A. Guillon), *Brétignolle*
(J. Richard). *Amuillou* (Guyon), *le Temple* (Gen.). — VEND. c. *la Roche*
et env. (Pont., M.), *la Châtaigneraie* (Lx.), *Treize-Vents* (Gen.). —
LOIRE-INF. Çà et là. — AC. au-delà.

**P. plantagineus** Ducros, *P. Hornemanni* Meyer. Toutes les feuil.
pétiolées, membraneuses, transparentes, lisses au bord, les inf. lancéolées, les sup. qqf. flottantes, ovales-elliptiques ou presque en cœur,
obtuses, souv. opposées, à *pétiole ne dépassant pas la moitié du limbe.*
Pédonc. non renflé. *Carp. petits, très nombreux*, ovales-comprimés, à
bord obtus. ♃. j⁰-a¹. Eaux limpides des marais calc. — CHAR.-INF.,
DEUX-SÈV. AC. — VEND. La *Bauduère!* (Rossignol), *marais de Liez*
(Lx.), *Luçon* (Lepeltier). R. — LOIRE-INF. c. entre *Arthon* et *Chéméré* ;
*Fresnay!* (Lajunchère), *Bergon*. — MOR. *Vannes* (Taslé). — FIN. Cam-
frout en *Plounévez-Lochrist* (de Guernisac), *Rugaoudal*, c. S.-Vio en
*S.-Jean-Trolimon* ; Trunvel en *Tréguennec* (Picq.). — IL.-ET-V. Calc.
de *Rennes* (Buret, Debooz). RR.

**P. rufescens** Schrad. *Feuil.* rougissant par la dessiccation, ainsi que

les carp., les *submergées sessiles,* membraneuses, transparentes, lancéolées, *lisses au bord,* les sup. flottantes, coriaces, opposées, oblongues ou obovales-oblongues, obtuses, rétrécies en pétiole. Pédonc. non
épaissi au sommet, *carp. comprimés à carène aiguë,* bec court, obtus.
♃. j<sup>t</sup>-a<sup>t</sup>. Eaux stagnantes. — CHAR.-INF. *S.-Aigulin* (Motelay).

**P. heterophyllus** Schreb. Tige très rameuse. *Feuil.* très variables
dans leur proportion, lancéolées ou linéaires-lancéolées, acuminées
ou mucronées, qqf. ondulées ou contournées, un peu rudes au bord,
les *supér. qqf. flottantes,* ovales ou oblongues, coriaces, pétiolées.
*Pédonc. épaissi au sommet.* Carp. comprimés, à bord obtus. ♃. j<sup>n</sup>-a<sup>t</sup>.
Rivières, étangs. — CHAR.-INF. *Merpins* ; Petit Santenay en *S.-Jean-
de-Liversay* (Bouchet), marais de la région des dunes de *la Coubre* (Fd.).
— DEUX-SÈV. Etang de *la Madoire* (J. Richard). — VEND. *Port-la-
Claye* (Pont.). — LOIRE-INF. La Sèvre en *Maisdon, Lac de Grand-Lieu,*
R. *S.-Julien-de-Concelles,* Etier de *Mauves,* C. rivière du *Don ; le Sem-
non* (Gad.), rivière de la *Chère* en aval de *Pierric ;* C. lac Murin près
*Massérac ; S.-Gildas* (Delalande), *Bergon, S.-Lyphard ; Fégréac* (Mo-
reau). — MOR. Etang du Rocher en *S.-Dolay ;* étangs entre *Etel* et
*Port-Louis !* (Le Gall). *Ploërmel !* (J.-M. Sacher), C. dans l'Aff à *Guer*
(Debouz), *Carentoir* (Taslé), rivière *Ellé* (Picq.). — FIN. *Quimper,*
rivière de *Châteaulin, Daoulas, Kerloc'h* (Crouan). — C.-NORD. *S.-An-
dré-des-Eaux, Trévérien,* C. *la Rance,* étangs de *Jugon,* du *Rouvre,* etc.
(Mabille). — IL.-ET-V. *Mordelles, S.-Martin, la Seiche* (herb. Degland).

α. *heterophyllus.* Feuil. supér. flottantes, les submergées tantôt
allongées par le courant, tantôt courtes, au bord des eaux peu profondes.

β. *gramineus.* Feuil. flottantes 0.

γ. *Zizii* Koch, *P. rufescens* Pesn. cat. Feuil. grandes, lancéolées,
rétrécies à la base et au sommet, mucronées, sessiles. — LOIRE-INF.
Baie de la Verrière près *Nantes ; la Maine* à *Château-Thébaud* (Renou),
bas de *la Boulogne,* à côté de la forme à feuil. submergées, petites,
contournées, avec les feuil. flottantes, ovales, coriaces. R. — Forme
curieuse, à feuilles réticulées et mucronées presque comme celles de
*P. lucens,* mais s'en éloignant tout à fait par le port, c.-à.-d. par les
feuil. plus lâches et non décroissantes. Vers l'arrière-saison paraissent
quelques feuilles flottantes, oblongues, aiguës, coriaces. On l'a confondue, tantôt avec *P. rufescens* Schrad. qui a les feuil. obtuses, lisses
au bord, les pédonc. non renflés et les carp. à carène aiguë ; — tantôt
avec *P. prælongus* Wulf. qui a les feuil. toutes submergées, oblongues-lancéolées, allongées, obtuses, *embrassantes* à la base, les fruits
secs à carène aiguë.

**P. lucens** L. Robuste. *Feuil. grandes, toutes submergées,* ovales-
lancéolées, *dentelées-rudes,* mucronées ou cuspidées, qqf. longuement veinées-transparentes, un peu pétiolées. Pédonc. épaissi dans le
haut. Carp. comprimés, obtus et un peu en carène au bord. ♃. j<sup>t</sup>-a<sup>t</sup>.
Eaux tranquilles, rivières. AC. — Au-delà de *Loire-Inf. :* — MOR. *Baud*
(Taslé), « l'Oust près *S.-Perreux* (Le Gall flore). » R. — C.-NORD. C.
*la Rance* au-dessus de *Dinan* (Mabille), *Ploubalay* (Morin). — IL.-ET-V.
*Rennes,* dans *la Seiche, S.-Grégoire* (Degland). R.

**P. perfoliatus** L. *Feuil.* ovales ou arrondies, *embrassantes en cœur*, obtuses, nervées, transparentes. Pédonc. non renflé. Carp. comprimés. à bord obtus. ♃. j⁰-a⁰. Rivières, étangs. — CHAR.-INF. *La Sèvre* et affluents ; *la Boutonne, la Charente*(Fd.), *Genouillé*, c. *Muron* (Riveau) ; *Pons* (Fd.). — DEUX-SÈV. *La Sèvre* (A. Guillon). — VEND. Etang de *Rortheau* (Pont.). — LOIRE-INF. c. — MOR. *Roc-S.-André* (Le Gall), *Ploërmel* (J.-M. Sacher). R. — FIN. *Landerneau, Port-Salut, Châteaulin*, etc. (Crouan), *Ergué-Armel* (Picq.). — C.-NORD. Tous les cours d'eau à qq. lieues de *Dinan* (Mabille). — IL.-ET-V. c. rivières et canaux à *Rennes*, c. dans l'Aff en *Glénac* (Moreau).

**P. crispus** L. Tige comprimée. Feuil. linéaires-oblongues, ondulées-crepues, dentées, sessiles. Epi oblong. *Carp.* ovales, comprimés, *à long bec aigu.* ♃. j⁰-sept. Fossés, etangs, marais, rivières. C.

**P. densus** L. *Feuil.* ovales-lancéolées, élargies et embrassantes à la base, serrées, *toutes opposées.* Pédonc. à la fin recourbé, à 3-5 fl. Carp. comprimés, mucronés, à carène aiguë. ♃. j⁰-j⁰. Mares, fossés, c. région maritime et calc. PC. — Varie à feuil. plus grandes, écartées (*P. oppositifolius* DC.). C. ; moins c. dans le calc. — Tous deux R. au-delà du *Mor*.

**P. acutifolius** Link. Germain fl. Par. T. 34. *P. compressus* Pesn. *Tige* très rameuse, *aplatie-ailée. Feuil.* linéaires, à nervures nombreuses, dont 3 plus saillantes, sessiles, *terminées en pointe très fine.* Epi à 4-6 fl., à peine plus long que le pedonc. Carp. transversalement réniformes, à carène obtuse, munis d'une dent à la base du coté infér. ♃. mai-j⁰. Fossés, marais. — DEUX-SÈV. *Amaillou* (Guyon). — VEND. c. *S.-Urbain* (Pont.). — LOIRE-INF. *La Seilleraie, Pierre-Percée, S.-Julien-de-Concelles ; Ancenis !* (Lx), *Châteaubriant,* bord du *lac de Grand-Lieu* et affluents, etc. PC. — MOR. Rivière au Duc à *Ploërmel* (J.-M. Sacher). RR. — IL.-ET-V. *S.-Grégoire,* moulin de *Joué* (herb. Degland), *Pontpéant* (Colleu). — Le Thouet à *Montreuil-Bellay* en Maine-et-L. (Revelière).

*Obs. P. compressus* L. Koch, *P. zosterifolius* Schum. que j'ai reçu vivant des env. de Lille (Nord), de M. Cussac, est une plante du nord qui diffère du préced. par son fruit non réniforme ; et du suiv. par la tige aplatie-ailée, par les feuil. à nervures nombreuses ; elle est plus robuste que tous deux et ses feuil. sont plus larges, brusquement acuminées.

**P. obtusifolius** Koch. *Tige* très rameuse, *comprimée à 2 angles obtus. Feuil.* linéaires, à 3 nervures et manquant des nombreuses nervures intermediaires des deux préced., *obtuses avec une courte pointe au sommet.* Fl. 10-30 en épi serré, égalant le pedonc. ou qqf. plus court. Carp. ovales, à bord obtus. ♃. j⁰-j⁰. — DEUX-SÈV. *Etang de la Poudgère* (de Loynes). — LOIRE-INF. Etang de la Jarretiere près *Châteaubriant,* c. *ile S.-Denis* sur l'Erdre ; *Guenrouet* au bord de l'Isac, *Bouguenais* (Delalande), bas de la *Boulogne, S.-Mars-de-Coutais* et prob. ailleurs autour du lac ; canaux de *Besné* (Viau), *Sᵗ-Nicolas-de-Redon* (Moreau). RR. — MOR. Etang S.-Laurent en *Séné* (Taslé). — IL.-ET-V. *Regort de Tournebride* (herb. Degland), *Bonnemain* (Hodée), c. canal du Mail d'Onges à *Rennes* (Picq.).

**P. pusillus** L. Germain l. c. T. 33. Tige très rameuse, filiforme, un peu comprimée à angles obtus. *Feuil. filiformes*, larges d'un millim., non engainantes, à 1 ou 3 nervures. *Epi* grêle, souv. interrompu, *beaucoup plus court que le pédonc. Carp. ovales*, un peu obliques, *à bord obtus, entier*. ♃. mai-j¹. Fossés, étangs. Çà et là. PC.

β. *major. P. Berchtoldi* Bor. Feuil. larges de 2 millim. à 3 ou 5 nervures, obtuses avec une petite pointe. — LOIRE-INF. La Seilleraie près *Nantes*, AC. dans les ruisseaux et les eaux saumâtres de *Pembron* à *Penestin*, où il fructifie peu. — Cette var. se distinguera de *P. obtusifolius*, dont elle a les feuilles et le fruit, par le pédonc, plusieurs fois plus long que l'épi et par la tige peu comprimée.

**P. trichoides** Cham. *P. monogynus* Gay, Germ. l. c. t. 33. Tige très rameuse, cylindrique. *Feuil. filiformes*, aiguës, larges d'un demimillim., non engaînantes. Epi à 3-4 fl., plusieurs fois plus court que le pédonc. Ovaires solitaires. *Carp. secs transversalement réniformes ; le bord sup. à 3 carènes, celle du milieu tuberculeuse, le bord inf. lisse, à une dent près de la base*. ♃. jⁿ-aⁱ. Fossés, étangs, mares. — CHAR.-INF. RR. *Genouillé* (Riveau). — DEUX-SÈV. Étang de *la Madoire* (J. Richard), *Amaillou* (Guyon). — VEND. *Vouillé-les-Marais, Nieul-le-Dolent*, C. Marais occidental (Pont.). — LOIRE.-INF. AC. — MOR. CC. marais de *Penestin*. — IL.-ET-V. Entre *Mordelles* et *Moulin-du-Comte* (Degland), *S.-Jacques* (J.-M. Sacher).

**P. pectinatus** L. Souche filiforme, renflée çà et là en tubercules ovales reproducteurs. Tige très rameuse, filiforme. *Feuil.* filiformes, *longuement engaînantes à la base*, distiques, les sup. un peu en gouttière. Epis allongés, interrompus. Carp. obliquement et largement obovales, ou presque demi-orbiculaires, ridés étant secs, très obtus au bord. ♃. jⁿ-jⁱ. Fossés, marais, rivières, CC. eaux saumâtres jusqu'à *la Vilaine*. — MOR. Étang de Kervran près *Port-Louis!* Larmor en *Plœmeur* (Le Gall). — AC. reste de *la Bretagne*, R. à l'intérieur : — CHAR.-INF. C. *Saintes*. — DEUX-SÈV. *Niort* (A. Guillon), le Thouet à *Thouars* (Revelière), à *Missé* (Lunet) et à *S.-Martin-de-Sanzay* ; la Sèvre à *Cerizay*, la Dive près *Pas-de-Jeu* (J. Richard). — LOIRE-INF. PC. la Loire à *la Varenne, la Chapelle-Basse-Mer, Nantes*.

**RUPPIA** L. Fleurs herm. 2, disposées de chaque côté d'un spadice solitaire. Cal. 0. Etam. 2, à filets très courts en forme d'écailles ; anthères à 2 loges parallèles, distinctes, écartées dans le bas. Stigm. 4, sessiles. Carp. 1.spermes, à la fin longuement pédicellés.

**R. maritima** L. Mut. fig. 466, *R. spiralis* Du Mort. Tige nageante, rameuse, filiforme. Feuil. filiformes, largement engaînantes à la base en forme de spathe renfermant le spadice. Pédonc. long, en spirale. *Loges des anthères oblongues. Carp. ovales*, aigus, *obliques*. ♃. mai-sept. Eaux saumâtres, marais salants. C. jusqu'au *Fin.* excl. R. au-delà.

**R. rostellata** Koch, Mut, fig. 467. Voisin du précéd. Plus grêle, gaînes étroites, pédonc. court. *Loges des anthères presque globuleuses.* Carp. très obliques, *posés en travers sur le pédic.*, à bec plus allongé. ♃. mai-sept. Mêmes lieux. C. jusqu'à *la Vilaine*, PC. au-delà sur la côte du sud ; plus C. sur celle du nord.

**ZANNICHELLIA** L. Fl. monoïques. *Mâl.* étam. 1 dans une
spathe ovale, en vessie, fendue longitudinalement en dedans, située à
côté de la fl. fem., ou solitaire. *Fem.* pér. en cloche, appliqué contre
les ovaires ; style persistant ; stigm. oblique, pelté. Carp. 3-6 arqués,
comprimés, 1.permes.

**Z. palustris** Willd. Steinh. Micheli T. 34, f. 1. Tige nageante, rameuse, filiforme. Feuil. filiformes, obtuses, les sup. opposées. *Anthères toujours à 4 loges. Stigm. ovales*, aigus, entiers ou un peu sinués-
dentés, *non papilleux*. Style égalant le fruit mûr ou en depassant la
moitié. Carp. ord. 2, plus rar. 3,4, entiers ou dentés, sessiles ou pédicellés. ♃. mai-j¹. Eaux stagnantes douces ou saumâtres de la région
maritime. CC. jusqu'à *la Vilaine*, AC. au-delà. — DEUX.-SÈV. *La Sèvre*
près *Niort* (A. Guillon).

**Z. dentata** Willd. Steinh. *Z. repens* Boreau, Micheli T. 34, f. 2.
Voisin du précéd. Anthères à 2, rar. 3,4 loges. *Stigm.* plus grands,
*presque orbiculaires, crénelés, papilleux*. Style égalant la moitié du
fruit mûr. ♃. mai-j¹. Mares, fossés. — AC.

**ALTHENIA** Petit. Fl. monoïques, à l'aisselle des feuil. *Mâl.* solitaire longuement pédicellée, située entre les fem.; per. en coupe à
3 dents, anthère sessile, dressée, à 1 loge s'ouvrant en long. *Fem.* per. 0;
ovaires ternés au sommet du pédonc., pédicellés, situés chacun à l'aisselle d'une bractée membraneuse ; style persistant, stigm. pelté ; carp.
oblongs, un peu comprimés, bordés, 1.loc. à 2 valves indéhiscentes.

X. **A. filiformis** Petit, Mut. fig. 473, *A. Barrandonii* D. Jouve !
bul. soc. bot. fr. T. 19, p. 89 avec fig. Port des *Zannichellia*. Souche
filiforme, rampante. Tige de 5-10 cent. filiforme, rameuse. Feuil.
capillaires, alternes ; stip. membraneuses, longuement soudées à la
feuil. excepté au sommet. Style plus long que le fruit pédicellé,
oblong, comprimé, légèrement bordé. ①. av.-j¹¹. Marais salants. —
CHAR.-INF. c. île d'*Oléron* à côté de *Chara alepecuroides*, de *Marennes*
à *la Tremblade; Angoulins, Brouage* (Fd.). — LOIRE-INF. c. qq. marais
à *Bourgneuf.* — Cette plante curieuse, découverte par Mess. G. et L.
de Lisle, doit être cherchée en mai, avant le nettoyage des marais,
surtout ceux où il y a mélange d'eau douce. — L'anthère est très
caduque ; le fruit est atténué aux deux bouts, davantage en haut, les
faces sont unies, sans crête saillante et le bord est peu marqué (un
peu ailé sur le sec).

**NAIAS** L. Fl. monoïques ou dioïques. Une spathe 2,3.dentée au
sommet. *Mâl.* anthère 1 renfermée dans la spathe. *Fem.* spathe 0 ;
style à 2,3 stigm. Caps. indéhiscente, 1.sperme. *Herbes* annuelles,
*submergées.*

**N. major** All. Roth. *N. marina* α. L. Tige dichotome, qqf. épineuse
et nervure des feuilles dentée. (*N. muricata* Pesn.). Feuil. opposées
ou verticillées, raides, cassantes, transparentes, linéaires, sinuées-
dentées, à dents épineuses ; *gaîne entière*. Fl. verdâtres, axillaires,
les mâl. pédicellées, les fem. sessiles. Anthère grosse, à 4 valves
s'enroulant en dehors. Caps. oblongue. j¹-a¹. Rivieres. étangs. —
CHAR.-INF. *Le Mignon* (Bouchet !), canal de la Banche près *Marans*

(Fd.). — DEUX-SÈV. La Sèvre à *Niort* (A. Guillon), le Thouet à *Thouars* (Toussaints). — VEND. D'*Angles* à *la Tranche*, le Lay au-dessous de *Mareuil* (Pont., M.), *la Sèvre* à *Maillé* (Ayraud). — LOIRE-INF. C. à *Nantes ; la Loire, la Sèvre, l'Erdre, lac de Grand-Lieu* et affluents ; étang de la Provotière près *Riaillé* (Ed. Bureau). PC. — FIN. Jetée de *Plovan, Loc'h-Kergalan, Loc'h-Nigelet, Loc'h-Trunvel* (Crouan). RR. — IL.-ET-V. La Seiche de *Pontpéant* à la route de *Nantes* (Lx.), *le Meu* (Degland), étang de *Paintourteau* (Gallée), étang de *Boulet* (Hodée).

**N. minor** All. Roth, *Caulinia fragilis* Willd. Tige grêle, diffuse, dichotome. *Feuil.* linéaires, *étroites*, dentées-épineuses, très cassantes, *recourbées*, opposées ou ternées, les supér. ramassées en gerbe, *gaine ciliée-dentée*. Fl. axillaires, sessiles, petites. Anthère à 1 loge. Caps. linéaire. j⁴-a⁴. Mêmes lieux. — CHAR.-INF. *Muron* (Riveau), l'Agère près *Ciré* (Fd.). — DEUX-SÈV. Le Thouet à *Thouars* (Toussaints), étang de la Madoire près *Bressuire* (J. Richard). — LOIRE-INF. Avec le précéd. PC. — IL.-ET-V. *La Vilaine* près *Cesson, Moulin de Joué* (Degland), *la Seiche de Pontpéant* à la route de *Nantes* (Lx.), étang de *Paintourteau* (Gallée).

**ZOSTERA** L. Fl. monoïques ou dioïques. Spadice linéaire, portant les anthères et les pistils sur deux rangs.

**Z. marina** L. Souche noueuse, rampante. Feuil. linéaires, graminées, obtuses, engaînantes, à 3. 5, 1 nervures, les fertiles s'ouvrant en long par une fente d'où sort un spadice linéaire, comprimé, adhérent par la base. Fl. disposées d'un seul coté, sur 2 rangs, composées alternativement de 2 anthères contiguës et de 1 ovaire à 2 stigm. filiformes. *Fruit* oblong, *strié*, 1.sperme. ♃. Fleurit en j⁵-j⁴. Sur les côtes surtout vaseuses, où il forme des prairies sous-marines. C. — Une forme grêle, à feuil. plus étroites (*Z. angustifolia* auct.) est qqf. très c. dans les golfes, où elle fructifie peu.

**Z. nana** Roth. Le Gall. Plus petit que le précéd., dont il diffère surtout par les feuil. étroites, tronquées-échancrées, le spadice presque plane, acuminé, muni vers le bord de quelques petites bandelettes courbées sur les pistils et par le *fruit lisse*. Mêmes lieux. ♃. j⁵-a⁴. — CHAR.-INF. *Châtelaillon* (Fd.). — LOIRE-INF. C. Trait de *Mesquer!* (Ed. Bureau). *Croisic!* (Thuret). — MOR. A cote de *Z. marina*, mais moins profondément, sur les côtes de *S.-Gildas*, de *Locmariaker*, et dans le golfe du *Morbihan* ; rivière d'*Auray* (Toussaints). — FIN. Rivière de *Quimper*, baie de *la Forest* (Dumas), de *Pont-l'Abbé* à *Loctudy* (Picq.), *le Folgoat*. — C.-NORD. *Erquy* (Gallée), *S.-Jacut*, les *Ebihens* et env. (Morin). — Voir Le Gall flore 573, pour de longs détails sur cette plante, qui existe prob. çà et là sur tout le littoral.

# LEMNACÉES

Fleurs ord. herm. renfermées dans une spathe 1.phylle, comprimée. Etam.2, hypogynes, paraissant successivement. Anthères didymes, à 2 loges extrorses. Ovaire libre, à 2-6 ovules dressés. Style court. stigm. obtus. Fruit utriculaire, transparent. *Très petites plantes annuelles, flottantes ord. à la surface des eaux stagnantes, constituées par des frondes en forme de feuil., naissant latéralement les unes des autres, munies ord. de racines pendantes. Fl. naissant sur le bord de la fronde.*

**LEMNA** L. *Lentille d'eau.* Voir la famille, et les figures de la fructification, dans Le Maout et Decaisne, Traité général de botanique, p. 636.

**L. trisulca** L. Rac. solitaire. *Frondes elliptiques-lancéolées,* pétiolées, croissant à angle droit les unes sur les autres et paraissant au printemps après les frondes fertiles de forme différente qui les ont produites. Submergé et flottant. C. — Fin., C.-Nord. PC.

**L. polyrrhiza** L. *Rac. en faisceau.* Frondes obovales-orbiculaires, planes, rougeâtres en dessous. C. — Fl. très rares.

**L. minor** L. Rac. solitaire. *Frondes obovales, planes des deux côtés.* CC. — Fleurit abondamment en été.

**L. gibba** L. Rac. solitaire. *Frondes* obovales, un peu convexes en dessus, *hémisphériques-celluleuses* en dessous. C. — Fleurit et fructifie abondamment en été.

**L. arrhiza** L. Willd. *Wolffia* Schleid. Micheli, T. 11, fig. 4. *Rac. nulle.* Frondes à face sup. elliptique-globuleuse, plane, l'inf. hémisphérique-celluleuse, plus pâle, transparente, ayant à l'extrémité de son diamètre longitudinal et près de la face sup. un bourrelet circulaire d'où doit naître une nouvelle fronde. Mêlé au 3 précéd. j^n-nov. — Loire-Inf. AC. surtout *Vallée de la Loire.* — Ailleurs, çà et là par localités éloignées. — Cette plante, que l'on a tour à tour considérée comme une des trois espèces précéd. à l'état naissant, s'en distingue, outre les caractères notés, par un mode de végétation particulier. Tantot sa fronde, longue d'environ 1 millim., est solitaire, et alors elle offre le bourrelet déjà décrit, d'où, en la pressant entre les doigts, on peut faire sortir une nouvelle fronde ; tantôt elle est augmentée de cette seconde fronde placée en long au bout de la première et qui s'en détache avant d'en avoir égalé le volume. En dessous du bourrelet se trouve un petit point noirâtre. — La fleur trouvée sur la côte d'Angola, en Afrique, par Welwitsch n'a pas été vue en Europe.

# TYPHACÉES

Fl. monoïques, en chatons très serrés, cylindriques ou globuleux, les sup. mâles. Cal. à 3 écailles ou plus, ou formé par des soies. *Mâl.* etam. 3. *Fem.* ovaire 1 libre ; style et stigm. 1. Fruit sec, indéhiscent, 1.sperme. *Herbes aquatiques à tiges sans nœuds ; feuil. en glaive.*

**TYPHA** L. Chatons cylindriques, sortant d'une spathe caduque, les mâles caduques, placées au bout des fem. *Mâl.* Anthères 3 sur un seul filet entouré de soies ou d'écailles. *Fem.* fruit longuement pédicellé, entouré de soies à la base. Vulg. *Quenouilles.*

**T. latifolia** L. Chaume robuste de 1-2 mèt. Feuil. linéaires, planes, glaucescentes. *Chatons mâl. et fem. contigus.* Stigm. élargi. ♃. mai. Étangs, marais. AC.

**T. angustifolia** L. Chaume moins robuste, dépassé par les feuil. linéaires, un peu en gouttière dans le bas, vertes. *Chatons séparés par un intervalle.* Stigm. linéaire. ♃. mai-j^n. Mêmes lieux. C. — Moins c. au-delà de *Loire-Inf.*

*Obs. T. elata* Bor. est intermédiaire des précéd. « Chaume de 2-3 mèt. grêle, feuil. très longues, étroites (1 cent.), vertes non glauques, planes ou un peu en gouttière à la base ; chatons contigus ou un peu écartés ; stigm. linéaire-lancéolé. » Indiqué *Char.-Inf., Deux-Sèv.* et ailleurs.

**SPARGANIUM** L. Chatons globuleux. Cal. à 3 écailles caduques. *Mâl.* étam. 3. *Fem.* Style et stigm. 1. Fruit sec, indéhiscent, 1.loc. 1.sperme.

**S. ramosum** Huds. *S. erectum* α. L. *Tige rameuse.* Feuil. radic. triquètres à faces latérales concaves. Chatons paniculés. Stigm. linéaires. Fruit anguleux, en toupie, souvent à 2 loges 1.spermes. ♃. j^n-a^t. Marais, étangs, fossés. C. — Plante envahissante.

**S. neglectum** Beeby Journal of Botany 1885, p. 26 et tab. 258, a la tige rameuse et les caractères généraux du précéd. dont il diffère surtout par le fruit qui, au lieu d'être tronqué, à bec égalant 1/4 de sa longueur, est ovale ou obovale-oblong ou obovale, rétréci graduellement en bec 1/2 à 2/3 de sa longueur. ♃. Mêmes lieux. — CHAR.-INF. *Rochefort* (Fd.), *Cabariot, Puyrolland* (Riveau). — VEND. *Foussais* (Lx.). — LOIRE-INF. Marais de l'Erdre à *Nantes*, ruisseau d'*Omblepied*, ruisseau de la Villate de *Ville-au-Chef* au *Don, Cambon.* — Plante probablement répandue.

**S. simplex** Huds. *S. erectum* β. L. *Tige simple.* Feuil. radic. triquètres, à faces latérales planes. *Stigm. linéaire.* Fruit oblong-en fuseau. ♃. j^n-a^t. Mêmes lieux. C. — Moins c. au-delà de *Loire-Inf.* — Une forme flottante se distingue du suiv. par les styles et stigm. allongés, par le fruit oblong-en fuseau, un peu plus long que le bec grêle.

**S. minimum** Bauhin, Fries, *S. natans* édit. 1. Tige simple, flottante, dressée dans les lieux desséchés. Feuil. planes, flottantes ou couchées, transparentes. Chatons 3, 4, le sup. mâle, ord. solitaire. *Stigm. ovale-oblong, très court.* Fruit sec obovale-oblong, très rétréci à la base, moins au sommet, à bec court. ♃. j^n-a^t. Marais, fossés marécageux. — CHAR.-INF. *Surgères! la Clisse* (Delalande), *Champagne, la Coubre* (Fd.), *Corme-Royal.* — DEUX-SÈV. *Mauzé!* (J. Richard). — LOIRE-INF. Marais de *Mazerolles;* de *la Popinière!* (Migault), *S.-Brevin?* village de Lartreté près la rivière de *Boivre; Besné* (Viau), *S.-Gildas!* (Delalande), R. — MOR. Le Roho en *S.-Dolay* (de la Godelinais). — FIN. *Gouesnou, Bodonoux, Bourg-Blanc, Leuhan* (Crouan). R.

# AROIDÉES

Fl. monoïques, rar. herm. disposées sur un spadice charnu, souvent entouré d'une spathe. Cal. 0. *Mâl.* étam. définies ou indéfinies. *Fem.* ovaires à 1-3 loges mêlées avec les étam. ou placées en dessous ; style et stigm. 1. Fruit sec ou charnu, à 1-3 loges, à 1 ou plusieurs graines.

**ARUM** L. Spathe en cornet. Spadice nu au sommet. Cal. 0. *Mâl.* à 1 anthère, serrées autour du milieu du spadice. *Fem.* à 1 pistil, situées à la base du spadice. Baie 1.loc. à 1-4 graines. Vulg. *Girons.*

**A. italicum** Mil. Souche tubéreuse. *Feuil.* toutes radic. hastées-sagittées, souv. veinées de blanc, *paraissant avant l'hiver.* Spadice jaunâtre, à partie supér. en massue égalant son pédic. ♃. av.-mai. Haies. CC. — c. au-delà de *la Vilaine.*

**A. maculatum** L. Caract. du précéd. *Feuil. ne paraissant qu'après l'hiver,* souv. tachées de noir. Spadice rouge-noirâtre, à partie supér. en massue ord. 2-3 f. plus courte que son pédic. ♃. av.-mai. Haies. — Char.-Inf. Forêt d'*Aulnay* (Sav.). — Deux-Sèv. *Mazières* (A. Guillon). — Vend. et Bretagne. PC.

**ACORUS** L. Spathe 0. Spadice couvert de fl. herm. à 6 div. membraneuses, persistantes. Etam. 6. courtes, oppositives, hypogynes. Stigm. obtus, sessile. Caps. indéhiscente, à 3 loges.

**A. Calamus** L. Odeur forte. agréable. Souche oblique. Feuil. linéaires-en glaive marquées d'une carène de chaque coté. Spadice jaunâtre, cylindrique, un peu arqué, sessile sur le milieu de la tige comprimée, très aiguë d'un côté, en gouttière de l'autre, la partie au-dessus du spadice semblable aux feuil. Filet des étam. un peu ponctué-rosé au sommet. Fruit avortant toujours. ♃. jⁿ-jᵗ. — Il.-et-V. Prés humides, marais et bord de la Vilaine à *Rennes !* (Bonamy) et çà et là en descendant jusqu'à *Redon,* où il est c. dans les trois départ.

# ORCHIDÉES

Cal. et cor. formant un périanthe supère à 6 div. pétaloïdes. Sép. 3. souv. dressés en forme de *casque.* Pét. 3, l'inf. souv. pendant ou éperonné, appelé *label,* de forme variée, mais toujours différent des pét. latéraux. Etam. 3, insérées sur l'ovaire ; filets étroitement soudés avec le style et formant ainsi le *gynostème,* les 2 latéraux ord. stériles, l'intermédiaire fertile ; anthère à 2, 4 ou 8 loges ; pollen poudreux ou aggloméré en masses cireuses. Ovaire à 3 placenta pariétaux. Stigm. placé sous l'anthère, en forme de tache visqueuse, terminé supérieurement par une petite pointe ou une lame. Caps. polysperme, s'ouvrant par 2 fentes longitudinales. *Herbes à rac. composée de fibres fasciculées ou de 2 tubercules dont l'un se renouvelle chaque année ; feuil. engaînantes ou embrassantes ; fl. en épis terminaux, munis de bractées.*

*Orchis*. Label éperonné. Tige feuillée.
*Limodorum*. Sans feuil. Label éperonné.
*Spiranthes*. Epi de fl. tordu en spirale.
*Serapias*. Sép. et pét. réunis en casque. Label à 3 lobes.
*Neottia*. Sép. et pét. réunis en casque. Label bifide au sommet.
*Epipactis*. Label échancré et presque articulé au milieu. Rac. fibreuse.
*Ophrys*. Sép. 3 étalés. Pét. supér. petits. Rac. bulbeuse.
*Malaxis*. Sép. et pét. étalés. Label placé en haut. Anthère persistante.
  Tige à 5 angles.
*Liparis*. Label placé en haut. Anthère caduque. Tige à 3 angles.

**ORCHIS** L. Sép. 3, connivents en casque. Pét. 3 dont 2 sup. ord.
plus petits, dressés ou étalés, l'inf. *(label)* grand, prolongé à la base
en éperon. Masses de pollen pédicellées. Ovaire tordu.

*Racine à tubercules palmés.*

**O. viridis** Sw. *Satyrium* L. Feuil. inf. ovales, les sup. lancéolées.
*Fl. vert-jaunâtre*, en épi lâche, ord. plus courtes que les bractées ;
sép. et pét. tous réunis en casque; label pendant, linéaire, à 3 lobes,
l'intermédiaire très court, en forme de dent; *éperon très court.* ♃.
mai-jⁿ. Prés humides. AC. — ʀ. au-delà de *Loire-Inf.*

**O. conopea** L. Feuil. lancéolées-linéaires. Fl. rosées, non tachées,
très odorantes, en épi cylindrique, allongé, aigu; sép. latéraux très
étalés; label à 3 lobes, l'intermédiaire plus grand ou égal; *éperon* grêle,
*en alène, moitié plus long que l'ovaire.* ♃. mai-jⁿ. Prés humides. AC.

✗. **O. odoratissima** L. Caract. du précéd., dont il diffère par les
feuil. plus étroites, les fl. plus petites en épi grêle, serré, l'éperon ne
dépassant pas la longueur de l'ovaire. Les sép. latéraux sont étalés en
ligne droite, tandis qu'ils sont descendants dans *O. conopea.* ♃. mai-jⁿ.
Prés humides calc. — Cʜᴀʀ.-Iɴꜰ. Chevret pres *Saujon* (A. Guillon),
marais de *Surgères; Aigrefeuille* (Fd.), ʀʀ. *Dœuil* (Dussouchaud),
*S.-Ouen*, Pays-Bas de *Matha* (Sav.), marais de Friband près *Pisany*,
marais de Gerzan près *Corme-Royal* (Tess.). — Dᴇᴜx-Sᴇᴠ. Marais des
Fontaines et de Jouet près *Mauzé* (Fd.).

**O. maculata** L. Tige pleine. Feuil. lancéolées, ord. tachées de noir.
Fl. roses, lilas ou blanches, tachées, en épi conique ; *sép. latéraux
étalés ; label large, plane,* à 3 lobes, les latéraux crénelés, l'intermédiaire plus petit, entier. ♃. mai-jⁿ. Landes et prés marécageux. CC.

β. Var. *elongata* Gadeceau Bull. soc. scienc. nat. Nantes, 1892, avec
fig. — Diffère du type par la tige élancée, l'épi floral allongé, le
label dont les lobes latéraux ont les bords redressés, l'intermédiaire
triangulaire, aigu, dépassant les latéraux. Distingué et cult. par
D. Bourgault, il a été revu par M. Gadeceau dans les taillis calcaires
des *Cléons*, de *Touvois, Princey, Fresnay* (Loire-Inf.), où il fleurit
15 jours plus tard, ainsi que dans nos cultures.

**O. latifolia** L. *Tige creuse.* Feuil. lancéolées, fl. roses, tachées, en
épi très serré. Bractées inf. plus longues que les fl. *Sép. latéraux*

*redressés, label* à trois lobes, *les latéraux un peu recourbés sur les côtés,* l'intermédiaire plus étroit, plus long. Eperon plus court que l'ovaire. ♃. jⁿ. Prés marécageux. AC. — Moins c. au-delà du *Mor.*

**O. incarnata** L. *O. divaricata* Rich. Mut. Tubercules à 2 lobes terminés par une fibre longue et divariquée. Tige à peine creuse. Feuil. étroites, appliquées, en gouttière. Fl. pourprées en épi assez court. Bractées inf. égalant la fl. Sép. latéraux redressés, le sup. connivent en casque avec les pét.; label taché, à 3 lobes, les latéraux ord. à peine repliés, l'intermèd. petit, triangulaire. Eperon conique, gros, courbé, égalant l'ovaire. ♃. mai-jⁿ. Mêmes lieux. — CHAR.-INF. Bourgneuf près *Loulay,* près de *la Boutonne.* — DEUX-SÈV. *S.-Loup, Mauzé, Sᵗᵉ-Soline, Pers, Hanc, S.-M.-d'Entraigues, Chef-Boutonne, Fontenille, Lezay* (Sauzé fl.). — Se distingue de *O. latifolia* par la tige élancée, les feuil. étroites, les fl. plus grandes, en épi moins serré, paraissant un peu plus tard.

** *Racine à tubercules entiers.*

**O. bifolia** L. Germ. fl. Par. T. 32, G. 1,2. *Feuil. radic. 2, ovales-lancéolées,* celles de la tige linéaires, sessiles. Fl. blanches, odorantes; sép. latéraux étalés, le sup. connivent avec les pét.; label linéaire, entier; éperon linéaire, grêle, beaucoup plus long que l'ovaire. Loges de l'anthère parallèles. Bractées dépassant l'ovaire. ♃. jⁿ. Prés et bois frais. AC. — R. dans le *Fin.*

**O. montana** Schmidt, *O. chlorantha* Cust. Germ. fl. Par. T. 32. Plus robuste que le précéd., dont il diffère en outre par les fl. plus grandes, blanc-verdâtre. ord. inodores, à éperon presq. en massue au sommet et par les loges de l'anthère écartées à la base en fer à cheval. ♃. mai-jⁿ. Bois secs ord. dans le calc. — CHAR.-INF. AC. — DEUX-SÈV. Çà et là. PC. — VEND. *Champ-S.-Père,* bois des env. de *Luçon, Vigneronde* (Pont., Lx.), R. *S.-Hilaire* (Gen.), *Dinchin* (Gad.). — LOIRE.-INF. Boischaudeau! près le *Pallet,* avec fl. odorantes (Guiho), *Château-Thébaud* (Renou), *Saffré* (Gen.). RR. — MOR. « *Mauron* (Le Gall), *Josselin,* les Salles en *Sᵗᵉ-Brigitte* (Arrondeau). » — FIN. « *Mont-Barré, le Conquet,* presqu'île de *Kermorvan, l'Aberrrac'h, le Fret, Crozon,* etc. (Crouan flore). » — C.-NORD. *S.-Michel-en-Grève* (Baron), *Lannion* (Elphège), *Lanvallay, Taden* (Morin), Guilben près *Paimpol* (Avice).

**O. pyramidalis** L. Feuil. lancéolées. Fl. rose vif, en épi ovale, serré; sép. latéraux étalés, le sup. connivent avec les pét.; *label muni à la base de 2 lames verticales,* à 3 lobes entiers, l'intermédiaire plus petit; éperon grêle, long, égalant ou dépassant l'ovaire. ♃. jⁿ. Prés humides ou coteaux très secs, ord. dans le calc. — CHAR.-INF. *Montlieu!* (de Meschinet), *Méchers, Fouras, Dœuil* et env.; *S.-Christophe, Châtelaillon, Allas-Bocage* (Fd.), *Genouillé* (Riveau), *Bords* (Pont.), c. les Ferrières près *S.-Savinien* (Tess.!), c. *Migré* (Lemarié). — DEUX-SÈV. Forêt de *Chizé!* (A. Guillon), *Airvault, les Jumeaux, S.-Maixent, Prahecq, Fors, Niort, Pamproux, Mairé-l'Evescault, Chef-Boutonne, Sauzé-Vaussais* (Sauzé fl.), *Veluché* (Bonnin). — VEND. *S.-Cyr-en-Talm.* (Faye), *Corps, Chantonnay, Bessay! le Bernard, Mareuil, Luçon, S.-Michel-en-Lherm* (Pont., M.), *Mouzeuil! Maillé* (Lx.), *Commequiers,* dunes de *S.-Jean-de-Monts* (Gobert). — LOIRE-INF. Les Prises à *Machecoul ;* la Salle près *Fresnay !* (Guiho). RR. — Çà et là côte nord de *la Bretagne ; Camaret* (Blanchard) ; c. île Blanche en *Locquirec* dans le *Fin.*, Roc'h el laz dans la baie de *S.-Michel-en-Grève* (de Guernisac). « *S.-Efflam* (Miciol cat.) », *île des Ebiens, S.-Jacut, Dahouet ;* la Courbure près *Dinan* (Mabille) dans les *C.-Nord.* — IL.-ET-V. Calc. de *Rennes, Carré* (Degland).

**O. coriophora** L. Feuil. linéaires-lancéolées, en gouttière. *Fl.* à odeur de punaise, *rouge terne*, en épi oblong ; *sép. et pét. aigus, soudés en casque* jusqu'au sommet, qqf. libres à l'extrémité ; label rose à la base et tache de rouge, pendant, recourbé, à 3 lobes brun-verdâtre, les latéraux tronqués, dentés, l'intermédiaire plus long, aigu, entier ; éperon 1/2 plus court que l'ovaire. ♃. mai. Prés. AC. — Au-delà de *Loire-Inf. ;* FIN. *Penmarc'h* (Bonnemaison), *Plonivel* (Picq.). R. — C.-NORD. c. landes du marais de Briantais jusqu'à *Lancieux* avec var. à odeur douce ou nulle (Mabille). — IL.-ET-V. c. calc. de *Rennes* (Degland).

β. *O. fragrans* Pollini. Sép. latéraux qqf. libres à partir du milieu ; label à 3 lobes, les latéraux tronqués à 3,4 crénelures, l'intermédiaire oblong, aigu, entier ; éperon 1/2 ou 1/3 plus court que l'ovaire égalant la bractée. Fl. à odeur agréable ou nulle, rouge vineux ; label taché de rouge à la base, lobes brun-verdâtre. ♃. j^n. — CHAR.-INF. *Marennes, la Tremblade !* (V. Personnat), *Châtelaillon* (Fd.), le Douhet près *Saintes.* — DEUX-SÈV. *Ménigoute, Vasles* (Gir.). — LOIRE-INF. *Chéméré, Bergon, Cambon,* région maritime. R. — FIN. De *Plonivel* à *Treffiagat* (Picq.). — Prob. sur qq. points intermédiaires.

**O. ustulata** L. Feuil. oblongues. Fl. petites, en épi serré, allongé, obtus ; *sép. et pét. rouge-brunâtre,* tous réunis en casque ; *label blanc taché de rouge,* à 3 lobes linéaires, l'intermédiaire plus grand, bifide ; éperon 3 f. plus court que l'ovaire. ♃. mai. Prés. C. — Au-delà de *la Vilaine* PC., puis graduellement RR. et 0 ; RR. *C.-Nord ;* AC. intérieur d'*Il.-et-V.*

✗. **O. purpurea** Huds. *O. fusca* Jacq. Germ. fl. Par. T. 32, *O. militaris* DC. Feuil. ovales-oblongues, les sup. engaînantes. Fl. en épi gros, ovale. Bractées membraneuses, beaucoup plus courtes que l'ovaire. Sép. et pét. soudés-connivents en casque, libres au sommet, aigus ; label à 3 lobes, les latéraux *linéaires-oblongs,* courbés en avant, l'intermédiaire grand, *dilaté dès la base* et divisé au sommet en 2 lobes crénelés, avec une petite pointe entre les lobes ; éperon échancré, courbé, beaucoup plus court que l'ovaire. Fl. brun-vineux taché, à label d'un blanc d'émail taché de petites houppes pourprées. ♃. mai-j^n. Bord des bois, des buissons dans le calc. — CHAR.-INF. *Surgères* (Hubert), *Beauvais !* (Sav.), *Loulay ; Dampierre* (Pinatel), *Migré* (Lemarié), R. *Douil* (Duss.), *Pérignac* (Cazaugade), *Clavette* (Gelot !), *S.-Savinien* (Tess. !). *Aumagne* (Riveau), env. de *la Rochelle.* — DEUX-SÈV. Bois Chamaillard près *Niort* (A. Guillon), *la Mothe, Séligné* (Sauzé, M.), *Moiré* (Bonnin).

✗. **O. militaris** α. L. *O. galeata* Lam., Germ. fl. Par. T. 32. Feuil. oblongues, les sup. engaînantes. Fl. en épis gros, ovale.

Bractées membraneuses, beaucoup plus courtes que l'ovaire. Sép. et pét. ovales, acuminés, soudés-connivents en casque aigu ; label à 3 lobes, *les latéraux linéaires*, l'intermédiaire grand, élargi au sommet à *2 lobes divergents*, tronqués obliquement, avec un petite pointe dans l'echancrure ; éperon courbé, beaucoup plus court que l'ovaire. Fl. rose cendré en dessus, purpurines-striées en dedans, label veiné et marqué de points glanduleux purpurins. ♃. mai-jⁿ. Bois, pâturages du calc. — CHAR.-INF. *Surgères !* (Hubert). *S.-Saturnin-du-Bois, Gué-d'Alléré, Virson* (Fd.), *Genouillé* (Riveau), AC. *Doeuil* (Duss.), *Fontenet* (Pinatel), Pays-bas de *Matha* (Sav.). — DEUX-SÈV. *Le Bourdet* (Janneau). « *Prahecq, Deyrançon, Thorigny-sur-Mignon, S.-Martin-d'Entraigues, Chef-Boutonne, Fontenille* (Sauzé fl.). » *Vallans* (Grelet).

**O. simia** Lam. Germ. fl. Par. T. 32. Feuil. lancéolées-oblongues, les sup. engainantes. Bractées membraneuses, plus courtes que l'ovaire. Pét. linéaires, soudés à la base avec les sép. en casque acuminé ; label à 3 lobes principaux, *les latéraux linéaires*, courbés en dedans, l'intermédiaire plus long, divisé en *deux lanières* courbées en dedans, *aussi longues* que les lobes latéraux et séparées par une petite pointe ; éperon renflé au sommet, plus court que l'ovaire. Fl. blanc-rosé piqueté, label marqué à la base de petites houppes rosées, extrémité des lobes rosée. ♃. mai. Clairières des bois calc. — CHAR.-INF. La Grâce-Dieu près *Courçon ;* la Brassière en *Dampierre* (Pinatel), *Tonnay-Boutonne* (A. Guillon), *Bignay* (Tess.). — DEUX-SÈV. Prés de *Chérigné* (Vernial), R. *Airvault, Soulièvre* (Bonnin). — VEND. Bois d'*Ecoulandre* (Mˡˡᵉ Poey Davant), *Mouzeuil* (Lx.). R. — LOIRE-INF. RR. *Varades !* (R. Royné).

**O. mascula** L. Feuil. lancéolées, ord. tachées de noir, les rad. plus larges. *Fl. rouge-pourpre, en épi lâche*, allongé ; sép. latéraux étalés ou redressés, le sup. connivent en casque avec les pét. ; label taché à la base, à 3 lobes, l'intermédiaire profondém' échancré. *Bractées à 1 nervure.* ♃. av.-mai. Prés, pelouses. CC. — Vulg. *Pentecôtes*, ainsi que plusieurs autres espèces.

**O. laxiflora** Lam. Feuil. lancéolées-linéaires, en gouttière. Fl. pourpre foncé, *en épi très lâche ;* sép. latéraux redressés au-dessus de l'intermédiaire qui est arqué sur les pét. supér. ; label plus large que long, brusquement élargi dès la base, à 3 lobes, les *latéraux* plus grands arrondis, crénelés, *réfléchis*, l'intermédiaire plus court que les latéraux ou presque nul, ord. échancré. *Eperon long, cylindrique*, obtus ou échancré, horizontal ou ascendant. *Bractées à 3 ou 5 nervures.* ♃. mai. Prés humides. C.

β. *intermedia*. Diffère du type par l'épi ord. plus serré, la fl. plus tardive, rouge-violacé, à lobe intermédiaire du label souv. profondément échancré, égalant ou dépassant les latéraux. Cette variété est commune à *la Salle* et à *Fresnay* (Loire-Inf.), où MM. Gadeceau et Lajunchère me l'ont fait remarquer. Elle est commune aussi dans les prés marécageux de *S.-Joachim* (Loire-Inf.), mêlée au type et à *O. palustris* en compagnie desquels on l'a toujours trouvée et auxquels elle se relie par des intermédiaires.

γ. *O. palustris* Jacq. Diffère du type par la tige plus grêle, plus élancée, lisse au sommet, par les feuil. plus étroites, par les fl. plus tardives, ord. plus claires que dans la var. précédente, par le label aussi large que long, s'élargissant graduellement dès la base et dont le lobe intermédiaire est distinct, profondément échancré, égalant ou dépassant les latéraux non réfléchis et par l'*éperon* plus court, *cylindro-conique*. ♃. jⁿ. Prés et marais ord. dans le calc. — CHAR.-INF., VEND. AC. région maritime. — DEUX-SÈV. Marais de *Coulon* (A. Guillon), *Mauzé, Lezay* (Sauzé, M.), *Rom* (Grelet), *Thouars* (Toussaints). — LOIRE-INF. *S.-Joachim!* (Thomas), *la Salle* et *Fresnay*. R. — FIN. *Penmarc'h* (Bonnemaison). RR.

**O. alata** Fleury orchid. des env. de Rennes, p. 17, que je considérais avec Pesneau cat. comme une var. de *O. laxiflora*, en diffère par l'épi plus serré, à fl. violacées et non rouge-pourpre, les bractées égalant ou dépassant un peu l'ovaire, moins striées, label replié à 3 lobes, les latéraux plus grands, l'intermèd. échancré, les sép. tous étalés horizontalement sur un même plan, oblongs, arqués, pét. sup. connivents et couvrant le gynostème. De *O. Morio* il se distingue clairement par les div. de la fl. non réunies en casque, ni rayées de vert. ♃. mai-jⁿ. Prés humides. c. dans *Loire-Inf.;* je l'ai reçu de tous les départ. de la Flore, où il est prob. répandu.

**O. Morio** L. Feuil. lancéolées, les rad. plus larges. Fl. rougeâtres, rosées, violacées ou blanches, en épi court, peu garni ; *sép. et pét. tous réunis en casque, rayés de vert ;* label à 3 lobes dentés, l'intermédiaire tronqué-échancré, les latéraux réfléchis. ♃. av.-mai. Pelouses et prés secs. CC.

**O. hircina** Sw. *Satyrium* L. Feuil. ovales-lancéolées. Fl. fétides. Sép. et pét. réunis en casque blanc-grisâtre, strié de brun en dedans ; label blanc et ponctué de rouge à la base, à 3 lobes grisâtres, les latéraux ondulés-crépus, *le terminal très long, linéaire, tordu ;* éperon gros, très court. ♃. jⁿ-jᵗ. Coteaux secs, bord des haies, des buissons, sables maritimes dans le calc. — CHAR.-INF. AC. — DEUX-SÈV., VEND. AC. le calc. — LOIRE-INF. AC. coteaux schist. de *Mauves* à *Varades; Saffré* (Pesneau), *Copehanue* (Guiho), *les Cléons ;* RR. *le Collet* (Lajunchère), *la Salle!* près *Fresnay* (Ménier), *Pornichet* (G. de Lisle). R. — C.-NORD. G. *le Quiou, S.-Juvat* (Mabille). — IL.-ET-V. Calc. de *Rennes* (Degland). RR.

**OPHRYS** L. Sép. 3 étalés. Pét. sup. petits ; label sans éperon. Masses de pollen distinctes, pédicellées. Ovaires non tordu. *Tubercules de la rac. arrondis.*

**O. aranifera** Huds. Germ. fl. Par. T. 32 B. Tige de 15-20 cent. Feuil. inf. ovales-lancéolées. Épi lâche, à peu de fl. ; *sép. verdâtres,* pét. sup. vert-jaunâtre, glabres ; label en forme de violon, convexe, échancré au sommet, recourbé au bord, velu, brun, marqué de 2 raies parallèles, glabres, livides, luisantes. Bec du gynostème court, droit. ♃. mai-jⁿ. Coteaux secs calc. et qqf. maritimes. — CHAR.-INF. C. — DEUX-SÈV. AC. calc. — VEND. AC. calc. méridional et la côte (Pont., M.). — LOIRE-INF. *Ancenis, Varades, Arthon ; Machecoul* (Pesneau), *les Moutiers* (Lajunchère), *Tharon* (Ménier), *Escoublac, Careil, Pornichet ; la Villemartin* (de Lisle), *Saffré* (Guiho), *Cambon* (Migault). R. —

Mor. *Houat ; Quiberon !* (Aubry). RR. — Fin. S.-Vio près Loc'h-Vian en *Plomeur* (Crouan). — C.-Nord, Il.-et-V. r. de *S.-Jacut* à *S.-Malo !* (Mabille). RR.

*Obs. O. pseudo-speculum* DC., Boreau, Flore du Centre, que quelques auteurs réunissent à *O. aranifera*, en diffère par la fleur plus petite, par le label arrondi, convexe, d'abord brun, puis gris-jaunâtre sur les bords. A côté du suiv. (j⁰ 1890), à *S.-Christophe* (Char.-Inf.).

**O. Scolopax** Cav., Mut. fl. fr. fig. 515. Tige de 1-2 déc. Fl. en épi lâche ; *sép.* blancs dans le bouton, à 1 nervure verte, puis *rosés*, oblongs, obtus ; pét. sup. petits, oblongs, triangulaires, élargis à la base, obtus, pubescents ; label bombé, à 3 lobes distincts, les latéraux petits, situés *près de la base,* triangulaires, repliés en dedans en forme de corne dressée ou dirigée en avant, l'intermédiaire grand, entier, et dont les bords sont fortement repliés en dessous en tube ventru, brun velouté, verdâtre à la base, puis marqué de 2 taches livides parallèles, terminé au sommet par un petit *appendice* glabre, verdâtre, triangulaire à 3 lobes, *courbé en dessus.* Bec du gynostème court, droit. ♃. mai-j⁰. Pelouses sèches, surtout dans les bois du calc. — Char.-Inf. Coteaux de *la Gironde,* Bonnefond près *Archiac ;* Chez-Merlet près *Beauvais !* (Sav.), *Marsais, Dœuil ; le Pin !* (Mᵐᵉ George), *Meschers, Courçon ; S.-Christophe* (session botanique, j⁰ 1890), *Benon, Surgères.* — Deux-Sèv. *Bougon, Pamproux* (Souché).

**O. Arachnites** Hoffm., Germ. fl. Par. T. 32 D. Très voisin du précéd. en diffère surtout par le label entier muni à la base de deux protubérances triangulaires coniques *qui font corps avec ce label.* ♃. Mêmes lieux. — Char.-Inf. Bonnefond près *Archiac, Meschers.* — Deux-Sèv. *Pamproux* (Souché). — Il est probable que la plus grande partie des localités que j'ai citées dans les précéd. édit. de la Flore appartiennent à *O. Scolopax* et la répartition de ces localités entre les deux espèces doit être faite de nouveau. — Qqf. dans *O. Arachnites* la base de la protubérance triangulaire se détache en forme d'oreillette vers le *milieu* du label, qui offre alors une petite échancrure. En cet état, il ne faut pas le confondre avec *O. Scolopax* dont les lobes latéraux sont très distincts, situés près de la base.

**O. apifera** Huds. Germ. fl. Par. T. 32 C. Tige de 2-3 déc. Feuil. oblongues. Fl. en épi lâche ; *sép.* ovales-oblongs, concaves, obtus, *rosés ;* pét. sup. petits, verdâtres, velus ; label convexe, velu, brun ferrugineux velouté, rayé de jaune livide, à 3 lobes, les latéraux situés près de la base, verticaux, bossus, triangulaires, hérissés, le terminal grand à 3 div. recourbées sous le limbe, div. intermédiaire terminée en appendice glabre. *Bec* du gynostème long, *flexueux.* ♃. mai-j⁰. Prés secs ou marécageux, pelouses sèches, clairières des taillis, coteaux, dans le calc. — Char.-Inf. AC. — Deux-Sèv. *Chizé, Paizay* (A. Guillon), *Loubillé* (Jousse), c. *la Mothe* (Sauzé), r. *S.-Jouin* (Brottier). — Vend. Ar. le calc. et la côte (Pont., Lx.). — Loire.-Inf. *Machecoul, Fresnay, Arthon,* rr. angle N.-Est du *lac de Grand-Lieu ; forêt de Touvois, la Limousinière* (Cailleteau), *les Cléons, Copchoux, S.-Gildas ; Cambon* (Migault), *Saffré* (Guiho). R. — Mor. r. *Belle-Ile !* (Taslé). RR. — Fin. Dunes de *Locquirec* (de Guernisac), île du Loc'h aux *Glénans* (Crouan). R. — C.-Nord. rr. pointe de l'Armorique en *Plestin* (de Guernisac), RR. grève du Rosaire à *Plérin* (Baron), *Cap Fréhel, Dahouet!* (Cornillé), *S.-Jacut* (Morin), *île des Ebiens, Dinard* (Rolland). R. — IL.-ET-V. Tout le calc. de *Rennes* (Degland). R. — Fl. rose des deux précéd. auxquels il ressemble beaucoup ; il est plus robuste et s'en distingue surtout par le bec du gynostéme long, flexueux et non court droit, et par le label comme à 5 lobes, terminé par un appendice glabre, courbé en dessous, et non en dessus.

X. **O. muscifera** Huds. *O. Myodes* Jacq. Germ. fl. Par. T. 32 A. Tige de 2-4 déc. élancée. Feuil. lancéolées. Fl. écartées. Sép. étalés, oblongs, obtus, verdâtres ; *pét. sup. très étroits, linéaires*, étalés, brunmarron ; label obovale-oblong, à 3 lobes, les latéraux oblongs, l'intermédiaire beaucoup plus grand, échancré au sommet, brun-marron, à pubescence séparée au milieu par une tache glabre. Gynostème obtus, sans bec. ♃. mai-j⁰. Taillis et coteaux calc. — CHAR.-INF. *S.-Savinien* (Tess.). — DEUX-SÈV. Forêt de *Chizé* (A. Guillon), Missé près *Thouars* (Toussaints). — *Cognac.*

X. **O. fusca** « Link » Mut. fig. 508. Tige de 1-2 déc. à 2-5 fl. écartées. Feuil. oblongues. *Sép.* étalés, ovales-oblongs, obtus, verts, le *sup. en voûte ;* pét. sup. oblongs-linéaires, roussâtres, étalés, plus courts que les sép. ; label obovale-oblong, convexe, rétréci en coin à la base, à 3 lobes bruns, les latéraux courts, obtus, l'interméd. beaucoup plus grand, échancré au sommet, brunâtre, à *pubescence veloutée* séparée au milieu par une grande tache glabre, plombée, bilobée en avant. Gynostème court, obtus. ♃. av. Lieux secs calc. — CHAR.-INF. RR. *Montlieu* (de Meschinet), *la Barde* (Pétureau) (dans la Charente voisine à *Cognac, Jarnac*, ex Gren. fl. fr.) ; Pessines près *Saintes* (P. Brunaud).

**O. antropophora** L. Tige de 2-3 déc. Feuil. oblongues-lancéolées. Fl. en épi assez serré, vert-jaunâtre, bordées de brun. Bractées plus courtes que l'ovaire. Pét. et sép. soudés en casque, *label* plus long que l'ovaire, *à 3 lobes linéaires*, presque parallèles, l'intermédiaire plus long, bifide. ♃. mai-j⁰. Coteaux arides et bord des bois dans le calc. — CHAR.-INF. AC. — DEUX-SÈV. *Chizé, Chef-Boutonne* (A. Guillon), *la Mothe* (J. Richard), *Bougon* (Gir.), *Rom* (Grelet), « *S.-Florent, Ste-Pezenne* (Duret), bul. s. bot. ». — VEND. RR. *Auzais, Port-Raîteau, Chaillé-les-Marais!* (Lx.). — LOIRE-INF. RR. *Saffré* (Migault, P. Bruneau).

**SERAPIAS** L. Sép. et pét. réunis en casque ; pét. supér. petits ; label sans éperon, à 3 lobes. Masses de pollen pédicellées. Ovaire non tordu.

**S. cordigera** L. Rac. à tubercules ord. sessiles. Tige de 2-3 déc. Feuil. lancéolées à gaine tachée de rouge. Fl. rouge-vineux, 3-5 en épi lâche ; pét. ovales, très longuement acuminés, *label* rouge vineux, *poilu*, marqué à la base de 2 callosités, à lobes latéraux redressés, rapprochés au sommet et presque recouverts par le casque, l'intermédiaire ovale-en cœur, acuminé, pendant ; casque et bractées gris-brunâtre, striés. Bec du gynostème long, brun. Bractée égalant la fl. et dépassant plus de 2 f. l'ovaire. ♃. j⁰. Prés marécageux. — CHAR.-INF. *Montendre* (Fd.), *Montlieu* (de Meschinet), *Orignolle* (Millieurenche). RR. — DEUX-SÈV. *S.-Pierre-des-Champs* (Bastard). R. — VEND. AC. par

localités dans le Bocage de l'Ouest (Pont., M.). — LOIRE-INF. AC. par
localités. — MOR. Le Plessis en *Theix, Surzur, Berric* (Taslé). R. —
FIN. Kerguiridic en *Telgruc* (Ar. Letourneux); prés v.-à-v. vallée de
*Port-Salut* et au *Poulmic* (Crouan).

*Obs. S. triloba* Viviani! fragm. T. 12. fig. 1, *S. laxifloro-cordigera*
Timbal. Rac. à tubercules ovales, sessiles. Tige de 2-3 déc. Feuil.
lancéolées à gaîne qqf. tachée. Fl. 6-8 en épi lâche; sép. et bractées
gris-rosé, striés; pét. ovales, acuminés, libres, pourpres ainsi que le
*label glabre*, marqué à la base de deux callosités, à *3 lobes dentés*, les
latéraux grands, ouverts, saillants hors du casque, celui du milieu
plus long, recourbé, qqf. contourné. Bec du gynostème court, vert.
♃. jⁿ. Mêmes lieux. — LOIRE-INF. La Matinais près *Herbignac!* (Thomas), *S.-Gildas* (Delalande), *la Limousinière* (Bornigal), *la Chevrollière,*
*S.-Jean-de-Corcoué* (Cailleteau), *Geneston; Machecoul!* (Fortineau),
*Touvois* (D.-Bourgault), *la Sicaudais* (Hautcœur). *Princey* (Gad.), env.
de *Nantes.* RR. — VEND. *Challans* (herb. Hectot, Gobert), *Vairé*
(Jousse), *Venansault, la Genetouse, Belleville, Grosbreuil, la Roche,*
*Commequiers* (Pont., M.). RR. — MOR. Le Plessis en *Theix* (Taslé).
RR. — Cette belle et rare plante est considérée par qq. auteurs comme
un hybride des *S. cordigera* et *Orchis laxiflora*, au milieu desquels
elle vit toujours et par pieds isolés. Quoiqu'elle n'ait point de ressemblance avec les parents présumés, sa présence constante au milieu de
ceux-ci, sa rareté et son pollen atrophié peuvent justifier le soupçon
d'hybridité.

✗. **S. Lingua** L. Tige de 2-3 déc. munie à la base de 2 tubercules
globuleux, l'un inf. portant la tige, *l'autre* (accompagné qqf. d'un troisième qui lui est opposé) *à pédonc. long* de 1-4 cent. Feuil. linéaires-
lancéolées, en gouttière. Fl. 2-4, en épi lâche. Bractées plus longues
que l'ovaire. Pét. très longuement acuminés en pointe 2 f. plus longue
que la base ovale, soudés avec les sép. en casque cendré-rosé et strié
ainsi que les bractées; *label* glabre, *marqué à la base d'une callosité*
oblongue, brun-pourpre luisant ainsi que les deux lobes latéraux du
label rapprochés au sommet, à moitié recouverts par le casque; lobe
intermédiaire presq. à 3 lobes, *ovale-lancéolé, rose terne,* blanc à la
base entre la callosité et les 2 lobes latéraux. Bec du gynostème long,
aigu, peu coloré. ♃. fin mai-jⁿ. — CHAR.-INF. AC. prés de *Montendre* à
*Montlieu* et au-delà jusqu'à *la Barde.*

**LIMODORUM** Tourn. Sép. et pét. connivents-ouverts. Label
comme articulé, à 2 lobes, éperonné à la base. Anthère terminale,
libre. Pollen pulvérulent. Ovaire non tordu.

✗. **L. abortivum** Sw. Plante robuste de 4-8 déc. d'un beau violet
plus ou moins foncé. Rac. formée de fibres épaisses, fasciculées. Tige
garnie, en place d. feuil., d'écailles engaînantes. Fl. dressées, en épi
lâche, violettes à raies plus foncées. Sép. oblongs, dirigés en avant et
couvrant les pét. sup. plus foncés, lancéolés, élargis à la base, lobe
sup. du label ovale, à bords redressés, rayé de violet, l'inf. muni à la
base d'un long éperon en alène, recourbé vers la tige. ♃. jⁿ. Bois secs
du calc. — CHAR.-INF. Çà et là dans l'Est; *S.-Christophe, Bords* (Fd.).
*Rochecourbon* (A. Guillon), *Méchers, la Tremblade,* etc. — A *Dœuil*
et env., la fl., tout en étant fertile, est plus précoce, avec le label

lancéolé non articulé et l'éperon remplacé par une bursicule. — DEUX-SÈV. Forêt de *Chizé!* (A. Guillon). Chemereau près *Vanzay* (Guyon), *Airvault* (Huyard), *Parc-d'Oiron* (Toussaints), « *les Jumeaux* »(Argenton).

**EPIPACTIS** Sw. Sép. 3 dressés ou ouverts. Label sans éperon, entier au sommet, échancré des 2 côtés au milieu et presq. articulé, la partie infér. concave. Anthère terminale, libre. Pollen pulvérulent. *Rac. à fibres fasciculées.*

    ˙ *Ovaire sessile, tordu* (Cephalanthera).

**X. E. ensifolia** Sw. Tige de 3-6 déc. Feuil. linéaires-lancéolées, aiguës, distiques. *Fl. d'un blanc pur*, en épi lâche. Bractées beaucoup plus courtes (les inf. qqf. aussi longues) que *l'ovaire glabre*. Div. de la fl. dirigées en avant, peu ouvertes, aiguës, plus longues que le label à lame plus large que longue, obtuse, à côtés relevés, marquée en dedans de 5 plis et au sommet d'une tache jaune. ♃. mai. Bois calc. — CHAR.-INF. *La Tremblade!* (de Beaupreau), *S.-Palais; Oléron!* (Delalande), *Puycerteau* (Sav.), forêts *d'Aulnay!* (Vernial), *Dœuil; S.-Félix* (Fd.). — DEUX-SÈV. *Forêts de Chizé, d'Aulnay!* bois de Vernay près *Airvault, Veluché* (Bonnin), Missé près *Thouars* (Toussaints).

**X. E. grandiflora**, *Serapias* L. Mant. *Ep. pallens* Willd. Tige de 3-5 déc. Feuil. ovales-lancéolées, embrassantes. *Fl.* 3-5 en épi lâche, « *blanc-jaunâtre* à label rayé de jaune ». *Bractées plus longues* que *l'ovaire glabre*, les inf. très grandes. Div. de la fl. obtuses, plus longues que le label dont la lame est ovale-en cœur, plus large que longue. ♃. Bois calc. — CHAR.-INF. Bord d'un bois à la Garde de *Montlieu* (Rh. Denis, 4 mai 1871).

**X. E. rubra** All. Tige de 3-5 déc. pubescente dans le haut. Feuil. lancéolées, pliées, presque distiques. *Fl. roses*, en épi lâche. Bractées plus longues que *l'ovaire pubescent*. Div. de la fl. à peu près égales, ovales-lancéolées, acuminées; label marqué de lignes saillantes, ondulées, jaunâtres. ♃. jⁿ. Bois secs calc. — CHAR.-INF. AC. — DEUX-SÈV. Forêt de *Chizé!* (A. Guillon), *la Mothe, Sᵗᵉ-Eanne, Meille* (Sauzé., M.), *Loubillé* (Jousse), *Pamproux* (Souché), Missé près *Thouars* (Toussaints).

    ˙˙ *Ovaire pédicellé, non tordu* (Epipactis).

**E. latifolia** All. *Serapias longifolia* L. Tige pubescente au sommet. Feuil. inf. elliptiques ou ovales, les sup. lancéolées, très aiguës. Fl. courtement pédicellées, en épi lâche, les inf. beaucoup plus courtes que la bractée; *label* très creux, à lame largement en cœur, acuminée, recourbée au sommet, *plus court que le cal.* gris-verdâtre. Pét. rosé-purpurin. Ovaire pubescent. ♃. jⁿ. Bois secs. — CHAR.-INF. *La Tremblade!* (de Beaupreau), *S.-Christophe, Trizay* (Fd.), *Marsais* (Riveau), *Médis, Bords, Jonzac*, AC. de *Benon, Surgères* à *Loulay, Aulnay, Beauvais, Siecq*, jusqu'à *Cognac, Usson.* — DEUX-SÈV. Forêt d'*Aulnay* (Vernial), de *Chef-Boutonne* à *Couture-d'Argenson* et à la Forêt; *Argenton-Ch.; Airvault, Moiré* (Bonnin). *Parc-d'Oiron* (Lunet), entre *Rom* et *Vançay* (Grelet). — LOIRE-INF. *Taradineuc* sur le Don ; *Rougé* (Gad.), *Puceul* (Rinçay), *Rosabonet, Château-Thébaud!* (Guiho),

embouchure de *la Maine !* (Bonamy), *Monnières, S.-Fiacre.* R. — MOR.
« Kerdrain près *Auray* (Le Gall flore) », *Ploërmel* (Elphège), *S.-Vincent*
(Viaud), *Bougros* (Leray). — C.-NORD. *Lamballe* (Cornillé), bois de
Coilan en *Caulnes* (Baron), AC. env. d'*Evran*, de *Dinan*, de *Trévérien*
(Mabille). — IL.-ET-V. *Bellevue, Bout-de-Lande, Joué, Cesson,* env. de
*Rennes* (herb. Degland), *Bonnemain* (Hodée), PC.

X. **E. atrorubens** Reich. Diffère du précéd. par la tige moins
robuste, les feuil. moins grandes et surtout par les fl. petites, rouge-
brun, qqf. gris rosé terne, dépassant toutes les bractées. ♃. jⁿ-jᵗ.
Coteaux secs. — CHAR.-INF. La Garde de *Montlieu* (Jarris). — DEUX-
SÈV. Forêt de *Chizé* (Sauzé ll.).

X. **E. viridiflora** Reich. Bor. *Plante vert-jaunâtre,* de 3-5 déc.
Souche garnie d'un faisceau de fibres. Tige glabre, un peu pubescente au sommet, garnie inférᵗ de gaînes larges, foliacées, puis de
feuil. ovales-lancéolées, en gouttière, arquées, les sup. plus étroites.
Fl. courtement pédicellées, penchées, en épi assez serré, celles de la
moitié inf. plus courtes que la bractée ; label inclus, à 2 lobes, l'infér.
très concave, blanc au bord, brunâtre en dedans, *le supér.* triangulaire-en cœur, *blanc.* Ovaire glabre. ♃. 1-15 juin. Bois sablonneux de
la côte. — CHAR.-INF. AC. de *Royan* à l'île d'*Oleron, Châtelaillon.* —
VEND. *Olonne* (Pont., 1867). — Facile à distinguer de *E. latifolia* par
sa fleuraison qui a lieu lorsque l'épi de celui-ci commence a se former.

**E. palustris** Crantz. Tige d'env. 3 déc. Feuil. ovales-lancéolées,
embrassantes. Fl. pédicellées, pendantes, en épi lâche. Pét. blanc-
rosé, strié de rose ; *label* arrondi, crénelé, obtus, *égalant les sép.* roussâtres. Ovaire pubescent, rétréci à la base, dépassant la bractée. ♃.
jⁿ-jᵗ. Prés marécageux. — CHAR-INF. AC. Vallées humides des sables
maritimes ; *S.-Julien-de-l'Escap* (Pinatel), *Thorigny* (Duss.), *Rochecourbon* (P. Brunaud), *Pisany* (Tess.), *Aigrefeuille, S.-Christophe,* bois
de Chartres près *Breuil-Magné* (Fd.), — DEUX-SÈV. *S.-Genard, Melle*
(Sauzé., M.), *Mauzé ; S.-Jouin* (Brottier), *Tourtenay* (Lunet). — VEND.
AC. même rég. marit.; *le Bourg-sous-la Roche.,* marais de *Billy !* la
*Bauduère* (Pont.), *Sᵗᵉ-Radégonde, Marsais* (Ayraud), *S.-Pierre-du-
Chemin* (Gobert). — LOIRE-INF. De *Pornichet* à la caserne de la *Bole,*
la *Plaine* et *Tharon, Erbray, la Seilleraie, les Cléons, Machecoul,
Chémeré ; Cambon* (Delalande), *Saffré,* « *Grand-Auverné* » (Guiho). PC.
— MOR. Marais près *Quiberon* (Taslé). RR. — FIN. *Plovan, Port-Salut,*
baie de *Bertheaume, Trezhir, Lampaul-Ploud., Goulven, Santec,* etc.
(Crouan), *Plobannalec, Plomeur* (Picq.). — C.-NORD. *Erquy* (Ad. Bi-
chemin), *Lamballe* (Calmette), forêt de *Coëtquen* (Mabille). — IL.-ET-V.
C. *S.-Briac* (Mabille), calc. de *Rennes* (Degland), *Broons-sur-Vilaine,
Hédé* (Gallée).

**NEOTTIA** Rich. Sép. et pét. connivents en casque. Label bifide
au sommet. Anthère libre, persistante. Masses de pollen sessiles.
Ovaire non tordu.

**N. Nidus avis** Rich. Plante fauve clair, ayant l'aspect d'un *Orobanche.* Rac. composée d'un paquet de fibres entrelacées, dont qq.-
unes avec bourgeon terminal reproducteur. Tige de 3-4 déc. *sans
feuil.,* garnie d'écailles membraneuses engaînantes. Bractées petites,

lancéolées. Fl. en épi serré, à div. obovales ; label concave à la base, à 2 lobes divariqués. ♃. mai-j". Bois couverts. — CHAR.-INF. Forêt d'*Aulnay!* (Vernial), le *Seguin* près *Tonnay-Charente* (Peyremol), bois d'*Essouverts*, de *S.-Christophe*, *Fouras* (Fd.), *Cadeuil! les Nouillers* (Tess.). — DEUX-SÈV. Forêt de *Chizé!* (A. Guillon), *la Mothe*, *Secondigny*, *Bois du Sault*, forêt d'*Aulnay* (Sauzé fl.), «*Augé* (Soyer) ». — LOIRE-INF. Forêt de Juigné près l'étang de *la Blisière* (de Lisle), RR. forêt de *Princey!* (Lajunchère). — C.-NORD. Forêt de *Coëtquen* (H. de Ferron, Mabille). — IL.-ET-V. Forêt de *Rennes* (Moreau).

**N. ovata** Rich. *Ophrys* L. *Epipactis* All. Rac. à fibres fasciculées. Tige pubescente au-dessus des 2 *feuil. ovales, opposées*. Fl. vert-jaunâtre, en long épi grêle ; label linéaire, bifide. Bractée plus courte que le pédic. ♃. mai-j". Prés couverts. — CHAR.-INF. AC. — DEUX-SÈV. Çà et là. — VEND. R. *Dompierre* (Pont., M.), *la Tardière*, forêt de *Vouvant* (Lx.). — LOIRE-INF., MOR. PC. — FIN. *Quimper* (Bonnemaison), env. de *Brest* (Hubert), *Loperhet*, *Daoulas* (Crouan), presqu'île de *Plougastel*, *Landévennec! Crozon* (Blanchard), « *Plourin*, *S.-Martin*, *Ploujean*, etc.* » (Miciol cat.). — C.-NORD. AC. — IL.-ET-V. *Paramé*, *Plerguer* (Rolland), AC. *Rennes* (Lx.). *Fougeray* (Gad.), AC. en *Redon* (Moreau), *Bonnemain* (Hodée).

**SPIRANTHES** Rich. Sép. et pét. connivents en tube, libres au sommet. Label inclus, sans éperon, en gouttière à la base, recourbé au sommet. Anthère libre, sessile, persistante. Pollen granuleux. Ovaire non tordu. *Rac. tuberculeuse ; fl. blanches, en épi tordu en spirale.*

**S. æstivalis** Rich. *Neottia* DC. *Tubercules de la rac. allongés, cylindriques*. Feuil. linéaires-lancéolées. Fl. odorantes le soir ; label arrondi. entier. ♃. j"-a'. Marais, prés marécageux. — CHAR.-INF. R. *Montlieu* (de Meschinet). *Ternant*, *Voissay* (Pinatel). *Corme-Royal* (Tess.), *Arvert* (Lemarié), *Rochecourbon* (Parat), *S.-Christophe*, bois de Chartres près *Breuil-Magné* (Fd.). — DEUX-SÈV. *L'Absie*, *Chizé!* (A. Guillon). Champault près *Frontenay* (Charbonneau), *S.-Genard* (Gir.), *Genouillé ; Brétignolle* (Toussaints), *S"-Soline* (Guyon), la Dive à *Pas-de-Jeu* (Lunet). — VEND. *La Roche*, *Aubigny*, *Marais de Billy*, dunes mouillées de toute la côte (Pont., M.), *Challans* (Gobert), *Vouvant* (Ayraud), etc. — LOIRE-INF. *La Seilleraie*, *Mazerolles*, la *Popinière*, *S.-Gildas*, la *Brière*, *Herbignac*, *Pont-Mahé*, de *Pornichet* au *Pouliguen*, les *Renardières*, c. lac de *Grand-Lieu*, etc. PC. — MOR. *S.-Dolay ;* env. de *Guer* (Avice), *Auray*, *Quiberon*, *Lorient*, *Theix*, *Ploërmel*, AR. (Le Gall fl.). — FIN. Env. de *Quimper* (Bonnemaison), env. de *Brest* (Tanguy), *Kerloc'h. Plougastel*, *S.-Renan*, *Plouarzel*. *Goulven*, etc. (Crouan), *Plobannalec*, *Edern*, *Plomodiern*, *Menez'hom*, *Clohars* (Picq.). — C.-NORD. Etang de *Jugon*, marais de *Languenan*, *Planguenouet* (Mabille), *Brusvily*, *Trébédan* (F. Morin). — IL.-ET-V. *Rennes* (Degland), *Broons-sur-Vilaine*, étang de Bazouges sous *Hédé* (Gallée), *S.-Rémi*, *S.-Pierre de Plesguen* (Hodée).

**S. autumnalis** Rich. *Neottia* Sw. *Tubercules de la rac. oblongs.* Feuil. appliquées, engaînantes, les radic. oblongues, en rosette latérale. Fl. à odeur de vanille ; label obovale, crénelé, échancré. ♃. a'-sept. Pelouses sèches. AC.

**MALAXIS** Sw. Sép. et pét. très étalés. Label sans éperon, placé en haut, pét. latéraux réfléchis, plus courts que les sép. Anthère persistante. Pollen aggloméré en 4 masses oblongues.

**M. paludosa** Sw. *Ophrys* L. Vert-jaunâtre. *Tige* de 7-12 cent., délicate, *pentagone*, munie à la base de 2,3 feuil. ovales-spatulées, papilleuses au sommet. Fl. très petites, nombreuses, en épi grêle, allongé, les 2 sép. sup. dressés ; pét. latéraux recourbés ; label concave, aigu. ♃. j¹. Marais parmi les *Sphagnum*, où sa couleur et sa petitesse l'empêchent d'être aperçu. — LOIRE-INF. *La Verrière !* (Hectot, 1800), *Naye, Logné ;* lac Murin près *Massérac* (Desmars), étang du Loch en *Grand-Auverné* (G. de Lisle). RR. — MOR. Marais de Valory en *S.-Dolay !* marais du Petit-Rocher ! (dont une partie en Loire-Inf.) en *Théhillac* (Delalande), *Tour d'Elven* (Gad.). RR. — Pendant la fleuraison, il se développe sur la tige, à la base de la gaîne de la feuil. supér., un bulbe qui sert à reproduire la plante pour l'année suivante, tandis que celui qui a donné naissance à la tige et qui est placé beaucoup au-dessous du nouveau, se dessèche et périt. Je n'ai pu apercevoir que la plante fût parasite, comme on le prétend ; elle croît parmi les *Sphagnum,* comme les autres plantes qui l'accompagnent.

**LIPARIS** Rich. Sép. et pét. irrégulièrement étalés. Label dressé, sans éperon, un peu crénelé sur les bords. Anthère caduque. Pollen cireux, en 2 globules.

X. **L. Lœselii** Rich. *Malaxis* Sw., *Ophrys* L. Vert-jaunâtre. Rac. fibreuse à bulbe écailleux, latéral. Tige de 1-2 déc. triquètre surtout au sommet, munie à la base de 2 feuil. elliptiques-lancéolées, engaînantes. Fl. 3-8, petites, dressées, en épi lâche ; label concave, ovale-obtus. ♃. j¹-a¹. — CHAR.-INF. Marais dans la Forêt d'*Arvert* (Noblet, 1895).

# IRIDÉES

Cal. et cor. formant un périanthe à 6 div. pétaloïdes. Cal. supère, à 3 div. Pét. 3. Etam. 3 insérées sur les sép. Anthères extrorses. Ovaire 1. Style à 3 stigm. simples, laciniés ou pétaloïdes. Caps. à 3 loges polyspermes, à 3 valves portant les graines au milieu. *Herbes à rac. tubéreuses ou bulbeuses ; feuil. en glaive ou linéaires ; spathe 1.flore.*

**ROMULEA** Maratti. Pér. régulier, en cloche, à 6 div. ; tube court. Etam. 3. Stigm. 3 bipartits, à div. très étroites, recourbées.

**R. Columnæ** Sebast. et Maur. *Trichonema* Reich. *T. Bulbocodium* Kér. *Ixia* Mut. fig. 536. Rac. bulbeuse. Hampe de 3-5 cent., ord. 1.flore, recourbée après la fleuraison et alors plane en dessus. Feuil. linéaires, comprimées, sillonnées, arquées. Spathe à 2 valves, l'int. plus courte, membraneuse, beaucoup plus courte que la fl. Fl. à gorge jaune, limbe lilas clair, avec une raie plus foncée au milieu de chaque div. Style plus court que les étam. ♃. av. Coteaux maritimes exposés au midi. — Char.-Inf. Sables d'*Arvert* (de Lisle). — Vend. RR. *Noir-moutier ; île d'Yeu ; Vairé* (Marichal), *S.-J.-d'Orbetiers* (Bonnaud). R. — Loire-Inf. De *Préfaille* à *Pornic, la Villemartin ;* RR. *Croisic ; Guérande ! Clis !* (Lx.), *Piriac ;* la Matinais près *Herbignac* (Thomas), entre *S^te-Reine* et *Bergon*. R. — Mor., Fin., C.-Nord. C. — Il.-et-V. Çà et là jusqu'au *Grouin de Cancale* (Mabille, Gallée), *Ile Cesembre* (Hodée), c. *la Ville-ès-Nonais* (Rolland).

🜨. **R. Bulbocodium** Sebast. et Maur. *Trichonema* Rchb. *Ixia* L., Mut. fig. 535. Diffère du précéd. par sa taille plus élevée (5-12 cent.), par la fl. bien plus grande et par le style 1 fois plus long que les étam. ♃. mars-av. Landes, lieux herbeux. — Vend. Rochers de *Cheffois* (E. Marais), lande du Boisgat en *la Réorthe* (Douteau). RR. — La fl. est lilas-violet clair, jaunâtre à la base, à divis. oblongues, écartées, marquées de 3 raies plus foncées.

*Obs. C. vernus* All., qui appartient à la région des montagnes, se reproduit régulièrement de graines, et est c. prés, pâtures boisées entre le village de *la Vrière* et *la Chapelle-sur-Erdre !* (Loire-Inf.). — Pér. à 6 div. pétaloïdes, régulier, en cloche ; tube très long. Stigm. à 3 lobes élargis au sommet, enroulés, dentelés ou incisés. Tunique des bulbes à fibres en réseau. Hampe garnie à la base de gaînes membraneuses. Feuil. linéaires, en gouttière, à nervure blanche, formant en dessous une carène à 2 angles. Spathe simple, membraneuse, blanchâtre. Fl. violettes, variant du violet au lilas, paraissant avec les feuil. ; gorge légèrement barbue. Etam. glabres à la base. Lobes du stigm. orangés, triangulaires-en cornet, laciniés, égaux ou inégaux, dépassant ord. les anthères égalant leurs filets. ♃. fév.-mars.

**IRIS** L. Cal. à 3 div. réfléchies, pétaloïdes. Pét. 3, dressés. Style court, à 3 lobes grands, pétaloïdes, souvent échancrés, portant les stigm. en dessous et couvrant les étam.

**I. Pseudo-Acorus** L. Tige de 6-10 déc., à plusieurs fl. Feuil. en glaive, très longues. *Fl. jaunes ;* sép. ovales, non barbus, tachés de brun à l'onglet. Pét. linéaires, beaucoup plus étroits que les stigm. ♃. av.-mai. Marais, fossés, prés marécageux. C.

**I. fœtidissima** L. Fétide. Tige à plusieurs fl., comprimée à un seul angle. Feuil. en glaive. *Fl. gris-bleu sale*. Stigm. jaune livide. Graines rouge vif, luisantes, charnues. ♃. j^n. Haies sèches, lieux pierreux. AC. — c. au-delà de *Loire-Inf*.

🜨. **I. spuria** L. Souche oblique. *Tige* simple *de 2-3 déc., cylindrique,* plus longue que les feuil. en glaive, à 1-3 fl. Sép. à limbe ovale, bleu à raies blanches, onglet rayé de blanc et de violet, un peu jaune au bord et au sommet ; pét. et stigm. violet foncé. Caps. conique-hexagone, acuminée. ♃. j^n. Coteaux, près, marais. — Char.-Inf. AC. et c. çà et là région maritime ; *Angliers, S.-Christophe* (Fd.), forêt de *Benon*. — Vend. *S.-Michel-en-Lherm, Jard, Longeville, S.-Cyr-en-Talm*. CC. *S.-Denis-de-Payré*, marais de *Luçon* (Pont., M.); *la Bauduère* (Delalande), rochers du *Gué-de-Velluire* (Lx.).

**I. germanica** L. Tige de 5-8 déc. à plusieurs fl. Feuil. larges, en glaive. *Fl. grandes*, odorantes, *d'un beau violet*, sép. barbus. — DEUX-SÈV. c. rochers et coteaux de la *Cascade* à *Thouars*. — Cultivé partout, il est presque naturalisé sur les vieux murs, les toits de chaume et autour des haies, des clôtures, surtout dans la région maritime.

✕. **I. sibirica** L. *I. pratensis* Lam. Mut. fig. 529. Souche courte, rameuse. *Tige* de 3-6 déc. simple, cylindrique, *creuse*, plus longue que les feuil. en glaive, à 2,1 fl. bleu foncé, odorantes, dans une spathe à 2 lobes, scarieuse supérieurement. Sép. obovales, étalés, rétrécis en onglet, à raies prolongées dans la moitié infér. sur un fond blanc, puis sur un fond roussâtre au bord de l'onglet. Pét. dressés, obovales-oblongs, plus courts que les sép. et plus longs que les stigm. recourbés, bifides et dentelés au sommet. *Caps. oblongue, trigone, à 3 sillons*, obtuse. ♃. juin. Landes marécageuses. — CHAR.-INF. Indiqué par Faye cat. 1850 : Bois du *Planty, le Gua*, il a été retrouvé abondant dans les landes de *Cadeuil*, en juin 1889, par Mess. Foucaud et Jousset, puis par M. Mercier aîné, à *S.-Sornin-du-Gua*, d'où je l'ai reçu en fleurs et cultivé.

**GLADIOLUS** L. *Glaïeul*. Pér. irrégulier, presq. à 2 lèvres, à 6 div. pétaloïdes. Stigm. 3, pliés en long, dilatés au sommet. Graines presq. ailées.

**G. illyricus** Koch. Bulbe petit : tuniques à fibres parallèles, s'anastomosant au sommet. Tige grêle de 2,3 déc. Feuil. en glaive, larges de moins d'un cent. Fl. 3-5, violacé-rougeâtre, unilatérales ; div. à limbe obovale. *Filet moitié plus long que l'anthère* à oreillettes parallèles. Stigm. linéaires jusqu'au milieu, puis dilatés et papilleux. Ovaire égalant le tiers du tube de la fl. Bractées scarieuses au bord à la base, 1 f. plus courtes que la fl. Graines comprimées, largement ailées. ♃. j^n. Landes arides du schiste. — DEUX-SÈV. *Thouars* (Genner) et au *Parc-Chalon* (Toussaints), *Argenton-Ch.!* (Trouillard). — VEND. Forêt de *Vouvant* (M^lle Poey Davant), c. près de la Vergne en *Gros-Breuil*, S^te-*Flaive*, *S.-Julien-des-Landes* (Pont.). — LOIRE-INF. Env. d'*Ancenis*. RR. — MOR. R. landes de *Belle-Ile*. RR. — IL.-ET.-V. R. *S.-Thurial*, *Monterfil* (Ch. Oberthur).

**G. segetum** Gawl. Tige de 4-8 déc. Feuil. en glaive, larges de 14-18 cent. Fl. 5-10, arquées, unilatérales, sur 2 rangs, en épi flexueux. Sép. lancéolés, rosés ; pét. inf. violacés-rosés avec une raie blanche, le sup. un peu plus foncé. *Filet aussi long ou un peu plus court que l'anthère* à oreillettes un peu écartées. Stigm. papilleux dans la partie élargie. Caps. oblongue-obovale à 3 angles obtus ; graines presque globuleuses, non ailées. ♃. 15 mai-15 juin. Moissons. — CHAR.-INF. *Mortagne*, c. la *Rochelle*, *Beauvais*, *Sieq*, *Macqueville* ; cc. de *Merpins* à *Colombiers* et *Pérignac* (vulg. Couteaux de Loup) ; de *Pérignac* à *Archiac* ; *S.-Jean-d'Angély*, *Asnières* (Pinatel), *Font.-d'Ozillac* (Lemarié), *S.-Christophe*, *Clavette* (Fd.), etc. C. par localités. — VEND. c. partie N.-O. de *Noirmoutier* (Gobert).

# AMARYLLIDÉES

Caract. des *Iridées*. Etam. 6 ; anthères introrses. *Spathe à 1 ou plusieurs fl.*

**NARCISSUS** L. Pér. à 6 div., garni à la gorge d'une couronne colorée, en forme de godet ou de cloche, renfermant les étam. *Rac. bulbeuse ; spathe entière.*

**N. Pseudo-Narcissus** L. *Godets, Diots.* Hampe comprimée, 1. flore. Feuil. linéaires, obtuses, planes, glauques. *Fl. jaune*, terminale, inodore ; couronne d'un jaune plus foncé, en cloche, ondulée-crénelée, égalant le pér. ♃. av. Prés, bois. — CHAR.-INF. R. *Dœuil, Migré* (Duss.), *Saintes* (M. Arnauld), *Pessines, Varzay* (P. Brunaud), c. *S.-Sivien, S.-Hippolyte, S.-Symphorien* (Fd.), c. *Échillais, la Touche* (Parat). — DEUX.-SÈV. *Viennay, Parthenay,* cc. *Châtillon-sur-Thouet* (Janneau), *Ménigoute* (Gir.), *Brieul* (J. Richard). — *Gesté*, en Maine-et-Loire (Gad.). — VEND. *Ste-Gemme* (Lx.), *Champ-S.-Père* et env., *Mareuil* (Pont.), c. *S.-Julien-des-Landes* (Gen.), *Coex, Aiguillon-sur-Vie, Loge-Fougereuse* (Gobert). — LOIRE-INF. Vallée de la *Chésine*, c. vallée du *Pont-du-Cens* à *Sautron ; Bougon* (Bornigal), *Varades* (Lx.), *Savenay ;* c. *Chauvé* (Delalande), *S.-Cyr* (Lajunchère), *la Marne* (Gad.), *Tourois* (Cailleteau), *Sévérac.* — MOR. Luscanen près *Vannes* (Richard), *Ploërmel* (J.-M. Sacher), c. en *Rieux* et *S.-Jean-la-Poterie,* avec couronne concolore (Moreau). — FIN. *S.-Thégonec* (Blanchard), Ro'ch Trevézel près *Commana ; Quilien,* presqu'île de *Plougastel, Kergroades,* etc. (Crouan), « *Ste-Sève, Guiclan, Pleyber-Christ,* etc. » (Miciol cat.). — C.-NORD. c. *Lannion* (Elphège), *S.-Michel-en-Grève ; S.-Brieuc* (Taslé), vallée de *Dahouet* à *Pléneuf* (Cornillé), forêt de *Coëtquen,* coteaux de la *Rance,* c. *Bobital, Plancoët* (Mabille), c. à l'intérieur (Le Corre). — IL.-ET-V. *Rennes* (Lx.), *Mont-Dol, Cancale,* c. de *Dol* à *Combourg* (Gallée), *Redon,* c. Javené près *Fougères* (Moreau).

**N. reflexus** Lois. fl. gal. p. 237. Hampe de 15-20 cent., cylindrique, creuse, à 1, rar. 2 fl., plus courte que les feuilles vertes, faibles, souvent tortillées ou retournées, linéaires, étroites, un peu en gouttière, marquées en dessous de 2 nervures formant une carène en gouttière. *Fl. penchées,* blanches avec une légère teinte jaunâtre, inodores, à div. oblongues-lancéolées, *réfléchies,* les 3 extér. plus larges, toutes égalant le godet irrégulièrement à 6 crénelures. 3 étam. au fond du godet, 3 longues près du stigm. ♃. 1-15 avril. — FIN. *Iles Glénans!* (Bonnemaison). — C'est aussi *N. calathinus* de ce botaniste.

**N. biflorus** Curt. Feuil. un peu glauques. Hampe à 2 angles, à 2, qqf. 3, 1 fl. odorantes, blanc terne, avec une couronne très courte, jaune, scarieuse au bord rougé-denté. ♃. Av.-mai. — CHAR.-INF. AC. près *S.-Vivien* jusqu'en face *Bussac* (P. Brunaud). — LOIRE-INF. Bien spontané et c. dans les prés de *Rougé,* où on ne peut le détruire (Desaintdo). — FIN. Côte nord de *Plougastel,* moulin de *Kérérault,* vallée de *Loperhet* (Crouan), étang de *Kergroadès* (Blanchard). —

C.-Nord. Kerivon près *Lannion* (Elphège). — Il.-et-V. Spontané et
c. lande (en défrichement en 1863) et champs entre *Lavarde* et *Rotheneuf* près S.-Malo (Mabille). — Cette espèce se voit çà et là échappée
des cultures, et je doute qu'elle soit indigène.

*Obs*. Les plantes suiv. se trouvent çà et là sorties des cultures ;
il serait bon de chercher des localités où elles sont réellement sauvages. — *N. poeticus* L. Feuil. un peu glauques, hampe à 2 angles, à
1 fl. odorante, d'un beau blanc avec une couronne très courte, jaunâtre,
à bord rouge vif, rongé-denté. av.-mai. — Char.-Inf. Prairies de la
Charente près *S.-Clément*, de *Lhopitaux* à *Agonnay* (Fd.), *Crazannes*
(Tess.). — Deux-Sèv. S.-Géraud près *S.-Maixent* (A. Guillon). —
Fin. *Brest* à la Villeneuve où subspontané. côte nord de *Plougastel* au
moulin du *Frout, le Faou*, etc. (Crouan), *S.-Pol-de-Léon* (Bonnemaison). — *N. odorus* L. DC. fl. fr. Grande Jonquille, croît dans qq.
près des env. de *Nantes* et ailleurs, où il est évidemment échappé
des jardins. Feuil. vertes, demi-cylindriques, en gouttière, hampe
presque cylindrique, à 1,2 fl. jaunes ord. inodores, couronne en cloche
à 6 lobes égaux dépassant un peu la 1/2 des div. de la fl.

*Obs*. On rencontre souvent, à fl. pleines, sortis des cultures :
*N. Pseudo-Narcissus, major, incomparabilis, Jonquilla, poeticus,
biflorus*.

**PANCRATIUM** L. Pér. à 6 div. étroites, étalées, garni d'une couronne en entonnoir, lobée, portant les étam. au sommet, *Rac. bulbeuse*.

**P. maritimum** L. Hampe d'env. 3 déc. comprimée, contournée.
Feuil. linéaires, contournées, glauques. Fl. blanches, odorantes, 4-12
en ombelle simple, terminale ; couronne à 12 dents placées 2 à 2 entre
chaque étam. Spathe à 2 lobes. ♃. a²-sept. Sables maritimes.— Char.-
Inf. R. *Puyraveau-sur-Gironde ; Oleron ; Ré!* (Morison). — Vend. ac.
de *la Barre!* à *S.-Jean-de-Monts* (de la Pylaie), *S.-Gilles* (Beaud), *Bre-
tignolles* (Pont.), *les Sables* (Maupou), île *d'Yeu* (V.-Grand-Marais).
— Loire-Inf. *Escoublac!* (Martinière), rr. *le Cormier* (Gobert), rr.
*Chapelle-S.-Marc* (Chéreau), rr. *Pembron* (Dufour). — Mor. *Houat!
Hœdic!* (Aubry).

**GALANTHUS** L. Cal. à 3 div. étalées, plus longues que les pét.
droits, échancrés. Etam. en alène.

**G. nivalis** L. *Perce-Neige*. Hampe comprimée, garnie à la base de
2 feuil., à 1 fl. pendante. Sép. blancs. Pét. tachés de vert au sommet en
dehors, rayés de vert en dedans. ♃. fév.-mars. Bois, bord des haies.
— Deux-Sèv. *S.-Germain-L.-Ch.* (Guyon). — Vend. *Montournais*
(Audé, Gobert). — Loire.-Inf. *Chapelle-sur-Erdre*, çà et là *Vallée de
la Loire*, cc. la Pagerie près *Bouguenais ; S.-Herblain, Thouaré, Ancenis, Montrelais*, etc. PC. — Mor. *Questembert* (Moreau). RR. —
C.-Nord. Autrefois c. au rocher de *Dinan* (Mabille). — Il.-et-V. *Blos-
sac, Bruz* (herb. Degland), ac. *Martigné-Ferchaud*, Noyal près *Rennes*
(Moreau), *Bains* (Orain).

# ASPARAGINÉES

Fl. herm. ou dioïques. Cal. et cor. formant un pér. à 6, rar. 4 ou 8 div. Etam. 6, rar. 4 ou 8 insérées à la base des lobes du pér. Anthères introrses. Ovaire 1, libre. Style 1-3. Baie indéhiscente, à 3 loges, qqf. 1.sperme par avortement.

**ASPARAGUS** L. Fl. dioïques par avortement. Pér. en cloche, à 6 div. pétaloïdes, les 3 int. recourbées au sommet. Etam 6. Style 1, à 3 stigm. réfléchis. Baie à 3 loges 2.spermes. *Feuil. en faisceaux stipulés.*

**A. officinalis** L. *Asperge.* Tige herbacée de 6-10 déc. dressée, rameuse en pyramide, glabre ainsi que les feuil. filiformes, cylindriques, molles. Fl. jaune-verdâtre, géminées, axillaires, penchées ; tube filiforme, imitant un pédic. et égalant la moitié de la fl. Anthères égalant les filets. Baie rouge. ♃. jⁿ-aᵗ. — Loire-Inf. Prés sablonneux de la *Loire*. PC.

β. *maritimus, A. prostratus* Du Mort. Tige souv. de 1-2 déc. couchée-coudée. Feuil. plus courtes, raides. Sables maritimes. — AC. jusqu'à côte sud du *Fin.* RR. au-delà. — Cultivée et semée loin de la mer cette plante conserve ses caractères, la tige se couchant raide dès sa sortie de terre.

**CONVALLARIA** L. Pér. en cloche ou cylindrique, à 6 div. pétaloïdes. Style simple. Baie globuleuse, à 3 loges 1.spermes.

**C. multiflora** L. *Sceau de Salomon. Tige cylindrique.* Feuil. ovales-lancéolées ou oblongues, alternes. Pédonc. axillaire, à 3-5 fl. cylindriques, étroites, blanches, vertes au sommet, inodores. *Filets des étam. poilus.* Baie bleue noirâtre. ♃. av.-mai. Bois C. — AC. au-delà du *Mor*.

**C. Polygonatum** L. *Tige anguleuse.* Feuil. ovales ou ovales-lancéolées, alternes, embrassantes. Pédonc. axillaire à 1,2 fl. cylindriques, blanches à gorge verdâtre, odorantes, pendantes. *Filets des étam. glabres.* Baie bleu noirâtre. ♃. mai. Bois sablonneux. — Char.-Inf. *Montlieu, Montendre*, c. littoral de *Royan* à *Oleron; Essouvert*, forêt d'*Aulnay, Siecq; Cadeuil*, forêt de *Pons* (Fd.), *Beauvais, Brelièreau* (Sav.), la *Brassière* (Pinatel). — Deux-Sèv. *Airvault* (Bonnin), forêts de *Chantemerle* (Brottier), de *Chizé*. —Vend. Bois de la Chaise à *Noirmoutier; Challans* (Gobert), *Mouzeuil!* (David), *Nalliers* (Mˡˡᵉ Poey Davant), la *Baudhère* (Pontlevie). — Loire-Inf. RR. *Bourgneuf* (Lajunchère). — Fin. falaises de *Beuzec-Cap-Sizun* (Bonnemaison).

**C. maialis** L. *Muguet.* Rac. longuement rampante. Feuil. 2, radicales, ovales-lancéolées. Hampe terminée par un épi de *fl.* blanches, *en grelot,* penchées, unilatérales, odorantes. Baie rouge. ♃. av.-mai. Bois. — Char.-Inf. Le Gros-Buisson près *Montlieu* (Asline), *S.-J.-d'Angély* (Pinatel), forêt d'*Aulnay; Pons* (Parat); *Varzay* c. *Pessines* (P. Brunaud), *Foncouverte* (Gir.), *Archingeay* (Lemarié!), forêt de *Benon* (Bouchet). — Deux-Sèv. Bois *Pastureaux* et de *Réfannes; Vasles,*

*Ménigoute, Soudan, Souvigné* (Gir.), env. de *S.-Maixent* (A. Guillon), c.
*la Mothe*! (Sauzé, M.), forêt de *Chizé; ac.* forêt de *Chantemerle*
(Gobert), *Parc-d'Oiron* (Lunet), *Chapelle-Largeau* (Gabard), *Châtillon-
sur-Sèvre* (Gen.). — VEND. R. forêt de *Vouvant! Bourneau* (Lx.), *la
Flocelière, Pouzauges* (Rossignol). — LOIRE-INF. Forêt du *Gâvre* (Pesneau), de *Saffré, Guémené,* forêt *Pavée;* de *Juigné!* de *Domnèche*
(Guiho), d'*Ancenis* (de Lisle), *la Bretèche* (Ferrand). R. — MOR. *Tour
d'Elven* (Taslé), forêt de *Lanvaux* (Le Gall), forêt de *La Nouée, Molac*
(Arrondeau). — C.-NORD. Forêt de *la Hunaudaie* (Cornillé), vieille
forêt de *Maroué* (A. Bichemin), forêt de *Merdrignac,* bois de *Coron*
(Morin). — IL.-ET-V. Forêt de *Rennes, Bois Geoffroi* (herb. Degland),
forêt de *Teillé* (Moreau), d'*Araize* (G. de Lisle), de *Chevré* (Gallée).

**PARIS** L. Sép. et pét. 4 horizontaux. Etam. 8, filets portant les
anthères au milieu. Styles 4. Baie à 4 loges, à 8 graines.

**P. quadrifolia** L. Souche horizontale, rampante. Tige cylindrique,
1.flore. portant au sommet un verticille de 4 (rar. 3,5), feuil. en croix,
largement ovales, acuminées, nervées. Fl. verdâtre, terminale. Sép.
ovales-lancéolés, plus grands que les pét. linéaires-en alène. Baie noirâtre. ♃. mai. Bois humides couverts. — CHAR.-INF. Bardon en *Courcerac* (Raux). *Nuaillé-sur-Boutonne* (Gir.), *la Brousse* (Ferrand). —
LOIRE-INF. Forêt de *Touvois!* sur le calc. (Cailleteau, Gadeceau). —
C.-NORD. *Bois de Coron!* (A. Bichemin). — IL.-ET-V. Bois de Chan-
sœuvre près *S.-Aubin-d'Aubigné*! (Champion), landes d'*Izé* (V. Sacher).

**RUSCUS** L. Fl. dioïques. Pét. et sép. 3. *Mâl.* étam. 3 (faciles à
compter avant l'émission du pollen), à filets soudés en tube ovale,
portant les anthères au sommet. *Fem.* tube des étam. sans anthères,
entourant l'ovaire; stigm. sessile, en tête. Ovaire à 3 loges bi-ovulées.

**R. aculeatus** L. *Petit houx.* Sous-arbrisseau à feuil. *(phyllodes)*
ovales, acuminées, piquantes, coriaces, persistantes, alternes, sessiles. Fl. verdâtres, brièvement pédonculées, sortant d'une spathe membraneuse, placée au milieu de la surface de la feuil. Baie globuleuse,
rouge vif, 1.sperme par avortement. ♃. déc.-mars. Haies, bois. C.

*Obs. Smilax aspera* L. Tige ligneuse, grimpante, flexueuse, épineuse. Feuil. ovales-en cœur ou hastées, acuminées, persistantes,
coriaces, luisantes; pétiole à 2 vrilles accrochantes. Fl. verdâtres,
dioïques, en petites grappes axillaires, flexueuses. *Mâl.* à 6 div.
profondes, étalées, étam. 6. *Fem.* style très court à 3 stigm. Baie
rouge, globuleuse, 1,2.sperme. ♃. sept. Haies. — CHAR.-INF. Je l'ai
vu sur les ruines de *S.-Laurent*, M. Lemarié aux Noues près *Ste-Marie
en Ré,* et il existe sous la Batterie de *Fouras.* — Il croît aussi à *Bayonne*
(Bas.-Pyr.).

## DIOSCORÉES

Caract. des *Asparaginées*. Ovaire adhérent.

**TAMUS** L. Fl. dioïques. Pér. à 6 div. *Mâl.* étam. 6. *Fem.* style
3.fide. Baie à 3 loges dispermes.

**T. communis** L. Souche épaisse, tubéreuse. Tige élevée, grêle, grimpante. Feuil. en cœur, acuminées, alternes, pétiolées. Fl. vert-jaunâtre, en grappes axillaires. Baie rouge, luisante. ♃. mai-j^n. Haies, bois. C.

## LILIACÉES

Cal. et cor. formant un pér. à 6 div. pétaloïdes. Etam. 6, insérées sur le pér. ou sur le récept. Anthères introrses. Ovaire 1 libre, à 3 loges ; ovules fixés à l'angle intér. des loges. Style 1 ; stigm. 3, ou 1 seul triquetre. Caps. à 3 loges, à 3 valves portant la cloison au milieu.

*Fritillaria*. Pér. en cloche, ayant à la base une fossette nectarifère.
*Tulipa*. Pér. en cloche. Stigm. 3.lobé, sessile.
*Asphodelus*. Pér. étalé. Filets des étam. dilatés et courbés à la base en voûte couvrant l'ovaire.
*Phalangium*. Pér. étalé, resserré à la base en tube embrassant l'ovaire. Filets des étam. non barbus.
*Simethis*. Fl. blanche. Filets des étam. épaissis et barbus.
*Narthecium*. Fl. jaune. Filets des étam. barbus.
*Muscari*. Pér. ovale-globuleux ou cylindrique, resserré à la gorge, limbe très court.
*Endymion*. Pér. tubuleux-en cloche, étalé au sommet. Etam. droites, 3 filets soudés avec les sép., 3 presque libres.
*Scilla*. Pér. à div. profondes. Etam. insérées à la base du pér.
*Allium*. Fl. en ombelle sortant d'une spathe 2.valve.
*Gagea*. Pér. étalé. Fl. jaunes.
*Ornithogalum*. Pér. étalé. Fl. en épi ou en grappe.

**TULIPA** L. Pér. en cloche, à div. sans fossette nectarifère à la base. Style 0 ; stigm. 3.lobé. Graines planes, nombreuses. *Rac. bulbeuse.*

**T. silvestris** L. *Avant-Pâques*. Bulbe ovale. Tige d'environ 3 déc. 1.flore, à 2,3 feuil. linéaires-lancéolées, en gouttière. Fl. jaune à odeur légère, penchée avant de s'ouvrir, à div. intér. ovales-lancéolées, poilues à la base ainsi que les étam., les extér. lancéolées, vert-jaunâtre en dehors. Caps. triquètre-oblongue. ♃. av. — Char.-Inf. *S.-Maurice* (de Beaupreau !), *Dompierre* ! (Vincent). — Loire-Inf. Vignes entre *Mouzillon, Monnières* ! et *Maisdon* ! (Bornigal), la *Haie-Fouassière*, c. la *Turmelière* ! (A. de Lisle), *Corsept* ! (Pesneau), vignes de la Roche près *Couffé* (Coquet).

**T. Celsiana** Vent. in Red. Lil. T. 38, a tous les caractères du précéd. mais est 1/2 plus petit dans toutes ses parties, les sép. sont brun-rougeâtre en dehors, la caps. est plus large, rétrécie à la base. ♃. av. — Deux-Sèv. Coteau sec au Puits-d'Enfer près *S.-Maixent* (Sauzé). — Il.-et-V. Pré, le Tertre près *Martigné-Ferchaud* ! (Lefeuvre). — Ainsi que dans le précéd., les jeunes bulbes non florifères produisent une seule feuille et un stolon filiforme terminé par un bulbille; les bulbes adultes fleurissant produisent 2,3 feuilles et sont sans stolon.

*Obs. T. præcox* Ten., Jord. fragm. 1. T. 5 C. (très voisin de *T. Oculus solis* Sᵗ-Am., Jord. l. c. T. 5 B.), sorti des cultures, est signalé par Mess. Maillard et Foucaud dans les champs cult. entre *Lagord* et *Puilboreau* (Char.-Inf.) où il se répand de plus en plus. Sa *fl.* est grande, d'un beau rouge, ayant en dedans à la base *une grande tache noirâtre bordée de jaune* ; ses div. sont très concaves, les ext. ovales, acuminées, un peu courbées, les int. elliptiques, arrondies au sommet. mars-av.

**FRITILLARIA** L. Caract. du *Tulipa*. Div. du pér. ayant à la base une fossette nectarifère. Stigm. 3.

**F. Meleagris** L. Tige 1.flore, à 3,4 feuil. linéaires, en gouttière, recourbées, écartées. Fl. pendante, panachée en damier de carreaux pourpres et blanchâtres. ♃. av. Prés. — Char.-Inf., Deux-Sèv., Vend. C. par localités. — Loire-Inf. c. *Vallée de la Loire* ; *Vertou*, c. *la Marne* ; *S.-Cyr-en-Retz*, *Châteaubriant*, *Rougé* ; vallée du *Don* (Guiho), *Blain*. — Il.-et-V. *Forges* (herb. Degland), *Martigné-Ferchaud* (Gallée).

**ASPHODELUS** L. Pér. étalé. Etam. dilatées et courbées à la base en voûte couvrant l'ovaire. Style simple. Caps. presque globuleuse, à 3 loges 1.spermes.

**A. albus** Willd. *A. occidentalis* Jordan icon. fig. 26. *A. sphærocarpus* Gren., Jordan icon. fig. 179. Rac. composée de tubercules allongés, en faisceau. Tige simple de 6-12 décim. Feuil. linéaires, longues, carénées, en gouttière, raides, glauques. Fl. nombreuses, entremêlées de bractées, en long *épi* ord. *lâche*, simple, rameux de la base dans les individus robustes ; div. du pér. linéaires-oblongues, blanches, à 1 nervure brunâtre, les intér. graduellement rétrécies en onglet. Filets des étam. ciliés à la base. Caps. ovale, prismatique-hexagone, longue d'env. 10 mil. sur 7, beaucoup plus courte que le pédic. ascendant, de 15-17 mil. ♃. av.-mai. Landes, coteaux, bois. — Char.-Inf., surtout ter. tertiaires, Vend., Loire-Inf. CC. — Deux-Sèv. Mor. C. — Fin. Côte méridionale, arrond. de *Morlaix*. — C.-Nord. c. le Chêne-Vert en *Plouer* (Mabille). — Il.-et-V. Lisière de la forêt de *Paimpont* (Le Gall), c. *la Roche-du-Theil* ! (J.-M. Sacher), ac. en *Redon* et *Bains* (Moreau). R.

**A. Arrondeaui** Lloyd. Cette espèce, signalée par feu Arrondeau, bul. soc. polym. Vannes 1867, est certainement distincte de la précéd., dont elle a les caractères généraux ; elle en diffère par les feuil. peu glauques, ord. flasques (comme celles du Porreau), les bractées noirâtres, *l'épi serré*, la fl. ayant une légère teinte rosée, à div. intér. brusquement rétrécies en onglet et surtout par la *caps. sphérique*, d'un brun luisant (lorsqu'elle est formée mais non mûre), tandis que celle de *A. occidentalis* est d'un vert terne plombé ; ce fruit, gros de 12-13 mil., égale à peu près le *pédic.*, qui est *droit*. — Bretagne. Commence à *Guérande*, continue sur le littoral jusqu'à l'embouchure du *Morbihan*, où il est c., croît à *Vannes*, et dans le Golfe, à *Belle-Ile* avec l'autre, à *S.-Maurice* et à l'embouchure de la rivière de *Quimperlé*, aux îles *Glénans* ; « *S.-Martin-des-Champs, Morlaix* (Miciol) » ; à l'intérieur : existe à *Gourin*, au *Faouet*, à *Peillac*, *Rochefort-en-terre*, *Redon* et Butte de *Poligné*. — La répartition des localités de nos deux plantes serait à compléter et elle est d'autant plus facile que leurs fruits sont reconnaissables jusque après l'hiver.

**PHALANGIUM** Tourn. Pér. étalé, resserré à la base en tube embrassant l'ovaire. Etam. insérées sur le récept., filets filiformes. Style simple. Caps. coriace, presque globuleuse, à 3 sillons, à 3 angles obscurs ; graines anguleuses, noirâtres, rugueuses.

X. **P. ramosum** Lam. *Anthericum* L. *Tige* de 4-6 déc. *rameuse au sommet.* Feuil. toutes radicales, linéaires, acuminées, en gouttière. Fl. blanches en panic. lâche. Bractées très courtes, en alène. *Style droit.* Ovaire jaunâtre. ♃. j⁰-j¹. Coteaux arides calcaires. — CHAR.-INF. C. bois du Four en *Chires, Fontaine Chalandray* (Sav. 1853), *la Villedieu* (Reau), *Bussac* (Fd.), C. garenne de la Brassière près *Dampierre* (Pinatel). R. *Orignolles* (Barbreau), S.-Vivien près *Montlieu* (de Meschinet). — Garenne de *Villejésus* (Charente), tout près des Deux-Sèv. (Jousse).

X. **P. Liliago** Schreb. *Tige de 4-6 déc. simple.* Feuilles toutes radicales, linéaires, acuminées, un peu en gouttière. Fl. blanches assez grandes, en épi lâche. Bractées lancéolées, longuement acuminées en alène. *Style arqué-ascendant.* ♃. mai-j⁰. Landes et bois secs. — CHAR.-INF. Forêt de Benon près *Courçon* (Bouchet), *S.-Christophe, Montendre* (Fd.). S.-Hubert en *Cheranceaux,* Mouillebroc en *Neuvicq, S.-Palais-de-Négrignac* (Caudéran). — DEUX-SÈV. Coteaux schisteux d'*Argenton-Château !* (Trouillard).

**SIMETHIS** Kunth. Pér. étalé. divis. à 5 nerv. Etam. insérées à la base des div., à filets barbus. Style simple. Caps. presque globuleuse à graines arillées.

**S. planifolia** (*Anth.* L.), *Phalangium bicolor* DC. Rac. à fibres épaisses. Tige de 2-3 déc., rameuse au sommet. Feuil. linéaires, un peu en gouttière, tortillées. Fl. blanches, rose-violacé en dehors, en panicule lâche. Filets des étam. épaissis et barbus. Caps. globuleuse, à 3 graines arrondies, noires, luisantes. ♃. mai-j⁰. Landes, taillis clairs. — CHAR.-INF. CC. pays de lande de *Mortagne* à *Montlieu* et *la Barde ;* entre *Nancras* et *Cadeuil.* — DEUX-SÈV. Forêt de l'*Hermitain, Gouex* (Sauzé), *Parc-d'Oiron* (Toussaints). — VEND. AC. Bocage ; *Noirmoutier.* — LOIRE-INF. C. — MOR. AC. région maritime ; C. landes de *La Nouée* (Arrondeau), *Coetquidan, Guer* (Avice). — FIN. *Bénodet, Combrit, Landévennec* (Crouan), R. *Menez'hom* (1853) ; *Trégarvan* (Blanchard), *Ergué-Armel* (Bonnemaison), *Pont-l'Abbé, Combrit* (Picq.). PC. — C.-NORD. RR. « *Plounérin* » (Miciol cat.), *Erquy, Cap Fréhel ; S.-Jacut-du-Menez* (Morin), forêt de *Coëtquen* (Mabille). — IL.-ET-V. *S.-Germain-sur-Ille* (Lx.), AC. en *Redon* (Moreau), *Maxent* (Gautier).

**ORNITHOGALUM** L. Pér. très étalé au-dessus de la base. Etam. insérées sur le récept., à filets dilatés à la base ; anthères insérées sur le filet par leur milieu. Style simple ; stigm. obtus. *Rac. bulbeuse.*

**O. sulfureum** Rœmer, *O. pyrenaicum* Pesn. Hampe élancée, de

5-8 déc. Feuil. linéaires-en gouttière, desséchées avant la fleuraison. *Fl. jaune pâle*, à nervure dorsale verdâtre, nombreuses, *en long épi* terminal. Div. du pér. linéaires-oblongues. Pédic. d'abord étalé, dépassant la bractée. ♃. mai-j⁰. Prés, bois. — CHAR.-INF. C. — DEUX-SÈV., VEND. c. calc., AC. ailleurs. — LOIRE-INF. c. arrond. d'*Ancenis* et de *Châteaubriant*. AC. — MOR. Embouchure de *la Vilaine*. — FIN. *Aod-Trière* (Crouan). — IL.-ET-V. *Bout-de-Lande*, *Poligné* (Lx.), *Pléchatel* (de la Godelinais), « *Laillé* » (Le Gall), *la Molière* (Sacher), AC. env. de *Bain* (Desmars). R.

**O. umbellatum** L. *O. angustifolium* Bor. *Belle-d'onze-heures*. Plante en touffes. Bulbe multiple à cayeux allongés produisant des tiges et des feuil. Feuil. linéaires, étroites, en gouttière avec une bande blanche au fond, 1 f. plus longues que la hampe. *Fl. blanches* à bande verte en dehors, *en corymbe* terminal. Div. du pér. oblongues, obtuses. Pédic. ascendant. Bractées grandes, membraneuses. Filet des étam. blancs, anthères oblongues-en flèche. Ovaire vert à 6 côtes, jaune au sommet, style blanc. ♃. mai. Vignes, champs cultivés, bord des haies. AC. — Au-delà de *Loire-Inf.* : MOR. AR. — FIN. *Ergué-Armel* (Picq.). — IL.-ET-V. Env. de *Rennes* (Degland).

**O. divergens** Boreau, Jordan icon. fig. 125. Plante croissant par pieds isolés. Bulbe blanchâtre, ovale-arrondi, portant à la base de nombreux bulbilles pédicellés, ovales, sans feuil. tant qu'ils adhèrent à la plante. Fl. du précéd., mais plus grande. *Pédic. longs*, inégaux, d'abord dressés, promptement *réfractés*, plus longs que les bractées membraneuses. Caps. redressée, obovale-arrondie, à 6 angles peu prononcés, graines obovales-en poire, ridées en réseau. ♃. av. Mêmes lieux. PC. jusqu'au *Mor.* incl. — FIN. Le Leurriou en *Kerfeunteun* (Picq.).

**GAGEA** Salisb. Pér. étalé. Etam. insérées à la base du pér., filets non dilatés ; anthères dressées, insérées à la base. Stigm. trigone. *Fl. jaunes*.

**G. bohemica** Schultes. Bulbe très petit, entouré d'autres plus petits et souv. nombreux graniformes dans une même tunique. 2 feuil. rad. filiformes, cylindriques ou un peu en gouttière, recourbées, tortillées, dépassant la tige, celles de la tige 3,4 lancéolées, allongées ou qqf. filiformes au sommet. Tige de 3-6 cent. velue, ainsi que le bas des div. du pér. et le bord des feuil. Div. du pér. oblongues, élargies dans le haut et arrondies au sommet. *Fl. ord. solitaire*, rar. 2. Ovaire en cœur renversé, fruit à faces convexes, avortant souv. ♃. 1-15 fév. Coteaux schisteux exposés au midi. — DEUX-SÈV. *Thouars!* avec div. de la fl. ord. plus allongées (*G. saxatilis* Bor.), *Airvault* (Bonnin); voir *Argenton-Château*. — LOIRE-INF. Env. d'*Ancenis! Varades!* (Guiho), de *la Censerie* à *Pouillé*, et vers *la Rouxière*. — Dans la plante de Thouars, le fruit mûr et rempli de graines fertiles ! est obovale-en cœur et les faces sont convexes, plus ou moins selon l'abondance des graines qui sont très rares ; qqf. le fruit est *un peu* plus allongé.

✕. **G. arvensis** Schultes. *G. villosa* Duby. Deux bulbes renfermés dans une même tunique. l'un gros florifère avec racine et 1 feuil. rad., l'autre petit sans rac., avec 1 feuil. linéaire, en gouttière, à carène

obtuse, plus longue que la hampe portant au sommet un *corymbe de
fl.* garni à la base de 2 bractées foliacées, lancéolées. Pédonc. velus.
Div. de la fl. lancéolées, jaune brillant en dedans, verdàtres en dehors.
Ovaire en coin échancré, plus court que le style. ♃. mars-av. Champs
sablonneux. — CHAR.-INF. *S.-Xandre* (de Beaupreau), *S.-Pierre-
d'Amilly, Chambon, Vérines, Ardillières, Ciré* (Fd.), *Courçon* (Bou-
chet), RR. Chagnou en *Aumagne* (Guillaud), C. plaine argileuse de
Farnou en *Fontaine Chalandray* (Sav.), RR. *Thénezay* (Janneau),
*Exoudun* (Touché), *Lezay* (Rouffineau). — DEUX-SÈV. « *Rom, Vançay* »
(Grelet).

**SCILLA** L. Pér. à div. profondes, étalées ou en cloche. Etam. insérées à la base des div. du pér. Anthères incombantes. Style simple ;
stigm. obtus. Graines arrondies. *Rac. bulbeuse.*

**S. autumnalis** L. Hampe de 10-15 cent. Feuil. linéaires, paraissant après ou avec les fl. bleu-violet, en épi terminal. Pédic. ascendant, *sans bractées.* ♃. 15 j'-sept. Coteaux, prés secs, surtout dans la
région maritime, où la hampe est qqf. courbée. C.

**S. verna** Huds. *S. umbellata* Ram. Bulbe portant *plusieurs feuil.
linéaires,* un peu en gouttière, épaisses. Hampe de 4-20 cent. terminée
par un épi court, arrondi de fl. bleu-violet clair avec une ligne plus
foncée en dehors. Filets des étam. rétrécis au sommet et blancs. *Bractée membraneuse* égalant env. le pédic. ♃. av.-15 mai. — CHAR.-INF.
R. landes env. de *Montlieu* (de Meschinet). — DEUX-SÈV. Bois, prés,
coteaux, partout, CC. arrond. de *Melle* (Sauzé, M.), *Vasles* (Janneau),
*Souvigné, Ménigoute, Pamproux, Soudan, Coutières, les Forges* (Gir.).
— MOR. Embouchure de rivière de *Quimperlé* (Le Gall). — FIN. Coteaux maritimes arides, hampe souv. de 4-5 cent. à 1-3 fl. Pointe du
*Raz* (Bonnemaison). C. côte de *Kerguélen* et *Kerloc'h ;* C. côte de *Brest
à Argenton!* et *Plouguerneau* (Guiho), *Ouessant* et *Béniguet* (Thiébaut),
*Benzec-Cap, Poullan* (Picq). — C.-NORD. « *Ile des Ebihens* » (F. Morin).

X. **S. bifolia** L. Bulbe à *2 feuil. lancéolées-linéaires,* en gouttière,
enroulées au sommet en pointe cylindrique. Hampe de 1-2 déc. terminée par un épi lâche de 3-8 fl. d'un joli bleu clair ainsi que les filets
des étam. et l'ovaire ; pédicelles dressés, les infér. plus longs, bractées très courtes, en pointe. ♃. mars-av. Coteaux pierreux boisés. —
DEUX-SÈV. *Sauzé-Vaussais* (Caillon).

**ENDYMION** Du Mort. Pér. tubuleux-en cloche, étalé au sommet.
Etam. droites, 3 filets soudés avec les sép. dans toute leur longueur,
3 presque libres. Caps. à 3 sillons. Graines nombreuses. *Rac. bulbeuse.*

**E. nutans** Du M. *Scilla* Smith, *Hyacinthus non scriptus.* L. Feuil.
linéaires, en gouttière. Fl. bleues, à odeur de *Jacinthe,* en épi unilatéral, penché, terminal. Div. du pér. recourbées ou sommet. Pédic. à
2 bractées colorées. ♃. av.-mai. Bois, coteaux. CC.

**ALLIUM** L. Pér. en cloche ou étalé. Style simple ; stigm. obtus.
Caps. à 3 sillons, à 3 loges bipartites, se détachant à la fin d'un axe

filiforme, persistant. Graines peu nombreuses. *Fl. en ombelle simple terminale, sortant d'une spathe bivalve ; rac. bulbeuse.*

* *Filets des étam. tous simples.*

**A. ursinum** L. Bulbe oblong. *Feuil.* 2,3 radicales, *ovales-lancéolées*, pétiolées. Hampe triquètre. Fl. blanches, élégantes, à odeur alliacée. ♃. mai. Haies et bois humides. — AC. par localités. — Au-delà de *Loire-Inf.* : — MOR. Le Talhouët en *Guidel* (Picq.). — FIN. *Huelgoat, Quimper, S.-Martin-des-Champs, le Faou, Landerneau, Daoulas, Loperhet, S.-Thégonnec, Plouigneau*, etc. (Crouan), env. de *Quimperlé* (Picq.), *Argol, Folgoet.* — C.-NORD. *Lannion* (J.-M. Sacher), c. forêts de *Coat-an-Nos* et du *Beffou*, Chef-du-Bois en *Pommerit-J.* (Le Corre), env. de *Lamballe* (Cornillé), *S.-Brieuc ;* cc. Grilmou près *Dinan* (Mabille). — IL.-ET-V. *S.-Grégoire* (Lx.), *S.-Jacques*, landes d'*Izé* (de la Godelinais), *S.-Thurial* (Hodée).

✗. **A. roseum** L. Odeur forte, alliacée. Vieille tunique des bulbes élégamment alvéolée ; ceux-ci entourés de bulbilles nombreux, pédicellés, blancs. Tige cylindrique garnie à la base de 3,4 feuil. linéaires, acuminées, un peu en gouttière, à cils fins perpendiculaires. Spathe à 4 valves, plus courte que les pédic. *Fl. d'un joli rose*, grandes, en tête ; sép. elliptiques, pét. oblongs. Etam. incluses. ♃. mai. Coteaux crayeux, vignes. — CHAR.-INF. C. par localités. — DEUX-SÈV. Mallet près *Mauzé* (Fd). — VEND. R. *Chaillé-les-Marais* (Gen.). RR.

✗. **A. Schœnoprasum** L. *Appétits.* Bulbes composés, allongés, en touffe. *Feuil.* linéaires-en alène, *cylindriques, creuses.* Spathe à 2 valves égales, ovales, membraneuses. Fl. rosées, en tête, à div. lancéolées, aiguës, plus longues que le pédic. Etam. incluses. ♃. jⁿ. — DEUX-SÈV. RR. coteaux, pelouses des rochers de gneiss dans la vallée de Nanteuil près *S.-Maixent* (Sauzé).

**A. ericetorum** Thore ! *A. ochroleucum* Koch syn., *A. ambiguum* DC ! *A. appendiculatum* Ram ! Bulbe allongé, à tunique très filamenteuse. Tige cylindrique d'env. 3 déc. Feuil. linéaires, un peu en gouttière en dessus, striées et arrondies en dessous, un peu glauques. Spathe à deux valves ovales, égales, plus courtes que les pédic. *Fl. blanches*, à odeur douce légère, *en tête serrée globuleuse.* Div. du pér. ovales, 1 fois plus courtes que les étam. Style en alène, de longueur variable. Ovaire ovale, blanc sur le dos des valves et ayant à la base une petite fossette, vert sur leur suture. Caps. à 6 graines. ♃. a¹-sept. Landes, prés et taillis humides. — CHAR.-INF. *Montendre, Montlieu !* (de Meschinet), *Chevanceaux* (Sav.), cc. *Bussac!* (Lemarié), cc. *Clérac* (Millieurenche), c. entre *Naneras* et *Cadeuil* (Tess.), *Broue* (Hubert), de la Chataigneraie à la Grande-Maçonne en *S.-Symphorien* (Fd.). — LOIRE-INF. AC. *Herbignac* et env. (Le Boterf et moi), *Langâtre* (Thomas), *Mesquer, Pont-d'Armes*, Crevry ! près *S.-Liphard* (Gen.). R.

**A. oleraceum** L. Odeur alliacée. Tige cylindrique, garnie jusqu'au milieu de feuil. un peu glauques, linéaires, demi-cylindriques, presque planes au sommet, creuses, un peu en gouttière en dessus, marquées en dessous de stries rudes, dont 3 plus saillantes. *Spathe à 2 valves très longues, inégales.* Fl. d'un rose brun sale, en ombelle entremêlée

de bulbilles nombreux. *Ovaire obovale-oblong, tronqué au sommet,
rétréci à la base.* ♃.jᵗ-aᵗ. Sables, rochers, coteaux, vignes.— CHAR.-INF.
*S.-J.-d'Angély* (Pinatel), *Corme-Royal* (Tess.), répandu dans le nord
(Fd.). — DEUX-SÈV. C. — VEND. AC. Plaine; PC. Bocage (Pont., Lx.).
— LOIRE.-INF. AC. *Vallée de la Loire*, R. ailleurs. — IL.-ET-V. Entre
*Boyle* et *Pontréan, Cesson* (herb. Degland), *S.-Jacques* (Gallée), *Rennes*
(Hodée).

*Obs. A. complanatum* Sauzé, au Boreau ? originaire des Branges en
*Exoudun* (Deux-Sèv.), que j'ai reçu de M. Sauzé et cultivé, est très
voisin du précéd., dont il diffère seulement parce qu'il est plus robuste,
fleurit 12-15 jours plus tôt et que les bulbilles de la tête sont plus gros,
ovales, obtus ou terminés en pointe plus courte.

**A. paniculatum** L. Caract. de *A. oleraceum*. Odeur non alliacée.
Feuil. vertes, à peine rudes en desssous, à 3 stries plus saillantes que
dans *A. oleraceum*. Fl. nombreuses, en *ombelle* très rar. bulbifère.
*Ovaire oblong,* hexagone, *également rétréci aux 2 bouts.* ♃. jᵗ-aᵗ.
Vignes, jardins. — CHAR.-INF. AC. — DEUX.-SÈV. AC. *Niort* (A. Guillon),
*Sᵗᵉ-Pezenne* (Gir.), *S.-Pompain* (Guyon), *S.-Maixent, la Mothe* (Maillard). — VEND. *Olonne, Talmont, Luçon, Mareuil, la Couture* (Pont., M.).
— LOIRE-INF. C. par localités. — Prob. ailleurs au midi de la *Loire*.
— MOR. *Vannes* et env. (Taslé). RR. — FIN. *Brest* (Crouan), *Crozon,
Morlaix* (Gay), *Quimper, Quimperlé* (Picq.). RR. — IL.-ET.V. R.
*Redon* (J.-M. Sacher), *Rennes* (Hodée), — Le caractère de l'ovaire
peut très bien s'observer sur le sec.

    ** *Filets des étam. alternativement à 3 pointes.*

**A. sphærocephalum** L. *Tige garnie de plusieurs bulbilles pendants,
placés au-dessus du bulbe principal.* Feuil. demi-cylindriques, en gouttière en dessus, glauques. Fl. d'un beau rouge, en tête globuleuse ou
bien un peu conique ou ovale à la fin de la fleuraison [*A. Deseglisei*
Bor.]; pédic. graduellement épaissi sous la fl. Spathe courte. Ovaire
ovale, vert; sommet des loges appliqué sur le style. ♃. jⁿ-jᵗ. AC.
sables et coteaux maritimes. — R. à l'intérieur, lieux pierreux du
calc. ou du schiste. — CHAR.-INF. *Montlieu, le Pin,* C. *Donil,
S.-J.-d'Angély.* AC. *Matha, Beauvais* et env.; *S.-Christophe* (Fd.). —
DEUX-SÈV. AC. — VEND. C. *S.-V.-Sterlange* (Pont.), AC. Plaine et
îles hautes (Lx.). — LOIRE-INF. *Varades, Ancenis, Chéméré; Pé-de-
Sèvre!* (Bornigal).

X. β. *bulbilliferum, A. sphærocephaloides* Foucaud Annal. acad. de
la Rochelle, 1873. Têtes de fl. entremêlées de nombreux et gros bulbilles arrondis qui le déforment au point de faire hésiter à le rapporter au type. Moissons du calc. — CHAR.-INF. *Thairé;* C. par localités
cantons de *la Jarrie, Aigrefeuille, La Rochelle, Courçon* (Fd.). — Les
caps. sont toujours stériles.

**A. vineale** L. *Odeur alliacée très forte. Bulbe composé.* Feuil. cylindriques, étroitement en gouttière en dessus, cannelées-striées, creuses,
glauques, souv. tortillées au sommet. Ombelle composée de 1-3 têtes de
bulbilles ovales. arrondis, oblongs ou lancéolés, serrés, souv. en végétation, parfois mêlés de fl., très rarᵗ toute composée de fl. Fl. lilas, qqf.

blanches; pédic. brusquement renflé-globuleux sous la fl. Ovaire à 3 côtés violet foncé, offrant entre eux une séparation transversale aiguë; sommet des loges écarté du style. ♃. jⁿ-jⁱ. Murs, prés, vignes, lieux sablonneux. CC.

*Obs. A. nitens* Sauzé, Maillard cat. p. 51, est selon les auteurs distinct du précéd. surtout par l'ombelle hérissée de bulbilles en fuseau, anguleux, blanc-jaunâtre, luisants, et par les fl. blanches, plus petites. Après l'avoir cultivé pendant plusieurs années et élevé de graines, cueilli à *Airvault, Thouars, Argenton-Château,* reçu vivant et cult. de *Noirmoutier,* et vu des dunes de *S.-Gilles-sur-Vie,* d'*Arthon,* des murs de *Vannes,* je trouve que les caractères indiqués ne sont ni constants, ni concomitants. Il se rattache parfaitement à *A. vineale,* surtout par la plante de Noirmoutier et de S.-Gilles, qui a les mêmes caractères que la plante commune des murs, sauf la fl. blanche et les bulbilles pâles. Ces bulbilles sont luisants dans tous les deux, les bulbilles pâles correspondant à la var. à fl. blanche, comme les bulbilles roussâtres à la fl. lilas du type.

**✗. A. polyanthum** Rœm. et Sch. Boreau, *A. multiflorum* DC. Odeur alliacée. Bulbe composé de 2 gros bulbilles principaux. Tige de 5-7 déc. garnie de feuil. jusqu'au 1/3 de sa hauteur, les premières courbées vers la terre. *Feuil. glauques, linéaires, aiguës, en gouttière.* Fl. en tête assez grosse, blanc-rosé, à div. recourbées au sommet; sép. plus étroits, concaves, à carène verdâtre couverte d'aspérités; pét. presque planes. Etam. dépassant peu le pér., anthères jaunes, filets ciliés; les 3 filets simples graduellement rétrécis jusqu'au sommet, les 3 autres à appendices tortillés, pointe anthérifère 3 f. plus courte que le filet. Style dépassant les étam. Ovaire verdâtre, à faces marquées d'une ligne en travers et d'un sillon au-dessus, à 2 lobes au sommet. ♃. jⁿ. Coteaux, champs, vignes, bord des haies dans le calc. — CHAR.-INF. AC. — DEUX-SÈV. R. Surimeau près *Niort* (A. Guillon), « *S.-Eanne, Exireuil, Sᵗᵉ-Pezenne* » (Sauzé fl.), *S.-Maixent.* — VEND. c. *Fontenay* et îles hautes (Lx.), c. vignes de *Bessay* (Pont.), dunes de *S.-Gilles!* (Gobert).

**A. Ampeloprasum** L. Odeur alliacée très forte. Bulbe composé de 2 gros bulbilles principaux. Tige de 10-15 déc., garnie jusque vers le milieu de feuil. glauques, linéaires, planes, carénées, rudes au bord ainsi que sur la carène, à gaîne comprimée-à 2 tranchants. Fl. longuement pédicellées, en tête grosse, compacte. Cor. tronquée à la base, rosée-lilas, à divis. concaves, couvertes sur le dos d'aspérités, surtout sur la carène verdâtre. Etam. saillantes, à filets ciliés; pointe anthérifère des étam. à 3 pointes *égalant env. la partie entière;* les 3 filets simples rétrécis de la base au sommet, surtout à partir du milieu. Style blanc, dépassant les étam. Ovaire verdâtre, à faces marquées un peu au-dessous du milieu d'une ligne en travers et d'un sillon au-dessus, à 2 lobes au sommet. ♃. fin jⁿ-jⁱ. — VEND. Haies, talus des fossés, à l'*île d'Yeu,* où il est depuis longtemps connu des habitants sous le nom de *Carambole.*

β. *bulbilliferum.* Têtes entremêlées de nombreux bulbilles arrondis, obtus, gros de 6-8 mil. Mêmes lieux. Plus répandu que le type qui est rare.

Cette plante a été rapportée par le Dr Thoinnet, en 1861, de l'île d'Yeu, où déjà, en 1832, elle avait été remarquée par de la Pylaie, qui l'a clairement signalée dans une Notice manuscrite sur cette île.

*Obs. A. Porrum* L. (Porreau), cultivé partout, est voisin des deux précéd. ; il a le bulbe presque simple, la tige cylindrique, la spathe est terminée en longue pointe ; la fl. est blanche, les étam. saillantes avec la pointe anthérifère 1 f. plus courte que le filet, le style inclus. Il a l'odeur de *A. polyanthum* et non celle fortement alliacée de *A. Ampeloprasum.*

X. *Obs. A. magicum* L. est c. à *Loix !* et *Ars !* en *Ré,* dans les terres fortes (Lemarié) ; qq. pieds haies de *la Jarrie* (Bouchet), *Dompierre* (Tess.) ; bulbe gros, arrondi ; 3-5 feuil. grandes, épaisses, larges de 4-8 cent. dépassant la tige faible, traînante, terminée par une tête de bulbilles gros d'œuv. 2 cent. sans fleurs.

**MUSCARI** Tourn. *Hyacinthi* sp. L. Pér. ovale-globuleux ou cylindrique, resserré à la gorge ; limbe très court, à 6 dents. *Rac. bulbeuse.*

**M. comosum** Mil. Tige feuillée à la base. Feuil. linéaires, en gouttière, longues. *Fl.* en long épi lâche, les inf. horizontales, brun sale, les *sup.* bleu clair vif ainsi que leur pédic., stériles, *ramassées en houppe au sommet de la tige.* ♃. mai-j⁴. Ter. sablonneux ou pierreux. C. région maritime et calc. jusqu'à *la Vilaine.*—LOIRE-INF. AC. — MOR. *Belle-Ile.* — FIX. *Trefflez* (de Crec'hquerault), « *Locquirec* » (Hervé in Miciol cat.).

**M. Lelievrei** Bor. Jord. ic. 363 (excl. fig. 8). *Feuil.* linéaires, *larges* de 5-10 mil. en gouttière, vert clair, striées, demi-dressées, égalant ou dépassant la hampe. Fl. à odeur douce, agréable, presque globuleuses, serrées, penchées, en épi court, puis oblong. Pér. bleu foncé vif, à dents blanches, recourbées ; pédic. bleus, horizontaux après l'anthèse. Caps. (du *M. pulchellum* Jord. ic. 361, f. 8) triangulaire, plus large à la base qu'au sommet, faces ovales. ♃. mi-mars. Vignes, champs, pelouses. — LOIRE-INF. c. ! dans une pelouse du parc de la Galissonnière au *Pallet* (Paul Dubois), R. vigne voisine, *la Haie-Fouassière,* champs et vignes de la Turmelière ! près *Château-Thébaud* (G. de Lisle). — CHAR.-INF. Champs du Grand-Fétilly près *la Rochelle* (Fd.). — Toujours dans le voisinage des châteaux et prob. reste d'anciennes cultures.

**M. racemosum** Mil. *Feuil.* linéaires, *très étroites,* larges de 3-4 mil. en gouttière, recourbées, traînantes. *Fl.* à odeur d'empois, ovales, *serrées,* penchées, *en épi ovale,* terminant la hampe, les supér. stériles, droites, presque sessiles. Pér. bleu foncé vif, à dents blanches. Caps. triangulaire-arrondie, plus large que longue, plus étroite à la base qu'au milieu et au sommet échancré. ♃. mars-av. Vignes, champs. — CHAR.-INF. et calc. des DEUX-SÈV. C. — VEND. Çà et là (Pont., Lx.). PC. — LOIRE-INF. *Le Cellier, Oudon, le Loroux, S.-Sébastien, les Cléons, Bouguenais,* etc. PC. — IL.-ET-V. *La Hautière* (Degland). R.

**M. compactum** Jord. ic. 366, ressemble beaucoup au précéd., est plus robuste dans toutes ses parties ; les feuil. larges de 5-8 mil. sont largement en gouttière, les fl. sont plus serrées et la caps. est arrondie, aussi large que longue, rétrécie presque également à la base et au sommet non échancré. ♃. mars-av. — LOIRE-INF. Vignes de *la Haie-Fouassière*, env. de *Nantes !* C. vignes de la *Turmelière !* (G. de Lisle), de la *Galissonnière* (Gad.).

*Obs. M. botryoides* DC. indiqué à *Rom* (Deux-Sèv.) par Sauzé flore a les feuil. larges de 4-7 mil. dressées, les fl. en épi aigu, cylindracé, à pédic. courts, recourbés après l'anthèse.

**NARTHECIUM** Mœhring. Pér. étalé. Etam. à filets poilus. Caps. hexagone ; loges à 3 valves s'ouvrant jusqu'au milieu, portant les cloisons au milieu. Placenta épais, spongieux, situé à la base des valves. Graines nombreuses, terminées aux deux bouts par un long appendice filiforme.

**N. ossifragum** Huds. *Anthericum* L. *Abama* DC. Souche rampante. Hampe de 2-3 déc. garnie de bractées écartées. Feuil. linéaires, en glaive. Fl. jaunes, en épi terminal. Pédic. à 2 bractées, l'une au milieu, l'autre à la base. ♃. jl. Prés et lieux tourbeux. — CHAR.-INF. *Cercoux* (de Beaupreau), de *Montendre* à *Montlieu* et au-delà jusqu'à *la Barde ; Cadeuil ?* — VEND. *Le Bourg-sous-la-Roche, la Ferrière* (Pont., M.). R. — LOIRE-INF. *S.-Aignan, Geneston, S.-Père-en-Retz,* AC. par localités sur la rive droite de la *Loire*, surtout dans le nord du départ. et à l'intérieur de *la Bretagne*.

# COLCHICACÉES

Pér. à 6 div. Etam.6, insérées sur le pér. ou sur le récept. Anthères extrorses. Ovaire libre, unique et à 1 style, ou 3 ovaires, chacun terminé par 1 style ou 1 stigm. Fruit s'ouvrant intérieurement en long, composé tantôt de 3 follicules distincts, 1.loc., tantôt de follicules soudés et imitant une caps. à 3 loges se séparant à la maturité, à 3 valves formant les cloisons par leurs bords rentrants. Graines nombreuses, attachées au bord intér. des valves.

**COLCHICUM** L. Pér. en entonnoir, à div. pétaloïdes ; tube très long, radical. Etam. insérées au sommet du tube. Ovaire 1. Styles 3. Caps. renflée, à 3 loges se séparant à la fin et s'ouvrant en dedans au sommet.

**C. autumnale** L. *Tue-Chien*. Bulbe à 1-3 fl. lilas-rosé ; div. du pér. lancéolées, les extér. plus larges ; tube triquêtre. Feuil. lancéolées, aiguës, dressées, entourant la caps. et ne paraissant avec elle qu'au printemps. ♃. a-sept. Prés humides. — CHAR.-INF. C. — DEUX-SÈV. *Niort* (A. Guillon), *Chizé, Airvault* (Bonnin), R. *Borcq* (Brottier). — VEND. *Mareuil*, R. *Faymoreau, Longève* (Lx.), *Luçon* (Pont.), env. de *Challans* (Gobert), *Rocheservière, Sauton* (Pontdevie). — LOIRE-INF. C. — MOR. *Vannes* (Taslé), S^te-*Anne* (Elphège), Kérossec en *Guidel* (Picq.). RR. — FIN. Moulin du Frout près Kérérault en *Plougastel* (Crouan). — IL.-ET-V. *S.-Jacques* (Le Gall), *Rennes* (Leclair), *la Prévalaye, Bains* (Moreau). R.

# JONCÉES

Sép. et pét. formant un pér. infère, à 6 div. glumacées. Etam. 6, plus rar. 3, oppositives. Anthères à 2 loges. Ovaire 1. Style 1 ; stigm. 3, filiformes. Caps. polysperme, à 3 loges, à 3 valves portant les cloisons au milieu, ou 1.loc. à 3 valves portant une graine à la base. *Feuil. engainantes ; fl. en panicule ou en cyme garnie de bractées scarieuses.*

**JUNCUS** L. *Jonc.* Etam.6, plus rar. 3. Caps. polysperme, à 3 loges, à 3 valves. *Feuil. cylindriques ou un peu comprimées.*

*• Feuilles nulles ou radicales.*

**J. maritimus** Lam. *J. acutus* β. L. Feuil. piquantes. *Fl. en panic. lâche, décomposée,* terminale, *chaque faisceau de fl. dépassant les bractéoles* ovales, acuminées, *qui l'entourent ;* div. du pér. lancéolées, aiguës, égalant la caps. elliptique, mucronée. ♃. j<sup>n</sup>-j<sup>t</sup>. Sables et lieux marécageux maritimes. CC. — A l'intérieur : CHAR.-INF. *Corme-Royal, Pisany ; Aigrefeuille, S.-Germain-de-Marencennes* (Fd.). — DEUX-SÈV. *Port-Jouet* (J. Richard) et Marais des Fontaines près *Mauzé*. — VEND. *Le Molin* (Gobert). — LOIRE-INF. *Chéméré*.

**J. acutus** L. *Chaume* robuste d'env. 1 mètre, en touffe. Feuil. raides, très piquantes. *Fl. en panic. compacte,* terminale, luisante, panachée de brun ; *chaque faisceau de fl. plus court que les bractéoles* ovales, longuement acuminées, *qui l'entourent ;* div. du pér. carénées, les inf. largement membraneuses au sommet, obtuses, échancrées, plus courtes que la caps. grosse, ovale-arrondie, mucronée, luisante. ♃. mai-j<sup>n</sup>. Sables et lieux humides maritimes. — CHAR.-INF.. VEND. C. — MOR. *Hœdic* (Delalande), *Houat, Belle-Ile ; Kerpape,* presqu'île de *Gâvre* (Le Gall). R. — FIN. *Iles Glénans,* entre *Telgruc* et *Crozon ;* c! anse de *Dinan* (Bonnemaison), *Ouessant* et île *Molène* (de la Pylaie), *Guissény, Goulven* (Crouan), *Santec* v.-à-v. île de *Siec* (Gallée), « *Plougasnou* » (Miciol cat.), *Rostudel, Camaret, île du Vrac'h, Trémenec'h* (Blanchard), *Lechiagat,* de *S.-Tromeur à Penmarc'h* (Picq.). — C.-NORD. *Trébeurden,* RR. *Pléneuf, Erquy.* — IL.-ET-V. RR. *S.-Malo* (Rolland).

**J. conglomeratus** L. *Chaume* finement strié, rempli de moelle non interrompue. Fl. en *panicule* latérale, ord. compacte, sessile, qqf. lâche, à *gaine renflée.* Div. du pér. lancéolées, très aiguës. *Caps. obovale, tronquée, terminée par un petit mamelon saillant* d'où naît le style. ♃. j<sup>n</sup>-j<sup>t</sup>. Fossés, lieux humides ou marécageux. C.

**J. effusus** L. *Chaume* très finement strié, rempli de moelle non interrompue. Fl. en *panicule* latérale, lâche, qqf. compacte, *à gaine non renflée.* Div. du pér. lancéolées, très aiguës. *Caps. obovale, tronquée, terminée par une petite fossette d'où naît le style.* ♃. j<sup>n</sup>-j<sup>t</sup>. Fossés, lieux humides, bord des chemins. CC.

**J. glaucus** Ehrh. *Chaume* profond<sup>t</sup> strié, *glauque,* non cassant, rempli de moelle interrompue, *garni à la base de gaines d'un brun* *noir luisant*. Fl. en panic. lâche, latérale. Div. du pér. lancéolées, très aiguës. Caps elliptique-oblongue, mucronée. ♃. jⁿ-jⁱ. Lieux humides, bord des fossés. C.

**J. squarrosus** L. Chaume de 2-4 déc. presque anguleux, engaîné à la base par les feuil. *Feuil.* linéaires, en gouttière, raides, arquées à la base, *en touffe compacte*, concave. Panic. terminale. Div. du pér. lancéolées, scarieuses au bord, égalant env. la caps. obovale, obtuse, mucronée: Filet des étam. plusieurs f. plus court que l'anthère. ♃. jⁿ-aⁱ. Bord des marais. — CHAR.-INF. RR. marais élevé près *Montendre, Chierzac.* — LOIRE-INF. Marais de *la Popinière*. RR.— FIN. c! tourbière du *Yunélez* (Bonnemaison) et marais voisins; *Brennilis* (de Crec'hqué-rault), *le Menez-C'hom !* (Ar. Letourneux). — C.-NORD. RR. *le Ménez* à *Collinée* (Mabille). — IL.-ET-V. Moroval en forêt de *Haute-Sève* (Avice).

**J. capitatus** Weigel, *J. ericetorum* Pol. Chaume grêle de 3-7 cent. cylindrique, très peu anguleux. Feuil. sétacées, courtes, en gouttière à la base. *Fl.* peu nombreuses, *en tête terminale*, dépassée par une des bractées. *Div. extér. du pér. lancéolées, acuminées en arête*, plus longues que les int. qui dépassent la caps. obtuse. Etam. 3. ①. jⁿ. Lieux sablonneux humides. — CHAR.-INF. La lande de *Mortagne* à *Montlieu, la Tremblade, Oleron ;* Bois de Chartres près *Breuil-Magné, S.-Hippolyte, Cadeuil* (Fd.), *Fouras! île d'Aix* (Faye), *S.-Savinien* (Tess.), AC. *le Seuil, Fenioux* (Pinatel). — DEUX-SÈV. *La Mothe* (Maillard), *Vasles* (Gir.), *Amailloux* (Guyon), « RR. *Vausseroux* » (Souché), *Montcoué ; Parc-d'Oiron* (Lunet), *Argenton-Ch.;* AR. *Puy-S.-Bonnet* (Gen.). — VEND. AC. hors du calc. (Pont., M.). — LOIRE-INF. *Le Cellier*, bord du lac de *Grand-Lieu*, du *Pellerin* à *Arthon, Machecoul ; S.-Gildas* et env. (Delalande), *Moisdon*, etc. AC. moissons et coteaux du bord de la mer, vallées humides des sables maritimes. PC. — MOR. AC. — FIN. et C.-NORD. Çà et là coteaux de la région maritime. — IL.-ET-V. De *Rotheneuf* à *Cancale* (Rolland), *Bout-de-Lande*, env. de *Rennes* (Degland), *Bain* (Gad.), *Bains* (Moreau).

 ¨ *Chaume feuillé ; feuil. noueuses-cloisonnées.* — Voir Duval Jouve, Mém. sur qq. *Juncus* à feuil. cloisonnées, 1872, avec fig.

**J. acutiflorus** Ehrh. *J. silvaticus* Reichard. *Chaume dressé*, obscurément ou très finement strié. Feuil. cylindriques, un peu comprimées. Faisceaux de fl. en panic. décomposée, divariquée. Div. du pér. lancéolées, acuminées, les int. plus longues dépassées par la *caps. ovale-lancéolée, acuminée en bec aigu*. ♃. mai-aⁱ. Marais, prés humides. CC. Rac. épaisse, noueuse, tortueuse des 4 suiv. — Varie : à panic. très raide, dressée et à fl. brun-noirâtre ; à faisceaux de fl. et caps. plus grands ; à faisceaux de fl. plus grands avec caps. égalant env. le pér. (*v. macrocephalus* Koch, *J. brevirostris* Nees).

 ✕. **J. striatus** Schousboe ex D. Jouve l. c., *J. asper* Sauzé! cat. est plus robuste que *J. acutiflorus*, auquel il ressemble beaucoup et dont il diffère surtout par le chaume et les rameaux de la panic. fortement striés, rudes, comme glacés-gauffrés par deux aspérités, un peu glauques. ♃. jⁿ-aⁱ. Lieux humides, marécageux. — CHAR.-INF. *Corme-Royal, Cléré* (Tess.), la Cabane! près *S.-Georges*, forêt de *Benon! Migré, S.-Christophe, Anais, Fouras, Breuil-Magné, Bords*, la Maladerie près *Tonnay-Boutonne* (Fd.), *Genouillé* (Riveau). — DEUX-SÈV. Prés humides de *Lezay*, S^te-*Soline*, *Sauzé-Vaussais* (Sauzé). — Doit exister ailleurs au midi de la Loire.

*Obs. J. rauranensis* Sauzé flore 2 p. 321, reçu vivant de la seule localité connue à *Rom* (Deux-Sèv.), ne me paraît pas différer de l'espèce.

**J. anceps** La Harpe, Mutel, fig. 565. Voisin des précéd. *Chaume dressé, comprimé-presque à 2 tranchants* à la base, ainsi que les feuil. *Panic. dressée.* Div. du pér. presque égales, les ext. aiguës, mucronées, les int. obtuses, plus courtes que la caps. ovale-elliptique, mucronée. ♃. a^t-sep^t. Près marécageux, marais, lieux humides des sables maritimes. — CHAR.-INF. *Royan* (Dubreuil), *Châtelaillon, Anais, Thairé, Oleron, la Coubre* et env., *Bords, Cadeuil* (Fd.), *Corme-Royal* (Tess.). — DEUX-SÈV. La Grollière près *Mauzé !* (Fd.), *Vallans* (Grelet). — VEND. Dunes de *Longeville à la Tranche* (Pontarlier, 1848), c. *la Bauduère* (Lx), et de là jusqu'à *S.-Gilles ;* c. le Marais Blanc près *le Molin !* (Gobert). — LOIRE-INF. *Chéméré !* (Gobert). — Remarquable par la panic. dressée à petites fl. et surtout par le chaume aplati.

**J. obtusiflorus** Ehrh. Chaume dressé. Feuil. cylindracées. Faisceaux de fl. en panic. divariquée, *à rameaux latéraux réfléchis. Div. du pér. égales, obtuses et arrondies au sommet,* égalant la caps. ovale, aiguë. ♃. j^n-j^t. Lieux marécageux, fossés du calc. — CHAR.-INF. C. — DEUX-SÈV. AC. — VEND. AC. région maritime. — LOIRE-INF. *Machecoul, la Salle et Fresnay, Chéméré ;* marais de *la Boière* (P. Bruneau, H. Lelièvre). — MOR. RR. *S.-Pierre-Quiberon* (Taslé). — FIN. Beuzec en *Plomeur,* çà et là *baie d'Audierne* (Crouan). — c. tourbières de *Chateauneuf* en *Il.-et-V.* et *C.-Nord* (Mabille), qui l'a reçu des env. de *Dol.* — *La Ville-ès-Nonnais* en *Il.-et-V.* (Morin).

**J. lampocarpus** Ehrh. *Chaume couché à la base, puis ascendant,* assez finement strié. Feuil. cylindriques, un peu comprimées. Faisceaux de fl. en panic. décomposée. Div. du pér. lancéolées, égales, droites, mucronulées, les int. un peu obtuses, scarieuses au bord, plus courtes que la *caps. ovale-oblongue, mucronée,* d'un brun noir luisant. ♃. mai-j^n. Marais, dunes et lieux humides. C. — Varie à fruits pâles et à chaume flottant.

**J. heterophyllus** Léon Dufour. Chaume ordinairement flottant, radicant, flexueux, épais. *Feuilles de deux sortes,* les unes grosses, fortement noueuses, qq. autres très menues à peine noueuses. Faisceaux de fl. en panic. Div. du pér. inégales, les ext. plus courtes un peu obtuses, toutes dépassées par la caps. grosse, ovale-aiguë, longuement mucronée, terminée par un style presque aussi long qu'elle. ♃. mai-j^t. Mares, étangs des landes. — CHAR.-INF. *Montendre* (Tess.). — DEUX-SÈV. Çà et là Bocage. PC. — VEND. PC. Bocage (Pont.). — LOIRE-INF. AC. — Dans l'eau ou dans la terre, la plante a de longs stolons garnis de rac. renflées çà et là en fuseau.

**J. supinus** Mœnch, *J. uliginosus* Mey. *Chaume renflé-bulbeux à la base,* stolonifère. Feuil. sétacées, en gouttière, peu noueuses. Faisceaux de fl. écartés, latéraux et terminaux, qqf. remplacés par de petites feuil. Div. du pér. égales, aiguës, les int. obtuses, un peu plus courtes que la *caps. obtuse*, mucronée. Etam. 3. ♃. jⁿ-aᵗ. Bord des marais, des étangs, lieux humides. C. — Varie à chaume et feuil. toutes submergées, capillaires *(v. confervaceus)*, à chaume longuement flottant *(v. fluitans)*, qui devient couché et radicant *(v. repens)* lorsque les eaux se retirent.

*** *Chaume feuillé ; feuil. très peu ou point noueuses.*

**J. pygmæus** Lam. Chaume filiforme de 3-10 cent. souv. rougeâtre. Feuil. sétacées, en gouttière, très peu noueuses. Fl. presque linéaires, en faisceaux latéraux et terminaux. *Div. du pér. linéaires, aiguës, cachant la caps. étroite, allongée, aiguë.* Etam. 3. ①. mai-jⁿ. Lieux sablonneux mouillés l'hiver. — CHAR.-INF. *La Tremblade !* (de Beaupreau), *Oleron* (Hubert), *Fouras*. — DEUX-SÈV. *Amailloux* (Guyon), *Clessé, la Madoire* (J. Richard), *Parc Chalon* (Gennier), *S.-Aubin-Baubigné* (Gen.), *Ménigoute* (Gir.). — VEND. PC. — LOIRE.-INF., MOR. AC. FIN. *Quimper* (Bonnemaison), *Beuzec* en *Plomeur*, de *Pont-l'Abbé* à *Plobannalec* (Picq.), *Bodonoux, Pontanézen* (Tanguy). — C.-NORD. Etangs de *Jugon* (Mabille), de *la Hardouinage*, de *Boulay* (Rolland). — IL.-ET-V. Lande *de Taylé* (Degland), *Rennes* (H. de Ferron), étang du *Rouvre* (Mabille), étang du *Trémelin* (Oberthur), étang de Trémigon en *Combourg* (Hodée). Etang-neuf en *Guebriac* (Rolland).

**J. compressus** Jacq. *J. bulbosus* Pesn. *Chaume comprimé.* Feuil. linéaires, en gouttière. Fl. en panic. à rameaux en corymbe. *Div. du pér. très obtuses, plus courtes que la caps. ovale-arrondie, très obtuse.* ♃. jⁿ-aᵗ. Pâturages humides, bord des rivières. — CHAR.-INF., VEND. AC. — DEUX-SÈV. *Ste-Eanne* (Guillon), *Borcq, Airvault !* (Bonnin), *Thouars !* (Revelière), plaine de *Puy-N.-Dame*. — LOIRE-INF. C. — FIN. *Landerneau, Brélès* (Crouan).

**J. Gerardi** Lois. *J. cœnosus* Bicheno. Caract. du précéd. Tige plus élevée, plus grêle ainsi que la panicule ; caps. ovale-oblongue, dépassant peu ou point les div. moins obtuses du pér. Prés, lieux humides ou marécageux du bord de la mer. ♃. jⁿ-aᵗ. AC. — Remonte assez loin le long des cours d'eau.

**J. tenuis** Willd. Hooker, *J. Gesneri* et *gracilis* Smith, *J. bicornis* Michaux ! Pluk. phyt. T. 92 fig. 9. (bonne). Chaume cylindrique d'env. 3 déc., garni dans le quart de sa longueur de feuil. linéaires, en gouttière. Fl. en panic. à rameaux en cyme, longuement dépassée par les bractées foliacées. *Div. du pér. lancéolées, très acuminées, à 3 nervures, dépassant la caps. ovale-arrondie, obtuse.* Etam. 6. ♃. jⁿ-aᵗ. Bord des chemins. — LOIRE-INF. AC. par localités entre route de *Vannes* et *Orvault* où il a été découvert par Moriceau, *Pont-du-Gens, la Jonnelière, la Dennerie* et *Port-Durand* sur l'Erdre ; cc. ! de *la Caillerie* à la gare de *la Haie-F.* (de Lisle), forêt de *Princey*, *S.-Philbert, la Chevrolière* (Cailleteau). — MOR. *Ste-Anne !* *Camors, Plumergat, Pluvigner* (Elphège). — FIN. *Brest* à Kervallon ; c. parc de Kerléon en *Guipavas* (Blanchard), forêt de *Clohars* (Guiho). — Se répand de plus en plus.

**J. Tenageia** Ehrh. Chaume dressé, grêle. Feuil. sétacées, en gouttière. *Fl. solitaires*, sessiles, *écartées, en panic. grêle, à rameaux étalés, presque dichotomes.* Div. du pér. ovales-lancéolées, mucronées, dépassant à peine la caps. arrondie, très obtuse. ①. j<sup>n</sup>-a<sup>t</sup>. Lieux sablonneux, mouillés l'hiver. AC.

**J. bufonius** L. Feuil. sétacées, en gouttière. *Fl. solitaires*, sessiles, écartées, *unilatérales* le long des rameaux dressés de la panic. grêle. *Div. du pér.* inégales, lancéolées, *dépassant la caps. oblongue*, obtuse. ①. j<sup>n</sup>-a<sup>t</sup>. Lieux mouillés l'hiver. partout. CC.

β. *J. hybridus* Brot. *J. fasciculatus* Bert. Fl. réunies 2-5 en éventail. AC. région maritime ; R. à l'intérieur.

**LUZULA** DC. Caps. 1 loc. à 3 graines. *Feuil. graminées, planes, couvertes de poils épars.*

**L. Forsteri** DC. *Juncus* Smith. Rac. fibreuse. Feuil. linéaires, étroites. Fl. brunâtres, en *panicule* lâche, *à rameaux dressés* ; pédic. 1.flores, inégaux. Graine terminée par un appendice droit. ♃. av.-mai. Taillis, lieux boisés. C.

**L. pilosa** Willd. *L. vernalis* DC. *Junc. pilosus* α. L. Racine fibreuse. Feuil. linéaires-lancéolées, poilues au bord. Fl. brunâtres, *en panic. lâche à rameaux divariqués, les inf. réfléchis ; pédic. 1.flores.* Graine terminée par un appendice courbé en faux. ♃. av.-mai. Lieux boisés. — CHAR.-INF. Forêt de *Pons* (Fd.). — DEUX-SÈV. *la Mothe* (Sauzé), *Melle, Béfannes, l'Absie* (A. Guillon), *Amailloux, S.-Pompain, S.-Gelais* (Guyon), *Brétignolles* (J. Richard), etc. — VEND. Laudonnière près *les Sables*, forêt d'*Aizenay*, AR. *Mouilleron-le-C.* (Pont.), *la Châtaigneraie* (Gobert). AC. env. de *Mortagne* (Gen.). — LOIRE.-INF. *Orvault*, forêts du nord. R. — MOR. *Pontscorff*, forêt de *Camors* (Le Gall), *Vannes* (Taslé), *Ploërmel* (Elphège), bois de Talhouet en *Guidel*, forêt de *Pont-Calleck* (Picq.).— FIN. Bois de Prat-an-Roux en *Penhars, Quimper* (Bonnemaison), forêt de *Quimperlé* et bois du *Duc, de Rosgrand*, çà et là forêt de *Coatloch* (Picq.). — C.-NORD. C. tous les bois à plusieurs lieues de *Dinan* (Mabille). — IL.-ET-V. *Bruz*, env. de *Rennes*, forêt de *Rennes* (Degland, Pontallié), *Fougères !* (V. Sacher), *Acigné* (Hodée), forêt de *Villecartier*. AR.

**L. maxima** DC. *Junc. pilosus* δ. L. Rac. ligneuse. Chaume de 4-10 déc. Feuil. lancéolées-linéaires, larges, poilues au bord. *Fl. brunes, en panicule à rameaux divariqués ; pédic. à 2,3 fl.* Appendice de la graine en forme de pointe obtuse. ♃. mai. Bois. C. dans ses localités. — CHAR.-INF. *Les Bisselières* (Pinatel), *Lormont ; Fenioux* (Fd.), *Corme-Royal*, (Tess. !). — DEUX-SÈV. *S.-Georges-de-Noisé* (Maillard), *Parthenay !* (Janneau), « *Xaintray* » (Duret). — VEND. Bords du Lay, du *Pont-Charault à Puymaufrais*, c. forêt de *Vouvant !* (Pont., M.), *la Châtaigneraie* (Gobert), *S.-Aubin-des-Orm.* (Gen.).— LOIRE-INF. *Château-d'Aux ; S.-Jean-de-Boiseau ! Portillon*, coteaux de la Divatte! de la Sèvre près *S.-Fiacre ! Joué* (Guiho), *Aigrefeuille* (Cailleteau), R. *Oudon* (de Lisle), *Guémené ; Pont-Château* (Delalande). R. — MOR. Forêt de *Pont-Kallec, Roc-S.-André* (Le Gall), *Ploërmel, Tréhorenteuc* (J.-M. Sacher), Kerossec et Talhouet en *Guidel* (Picq.). R. — FIN.

Forêt de *Quimperlé*, env. de *Carhaix, Huelgoat, Cascade de S.-Herbot,*
forêt de *Laz, Quimper, Plougastel, le Folgoat*, env. de *Brest, Morlaix,*
etc., et jusqu'au sommet des plus hauts rochers dans les *Montagnes
Noires* et d'*Arès.* — C.-Nord. c. Bois-Boissel près *S.-Brieuc!* (Ferrary). *Lannion* au bord du *Guer* (Baron), *Quintin, Allineuc* (Fraval),
c. tous les coteaux de la Rance d'*Evran* à *Saint-Malo*, falaise du
*Guildo*, coteaux de l'*Arguenon*, bois de *Coëtlan*, vallées de *Bobital*, de
*Dombriant*, de *Beaulieu*, etc. (Mabille). — Il.-et-V. Coteaux de *la
Vilaine*, de *Bourg-des-Comptes* à *Chateaubourg* (Degland). — Etc.

**L. campestris** DC. *Juncus campestris* α. L. *Rac. rampante.* Chaume
de 1-2 déc. Feuil. linéaires, à la fin glabres. Fl. brunes, en ombelle
formée de 3-6 épis ovales, pédonculés et sessiles, rar. tous agglomérés et sessiles *(congesta). Anthères beaucoup plus longues que leurs
filets.* Graine appendiculée à la base. ♃. av. Pelouses, coteaux et
lieux couverts. C.

**L. multiflora** Lejeune. *Rac. fibreuse.* Chaume grêle de 3-6 déc.
Feuil. linéaires, à la fin glabres. Fl. brunes, en ombelle formée de 4-8
épis ovales, pédonculés et sessiles, qqf. tous agglomérés et sessiles
*(congesta). Anthères égalant leurs filets.* Graine appendiculée à la
base. ♃. mai. Bois, landes, marais. AC. — Varie qqf. à fl. blanchâtres. et à pédonc. portant plusieurs épis.


# CYPÉRACÉES

Fl. glumacées, herm. ou diclines, disposées en épis. Pér. formé par
une *glume* 1.valve. Etam. 3; anthères entières au sommet, attachées
au filet par leur base échancrée. Ovaire libre, simple. Style 1; stigm.
2-3. Achène triangulaire ou comprimé, souv. entouré à la base de soies
ou d'écailles, ou recouvert d'un utricule. *Herbes à chaume cylindrique
ou triquètre, ord. sans nœuds; feuil. graminées, à gaine entière.*

*Carex.* Fl. monoïques en épis androgyns ou unisexuels.
*Cyperus.* Epis aplatis. Glumes nombreuses, distiques.
*Schœnus.* Epillets comprimés, glumes peu nombreuses, les inf. plus
  petites, vides.
*Cladium.* Glumes imbriquées en tous sens, les 3-4 inf. plus petites,
  vides. Ach. muni d'une enveloppe crustacée fragile.
*Rhynchospora.* Ach. terminé par la base persistante du style conique
  et endurci.
*Scirpus.* Glumes imbriquées en tous sens, les 1,2 inf. plus grandes
  vides; base du style non dilatée-persistante.
*Eleocharis.* Caract. du *Scirpus.* Ach. couronné par la base dilatée-persistante du style.
*Eriophorum.* Glumes bien plus courte que les soies.

**CYPERUS** L. Fl. herm. nombreuses, en épis comprimés. Glumes
1.flores, carénées, distiques, celles du bas qqf. vides. Style à 3,2 stigm.
Ach. sans soies ni écailles à la base. *Epis en ombelle irrégulière.*

**C. flavescens** L. Rac. fibreuse. Chaume triquètre de 4-10 cent. Feuil.

linéaires. Epis lancéolés, presque sessiles, en ombelle dépassée par les 3 fol. inégales de l'invol. Glumes rapprochées, jaune-brunâtre, à carène verte. *Stigm.* 2. *Ach. obovale-arrondi, comprimé.* ①. j<sup>t</sup>-a<sup>t</sup>. Bord des étangs, des marais, des rivières. AC. — PC. *Char.-Inf.*, R. région maritime de *Fin.* et *C.-Nord.*

**C. fuscus** L. Rac. fibreuse. Chaume triquètre de 5-15, rar. 30 cent. Feuil. linéaires. Epis linéaires-oblongs, réunis en têtes sessiles et pédonculées formant une ombelle irrégulière, dépassée par les 3 fol. inégales de l'invol. Glumes noir-brun, à carène verte prolongée jusqu'au sommet. *Stigm. 3. Ach. rétréci aux deux bouts,* trigone, blanc. ①. j<sup>t</sup>-a<sup>t</sup>. Mêmes lieux. AC. — AR. région marit. de *Fin.* et *C.-Nord.*

**C. longus.** L. *Rac.* épaisse, *rampante,* aromatique. Chaume triquètre de 6-10 déc. Feuil. linéaires, rudes. *Epis* longs, linéaires, portés sur de longs pédoncules rameux, inégaux, formant une *ombelle décomposée,* lâche, élégante, dépassée par les 3 fol. inégales de l'invol. Glumes brun-rougeâtre, pâles au bord, à carène verte. *Stigm. 3. Ach. oblong, trigone.* ♃. j<sup>t</sup>-a<sup>t</sup>. Bord des rivières, des fossés.

**✗. C. badius** Desf. atl. 1, p. 45, tab. 7. Lloyd Herb. 1879. Diffère du précéd. par l'ombelle courte, compacte, et dont les pédonc. ont les rameaux latéraux étalés presque à angle droit; les épillets sont plus larges, lancéolés-linéaires. j<sup>n</sup>-j<sup>t</sup>. Mêmes lieux. — CHAR.-INF. C. de S.-Jean-d'Angle à Plantis en *S.-Symphorien. Chaniers* (Fd.), *S.-Just* (Maillard), *S.-Sornin* (Sav.!), *la Tremblade* (Pinatel!), *Oleron* (Reau!), *Mortagne,* C. dans le sud. — MOR. Port de *Belle-Ile* (Roux). — Est considéré par Loret, *Flore de Montpellier,* et par d'autres botanistes comme une var. de *C. longus* avec lequel il offre des intermédiaires.

**✗. C. Monti** L. fils. Rac. rampante. Chaume triquètre de 4-6 déc. Feuil. linéaires. *Epis* lancéolés, *presq. horizontaux,* en ombelle décomposée compacte, longuement dépassée par les 3 fol. inégales de l'invol. Glumes ovales, obtuses, brunâtres, pâles au bord, à carène verdâtre, striées sur le dos. *Stigm. 2. Ach.* obovale, comprimé, *à 2 angles obtus.* ♃. a<sup>t</sup>-sept. Bord des rivières, des fossés. — Croît à *Blaye* au bord de la Gironde et au midi de cette rivière.

**SCHŒNUS** L. Fl. herm. en épis à glumes 1.valves, distiques, les infér. plus petites, vides. Ach. entouré de soies à la base ou nu.

**S. nigricans** L. Chaumes de 2-4 déc. en touffe, nus, garnis à la base de 2 bractées, l'ext. à pointe dépassant les fl. Ach. très blanc. Soies 0. ♃. mai-j<sup>n</sup>. Marais et prés tourbeux. — CHAR.-INF. CC de *Montendre* à *Montlieu* et au-delà jusqu'à *la Barde,* région maritime. C. — DEUX-SÈV. *Pliboux* (Sauzé), *Mauzé, Séligné, Genouillé, Couture-d'Argenson.* — VEND. C. région maritime! R. à l'intérieur, entre *Challans* et *S.-Christ.-du-Ligneron* (Pont., M.). — LOIRE-INF. *Arthon, Machecoul, S.-Père-en-Retz, la Brière, S.-Gildas,* landes du nord, *Mazerolles, la Popinière,* etc. C. par localités. — AC. région maritime, de *la Vilaine* à *Brest; Guissény, Goulven* (Crouan). — C.-NORD. *Planguenouel* (H. de Ferron), *Erquy* (Gallée). — IL.-ET-V. C. tourbières de *Châteauneuf* (Mabille), étang de la Forêt de *Rennes* (Moreau), côte de *S.-Malo* (Gallée).

**CLADIUM** R. Br. Fl. herm. Glumes imbriquées en tous sens, les inf. vides. Style filiforme, caduc. Ach. sans soies à la base, muni d'une enveloppe crustacée, fragile.

**C. Mariscus.** R. Br. *Schœnus* L. Chaume cylindrique de 10-16 déc. Feuil. et bractées dentelées-coupantes sur les bords et la carène. Epis 2.flores, en corymbes jaunâtres, nombreux, axillaires et terminaux. ♃. j<sup>t</sup>-a<sup>t</sup>. Marais. — CHAR.-INF. AC. — DEUX-SÈV. *Sansais* (A. Guillon), *Genouillé*, bord du *Mignon; Mauzé!* la Dive près *Oiron* (J. Richard). — VEND. *Olonne*, étang de Merly en S<sup>te</sup>-*Flaive* (Pont.), *Maillezais* (Lx.), AC. le *Molin!* (Gobert). — LOIRE-INF. *Arthon, Briord, Mazerolles, la Popinière*, CC. *Herbignac, Chapelle-des-Marais, Bergon, Crossac, S.-Gildas*, où ses feuil. servent à faire les toits de chaume. — MOR. Etang de *Lannenec* (Le Gall), *Quiberon!* entre *Etel* et *Gâvre!* (Taslé). — FIN. Raguenés près *Névez; Quimper* (Bonnemaison), c. *Kerloc'h;* vallée de *S.-Nic*, vallée de *Trunvel*, Pont-Men près *Plovan* (Crouan), marais du Run. Lohan en *Treffiagat* (Picq.). — C.-NORD. c. étang de *la Garaye* et tourbières de *Châteauneuf* (Mabille).

**RHYNCHOSPORA** Vahl. Fl. herm. Glumes imbriquées en tous sens. Ach. entouré à la base de 3,12 soies plus courtes que la glume, et terminé par la base persistante du style conique et endurci.

**R. alba** Vahl. *Scirpus* L. *Rac. fibreuse*. Chaume d'env. 3 déc. triquètre, grêle. Feuil. linéaires, carénées. *Epis blanchâtres*, en corymbe serré, terminal, égalant les bractées. Soies nombreuses, égalant l'ach. trigone. ♃. j<sup>t</sup>-a<sup>t</sup>. Marais tourbeux. — CHAR.-INF. La Lande entre *Montendre* et *Montlieu* et au-delà. — VEND. *La Ferrière, Dompierre, Bourg-sous-la-Roche* (Pont., M.), *S.-Michel-M.-Mercure* (Lx.). — LOIRE-INF. C. — MOR. AC. — Marais des *Montagnes-Noires* et d'*Arès*. — FIN. Env. de *Brest;* env. de *Elliant*, de *Ergué-Armel*, de *Quimperlé* (Picq.). — C.-NORD. c. le Menez autour de *Collinée* et à *Boquien* (Mabille), le Pontgant près *Loudéac* (H. de Ferron), lande d'*Illifaut* (Rolland). — IL.-ET-V. *Vitré* (herb. Degland), étang de *Landemarais; Bains* (Moreau), *Broons, Hédé* (Gallée); *S.-Remi, Bout-de-Lande* (Hodée).

**R. fusca** Rœm et Sch. *Scirpus* L. *Rac. rampante, tenace*. Chaume de 15-25 cent. Feuil. filiformes, en gouttière. *Epis en tête* ovale, *rousse*, dépassée par les longues bractées. Soies 3, une fois plus longues que l'ach. trigone. ♃. mai-j<sup>n</sup>. Landes marécageuses, marais. — CHAR.-INF. La Lande entre *Montendre* et *Montlieu* et au-delà ; *Surgères* (Hubert). AR. — LOIRE-INF. *Curet!* (Bornigal), *Mazerolles, la Popinière*, AC. tout le nord de *Nozay* et *Derval* à *Sévérac, S.-Gildas* et *S.-Nic.-de-Redon;* c. *Geneston*, CC. marais du Petit-Rocher en *Théhillac*. — MOR. CC. marais de Valory en *S.-Dolay;* de Coëpian en *Théhillac* et *Sévérac* (Moreau), étang du *Roho* (Delalande), Plaudren près *Vannes* (Taslé), étang de Vaulaurent en *S.-Martin* (G. de Lisle). — FIN. *Menez-C'hom* (Tanguy), Kérogan, le Len en *Ergué-Armel*, env. de *Quimperlé* (Picq.). — IL.-ET-V. Etang Houée en *Goiné* (Mabille), R. tourbières de *Châteauneuf* (Morin).

**ELEOCHARIS** R. Br. Caract. du *Scirpus*, dont il n'est qu'une section. Ach. couronné par la base dilatée-persistante du style, ord. entouré de soies à la base. *Epi solitaire, terminal.*

**E. palustris** R. Br. *Scirpus* L. *Rac. rampante, stolonifère.* Chaume un peu comprimé, nu, garni à la base d'une gaîne brunâtre, tronquée. Epi oblong. Glumes un peu aiguës, scarieuses au bord, l'inf. embrassant la moitié de la base de l'épi. Stigm. 2. *Ach. jaunâtre,* obovale, *comprimé à angles obtus.* ♃. jn-al. Marais, lieux humides. CC. — Hauteur très variable, qqf. d'un mètre dans l'eau.

**E. uniglumis** Link. Se distingue du précéd. par la glume infér. embrassant tout à fait la base de l'épi, c.-à-d. que les deux bords de la glume se rencontrent obliquement, tandis que dans *E. palustris,* il y a entre les bords de la glume inf. un intervalle qqf. d'une demi-circonférence du chaume ; il est, en outre, d'un vert plus clair et occupe des cercles plus ou moins étendus, lorsque *E. palustris* est plus ferme, d'un vert sombre et croît lâchement, non par masses. — CHAR.-INF. R. *Dœuil* (Duss.), cc. marais d'*Aigrefeuille* à *Nuaillé, Châtelaillon, Muron, Bords, Tonnay-Boutonne, Barzan* (Fd.), la Touche près *Martron* (Parat), *Corme-Royal* (Tess.). — DEUX-SÈV. Marais de *Coulon* (Guillon), *Port-Jouet* (Sav., Fd.), *Rom* (Grelet). — LOIRE-INF. Prés marécageux de la partie sablonneuse du lac de *Grand-Lieu,* où il est mêlé au précéd. et au suiv. ; répandu dans *la Brière* et la *Vallée de la Loire.*

**E. multicaulis** Diet. *Scirp.* Smith, Mut. fig. 569. Port des précéd., *en touffe.* Rac. fibreuse. Glumes arrondies-obtuses, l'inf. embrassant tout à fait la base de l'épi souv. vivipare. Stigm. *3. Ach. brunâtre ou verdâtre,* non jaunâtre, obovale-oblong, *trigone à angles aigus.* ♃. mai-jn. Landes et prés tourbeux, marais. C. — CHAR.-INF. De *Montendre* à *Montlieu, la Barde, Corme-Royal ;* Bernéré en *S.-Savinien* (Tess.), *Cadeuil* (Fd.).

*Obs. E. amphibia* Durieu in Schultz Herb. normale, N° 367 : apparu et devenu cc. sur les vases de la Garonne et de la Dordogne où il forme, en jn-al, de vastes gazons, nous devons nous attendre à le voir quelque jour dans le bas de la Loire. — Chaumes grêles de 2-6 déc. Epi linéaire-oblong, glume à carène verte. Stigm. 3. Ach. obovale-oblong, sillonné, marqué (au microscope) transversalement entre les sillons de stries nombreuses, très fines, entouré à la base de longues soies.

**E. ovata** R. Br. *Scirpus* Roth. *Annuel.* Rac. fibreuse. *Chaumes* de 8-15 cent. cylindriques, *très nombreux-en touffe,* très inégaux, engaînés à la base. Epi ovale. Glumes nombreuses, ovales, obtuses, brunes, scarieuses au bord, marquées sur le dos d'une raie verte, l'inf. n'étant pas plus grande et n'embrassant qu'une partie de la base de l'épi. Stigm. 2. Ach. lisse, jaunâtre, obovale, un peu comprimé à bords aigus, plus court que les soies, couronné par la base du style triangulaire aussi large que longue. jl-oct. Bord desséchés des étangs. — DEUX-SÈV. Etangs de Gigny près *Thouars* (Lebrun, 1844), de la *Madoire* (J. Richard), de *la Barbotière* (de Loynes). — VEND. Etang de la Fresnais près la *Verrie* (Gen.), étang de Badiole près *la Roche* (Pont., M.). RR. — LOIRE-INF. Gravotel en *Moisdon ; Grand-Auverné* (G. de Lisle), la Villate près *Nozay !* (S.-Gal). — MOR. Le Moulin-Neuf près *Rochefort* (Taslé). — C.-NORD. Le Pin près *S.-Carné* (Morin). — IL.-ET-V. Les Planches en *S.-Sauveur-des-Landes* (V. Sacher), étangs de *Guipel, Hédé, Marcillé-Robert, Paimpont, Villecartier* (Sirodot, Gallée), étang de Tremigon en *Combourg* (Hodée).

β. *procumbens*. Chaumes moins nombreux, étalés sur la terre. C'est cette forme qui existe dans la plupart des étangs cités.

**E. acicularis** R. Br. *Scirpus* L. Rac. rampante. *Chaumes* de 6-10 cent. sillonnés, anguleux, *capillaires*, engaînés à la base, formant souvent des gazons longs et épais. Epi oblong. Glumes obtuses, brunâtres ou noirâtres, à carène verte. Stigm. 3. *Ach. oblong-obovale, finement sillonné.* Soies 0. ♃. jⁿ-aᵗ. Bord des eaux. CC.

**SCIRPUS** L. Fl. herm. Glumes imbriquées en tous sens, à 1 valve 1.flore, les 1,2 infér. qqf. vides. Style filiforme, à base non dilatée-persistante, stigm. 2,3. Ach. entouré de 6 soies rudes, plus courtes que la glume ou qqf. nu.

### a. *Epi solitaire.*

**S. cæspitosus** L. *Rac.* fibreuse, *très tenace.* Chaumes en touffe serrée, de 1-2 déc., garnis à la base de gaînes dont la sup. est terminée en feuil. courte. Epi ovale, terminal. *Glumes obtuses, l'inf.* plus grande, embrassant et égalant l'épi, *terminée en pointe calleuse.* Stigm. 3. Ach. trigone, lisse. ♃. mai. Landes et marais tourbeux. — CHAR.-INF. De *Montendre* à *Montlieu* et au-delà. R. — VEND. *La Grande-Rhé, Challans* (Gobert). — LOIRE-INF. c. *Geneston!* (Bornigal) ; *la Sicaudais* (Hautcœur); marais de Lainerie près *S.-Père-en-Retz*, marais du *Petit-Moulin* et lande touchant le bois d'Anguerdel près *Derval ; Treffieuc* jusqu'à la forêt du *Gâvre* et sur toute la rive gauche du *Don* (Guiho), *Nort* (Gen.), Gralan près *la Seilleraie* (Migault). PC. — MOR. Bord de l'étang du Petit-Rocher en *Théhillac ;* de *Molac* à *S.-Gravé* (Taslé), *Concoret* et landes de *Lambrun* (Gallée). RR. — FIN. *Argol,* c. *le Menez-C'hom,* autour du *Mont-S.-Michel* et de la tourbière du *Yunélez ; Botmeur, Botcador, Eneztavel, Scrignac, Bodilis* (Crouan). — C.-NORD. *Lannion* (herb. Bonnemaison). — IL.-ET-V. *Bout-de-Lande* (Rolland).

**S. pauciflorus** Lightf. *S. Bœothryon* Ehrh. Rac. fibreuse, avec stolons. *Chaume à gaine tronquée.* Epi ovale, terminal. Glumes obtuses, les 2 inf. plus grandes, embrassant l'épi. Stigm. 3. *Ach. pâle, trigone,* lisse, *très finement strié.* ♃. mai-jⁿ. Lieux tourbeux, bord des marais, des étangs, surtout dans les sables maritimes. — CHAR.-INF. Marais de *Berjal* et *la Tremblade; Dœuil* (Duss.). — VEND. Dunes de *S.-Hil.-de-Riez!* la *Baudußre* (Pont.), le Tanchet près *les Sables* (Humbert). — LOIRE-INF. *Sautron,* bords sablonneux du lac de *Grand-Lieu ; Nozay* (S.-Gal), c.! de *Chéméré* à *Arthon* (Lx.), *S.-Michel,* c. vallées humides des sables maritimes. PC. — MOR. *Quiberon, Gâvre, Guidel* (Le Gall), *Arradon, Vannes* (Taslé), *Belle-Ile,* d'*Assérac* à *Férel* (Gad.). — FIN. *Le Guilvinec, Penmarc'h, anse de Dinan ; Trezhir, Bertheaume* (Crouan), tourbière du *Yunélez.* — C.-NORD. c. marais de Briantais près *Lancieux.* — Prob. çà et là dans toute la région maritime.

**S. parvulus** Rœmer et Sch. *S. translucens* Le Gall in fl. Loire-Inf. *Chaumes* de 4-7 cent. *filiformes*, gazonnants, cylindriques, marqués en dedans de cloisons tranversales. Gaînes et feuil. 0. Epi ovale-oblong. terminal. Glumes obtuses, pâles, roussâtres. *Stigm*. 3. *Ach. trigone, lisse*, entouré à la base de soies qui le dépassent. ♃. j^l-a^l. Pâtures salées marécageuses, plages couvertes à chaque marée. — LOIRE-INF. c. *la Brière* autour du village du *Pin* et du pont de *Rozay* (où mêlé à *Juncus maritimus*, il est ord. brouté et fleurit peu). R. — MOR. AC. — FIN. *Quimper*. *Plovan*, *Elisunan*, baie d'*Audierne*, *Landerneau* (Crouan), *Plomélin*, *Pont-l'Abbé*, *Plobannalec*, *Léchiagat* (Picq.).—La racine rampe au moyen de stolons filiformes, irréguliers, non horizontaux comme dans *E. acicularis*, terminés par des bourgeons crochus qui sont le commencement des nouveaux chaumes. La forme du fruit, outre les caract. précéd., ne permet pas de confondre cette espèce avec *E. acicularis*, dont elle a le port.

**S. fluitans** L. Chaumes flottants ou couchés, radicants à la base, garnis de feuil. linéaires. Epi ovale. *Pédonc.* comprimé, *long, axillaire*, solitaire. Glumes obtuses. Stigm. 2. Ach. obovale, comprimé. Soies 0. ♃. j^n-a^l. Fossés, mares, marais. CC. hors du calc. — CHAR.-INF. De *Montendre* à *Montlieu, Cadeuil, Corme-Royal; Pont-l'Abbé* (Tess.), forêt de *la Lande* (Fd.).

*Aberr.* Chaumes filiformes : *S. setaceus. Savii.* Chaumes feuillés : *S. pungens.*

b. *Epis 2 ou plus.*

1. *Chaumes cylindriques, non feuillés.* S. setaceus, Savii, lacustris, Tabernæmontani, Holoschœnus.

2. *Chaumes triquètres, non feuillés.* S. carinatus, triqueter, mucronatus.

3. *Chaumes triquètres, feuillés.* S. pungens, maritimus, silvaticus, michelianus.

**S. setaceus** L. Rac. fibreuse. Chaumes de 7-12 cent. filiformes, striés, gazonnants. *Epis ovales, solitaires ou réunis* 2,3 au sommet du chaume et dépassés par la bractée qui les fait paraître latéraux. Glumes obtuses, mucronées. Stigm. 3. *Ach.* trigone; *strié en long.* Soies 0. ④. j^n-j^l. Bord des eaux, lieux marécageux. AC.

⋆ **S. supinus** L. Rac. fibreuse. Chaumes cylindriques de 6-10 cent. munis à la base d'une gaîne terminée en feuil. courte. Epis 3-5, ovales, sessiles, agglomérés un peu au-dessus du milieu du chaume. Stigm. 3. *Ach.* trigone, largement obovale, régulièrement *ridé en travers*. ④. j^l-sept. Bord des eaux.

**S. Savii** Sebast. Mut. fig. 568 (très bonne). Port de *S. setaceus*. Rac. fibreuse. Chaumes gazonnants, de 6-12 cent. cylindriques, munis à la base d'une gaîne ord. rougeâtre, terminée par une feuil. très courte, qqf. assez longue. *Epis solitaires, qqf. géminés*, terminaux, dépassant ord. la bractée. Stigm. 3. *Ach. trigone-globuleux, lisse*, très finement ponctué à une forte loupe. Soies 0.④. mai-j^l. Rochers humides, bord des marais, des sources et des fontaines dans la région maritime. AC.

**S. lacustris** L. *Jonc des chaisiers*. *Chaume* de 1-2 mèt. *cylindrique*, muni à la base de qq. gaînes dont la sup. se prolonge en feuil. courte. Epis ovales, en faisceaux inégalement pédonculés et sessiles, formant une ombelle. Bractées 2, l'inf. qqf. dépassant l'ombelle. Glumes obtuses, échancrées-mucronées, frangées. Anthères un peu barbues au sommet. *Stigm*. 3. Ach. trigone, 1 fois plus gros que dans le suiv. Soies 6. ♃. jⁿ-jᵗ. Marais, étangs, bord des eaux. C. — Dans les eaux courantes des rivières sur fond calcaire de la *Char.-Inf.* et des *Deux-Sèv.*, les gaînes s'allongent en lanières flottantes.

**S. Tabernæmontani** Gmel. *S. glaucus* Smith. Caract. du précéd. *Chaumes* ord. moins élevés, *glauques*. Glumes ord. ponctuées-rudes, échancrées-mucronées, frangées. *Stigm*. 2. Ach. obovale, convexe d'un côté. ♃. jⁿ-aᵗ. Mêmes lieux. AC. région maritime, d'où il remonte assez loin le long des cours d'eau; çà et là ailleurs.

**S. carinatus** Smith, *S. Duvalii* Hoppe. Port des 2 précéd. *Chaumes verts*, cylindriques dans le bas. *triquètres dans le haut, à angles très obtus*, une des faces planes, les 2 autres convexes. Glumes souv. ponctuées-rudes, frangées, échancrées-mucronées. *Stigmates* 2. Ach. obovale, convexe d'un côté, brun-luisant. ♃. jᵗ-sept. — CHAR.-INF. La Charente à *Martrou, Rochefort* et *Candé* (Fd.). — LOIRE-INF. *Le Migron!* (Bastard, 1819), AC. vases de la *Loire* du *Pellerin* à la mer. — Dans des localités, les angles du chaume sont qqf. à peine marqués, et alors il reste peu de caractères pour le distinguer du précéd.; dans d'autres, au contraire, les 2 plantes sont mêlées sans forme intermédiaire. La culture ne l'a pas changé.

*Obs. S. littoralis* Schrad. a la panic. des 3 précéd. avec le chaume à 3 angles très aigus, 2 stigm. et l'ach. convexe d'un côté, entouré de soies comme plumeuses par des poils dressés, articulés.—Pourrait tout au plus se trouver au midi de la *Char.-Inf.*

**S. triqueter** L. Rac. rampante. *Chaume* de 7-13 déc. triquètre, *à angles très aigus*, garni de 2-3 gaînes dont *la supér. se prolonge en feuil. courte*. Epis ovales, en faisceaux inégalement pédonculés et sessiles, réunis en ombelle longuement dépassée par la bractée foliacée, triquètre, dressée, formant le prolongement du chaume. Glumes échancrées-mucronées, frangées, ciliées. *Sommet des anthères glabre*. Stigm. 2. Ach. convexe d'un côté, lisse, entouré de soies garnies de très petits aiguillons réfléchis. ♃. aᵗ-sept. Vases des rivières marines. — CHAR.-INF. *La Gironde, la Charente*. — LOIRE-INF. La *Loire* de *Nantes* à la mer. CC. — MOR. S.-*Perreux*, la Vilaine de *Redon* à *Rieux* et plus bas. R. — FIN. c. *Port-Launay; Quimperlé* (Picq.). — Les petits individus à épis agglomérés, sessiles, forment *S. mucronatus* Pesn. cat. non L. Celui-ci a les épis agglomérés, sessiles, à bractée à la fin horizontale-réfléchie, et l'ach. trigone, ridé en travers; il croît au midi de la Gironde.

**S. pungens** Roth, *S. Rothii* Hoppe, *S. tenuifolius* DC. Rac. rampante. *Chaume* de 3-10 déc. triquètre à angles aigus, *garni à la base* *de 2, 3 feuil.* en carène, engaînantes, piquantes au sommet. Epis 2-5, ovales, agglomérés, sessiles, longuement dépassés par la bractée foliacée, triquètre, dressée, formant le prolongement du chaume. Glumes échancrées-mucronées à 2 lobes aigus, frangées-ciliées au bord. *Anthères terminées par un appendice grêle, cilié-dentelé à la loupe.* Stigm. 2. Ach. obovale, convexe d'un côté, lisse. Soies courtes, difficiles à apercevoir. ♃. jⁿ-jᵗ. Lieux marécageux de la région maritime, d'où il remonte assez loin le long des cours d'eau, par ex. jusqu'au *lac de Grand-Lieu* où c. partie sablonneuse, *Nantes* et *Vertou, Redon.* — CHAR.-INF. *Berjal* et env., *Oleron,* et vis-à-vis au *Pertuis de Maumusson ; Royan* (Duffort). R. — AC. jusqu'à *la Vilaine.* — MOR. Moins C. — FIN. *Ploran* (Bonnemaison), *Kerloc'h* en *Crozon* (Crouan), de *Trunvel* à *Penhors* en *Pouldreuzic* (Picq.). — Varie dans les lieux plus secs à épi solitaire.

**S. Holoschœnus** L. Chaume de 6-10 déc. cylindrique. *Epis gros, globuleux, compactes,* l'un sessile, les autres inégalement pédonculés, longuement dépassés par l'une des bractées, l'autre étalée. Pédonc. ord. simple, comprimé. Glumes échancrées, mucronées. Stigm. 3. Ach. lisse. Soies 0. ♃. jᵗ-aᵗ. Lieux sablonneux humides. — CHAR.-INF., VEND. C. région maritime, surtout sables. — A l'intérieur : bord du *Mignon,* c. *Dœuil ; Surgères, Montendre, Cadeuil, Corme-Royal ! Pisany* en *Char.-Inf.* — *Niort,* marais de *Mauzé !* (Sauzé), *l'Enclave* (Gir.) en *Deux-Sèv.* — La Dive à *Sazé* (Vienne), tout près des Deux-Sèv. (Genuer, 1842). — LOIRE-INF. Forme qq. îlots dans les sables maritimes entre *Pembron* et *la Turballe.* RR. — MOR. R. *Belle-Ile* à *Sauzon,* anse du *Vieux-Château* et *Donan.* RR. — La gaîne, qui est rar. terminée par une feuil., se déchire en formant comme une arête plumeuse.

**S maritimus** L. Rac. rampante, renflée çà et là en tubercules arrondis. Chaume triquètre de 5-8 déc. garni de feuil. presque planes, rudes au bord et sur la carène. *Epis* ovales ou oblongs, *en faisceaux* sessiles et pédonculés, *entourés de 2-4 bractées longues, semblables aux feuil.* Glumes terminées par 3 dents, l'intermédiaire en alène. Stigm. 3. Ach. trigone, entouré de soies. ♃. jⁿ-aᵗ. Bord des fossés, des marais, des rivières. — cc. région maritime jusqu'à *la Vilaine,* c. au-delà. S'avance loin dans l'intérieur. — Varie à épis cylindriques, longs de 3-5 cent.

**S. silvaticus** L. Rac. rampante. Chaume triquètre, lisse, de 5-10 déc. garni de feuil. larges, rudes au bord et sur la nervure. *Epis oblongs, petits,* vert-olivâtre, très nombreux, en paquets sessiles et pédonculés, et solitaires pédonculés, *formant un corymbe décomposé,* entouré de larges bractées foliacées. Glumes obtuses. Stigm. 3. Ach. trigone, entouré de soies. ♃. mai-jⁿ. Bord des ruisseaux ombragés, prés humides. AC. — DEUX.-SÈV. *Terves, Cerizay, Airvault, Parthenay* (Sauzé, fl.), « *Vausseroux, S.-Martin-du-Fouilloux* (Souché), *S.-André* (Régnier), » Bul. S. bot. — o ou RR. *Char.-Inf.* (Foucaud).

**S. michelianus** L. Rac. fibreuse. Chaumes triquètres, munis d'une feuille plane, formant une touffe étalée, haute de 4-15 cent. *Epis verdâtres, agglomérés en tête ovale, très compacte,* lobée, chaque lobe (rameau), garni à la base d'une bractée foliacée. Glumes mucronées. Stigm. 2. Ach. très petit, comprimé. Soies 0. ①. aᵗ-sept. — VEND.

Etang de *Badiole*, bord du Lay sous *Mareuil* (Pont., M.). RR. — LOIRE-INF. Bords humides de la *Loire*. AC. mais sujet à être déplacé par les inondations. — IL.-ET-V. Etangs de *Villecartier*, de *Carcraon*, (Sirodot, Gallée). — Etang de *Piard* en Maine-et-Loire.

c. *Epi terminal, comprimé, formé de plusieurs épillets rapprochés, distiques.* (Blysmus Panz.)

* **S. compressus** Pers. *Schœnus* L. Port des *Carex* androgyns. Rac. rampante. Chaume triquètre au sommet. Feuil. un peu carénées. Epillets *nombreux, roussâtres*, chacun garni d'une bractée. Glume striée, pliée en carène. Stigm. 2. Ach. entouré à la base de longues soies garnies de très petits aiguillons réfléchis. ♃ jⁿ-aᵗ. Marais, prés humides.

**ERIOPHORUM** L. Caract. du *Scirpus*. Ach. entouré à la base de soies blanches qui s'accroissent après la fleuraison et forment une houpe cotonneuse.

**E. vaginatum** L. Rac. fibreuse, tenace. Chaumes touffus, de 3-6 déc. garnis de plusieurs gaines lâches, renflées. Feuil. rad. nombreuses, triquètres, rudes au bord. *Epi ovale-oblong, solitaire*, terminal. ♃. av.-mai. Marais tourbeux. — LOIRE-INF. *Blain !* (Desvaux, Pesneau), AC. marais de Logné près *Sucé;* étang du Loc'h en *Grand-Auverné* (G. de Lisle). R. — MOR. *Tour-d'Elven* (Taslé). RR. — FIN. *Botmeur, Botcador, Eneztavel, Bodilis* (Crouan), *Scrignac, Brennilis* (de Crec'hquérault), tourbière du *Yunélez*. R. — IL.-ET.-V. Etang de *Landemarais!* (de la Pylaie), la Ferrière en *Bains* (Viaud), les Mortiers en *Pléchatel* (Rolland). RR.

**E. latifolium** Hop. *E. polystachium* β. L. Rac. fibreuse. Chaume obscurément triquètre, garni de *feuil.* lancéolées-linéaires, *courtes, planes*, triquètres vers la pointe, rudes. Epis 4-6, penchés. *Pédonc. rudes.* ♃. mai-jⁿ. Landes et prés marécageux. — CHAR.-INF. *Roche-courbon* (A. Guillon!), *Bussac* (Fd., Sav.), R. — DEUX-SÈV. *S.-Genard* (Maillard), *Ménigoute* (Gir.). *Jouet* (Fd.). — VEND. la Forgerie en *Aubigny*, marais de *Billy! le Bourg-sous-la Roche, les Clouzeaux* (Pont., M.), *Mouilleron-en-Pareds* (Lx.), *Réaumur* (Gobert). R. — LOIRE-INF. *Chéméré, la Seilleraie*, bord de la forêt de *Domnèche, Derval; S.-Aubin, Riaillé* et env., *Saffré, Nozay* (Guiho), *Quilly* (Delalande), *Cambon* (de Lisle), marais de *la Popinière!* (Migault). — FIN. Pont-Men près *Tréguennec* (Crouan).

**E. angustifolium** Roth. Rac. rampante. Chaume presque cylindrique. *Feuil. longues, linéaires*, en gouttière, triquètres au sommet. Epis 4-6 penchés. *Pédonc. lisses.* ♃. av.-mai. Marais et prés tourbeux. C. hors du calc. — CHAR.-INF. De *Montendre* à *Montlieu* et au-delà, *Berjat* et qq. marais des dunes, *Cadeuil*. PC.

**E. gracile** Koch. Rac. rampante, articulée. *Chaume* légèrement triquètre, *grêle*. Feuil. linéaires, triquètres, en gouttière à la base. Epis 2-4 dressés et penchés, plus petits que dans les précéd. *Pédonc. pubescents.* ♃. av.-mai. Marais spongieux. — DEUX-SÈV. *Secondigny* (A. Guillon). — VEND. *La Bauduère, marais de Billy !* (Pont., M.),

*S.-Cyr-des-Gats* (Ayraud), « *la Verrie* » (Gen.). — LOIRE-INF. *Naye, la Verrière; Riaillé* (Gad.). R. — MOR. C. marais du Petit-Rocher en *Théhillac*. R. — FIN. *Loperhet* (Crouan). — C.-NORD. Forêt de Coëtquen près *S.-Solain* (Mabille). — IL.-ET-V. Etang de *Landemarais; Hédé* (Gallée), *Montreuil-sur-Ille* (Hodée).

**CAREX** L. Fl. monoïques, rar. dioïques, en épis androgyns ou unisexuels. Glume à 1 valve, 1.flore. Style 1, à 2,3 stigm. Fruit composé d'un utricule (formé par une écaille bicarénée, à bords soudés, accrescente), renfermant l'achène. Vulg. *Rouche*.

SECT. I. *Epi unique, simple.*

**C. dioica** L. *Dioïque.* Rac. rampante. Chaume de 1-2 déc. très grêle, lisse, strié. Feuil. filiformes, lisses, dentelées au sommet. Epi fem. solitaire, terminal ovale-oblong. Glumes obtuses, brunâtres à carène verte, blanchâtres-scarieuses au bord. Stigm. 2. Fruit ovale, acuminé, nerve, dentelé au sommet, à la fin étalé. ♃. mai. — VEND. Ne se retrouve plus au marais de Billy en *Château-Guibert* (Pont., M.), d'où j'ai reçu seulement des pieds femelles et sans fruit mûr. RR. — FIN. Quilien en *Plabennec*, localité détruite (Crouan). — « Sur nos limites dans la Mayenne aux landes de *Malingue* » (Crié).

**C. pulicaris** L. Rac. fibreuse, Chaume grêle, anguleux. Feuil. sétacées. *Epi* solitaire, terminal, linéaire, *androgyn*, mâle au sommet. Stigm. 2. Fruit rétréci aux deux bouts, à la fin pendant. ♃. mai-jn. Landes et prés tourbeux. C. — R. dans le calc. — CHAR.-INF. De *Montendre* à *Montlieu* et au-delà.

SECT. II. *Epi (panicule) formé de plusieurs épillets multiflores.*

* *Plusieurs épillets androgyns, mâles au sommet.*

**C. divisa** Good. *Rac.* rampante, *dure, tortueuse.* Chaume de 2-4 déc. rude au sommet. Feuil. d'un vert gai, linéaires, en gouttière à dos arrondi jusqu'à la moitié, puis en carène, à sommet triquètre, rude. Epillets 3-6, ovales, agglomérés en épi ovale qqf. dépassé par la bractée foliacée. Stigm. 2. Fruit ovale, convexe d'un côté, plane de l'autre, strié, à bec bifide, dentelé, égalant la glume mucronée. ♃. mai-jn. Prés et lieux humides du bord de la mer. C. jusqu'à *la Vilaine*, R. à l'intérieur. — DEUX-SÈV. *Exoudun* (Sauzé fl.), *S.-Maixent* (Souché). — MOR. AC. — FIN. *Penmarc'h* (Bonnemaison), env. de *Loctudy* (Picq.), *Camaret, Morgat* (Blanchard), *Port-Salut* (Crouan). — C.-NORD. AR. région maritime des env. de *S.-Malo* (Mabille), *Paimpol* (Avice).

**C. paniculata** L. Rac. fibreuse, très gazonnante. Chaume de 6-9 déc. triquètre *à faces planes*, très rude au sommet. *Epillets nombreux, en panicule.* Stigm. 2. Fruit ovale, convexe d'un côté, un peu strié surtout à la base, acuminé en bec membraneux au bord et cilié-dentelé, égalant la glume brune, scarieuse-blanchâtre au bord. ♃. mai-jn. Marais. — CHAR.-INF. *Authon* (Riveau), *la Barde* (Fd.), de *Montendre* à *Montlieu, Corme-Royal, Rochecourbon*, et çà et là. — DEUX-SÈV.,

**Vend.** c. Bocage. — **Loire-Inf.** C. — **ac.** au-delà. — Dans la tourbière du *Yunélez* (Fin.), je l'ai vu peu gazonnant, avec le chaume à angles arrondis, rudes seulement au sommet.

*Obs.* Une forme du précéd. à épis grêles, peu rameux, ne doit pas être confondue avec *C. teretiuscula* et *C. paradoxa* Willd. Ce dernier a la rac. fibreuse, gazonnante, garnie au collet de fibres brunâtres, les faces du chaume convexes, l'épi allongé, étroit, et le *fruit régulièrement strié.* Marais tourbeux ou spongieux.

**C. Bœninghauseniana** Weihe, Reich. fig. 568. Touffe lâche. Chaume dressé, triquètre à faces convexes, lisse excepté au sommet, où les angles sont aigus et rudes. Feuil. en gouttière, rudes au bord. Panic. linéaire à 6-8 rameaux rapprochés, plus rarement les infér. écartés, composés de 6-8 épillets petits, oblongs. Epillets irréguliers, mâles au sommet, qqf. à la base, qqf. les super. entièrement mâles, d'autres fois tous femelles. Glumes la plupart obtuses, roussâtres, à bord blanc-scarieux et à carène faible, verdâtre. Etam. à anthères ord. incluses, avortées. Style souvent nul. — av.-mai. Prés tourbeux. — **Vend.** *La Roche-sur-Yon* (Pontarlier).— **Loire-Inf.** *Sautron !* (Maupon). Marais de *la Verrière* (Jos. Diard). — Ce *Carex* croît au milieu de *C. paniculata,* auquel il ressemble le plus. Il se distingue des formes grêles de celui-ci par les épillets plus serrés, petits, oblongs, ord. stériles. Les fruits avortés sont ord. dépourvus de styles, et, lorsqu'ils contiennent quelques graines, la panicule a un aspect tout différent des *C. paniculata* les plus grêles, qui sont bien plus garnis de fruits, de stigmates. Ses touffes lâches sont uniformes, sans mélange de *C. paniculata* ni d'autre espèce, et elles ne peuvent être l'effet de la végétation, mais le produit d'une graine anormale de *C. paniculata* ou bien de l'hybridation de celui-ci avec *C. leporina* ou *canescens.* Les fruits, qui sont stériles, ne diffèrent de ceux de *C. paniculata* que parce qu'ils sont plutôt ovales-lancéolés que ovales ; ils sont aussi plus lisses et peu ou point striés.

**C. teretiuscula** Good. *Souche* garnie de fibres, *non gazonnante.* Chaume grêle, strié, cylindrique et lisse à la base, le sommet à 3 angles rudes et à faces presque convexes. Feuil. étroites, en gouttière, rudes. Epi oblong, composé d'épillets serrés. Fruit ovale, convexe d'un côté, luisant, lisse sur le frais, marqué sur le sec du côté convexe, de 2-4 nervures, atténué en bec bidenté, finement denté, dépassant peu la glume fauve, scarieuse au bord, ovale, aiguë. ♃. mai-j^n. Marais herbeux des dunes.— **Char.-Inf.** Marais de *Berjal* entre la forêt d'*Arvert* et le phare de *Bonne-Anse.* — **Vend.** *La Bauduère* (Pontdevie, J. Rossignol). RR. — **Mor.** Lannénec en *Plœmeur* (Le Gall), *Vannes* à Cliscoët (Taslé). RR. — **Il.-et-V.** Etang de *Landemarais.* RR.— Les individus robustes ont le chaume triquétré à angles obtus à la base, puis le milieu à faces convexes et le sommet très rude à angles aigus.

**C. vulpina** L. Rac. fibreuse. *Chaume robuste* de 3-5 déc. *à angles très rudes-coupants.* Feuil. larges, rudes au bord. *Epillets nombreux, en épi serré, allongé.* Stigm. 2. Fruit ovale, convexe d'un côté, strié, étalé, acuminé en bec rude, bidenté, dépassant la glume mucronée. ♃. av.-mai. Bord des fossés, prés humides. C.

**C. muricata** L. Racine fibreuse. *Chaume assez grêle,* rude au sommet. Epillets 4-7 en *épi oblong* qqf. *interrompu à la base.* Stigm. 2. *Fruit* ovale, convexe d'un côté, *lisse, étalé,* rétréci en bec rude, bidenté, dépassant la glume mucronée. ♃. av.-mai. Pied des murs, prés, lieux pierreux. C. — AC. au-delà de *Loire-Inf.*

**C. divulsa** Good. Rac. fibreuse, Chaume faible, grêle, rude au sommet. Epi allongé ; *épillets écartés,* les sup. rapprochés Stigm. 2. *Fruit dressé,* ovale, convexe d'un côté, lisse, à qq. nervures à la base ; bec un peu rude, bidenté, dépassant la glume blanche à nervure dorsale verte. ♃. av.-mai. Lieux ombragés frais. C. — AC. au-delà de *Loire.-Inf.*

" *Plusieurs épillets androgyns, femelles au sommet.*

**C. stellulata** Good. *C. echinata* Murr. Rac. fibreuse, gazonnante, Chaume de 15-30 cent., un peu rude au sommet. Epillets 3,4, globuleux, un peu écartés. Stigm. 2. *Fruits* ovales, convexes d'un côté, striés, acuminés en bec rude, dépassant la glume, *étalés en étoile à la maturité.* ♃. av.-mai. Prés et marais tourbeux. C. — AC. le calc.

**C. canescens** L. *C. curta* Willd. Rac. fibreuse, gazonnante. Chaume lisse, d'env. 3 déc. *Epillets 5,6 ovales-oblongs,* un peu écartés, *pâles.* Stigm. 2. *Fruit* presque elliptique, un peu convexe d'un côté, finement strié, *à bec très court,* entier, dépassant la glume pâle. ♃. av.-mai. Marais. — CHAR.-INF. *Rochefort* (Marc Arnauld). — LOIRE-INF. c. grands marais de l'Erdre. PC. — MOR. *Vannes, S.-Avé* (Taslé). RR. — FIN. *Loperhet* (Crouan). RR. — C.-NORD. Forêt de Coëtquen près *S.-Solain* (Mabille). — IL.-ET-V. Marais de *Bazouges* (Le Gall), env. de *Rennes* (Lx.), canal d'*Ille-et-Rance* près *Bouessay* (herb. Degland), *Trévérien* (Morin), Trévazan en *Combourg* (Hodée), étang de *Landemarais ;* de *Villecartier* (Gallée), *Melesse* (Picq.).

**C. elongata** L. Rac. gazonnante. *Chaume* de 4-6 déc. *grêle,* à 3 angles très rudes. Feuil. rudes. *Epillets oblongs, 6-10, alternes, en épi allongé.* Stigm. 2. *Fruit* étalé, *ovale-lancéolé,* un peu convexe d'un côté, fortement strié, à la fin un peu courbé, à bec un peu rude, entier, dépassant beaucoup la glume obtuse, brune, à bord blanc-scarieux, et à carène rude. ♃. av.-10 mai. Marais. — LOIRE.-INF. RR. marais de la *Verrière,* 1836 ; de *Carquefou.* R. — IL.-ET-V. Bord de l'*Ille* à *Rennes* (Lx), *S.-Aubin-d'Aubigné* (Tetrel), *Apigné* (Picq.).

**C. remota** L. Rac. fibreuse, gazonnante. Chaume de 4-7 déc. grêle, faible, lisse. *Feuil. longues, molles. Epillets* oblongs, alternes, *les 3,4 inf. très écartés, à l'aisselle d'une bractée foliacée très longue,* dépassant le chaume. Stigm. 2. Fruit ovale, convexe d'un côté, un peu strié, à bec un peu rude, bidenté, dépassant un peu la glume ovale, aiguë, pâle, à carène verte. ♃. av.-mai. Fossés et ruisseaux couverts, lieux frais ombragés. — CHAR.-INF., DEUX-SÈV., VEND. AC. — c. au-delà.

*Obs. C. axillaris* Good. Schkuhr fig. Dd. 22, considéré par D. Jouve (Bul. soc. bot. janv. 1864) comme un état stérile de *C. remota,* et par Crépin (notes IV, p. 50) comme un hybride des *C. remota* et *vulpina,* pourrait se trouver dans nos limites. Il est plus fort que *C. remota* dans toutes ses parties, le chaume est plus rude, les épillets sont plus rapprochés, les inf. agglomérés. Les fruits sont stériles dans la plante que je cultive.

*** C. brizoides** L. Rac. long¹ rampante. Chaume grêle, faible, triquètre, rude dans le haut. *Feuil.* étroites, molles, *très allongées*, rudes au bord. *Epillets 5-8, blanchâtres,* distiques, *rapprochés, courbés,* en fuseau. Stigm. 2. Fruit dressé, ovale-lancéolé, insensiblement rétréci en bec bifide, convexe d'un côté, lisse, bordé d'une membrane étroite, dentelée, dépassant la glume. ♃. mai-j^n. Bois humides.

**C. Schreberi** Willd. *Rac. articulée, longuement rampante.* Chaume de 1-2 déc. grêle, triquètre, peu feuillé .Feuil. larges de moins de 2 mil. vert clair. Épillets 3-6, rapprochés. Stigm. 2. *Fruit ovale-oblong, non bordé,* convexe d'un côté, peu strié, à bord aigu, dentelé au sommet, égalant la glume. ♃. av.-mai. — CHAR.-INF. *Fouras* (Faye). — LOIRE-INF. Bords sablonneux de la *Loire,* Prairie de *Mauves* mêlé au suiv., dont on le distingue sur place au premier coup d'œil, *Ancenis,* coteaux de *Varades.* R.

**C. ligerina** Boreau fl. du centre, 493, *C. arenaria* Bastard ! *C. Schreberi* Pesn. cat. Rac. articulée, longuement rampante. Chaume de 2-4 déc. triquètre, rude au sommet. Feuil. en gouttière, rudes au bord, vert foncé. Épillets 6-13, sessiles, oblongs-cylindriques, aigus, ramassés en épi plus ou moins serré. Stigm. 2. *Fruit* ovale, convexe d'un côté, plane de l'autre, strié, *muni à la maturité, à partir d'un peu au-dessous du milieu, d'une aile membraneuse,* étroite, dentée-ciliée, se prolongeant jusqu'au sommet du bec à deux dents égalant la glume. ♃. av.-mai. — CHAR.-INF. *Fouras* (Foucaud). — LOIRE-INF. Bords sablonneux de la *Loire.* C. — Cette espèce, qui rampe à une longueur de 10-14 déc., a la rac. horizontale, filamenteuse de *C. arenaria* et *Schreberi.* Elle se distingue du dernier parce qu'elle est plus grande dans toutes ses parties et parce qu'elle a le fruit bordé ; de *C. arenaria,* plante des sables maritimes, par ses fruits bien moins largement bordés et par ses épis tous androgyns. Ce dernier caractère l'éloigne de *C. disticha,* qui a les fruits semblables, mais dont la rac. est tortueuse.

**C. leporina** L. *C. ovalis* Good. Rac. fibreuse, gazonnante. Chaume de 3-5 déc. rude au sommet. Feuil. un peu rudes. *Epillets 5-6, ovales-globuleux, alternes, rapprochés.* Stigm. 2. Fruit ovale, convexe d'un côté, strié. bordé d'une membrane dentelée, acuminé en bec à 2 dents, égalant la glume ovale-lancéolée, aiguë. ♃. mai-j^n. Prés. pâturages et bord des chemins humides. C. — AC. au-delà de *Loire-Inf.*

**** Plusieurs épillets unisexuels mêlés à des épillets androgyns.*

**C. disticha** Huds. *C. intermedia* Good. *Rac. dure, tortueuse, rampante, tenace.* Chaume de 3-7 déc. triquètre et rude dans le haut. Feuil. rudes. *Epillets* nombreux, ovales, *les inf. et les sup. femelles, les intermédiaires mâles,* formant un épi allongé, qqf. interrompu à la base. Stigm. 2. Fruit ovale, convexe d'un côté, strié, entouré, un peu au-dessus de la base, d'un rebord dentelé ; bec à 2 dents, dépassant la glume aiguë. ♃. mai-j^n. Prés marécageux, bord vaseux des rivières.

— CHAR.-INF., VEND. AC. région maritime, PC. à l'intérieur. — DEUX-SÈV. Vallée de *la Sèvre* (A. Guillon), *Rom*, *Pers* (Grelet), « *Loubigné* (Souché), *St-Symphorien* (Gamin), » bul. S. bot. — LOIRE-INF. C. — MOR. *Plouhinec, Guidel.* R. (Le Gall). — FIN. *Quimper* (Bonnemaison). Kermor, près l'*Ile-Tudy*, *Quimperlé*(Picq.), *Plovan* (Crouan).—C.-NORD. Oseraies de *Léhon*, vallée du *S.-Esprit* (Mabille). — IL.-ET-V. *Rennes* (Degland), *S.-Jacques* (Hodée).— Il faut se garder de le confondre avec *C. ligerina*, près duquel on le trouve qqf. Celui-ci croît dans le sable et a la rac. horizontale, droite, peu profonde, tandis que celle de *C. disticha* est tortueuse et s'enfonce profondément dans la terre. Ce dernier caractère le distinguera de *C. divisa*, dont la rac. tortueuse est horizontale.

**C. arenaria** L. Rac. articulée, longuement rampante. Chaume de 1-2 déc. à angles rudes au sommet. Feuil. rudes. *Epillets inf. fem., les sup. mâles, les intermédiaires androgyns, mâles au sommet*, formant un épi oblong ou ovale, qqf. un peu interrompu à la base. Stigm. 2. Fruit gros, ovale, convexe d'un côté, bordé à partir du milieu d'une large aile dentelée-rude, plus court que la glume ovale, acuminée. ♃. av.-mai. Sables maritimes. C. — Moins c. sur la côte du nord. — Avec sa racine on fait les *balais de Chiendent* du commerce.

SECT. III. *Plusieurs épis distincts, unisexuels, les supér. mâles, les inf. femelles.*

a. *Stigmates 2.*

**C. vulgaris** Fries, *C. cæspitosa* Goodenough, *C. Goodenoughii* Gay. *Rac. rampante.* Chaume de 3-5 déc. triquêtre, rude au sommet. Feuil. glauques, en gouttière, rudes. Epi mâle ord. solitaire, *les fem.* 2,3, cylindriques, *dressés*, l'inf. courtement pédicellé. Bractées foliacées, sans gaîne, munies à la base de 2 petites oreillettes noirâtres. *Fruits* sur 6 rangs, *persistants*, elliptiques, comprimés, obtus, à bec très court, cylindrique, entier, dépassant l'écaille obtuse, noire, à nervure dorsale verte. ♃. av.-mai. Marais, prés marécageux. — VEND. AC. *la Roche, les Clouzeaux, la Ferrière, le Bourg, la Pommeraie, la Baudrière!* etc. (Pont., M.). — LOIRE-INF. *Sautron!* (Lx.) ; *Ancenis.* PC. Dans les prés bordant les sables maritimes de *S.-Brevin* à *Pornic*, la plante est assez commune et n'a souv. que 1-2 déc. de hauteur ; il ne faut pas en cet état la confondre avec le suiv. — MOR. *Ploërmel* (J.-M. Sacher), *Guidel*, c. Lamenec en *Plœmeur, Plovay* (Picq.). « *Lorient, Plouhinec, Baud.* AR. » (Le Gall flore). — FIN. Tourbière du *Yunélez ; Trezhir, Bertheaume* (Crouan), *Langolen, Guengat, Briec, Kerfeunteun, Erqué-Armel, S.-Ivy, Gouesnach, S.-J.-Trolimon, Quimperlé* et la forêt (Picq.). — C.-NORD. Prés de *la Rance* à *Léhon*, c. prés du *Menez* (Mabille). — IL.-ET-V. Marais de *S.-Briac* (Mabille), env. de *Rennes* (Degland), étang de *Landemarais.*

**C. trinervis** Degl. Rac. rampante, tenace. *Chaume* de 2-3 déc. triquêtre, *lisse*, dépassé par les *feuil.* glauques, *étroites*, en gouttière, triquêtres et rudes dans le haut. Epis mâles 2,3, les fem. ord. 3. Bractées foliacées, embrassantes, auriculées. Fruits sur 8 rangs, elliptiques, comprimés, à 3-6 nervures, obtus, à bec très court, cylindrique, entier, égalant env. la glume ovale-lancéolée, brunâtre, à nervure dorsale verte ou pâle. ♃. mai-j<sup>n</sup>. — CHAR.-INF. AC. et C. par localités dans les Lèdes, depuis *Puyraveau* sur la Gironde jusqu'à *Bonne-Anse, la Tremblade* et *Oleron*.

**C. stricta** Goodenough. *C. cæspitosa* Gay. *Rac.* fibreuse, *très gazonnante*. Chaume de 4-7 déc. triquètre, rude. *Feuil.* rudes, *à gaîne se séparant en réseau filamenteux*. Épi mâle solitaire, les fem. ord. 3, cylindriques, qqf. mâles au sommet, sessiles. Bractées sans gaine, munies à la base de deux petites oreillettes noirâtres. *Fruits* sur 8 rangs, elliptiques, comprimés, *très caducs*, dépassant en tous sens la glume obtuse, noire, à nervure dorsale pâle. ♃. mars-av. Marais. CHAR.-INF., VEND. AC. — DEUX-SÈV. Marais de *la Sèvre ; Lezay* (Sauzé). — LOIRE-INF. CC. Forme des touffes épaisses dans la plupart des grands marais. — MOR. *Plomeur* (Le Gall), *Elven* (Taslé), *Muzillac* (Arrondeau). — FIN. Env. de *Plovan*, Anse de *Bertheaume* (Crouan), marais du Len en *Gouënach, S.-J.-Trolimon, Plomeur, Treffiagat* (Picq.). — C.-NORD. Forêt de *Coëtquen* près *S.-Solain*. — IL.-ET-V. Étang du *Rourre*, c. tourbières de *Châteauneuf* (Mabille), de *Rennes* à *S.-Grégoire, Montreuil-sur-Ille* (Picq.), *S.-Jacques, Combourg* (Hodée).

**C. acuta** L. *C. gracilis* Curt. *Racine rampante*. Chaume de 6-10 déc. triquètre, rude. Feuil. rudes, vert clair. *Epis* mâles 2,3, *les fem.* 3,4, cylindriques, allongés, *d'abord penchés*, redressés en fruit, ou plus longs toujours arqués-penchés. Bractées foliacées longues, à 2 petites oreillettes à la base. Fruit ovale, comprimé, plus court ou plus long que la glume noirâtre ou brune, à nervure dorsale pâle. ♃. av.-mai. Bord des fossés, des rivières, lieux marécageux, prés humides. — CHAR.-INF. *S.-Savinien* (Tess.), *Agonnay, Royan* (Fd.). — DEUX-SÈV. Marais de *Coulon* (A. Guillon), *Amailloux* (Guyon). — VEND. *Les Vivaies des Clouzeaux* (Marichal). R. — LOIRE-INF. C. — MOR. AC. — FIN. *Quimper* (Bonnemaison), baie d'*Audierne, Brest* (Crouan). — C.-NORD. Env. de *Dinan* (Mabille). — IL.-ET-V. Env. de *Rennes* (Degland). — Une forme : *C. touranginiana* Bor. à longs épis penchés et à glume lancéolée-en alène, dépassant longuement le fruit, croît dans les marais de *S.-Julien-de-Concelles* (Loire-Inf.).

b. *Stigmates 3*.

* *Epi mâle solitaire ; fruit glabre.*

**C. pallescens** L. Rac. fibreuse, gazonnante. Chaume de 3-5 déc. à angles rudes. Feuil. un peu poilues. *Epis fem.* 2,3, oblongs-cylindriques, *vert pâle*, pédicellés. Bractées foliacées à peine engaînantes. *Fruit elliptique-oblong*, convexe des deux côtés, *obtus*, strié. ♃. av.-mai. Bois, lieux frais ombragés. — CHAR.-INF. *S.-Hippolyte, Champagne* (Fd.), *Allas-Bocage* (Sav.), *Tonnay-Charente* (Riveau), *Montendre*. — DEUX-SÈV. Prob. AC. — VEND. AC. Bocage. — LOIRE-INF. C. — PC. au-delà.

**C. flava** L. Coss. atl. 35 f. 6, *C. lepidocarpa* Tausch. Rac. fibreuse, gazonnante. Chaume de 3-4 déc. lisse. *Epis fem.* 2-4, *ovales-globuleux, rapprochés*. *Bractées* foliacées engaînantes, *à la fin réfléchies*. Fruits serrés, étalés, ovales-globuleux, renflés, à la fin jaunes, fortement striés, à *bec* long, bidenté, *recourbé*, dépassant la glume lancéolée. ♃. mai-j". Prés et lieux marécageux dans le calc. — CHAR.-INF. PC. —

Deux-Sèv. AR. — Vend. RR. *Fontaines*, AC. *Serigné* (Lx.), *S.-Vin-cent-du-Lay*, C. *la Bauduère* (Pont.), *Sigournais* (Gad.). — Loire-Inf. AC! marais d'*Arthon* (Migault), où il y a des intermédiaires à *C. Œderi*. — Fin. *Lampaul-Ploudalmézeau* (Crouan).

**C. Œderi** Ehrh. Coss. atl. 35 f. 8. Moins robuste que le précéd., dont il diffère par les épis plus rapprochés de l'épi mâle et par le fruit ord. plus petit, à *bec droit*. Chaumes de 4-30 cent., de taille très variable. ♃. mai-a⸰. Prés et lieux marécageux, marais surtout des landes, bord des étangs. C.

**C. extensa** Good. Rac. fibreuse, gazonnante. Chaume lisse, d'env. 3 déc. *Feuil*. linéaires, *étroites, en gouttière*. Epis. fem. 2-4, oblongs ou ovales-arrondis, sessiles, *rapprochés de l'épi mâle*, l'inf. écarte. *Bractées foliacées très longues, à la fin très étalées ou recourbées*, l'inf. engaînante. Fruits serrés, ovales, convexes, striés, à bec court dépassant les glumes mucronées. ♃. mai. Lieux marécageux maritimes. — Char.-Inf. *Châtelaillon* (Fd.), *la Tremblade ; Oleron!* (Delalande). — Vend. *Pointe de l'Aiguillon ;* C. *la Tranche!* (Lx.), *les Sables* et env. (Pont., M.), *île d'Yeu*. — Loire-Inf. PC. — Mor. AC. — PC. au-delà. — Varie au bas des rochers maritimes, à chaumes et feuil. arqués-tombants.

**C. punctata** Gaudin, *C. pallidior* Degland in Lois. 299. Rac. fibreuse Chaume de 3-5 déc. lisse. Feuil. rudes au bord, presque 1 f. plus courtes que le chaume ; gaîne membraneuse au sommet. Epis fem. 3, très écartés, pédicellés, oblongs-cylindriques, vert pâle, de la couleur et de la forme de ceux de *C. pallescens*. Bractées foliacées longues, engaînantes. *Fruit* 1 f. plus petit que dans *C. distans* et *lœvigata*, ovale, convexe des 2 côtés, *à stries peu prononcées, vert pâle* luisant, très finement ponctué à une forte loupe, à bec bidenté, dépassant la *glume pâle, roussâtre, à carène verte*, terminée en pointe rude. ♃. mai. Sources des rochers maritimes, lieux marécageux. — Char.-Inf. La Martière en *Oleron* (Sav.), RR. bois du Colombier près *Nancras ; Cadeuil, Corme-Royal* (Tess.), forêt de *la Lande* (Fd., Sav.), *Montendre* (Lema-rié), *Montlieu, Chierzac*. R. — Vend. AC! de l'étang de *la Mine* à *S.-Jean-d'Orbetiers* et au-delà vers *les Sables* (Pont.). — Loire-Inf. S^te-Marie près *Pornic!* (Bastard, 1827), *Pornic*, lande marécageuse à *Machecoul, Chéméré ; S.-Et.-de-Corcoué*, forêt de *Touvois* (Cailleteau), *Batz* (P. Bruneau). R. — Mor. Presqu'île de *Gâvre* (Godron). — Fin. AC. *Brest!* (Crouan), *Logona*, le Loch en *Crozon, Roscanvel, Port-Salut, Daoulas* (Blanchard). — C.-Nord. RR. *Cap Fréhel* (Nicolle). — Il.-et-V. *S.-Briac*, bord de la *Rance* à *la Richardais* et v.-à-v. de *S.-Servan* (Mabille), *S.-Coulomb* (Rolland).

**C. Mairii** Coss. et Germ. Rac. fibreuse. Chaume de 3-5 déc. lisse. Feuil. rudes au bord, 1 f. plus courtes que le chaume. Epi mâle soli-taire, oblong-linéaire à glumes obtuses. Epis fem. ovales, 2,3, rappro-chés, pédicellés, l'inf. engaîné par la bractée foliacée. *Fruit* ovale, convexe, *à stries peu prononcées, un peu glauque, rétréci en bec* bifide *bordé de cils raides*, dépassant la glume jaunâtre, ovale, mucronulée. ♃. mai-j^n. — Char.-Inf. R. marais de Gerzan près *Corme-Royal ;* la Châtaigneraie, la Grande-Maçonne en *S.-Symphorien* (Fd.).

**C. Hornschuchiana** Hop. *C. fulva* DC. Pesn. sup. Rac. dure,
presque rampante. Chaume d'env. 3-4 déc. rude au sommet, à 3 angles
obtus. Feuil. presque 1 f. plus courtes que le chaume, rudes, ord.
glauques. Ligule opposée à la feuil. Epi mâle lancéolé. *Epis fem.*
ord. 2, qqf. 3, *ovales-oblongs*, très écartés. pédicellés, le sup. sessile.
Bractées foliacées longuement engaînantes. Fruit ovale, convexe-
renflé, strié, qqf. jaunâtre, à bec bifide, rude, dépassant la glume
aiguë, brune, verte au milieu, membraneuse-blanchâtre au bord. ♃.
mai. Landes et prés marécageux. — CHAR.-INF. VEND. LOIRE-INF. C.
— DEUX-SÈV. *Melle* (A. Guillon), R. forêt de *l'Hermitain* (Maillard),
AC. (Sauzé fl.). — MOR. *Tréhorenteuc, Néant, Rieux* (Le Gall), le Plessis
en *Theix* (Taslé), *Gourin* (Arrondeau). — C.-NORD. Bord de la forêt de
*Lorge ;* landes de *Plélan*, du *Menez*, forêt de *Coëtquen*, etc. (Mabille).
— IL.-ET-V. Calc. de *Rennes* (J.-M. Sacher), *Bonnemain*, forêt de
*Rennes* (Hodée). — Prob. sur beaucoup d'autres points en Bretagne.

β. *C. xanthocarpa* Degl. *C. fulva* Good. Bractées foliacées 1/3 plus
larges ; épi mâle linéaire-lancéolé, 1/3 plus long ; fruits jaunâtres,
avortés. Mêmes lieux. — VEND. La Forgerie en *Aubigny* (Pont.). —
LOIRE-INF. *Sautron* ! (Lx.), *Malville* (Migault), la *Seilleraie ; Chémeré* !
(Ménier). PC. — C.-NORD. *Irignac, Coëtquen, le Menez* (Mabille). —
Forme stérile du type. Voir Duval Jouve. Bul. soc. bot. T. 11, p. 24.

**C. distans** L. Rac. dure, fibreuse. Chaume de 3-6 déc. lisse. Ligule
opposée à la feuil., oblongue. *Epi fem. 3, oblongs-cylindriques*, très
écartés, pédicellés, le sup. sessile. Bractées foliacées longuement
engaînantes. *Fruit* ovale, convexe, *marqué de nervures régulières dont
2 plus saillantes et situées près du bord ;* bec à 2 dents, dépassant la
*glume mucronée.* ♃. av.-mai. Lieux marécageux. AC. — Une forme
est AC. région maritime, où il ne faut pas la confondre avec *C. punctata.*

**C. binervis** Smith. Plus robuste que le précéd., feuil. glauques,
fermes, fruit plus ou moins taché ou ponctué de rouge, marqué près
du bord de 2 nervures saillantes, toujours vertes, du reste obscurément nervé. Landes et leurs marais, taillis coupés humides. — C.
*Bocage Vendéen* et *Bretagne.* — *Montendre, Montlieu* (Char.-Inf.).

**C. lævigata** Smith, *C. biligularis* DC. Rac. épaisse, rampante.
Chaume lisse de 6-9 déc. Feuil. linéaires-lancéolées, larges, courtes,
à ligule opposée à la feuil., oblongue. *Epis fem. 2,3, cylindriques,*
écartés, l'inf. à pédic. saillant, incliné. Bractées foliacées très longuement engaînantes. *Fruit* ponctué de brun à la maturité, ovale, convexe, nervé, à nervures latérales un peu plus saillantes, *acuminé en
bec rude, à 2 pointes ouvertes.* Glume lancéolée, acuminée. ♃ av.-mai.
Prés et lieux boisés marécageux. AC. — C. au-delà de *Loire-Inf.* —
R. le calc.

*Obs.* Les 6 espèces précéd. sont très voisines par le port, les épis
fem. très écartés et par la double ligule qui couronne les gaînes.
Cette ligule est entière et ne se fend en deux qu'en vieillissant ou
par accident ; elle est plus prononcée dans *C. lævigata* et *distans.*

**C. nitida** Host. Rac. stolonifère. Chaume d'env. 1 déc. strié, presque lisse. *Feuil.* linéaires, fermes, *arquées*, rudes. Epis fem. 2, ovales, à 8-12 fl., l'inf. écarté, pédicellé, qqf. radical. Bractées engaînantes ; l'inf. foliacée. *Fruit gros, ovale-globuleux, brun, luisant,* fortement strié, à bec court, scarieux-blanchâtre au sommet, dépassant la glume brune, blanchâtre au bord. ♃. mai. Pelouses sèches des ter. calc., sables herbeux, talus, coteaux de la région maritime. — CHAR.-INF. AC. région maritime. — VEND. Dunes de *Notre-Dame* à *S.-J.-de-Monts* et à *S.-Gilles*. — LOIRE-INF. *Machecoul*, C ! de *Chéméré* à *Arthon* (Lx) ; RR. îlot à la pointe de *Penchâteau* (Delalande). R. — MOR. *Quiberon* (Le Gal). RR.

**C. depauperata** Good. Racine épaisse, gazonnante. Chaume élancé, de 6-9 déc. lisse. Epi mâle grêle, linéaire, *les fem.* 3-4, écartés, pédicellés, *à 4-7 fl. écartées.* Bractées foliacées longuement engaînantes. Fruits gros, écartés, régulièrement striés, ovales, longuement acuminés en bec blanchâtre et oblique au sommet, dépassant beaucoup la glume scarieuse au bord. ♃. mai. Buissons, taillis. — CHAR.-INF. Bois de Chartres près *Breuil-Magné* (Lépine), Pibles en *S.-Just* (Maillard), la Grande-Maçonne et Plantis en *S.-Symphorien, Hiers-Brouage* (Fd). — DEUX-SÈV. *Chambrille*, Puits d'Enfer près *S.-Maixent* (Sauzé. M.), *la Touche Poupart* (A. Guillon), bois du Chaillou près *Lezay* (Mussat). — VEND. Forêt de *Vouvant* (Lx). — LOIRE-INF. Coteaux de *Mauves* ! (Le Boterf), *Ste-Luce* (Aug. Diard), bois de *Clermont; St-Fiacre* (Guiho), *la Haie-Fouassière*, forêt d'*Ancenis* (de Lisle), *Princey* (Gad., Ménier). R. — MOR. Forêt de *Brambien* (Arrondeau). — C.-NORD. La Courbure près *Dinan* (Mabille) et coteaux de *Livet* (Morin).

**C. limosa** L. Rac. rampante à fibres velues. Chaume grêle de 3-4 déc. triquètre, un peu rude au sommet. Feuil. glauques, en gouttière, carénées, très étroites, rudes au bord. Epi mâle linéaire, fauve, dressé. *Epis fem.* 1.2, oblongs, *pendants à pédic. capillaire.* Bractées courtes, linéaires, un peu engaînantes, rudes, ayant à la base 2 oreillettes courtes, fauves. Fruits glauque-bleuâtres, ovales, un peu comprimés, à bec très court, cylindrique, tronqué, dépassé par la glume fauve à côte verdâtre, cuspidée. ♃. jn. — MOR. Etang de Poulandré en *Plomeur* (Tanguy). — IL.-ET-V. C ! étang de *Landemarais* (Puiseux). R.

**C. panicea** L. Rac. stolonifère. Chaume de 2-3 déc. lisse, feuillé à la base. *Feuil. glauques,* rudes. Epis fem. ord. 2, oblongs-cylindriques, écartés, l'inf. pedicellé. Bractées foliacées engaînantes. *Fruits ovales, renflés, lâches,* à bec court, cylindrique, dépassant la glume obtuse, brun foncé ou noirâtre, blanchâtre au bord, à carène pâle. ♃. av.-mai. Landes et prés marécageux. CC.

**C. silvatica** Huds. *C. patula* Scop. Chaume de 3-8 déc. lisse, ascendant. Feuil. larges, rudes. *Epis fem. 4, grêles, linéaires,* écartés, penchés, *à pédic. long, filiforme.* Bractées foliacées longuement engaînantes. *Fruits* ovales-trigones, lâches, *terminés en long bec linéaire,* lisse, dépassant la glume acuminée, blanchâtre, à carène verte. ♃. av.-mai. Bois. C.

**C. strigosa** Huds. Rac. rampante. Chaumes presque couchés, lisses. Feuil. plus larges que dans le précéd., rudes. *Epis fem.* 4-7, *très grêles, filiformes*, écartés, à la fin penchés, à pédic. presque inclus dans les bractées foliacées longuement engaînantes. *Fruits lancéolés-trigones*, un peu courbés, lâches, *insensiblement rétrécis en bec court*, dépassant la glume blanche, à carène verte. ♃. mai. Bois humides. — DEUX-SÈV. Forêt de l'*Hermitain* (Sauzé), marais de *Goux*, de *Coulon* (Gir.). — LOIRE-INF. *Bouguenais*! (Pesneau), *la Seilleraie* (Dumas), forêt de *Touvois*! (D. Bourgault). — C.-NORD. Le Chêne à *Dinan*, toutes les oseraies de *Léhon*, *S.-Juval* et env. (Mabille). — IL.-ET-V. *S.-Sulliac* (Mabille), St-Grégoire près *Rennes* (Lx), landes d'*Izé* (V. Sacher), forêt de *Villecartier*.

**C. pendula** Huds. *C. maxima* Scop. Rac. fibreuse, gazonnante. Tige de 10-15 déc. triquètre, lisse. Feuil. rudes. *Epis très longs*, linéaires, cylindriques, *les fem. 4-6, à la fin pendants*. Bractées foliacées engaînantes. *Fruits petits, serrés, oblongs*, triquètres, à bec court, dépassant la glume brune, à carène verte, terminée en arête. ♃. mai. Lieux humides ombragés. CHAR.-INF. AC. — DEUX-SÈV. *La Mothe*! (Sauzé), *Chef-Boutonne*, *Chizé* et prob. çà et là entre les deux. — VEND. R. forêt de *Vouvant*, *la Girarderie* (Lx.), *la Réorthe*, coteaux des *Lucs* (Pont.). — LOIRE-INF. La Valinière près *Ingrande*; forêt d'*Ancenis* (de Lisle), étang du Haut-Breil en *Forêt de Juigné* (Ménier), *S.-Herblon*, la Mothe près *Mauvmusson*; le Pé! en *S.-J.-de-Boiseau* (Guiho); la Panthière en *Vertou* (Beuchet), forêt de *Touvois* (Cailleteau); bois de Juzet près *Guémené*. RR. — FIN. *Brest* (Crouan), forêt de *Crannou* (Tanguy), *le Folgoat* (Blanchard). — C.-NORD. *S.-Brieuc* (Taslé), c. de *Lannion* à la mer; le Meurtel près *Port-à-la-Duc*, c. le Chêne près *Dinan* (Mabille). — IL.-ET-V. Çà et là *Rennes* (Lx.), *Bretigny* (Debooz), *Langon*, *Bonnemain* (de la Godelinais), *la Molière* (Collen), *Beaufort* (Hodée).

**C. Pseudo-Cyperus** L. Rac. fibreuse. Chaume triquètre, très rude. Feuil. larges, longues, rudes, vert-clair. *Epis fem. 3-5, longuement pédicellés, à la fin pendants*. Bractées foliacées sans gaîne. *Fruits ovales-lancéolés*, serrés, un peu arqués, *recourbés*, nervés, à long bec bifide, égalant la glume linéaire-en alène, rude. ♃. av.-mai. Marais. AC.

*" Plusieurs épis mâles ; fruit glabre.*

**C. ampullacea** Good. Rac. rampante. Chaume lisse, d'env. 3 déc., plus court que les *feuil. glauques*, en gouttière. Epis mâles 2, les fem. 2,3, écartés, cylindriques, pédicellés. Bractées foliacées sans gaîne. *Fruits jaunâtres en vessie ovale-globuleuse*, serrés, striés, horizontaux, à bec linéaire, bifide. ♃. av.-mai. Marais. — CHAR.-INF. Marais de *Berjat*. — DEUX-SÈV. *Secondigny* (A. Guillon), *Pougnes-Hérisson* (Maillard). — VEND. *La Châtaigneraie* (Gobert) *la Pommeraie*, la Forgerie en *Aubigny*, R. *les Viväies des Clouzeaux*, *Jard* (Pont., M.), *la Bauduère* (Lx.). — LOIRE-INF. C. grands marais de l'*Erdre*; *Sautron*! Lartreté près la rivière de *Boivre*! (Lx.). R. — AC. au-delà par localités.

**C. vesicaria** L. Se distingue du précédent par le chaume rude, dépassant les feuil. vertes, et par les *fruits roussâtres 1 f. plus gros, en vessie ovale-conique*, étalés, rétrécis en bec bifide. ♃. av.-mai. Prés

humides, marais. C. — PC. *Char.-Inf.* et au-delà du *Mor.* — c. *Dinan*
et communes voisines.

**C. riparia** Curt. Rac. rampante. Chaume robuste de 6-12 déc. rude
sur les angles. *Feuil. glauques,* rudes. Epis mâles 2-5 à glumes brunes,
en alène, les fem. 3,4 cylindriques, dressés, les inf. pédicellés. Bractées foliacées sans gaine. *Fruit ovale-conique, convexe-renflé,* finement
strié, à bec court, bidenté ; *glumes lancéolées-en arête* longue. ♃.
av.-mai. Fossés, bord des ruisseaux, des rivières et qqf. *(V. gracilis*
Coss. et G. fl. par. édit. 2), dans les prés marécageux où il est bien moins
robuste, avec épis. fem. longuement pédonculés, les inf. pendants, à
fruits longuement dépassés par les écailles plus longuement aristées.

**C. nutans** Host. Voisin du précéd., dont il diffère par le chaume
grêle de 2-4 déc., lisse ou peu rude au sommet, par les feuil. vertes,
en gouttière. les épis mâles 2, les fem. 1,2, et par le fruit marqué de
côtes fines au lieu de stries, à bec à 2 pointes plus longues. ♃. mai-jⁿ.
— LOIRE-INF. Bords desséchés de la *Loire.* PC. — Chaume et épis
dressés.

**C. paludosa** Good. Rac. rampante. Chaume de 6-10 déc. rude sur
les angles. *Epis mâles 2,3 à glumes inf. obtuses.* Epis fem. 3,4 cylindriques, dressés, les inf. pédicellés ; glumes en arête. Bractées foliacées sans gaine. *Fruit* ovale-elliptique, *comprimé,* finement strié, à
bec court, bidenté. ♃. av.-mai. Bord des ruisseaux, des fossés marécageux, ord. dans le calc. — CHAR.-INF. C. — DEUX-SÈV. *Coulon* (A.
Guillon) ; *Mauzé ; la Mothe* (Sauzé), *Airvault* (Bonnin). Prob. AC. —
VEND. *Chasnais,* de *Moreilles* à *Chaillé-les-M.,* c. *la Bauduère !* (Pont.,
M.), *Château-d'Olonne* (Pontdevie), *Bois de Bourneau, Auzais* (Lx.). —
LOIRE-INF. *La Chevrolière,* c. les Prises à *Machecoul, Arthon, Ché-
méré ; les Cléons* (de Lisle), *Sévérac.* R. — FIN. *Brest* (Crouan). —
C.-NORD. Vallée de *Quatre-Vaux,* oseraies de *Léhon, S.-Juval* (Mabille).
— IL.-ET-V. Calc. de *Rennes* (Lx.), *Rennes* (Hodée).

*··· Fruit velu, pubescent ou rude.*

**C. præcox** Jacq. Rac. stolonifère. Chaume de 1-3 déc. grêle, lisse.
Feuil. courtes, rudes, arquées. Epi mâle solitaire, *les fem. 2,3 ovales-
oblongs,* rapprochés, l'inf. souv. pédicellé. Bractées membraneuses,
l'inf. engaînante. Stigm. 3. *Fruit* obovale-trigone, *pubescent,* à bec
court, bidenté, égalant la glume mucronée. ♃. mars-av. Pelouses et
coteaux secs, landes, bois. C. — Varie rar. à fruit étranglé en gourde
(*C. sicyocarpa* Lebel).

**C. polyrrhiza** Wallr. *C. longifolia* Host. Diffère du précéd. par la
rac. sans stolons, produisant des touffes épaisses garnies à la base de
nombreuses fibres roussâtres, par les feuil. rad. égalant env. les
chaumes et par le fruit plus long ainsi que le bec tubuleux, brun. ♃.
mars-av. Bois montagneux. — CHAR.-INF. Joyeux près *Montlieu*
(Arm. Delaage).

⚥. **C. tomentosa** L. *Rac. stolonifère. Chaume dressé,* de 2-3 déc.
Gaines inf. des feuil. brun-rougeâtre. Epi mâle solitaire. *les fem. 1,2
cylindriques,* obtus, *écartés.* Bractée inf. foliacée, horizontale, très

courtement embrassante. *Fruit* obovale-globuleux, trigone, *tomenteux-hérissé*, à bec très court. ♃. av.-mai. Prés, pâturages, bois des ter. calc. — CHAR.-INF. Çà et là. PC. — DEUX-SÈV. *Niort, Melle, Paizay* (A. Guillon), *la Mothe* (Sauzé, M.), *Epannes* (Grelet), « *Aiffres, S.-Florent* » (Gamin), bul. s. bot., *forêt de Chizé*. — VEND. AC. *S.-Cyr-en-Talm., Bazoges-en-Pareds* (Pont.), garenne de *Ste-Christine, Maillezais* (Lx.). — FIN. *Locquénolé* (Miciol).

♃. **C. montana** L. *Souche épaisse, oblique, à rameaux à fleur de terre*, couverte de gaînes rougeâtres. Tige grêle à 3 angles arrondis, peu prononcés, un peu rudes. Feuil. longues, égalant la tige, molles, un peu rudes, un peu velues. Epi mâle solitaire, noirâtre, court, les fem. 1,2 rapprochés, agglomérés, sessiles. Bractées membraneuses, embrassantes, aristées ou terminées en feuille courte. *Fruit obovale-oblong*, trigone, *hérissé-pubescent* à bec très court, échancré. Glumes noirâtres. ♃. mai. Bois. — CHAR.-INF. *Forêt d'Aulnay; Dœuil* (Duss.), *Surgères* (de Lisle). R. — DEUX-SÈV. *La Mothe!* (Maillard), forêts *d'Aulnay*, de *Chizé*. R.

**C. pilulifera** L. *Rac. fibreuse*, gazonnante. *Chaume* de 1-3 déc. lisse, *à la fin courbé. Epis fem. 2,3 presque globuleux*, rapprochés de l'épi mâle solitaire. Bractée inf. foliacée, en alêne, sans gaîne. *Fruit* obovale-globuleux, *pubescent*, à bec court. Glume mucronée. ♃. av.-mai. Coteaux boisés secs, bois. C. — CHAR.-INF. Dans le midi à partir de *Montendre* (Fd.).

♃. **C. gynobasis** Vill. *C. halleriana* Asso ex God. Rac. fibreuse, gazonnante. Chaumes de 1-3 déc. faibles, un peu rudes. Feuil. rudes. Epi mâle solitaire, épis fem. 2,3 presque sessiles, les sup. rapprochés de l'épi mâle, *l'inf. sur un long pédonc. filiforme, radical*. Fruits peu nombreux, assez gros, oblongs-trigones, nervés, très finement pubescents, à bec obliquement tronqué, égalant les glumes jaune-fauve à nervure verte, scarieuses au bord, non terminées en pointe foliacée. ♃. mai-jⁿ. Pelouses sèches du calc. surtout dans les bois.—CHAR.-INF. AC. — DEUX-SÈV. *Paizay* (A. Guillon), *Mauzé*; coteau de *Veluché!* (Guyon), *Epannes, la Roche-Enard, la Foye-Montjault* (Grelet), « *Fors, S.-Symphorien* » (Gamin), bul. s. bot. — VEND. *Maillezais* (Lx.). R.

♃. **C. humilis** Leys. Plante de 5-10 cent. *en petites touffes épaisses*. Chaume presque caché par les feuil. plus longues, en gouttière, rudes. Epi mâle solitaire, les fem. à 3,4 fl., écartés, renfermés chacun dans une bractée membraneuse. Fruit gros, obovale-trigone, pubescent, à bec court, dépassé par la glume largement blanche au bord. ♃. jⁿ. Coteaux secs calc. — CHAR.-INF. AC. de *Méchers* à Pointe de *Susac*; *S.-Savinien* et *Sèche-Bec; le Thou* et env. (Fd.). R.

♃. **C. digitata** L. Rac. fibreuse, gazonnante. Chaume d'env. 2 déc. grêle, presque arrondi, presque lisse, égalant les feuilles linéaires, vert tendre, munies à la base ainsi que la tige de gaînes rougeâtres. *Epi mâle solitaire, linéaire, court, sessile, dépassé à la fin par l'épi fem. supér. Epis fem. 2,3 pédicellés, peu écartés. Bractée membraneuse, oblique, engainante.* Fruits peu nombreux, écartés, obovales-oblongs, trigones, pubescents, à bec court, égalant les glumes échancrées, mucronées, scarieuses, roussâtres, à carène verte, prolongée en pointe courte. ♃. avril. Bois montueux. — CHAR.-INF. Forêt d'*Aulnay* (Sav.). — *Angoulême* (Duffort).

**C. glauca** Scop. Rac. stolonifère. Chaume lisse, de taille très variable. *Feuil. glauques*, rudes. Epis mâles 1,2, les fem. 2,3, cylindriques, longuement pédicellés. *Stigm. 3. Fruits* serrés, obovales-globuleux, comprimés, *un peu rugueux ou tout à fait glabres*, dépassant les glumes obtuses, noirâtres, à carène pâle. ♃. av.-mai. Landes et prés marécageux, coteaux et bois secs, coteaux maritimes. C.

**C. hirta** L. Rac. rampante. Chaumes de 2-4 déc. *Feuil. et gaînes couvertes de longs poils*. Epis mâles 2,3, les fem. 2,3 écartés, linéaires, cylindriques, pédicellés. Bractées foliacées engaînantes. Stigm. 3. *Fruit hérissé*, ovale, acuminé en bec bifide, dépassant la glume longuement aristée. ♃. mai-j⁰. Lieux sablonneux humides. C. — AC. au-delà de *Loire-Inf.*

β. *C. hirtæformis* Pers. Feuil. et gaînes glabres. R. — Forme des lieux asséchés.

**C. filiformis** L. Rac. rampante. Chaume élancé, de 3-6 déc. un peu rude au sommet. *Feuil. très étroites, en gouttière*, rudes. Epi mâle solitaire, les fem. 2,3, oblongs ou cylindriques, dressés, sessiles ou l'inf. pédicellé. Bractées foliacées. Stigm. 3. *Fruit* ovale-oblong, *velu*, à bec court, bifide, dépassant la glume ovale, aiguë, blanchâtre au bord. ♃. av.-mai. Marais. — VEND. Marais de Barbonde près le *Bourg-sous-la-Roche*, étang de *Badiole* (Pont.). R. — LOIRE-INF. *Geneston*, autour du *lac de Grand-Lieu;* tous les grands marais de l'Erdre entre *Carquefou* et *Nort*, où il fleurit seulement au bord de l'eau ou dans les lieux herbeux; étang du Loc'h en *Grand-Auverné* (Guiho), *Bergon*, de la *Chapelle-des-Marais* à *Camert* et *Mayun*, et de là à *Herbignac; S.-Gildas!* étang du Roho en *S.-Dolay* (Delalande). AR. — FIN. Etang de *Kerloc'h* (Blanchard). — IL.-ET-V. CC. tourbières de *Châteauneuf* (Mabille).

# GRAMINÉES

Fl. glumacées, herm., qqf. unisexuelles ou polygames disposées en épillets unifl. ou multiflores. Pér. formé de 1, 2 qqf. 3 enveloppes florales; l'extér. appelée *glume* (calice L.), à 1 ou 2 valves opposées; la 2ᵉ intér. nommée *glumelle* (corolle L.), à 2 valves opposées, l'extér. plus grande embrassant l'intér.; la 3ᵉ (*glumellule*) à 1-3 très petites écailles transparentes, difficiles à apercevoir (j'en ai omis la description). Etam. 3, rar. 2 ou 1, hypogynes; filets longs; anthères bifurquées à chaque extrémité. Ovaire 1 libre; styles 2, ou 1 seul à 2 stigm. très longs, plumeux ou en pinceau. Fruit (*caryopse*) nu ou recouvert par la glumelle. *Chaume ord. cylindrique; creux et muni de nœuds pleins et fermés; feuil. alternes, graminées, à gaîne fendue en long sur le devant, couronnée à la gorge d'une petite membrane appelée* ligule.

**a.** *Fl. en épis digités ou en panicule souv. resserrée en forme d'épi.*

### * Glume 1.flore.

*Tragus*. Glume hérissée d'épines crochues.

*Andropogon*. Epis digités. Epillets géminés, le supér. mâle pédicellé, l'infér. sessile, herm.

*Cynodon*. Epis digités. Glumes à 2 valves carénées, plus courtes que la glumelle.

*Setaria*. Caract. du *Panicum*. Pédic. garni de soies à la base. Panicule en forme d'épi.

*Panicum*. Epis digités ou en panicule en forme d'épi. Glume à 2 valves, munie en dehors d'une 3ᵉ plus petite.

*Coleanthus*. Panic. étalée. Glume 0. Glumelle à 2 valves, la sup. 1/2 plus courte, à 2 lobes. Etam. 2.

*Leersia*. Panic. étalée. Glume 0. Glumelle à 2 valves comprimées-carénées, presque égales.

*Alopecurus*. Panic. en forme d'épi. Glume à 2 valves comprimées-carénées. Glumelle 1.valve.

*Phalaris*. Panic. en forme d'épi. Glume à 2 valves comprimées en carène très aiguë, presq. égales, dépassant la glumelle 2.valve.

*Phleum*. Panic. en forme d'épi. Glume à 2 valves comprimées-carénées, dépassant la glumelle 2.valve.

*Crypsis*. Panic. en forme d'épi ou de tête. Glume à 2 valves comprimées-carénées, inégales, plus courte que la glumelle.

*Lagurus*. Glumelle à 2 valves, l'extér. à 3 arêtes, 2 terminales et 1 dorsale.

*Stipa*. Valv. inf. de la glumelle terminée par une longue arête tordue et articulée à la base.

*Milium*. Panic. étalée. Glume à 2 valves convexes, dépassant la glumelle à 2 valves cartilagineuses renfermant le fruit.

*Gastridium*. Panic. en forme d'épi. Glume à 2 valves lancéolées, ventrues à la base.

*Polypogon*. Glume à 2 valves égales, comprimées, échancrées et terminées en arête longue.

*Calamagrostis*. Glume à 2 valves dépassant la glumelle à 2 valves, longuement poilue à la base.

*Agrostis*. Panic. étalée. Glume à 2 valves inégales, comprimées-carénées, dépassant la glumelle à 2 (rar. 1) valves membraneuses.

### ** Glume à 2, rar. 3 fleurs.

*Anthoxanthum*. Glume à 3 fl., les latérales à une seule valve aristée sur le dos, l'intermédiaire fertile à 2 valves. Etam. 2.

*Melica*. Glume à 1, 2 fl., avec le rudiment d'une 3ᵉ. Glume et glumelle à valves convexes.

*Kœleria*. Glume 2-4.flore, à valves comprimées-carénées. Glumelle à 2 valves, l'extér. acuminée ou mucronée ; stigm. latéraux.

*Sesleria*. Glume 2,3. fl. à 2 valves. Glumelle à 2 valves, l'inf. à 3 dents au sommet, la sup. bifide ; stigm. terminaux.

*Aira*. Glume 2.flore, à 2 valves comprimées. Glumelle à 2 valves, l'extér. portant une arête sur le milieu du dos ou au-dessous.

*Airopsis.* Glume 2.flore. Valves de la glume et de la glumelle obtuses, sans arête.

. *Holcus.* Glume bivalve à 2 fl., l'inf. herm. mutique, la supér. mâle à arête dorsale.

*Arrhenatherum.* Glume bivalve à 2 fl., l'infér. mâle à arête dorsale, genouillée, la supér. herm.

··· Glume multiflore, rar. 2,3.flore.

*Avena.* Glume bivalve, à 2 ou plusieurs fl. herm. Glumelle à 2 valves, l'extér. bifide, portant sur le dos une arête tortillée-genouillée.

*Danthonia.* Glume 3-5.flore, à 2 valves, ventrues-convexes. Glumelle à 2 valves, l'ext. à 3 dents.

*Briza.* Epillets à 3 fl. ou plus, distiques. Glume bivalve. Glumelle à 2 valves, l'ext. plus grande, obtuse, ventrue-convexe, en cœur à la base.

*Poa.* Epillets à 2 fl. ou plus. Glume à 2 valves plus courtes que les fl. qui la touchent. Glumelle ovale ou lancéolée, à 2 valves, l'ext. comprimée-carénée, mutique.

*Glyceria.* Caract. du *Poa.* Valve extér. de la glumelle obtuse, convexe sur le dos.

*Dactylis.* Epillets de 2-5 fl. Glume à 2 valves inégales, plus courtes que les fl. Glumelle à 2 valves comprimées-carénées. Fl. en paquets unilatéraux formant une panicule.

*Cynosurus.* Caract. du *Festuca.* Epillets munis à la base d'une bractée pectinée.

*Festuca.* Epillets multiflores. Glume à 2 valves convexes. Glumelle à 2 valves convexes, l'infér. aiguë, acuminée ou aristée, la supér. finement ciliée.

*Brachypodium.* Caract. du *Festuca.* Valve supér. de la glumelle tronquée, bordée de cils raides. Epis courtement pédicellés en épi simple, distique.

*Bromus.* Epillets multiflores. Glumes à 2 valves plus courtes que les fl. qui la touchent. Glumelle à 2 valves, l'infér. munie au-dessous du sommet d'une arête droite ou recourbée. Fl. en panicule.

*Phragmites.* Epillets à 3-7 fl., l'infér. mâle, nue, les autres herm. entourées à la base de longues soies.

b. *Fl. en épi, c.-à-d. épillets sessiles sur un axe commun.*

*Gaudinia.* Epillets solitaires, sessiles sur chaque dent de l'axe. Glume bivalve, à 4-6 fl. Glumelle à 2 valves, l'infér. munie d'une arête dorsale tortillée.

*Echinaria.* Valve inf. de la glumelle à 5 lobes palmés, inégaux, épineux.

*Ægilops.* Glume à valves coriaces, terminées par 3,4 dents lancéolées-en alène.

*Lolium.* Epillets multiflores, distiques, opposés à l'axe par un de leurs côtés. Glume 1.valve.

*Triticum.* Epillets multiflores, distiques, opposés à l'axe par une de leurs faces. Glume 2.valve.

*Hordeum.* Epillets 1.fl., ternés sur chaque dent de l'axe.

*Elymus.* Caract. de l'*Hordeum.* Epillets à 2 fl. ou plus.

*Nardus*. Glume 0. Glumelle bivalve. Style à 1 seul stigm.
*Lepturus*. Fl. enfoncées dans les cavités de l'axe. Glume à 2 **valves** contiguës.
*Mibora*. Glume 1.fl., à 2 valves obtuses, non carénées, dépassant la glumelle.
*Spartina*. Glume 1.fl., à 2 valves comprimées-carénées.
Voyez *Poa loliacea, Festuca tenuiflora, rigida, Brachypodium*.


**ANDROPOGON** L. Epillets géminés, les terminaux ternés, le sup. mâle pédicellé, l'inf. sessile, herm. Glume à 2 valves. Glumelle à 2 valves, la sup. très courte, à longue arête tortillée. Stigm. allongés, en pinceau, latéraux.


**A. Ischæmum** L. Chaume simple, d'env. 4-5 déc. à nœuds violacés. Feuil. linéaires, en gouttière, velues. Epis 4-6 digités. Glumes à valves obtuses, striées, l'inf. poilue à la base ainsi que le pédic. ♃. sept.-oct. Coteaux arides. — CHAR.-INF. AC. — DEUX-SÈV. *S.-Maixent* (A. Guillon), *S^{te}-Eanne*, AC. *la Mothe* (Sauzé, Maillard), à l'ouest de la gare de *Civray*. — LOIRE-INF. Coteaux de Vaux-Bressy ! près *Oudon* (Richard), levée de la Loire, à *Anetz* (Migault), où il a dû être apporté par les crues comme en Maine-et-Loire. RR.


**TRAGUS** Hal. Epillets planes d'un côté, convexes de l'autre, 1.fl. Glume à 2 valves, l'inf. très petite, membraneuse, lisse, appliquée sur le côté plane de l'epillet, la sup. coriace, hérissée d'épines crochues, renfermant la glumelle à 2 valves membraneuses.


♀. **T. racemosus** Desf. *Cenchrus* L. *Lappago* Schreb. Rac. fibreuse. Tiges de 1-2 dec. couchées et qqf. radicantes, puis ascendantes. Feuil. courtes, bordées de cils raides ; gaînes ventrues. Panic. resserrée en épi lâche, pédic. à 3,4 fl., la terminale stérile. ①. j^t-a^t. Lieux sablonneux ou pierreux. — CHAR.-INF. *Royan !* (Laterrade), *S.-Georges-de-Did.* (M. Arnauld), *Fouras* (Faye), *Châtelaillon !* (Fd.), *Château-d'Oleron* (Contejean), fort du Martrais en *Ré* (Lemarié). R. — VEND. Sables et chemins des dunes entre *Notre-Dame-de-Mont !* (Gobert) et *S.-Hilaire*. R.


**PANICUM** L. Epillets planes d'un côté, convexes de l'autre, à 1 fl. fertile accompagnée d'une fl. inf. stérile formée de 1,2 valves dont l'ext. imite une 3^me valve de la glume. Glume à 2 valves inégales, l'inf. souv. très petite. Glumelle à 2 valves, la sup. plane, l'inf. convexe, coriace, recouvrant le fruit.


    * *Epis digités ; épillets géminés, unilatéraux, l'un sessile, l'autre pédicellé.* (Digitaria.)


**P. sanguinale** L. Chaumes couchés, puis ascendants. *Feuil. et gaines poilues.* Ligule courte, frangée. Epis 3-5, linéaires, longs, verdâtres ou un peu violacés. Epillets ovales-lancéolés ; *valves de la glume très inégales, la sup. 1/2 plus courte que la fl. stérile* qui enveloppe la fl. herm. ①. j^t-sept. Lieux incultes, pierreux ou sablonneux. C.

β. *P. ciliare* Retz. Valve unique de la fl. stérile à nervures extér. garnies de longs cils. — LOIRE.-INF. Sables de la Loire, île Moron v.-à-v. la *Varenne,* île Bord v.-à-v. *Mauves; Nantes!* (G. de Lisle), *Ile Cheviré; Canal maritime* (Gad.). — Se trouvera ailleurs dans la Vallée.

**P. filiforme** Kœler. Voisin du précéd. Chaumes grêles, couchés. *Feuil. et gaines glabres* ou ayant qq. poils au sommet de la gaine. Ligule courte, déchirée. Epis ord. 3. Epillets elliptiques; *valve sup. de la glume égalant la fl. stérile,* l'inf. 0. ①. j¹-sept. Lieux sablonneux ou pierreux, schistes. PC.

* ☿. **P. vaginatum** Sw. *P. Digitaria* Poir. Laterrade, Des Moulins. *Digitaria paspaloides* Mich. *Chaumes rampants.* Feuil. presque glabres, poilues à l'entrée des gaines. Ligule courte, obtuse. Epis 2, unilatéraux, l'un courtement pédonculé. Epillets elliptiques, solitaires, disposés alternativement sur deux rangs dans les concavités de l'axe. Valves de la glume très inégales, l'inf. très petite appliquée, souv. à peine visible ou 0. la sup. égalant à peu près la valve inf. de la fl. stérile. Anthères et stigm. violet-noirâtre. ♃. j¹-nov. — CHAR.-INF. CC. bord de la Sèvre à *Marans* et çà et là aux env., port *du Brault. Mortagne-s.-Gironde,* marais de Terrefume près *S.-Dizant-de-Gua* (Fd.). — VEND. *Ile d'Elle* (Fd.), *Danvix* (Bouchet).— La valve inf. de la glume, très petite dans le bas, va en grandissant jusqu'au sommet de l'épi. — Cette plante est envahissante, et l'on doit s'attendre à sa présence dans la vallée de la Loire et ailleurs.

** *Epis en panicule.* (Panicum.)

**P. Crus galli** L. Tige ascendante. Feuil. rudes et ondulées au bord; ligule remplacée par une tache brune ou blanche. Axe de la panic. anguleux. Epis unilatéraux ; valves de la glume hérissées ; valve inf. de la fl. stérile longuement aristée. ①. j¹-sept. Bord des eaux. C.

*Obs. P. capillare* L. plante américaine, a été trouvé par MM. Reau et Foucaud près du Terrier de Toulon en *Saujon* (Char.-Inf.). L'abondance avec laquelle il se répand dans les jardins où on l'a cultivé, peut faire croire à sa propagation dans la localité et ailleurs. Sa tige est dressée; la panicule est ample à rameaux capillaires, étalés ; la gaine des feuil. est très poilue. ①. j¹-sept.

**SETARIA** P. Beauv. *Panici* sp. L. Caract. du *Panicum.* Pédic. garni à la base de soies raides. *Panicule resserrée en épi cylindrique.*

**S. verticillata** P. B. Chaume rude au sommet. Feuil. rudes. Ligule poilue, ainsi que dans les suiv. *Panicule* souv. interrompue à la base, *accrochante.* Soies rudes de bas en haut. ①. j¹-a¹. Lieux cultivés. C.

**S. viridis** P. B. Chaume rude de haut en bas au sommet. Panic. non interrompue. *Soies* vertes ou violacées, rudes de haut en bas, *non accrochantes.* ①. j¹-a¹. Mêmes lieux. C.

*Obs. S. ambigua* Guss. a l'aspect de *S. verticillata* avec les soies rudes de haut en bas, non accrochantes. C'est un hybride des 2 précéd.

ainsi que je m'en suis assuré par le semis d'un de ses épis qui a produit les trois plantes. Signalé par M. Tesseron à *S.-Savinien* (Char.-Inf.), il a été retrouvé à *S.-Jean-d'Angély*, à *Rochefort* par M. Foucaud, à *Nantes* çà et là au milieu des parents, et il doit exister ailleurs.

**S. glauca** P. B. Dressé. Glaucescent. Feuil. à longs poils épars; gaînes glabres. *Soies jaunâtres ou roussâtres*, rudes de haut en bas, non accrochantes. *Glumelle ridée en travers*. ①. j⁻-a¹. Champs cultivés, après la moisson. — CHAR.-INF. *Le Pin* (Mᵐᵉ George), *S.-Symphorien*, *S.-Just*, *Cadeuil*, *S.-Georges-des-Coteaux*, *S.-Genis*, *Gemozac*, *Bussac* (Fd.), *S.-Savinien*, *Corme-Royal* (Tess.), *Montlieu* (de Meschinet). — DEUX-SÈV. *La Mothe* (Sauzé), *Épannes* (J. Richard), *Couture-d'Argenson*. — Prob. çà et là *Char.-Inf.* et *Deux-Sèv.* — VEND. CC. Env. de *la Roche* (Marichal), *Challans*, *Thouarsais* (Gobert). — LOIRE-INF. C. — MOR. PC. *Ploërmel!* (J.-M. Sacher). — FIN. *Brest* (Crouan). — IL.-ET-V. *Fougères* (V. Sacher), *Noyal-s.-Vil.* (Gallée). *Redon*, c. *la Roche-du-Theil* (Moreau), *Rennes*, *Bonnemain* (Hodée).

β. *prostrata*. Chaumes comprimés, complètement couchés sur la terre. — CHAR.-INF. (Foucaud). — LOIRE-INF. *La Chebuette* près *Nantes* (Maupon).

**PHALARIS** L. Épillets 1.flores, avec 1.2 écailles (rudiments de fl. avortées). Glume à 2 valves comprimées latéralement en carène aiguë, presq. égales. Glumelle à 2 valves plus courtes que la glume. Stigm. filiformes, terminaux.

**P. minor** Retz, *P. aquatica* Mut. fig. 570 (très bonne). Chaume de 4-6 déc. Feuil. rudes; ligule longue, obtuse. *Panic. resserrée en épi oblong.* Valves de la glume acuminées, à *carène* ailée au sommet et *rongée-dentelée*, blanchâtres, marquées de chaque côté d'une raie et d'une nervure vertes. Glumelle couverte de poils soyeux, appliqués. ①. j⁻-sept. Champs cultivés, surtout jardins dans la région maritime. — CHAR.-INF. *Les Bois en Ré* (Ménager). — VEND. *La Tranche* (Lx.). — LOIRE-INF. *Corsept, S.-Sébastien, Escoublac, Pouliguen, Batz; Clis!* (Lx.), *Piriac* (Le Boterf), *Pont-d'Armes* (Gen.). — MOR. *Hœdic, Belle-Ile; Sarzeau, Vannes, Gâvre, Plœmeur* (Taslé). — FIN. Çà et là, région maritime. PC. — C.-NORD. Côte de *Lannion* (Elphège), *Ile Bréhat, Paimpol* (Avice). — IL.-ET-V. Presqu'île Besnard près *S.-Malo* (Gallée), *S.-Briac, Rotheneuf, Lavarde* (Rolland).

*Obs. P. canariensis* L. *Alpiste*, cult. pour la nourriture des oiseaux, diffère du précéd. par l'aile de la glume très entière et par les 2 fleurs stériles égalant la moitié de la fl. fertile.

X. **P. paradoxa** L. Panic. resserrée en épi cylindrique, plus étroit à la base engaînée par la feuil. rude; rameaux à 5,6 épillets, les latéraux stériles (déformés dans les rameaux infér.). beaucoup plus petits que l'intermédiaire *herm.* à valves de la glume longuement acuminées en arête, marquées sur le bord de 3 nervures et *portant sur le milieu du dos une membrane lancéolée*. ①. j⁻-sept. Champs sablonneux. — VEND. Entre *S.-Denis* et *Triaize* (Lepeltier). — Entre *Blaye* et *Plassac!* (Marichal).

**P. arundinacea** L. *P. aspera* Bon. 49, *Calamagrostis colorata* DC. Rac. rampante. Chaume de 9-12 déc. Feuil. rudes au bord; ligule

grande, obtuse. *Panic. allongée*, très rameuse, étalée, resserrée avant
et après la fleur, mêlée de blanc et de violet. Glume *à carène non ailée*,
glumelle ayant à la base 2 rudiments opposés, poilus. ♃. jⁿ-jˡ. Prés
humides, bord des eaux. C.

**ANTHOXANTHUM** L. Glume 3.flore, à 2 valves inégales; fl. latérales avortées, à une seule valve munie sur le dos d'une arête, l'intermédiaire fertile, plus petite, à 2 valves mutiques. Etam. 2. Stigm.
longs, filiformes, plumeux, terminaux.

**A. odoratum** L. Plante odorante étant sèche. Feuil. et gaînes poilues. Panic. resserrée en épi oblong, lâche, qqf. poilu. Valve ext. de
la glume 1 f. plus courte que l'int. Fl. stériles, poilues-soyeuses, à
arête insérée près de la base dans l'une, et près du sommet dans
l'autre. ♃. av.-jⁿ. Prés secs, bois. CC.

**A. Puelii** Lecoq, *A. aristatum*, éd. 1, diffère du précéd. par la rac.
annuelle, la tige rameuse dans le bas, les épillets plus petits à arête
dépassant la glume d'un tiers et non d'un quart et par son goût et son
odeur moins forts. mai-jⁿ. Champs surtout sablonneux. AC. — nul ou
ʀʀ. *Char.-Inf.* (Fd.).

β. *nanum*, *A. Lloydii* Jord. Plant. de 2-4 cent. Rochers maritimes :
*Ile-d'Yeu, Croisic, Houat, Quiberon, Belle-Ile, Groix, îles Glénans* et
pointes du *Finistère*.

**ALOPECURUS** L. Glume 1.flore, à 2 valves comprimées-carénées.
Glumelle à 1 valve munie d'une arête insérée sur le dos ou à la base.
Style long; stigm. allongés, filiformes, poilus, terminaux. *Panic. res-
serrée en épi.*

**A. pratensis** L. Chaume dressé de 4-6 déc. Feuil. souv. glauques,
à gaîne sup. dilatée; ligule courte, tronquée. *Panic.* cylindrique,
épaisse, *obtuse, soyeuse.* Glume velue-ciliée, à valves aiguës, soudées
au-dessous du milieu. ♃. av.-mai. Prés. C. — ʀ. *Char.-Inf.* (Fd.). —
ʀ. *Fin.* et *C.-Nord* voisine.

**A. agrestis** L. Chaume dressé de 4-6 déc. *Panic.* cylindrique,
*rétréci aux 2 bouts, gris plombé;* pédic. 1,2.flores. Valves de la glume
soudées jusqu'au milieu, à carène légèrement ciliée. ①. mai-jⁿ.
Champs, bord des chemins. CC. le calc., puis ᴄ. — ᴘᴄ. au-delà de
*Loire-Inf.* et plutôt région maritime.

**A. bulbosus** L. En touffe arrondie quand isolé. *Chaume* de 10-40
cent. dressé, ascendant ou couché, *bulbeux à la base.* Ligule oblongue. *Panic.* cylindrique, *aiguë*, grisâtre ; pédic. ord. 1.flore. *Valves de
la glume aiguës,* soudées à la base, à carène ciliée. ♃. mai, Prés. ᴄ.
région maritime jusqu'à *la Vilaine.* — Mᴏʀ. AC. — ᴘᴄ. au-delà. S'a-
vance assez loin dans l'intérieur le long des cours d'eau ; il est alors
plus grêle. — Le chaume est ord. couché et genouillé, mais non
dressé comme l'indiquent les auteurs. Sans le bulbe, il est qqf. difficile
de le distinguer du suiv.

**A. geniculatus** L. *Chaume genouillé,* couché, puis ascendant.
Panic. cylindrique ; pédic. à 1-4 fl. *Glume* velue, *à valves obtuses,*

ciliées, soudées à la base. *Arête* insérée au-dessous du milieu, *1 f. plus longue que la glumelle. Anthères blanchâtres.* ♃. mai-jᵗ. Prés humides, fossés desséchés. C.

**A. fulvus** Smith. Diffère du précéd. par sa couleur plus glauque, par l'arête dépassant à peine la glume et par ses *anthères orangées*. ♃. mai-jᵗ. Mêmes lieux. AC. — Souvent flottant.

**CRYPSIS** Ait. Glume 1.flore, à 2 valves comprimées-carénées, l'inf. plus courte. Glumelle dépassant la glume, à 2 valves inégales, lancéolées. Etam. 2,3. Stigm. terminaux.

**C. aculeata** Ait. Chaumes nombreux, rameux, couchés en cercle, comprimés. Feuil. piquantes, poilues, à gaines ventrues, les 2 sup. continues sans étranglement et entourant les *fl. en tête hémisphérique.* Etam. 2. ①. jᵗ-aᵗ. Bord desséché des marais salés, des mares de la région maritime. — CHAR.-INF. *Oleron, Fouras* (Delalande), çà et là autour des *Trois Canons ! Marans, Rochefort* (Fd.). — VEND. *S.-M.-en-Lherm, les Sables, la Tranche, l'Aiguillon-sur-Mer* (Pont.), *N.-Dame-de-Monts ; Noirmoutier* (V.-Grand-Marais). — LOIRE-INF. c. autour de *Montoir ; Pouliguen* (de Lisle), *Croisic !* (E. Bureau). R. — FIN. c. *Kerity-Penmarc'h* (de Guernisac), c. Loc'h Kervardes en *Plovan* (Crouan), *Léchiagat,* Loc'h Kergalan en *Tréogat* (Picq.).

**C. schœnoides** Lam. Chaumes nombreux, rameux, couchés, un peu comprimés. Feuil. glauques, aiguës, à gaines larges, la sup. étranglée comme les autres à la naissance du limbe, entourant et dépassant la panic. resserrée en *épi ovale-oblong.* Etam. 3. ①. jᵗ-aᵗ. Mêmes lieux. — CHAR.-INF. *Oleron* (Delalande), çà et là autour des *Trois Canons ! Rochefort, Villedoux. Angoulins, S.-Hippolyte, Bords, île Madame* (Fd.), *Genouillé* (Riveau). — VEND. *Les Sables* (Marichal), bord du *Lay* à *Curzon, S.-Denis-du-Payré, Layroux* (Pont.). — FIN. *Penmarc'h* (Bonnemaison).

**C. alopecuroides** Schrad. Chaumes simples, cylindriques, couchés en cercle. Feuil. à gaine longue, la sup. éloignée de la panic. resserrée en *épi cylindrique,* grisâtre. Etam. 3. ①. aᵗ-sept. Bords sablonneux humides ou vaseux des rivières, chemins humides. — CHAR.-INF. *Châtelaillon, Vautron, S.-Hippolyte, Bords, S.-Sarinien,* Blenac en *S.-Symphorien, Nuaillé* (Fd.). — DEUX-SÈV. *La Mothe !* (Maillard), *Lezay* (Gir.), *Vanzay* (Mad. Guitteau). — VEND. Env. de *Fontenay* (Lx.), *les Essarts, Sᵗᵉ-Cécile, S.-Hilaire-la-Forêt,* de la *Couture* à *Port-la-Claye* et *S.-Benoist* (Pont., M.), *Challans* (V.-Grand-Marais). — LOIRE-INF. AC. bord de la *Loire ; Machecoul* (Migault).

**PHLEUM** L. Glume 1.flore, dépassant la glumelle, à 2 valves égales, carénées-comprimées, aiguës ou tronquées au sommet. Glumelle à 2 valves membraneuses, aristées ou mutiques. Stigm. très longs, poilus, terminaux. *Panicule resserrée en épi.*

**P. arenarium** L. *Phalaris* Willd. Chaume raide de 6-15 cent., rameux de la base. *Ligule oblongue.* Panic. oblongue-cylindrique, vert pâle. Valves de la glume lancéolées, aiguës, ciliées sur la carène. ①.

mai-j^n. Sables maritimes. C. — AC. côte du Nord. — Aussi à *Mache-coul*, *Arthon* (Loire-Inf.).

X. **P. Boehmeri** Wibel, *Phalaris phleoides* L. Rac. gazonnante. Chaume dressé ou un peu genouillé à la base, simple, de 12-30 cent., peu feuillé. Feuil. rudes, la sup. courte, à gaîne très longue. *Ligule tronquée*. Panic. cylindrique. *Valves de la glume* linéaires-lancéolées, *acuminées, obliquement tronquées*, ciliées sur la carène. ♃. j^n. Coteaux, pelouses sèches du calc. — CHAR.-INF., DEUX-SÈV. AC. — VEND. *Forêt de S^te-Gemme!* env. de *Corps, Peault, Bazoges* (Pont., M.), *Fontenay* (Lx.), *France* (Ayraud). PC. — LOIRE-INF. C. *Arthon; Mache-coul;* rochers maritimes de *Pornic*. RR.

**P. pratense** L. Chaume de 3-8 déc. Feuil. rudes ; ligule tronquée. Panic. cylindrique, obtuse. *Valves de la glume tronquées en travers, fortement mucronées, ciliées-hispides* sur la carène. ♃. j^n-j^t. Prés, bord des chemins. C.

β. *P. nodosum* L. Chaume bulbeux à la base, plus court ainsi que la panic. Lieux plus secs ; c. rochers maritimes. AC. — M. Jordan a divisé cette espèce en *Ph. pratense, intermedium, serotinum, prœcox*.

**MIBORA** Ad. Glume 1.flore, à 2 valves obtuses, non carénées. dépassant la glumelle à 2 valves non carénées, poilues. Stigm. très longs, plumeux.

**M. minima** Ad. *Chamagrostis* Bork. *Agrostis* L. Chaumes de 4-7 cent. gazonnants, sans nœuds. Feuil. linéaires, en gouttière. Fl. unilatérales, rougeâtres, luisantes, alternes, distiques, en épi grêle, flexueux. ①. fév.-av. Vignes, murs, champs. CC. — Au-delà de *Loire-Inf.:* moins c. région maritime ; RR. ou 0 à l'intérieur.

**CYNODON** Pers. Glume 1.flore, à 2 valves carénées, ouvertes, plus courte que la glumelle à 2 valves, l'inf. comprimée-en nacelle, renfermant la sup. linéaire et accompagnée à la base d'un pédic. (rudiment de fl. avortée). Stigm. latéraux.

**C. Dactylon** Pers. *Panicum* L. Rac. longuement rampante, stolonifère. Chaume couché, puis ascendant. Feuil. distiques, glauques, un peu poilues en dessous. Ligule poilue. Fl. violacées, unilatérales, disposées en 3-5 épis linéaires, digités. ♃. j^n-a^t. Lieux arides sablonneux. C. — R. intérieur de la *Bretagne*.

**SPARTINA** Schreb. Glume 1.flore, à 2 valves comprimées-en carène, l'inf. plus courte. Glumelle à 2 valves membraneuses, la sup. plus longue. Styles soudés dans le bas ; stigm. terminaux.

**S. stricta** Roth, *Trachynotia* DC. Chaume raide de 2-3 déc. Rac. longuement rampante. Feuil. enroulées au sommet; ligule très courte, ciliée. Fl. alternes, sur deux rangs, pubescentes, en 2 épis unilatéraux collés l'un contre l'autre et paraissant de loin n'en faire qu'un seul. Valve sup. de la glume bifide et mucronée au sommet, env. 1/4 plus longue que l'inf. ♃. a^t-oct. Vases baignées par chaque marée. — CHAR.-INF. AC. — VEND. C. embouchure du *Lay! les Sables* (Pont., M.),

*Noirmoutier, île d'Yeu.* — LOIRE-INF. R. *Bourgneuf, Le Pouliguen,* AC. *Pembron* et autour du *Trait,* marais de *Mesquer.* PC.— MOR. C. — FIN. *Ile Tudy* (Bonnemaison), CC. anse de *Plonivel,* CC. entre les *Iles Garo, Chevalier* et *Kerazan,* C. rivière de *Quimper,* de Locmaria à Kerogan et Lauros (Picq.), *Port-Salut,* rivière de *Landerneau* (Crouan). — C.-NORD. *Paimpol* (Morin). — IL.-ET-V. La Rance à la *Richardais* et a la *Ville-ès-Nonais* (Mabille).

*Obs. S. alterniflora* Lois. diffère du préc. par les épis 3-7, à épillets plus écartés, valve sup. de la glume glabre, aiguë, entière, 1/2 f. plus longue que l'inf.; il croît à *Bayonne* au bord de l'Adour.

**LEERSIA** L. Glume 0. Glumelle 1.flore, à 2 valves comprimées-en carène, égales, l'inf. beaucoup plus large. Stigm. latéraux.

**L. oryzoides** L. Rac. rampante. Chaume de 6-10 déc. velu sur les nœuds. Feuil. vert-jaunâtre, très rudes; ligule courte. Panic. très lâche, à rameaux étalés, d'abord engaînée par la feuil. sup. Glume oblongue, membraneuse, vert-blanchâtre, ciliée. ♃. a¹-sept. Bord marécageux des rivières, des étangs. C. par localités.

**COLEANTHUS** Seidel. Glume 0. Glumelle 1.flore, à 2 valves membraneuses, l'inf. à 1 nervure carénée, acuminée en arête, la supér. 1/2 plus courte à 2 lobes profonds, écartés au sommet en arête. Étam. 2. Style court à stigm. longs, dentés. Fruit oblong, égalant la valve inf. de la glumelle, recouvert à la base par la glumelle.

**C. subtilis** Seid. Reich. ic. 1, T. 48. Koch syn. 900? Bul. soc. bot. fr. 1864, p. 261. *Schmidtia utriculosa* Sternb. Petite plante annuelle, étalée en cercle sur la terre. Chaumes de 2-5 cent. à 2,3 feuil. linéaires. en gouttière, arquées en dehors, à *gaine fortement renflée,* membraneuse au bord, ligule large, entière. Panic. souv. simple, composée de fl. agglomérées en assez grand nombre alternativement à chaque nœud; pédic. simples, poilus. Fruit fort gros (pour la plante). ①. sept.-oct. et nov. et plus tôt dans les années sèches. Bords vaseux desséchés et peu herbeux des étangs surtout schisteux, où elle est C.. R. ou 0, selon la hauteur de l'eau.— LOIRE-INF. *Grand-Auverné!* (G. de Lisle, 1863), la Villate près *Nozay!* (S.-Gal).— MOR. CC. étang au Duc près *Ploërmel;* le Moulin neuf près *Rochefort;* Comper près *Concoret* (Gallée). — C.-NORD. Le Pin en *S.-Carné,* le Val en *Brusvily,* de Rocherel en *Megrit* (Morin). — IL.-ET-V. Étangs de : *Comper, Paimpont, Bourre, Hédé, Beaufort, Villecartier, Trémigon, Careraon, Marcillé-Robert* (Sirodot, Gallée), la Higourdais (Hodée) et Landal (Gallée) en *Epiniac;* Étang neuf en *Québriac* (Rolland). — La Gravoyère près *Combrée* en Maine-et-L. (Ravain).

**POLYPOGON** Desf. Glume uniflore, dépassant la glumelle, à 2 valves égales, comprimées, échancrées. terminées en arête. Glumelle à 2 valves, l'inf. avec ou sans arête. Stigm. latéraux. *Panic. resserrée en épi.*

**P. monspeliensis** Desf. *Alopecurus* L. Chaume de 2-3 déc. coudé à la base, rude au sommet. Feuil. rudes ; ligule oblongue. *Panic.* très rameuse, *resserrée en épi* soyeux, vert-jaunâtre. *Valves de la glume*

velues, oblongues-lancéolées, à *2 lobes obtus*, ciliés, courts. Arête 3 f.
plus longue que la glume, insérée dans l'échancrure. ①. j^n-j^t. Lieux
marécageux du bord de la mer. C. jusqu'à *la Loire*, AC. de là au *Port-
Louis.*—FIN. *Cosquer, Guilvinec* (Crouan), AC. *Mousterlin*, c. Kerlagatu
près *Quimper* (Picq.). — C.-NORD. c. *S.-Jacut, Lancieux* (Mabille). —
IL.-ET-V. *S.-Malo, écluse de Livet* (Mabille), marais de *Dol* (herb.
Degland).

**P. maritimus** Willd. Mut. fig. 574 (très bonne), *Alop. paniceus* L.,
Plus grêle que le précéd., dont il diffère surtout par les *valves de la
glume à 2 lobes aigus, égalant le 1/3 de leur longueur.* Panic. à la fin
vert-roussâtre; arête souv. violacée. ①. j^n-j^t. Mêmes lieux. — CHAR.-
INF. *Oleron, Rochefort, La Rochelle, Ré*, etc. — VEND. *Pointe d'Ai-
guillon; la Tranche! Triaize, les Sables, Olonne, S.-Urbain* (Pont., M.).
— LOIRE-INF. *Bourgneuf*, marais de *Haute-Perche, S.-Brevin, Croisic*,
c. la *Brière, Pennebé;* aussi à *Arthon* (Le Boterf). — MOR. *Pénestin* et
bord de *la Vilaine, Redon, Séné*, presqu'île de *Gâvre, Kerpape.* — FIN.
*Penmarc'h*, c. de *Kerity* à la Chapelle de la Joie (de Crec'hquérault),
*Cosquer. Plonivel* (Crouan). — C.-NORD. *Dinan* (Morin). — IL.-ET-V.
*Cancale* (herb. Degland). — Les valves de la glume sont blanchâtres,
vertes seulement sur la carène à la base de l'arête. En dessous de cette
ligne verte se trouvent plusieurs rangées de petits aiguillons qui sont
beaucoup moins prononcés dans *P. monspeliensis.*

**P. littoralis** Smith, Mut. fig. 575 (très bonne). Rac. rampante, stolonifère. Chaume genouillé, radicant, lisse. Feuil. rudes; ligule longue,
obtuse. *Panic.* oblongue-linéaire, *lâche, grisâtre.* Glume à valves linéaires-lancéolées, un peu rudes sur la surface, ciliées sur la carène;
*arête presque terminale, égalant la glume.* Valve inf. de la glumelle
aristée sous le sommet; arête plus longue qu'elle. ♃. j^n-j^t. Mêmes
lieux. — CHAR.-INF. De *Brouage* à *Moëze*, et prob. dans toute cette
alluvion, *Rochefort; La Rochelle, Châtelaillon* (Fd.). — VEND. *La Faute*,
RR. *la Bauduère* (Lx.), de l'*Aiguillon* à *la Dive; Jard, Talmont* (Pont.),
alluvion de *Bouin.* — LOIRE-INF. Liarne près le *Collet* et *les Moutiers,
Tharon, Pouliguen; la Turballe* (Gadeceau). RR. — MOR. Env. de
*Vannes !* (Richard, Taslé). *Auray* (Toussaints), *la Roche-Bernard*
(Hubert). — FIN. *Landerneau* (Crouan). — C.-NORD. De *S.-Jacut* à
*Lancieux* (Mabille), *Pleudihen* sur la *Rance* (Morin). — IL.-ET-V. *S.-Malo,
Pontorson* (Jeanpert). — Port de *Agrostis alba.*

**AGROSTIS** L. Glume 1.flore, dépassant la glumelle, à 2 valves
inégales, comprimées-convexes. Glumelle à 2 valves membraneuses,
ayant 1,2 faisceaux de poils à la base, la sup. qqf. 0, l'inf. mutique
ou munie d'une arête dorsale. Style court; stigm. latéraux. *Fl. en
panicule.*

*Obs.* Toutes nos espèces varient à panicule rougeâtre ou vert pâle.

**A. alba** L. Rac. fibreuse. Chaumes rampants, ascendants. Feuil.
toutes linéaires, planes. *Ligule oblongue, obtuse.* Panic. oblongue-
conique, *resserrée après la fleuraison;* rameaux et pédic. rudes. ♃.
j^n-j^t. Prés, champs, bord des chemins. C.

β. *A. stolonifera* auct. non L. *Cernue*. Chaumes à rejets nombreux, rampants ; panic. plus resserrée. Mêmes lieux. cc. vignes. C.

γ. *A maritima* Lam. Feuil. raides, glauques. Région maritime. AC.

*Obs. A. verticillata* Vil. est naturalisé et cc. au port marchand et lieux voisins à Brest, où il m'a été montré par M. Blanchard, qui l'indique aussi à Roscanvel et à l'île de Sein. Cette plante du midi ne peut manquer de se répandre dans d'autres ports. Elle ressemble beaucoup à *Agrostis alba*, forme à panicule compacte de la région maritime, et en diffère par la panic. plus courte à rameaux très serrés, non resserrés après la fleuraison, la plupart garnis d'épillets jusqu'à la base, par la ligule courte, tronquée, finement dentée, par les valves de la glume obtuses, finement pubescentes et par la glumelle à valves égales, dentelées. Dans *A. alba*, la ligule est oblongue, saillante, la glume à valves aiguës est glabre, excepté sur la carène, et la valve intér. de la glumelle est moitié plus courte que l'extérieure.

**A. vulgaris** With. *Rac. rampante*. Chaumes dressés ou ascendants. Feuil. toutes linéaires, planes. *Ligule courte, tronquée. Panic.* oblongue-ovale, *très étalée après la fleuraison* ; rameaux grêles, rudes. ♃. jⁿ-jⁱ. Prés. bord des champs. des chemins. CC. — Varie AC. dans les moissons à glumelle longuement aristée et à ligule un peu plus longue (*A. dubia* DC.) ; et dans les chemins et les landes arides à chaumes de 3-15 cent. et à graines souv. attaquées par un Uredo (*A. pumila* Auct.).

**A. canina** L. Rac. rampante. Chaumes ascendants, qqf. couchés, radicants. *Feuil. rad. enroulées-sétacées, celles du chaume linéaires, planes,* à gaîne sup. un peu rude au sommet. *Ligule longue,* déchirée. Panic. ovale, ord. rougeâtre, resserrée après la fleuraison ; rameaux et pédic. rudes. Glumelle à 1 seule valve crénelée au sommet et munie au-dessous du milieu d'une arête ord. saillante. ♃. jⁿ-jⁱ. Prés, pâtures et landes humides, marais. CC.

**A. setacea** Curt. Racine fibreuse, gazonnante. Chaumes de 3-4 déc. raides, dressés. *Feuil. sétacées très fines,* glauques. Ligule longue, aiguë, déchirée. Panic. grêle, linéaire avant et après la fleuraison. Valve ext. de la glumelle munie à la base d'une arête genouillée dépassant la glume ; valve int. très petite, difficile à apercevoir. ♃. jⁿ-jⁱ. Landes et terres à bruyères, haies, buissons. — CHAR.-INF. c. la lande de *Mortagne* à *Montlieu* et au-delà jusqu'à *la Barde ; Nancras, Sablonceaux.* — C. *Bretagne* et nord de la *Vend.*

**A. Spica venti** L. *Apera* P. B. Racine fibreuse. Chaume de 4-10 déc. Feuil. rudes ; ligule longue, déchirée. Panic. très grande. *Valve ext. de la glumelle munie* près du sommet *d'une arête 3-5 f. plus longue qu'elle,* l'int. ayant à la base un pédic. (rudiment de fl.). *Anthères linéaires.* ①. jⁿ-jⁱ. Moissons. — CHAR.-INF. RR. *Beauvais* (Sav.). — DEUX-SÈV. C. dans le nord par localités. — BRETAGNE. Apparaît RR. çà et là, prob. introduit avec les céréales.

**A. interrupta** L. *Apera* P. B. Diffère du précéd. surtout par sa panic. étroite, resserrée, et par ses *anthères ovales-arrondies.* ①. jⁿ-jⁱ.

Champs sablonneux. — CHAR.-INF. Charras près *le Vergeroux* (Faye), *les Trois Canons, Fouras* (Fd.), çà et là entre *la Tremblade* et la *Gironde*; R. *le Fier* en *Ré* (Lemarié). — DEUX-SÈV. *Assais* (Guyon), S^te-*Radégonde* (Trouillard). — *Puy-Notre-Dame!* en Maine-et-L. (Révelière). — C.-NORD. C. *S.-Jacut* (Mabille), sables de *S.-Cast* (Morin). — IL.-ET-V. *S.-Lunaire* (Morin).

**LAGURUS** L. Glume 1.flore, à 2 valves linéaires-en arête plumeuse. Glumelle à 2 valves, l'ext. à 3 arêtes, 2 terminales et 1 dorsale très longue. *Fl. en panic. resserrée en épi ovale.*

**L. ovatus** L. Plante mollement velue de 12-20 cent. Feuil. larges, la sup. à gaine renflée. Epi soyeux. ①. j^n-j^t. Sables maritimes. — CHAR.-INF. RR. *Royan* (de Lisle), *Oleron* (de Beaupreau). RR. — MOR. *Hœdic*, C. *Houat*. — FIN. *Camaret* (de la Pylaie), *Anse de Dinan*, côte *de Cléder* et de *S.-Pol-de-Léon*; C. *l'Aber-Vrac'h* (Crouan). — C.-NORD. C. çà et là côte de *Trébeurden!* à *Perros* (Le Maout). — IL.-ET-V. R. *Paramé* (Nicolle). — Cult. pour bouquets, il ne peut manquer de se répandre sur le littoral.

**CALAMAGROSTIS** Roth. Glume 1.flore, à 2 valves dépassant la glumelle longuement poilue à la base, à 2 valves.

**C. lanceolata** Roth, *Arundo Calamagrostis* L. Mut. fig. 578. Rac. gazonnante. Chaume de 6-10 déc. *Feuil. étroites*, rudes; ligule courte, tronquée. Panic. lâche, rougeâtre. Valves de la glume lancéolées-linéaires, presq. égales. Valve int. de la glumelle plus longue, à *arête très courte, naissant entre les 2 dents du sommet qu'elle dépasse un peu.* Poils plus longs que la glumelle, plus courts que la glume. ♃. mai. Marais herbeux. — DEUX-SÈV. Marais du *Vanneau* (A. Guillon). — LOIRE-INF. R. *La Verrière!* (Desvaux), RR. marais de *Carquefou*; de *Far*, de *Naye*, CC. dans le nord du marais de *Mazerolles*; marais de *Quiheix*; « *Villauchef* en *Nozay* (Guiho) », marais de *Haute-Goulaine* (de Lisle), *Buzay*. R.

**C. Epigeios** Roth, *Arundo* L. Mut. fig. 576. Chaume de 7-10 déc. *Feuil. larges*, rudes; ligule longue. Panic. resserrée, lancéolée, panachée de vert et de violet. Valves de la glume lancéolées-linéaires, acuminées. Valve inf. de la glumelle bifide à *arête dorsale très fine*, dépassée par les poils. ♃. j^t-a^t. Haies, lieux boisés. — CHAR.-INF., DEUX-SÈV., VEND. AC. — LOIRE-INF. *La Piéranne* (Lx.), *Vertou, la Haie, Haute-Goulaine*, AC. *le Montru, la Meilleraie* (de Lisle), *S.-Herblon, Riaillé, Ancenis, Couffé* (Guiho), *S.-Aignan, Pont-S.-Martin, S.-Philbert*, AC. forêt de *Princey*; forêt de *Touvois! Sévérac* (Delalande), *Saffré*; *S.-Michel-en-Retz* (Gobert), etc. R. — MOR. *Sucinio! Salarun-en-Theix* (Taslé). R. — C.-NORD. Forêt de *Coëtquen*, bois de *la Garaye*, forêt de *la Hunaudaie* (Morin), Ile à Bois près *Lezardrieux* (Avice). — IL.-ET-V. C. coteaux de la Rance v.-à-v. *S.-Servan* (Mabille), *Rennes* (Le Gall), forêt de *Rennes, S.-Jacques* (Degland), *S.-Aubin-du-Cormier* (V. Sacher), forêt du Mesnil en *Tressé* (Hodée).

* **C. silvatica** DC. *Agrostis arundinacea* L. Rac. rampante. Chaume de 5-8 déc. Feuil. étroites, rudes, ligule tronquée. Panic. resserrée, linéaire-lancéolée, roussâtre. Valves de la glume lancéolées, acuminées,

égales. Glumelle à valve int. plus courte, obtuse, échancrée, l'ext. à *arête insérée près de la base et dépassant plus de la moitié de la glume*. Rudiment de fl. presque caché dans le sillon dorsal de la valve intér. de la glumelle, nu à la base, terminé par des poils dépassant ceux de la fl. fertile qui sont très courts. ♃. jⁿ. — CHAR.-INF. A chercher dans les landes de *Montlieu* ; je l'ai cueilli dans les Brandes des Forêts près *Moulismes* (Vienne).

*Obs*. Depuis longtemps M. Delastre m'a déclaré qu'il s'était trompé en indiquant *G. littorea* DC. à *Oiron* (Deux-Sèv.).

**C. arenaria** Roth. *Arundo* L. *Psamma* Rœm. Rac. longuement rampante. Chaume de 5-9 déc. Feuil. linéaires-enroulées, d'abord en gouttière, piquantes, glauques. *Panic.* jaunâtre, *resserrée en épi cylindrique*. Valves de la glume lancéolées, coriaces. Valve inf. de la glumelle entière, à arête insérée sous le sommet et ne le dépassant pas. Poils 3 f. plus courts que la glumelle. ♃. jⁿ-jˡ. Sables maritimes. CC. — Moins c. sur la côte du nord.

**GASTRIDIUM** P. Beauv. Glume 1.flore, à 2 valves lancéolées, acuminées, ventrues à la base. Glumelle très courte, à 2 valves, logée dans le renflement de la glume.

**G. lendigerum**. Gaud. *Milium* L. Rac. fibreuse. Chaume de 2-3 déc. Panic. resserrée en épi lancéolé, vert-blanchâtre, très luisant. ①. jⁿ-sept. Champs, moissons, friches ; aussi taillis et plateaux très secs calc. C. — Moins c. au-delà du Morb.

**MILIUM** L. Glume 1.flore, à 2 valves convexes, dépassant la glumelle a 2 valves cartilagineuses, renfermant le fruit. Stigm. latéraux.

**M. effusum** L. *Chaume de 7-10 déc. lisse ainsi que les gaines.* Feuil. linéaires-lancéolées, molles. Ligule oblongue, obtuse, dentée. Panic. ample, très lâche ; rameaux étalés, à peu de fl. ♃. jⁿ-aˡ. Bois frais couverts. AC. — AR. au-delà de *Loire-Inf.*

**M. scabrum** Rich. in Merlet herbor. *Annuel*. Rac. fibreuse. *Chaume* de 2-3 déc. *rude de bas en haut, ainsi que les gaines* striées, Feuil. glauques, courtes, larges, rudes au bord, la sup. 4-5 fois plus courte que la gaîne, ligule oblongue, obtuse. Panic. de 4-6 cent. étroite, resserrée, à rameaux rudes. Epillets petits, verdâtres ou violacés, valves de la glume ovales, obtuses, un peu scarieuses au bord, un peu rudes, à 3 nervures, plus grandes que la glumelle. Av. lieux sablonneux et buissons de ceux-ci. — CHAR.-INF. Au nord des Saumonards en *Oleron ; Châtelaillon, Fouras* (Fd.). — DEUX-SÈV. *Thouars!* (Du Petit-Thouars), coteaux d'*Availles* (Bonnin 1865), bois de *Missé!* c. bois de Foudelle en *Pas-de-Jeu* (J. Richard). — VEND. Dunes des *Sables* (Lx., 1858), jusqu'à *la Gachère* (Pont.).

**STIPA** L. Glume 1.flore, à 2 valves aiguës ou aristées au sommet, plus longues que la glumelle à 2 valves, l'inf. cylindrique-enroulée, terminée par une arête tordue et articulée à la base. Fruit enveloppé par la glumelle cartilagineuse.

**✗. S. pennata** L. Rac. fibreuse. Tige de 4-5 déc: Feuil. en touffe, filiformes, enroulées, raides, rudes en dedans. Panic. étroite à qq. fl. écartées. Arête longue d'au moins 2 déc., élégamment plumeuse, genouillée vers le 1/3 infér. qui est glabre. Glumelle couverte à la base de poils soyeux serrés. ♃. jⁿ. Coteaux arides. — CHAR.-INF. Env. de *Méchers;* Echebrune près *Pons* (M. Arnauld). R.

**PHRAGMITES** Trin. Glume bivalve, à 3-7 fl., l'inf. mâle. nue, les autres herm. entourées à la base de longues soies. Glumelle dépassant les fl., à 2 valves, l'ext. longuement acuminée en arête. Style long, stigm. en pinceau.

**P. communis** Trin. *Arundo Phragmites* L. *Roseau.* Chaume de 3-4 mèt. Feuil coupantes; ligule très courte. poilue. Panic. ample, noirâtre. à la fin toute soyeuse. ♃. jⁱ-aⁱ. Marais, bord des eaux. CC. — Son chaume sert à faire les nattes du pays. — Varie à tige rampante (qqf. jusqu'à 20 mèt.) et stérile, et sur les rochers maritimes à panic. rousse.

β. *variegatus*. Feuil. rubanées de vert et de jaune. Nord du marais de *Mazerolles* (Loire-Inf.). RR. — IL.-ET-V. Qq. pieds au marais de *S.-Briac* (Mabille).

**ECHINARIA** Desf. Glume 2-4 flore, à 2 valves membraneuses. Glumelle à 2 valves. l'inf. à 5 lobes palmés, inégaux, épineux, la sup. bifide. Stigm. filiformes, dentés, terminaux.

**✗. E. capitata** Desf. Rac. fibreuse. Chaume de 1-2 déc. ferme, lisse, strié. Fl. en tête arrondie. ①. mai-jⁿ. Champs et coteaux pierreux calc. — CHAR.-INF. AC. — DEUX-SÈV. *La Mothe, S.-Martin-de-Bernejoux, Fors,* c. *Paizay* (Sauzé, Maillard), *Asnières* (Gir.), *Mauzé!* (Fd.), env. de *Dœuil; S.-Loup!* (Guyon), *les Jumeaux* (Bonnin). — c. plaine de *Montreuil-Bellay* en Maine-et-L. (Revelière). — VEND. *Chaillé-les-Marais* (Gen.). R.

**SESLERIA** Scop. Glume 2-3.flore, à 2 valves. Glumelle à 2 valves, l'inf. à 3 dents au sommet, la sup. bifide. Stigm. filiformes, pubescents, terminaux.

**✗. S. cærulea** Ard. *Cynosurus* L. Chaumes grêles de 15-30 cent., longuement nus au sommet, garnis dans le bas de qq. feuil. très courtes, arrondies au sommet, un peu rudes au bord, carénées. Fl. en épi oblong, presq. unilatéral, à épillets comprimés, luisants, bleuâtremêlé de blanc. ♃. av.-mai. Coteaux et plateaux calc. — CHAR.-INF. c.! de *Martrou* à *Soubise* (Parat).

**KŒLERIA** Pers. Epillets à 2-4 fl. Valves de la glume comprimées-carénées. Glumelle à 2 valves, l'ext. acuminée ou mucronée. Stigm. latéraux.

**K. cristata** Pers. *Poa* L. *K. gracilis* Pers. *Chaumes* de 15-30 cent. gazonnants, *pubescents*. Feuil. glauques, pubescentes, étroites, en gouttière, celles du chaume planes; gaîne poilue à l'orifice; ligule très courte. Panic. vert-blanchâtre ou panachée de vert et de violet, luisante,

resserrée en épi souv. interrompu à la base, éloigné de la feuil. sup.
Glume ord. à 2 fl. lisses ou plus ou moins rudes et aiguës. ♃.
Coteaux calc., sables. — CHAR.-INF. C. — DEUX-SÈV. AC. coteaux
calc. et schist. du nord. — Sables maritimes (*K. albescens* et *glauca*
DC.) : C. jusqu'à *la Loire*, AC. au-delà.

β. *villosa*. Forme naine, toute velue. Elle se distinguera de *K. villosa*
Pers. par l'épi un peu lobé (non cylindrique serré), par les glumes
velues partout (non distinctement ciliées). par la valve ext. de la glumelle entière (non échancrée à arête partant de l'échancrure), enfin
par la souche vivace. Cette variété curieuse m'a été signalée par
M. Pontarlier, qui l'a trouvée abondante sur les pelouses rases de la
côte de *S.-Gilles !* à *Sion !* (Vend.) ; je l'avais précédemment cueillie à
*l'Ile d'Yeu*, à côté de *Anthoxanthum nanum* et *Dactylis hispanica*.

**K. macilenta** DC., *Festuca Michelii* Bert. Rac. fibreuse. Chaume de
1-2 dec. grêle, filiforme, finement pubescent ainsi que les feuil.
linéaires. Ligule courte. Panic. resserrée en *épi lancéolé-linéaire,
dressé, très éloigné de la feuil. sup.;* pédic. allongés, grêles, peu renflés
au sommet. Valve inf. de la glume courte, linéaire, la sup. beaucoup
plus grande, linéaire-lancéolée, égalant ou dépassant les fl. Valve inf.
de la glumelle enroulée par les bords, terminée par deux pointes en
alène munies entre elles d'une arête 1/2 plus courte qu'elle. ①. mai-j^n.
Pelouses rases du bord de la mer. — CHAR.-INF. *Ile Madame, Fouras*
(Guillon, Duffort). R.

'X. **K. valesiaca** Gaud., *K. setacea* DC., *K. tuberosa* Pers. Chaumes
renflés à la base en forme de *bulbe entourée de filaments entrecroisés*
formés par les gaines desséchées des anciennes feuil. Feuil. rad.
enroulées, sétacées, glabres, les autres planes, peu nombreuses. Panic.
resserrée en épi oblong, luisant, vert, mêlé de blanc. Glumes à 2.3 fl.
velues. ♃. mai-j^n. Coteaux, rochers, chaumes calc. — CHAR.-INF. AC.
— DEUX-SÈV. env. de *Douil* et de *Villeneuve-Comtesse.* — VEND. R.
*Chaillé-les-Marais ; S.-Cyr-en-Talmondais* (Pont.). R.

**K. phleoides** Pers. *Fest. cristata* L. *Chaumes* nombreux de 10-15
cent. *glabres.* Feuil. velues ; ligule courte. Panic. verte, resserrée en
épi cylindracé, Glume à 4-6 fl. glabres, *l'inf. à valve ext. poilue.* Valve
ext. des glumelles aristée sous le sommet, l'int. terminée par 2 arêtes
fines. ①. j^n-15 j^t. — CHAR.-INF. Çà et là, coteaux, lieux sablonneux
de la région maritime. AC. — LOIRE-INF. R. Port du *Croisic.* — Apparaît dans qq. ports.

**AIRA** L. Glume 2.flore, à 2 valves comprimées. Glumelle à 2 valves,
l'ext. munie d'une arête insérée vers le milieu du dos ou au-dessous.
Stigm. latéraux. *Fl. en panicule.*

**A. canescens** L. *Corynephorus* P. B. Rac. fibreuse. Chaumes de
10-25 cent. nombreux, gazonnants. Feuil. sétacées, glauques ; ligule
oblongue, obtuse. Panic. resserrée en épi panaché de blanc et de rosé,
luisant. *Arête noire jusqu'au milieu articulé-barbu, en massue au sommet.* ♃. mai-j^n. Sables maritimes : c. jusqu'à *la Vilaine*, puis graduellement R. jusqu'à *Brest.* — R. à l'intérieur, lieux sablonneux : — CHAR.-
INF. C. landes de *Mortagne* à *Montlieu* et au-delà. — DEUX-SÈV.

*S.-Loup !* (Guyon), *Butte de Montcoué, Oiron*. — LOIRE-INF. Bord du lac de *Grand-Lieu*, R. île Bord v.-à-v. *Mauves ;* R. *Oudon* ! (de Lisle).

**A. cæspitosa** L. *Rac. très gazonnante*. Chaume de 6-10 déc. Feuil. planes, très rudes et sillonnées en dessus ; ligule longue, bifide. *Panic. ample, très lâche,* à rameaux rudes. Fl. luisantes, panachées de blanc et de violacé, qqf. vivipares, l'une sessile, l'autre pedicellée et poilue à la base, dépassant la glume ; arête droite égalant la glumelle. ♃. jⁿ-jᵗ. Fossés, lieux frais, bois. C. — Dans les landes et dans les chemins secs, la plante est moins élevée et les feuilles sont enroulées ; en cet état il ne faut pas le confondre avec le suivant.

✗. **A. media** Gouan. Rac. gazonnante. Chaumes de 2-6 déc. rudes de haut en bas ainsi que les feuilles, celles-ci glauques, *raides, filiformes,* comprimées par les côtés et pliées de manière à paraître presque cylindriques, celles de la tige peu nombreuses à ligule allongée, déchirée, aiguë. Panic. lâche à rameaux géminés ou ternes, étalés à angle droit, rudes. *Fl. roussâtres et violacées.* Glume à 2 fleurs, l'une sessile, l'autre pédicellée, à pédic. dépassant la 1/2 de la fl., poilues à la base, rudes sur le dos ; valve sup. de la glumelle bifide, l'inf. échancrée, déchirée-dentée avec une petite arête insérée presque sous le sommet et égalant env. les deux dents latérales (qui forment l'échancrure) ou souv. sans arête ; arête dorsale de la fl. pedicellée droite, insérée au-dessus ou au-dessous du milieu, égalant env. l'épillet. ♃. jⁿ-jᵗ. Pâtures, prés, landes et taillis mouillés l'hiver. — CHAR.-INF. Forêts de *Benon*, de *Mille-Ecus ; Dœuil* (Duss.), *S.-Georges-du-Bois,* route de *Surgères* à *Mauzé* (Delalande), *S.-Christophe, Longève* (Fd.), *Cléré,* C. prairie de Montallet de *Taillebourg* (Tesseron), *S.-Marc* (Riveau). — DEUX-SÈV. Landes de *Pers, Rom,* Sᵗᵉ-*Soline* (Sauzé), çà et là entre *Chef-Boutonne, Couture-d'Argenson, Aubigné, la Bataille ;* c. entre *Genouillé, Séligné* et *Ville-Follet.* — VEND. (*A. subaristata* Faye Notes, p. 13). Entre *S.-Cyr-en-Talmondais* et *Champ-S.-Père* (Faye), env. de *S.-Cyr* (Pont., M.).

**U. uliginosa** Weihe. Gazonnant. Chaume de 3-5 déc. grêle, presque nu. *Feuil.* setacées, *très étroites,* planes, glauques ; ligule oblongue, aiguë, bipartite. Panicule lâche, à rameaux flexueux. Fl. luisantes, violacées, bordées de blanc sale. *Pédic. de la fl. supér. 1 f. plus court qu'elle.* Valve ext. de la glumelle dentée ; arête longue, genouillée, insérée au-dessus de la base. ♃. mai-jⁿ. Marais, landes et prés tourbeux. — DEUX-SÈV. La Charnière près *Parthenay.* — VEND. c. lande de *Bouaine ; Chap.-Achard,* Sᵗᵉ-*Flaive, Mouilleron-le-Captif,* Rortheau en *Dompierre* (Pont.). — LOIRE-INF. AC. de *Châteaubriant* à *S.-Joachim,* par *Derval, Guéméné, Guenrouet, S.-Gildas, Besné,* CC. de *Nozay* à la *Gommeraie ; les Renardières,* CC. prés du lac de Grand-Lieu de *S.-Aignan* à la *Boulogne ; marais de S.-Lumine* et çà et là sur d'autres points du lac, *Princey, Chéméré.* — MOR. AC. (Le Gall, Taslé). — FIN. C. Lan an Trimm en *Guipavas* (Tanguy), *Gouesnou, Kerloc'h* (Crouan), *Clohars-Carnoët* (Picq.). — C.-NORD. RR. Garatoie près *Quintin, Cap Fréhel ;* c. landes de *S.-Solain,* de l'étang de la Ville-Neuve près *Yvignac,* landes de *Plélin* (Mabille), étang de la *Hardouinaye* (Rolland), « *Plounérin* » (Miciol cat.). — IL.-ET-V. *Paimpont* (herb. Degland), étang de *Rosbise* (J.-M. Sacher), étang de *Landemarais* (V. Sacher), c. *Redon* et env.

**A. flexuosa** L. diffère du précéd. par la ligule obtuse, tronquée, les épillets 1 f. plus grands, panachés de violacé et de blanc-argenté et par le pédic. de la fl. sup. 4 f. plus court qu'elle. ♃. j⁴. Bois montueux, landes. — CHAR.-INF. De *Montendre* à *Montlieu* et au-delà jusqu'à *la Barde ; Breuillet, S.-Palais ; Cadeuil* (Fd.). — DEUX-SÈV. *La Mothe, Goux* (Sauzé), *Parthenay* (Janneau), *Amailloux ; S.-Loup, Tessonnière* (Bonnin), *l'Absie* (A. Guillon), c. forêt de *Chantemerle* (Gobert), *Melle, Ménigoute* (Gir.), *Argenton-Ch.* — VEND. *La Châtaigneraie, la Mocquetière, Faymoreau,* bois de *Bourneau* (Lx.), « forêt de *Vouvant* » (soc. Rochel.). — LOIRE-INF. Talus du chemin de fer de *Nort* à *Châteaubriant* (Dumas). — FIN. *Pouldreuzic, Châteaulin* (Crouan), *Lambezellec* (Tanguy), le Roual près *Dirinon* (Blanchard). — C.-NORD. *Dinan* (Morin). — IL.-ET-V. Forêt de *Paimpont,* lande de *Taylé* (herb. Degland), forêt de *Fougères !* (V. Sacher), *Québriac* (Rolland), cc. canton du Pont de terre dans la forêt de *Villecartier.*

**A. caryophyllea** L. Rac. fibreuse. Chaume de 1-3 déc. Feuil. sétacées, rudes. *Panic. étalée à rameaux trichotomes.* Fl. scarieuses, situées au sommet des rameaux. Glume dépassant les glumelles sessiles, à valve extér. bifide. Arête saillante, insérée au-dessous du milieu. ①. mai-j⁴. Bord des haies, des bois, lieux sablonneux. C. — Sont compris dans cette espèce : *A. patulipes* et *plesiantha* Jord., *aggregata* Tim., *multiculmis* Du M. — Voir Duval-Jouve bul. soc. bot. fr. 1865, p. 83.

**A. præcox** L. Rac. fibreuse. Chaumes gazonnants de 6-15 cent. Feuil. sétacées. *Panic. resserrée en épi.* Glume dépassant les glumelles, sessiles, à valve extér. bifide. Arête saillante insérée au-dessous du milieu. ①. av.-mai. Landes, pelouses et coteaux secs. C.

**AIROPSIS** Desv. Caract. de l'*Aira.* Valves de la glume et de la glumelle obtuses, sans arête.

**A. agrostidea** DC. Glauque. Rac. rampante. Chaumes genouillés et radicants à la base. Feuil. courtes ; ligule allongée. *Panic. étalée,* à rameaux capillaires. Fl. violacées ; glumelle très courte. ♃. mai-a⁴. Bords herbeux des étangs, des rivières, marais. — VEND. Étangs de *Rortheau,* du *Parc,* de *S.-Laurent-sur-Sèvre* (Pont.).—LOIRE-INF. C. — MOR. Étang de Roho en *S.-Dolay* (Delalande), *S.-Perreux, Josselin* (Le Gall), *Questembert, Nivillac* (Taslé), étangs de *Deil* (Moreau), de *Vaulaurent,* le canal à *Peillac* (G. de Lisle). — FIN. Presqu'île de *Plougastel* (Crouan). — C.-NORD. Étang de *la Hardouinaye* (Rolland). — IL.-ET-V. Étangs de *la Rigaudière,* de *Liffré,* forêt de *Paimpont* (herb. Degland), étangs de *Rosbise* (J.-M. Sacher), *Fougères* (Delise), cc. étang du *Rouvre* (Mabille), c. étang de *Trémigon* (Hodée), c. étang de Vial ! près *Redon* (Moreau) et *Redon ;* étang de Boulet en *Feins* (Rolland).

X. **A. globosa** Desv. *Aira* Thore. *Rac. fibreuse.* Chaumes de 7-12 cent. grêles, en petites touffes. Feuil. linéaires, la sup. à gaîne un peu renflée, ligule allongée. *Panic. oblongue, resserrée,* à rameaux capillaires, épaissis sous les *épillets* luisants, *globuleux,* valve extér. des glumelles ciliée. ①. av.-mai. Bord des champs, des prés, landes du littoral. — CHAR.-INF. Dunes de l'*Ile-de-Ré* (Hubert) ; à retrouver là ; il croît sur la côte, au sud de la Gironde.

**HOLCUS** L. Glume bivalve, à 2 fl., l'inf. herm. mutique, la sup. mâle, munie d'une arête dorsale à la fin réfléchie. Glumelle à 2 valves, l'ext. entière. Stigm. latéraux. *Fl. en panicule.*

**H. lanatus** L. Plante toute mollement pubescente. Rac. fibreuse. Panic. blanche, panachée de rose ou de violacé. *Arête de la glumelle recourbée, incluse.* ♃. jⁿ-aᵗ. Prés, champs. CC.

**H. mollis** L. Plante pubescente, velue sur les nœuds. Rac. rampante. Panic. blanc-roussâtre. *Arête de la glumelle genouillée, saillante.* ♃. jⁿ-aᵗ. Bois, lieux ombragés. AC.

**ARRHENATHERUM** P. Beauv. Glume bivalve, à 2 fl., l'infér. mâle à arête dorsale, genouillée, la sup. herm. mutique ou courtement aristée sous le sommet. Glumelle à 2 valves. Stigm. latéraux.

**A. elatius** Gaud. *Avena* L. Rac. *fibreuse*, un peu rampante. Chaume de 6-10 déc. glabre. Feuil. rudes; ligule courte, tronquée. Panic. à la fin lancéolée. Fl. vert pâle. ♃. jⁿ-jᵗ. Prés, haies, bois, moissons. — CHAR.-INF. et calc. de : *Deux-Sèv.*, *Vend.* AC. — LOIRE.-INF. R. *vallée de la Loire.* — MOR. *Arradon* (Taslé). *Kernevel* (Le Gall). — FIN. Lanninon et S.-Marc près *Brest* (Guiho), « *Plouzévédé* » (Miciol cat.). — IL.-ET-V. Calc. de *Rennes* (Degland). R.

**A. bulbosum** Presl. *Avena* Willd. *Av. precatoria* Thuil. Diffère du précéd. par le chaume à nœuds inf. pubescents et garni à la base de 3-6 bulbes superposés. Mêmes lieux. CC.

**AVENA** L. Glume bivalve, à 2 ou plusieurs fl. herm. Glumelle à 2 valves, l'ext. bifide, munie sur le dos d'une arête tortillée, genouillée. Stigm. latéraux. *Fl. en panicule.*

· *Épillets pendants à la maturité.*

* **A. sativa** L. *Avoine.* Chaume de 6-9 déc. Feuil. rudes; ligule courte. Panic. pyramidale à rameaux étalés. Glume nervée. Fl. non articulées avec le rachis de l'épillet, ne se détachant que par la fracture du rachis lui-même, à peine poilues à la base, *l'infer. aristée, la supér. mutique.* ①. jⁿ. Cult. — *A. orientalis* Schreb. qui diffère par la panic. droite, resserrée, unilatérale, est très rar. cult.

**A. strigosa** L. Voisin de *A. sativa.* Panic. presque unilatérale. *Valve ext. de la glumelle terminée par 2 arêtes noirâtres accompagnées d'une troisième* dorsale, noirâtre, blanche au sommet, *1 f. plus longue que l'épillet.* Axe un peu poilu sous les fl. glabres. ①. jⁿ. Çà et là avec les espèces cultivées. AC. — Qqf. cult.

**A. ludoviciana** Durieu. Glume à 2 fl. *l'inf. seulement articulée avec* le rachis, à cicatrice ovale-elliptique. Valve ext. de la glumelle à 2 dents, plus courte que la glume, poilue jusqu'au milieu. *Axe de l'épillet glabre.* ①. jⁿ. Moissons. AC. *Char.-Inf.*, calc. des *Deux-Sèv.* et de la *Vendée.* — LOIRE-INF. (Machecoul).

**A. fatua L.** Voisin des précéd. Panic. étalée, pyramidale. Glume à
*2,3 fl. toutes articulées* avec le rachis dont elles se détachent en conservant une cicatrice arrondie ou ovale. Valve extér. de la glumelle à
deux dents, plus courte que la glume, poilue jusqu'au milieu. *Axe de
l'épillet très poilu.* ①. jⁿ. Moissons. C.

**A. barbata** Brot. *A. hirsuta* Roth. Panic. unilatérale (étalée dans
les individus robustes). Glume à 2,3 fl. toutes articulées. Se distingue,
en outre de *A. fatua*, par la cicatrice des fl. ovale-oblongue, par la
valve ext. de la glumelle égalant la glume ou à peu près, terminée par
deux arêtes et chargée de poils plus longs, plus abondants, enfin par sa
station. ①. jⁿ-aᵗ. c. coteaux, rochers, bord des chemins, des champs,
dans la région maritime jusqu'à *Brest*, moins c. sur la côte du nord.—
A l'intérieur : *Pont-l'Abbé*, coteaux de la *Charente* (Char.-Inf.). —
*Thouars, S.-Maixent* (Deux-Sèv.). — c. talus, grande gare de *Nantes*.

** *Epillets dressés.*

**A. pubescens L.** Rac. rampante. Chaumes de 5-8 déc. *Feuil.* planes,
les *inf. velues ainsi que les gaines ;* ligule oblongue. Panicule égale,
droite, presque simple. Pédic. ord. à 1 épillet panaché de *blanc luisant
et de violacé.* Glume à 2,3 fl. poilues à la base ainsi que leur axe;
valve ext. de la glumelle dentée ou bifide. ♃. mai-15 jⁿ. Prés, clairières
des bois, ord. dans le calc. — Char.-Inf. C. — Deux-Sèv. AC. —
Vend. Forêt de *Stᵉ-Gemme, Xanton*, près de *Charzais, Fontenay* (Lx.),
bois de *Barbetorte* (Pont.), de *la Bauduère* à *la Chaume* (Pontdevie). —
Loire-Inf. *Maumusson*, entre *Gorges* et le *Pallet* (Guiho et moi),
*S.-Mars-la-Jaille* (Stᵗ-Gal), *Frénay* (Lajunchère). — Fin. c. landes
sèches des env. de *Morlaix* (de Guernisac). — C.-Nord. Roc'h-el-Laz
dans la baie de *S.-Michel-en-Grève* (de Guernisac), coteaux de
*Hillion* (Baron), *Dahouet* (Mabille), *S.-Jacut, île des Ebiens* et prob.
dans qq. localités intermédiaires de la côte. — Il.-et-V. c. coteaux
et sables de la côte jusqu'à *S.-Coulomb.*

🜨. **A. pratensis L.** Rac. oblique, fibreuse. Chaume lisse, presque
nu dans le haut. *Feuil.* inf. pliées, les sup. planes, courtes, *très rudes
ainsi que les gaines.* Panic. simple, resserrée comme en épi ; pédic.
ord. simples, épaissis et rudes au sommet. Epillets de 4,5 fl. courtement poilues à la base; valve inf. de la glumelle bidentée au sommet,
munie d'une longue arête genouillée et tordue. ♃. jⁿ-jᵗ. Coteaux et
bois secs du calc. — Char.-Inf. *Montguyon*, de *Méchers* à forêt
d'*Arvert*, bois de *Surgères* et de *Benon*, forêt d'*Aulnay, Sèche-Bec*, etc.
PC. — Deux-Sèv. AC. de *S.-Loup* à *Airvault* et *Availles, Thouars ;
Mauzé.*

**A. sulcata** Gay. Rac. fibreuse. Chaumes de 5-10 déc. comprimés
à la base, en touffe. Feuil. rad. pliées, distiques, celles du chaume
presque nu très courtes, *toutes glabres*, à bords rudes blanchâtres ;
ligule oblongue, aiguë. Panic. égale, peu étalée ; axe de l'épillet à
plusieurs faisceaux de poils, portant 3-5 fleurs glabres, luisantes,
blanchâtres et violacées ; valve ext. des glumelles striée, largement
membraneuse au bord. bifide et terminée par 2 pointes fines. Arête
longue, genouillée, tordue. ♃. mai-jⁿ. Landes et bois sablonneux. —

CHAR.-INF. CC. pays de Lande, de *Mortagne* à *Montlieu* et au-delà jusqu'à *la Barde* ; R. *Nancras, Corme-Royal* ; *Sabloncceaux*. — C. ! *Puy-Notre-Dame* en Maine-et-L. (Revelière). — C.-NORD. C. Landes de *Trélivan* (Morin).

**A. longifolia** Thore, *A. Thorei* Duby. Racine à fibres épaisses. Chaumes de 8-12 déc. en touffe, velues surtout aux nœuds ainsi que les gaînes, rudes au sommet ainsi que les feuil. et les gaînes. Feuil. longues, nervées en dessus, à la fin enroulées, ligule courte. Panic. droite, resserrée, *épillets à 2 fl.* herm. égalant la valve int. de la glume ; valve ext. des glumelles à poils couchés, celle de la glumelle inf. à arête tordue, genouillée. insérée au-dessus du milieu, *l'autre fl. mutique.* ♃. mai-jn. Mêmes lieux. — CHAR.-INF. CC. pays de Lande de *Mortagne* à *Montlieu* et au-delà jusqu'à *la Barde*. — VEND. Moulins rouges près *Fontenay* (Lx.). — FIN. *Argol !* (Crouan), *Ste-Sève, Taulé, Plouigneau, Garlan* (de Guernisac, de Crec'hquérault), *Ploujean* (Hervé), c. landes de *Morlaix* et communes environnantes ; *le Folgoët !* (Blanchard). — Valve inf. de la glume 1/4 plus courte que l'autre ; dans *Arrhenatherum elatius*, elle est 1/2 plus courte que la supér.

**A. flavescens** L. *Trisetum* P. B. Chaume de 2-4 déc. Feuil. poilues ; ligule courte. Panic. à rameaux étalés ; *épillets petits*. Glume à 2,3 fl., valve inf. 1 f. plus petite. *Valve ext. de la glumelle jaunâtre, terminée par 2 soies* et munie d'une longue arête dorsale, l'int. blanche. Axe poilu. ♃. jn-jt. Prés, haies et coteaux secs. C. surtout région calc. et maritime.

✗. **A. tenuis** Mœnch, *Ventenata avenacea* Kœler. Rac. fibreuse. Chaume grêle, de 3-5 déc. à nœuds noirâtres, rude dans le haut. Feuil. glabres ; ligule longue, aiguë. Panic. lâche, étalée, à rameaux inf. demi-verticillés par 3-5, capillaires, portant dans le haut 2-4 épillets vert pâle. Glume à valves inégales, à 7,9 nervures ; épillets à 2-3 fl., *l'inf. à valve inf. aristée au sommet seulement,* les autres entourées à la base de poils courts blanchâtres, à valve inf. terminée par 2 arêtes droites et portant sur le dos une longue arête tordue, genouillée. ①. juin. Lieux sablonneux, bord des routes. — DEUX-SÈV. *S.-Loup !* env. d'*Amailloux* (Guyon), *Thouars* (Trouillard), près *Availles* sur la route de *Parthenay* à *Thouars, Argenton-Château*. — La plante abonde dans ces localités, et il est probable qu'elle se retrouvera ailleurs dans le départ., ainsi que dans les ter. tertiaires de la *Char.-Inf.* et peut-être sur les schistes d'*Ancenis*. A distance, elle peut se confondre avec *Bromus arvensis*, parmi lequel elle croit qqf.

**DANTHONIA** DC. Epillets à 3-5 fl. Glume à 2 valves ventrues-convexes, embrassant les fl. Glumelle à 2 valves, l'extér. à 3 dents.

**D. decumbens** DC. *Festuca* L. *Triodia* P. B. Chaume ascendant de 2-3 déc. Feuil. poilues sur les gaînes et surtout à leur orifice. Panic. simple, à épillets peu nombreux, ord. solitaires. Glume pâle, coriace, à 2 valves presq. égales. ♃. jn-jt. Landes, bois clairs, marais desséchés. C. granite et schistes.

**MELICA** L. Epillets à 1,2 fl. avec le rudiment d'une 3me. Glume et glumelle à 2 valves convexes. Stigm. latéraux.

**M. nebrodensis** Parlat. *M. Magnolii* God. *M. ciliata* édit. 1. Chaume de 6-8 déc. Feuil. rudes, enroulées, pubescentes, glauques ; ligule oblongue, obtuse. *Panic. resserrée en épi allongé,* blanchâtre, luisant. Valve ext. de la glumelle bordée de longs cils blancs, soyeux. ♃. mai-j<sup>n</sup>. Coteaux secs, rochers, murs. — CHAR.-INF. *Oleron, la Rochelle* (de Beaupreau), *Saintes* (M. Arnauld). — DEUX-SÈV. *Niort ; Bressuire* (Toussaints), *S.-Loup* (Guyon), *Airvault, Thouars, Argenton-Ch.* — VEND. *Gué-de-Velluire* (Lx.), bois de *Barbetorte* (Pont.). — LOIRE-INF. Çà et là de *Mauves* à *Ingrande ; le Loroux* (Bornigal). R. — Voir Loret notes sur herb. Prost. p. 37. — *M. ciliata* L., plante du Nord, diffère par la rac. long<sup>t</sup> rampante, la panic. étroite, grisâtre.

**M. uniflora** Retz. Rac. rampante. Chaume de 3-4 déc. Feuil. poilues ; ligule linéaire, verdâtre, opposée à la feuil. *Panic.* grêle, *lâche,* unilatérale, *penchée,* à rameaux filiformes, pauciflores. Epillets ovales, violacés, ne contenant qu'une fl. fertile et un rudiment. ♃. av.-mai. Bois, coteaux ombragés. C. — AC. au-delà de *Loire-Inf.*

**M. cærulea** L. *Molinia* Mœnch, *Festuca* DC. *Guinche, Ganne.* Rac. tenace à fibres épaisses. *Chaume de 4-8 déc.* presque nu, *à un seul nœud situé près de la base.* Feuil. raides ; ligule courte, poilue. Panic. linéaire, resserrée, interrompue, panachée de vert et de violacé, plus rar. verdâtre. Epillets ord. à 2 fl. fertiles et 1 stérile. Valves de la glume lancéolées, presq. égales, plus courtes que les fl. *Anthères et stigm. noirâtres.* ♃. a<sup>t</sup>. Bois, landes, prés des marais. C. — R. le calc.

**BRIZA** L. Epillets à 3 fleurs ou plus, distiques. Glume à 2 valves. Glumelle à 2 valves, l'ext. plus grande, obtuse, ventrue-convexe, en cœur à la base. Stigm. latéraux.

**B. media** L. Chaume de 3-4 déc. Feuil. courtes. *Ligule courte, tronquée.* Panic. à rameaux filiformes, étalés. Epillets pendants, largement ovales, à 5-8 fl., panachés de vert et de violacé. Glume plus courte que les fl. qui la touchent. ♃. mai-j<sup>n</sup>. Prés. C. — Varie à épillets panachés de vert pâle et de blanc.

**B. minor** L. Voisin du précéd. Feuil. assez longues, rudes. *Ligule oblongue,* aiguë. Epillets triangulaires, à 5-7 fl., panachés de vert pâle et de blanc. Glume dépassant les fl. qui la touchent. ①. j<sup>n</sup>-j<sup>t</sup>. Champs en friche, moissons. — CHAR.-INF. AC. région marit. et ter. tertiaires. — DEUX-SÈV. *Puy-S.-Bonnet* (Gen.), prob. Bocage. — VEND., LOIRE-INF. C. — AC. au-delà, surtout région maritime.

**POA** L. Epillets à 2 fl. ou plus. Glume à 2 valves plus courtes que les fl. qui la touchent. Glumelle ovale ou lancéolée, à 2 valves, l'ext. comprimée-carénée. Stigm. latéraux.

**P. loliacea** Huds. *Triticum* Smith, *Trit. Rottboella* DC. Rac. fibreuse. Chaume de 5-13 cent. ascendant, raide. Feuil. planes ; ligule large, déchirée. Fl. en *épi unilatéral,* très raide, qqf. rameux de la base ; axe flexueux. Epillets distiques, comprimés, ovales-lancéolés, brièvement pédicellés, à 5-9 fl. un peu obtuses, coriaces, luisantes. ①. mai-j<sup>n</sup>. Sables, murs, rochers du bord de la mer. AC.

**P. megastachya** Kœl. *Briza Eragrostis* L. Rac. fibreuse. Chaumes genouillés à la base. Feuil. glanduleuses-rudes au bord, gaine barbue à l'orifice. Panic. oblongue à rameaux alternes, flexueux; épillets oblongs-linéaires *à 15-20 fl. Valve ext. de la glumelle* obtuse, à mucron très court situé dans l'échancrure et *à nervure latérale saillante.* ①. jʲ-sept. Lieux cultivés sablonneux. — CHAR.-INF. *La Tremblade!* (de Beaupreau), port de *Rochefort* (Tanguy), S.-*Just* (Parat), c. *Fouras* (Faye), *Oleron!* (Sav.), *Brizambourg* (Caillaud), AC. dans le sud. — DEUX-SÈV. *Chiché, Gourgé* (Guyon). *Thouars* (Lunet). *S.-Martin-de-Sanzay* (Pellier). — VEND. *Château-d'Olonne* (Marichal). *les Sables* (Delalande), *Croix-de-Vie* (Grolleau), *Challans* (V.-Grand-Marais), *Noirmoutier!* (Piet). R. — LOIRE-INF. Apparu en 1868. il s'est répandu lieux sablonneux de *Trentemoult* au pont de *Rezé*, à Nantes, et sur qq. quais.

**P. pilosa** L. Rac. fibreuse. Chaume de 2-3 déc. genouillé à la base. *Feuil. munies d'une collerette de poils à l'entrée de la gaine. Panic. grêle*, d'abord resserrée, puis étalée, à rameaux capillaires, demi-verticillés. Epillets linéaires, petits à 6-10 fl. distiques, violacées sous le sommet. Valve ext. de la glumelle presque aiguë. ①. jʲ-sept. CHAR.-INF. Port de *Rochefort* (Tanguy), *Bussac* (Fd.). — DEUX-SÈV. RR. *Thouars* (Lunet). — LOIRE-INF. c. sables humides de la *Loire*.

**P. annua** L. Rac. fibreuse, gazonnante. Chaume oblique, comprîmé à la base ainsi que les gaines. Feuil. courtes, carénées; ligule obtuse. *Panic. unilatérale, à rameaux* solitaires ou géminés. lisses, *étalés à angle droit.* Epillets ovales-oblongs, à 3-5 fl. presque glabres, ①. Partout et toujours.

**P. bulbosa** L. Rac. fibreuse. *Chaumes* de 15-30 cent. gazonnants, *renflés, bulbeux à la base.* Feuil. sup. courtes; ligule allongée, aiguë. Panic. ovale, dressée, rameaux courts, un peu rudes, géminés ou ternés. Epillets ovales, ramassés au haut des rameaux, à 4-6 fl. pubescentes au bord et sur la carène, réunies à la base par de longs poils laineux. ♃. mai-jⁿ. Murs. lieux secs, sables maritimes. PC. — Plus c. le calc.

β. *vivipara*. Fl. changées en bulbilles foliacés. C.

**P. nemoralis** L. Rac. stolonifère. Chaume grêle de 6-8 déc. Feuil. vertes ou glauques, étroites, horizontales, à gaines plus courtes que les entre-nœuds, la supér. plus courte que la feuil. *Ligule très courte, presq. O. Panic. lâche, peu garnie,* ord. penchée, à rameaux rudes, les inf. souv. quinés. Epillets ovales-lancéolés, à 2-5 fl. pubescentes sur les bords et la carène. ♃. jⁿ-aᵗ. Bois, lieux couverts ou secs, murs. C.

β. *firmula*. Chaumes raides en touffe; panic. resserrée. AC.

**P. palustris** L. ex. Duval-Jouve bul. soc. bot. fr. vol. 9, p. 453. Roth, Vill. cat. strasb. 52, *P. serotina* Ehrh., *P. fertilis* Host. Racine fibreuse. *Chaume* de 6-8 déc. grêle, faible, *lisse ainsi que les gaines.* Feuil. un peu rudes; *ligule ovale ou oblongue,* obtuse. Panic. oblongue-ovale, étalée. à rameaux rudes, demi-verticillés par 5. Epillets ovales-lancéolés, à 2,3 fl. pubescentes au bord et sur la carène. ♃. 15 jⁿ-15 jᵗ et automne.

— Loire-Inf. Cette espèce a été découverte en 1865 par M. Ed. Bureau à *Couffé,* et nous l'avons vue abondante dans toute la vallée du Havre, où elle habite les talus boisés de la rivière ou le bord des haies, des buissons, ord. à la limite de l'inondation. M. G. de Lisle l'a rencontrée abondante au bord de l'Erdre entre *Riaillé* et *Bonneuvre,* ainsi que dans les marais de *Basse-Goulaine.* Elle a été aussi trouvée récemment aux env. d'Angers (Bor. herb. 1864), et il est probable qu'on la reverra au bord de la Loire et de ses affluents. Il a la plus grande ressemblance avec *P. nemoralis,* à côté duquel il croît qqf. et dont on le distingue par les feuil. d'un vert plus clair, plus longues, et surtout par la ligule ovale ou oblongue et *non presque nulle,* enfin par la panic. d'un vert jaunâtre, plus fournie, à rameaux secondaires divariqués. Cette ressemblance est plus grande encore dans les repousses *(P. serotina* Ehrh.) à panic. allongées et maigres, produites après la coupe ou sortant des nœuds inf. des chaumes défleuris.

**P. trivialis** L. *P. scabra* Ehrh. Racine fibreuse. *Chaume de 4-9 déc. rude ainsi que la gaine des feuil. Ligule des feuil. sup. allongée, aiguë.* Panic. pyramidale à rameaux rudes, étalés, demi-verticillés par 5. Epillets ovales à 2.3 fl. à 5 nervures, glabres, réunies à la base par des poils laineux. ⚥. j^n-j^t. Prés et lieux humides. CC.

**P. pratensis** L. *Racine longuement rampante.* Chaume de 3-6 déc. un peu comprimé à la base. Gaines lisses, la sup. beaucoup plus longue que la feuil. *Ligule courte, tronquée.* Panic. étalée à rameaux rudes, les inf. demi-verticillés par 5. Epillets ovales. à 3-5 fl. pubescentes sur les bords et la carène, réunies à la base par de longs poils laineux. ⚥. mai-j^n. Prés, lieux sablonneux. C. — Nain dans les sables maritimes humides.

β. *latifolia* Koch. Glauque; chaume comprimé; feuil. radic. larges. c. prés sablonneux humides de la *Loire.*

γ. *angustifolia* Smith, Pesn. Feuil. radic. étroites, enroulées. Lieux secs, murs. AC.

**P. compressa** L. Rac. stolonifère. *Chaume couché à la base, comprimé à 2 tranchants.* Feuil. un peu glauques, carénées. Ligule courte, tronquée. *Panic. étalée, presque unilatérale,* à rameaux rudes, les inf. géminés. rar. quinés. Epillets ovales oblongs, à 5-8 fl. pubescentes à la base. ⚥. j^n-j^t. Lieux secs, murs. C. le calc. — Loire-Inf. PC. — Mor. *Port-Louis* (Le Gall). — Fin. *Brest.* R. (Crouan), « *Roscoff* » (Miciol cat.). — Il.-et-V. *Rennes* (S.-Marc).

**GLYCERIA** R. Br. Caractères du *Poa.* Valve ext. de la glumelle obtuse, convexe sur le dos.

**G. spectabilis** M. et K. *Poa aquatica* L. Chaume de 15-20 déc. Feuil. larges, rudes ; ligule courte, tronquée. *Panic. très ample, étalée,* à rameaux rudes. Epillets linéaires, à 5-9 fl. jaunâtres. Valve ext. de la glumelle à 7 fortes nervures. ⚥. j^n-a^t. Marais, étangs. C. — R. au-delà de *Loire-Inf.* — Mor. Lannenec en *Plœmeur* (Le Gall). — Fin. Le Loc'h en *Primelin* (Bonnemaison), « *Ploujean* » (Miciol cat.), la Laita sous *Quimperlé* (Picq.). — c. env. de *Dinan* (Mabille). — Prob. c. en *Il.-et-V.*

**G. fluitans** R. Br. *Festuca* L. Rac. rampante. Chaume couché, radicant, puis redressé. Feuil. inf. flottantes ; ligule tronquée. *Panic. unilatérale très allongée, à rameaux inégaux*, les inf. ord. géminés, l'un à 2,3 épillets, *écartés, appliqués contre l'axe, ouverts à angle droit pendant la fleuraison*. Epillets linéaires, allongés, à 5-11 fl. verdâtres. Valve ext. de la glumelle à 7 nervures. ♃. jⁿ-jˡ. Fossés, mares. CC.

**G. plicata** Fries. Très voisin du précéd., en diffère par les feuil. plus glauques, la panic. plus serrée comme verticillée, à rameaux inf. par 3 à 5, dont plusieurs à 3-5 épillets, par les fl. plus nombreuses, plus petites, plus serrées, à valve ext. de la glumelle plus obtuse, plus fortement nervée ; valve ext. de la glume très courte. Mêmes lieux. — Çà et là. PC.

**G. maritima** M. et K. *Poa* Huds. Racine fibreuse ; *chaumes stériles stoloniformes* ord. couchés, souv. radicants. Chaume de 2-3 déc. genouillé à la base, puis redressé. *Feuil. étroites*, en gouttière, puis *enroulées ;* ligule courte, obtuse. Panic. ord. unilatérale, peu fournie, raide, à rameaux lisses, étalés ou recourbés pendant la fleuraison, puis souv. dressés-resserrés. Epillets linéaires à 4-7 fl. oblongues-linéaires, obscurément nervées, verdâtres ou violacées. ♃. jⁿ. Lieux marécageux maritimes. CC. — Une forme (*G. convoluta* Billot cent. 21. au Fries ?), *G. festucæformis* soc. dauph. n° 1895) élevée d'env. 6 déc. à panic. non unilatérale, grande, grêle, fournie, est cc. au bord des fossés d'eau salée dans les terres cultivées des alluvions, au midi de la Loire où elle s'éloigne d'autant plus du type qu'elle croit en terre meuble. — *G.* (Atropis) *Foucaudi* Hackel. Bul. soc. Rochel. 1893, exsic. n° 3557, me paraît une forme très robuste de *G. maritima*, croissant dans les terres grasses baignées par les marées. — La rac. fibreuse ne paraît rampante que parce que les rameaux stériles s'enracinant sont qqf. recouverts par la vase, et continuant d'être reliés sous terre à la plante mère, ont l'apparence de stolons. — Voir de longs détails sur les *Glyceria* maritimes, par Duval Jouve bul. soc. bot fr. t. 10, p. 154, et par Crépin, notes fasc. 5.

**G. distans** Wahl. *Poa* L. Rac. fibreuse. *Point de tiges stériles stoloniformes.* Chaume d'env. 3 déc. *Feuil. planes ;* ligule courte, tronquée. Panic. étalée, à rameaux étalés ou recourbés après la fleuraison. Epillets à 4, 5 fl. oblongues, *petites*, obtuses, obscurément nervées. ♃. fin mai-jⁿ. Vases salées, chemins et fossés des pâtures et des prés salés, bord des marais salants. AC. — Deux autres formes peuvent être notées : l'une à panic. grêle avec rameaux longuement nus à la base et réfléchis à la maturité, elle se rencontre çà et là à quelque distance de la mer et ressemble au *G. distans* des salines de l'intérieur ; l'autre (*G. Boreri* Bab., *G. conferta* God. au Fries ?) a la panic. raide, avec rameaux garnis d'épillets presque jusqu'à la base, étalés-dressés et non réfléchis, elle est AC. dans les lieux plus secs, nus, avec *G. procumbens.*

**G. procumbens** Smith, *Poa* Curt. Glauque, gazonnant. Rac. fibreuse. Chaume raide de 12-20 cent. couché, puis ascendant. Feuil. courtes, larges, presque aiguës ; ligule courte, obtuse. *Panic. raide, pyramidale, unilatérale, distique.* Epillets linéaires à 4, 5 fl. à 5 nervures. ①. fin mai-jⁿ. Chemins des pâtures et des prés salés, lieux humides du bord de la mer. C. — Moins c. au-delà du *Mor.*

**G. airoides** Reich. *Aira aquatica.* L. Rac. rampante. Chaume
couché et radicant à la base, puis ascendant. Feuil. courtes, larges,
obtuses ; ligule courte, obtuse. Panic. étalée à rameaux demi-verticillés.
*Epillets* oblongs, *ord. à 2 fl.* Glume violet-rougeâtre ; valve ext. à
3 fortes nervures. ♃. mai-j¹. Çà et là vases des mares, des fossés, des
eaux stagnantes. AC.

**DACTYLIS** L. Epillets à 2-5 fl. Glume à 2 valves inégales, plus
courte que les fl. Glumelle à 2 valves comprimées-carénées, l'ext. entière ou bifide, avec une arête. *Fl. en paquets unilatéraux formant
une panicule.*

**D. glomerata** L. Rac. fibreuse. Chaume de 4-9 déc. Feuil. rudes
ainsi que les gaines comprimées. Ligule aiguë, dechirée. Fl. plus ou
moins ciliées sur la carène, à 5 nervures. ♃ jⁿ-j¹. Haies, lieux pierreux, prés. CC. — *D. hispanica* DC. fl. fr. 5 p. 278 n'est qu'une forme
naine (1-2 déc.) de l'espèce, à fl. plus fortement ciliées et à panic.
courte, souv. resserrée *en épi* ; elle est AC. *sur les rochers et les
coteaux maritimes* ; aussi sur qq. coteaux très secs de l'intérieur.

**CYNOSURUS** L. Caract. du *Festuca.* Epillets munis à la base
d'une bractée pectinée.

**C. cristatus** L. Rac. fibreuse. Chaume grêle de 5-8 déc. Feuil.
étroites ; ligule courte, tronquée. Panic. resserrée en *épi linéaire*, unilatéral, distique ; div. de la bractée mucronées. Epillets à 3-5 fl.
pubescentes. Valve ext. de la glumelle terminée en arête beaucoup
plus courte qu'elle. ♃. jⁿ-j¹. Prés secs. pelouses. C.

**C. echinatus** L. Rac. fibreuse. Chaume de 3-5 déc. Feuil. rudes :
ligule tronquée. Panic. resserrée en *épi ovale*, unilatéral ; div. de la
bractée longuement aristées. Epillets ord. à 2 fl. ; valve ext. de la
glumelle *terminée en arête beaucoup plus longue qu'elle.* ①. jⁿ-j¹.
Landes, coteaux, bord des champs, surtout dans la région maritime. —
CHAR.-INF. *Montlieu ; Marennes, Echillais,* c. rive gauche de l'embou-
chure de *la Charente* (de Beaupréau), Boyarville en *Oleron* (Gad.),
*Trizay* (M. Arnauld), *Breuil-Magné* (Parat), *Beurlay* (Fd.), *la Barde*
(Sav.), *Nancras!* (Delalande), *Moëze.* — MOR. *Groix* (Montagne), *Arzon,
Ile-aux-Moines* (Pont.). R. — FIN. *Morgat, Daoulas ;* presqu'île de
*Kélern! Brest! le Conquet* (Crouan), c. terres marécageuses des env.
de *Morlaix* (de Guernisac), AC. région maritime. — C.-NORD.
S.-Laurent en *Plérin* (Baron), *Etables* (Morin), coteaux du *Légué,* de
*Binic ; S.-Michel-en-Grève* (Elphége), *Ile Bréhat* (Avice). — Puis par
localités de *Dahouet* (C.-Nord), à *Cancale* (Il.-et-V.).

**FESTUCA** L. Epillets multiflores. Glume à 2 valves convexes.
Glumelle à 2 valves convexes, l'inf. aiguë, acuminée ou aristée, la
sup. finement ciliée. Stigm. latéraux.

     * *Valve ext. de la glumelle à arête plus longue qu'elle* (Vulpia).

**F. uniglumis** Ait. Rac. fibreuse. Chaume de 1-2 déc. Panic. unilatérale, resserrée en épi. Fl. rudes ; pédic. des épillets dilatés-
comprimés dans le haut. Valve inf. de la glume très courte ou 0, *la*

*sup. aristée*. Etam. 3. ①. mai-j^n. Sables maritimes. CC. — R. à l'intérieur : Sables de *Moutendre* (Char.-Inf.), d'*Arthon* (Loire-Inf.). — Dans cette espèce et dans la suiv., la longueur de la valve inf. de la glume est très variable ; je l'ai qqf. vue longue de 5-6 millim.

**F. ciliata** DC. *F. Myuros* L. Rac. fibreuse. Chaume de 15-25 cent. Panic. unilatérale, resserrée en épi allongé, engaîné à la base. Valve inf. de la glume ord. très courte ou 0, la sup. obtuse, tronquée, ou aiguë. *Fl. velues, longuement ciliées.* Etam. 1. ①. mai-j^n. Lieux sablonneux, friches et murs. — AC. calc. et région maritime jusqu'au *Port-Louis* (Mor.). — FIN. *Plovan, Plomeur* (Crouan). — C.-NORD. *S.-Jacut* (Mabille), *Lancieux* (Morin). — IL.-ET-V. *S.-Lunaire* (Mabille), *S.-Coulomb* (Morin).

**F. Pseudo-Myuros** S. Will. *F. Myuros* DC. Racine fibreuse. Chaume de 15-25 cent. Panic. unilatérale, resserrée, en épi allongé, incliné, engaîné à la base. Valve inf. de la glume plus courte que la sup. aiguë. *Fl. rudes.* Etam. 1. ①. mai-j^n. Lieux secs, murs. CC. — Varie à valve inf. de la glume très courte et, sur le bord de la mer, à valve supér. obtuse (*F. ambigua* Le Gall).

**F. sciuroides** Roth, *F. bromoides* Smith, diffère du précéd. par la panic. dressée, éloignée de la feuil. sup. ①. mai-j^n. Prés, champs. C.

    " *Valve supér. de la glumelle à arête 0, ou plus courte qu'elle.*

1. *Epillets en épi ou en panic. raide.* F. Poa, tenuicula, tenuiflora, rigida.

2. *Toutes les feuil. planes.* F. arundinacea, pratensis, gigantea.

3. *Feuil. de la tige planes, les rad. enroulées ou pliées.* F. heterophylla, rubra.

4. *Feuil. toutes enroulées ou pliées.* F. tenuifolia, duriuscula, oraria.

**F. tenuifolia** Sibth. Rac. fibreuse. Chaumes en touffe, anguleux dans le haut, peu feuillés. *Feuil. sétacées-pliées, très fines,* vert pâle ou un peu glauques, un peu rudes. Ligule courte à 2 oreillettes, ainsi que dans les 4 suivants. Panic. unilatérale, à rameaux étales pendant la fleuraison. Epillets petits, ovales, à 3-5 fl. glabres, sans arête, rar. à arête très courte. ♃. mai-j^n. Coteaux, landes, lieux arides, pelouses mousseuses ombragées. C.

**F. ovina** L. diffère du précéd. par les feuil. moins fines et par la valve inf. de la glumelle acuminée en arête courte. — LOIRE-INF. Talus et murs en terre du chemin de fer de *Mauves* au *Cellier*.

**F. duriuscula** L. très variable. Rac. fibreuse, noirâtre. Chaumes en touffe, anguleux. *Feuil. enroulées, raides,* plus ou moins glauques. Panic. des deux précéd. ; épillets plus gros, oblongs, à 4-6 fl. à arête variable, ne dépassant pas la moitié de leur longueur, glabres ou pubescentes (*hirsuta* Host). ♃. mai-j^n. Coteaux arides des terrains schisteux, calc. et du bord de la mer (où qqf. très glauque, *F. glauca* Lamk.), Mielles de la côte du nord. C.

**F. heterophylla** Lam. *Rac. fibreuse.* Chaumes de 6-8 déc. grêles, en touffe. *Feuil.* rad. nombreuses, pliées-sétacées, molles, celles *du chaume plus larges, planes.* Panic. lâche, allongée, étalée pendant la fleuraison. Epillets à 4-5 fl. lancéolées, aristées. ♃. mai-j^n. Bois montueux couverts. — CHAR.-INF. AC. — DEUX-SÈV. *La Mothe!* (Maillard), *Melle, Niort,* forêt de *Chizé!* (Guillon), *Ménigoute, les Forges, Coutières, Souvigné* (Gir.), c. *Parthenay!* (Janneau), *Amailloux* (Guyon). — VEND. c.! forêt de *Vouvant* (Lx.), *S.-Prouent, Pont-Charault, Pouzauges* (Pont., M.), R. *S.-Hilaire* (Gen.), *Chaillé-les-Marais.* — LOIRE-INF. Forêt de *Teillé,* de *Domnèche;* d'*Ancenis* (Guiho). R. — MOR. AC. — FIN. Forêt de Quimperlé; *Châteaulin* (Crouan). — C.-NORD. *Dinan* (Morin). — IL.-ET-V. *Fougères.*

**F. rubra** L. *Rac. rampante,* qqf. noire. Chaume de 3-8 déc. *Feuil.* rad. pliées-sétacées, celles *du chaume planes.* Panic. étalée pendant la fleuraison. Epis à 4, 5 fl. lancéolées, aristées, glabres ou pubescentes. ♃. mai-j^n. Prés, pâturages, bord des bois. C.

β. *F. oraria* Du Mort. (1823), *F. sabulicola* Léon Duf. 1825, *F. dumetorum* Mut. fig. 615. *Rac.* noire, longuement *rampante.* Chaume de 3-4 déc. *Feuil.* glauques, *toutes enroulées-sétacées.* Panic. unilatérale, lâche, à rameaux inf. géminés. Epillets allongés, à 5-6 fl. aristées, velues-pubescentes. rar. tout-à-fait glabres. ♃. mai-j^n. Sables maritimes. C. — *F. halmyris* Mabille cat. 127, est une forme (v. γ. *cœsia* Andersson gram. lund. p. 21: culmo, foliisque radicalibus et stolonum brevibus arcuatis, rigidis intense cœsiis; paniculæ ramis brevissimis strictis; spiculis hirsutulis cœsio-irroratis; et herb. norm. V. 98;) courte, ramassée, due à sa station atteinte par la marée.

**F. gigantea** Vill. *Bromus* L. Chaume de 6-10 déc. Feuil. larges, rudes, glabres ainsi que les gaînes, auriculées à la base; ligule courte. Panic. étalée, penchée, lâche. Epillets lancéolés, petits. *Valve inf. de la glumelle à 2 dents, 1 f. plus courte que l'arête blanche, flexueuse.* ♃. j^n-j^t. Lieux boisés couverts. — CHAR.-INF. *La Rochecourbon, S.-Savinien* (Tess.), *le Pin* (M^me George), *Cherves, Tonnay-Charente* (Fd.), forêt d'*Aulnay.* — DEUX-SÈV. *Niort* (A. Guillon), *la Mothe* (Sauzé), *Amailloux* (Guyon), *Airvault* (Bonnin), *Thouars* (Revelière). — VEND. *Charzais* (Ayraud), *Roc-S.-Luc* (Lx.), *S.-Gervais* (Gobert). — LOIRE-INF. *Boire-Courant, la Seilleraie, Couffé, la Meilleraie,* vallée de la *Divatte, Châteaubriant* et env., *Erbray, Rosabonet, S.-Herblon!* (Guiho), *la Bretèche* (Gen.), *Touvois,* etc. PC. — MOR. *Baud* (Le Gall). — FIN. *Plestin* (de Crec'hquérault), « forêt de *Crannou* » (Tanguy), *Crozon,* env. du *Faou, le Tréhou* (Blanchard), « *Garlan* » (Miciol cat.). — C.-NORD. *S.-Jacut,* forêt de *Boquien,* bois du Chêne et la Courbure près *Dinan* (Mabille), *Epiniac* (Rolland). — IL.-ET-V. Env. de *Rennes* (Degland); *Plerguer, Bonnemain* (Hodée).

**F. arundinacea** Schreb. Très voisin du suiv. Rac. à stolons courts. Chaume de 6-10 déc. *Feuil. planes,* rudes, dilatées à la base en forme d'oreillettes courtes; ligule courte. *Panic.* allongée, lâche, penchée, *à rameaux géminés,* rudes, rameux, *portant des épillets nombreux,* ovales-lancéolés, à 4,5 fl. Valve ext. de la glumelle munie près du sommet d'une arête rude, très courte. ♃. j^n. Prés calc. — Prob. çà et là dans *Char.-Inf., Deux-Sèv., Vend.* — LOIRE-INF. Les Prises à

*Machecoul ; les Cléons* (de Lisle). — Mor. Prob. R. — Fin. *Pouldreuzic,
Ploran, Ploudalmézeau, Goulven, Locquirec* (Crouan). — C.-Nord.
Bord du *Guer* à *Lannion* (Baron), *S.-Jacut,* la Courbure près *Dinan,*
bord de la *Rance* à *Léhon* (Mabille). — Il.-et-V. *Châteauneuf, Rotheneuf* (Mabille), *Mont-Dol* (Hodée).

**F. pratensis** Huds. Mut. fig. 622, *F. elatior* DC. Rac. fibreuse.
Chaume de 6-10 déc. Feuil. planes, rudes, dilatées à la base en forme
d'oreillettes courtes ; ligule courte. *Panic.* allongée, lâche, *à rameaux
géminés, rudes, inégaux, l'un très court portant 1 ou 2 épillets linéaires
à 5-10 fl. obtuses,* ord. mutiques, l'autre portant 3-5 épillets. ♃. mai-j<sup>n</sup>.
Prés, bord des champs. — C. calc. et région maritime, PC. ailleurs.
— Varie rar. (Mut. fig. 623) à épillets solitaires, alternes, presque sessiles en épi.

**F. rigida** Kunth, *Poa,* L. Rac. fibreuse. Chaume de 6-15 cent. raide.
*Panic. unilatérale, raide, à rameaux courts, triquètres, rapprochés ;
pédic. très courts.* Epillets lancéolés, à 6-10 fl. obtuses, à peine mucronées, verdâtres ou rougeâtres. ①. j<sup>n</sup>-j<sup>t</sup>. Vieux murs, lieux secs pierreux ou sablonneux, sables maritimes. C.

**F. tenuiflora** Schrad. *Triticum Nardus* DC. Rac. fibreuse. Chaume
de 1-2 déc. très grêle, raide. Feuil. sétacées, en gouttière ; ligule
presque 0. *Epi grêle,* raide, *unilatéral.* Epillets distiques, à 4,5 fl.
rapprochées. Valve inf. de la glume 1/2 plus étroite. Valve ext. de la
glumelle munie d'une arête égalant ord. sa longueur. ①. mai-15 j<sup>n</sup>.
Champs sablonneux du calc., murs. — Char.-Inf., Deux-Sèv. AC. —
Vend. *Chaillé-les-M., S<sup>te</sup>-Radégonde-des-N.* (Pont.), *Fontenay ! Gué-
de-Velluire* (Lx.), *Chaix* (Ayraud). — Loire-Inf. AC. *Machecoul ; les
Cléons* (Migault), *Bergon* (P. Bruneau). R. — Mor. *Ploërmel* (J.-M.
Sacher). R. — C.-Nord. Coteaux de la *Rance* à la *Courbure,* à *Taden*
(Mabille). — Il.-et-V. Murs de *Rennes* (Degland), *la Ville-ès-Nonais*
(Morin).

**F. poa** Kunth. *Triticum* DC. Chaume de 1-2 déc. raide, à nœuds
noirâtres. Feuil. sétacées, enroulées, à deux oreillettes latérales ;
ligule courte. *Epi filiforme,* allongé, raide ; épillets oblongs-lancéolés,
alternes, très courtement pédicellés, à 3,4 fl. un peu obtuses. Glume à
2 valves trinervées, l'inf. un peu plus courte. ①. mai-j<sup>n</sup>. Coteaux
pierreux, carrières, lieux sablonneux. — Char.-Inf. Forêt et sables !
d'*Arvert* (de Beaupreau), *Montendre.* — Deux-Sèv. *Boussais* (Bonnin),
*Parthenay ; S.-Loup* (Guyon), *Thouars, Argenton-Ch.* — Vend. AC.
*la Roche, Mareuil, S.-Prouent* (Pont., M.), coteaux de la *Vendée, Cheffois, la Châtaigneraie, Mouilleron-en-Pareds* (Lx.), *S.-Laurent-s.-Sèvre*
(Gen.). — Loire-Inf. *Nantes, Nozay, Saffré, Derval, Auverné,* etc. AC.
— Mor. AC. (Le Gall) ; Bougros v.-à-v. *Bains* Moreau). — C.-Nord.
*Caulnes, Bobital,* AC. vallée de la *Rance* de Dinan à la mer (Mabille).
— Il.-et-V. Env. de *Rennes* (Degland), *Vitré !* (V. Sacher), la Roche-
du-Theil, le Plessis, Bains. Beaumont près *Redon* (Moreau), *Pléchatel,
Pontréan* (Picq.), *Monterfil* (Oberthur).

**F. tenuicula** Kunth, *Triticum* Lois. Caract. du précéd., valve inf.
de la glumelle terminée en arête égalant le 1/3 ou la 1/2 de sa longueur. Mêmes lieux surtout sur les schistes.— Deux-Sèv. AC. schistes.

— Vend. Coteaux du *Lay* du *Pont-Charault* à *Puymaufrais* (Pont.). *Evrunes! Mortagne!* (Gen.). — Loire-Inf. c. de *Thouaré à Ingrande*, arrond. d'*Ancenis* et de *Châteaubriant*. AC. — Mor. AC. (Le Gall). — C.-Nord. Env. de *Dinan*. — Il.-et-V. *Monterfil* (Oberthur). *Vitré.*

**BRACHYPODIUM** P. Beauv. Caract. du *Festuca*. Valve sup. de la glumelle tronquée, bordée de cils raides. Epillets courtement pédicellés, en épi simple, distique.

**B. silvaticum** P. B. *Triticum* Mœnch, *Bromus pinnatus* β. L. Rac. fibreuse. Chaume de 6-9 déc. grêle. Feuil. flasques, velues ainsi que les gaînes. Epi penché ; épillets cylindriques, pubescents. *Fleurs sup. plus courtes que leur arête.* ♃. j<sup>n</sup>-j<sup>t</sup>. Lieux boisés. AC.

**B. pinnatum** P. B. *Bromus* L. *Triticum* Mœnch. Racine rampante. Feuil. raides. Epi glabre ou pubescent, dressé ou incliné. Epillets droits ou arqués. *Fl. sup. plus longues que leur arête.* ♃. j<sup>n</sup>-j<sup>t</sup>. Bord des haies, buissons, landes. CC.

**BROMUS** L. Epillets multiflores. Glume à 2 valves plus courtes que les fl. qui la touchent. Glumelle à 2 valves, l'inf. munie au-dessous du sommet d'une arête droite ou recourbée. Ovaire ord. poilu au sommet, portant les styles courts, insérés latéralement sur le devant et au-dessus du milieu. Stigm. plumeux sortant de la base de la fl. *Fl. en panicule.*

1. *Arête de la glumelle à la fin tortillée-divariquée.* B. molliformis, squarrosus.

2. *Panic. penchée.* B. secalinus, commutatus, arvensis, asper, sterilis, tectorum.

3. *Epillets élargis au sommet.* B. rigidus, diandrus.

4. *Panic. dressée.* B. racemosus, mollis, erectus.

**B. secalinus** L. Chaume de 6-10 déc. Feuil. poilues en dessus ; gaînes sup. glabres. Panic. étalée, penchée après la fleuraison. Epillets oblongs, à fl. elliptiques, *cylindriques et écartées à la maturité.* Valves de la glumelle d'égale longueur. Arête courte. ①. j<sup>n</sup>-j<sup>t</sup>. Moissons. C. — Char.-Inf., Deux-Sèv., Vend. PC. — Loire-Inf. C. — AC. au-delà.

β. ? *B. velutinus* Schrad. Epillets ovales 1 f. plus gros, veloutés-grisâtres ; nervures latérales de la valve ext. des glumelles plus saillantes. — Fin. *Brest.* — C.-Nord. « Une fois à *S.-Jacut* » (Mabille).

**B. commutatus** Schrad. Chaume de 6-10 déc. ascendant. Feuil. et gaînes inf. velues. *Panic. à la fin penchée,* à pédonc. lâches, fili-formes, presque toujours simples. Epillets oblongs-lancéolés, glabres, à fl. elliptiques-oblongues toujours imbriquées. *Valve inf. de la glu-melle dépassant la sup.,* les bords formant au-dessus du milieu un angle très obtus. Arête égalant la glumelle. ②. j<sup>n</sup>-j<sup>t</sup>. Prés calc. — Char.-Inf. C. — Deux-Sèv. Prob. AC. — Vend. Çà et là le Marais !

(**Lx.**); prob. ailleurs, surtout dans le calc. — **Loire-Inf.** ac. les Prises à *Machecoul*, prés de *la Loire* ; *Cambon*, etc. PC. — **C.-Nord.** Env. de *Dinan*, ac. prés du littoral (Mabille). — **Il.-et-V.** De *Pontorson* à *Chérueix*. — Rougit souv. en vieillissant.

**B. racemosus** L. Chaume de 4-8 déc. un peu rude dans le haut. Feuil. et gaines inf. velues. *Panic.* assez lâche, droite, *resserrée après la fleuraison ;* pédonc. ord. simples. *Epillets* ovales-oblongs, *glabres, luisants.* Fl. elliptiques, toujours imbriquées. *Valve inf. de la glumelle à bords arrondis,* dépassant la sup. Arête égalant la glumelle. ②. mai-j^n. Prés. C. — Très voisin du précéd. et du suiv., il se distingue cependant du 1^er par le chaume 1/2 plus gros sous la panic. à rameaux droits ; du 2^e, par la panic. lâche et de tous deux par la valve inf. de la glumelle ne formant pas au-dessus du milieu un angle distinct, mais ayant les bords arrondis. Ceux-ci ne font pas, comme dans *B. secalinus,* un arc régulier dont la partie la plus large est au milieu de la valve. Dans *B. racemosus,* la partie la plus large est située au-dessus du milieu, où qqf. elle forme presque un angle, mais jamais aussi distinct que dans *B. mollis* et *commutatus.* Cette courbure se voit mieux dans la plante fraîche, en fleurs ; il en est de même du port de ces trois plantes, qui est moins facile à analyser qu'à saisir sur place, surtout lorsqu'elles croissent ensemble.

**B. mollis** L. *Chaume* de 3-5 déc. *mollement poilu ainsi que les gaines et les feuil.* Panic. oblongue, droite, étalée, resserrée après la fleuraison ; *pédonc. courts. Epillets* oblongs-ovales, *pubescents,* qqf. presque glabres. Fl. elliptiques, toujours imbriquées. *Valve inf. de la glumelle* dépassant la sup., les bords formant *au-dessus du milieu un angle obtus.* Arête égalant la glumelle. ②. mai-j^n. Prés, champs, vignes. CC. — Varie ac. dans les sables maritimes à chaume de 3-10 cent., panic. compacte à épillets peu nombreux, souv. glabres (*B. hordeaceus* Gr. God., *B. arenarius* Thomine), ou qqf. à panic. compacte, trapue, très velue (*B. Ferronii* Mabille cat. 129).

**B. molliformis** Lloyd fl. Loire-Inf. 315. Rac. fibreuse. Chaume de 2-4 déc. Feuil. et gaines inf. mollement poilues. *Panic.* oblongue, droite, étalée, *resserrée après la fleuraison ;* pédonc. courts, simples. *Epillets* oblongs-lancéolés, *velus.* Fl. elliptiques toujours imbriquées. Valve inf. de la glumelle dépassant la sup., les bords formant un peu au-dessus du milieu un angle obtus. *Arête* égalant la glumelle, d'abord droite, *à la fin tortillée-divariquée.* ②! 15 mai-j^n. Sables, friches, talus des fossés dans la région maritime. C. jusqu'à *Belle-Ile.* — **Fin.** *Ouessant* (Blanchard). — Au midi de *la Loire,* on le retrouve dans l'intérieur, à *Nancras, Pons, la Charente* jusqu'à *Saintes, Pont-l'Abbé, Surgères, Cognac, Fontenay-Vendée,* etc. — Plus velu que *B. mollis,* dont on le distingue difficilement avant la contorsion des arêtes ; il diffère davantage de *B. divaricatus* Rhode, qui a les pédonc. allongés, les épillets longs, lancéolés, arqués en dedans par les côtés vers la maturité et l'arête insérée à 3-4 mil. du sommet, tandis que dans notre plante elle est insérée à 1 1/2 mil. du sommet obtus, échancré. — *B. intermedius* Guss. est plus grêle, la panic. est assez lâche, plus étroite, les épillets sont plus petits, plus allongés, les pédic. bien plus fins et plus longs, les arêtes plus tôt et plus divariquées.

*** B. squarrosus** L. Feuil. et gaines poilues. *Panic.* étalée, *lâche, penchée, à pédonc. filiformes, grêles,* simples. Epillets grands, oblongs-lancéolés, glabres, luisants. Fl. elliptiques, toujours imbriquées. Valve inf. de la glumelle dépassant la sup., les bords formant au-dessus du milieu un angle obtus. *Arête* égalant la glumelle, *à la fin tortillée-divariquée.* ②. mai-j^n. J'ai reçu de MM. Hectot et Desvaux des échantillons recueillis dans *la Loire-Inf.,* mais sans localité précise. — A retrouver.

**B. arvensis** L. Chaume de 4-9 déc. Feuil. et gaines velues. *Panic. grande, pyramidale,* étalée, lâche, à la fin penchée, panachée de vert et de violacé; pédonc. grêles, allongés. Epillets linéaires-lancéolés, fl. elliptiques-lancéolées, glabres, luisantes. Bords de la valve inf. de la glumelle formant au-dessus du milieu un angle obtus. Arête noirâtre égalant la glumelle. ①. j^n-j^t. Champs, moissons surtout du calc. — Char.-Inf. et calc. Vendéen. C. — Deux-Sèv. AC. au moins dans le nord. — Loire-Inf. AC. *Ancenis;* entre *Pouillé* et *Maumusson* (Gad.). R. — Mor. La Chênaie en *Arradon* (Taslé). — Fin. *Penmarc'h* (Bonnemaison). *Lannerez* (de Crec'hquérault). — C.-Nord. *Dinan :* C. *S.-Juval,* le *Quiou* (Mabille). — Il.-et-V. *S.-Malo* (Mabille), calc. de *Rennes* (Degland).

**B. asper** L. Chaume de 8-12 déc. Feuil. larges, très rudes; *gaines hérissées de longs poils. Panic. très ample,* penchée, *à longs pédonc. rameux, géminés.* Epillets linéaires, aigus. Valve inf. de la glumelle à 2 courtes dents, plus longue que l'arête insérée près du sommet. ♃. j^n-j^t. Haies et lieux boisés frais. PC.

**B. erectus** L. Chaume de 6-9 déc. *Feuil. rad. étroites,* poilues au bord, *celles de la tige plus larges.* Panic. dressée, pédonc. demi-verticillés. Epillets linéaires-lancéolés, un peu comprimés. Fl. lancéolées, glabres ou pubescentes. Valve inf. de la glumelle à 2 très courtes dents, plus longue que l'arête presque terminale. ♃. mai-j^n. Prés secs, coteaux, bords des champs dans le calc. — Char.-Inf. CC. — Deux-Sèv., Vend., C. — Loire-Inf. Les Prises à *Machecoul !* (Pesneau), *Maumusson* (Guiho et moi), c. talus de l'entrée du canal de Brest; *Saffré* (S^t-Gal). RR. — Mor. R. la Chênaie en *Arradon* (Taslé). — Fin. *Brest, Plouigneau* (Crouan). — Il.-et-V. *Bruz* (herb. Degland). — Est apparu en Bretagne, sur quelques talus des chemins de fer, où il est semé avec d'autres plantes pour garnir ces talus, par ex. de *la Dennerie* à *Nort, S.-Mars-du-Désert* (Loire-Inf.), *Landerneau* (Fin.). *Taden* (C.-Nord), *Plesder* (Il.-et-V.).

**B. sterilis** L. Chaume de 4-8 déc. *Panic. très lâche,* étalée, penchée, *à pédonc. très allongés,* très rudes. *Epillets pendants,* élargis au sommet, glabres, très rudes. Valve inf. de la glumelle bifide, plus courte que l'arête. ①. mai-j^n. Murs, lieux secs incultes, bord des haies. CC.

**B. tectorum** L. Chaume de 2-4 déc. pubescent au sommet. *Panic. élégamment pendante d'un même côté.* Epillets élargis au sommet, pubescents, luisants. Valve inf. de la glumelle bifide, égalant l'arête. ①. mai-j^n. Murs, lieux sablonneux. — Char.-Inf. *Montendre, Montlieu, Méchers.* — Deux-Sèv. C. par localités dans le nord. — Loire-Inf.

*Nantes, S.-Simon, Mauves, Clermont, Machecoul, Arthon.* R. —
IL.-ET-V. RR. *S.-Malo* (Rolland).

**B. rigidus** Roth, *B. madritensis* DC. Rac. fibreuse. Chaume de
3-6 déc. dressé, raide, pubescent au sommet. Feuil. et gaînes poilues ;
ligule déchirée-dentée. Panic. dressée ; pédonc. ord. simples, élargis
au sommet. *Valve inf. de la glumelle terminée en membrane fendue
presque jusqu'à la base.* Arête beaucoup plus longue que la fl. lan-
céolée-allongée. Etam. 2,3. ①. mai-j". Murs, lieux sablonneux. C. —
Au-delà de *Loire-Inf.*, plutôt dans la région maritime. — Les individus
robustes, à panic. lâche, penchée au sommet, croissant dans les lieux
moins arides, forment *B. maximus* Desf. — Voir in archiv. Billot
1841, un travail sur le groupe du *B. maximus* Desf., par M. Jordan,
qui donne à la plante ci-dessus le nom nouveau de *B. ambigens*, et à
sa forme robuste celui de *B. Boræi* (*B. Gussoni* Bor., non Parlat).

**B. diandrus** Curtis et anglor. *B. madritensis* L. *B. polystachyus*
DC. Chaume de 3-4 déc. glabre. Feuil. et gaînes pubescentes ; ligule
déchirée-dentée. Panic. ovale-oblongue, dressée ; pédonc. un peu
épaissis au sommet, à 1-3 épillets glabres, ou pubescents. *Valve inf.
de la glumelle terminée en membrane non fendue jusqu'à la moitié.*
Arête un peu plus longue que la fl. linéaire-en alêne. ①. mai-j".
Murs, lieux sablonneux, sables maritimes. C. — Au-delà de la *Vilaine*,
plutôt dans la région maritime. — Souv. mêlé au précéd., dont il se
distingue facilement par les chaumes plus nombreux, ascendants. La
panic. plus fournie a ord. une teinte rougeâtre occasionnée par les
arêtes qui rougissent en vieillissant. Les épillets sont qqf. velus ;
alors le chaume est pubescent. Dans *B. rigidus* on trouve qqf. des
individus à chaume glabre.

**GAUDINIA** P. Beauv. Epillets solitaires, sessiles sur chaque dent
d'un axe articulé et parallèles à l'axe. Glume bivalve, à 4-6 fl. Glumelle
à 2 valves, l'inf. munie d'une arête dorsale tortillée. *Fl. en épi.*

**G. fragilis** P. B. *Avena* L. Chaume grêle de 3-5 déc. Feuil. et
gaînes poilues ; ligule très courte. Epi grêle, fragile aux articulations ;
épillets distiques. ①. j"-sept. Prés, bord des champs, des chemins.
C. — R. au-delà de *Loire-Inf.* — Mor. Région maritime. AR. — Fin.
*Plomeur, Pont-l'Abbé* (Crouan), *Crozon, Le Faou, Ile Tréberon* (Blanchard), *Brest* (Tanguy). — C.-Nord. La Courbure près *Dinan,
Coëtquen* (Morin). — IL.-ET-V. calc. de *Rennes* (Degland).

**TRITICUM** L. Epillets solitaires, sessiles sur chaque dent de
l'axe, opposés à l'axe par une de leurs faces. Glume à 3 fl. ou plus,
carénées. Glumelle à 2 valves, l'inf. aristée ou mutique. *Fl. en épi.*

* *Epillets à 3-5 fl., glume à valves coriaces, ventrues, fruit velu au
sommet sans appendice* (Triticum P. B.)

Cette section comprend : *T. vulgare* Vill. le Froment, qui varie à fl.
mutiques (T. hybernum L.) ou aristées (T. æstivum L.), cult. partout ;
*T. turgidum* L. Gros blé, peu cult. *Belle-Ile* et littoral de *Char.-Inf.*,
moins dans les *Deux-Sèv.* et sa var. *compositum*, Blé de Miracle,
très rar. cult.

** *Epillets à 5-10 fl. ; glume à valves non ventrues, fruit terminé par un appendice blanc arrondi* (Agropyrum P. B.). — Voir Boreau. Revue des *Agropyrum*, mém. Soc. Acad. Maine-et-L., T. XXIV, 1869.

**T. caninum** Schreb. *Elymus* L. *Trit. sepium* Lam. *Rac. fibreuse.* Chaume grêle. Feuil. larges, rudes des deux côtés ; ligule courte. Epi distique ; axe rude. Epillets à 4, 5 fl. fertiles, longuement aristées. ♃. jⁿ-jⁱ. Bords ombragés des ruisseaux, des rivières. — CHAR.-INF. *Verge-roux* (Faye), *forêt d'Aulnay* (Sav.), la Grâce-Dieu près *Benon* (de Lisle). — DEUX-SÈV. Forêt de *Chizé* (Duss.), *Niort* (Guillon), *la Mothe* (Maillard), *S.-Maixent ! Airvault* (Bonnin), *Thouars !* (J. Richard), « *Pamproux* » (Souché), « *Xaintray* » (Duret, bul. s. bot.), *Argenton-Ch.* — VEND. Ponts *Charault* et de l'*Angle* et au-dessous (Marichal). R. forêt de *Vouvant* (Lx.), *Chavagne* (Gen.). — LOIRE-INF. De *Clisson* à *Vertou*, vallées de *la Divatte*, de *la Maine* ; le Havre au-dessous de *Couffé !* (E. Bureau). — MOR. *Ploërmel* (Le Gall). — FIN. *Châteaulin* (Crouan). — C.-NORD. *S.-Jurat* (Mabille). — L'épillet et l'axe de l'épi sont entourés à la base par une coupe oblique cornée qui n'existe pas dans *Brachypodium silvaticum* auquel il ressemble.

**T. repens** L. *Chiendent. Rac.* longuement *rampante.* Chaume de 4-8 déc. raide. *Feuil.* striées, plus ou moins *rudes en dessus* ; ligule très courte. Epi distique ; axe ord. rude. Epillets à 5-8 fl. Valves de la glume presq. égales, acuminées ou obtuses, à 5 nervures. ♃. jⁿ-jⁱ. Champs cultivés, haies, bords des chemins, des rivières, lieux sablonneux, pierreux. CC. — Plante très variable ; dans la région maritime, elle est plus raide et plus ou moins glauque, les feuil. sont qqf. enroulées, et les épillets sont écartés ou nombreux et serrés, à glumelles obtuses, aiguës, mutiques ou à arête atteignant jusqu'à 8 mil. A cette espèce appartiennent *T. repens, glaucum, pungens, acutum, campestre* de qq. auteurs de l'Ouest et *T. macrostachyum* Le Gall.

*Obs.* Malgré les travaux de Godron : Flore franç., de Boreau : Revue des Agropyrum d'Europe, de Duval-Jouve : Agrop. de l'Hérault que j'engage à étudier attentivement, je continue de réunir sous le nom de *repens* les *Triticum repens, campestre, Pouzolzii, pungens, pycnanthum, acutum* de Godron, Boreau et D. Jouve, entre lesquels je trouve de nombreux intermédiaires qui les relient ensemble. Cependant pour l'incommodité des étudiants, on a coutume d'énumérer les formes suivantes.

a. *T. repens* L. Feuil. ord. vertes, molles, à *nervures fines.* CC. haies, prés, bords des chemins, lieux cultivés. — C'est la forme la plus distincte.

b. *T. intermedium* Host, D. Jouve, *T. campestre* Godron. Feuil. glauques, raides, et ainsi que dans les suiv. à *nervures fortes, saillantes.* C. lieux secs ou sablonneux de l'intérieur et du littoral. — *T. Pouzolzii* God., D. Jouve l. c. pl. XX, f. 1. en est une forme très réduite d'après D. Jouve ; il a l'épi extrêmement grêle, linéaire, à épillets distiques, très écartés, petits, à 2,3 fl. à peine plus longues que la glume ou plus courtes. Découvert à *S.-Christophe* (Char.-Inf.), par M. Foucaud et cult. au Jardin botanique de Rochefort, il est revenu au type.

c. *T. littorale* Host, D. Jouve. — 1° *pycnanthum* God. (à épi serré). Epi serré, tétragone, glumes et glumelles obtuses. Répandu sur le littoral. — 2° *pungens* God. (à feuil. piquantes). Glumes et glumelles acuminées ou aristées. Répandu sur le littoral.

d. *T. acutum* DC., D. Jouve l. c. pl. XX, f. 3 (nommé ainsi par DC. parce que ses glumes sont « pointues » comparées à *T. junceum* qui les a très obtuses et auquel il ressemble beaucoup). Epi lâche (T. laxum Fries), glumes et glumelles un peu obtuses. Çà et là sables mouvants du littoral qqf. à côté de *A. junceum.* — *T. macrostachyum* Le Gall appartient à cette variété.

**T. junceum** L. Rac. longuement rampante. Chaume raide de 3-5 déc. *Feuil.* en gouttière, s'enroulant promptement, *très finement veloutées-poilues en dessus,* glauques. Epi raide, à épillets gros, robustes, écartés ; *axe glabre, très cassant. Valves de la glume à 9 ou 11 nervures,* obtuses, 1/3 plus courtes que l'épillet à 5-8 fl. un peu obtuses, mutiques. ♃. mai-j$^n$. Sables maritimes. AC. — Plus c. au midi de *la Loire,* où il forme souv. la première ceinture végétale des dunes vis-à-vis la grande mer.

**ELYMUS** L. Epillets 2-4 sur chaque dent de l'axe, à 2 ou plusieurs fl. Glume à 2 valves linéaires, placées devant la fl. et imitant par leur réunion un involucre polyphylle. Valve inf. de la glumelle longuement aristée.

**E. europæus** L. Rac. fibreuse. Chaume de 6-8 déc. couvert ainsi que les gaines de poils serrés, réfléchis. Feuil. planes, rudes, à la fin glabres, ligule très courte, tronquée. Epi linéaire-lancéolé. Epillets du milieu de l'épi ternés, à 2 fl. ou à 1 fl. avec un rudiment. Valves de la glume linéaires-lancéolées, aristées ; valve inf. de la glumelle à arête 1 fois plus longue qu'elle. ♃. j$^n$-j$^t$. Bois. — CHAR.-INF., DEUX-SÉV. Forêt d'*Aulnay,* de *Chizé.*

**HORDEUM** L. Epillets ternés sur chaque dent de l'axe, les latéraux mâles ou stériles, l'intermédiaire sessile, herm. Glume 1. flore ou avec un rudiment de fl. en forme d'arête, à 2 valves linéaires, placées devant la fl. et imitant par leur réunion un involucre à 6 fol. Valve inf. de la glumelle longuement aristée. *Fl. en épi.*

**H. murinum** L. Chaume de 2-4 déc. Feuil. molles, velues. Epi allongé. *Glume de la fl. intermédiaire à valves linéaires-lancéolées, ciliées,* celles des fl. latérales sétacées, rudes. ①. j$^n$-a$^t$. Murs, lieux arides, chemins. C.

β. *P. pseudo-murinum* Tapp. in Koch. syn. Epi plus robuste, glume ext. des fl. latérales ciliée des deux côtés. Région maritime : mêmes lieux et sables.

**H. pratense** Huds. *H. secalinum* Schreb. Chaume de 3-7 déc. grêle. Feuil. rudes. Epi grêle, distique. *Valves des glumes toutes sétacées,* rudes, *glabres,* celles des fl. latérales plus courtes. ♃. mai-j$^n$. Prés. C. — Au-delà de *Loire-Inf.* PC. à l'intérieur.

**H. maritimum** With. Chaume de 2-4 déc. Feuil. glabres ou velues. Epi allongé. Valves des glumes glabres, *l'intér. des fl. latérales lancéolée,* toutes les autres sétacées. ①. mai-j^n. Prés, pâturages, chemins de la région maritime, d'où il s'avance qqf. dans l'intérieur. CC.

**LOLIUM** L. *Ivraie.* Epillets solitaires, sessiles sur chaque dent de l'axe, opposés à l'axe par un de leurs côtés. Glume à 3 ou plusieurs fleurs, extérieure, à 1 seule valve, bivalve dans la fl. supérieure. Valve extér. de la glumelle mutique ou aristée. Stigm. latéraux. *Fl. en épi.*

**L. perenne** L. *Ray-grass.* Rac. fibreuse. *Chaume de 2-4 déc. lisse, accompagné à la base de faisceaux de feuil. étroites,* d'abord *pliées* en long. Epillets dépassant la glume, à fl. lancéolées, *mutiques.* ♃. mai-j^t. Prés, bord des chemins. CC. — Les individus grêles à épillets 2,3.flores forment *L. tenue* Pesn.: et une monstruosité à épillets, excepté les infér., serrés sur un axe amaigri, constituent *L. cristatum* du même auteur.

* **L. italicum** Braun. Rac. fibreuse. Chaume de 2-4 déc. accompagné à la base de faisceaux de feuil. étroites, *d'abord enroulées.* Epillets dépassant la glume; fl. lancéolées à *arête assez longue.* ♃. mai-j^t. Prés, bord des chemins. — Semé souv. sous le nom de Ray-grass, il se répand dans les champs voisins et sur le bord des chemins.

**L. rigidum** Gaud. *L. strictum* God. Chaume de 3-5 déc. *sans faisceaux de feuil. à la base,* souv. rougeâtre. Epi allongé; épillets à 5-10 *fl. obtuses, lancéolées, mutiques,* dépassant 1 f. la glume ou l'égalant. ①. j^n-j^t. Champs, vignes. — CHAR.-INF. CC. vignes. — DEUX-SÈV. C. (Sauzé fl.). — VEND. *Ile d'Elle;* c. vignes de la Banduère! (Pont.). prob. ailleurs. — LOIRE-INF. *Croisic, Arthon.* — MOR. *Belle-Ile.* — C.-NORD. « *Bobital, Hinglé* » (Mabille).

**L. multiflorum** Gaud. Vaill. T. 17, 3. *Chaume de 6-10 déc. sans faisceaux de feuil. à la base,* rude au sommet. Epi allongé; *épillets à fl. nombreuses, serrées, oblongues-lancéolées, les sup. aristées,* qqf. mutiques ou toutes aristées, *2-3 fois plus longs que la glume.* ①. j^n-j^t. Moissons. AC. — Varie rar. à épi rameux (Mut. fig. 638).

* **L. linicolum** Soud. *L. arvense* Schrad. Chaume de 3-6 déc. grêle. *Epi grêle;* épillets à 4-7 fl. elliptiques-lancéolées à la maturité, mutiques, *dépassant un peu la glume.* ①. mai-j^t. Çà et là parmi le Lin, avec lequel il a été introduit.

**L. temulentum** L. Chaume de 6-10 déc. robuste. Feuil. planes. *Epi robuste;* épillets à 5-8 fl. elliptiques, aristées, *égalant la glume* ou plus courtes. ②. j^n-j^t. Moissons. C.

**L. arvense** With. *L. speciosum* Stev. Caract. du précéd. Fl. mutiques; valve ext. de la glumelle portant au-dessous du sommet membraneux une petite soie blanchâtre, velue, flexueuse. Mêmes lieux. AC.

**ÆGILOPS** L. Epillets solitaires, à 3,4 fl., sessiles dans une échancrure de l'axe et parallèles à l'axe. Glume à 2 valves coriaces, arrondies sur le dos, non carénées, terminées par 3,4 dents lancéolées-en alêne, allongées en arête ou mutiques. Valve inf. de la glumelle portant au sommet 3,4 arêtes.

**X. Æ. ovata** L. Chaume de 1-3 déc. Feuil. poilues, ligule barbue. *Epi ovale* de 3,4 épillets très rudes. Valve de la glume munie de 3,4 arêtes presq. égales; valve inf. de la glumelle beaucoup plus courte que ses arêtes. ④. j^n. Coteaux secs. — CHAR.-INF. *S.-Xandre* (de Beaupreau), côte de *la Rej entie!* (Lx.) à *Marsilly!* (Hubert), *Thairé, la Jarrie, Châtelaillon, S.-Christophe, S.-Médard, Montroy, Vérines, Longève* (Fd.), c. d'*Aigrefeuille* à *Chambon*, de *Méchers* à *Semussac* (Lemarié), *Benon* (Bouchet), *le Pin* (M^me George), *Aulnay* (Gir.), *Migré* (Duss.), *Médis* (Tess.). AR. — DEUX-SÈV. Rochers du Ligron! près *Thouars* (Trouillard).

**X. Æ. triuncialis** L. Chaume de 2-4 déc. Feuil. velues ainsi que les gaînes. *Epi linéaire* de 5-6 épillets. Glumes à 2,3 arêtes 1 f. plus longues dans les épillets supérieurs. Valve inf. de la glumelle beaucoup plus longue que ses dents ou arêtes. ④. j^n. Coteaux secs. — CHAR.-INF. *Le Pin* (M^me George).

**LEPTURUS** R. Br. Epillets solitaires, 1.flores ou avec un rudiment de fl. avortée, enfoncés dans les concavités de l'axe. Glume à 1 ou 2 valves dépassant la glumelle à 2 valves.

**L. incurvatus** Trin. *Rottboellia* L. Rac. fibreuse, jaunâtre. Chaumes de 10-15 cent. gazonnants, ascendants. Feuil. planes. Epi cylindrique, plus courbé dans les lieux secs. *Glume coriace à 2 valves contiguës*, extérieures. ④. mai-j^n. Prés salés, vases et rochers, bord des chemins, dans la région maritime. C. — La glume varie de longueur par rapport à l'épillet qu'elle dépasse, d'autant plus que la plante habite un lieu plus sec, une région plus méridionale. Les individus droits, allongés par les herbes environnantes ou par suite de l'inondation, forment le *L. filiformis* de qq. auteurs.

**X. L. cylindricus** Trin. *Rottboellia* Willd. *R. subulata* Savi. Rac. fibreuse, jaunâtre. Epi cylindrique, en alène, raide, dressé. *Glume à une seule valve*. ②.j^t. — Bois secs, bord des chemins. — CHAR.-INF. AC. — DEUX-SÈV. Peux près *Prahecq* (Maillard), *Mauzé!* (Fd.).

**NARDUS** L. Epillets 1.flores, sessiles dans les concavités de l'axe. Glume 0. Glumelle à 2 valves, l'ext. coriace, en alène, trigone, aristée, embrassant l'int. membraneuse. Style à 1 seul stigm. filiforme, terminal.

**N. stricta** L. Chaumes de 1-3 déc. filiformes, raides, en touffe. Feuil. filiformes-enroulées, glauques. Epi grêle, unilatéral. ♃. mai-j^t. Pelouses sèches, landes, aussi prés et marais tourbeux. C. — PC. le calc. — 0 ou RR. *Char.-Inf.* (Foucaud).

———

..... N'oublions pas que c'est dans les herborisations qu'on acquiert les premières et les principales notions de l'habitude des plantes et de leur organographie; que c'est là qu'on arrive à se former une idée nette du caractère des espèces, des races, des variétés, point de départ de toutes les classifications; que c'est là enfin qu'on apprend à observer et que la vocation du naturaliste se révèle... Decaisne, Bul. soc. bot. fr., t. 1, p. 389.

# CLASSE III. — ACOTYLÉDONÉES OU ENDOGÈNES CRYPTOGAMES

## Etamines, pistils et embryon nuls.

*Characées.* Herbes submergées à rameaux verticillés.
*Equisetum.* Tige composée d'articles emboîtés les uns dans les autres.
*Marsiglia.* Feuil. à 4 fol. entières, en croix.
*Pilularia.* Feuil. filiformes, d'abord roulées en crosse.
*Salvinia.* Feuil. flottantes, elliptiques, entières.
*Isoetes.* Sporanges cachés par la base dilatée de la feuil. filiforme.
*Lycopodium.* Tige couverte de feuil. persistantes.
*Ophioglossum.* Sporanges en épi linéaire, terminal. Feuil. entières.
*Botrychium.* Tige à 1 feuil. pennifide à lobes en éventail. Sporanges en grappe.
*Osmunda.* Sporanges en panicule.
*Grammitis.* Indusium 0. Sores linéaires ou oblongs.
*Polypodium.* Indusium 0. Sores arrondis.
*Aspidium.* Sores arrondis. Indusium orbiculaire pelté.
*Polystichum.* Sores arrondis. Indusium arrondi-réniforme, attaché par un point central et par un pli déprimé qui y correspond.
*Cystopteris.* Sores arrondis. Indusium allongé, aigu, attaché par sa base arrondie.
*Asplenium.* Sores oblongs ou linéaires. Indusium latéral s'ouvrant de dedans en dehors.
*Scolopendrium.* Feuil. lancéolées, simples. Sores linéaires.
*Blechnum.* Sores linéaires, géminés, s'étendant tout le long de chaque côté de la nervure moyenne.
*Pteris.* Sores formant une ligne continue qui borde les lobes de la feuil. Indusium continu avec le bord de ces lobes.
*Adiantum.* Sores insérés sur un indusium placé au bord des lobes de la feuille replié et ouvert en dedans.
*Hymenophyllum.* Sores recouverts par un indusium à 2 lobes de même substance que la feuil.

## ÉQUISÉTACÉES

Fructifications terminales, en épis ou chatons composés d'écailles peltées, verticillées, portant en dessous plusieurs sporanges membraneux, uniloc. s'ouvrant en long, contenant des spores nombreux entourés par 4 filaments dilatés au sommet. *Plantes vivaces, sans feuil., à rac. longue, rampante ; tiges cylindriques, sillonnées, articulées, munies d'une gaîne à chaque articulation, simples ou à rameaux verticillés.*

**EQUISETUM** L. *Prêle.* Caract. de la famille. — Voir Duval-Jouve,
note sur *Equisetum,* bul. soc. bot. fr. 1858, p. 515.

### * Tiges fertiles simples paraissant avant les stériles.

**E. arvense** L. Tiges stériles vert pâle à rameaux grêles, allongés,
tétragones, dont le premier entre-nœud dépasse beaucoup la gaîne de
la tige qui l'avoisine. Tige fertile de 1-3 déc. fauve ; gaînes lâches,
évasées, *à 8-12 dents* brunes, lancéolées-en alène. Epi oblong. mars-av.
Champs sablonneux, bord des rivières. C.

**E. Telmateia** Ehrh. *E. maximum* Lam. ex Duval-Jouve. *E. ebur-
neum* Roth, *E. fluviatile* Smith. Tiges stériles de 6-10 déc. robustes,
d'un blanc d'ivoire, dents des gaînes terminées par une longue soie ;
rameaux nombreux, rapprochés et dont le premier entre-nœud est plus
court que la gaîne de la tige qui l'avoisine. Tige fertile de 2-4 déc.;
gaînes lâches *à 20-30 dents* longuement acuminées. Epi oblong-
cylindrique. mars-av. Lieux humides, fossés du calc. — CHAR.-INF.
*Montlieu, la Tremblade ; Fouras !* S.-*Laurent* (Hubert), *Rochefort ;*
S.-*Symphorien,* S.-*Jean-d'Angle, Champagne, Champdolent, Montguyon,* S.-*Martin-d'Ary. la Barde* (Fd.) ; C. S.-*Bris-des-Bois* (Pinatel).
— DEUX-SÈV. S.-*Maixent* (J. Richard). — VEND. C. Pont des Fléchoux
sur la route de *Talmont* aux *Sables* (Pont.), C. *Challans, Palluau,
le Molin !* (Gobert). — LOIRE-INF. *Machecoul ! Arthon !* (Lx.), *les Cléons;*
S.-*Gildas ! Quilly* (Delalande), R. *Oudon !* (de Lisle). — FIN. *Coat-
Enez* (Crouan), *Plouigneau* (de Guernisac), *le Folgoet !* (Blanchard),
« *Plougasnou,* S.-*Jean-du-Doigt* » (Miciol cat.). — C.-NORD. Bois de
Lizandré en *Plouha* (Baron), C. landes humides près *Languenan*
(Mabille), vallée de S.-*Alban* (Morin). — IL.-ET-V. Ecluse de *Hédé*
(herb. Degland), calc. de *Feins* (Gallée), mielles de S.-*Cast* (Morin) ;
*Bois-Roux* (Picq.).

**E. silvaticum** L. Tiges stériles de 3-7 déc. très élégantes; *rameaux*
nombreux, *très fins, décomposés,* à la fin inclinés ; gaînes principales
à dents rousses, aiguës non acuminées. Tige fertile qqf. pourvue de
rameaux courts ; gaînes lâches, terminées par 3,4 lobes obtus. Epi
ovale-oblong. av.-mai. — C.-NORD. Lieux humides ombragés de la
forêt de *Lorge ;* bois de Kerivon près *Lannion* (J.-M. Sacher).

### ** Tiges toutes semblables, fertiles.

**E. limosum** L. *Tige* lisse. épaisse, à 16-18 *stries,* nue ou munie au
sommet de rameaux verticillés plus ou moins complets et allongés.
Gaînes appliquées à 15-20 dents noires, en alène. Epi ovale, obtus.
mai-jn. Marais herbeux, fossés. C.

**E. palustre** L. *Tige à env. 8 côtes,* lisse, offrant dans sa coupe
transversale une *lacune centrale égalant* à peu près celles qui l'entourent ; rameaux env. 8, régulièrement verticillés et dont le premier
entre-nœud est au moins 1/2 plus court que la gaîne de la tige qui
l'avoisine. Gaînes lâches, à dents lancéolées, noirâtres, avec un large
bord blanc. *Epi* linéaire-oblong, *obtus.* jn-jt. Prés marécageux, bord
des eaux, lieux sablonneux humides. AC. — Au-delà de *Loire-Inf. :*

MOR. c. vallées mouillées de *Belle-Ile ; Ploërmel* (J.-M. Sacher), sud de la *Baie d'Audierne* (Picq.). — C.-NORD. AC. à plusieurs lieues autour de *Dinan* dans les deux départ. (Mabille). — IL.-ET-V. Calc. de *Rennes* (Le Gall).

X. **E. hiemale** L. Tiges de 6-15 déc., toutes semblables, fertiles, persistant pendant l'hiver, simples (qqf. rameuses par accident), fermes, à 18-20 côtes *très rudes*, offrant dans leur coupe transversale une *lacune centrale* très grande, *beaucoup plus grande* que celles qui l'entourent et dont le diamètre dépasse les 2/3 du diamètre total de la tige. Gaînes espacées, appliquées, cylindriques, blanchâtres, noirâtres à la base et au sommet, à dents noirâtres, obtuses, terminées par une longue pointe membraneuse au bord, promptement crispée, caduque. Epi oblong-ovale, acuminé-mucroné. ♃. mars-avril. Lieux sablonneux. — CHAR.-INF. *S.-Christophe*, la Petite Maçonne et Plantis en *S.-Symphorien* (Fd.). — Les lacunes secondaires, 15-20, sont quadrangulaires-arrondies, perpendiculaires à la circonférence ; dans *E. ramosum*, elles sont plus petites, arrondies, ou qqf. ovales et alors transversales.

**E. ramosum** Schleicher. Tige de 3-8 déc. à 9-15 *côtes rudes*, simple ou irrégulièrement rameuse, offrant dans sa coupe transversale une *lacune centrale* très grande, *beaucoup plus grande* que celles qui l'entourent ; rameaux souv. très longs, grêles, solitaires ou de 2-8 par verticille, à env. 6 sillons. Gaînes un peu lâches à côtes convexes, dents lancéolées, noirâtres, bordées de blanc et terminées par une longue pointe blanchâtre, molle, caduque, la gaîne terminale très évasée. *Epi* oblong-ovale, *acuminé*. jⁿ-aᵗ. Lieux sablonneux. — CHAR.-INF. Çà et là bord de *la Gironde* et sables maritimes. c. *Saint-Trojan ; Corme-Royal, Pisany* (Tess.). *Bords*, Chartres près *Breuil-Magné* (Fd.). — LOIRE-INF. Çà et là haies, buissons de la vallée de *la Loire*, sables maritimes entre Pointe de *Chemoulin* et *Bonne-Source*. — C.-NORD. Cavé près *Erquy* (D. Gourio).

*Obs. E. littorale* Kühlwein, *E. inundatum* Lasch., hybride des *E. limosum* et *arvense*, se reconnait aux différences suivantes : — *E. arvense*. La tige est ferme, fortement sillonnée, la lacune centrale n'en occupe que le tiers, et il est facile, en fendant le bas de la tige, de séparer de l'écorce verte le *cylindre central* de la moelle ; la coupe transversale des rameaux forme une croix sans lacune centrale. — *E. limosum*. La tige est molle, lisse, à lacune centrale occupant les 4/5ᵐᵉˢ du diamètre, et elle ne peut se séparer de l'écorce verte. Vue par transparence, cette tige est partagée en bandes vertes et blanches, les premières 6 fois plus larges que les blanches et en nombre égal par chaque catégorie aux dents de la gaîne. — *E. littorale*. La tige est moins sillonnée que celle de *E. arvense* et plus que celle du précédent, la lacune centrale occupe la moitié environ du diamètre de la tige, et elle ne peut se séparer de l'écorce verte. Cette tige est partagée en bandes vertes et blanches en nombre double par chaque catégorie des dents de la gaîne. — Deux formes principales peuvent être signalées, l'une ressemblant à *E. limosum* avec les rameaux munis d'une lacune centrale, l'autre à rameaux sans lacune centrale et pouvant facilement être prise pour *E. arvense* dont elle se distingue par un port plus élégant et par la tige terminée en longue pointe nue, effilée. *E. littorale* appartient aux deux sections du genre par la lacune centrale des rameaux, présente ou absente, et par les tiges florifères de deux sortes, l'une semblable à celles de *E. limosum*, l'autre à celles de *E. arvense*. — IL.-ET-V. Prés de l'Hospice de *Dol* (Besnard). — c. aux env. de *S.-James* dans la Manche (Besnard). — c. étangs de *Chaumont*, à la *Baumette* en Maine-et-Loire (abbé Hy.). — Il est probable que cette plante habite plus d'une localité dans l'Ouest, où il est très facile de la méconnaître, parce qu'elle fructifie peu, et ses tiges stériles ont la plus grande ressemblance avec celles de ses parents.

# MARSIGLIACÉES

Sporanges de deux sortes, renfermés dans un involucre en forme de caps. sessile ou pédicellée, coriace, à plusieurs loges. *Plantes herbacées, aquatiques ; souche filiforme, rampante ; feuil. alternes, roulées en crosse avant leur développement.*

**MARSIGLIA** L. Involucres irrégulièrement ovales, 1-3 sur un pédicelle situé à la base des pétioles, à 2 loges s'ouvrant à la maturité en 2 lobes. *Feuil. à 4 folioles.*

**M. quadrifoliata** L. Souche rampante. Feuil. longuement pétiolées, à 4 fol. obovales-en coin, en croix, entières, glabres, qqf. flottantes. ♃. jⁿ-oct. Bord des rivières et marais voisins. — VEND. c. *Port-la-Claye!* (Guettard), c. plus bas v.-à-v. *Curzon* (Pont., M.) — LOIRE-INF. AC. vallée de *la Loire, Sucé!* (Pesneau), le Don au-dessous de *Guémené*. CC. marais de *Masserac;* plus bas dans les marais de la Vilaine jusqu'à Redon.

**PILULARIA** L. Involucres globuleux, solitaires, presque sessiles à la base des feuil., à 4 loges. *Feuil. simples, filiformes.*

**P. globulifera** L. Souche filiforme, rampante, qqf. flottante. Feuil. en touffes. Involucres velus. jⁿ-sept. Bord des eaux, mares, marais. — AC. *Bretagne, Bocage Vendéen* et des *Deux-Sèvres*. — Doit exister entre *Montendre* et *la Barde* (Char.-Inf.).

*Obs. Salvinia natans* Hoffm. *Marsilia* L., famille des Salviniacées, croît à Bordeaux où il flotte sur les eaux stagnantes. Ses feuil. sont distiques, elliptiques, obtuses, couvertes en dessus de groupes de poils rangés en quinconce; les sporanges sont globuleux, 1.loc., indéhiscents, agglomérés 4-8 sur des rameaux submergés non feuillés, garnis de racines.

*Obs. Azolla filiculoides* Lam. enc. *A. magellanica* Willd. sp., famille des *Azollées*, élégante petite plante américaine, formant des plaques vertes, puis rougeâtres, sur les eaux tranquilles où elle se reproduit avec une rapidité prodigieuse, a été introduit à *Nantes* et env. où il abonde et d'où il s'est répandu jusqu'à *Paimbœuf*. — CC. allées de Boutaut près *Bordeaux*, aussi à *Blaye, Bourg, Cubzac, Montferrand, la Teste, Talais, Lesparre*, etc. (Fd.). — CHAR.-INF. *S.-Fort-sur-Gironde* (Termonia), la Touche de *Crazannes* (Tess.), *Royan* (Duffort).—DEUX-SÈV. *Pas-de-Jeu* (Richard). — IL.-ET-V. *Rennes* (Ar., Letourneux).

*Rieux* (Desmars). — Sa tige rameuse qui émet des rac. adventives est garnie de feuil. ovoïdes, obtuses. membraneuses au bord, imbriquées, serrées, sous lesquelles sont situés les involucres fructifères globuleux, glabres à la base des tiges et des rameaux.

# ISOÉTÉES

Sporanges de deux sortes, logés dans une fossette formée par la base intérieure dilatée (gaîne) des feuil., adhérents à sa nervure dorsale, recouverts en entier ou en partie par une membrane *(velum)* naissant du bord de la fossette. Celle-ci séparée des bords membraneux de la gaîne par une bande *(area)* moins diaphane qui est terminée au sommet par une très petite écaille *(ligula)*. *Plantes herbacées, à feuil. linéaires, toutes radic. non roulées en crosse.*

**ISOETES** L. Sporanges, les uns toruleux, contenant les *macrospores* qui sont orbiculaires, divisés par un anneau circulaire en deux parties, dont l'une est partagée en trois par 3 côtés qui se réunissent au sommet ; les autres sporanges ponctués, renfermant une poussière très fine qui est un amas de *microspores* dont la forme n'est visible qu'à un fort grossissement du microscope.

**I. Hystrix** Durieu, *I. Delalandei* édit. 1. *Terrestre*. Racines velues. *Souche trigone*, entourée d'écailles *(phyllopodes)* noirâtres, luisantes, tronquées à la base, terminées par trois dents raides, les latérales ord. plus longues que l'intermédiaire qui manque qqf. Feuil. linéaires, aiguës, à peine en gouttière en dessus, convexes en dessous, *arquées sur la terre, en cercle* de 4-5 cent. de diamètre et non dressées. Sporanges recouverts en entier par le *velum*. Ceux contenant les macrospores blancs, toruleux, ceux renfermant les microspores roussâtres, creusés de points reliés entre eux par des lignes irrégulières. *Macrospores légèrement granuleux.* Microspores très finement muriqués. ♃. Fruct. av.-mai ; feuil. depuis les fraîcheurs de l'automne jusqu'en mai. — CHAR.-INF. Presqu'île d'*Enette* (Fd.), entre *Bussac* et *Bédenac* (Sav.). — MOR. *Houat!* (Delalande). Île de *Groix* (Guyonvarc'h), *Quiberon* (Gad.), *Belle-Ile*. — FIN. c. île du Loc'h, R. île Penfret aux *Glénans* (G. de Lisle), presqu'île de *Kermorvan*(Ménager).— C.-NORD. *Paimpol* (Avice). — VEND. *S.-Jean-d'Orbetiers* (Pont.). c. landes entre le *Vieux-Château* et la plaine N.-O. de l'île d'*Yeu*, où il devait être plus commun avant le défrichement des terres. — Cette espèce croît par pied isolés, et non en gazon, sur les pelouses et les plateaux maritimes secs et ras, reposant sur une petite couche de terreau, qqf. sur les coteaux abruptes exposés au midi. Ses feuil. s'étalent régulièrement en cercle qui le fait distinguer de toutes les plantes naissantes ou développées parmi lesquelles il croît, par ex. des *Romulea Columnæ*, *Scilla autumnalis*, qui lui tiennent souv. compagnie, et surtout le premier. — A chercher dans toute la région maritime ; Babington l'indique à l'Ile de *Guernesey*.

*Obs. I. Durieui* Bory est terrestre, de la même station que le précéd. dont il se rapproche ; ses macroscopes sont alvéolés.

**I. echinospora** Durieu. *Submergé*, de 4-7 cent. Racines glabres, de couleur terreuse. Souche à 2 lobes, sans phyllopodes. Feuil. distiques sur les jeunes pieds, linéaires, cylindriques, en gouttière à la base en dedans, un peu arquées. *Macrospores hérissés* partout *de pointes fines*, très serrées. Microspores ovales, lisses. ♃. fruct. j<sup>t</sup>-sept. — LOIRE-INF. Côtés N. et E. du *lac de Grand-Lieu*, en eau profonde de 3-6 déc. sur fond de cailloux ou de sable mêlé d'un peu de vase. — Cette espèce croît tantôt en pieds isolés, tantôt en petits groupes souv. mêlée au *Littorella* et à l'*Alisma natans*, auxquels elle ressemble beaucoup. De ceux-ci, elle se distinguera par la souche non rampante, les rac. de couleur terreuse, non blanches, et par la base des feuil. dilatée contenant la fructification.

*Obs. I. tenuissima* Boreau, qui, selon M. Durieu, a l'aspect de notre forme du précéd., pourrait se trouver au même lieu : il s'en distingue par les macrospores à angles saillants, obtus, crénelés ; leur base est couverte de tubercules arrondis, et chacun des triangles en contient seulement 1 à 3-5 situés au milieu. — *I. Boryana* Durieu, qui croît dans l'étang de Cazau (Landes) jusqu'à 1 mèt. de profondeur est plus robuste ; ses macrospores sont garnis sur la base arrondie de gros tubercules arrondis qui sont moins nombreux sur les triangles dont les angles sont obtus et bien en relief ; les microspores sont ovales, lisses.

# LYCOPODIACÉES

Sporanges déhiscents, sessiles à l'aisselle des feuil. de la tige. *Tige tombante ou rampante, couverte de feuil. persistantes, imbriquées ou distiques.*

**LYCOPODIUM** L. Sporanges uniformes, s'ouvrant par une fente transversale. Spores très fins en forme de poussière farineuse, globuleux.

**L. clavatum** L. *Herbe de retourne, des égarés*. Tige de 3-10 déc. rampante, rameuse, couverte de feuil. serrées, imbriquées, linéaires, ascendantes, terminées par un *long poil* blanchâtre ; rameaux fertiles redressés. Sporanges en *épis géminés* longuement pédonculés, bractées ovales, acuminées, déchirées-ciliées. ♃. j<sup>t</sup>-a<sup>t</sup>. Coteaux ombragés, landes montueuses. — CHAR.-INF. *Jonzac* (Hubert). — LOIRE-INF. RR. *Pont-du-Cens, Pont-Marchand ;* du *Pont de Massigné* à la *Verrière ;* bord du Don près *Grand-Auverné* (Guérin), bois de la Rivière en *Guéméné* (Moreau), forêt de *Teillé* (Desaintdo). R. — MOR. Forêt de *Lanvaux* (Taslé), *Pluméliau* (Delalande), *Pontivy* (Toussaints), *Baud* (Le Gall), Coëtquidan près *Guer* (Avice). R. — FIN. Forêts de *Crannou, Pencran* et env. de *Brasparts* (de la Pylaie), *Roc'h Trévezel*, tourbière du *Yunélez, S.-Herbot ;* forêt de *Quimerc'h* (Toussaints), *Ménez-C'hom ;* bois du *Relec*, de *Coat-Losquet* (de Guernisac. — C.-NORD. *Forêt de Lorge* (Cornillé), landes de *Lanfains* (Baron), cap de *Coat-an-Nos, Kérien* (Le Corre), *le Haut-Quétel*, le Menez près *Moncontour ;* forêt de *Coëtquen*, vallée de l'*Echapt* (Mabille), *S.-Carné, Plémet* (Morin). — IL.-ET-V. *Louvigné-du-Désert* (M<sup>lle</sup> Legrand), env. de *Rennes, Hédé* (herb. Degland), *S.-Médard, S.-Germain-sur-Ille* (Lx.), forêt de *Fougères* (de la Pylaie), *Mellé* (Baron), *Orgères, Laillé* (Gallée).

**L. inundatum** L. Tige rampante, courte, feuil. ascendantes ; les tiges fertiles raides, dressées, à *feuil.* linéaires-en alène, *mutiques.* Sporanges en *épi solitaire,* bractées semblables aux feuil. ♃. jⁱⁱ-aⁱ. Landes marécageuses. — CHAR.-INF. Étang du Petit-Moulin près *Montendre.* R. — LOIRE.-INF. Lande de Laca ! entre *Brains* et *Port-S.-Père* (Pesneau), *Derval ;* forêt d'*Ancenis* (Guiho), *S.-Gildas !* (Delalande). R. — MOR. Marais du *Petit-Rocher, de Valory ;* étang du Roho en *S.-Dolay* (Delalande), *Plaudren, Nivillac, Moucon,* Cliscoët en *Plescop* (Taslé), *Moustoir,* c. *Molac, Grandchamp* (Elphège), *Pontivy* (Toussaints), *la Trinité* (Baron), *Coëtquidan* (Avice), *Morvac ; Plouay* (Picq.). — FIN. De *Cast* à *Ploénévé-Porzec* (Ar. Lx.), *Lan-an-Trimm, Ménez-C'hom* (Guiho), *Gouesnou, Quilien* (Crouan), *Sᵗᵉ-Sève, Pleyber-Christ* (de Crec'hquérault), *Edern* (Picq.), à chercher tourbière du *Yunélez.* — C.-NORD. Le Menez près *Moncontour ;* c. dans cette chaîne jusqu'à *Boquien* (Mabille). *Pont-Melvez* (Le Corre), *Lanfains* (Trobert, Fraval), *Plumieux* (Louesdon), *Paimpol* (Avice). — IL.-ET-V. Forêt de *Coulon Montfort* (herb. Degland), forêt de *Fougères* (Godefroi), étang de *Landemarais ;* lande d'Argant près *Paimpont* (Gallée), *Bains* (Moreau). R.

**L. Selago** L. *Tige non rampante* à rameaux ascendants, dichotomes, couverte de feuil. lancéolées-en alène, raides, ascendantes, les inf. étalées. *Sporanges axillaires* dans la partie sup. des rameaux. ♃. jⁿ-sept. Landes des Montagnes. — FIN. *Le Ménez-C'hom ! Mont-S.-Michel* (de la Pylaie), les Trois-Canards en *Plomodiern* (Picq.), *Brennilis* (Ménager), RR. Bois du Nivot près *S.-Rivoal* (F. Camus), *Le Tromeuren, Rohars* (Le Dantec), *Kervéguen,* Pen-ar-Vern en *Sᵗᵉ-Sève, Keravézec, Kergumpès,* Lestrézec en *Pleyber-Christ* (de Guernisac, de Crec'hquérault). R. — C.-NORD. Le Menez près *Moncontour* (de la Pylaie), le Cas-des-Noës près *Collinée* (Mabille), *Lanfains* (Trobert), *Brusvily* (F. Morin).

# FOUGÈRES

Fructifications composées de *sporanges* réunis en groupes (*sores*) de forme variée, situés sur la face inf. de la feuil. (*fronde*), rar. en épi ou en grappe, tantôt nus, tantôt recouverts par une écaille membraneuse (*indusium*) ou par le bord enroulé de la feuil. Sporanges 1.loc., ord. entourés d'un anneau élastique, remplis de petits grains très nombreux (*spores*). *Plantes herbacées et à souche vivace* (ici) ; *feuil. paraissant radicales, ord. roulées en crosse dans leur jeunesse.*

**OPHIOGLOSSUM** L. Sporanges presque globuleux, à 2 valves s'ouvrant en travers, connées, formant un épi linéaire, distique.

**O. vulgatum** L. Rac. rampante, à fibres en faisceau. Tige de 1-2 déc. portant une seule feuille ovale ou ovale-lancéolée, entière, engaînante, à nervures en réseau à mailles assez courtes. Epi linéaire, terminal. Spores tuberculeux. mai-jⁿ. Prés humides. — CHAR.-INF. *La*

*Rochelle* (de Beaupreau), le Douhet en *Oleron, S.-Christophe, Aigre-feuille, Ardillières*, çà et là vallées de *la Charente* et de *la Boutonne*, env. de *S.-Vivien* (Fd.), *la Tremblade ; la Flotte* (Maguè), *Vergeroux* (Faye). *Genouillé, Aumagne* (Riveau), *Montlieu ; Courçon* (Bouchet), *Surgères* (Delalande), S.-Ouen près *Beaurais* (Sebilleau), c. *Dœuil* (Dass.). — DEUX-SÈV. *Niort, Melle* (A. Guillon), *Sourigné, S.-Florent, Ménigoute, Coutières* (Gir.), *Paizay* (Vernial), c. *la Mothe* et env. (Sauzé, M.). *Airvault* (Huyard), *Rom* (Grelet). — VEND. RR. entre *Champ-S.-Père* et *S.-Cyr-en-Talm.* (Marichal), *Luçon, S.-Hilaire, les Essarts* (Gen.), *Chantonnay, S.-Vincent-du-Lay* (Pont.), *Chavagnes-en-Pareds, les Sables* (Gobert), *île-d'Yeu.* — LOIRE-INF. *Machecoul, Ché-méré, S.-Philbert*, vallée de *la Loire ;* env. de *Mésanger, Saffré*, vallée du Don au-dessous de *Guémené* (Guiho), etc., de *S.-Gildas* au marais de Calais (Ménier). AC. par localités. — MOR. Vignes de l'embouchure de *la Vilaine, Sarzeau* (Taslé), *Deil* (Moreau), *Ploërmel* (Elphège). — FIN. *Ile Beniguet* (de la Pylaie), *Brest* (Tanguy), Portzstolonec en *Crozon.* — C.-NORD. *Ile de Pontperrin* (Mabille cat.), la Briantais en *Lancieux* (Rolland). — IL.-ET-V. Env. de *Rennes* (herb. Degland). — Prob. dans beaucoup d'autres localités où il est caché par la hauteur de l'herbe.

β. *ambiguum* Coss., *O. sabulicolum* Sauzé. Plus petit, feuil. plus étroites. — DEUX-SÈV. Pelouses schisteuses d'*Ecireuil*, de *la Mothe* (Sauzé). — LOIRE-INF. Existait sur un coteau au Pont-du-Cens près *Nantes*.

**O. lusitanicum** L. Caract. du précéd. Tige d'env. 3 cent. Feuil. lancéolée ou linéaire-lancéolée, nervures en réseau à mailles allongées, spores lisses, plus petits. Oct.-15 mars. Coteaux maritimes exposés au midi. — VEND. *Ile d'Yeu* (de la Pylaie) où retrouvé en 1894 par M. Ménier. — MOR. *Houat. Belle-Ile ; île de Groix* (Guyonvarc'h). R. — FIN. *Pointe-du-Raz, île Penfret* (Le Men), *île du Loc'h* (G. de Lisle), côte de Kerguélen en *Crozon ; Brest !* et env., *Pointe de Ker-morvan* (Guiho), *le Conquet* (Crouan), îles d'*Ouessant*, de *Sein* (Bonnemaison), *S.-Pol-de-Léon* (Dudresnay). PC. — C.-NORD. *Lezardrieux* (Avice).

**BOTRYCHIUM** Sw. Sporanges presque globuleux, distincts, s'ouvrant du sommet à la base, disposés en panic. unilatérale.

**B. Lunaria** Sw. *Osmunda* L. Rac. fibreuse. Tige isolée, de 10-15 cent. portant une feuil. pennifide à lobes en éventail entiers ou dentés, dépassée par une grappe de sporanges sessiles. ♃. Landes montueuses, pelouses des bois. Fruct. en j$^n$-j$^t$. — C.-NORD. R. Koz Karaëz ! près *Bulat-Pestivien* (Le Corre).

**OSMUNDA** L. Sporanges presque globuleux, pédicellés, à 2 valves, en panicule.

**O. regalis** L. *Osmonde*. Tige de 6-10 déc. Feuil. bipennées, à fol. oblongues-lancéolées, obtuses, obliquement tronquées à la base dilatée en oreillette du côté inf. ; nervures nombreuses. j$^t$-a$^t$. Marais, bord des eaux. — CHAR.-INF. *Cadeuil !* (Fd.), c. *Rochecourbon* (de Beaupreau), *la Fredière* (Pinatel), *Montendre, Montlieu*, et au-delà jusqu'à *la Barde*. — DEUX.-SÈV. Forêt de *l'Absie* (A. Guillon), *Brétignolle* (Toussaints), *S.-Aubin-Baubigné* (Aubineau), *Bressuire*, *Ménigoute* (J. Richard), *Coutières*, *Vasles*, *Prailles* (Gir.). *Parthenay* (Janneau), c. *S.-Loup* (Guyon), *S.-Martin de Sanzay* (Pellier), *Argenton-Ch.* — AC. au-delà.

**GRAMMITIS** Sw. Sores linéaires ou oblongs, droits, épars sur les veines des lobes de la feuil. Indusium nul.

**G. Ceterach** Sw. *Asplenium* L. *Ceterach officinarum*. Willd. Rac. fibreuse. Feuil. en touffe d'env. 1 déc. lancéolées, pennifides à lobes ovales, très obtus, alternes, *couverts en dessous d'écailles* membraneuses, roussâtres, brillantes. j^t-sept. Vieux murs. AC. — Au-delà de *Loire-Inf.* : MOR. Château de *l'Ile sur la Vilaine* (Taslé), *Rieux* (Moreau), *Auray* (Toussaints). RR. *Ploërmel* (Elphège), *Plouay* (Picq.). — FIN. *Landerneau* (Taslé), c. *La Lieue-de-Grève* (Crouan), *Morlaix* (de Guernisac), de Tréquéfellec à Kermahonnec en *Kerfeunteun*, Locmaria, Bourg-les-Bourgs à *Quimper*, Kérangall en *Loctudy*, Kérégard en *Plomeur*, de *Plomeur à la Torche* (Picq.), *Le Guilvinec* (Ménager). — C.-NORD. *Pleumeur-G.* (Le Corre), *S.-Michel-en-Grève*, *Portrieux*, *S.-Quay* (Baron), *Dinan* et env., *S.-Juvat*, etc. (Mabille). — IL.-ET-V. *Rennes* (Degland), *Fougères*, *Redon* (Moreau), *Bourg des Comptes*, *S.-Sulliac*, AC. *Servan* (Rolland), *Montfort* (Hodée).

**G. leptophylla** Sw. *Polypodium* L. *Plante délicate*. annuelle, de 7-15 cent. Feuil. bipennées, à fol. en coin à la base, incisées-crénelées. Sores à la fin confluents, verts, puis noirs. mai-j^n. Chemins creux, dans les haies sèches exposées au midi, sur la partie abritée par les buissons ou les terres en saillie. — FIN. *Plomeur*, *Treffiagat*, *Loctudy*, côte sud de *Plougastel* et çà et là entre *Brest*, *Prospoder*, *Plouguerneau* et *S.-Pol-de-Léon*. — C.-NORD. *Minihy-Tréguier* (abbé Le Dantec, Le Corre), *Ploubazlanec* (Avice).

**POLYPODIUM** L. Sores arrondis. Indusium 0.

**P. vulgare** L. Souche rampante, écailleuse. *Feuil.* oblongues-lancéolées, *pennipartites*, à lobes linéaires, dentés en scie. Sporanges sur deux lignes parallèles à la côte des lobes, a^t-mai. Vieux murs, rochers, tronc des vieux arbres, chaperons des vieux murs. C. — Varie qqf. à lobes profondément dentés ou même pennifides.

*Obs. P. Dryopteris*. L. Souche rampante. Feuil. de 2-3 déc. délicates, longuement pétiolées. deltoïdes-rhomboïdales, bipennées dans le bas. fol. à lobes oblongs, obtus, crénelés. Sores écartés, sur 2 rangs. Lieux ombragés des bois. Cette espèce, indiquée c. à la forêt de *Villecartier* (Il.-et-V.) par Despréaux in herb. Degland et Bonnemaison, n'a pas été retrouvée, malgré des recherches très attentives. Voir édit. 1, p. 554. — *P. calcareum* Sm. en diffère par la feuil plus raide, le rachis pubescent-glanduleux, et les sores à la fin confluents. Murs et rochers calc.

**ASPIDIUM** R. B. Sores arrondis, épars ou en séries régulières. Indusium orbiculaire, pelté, attaché par le centre, libre tout autour.

**A. aculeatum** Sw. *A. lobatum* Sw. Souv. réuni au suiv., en diffère par les feuil. plus courtes, raides, un peu coriaces, vert sombre, à
fol. peu ou point auriculées, moins dentées, les inf. en coin à la base.
Mêmes lieux. — DEUX-SÈV. Le Peu près *le Pin* (J. Richard). — MOR.
Luscanen près *Vannes*, schistes de l'ancien parc de *Rochefort !*
(Taslé). RR.

**A. angulare** Kit. Feuil. lancéolées, molles, vert pâle, à pétiole très
écailleux, bipennées à fol. ovales, pétiolées, un peu en faux, bordées
de dents sétacées, ayant à la base sup. un lobe en forme d'oreillette;
la 1ʳᵉ fol. sup. plus grande. jⁿ-sept. Bois, haies, chemins creux. C.

**POLYSTICHUM** Roth. Sores arrondis, épars ou en séries régulières. Indusium arrondi-réniforme, attaché par un point central et
par un pli déprimé qui y correspond.

**P. Thelypteris** Roth. *Acrostichum* L. sp. Racine rampante. Feuil.
pennées à long pétiole glabre; fol. linéaires-lancéolées, pennatifides, à
lobes ovales-triangulaires, un peu arqués, aigus, un peu roulés en
dessous par les bords. Sores à la fin confluents et formant près du
bord une ligne continue. jⁿ-sept. Marais. — CHAR.-INF. *Aigrefeuille,
S.-Symphorien, Cadeuil, S.-Georges-de-Didonne* (Fd.). c. Marais de
*Berjat ;* les Etains près *la Tremblade, Corme-Royal ;* c. *Rochecourbon;
Ebéon,* c. *S.-Bris-des-Bois, Pont-de-S.-Julien* (A. Guillaud). — DEUX-
SÈV. c. *S.-Maixent !* (A. Guillon), *Sᵗᵉ-Eanne, S.-Génard* (Gir.). AC.
*S.-Loup* (Guyon). R. *Airvault* (Bonnin), *Brétignolle* (Toussaints), *Méni-
goute* (Souché). — VEND. Env. de *la Roche ! Belleville, Aubigny, Vivaies-
des-Clouzeaux* (Pont., M.), *la Châtaigneraie, Puy-de-Serre, Vouvant,
S.-Cyr-des-Gats,* etc. (Ayraud). *Challans* (Gobert). — LOIRE-INF. AC.
— FIN. Etang de *Kerlac'h* (Blanchard), marais du Run-Lohan en *Tref-
fiagat,* forêt de *Koatloc'h* (Picq.). — C.-NORD. Bois de *la Garaye*
(Mabille), *S.-Juvat* (Morin). — IL.-ET-V. *Orgères, Montauban, Teil* (herb.
Degland), *Pontpéant* (Le Gall).

**P. Oreopteris** DC. *Aspidium* Sw. Feuil. en touffe, pennées à
pétiole pâle, écailleux à la base, fol. lancéolées, pennatifides à *lobes*
oblongs, obtus, à peu près entiers, *parsemés en dessous de points
jaunes glanduleux,* odorants, brillants. Sores disposés en ligne le long
du bord des lobes. Indusium très caduc. jⁿ-sept. Bois humides, bord
des ruisseaux. — LOIRE-INF. *S.-Gildas !* (Delalande). RR. — BRETAGNE.
c. bord des ruisseaux et lieux ombragés des *Montagnes Noires et
d'Arés ;* presqu'île de *Plougastel, Morlaix ;* c. *Collinée* et dans *le Menez,*
vallée de l'*Echapt* (Mabille), *Léhon* (Morin), forêts de *Lorge,* de *Villecartier,* de *Fougères ;* de *Rennes,* de *Paimpont, Trans* (Gallée), *Poÿliry*
(Le Gall), *Grandchamp* (Toussaints), *Pluherlin,* au bord de l'*Ars*
(Taslé), *Scaer* en Fin. (Picq.), *Bruseily* en C.-Nord (Morin).

**P. Filix mas** Roth, *Polypodium* L. *Fougère mâle.* Feuil. en touffe à
pétiole écailleux surtout dans le bas, pennées ; pennules lancéolées,
pennatifides à lobes oblongs, très obtus, dentés. *Sores* assez gros, séparés,
*sur deux lignes rapprochées, occupant env. les 2/3 du lobe.* Indusium
persistant. jⁿ-sept. Fossés, bois, haies. C.

28

**P. spinulosum** DC. *Aspidium dilatum* Sw. Variable. Feuil. ovales, oblongues ou ovales-triangulaires, bipennées, à pétiole muni d'écailles unicolores ou foncées au milieu ; pennules lancéolées, pennifides à lobes oblongs, obtus, bordés surtout dans le haut de *dents mucronées*. Sores sur 2 rangs qqf. irréguliers. Indusium persistant. j¹-sept. Lieux ombragés humides. — DEUX-SÈV. R. forêt de l'*Hermitain* (Sauzé), *Brétignolle* (Toussaints), *S.-Sauveur* (J. Richard), *Goux*, *Vasles* (Gir.), *Baussais* (Sauzé). — VEND. *La Chaize, la Rochelle, la Roche! la Flocelière, la Pommeraye,* forêt de *Vouvant* (Pont., M.), *la Châtaigneraie* (Gobert). — LOIRE-INF. PC. — AC. au-delà.

α. *spinulosum*. Feuil. oblongues ou ovales-oblongues, lobes inf. des pennules distincts, les autres confluents par un rachis large ; écailles larges, unicolores.

β. *dilatatum*. Feuil. plus larges, ovales-triangulaires, lobes des pennules presque tous distincts sur un rachis étroit, les supér. seulement confluents ; écailles allongées, aiguës, foncées au milieu.

γ. *Lastræa æmula* Bab., *Nephrodium fœnisecii* Lowe. Feuil. ovales-triangulaires, lobes des pennules concaves en dessus, presque tous distincts sur un rachis étroit, les supér. seulement confluents ; pétiole muni d'écailles longues, étroites, laciniées, unicolores. Je l'ai cueilli en 1850 à *Plougastel*, en 1853 Cascade de *S.-Herbot*, forêt du *Huelgoat*, et M. Blanchard l'a vu répandu dans la vallée de l'Elorn depuis l'étang du *Roual* jusqu'à *Landivisiau*, sa forêt et *la Martyre*, forêt du *Crannou ; Brice* en Fin. (Picq.).

**CYSTOPTERIS** Bernh. Sores arrondis. Indusium allongé, aigu, attaché par sa base arrondie.

**C. fragilis** Bernh. *Polypodium* L. *Aspidium* Sw. Feuil. de 1-2 déc. oblongues-lancéolées à pétiole écailleux surtout à la base, fragile, bipennées, fol. ovales-en coin à lobes obtus, entiers ou dentés au sommet. j¹-sept. — LOIRE-INF. Vieux mur ombragé à *Nantes!* (Grolleau). RR. — CHAR.-INF. Murs ombragés à *Bords* (Fd.), dans un puits à *Archingeay* (Tess.), *Mérignac-du-Pin* (Caudéran).

**ASPLENIUM** L. Sores oblongs ou linéaires. Indusium latéral s'ouvrant de dedans en dehors.

**A. Filix fœmina** Bernh. *Athyrium* Roth, *Polypodium* L. *Fougère femelle*. Très variable. Feuil. oblongues-lancéolées, bipennées à pétiole lisse, peu écailleux ; pennules oblongues, longuement acuminées, lobes terminés par 2, 3 dents aiguës. *Sores oblongs*. j¹-sept. Bois, haies, fossés, lieux ombragés. C.

**A. Trichomanes** L. *Capillaire*. Feuil. de 1-2 déc. en touffe, lancéolées-linéaires, pennées à pétiole noirâtre, luisant, plane et étroitement bordé en-dessus ; *fol.* elliptiques ou *ovales-arrondies*, crénelées. mai-sept. Murs, rochers. C. — Varie t. rar. à fol. irrégulièrement pennifides. Roches calc. d'Ary près *Pons* en Char.-Inf. (G. de Lisle).

**A. marinum** L. Feuil. de 1-2 déc. en touffe, pennées à pétiole noirâtre luisant. *fol. en trapèze,* obtuses, dentées sur les deux côtés sup., dilatées à la base sup. Sores obliques à la nervure moyenne. j^n-sept. Grottes, fentes humides des rochers maritimes, qq. puits du littoral. — CHAR.-INF. Puits du littoral. — VEND. *Pointe du Perray* (Marichal), R. *Ile-d'Yeu*, R. *Noirmoutier* (Hubert). R. — LOIRE-INF. PC. — MOR. et FIN. AC. — Puis çà et là jusqu'à *S.-Malo.*

**A. Adiantum nigrum** L. *Capillaire noir.* Rac. fibreuse. Feuil. de 1-3 déc. triangulaires à pétiole noirâtre, luisant, 2-3 pennées, *pennules inf. plus longues* à lobes incisés-dentés au sommet. Sores à la fin confluents. j^n-sept. Vieux murs, haies, lieux ombragés. CC.

**A. lanceolatum** Sm. Voisin du précéd., dont il se distingue par la feuil. lancéolée, vert clair, un peu crispée ; *pennules inf. plus courtes que celles du milieu,* lobes obovales, rétrécis à la base, dentés au sommet, à dents acuminées. J^n-sept. Fentes des rochers et des clôtures. — DEUX-SÈV. *La Mothe, S.-Maixent ! Ménigoute* (Sauzé, M.). *Bressuire, Argenton-Ch. !* (J. Richard), RR. *S.-Loup* (Guyon), *Thouars* (Toussaints). — VEND. AC. (Pont., M.). — LOIRE-INF. et BRETAGNE. C. région maritime, PC. à l'intérieur.

**A. Ruta muraria** L. Feuil. en petite touffe de 4-6 cent. à pétiole vert, 1-2.pennées à *fol.* peu nombreuses, *presque rhomboïdales,* un peu épaisses, entières ou crénelées dans le haut. Sores à la fin confluents. Indusium à bord frangé. Presque toute l'année. Vieux murs. AC. — Moins C. au-delà de *Loire-Inf.*

**A. Breynii** Retz, *A. germanicum* Weiss. Feuil. d'env. 1 déc. à pétiole brun dans le bas, pennées ; *à 6-10 pennules en coin,* incisées-dentées au sommet, simples ou 2-3.partites, les sup. confluentes à la base. Indusium à bord entier. j^n-sept. — DEUX-SÈV. *Puits-d'Enfer !* (P. Deloynes), Pont-Février près *Argenton-Ch.* (J. Richard). — VEND. RR. Rochers du *Pont-Charault* (Pont.). — Qq. auteurs le regardent comme un hybride du suiv., avec *A. Trichomanes* ou *A. Ruta muraria,* au milieu desquels il croît.

**A. septentrionale** Sw. *Acrostichum* L. Feuil. en petite touffe serrée de 5-12 cent. à pétiole divisé au sommet en 2,3 *lobes linéaires,* allongés, incisés-tridentés à l'extrémité. j^n-sept. Rochers, vieux murs. — DEUX-SÈV. *La Mothe* (Sauzé). *Puits-d'Enfer !* la Touche-Poupart près *S.-Maixent* (A. Guillon), *Nanteuil* (Gir.), R. *Arvault* (Bonnin), *Thouars !* (Bastard). *Argenton-Ch.!* (J. Richard). — VEND. *Pont-Charault* (Pont.), *Mervent* (Toussaints). — LOIRE-INF. Etait RR. sur un mur à *Chantenay* et sur un autre à *Nantes* chemin des Chalâtres. — MOR. *Les Fougerets* (G. de Lisle). — IL.-ET-V. Etait RR. ville de *Fougères* (Delise), *S.-Malo-de-Phily* (J. Gallée).

**SCOLOPENDRIUM** L. Sores linéaires, parallèles, obliques sur la nervure moyenne, géminés, recouverts chacun par un indusium libre du côté intér. et paraissant former un seul sore linéaire, recouvert par un indusium à 2 valves.

**S. officinale** L. *Herbe à la rate*. Feuil. en touffe à pétiole écailleux, lancéolées-allongées, simples, en cœur à la base. j⁰-déc. Puits, murs et rochers humides, bois, bord des ruisseaux. AC. — Varie à feuil. ondulées et qqf. 1 ou plusieurs fois bifurquées au sommet.

β. *dædalea* Feuil. élargie au sommet en éventail à lobes incisés et crépus. — Cette var. élégante m'a été montrée à l'étang de la Berrière près la *Chapelle-Basse-Mer* (Loire-Inf.), et indiquée sur les rochers de *Barbechat* par M. Boussineau, notaire à Carquefou. M. G. de Lisle l'a vue aussi dans un puits, à *Rennes*.

**BLECHNUM** L. Sores linéaires, géminés, s'étendant tout le long de chaque côté de la nervure moyenne. Indusium s'ouvrant de dedans en dehors.

**E. Spicant** Roth. *Osmunda* L. Feuil. en touffe, linéaires-lancéolées, les stériles pennipartites à lobes linéaires-oblongs, presque obtus, apiculés, les fertiles plus longues, pennées à fol. plus étroites, aiguës, écartées, couvertes en dessous par les 2 lignes de sores. j⁰-sept. Bois, lieux ombragés humides. — CHAR.-INF. *La Tremblade* (de Beaupreau), *Montlieu, Montendre, S.-Martin-de-Coux, la Fredière* (Pinatel). — DEUX-SÈV., VEND. AC. Bocage. — C. au-delà.

**PTERIS** L. Sores formant une ligne continue qui borde les lobes de la feuil. Indusium continu avec le bord de ces lobes, s'ouvrant de dedans en dehors.

**P. aquilina** L. *Fougère*. Racine rampante. Feuil. grandes de 8-20 déc. 2-3. pennées; lobes triangulaires-lancéolés, velus en dessous. j⁰-sept. Landes, bois, champs, coteaux. CC. — Les jeunes pieds croissant sur la paroi des murs humides, ombragés, ont un aspect tout différent du type et ont trompé plus d'un botaniste, depuis DC., qui en a fait l'*Aspidium regium v. puteale* fl. fr. 5, p. 240 (1815).

**ADIANTUM** L. Sores insérés sur un indusium placé au bord des lobes de la feuil. replié et ouvert en dedans.

**A. Capillus Veneris** L. *Capillaire de Montpellier*. Feuil. de 1-3 déc. délicates, élégantes, à pétiole noirâtre, bipennées à fol. incisées-lobées, en coin à la base, arrondies au sommet, lobes stériles dentés en scie, les fertiles terminés par un indusium oblong-réniforme. j⁰-sept. — CHAR.-INF. C. fentes humides des falaises de *la Gironde* et puits de *Mortagne* à *Méchers; Pont-L'Abbé, S.-Savinien*, le Gros-Roc près le *Douhet; Thairé*, rochers de *Martron, Pons* (Fd.). — DEUX-SÈV. Village de Gé près *Thouars*, ex Boreau; *Chef-Bo-donne* (Sauzé fl.). — MOR. Rochers humides à *Belle-Ile*; Pont-Mahé! près *Penestin* (Gad.). RR.

**HYMENOPHYLLUM** L. Sores insérés sur un réceptacle cylindrique-en massue, formé par le prolongement d'une nervure de la feuil., recouverts par un indusium à 2 lobes de même substance que la feuille.

**H. tunbridgense** Sm. *Trichomanes* L. Souche filiforme, rampante. Feuil. à pétiole et nervures brunâtres, bipennifides à pennules planes, sur le même plan que le rachis, lobes oblongs, linéaires, obtus, dentés-épineux, minces, transparents. Indusium arrondi, à lobes dentés en scie, appliqués, un peu renflés seulement à la base. j¹-oct. Rochers très humides, parmi la mousse. — FIN. *Plougastel !* et *Plougouvelen* près *Brest*, cascade de *S.-Herbot !* (Bonnemaison), cascade du *Huelgoat !* (de la Pylaie), qui me l'a indiqué encore aux env. de *S.-Rivoal* et à la forêt de Pencran près *Landerneau*), R. Cascadec près *Scaer* (G. de Lisle), Gorréquer près *Pontchrist* (Daniel), Roc'h-Toul près *Guimilian*, bois du Nivot près *S.-Rivoal* (F. Camus). — Cette plante ne peut vivre que dans une atmosphère très humide.

**H. Wilsoni** Hooker. Ressemble au précéd. dont il diffère par un port plus raide, les pennules courbées en arrière en sens contraire de l'indusium, qui est ovale, convexe, et dont les lobes se touchent seulement par les bords qui sont entiers. j¹-oct. Rochers humides parmi la mousse. — FIN. R. ! Roc'h Trevezel près *Commana* dans les montagnes d'*Arès !* cascade de *S.-Herbot, le Huelgoat* (F. Camus, 1878). — C.-NORD. Rochers de Toulgoulic près *Rostrenen* (F. Morin).

## CHARACÉES

*Fructifications de deux sortes, sporanges et anthéridies, sur le même pied (Monoïque) ou sur des pieds différents (Dioïque). Sporanges 1-spermes, oblongs, ovales ou globuleux, striés en spirale, couronnés par 5 dents. Anthéridies globuleuses, d'un rouge vif, à 8 valves. Plantes submergées dans les eaux tranquilles, ord. vivaces au moyen de bulbilles situés aux nœuds de la rac. et du bas de la tige, à tige cylindrique, sans feuilles, formée d'un tube simple ou entouré d'autres plus petits souvent en spirale ; rameaux verticillés, simples ou plusieurs fois bifurqués.*

*Obs.* Les Characées sont extrêmement variables, comme beaucoup de plantes d'eau, et d'une détermination rigoureuse fort difficile. Consultez : Brébisson fl. norm., éd. 4 ; la traduction de Walmann essai, dans les actes de la Soc. Lin. Bordeaux 1856 ; Coss. et Germ., Atlas de la Flore de Paris ; et les *exsiccata* de Desmazières Crypt. fasc. 7, 1856. Ces plantes, rangées parmi les Algues, ne sont pas ici à leur place ; cependant, à l'exemple de quelques botanistes et pour encourager leur étude dans le pays, j'en donne une courte description.

**CHARA** L. part. Sporanges entourés de bractées, terminés par une petite couronne formée de 5 cellules simples. Anthéridies placées au-dessous des sporanges, en dehors des bractées. Un involucre sous le verticille. *Plantes souv. très fétides, incrustées de calcaire et fragiles par la dessiccation, vivant ord. dans les eaux calcaires.*

*· Tige composée d'un tube central entouré d'autres plus petits formant une écorce striée.*

**C. hispida** L. Wallm. p. 67, Atl. fl. Paris, T. 38 B. Monoïque. *Tige* de 4-8 décim. grisâtre, opaque, *robuste, fortement* incrustée et *tardue,*

*sillonnée,* munie surtout dans le haut de longs aiguillons fasciculés.
Invol. à aiguillons sur plusieurs rangs. Verticilles à 8-10 rayons.
Bractées dépassant le sporange ovale à 10-13 stries. Couronne étalée.
♃. jⁿ-jᵗ. AC. dans le calc.

*Obs. C. ceratophylla* Wallr. *C. tomentosa* L.? est voisin du précéd.,
mais *dioïque* à verticilles de 6,7 rayons et à couronne dressée.

**C. baltica** Fries, Hy in exsicc. Société Rochelaise. Nᵒ 2973, cum
descript., Soc. Dauph. 2ᵉ série 550. Monoïque. Tige à tubes primaires
saillants, et entre-nœuds sup. hérissés d'aiguillons solitaires ou
fasciculés, égalant ou dépassant son diamètre. Invol. à aiguillons sur
plusieurs rangs. Verticilles à 7-9 rayons. Bractées antérieures moitié
plus longues que le sporange ovoïde à 12,13 stries, long. 8 mil. sur 6,
épais. Couronne étalée. jⁿ-jᵗ. — Voisin de *Ch. hispida,* il s'en distingue par les tubes primaires saillants, la tige plus mince, moins
incrustée, à tubes moins renflés et moins tordus, restant verte après
la dessiccation. — J'ai recueilli cette espèce, 10 juin 1851, au marais de
la Borde (*île d'Oleron*), et, malgré la recommandation de M. Durieu,
je n'ai pu déterminer mes échantillons qui manquent de fructification.
M. l'abbé Hy, dont on apprécie les travaux sur les characées, a reconnu
ce *Chara* comme le même que le *Chara baltica* que M. Foucaud lui a
fait cueillir en juin 1890, au marais d'Availles près Dolus (*île d'Oleron*)
et dont il a donné (*l. c.*) une description détaillée de laquelle j'ai
extrait celle ci-dessus.

**C. fœtida** Al. Braun, *C. vulgaris* Wallr. Atl. fl. Paris, T. 37. Très
variable. *Monoïque. Tige* de 1-6 déc., assez grêle. ord. grisâtre et
incrustée, *fortement striée,* nue ou munie d'aiguillons rares et fins.
Verticilles à ord. 8 rayons. *Bractées 4, dépassant* (qqf. longuement,
*longibracteata) les sporanges* petits, oblongs, à 12 stries. Couronne
courte, tronquée. jⁿ-aᵗ. Ord. dans le calc. et *région maritime.* AC.

**C. contraria** Al. Braun, a l'aspect de *C. fœtida* dont il diffère
surtout par les tubes primaires plus saillants que les secondaires et
portant les aiguillons. — LOIRE-INF. Fossés sablonneux du *Lac de
Grand-Lieu.*

♂. α **C. imperfecta** Al. Braun. *Dioïque.* Tige de 1-4 déc. opaque,
verdâtre et qqf. jaunâtre, assez robuste ; *tubes secondaires séparés
par des espaces vides et des cannelures,* ce qui fait paraître la tige
striée-spiralée. Verticilles de 6-8 rayons à 3,4 articles. Involucre à
aiguillons linéaires, inégaux. Bractées des pieds fem. 4-10, très inégales, dépassant 1-5 f. les sporanges, celles des pieds mâl. 2-4,
dépassant 1-8 f. les anthéridies. Sporanges 1-4, petits, oblongs, à
7-10 stries larges, peu profondes, incrustés, enveloppés par les bractées, rougeâtres jusqu'à la maturité, noirâtres ensuite. Anthéridies 1-4,
grosses, d'un beau rouge. ①. av.-mai. Dans le calc. — CHAR.-INF.
*S.-Christophe,* Boisse en *Marsais* » (Foucaud in Flore de l'Ouest,
édit. 4).

**C. aspera** Willd., Atl. fl. Paris. T. 38 D. *Dioïque.* Vert clair ou
grisâtre. Nœuds inf. de la tige et de la rac. garnis de bulbilles blancs,
globuleux. *Tiges* de 2-6 déc. souv. incrustées, en touffe, grêles, *très*

*finement striées, hérissées* surtout dans le haut d'*aiguillons longs, fins.* Verticilles à 7.8 rayons. Bractées 4-6 dépassant les sporanges ovales, à 14,15 stries. Anthéridies solitaires. ♃. j^n-j^t. Surtout dans le calc. et région maritime. C. par localités.

β. *C. curta* Al. Braun ; Lloyd, Alg. de l'Ouest, N° 437, diffère du type par les rayons des verticilles très courts (2-4 mil.). — Étang de *Cunault* en Maine-et-Loire (abbé Hy).

**C. galioides** DC., *C. aspera v. macrosphæra* Al. Braun, très voisin, en diffère surtout par les anthéridies très grosses, plus grosses que les sporanges petits, ovales-arrondis. — CHAR.-INF. *Fouras* (Fd.).

**C. crinita** Wallr. Dioïque. Tige grêle, flexible, grossièrement striée, composée de tubes 3 f. moins nombreux que *C. aspera*, hérissée partout d'aiguillons en faisceaux. Verticilles à 8-12 rayons courts. Bractées dépassant long. les sporanges nombreux, noirs, cylindriques-oblongs. Couronne tronquée. ♃. mai-a^t. Région maritime. — CHAR.-INF. *Châtelaillon*, « *Fouras* » (Fd.), « *Esnandes* » (Michau), *Port-des-Barques* (Guillon). — VEND. Canal de *la Bauduère* (Pont.). — LOIRE-INF. Entre *les Moutiers* et Liarne (P. Bruneau). — MOR. *S.-Gildas-de-Rhuiz* (Le Dantec). — FIN. Baie d'*Audierne* (Crouan).

**C. connivens** Salzm. Bréb. Chaboisseau bul. soc. bot. fr. T. 18, p. 149, avec fig. *Dioïque.* Assez foncé, non incrusté. Rac. et bas de la tige garnis de qq. bulbilles granuleux. *Tige* de 3-6 déc. grêle, *sans aiguillons.* Verticilles à 8-10 rayons souv. incurvés. *Bractées* 0 ou *beaucoup plus courtes* que les sporanges petits, ovales-oblongs, à 12-13 stries. Couronne 1/5 du sporange. Anthéridies grosses, d'un beau rouge. ♃. j^n-a^t. — LOIRE-INF. Marais de *la Loire*, cc. lac de *Grand-Lieu*, surtout entrée de *la Boulogne* c. *Machecoul* cours d'eau du Marais ; *le Collet.* — FIN. *Goulven* (de Crec'hquérault). — Distinct : de *C. aspera*, par l'absence d'aiguillons et la brièveté des bractées ; de *C. fragifera*, par les anthéridies 1 f. plus grosses et par un port différent, moins grêle.

**C. fragifera** Durieu. *Dioïque.* Nœuds de la rac. et du bas de la tige garnis de nombreux bulbilles blancs, granuleux, en fraise. *Tige* de 1-3 déc. *très grêle,* vert clair, non incrustée, flexible, *sans aiguillons.* Verticilles de 7.8 rayons à articles nombreux. Bractées égalant env. 1/2 du sporange ovale-oblong à 9,10 stries. Couronne étalée. ♃. j^n-j^t. Étangs sablonneux peu profonds. — DEUX-SÈV. La Madoire près *Bressuire* (J. Richard). — VEND. *Les Essarts* (Ménier). — LOIRE-INF. cc. lac de *Grand-Lieu* ; étang de *la Poitevinière* (de Lisle). — FIN. Kerloc'h en *Crozon* (Crouan). — C.-NORD. Étang de *la Garaye* (Mabille), étang de Bosreux en *Brusvily* (F. Morin). — IL.-ET-V. Canal de *Hédé* (Degland, de la Godelinais), étang de *Bazouges* (Gallée).

**C. fragilis** Desv. Wallm. p. 84, Atl. II. Par. T. 38 C. Très variable. *Monoïque.* Nœuds de la rac. et du bas de la tige garnis de bulbilles granuleux. *Tige* grêle, *finement striée,* ord. non incrustée et verte, sans aiguillons. Verticilles à 7,8 rayons. *Bractées* ord. *plus courtes* que le sporange ovale-oblong à 13-15 stries. Couronne allongée. ♃. j^n-a^t. Partout. C. — Bulbilles qqf. très agglomérés au collet.

** *Tige transparente, composée d'un seul tube, sans écorce striée.*

**C. alopecuroides** Delile, Wallm. p. 45. Monoïque. *Petite plante* de 6-8 cent. rar. plus, raide, serrée. Nœuds de la rac. et du bas de la tige garnis de bulbilles blancs, globuleux. Involucre à 8-12 aiguillons longs, étalés ou réfléchis. Verticilles nombreux, rapprochés en *épi allongé*, hérissé de longs aiguillons. le verticille inf. stérile à rayons dépassant la tige. Rayons 8, de 4 articles, garnis à chaque articulation de *bractées beaucoup plus longues que les sporanges* ovales à 10,11 stries. Couronne courte. ♃. jⁿ-jᵗ. Marais salants. — CHAR.-INF. Vulg. *Poil de chien,* c.! *Oleron* (Savetier). *Ile de Ré, la Tremblade, Marennes,* où il faut le recueillir en mai, avant le nettoyage des marais, surtout dans ceux mélangés d'eau douce, ou bien après les années froides où l'on a fait peu de sel ; *Angoulins* (Fd.). — LOIRE-INF. *Bourgneuf* (Migault, P. Bruneau, c.! là et au-delà de *Beauvoir* (Vend.). — IL.-ET-V. c. *S.-Sulliac* (Mabille).

**C. Braunii** Gmel. Wallm. p. 49, *C. coronata* Ziz. Monoïque. Tige de 1-6 dec. flexible. Verticilles de 9,10 rayons à 3,4 articles garnis à chaque articulation, qui est contractée, et au sommet du dernier, de *bractées unilatérales égalant* env. *le sporange* ovale-oblong à 8 stries. Couronne courte, ouverte. ♃. jᵗ-sept. — DEUX-SÈV. Etang de *la Madoire* (J. Richard). — LOIRE-INF. Mares du bord de la Loire, *Port-Launay !* (Monard). *Chantenay.* — IL.-ET-V. Etang de *Paintourteau* (Gallée).

**NITELLA** Agardh. Tige composée d'un seul tube. Sporanges terminés par une petite couronne formée de deux rangs superposés de 5 cellules caduques. Anthéridies placées au-dessus des sporanges. Involucre nul. *Plantes ord. transparentes et flexibles par la dessiccation, vivant ord. dans les eaux non calcaires.*

**N. hyalina** Kutz. Wallm. p. 14, *Chara* DC. fl. fr. 5, 247. Monoïque. Vert foncé. Tiges assez fortes de 7-14 cent. en touffe élégante. *Verticilles assez compactes,* les sup. rapprochés, à 8 rayons 3 f. fourchus, entremêlés d'autres plus petits, plus nombreux ; division terminale cylindracée, non articulée au-dessous du mucron articulé. Sporanges presque globuleux à 7,8 stries. ①. aᵗ-oct. Etangs sablonneux. — LOIRE-INF. c. lac de *Grand-Lieu ;* étang de la *Poitevinière* (de Lisle). — FIN. Etang de Kerloc'h en *Crozon* (Crouan). — IL.-ET-V. c. etang de *Paintourteau* (Sirodot, Gallée).

**N. tenuissima** Kutz. All. fl. Par. T. 41 F., *Chara* Desv. Voisin du précéd.. s'en distingue par la grande ténuité de toutes ses parties. *Verticilles compactes, espacés en chapelet,* à 6-8 rayons 3-6 f. fourchus, divis. terminale non articulée, plus longuement mucronée. Sporanges presque globuleux à 6-8 stries. ①. jⁿ-jᵗ. — CHAR.-INF. De *S.-Martin-de-Villeneuve à la Ronde, d'Aigrefeuille à Nuaillé, Châtelaillon, Ciré, Breuil-Magné,* Domino en *Oleron,* de *Bron* à *Cadeuil* (Fd.), *Genouillé* (Riveau) *Pontaillac* (Motelay), Challaux près *Montlieu* (de Meschinet). — DEUX-SÈV. *Thouars, Mauzé, Soline* (Sauzé fl.). — LOIRE-INF. Etang de la Poitevinière et l'Erdre près *Bonneuvre* (de Lisle); *Bergon* (Gad.), *Chéméré.* — IL.-ET-V. Etangs de Pont-de-Pierre, de Fayelle près *Châteaubourg* (Gallée).

**N. batrachosperma** Al. Braun. Plus grêle que le précéd. en diffère par les rayons des verticilles divisés seulement 2 fois, et par le dernier article de ces rayons plus épais et plus court. ①. jⁿ-jⁱ. — LOIRE-INF. Sables du lac de *Grand-Lieu*.

*Obs. N. ornithopoda* Al. Braun, Conspectus syst. Char. europ. 1867, alg. de l'Ouest n° 403, découvert à la tourbière de Heurtebise près *Angoulême* (Charente), par M. de Rochebrune, croît dans les eaux calcaires et pourrait être trouvé dans la Char.-Inf. ; il offre deux formes : — l'une grêle, à verticilles assez lâches et ayant le port de *N. gracilis*, dont elle se distingue difficilement par la division terminale des rayons à 2, 3 articles avec mucron articulé et par le sporange à 6 stries ; — l'autre à verticilles compactes, en chapelet, et ressemblant à *N. tenuissima*, qui en diffère surtout par la division terminale des rayons non articulée.

**N. gracilis** Ag. Wallm. p. 47. Atl. fl. Par. T. 41 E. *Chara* Smith. Monoïque. *Très grêle. Verticilles lâches*, à 7,8 rayons 3,4 f. fourchus à *divis. capillaires, étalées*, la terminale à 1,2 articles avec mucron articulé. Sporanges globuleux à 5 stries, situés aux bifurcations. ①. jⁿ-sept. PC. mais répandu.

**N. mucronata** A. Br. Atl. fl. Par. T. 40 D. 1-3. Monoïque. Assez grêle. Verticilles lâches à 5, 6 rayons 1,2 f. fourchus, à *div. non capillaires, dressées*, la terminale à 2 articles, le *supér. mucroné*. Sporanges ovales-arrondis à 5 stries.

β. *heteromorpha* Atl. fl. Par. T. 40 D. 4.5. — Div. supér. des rayons rapprochés en glomérules. jⁱ-aⁱ. — LOIRE-INF. Graviers du lac de *Grand-Lieu, S.-Gildas* (Delalande). R.

**N. flexilis** Ag. Wallm. p. 28, Atl. fl. Par. T. 40 C. *Monoïque.* Assez grêle. *Rayons* bifurqués. *aigus*, non mucronés, ni articulés. Sporanges ovales-globuleux à 6 stries, plus gros que les anthéridies, ord. réunis 2,3 (qqf. 4 ou solitaires) aux bifurcations. jⁿ-aⁱ. C.

**N. translucens** Ag. Wallm. p. 27, Atl. fl. Par. T. 40 B. *Chara* Pers. Monoïque. *Tige* de 4-8 déc. bulbifère aux nœuds inf., *épaisse*, luisante par la dessiccation. Rayons simples, non articulés, le sup. qqf. terminé par 2,3 pointes très fines. *Sporanges* petits, ovales-oblongs, à 7 stries, *réunis par 3 au sommet des rayons sous l'involucre* à 3 fol. au centre desquelles est l'anthéridie. ♃. jⁱ-sept. PC. mais répandu.

**N. stelligera** Bauer, Wallm. p. 33. Port et taille du précéd. *Dioïque.* Nœuds du bas de la tige et de la rac. entourés par une *étoile blanche* à 5 rayons, composée de cellules élégamment et symétriquement agglomérées (Clavaud, bul. soc. bot. fr. vol. 40. P. 3, 47, très bonne). Rayons 4-6 simples et ord. articulés, ou bifurqués. Anthéridies en mamelon, solitaires ou géminées, situées au point de division des rayons ou à l'articulation des rayons simples. Sporanges sphériques, avec une pointe obtuse, à 8 plus rar. 5-7 stries, géminés, très rar. solitaires, situés comme les anthéridies et plus petits. ♃. aⁱ-sept. — CHAR.-INF. Canal de la Banche près *Marans* (Fd.). —

DEUX-SÈV. Le Thouet à *Thouars* (Sauzé, fl.). — LOIRE-INF. C. sur vase molle et profonde à l'entrée de la Boulogne dans le lac de *Grand-Lieu*, et çà et là dans le S. du lac, où je n'ai pu réussir à trouver un seul pied avec sporanges. — Avec les deux fruct. dans la Charente à Angoulême (de Rochebrune).

**N. syncarpa** Al. Br., Atl. fl. par. T. 39, 1-6. *Dioïque*. Assez grêle, vert clair. Verticilles lâches, à 6 rayons allongés, simples ou bifurqués, à *div. supér. obtuse, non articulée*. Sporanges ovales à 5-7 stries larges, peu profondes, réunis 2.3 à l'articulation des rayons simples ou au point de division des rameaux souv. rapprochés en tête. Anthéridies entourées de mucilage, réunies la plupart en glomérules compacts et portées sur de petits rameaux très courts. j$^n$-j$^t$. AC.

**N. capitata** Nees, très voisin du précéd., en est considéré par A. Braun et Chaboisseau l. c. comme distinct par les sporanges, dont les stries sont aiguës et très prononcées, étroites de base et profondes. Il germe en automne et passe l'hiver de manière à fructifier dès la fin de mars, tandis que *N. syncarpa* germe au printemps et fructifie en j$^n$-j$^t$.

**N. opaca** Ag. Wallm. p. 32. Atl. fl. Par. T. 39, 7-12, vert foncé par la dessiccation, de consistance ferme, tenace, est plus robuste que les 2 précéd., dont il diffère en outre par le bulbe radical très gros, par les fruct. non entourées de mucilage, les anthéridies non en glomérules compacts. Les stries des sporanges sont épaisses, profondes. ♃. j$^t$-a$^t$. — CHAR.-INF. *Migré, Anais* (Fd.), *Port-d'Envaux* (Tess.). — LOIRE-INF. Graviers du lac de *Grand-Lieu, le Chaffault*, etc. R.

**N. polysperma** Al. Br. Monoïque. Distinct de tous par les rayons dont les divis. latérales sont plus fines que la continuation des rayons et dont les *verticilles fertiles* sont *entrelacés en pelotte*. Rayons à articles nombreux, les fertiles divisés aux premières articulations en plusieurs rameaux divisés de nouveau à l'articulation inf. Sporanges nombreux, réunis à la base des verticilles ou au point de division des rameaux.

α. *N. intricata* Roth. Rayons stériles allongés, divisés, dépassant les fertiles qui sont apiculés. — CHAR.-INF. *Muron, c. Genouillé* (Riveau), *Champdolent* (Fd.).

β. *N. glomerata* Desv. Rayons stériles ord. simples, les fertiles obtus. Avril. — CHAR.-INF. C. de *La Rochelle* à *S.-Froult*, d'*Aigre-feuille* à *Nuaillé* et de *Muron* à *Breuil-Magné, S.-Pierre-d'Amilly, Champdolent* (Fd.). — LOIRE-INF. Fossés sablonneux du lac de *Grand-Lieu* près le village de l'*Étier*; près du fort *Mindin* (P. Bruneau), *Bergon* (Gad.), *Chéméré* (Gobert). RR. — C.-NORD. Flaques de la baie du Rosaire en *Plérin* (Baron).* — IL.-ET-V. Petit bois de *S.-Jacques* (de la Godelinais). — Plante précoce, inscrutée dans les loc. citées. — Appartient ici ? : *C. Stenhammariana* Crouan, florule 172, de la baie d'*Audierne* (Fin.).

FIN DES DESCRIPTIONS

# TABLE ALPHABÉTIQUE

### A

| | Pages |
|---|---|
| *Abama* | 360 |
| *Absinthe* | 187 |
| Acer | 74 |
| **Acérinées** | 74 |
| *Ache* | 149 |
| Achillea | 188 |
| Acorus | 332 |
| ACOTYLÉDONÉES | 424 |
| Adenocarpus | 84 |
| Adonis | 3 |
| Adiantum | 436 |
| Adoxa | 164 |
| *Ægilops* | 422 |
| *Ægopodium* | 152 |
| *Æthusa* | 156 |
| Agrimonia | 117 |
| *Agropyrum* | 420 |
| *Agrostemma* | 56 |
| Agrostis | 397 |
| *Aigrasseau* | 126 |
| *Aigremoine* | 117 |
| Aira | 402 |
| Airopsis | 404 |
| *Ajonc* | 82 |
| Ajuga | 276 |
| Alchemilla | 117 |
| *Alisier* | 126 |
| Alisma | 322 |
| **Alismacées** | 322 |
| Allium | 355 |
| Alnus | 318 |
| Alopecurus | 393 |
| *Alpiste* | 392 |
| Alsine | 60 |
| Althenia | 328 |
| Althæa | 70 |
| Alyssum | 34 |
| **Amarantacées** | 287 |
| Amarantus | 287 |
| **Amaryllidées** | 347 |
| **Ambrosiacées** | 214 |
| **Amentacées** | 311 |
| *Ammannia* | 132 |
| Ammi | 152 |
| *Anacharis* | 321 |
| Anagallis | 280 |
| Anarrhinum | 248 |
| Anchusa | 234 |
| *Ancolie* | 13 |
| Andropogon | 390 |
| Androsace | 281 |
| Androsæmum | 73 |
| Andryala | 213 |
| Anemone | 3 |
| Anethum | 161 |
| Angelica | 158 |
| *Anis* | 156 |
| *Antennaria* | 185 |
| Anthemis | 189 |
| *Anthericum* | 353 |
| Anthoxanthum | 393 |
| Anthriscus | 146 |
| Anthyllis | 99 |
| Antirrhinum | 244 |
| *Apargia* | 202 |
| *Aphanes* | 117 |
| *Apera* | 398 |
| Apium | 149 |
| *Appétits* | 356 |
| **Apocynées** | 222 |
| Aquilegia | 12 |
| Arabis | 28 |
| **Araliacées** | 163 |
| Arbutus | 220 |
| *Arctium* | 196 |
| Arenaria | 60 |
| *Argentine* | 115 |
| *Argyrolobium* | 84 |

Aristolochia............... 301
**Aristolochiées**......... 301
Armeria................ 284
*Armoise*............... 186
Arnoseris.............. 201
**Aroïdées**............. 332
Arrhenatherum........ 405
Artemisia............. 186
*Arthrolobium*........... 102
Arum............... 332
*Arundo*............... 401
**Asclépiadées**.......... 222
*Asclepias*............ 223
Asparagus............ 349
**Asparaginées**.......... 349
*Asperge*.............. 349
Asperugo............. 236
Asperula.............. 169
Asphodelus............ 352
Aspidium.............. 432
Asplenium............. 434
*Asterolinum*........... 280
Aster.............. 178
Astragalus............ 99
Astrocarpus............ 40
*Athamantha*........... 157
*Athanasia*............ 187
Atriplex.............. 293
Atropa.............. 238
*Aubépine*............ 125
*Aumure*.............. 310
*Aune*............... 318
*Aunée*.............. 181
*Avant-Pâques*......... 354
Avena.............. 405
*Avoine*.............. 405
*Azolla*.............. 427

B

Ballota.............. 274
**Balsaminées**.......... 78
Barbarea.............. 27
*Barkhausia*........... 209
*Bardane*............. 196
*Bartsia*............. 254
*Batrachium*........... 4
*Baume*.............. 261
*Belladonne*........... 238
*Belle-d'onze-heures* ....... 354
Bellis.............. 178
*Benoîte*............. 113

**Berbéridées**........... 13
Berberis.............. 13
Beta............... 292
Betonica-*toine*......... 273
Betula.............. 318
Bifora.............. 150
Bidens............. 183
Biscutella............ 39
Blechnum............. 436
*Bleuet*............. 199
*Blysmus*............. 374
**Boraginées**........... 230
Borago............. 235
Botrychium............ 431
*Bouillon blanc*......... 239
*Bouleau*............. 318
*Bourdaine*............ 80
*Bourrache*............ 235
*Boursette*............ 171
Brachypodium........... 446
Brassica............. 21
Braya............. 25
Briza............. 408
Bromus............. 416
*Brune*............. 317
Brunella-*le*........... 275
*Bruyère*............. 218
— *à balai*.......... 219
Bryonia-*one*........... 133
Buffonia............. 56
*Bugle*............. 276
*Buglose*............. 234
*Buis*............. 302
Bulliarda............. 136
Bunias............. 32
*Bunium*............. 153
*Buphthalmum*........... 180
Bupleurum............. 144
Butomus............. 323
Buxus............. 302

C

*Caille-lait*........... 166
Cakile............. 32
Calamagrostis........... 399
Calamintha............ 267
*Calament*............ 267
Calendula............. 193
Calepina............. 32
CALICIFLORES........... 80
Callitriche............ 307

Callitrichinées ........ 307
Calluna .................. 219
Caltha .................. 10
Camelina.................. 33
*Camomille*.............. 189
Campanula.................. 216
**Campanulacées** ....... 215
*Capillaire*.............. 434
— *de Montpellier*. 436
— *noir* ........... 435
**Caprifoliacées** ........ 164
Capsella ................ 37
Cardamine ................ 28
*Cardiaque*.............. 274
Carduncellus.............. 197
Carduus ................ 195
Carex.................... 375
Carlina.................. 197
*Carotte*................ 148
Carpinus.................. 313
*Carthamus*.............. 197
Carum.................... 153
*Caryolopha* ............ 234
**Caryophyllées**........ 51
*Cassepierre*............ 158
Castanea.................. 311
*Castillier*.............. 140
Catananche .............. 201
Caucalis ................ 147
*Caulinia*................ 329
**Célastrinées** .......... 80
*Céleri*.................. 149
Centaurea................ 198
*Centranthus*............ 171
Centrophyllum ............ 197
Centunculus ............ 280
Cerastium................ 63
**Cératophyllées** ....... 308
Ceratophyllum ............ 308
*Cerfeuil*................ 146
*Cerisier*................ 112
*Cernue*.................. 398
Ceterach ................ 432
Chærophyllum.............. 146
Chaiturus ................ 274
*Chamagrostis* .......... 395
Chara.................... 437
**Characées**.............. 437
*Charance* .............. 105
*Chardon roulant* ........ 143
— *Marie*.......... 196
*Charme-mille*............ 313
*Chataire*................ 269

*Châtaignier*.............. 311
Cheiranthus.............. 26
Chelidonium .............. 16
*Chêne*.................. 312
— *doux*.............. 312
— *noir* .............. 312
— *roux* .............. 312
— *vert* .............. 313
Chenopodium .............. 290
*Chèvrefeuille*............ 165
**Chicoracées**.......... 200
*Chicorée sauvage*........ 201
*Chiendent*.............. 420
Chlora .................. 224
Chondrilla .............. 206
*Chou marin*.............. 31
— *sauvage*.......... 21
Chrysanthemum .......... 189
*Chrysocoma*.............. 178
Chrysosplenium .......... 144
Cicendia................ 227
Cichorium ................ 201
Cicuta .................. 150
*Ciguë*.................. 150
— *petite*.............. 156
Cineraria................ 191
Circæa.................. 130
Cirsium.................. 194
**Cistinées**.............. 40
Cistus.................... 41
*Citronnelle*............ 268
Cladium ................ 368
*Clandestina*............ 260
Clematis................ 2
Clinopodium .............. 268
Cochlearia................ 33
**Colchicacées** .......... 360
Colchicum................ 360
Coleanthus................ 396
Comarum.................. 114
**Composées**.............. 174
**Conifères**.............. 319
Conium.................... 150
Conopodium .............. 153
*Consoude*................ 233
*Contrecru*.............. 178
Convallaria .............. 349
**Convolvulacées**........ 227
Convolvulus.............. 228
Conyza.................... 179
*Coquelicot*.............. 44
Coriandrum .............. 150
*Cornier*................ 126

Cornus.................. 163
COROLLIFLORES........ 221
Coronilla................. 101
Coronopus............... 39
Corrigiola............... 134
Corydalis ............... 16
Corylus................. 313
**Corymbifères**......... 177
Crambe.................. 31
*Crassula* ............... 138
**Crassulacées**.......... 136
Crataegus ............... 125
Crepis.................. 209
*Cresson de fontaine*....... 30
*Criste-marine*........... 158
Crithmum............... 158
Crocus.................. 345
*Cru*...................... 178
Crucianella............. 170
Crupina................. 199
**Crucifères**............. 49
Crypsis ................. 394
Cucubalus ............... 53
**Cucurbitacées**........ 133
*Curage*................. 297
Cuscuta................. 228
Cyclamen............... 282
Cynanchum............. 223
**Cynarocéphales**....... 194
Cynodon................ 395
Cynoglossum-*osse* ........ 236
Cynosurus............. 412
**Cypéracées** ........... 366
Cyperus................ 366
Cystopteris............. 434
**Cytinées** ............. 300
Cytinus................. 300
Cytisus ................. 83

D

Dactylis................ 412
*Damasonium*............. 323
Danthonia............... 407
Daphne................. 298
Datura.................. 239
Daucus ................. 148
Delphinium ............. 13
Dentaria ............... 29
Dianthus................. 51
DICOTYLÉDONÉES ...... 1
Digitalis-*le*............... 244

*Digitaria* ............... 390
**Dioscorées** ............ 350
Diotis.................. 187
*Diots*.................. 347
Diplotaxis............... 23
**Dipsacées**............. 173
Dipsacus................ 173
*Dompte-venin*........... 223
Doronicum............. 191
Dorycnium............. 97
*Douce-amère*........... 238
Draba.................. 35
Drosera................. 48
**Droséracées** ........... 48

E

*Ebaupin* ............... 125
—      *noir*........... 112
*Ecarlate* ............... 161
Ecballium............... 133
Echinaria............... 401
Echinospermum........... 236
Echium................. 231
*Eclaire*................. 16
*Eglantier*............... 119
Elatine.................. 65
**Elatinées**............. 65
**Eléagnées**............. 300
Eleocharis ............... 368
Elodea.................. 321
Elodes................. 74
Elymus ................. 421
Eudymion............... 355
Ephedra ............... 319
Epilobium............... 127
*Epine blanche*........... 125
—      *noire*............ 112
—      *vinette* ............ 13
Epipactis............... 341
*Epurge* ............... 306
**Equisétacées**.......... 424
Equisetum ............... 425
Erica................. 218
**Ericinées**............. 218
Erigeron................ 179
Eriophorum............. 374
Erodium ............... 76
*Erophila*................. 35
Erucastrum ............. 21
Ervum ................. 106
Eryngium................ 143

| | | | |
|---|---|---|---|
| Erysimum | 25 | Galeobdolon | 270 |
| Erythræa | 225 | Galeopsis | 271 |
| Eupatorium-*toire* | 177 | Galium | 166 |
| Euphorbia | 302 | *Ganne* | 408 |
| **Euphorbiacées** | 301 | *Garance* | 165 |
| Eufragia | 253 | *Garrobe* | 105 |
| Euphrasia-*aise* | 255 | Gastridium | 400 |
| *Eurotus* | 287 | *Gaude* | 40 |
| Evax | 180 | Gaudinia | 419 |
| Evonymus | 80 | *Gazon blanc* | 237 |
| *Exacum* | 227 | *— de Mahon* | 26 |
| | | *Genêt à balai* | 83 |
| | | *— d'Espagne* | 83 |
| **F** | | *Genévrier* | 319 |
| | | Genista | 83 |
| Fagus | 311 | Gentiana | 224 |
| Falcaria | 152 | **Gentianées** | 223 |
| *Fenouil* | 156 | **Géraniacées** | 74 |
| *Fessecul* | 293 | Geranium | 75 |
| Festuca | 412 | *Germandrée* | 276 |
| *Fève* | 104 | Geum | 113 |
| Ficaria | 10 | *Giroflée* | 26 |
| Ficus | 310 | *Girons* | 332 |
| *Figuier* | 310 | Gladiolus | 346 |
| *Filago* | 183 | *Glaïeul* | 346 |
| *Fil à perdrix* | 229 | Glaucium | 16 |
| *Filipendule* | 113 | Glaux | 283 |
| Fœniculum | 156 | Glechoma | 269 |
| *Fougère* | 436 | Globularia | 172 |
| *Fougère femelle* | 434 | **Globulariées** | 172 |
| *— mâle* | 433 | Glyceria | 410 |
| **Fougères** | 430 | Gnaphalium | 184 |
| *Fouteau* | 311 | *Gobelets* | 140 |
| Fragaria | 114 | *Godets* | 347 |
| *Fraisier* | 114 | **Graminées** | 387 |
| *— en arbre* | 220 | Grammitis | 432 |
| *Framboisier* | 114 | Gratiola-*le* | 243 |
| Frankenia | 51 | *Gratteron* | 169 |
| **Frankeniacées** | 51 | *Groseillier* | 140 |
| Fraxinus | 221 | **Grossulariées** | 140 |
| *Frêne* | 221 | *Gros navet* | 133 |
| Fritillaria | 352 | *Guérit-tout* | 171 |
| *Froment* | 419 | *Gui* | 163 |
| Fumaria | 17 | *Guignier* | 112 |
| **Fumariacées** | 16 | *Guinche* | 408 |
| *Fumeterre* | 17 | *Guimauve* | 70 |
| *Fusain* | 80 | Gypsophila | 51 |
| | | | |
| **G** | | **H** | |
| | | | |
| Gagea | 354 | Halianthus | 59 |
| Galanthus | 348 | **Haloragées** | 130 |

Hedera............... 163
Helianthemum............ 41
Helichrysum............ 185
*Heliotrope d'hiver*........ 177
Heliotropium ............. 231
Helleborus............... 11
Helminthia............... 203
Helosciadium ............. 151
Heracleum............... 162
*Herbe à 5 côtes*........... 285
— *à la rate*........... 436
— *aux charpentiers*... 188
— *de retourne, des éga-
rés*.............. 429
— *Ste-Appoline*....... 239
— *Saint-Jean*........ 269
Herniaria ............. 135
Hesperis .............. 25
*Hêtre*................. 311
Hieracium ............. 211
Hippocrepis............. 103
Hippophae............. 300
Hippuris.............. 131
Holcus................ 405
Holosteum ............. 61
Hordeum.............. 421
Hottonia ............. 282
*Houblon*............. 310
*Houx*................ 221
Humulus.............. 310
Hutchinsia ............. 37
*Hyacinthus*............. 355
**Hydrocharidées**....... 321
**Hydrocharis**.......... 321
Hydrocotyle............ 143
Hymenophyllum.......... 436
Hyoscyamus ............ 239
Hypecoum ............. 16
**Hypéricinées**.......... 71
Hypericum.............. 71
Hypochœris............. 205
Hyssopus-*pe* ........... 268


I

Iberis................ 38
*If*.................. 320
Ilex................ 221
**Ilicinées** ............. 221
Illecebrum.............. 135
*Immortelle*............. 185

Impatiens............... 78
Inula................. 181
**Iridées** ............. 344
Iris................. 345
Isatis .............. 33
Isnardia.............. 130
**Isoétées** ............. 428
Isoetes.............. 428
Isopyrum............. 11
*Ivraie*.............. 422
*Ixia* .............. 345


J

*Janottes*............. 153
*Jarosse*............. 105
Jasione.............. 215
*Jerzeau*............. 106
— (*grand*)........... 105
*Jonc*.............. 361
**Joncées**............. 361
*Jonc des Chaisiers*........ 372
*Jonc marin*........... 284
*Joubarde*............. 149
*Julienne*............. 26
Juncus.............. 361
Juniperus.............. 319
*Jusquiame* ............ 239


K

*Knautia*............. 173
Kœleria............... 401


L

**Labiées**............. 260
Lactuca............... 206
Lagurus .............. 399
*Laitue vireuse*........... 206
Lamium .............. 269
*Lande* .............. 82
Lappa .............. 196
Lapsana .............. 201
*Larbrea*............. 63
Laserpitium............. 162

Lastræa.................. 434
Lathræa ................ 260
Lathyrus................ 107
Lauréole ............... 299
Laurus-ier.............. 299
Lavatera ............... 70
Léard................... 318
Leersia ................ 396
**Légumineuses**........ 80
Lemna................... 330
**Lemnacées**........... 329
**Lentibulariées** ....... 278
Lentille d'eau ........... 330
Leontodon .............. 202
Leonurus ............... 274
Lepidium ............... 35
Lepturus................ 423
Leucanthemum .......... 190
Libanotis .............. 157
Lierre.................. 163
Ligustrum .............. 221
**Liliacées** ............ 351
Limnanthemum.......... 223
Limodorum.............. 340
Limosella............... 252
Lin .................... 68
— fou.................. 55
Linaria ................ 245
Lindernia............... 243
**Linées**............... 67
Linosyris............... 178
Linum.................. 67
Liparis ................ 344
Lithospermum .......... 232
Littorella............... 285
Lobelia................. 215
**Lobéliacées**.......... 214
Logfia ................. 184
Lolium ................ 422
Lonicera............... 165
**Loranthacées**.......... 163
Lotus.................. 97
Lupinus ............... 98
Lupuline............... 86
Lusse ................. 317
Lucets ................ 218
Luzerne................ 86
Luzula................ 365
Lychnis................ 55
Lycium................ 238
**Lycopodiacées**........ 429
Lycopodium ........... 429
Lycopsis ............... 234

Lycopus ................ 265
Lysimachia ............. 279
**Lythrariées** ........... 131
Lythrum................ 131

### M

Mâche.................. 171
— de Hollande ...... 171
Macre.................. 130
Malachium ............. 63
Malaxis................ 344
Malcolmia.............. 26
Malva................. 69
**Malvacées** ........... 69
Marguerite............. 178
— (grande) ...... 190
Marjolaine.............. 266
Maroute ............... 189
Marrube blanc .......... 273
— noir ........... 274
Marrubium.............. 273
**Marsigliacées**.......... 427
Marsiglia............... 427
Matricaire .............. 190
Matricaria.............. 189
Matthiola ............. 26
Mauve (petite)........... 69
— (grande) ......... 69
— royale ........... 70
Meconopsis ............. 15
Medicago .............. 86
Melampyrum............ 252
Melica................. 407
Melilotus............... 89
Melissa-se.............. 268
Melittis ............... 269
Mentha-the............. 261
Menyanthes............. 223
Mercurialis............. 307
Merisier ............... 112
Mersaule ............... 164
Mespilus............... 126
Mibora................. 395
Micropus............... 180
Milium................. 400
Millepertuis............. 71
Mœnchia............... 63
Mœhringia............. 61
Molène................. 239
Molinia................ 408

*Momordica* .............. 133
MONOCHLAMYDÉES ..... 287
MONOCOTYLÉDONÉES .. 321
Monotropa .............. 220
**Monotropées** .......... 220
Montia.................. 134
*Morelle* .............. 237
*Mouron des oiseaux*....... 62
*Moutarde* .............. 22
    — *blanche* ......... 22
*Muflier* .............. 245
*Muguet* .............. 349
*Mûres* .............. 114
Muscari.............. 359
Myagrum .............. 32
Myosotis .............. 235
Myosurus.............. 4
Myrica.............. 349
Myriophyllum .......... 130


N


Naias.................. 328
Narcissus.............. 347
*Nardosmia*.............. 177
Nardus .............. 423
Narthecium .............. 360
Nasturtium .............. 30
*Navet*.................. 21
*Néflier*.................. 126
*Nénuphar*.............. 14
Neottia .................. 342
Nepeta .............. 269
Neslea.............. 32
*Nicandra* .............. 238
*Nielle*.................. 56
Nigella.................. 12
Nitella.............. 440
*Noisetier*.............. 313
Nuphar .............. 14
Nymphæa.............. 14
**Nymphéacées** ......... 13


O


*Obione*.................. 293
Odontites .............. 254
*Œillet* .............. 52
Œnanthe.............. 154

Œnothera.............. 129
**Oléacées**.............. 221
**Ombellifères**......... 141
Omphalodes .............. 237
**Onagrariées** .......... 127
Onobrychis .............. 103
Ononis.................. 84
Onopordum.............. 196
Ophrys .............. 337
Onosma.................. 233
Ophioglossum.......... 430
**Orchidées**.............. 332
Orchis.............. 333
Origanum.............. 266
Orlaya .............. 147
*Orme, Ormeau*.......... 310
Ornithogalum.......... 353
Ornithopus .............. 101
Orobanche. .............. 256
**Orobanchées**.......... 256
Orobus .................. 110
*Orpin*.................. 137
*Ortie*.................. 309
    — *blanche*.......... 270
*Oseille* .............. 296
*Osier* .............. 317
    — *jaune* .......... 314
Osmunda .............. 431
*Osmonde*.............. 431
Osyris .............. 299
*Otanthus* .............. 187
**Oxalidées**.............. 78
Oxalis.................. 78


P


*Pain de lièvre*.......... 257
Pallenis.............. 180
*Panais*.............. 162
Pancratium .............. 348
Panicum .............. 390
**Papavéracées**.......... 14
Papaver.............. 14
*Parelle*.................. 296
Parietaria-aire.......... 310
Paris.................. 350
Parnassia .............. 49
**Paronychiées**.......... 134
*Pas-d'âne* .............. 177
Passerina .............. 298
*Pastel*.................. 33

Pastinaca .................. 161
Patience .................. 296
Pedicularis.............. 253
Pensacre.............. 156
Pensées .................. 46
Pentecôtes.............. 336
Peplis.................. 132
Perce-neige .............. 348
— pierre ............. 158
Persil.................. 149
**Personées**.............. 241
Pervenche.............. 222
Petasites.................. 178
Petite Centaurée ........ 226
Petit houx .............. 350
Petit chêne.............. 277
Petroselinum.............. 149
Peucedanum.............. 159
Peuplier .................. 318
Phalangium.............. 353
Phalaris.................. 392
Phelipæa.............. 259
Phellandrium .............. 156
Phillyrea.................. 221
Phleum.................. 394
Phragmites.............. 401
Physalis.................. 238
Phyteuma.................. 215
Phytolacca.............. 288
Picris.................. 203
Pied d'alouette ............. 13
Pied d'oiseau.............. 101
Pilularia .................. 427
Pimpinella.............. 153
Pimprenelle.............. 118
Pinguicula.............. 278
Pimpin.................. 156
Pinus.................. 320
Pissenlit .............. 206
Pisum .................. 107
**Plantaginées** .......... 285
Plantago-tain.............. 285
Plons .................. 317
**Plumbaginées**........ 283
Poa.................. 408
Podospermum.............. 205
Poirasse .............. 126
Poirier sauvage .......... 126
Pois .................. 107
— (petits) ............. 107
Polycarpon.............. 135
Polycnemum.............. 288
Polygala .............. 49

**Polygalées**.............. 49
**Polygonées** ............ 294
Polygonum.............. 296
Polypodium.............. 432
Polypogon.............. 396
Polystichum.............. 433
Pomme épineuse ........ 239
Pommier sauvage ........ 126
Populus .............. 318
Porreau .................. 359
Portulaca.............. 134
**Portulacées**.............. 134
**Potamées** .............. 324
Potamogeton.............. 324
Potentilla.............. 115
Poterium.............. 118
Pouliot.................. 264
Pourpier.................. 134
— doré ............. 134
Prêle .................. 425
Prenanthes.............. 207
Primevère.............. 281
Primula.................. 281
**Primulacées**............ 279
Prismatocarpus.............. 216
Prunellier.............. 112
Pruniers.............. 111
Prunus.................. 111
Psamma.................. 400
Pteris.................. 436
Pterotheca.............. 208
Pulicaria .............. 182
Pulmonaria .............. 233
Pyrethrum.............. 190
Pyrus.................. 126

Q

Quenouilles.............. 330
Quercus.................. 312
Quettier.................. 317
Quintefeuille.............. 115

R

Radiola.................. 68
Raifort .............. 34
Raiponse.............. 217
Raisin de mer.............. 319

Ramberge.................. 307
Ramoneurs................. 26
Ranunculus............... 4
Raphanus.................. 20
Rapistrum ................ 31
Ravenelle ................ 20
Ray-grass ................ 422
Reine des prés............ 113
**Renonculacées** ........ 1
Renouée .................. 297
Reseda.................... 40
**Résédacées**............ 39
Rhagadiolus .............. 201
**Rhamnées**.............. 80
Rhamnus .................. 80
Rhinanthus ............... 253
Rhynchospora............. 368
Ribes .................... 140
Rœmeria.................. 15
Romulea.................. 344
Ronce .................... 114
Roquette.................. 27
Rosa...................... 118
**Rosacées**.............. 110
Roseau.................... 401
Rosier ................... 118
Rottboellia.............. 423
Rouche.................... 375
Rubia..................... 165
**Rubiacées**............. 165
Rubus .................... 114
Rue....................... 79
Rumex .................... 294
Ruppia.................... 327
Ruscus.................... 350
Ruta...................... 79
**Rutacées**.............. 79

S

Sagina.................... 56
Sagittaria................ 323
Sainbois ................. 299
Sainfoin.................. 103
Salicaire................. 131
Salicornia................ 288
Salix .................... 313
Salsifis.................. 203
Salsola................... 289
**Salsolacées** .......... 288
Salvia ................... 265

Salvinia .............. 427
Sambucus ............. 164
Samolus............... 282
Sang-dragon ......... 295
Sanguenite............ 186
Sanguisorba .......... 117
Sanicula-cle ......... 144
**Santalacées**........ 299
Santolina............. 188
Saponaria-noire ...... 52
Sardine .............. 317
Sarothamnus ......... 83
Sarriette ............ 267
Satureia.............. 267
Sauge................. 265
Saule................. 313
  — noir ...... 317
Sausse................ 317
Saxifraga ............ 140
**Saxifragées**........ 140
Scabiosa.............. 173
Scandix ......,....... 145
Sceau de Salomon ..... 349
Schœnus .............. 367
Scilla................ 355
Scirpus .............. 370
Scleranthus .......... 135
Scolopendrium ........ 435
Scolymus.............. 200
Scordium.............. 277
Scorpiurus............ 101
Scorzonera ........... 204
Scrofulaire noire..... 242
Scrofularia........... 242
Scutellaria .......... 275
Sedum................. 137
Selinum............... 159
Sempervivum .......... 140
Senebiera............. 39
Senecio............... 192
Seneçon............... 192
Serapias ............. 339
Serpolet.............. 266
Serratula............. 197
Seseli................ 157
Sesleria.............. 401
Setaria .............. 391
Sherardia............. 170
Sibthorpia ........... 251
Sideritis............. 273
Silaus................ 157
Silene................ 53
Silybum .............. 195

Simethis . . . . . . . . . . . 353
Sinapis . . . . . . . . . . . 22
Sison . . . . . . . . . . . . 152
Sisymbrium . . . . . . . 24
Sium . . . . . . . . . . . . 154
*Smilax* . . . . . . . . . . 350
Smyrnium . . . . . . . . . 151
**Solanées** . . . . . . . . . 237
Solanum . . . . . . . . . 237
Solidago . . . . . . . . . 180
Sonchus . . . . . . . . . 207
*Sorbus* . . . . . . . . . . 126
*Souci sauvage* . . . . . . 193
*Soude* . . . . . . . . . . 289
Sparganium . . . . . . . 331
Spartina . . . . . . . . . 395
*Spartium* . . . . . . . . . 83
Specularia . . . . . . . . 216
Spergula . . . . . . . . . 57
Spergularia . . . . . . . 59
Spiræa . . . . . . . . . . 113
Spiranthes . . . . . . . . 343
Stachys . . . . . . . . . . 271
Statice . . . . . . . . . . 283
Stellaria . . . . . . . . . 62
*Stellera* . . . . . . . . . 298
Stipa . . . . . . . . . . . 400
*Stratiotes* . . . . . . . . 322
*Succisa* . . . . . . . . . 174
Suæda . . . . . . . . . . 290
*Sureau* . . . . . . . . . 164
*Sycomore* . . . . . . . . 74
*Sylvie* . . . . . . . . . . 3
Symphytum . . . . . . . 233

T

**Tamariscinées** . . . . . 133
Tamarix . . . . . . . . . 133
Tamus . . . . . . . . . . 350
Tanacetum . . . . . . . . 187
*Tanaisie* . . . . . . . . . 187
Taraxacum . . . . . . . . 206
*Taxus* . . . . . . . . . . 320
Teesdalea . . . . . . . . 38
*Teigne* . . . . . . . . . . 229
Tetragonolobus . . . . . 98
Teucrium . . . . . . . . . 276
THALAMIFLORES . . . . . 1
Thalictrum . . . . . . . . 2
Thesium . . . . . . . . . 299

Thlaspi . . . . . . . . . . 38
*Thé vert* . . . . . . . . . 292
Thrincia.-. . . . . . . . . 202
**Thymélées** . . . . . . . 298
Thymus, . . . . . . . . . 266
Tilia . . . . . . . . . . . 71
**Tiliacées** . . . . . . . . 71
Tillæa . . . . . . . . . . 136
*Tilleul* . . . . . . . . . . 71
Tolpis . . . . . . . . . . 202
Tordylium . . . . . . . . 162
Torilis . . . . . . . . . . 146
Tormentilla . . . . . . . 116
Tragopogon . . . . . . . 203
Tragus . . . . . . . . . . 390
Trapa . . . . . . . . . . 130
*Trèfle* . . . . . . . . . . 91
— *d'eau* . . . . . . 223
— *incarnat* . . . . . 93
*Tremble* . . . . . . . . . 318
Tribulus . . . . . . . . . 79
*Trichonema* . . . . . . . 344
Trifolium . . . . . . . . . 91
Triglochin . . . . . . . . 323
Trigonella . . . . . . . . 89
Trinia . . . . . . . . . . 150
*Triodia* . . . . . . . . . 407
Triticum . . . . . . . . . 419
Trixago . . . . . . . . . 254
*Troène* . . . . . . . . . 221
*Tue-chien* . . . . . . . . 360
Tulipa . . . . . . . . . . 351
Turgenia . . . . . . . . . 147
*Turquette* . . . . . . . . 135
Turritis . . . . . . . . . 27
Tussilago . . . . . . . . 177
Typha . . . . . . . . . . 330
**Typhacées** . . . . . . . 330

U

Ulex . . . . . . . . . , . 82
Ulmus . . . . . . . . . . 310
Umbilicus . . . . . . . . 140
Urtica . . . . . . . . . . 309
**Urticées** . . . . . . . . 309
Utricularia . . . . . . . . 278

V

Vaccinium . . . . . . . . . 218

*Vaillantia* . . . . . . . . . 166
Valeriana . . . . . . . . . 170
**Valérianées** . . . . . . 170
Valerianella . . . . . . . 171
*Ventenata* . . . . . . . . 407
**Verbascées** . . . . . . 239
Verbascum . . . . . . . . 239
Verbena . . . . . . . . . 277
**Verbénacées** . . . . . 277
*Vergne* . . . . . . . . . 318
Veronica . . . . . . . . . 248
*Véronique* . . . . . . . 249
*Verveine* . . . . . . . . 277
Viburnum . . . . . . . . 164
Vicia . . . . . . . . . 103
*Villarsia* . . . . . . . . 224
Vinca . . . . . . . . . 222
Vincetoxicum . . . . . . 223
*Vinette* . . . . . . . . 296
— *petite* . . . . . . . 296
Viola . . . . . . . . . 43
*Violette* . . . . . . . . 44
**Violariées** . . . . . . 43
*Vipérine* . . . . . . . . 231
Viscum . . . . . . . . . 163
*Villadinia* . . . . . . . 179

*Vrillée* . . . . . . . . . 228
*Vulpia* . . . . . . . . . 412

W

Walhenbergia . . . . . . 218
*Wolffia* . . . . . . . . . 330

X

Xanthium . . . . . . . . 214
Xeranthemum . . . . . . 200

Y

*Yèble* . . . . . . . . . 164

Z

Zannichellia . . . . . . . 328
Zostera . . . . . . . . . 329
**Zygophyllées** . . . . . 79


FIN DE LA TABLE ALPHABÉTIQUE

# APPENDICE

--------

Depuis la mort de notre regretté maître, un certain nombre de ses anciens correspondants ont bien voulu me tenir au courant de leurs découvertes. C'est ainsi que j'ai pu dresser la liste supplémentaire suivante. J'ai reçu des échantillons de la plupart des espèces citées. Les localités suivies du signe ! ont été vérifiées par moi-même.

**Anemone nemorosa** L. — β. var. flor. cœrul. *A. Robinsoniana* Auct. angl. — Fin. *Châteaulin*, forêt de *Coatloc'h* (Picq.).

**Ranunculus auricomus** L. — Il.-et-V. cc. bords du Semnon à *Martigné-Ferchaud* (Picq.).

**Fumaria micrantha** Lag. — Fin. *Le Vivier-en-Mer* (Picq.).

**Diplotaxis muralis** DC. — Fin. *Audierne* (Picq.).

**Barbarea præcox** R. Br. — Il.-et-V. *Paimpont* (Picq.).

**Reseda lutea** L. — Fin. Côte de *Quimperlé* à *Clohars-Carnoët* (Picq.).

**Spergula nodosa** L. — Fin. Lannéon en *Pont-Croix* (Picq.).

**Arenaria montana** L. — Fin. *Guilvinec* (Picq.).

**Elatine hexandra** DC. — Fin. Etang de *Rosporden* (Picq.).

X. **Linum strictum** L. — β. *laciflorum*. — Char.-Inf. *Villeneuve-la-Comtesse* (Gad.).

**Geranium pusillum** L. — Deux-Sèv. *Rochénard* (Grelet), Bul. Soc. bot.

**Erodium malacoides** Willd. — Mor. *Belle-Ile* (Le Dieu, 1884, 1890).

**Oxalis stricta** L. — Il.-et-V. *Combourg, Chevré* (Picq.).

**Ononis reclinata** L. — Fin. *Guilvinec* (Picq.).

**Comarum palustre** L. — Il.-et-V. *Vitré* (Picq.).

**Agrimonia odorata** Mil. — Loire-Inf. Omblepied près *Ancenis* (Gad.). — Il.-et-V. *Chevré* (Picq.).

**Epilobium angustifolium** L. — Fin. Forêt de *Clohars-Carnoët* (Picq.).

**Œnothera stricta** Ledeb. — Vend. *Challans* (L. Fortineau). — Loire-Inf. *Bourgneuf !* talus du chemin de fer (Lajunchère).

**Chrysosplenium oppositifolium** L. — Deux-Sèv. *Chapelle-S.-Laurent* (Bétraud), Bul. Soc. bot.

X. **Bupleurum affine** Sad. — Deux-Sèv. *Airvault* (Poullier, Huyard), Bul. Soc. bot.

**Smyrnium Olusatrum** L. — Mor. Kergrois en *Guidel* (Picq.).

**Œnanthe Phellandrium** Lam. — Fin. Etang de *Rosporden*. RR. (Picq.).

**Peucedanum officinale** L. — Loire-Inf. Butte de Sem en *Pringuiau* (Gad.).

**Peucedanum lancifolium** Lange. — Mor. *Pont-Callec, Plouay* (Picq.). — Fin. *Botmeur* (Gad.), *S.-Herbot !* (Miciol).

**Heracleum Sphondylium** L. — β. *dissectum* Le Gall. — Il.-et-V. *Pléchatel-Lohéac* (Picq.).

X. **Laserpitium latifolium** L. — Deux-Sèv. *Châtillon-sur-Thouet* (Guyon).

**Valerianella auricula** DC. — β. *dasycarpa*. — Char.-Inf. *Ville-neuve-la-Comtesse* (Gad.).

**Scabiosa maritima** L. — Vend. cc. pâtures de la Tresson à *Noirmoutier* (Viaud-Grand-Marais).

**Erigeron canadensis** L. — Il.-et-V. c. *S.-Malo* (Picq.).

**Doronicum plantagineum** L. — Deux-Sèv. *Chanteloup* (Gour-beault), Bul. Soc. bot.

**Calendula arvensis** L. — Fin. *Tréboul* (Picq., Gad.).

**Tragopogon pratensis** L. — Il.-et-V. Entre *Mont-Dol* et le *Vivier-sur-Mer* (Picq.).

**Lactuca muralis** Fres. — Fin. *Chapelle de S.-Herbot !* (Miciol).

**Crepis taraxacifolia** Thuil. — Fin. *Tréboul* (Picq.).

**Hieracium murorum** L. — Il.-et-V. Forêt de *Paimpont* (Gad.) ; forêt de *Rennes* (Picq.).

**Phyteuma spicatum** L. — Il.-et-V. *S.-Malo-de-Phily* (Picq.).

**Vaccinium Myrtillus** L. — Fin. cc. *Menez-Hom, Mont-S.-Michel !* — Il.-et-V. Launay près *Vitré* (Picq.), c. forêt de *Paimpont* (Gad.) et dans presque toutes les forêts de *Bretagne* et dans la partie montagneuse du *Finistère*.

**Anchusa italica** Retz. — Fin. *Lesconil* (Picq.).

**Linaria Cymbalaria** Mil. — Fin. Port-Launay près *Châteaulin* (Gad.).

**Salvia verbenaca** L. — Deux-Sèv. *Chef-Boutonne* (Souché).

**Nepeta Cataria** L. — Fin. *Guilvinec, Tréguennec* (Picq.).

**Armeria plantaginea** Willd. — Loire-Inf. *Préfailles !*

**Littorella lacustris** L. — Deux-Sèv. Etangs du Fréau en *Clesse*, de la Madoire en *S.-Porchaire*, de la Sablière en *Amailloux* (Guyon).

**Suæda fruticosa** Forsk. — Fin. *Audierne* (Picq.).

**Chenopodium Bonus Henricus** L. — FIN. *Chapelle de S.-Herbot !* (Miciol).

**Buxus sempervirens** L. — FIN. C. Pont-Kerlot en *Arzano* (Picq.). — IL.-ET-V. Taillis des landes de *Laillé* (Picq.).

**Euphorbia pilosa** L. — LOIRE-INF. Forêt du *Cellier !*

**Mercurialis perennis** L. — FIN. Bois de *Kernoaus-sur-l'Odet* (Picq.).

**Quercus Toza** Bosq. — LOIRE-INF. Forme une belle futaie à l'O. de la *forêt du Gâvre* (Picq.).

**Juniperus communis** L. — FIN. Forêt de *Clohars-Carnoët* (Picq.). — IL.-ET-V. La Molière en *S.-Senoux* (Picq.); forêt de *Paimpont !* (H. Coignerai).

**Taxus baccata** L. — Paraît spont. dans plusieurs forêts de *Bretagne* : — FIN. Forêts de *Quimperlé* (Picq.); de la mine du *Huelgoat* (Gad.). — IL.-ET-V. Forêt de *Paimpont* (Gad.); forêt de *Montfort* (Picq.).

**Potamogeton perfoliatus** L. — FIN. *Huelgoat !* (Ménager).

X. **Ophrys muscifera** Huds. — DEUX-SÈV. *Airvault* (Poulher, Huyard). Bul. Soc. bot.

**Epipactis palustris** Crantz. — FIN. Kermor près l'*île Tudy* (Picq.).

**Spiranthes æstivalis** Rich. — FIN. *S.-Herbot* (Gad., Picq.).

**Malaxis paludosa** Sw. — FIN. *Yunélez !* (Picq.) ; *S.-Herbot* (Gad.).

**Convallaria maialis.** — IL.-ET-V. Forêt de *Paimpont* (Gad.).

**Juncus capitatus** Weig. — LOIRE-INF. *Bergon* (Gad.).

**Juncus pygmæus** Lam. — FIN. *Treffiagat* (Picq.).

**Juncus tenuis** Willd. — MOR. Entre *Hennebont* et *Kerrignac* (Picq.). — FIN. Forêt de *Quimperlé* (Picq.).

**Luzula pilosa** Willd. — FIN. Forêt de *Cascadec* (Picq.). — IL.-ET-V. Forêts de la *Jeu* (Picq.); de *Paimpont* (Gad.).

**Luzula maxima** DC. — IL.-ET-V. Bois env. de *Combourg,* forêt de *Montfort* (F. Hodée).

**Cyperus flavescens** L. — FIN. *Tréboul* (Gad., Picq.). RR. (Picq.).

**Rhynchospora alba** Vahl. — FIN. Poullan près *Douarnenez* (Picq.).

**Eleocharis ovata** R. Br. — MOR. *Pont-Scorff* (Picq.).

**Scirpus cæspitosus** L. — FIN. Au nord d'*Edern* (Picq.). — IL.-ET-V. Forêt de *Paimpont* (Gad.).

**Scirpus pauciflorus** Light. — FIN. *Ile Tudy* (Picq.).

**Carex stricta** Good. — FIN. Ste-*Anne-de-la-Palud* (Picq.).

**Carex strigosa** Huds. — LOIRE-INF. Omblepied près *Ancenis* (Gad.).

X. **Carex gynobasis** Vill. — DEUX-SÈV. *Crézières, la Bataille, Aubigné, Asnières, Ensigné,* forêt d'*Aulnay* (Feuillade) Bul. Soc. bot.

**Polypogon monspeliensis** Desf. — IL.-ET-V. *Redon* (F. Hodée).

30

**Aira uliginosa** Weihe. — LOIRE-INF. Etang de la Provotière près *Meilleraye* (Gad.).

**Poa compressa** L. — FIN. *Quimper* (Picq., Gad.).

**Festuca gigantea** Vil. — FIN. *Huelgoat* (Gad.). — IL.-ET-V. *Chevré* (Picq.).

**Bromus erectus** L. — IL.-ET-V. *S.-Jacques* (F. Hodée).

**Bromus tectorum** L. — Se naturalise le long des chemins de fer : cc. *la Brohinière* (IL.-ET-V.), c. *Concarneau* (FIN.) (Picquenard).

**Equisetum littorale** Kuhl. — FIN. Moulin de Lescogan entre *Beuzec* et *Poullan* (Picq.).

**Lycopodium clavatum** L. — FIN. Bois du Chapt près *Châteaulin* (Fenigan, Lazennec).

**Lycopodium inundatum** L. — FIN. *Yuncle* ! (Picq.); *S.-Herbot* (Gad.); entre *S.-Hernin* et *Gourin*, Le Menez Kerque près *Châteaulin* (F. Camus).

**Lycopodium Selago** L. — FIN. Sud de Hengoat en *Sizun* (Picq.); Le Menez Kerque près *Châteaulin* (F. Camus).

**Gammitis Ceterach** Sw. — MOR. *Belle-Ile* (Le Dien). — FIN. *Châteaulin* ! (Lazennec); S.-Cadou en *Sizun*, *Quimperlé* (Picq.). — IL.-ET-V. *S.-Germain-s.-Ille*, *Hédé* (Picq.).

**Polystichum Oreopteris** DC. — FIN. « AC. à l'intér. dans le sud » (en dehors de la région des Montagnes Noires); descend le long » des grandes vallées jusqu'à qq. kilomètres de la mer, p. ex. » à Toulgoat en *Penhars* et à la forêt de *Clohars-Carnoët*. » (Picquenard).

**Lastræa æmula** Bab. — FIN. Forêts de *Peneran*, de *Coatloc'h*, Kergant près *Quéménéven*, les Trois-Croix près *Kerdrein* dans les Montagnes Noires (Picq.).

**Asplenium septentrionale** Sw. — MOR. Murs du parc de Bodélio à *Malansac* (Picq.).

**Hymenophyllum tunbridgense** Sm. — FIN. Rochers de Griffonès près *Quimper*, bois du Haut-Linglatz en *Loperhet* (Picq.); cascade près *Kermabilou* (Ménager). — C.-NORD. Forêt de Duault près *Callac* (F. Camus).

———————

En terminant l'impression de cette Flore, je dois remercier tout particulièrement M. Ch. PICQUENARD du concours qu'il m'a prêté pour cette publication. La liste précédente montre combien les contributions de ce jeune et ardent botaniste à la Flore de Bretagne ont été nombreuses, récemment encore.

Je remercie aussi mon ami M. LAJUNCHÈRE qui a bien voulu revoir. une fois de plus, les épreuves après nous.

Enfin, je ne saurais oublier M. R. GUIST'HAU, mon éditeur, qui a su mener à bien un travail difficile.

*Nantes, le 1ᵉʳ Janvier 1898.*

ÉMILE GADECEAU.

## NOTA

L'impression de la Flore terminée, je m'aperçois que le manuscrit ne fait aucune mention de la localité de *Mauves* (LOIRE-INF.) pour le *Grammitis leptophylla*.

Cette localité, découverte en 1891 par M. Ménier, a cependant été vérifiée par Lloyd, ainsi qu'il le dit dans une Note sur le *Festuca ovina*, in Bull. Soc. Sc. nat. Ouest, t. I, p. 170. Il y a donc tout lieu de penser que c'est là une omission involontaire.

E. G.

# TABLE GÉNÉRALE DES MATIÈRES


Introduction . . . . . . . . . . . . . . . . . . . . . . . . . . . . . . . . . . . . . . . . . . . . I
Listes de plantes par stations . . . . . . . . . . . . . . . . . . . . . . . . . . . III
Charente-Inférieure . . . . . . . . . . . . . . . . . . . . . . . . . . . . . . . . . . XXVIII
Deux-Sèvres . . . . . . . . . . . . . . . . . . . . . . . . . . . . . . . . . . . . . . . . . . XL
Vendée . . . . . . . . . . . . . . . . . . . . . . . . . . . . . . . . . . . . . . . . . . . . . . . XLV
Loire-Inférieure . . . . . . . . . . . . . . . . . . . . . . . . . . . . . . . . . . . . . . LII
Bretagne . . . . . . . . . . . . . . . . . . . . . . . . . . . . . . . . . . . . . . . . . . . . . LXXII
Morbihan . . . . . . . . . . . . . . . . . . . . . . . . . . . . . . . . . . . . . . . . . . . . . LXXVI
Finistère . . . . . . . . . . . . . . . . . . . . . . . . . . . . . . . . . . . . . . . . . . . . . LXXIX
Côtes-du-Nord . . . . . . . . . . . . . . . . . . . . . . . . . . . . . . . . . . . . . . . LXXXI
Ille-et-Vilaine . . . . . . . . . . . . . . . . . . . . . . . . . . . . . . . . . . . . . . LXXXIII
Analyse dichotomique des genres . . . . . . . . . . . . . . . . . . . . . . LXXXVII
Soins à prendre pour former un herbier . . . . . . . . . . . . . . . CIII
Préparateur botanique . . . . . . . . . . . . . . . . . . . . . . . . . . . . . . . . CIV
Plantes le plus communément cultivées dans l'Ouest de la
    France . . . . . . . . . . . . . . . . . . . . . . . . . . . . . . . . . . . . . . . . . . . . . CVIII
Vocabulaire des mots techniques employés dans l'ouvrage . CXIV
Corrections à faire avant la lecture . . . . . . . . . . . . . . . . . . . . CXXII
Abréviations principales . . . . . . . . . . . . . . . . . . . . . . . . . . . . . . CXXIII
Noms des auteurs cités en abrégé . . . . . . . . . . . . . . . . . . . . . . CXXIV
Noms des botanistes cités en abrégé pour leurs contribu-
    tions à la Flore . . . . . . . . . . . . . . . . . . . . . . . . . . . . . . . . . . . . CXXI
Clef du système de De Candolle . . . . . . . . . . . . . . . . . . . . . . CXXV
Descriptions des plantes de la Flore . . . . . . . . . . . . . . . . . . . 1
Table alphabétique . . . . . . . . . . . . . . . . . . . . . . . . . . . . . . . . . . . . 443
Appendice . . . . . . . . . . . . . . . . . . . . . . . . . . . . . . . . . . . . . . . . . . . . . 455


FIN.

---


Nantes. — Imp. R. GUIST'HAU, quai Cassard, 5.

BIBLIOTHEQUE NATIONALE DE FRANCE
3 7531 02763385 9